现代数学基础

26

群表示论

丘维声　著

U0911063

高等教育出版社·北京

内容简介

本书是作者在北京国际数学研究中心给数学基础强化班授课讲稿的基础上，结合在北京大学数学科学学院多次讲授群表示论课的心得体会编写而成，主要内容包括：有限群在特征不能整除群的阶的域上的线性表示、无限群在复(实)数域上的有限维和无限维线性表示等。

本书紧紧抓住群表示论的主线——研究群的不可约表示，首先提出要研究的问题，探索如何解决问题，把深奥的群表示论知识讲得自然、清晰、易懂。在阐述无限群的线性表示理论时，本书介绍了数学上处理无限问题的典型方法，并且对于需要的拓扑学、实(复)分析以及泛函分析的知识作了详尽介绍。本书在绝大多数章节中都配有习题，并且在书末附有习题解答。

本书可作为高等院校数学系和物理系的研究生以及高年级本科生的群表示论课的教学用书，也可供数学系和物理系教师、科研工作者以及学过高等代数和抽象代数的读者使用参考。

图书在版编目（CIP）数据

群表示论 / 丘维声编著. —北京：高等教育出版社，2011.12（2026.2 重印）
ISBN 978-7-04-032711-3

Ⅰ. ①群…　Ⅱ. ①丘…　Ⅲ. ①群表示－研究　Ⅳ. ① O152.6

中国版本图书馆 CIP 数据核字（2011）第 221487 号

策划编辑　赵天夫　　责任编辑　李华英　　封面设计　赵　阳　　版式设计　杜微言
责任校对　胡美萍　　责任印制　刁　毅

出版发行	高等教育出版社	咨询电话	400-810-0598
社　　址	北京市西城区德外大街 4 号	网　　址	http://www.hep.edu.cn
邮政编码	100120		http://www.hep.com.cn
印　　刷	涿州市京南印务有限责任公司	网上订购	http://www.landraco.com
开　　本	787mm × 1092mm　1/16		http://www.landraco.com.cn
印　　张	27.75	版　　次	2011 年 12 月第 1 版
字　　数	590 千字	印　　次	2026 年 2 月第 6 次印刷
购书热线	010-58581118	定　　价	69.00 元

物 料 号　32711-00

序言

2009 年秋季新学期, 北京国际数学研究中心聘请我给第一期研究生数学基础强化班讲授 "群表示论" 课程。我在自己著的《有限群和紧群的表示论》的基础上, 安排了新的讲授体系, 加强了无限群的无限维线性表示的内容。现在把这学期的讲稿, 结合自己在北京大学数学科学学院多次讲授群表示论课的经验体会, 整理成本书。

本书主要有以下几方面特色。

1. 按照数学的思维方式讲授群表示论, 每一章每一节都提出要研究的问题, 引导学生探索如何解决这些问题, 讲清解决问题的关键想法, 把深奥的群表示论知识讲得自然、清楚、易懂。

数学的思维方式是由 "观察 — 抽象 — 探索 — 猜测 — 论证" 五个环节组成的全过程。观察客观现象 (包括生活和社会中的现象以及已经学过的数学知识), 提出要研究的问题, 抓住主要特征, 抽象出概念或建立数学模型; 运用解剖麻雀、直觉、归纳、类比、联想、逻辑推理等进行探索, 猜测可能有的规律; 然后采用公理化的方法进行逻辑推理来严密论证, 揭示出事物的内在规律, 从而使纷繁复杂的现象变得井然有序。

如何描述客观世界中普遍存在的对称性? 例如, 正方形的对称性可以用保持这个正方形 (作为点集) 不变的变换组成的集合 G 来刻画。G 有一种代数运算: 变换的合成, 称为 G 的乘法。由此抽象出群的概念。如何研究群的结构? 一种途径是利用它的各种子群, 抽象地研究群的结构。另一种途径是通过研究群之间的保持运算的映射 (称为同态映射) 来研究群的结构。群 G 的结构可能比较复杂, 但是它在同态映射下的像 (本质上是 G 的商群) 有可能比较简单。只要我们研究清楚了群 G 在适当多的同态映射下的像, 就有可能了解群 G 的结构, 这好比只要画出了空间曲线 Γ 在两个坐标平面上的正投影 (它们是平面曲线), 就能画出这条空间曲线一样。我们比较熟悉的具体的群有: 域 K 上的线性空间 V 的所有可逆线性变换组成的群 $\mathrm{GL}(V)$。群 G 到 $\mathrm{GL}(V)$ 的一个同态映射 φ 称为 G 在域 K 上的一个线性表示。群表示论就是研究群 G 在域 K 上的各个线性表示, 从中获取群 G 的结构的丰富信息, 并且解决与群有关的许多问题。

2. 抓住了群表示论的主线是研究群的不可约表示, 在内容表述上条理清晰、一环扣一环、引人入胜。

群表示论是现代数学中非常深刻的理论之一。无论是在 2009 年下半年给北京国际数学研究中心举办的研究生数学基础强化班讲授群表示论, 还是从 1990 年以来在北京大学数学科学学院多次讲授群表示论, 我都提炼出并且紧紧抓住群表示论的主线: 研究群的不可约表示, 并由这条主线展开, 循序渐进地讲授。

如何研究群的线性表示的结构呢? 类比研究整数环的结构时, 素数起着基本建筑块的作用, 在研究域 K 上的一元多项式环的结构时, 不可约多项式 (它的因式只有零次多项式和它的相伴元) 起着基本建筑块的作用。研究群 G 在域 K 上的线性表示的结构时, V 的 G 不变子空间只有 $\{0\}$ 和 V 的线性表示有可能起着基本建筑块的作用, 这种表示称为不可约表示, 否则称为可约表示。如果对于 V 的每一个 G 不变子空间都有它在 V 中的 G 不变补空间, 那么这种表示称为完全可约的。群 G 的有限维完全可约表示一定可以分解成有限多个不可约子表示的直和。根据 Maschke 定理, 有限群 G 在特征不能整除 $|G|$ 的域 K 上的任一线性表示都是完全可约的。从而有限群 G 在特征不能整除 $|G|$ 的域 K 上的有限维表示都可以分解成有限多个不可约子表示的直和。于是有限群 G 在特征不能整除 $|G|$ 的域 K 上的有限维线性表示的结构就完全清楚了, 在这里, 不可约表示的确起着基本建筑块的作用。由此看出, 群表示论的主线是: 研究群的不可约表示。

Abel 群的有限维不可约复表示都是 1 次的。若有限 Abel 群 G 的指数为 m (即 G 的所有元素的阶的最小公倍数为 m), 则 G 在含有本原 m 次单位根的域 K 上的有限维不可约表示都是 1 次的。有限 Abel 群 G 的所有 1 次复表示组成的集合 $\hat{G}$ 对于函数的乘法成为一个群, 并且 $\hat{G}$ 与 G 同构; 从而 G 恰有 $|G|$ 个 1 次复表示, 它们可以构造出来。于是有限 Abel 群 G 的所有有限维的不可约复表示被完全决定了。

有限非 Abel 群的不可约表示如何决定? 为了研究有限群 G 在域 K 上的所有不可约表示储藏在哪里, 应当寻找含有群 G 的信息最多的表示空间, 这个表示空间自然是 G 的正则表示 ρ 的表示空间 $K[G]=\left\{\sum\limits_{g\in G}a_g g\,\middle|\,a_g\in K\right\}$, 它的一个基是 G 的全部元素, 从而 $\dim K[G]=|G|$。还可以在 $K[G]$ 中规定乘法运算, 于是 $K[G]$ 对于加法和乘法成为一个有单位元的环。又由于 $K[G]$ 是域 K 上的线性空间, 因此 $K[G]$ 是域 K 上的一个代数, 称它为群 G 在域 K 上的群代数。群 G 的线性表示 φ 可以 "线性地" 扩充到群代数 $K[G]$ 上, 成为 $K[G]$ 的一个线性表示 φ^*; 反之, 群代数 $K[G]$ 的线性表示 φ^* 限制到 G 上就成为 G 的一个线性表示 φ。于是研究群 G 的线性表示的问题可以转化为研究群代数 $K[G]$ 的线性表示。而群代数 $K[G]$ 的线性表示 (φ^*,V) 的表示空间 V 是群代数 $K[G]$ 上的一个左模; 反之, 群代数 $K[G]$ 上的任一左模 V 提供了 $K[G]$ 的一个线性表示 (φ^*,V), 其中 $\varphi^*(a)v:=a\circ v,\forall v\in V$。于是研究群代数 $K[G]$ 的线性表示可以通过研究群代数 $K[G]$ 上的左模来进行。这样做可以充分利用群代数 $K[G]$ 的结构性质 (它既是环, 又是域 K 上的线性空间), 以及

代数上的模的结构性质, 从而为研究群的线性表示提供了强有力的工具。有限群 G 的正则表示 ρ 的表示空间 $K[G]$ 是群代数 $K[G]$ 上的左正则模 (即群代数 $K[G]$ 的任一元素 a 在线性空间 $K[G]$ 的任一向量 ν 上的作用 $a \circ \nu$ 就是在代数 $K[G]$ 里做乘法 $a\nu$); 反之, 群代数 $K[G]$ 上的左正则模 $K[G]$ 提供的群 G 的表示就是 G 的正则表示。因此研究左正则 $K[G]$-模就可以搞清楚有限群 G 的正则表示。群 G 在域 K 上的线性表示 (φ, V) 的子表示 (φ_U, U) 的表示空间 U 是左 $K[G]$-模 V 的一个子模, 于是为了研究群 G 的 K-表示 (φ, V) 能否分解成它的子表示的直和, 只要去研究左 $K[G]$-模 V 能否分解成它的子模的直和。群 G 的不可约表示的表示空间是群代数 $K[G]$ 上的不可约左模。群 G 的 K-表示 (φ, V) 与 (ψ, W) 等价当且仅当左 $K[G]$-模 V 与 W 同构。因此为了寻找有限群 G 的所有不等价的不可约 K-表示, 只要去找所有不同构的不可约左 $K[G]$-模。这就开辟了一条研究有限非 Abel 群的不可约 K-表示的途径。

根据 Maschke 定理, 当域 K 的特征不能整除有限群 G 的阶时, G 的每一个 K-表示是完全可约的, 从而每一个左 $K[G]$-模是完全可约的。于是我们来研究具有这种性质的代数 A 的结构, 以及 A 上的所有不同构的不可约左模储藏在哪里。域 K 上有限维代数 A, 如果每一个左 A-模是完全可约的, 那么称 A 是半单的。于是有限维半单代数 A 上的左正则模 A 可以分解成有限多个不可约子模的直和, 利用 “环 A 分解成不可分解的非零左理想的直和等价于 A 的单位元分解成两两正交的本原幂等元之和” 这个结论, 可得到: A 的单位元 1 可以分解成 A 的一组两两正交的本原幂等元之和, 并且每一个不可约左 A-模同构于 A 到不可约子模的直和分解式中的某一个, 从而每一个不可约左 A-模都是有限维的。于是当域 K 的特征不能整除有限群 G 的阶时, G 的每一个不可约 K-表示都等价于 G 的正则表示 ρ 到不可约子表示的直和分解式中的某一个, 并且有限群 G 的每一个不可约表示都是有限维的。这样就从理论上决定了有限群 G 在特征不能整除 $|G|$ 的域 K 上的所有不可约表示 —— 它们都储藏在 G 的正则表示 ρ 到不可约子表示的直和分解式中 (在等价的意义上), 并且它们都是有限维的。进一步要问: 有限群 G 的不等价的不可约 K-表示有多少个? 这就要研究有限维半单代数 A 的不同构的不可约左模有多少个。运用环的语言, 左正则 A-模 A 的不可约左模是环 A 的极小左理想。于是要研究当 A 是域 K 上有限维半单代数时, 环 A 的不同构的极小左理想有多少个? 利用 “环 A 分解成不可分解的非零双边理想的直和等价于 A 的单位元分解成两两正交的本原中心幂等元之和” 这个结论, 以及 “环 A 的两个本原中心幂等元或者相等, 或者正交” 这个结论, 可得出: 域 K 上有限维半单代数 A 的所有不同构的不可约左 A-模的个数等于 A 的本原中心幂等元的个数。于是有限群 G 在特征不能整除 $|G|$ 的域 K 上的不等价的不可约表示的个数等于 $K[G]$ 的本原中心幂等元的个数。后者不超过 G 的共轭类的个数, 并且当 K 是代数闭域时, 它等于 G 的共轭类的个数。下一步要研究有限群 G 的不可约表示的次数满足什么限制条件。这就要去研究有限维半单代数 A 的不可约子模的维数要满足什么条件。解决这个问题的关键是要求出 A 的极小双边理想 A_i 到 A 的极小左理想 (它们也是 A_i 的极小左理想) 的直和分解式中极小左

理想的个数, 为此要研究单环到它的极小左理想的直和分解, 而这就需要去研究有限维单代数的结构, 然后从有限维单代数的同构类里挑出一个代表来研究它到极小左理想的直和分解。容易证明: 若 D 是除环, 则 $M_n(D)$ 是单环。利用 Sehur 的第一个引理 (若 V 是环 R 上的不可约左模, 则 $\mathrm{Hom}_R(V,V)$ 是除环) 可以证明著名的 Wedderburn 定理: 域 K 上有限维单代数 B 同构于除环 D 上的 n 阶矩阵组成的域 K 上的代数 $M_n(D)$, 其中 $D=\mathrm{Hom}_B(I,I)$, I 是 B 的一个极小左理想, I 可以成为除环 D 上的右线性空间, $n=\dim_D I$。于是我们只要去研究 $M_n(D)$ 到它的极小左理想的直和分解, 得出: 单环 $M_n(D)$ 有到它的彼此同构的极小左想的直和分解, 其中极小左理想的个数等于矩阵的阶数 n。从而域 K 上有限维单代数 B 到它的彼此同构的极小左理想的直和分解式中, 极小左理想的个数等于 $\dim_D I$。利用 Schur 的第二个引理 (若 V 是代数闭域 K 上的代数 A 上有限维不可约左模, 则 $\mathrm{Hom}_A(V,V)$ 是同构于 K 的一个域), 最终可得出: 设 A 是代数闭域 K 上的有限维半单代数, 则 A 上所有不同构的不可约左模的维数的平方和等于 A 的维数。这是一个多么深刻的结论! 由此得出: 有限群 G 在特征不能整除 $|G|$ 的代数闭域 K 上的所有不等价的不可约表示的次数的平方和等于群 G 的阶 $|G|$。

为了能尽可能确定有限非 Abel 群 G 在特征不能整除 $|G|$ 的代数闭域 K 上的所有不等价的不可约表示的次数, 需要继续探索 G 的不可约表示的次数的其他限制条件。还要探索有限非 Abel 群 G 的一个 K-表示是否不可约, 以及 G 的不可约表示是否等价的简单易行的判别方法。群 G 在域 K 上的两个矩阵表示 Φ 与 Ψ 等价当且仅当它们有相同的次数, 并且存在域 K 上的一个可逆矩阵 S 使得 $\Psi(g)=S\Phi(g)S^{-1},\forall g\in G$, 从而 $\Psi(g)$ 与 $\Phi(g)$ 相似, $\forall g\in G$。由于我们在研究群 G 在域 K 上的线性表示或矩阵表示时实际上都是在研究表示的等价类, 因此我们从 $\Phi(g)(\forall g\in G)$ 里提取的信息应当是在相似关系下的不变量。矩阵的迹是一个相似不变量, 而且它很容易计算。由此引出一个重要概念: 设 (φ,V) 是群 G 在域 K 上的一个有限维线性表示, 在 G 上定义一个函数 $\chi_\varphi(g):=\mathrm{tr}\,(\varphi(g))$, 称 χ_φ 是 φ 提供的特征标。利用特征标可以揭示群 G 的有限维线性表示的许多性质。群 G 的有限维复表示 φ 的次数等于 $\chi_\varphi(1)$, 其中 1 是 G 的单位元。如果群 G 的两个有限维 K-表示 φ 与 ψ 等价, 那么 $\chi_\varphi=\chi_\psi$。若 K 是特征为 0 的域, 则有限群 G 的两个 K-表示 φ 与 ψ 等价当且仅当 $\chi_\varphi=\chi_\psi$。利用群代数 $K[G]$ 的本原中心幂等元 $e_i(i=1,2,\cdots,s)$ 的表达式可得出: 有限群 G 的不可约复特征标的正交关系。进而得出: 有限群 G 的复表示 φ 不可约当且仅当 $(\chi_\varphi,\chi_\varphi)=1$。利用有限群 G 的不可约复特征标的第一正交关系和代数整数的知识可以证明: 有限群 G 的任一不可约复表示的次数都能整除 G 的阶。

如何从群 G 的已知的一些不可约表示求出 G 的新的不可约表示? 利用模的张量积的概念, 以及模的张量积与模同态的关系, 可以从群 G 的两个 K-表示 $(\varphi,V),(\psi,W)$ 构造出一个新的表示 $(\varphi\otimes\psi,V\otimes_K W)$, 称为 φ 与 ψ 的张量积。可以证明: 群 G 的 1 次 K-表示 φ 与 G 的 n 次不可约 K-表示 ψ 的张量积 $\varphi\otimes\psi$ 是 G 的 n 次不可约 K-表示。于是可以从群 G 的 1 次非主表示 φ 与 n 次不可约表示 ψ

通过张量积构造出一个与 ψ 不等价的 n 次不可约表示。设 φ,ψ 是群 G 的两个次数大于 1 的不可约 K-表示，它们的张量有可能可约，把 $\varphi\otimes\psi$ 分解成一些不可约表示的直和，从中有可能得到与 φ,ψ 都不等价的不可约表示。

利用模的张量积的概念，还可以从有限群 G_1 与 G_2 的所有不等价的不可约复表示得到 G_1 与 G_2 的直积 $G_1\times G_2$ 的所有不等价的不可约复表示。

寻找群 G 的不可约表示的又一方法是利用 G 的子群的不可约表示来获得 G 的不可约表示。设 (ψ,W) 是群 G 的子群 H 的一个 K-表示，首先从左 $K[H]$-模 W 出发，构造一个左 $K[G]$-模 $K[G]\otimes_{K[H]}W$，记作 W^G，称 W^G 是 W 的诱导模，由 W^G 提供的 G 的 K-表示称为 ψ 的诱导表示，记作 ψ^G。若 ψ 是有限维表示，则 ψ^G 也是有限维的，并且 $\dim_K(W^G)=[G:H](\dim_K W)$。$\psi$ 提供的特征标记作 μ，则 ψ^G 提供的特征标记作 μ^G，称为诱导特征标。设 G 是有限群，μ 是 G 的子群 H 的一个复特征标，χ 是 G 的一个复特征标，则 $(\mu^G,\chi)_G=(\mu,\chi|H)_H$。这个公式称为 Frobenius 互反律。利用 Frobenius 互反律可得到 μ^G 不可约的充分必要条件。运用 μ^G 不可约的充分必要条件可得到如下结论：设 G 是有限群，$N\lhd G$，如果对于 N 的任意非单位元 y 都有 $C_G(y)\subseteq N$，那么对于 N 的每一个不可约复特征标 $\mu\neq 1_N$，都有 μ^G 不可约。

3. 本书一方面完整地阐述了有限群在特征不能整除群的阶的域上的线性表示理论，另一方面清晰地讲解了无限群的线性表示理论，并且揭示了数学上处理无限问题的典型方法。

研究无限群的线性表示必然会遇到群的无限维线性表示。类似群 G 的有限维完全可约表示一定可以分解成有限多个不可约子表示的直和，猜测群 G 的无限维完全可约表示能分解成无限多个不可约子表示的直和。于是首先要有无限多个子空间的直和的概念。数学上处理无限问题的一种方法是加进某种“有限性”的条件。例如，对于线性空间 V 的无限多个子空间 $\{V_i|i\in I\}$ 的和，令元素是有限和，即考虑 V 的下述子集:

$$\{v_{i_1}+v_{i_2}+\cdots+v_{i_m}|v_{i_j}\in V_{i_j},i_j\in I,j=1,2,\cdots,m;m\in\mathbb{N}^*\},$$

易看出这个子集是 V 的一个子空间，称它是 V 的一族子空间 $\{V_i|i\in I\}$ 的和，记作 $\sum\limits_{i\in I}V_i$。如果 $\sum\limits_{i\in I}V_i$ 中每个元素的表示法唯一，那么称和 $\sum\limits_{i\in I}V_i$ 是直和，记作 $\bigoplus\limits_{i\in I}V_i$。又如，对于域 K 上无限多个线性空间 $\{V_i|i\in I\}$ 的外直和，令元素只有有限多个分量不为 0。当 I 是可数集时，考虑下述集合:

$$\{(v_1,v_2,v_3,\cdots)|v_i\in V_i,i=1,2,\cdots,\text{ 且只有有限多个 }v_i\neq 0\},$$

在这个集合中规定加法运算 (对应分量相加) 和纯量乘法运算 (域 K 的元素 k 乘每个分量)，易验证这个集合成为域 K 上的一个线性空间，称它为 $V_1,V_2,V_3,\cdots$ 的外直和，记作 $\dot{+}_{i=1}^{\infty}V_i$。当指标集 I 是不可数集时，从 I 是可数集的情形受到启发，关键是对每个 $i\in I$ 指定 V_i 中的一个向量 u_i，于是考虑下述集合:

$$\left\{f:I\to\bigcup_{i\in I}V_i\,\middle|\,f(i)\in V_i,i\in I,\text{ 且只有有限多个 }f(i)\neq 0\right\},$$

在这个集合中规定: $(f+g)(i) := f(i)+g(i); (kf)(i) := kf(i)$。易验证这个集合成为域 K 上的一个线性空间, 称它为域 K 上一族线性空间 $\{V_i|i\in I\}$ 的外直和, 记作 $\dot{+}_{i\in I} V_i$。

为了论证群 G 的无限维完全可约表示能分解成无限多个不可约子表示的直和, 首先需要论证群 G 的无限维完全可约表示 (φ, V) 一定有一个不可约子表示 (ψ, W)。由于 W 是 G 不变子空间, 且它没有非平凡的 G 不变子空间, 于是从集合的包含关系角度看, W 在所有 G 不变子空间组成的集合中具有 "极小" 的性质。数学中经常遇到无限进行的过程, 要断言具有特定性质的某种对象的存在性。数学上处理这类问题的典型方法是: 在所考虑的集合 S 中建立一个二元关系, 使它具有反身性、传递性和反对称性, 称这种二元关系为 S 的一个偏序, 此时称 S 是一个偏序集合。S 有了偏序后, 某种对象的特定性质就表现为一种极值性质, 从而断言某种对象的存在就转变成断言一个偏序集合的极小元素 (或极大元素) 的存在。论证偏序集合 S 存在一个极大元素的强有力的方法是运用 Zorn 引理: 若一个偏序集 S 的每个链都有上界, 则 S 有一个极大元素。与 Zorn 引理等价的一个命题是选择公理: 设 $S=\{A_i|i\in I\}$ 为一族非空集合 A_i $(i\in I, I$ 为指标集) 组成的非空集, 则存在 S 到 $\bigcup\limits_{i\in I} A_i$ 的一个映射 f, 使得对一切 $i\in I$ 都有 $f(A_i)\in A_i$。f 称为 S 上的一个选择函数。选择公理说的是: 存在某种规则使得可以从每个 $A_i(i\in I)$ 同时地挑出该集合中的一个元素。例如, 对于群 G 的子群 H 的所有陪集组成的集合 (它可能是不可数的无限集), 运用选择公理, 可以同时地从每个陪集中挑出一个元素, 它们组成 H 在 G 中的陪集代表系。当指标集 I 是有限集或可数无限集时, 可以根据自然数的递归定理归纳地构造出一个选择函数, 当指标集 I 是不可数无限集时, 选择公理是不能证明的。与选择公理等价的另一个命题是良序定理: 每个集合都存在一个良序 (即这个集合的每个非空子集都有最小元素), 利用良序定理可以把自然数集的数学归纳法推广到良序集合上, 从而得到超限归纳证明法原理。在良序集合上还有超限归纳构造法原理。它使得我们可以在一个良序集合 S 上建立 S 到某个集合 W 的一个映射 φ, 且 φ 适合所给的关系 (即所谓 "递归定义关系")。选择公理、Zorn 引理、良序定理、超限归纳证明法和超限归纳构造法都是数学上处理无限集合的问题时所使用的方法。利用 Zorn 引理可以证明: 群 G 在域 K 上的完全可约表示一定有一个不可约子表示。利用 Zorn 引理还可以证明: 群 G 在域 K 上的完全可约表示是一族不可约子表示的直和。

下一步自然要去探索无限群在域 K 上的表示是否都是完全可约的? 在第一章 §3 的 Maschke 定理 (有限群 G 在特征不能整除 $|G|$ 的域 K 上的任一线性表示都是完全可约的) 的证明中, 关键是要构造 V 上的一个线性变换 $\boldsymbol{B}$, 即令 $\boldsymbol{B}=(|G|\cdot 1)^{-1}\sum\limits_{h\in G}\varphi(h)\boldsymbol{P}_{U'}\varphi(h)^{-1}$。对于无限群 G, 此式右端的和是无限和, 自然应当用群 G 上的积分来代替。为了能对群 G 上的连续函数建立积分, 只有群的运算是不够的, 还需要给 G 配备其他的结构。从闭区间上的连续函数 $f(x)$ 的定积分的定义

看到, 需要取极限。极限的方法是数学上处理无限过程的强有力的工具。而一元函数的极限概念需要用到开区间的概念。由此受到启发, 为了刻画定义域为集合 X 的函数的极限概念, 就需要在集合 X 中有开集的概念。由此引进了拓扑空间 (X,T) 的概念: 集合 X 上的一个拓扑 T 是由 X 的一些子集构成的集合, 它的成员叫做开集, 它们满足下列要求: (i) X 与 $\varnothing$ 是开集; (ii) 任意多个开集的并集是开集; (iii) 有限多个开集的交集是开集, 集合 X 配备了一个拓扑 T 以后就叫做拓扑空间。拓扑学的基本任务是发现在连续映射和同胚下保持不变的性质。为了能对于群 G 上的连续函数建立积分, 自然应当配备 G 有拓扑空间的结构, 而且应当要求群的结构与拓扑空间的结构相容, 于是要求 G 的乘法运算和求逆运算都是连续映射, 这时称 G 是一个拓扑群。由此可见, 研究无限群的线性表示自然而然是研究拓扑群的线性表示。既然拓扑群要求群的乘法运算是连续映射, 自然要求拓扑群 G 到拓扑群 $\tilde{G}$ 的同态 f 比群同态多一个条件: f 是拓扑空间 G 到 $\tilde{G}$ 的连续映射。于是拓扑群 G 的有限维实表示 (复表示)(φ,V) 作为拓扑群 G 到拓扑群 $\mathrm{GL}(V)$ 的同态比群 G 的线性表示多了一个条件: φ 是 G 到 $\mathrm{GL}(V)$ 的连续映射。从而拓扑群 G 的 n 次实 (复) 矩阵表示 $\varPhi$ 比群 G 的 n 次实 (复) 矩阵表示多了一个条件: $\varPhi$ 的矩阵元素 (即 $\varPhi(g)$ 的元素 $a_{ij}(g), 1 \leqslant i,j \leqslant n, g \in G$) 是 G 上的连续函数。设 V 是无限维实 (复) 线性空间, 若 V 上定义了一个拓扑成为一个拓扑空间, 并且 V 的加法运算和数量乘法运算都是连续映射, 那么称 V 是一个拓扑线性空间。设 G 是一个拓扑群, 如果 (φ,V) 是群 G 的一个线性表示, 并且 $G\times V$ 到 V 的一个映射: $(g,v)\mapsto\varphi(g)v$ 是连续映射, 那么称 (φ,V) 是拓扑群 G 的无限维线性表示。于是对于拓扑群 G 的无限维线性表示 (φ,V), 要求对于任意 $g\in G$, 都有 $\varphi(g)$ 是 V 上的连续变换。为了便于研究拓扑群 G 的无限维线性表示, 取 V 为 Hilbert 空间 (即完备的复 (实) 内积空间), 若 $\varphi(g)$ 是 V 上的酉变换 (正交变换), 则 $\varphi(g)$ 是有界线性变换 (因为酉变换和正交变换保持向量的长度不变), 从而 $\varphi(g)$ 是 V 上的连续变换。于是把群 G 的酉表示 (正交表示) φ (即对任意 $g\in G$ 有 $\varphi(g)$ 是酉变换 (正交变换)) 称为拓扑群 G 的酉表示 (正交表示)。

在研究拓扑群的线性表示时, 首先研究紧群的线性表示。紧群 G 作为拓扑空间是紧致的, 即 G 的每个开覆盖有一个有限的子覆盖。在这里又体现了数学上处理无限问题的一种方法: 加进 "有限性" 的条件。紧致拓扑空间 X 上的连续实值函数 f 一定在 X 上取到最大值和最小值。紧群 G 上的连续实值函数 f 一定是一致连续的。设 $\varDelta$ 为定义在紧群 G 上的一致有界且一致连续的函数组, 则在 $\varDelta$ 的每一函数序列中总可以取出一致收敛的子序列。利用这些结论可以在紧群 G 上建立不变积分, 即紧群 G 上的每一个实值连续函数 f 都对应于唯一的一个实数, 记作 $\int_G f(x)\,\mathrm{d}x$, 使得映射 $f\mapsto\int_G f(x)\,\mathrm{d}x$ 具有线性性、正定性、不变性和规范性。在证明这个结论时, 极限的方法起着重要作用, 这里又体现了极限的方法是数学上处理无限过程的强有力的工具。由于定义在 G 上的复值函数 h 可以写成 $h=f+\mathrm{i}g$, 其中 f 与 g 是 G 上的实值函数, 因此定义在紧群 G 上的连续复值函数 h 也有不变积分。由于紧

群 G 上的每一个连续实 (复) 值函数都有不变积分, 因此紧群 G 的每一个有限维实 (复) 线性表示 (φ, V), 都存在 V 上的一个 G 不变内积, 即对于这个内积, $\varphi(g)$ 成为正交变换 (酉变换), $\forall g \in G$; 从而 (φ, V) 成为 G 的正交 (酉) 表示, 于是 (φ, V) 是完全可约的。这样研究紧群 G 的有限维复表示就只需研究紧群 G 的所有有限维不可约复表示。研究紧群的有限维不可约复表示的有力工具是 Schur 引理。利用 Schur 引理可以得出紧群 G 的有限维不可约复表示的酉矩阵元素之间的正交关系, 以及特征标的正交关系。紧群 G 的所有彼此不等价的有限维不可约复表示的酉矩阵元素组成的集合 Δ 是 G 上所有连续复值函数组成的复内积空间 $C(G, \mathbb{C})$ (其内积为 $(f_1, f_2) := \int_G f_1(x)\overline{f_2(x)}\,\mathrm{d}x$) 的正交集, 并且 Δ 在 $C(G, \mathbb{C})$ 中是完备的 (即 Δ 生成的线性子空间依照由内积所定义的拓扑在 $C(G, \mathbb{C})$ 中稠密)。进一步可以证明: Δ 生成的线性子空间在由紧群 G 上的所有模平方可积的复值可测函数组成的 Hilbert 空间 $L^2(G)$ 中稠密, 这就是著名的 Peter-Weyl 定理 (见第六章 §9 的定理 26)。在 Peter-Weyl 定理的证明中起关键作用的是极限的方法, 并且利用了 Hilbert 空间上紧线性变换的性质: 紧线性变换 $\boldsymbol{A}$ 的属于非零特征值的特征子空间是有限维的。我们还证明了: 紧群的无限维酉表示一定是有限维不可约子表示的直和 (见第六章 §9 的定理 19), 从而紧群的不可约酉表示一定是有限维的。上述证明的关键是利用了 Hilbert 空间 V 上紧自伴随变换 $\boldsymbol{A}$ 的性质: V 可以分解成 $\boldsymbol{A}$ 的所有特征子空间的直和: $V = \bigoplus\limits_{n=0}^{\infty} V_n$, 其中 V_n 是 $\boldsymbol{A}$ 的属于特征值 λ_n 的特征子空间, $n = 0, 1, 2, \cdots$ (根据紧自伴随变换的谱定理, 紧自伴随变换 $\boldsymbol{A}$ 仅有可数个不同的特征值, 它们都是实数, 0 是 $\boldsymbol{A}$ 的一个特征值)。Hilbert 空间 V 上的线性变换 $\boldsymbol{A}$ 称为紧的, 如果 V 中的闭单位球在 $\boldsymbol{A}$ 下的像的闭包在 V 中是紧致的。在这里加进 "紧致" 的条件, 又体现了数学上处理无限问题的一种方法: 加进 "有限性" 的条件。正是这种方法加上极限的方法把紧群的无限维酉表示的结构揭示得非常透彻。

接着研究局部紧群的复线性表示。局部紧群 G 作为拓扑空间是局部紧致的 (即它的每一个点都有一个邻域是紧致的)。例如, 离散群 (即配备离散拓扑的任意群), $(\mathbb{R}, +), (\mathbb{R}^n, +), \mathrm{GL}_n(\mathbb{R}), \mathrm{SL}_n(\mathbb{R})$ 都是局部紧群。首先研究局部紧交换群的复线性表示。在第一章 §4 已证明:Abel 群的有限维不可约复表示都是 1 次的, 从而它提供的特征标就是 1 次复表示本身。对于有限 Abel 群 G, 它的所有 1 次复表示 (也就是它提供的特征标) 组成的集合 $\tilde{G}$ 对于函数的乘法成为一个群, 称为 G 的复特征标群, 并且 $\tilde{G} \cong G$。若有限 Abel 群 G 的指数为 m, 则对于任意 $\chi \in \tilde{G}$ 都有 $\chi(g)$ 是 m 次单位根, 从而 $|\chi(g)| = 1$, 其中 $g \in G$。由此受到启发, 对于无限 Abel 群 G, 我们考虑 G 的这样的 1 次复表示提供的特征标 χ, 使得对任意 g 有 $\chi(g)$ 是模为 1 的复数, 这种特征标称为 G 的酉特征标。G 的所有酉特征标组成的集合 G^* 对于函数的乘法成为一个群, 称为 G 的酉特征标群。G 的酉特征标 χ 就是群 G 到群 S^1 (模为 1 的复数组成的集合对于复数乘法所成的群) 的一个同态。拓扑群 G 的酉特征标 χ 就是拓扑群 G 到拓扑群 S^1 (即 1 维球面) 的一个同态。对于无限拓扑交换群 G, 它

的酉特征标群 G^* 可能与 G 不同构。例如, 离散交换群 $(\mathbb{Z},+)$ 的酉特征标群与 S^1 同构, 而 $(\mathbb{Z},+)$ 显然与 S^1 不同构 ($\mathbb{Z}$ 是可数集, S^1 是不可数集)。从这个例子猜测: 离散交换群 G 的酉特征标群 G^* 是紧交换群。可以证明这个猜测是对的。S^1 的酉特征标群同构于 $(\mathbb{Z},+)$。由此猜测并且可以证明: 紧交换群的酉特征标群为离散交换群。进一步可证明: 局部紧交换群 G 的酉特征标群 G^* 是局部紧交换群。G^* 的酉特征标群 $(G^*)^*$ 记作 G^{**}, 称为 G 的双酉特征标群。从上面的例子看到: $(\mathbb{Z},+)$ 的双酉特征标群同构于 $(\mathbb{Z},+)$ 自身, S^1 的双酉特征标群同构于 S^1 自身。于是猜测: 局部紧交换群 G 的双酉特征标群 G^{**} 同构于 G, 从而可以把 G 看成是 G^* 的酉特征标群。证明这个猜测为真, 第一步需要证明局部紧交换解 G 的商群 G/H 的酉特征标群 $(G/H)^*$ 同构于 $H^{\perp}$, 其中 $H^{\perp}=\{\chi\in G^*|\chi(h)=1,\forall h\in H\}$, 还需要证明局部紧交换群 G 的开子群 H 的酉特征标群 H^* 同构于 $G^*/H^{\perp}$, 在证明中需要运用选择公理和超限归纳构造法原理; 第二步, 证明 S^1, 无限循环群 $C,(\mathbb{R},+)$ 的双酉特征标群分别同构于它们自身, 进一步证明初等拓扑群 $(S^1)^n\times C^m\times\mathbb{R}^l\times A$ 的双酉特征标群同构于自身, 其中 A 是有限交换群; 第三步, 证明紧交换群或离散交换群 G 的双酉特征标群 G^{**} 同构于 G 自身; 第四步, 证明具有紧致生成者的交换群 G (即 G 中存在单位元的邻域 V, 具有紧致闭包 $\overline{V}$, 且 V 生成群 G) 总可以分解成紧子群与初等子群的直积; 第五步, 证明局部紧交换群 G 存在具有紧致生成者的开子群 H; 第六步, 证明局部紧交换群 G 的双酉特征标群 G^{**} 同构于 G 自身。

在研究局部紧的 Hausdorff 拓扑群的复线性表示时, 首先要在局部紧的 Hausdorff 拓扑群上建立不变积分。在紧群 G 上建立的不变积分使得 G 上的每一个实 (复) 值连续函数 f 都有积分 $\int_G f(x)\,\mathrm{d}x$。在局部紧的 Hausdorff 拓扑群 G 上建立不变积分时, 考虑这样的连续函数 f, 使得 $\{x\in G|f(x)\neq 0\}$ 的闭包 (记作 $\mathrm{supp}\,(f)$) 是 G 的紧子集, G 上的所有这种复值连续函数组成的集合 $C_c(G)$ 是复数域上的一个线性空间; Urysohn 引理证明了 $C_c(G)$ 不是零空间。如果 $C_c(G)$ 上的一个线性函数 ν 满足: 对于非负实值函数 f 有 $\nu(f)\geqslant 0$, 那么称 ν 是 G 上的一个正测度; 如果 ν 还满足左不变性, 那么称 ν 是 G 上的一个左 Haar 测度或 Haar 积分, Haar 证明了: 在一个局部紧的 Hausdorff 拓扑群 G 上存在一个左 Haar 测度 ν, $\nu\neq 0$, 并且除了相差一个正实数因子外, ν 是唯一的。Riesz 表示定理指出: 设 X 是局部紧的 Hausdorff 空间, ν 是 X 上的一个正测度, 则存在 X 的子集组成的一个 σ-代数 $\mathscr{A}$, 它包含 X 的所有 Borel 集, 并且存在 $\mathscr{A}$ 上的唯一一个测度 μ, 使得对于 $f\in C_c(X)$, 有 $\nu(f)=\int_X f\,\mathrm{d}\mu$; 并且如果 K 是 X 的紧子集, 那么 $\mu(K)=\int_K \mathrm{d}\mu<+\infty$。Riesz 表示定理把局部紧的 Hausdorff 空间 X 上的正测度与测度空间 $(X,\mathscr{A},\mu)$ 上的 Lebesgue 积分联系起来, 从而可以用 Lebesgue 积分的理论来研究局部紧的 Hausdorff 拓扑群上的左 Haar 测度。

如何研究局部紧的 Hausdorff 拓扑群的酉表示 (或正交表示)? 在研究有限群和紧群的不可约复表示时, Schur 引理起了重要作用。Schur 引理要求表示空间是有限维的, 在它的证明中需要用到复数域上有限维线性空间上的线性变换有特征值这个结论。为了把 Schur 引理推广到表示空间是无限维的情形，就需要研究无限维 Hilbert 空间 V 上有界线性变换的特征值问题，其中的一类紧线性变换的特征值问题有了明晰的结论。本书中证明了 Hilbert 空间上紧线性变换的性质及其谱定理，以及紧自伴随变换的谱定理。利用它们把 Schur 引理推广到了拓扑群 G 在无限维 Hilbert 空间 V 上的不可约酉表示上，证明了紧群的酉表示是有限维不可约子表示的直和 (从而紧群的不可约酉表示都是有限维的)，还证明了紧群的 Peter-Weyl 定理。

4. 本书在阐述无限群的线性表示理论时，对于需要用到的拓扑学、实分析和复分析，以及泛函分析的知识作了详尽的介绍，这使读者阅读无限群的线性表示理论时比较顺畅，同时也可体会到数学是一个统一的整体。

5. 为了使读者对于群表示论掌握得比较好，本书在绝大多数章节中都配有习题，并且在书末附有习题解答。

6. 本书在一些章节后面附有阅读材料，这有助于读者在学习正文知识的同时，进一步扩大视野。

本书可作为大学数学系研究生或高年级本科生的群表示论课程的教材，必学的内容为第一、二、三、四章以及第五章的 §1 至 §3，第六章的 §1 至 §6。第五章和第六章的其余小节供有兴趣的读者阅读。

本书还可供学过高等代数和抽象代数的读者学习，并可作为大学数学系教师和科研工作者的参考书。

作者感谢北京国际数学研究中心聘请其给研究生数学基础强化班讲授 “群表示论” 课程。

作者感谢高等教育出版社赵天夫高级策划为本书的出版付出的辛勤劳动。

作者热诚欢迎广大读者对本书提出宝贵意见。

丘维声
2011 年 7 月
于北京大学数学科学学院

目录

引言

整数集 $\mathbb{Z}$ 有加法和乘法运算, 但是没有除法运算, 因为 $2 \div 3 = \dfrac{2}{3} \notin \mathbb{Z}$. 由此抽象出集合 S 上的代数运算的概念. 考虑由 S 的元素形成的有序元素对组成的集合:

$$S \times S := \{(a, b) | a, b \in S\},$$

称 $S \times S$ 是 S 与自身的笛卡儿积. 从 $S \times S$ 到 S 的一个映射称为 S 上的一个**代数运算**.

现代数学的一个鲜明特征是研究具有代数运算的集合, 称它们为**代数系统**.

整数集 $\mathbb{Z}$, 偶数集 $2\mathbb{Z}$, 实系数一元多项式组成的集合 $\mathbb{R}[x]$, 元素为实数的所有 n 阶矩阵 (也称为 n 级矩阵) 组成的集合 $M_n(\mathbb{R})$, 它们都有加法和乘法运算, 并且满足 6 条运算法则: 加法交换律、结合律, 有零元素 (简称零元), 每个元素有负元素 (简称负元); 乘法结合律, 乘法对于加法的分配律. 由此抽象出环的概念:

一个非空集合 R 如果定义了两种代数运算, 一种叫做加法, 另一种叫做乘法, 并且满足上述 6 条运算法则, 那么称 R 是一个**环** (ring).

由于环 R 的每个元素有负元, 因此可以通过加法来定义减法运算:

$$a - b := a + (-b), \quad \forall a, b \in R.$$

如果环 R 的乘法还满足交换律, 那么称 R 是**交换环**.

如果环 R 有一个元素 e 具有下述性质:

$$ea = ae = a, \quad \forall a \in R,$$

那么称 e 是环 R 的**单位元**.

容易证明: 环 R 的零元唯一, 每个元素 a 的负元唯一. 如果 R 有单位元, 那么 R 的单位元唯一.

在有单位元 $e(\neq 0)$ 的环 R 中, 对于 $a \in R$, 如果存在 $b \in R$, 使得 $ab = ba = e$, 那么称 a 是**可逆元**(或**单位**), b 称为 a 的**逆元**, a 的逆元是唯一的, 记作 a^{-1}.

环 R 中, 对于 $a \in R$, 如果存在 $c \in R$ 且 $c \neq 0$, 使得 $ac = 0$ (或 $ca = 0$), 那么称 a 是一个**左 (右) 零因子**. 左、右零因子统称为**零因子**.

可以证明: 环 R 中, $\forall a\in R$, 有 $a0=0a=0$. 因此 0 是环 R(R 至少有两个元素) 的零因子.

有单位元 $e(\neq 0)$ 的交换环 R 如果没有非零的零因子, 那么称 R 是一个**整环**.

容易证明: 在有单位元 $e(\neq 0)$ 的环 R 中, 零因子不是可逆元.

$\mathbb{Z}, 2\mathbb{Z}, \mathbb{R}[x]$ 都是交换环, 其中 $\mathbb{Z}, \mathbb{R}[x]$ 是整环, $2\mathbb{Z}$ 没有单位元. $M_n(\mathbb{R})$ 是有单位元的非交换环, 且它有非零的零因子.

2009 年 6 月 1 日是星期一, 把这一天对应到整数 1, 则以日为单位的时间长河就与整数集 $\mathbb{Z}$ 建立了一个一一对应. 星期一是由被 7 除余数为 1 的整数组成的子集, 记作 $\overline{1}$; 星期二是由被 7 除余数为 2 的整数组成的子集, 记作 $\overline{2}$; ……; 星期日是被 7 整除的整数组成的子集, 记作 $\overline{0}$. 于是 $\{\overline{0},\overline{1},\overline{2},\overline{3},\overline{4},\overline{5},\overline{6}\}$ 给出了整数集 $\mathbb{Z}$ 的一个划分. 整数 a 与 b 如果被 7 除余数相同, 那么称 a 与 b 模 7 同余, 记作 $a\equiv b(\bmod 7)$. $\overline{0},\overline{1},\cdots,\overline{6}$ 都称为模 7 剩余类. 由这个例子推广到: 对于任一大于 1 的整数 m, 若整数 a 与 b 被 m 除余数相同, 则称 a 与 b 模 m 同余, 记作 $a\equiv b(\bmod m)$. 对于 $i\in\{0,1,\cdots,m-1\}$,

$$\overline{i}:=\{km+i\mid k\in\mathbb{Z}\}$$

称为一个模 m 剩余类. 所有模 m 剩余类 (共 m 个) 组成的集合 $\{\overline{0},\overline{1},\overline{2},\cdots,\overline{m-1}\}$ 给出了整数集 $\mathbb{Z}$ 的一个划分, 记作 $\mathbb{Z}_m$. 在 $\mathbb{Z}_m$ 中规定加法和乘法运算如下:

$$\overline{a}+\overline{b}:=\overline{a+b},\quad \overline{a}\,\overline{b}:=\overline{ab}.$$

可以验证这些规定是合理的. 容易验证 $\mathbb{Z}_m$ 成为有单位元 $\overline{1}$ 的交换环, 称它为**模 $\boldsymbol{m}$ 剩余类环**.

$\mathbb{Z}_7$ 中每个非零元都是可逆元. 有理数集 $\mathbb{Q}$, 实数集 $\mathbb{R}$, 复数集 $\mathbb{C}$, 它们都是有单位元的交换环, 且每个非零元都是可逆元. 由此抽象出域的概念:

设 F 是一个有单位元 $e(\neq 0)$ 的交换环, 如果 F 中每一个非零元都是可逆元, 那么称 F 是一个**域** (field).

只含有限多个元素的域称为**有限域**; 否则, 称为**无限域**.

元素为数的域称为**数域**. 最小的数域是有理数域 $\mathbb{Q}$. 最大的数域是复数域 $\mathbb{C}$.

在域 F 中, 可以定义除法运算: 对于 $a,b\in F$, 且 $b\neq 0$, 规定 $a\div b:=ab^{-1}$.

命题 1 模 m 剩余类环 $\mathbb{Z}_m$ 是域当且仅当 m 是素数.

证明 参见 [28] 的第 167 页. □

当 p 是素数时, $\mathbb{Z}_p$ 称为**模 $\boldsymbol{p}$ 剩余类域**.

$\mathbb{Z}_m$ 中所有可逆元组成的集合记作 $\mathbb{Z}_m^*$. 例如, $\mathbb{Z}_8^*=\{\overline{1},\overline{3},\overline{5},\overline{7}\}$. 由于 $\overline{1}+\overline{3}=\overline{4}\notin\mathbb{Z}_8^*$, 因此模 8 剩余类的加法不是 $\mathbb{Z}_8^*$ 的运算. 由于

$$\overline{3}\,\overline{5}=\overline{7},\quad \overline{3}\,\overline{7}=\overline{5},\quad \overline{5}\,\overline{7}=\overline{3},$$

$$\overline{3}\,\overline{3}=\overline{1},\quad \overline{5}\,\overline{5}=\overline{1},\quad \overline{7}\,\overline{7}=\overline{1},$$

因此模 8 剩余类的乘法是 $\mathbb{Z}_8^*$ 的运算. 于是 $\mathbb{Z}_8^*$ 有一种代数运算.

域 F 上所有 n 阶可逆矩阵组成的集合记作 $\mathrm{GL}_n(F)$. 显然, 矩阵的加法不是 $\mathrm{GL}_n(F)$ 的运算. 由于两个 n 阶可逆矩阵的乘积仍是可逆矩阵, 因此矩阵的乘法是 $\mathrm{GL}_n(F)$ 的运算. 于是 $\mathrm{GL}_n(F)$ 有一种运算.

$\mathbb{Z}_8^*$ 和 $\mathrm{GL}_n(F)$ 都只有一种运算, 这促使我们去研究只有一种运算的代数系统. 从 $\mathbb{Z}_8^*$ 和 $\mathrm{GL}_n(F)$ 的乘法满足的共同的运算法则抽象出群的概念:

定义 1 一个非空集合 G 如果定义了一种代数运算, 通常叫做乘法, 并且满足下列运算法则:

(1) $(ab)c = a(bc), \forall a, b, c \in G$ (结合律);

(2) G 中有一个元素 e 具有下述性质:

$$ea = ae = a, \quad \forall a \in G,$$

称 e 是 G 的**单位元**;

(3) 对于 G 中每个元素 a, 存在 $b \in G$, 使得

$$ab = ba = e,$$

把 b 称为 a 的**逆元**, 记作 a^{-1}, 那么称 G 是一个**群** (group).

容易证明: 群 G 的单位元唯一, 每个元素 a 的逆元唯一.

可以证明: $\mathbb{Z}_m^*$ 是一个群, 称它为 $\mathbb{Z}_m$ 的**单位群**.

$\mathrm{GL}_n(F)$ 是一个群, 称它为域 F 上的 n 级**一般线性群**.

设 V 是域 F 上的线性空间, V 上所有可逆线性变换组成的集合记作 $\mathrm{GL}(V)$, 它对于映射的乘法成为一个群, 称它为 V 上的**可逆线性变换群**.

如果群 G 的运算还满足交换律, 那么称 G 是**交换群** (或 **Abel 群**).

如果群 G 只含有限多个元素, 那么称 G 是**有限群**; 否则称 G 是**无限群**. 有限群 G 所含元素的个数称为 G 的**阶**, 记作 $|G|$.

设 G 是一个群, n 是任一正整数, 对于任意 $a \in G$, 规定:

$$a^n := \underbrace{a\,a \cdots a}_{n\text{ 个}}, \quad a^0 = e, \quad a^{-n} = (a^{-1})^n.$$

容易证明:

$$a^n a^m = a^{n+m}, \quad (a^n)^m = a^{nm}, \quad \forall n, m \in \mathbb{Z}.$$

若 G 是 Abel 群, 则对任意 $a, b \in G$, 有 $(ab)^n = a^n b^n, n \in \mathbb{Z}$.

定义 2 群 G 的一个非空子集 H 如果对于 G 的运算也成为一个群, 那么称 H 是 G 的一个**子群**, 记作 $H < G$.

命题 2 群 G 的一个非空子集 H 是 G 的子群当且仅当

$$a, b \in H \Longrightarrow ab^{-1} \in H.$$

证明 参见 [24] 第 26 页. □

研究群的结构的一种途径是利用它的各种子群.

例如, 设 H 是群 G 的一个子群, 我们可以利用子群 H 给出集合 G 的一个划分, 方法是在 G 上建立一个二元关系, 且使它是等价关系, 则等价类组成的集合就是集合 G 的一个划分. 关于集合的划分的概念以及建立等价关系给出集合的划分的原理可以参看 [26] 第 158—160 页.

对于 $a, b \in G$, 规定

$$a \sim b \quad :\Longleftrightarrow \quad b^{-1}a \in H.$$

由于 H 是子群, 因此这个二元关系具有反身性, 对称性和传递性, 从而它是 G 上的一个等价关系. a 确定的等价类 $\overline{a}$ 为

$$\begin{aligned}\overline{a} &= \{x \in G | a^{-1}x \in H\} \\ &= \{x \in G | a^{-1}x = h, h \in H\}, \\ &= \{x \in G | x = ah, h \in H\} \\ &= \{ah | h \in H\},\end{aligned}$$

把这个子集记成 aH. 称 aH 是 H 的一个**左陪集**, a 称为 aH 的一个代表.

显然, $eH = H$, 因此子群 H 本身是 H 的一个左陪集.

根据等价类的性质立即得出以下命题.

命题 3 设 H 是群 G 的一个子群, 则

(1) $aH = bH \iff b^{-1}a \in H$;

(2) 任意 aH 与 bH 或者相等, 或者不相交 (即它们的交集是空集).

从命题 3 的第 (2) 条立即得到: 群 G 的一个子群 H 的所有左陪集组成的集合是 G 的一个划分, 记作 $(G/H)_l$, 称它是 G 关于 H 的**左商集**. 左商集 $(G/H)_l$ 的基数称为子群 H 在 G 中的**指数**, 记作 $[G:H]$.

如果 $[G:H] = r$, 那么

$$G = H \bigcup a_1H \bigcup \cdots \bigcup a_{r-1}H, \tag{1}$$

其中 $H, a_1H, \cdots, a_{r-1}H$ 两两不相交. (1) 式称为群 G 关于子群 H 的**左陪集分解式**. $\{e, a_1, \cdots, a_{r-1}\}$ 称为 H 在 G 中的**左陪集代表系**.

显然, 子群 H 与它的任一陪集 aH 之间有一个双射:

$$h \mapsto ah,$$

因此, H 与 aH 的基数相同.

当 G 是有限群时, 利用 G 关于子群 H 的左陪集分解式 (1) 立即得到下述著名的定理.

定理 1 (Lagrange) 设 G 是有限群, H 是 G 的任一子群, 则

$$|G| = |H|[G:H]. \tag{2}$$

从而 G 的任一子群的阶是 G 的阶的因数. □

从 Lagrange 定理可以得出如下推论.

推论 1 设 G 是 n 阶群, 则对于任意 $a \in G$, 有

$$a^n = e,$$

其中 e 是 G 的单位元.

证明 参见 [24] 第 34 页. □

推论 2 素数阶群一定是循环群.

证明 参见 [24] 第 34 页. □

Lagrange 定理和推论 2 的得出, 使读者初步领略到了利用子群研究群的结构的风貌.

类似地, 利用群 G 的一个子群 H, 还可以建立 G 上的另一个二元关系:

$$a \sim b :\iff ab^{-1} \in H.$$

易证 $\sim$ 是等价关系, a 确定的等价是 $\overline{a}$ 为

$$\begin{aligned}\overline{a} &= \{x \in G | xa^{-1} \in H\} \\ &= \{x \in G | xa^{-1} = h, h \in H\} \\ &= \{ha | h \in H\} \\ &=: Ha,\end{aligned}$$

称 Ha 是 H 的一个**右陪集**. H 的所有右陪集组成的集合, 记作 $(G/H)_r$, 称它是 G 关于 H 的**右商集**.

容易证明: $aH \mapsto Ha^{-1}$ 是左商集 $(G/H)_l$ 到右商集 $(G/H)_r$ 的一个双射. 从而 $(G/H)_l$ 与 $(G/H)_r$ 的基数相同. 于是 H 在 G 中的指数 $[G:H]$ 也等于右商集的基数.

研究群的结构的另一种途径是去研究群 G 到另一个群 G' 的保持运算的映射, 称这样的映射为同态映射.

研究代数系统之间的保持运算的映射 (即同态映射) 并且以此研究代数系统的结构, 这是现代数学的又一个鲜明的特征.

一个强有力的方法是研究群 G 到集合 Ω 上的全变换群 $S(\Omega)$ (它由 Ω 到自身的所有双射组成) 的同态映射, 它等价于研究群 G 在集合 Ω 上的作用. 例如, 利用这一方法可得到著名的轨道 – 稳定子定理, 以及 Sylow 第一、第二、第三定理. 有关内容可以参看 [24] 第 66—87 页.

特别地, 把 Ω 取成域 F 上的线性空间, 考虑 $S(V)$ 的一个子群 —— V 上的可逆线性变换群 $\mathrm{GL}(V)$, 去研究群 G 到 $\mathrm{GL}(V)$ 的同态映射. 群表示论就是研究群 G 到各个线性空间的可逆线性变换群的各种同态映射, 从中可以获取群 G 的结构的丰富信息, 而且可以解决与群有关的许多问题.

群表示论是研究群的结构的最强有力的工具之一.

在结晶学、量子力学、量子化学中, 群表示论是一个强有力的工具. 在函数论的抽象调和分析中, 群表示论起着关键作用. 在组合数学、概率统计、纠错编码和密码学中, 群表示论也越来越多地被运用起来. 可以预料, 群表示论的应用范围会越来越广泛.

第一章

群表示论的基本概念

§1 同态映射

群表示论要研究群到线性空间的可逆线性变换群的同态映射. 为此我们先回顾一下同态映射的性质, 并且体验一下同态映射的作用.

从日常生活和数学中的具体例子自然而然地抽象出映射的概念.

定义 1 设 A 和 B 都是集合. 如果 A 到 B 有一个对应法则 f, 使得 A 中每一个元素 a 都有 B 中唯一确定的元素 b 与它对应, 那么称 f 是 A 到 B 的一个**映射**. 此时 b 称为 a 在 f 下的**像**, a 称为 b 在 f 下的一个**原像**; A 称为映射 f 的**定义域**, B 称为**陪域**.

设 f 是 A 到 B 的一个映射, B 的子集

$$f(A) := \{f(a)|a \in A\}$$

称为 f 的**值域** (或**像集**). $f(A)$ 也可记成 $\operatorname{Im} f$.

设 f 是 A 到 B 的一个映射, 如果 $f(A) = B$, 那么称 f 是**满射**; 如果 A 中不同元素在 f 下的像不同, 那么称 f 是**单射**; 如果 f 既是满射, 又是单射, 那么称 f 是 A 到 B 的一个**双射** (或 A 与 B 之间的一个**一一对应**).

命题 1 设 A 和 B 都是有限集合. 如果存在 A 到 B 的一个双射 f, 那么 $|A| = |B|$.

命题 2 设 A 和 B 都是有限集合, 且 $|A| = |B|$.

(1) 若 f 是 A 到 B 的一个满射, 则 f 也是单射;

(2) 若 f 是 A 到 B 的一个单射, 则 f 也是满射.

设 f 是 A 到 B 的一个映射, 如果存在 B 到 A 的一个映射 g, 使得 $fg = 1_B$, 且 $gf = 1_A$, 其中 1_B 是 B 到 B 的恒等映射, 1_A 是 A 到 A 的恒等映射, 那么称 f 是**可**

逆映射, 把 g 称为 f 的**逆映射**.

定理 1 映射 $f: A \to B$ 是可逆的当且仅当 f 是双射.

命题 1、命题 2、定理 1 的证明可以参看 [30] 的第 3—4 页.

两个映射 f 与 g 称为**相等**, 如果它们的定义域、陪域和对应法则都相同.

线性映射就是线性空间的同态映射. 线性映射对研究线性空间的结构以及解决线性空间里的各种问题起着十分重要的作用. 下面我们将举一个例子来体会这一点.

几何空间可以看成是以一个定点 O 为起点的所有定位向量组成的实数域上的 3 维线性空间. 经过点 O 的任一个平面 U 是 V 的一个子空间. 任取过点 O 的一条不在平面 U 上的直线 W, 则容易看出有

$$V = U \oplus W.$$

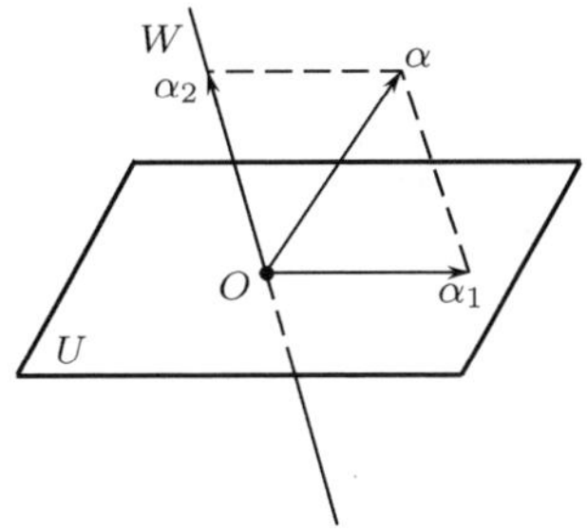

图 1–1

如图 1–1 所示. 由此受到启发, 猜测有下述结论.

定理 2 设 V 是域 F 上的一个线性空间, U 是 V 的任一子空间, 则存在 V 的一个子空间 W, 使得

$$V = U \oplus W.$$

此时称 W 是 U 的一个**补空间**.

证明 若 V 是有限维的, 则取 U 的一个基 $\alpha_1, \alpha_2, \cdots, \alpha_s$, 把它扩充成 V 的一个基 $\alpha_1, \alpha_2, \cdots, \alpha_s, \alpha_{s+1}, \cdots, \alpha_n$, 令 $W = \langle \alpha_{s+1}, \cdots, \alpha_n \rangle$, 则 $V = U \oplus W$.

若 V 是无限维的. 定理 2 的结论仍然成立. 请看 [28] 第 307 页命题 1 的证明. □

U 的补空间不唯一. 如图 1–1, 任一过点 O 的直线都是平面 U 的补空间.

在几何空间 V 中, 如图 1–1, $V = U \oplus W$. 对于任一 $\alpha \in V$, 有唯一的分解式 $\alpha = \alpha_1 + \alpha_2$, 其中 $\alpha_1 \in U, \alpha_2 \in W$. 把 α 对应到 α_1 的映射 $\boldsymbol{P}_U$ 称为 V 在 U 上的平行于 W 的**投影**. 特别地, 如果直线 W 与平面 U 垂直, 那么称 $\boldsymbol{P}_U$ 是 V 在 U 上的**正投影**.

一般地, 设 V 是域 F 上的线性空间, U 是 V 的任一子空间, W 是 U 的一个补空间, 则 $V = U \oplus W$. 令

$$\boldsymbol{P}_U : V \to V$$

$$\alpha \mapsto \alpha_1,$$

其中 $\alpha = \alpha_1 + \alpha_2, \alpha_1 \in U, \alpha_2 \in W$. 称 $\boldsymbol{P}_U$ 是 V 在 U 上的平行于 W 的**投影**.

容易直接验证: 投影 $\boldsymbol{P}_U$ 是 V 上的一个线性变换, 即 $\boldsymbol{P}_U$ 是 V 到自身的一个同态映射.

设 V 是一个实内积空间, S 是 V 的一个非空子集, 令

$$S^{\perp} := \{\alpha \in V | (\alpha, \beta) = 0, \forall \beta \in S\},$$

称 $S^{\perp}$ 是 S 的**正交补**. 易证 $S^{\perp}$ 是实内积空间 V 的一个子空间.

定理 3 设 V 是实内积空间, U 是 V 的一个有限维子空间, 则

$$V = U \oplus U^{\perp}.$$

证明 见 [28] 第 642 页. □

设 U 是实内积空间的一个子空间, 如果 $V=U\oplus U^{\perp}$, 那么有 V 在 U 上的平行于 $U^{\perp}$ 的投影 $\boldsymbol{P}_U$, 称它是 V 在 U 上的**正交投影**, 或**正投影**. 把 α 在 $\boldsymbol{P}_U$ 下的像称为 α 在 U 上的正投影.

在几何空间 V 中, 正投影 (它是 V 到自身的同态映射) 在研究空间图形时起着重要作用. 我们来仔细分析一下.

取一个空间直角坐标系 $Oxyz$. 设任一点 M 在 xOy 面、yOz 面、xOz 面上的正投影分别为 M_1, M_2, M_3. 只要知道了 M_1, M_2, M_3 中的任意两个点就可以决定点 M. 譬如, 若知道了点 M_1 和点 M_3, 则只要画出过点 M_1 平行于 z 轴的直线, 过点 M_3 平行于 y 轴的直线, 这两条直线的交点就是点 M, 如图 1–2 所示. 这表明只要知道了空间图形在两个坐标面上的正投影, 就可以确定这个图形. 下面我们来看一个具体例子.

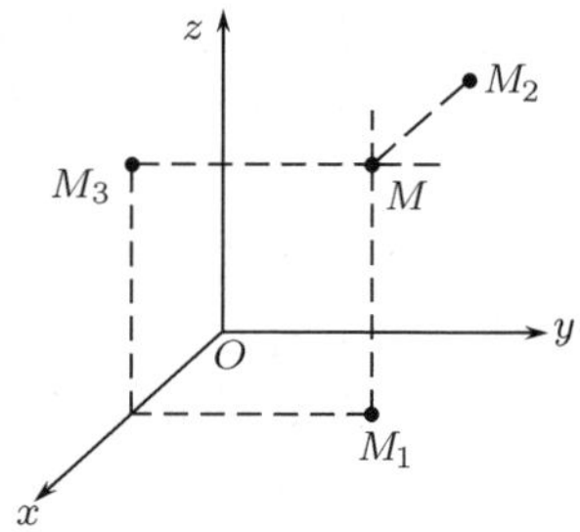

图 1–2

设曲线 Γ 在直角坐标系 $Oxyz$ 中的方程为

$$\begin{cases} x^2+y^2+z^2=4, & (1)\\ x^2+y^2-2x=0. & (2)\end{cases}$$

画出曲线 Γ.

解 方程 (1) 表示以 O 为球心, 半径为 2 的球面. 方程 (2) 可以写成

$$(x-1)^2+y^2=1. \tag{3}$$

这是母线平行于 z 轴的一个圆柱面. 曲线 Γ 就是这个圆柱面与上述球面的交线.

考虑几何空间 V 在 xOy 面上的正投影 $\boldsymbol{P}_1$ 和在 xOz 面上的正投影 $\boldsymbol{P}_3$. 曲线 Γ 在 $\boldsymbol{P}_1$ 下的像是上述圆柱面与 xOy 面的交线:

$$\begin{cases} (x-1)^2+y^2=1,\\ z=0.\end{cases}$$

这是在 xOy 面上的一个圆, 圆心为 (1,0), 半径为 1.

为了得到 Γ 在 $\boldsymbol{P}_3$ 下的像, 需要先求出 Γ 在哪一个与 y 轴平行的柱面上. 由于与 y 轴平行的柱面方程不含 y, 因此只要把方程 (1) 减去方程 (2) 就得到一个不含 y 的方程:

$$z^2+2x=4. \tag{4}$$

于是曲线 Γ 在方程 (4) 表示的柱面上. 从而 Γ 在 $\boldsymbol{P}_3$ 下的像为

$$\begin{cases} z^2=-2(x-2),\\ y=0,\\ |z|\leqslant 2.\end{cases}$$

这是在 xOz 面的抛物线的一段 (从方程 (1) 看出, $z^2\leqslant 4$), 这条抛物线的顶点是 xOz 面上的点 (2,0), 对称轴为 x 轴, 开口向着 x 轴的负半轴.

从 Γ 的方程看出, Γ 关于 xOy 面对称. 因此只要画出 Γ 在 xOy 面及其上方的部分, 就可以利用对称性得出整条曲线 Γ. 为了画 Γ 的上半部分, 只要先画出它在 xOy 面上的正投影 (这是上述圆) 和在 xOz 面上的正投影 (这是上述抛物线的一段), 然后利用前面所讲的原理, 就可画出曲线 Γ 的上半部分, 如图 1–3 所示.

从画曲线 Γ 的例子看到, 在研究空间图形时, 只要研究它分别在两个坐标面上的正投影就能确定这个空间图形的形状. 而空间图形在坐标面上的正投影是平面图形, 它们比较容易研究. 把这种思想运用到研究群的结构以及与群有关的问题上, 就是要去研究群的适当的同态映射. 这就引出了群表示论. 为了使读者能比较顺利地学习群表示论, 下面把群的同态映射的定义和性质作一个回顾.

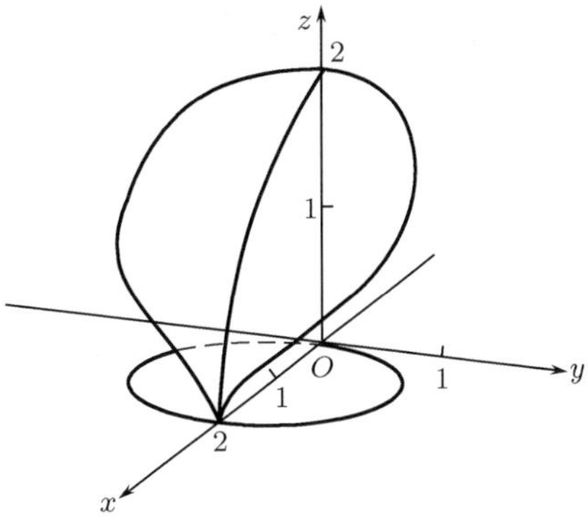

图 1–3

定义 2 设 G 和 G' 都是群, 如果 G 到 G' 有一个映射 σ, 使得

$$\sigma(ab) = \sigma(a)\sigma(b), \quad \forall a, b \in G,$$

那么称 σ 是 G 到 G' 的一个**同态映射**, 简称为**同态**.

设 $\sigma: G \to G'$ 是群同态.

若 σ 是单射, 则 σ 称为**单同态**.

若 σ 是满射, 则 σ 称为**满同态**.

若 σ 是双射, 则 σ 称为**同构**. 此时称群 G 与 G' 是**同构**的, 记作 $G \cong G'$.

由于群同态 σ 保持运算, 因此凭直觉猜测它有下列性质:

命题 3 设 $\sigma: G \to G'$ 是群同态, 则

(1) $\sigma(e) = e'$, 其中 e 和 e' 分别是 G 和 G' 的单位元;

(2) $\sigma(a^{-1}) = \sigma(a)^{-1}, \forall a \in G$;

(3) 若 $H < G$, 则 $\sigma(H) < G'$; 特别地, $\sigma(G) < G'$.

证明 请读者自己证明. □

从满射的定义立即得到, 群同态 $\sigma: G \to G'$ 是满射当且仅当 $\operatorname{Im}\sigma = G'$.

群同态 $\sigma: G \to G'$ 是单射的特征是什么? 此时只有 G 的单位元 e 的像是 e'. 由此受到启发, 引出下述概念.

定义 3 设 $\sigma: G \to G'$ 是群同态, 令

$$\operatorname{Ker}\sigma := \{a \in G | \sigma(a) = e'\}, \tag{5}$$

称 $\operatorname{Ker}\sigma$ 是 σ 的**核**.

容易直接验证, $\operatorname{Ker}\sigma$ 是 G 的一个子群.

命题 4 设 $\sigma: G \to G'$ 是群同态, 则 σ 是单射当且仅当 $\operatorname{Ker}\sigma = \{e\}$.

证明 必要性是显然的. 现在来证充分性. 设 $a, b \in G$ 使得 $\sigma(a) = \sigma(b)$, 则 $\sigma(a)\sigma(b)^{-1} = e'$. 从而 $\sigma(ab^{-1}) = e'$. 因此 $ab^{-1} \in \operatorname{Ker}\sigma$. 由于 $\operatorname{Ker}\sigma = \{e\}$, 因此 $ab^{-1} = e$. 从而 $a = b$. 这表明 σ 是单射. □

为了进一步研究 $\operatorname{Ker}\sigma$ 的性质, 我们首先引出群的子集的乘法这个概念.

设 H, L 都是群 G 的子集, 令

$$HL := \{hl | h \in H, l \in L\}. \tag{6}$$

特别地, 对于 $a \in G$, 有

$$aH = \{ah|h \in H\} = \{a\}H.$$

直接验证可得, 设 H, L, M 都是群 G 的子集, 则

$$(HL)M = H(LM), \tag{7}$$

即群 G 的子集的乘法满足结合律.

设 $\sigma : G \to G'$ 是群同态. 记 $K = \operatorname{Ker}\sigma$. 任取 $k \in K$, 由于 $\sigma(k) = e'$, 因此对任意 $g \in G$, 有

$$\sigma(gkg^{-1}) = \sigma(g)\sigma(k)\sigma(g^{-1}) = \sigma(g)e'\sigma(g)^{-1} = e'.$$

从而 $gkg^{-1} \in K, \forall g \in G$. 于是

$$gKg^{-1} \subseteq K, \quad \forall g \in G. \tag{8}$$

由 (8) 式立即得到

$$g^{-1}K(g^{-1})^{-1} \subseteq K, \quad \forall g \in G.$$

于是有

$$K \subseteq gKg^{-1}, \quad \forall g \in G. \tag{9}$$

从 (8) 和 (9) 式得到, $gKg^{-1} = K$. 于是我们证明了如下结论.

命题 5 设 $\sigma : G \to G'$ 是群同态, 则

$$g(\operatorname{Ker}\sigma)g^{-1} = \operatorname{Ker}\sigma, \quad \forall g \in G. \tag{10}$$

□

从命题 5 受到启发, 引出下述概念.

定义 4 设 H 是群 G 的一个子群, 如果

$$gHg^{-1} = H, \quad \forall g \in G,$$

那么称 H 是 G 的一个正规子群, 记作 $H \lhd G$.

容易证明: 设 $H < G$, 则对任意 $g \in G, gHg^{-1}$ 也是 G 的子群. gHg^{-1} 称为 H 的共轭子群. 于是从定义 4 立即得出如下结论.

命题 6 群 G 的子群 H 是正规子群当且仅当 H 的共轭子群都等于 H 自身.

从命题 5 的证明过程看出, 设 $H < G$, 如果对任意 $h \in H, g \in G$, 有 $ghg^{-1} \in H$, 那么 $H \lhd G$.

命题 5 表明, 设 $\sigma : G \to G'$ 是群同态, 则 $\operatorname{Ker}\sigma \lhd G$.

$\{e\}$ 和 G 都是群 G 的正规子群, 称它们是**平凡的正规子群**.

Abel 群的任一子群都是正规子群.

运用群的子集乘法的结合律立即得到如下结论.

命题 7 群 G 的子群 H 是正规子群当且仅当

$$aH = Ha, \quad \forall a \in G.$$

证明 $H \lhd G \Longleftrightarrow aHa^{-1} = H, \ \forall a \in H$

$$\Longleftrightarrow (aHa^{-1})a = Ha, \quad \forall a \in H$$

$$\Longleftrightarrow aH = Ha, \quad \forall a \in H.$$

□

设 N 是群 G 的正规子群, 由命题 7 得到, G 关于 N 的左商集 $(G/N)_l$ 与右商集 $(G/N)_r$ 相等. 从而就记成 G/N, 称它是 G 关于正规子群 N 的**商集**. 由于

$$(aN)(bN) = a(Nb)N = a(bN)N = ab(NN) = abN,$$

因此左商集 G/N 中可以定义乘法运算:

$$(aN)(bN) = abN,$$

称它为陪集的乘法. 容易验证, 它满足结合律, N 是单位元, aN 的逆元是 $a^{-1}N$, 因此 G/N 对于陪集的乘法成为一个群, 称它为 G 对于正规子群 N 的**商群**.

由 Lagrange 定理立即得到如下结论.

命题 8 设 G 是有限群, $N \lhd G$, 则

$$|G/N| = \frac{|G|}{|N|}.$$

证明 从 $|G| = |N|[G:N] = |N||G/N|$ 立即得到. □

群 G 与商群 G/N 之间有什么关系呢? 建立映射:

$$\begin{aligned} \pi : G &\to G/N \\ a &\mapsto aN. \end{aligned} \tag{11}$$

显然这是满射. 由于

$$\pi(ab) = abN = (aN)(bN) = \pi(a)\pi(b),$$

因此 π 是 G 到 G/N 的一个同态. 我们有

$$a \in \operatorname{Ker}\pi \iff \pi(a) = N \iff aN = N \iff a \in N.$$

因此 $\operatorname{Ker}\pi = N$. 于是我们证明了下述命题.

命题 9 设 N 是群 G 的一个正规子群, 令

$$\pi(a) = aN, \quad \forall a \in G,$$

则 π 是群 G 到商群 G/N 的一个满同态, 且 $\operatorname{Ker}\pi = N$.$\pi$ 称为**自然同态**.

命题 9 表明: 商群 G/N 是群 G 的同态像 $\operatorname{Im}\pi$. 反之, 群 G 的任一同态像 $\operatorname{Im}\sigma$ 与商群 $G/\operatorname{Ker}\sigma$ 有什么关系?

定理 4 (群同态基本定理) 设 $\sigma : G \to G'$ 是群同态, 则 $\operatorname{Ker}\sigma \lhd G$, 且

$$G/\operatorname{Ker}\sigma \cong \operatorname{Im}\sigma. \tag{12}$$

证明 由命题 5 知道 $\operatorname{Ker}\sigma \lhd G$. 记 $N = \operatorname{Ker}\sigma$. 令

$$\begin{aligned} \psi : G/\operatorname{Ker}\sigma &\to \operatorname{Im}\sigma \\ aN &\mapsto \sigma(a). \end{aligned} \tag{13}$$

由于

$$\begin{aligned} aN = bN &\iff b^{-1}a \in N \\ &\iff \sigma(b^{-1}a) = e' \\ &\iff \sigma(a) = \sigma(b), \end{aligned}$$

因此 ψ 是映射, 且 ψ 是单射. 显然 ψ 是满射. 从而 ψ 是双射. 对任意 $aN, bN \in G/N$, 有

$$\begin{aligned} \psi[(aN)(bN)] &= \psi(abN) = \sigma(ab) = \sigma(a)\sigma(b) \\ &= \psi(aN)\psi(bN). \end{aligned}$$

因此 ψ 是 $G/\operatorname{Ker}\sigma$ 到 $\operatorname{Im}\sigma$ 的一个同构. 从而

$$G/\operatorname{Ker}\sigma \cong \operatorname{Im}\sigma. \qquad \square$$

命题 9 表明: 群 G 关于正规子群 N 的商群 G/N 是 G 在自然同态 π 下的同态像. 定理 4 表明: 群 G 到任一群 G' 的同态像 $\operatorname{Im}\sigma$ 同构于商群 $G/\operatorname{Ker}\sigma$. 因此群 G 的同态像与群 G 的商群在本质上是一致的. 前面已指出: 几何空间中空间曲线 Γ 比较复杂, 而 Γ 在坐标面上的正投影是平面曲线, 可能比较简单, 把 Γ 在两个坐标面上的正投影画出来了, 就能画出曲线 Γ. 类似地, 群 G 的结构可能比较复杂, 而群 G 在适当同态下的像 (本质上是群 G 的商群) 有可能比较简单, 便于研究. 只要我们研究清楚了群 G 的适当多的同态像, 就有可能确定群 G 的结构. 这就是研究群 G 的结构的另一种途径: 去研究群 G 的同态像 (本质上是研究群 G 的商群). 研究群的同态还可以解决与群有关的许多问题. 下面举一个日常生活中的例子.

今天是星期四, 过了 369 天是星期几?

把这周的星期一对应到整数 1, 让时间长河与 $\mathbb{Z}$ 建立一个双射. 则今天是星期四可以写成 4. 于是

$$4+369=373,$$

373 被 7 除后余数是 2, 因此过了 369 天是星期二.

星期日、星期一、……、星期六对应的子集组成的集合是 $\mathbb{Z}$ 的一个划分:

$$\mathbb{Z}_7=\{\overline{0},\overline{1},\overline{2},\cdots,\overline{6}\}.$$

$\mathbb{Z}_7$ 对于模 7 剩余类的加法成为一个群. 从整数集 $\mathbb{Z}$ 的加法群到 $\mathbb{Z}_7$ 的加法群有一个映射:

$$\begin{aligned}\sigma:\mathbb{Z}&\to\mathbb{Z}_7\\ a&\mapsto\overline{a}.\end{aligned}$$

由于

$$\sigma(a+b)=\overline{a+b}=\overline{a}+\overline{b}=\sigma(a)+\sigma(b),$$

因此 σ 是加法群 $\mathbb{Z}$ 到加法群 $\mathbb{Z}_7$ 的一个同态. 利用这个同态, 上述日常生活中的问题也可以这么解:

$$\overline{4}+\overline{369}=\overline{4}+\overline{5}=\overline{2},$$

从而过了 369 天是星期二.

一般地, 设 m 是大于 1 的整数, $\mathbb{Z}_m$ 对于模 m 剩余类的加法成为一个群, 从 $\mathbb{Z}$ 的加法群到 $\mathbb{Z}_m$ 的加法群有一个同态 $\sigma: a\mapsto\overline{a}$. 显然 σ 是满同态, 因此 $\operatorname{Im}\sigma=\mathbb{Z}_m$. 由于

$$a\in\operatorname{Ker}\sigma\Leftrightarrow\sigma(a)=\overline{0}\Leftrightarrow\overline{a}=\overline{0}\Leftrightarrow a=lm, l\in\mathbb{Z},$$

因此 $\operatorname{Ker}\sigma=m\mathbb{Z}$. 从而根据群同态基本定理得

$$\mathbb{Z}/m\mathbb{Z}\cong\mathbb{Z}_m.$$

习题 1.1

1. 设 f 是实数域的加法群 $\mathbb{R}$ 到非零复数乘法群 $\mathbb{C}^*$ 的一个映射: $f(x)=\mathrm{e}^{2\pi\,\mathrm{i}x}$, $\forall x\in\mathbb{R}$.

(1) 证明 f 是一个同态;

(2) 求 $\operatorname{Ker}f$ 和 $\operatorname{Im}f$;

(3) 用 C 表示复平面上的单位圆, 它对于复数乘法成为一个群. 证明: $\mathbb{R}/\mathbb{Z}\cong C$.

2. 设 ψ 是乘法群 $\mathbb{C}^*$ 到自身的一个映射: $\psi(z)=\dfrac{z}{|z|}, \forall z\in\mathbb{C}^*$.

(1) 证明 ψ 是一个同态;

(2) 求 $\operatorname{Ker}\psi$ 和 $\operatorname{Im}\psi$;

(3) 证明: $\mathbb{C}^*/\mathbb{R}^+\cong C$, 其中 $\mathbb{R}^+$ 是正实数集, C 是复平面上的单位圆.

3. 设 F 是一个域, 单位元记作 1. 用 $\mathrm{SL}_n(F)$ 表示行列式为 1 的所有 n 阶矩阵组成的集合, 证明: $\mathrm{SL}_n(F)\lhd \mathrm{GL}_n(F)$, 且

$$\mathrm{GL}_n(F)/\mathrm{SL}_n(F)\cong F^*,$$

其中 F^* 是 F 的非零元组成的乘法群.

§2 群的线性表示的定义和例

设 V 是域 K 上的线性空间, V 上所有可逆线性变换组成的乘法群记作 $\mathrm{GL}(V)$.

定义 1 设 G 是一个群, $V\neq\{0\}$ 是域 K 上的一个线性空间. G 到 $\mathrm{GL}(V)$ 的一个群同态 φ 称为 G 在域 K 上的一个**线性表示** (简称为 K-表示或者表示). V 称为**表示空间**. 若 V 是有限维的, 则 V 的维数 $\dim_K V$ 称为表示的**次数** (或维数), 记作 $\deg\varphi$; 若 V 是无限维的, 则称 φ 是 G 的无限维表示.

从定义 1 看出, 群 G 的一个线性表示是由表示空间 V 和群同态 φ 组成的二元组 (φ,V), 它使得

$$\varphi(g)\in\mathrm{GL}(V),\quad \forall g\in G;$$
$$\varphi(gh)=\varphi(g)\varphi(h),\quad \forall g,h\in G;$$
$$\varphi(e)=1_V,$$

其中 e 是 G 的单位元, 1_V 是 V 上的恒等变换.

利用群 G 的适当多的线性表示可以获取群 G 的结构的信息以及解决与群有关的问题. 群 G 在线性表示 φ 下的像是 $\mathrm{GL}(V)$ 的子群, 它比较容易研究. 群 G 的线性表示 φ 的核是 G 的正规子群, 从而可利用 φ 的核来研究群 G 的结构.

设 (φ,V) 是群 G 的一个线性表示.

若 $\operatorname{Ker}\varphi=\{e\}$ (即 φ 是单射), 则称表示 φ 是**忠实的**.

若 $\operatorname{Ker}\varphi=G$, 则称表示 φ 是**平凡的**.

群 G 的 1 次平凡表示称为 G 的**主表示**或**单位表示**, 记作 1_G 或 φ_0.

设 V 是域 K 上的 n 维线性空间, 则 $\mathrm{GL}(V)\cong\mathrm{GL}_n(K)$. 于是从群 G 到 $\mathrm{GL}(V)$ 的一个同态 φ 可得到 G 到 $\mathrm{GL}_n(K)$ 的一个同态, 记作 Φ. 由此引出下述概念.

定义 2 群 G 到 $\mathrm{GL}_n(K)$ 的一个群同态 Φ 称为 G 在域 K 上的一个 n 次**矩阵表示**.

在 V 中取定一个基后, V 上的每一个可逆线性变换对应于一个 n 阶可逆矩阵.若给了群 G 的一个 n 次线性表示 (φ, V), 把 $\varphi(g)$ 在 V 的这个基下的矩阵记作 $\Phi(g)$, 则

$$\Phi: G \to \mathrm{GL}_n(K)$$

$$g \mapsto \Phi(g)$$

是 G 的一个 n 次矩阵表示, 称 Φ 是由 φ 提供的.

本书中用小写希腊字母 $\varphi, \psi, \cdots$ 作为线性表示的符号,用大写希腊字母 $\Phi, \Psi, \cdots$ 作为相应的矩阵表示的符号(对于 V 中给定的一个基).

群 G 可以有许多线性表示, 什么样的线性表示在本质上是相同的?首先表示空间应该是同构的, 其次表示 (即群同态) 之间应当有密切联系. 由此引出下述概念.

定义 3 群 G 在域 K 上的两个线性表示 (φ, V) 和 (ψ, W) 称为是**等价的** (或**同构**), 如果存在线性空间的一个同构 $\sigma: V \to W$, 使得对任意 $g \in G$, 下图可交换:

$$\begin{array}{ccc} V & \xrightarrow{\sigma} & W \\ {\scriptstyle \varphi(g)}\downarrow & & \downarrow{\scriptstyle \psi(g)} \\ V & \xrightarrow{\sigma} & W \end{array}$$

即

$$\psi(g)\sigma = \sigma\varphi(g), \quad \forall g \in G. \tag{1}$$

此时记作 $\varphi \approx \psi$. 若 φ 与 ψ 不等价, 则记作 $\varphi \not\approx \psi$.

容易验证, 线性表示的等价具有反身性, 对称性, 传递性. 从而线性表示的等价是群 G 在域 K 上的所有线性表示组成的集合上的一个等价关系.

由定义 3 自然而然地引出了群 G 的两个矩阵表示等价的概念.

定义 4 群 G 在域 K 上的两个矩阵表示 Φ 和 Ψ 称为是**等价的** (记作 $\Phi \approx \Psi$), 如果它们有相同的次数并且存在域 K 上一个可逆矩阵 S, 使得

$$\Psi(g) = S\Phi(g)S^{-1}, \quad \forall g \in G. \tag{2}$$

命题 1 群 G 的两个有限维线性表示 (φ, V) 和 (ψ, W) 等价当且仅当它们提供的矩阵表示 Φ 和 Ψ 等价.

证明 必要性. 在 V 中取一个基 $\alpha_1, \alpha_2, \cdots, \alpha_n$, 在 W 中取一个基 $\eta_1, \eta_2, \cdots, \eta_n$. 由于 $\varphi \approx \psi$, 因此存在线性空间的同构 $\sigma: V \to W$, 使得

$$\psi(g)\sigma = \sigma\varphi(g), \quad \forall g \in G.$$

设

$$\sigma(\alpha_1, \alpha_2, \cdots, \alpha_n) = (\eta_1, \eta_2, \cdots, \eta_n)S,$$

$$\varphi(g)(\alpha_1, \alpha_2, \cdots, \alpha_n) = (\alpha_1, \alpha_2, \cdots, \alpha_n)\Phi(g),$$

$$\psi(g)(\eta_1, \eta_2, \cdots, \eta_n) = (\eta_1, \eta_2, \cdots, \eta_n)\Psi(g).$$

根据 [28] 第 376 页的例 27 得 $\Psi(g)S = S\Phi(g)$. 因此

$$\Psi(g) = S\Phi(g)S^{-1}, \quad \forall g \in G.$$

从而

$$\Phi \approx \Psi.$$

充分性. 建立 V 到 W 的一个线性映射 σ, 使得

$$\sigma(\alpha_1,\alpha_2,\cdots,\alpha_n)=(\eta_1,\eta_2,\cdots,\eta_n)S.$$

由于 S 是可逆矩阵, 因此 σ 是 V 到 W 的一个同构. 由于 $\Psi(g)S=S\Phi(g)$, 因此

$$\psi(g)\sigma=\sigma\varphi(g),\quad \forall g\in G.$$

从而

$$\varphi\approx\psi.$$

□

群 G 的有限维线性表示 (φ,V) 与它提供的矩阵表示 Φ 实质上是一样的, 只是前者用线性变换的语言, 后者用矩阵的语言. 线性变换的语言具有几何直观, 而矩阵的语言便于计算. 今后我们将自由地采用线性变换的语言或矩阵的语言.

采用矩阵的语言, 群 G 的 1 次 K-表示 Φ 是 G 到域 K 的非零元组成的乘法群 K^* 的一个同态, 于是群 G 的 1 次 K-表示 Φ 是定义域为 G、陪域为 K^* 的一个映射, 即 G 上的 K^* 值函数, 它满足:

$$\Phi(gh)=\Phi(g)\Phi(h),\quad \forall g,h\in G,$$

$$\Phi(e)=1,$$

其中 e 是群 G 的单位元, 1 是域 K 的单位元.

特别地, 群 G 的主表示 1_G 是 G 上的 K^* 值函数, 它使得

$$1_G(g)=1,\quad \forall g\in G.$$

设 Φ 与 Ψ 是群 G 的两个 1 次 K-表示, 则

$$\begin{aligned}\Phi\approx\Psi &\Longleftrightarrow \text{存在 } s\in K^*, \text{ 使得 } \Psi(g)=s\Phi(g)s^{-1},\quad \forall g\in G\\ &\Longleftrightarrow \Psi(g)=\Phi(g),\quad \forall g\in G\\ &\Longleftrightarrow \Psi=\Phi,\end{aligned}$$

即群 G 的两个 1 次 K-表示等价当且仅当它们作为映射是相等的.

例 1 找出实数域的加法群 $(\mathbb{R},+)$ 的 1 次实表示.

解 $(\mathbb{R},+)$ 的 1 次实表示 f 是 $(\mathbb{R},+)$ 到乘法群 $\mathbb{R}^*$ 的一个映射, 且满足

$$f(t+u)=f(t)f(u),\quad \forall t,u\in\mathbb{R}.$$

由此联想到指数函数 $y=\mathrm{e}^x$ 具有这些性质. 进一步地, 对于任意给定的 $a\in\mathbb{R}$, 令

$$f_a(x)=\mathrm{e}^{ax},\quad \forall x\in\mathbb{R}.$$

则 f_a 是 $\mathbb{R}$ 到 $\mathbb{R}^*$ 的一个映射, 且使得对任意 $t,u\in\mathbb{R}$, 有

$$f_a(t+u)=\mathrm{e}^{a(t+u)}=\mathrm{e}^{at}\,\mathrm{e}^{au}=f_a(t)f_a(u).$$

因此 f_a 是 $(\mathbb{R},+)$ 的一个 1 次实表示. 由此得到 $(\mathbb{R},+)$ 的无穷多个 1 次实表示 (对每一个实数 a, 都有 $(\mathbb{R},t)$ 的一个 1 次实表示 f_a).

还有哪些可微函数是 $(\mathbb{R},+)$ 的 1 次实表示? 设 f 是 $(\mathbb{R},+)$ 的 1 次实表示, 则 $\forall t,u\in\mathbb{R}$, 有

$$f(t+u)=f(t)f(u).$$

两边对 u 求导数, 得

$$f'(t+u)=f(t)f'(u),\quad \forall t,u\in\mathbb{R}.$$

令 $u=0$, 得

$$f'(t)=f(t)f'(0),\quad \forall t\in\mathbb{R}.$$

记 $f'(0)=a$. 则

$$f'(t)=af(t), \quad \forall t\in\mathbb{R}.$$

上述微分方程的一般解是

$$f(t)=C\mathrm{e}^{at}, \quad \forall t\in\mathbb{R}.$$

令 $t=0$, 得 $C=f(0)$. 由于 f 是 $(\mathbb{R},t)$ 到乘法群 $\mathbb{R}^*$ 的同态, 因此 $f(0)=1$. 从而 $C=1$. 因此

$$f(t)=\mathrm{e}^{at}, \quad \forall t\in\mathbb{R}.$$

这表明 $(\mathbb{R},+)$ 到乘法群 R^* 的可微群同态必定是指数型函数 $f(x)=\mathrm{e}^{ax}$, 其中 $a\in\mathbb{R}$.

例 2 找出 $(\mathbb{R},+)$ 的 1 次复表示.

解 类比例 1, 任意给定一个复数 a, 考虑 $(\mathbb{R},+)$ 到乘法群 $\mathbb{C}^*$ 的映射:

$$f_a(x)=\mathrm{e}^{\mathrm{i}ax}, \quad \forall x\in\mathbb{R}.$$

由于对任意 $t,u\in\mathbb{R}$, 有

$$f_a(t+u)=\mathrm{e}^{\mathrm{i}a(t+u)}=\mathrm{e}^{\mathrm{i}at}\mathrm{e}^{\mathrm{i}au}=f_a(t)f_a(u),$$

因此 f_a 是 $(\mathbb{R},+)$ 的一个 1 次复表示.

设 $a=a_1+a_2\mathrm{i}, a_1,a_2\in\mathbb{R}$, 且 $a_1\neq 0$, 则

$$\mathrm{e}^{\mathrm{i}ax}=\mathrm{e}^{\mathrm{i}(a_1+a_2\mathrm{i})x}=\mathrm{e}^{-a_2x}\mathrm{e}^{\mathrm{i}a_1x}.$$

于是 $|\mathrm{e}^{\mathrm{i}ax}|=\mathrm{e}^{-a_2x}$. 从而

$$\begin{aligned}
&\text{对任意 } x\in\mathbb{R}, |f_a(x)|=1\\
\Longleftrightarrow\ &\text{对任意 } x\in\mathbb{R}, \mathrm{e}^{-a_2x}=1\\
\Longleftrightarrow\ &a_2=0\\
\Longleftrightarrow\ &a\in\mathbb{R}.
\end{aligned}$$

由此得出, $\operatorname{Im} f_a$ 是复平面上的单位圆当且仅当 a 是非零实数.

从例 2 求出的 $(\mathbb{R},+)$ 的无穷多个 1 次复表示有重要应用.

令 $L^2(0,2\pi)$ 表示在区间 $[0,2\pi]$ 上定义的所有可测且满足

$$\int_0^{2\pi}|f(x)|^2\,\mathrm{d}x<+\infty$$

的复值函数组成的集合, 假定 $L^2(0,2\pi)$ 中的函数可以周期地延拓到实数集 $\mathbb{R}$ 上. 于是 $L^2(0,2\pi)$ 中的函数的定义域为 $\mathbb{R}$. 不难证明 $L^2(0,2\pi)$ 是复数域上的一个线性空间, 称它为 2π 周期的模平方可积函数空间. 在 $L^2(0,2\pi)$ 中规定

$$(f,g):=\frac{1}{2\pi}\int_0^{2\pi}f(x)\overline{g(x)}\,\mathrm{d}x. \tag{3}$$

可以证明 (f,g) 是复线性空间 $L^2(0,2\pi)$ 上的一个内积 (证明可以参看 [28] 第 700 页的例 1). 从而 $L^2(0,2\pi)$ 成为一个酉空间. 在例 2 求出的 $(\mathbb{R},+)$ 的 1 次复表示中, 取 a 为整数 n, 则

$$(f_n,f_n)=\frac{1}{2\pi}\int_0^{2\pi}\mathrm{e}^{\mathrm{i}nx}\mathrm{e}^{-\mathrm{i}nx}\,\mathrm{d}x=1.$$

直接计算可得, 当 $n \neq m$ 时, 有

$$\begin{aligned}(f_n, f_m) &= \frac{1}{2\pi}\int_0^{2\pi} \mathrm{e}^{\,\mathrm{i}nx}\,\mathrm{e}^{-\,\mathrm{i}mx}\,\mathrm{d}x \\ &= \frac{1}{2\pi}\left[\int_0^{2\pi}\cos(n-m)x\,\mathrm{d}x + \mathrm{i}\int_0^{2\pi}\sin(n-m)x\,\mathrm{d}x\right] \\ &= 0.\end{aligned}$$

因此 $(\mathbb{R},+)$ 的下述 1 次复表示

$$\cdots, f_{-2}, f_{-1}, f_0, f_1, f_2, \cdots$$

是酉空间 $L^2(0,2\pi)$ 的一个正交规范集. 可以证明: $L^2(0,2\pi)$ 中的任何一个函数 f 都可以表示成这个正交规范集里的无限多个函数的线性组合:

$$f(x) = \sum_{n=-\infty}^{+\infty} c_n\,\mathrm{e}^{\,\mathrm{i}nx}, \tag{4}$$

其中常数 c_n 为

$$c_n = \frac{1}{2\pi}\int_0^{2\pi} f(x)\,\mathrm{e}^{-\,\mathrm{i}nx}\,\mathrm{d}x. \tag{5}$$

在公式 (4) 中, 级数的收敛是指

$$\lim_{M,N\to\infty}\int_0^{2\pi}\left|f(x) - \sum_{n=-M}^{N} c_n\,\mathrm{e}^{\,\mathrm{i}nx}\right|^2\mathrm{d}x = 0. \tag{6}$$

(4) 式中右端的级数称为 Fourier 级数, c_n 称为 f 的 Fourier 系数. (4) 式称为 $L^2(0,2\pi)$ 中的函数 f 的 Fourier 展开. 由此可见 (根据第六章 §9 的命题 26) $(\mathbb{R},+)$ 的 1 次复表示

$$\cdots, f_{-2}, f_{-1}, f_0, f_1, f_2, \cdots$$

是 $L^2(0,2\pi)$ 的一个标准正交基. 从这里看到: $(\mathbb{R},+)$ 的上述无穷多个 1 次复表示在 Fourier 分析中起着关键作用. Fourier 分析在信号分析、图像处理、物理学等科学与技术的众多领域中起着基本的作用.

例 3 求 $(\mathbb{R},+)$ 的一个 2 次实矩阵表示.

解 令

$$\varPhi(t) = \begin{pmatrix}\cos t & -\sin t\\ \sin t & \cos t\end{pmatrix}, \quad \forall t \in \mathbb{R}.$$

直接计算得

$$\begin{aligned}\varPhi(t)\varPhi(u) &= \begin{pmatrix}\cos t & -\sin t\\ \sin t & \cos t\end{pmatrix}\begin{pmatrix}\cos u & -\sin u\\ \sin u & \cos u\end{pmatrix} \\ &= \begin{pmatrix}\cos(t+u) & -\sin(t+u)\\ \sin(t+u) & \cos(t+u)\end{pmatrix} \\ &= \varPhi(t+u).\end{aligned}$$

因此 $\varPhi$ 是 $(\mathbb{R},+)$ 的一个 2 次实矩阵表示.

例 4 求 $(\mathbb{R},+)$ 的一个 n 次实表示.

解 首先找一个 n 维实线性空间 V. 取 $V=\mathbb{R}_n[x]$, 它是由实数域上的次数小于 n 的所有一元多项式组成的集合, 它对于多项式的加法与数量乘法成为一个 n 维实线性空间. 其次找 $\mathbb{R}$ 到 $\mathrm{GL}(V)$ 的一个映射, 使它保持运算. 任意给定一个实数 a, 要让它对应于 V 上的一个可逆线性变换 $\boldsymbol{T}_a$, 这个 $\boldsymbol{T}_a$ 是什么样子? 由于 $\boldsymbol{T}_a$ 把次数小于 n 的多项式映成次数小于 n 的多项式, 因此猜测可以令 $\boldsymbol{T}_a$ 为

$$\begin{aligned}\boldsymbol{T}_a:\mathbb{R}_n[x]&\to\mathbb{R}_n[x]\\ f(x)&\mapsto f(x+a).\end{aligned}$$

显然, $\boldsymbol{T}_a$ 是一个映射. $\boldsymbol{T}_a$ 的实质是把不定元 x 用 $x+a$ 代入. 根据 [28] 中 7.1 节讲的一元多项式环的通用性质 (第 5—7 页), $\boldsymbol{T}_a$ 保持加法运算, 并保持乘法运算 (从而保持数量乘法运算), 因此 $\boldsymbol{T}_a$ 是 $\mathbb{R}_n[x]$ 上的一个线性变换. 容易看出, $\boldsymbol{T}_{-a}$ 是 $\boldsymbol{T}_a$ 的逆变换. 因此 $\boldsymbol{T}_a\in\mathrm{GL}(V)$. 于是令

$$\begin{aligned}\varphi:(\mathbb{R},+)&\to\mathrm{GL}(V)\\ a&\mapsto\boldsymbol{T}_a.\end{aligned}$$

由于对任意 $a,b\in\mathbb{R}$, 任意 $f(x)\in\mathbb{R}_n[x]$, 有

$$\begin{aligned}&\varphi(a+b)(f(x))=\boldsymbol{T}_{a+b}(f(x))=f(x+(a+b))\\ =\ &f((x+b)+a)=\boldsymbol{T}_a(f(x+b))=\boldsymbol{T}_a(\boldsymbol{T}_b(f(x)))\\ =\ &(\boldsymbol{T}_a\boldsymbol{T}_b)(f(x))=[\varphi(a)\varphi(b)](f(x)),\end{aligned}$$

因此
$$\varphi(a+b)=\varphi(a)\varphi(b).$$
从而 φ 是 $(\mathbb{R},+)$ 的一个 n 次实表示.

有没有一般的方法构造任意一个群的任意 n 次 K-表示?

群的概念源自研究图形的对称性. 例如, 正三角形有三条对称轴 (它们分别是三条边上的垂直平分线), 它们相交于一点 O, 称点 O 是正三角形的中心. 绕点 O 旋转 $120°$ 或 $240°$, 正三角形变成与它自己重合的图形, 简称为正三角形 (作为点集) 保持不变. 作关于对称轴 l_i 的反射, 正三角形也保持不变 $(i=1,2,3)$. 用 σ 表示平面上绕点 O 转角为 $120°$ 的旋转, τ_i 表示关于直线 l_i 的轴反射, I 表示平面的恒等变换, 令

$$G=\{I,\sigma,\sigma^2,\tau_1,\tau_2,\tau_3\},$$

则 G 中每个元素都保持正三角形不变, 如图 1–4 所示. 反之, 设平面上的变换 γ 保持正三角形不变, 则 γ 保持平面上面点的距离不变. 从而 γ 是平面上的一个正交 (点) 变换. 根据 [29] 第 205 页的定理 6.4, 正交 (点) 交换或者是平移, 或者是旋转, 或者是反射, 或者是它们之间的乘积. 由于 γ 让点 O 保持不动, 因此 γ 不可能是平移. γ 只可能是绕点 O 的旋转, 或者是关于过点 O 的直线的反射, 或者是它们的乘积. 图 1–4 中的正三角形顶点的有序组 $A_1A_2A_3$ 成逆时针方向. 绕点 O 的旋转使 $A_1A_2A_3$ 仍成逆时针方向; 而关于过点 O 的直线的反射, 或者旋转与反射的乘积 ϕ, 使 $A_1A_2A_3$ 成顺时针方向. 由此可证得

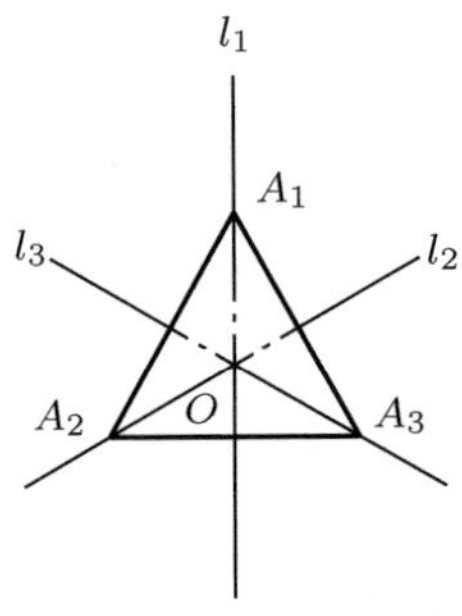

图 1–4

$\gamma \in G$. 容易证明 G 关于映射的乘法封闭, 进而证明 G 是一个群, 称 G 是正三角形的对称 (性) 群.

一般地, 平面上 (或空间中) 的变换如果把平面 (或空间) 图形 Γ 变成与它自己重合的图形, 那么称这个变换是**图形 Γ 的对称 (性) 变换**: Γ 的所有对称 (性) 变换组成的集合 G, 对于映射的乘法成为一个群, 称 G 是**图形 Γ 的对称 (性) 群**.

从正三角形的对称 (性) 群 G 看到, 设 Ω 是正三角形 $A_1A_2A_3$ 的所有点组成的集合, 则对于任意点 $P \in \Omega$, 任意 $a \in G$, 有 $a(P) \in \Omega$; 对于任意 $a, b \in G$, 有

$$(ab)(P) = a(b(P));$$

还有 $I(P) = P$. 很自然地, 称群 G 在集合 Ω 上有一个作用. 由此受到启发, 引出下述概念.

定义 5 设 G 是一个群, G 的单位元记作 e; Ω 是一个非空集合. 如果 $G \times \Omega$ 到 Ω 有一个映射: $(a, x) \mapsto a \circ x$, 满足

$$(ab) \circ x = a \circ (b \circ x), \quad \forall a, b \in G, \quad \forall x \in \Omega;$$

$$e \circ x = x, \quad \forall x \in \Omega,$$

那么称群 G 在集合 Ω 上有一个**作用** (action).

如果群 G 在一个 n 元集合 $\Omega = \{x_1, x_2, \cdots, x_n\}$ 上有一个作用, 那么我们可以按下述方法构造出 G 的一个 n 次 K-表示

首先要构造一个域 K 上的 n 维线性空间 V. 令 V 是所有形式和

$$a_1x_1 + a_2x_2 + \cdots + a_nx_n, \quad a_i \in K(i = 1, 2, \cdots, n)$$

组成的集合. V 中两个元素 $\sum\limits_{i=1}^{n} a_ix_i$ 与 $\sum\limits_{i=1}^{n} b_ix_i$ 称为是**相等**的, 如果 $a_i = b_i, i = 1, 2, \cdots, n$. 在 V 中规定

$$\sum_{i=1}^{n} a_ix_i + \sum_{i=1}^{n} b_ix_i := \sum_{i=1}^{n} (a_i + b_i)x_i,$$

$$k\left(\sum_{i=1}^{n} a_ix_i\right) := \sum_{i=1}^{n} (ka_i)x_i, \quad \forall k \in K.$$

于是 V 有了加法运算与纯量乘法运算. 容易验证 V 成为域 K 上的一个线性空间. 我们把

$$0x_1 + \cdots + 0x_{i-1} + 1x_i + 0x_{i+1} + \cdots + 0x_n$$

与 x_i 等同, 则容易验证 $x_1, x_2, \cdots, x_n$ 成为 V 的一个基. 从而 $\dim_K V = n$.

其次要构造群 G 到 $\mathrm{GL}(V)$ 的一个同态映射 φ. 令

$$\varphi(g)\left(\sum_{i=1}^{n} a_ix_i\right) := \sum_{i=1}^{n} a_i(g \circ x_i), \quad \forall g \in G,$$

则 $\varphi(g)$ 是 V 到自身的一个映射. 由于

$$\varphi(g)\left(\sum_{i=1}^{n} a_ix_i + \sum_{i=1}^{n} b_ix_i\right) = \varphi(g)\sum_{i=1}^{n} (a_i + b_i)x_i$$

$$
\begin{aligned}
&= \sum_{i=1}^{n}(a_i+b_i)(g\circ x_i)\\
&= \varphi(g)\left(\sum_{i=1}^{n}a_ix_i\right)+\varphi(g)\left(\sum_{i=1}^{n}b_ix_i\right),\\
\varphi(g)\left(k\sum_{i=1}^{n}a_ix_i\right) &= \varphi(g)\left(\sum_{i=1}^{n}(ka_i)x_i\right)\\
&= \sum_{i=1}^{n}(ka_i)(g\circ x_i)\\
&= k\varphi(g)\left(\sum_{i=1}^{n}a_ix_i\right),
\end{aligned}
$$

因此 $\varphi(g)$ 是 V 上的一个线性变换. 由于对于 $i=1,2,\cdots,n$, 有

$$[\varphi(g)\varphi(g^{-1})]x_i = g\circ(g^{-1}\circ x_i) = (gg^{-1})\circ x_i = e\circ x_i = x_i,$$

因此 $g(g)\varphi(g^{-1}) = \mathbf{1}_V, \forall g\in G$. 从而 $\varphi(g^{-1})$ 是 $\varphi(g)$ 的逆变换. 因此 $\varphi(g)\in \mathrm{GL}\,(V)$. 由于对任意 $g,h\in G$, 有

$$\varphi(gh)x_i = (gh)\circ x_i = g\circ(h\circ x_i) = \varphi(g)\varphi(h)x_i, \quad i=1,2,\cdots,n.$$

因此 $\varphi(gh)=\varphi(g)\varphi(h), \forall g,h\in G$. 从而 φ 是 G 到 $\mathrm{GL}\,(V)$ 的一个同态. 于是 φ 是群 G 的一个 n 次 K-表示.

利用群 G 在 n 元集合 Ω 上的一个作用, 用上述方法构造的 G 的一个 n 次 K-表示 φ 称为 G 在域 K 上的一个 n **次置换表示**. 对于 V 的上述基 $x_1,x_2,\cdots,x_n,\varphi$ 提供的矩阵表示 Φ 使得对于每个 $g\in G$ 都有 $\Phi(g)$ 是 n **阶置换矩阵**, 即每行每列恰有一个元素是 1, 其余元素全为 0 的矩阵.

利用群 G 在有限集上的作用来构造 G 的置换表示是构造群的线性表示的一般方法.

设 G 是一个群, 令

$$
\begin{aligned}
G\times G &\to G\\
(g,x) &\mapsto gx,
\end{aligned}
$$

容易验证这是群 G 在集合 G 上的一个作用, 称它为群 G 在集合 G 上的**左平移**.

设 G 是有限群. 利用群 G 在集合 G 上的左平移, 构造出的 G 在域 K 上的置换表示称为 G 的**正则 K-表示** (简称为 G 的**正则表示**), 记作 ρ. ρ 的表示空间是

$$\left\{\sum_{g\in G}a_gg \,\middle|\, a_g\in K\right\} =: K[G],$$

ρ 的次数等于群 G 的阶 $|G|$. 由于

$$
\begin{aligned}
g\in \mathrm{Ker}\,\rho &\Longleftrightarrow \rho(g)=1_{K[G]}\\
&\Longrightarrow \rho(g)e=e \Longrightarrow ge=e \Longrightarrow g=e,
\end{aligned}
$$

因此 $\mathrm{Ker}\,\rho=\{e\}$, 即 G 的正则表示 ρ 是忠实的.

有限群的正则表示在研究有限群的表示的结构中起着基本重要的作用.

有限集 Ω 到自身的一个双射叫做 Ω 的一个**置换**. 设 Ω 含有 n 个元素, 不妨设 $\Omega=\{1,2,\cdots,n\}$, 这时 Ω 的一个置换称为 n **元置换**. Ω 的所有 n 元置换组成的集合对于映射的乘法成为一个群, 称为 n **元对称群**, 记作 S_n. n 元置换 σ 通常写成下述形式:

$$\sigma=\begin{pmatrix}1 & 2 & \cdots & n\\ a_1 & a_2 & \cdots & a_n\end{pmatrix},$$

其中$a_1a_2\cdots a_n$ 是 $1,2,\cdots,n$ 的一个全排列 (称为 n **元排列**). 由于 n 元排列的总数为 $n!$, 因此 $|S_n|=n!$.

任何一个非单位元的 n 元置换 σ 都能表示成一些两两不相交的轮换的乘积, 并且除了轮换的排列次序外, 表示法是唯一的 (证明可看 [24] 第 20 页定理 1). 例如, 4 元置换

$$\sigma=\begin{pmatrix}1 & 2 & 3 & 4\\ 4 & 3 & 2 & 1\end{pmatrix}=(14)(23).$$

例 5 求 3 元对称群 S_3 在数域 K 上的 3 次置换矩阵表示.

解 S_3 在集合 $\Omega=\{1,2,3\}$ 上有一个自然的作用:

$$(\sigma,i)\mapsto\sigma(i),\quad \forall\sigma\in S_3,\quad i=1,2,3.$$

由这个作用构造的 S_3 的 3 次置换表示记作 φ. S_3 的 6 个元素为

$$(1),(12),(13),(23),(123),(132).$$

可以证明 S_3 可以由 (12), (123) 生成 (可以利用 [24] 第 38 页习题 1.2 第 5 题的结论, 也可以直接计算而得), 因此先来求 $\varPhi((12))$ 和 $\varPhi((123))$. 由于

$$\varphi((12))(1)=2,\quad \varphi((12))(2)=1,\quad \varphi((12))(3)=3;$$

$$\varphi((123))(1)=2,\quad \varphi((123))(2)=3,\quad \varphi((123))(3)=1,$$

因此

$$\varPhi((12))=\begin{pmatrix}0 & 1 & 0\\ 1 & 0 & 0\\ 0 & 0 & 1\end{pmatrix},\quad \varPhi((123))=\begin{pmatrix}0 & 0 & 1\\ 1 & 0 & 0\\ 0 & 1 & 0\end{pmatrix}.$$

由于 $(13)=(123)(12),(23)=(12)(123),(132)=(123)^{-1}$, 因此

$$\varPhi((13))=\varPhi((123))\varPhi((12))=\begin{pmatrix}0 & 0 & 1\\ 0 & 1 & 0\\ 1 & 0 & 0\end{pmatrix},$$

$$\varPhi((23))=\varPhi((12))\varPhi((123))=\begin{pmatrix}1 & 0 & 0\\ 0 & 0 & 1\\ 0 & 1 & 0\end{pmatrix},$$

$$\varPhi((132))=\varPhi((123))^{-1}=\begin{pmatrix}0 & 1 & 0\\ 0 & 0 & 1\\ 1 & 0 & 0\end{pmatrix}.$$

$$\Phi((1)) = I,$$

其中 I 是 3 阶单位矩阵.

例 6 求 n 元对称群 S_n 在数域 K 上的 n 次置换矩阵表示.

解 S_n 在集合 $\Omega = \{1, 2, \cdots, n\}$ 上有自然的作用:

$$(\sigma, i) \mapsto \sigma(i), \quad i = 1, 2, \cdots, n.$$

由这个作用构造的 S_n 的 n 次置换表示 φ 使得

$$\varphi(\sigma)(1) = \sigma(1), \quad \varphi(\sigma)(2) = \sigma(2), \cdots, \varphi(\sigma)(n) = \sigma(n).$$

从而

$$\Phi(\sigma) = E_{\sigma(1),1} + E_{\sigma(2),2} + \cdots + E_{\sigma(n),n}, \quad \forall \sigma \in S_n,$$

其中 E_{ij} 是 (i, j) 元为 1, 其余元全为 0 的 n 阶矩阵.

有理数域上的 n 次多项式 $x^n - 1$ 的复根称为 n 次单位根, 恰好有 n 个 n 次单位根, 它们两两不等, 分别为

$$1, \xi, \xi^2, \cdots, \xi^{n-1},$$

其中 $\xi = \mathrm{e}^{\mathrm{i}\frac{2\pi}{n}}$. 令

$$U_n = \{1, \xi, \xi^2, \cdots, \xi^{n-1}\},$$

显然, U_n 对于复数的乘法成为一个群, 称 U_n 是复数域上的 n 次单位根群. U_n 的元素都可以写成 ξ^i 的形式, ξ 称为一个**本原 n 次单位根**.

整数集 $\mathbb{Z}$ 对于加法成一个群. 每一个整数 k 都可以写成 1 的倍数 $k1$ 的形式.

由上述两个例子等引出下述概念.

定义 6 如果群 G 中有一个元素 a, 使得 G 的每一个元素都能写成 a 的幂 a^i 的形式 (当 G 的运算记成乘法), 或者写成 a 的 "倍数" ka 的形式 (当 G 的运算记成加法), 那么称 G 是**循环群**, a 称为 G 的**一个生成元**, 此时可以把 G 记成 $\langle a \rangle$.

复数域上的 n 次单位根群 U_n 是 n 阶循环群, 它的一个生成元是 $\xi = \mathrm{e}^{\mathrm{i}\frac{2\pi}{n}}$.

整数加群 $(\mathbb{Z}, +)$ 是无限循环群, 1 是它的一个生成元.

循环群一定是 Abel 群.

在 U_n 中, $\xi^n = 1$, 而当 $0 < l < n$ 时, $\xi^l \neq 1$. 在 $(\mathbb{Z}, +)$ 中, 1 的任意正整数倍都不等于 0. 由此引出下述概念.

定义 7 群 G 的一个元素 a, 如果存在正整数 n 使得 $a^n = e$ (当 G 的运算记成乘法, 单位元为 e), 或 $na = 0$ (当 G 的运算记成加法, 单位元为 0), 那么称 a 是**有限阶元素**, 此时使得 $a^n = e$ (或 $na = 0$) 成立的最小正整数 n 称为 a 的**阶**, 记作 $|a|$; 如果对于任意正整数 n 都有 $a^n \neq e$ (或 $na \neq 0$), 那么称 a 是**无限阶元素**.

从定义 6 和定义 7 立即得到下述结论:

(1) 设 G 是有限群, 如果 G 中有一个元素 a, 使得 a 的阶等 $|G|$, 那么 G 是循环群, a 是 G 的一个生成元;

(2) 设 G 是有限循环群, 则 a 是 G 的生成元当且仅当 a 的阶等于 $|G|$.

关于群的元素的阶有下列结论.

命题 2 设 G 是一个群. 如果元素 a 的阶为 n, 那么

(1) $a^m = e \Longleftrightarrow n|m$;

(2) 对任意整数 k, 有

$$|a^k| = \frac{n}{(n,k)}.$$

命题 3 设群 G 中元素 a, b 的阶分别为 n, m, 如果 $ab = ba$, 且 $(n, m) = 1$, 那么 ab 的阶等于 nm.

命题 2 和命题 3 的证明可以参看 [24] 第 29—30 页.

循环群一定是 Abel 群. 反之不对. 下面给出有限 Abel 群为循环群的条件.

命题 4 设 G 为有限 Abel 群, 则 G 中有一个元素的阶是其他所有元素的阶的倍数.

命题 5 设 G 为有限 Abel 群, 如果对于任意正整数 m, 方程 $x^m = e$ 在 G 中的解的个数不超过 m, 那么 G 是循环群.

由命题 5 可以得出如下结论.

命题 6 有限域 F 的所有非零元组成的乘法群 F^* 必为循环群.

命题 4、命题 5 和命题 6 的证明可以看 [24] 第 36—37 页.

例 7 求 3 阶循环群 $G = \langle a \rangle$ 的正则表示 ρ 提供的矩阵表示.

解 ρ 的表示空间 $K[G]$ 的一个基是 e, a, a^2. 由于

$$\rho(a)e = ae = a, \quad \rho(a)a = aa = a^2, \quad \rho(a)a^2 = aa^2 = e.$$

因此 $\rho(a)$ 在基 e, a, a^2 下的矩阵 $P(a)$ 为

$$P(a) = \begin{pmatrix} 0 & 0 & 1 \\ 1 & 0 & 0 \\ 0 & 1 & 0 \end{pmatrix}.$$

从而

$$P(a^2) = P(a)^2 = \begin{pmatrix} 0 & 1 & 0 \\ 0 & 0 & 1 \\ 1 & 0 & 0 \end{pmatrix}.$$

显然, $P(e) = I$.

前面讲的正三角形 $A_1A_2A_3$ 的对称 (性) 群 G 为

$$G = \{I, \sigma, \sigma^2, \tau_1, \tau_2, \tau_3\},$$

其中 σ 是绕中心 O 转角为 120° 的旋转, τ_i 是关于对称轴 l_i 的反射. 结合图 1–4 可看出

$$(\sigma\tau_1)(A_1) = \sigma(A_1) = A_2, \quad (\sigma\tau_1)(A_2) = \sigma(A_3) = A_1,$$
$$(\sigma\tau_1)(A_3) = \sigma(A_2) = A_3,$$

因此 $\sigma\tau_1 = \tau_3$. 同理可得, $\sigma^2\tau_1 = \tau_2$. 因此

$$G = \{I, \sigma, \sigma^2, \tau_1, \sigma\tau_1, \sigma^2\tau_1\}.$$

显然, $\sigma^3 = I, \tau_i^2 = I, i = 1, 2, 3$.

由于 $\sigma\tau_1=\tau_3$, 因此 $(\sigma\tau_1)^2=\tau_3^2=I$, 即 $(\sigma\tau_1)(\sigma\tau_1)=I$. 从而 $\tau_1\sigma\tau_1=\sigma^{-1}$. 于是 G 可以写成

$$G=\langle\sigma,\tau|\sigma^3=\tau^2=I,\quad \tau\sigma\tau=\sigma^{-1}\rangle,$$

其中 σ 是关于中心 O 转角为 120° 的旋转, τ 是关于某条对称轴的反射. 称 σ,τ 是 G 的生成元, 它们满足上述三个条件.

上述研究正三角形的对称 (性) 群的方法, 完全适用于任何一个正 n 边形 $(n\geqslant 3)$. 因此可以得出下述结论:

设正 n 边形的中心为 O, 用 σ 表示绕中心 O 转角为 $\dfrac{2\pi}{n}$ 的旋转, 用 τ 表示关于某条对称轴的反射, 则正 n 边形的对称 (性) 群 G 为

$$G=\{I,\sigma,\sigma^2,\cdots,\sigma^{n-1},\tau,\sigma\tau,\cdots,\sigma^{n-1}\tau\}.$$

G 还可以写成

$$G=\langle\sigma,\tau|\sigma^n=\tau^2=I,\quad \tau\sigma\tau=\sigma^{-1}\rangle.$$

正 n 边形的对称 (性) 群称为**二面体群**, 记作 D_n. 显然, D_n 的阶为 $2n$. 由于 $\tau\sigma\tau=\sigma^{-1}$, 因此

$$\sigma\tau=\tau^{-1}\sigma^{-1}=\tau\sigma^{n-1}\neq\tau\sigma,$$

从而 D_n 是非交换群.

例 8 求正三角形的对称 (性) 群 D_3 的一个 2 次实表示及其提供的矩阵表示.

解

$$D_3=\langle\sigma,\tau|\sigma^3=\tau^2=I,\quad \tau\sigma\tau=\sigma^{-1}\rangle,$$

其中 σ 是绕正三角形中心 O 转角为 $\dfrac{2\pi}{3}$ 的旋转, τ 是关于正三角形的一条对称轴 l_1 的反射. 如图 1–5, 以 O 为原点, l_1 为 y 轴建立平面直角坐标系 Oxy. x 轴、y 轴的单位向量分别为 $\boldsymbol{e}_1,\boldsymbol{e}_2$. 用 V 表示正三角形所在的平面, 它是 2 维实线性空间. $\boldsymbol{e}_1,\boldsymbol{e}_2$ 是 V 的一个基. D_3 的每个元素 (它是点变换) 对应到它诱导的向量变换就是 D_3 的一个 2 次实表示 φ, σ 诱导的向量变换仍记作 σ. 其余类似. 由于

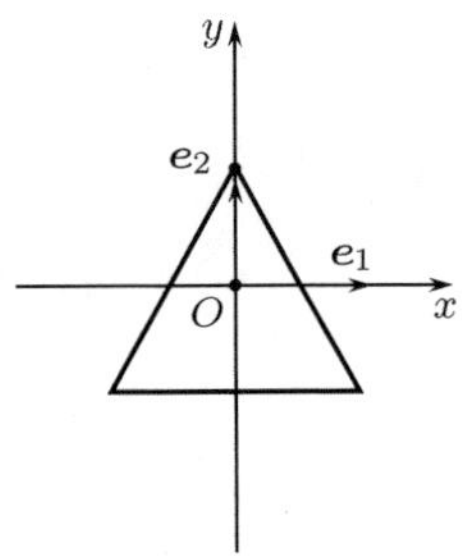

图 1–5

$$\sigma(\boldsymbol{e}_1)=-\frac{1}{2}\boldsymbol{e}_1+\frac{\sqrt{3}}{2}\boldsymbol{e}_2,$$

$$\sigma(\boldsymbol{e}_2)=-\frac{\sqrt{3}}{2}\boldsymbol{e}_1-\frac{1}{2}\boldsymbol{e}_2,$$

因此

$$\Phi(\sigma)=\begin{pmatrix}-\dfrac{1}{2} & -\dfrac{\sqrt{3}}{2}\\ \dfrac{\sqrt{3}}{2} & -\dfrac{1}{2}\end{pmatrix}.$$

由于 $\tau(\boldsymbol{e}_1)=-\boldsymbol{e}_1,\tau(\boldsymbol{e}_2)=\boldsymbol{e}_2$, 因此

$$\Phi(\tau)=\begin{pmatrix}-1 & 0\\ 0 & 1\end{pmatrix}.$$

$\Phi(\sigma^2)=\Phi(\sigma)^2, \Phi(\sigma\tau)=\Phi(\sigma)\Phi(\tau), \Phi(\sigma^2\tau)=\Phi(\sigma^2)\Phi(\tau), \Phi(I)=I.$

请读者具体写出矩阵 $\Phi(\sigma^2), \Phi(\sigma\tau), \Phi(\sigma^2\tau)$.

习题 1.2

1. 求 $(\mathbb{R},+)$ 的一个 2 次实表示.

2. 求 $(\mathbb{R},+)$ 的一个 n 次实矩阵表示.

3. 求 $(\mathbb{R},+)$ 的一个无限维实表示.

4. 在例 1 至例 4 以及上面第 1,2,3 题中, 哪些表示是忠实的?

5. 任意给定 $\lambda\in\mathbb{C}^*$, 令

$$\begin{aligned}\varphi_\lambda:(\mathbb{Z},+)&\to\mathbb{C}^*\\ n&\mapsto\lambda^n.\end{aligned}$$

说明 φ_λ 是 $(\mathbb{Z},+)$ 的一个 1 次复表示. 讨论 φ_λ 何时是忠实的.

6. 设 $V=\mathbb{R}[x]$. 任意给定 $a\in\mathbb{R}$, 令

$$\begin{aligned}L_a(f(x))&:=f(ax),\quad\forall f(x)\in\mathbb{R}[x],\\ S_a(f(x))&:=f(\mathrm{e}^a x),\quad\forall f(x)\in\mathbb{R}[x].\end{aligned}$$

并令

$$\begin{aligned}\varphi(a)&=L_a,\quad\forall a\in\mathbb{R},\\ \psi(a)&=S_a,\quad\forall a\in\mathbb{R}.\end{aligned}$$

问: φ 和 ψ 是 $(\mathbb{R},+)$ 的无限维实表示吗?

7. 例 3 构造的 $(\mathbb{R},+)$ 的 2 次实矩阵表示 Φ, 与上面第 2 题构造的 $(\mathbb{R},+)$ 的 2 次实矩阵表示 ψ 等价吗?

8. 写出 4 阶循环群 $G=\langle a\rangle$ 在域 K 上的正则表示 ρ 提供的矩阵表示.

9. 写出 3 元对称群 S_3 在域 K 上的正则表示 ρ 提供的矩阵表示.

10. 求正方形的对称 (性) 群 D_4 的一个 2 次实表示及其提供的矩阵表示.

11. 设 Φ 是例 6 构造的 n 元对称群 S_n 的 n 次矩阵表示. 对于 $\sigma\in S_n$, 说明 σ 的不动点个数等于 $\mathrm{tr}\,(\Phi(\sigma))$.

§3 群的线性表示的结构

为了研究群的结构以及解决与群有关的问题, 需要知道群 G 的多少个线性表示呢? 当然要是能知道群 G 的所有线性表示, 想必能把群 G 的结构搞清楚. 但是真的需要先求出群 G 的所有线性表示吗? 有没有可能只要求出一些最基本的线性表示就可以决定群 G 的所有线性表示呢? 这促使我们去研究群的线性表示的结构, 力图用群 G 的最少数量的最基本的线性表示来解决群 G 的结构以及有关问题.

3.1 子表示

设 (φ, V) 是群 G 的一个 K-表示. 首先要问: 有没有可能群 G 在 V 的一个子空间上也有 K-表示呢? 显然这样的子空间必须满足一定的条件. 自然引出了下述概念.

定义 1 设 (φ, V) 是群 G 的一个 K-表示. V 的一个子空间 U 如果是线性变换 $\varphi(g)$ 的不变子空间, $\forall g \in G$, 那么称 U 是**表示 φ 的不变子空间**或 **G 不变子空间**.

如果 $U \neq \{0\}$ 是 G 不变子空间, 那么 $\forall g \in G, \varphi(g)|U$ 是 U 上的线性变换, 且仍是可逆的. 于是令

$$\varphi_U(g) := \varphi(g)|U, \quad \forall g \in G,$$

便得到 G 的一个 K-表示 (φ_U, U), 称 φ_U 是 φ 的一个**子表示**.

若 V 是域 K 上的 n 维线性空间, 则在 G 不变子空间 U 中取一个基 $\alpha_1, \alpha_2, \cdots, \alpha_m$, 把它扩充成 V 的一个基 $\alpha_1, \alpha_2, \cdots, \alpha_m, \alpha_{m+1}, \cdots, \alpha_n$. φ 对于 V 的这个基提供的矩阵表示 $\varPhi$ 为

$$\varPhi(g) = \begin{pmatrix} \varPhi_U(g) & C(g) \\ 0 & B(g) \end{pmatrix}, \quad \forall g \in G, \tag{1}$$

其中 $\varPhi_U$ 是子表示 $\varPhi_U$ 对于 U 的上述基提供的矩阵表示.

显然, $\{0\}$ 与 V 自身都是 V 的 G 不变子空间, 称它们是平凡的 G 不变子空间.

显然, V 的 G 不变子空间的交与和仍是 G 不变子空间.

3.2 表示的直和

定义 2 设 (φ, V) 是群 G 的一个 K-表示, U 是 V 的一个 G 不变子空间, 如果存在 V 的一个 G 不变子空间 W, 使得 $V = U \oplus W$, 那么称 W 是 U 在 V 中的一个 **G 不变补空间**.

设 (φ, V) 是群 G 的一个 K-表示, 如果 U 是 V 的一个 G 不变子空间, 且 U 在 V 中有 G 不变补空间, 那么

$$V = U \oplus W; \tag{2}$$

并且 φ_U, φ_W 都是 φ 的子表示. 于是 V 中任一向量 α 可以唯一地表示成 $\alpha = u + w$, 其中 $u \in U, w \in W$, 并且

$$\varphi(g)\alpha = \varphi(g)u + \varphi(g)w = \varphi_U(g)u + \varphi_W(g)w, \quad \forall g \in G. \tag{3}$$

我们称 φ 是它的**子表示 φ_U 与 φ_W 的直和**, 记作 $\varphi = \varphi_U \oplus \varphi_W$. 这样我们证明了下述命题.

命题 1 设 (φ, V) 是群 G 的一个 K-表示. 如果 U 和 W 都是 V 的 G 不变子空间, 且 $V = U \oplus W$, 那么

$$\varphi = \varphi_U \oplus \varphi_W. \tag{4}$$

命题 1 表明, 如果 V 是 G 不变子空间 U 和 W 的直和, 那么表示 φ 是它的子表示 φ_U 与 φ_W 的直和. 从 (3) 式看到, 子表示 φ_U 与 φ_W 决定了表示 φ.

现在设 V 是 n 维的. 在 G 不变子空间 U 和 W 中分别取一个基 $\alpha_1,\alpha_2,\cdots,\alpha_m$; $\beta_1,\beta_2,\cdots,\beta_{n-m}$, 把它们合起来是 V 的一个基. 设 φ_U,φ_W 分别对于 U,W 的上述基提供的矩阵表示为 Φ_U,Φ_W, 则 $\varphi_U\oplus\varphi_W$ 对于 V 的上述基提供的矩阵表示记作 $\Phi_U\oplus\Phi_W$. 显然有

$$(\Phi_U\oplus\Phi_W)(g)=\begin{pmatrix}\Phi_U(g) & 0\\ 0 & \Phi_W(g)\end{pmatrix},\quad \forall g\in G. \tag{5}$$

命题 1 可以推广到 V 是多个 G 不变子空间的直和的情形, 相应的矩阵表示是子矩阵表示组成的分块对角矩阵.

反之, 若已知群 G 的两个 K-表示 (φ_1,V_1) 和 (φ_2,V_2), 则可以构造出 G 的具有较大表示空间的 K-表示.

首先要从 V_1 和 V_2 出发构造一个大的线性空间. 自然想到 V_1 与 V_2 的笛卡儿积 $V_1\times V_2=\{(\alpha_1,\alpha_2)|\alpha_1\in V_1,\alpha_2\in V_2\}$. 规定

$$(\alpha_1,\alpha_2)+(\beta_1,\beta_2):=(\alpha_1+\beta_1,\alpha_2+\beta_2),$$

$$k(\alpha_1,\alpha_2):=(k\alpha_1,k\alpha_2).$$

易验证 $V_1\times V_2$ 成为域 K 上的一个线性空间, 称它是 V_1 与 V_2 的**外直和**, 记作 $V_1\dot{+}V_2$.

其次要构造群 G 到 $\mathrm{GL}\,(V_1\dot{+}V_2)$ 的一个同态 φ. 令

$$\varphi(g)(\alpha_1,\alpha_2):=(\varphi_1(g)\alpha_1,\varphi_2(g)\alpha_2),\quad \forall g\in G. \tag{6}$$

易验证 $\varphi(g)$ 是 $V_1\dot{+}V_2$ 上的一个线性变换, 且 $\varphi(g^{-1})$ 是 $\varphi(g)$ 的逆变换. 于是 $\varphi(g)\in\mathrm{GL}\,(V_1\dot{+}V_2)$. 直接计算可得出, φ 保持运算, 因此 φ 是群 G 的具有表示空间 $V_1\dot{+}V_2$ 的 K-表示. 称 φ 是**表示 φ_1 与 φ_2 的直和**, 记作

$$\varphi=\varphi_1\dot{+}\varphi_2. \tag{7}$$

若 V_1 和 V_2 都是有限维的, 设 V_1 的一个基为 $\alpha_1,\alpha_2,\cdots,\alpha_m,V_2$ 的一个基为 $\beta_1,\beta_2,\cdots,\beta_r$, 则 $(\alpha_1,0),\cdots,(\alpha_m,0),(0,\beta_1),\cdots,(0,\beta_r)$ 是 $V_1\dot{+}V_2$ 的一个基. 设 φ_1,φ_V 分别在 V_1,V_2 的上述基下提供的矩阵表示为 Φ_1,Φ_2, 则 $\varphi_1\dot{+}\varphi_2$ 在 $V_1\dot{+}V_2$ 的上述基下提供的矩阵表示记作 $\Phi_1\dot{+}\Phi_2$, 直接计算可得出

$$(\Phi_1\dot{+}\Phi_2)(g)=\begin{pmatrix}\Phi_1(g) & 0\\ 0 & \Phi_2(g)\end{pmatrix},\quad \forall g\in G. \tag{8}$$

有关线性空间的外直和的概念和结论可以看 [28] 第 290—291 页. 我们有

$$V_1\dot{+}V_2=(V_1\dot{+}\{0\})\oplus(\{0\}\dot{+}V_2), \tag{9}$$

且 $V_1\dot{+}\{0\}\cong V_1,\{0\}\dot{+}V_2\cong V_2$. 令

$$\widetilde{\varphi}_1(g)(\alpha_1,0):=(\varphi_1(g),0),\quad \widetilde{\varphi}_2(g)(0,\alpha_2)=(0,\varphi_2(g)\alpha_2), \tag{10}$$

则 $\widetilde{\varphi}_1(g),\widetilde{\varphi}_2(g)$ 分别是 $V_1\dot{+}0,0\dot{+}V_2$ 上的可逆线性变换. 从而 $\widetilde{\varphi}_1,\widetilde{\varphi}_2$ 分别是 $\varphi_1\dot{+}\varphi_2$ 在 G 不变子空间 $V_1\dot{+}0,0\dot{+}V_2$ 上的子表示. 根据 (9) 式和命题 1 得

$$\varphi_1\dot{+}\varphi_2=\widetilde{\varphi}_1\oplus\widetilde{\varphi}_2. \tag{11}$$

(11) 式表明: 群 G 的两个 K-表示 (φ_1,V_1) 与 (φ_2,V_2) 的直和 $\varphi_1\dot{+}\varphi_2$ 可以看成是 $(\varphi_1\dot{+}\varphi_2,V_1\dot{+}V_2)$ 的子表示 $(\widetilde{\varphi}_1,V_1\dot{+}0)$ 与 $(\widetilde{\varphi}_2,0\dot{+}V_2)$ 的直和, 其中 $\widetilde{\varphi}_1,\widetilde{\varphi}_2$ 由 (10) 式定义.

类似地可以讨论群 G 的若干个 K-表示的直和.

3.3 不可约表示, 可约表示, 完全可约表示

在研究整数环 $\mathbb{Z}$ 的结构时, 素数 (它的正因数只有 1 和它自身) 起着基本建筑块的作用. 在研究域 K 上的一元多项式环 $K[x]$ 的结构时, 不可约多项式 (它的因式只有零次多项式和它的相伴元) 起着基本建筑块的作用. 类比这些, 猜测在研究群 G 的 K-表示的结构时, V 的 G 不变子空间只有 $\{0\}$ 和 V 的 K-表示有可能起着基本建筑块的作用. 由此引出下述概念.

定义 3 设 (φ, V) 是群 G 的一个 K-表示. 如果 V 的 G 不变子空间只有 $\{0\}$ 和 V (即没有非平凡的 G 不变子空间), 那么称 (φ, V) 是**不可约**的; 否则称 (φ, V) 是**可约**的.

显然, 1 次表示都是不可约的.

设 V 是有限维的. 如果 (φ, V) 是可约的, 那么 V 有一个非平凡的 G 不变子空间 U, 从而 φ 有子表示 φ_U, 并且 φ 在 V 的适当基下提供的矩阵表示 Φ 具有形式

$$\Phi(g) = \begin{pmatrix} \Phi_U(g) & C(g) \\ 0 & B(g) \end{pmatrix}, \quad \forall g \in G. \tag{12}$$

反之, 若 φ 提供的矩阵表示 Φ 具有上述形式 (即 $\Phi(g)$ 的左下角有一个零矩阵, $\forall g \in G$), 则 V 有非平凡的 G 不变子空间, 从而 φ 可约.

进一步地, 如果 (12) 式变成分块对角矩阵, 那么表示空间 V 是它的两个 G 不变子空间的直和, 从而表示 φ 可以分解成它的两个子表示的直和. 由此受到启发引出下述概念.

定义 4 设 (φ, V) 是群 G 的一个 K-表示. 如果对于 V 的每一个 G 不变子空间, 都有它在 V 中的 G 不变补空间, 那么称 (φ, V) 是**完全可约**的.

若 (φ, V) 是群 G 的不可约表示, 则 V 只有两个 G 不变子空间: $\{0\}$ 和 V. 由于 $V = \{0\} \oplus V$, 因此不可约表示 (φ, V) 是完全可约的.

在完全可约表示的定义中有 "对于 V 的**每一个** G 不变子空间" 这句话, 这是为了能得出下述结论.

命题 2 群 G 的完全可约表示的任意一个子表示也是完全可约的.

证明 设 (φ, V) 是群 G 的一个完全可约表示, φ_U 是 φ 的任意一个子表示. 则 U 是 V 的一个 G 不变子空间. 任取 U 的一个 G 不变子空间 U_1, 显然 U_1 也是 V 的 G 不变子空间. 由于 (φ, V) 完全可约, 因此 U_1 在 V 中有 G 不变补空间 W. 从而 $V = U_1 \oplus W$. 根据 [28] 第 275 页的例 31 得

$$U = U_1 \oplus (W \bigcap U).$$

由于 G 不变子空间的交仍是 G 不变子空间, 因此 $W \bigcap U$ 是 V 的 G 不变子空间. 又由于 $W \bigcap U \subseteq U$, 因此 $W \bigcap U$ 是 U 的 G 不变子空间. 从而 $W \bigcap U$ 是 U_1 在 U 中的 G 不变补空间. 因此 φ_U 是完全可约的. □

由命题 2 可以得出: 设 (φ, V) 是群 G 的完全可约表示. 如果 (φ, V) 是可约的, 那么存在 V 的一个非平凡 G 不变子空间 V_1. 由于 (φ, V) 完全可约, 因此 V_1 在 V 中有 G 不变补空间 V_2. 于是 $V = V_1 \oplus V_2$. 从而 $\varphi = \varphi_1 \oplus \varphi_2$, 其中 φ_i 是 φ 的子表示 φ_{V_i} 的简洁记号, $i = 1, 2$. 根据命题 2 得, φ_i 也是完全可约的, $i = 1, 2$. 若 φ_i 可

约, 则存在 V_i 的非平凡 G 不变子空间 V_{i_1}. 由于 φ_i 完全可约, 因此 V_{i_1} 在 V_i 中有 G 不变补空间 V_{i_2}, 从而 $\varphi_i = \varphi_{i_1} \oplus \varphi_{i_2}$. 依次下去, 若 V 是有限维的, 则在有限步后必然终止, 即此时所有的子表示都是不可约的. 于是我们得到了下述定理.

定理 1 *群 G 的有限维完全可约表示一定可以分解成有限多个不可约子表示的直和.* □

3.4 群的线性表示的结构

从定理 1 看到, 群 G 的有限维完全可约表示的结构很简单: 它是有限多个不可约子表示的直和. 自然要问: 群 G 的 K-表示是否都为完全可约表示呢? 下面我们来探索这个问题.

设 (φ, V) 是群 G 在域 K 上的线性表示. 若 φ 不可约, 则它是完全可约的. 下面设 φ 可约. 任取 V 的一个非平凡 G 不变子空间 U. 根据 [28] 第 307 页和命题 1 得, U 在 V 中有补空间 U', 即

$$V = U \oplus U'. \tag{13}$$

但是 U' 不一定是 G 不变子空间. 为此要从 U' 出发去构造一个 G 不变子空间, 且使它成为 U 在 V 中的补空间. 根据 [28] 第 338 页的推论 2 得

$$U = \text{Ker}\, \boldsymbol{P}_{U'}, \quad U' = \text{Im}\, \boldsymbol{P}_{U'}, \tag{14}$$

其中 $\boldsymbol{P}_{U'}$ 是 V 在 U' 上平行于 U 的投影. 我们知道 V 上的线性变换 $\boldsymbol{A}$ 与 $\boldsymbol{B}$ 如果可交换, 那么 $\boldsymbol{B}$ 的值域是 $\boldsymbol{A}$ 的不变子空间. 于是我们想从 $\boldsymbol{P}_{U'}$ 出发去构造线性变换 $\boldsymbol{B}$, 使得 $\boldsymbol{B}\varphi(g) = \varphi(g)\boldsymbol{B}$, 即 $\boldsymbol{B} = \varphi(g)\boldsymbol{B}\varphi(g)^{-1}, \forall g \in G$, 此时 $\boldsymbol{B}$ 的值域是每一个 $\varphi(g)$ 的不变子空间, 从而 $\boldsymbol{B}$ 的值域 $\text{Im}\, \boldsymbol{B}$ 是 G 不变子空间. 设 G 是有限群, 令

$$\boldsymbol{B} = \sum_{h \in G} \varphi(h)\boldsymbol{P}_{U'}\varphi(h)^{-1}, \tag{15}$$

显然 $\boldsymbol{B}$ 是 V 上的一个线性变换. 对于任给 $g \in G$, 有

$$\begin{aligned}
\varphi(g)\boldsymbol{B}\varphi(g)^{-1} &= \sum_{h \in G} \varphi(g)\varphi(h)\boldsymbol{P}_{U'}\varphi(h)^{-1}\varphi(g)^{-1} \\
&= \sum_{h \in G} \varphi(gh)\boldsymbol{P}_{U'}\varphi(gh)^{-1} \\
&= \sum_{y \in G} \varphi(y)\boldsymbol{P}_{U'}\varphi(y)^{-1} \\
&= \boldsymbol{B}.
\end{aligned}$$

于是用 (15) 式定义的 $\boldsymbol{B}$ 的值域 $\text{Im}\, \boldsymbol{B}$ 是 G 不变子空间.

$\text{Im}\, \boldsymbol{B}$ 是否为 U 在 V 中的补空间? 根据 [28] 第 337 页的命题 3, 若 $\boldsymbol{B}^2 = \boldsymbol{B}$, 且 $\text{Ker}\, \boldsymbol{B} = U$, 则

$$V = U \oplus \text{Im}\, \boldsymbol{B}.$$

任给 $u \in U$, 由于 U 是 G 不变子空间, 且 $U = \text{Ker}\, \boldsymbol{P}_{U'}$, 因此

$$\boldsymbol{B}(u) = \sum_{h \in G} \varphi(h)\boldsymbol{P}_{U'}\varphi(h)^{-1}u = \sum_{h \in G} \varphi(h)0 = 0.$$

于是 $u \in \text{Ker}\, \boldsymbol{B}$. 从而 $U \subseteq \text{Ker}\, \boldsymbol{B}$.

任给 $\alpha \in \operatorname{Ker} \boldsymbol{B}$, 试问: 是否有 $\alpha \in U$? 任给 $v \in V$, 是否有 $\boldsymbol{B}v = \boldsymbol{B}^2 v$, 即 $\boldsymbol{B}(v - \boldsymbol{B}v)$ 是否等于 0? 由于已证 $U \subseteq \operatorname{Ker} \boldsymbol{B}$, 因此这两个问题都归结为是否有 $v - \boldsymbol{B}v \in U, \forall v \in V$.

$$v - \boldsymbol{B}v = v - \sum_{h \in G} \varphi(h) \boldsymbol{P}_{U'} \varphi(h)^{-1} v. \tag{16}$$

由 (13) 式和 (14) 式知道

$$\varphi(h)^{-1} v - \boldsymbol{P}_{U'} \varphi(h)^{-1} v \in U. \tag{17}$$

从 (17) 式受到启发, 如果 (16) 式右端第一项的 v 能放到第二项的连加号里面去, 那么由于 v 等于 $\varphi(h)\varphi(h)^{-1}v$, 从而连加号里成为

$$\sum_{h \in G} \varphi(h)[\varphi(h)^{-1} v - \boldsymbol{P}_{U'} \varphi(h)^{-1} v] \in U. \tag{18}$$

由于

$$\begin{aligned}\sum_{h \in G} v = |G|v &= (\underbrace{v + v + \cdots + v}_{|G| \text{ 个}}) = (\underbrace{1v + 1v + \cdots + 1v}_{|G| \text{ 个}}) \\ &= (\underbrace{1 + 1 + \cdots + 1}_{|G| \text{ 个}})v = (|G|1)v,\end{aligned}$$

其中 1 是域 K 的单位元, 因此若 $|G|1 \neq 0$, 则 $v = (|G|1)^{-1} \sum\limits_{h \in G} v$. 这样 v 才有可能放到第二项的连加号里, 由此看出: 域 K 必须满足 $|G|1 \neq 0$ 的条件, 即域 K 的特征不能整除 $|G|$. 关于域的特征的概念可以参看 [28] 第 168—169 页. 同时也看到必须用 $(|G|1)^{-1}\boldsymbol{B}$ 替代 $\boldsymbol{B}$. 于是令

$$\boldsymbol{B}' = (|G|1)^{-1} \boldsymbol{B}. \tag{19}$$

$\operatorname{Im} \boldsymbol{B}'$ 仍是 G 不变子空间, 且它很有可能成为 U 在 V 中的补空间. 从 $U \subseteq \operatorname{Ker} \boldsymbol{B}$ 立即得出 $U \subseteq \operatorname{Ker} \boldsymbol{B}'$. 对于任意 $v \in V$, 有

$$\begin{aligned}v - \boldsymbol{B}'v &= (|G|1)^{-1}(|G|1)v - (|G|1)^{-1} \sum_{h \in G} \varphi(h) \boldsymbol{P}_{U'} \varphi(h)^{-1} v \\ &= (|G|1)^{-1} \sum_{h \in G} \left[v - \varphi(h) \boldsymbol{P}_{U'} \varphi(h)^{-1} v\right] \\ &= (|G|1)^{-1} \sum_{h \in G} \varphi(h) \left[\varphi(h)^{-1} v - \boldsymbol{P}_{U'} \varphi(h)^{-1} v\right] \in U.\end{aligned} \tag{20}$$

于是对于任给 $\alpha \in \operatorname{Ker} \boldsymbol{B}'$, 有 $\alpha - \boldsymbol{B}'\alpha \in U$, 从而 $\alpha \in U$. 因此 $\operatorname{Ker} \boldsymbol{B}' \subseteq U$, 于是 $U = \operatorname{Ker} \boldsymbol{B}'$.

任给 $v \in V$, 由于 $v - \boldsymbol{B}'v \in U$, 且 $U = \operatorname{Ker} \boldsymbol{B}'$, 因此

$$\boldsymbol{B}'v - \boldsymbol{B}'^2 v = \boldsymbol{B}'(v - \boldsymbol{B}'v) = 0.$$

从而 $\boldsymbol{B}'^2 = \boldsymbol{B}'$. 因此

$$V = \operatorname{Ker} \boldsymbol{B}' \oplus \operatorname{Im} \boldsymbol{B}' = U \oplus \operatorname{Im} \boldsymbol{B}'.$$

于是 U 在 V 中有 G 不变补空间 $\operatorname{Im} \boldsymbol{B}'$. 从而 φ 是完全可约的. 这样我们证明了下述重要定理.

定理 2 (Maschke) 有限群 G 在特征不能整除 $|G|$ 的域 K 上的任一线性表示都是完全可约的. □

把定理 1 和定理 2 结合起来便得到: 有限群 G 在特征不能整除 $|G|$ 的域 K 上的有限维线性表示可以分解成有限多个不可约子表示的直和. 因此对于特征不能整除 $|G|$ 的域 K, 我们只要找到了群 G 的所有不等价的不可约表示, 那么我们就决定了群 G 在域 K 上的全部有限维线性表示.

在定理 2 的证明过程中, 域 K 的特征不能整除 $|G|$ 这个条件是缺少不了的. 但是我们不能由此断言这个条件一定是必需的. 是否真正必需, 我们来看能不能举一个例子: 若去掉这个条件, 则群 G 存在线性表示不是完全可约的.

例 1 设 $G=\langle a\rangle$ 是素数 p 阶循环群, $\mathbb{Z}_p$ 是模 p 剩余类域, 令

$$\begin{aligned}\Phi: G &\to \mathrm{GL}_2(\mathbb{Z}_p)\\ a^i &\mapsto \begin{pmatrix}\bar{1} & \bar{i}\\ \bar{0} & \bar{1}\end{pmatrix}, \quad i=0,1,\cdots,p-1.\end{aligned}$$

证明: Φ 是 G 在 $\mathbb{Z}_p$ 上的 2 次矩阵表示, 并且 Φ 不是完全可约的.

证明

$$\begin{aligned}\Phi(a^ia^j) &= \Phi(a^{i+j}) = \begin{pmatrix}\bar{1} & \overline{i+j}\\ \bar{0} & \bar{1}\end{pmatrix} = \begin{pmatrix}\bar{1} & \bar{i}\\ \bar{0} & \bar{1}\end{pmatrix}\begin{pmatrix}\bar{1} & \bar{j}\\ \bar{0} & \bar{1}\end{pmatrix}\\ &= \Phi(a^i)\Phi(a^j),\end{aligned}$$

因此 Φ 是 G 在 $\mathbb{Z}_p$ 上的 2 次矩阵表示.

由于 $\Phi(a^i)$ 的左下角是零矩阵 $(i=0,1,\cdots,p-1)$, 因此 Φ 是可约的.

$\Phi(a)$ 的特征多项式 $f(\lambda)=(\lambda-\bar{1})^2$. 由于 $\Phi(a)\neq I$, 因此 $\Phi(a)$ 的最小多项式 $m(\lambda)=(\lambda-\bar{1})^2$. 从而 $\Phi(a)$ 不可对角化, 因此 Φ 不是完全可约的. □

例 1 中, 域 $\mathbb{Z}_p$ 的特征 p 整除 $|G|, G$ 的 2 次矩阵表示 Φ 不是完全可约的. 这个例子表明在定理 2 中 "域的特征不能整除 $|G|$" 这个条件是必需的.

我们在证明定理 2 时, 证明了 "有限群 G 在特征不能整除 $|G|$ 的域 K 上的任一线性表示都是完全可约的", 不仅有限维线性表示, 而且无限维线性表示也是完全可约的. 能够证出这个结论是由于我们在 [28] 第 307 页的命题 1 中, 证明了: "域 F 上任一线性空间 V 的任一子空间都有补空间".

在第二章 §2 我们将证明有限群 G 在特征不能整除 $|G|$ 的域 K 上的每一个不可约表示都是有限维的.

习题 1.3

1. 设群 G 在集合 $\Omega=\{x_1,x_2,\cdots,x_n\}$ 上有一个作用, 由这个作用引起的 G 在域 K 上的 n 次置换表示 (φ,V) 的表示空间 V 为

$$V=\left\{\sum_{i=1}^{n}a_ix_i\,\middle|\,a_i\in K, i=1,2,\cdots,n\right\}.$$

令
$$V_1=\left\langle\sum_{i=1}^{n}x_i\right\rangle,$$
$$V_2=\left\{\sum_{i=1}^{n}a_ix_i\,\middle|\,\sum_{i=1}^{n}a_i=0,a_i\in K\right\}.$$
证明: (1) V_1 与 V_2 都是 G 不变子空间;

(2) 若域的特征不能整除 n, 则 $\varphi=\varphi_{V_1}\oplus\varphi_{V_2}$.

2. 利用第 1 题, 求出对称群 S_3 的一个 2 次复表示及其提供的矩阵表示.

3. 域 K 上所有 n 阶矩阵组成的集合记作 $M_n(K)$, 它是 K 上 n^2 维线性空间. 令
$$\varphi:\mathrm{GL}_n(K)\to\mathrm{GL}(M_n(K))$$
$$A\mapsto\varphi(A),$$
其中
$$\varphi(A)X:=AXA^{-1},\quad\forall X\in M_n(K).$$

(1) 说明 φ 是群 $\mathrm{GL}_n(K)$ 的 n^2 次 K-表示;

(2) 用 $M_n^0(K)$ 表示域 K 上迹为 0 的 n 阶矩阵组成的集合, 它是 $M_n(K)$ 的一个子空间. 说明 $M_n^0(K)$ 和 $\langle I\rangle$ 都是 φ 的不变子空间;

(3) 证明: 若域 K 的特征不能整除 n, 则
$$\varphi=\varphi_{\langle I\rangle}\oplus\varphi_{M_n^0(K)}.$$

4. 实数域上所有 n 阶正交矩阵组成的集合对于矩阵乘法构成的群称为 n 阶正交群, 记作 $\mathrm{O}(n)$. 令
$$\varphi:\mathrm{O}(n)\to\mathrm{GL}(M_n(\mathbb{R}))$$
$$A\mapsto\varphi(A),$$
其中
$$\varphi(A)X:=AXA^{-1},\quad\forall X\in M_n(\mathbb{R}).$$
显然 φ 是 $\mathrm{O}(n)$ 的 n^2 次实表示.迹为 0 的 n 阶对称矩阵组成的集合记作 $M_n^+(\mathbb{R})$, n 阶斜对称矩阵 (也称为反对称矩阵) 组成的集合记作 $M_n^-(\mathbb{R})$.

(1) 证明: $M_n^+(\mathbb{R})$ 与 $M_n^-(\mathbb{R})$ 都是 φ 的不变子空间;

(2) 把 φ 在 $\langle I\rangle,M_n^+(\mathbb{R}),M_n^-(\mathbb{R})$ 上的子表示分别记作 $\varphi_0,\varphi_1,\varphi_2$. 证明:
$$\varphi=\varphi_0+\varphi_1+\varphi_2.$$

(3) 求 $\mathrm{O}(n)$ 的一个 $\dfrac{1}{2}n(n-1)$ 次实表示.

5. 设 φ 是一般线性群 $\mathrm{GL}_n(K)$ 在线性空间 K^n 上的如下定义的表示: $\varphi(A)\alpha:=A\alpha,\forall\alpha\in K^n,A\in\mathrm{GL}_n(K)$. 证明: φ 是 $\mathrm{GL}_n(K)$ 的忠实的 n 次不可约表示.

6. 任给 $A\in\mathrm{GL}_n(K)$, 规定
$$\psi(A)X=AX,\quad\forall X\in M_n(K).$$

(1) 说明 ψ 是 $\mathrm{GL}_n(K)$ 的 n^2 次 K-表示;

(2) 对于 $1\leqslant j\leqslant n$, 设 $M_n^{(j)}(K)$ 是除第 j 列外其余元素全为 0 的 n 阶矩阵组成的集合, 说明 $M_n^{(j)}(K)$ 是 $\mathrm{GL}_n(K)$ 不变子空间. 设 ψ_j 是 ψ 在 $M_n^{(j)}(K)$ 上的子表示. 证明: ψ_j 不可约 $(j=1,2,\cdots,n)$, 且
$$\psi=\psi_1\oplus\psi_2\oplus\cdots\oplus\psi_n.$$

(3) 证明: ψ_j 与第 5 题构造的表示 φ 等价, $j=1,2,\cdots,n$.

7. 在第 3 题中取 $K=\mathbb{C}, n=2$. 证明: 群 $\mathrm{GL}_2(\mathbb{C})$ 在子空间 $M_2^0(\mathbb{C})$ 上的子表示是不可约的.

8. 证明: $S_n(n\geqslant 3)$ 在特征不能整除 n 的域 K 上的 n 次置换表示 φ 可以分解成主表示与一个 $n-1$ 次不可约子表示的直和.

§4 Abel 群的不可约表示

这一节我们来决定 Abel 群的所有有限维不可约复表示.

设 (φ,V) 是 Abel 群 G 的有限维不可约复表示, 由于 V 是复数域上的有限维线性空间, 因此对于任给 $g\in G$, 线性变换 $\varphi(g)$ 有特征值 λ_g. 由于对于任意 $h\in G$, 有 $hg=gh$, 因此 $\varphi(h)\varphi(g)=\varphi(g)\varphi(h)$. 从而 $\varphi(g)$ 的属于 λ_g 的特征子空间 V_{λ_g} 是 $\varphi(h)$ 的不变子空间. 于是 V_{λ_g} 是 G 不变子空间. 由于 (φ,V) 不可约, 因此 $V_{\lambda_g}=V$. 从而 $\varphi(g)$ 是 V 上的数乘变换 $\lambda_g 1_V$. 假如 $\dim V>1$, 则 $\varphi(g)$ 在 V 的一个基下的矩阵为

$$\Phi(g)=\begin{pmatrix}\lambda_g & & & 0\\ & \lambda_g & & \\ & & \ddots & \\ 0 & & & \lambda_g\end{pmatrix},\quad \forall g\in G.$$

这表明 φ 可约, 矛盾. 因此 $\dim V=1$. 于是我们证明了下述定理.

定理 1 Abel 群的有限维不可约复表示都是 1 次的. □

定理 1 证明的关键是: $\forall g\in G, \varphi(g)$ 有特征值, 以及 $\forall h\in G, \varphi(h)\varphi(g)=\varphi(g)\varphi(h)$. 后者由 Abel 群自然可以推出. 前者表明把复数域换成代数闭域 F (即 $F[x]$ 中任一次数大于 0 的多项式都在 F 中有根), 定理 1 的结论仍然成立. 对于有限 Abel 群 G, 设 G 的所有元素的阶的最小公倍数为 m (称 m 是群 G 的**指数**), 如果域 K 含有本原 m 次单位根 ξ (即 $\xi^m=1$, 而当 $0<l<m$ 时, $\xi^l\neq 1$), 那么 $\varphi(g)$ 有特征值 (理由: 由于 $g^m=e$, 因此 $\varphi(g)^m=1$. 从而 x^m-1 是 $\varphi(g)$ 的一个零化多项式. 由于域 K 含有本原 m 次单位根 ξ, 因此 x^m-1 在 K 中恰有 m 个不同的根. 由于 $\varphi(g)$ 的最小多项式 $m(x)$ 是 x^m-1 的因式, 因此 $m(x)$ 在 K 中有根. 从而 $\varphi(g)$ 的特征多项式 $f(x)$ 在 K 中有根. 于是 $\varphi(g)$ 有特征值). 因此有限 Abel 群 G 在含有本原 m 次单位根的域 K 上的有限维不可约表示都是 1 次的.

例 1 求 n 阶循环群 $G=\langle a\rangle$ 的所有 1 次复表示.

解 设 φ 是 G 的 1 次复表示. 由于 $a^n=e$, 因此 $\varphi(a)^n=1$. 从而 $\varphi(a)$ 是复数域上的 n 次单位根. 记 $\xi_n=\mathrm{e}^{\mathrm{i}\frac{2\pi}{n}}$, 则对于某个 $r\in\{0,1,2,\cdots,n-1\}$, $\varphi(a)=\xi_n^r$.

反之, 任给 $r\in\{0,1,2,\cdots,n-1\}$, 令

$$\begin{aligned}\varphi_r: G&\to\mathbb{C}^*\\ a^j&\mapsto\xi_n^{rj}.\end{aligned}\tag{1}$$

易验证 φ_r 保持运算, 从而 φ_r 是 G 的一个 1 次复表示.

综上所述, n 阶循环群 $G=\langle a\rangle$ 恰好有 n 个 1 次复表示, 它们由 (1) 式定义.

下面来决定有限 Abel 群的所有 1 次复表示.

设 G 是有限 Abel 群, 则 G 可以分解成有限多个循环子群的直积:

$$G=\langle a_1\rangle\times\langle a_2\rangle\times\cdots\times\langle a_s\rangle, \tag{2}$$

其中 $|\langle a_j\rangle|=p_j^{n_j}, j=1,2,\cdots,s; p_1,p_2,\cdots,p_s$ 都是素数 (可能有相同的). $(p_1^{n_1}, p_2^{n_2},\cdots,p_s^{n_s})$ 称为 G 的**初等因子**或**型**.

G 是子群 $\langle a_1\rangle,\langle a_2\rangle,\cdots,\langle a_s\rangle$ 的直积, 意思是 G 中任一元素 g 可以唯一地表示成

$$g=a_1^{t_1}a_2^{t_2}\cdots a_s^{t_s},\quad 0\leqslant t_j<p_j^{n_j},\quad j=1,2,\cdots,s.$$

有关群的直积的概念可以参看 [24] 第 44 页和第 48 页. 有关有限 Abel 群的结构可以参看 [24] 第 92—99 页.

记 $\varepsilon_j=\mathrm{e}^{\mathrm{i}\frac{2\pi}{p_j^{n_j}}}, j=1,2,\cdots,s$.

设 φ 是 G 的 1 次复表示, 则对于 G 中任一元素 $g=a_1^{t_1}a_2^{t_2}\cdots a_s^{t_s}$, 有

$$\varphi(g)=\varphi(a_1)^{t_1}\varphi(a_2)^{t_2}\cdots\varphi(a_s)^{t_s}.$$

由于 $|\langle a_j\rangle|=p_j^{n_j}$, 因此 $a_j^{p_j^{n_j}}=e$. 从而 $[\varphi(a_j)]^{p_j^{n_j}}=1$. 于是对于某个 $r_j\in\{0,1,\cdots,p_j^{n_j}-1\}$, $\varphi(a_j)=\varepsilon_j^{r_j}$. 因此

$$\varphi(g)=\varepsilon_1^{r_1t_1}\varepsilon_2^{r_2t_2}\cdots\varepsilon_s^{r_st_s}. \tag{3}$$

这说明 G 的任意一个 1 次复表示 φ 具有形式 (3), 它对应于一个 s 元数组 $(r_1,r_2,\cdots,r_s)$, 这个 s 元数组又对应于 G 中唯一的元素 $h=a_1^{r_1}a_2^{r_2}\cdots a_s^{r_s}$.

反之, 任意给定 G 中一个元素 $h=a_1^{r_1}a_2^{r_2}\cdots a_s^{r_s}$, 其中 $0\leqslant r_j<p_j^{n_j}, j=1,2,\cdots,s$. 令

$$\varphi_h(a_1^{t_1}a_2^{t_2}\cdots a_s^{t_s})=\varepsilon_1^{r_1t_1}\varepsilon_2^{r_2t_2}\cdots\varepsilon_s^{r_st_s}, \tag{4}$$

易验证 φ_h 保持运算. 从而 φ_h 是 G 的一个 1 次复表示.

G 的所有 1 次复表示组成的集合记作 $\widehat{G}$. 令

$$\begin{aligned}\sigma: G&\to\widehat{G}\\ h&\mapsto\varphi_h,\end{aligned} \tag{5}$$

其中 φ_h 由 (4) 式定义. 显然 σ 是映射. 从上述讨论的第一部分知道, σ 是满射; 下面来证 σ 是单射. 设

$$h'=a_1^{r_1'}a_2^{r_2'}\cdots a_s^{r_s'},\quad 0\leqslant r_j'<p_j^{n_j},\quad j=1,2,\cdots,s.$$

如果 $\varphi_h=\varphi_{h'}$, 那么 $\varphi_h(a_j)=\varphi_{h'}(a_j), j=1,2,\cdots,s$. 从而 $\varepsilon_j^{r_j}=\varepsilon_j^{r_j'}$. 由此推出 $r_j=r_j', j=1,2,\cdots,s$. 因此 $h=h'$. 这证明了 σ 是单射. 从而 σ 是双射.

$\widehat{G}$ 的元素是定义域为 G 的非零复值函数. 我们来看 $\widehat{G}$ 对于函数的乘法运算是

否封闭? 对于任意 $g \in G$, 设 $g = a_1^{t_1} a_2^{t_2} \cdots a_s^{t_s}$, 有

$$\begin{aligned}(\varphi_h \varphi_{h'})(g) &= \varphi_h(g)\varphi_{h'}(g) \\ &= (\varepsilon_1^{r_1 t_1} \varepsilon_2^{r_2 t_2} \cdots \varepsilon_s^{r_s t_s})(\varepsilon_1^{r_1' t_1} \varepsilon_2^{r_2' t_2} \cdots \varepsilon_s^{r_s' t_s}) \\ &= \varepsilon_1^{(r_1+r_1')t_1} \varepsilon_2^{(r_2+r_2')t_2} \cdots \varepsilon_s^{(r_s+r_s')t_s} \\ &= \varphi_{hh'}(g),\end{aligned}$$

因此

$$\varphi_h \varphi_{h'} = \varphi_{hh'}. \tag{6}$$

这表明 $\widehat{G}$ 对于函数的乘法运算封闭. 显然函数的乘法满足结合律, G 的主表示 φ_e 是 $\widehat{G}$ 的单位元, φ_h 的逆元是 $\varphi_{h^{-1}}$. 因此 $\widehat{G}$ 对于函数的乘法成为一个群. (6) 式表明 G 到 $\widehat{G}$ 的双射 σ 保持运算. 因此 σ 是群同构. 于是我们证明了下述定理.

定理 2 设 G 是有限 Abel 群, 则 G 的所有 1 次复表示组成的集合 $\widehat{G}$ 对于函数的乘法成为一个群, 并且

$$G \cong \widehat{G},$$

从而 G 恰有 $|G|$ 个 1 次复表示, 它们由 (4) 式定义. □

定理 2 对于含有本原 m 次单位根的域 K 也成立, 其中 m 是群 G 的指数.

习题 1.4

1. 求下列 Abel 群的所有 1 次复表示:

(1) (2, 2) 型 4 阶 Abel 群;

(2) (2, 4) 型 8 阶 Abel 群;

(3) 8 阶初等 Abel 群 (型为 (2, 2, 2));

(4) 9 阶初等 Abel 群 (型为 (3, 3)).

(5) $\mathbb{Z}_p^n$ 的加法群, 其中 p 是素数.

2. 设 G 是 p^n 阶初等 Abel 群, 其中 p 是素数. 证明: 如果 φ 是 G 的非平凡的 1 次复表示, 那么 $\mathrm{Ker}\,\varphi$ 的阶为 p^{n-1}.

3. 设 G 是有限 Abel 群, 如果 G 有一个忠实的 1 次复表示, 那么 G 是循环群.

§5 非 Abel 群的不可约表示的一些构造方法

非 Abel 群的不可约复表示有次数大于 1 的. 例如, 习题 1.3 的第 8 题, n 元对称群 $S_n(n \geqslant 3)$ 在特征不能整除 n 的域 K 上的 n 次置换表示可以分解成主表示和一个 $n-1$ 次不可约子表示的直和.

本节介绍构造非 Abel 群的不可约表示的一些常用的方法.

设 (φ, V) 是群 G 的一个 K-表示, 从群 H 到群 G 有一个同态 T, 则 φT 是 H 的一个 K-表示. 表示空间仍为 V.

设 (φ, V) 是群 G 的可约表示, 则 V 有一个非平凡的 G 不变子空间 U. 任取 $h \in H$, 由于 $T(h) \in G$, 因此

$$[(\varphi T)(h)]u = [\varphi(T(h))]u \in U, \quad \forall u \in U.$$

从而 U 是 $(\varphi T)(h)$ 不变子空间. 于是 U 是 H 不变子空间. 因此 φT 可约.

反之, 设 $(\varphi T, V)$ 是群 H 的可约表示, 则 V 有非平凡的 H 不变子空间 W. 任取 $g \in G$, 如果 T 是 H 到 G 的满射, 那么存在 $h \in H$, 使得 $g = T(h)$. 从而

$$\varphi(g)w = \varphi(T(h))w = [(\varphi T)(h)]w \in W, \quad \forall w \in W.$$

于是 W 是 $\varphi(g)$ 不变子空间. 因此 W 是 G 不变子空间. 从而 φ 可约.

综上所述, 我们证明了下述结论.

命题 1 设 (φ, V) 是群 G 的一个 K-表示, 群 H 到群 G 有一个同态 T, 则 φT 是 H 的一个 K-表示.

(1) 若 φT 不可约, 则 φ 不可约;

(2) 若 φ 不可约, 且 T 是满射, 则 φT 不可约. □

上述构造群的表示的方法称为**线性表示与群同态的合成**, 现在把这种方法应用到一些具体情形.

5.1 表示的提升与分解

设 N 是群 G 的正规子群, 则群 G 到商群 G/N 有一个映射:

$$\pi: G \to G/N$$
$$g \mapsto gN,$$

显然, π 是满射, 且 π 保持运算, 因此 π 是 G 到 G/N 的一个满同态, 称 π 是 G 到 G/N 的**自然同态**.

设 $(\overline{\varphi}, V)$ 是商群 G/N 的一个 K-表示, 则 $\overline{\varphi}\pi$ 是群 G 的一个 K-表示, 记作 φ, 称 φ 是 $\overline{\varphi}$ 的**提升**, 即

$$\varphi(g) = \overline{\varphi}(gN), \quad \forall g \in G. \tag{1}$$

那么正规子群 N 与 $\mathrm{Ker}\,\varphi$ 有什么关系呢? 由于

$$a \in N \Rightarrow \varphi(a) = \overline{\varphi}(aN) = \overline{\varphi}(N) = 1_V$$
$$\Rightarrow a \in \mathrm{Ker}\,\varphi,$$

因此 $N \subseteq \mathrm{Ker}\,\varphi$.

反之, 设 (φ, V) 是群 G 的一个 K-表示, $N \lhd G$, 且 $N \subseteq \mathrm{Ker}\,\varphi$. 令

$$\overline{\varphi}(gN) = \varphi(g), \quad \forall gN \in G/N. \tag{2}$$

设 $gN = hN$, 则 $h = ga$ 对于某个 $a \in N$. 于是

$$\varphi(h) = \varphi(ga) = \varphi(g)\varphi(a) = \varphi(g)1_V = \varphi(g).$$

因此 $\overline{\varphi}$ 是 G/N 到 $GL(V)$ 的一个映射. 显然 $\overline{\varphi}$ 保持运算, 因此 $\overline{\varphi}$ 是 G/N 的一个 K-表示, 称 $\overline{\varphi}$ 是 φ 对于正规子群 N 的**分解**.

商群 G/N 的所有 K-表示组成的集合记作 $\Omega_{G/N}$, 群 G 的其核包含 N 的所有

K-表示组成的集合记作 Ω_G. 令

$$\begin{aligned}\sigma: \Omega_{G/N} &\to \Omega_G \\ \overline{\varphi} &\mapsto \varphi,\end{aligned} \tag{3}$$

其中 φ 是 $\overline{\varphi}$ 的提升, 则 σ 是 $\Omega_{G/N}$ 到 Ω_G 的一个映射. 由 φ 对 N 的分解知道, σ 是满射. 显然 σ 是单射. 因此 σ 是双射. 由于 G 到 G/N 的自然同态 π 是满同态. 因此我们得到了下述结论.

命题 2 设 N 是群 G 的正规子群, 则 $\Omega_{G/N}$ 到 Ω_G 有一个双射 $\sigma: \overline{\varphi} \mapsto \varphi$, 其中 φ 是 $\overline{\varphi}$ 的提升; 并且 φ 不可约当且仅当 $\overline{\varphi}$ 不可约. □

命题 2 表明: 从商群 G/N 的所有不可约 K-表示经过提升, 便得到群 G 的其核包含 N 的所有不可约 K-表示.

特别地, 从商群 G/N 的所有 1 次 K-表示经过提升, 便得到群 G 的其核包含 N 的所有 1 次 K-表示. 如果商群 G/N 是有限 Abel 群, 那么 G/N 的所有 1 次复表示都能求出来, 把它们提升便得到 G 的其核包含 N 的所有 1 次复表示. 自然希望选取合适的正规子群 N, 使得商群 G/N 为 Abel 群, 且 G 的任意一个 1 次 K-表示的核都包含 N, 这样的正规子群存在吗?

为了使商群 G/N 成为 Abel 群, 就应当把 G 中元素的非交换性去掉. 由于对于 $a, b \in G$,

$$ab = ba \Leftrightarrow aba^{-1}b^{-1} = e,$$

因此 "$aba^{-1}b^{-1} \neq e$" 就刻画了 a 与 b 的非交换性. 把 $aba^{-1}b^{-1}$ 称为 a 与 b 的**换位子**. G 中所有换位子生成的子群称为 G 的**换位子群** (或**导群**), 记作 G'. 对于任意 $a \in G', g \in G$, 有

$$gag^{-1} = (gag^{-1}a^{-1})a \in G',$$

因此 $G' \lhd G$. 由于 G' 集中了 G 里具有非交换性的所有元素, 因此猜测 G/G' 是 Abel 群. 证明如下:

任取 $gG', hG' \in G/G'$, 有

$$(gG')(hG') = (gh)G', \quad (hG')(gG') = (hg)G',$$
$$(hg)^{-1}(gh) = g^{-1}h^{-1}gh \in G',$$

因此 $(gh)G' = (hg)G'$, 从而 $(gG')(hG') = (hG')(gG')$, 于是 G/G' 是 Abel 群.

还可以证明: G/N 为 Abel 群当且仅当 $N \supseteq G'$. 证明请看 [24] 第 62 页的定理 12.

设 (φ, V) 是群 G 的 1 次 K-表示, 对于任意 $g, h \in G$, 有

$$\varphi(ghg^{-1}h^{-1}) = \varphi(g)\varphi(h)\varphi(g)^{-1}\varphi(h)^{-1} = 1,$$

因此 $ghg^{-1}h^{-1} \in \operatorname{Ker}\varphi$. 从而 $G' \subseteq \operatorname{Ker}\varphi$.

综上所述, 群 G 的换位子群 G' 就是我们希望选取的正规子群: 于是由命题 2 立即得到下述结论.

命题 3 群 G 的所有 1 次 K-表示组成的集合与商群 G/G' 的所有 1 次 K-表示组成的集合之间存在一个一一对应; 使得 G/N 的所有 1 次 K-表示经过提升便得

到 G 的所有 1 次 K-表示. □

根据命题 3, 为了求有限群 G 的所有 1 次复表示, 就只要先求商群 G/G' 的所有 1 次复表示, 然后把它们提升便得到群 G 的所有 1 次复表示. 这里关键是求 G 的换位子群 G'.

例 1 求 n 元对称群 $S_n(n \geqslant 3)$ 的所有 1 次复表示.

解 S_n 中所有偶置换 (它可以表示成偶数个对换的乘积) 组成的集合对于映射的乘法成为一个群, 称为 n 元交错群, 记作 A_n. 显然 $|A_n| = \dfrac{1}{2}n!$. 从而 $[S_n : A_n] = 2$. 因此 A_n 是 S_n 的正规子群, 且 S_n/A_n 是 2 阶循环群. 因此 $A_n \supseteq S'_n$. 另一方面, 根据 [24] 第 39 页第 6 题, A_n 由所有 3-轮换生成. 由于

$$(ijk) = (ik)(ij) = [(jk)(ij)(jk)^{-1}](ij)^{-1} \in S'_n,$$

因此 $A_n \subseteq S'_n$. 从而 $A_n = S'_n$.

S_n/A_n 恰有两个 1 次复表示: $\overline{\varphi}_0, \overline{\varphi}_1$, 其中 $\overline{\varphi}_0$ 是主表示; $\overline{\varphi}_1((12)A_n) = -1$. 把它们提升便得到 S_n 的全部 1 次复表示: φ_0, φ_1, 其中 φ_0 是主表示. 当 σ 是偶置换时,

$$\varphi_1(\sigma) = \overline{\varphi}_1(\sigma A_n) = \overline{\varphi}_1(A_n) = 1;$$

当 τ 是奇置换时,

$$\varphi_1(\tau) = \overline{\varphi}_1(\tau A_n) = \overline{\varphi}_1((12)A_n) = -1.$$

5.2 通过群的自同构的挠表示

通过把商群 G/G' 的所有 1 次 K-表示提升, 便得到 G 的所有 1 次 K-表示. 这样有限非 Abel 群的 1 次复表示就都可以求出了. 下面的任务就是去研究非 Abel 群的次数大于 1 的不可约表示如何求? 如果已经知道群 G 的一个不可约 K-表示, 那么按照下述方法可以构造出 G 的又一个不可约 K-表示.

设 (φ, V) 是群 G 的一个 K-表示, σ 是群 G 的一个自同构, 则 $\varphi\sigma$ 是群 G 的一个 K-表示, 称 $\varphi\sigma$ 是 φ 通过自同构 σ 的**挠表示**, 记作 φ^σ. 从命题 1 立即得到如下结论.

命题 4 设 (φ, V) 是群 G 的一个 K-表示, σ 是 G 的一个自同构, 则 $\varphi^\sigma = \varphi\sigma$ 是 G 的一个 K-表示, 并且 φ^σ 不可约当且仅当 φ 不可约. □

命题 4 表明: 从群 G 一个不可约 K-表示 φ 可以构造 G 的不可约 K-表示 φ^σ, 其中 σ 是群 G 的一个自同构. 需要注意的是: φ^σ 与 φ 可能不等价, 也可能等价, 要具体问题具体分析.

下面是挠表示的两个特殊情形.

1. 通过群的内自同构的挠表示

任意给定 $a \in G$, 令 $\sigma_a(g) = aga^{-1}, \forall g \in G$. 易验证 σ_a 是群 G 的一个自同构, 称 σ_a 是 G 的一个**内自同构**.

设 (φ, V) 是群 G 的一个 K-表示, 则 $\varphi^{\sigma_a} = \varphi\sigma_a$ 是 G 的一个 K-表示. 对于任意 $g \in G$, 有

$$\varphi^{\sigma_a}(g) = (\varphi\sigma_a)(g) = \varphi(\sigma_a(g)) = \varphi(aga^{-1}) = \varphi(a)\varphi(g)\varphi(a)^{-1}.$$

因此 φ^{σ_a} 与 φ 等价.

2. 共轭表示

设 N 是群 G 的正规子群. 任意给定 $g \in G$, 令

$$\tau_g(x) = gxg^{-1}, \quad \forall x \in N.$$

易验证 τ_g 是 N 到自身的一个映射, 且是双射, 保持运算, 因此 τ_g 是 N 的一个自同构.

设 (ψ, V) 是 N 的一个 K-表示, 则 ψ^{τ_g} 是 N 的一个 K-表示, 称 ψ^{τ_g} 是 ψ 的**共轭表示**, 简记作 ψ^g.

ψ 的共轭表示 ψ^g 与 ψ 可能等价, 也可能不等价. 令

$$I(\psi) := \{g \in G | \psi^g \approx \psi\},$$

易验证 $I(\psi)$ 是 G 的子群, 称 $I(\psi)$ 是 ψ 在 G 中的**惯性群**. 当 $a \in N$ 时, ψ^a 是 ψ 通过 N 的内自同构 σ_a 的挠表示, 因此 $\psi^a \approx \psi$. 从而 $N \subseteq I(\psi)$.

5.3 逆步表示

设 V 是域 K 上的 n 维线性空间, V^* 是 V 的对偶空间. 设 (φ, V) 是群 G 的 K-表示. 能不能构造群 G 的一个以 V^* 为表示空间的线性表示呢? 即构造群 G 到 $\mathrm{GL}\,(V^*)$ 的一个同态映射呢?

任给 $g \in G$, 有 $\varphi(g) \in \mathrm{GL}\,(V)$. 想构造 V^* 上的一个可逆线性变换 $\varphi^*(g)$. 根据 [28] 第 554 页的例 13, 令 $\varphi^*(g)f := f\varphi(g)$, 则 $\varphi^*(g)$ 是 V^* 上的一个线性变换. 由于 $\forall f \in V^*$, 有

$$\begin{aligned}[\varphi^*(g^{-1})\varphi^*(g)]f &= \varphi^*(g^{-1})[f\varphi(g)] \\ &= [f\varphi(g)]\varphi(g^{-1}) = f\varphi(gg^{-1}) \\ &= f1_V = f,\end{aligned}$$

因此

$$\varphi^*(g^{-1})\varphi^*(g) = 1_{V^*}.$$

从而 $\varphi^*(g)$ 可逆, 即 $\varphi^*(g) \in \mathrm{GL}\,(V^*)$. 因此 $\varphi^* : g \mapsto \varphi^*(g)$ 是群 G 到 $\mathrm{GL}\,(V^*)$ 的一个映射. 为了使 φ^* 保持乘法运算, 需要将 $\varphi^*(g)$ 的定义修改成

$$\varphi^*(g)f := f\varphi(g^{-1}), \quad \forall f \in V^*.$$

显然这样定义的 $\varphi^*(g)$ 仍属于 $\mathrm{GL}\,(V^*)$, 并且 $\forall g, h \in G$, 有

$$\begin{aligned}\varphi^*(gh)f &= f\varphi[(gh)^{-1}] = f\varphi(h^{-1}g^{-1}) = f\varphi(h^{-1})\varphi(g^{-1}) \\ &= [\varphi^*(h)f]\varphi(g^{-1}) = \varphi^*(g)[\varphi^*(h)f] \\ &= [\varphi^*(g)\varphi^*(h)]f, \quad \forall f \in V^*.\end{aligned}$$

因此

$$\varphi^*(gh) = \varphi^*(g)\varphi^*(h), \quad \forall g, h \in G.$$

从而 φ^* 是群 G 到 $\mathrm{GL}\,(V^*)$ 的一个同态. 于是 (φ^*, V^*) 是群 G 的一个线性表示, 称它为 (φ, V) 的**逆步表示**.

设 $\dim V = n$. 由于 $\dim V^* = \dim V = n$, 因此 φ^* 与 φ 有相同的次数. 在 V 中取一个基 $\alpha_1, \alpha_2, \cdots, \alpha_n$, V^* 中相应的对偶基为 $f_1, f_2, \cdots, f_n$. 设 φ 在基 $\alpha_1, \alpha_2, \cdots, \alpha_n$ 下提供的矩阵表示为 $\varPhi$, 则根据 [28] 第 554 页的例 13 得, $\varphi^*(g)$ 在基 $f_1, f_2, \cdots, f_n$ 下的矩阵 $\varPhi^*(g) = \varPhi(g^{-1})'$.

习题 1.5

1. 求交错群 A_4 的所有 1 次复表示 (提示: A_4 的换位子群 $A_4' = \{(1), (12)(34), (13)(24), (14)(23)\}$).

2. 对称群 S_4 有一个正规子群 $N = \{(1), (12)(34), (13)(24), (14)(23)\}$.

(1) 证明: $S_4/N \cong S_3$;

(2) 求 S_4 的一个 2 次不可约复矩阵表示.

3. 设 K 是一个域. 任给 $m \in \mathbb{N}^*$, 令 $\varphi_m(t) = t^m, \forall t \in K^*$, 则 φ_m 是乘法群 K^* 的 1 次 K-表示. 利用 φ_m 求 $\mathrm{GL}_n(K)$ 的 1 次 K-表示.

4. 证明: 如果 φ 是有限群 G 的 1 次复表示, 那么 $G/\operatorname{Ker}\varphi$ 是循环群.

5. 证明: 非循环的有限群没有忠实的 1 次复表示.

6. 证明: 有限非 Abel 群在特征不能整除群的阶的域上的任一忠实的 2 次表示是不可约的.

7. 设 (φ, V) 和 (ψ, W) 是群 G 的两个 K-表示, 证明:

$$(\varphi \dot{+} \psi)^* \approx \varphi^* \dot{+} \psi^*.$$

第二章

有限群的不可约表示

我们已经知道, 有限 Abel 群的所有有限维不可约复表示都是 1 次的, 并且会求出它们. 我们又知道, 有限非 Abel 群 G 的所有 1 次 K-表示可以通过商群 G/G' 的所有 1 次 K-表示提升得到. 于是我们需要进一步研究的是有限非 Abel 群的所有次数大于 1 的不可约 K-表示, 其中 K 是特征不能整除群的阶的域.

本章要研究的是: 有限非 Abel 群 G 在特征不能整除 $|G|$ 的域 K 上的所有不可约表示储藏在哪里? 群 G 有多少个不等价的不可约 K-表示? 群 G 的不可约 K-表示的次数满足什么限制条件?

§1 群 G 的线性表示与群代数 $K[G]$ 上的左模

设 G 是有限群, K 是一个域. 群 G 在域 K 上的一个线性表示 (φ, V) 是由表示空间 V 和 G 到 $\mathrm{GL}(V)$ 的群同态 φ 组成的. 为了研究 G 的所有不可约 K-表示储藏在哪里, 应当寻找含有群 G 的信息最多的表示空间. 这个表示空间自然是 G 的正则表示 ρ 的表示空间 $K[G]$:

$$K[G] = \left\{ \sum_{g \in G} a_g g \,\middle|\, a_g \in K \right\}.$$

$K[G]$ 作为域 K 上线性空间的一个基是 G 的全部元素, 从而 $\dim_K K[G] = |G|$. 还可以在 $K[G]$ 中规定乘法运算:

$$\left(\sum_{g \in G} a_g g \right) \left(\sum_{h \in G} b_h h \right) := \sum_{g \in G} \sum_{h \in G} (a_g b_h)(gh) = \sum_{t \in G} \left(\sum_{g \in G} a_g b_{g^{-1}t} \right) t.$$

容易验证 $K[G]$ 对于加法和乘法成为一个有单位元的环, G 的单位元是 $K[G]$ 的单位元, 称 $K[G]$ 是群 G 在环 K 上的**群环**.

$K[G]$ 有加法和乘法运算, 且与域 K 有纯量乘法运算, 加法与乘法通过分配律相联系, 加法与纯量乘法通过线性空间的关于纯量乘法的第 4 条运算法则 $(k(\alpha+\beta)=k\alpha+k\beta)$ 相联系, 那么乘法与纯量乘法通过什么法则相联系呢? 可以直接验证: 对任给的 $\alpha,\beta\in K[G], k\in K$, 有

$$k(\alpha\beta)=(k\alpha)\beta=\alpha(k\beta). \tag{1}$$

$K[x], M_n(K), \mathrm{Hom}_K(V,V)$ 也既是环, 又是域 K 上的线性空间, 并且乘法与纯量乘法满足类似于 (1) 式的关系. 于是我们抽象出下述概念.

定义 1 设 A 是一个非空集合, K 是一个域. 如果 A 上定义了加法与乘法运算, K 与 A 定义了纯量乘法运算, A 对于加法与乘法成为一个环, A 对于加法与纯量乘法成为域 K 上的一个线性空间, 且 A 的乘法与纯量乘法满足: 对任给的 $a,b\in A, k\in K$, 有

$$k(ab)=(ka)b=a(kb), \tag{2}$$

那么称 A 是**域 K 上的一个代数**. A 作为域 K 上线性空间的维数称为**代数 A 的维数**. 若 A 作为环有单位元, 则称它是**代数 A 的单位元**.

今后我们讨论的代数都会有单位元, 且把单位元记作 1, 不再每次声明.

$K[G]$ 是域 K 上的一个代数, 称它为群 G 在域 K 上的**群代数**.

对于无限群 G 也可引进群代数 $K[G]$ 的概念, 令

$$K[G]:=\left\{\sum_{g\in G}a_g g\,\middle|\,a_g\in K\,,\ \text{且只有有限多个}\ a_g\neq 0\right\}.$$

$K[G]$ 中两个元素 $\sum\limits_{g\in G}a_g g$ 与 $\sum\limits_{g\in G}b_g g$ 称为是**相等**的, 如果 $a_g=b_g, \forall g\in G$. 类似于 G 是有限群的情形, 规定 $K[G]$ 中的加法、纯量乘法和乘法运算, 则 $K[G]$ 成为域 K 上的一个代数. 如果把 $1g+\sum\limits_{h\neq g}0h$ 与 g 等同, 那么群 G 的全体元素是 $K[G]$ 的一个基, 从而 $K[G]$ 是域 K 上的无限维代数.

$K[x]$, $M_n(K)$, $\mathrm{Hom}_K(V,V)$ 也都是域 K 上的代数. 称 $K[x]$ 是域 K 上的一元多项式代数. 称 $M_n(K)$ 是域 K 上的 n 阶全矩阵代数; 称 $\mathrm{Hom}_K(V,V)$ 是域 K 上线性空间 V 上的线性变换代数.

为了利用 $K[G]$ 来研究群 G 的不可约 K-表示储藏在哪里, 我们类比群 G 的线性表示的概念引出代数的线性表示的概念, 这样就可以通过群代数 $K[G]$ 的线性表示来研究群 G 的线性表示. 为了引出代数的线性表示, 需要引进代数之间的代数同态的概念.

定义 2 设 A 和 B 都是域 K 上的代数, A 到 B 的一个映射 f 如果满足对任意 $a_1,a_2,a\in A, k\in K$, 有

$$f(a_1+a_2)=f(a_1)+f(a_2),$$

$$f(ka) = kf(a),$$
$$f(a_1a_2) = f(a_1)f(a_2),$$
$$f(1) = 1',$$

其中 $1'$ 是 B 的单位元, 那么称 f 是 A 到 B 的一个**代数同态**. 若 f 是双射, 则称 f 是 A 到 B 的一个**代数同构**.

定义 3 设 A 是域 K 上的一个代数, V 是域 K 上的一个线性空间. A 到 V 上的所有线性变换组成的代数 $\mathrm{Hom}_K(V,V)$ 的一个代数同态 T 称为代数 A 在域 K 上的一个**线性表示**, V 称为**表示空间**. 当 V 是有限维时, 把 V 的维数称为表示 T 的**次数** (或**维数**), 记作 $\deg T$.

定义 4 域 K 上的代数 A 的两个 K-表示 (T,V) 与 (T',V') 称为是**等价的**, 如果存在线性空间 V 到 V' 的一个同构 σ, 使得

$$T'(a)\sigma = \sigma T(a), \quad \forall a \in A. \tag{3}$$

1.1 群 G 的线性表示与群代数 $K[G]$ 的线性表示

设 (φ,V) 是群 G (G 可以是有限群, 也可以是无限群) 在域 K 上的一个线性表示. φ 可以 "线性地" 扩充到群代数 $K[G]$ 上, 即令

$$\varphi^*\left(\sum_{g\in G} a_g g\right) := \sum_{g\in G} a_g\varphi(g), \tag{4}$$

易验证 φ^* 是 $K[G]$ 到 $\mathrm{Hom}_K(V,V)$ 的一个代数同态, 从而 φ^* 是群代数 $K[G]$ 在域 K 上的一个线性表示, 表示空间仍为 V.

反之, 设 (φ^*,V) 是群代数 $K[G]$ 上的一个线性表示, 把 φ^* 限制到 G 上, 即令

$$\varphi(g) := \varphi^*(g), \quad \forall g \in G,$$

则 φ 是群 G 在域 K 上的一个线性表示.

显然, $\varphi \mapsto \varphi^*$ 是群 G 的 K-表示组成的集合到群代数 $K[G]$ 的 K-表示组成的集合的一个双射. 于是研究群 G 的线性表示的问题可以转化为研究群代数 $K[G]$ 的线性表示. 这样做的好处是: 群代数 $K[G]$ 的线性表示蕴含的信息丰富得多!

设 (φ^*,V) 是群代数 $K[G]$ 的在域 K 上的一个线性表示. 任给 $a \in K[G]$, 有 V 上的线性变换 $\varphi^*(a)$. 对于 $v \in V$, 把 v 在 $\varphi^*(a)$ 下的像简记成 av, 即令

$$av := \varphi^*(a)v, \quad \forall v \in V, \tag{5}$$

把 "av" 读作 "a 作用在 v 上". 由于 $\varphi^*(a)$ 是 V 上的一个线性变换, 因此对于任意 $v_1, v_2, v \in V, k \in K$ 有

$$a(v_1+v_2) = \varphi^*(a)(v_1+v_2) = \varphi^*(a)v_1 + \varphi^*(a)v_2 = av_1 + av_2, \tag{6}$$
$$a(kv) = \varphi^*(a)(kv) = k[\varphi^*(a)v] = k(av), \tag{7}$$

由于 φ^* 是 $K[G]$ 到 $\mathrm{Hom}_K(V,V)$ 的一个代数同态, 因此对于任意 $a_1, a_2, a \in K[G], k \in$

$K, v \in V$, 有

$$\begin{aligned}(a_1 + a_2)v &= \varphi^*(a_1 + a_2)v = [\varphi^*(a_1) + \varphi^*(a_2)]v \\ &= \varphi^*(a_1)v + \varphi^*(a_2)v = a_1 v + a_2 v, \qquad (8)\end{aligned}$$

$$(ka)v = \varphi^*(ka)v = [k\varphi^*(a)]v = k[\varphi^*(a)v] = k(av), \qquad (9)$$

$$\begin{aligned}(a_1 a_2)v &= \varphi^*(a_1 a_2)v = [\varphi^*(a_1)\varphi^*(a_2)]v \\ &= \varphi^*(a_1)[\varphi^*(a_2)v] = \varphi^*(a_1)(a_2 v) = a_1(a_2 v), \qquad (10)\end{aligned}$$

$$1v = \varphi^*(1)v = 1_V v = v, \qquad (11)$$

其中 1 是 $K[G]$ 的单位元. 把 $\varphi^*(a)v$ 记成 av 后, 不仅使得 (6)—(11) 式的书写简洁 (每一组等式的左端等于最右端), 而且 (11)、(10)、(8)、(6) 式很像域上线性空间关于纯量乘法的 4 条运算法则. 域上的线性空间对于加法成为一个 Abel 群, 对于纯量乘法满足 4 条运算法则. 类比域上线性空间的概念, 引出环上的模的概念.

1.2 环上的模, 代数上的模

定义 5 设 M 是 Abel 加法群, R 是有单位元 $1(\neq 0)$ 的环. 如果 $R \times M$ 到 M 有一个映射: $(r, m) \mapsto rm$, 并且满足下列 4 条法则: $\forall m_1, m_2, m \in M, r, r_1, r_2 \in R$, 有

(1) $r(m_1 + m_2) = rm_1 + rm_2$;

(2) $(r_1 + r_2)m = r_1 m + r_2 m$;

(3) $(r_1 r_2)m = r_1(r_2 m)$;

(4) $1m = m$,

那么称 M 是**环 R 上的左模**或**左 R-模**.

类似地, 可以定义**环 R 上的右模** (也称为**右 R-模**).

M 是环 R 上的左模 (或右模) 也称环 R 在 Abel 加法群 M 上有一个作用.

上述 (6)、(8)、(10)、(11) 式表明: 若 (φ^*, V) 是群代数 $K[G]$ 的一个线性表示, 则表示空间 V 是环 $K[G]$ 上的一个左模. 上述 (7)、(9) 式表明: $K[G]$ 上的左模 V 还满足:

$$a(kv) = k(av) = (ka)v, \quad \forall a \in K[G], \quad v \in V, \quad k \in K.$$

这比环上的左模的定义多了两个等式, 其原因在于 $K[G]$ 是域 K 上的一个代数. 于是引出下述概念.

定义 6 设 A 是域 K 上的一个代数, M 是 Abel 加法群. 如果 M 是环 A 上的左模, 那么称 M 是**代数 A 上的左模**或**左 A-模**.

代数上的左模比环上的左模具有更丰富的内容. 首先, 对于域 K 上代数 A 的左模 M, 可以定义域 K 与 M 的纯量乘法如下:

$$km := (k1)m, \quad \forall k \in K, \quad m \in M, \qquad (12)$$

其中 1 是代数 A 的单位元. 容易验证这个纯量乘法满足域 K 上的线性空间关于纯量乘法的 4 条法则, 因此 M 成为域 K 上的一个线性空间. 当 M 作为域 K 上线性空间是有限维时, 称 M 是有限维左 A-模.

其次, 对于域 K 上代数 A 的左模 M, 纯量乘法与 A 在 M 上的作用满足下列法则: $\forall k\in K, a\in A, m\in M$, 有

$$a(km)=k(am)=(ka)m. \tag{13}$$

我们来证明 (13) 式

$$\begin{aligned}a(km)&=a[(k1)m]=[a(k1)]m=[k(a1)]m\\&=(ka)m;\\k(am)&=(k1)(am)=[(k1)a]m=[k(1a)]m=(ka)m.\end{aligned}$$

1.3 群 G 的线性表示与群代数 $K[G]$ 上的左模

设 (φ, V) 是群 G 在域 K 上的线性表示, 则 φ 可以 "线性地" 扩充成群代数 $K[G]$ 的一个线性表示 (φ^*, V), 任给 $a\in K[G]$, 令

$$av:=\varphi^*(a)v, \quad \forall v\in V.$$

根据 (6)、(8)、(10)、(11) 式得, V 是环 $K[G]$ 上的一个左模. 从 V 是域 K 上线性空间以及 (7)、(9) 式表明: V 具有代数 $K[G]$ 上的左模的特殊性质.

反之, 设 V 是群代数 $K[G]$ 上的任意一个左模, 则 V 是域 K 上的一个线性空间. 任给 $a\in K[G]$, 令

$$\varphi^*(a)v:=av, \quad \forall v\in V, \tag{14}$$

从环上左模定义的第一个等式和代数上左模满足的 (13) 式的第一个等式得, $\varphi^*(a)$ 是 V 上的一个线性变换. 从环上左模定义的第二、三、四个等式和代数上左模满足的 (13) 式的第二个等式得, φ^* 是 $K[G]$ 到 $\mathrm{Hom}_K(V,V)$ 的一个代数同态. 因此 (φ^*, V) 是群代数 $K[G]$ 的一个线性表示, 称它为左 $K[G]$-模 V 提供的表示. 把 φ^* 限制到群 G 上, 便得到群 G 在域 K 上的一个线性表示 (φ, V), 称它为左 $K[G]$-模 V 提供的群 G 的表示.

综上所述, 研究群 G 在域 K 上的线性表示可以通过研究群代数 $K[G]$ 上的左模来进行. 这样做有许多好处. 群代数 $K[G]$ 的线性表示 (φ^*, V) 包括表示空间 V 和 $K[G]$ 到 $\mathrm{Hom}_K(V,V)$ 的代数同态 φ^*, 而 "V 是群代数 $K[G]$ 上的一个左模" 这句话把表示空间 V 和代数同态 φ^* 融成了一体. 研究群代数 $K[G]$ 上的左模可以充分利用群代数 $K[G]$ 的结构性质 (它既是环, 也是域 K 上线性空间), 以及代数上的模的结构性质, 从而为研究群的线性表示提供了强有力的工具.

通过研究群代数 $K[G]$ 上的左模来研究群的线性表示, 需要把群的线性表示的语言与群代数上左模的语言来回转换. 下面我们来一一介绍.

1. 有限群 G 的正则表示与群代数 $K[G]$ 上的左正则模

有限群 G 的正则表示 ρ 的表示空间是 $K[G]$. 按照上面所讲的结论, $K[G]$ 是群代数 $K[G]$ 上的一个左模. 自然要问: 群代数 $K[G]$ 的任一元素 $\sum\limits_{g\in G}a_g g$ 如何作用在线性空间 $K[G]$ 的任一向量 $\sum\limits_{h\in G}b_h h$ 上?

把 ρ "线性地" 扩充成群代数 $K[G]$ 的线性表示 ρ^*, 则

$$\begin{aligned}\left(\sum_{g\in G}a_g g\right)\circ\left(\sum_{h\in G}b_h h\right)&=\rho^*\left(\sum_{g\in G}a_g g\right)\left(\sum_{h\in G}b_h h\right)\\&=\left(\sum_{g\in G}a_g\rho(g)\right)\left(\sum_{g\in G}b_h h\right)=\sum_{g\in G}a_g\left(\sum_{h\in G}b_h(gh)\right)\\&=\left(\sum_{g\in G}a_g g\right)\left(\sum_{h\in G}b_h h\right).\end{aligned}\tag{15}$$

(15) 式表明群代数 $K[G]$ 的任一元素作用在线性空间 $K[G]$ 的任一向量上就是在代数 $K[G]$ 里做乘法运算. 由此引出下述概念.

定义 7 设 R 是有单位元 $1(\neq 0)$ 的环, 令

$$R\times R\to R$$

$$(r,a)\mapsto ra,$$

其中 ra 是在环 R 中做乘法运算, 则加法群 R 成为环 R 上的一个左模, 称它为**环 R 上的左正则模**或**左正则 R-模**.

设 A 是域 K 上的一个代数, 环 A 上的左正则模 A 称为**代数 A 上的左正则模**或**左正则 A-模**.

从上述议论看到: 有限群 G 的正则表示 ρ 的表示空间 $K[G]$ 是群代数 $K[G]$ 上的左正则模. 反之, 群代数 $K[G]$ 上的左正则模 $K[G]$ 提供的群 G 的表示就是 G 的正则表示. 因此研究左正则 $K[G]$-模 $K[G]$ 就可以搞清楚有限群 G 的正则表示.

2. 群 G 的 K-表示的子表示与群代数 $K[G]$ 上的左模的子模

设 (φ,V) 是群 G 在域 K 上的一个线性表示, 它的一个子表示 (φ_U,U) 的表示空间 U 是 V 的 G 不变子空间, 即 $\varphi(g)$ 的不变子空间, $\forall g\in G$, 从而也是 $\varphi^*(a)$ 的不变子空间, $\forall a\in K[G]$, 因此对任意 $a\in K[G]$, 有

$$au\in U,\quad \forall u\in U.$$

由此引出下述概念.

定义 8 设 H 是环 R 上左模 M 的非空子集, 如果 H 是 M 的子群, 且对任意 $r\in R, y\in H$, 有 $ry\in H$, 那么称 H 是 M 的一个**子模**.

显然, $\{0\}$ 和 M 是 M 的子模, 称它们为平凡的子模. 显然, M 的子模的交仍是 M 的子模.

从子模的定义立即得出: I 是左正则 R-模 R 的子模当且仅当 I 是环 R 的左理想 (关于环的理想或双边理想, 以及左 (或右) 理想的定义参看 [24] 第 118 页的定义 1).

设 H 是域 K 上代数 A 上左模 M 的一个子模, 由于

$$ky=(k1)y\in H,\quad \forall k\in K,\quad y\in H,$$

因此 H 是域 K 上线性空间 M 的一个子空间.

设 (φ, V) 是群 G 在域 K 上的一个线性表示, 则

$$\begin{aligned}
&V \text{ 的一个子空间 } U \text{ 是 } G \text{ 不变子空间}\\
\Longleftrightarrow\ & \varphi(g)u \in U, \quad \forall g \in G, \quad u \in U\\
\Longleftrightarrow\ & \varphi^*\left(\sum_{g\in G} a_g g\right) u \in U, \quad \forall \sum_{g\in G} a_g g \in K[G], \quad u \in U\\
\Longleftrightarrow\ & au \in U, \quad \forall a \in K[G], \quad u \in U\\
\Longleftrightarrow\ & U \text{ 是左 } K[G]\text{-模 } V \text{ 的一个子模.}
\end{aligned}$$

于是为了研究群 G 左域 K 上的线性表示 (φ, V) 的子表示, 就只需去研究左 $K[G]$-模 V 的子模.

3. 群 G 的 K-表示分解成子表示的直和与左 $K[G]$-模分解成子模的直和

设 H_1 和 H_2 都是环 R 上左模 M 的子模, 令

$$H_1 + H_2 := \{h_1 + h_2 | h_1 \in H_1, h_2 \in H_2\},$$

易验证 $H_1 + H_2$ 是 M 的子模, 称它为 H_1 与 H_2 的**和**. 如果 $H_1 + H_2$ 中任一元素 y 表示成

$$y = y_1 + y_2, \quad y_1 \in H_1, \quad y_2 \in H_2$$

的方式唯一, 那么称 $H_1 + H_2$ 是**直和**, 记作 $H_1 \oplus H_2$.

设 (φ, V) 是群 G 的一个 K-表示, 则

$$\begin{aligned}
&\varphi = \varphi_U \oplus \varphi_W\\
\Longleftrightarrow\ & \text{存在 } V \text{ 的 } G \text{ 不变子空间 } U \text{ 和 } W, \text{使得 } V = U \oplus W\\
\Longleftrightarrow\ & \text{存在左 } K[G]\text{-模 } V \text{ 的子模 } U \text{ 和 } W, \text{使得 } V = U \oplus W.
\end{aligned}$$

类似地, 可以给出环 R 上左模 M 的若干个子模的和与直和的定义. 上述议论对于 (φ, V) 是若干个子表示的直和的情形也成立.

于是为了研究群 G 的 K-表示 (φ, V) 能否分解成它的子表示的直和, 就只需去研究左 $K[G]$-模 V 能否分解成它的子模的直和.

4. 群 G 在域 K 上的不可约表示与群代数 $K[G]$ 上的不可约左模

群 G 在域 K 上的线性表示 (φ, V) 称为不可约的, 如果 V 没有非平凡的 G 不变子空间. 由此引出下述概念.

定义 9 环 R 上的左模 $M \neq \{0\}$ 如果没有非平凡的子模, 那么称 M 是**不可约模** (或**单模**); 否则称 M 是**可约模** (或**非单模**).

研究群 G 的不可约 K-表示, 就只需去研究群代数 $K[G]$ 上的不可约左模.

5. 群 G 的完全可约 K-表示与完全可约左 $K[G]$-模

从群 G 的完全可约 K-表示的定义受到启发, 引出下述概念.

定义 10 环 R 上的左模 M 称为**完全可约的**, 如果对于 M 的每一个子模 H, 都存在 M 的子模 L, 使得

$$M = H \oplus L.$$

设 (φ, V) 是群 G 在域 K 上的线性表示, 则

(φ, V) 完全可约

$\Longleftrightarrow$ 对于 V 的每一个 G 不变子空间 U, 存在 V 的 G 不变子空间 W, 使得

$$V = U \oplus W$$

$\Longleftrightarrow$ 对于左 $K[G]$-模 V 的每一个子模 U, 存在 V 的子模 W, 使得

$$V = U \oplus W$$

$\Longleftrightarrow$ 左 $K[G]$-模 V 完全可约.

类比群 G 的完全可约表示的子表示也是完全可约的, 我们猜测有下述命题.

命题 1 域 K 上代数 A 的完全可约左模 V 的子模也是完全可约的.

证明 设 H 是 V 的任一子模. 则 H 是域 K 上线性空间 V 的一个子空间. 任取 H 的一个子模 H_1, 则 H_1 也是 V 的子模. 由于 V 是完全可约左模, 因此存在 V 的子模 L, 使得 $V = H_1 \oplus L$. 由于 H_1 和 L 都是线性空间 V 的子空间, 因此 $H = H_1 \oplus (L \bigcap H)$. $L \bigcap H$ 仍是 M 的子模, 从而 $L \bigcap H$ 是 H 的子模. 因此 H 是完全可约的. □

与第一章 §3 定理 1 的证明方法类似可证得如下命题.

命题 2 设 A 是域 K 上的一个代数, 则有限维完全可约左 A-模一定可以分解成有限多个不可约子模的直和.

6. 群 G 的 K-表示的等价与左 $K[G]$-模的同构

设 (φ, V) 和 (ψ, W) 是群 G 在域 K 上的两个线性表示, 把它们 "线性地" 扩充成群代数 $K[G]$ 的线性表示 (φ^*, V) 和 (ψ^*, W). 任给 $a \in K[G]$, 令

$$av := \varphi^*(a)v, \quad \forall v \in V,$$

$$aw := \psi^*(a)w, \quad \forall w \in W,$$

则 V 和 W 都成为群代数 $K[G]$ 上的左模, 如果 (φ^*, V) 与 (ψ^*, W) 等价, 那么存在线性空间 V 到 W 的一个同构 σ, 使得对于任意 $a \in K[G]$, 有

$$\sigma[\varphi^*(a)v] = \psi^*(a)[\sigma(v)], \quad \forall v \in V,$$

即

$$\sigma(av) = a[\sigma(v)], \quad \forall v \in V. \tag{16}$$

(16) 式表明: σ 与 $K[G]$ 的作用可交换. 由此引出下述概念.

定义 11 设 M 和 M' 都是环 R 上的左模, 如果存在 M 到 M' 的一个群同态 η, 并且 η 与环 R 的作用可交换, 即

$$\eta(rx) = r[\eta(x)], \quad \forall r \in R, \quad x \in M, \tag{17}$$

那么称 η 是 M 到 M' 的一个**模同态** (或 **R-同态**). 群同态 η 的核 $\mathrm{Ker}\,\eta$ 称为**模同态 η 的核**. 如果 η 是双射, 那么称 η 是**模同构** (或 **R-同构**), 此时称 M 与 M' **模同构**.

显然, 左 R-模 M 到 M' 的模同态 η 的核 $\mathrm{Ker}\,\eta$ 是 M 的一个子模, 模同态 η 的像 $\mathrm{Im}\,\eta$ 是 M' 的一个子模.

设 (φ, V) 和 (ψ, W) 是群 G 在域 K 上的两个线性表示, 把它们 "线性地" 扩充

成群代数 $K[G]$ 的两个线性表示 (φ^*,V) 和 (ψ^*,W), 则

$$\begin{aligned}&(\varphi,V)\text{ 与 }(\psi,W)\text{ 等价}\\ \iff &\text{存在线性空间 }V\text{ 到 }W\text{ 的一个同构 }\sigma,\text{ 使得}\\ &\sigma[\varphi(g)v]=\psi(g)[\sigma(v)],\quad \forall g\in G,\quad v\in V\\ \iff &\text{存在线性空间 }V\text{ 到 }W\text{ 的一个同构 }\sigma,\text{ 使得}\\ &\sigma[\varphi^*(a)v]=\psi^*(a)[\sigma(v)],\quad \forall a\in K[G],\quad v\in V\\ \iff &\text{存在 }V\text{ 到 }W\text{ 的一个群同构 }\sigma,\text{ 使得}\\ &\sigma(av)=a[\sigma(v)],\quad \forall a\in K[G],\quad v\in V\\ \iff &\text{左 }K[G]\text{-模 }V\text{ 与 }W\text{ 模同构.}\end{aligned}$$

于是我们证明了下述命题.

命题 3 *群 G 的 K-表示 (φ,V) 与 (ψ,W) 等价当且仅当左 $K[G]$-模 V 与 W 模同构.* □

综上所述, 为了寻找有限群 G 的所有不等价的不可约 K-表示, 就只要去找所有不同构的不可约左 $K[G]$-模.

设 H 是环 R 上左模 M 的一个子模, 对于 Abel 商群 M/H 和环 R, 令

$$r(x+H):=rx+H,\quad \forall r\in R,\quad x+H\in M/H. \tag{18}$$

易验证这个定义与陪集代表的选择无关, 并且 M/H 成为环 R 上的一个左模. 称它是 M 对于子模 H 的**商模**.

定理 1 (模同态基本定理) *设 M 和 M' 都是环 R 上的左模, 若 η 是 M 到 M' 的一个模同态, 则有模同构:*

$$M/\operatorname{Ker}\eta\cong\operatorname{Im}\eta. \tag{19}$$

证明 根据群同态基本定理, 有群同构:

$$M/\operatorname{Ker}\eta\cong\operatorname{Im}\eta,$$

其中群同构 τ 为

$$\tau(x+\operatorname{Ker}\eta)=\eta(x),\quad \forall x\in M. \tag{20}$$

由于 η 是模同态, 因此对于任意 $r\in R$,

$$\tau[r(x+\operatorname{Ker}\eta)]=\tau(rx+\operatorname{Ker}\eta)=\eta(rx)=r(\eta(x))=r[\tau(x+\operatorname{Ker}\eta)].$$

从而 τ 是模同构. 所以 $M/\operatorname{Ker}\eta$ 与 $\operatorname{Im}\eta$ 模同构. □

习题 2.1

1. 域 K 上代数 A 的非空子集 A_1 称为 A 的子代数, 如果 A_1 是环 A 的含 A 的单位元的一个子环, A_1 又是域 K 上线性空间 A 的一个子空间. 令

$$\mathrm{Z}(A)=\{c\in A|ca=ac,\quad \forall a\in A\},$$

证明: $\mathrm{Z}(A)$ 是 A 的一个子代数, 称 $\mathrm{Z}(A)$ 是**代数 A 的中心**.

2. 设 G 是有限群, K 是域.

(1) 证明: $\sum_{g\in G} g \in \mathrm{Z}(K[G])$;

(2) 对于 $a \in G, G$ 的子集 $\{gag^{-1}|g \in g\}$ 称为 a 的**共轭类**, 记作 C_a, 证明:

$$\sum_{x\in C_a} x \in \mathrm{Z}(K[G]).$$

§2 有限维半单代数的不可约左模

根据 Maschke 定理, 当域 K 的特征不能整除有限群 G 的阶时, G 的每一个 K-表示是完全可约的. 从而每一个左 $K[G]$-模是完全可约的. 本节我们要讨论具有这种性质的域 K 上代数 A 的结构, 以及它的所有不同构的不可约左模储藏在哪里?

从哪儿去找所有不同构的不可约左 $K[G]$-模呢? 直觉判断左正则 $K[G]$-模 $K[G]$ 含有丰富的信息. 因此我们从左正则 $K[G]$-模 $K[G]$ 着手研究. 当域 K 的特征不能整除群 G 的阶时, 左正则 $K[G]$-模 $K[G]$ 是完全可约的. 从而 $K[G]$ 可以分解成有限多个不可约子模的直和. 于是我们要研究左正则 $K[G]$-模 $K[G]$ 的直和分解. 为了使我们的研究不光是解决 $K[G]$ 的分解问题, 而能更具一般性, 我们来研究环 A 上左正则模 A 分解成子模的直和问题. 当 A 是域 K 上的代数时, 左正则模 A 是域 K 上的线性空间; 左正则模 A 的子模是 A 不变子空间, 也是环 A 的左理想. 首先从线性空间的角度看, 根据 [28] 第 331 页的例 16 和例 17, 设 V 是域 K 上的线性空间, 如果 V 到它的子空间有一种直和分解:

$$V = V_1 \oplus V_2 \oplus \cdots \oplus V_s,$$

用 $\boldsymbol{P}_i$ 表示 V 在 V_i 上平行于 $\sum_{j\neq i} V_j$ 的投影, 那么

$$\boldsymbol{I} = \boldsymbol{P}_1 + \boldsymbol{P}_2 + \cdots + \boldsymbol{P}_s,$$

且 $\boldsymbol{P}_1, \boldsymbol{P}_2, \cdots, \boldsymbol{P}_s$ 是一组两两正交的幂等变换. 反之, 如果 $\boldsymbol{A}_1, \boldsymbol{A}_2, \cdots, \boldsymbol{A}_s$ 是 V 上的一组两两正交的幂等变换, 且 $\boldsymbol{I} = \boldsymbol{A}_1 + \boldsymbol{A}_2 + \cdots + \boldsymbol{A}_s$, 那么

$$V = \mathrm{Im}\,\boldsymbol{A}_1 \oplus \mathrm{Im}\,\boldsymbol{A}_2 \oplus \cdots \oplus \mathrm{Im}\,\boldsymbol{A}_s,$$

且 $\boldsymbol{A}_i$ 是 V 在 $\mathrm{Im}\,\boldsymbol{A}_i$ 上平行于 $\sum_{j\neq i} \mathrm{Im}\,\boldsymbol{A}_j$ 的投影, $i = 1, 2, \cdots, s$. 这表明: 线性空间 V 分解成它的子空间的直和等价于 V 上的恒等变换 $\boldsymbol{I}$ 分解成 V 上的一组两两正交的幂等变换之和. 然后从环的角度看, 与线性空间 V 的直和分解类比, 为了把环 A 分解成一些左理想的直和 (即把左正则 A-模 A 分解成它的子模的直和), 需要有一组两两正交的幂等元 $e_1, e_2, \cdots, e_s$, 且它们的和等于环 A 的单位元 1, 即 $1 = e_1 + e_2 + \cdots + e_s$. 下面给出这些概念的定义, 并且研究环 A 的直和分解.

2.1 环 A 到左理想的直和分解, 环 A 到双边理想的直和分解

定义 1 环 A 的一个元素 e 称为**幂等元**, 如果

$$e^2 = e \neq 0;$$

两个幂等元 e_1, e_2 称为**正交的**, 如果 $e_1e_2 = e_2e_1 = 0$. 幂等元 e 称为**本原的**, 如果它不能表示成 A 的两个正交幂等元的和.

定义 2 对于环 A, 令

$$\mathrm{Z}(A) := \{c \in A | cx = xc, \ \forall x \in A\},$$

则 $\mathrm{Z}(A)$ 称为 A 的**中心**.

显然, $\mathrm{Z}(A)$ 是 A 的一个子环, 且它含有 A 的单位元 1.

定义 3 设 e 是环 A 的一个幂等元, 如果 $e \in \mathrm{Z}(A)$, 那么称 e 是**中心幂等元**; A 的中心幂等元 e 称为**本原的**, 如果它不能表示成 A 的两个正交的中心幂等元的和.

类比线性空间的直和分解, 我们猜测有下述命题.

命题 1 设 A 是有单位元 $1(\neq 0)$ 的环. 如果 A 能分解成有限多个非零左理想 $V_1, V_2, \cdots, V_s$ 的直和:

$$A = V_1 \oplus V_2 \oplus \cdots \oplus V_s, \tag{1}$$

设 $1 = e_1 + e_2 + \cdots + e_s$, 其中 $e_i \in V_i (i = 1, 2, \cdots, s)$, 那么 $e_1, e_2, \cdots, e_s$ 是 A 的一组两两正交的幂等元, 并且 $V_i = Ae_i, i = 1, 2, \cdots, s$. 反之, 如果 $e_1, e_2, \cdots, e_m$ 是 A 的一组两两正交的幂等元, 记 $e = e_1 + e_2 + \cdots + e_m$, 那么

$$Ae = Ae_1 \oplus Ae_2 \oplus \cdots \oplus Ae_m, \tag{2}$$

其中 $Ae, Ae_1, Ae_2, \cdots, Ae_m$ 都是 A 的左理想.

证明 对于 $i \in \{1, 2, \cdots, s\}$, 由已知条件得

$$e_i = e_i1 = e_ie_1 + \cdots + e_ie_{i-1} + e_i^2 + e_ie_{i+1} + \cdots + e_ie_s.$$

由于 V_j 是左理想, 且 $e_j \in V_j$, 因此 $e_ie_j \in V_j, j = 1, 2, \cdots, s$. 由于 (1) 式是 A 的直和分解式, 因此 e_i 的表示法唯一. 由于又有

$$e_i = 0 + \cdots + 0 + e_i + 0 + \cdots + 0,$$

因此 $e_ie_j = 0$, 当 $j \neq i$; $e_i^2 = e_i$. 于是 $e_1, e_2, \cdots, e_s$ 是 A 的一组两两正交的幂等元.

由于 $e_i \in V_i$, 且 V_i 是左理想, 因此对于任意 $a \in A$, 有 $ae_i \in V_i$. 从而 $Ae_i \subseteq V_i$.

任取 $a_i \in V_i$, 有

$$a_i = a_i1 = a_ie_1 + \cdots + a_ie_{i-1} + a_ie_i + a_ie_{i+1} + \cdots + a_ie_s,$$

$$a_i = 0 + \cdots + 0 + a_i + 0 + \cdots + 0.$$

由于 a_i 的表示法唯一, 因此 $a_i = a_ie_i \in Ae_i$. 从而 $V_i \subseteq Ae_i$. 于是 $V_i = Ae_i, i = 1, 2, \cdots, s$.

反之, 设 $e_1, e_2, \cdots, e_m$ 是 A 的一组两两正交的幂等元, 记 $e = e_1 + e_2 + \cdots + e_m$. 显然 $Ae, Ae_1, \cdots, Ae_m$ 都是 A 的左理想, 我们有

$$e^2 = (e_1 + e_2 + \cdots + e_m)^2 = e_1^2 + e_2^2 + \cdots + e_m^2 = e,$$

$$ee_i = (e_1 + e_2 + \cdots + e_m)e_i = e_i^2 = e_i,$$

$$e_ie = e_i(e_1 + e_2 + \cdots + e_m) = e_i^2 = e_i.$$

任取 $a \in A$, 有

$$ae = ae_1 + ae_2 + \cdots + ae_m \in Ae_1 + Ae_2 + \cdots + Ae_m,$$

因此 $Ae \subseteq Ae_1 + Ae_2 + \cdots + Ae_m$.

任取 $a_1e_1 + a_2e_2 + \cdots + a_me_m \in Ae_1 + Ae_2 + \cdots + Ae_m$, 有

$$a_1e_1 + a_2e_2 + \cdots + a_me_m = a_1e_1e + a_2e_2e + \cdots + a_me_me$$
$$= (a_1e_1 + a_2e_2 + \cdots + a_me_m)e \in Ae,$$

因此 $Ae_1 + Ae_2 + \cdots + Ae_m \subseteq Ae$. 从而 $Ae = Ae_1 + Ae_2 + \cdots + Ae_m$.

任取 $ae \in Ae$, 则 $ae = ae_1+ae_2+\cdots+ae_m$. 假如还有 $ae = b_1e_1+b_2e_2+\cdots+b_me_m$. 在此式两边右乘 e_j 和

$$ae_j = b_je_j, \quad j = 1, 2, \cdots, m,$$

因此 ae 的表示法唯一. 从而 $Ae = Ae_1 \oplus Ae_2 \oplus \cdots \oplus Ae_m$. □

在命题 1 的后半部分中, 如果 $1 = e_1+e_2+\cdots+e_m$, 那么 $A = Ae_1\oplus Ae_2\oplus\cdots\oplus Ae_m$.

(2) 式中环 A 的左理想 Ae_i 能不能进一步分解成 A 的两个非零左理想的直和? 为了表述简洁, 我们引进下述概念.

定义 4 环 A 的左理想 I 如果能表示成 A 的两个非零左理想的直和, 那么称 I 是**可分解**的; 否则称 I 是**不可分解**的.

推论 1 设 e 是环 A 的幂等元且 $e \neq 1$, 则 A 的左理想 Ae 是不可分解的当且仅当 e 是本原的.

证明 必要性. 设 Ae 不可分解. 假如 e 不是本原的, 则存在正交的幂等元 e_1, e_2, 使得 $e = e_1 + e_2$. 根据命题 1 的后半部分得, $Ae = Ae_1 \oplus Ae_2$. 矛盾. 因此 e 是本原的.

充分性. 设 e 是本原的幂等元. 假如 Ae 可分解, 设 $Ae = V_1 \oplus V_2$, 其中 V_1, V_2 都是 A 的非零左理想. 再设

$$e = e_1 + e_2 \quad e_1 \in V_1, \quad e_2 \in V_2.$$

若能证 e_1 与 e_2 是正交的幂等元, 则与 e 是本原的矛盾. 为此需要把 A 作直和分解. 由于 $(1-e)^2 = 1-2e+e^2 = 1-e$, 且 $(1-e)e = e-e^2 = 0, e(1-e) = 0$, 因此 $1-e, e$ 是正交的幂等元, 且 $(1-e)+e = 1$. 根据命题 1 的后半部分得,

$$A = A(1-e) \oplus Ae = A(1-e) \oplus V_1 \oplus V_2.$$

由于 $1 = (1-e) + e_1 + e_2$, 且 $e_1 \in V_1, e_2 \in V_2$, 因此根据命题 1 的前半部分得, $1-e, e_1, e_2$ 是两两正交的幂等元. 矛盾. 因此 Ae 不可分解. □

命题 1 和推论 1 合在一起表明: 环 A 分解成不可分解的非零左理想的直和等价于 A 的单位元分解成两两正交的本原幂等元之和.

下面来探讨环 A 到它的非零双边理想的直和分解问题, 关于环分解成它的双边理想的直和的概念可参看 [24] 第 128 页定理 4.

命题 2 如果环 A 能分解成有限多个非零双边理想 $I_1, I_2, \cdots, I_n$ 的直和, 即

$$A = I_1 \oplus I_2 \oplus \cdots \oplus I_n, \tag{3}$$

设 $1 = e_1 + e_2 + \cdots + e_n$, 其中 $e_j \in I_j (j = 1, 2, \cdots, n)$, 那么 $e_1, e_2, \cdots, e_n$ 是 A 的一组两两正交的中心幂等元, 并且 $I_j = Ae_j, e_j$ 是环 Ae_j 的单位元, $j = 1, 2, \cdots, n$. 反之, 如果 $e_1, e_2, \cdots, e_m$ 是 A 的一组两两正交的中心幂等元, 记 $e = e_1 + e_2 + \cdots + e_m$, 那么

$$Ae = Ae_1 \oplus Ae_2 \oplus \cdots \oplus Ae_m, \tag{4}$$

其中 $Ae_j=e_jA$ 是 A 的双边理想, $j=1,2,\cdots,n$.

证明 双边理想 I_j 当然也是左理想, 于是根据命题 1 的前半部分得, $e_1,e_2,\cdots,e_n$ 是 A 的一组两两正交的幂等元, 并且 $I_j=Ae_j, j=1,2,\cdots,n$. 任取 $a\in A$, 我们有 $a1=1a$, 从而得

$$ae_1+ae_2+\cdots+ae_n=e_1a+e_2a+\cdots+e_na. \tag{5}$$

由于 I_j 是双边理想, 且 $e_j\in I_j$, 因此 $ae_j\in I_j$ 且 $e_ja\in I_j$. 于是从 (3) 式和 (5) 式得, $ae_j=e_ja$. 这说明 $e_j\in \mathrm{Z}(A), j=1,2,\cdots,n$. 对于 Ae_j 中任一元素 xe_j, 其中 $x\in A$, 有

$$e_j(xe_j)=(xe_j)e_j=xe_j^2=xe_j,$$

因此 e_j 是环 Ae_j 的单位元, $j=1,2,\cdots,n$.

反之, 根据命题 1 的后半部分得

$$Ae=Ae_1\oplus Ae_2\oplus\cdots\oplus Ae_n.$$

由于 $e_j\in \mathrm{Z}(A)$, 因此 $Ae_j=e_jA$. 从而 Ae_j 是 A 的双边理想. □

定义 5 环 A 的一个非零双边理想 I 如果可以表示成 A 的两个非零双边理想的直和, 那么称 I 为**可分解**的, 否则称 I是**不可分解**的.

推论 2 设 e 是环 A 的中心幂等元且 $e\neq 1$, 则非零双边理想 Ae 是不可分解的当且仅当 e 是本原的.

证明 必要性. 设 Ae 不可分解. 假如 e 不是本原的. 则存在两个正交的中心幂等元 e_1,e_2, 使得 $e=e_1+e_2$, 根据命题 2 的后半部分得, $Ae=Ae_1\oplus Ae_2$, 其中 Ae_j 是 A 的非零双边理想, $j=1,2$. 矛盾. 因此 e 是本原的.

充分性. 设 e 是本原的中心幂等元. 显然 $1-e$ 也是中心幂等元且与 e 正交. 根据命题 2 的后半部分得

$$A=A(1-e+e)=A(1-e)\oplus Ae.$$

假如 Ae 能表示成 A 的两个非零双边理想 I_1 与 I_2 的直和, 则 $e=e_1+e_2$, 其中 $e_1\in I_1, e_2\in I_2$. 于是

$$A=A(1-e)\oplus I_1\oplus I_2,$$

且 $1=(1-e)+e_1+e_2$, 根据命题 2 的前半部分得, e_1 与 e_2 是正交的中心幂等元. 这与 e 是本原的中心幂等元矛盾. 因此 Ae 是不可分解的. □

命题 2 与推论 2 合在一起说明: 环 A 分解成不可分解的非零双边理想的直和等价于 A 的单位元分解成两两正交的本原中心幂等元之和.

本原的中心幂等元有下述性质.

命题 3 环 A 的两个本原的中心幂等元或者相等, 或者正交.

证明 设 e_1,e_2 是环 A 的两个本原的中心幂等元, 则

$$\begin{aligned}
&e_1=e_1(e_2+1-e_2)=e_1e_2+e_1(1-e_2),\\
&(e_1e_2)^2=e_1e_2,\quad [e_1(1-e_2)]^2=e_1(1-e_2),\\
&(e_1e_2)[e_1(1-e_2)]=e_1^2e_2(1-e_2)=e_1(e_2-e_2^2)=0.\\
&e_1e_2\in \mathrm{Z}(A),\quad e_1(1-e_2)\in \mathrm{Z}(A).
\end{aligned}$$

假如 $e_1e_2 \neq 0$ 且 $e_1(1-e_2) \neq 0$, 则 e_1 表示成了 A 的两个正交的中心幂等元 e_1e_2 与 $e_1(1-e_2)$ 的和. 这与 e_1 是本原的矛盾. 因此 $e_1e_2 = 0$ 或 $e_1(1-e_2) = 0$ (即 $e_1 = e_1e_2$). 同理可证 $e_2e_1 = 0$ 或 $e_2(1-e_1) = 0$ (即 $e_2 = e_2e_1$). 因此 e_1 与 e_2 正交, 或者 $e_1 = e_1e_2 = e_2e_1 = e_2$. □

推论 3 如果环 A 的单位元 1 能够表示成两两不等的本原中心幂等元 $e_1, e_2, \cdots, e_n$ 的和, 那么 $e_1, e_2, \cdots, e_n$ 是 A 的全部本原中心幂等元.

证明 由已知条件得, $1 = e_1 + e_2 + \cdots, e_n$. 假如 A 有一个本原中心幂等元 $f \notin \{e_1, e_2, \cdots, e_n\}$, 则根据命题 3 得, $fe_j = 0, j = 1, 2, \cdots, n$. 于是

$$f = f1 = fe_1 + fe_2 + \cdots + fe_n = 0,$$

矛盾. 因此 $e_1, e_2, \cdots, e_n$ 是 A 的全部本原中心幂等元. □

2.2 有限维半单代数的不可约左模

我们已经知道, 当域 K 的特征不能整除有限群 G 的阶时, 群代数 $K[G]$ 上的每一个左模都是完全可约的. 于是我们来研究具有这种性质的代数的不可约左模.

定义 6 域 K 上有限维代数 A 称为**半单的**, 如果每一个左 A-模是完全可约的.

设 A 是域 K 上的有限维代数, 且 A 是半单的. 我们来探索不可约左 A-模有哪些? 凭直觉, 左正则 A-模 A 蕴含丰富的信息, 因此我们从左正则 A-模 A 着手研究.

由于 A 是半单的, 因此左正则 A-模 A 是完全可约的. 由于 A 是有限维代数, 因此左正则 A-模 A 是有限维的. 于是根据本章 §1 命题 2 得, 左正则 A-模 A 可以分解成有限多个不可约子模的直和:

$$A = L_1 \oplus L_2 \oplus \cdots \oplus L_n, \tag{6}$$

于是

$$1 = e_1 + e_2 + \cdots + e_n, \quad e_i \in L_i, \quad i = 1, 2, \cdots, n. \tag{7}$$

由于左正则 A-模 A 的子模是环 A 的左理想, 因此根据本节命题 1 的前半部分得, $e_1, e_2, \cdots, e_n$ 是 A 的一组两两正交的幂等元, 且 $L_i = Ae_i, i = 1, 2, \cdots, n$. 于是

$$A = Ae_1 \oplus Ae_2 \oplus \cdots \oplus Ae_n. \tag{8}$$

由于 L_i 不可约, 因此 A 的左理想 L_i 是不可分解的. 于是根据推论 1 得, $e_1, e_2, \cdots, e_n$ 是本原的.

任取一个不可约左 A-模 M. 为了使 M 与 A 的不可约子模 $Ae_i (i = 1, 2, \cdots, n)$ 产生联系, 任给 $x \in M$, 且 $x \neq 0$, 让 Ae_i 的每个元素作用在 x 上, 记作 Ae_ix. 容易验证 Ae_ix 是 M 的一个子模. 为了沟通 Ae_ix 与 Ae_i 的联系, 考虑 Ae_i 到 Ae_ix 的一个映射

$$f_i : ae_i \mapsto ae_ix. \tag{9}$$

显然 f_i 是满射. 容易验证 f_i 是模同态. 由于 Ae_i 不可约, 因此 $\operatorname{Ker} f_i = \{0\}$ 或 $\operatorname{Ker} f_i = Ae_i$. 若为后者, 则 $\operatorname{Im} f_i = \{0\}$. 由于 f_i 是满射, 因此 $Ae_ix = \{0\}$. 由于 $x \neq 0$ 且

$$x = 1x = e_1x + e_2x + \cdots + e_nx \in Ae_1x + Ae_2x + \cdots + Ae_nx,$$

因此至少有一个 j, 使得 $\operatorname{Ker} f_j = \{0\}$. 从而根据模同态基本定理得, $Ae_j/\operatorname{Ker} f_j \cong \operatorname{Im} f_j$. 由于 f_j 是满射, 因此

$$Ae_j \cong Ae_jx.$$

由于 M 不可约, 因此 $Ae_jx = M$. 从而

$$M \cong Ae_j.$$

于是我们证明了下述定理.

定理 1 设 A 是域 K 上有限维代数, 如果 A 是半单的, 那么左正则 A-模 A 可以分解成有限多个不可约子模的直和:

$$A = L_1 \oplus L_2 \oplus \cdots \oplus L_n; \tag{10}$$

从而 A 的单位元 1 可以分解成 A 的一组两两正交的本原幂等元之和:

$$1 = e_1 + e_2 + \cdots + e_n, \quad e_i \in L_i, \quad i = 1, 2, \cdots, n, \tag{11}$$

且

$$L_i = Ae_i, \quad i = 1, 2, \cdots, n;$$

每一个不可约左 A-模同构于 A 到不可约子模的直和分解式 (10) 中的某一个不可约子模, 从而每一个不可约左 A-模都是有限维的. □

定理 1 表明: 有限维半单代数 A 的每一个不可约左模都出现在 A 到不可约子模的直和分解式中 (在模同构的意义上).

当域 K 的特征不能整除有限群 G 的阶时, 群代数 $K[G]$ 是半单的. 因此由定理 1 立即得到如下定理.

定理 2 若域 K 的特征不能整除有限群 G 的阶, 则 G 的每一个不可约 K-表示等价于 G 的正则表示 ρ 的直和分解式中的某一个不可约子表示, 从而有限群 G 的每一个不可约 K-表示都是有限维的. □

定理 2 表明: 有限群 G 在特征不能整除 $|G|$ 的域 K 上的正则表示 ρ 到不可约子表示的直和分解式中包含了 G 的所有不可约 K-表示 (在等价的意义上).

根据定理 2, 有限 Abel 群 G 的每一个不可约复表示都是有限维的, 从而 G 的每一个不可约复表示都是 1 次的.

在定理 1 的证明中, 只用到了左正则 A-模 A 是完全可约的以及 A 是有限维的条件. 由此猜测有下述结论.

定理 3 设 A 是域 K 上有限维代数, 则 A 是半单的充分必要条件为左正则 A-模 A 是完全可约的.

定理 3 的证明放在下面的阅读材料中.

阅读材料

设 $\{H_i | i \in I\}$ 是环 R 上左模 M 的一族子模 (可能有无限多个). 易验证下述集合

$$\{x_{i_1} + x_{i_2} + \cdots + x_{i_n} | x_{i_j} \in H_{i_j}, i_j \in I, j = 1, 2, \cdots, n; n \in \mathbb{N}^*\}$$

是 M 的一个子模, 称它是 M 的**一族子模 $\{H_i | i \in I\}$ 的和**, 记作 $\sum\limits_{i \in I} H_i$.

定义 1　设 $\{H_i|i\in I\}$ 是环 R 上左模 M 的一族子模, 如果 $M=\sum_{i\in I}H_i$, 并且每一个 $x\in M$ 表示成

$$x=x_{i_1}+x_{i_2}+\cdots+x_{i_n},\quad x_{i_j}\in H_{i_j},\quad j=1,2,\cdots,n$$

的表示法唯一, 那么称 M 是这一族子模 $\{H_i|i\in I\}$ 的 (内) 直和, 记作 $M=\bigoplus_{i\in I}H_i$.

定理 3 的证明　必要性显然成立. 下面来证充分性.

设左正则 A-模 A 是完全可约的. 根据定理 1 的证明的第一部分得, A 可以分解成有限多个不可约子模的直和:

$$A=Ae_1\oplus Ae_2\oplus\cdots\oplus Ae_n,\tag{1}$$

其中 $e_1,e_2,\cdots,e_n$ 是 A 的一组两两正交的本原幂等元, 且 $1=e_1+e_2+\cdots+e_n$.

任取一个左 A-模 $M\neq\{0\}$, 要证 M 是完全可约的. 任给 $x\in M$ 且 $x\neq 0$, 有

$$x=1x=e_1x+e_2x+\cdots+e_nx.\tag{2}$$

显然 Ae_ix 是 M 的子模 $(i=1,2,\cdots,n)$. 由于 $e_ix\in Ae_ix$, 因此 $x\in\sum_{i=1}^{n}Ae_ix$. 从而

$$M=\sum_{x\in M}\sum_{i=1}^{n}Ae_ix.\tag{3}$$

从 Ae_i 到 Ae_ix 的映射 $f_i: ae_i\mapsto ae_ix$ 是满射, 且为模同态. 由于 Ae_i 不可约, 因此 $\operatorname{Ker}f_i=\{0\}$ 或 $\operatorname{Ker}f_i=Ae_i$. 若 $\operatorname{Ker}f_i=Ae_i$, 则 $Ae_ix=\{0\}$. 若 $\operatorname{Ker}f_i=\{0\}$, 则 $Ae_ix\cong Ae_i$, 从而 Ae_ix 不可约. 于是 (3) 式表明 M 是一族不可约子模的和.

任取 M 的一个子模 H. 考虑集合

$$S=\{M\text{ 的子模 }W\,|\,W\bigcap H=\{0\}\}.$$

S 对于集合的包含关系 $\subseteq$ 成为一个偏序集. 任取 S 的一条链

$$W_1\subseteq W_2\subseteq\cdots\subseteq W_t\subseteq\cdots,\tag{4}$$

令 $W^*=\sum W_i$, 易验证 $W^*\bigcap H=\{0\}$, 从而 $W^*\in S$. 显然每个 $W_i\subseteq W^*$, 因此 W^* 是链 (4) 的一个上界. 根据 Zorn 引理得, S 有一个极大元素, 记作 L. 我们希望证明 $H\oplus L=M$. 由于 $L\bigcap H=\{0\}$, 因此只要证 $H+L=M$. 假如此式不成立, 则存在 $x\in M$, 使得 $x\notin H+L$. 由于 $x=e_1x+e_2x+\cdots+e_nx$, 因此必存在某个 $e_jx\notin H+L$. 从而 $Ae_jx\nsubseteq H+L$. 由于 Ae_jx 不可约, 因此 $(H+L)\bigcap Ae_jx=\{0\}$. 于是

$$\begin{aligned}(H+L)+Ae_jx&=(H+L)\oplus Ae_jx=(H\oplus L)\oplus Ae_jx\\&=H\oplus(L\oplus Ae_jx).\end{aligned}$$

从而 $H\bigcap(L\oplus Ae_jx)=\{0\}$. 于是 $L\oplus Ae_jx\in S$. 这与 L 是 S 的极大元素矛盾. 因此 $H+L=M$. 从而 M 是完全可约的. 于是 A 是半单的. □

定理 3 表明: 对于域 K 上的有限维代数 A, 只要左正则 A-模 A 是完全可约的. 那么 A 就是半单的.

习题 2.2

1. 把 4 阶循环群 $G=\langle a\rangle$ 在复数域上的正则表示 ρ 分解成不可约子表示的直和. 由此看出, G 的每一个不可约复表示都出现在 ρ 的直和分解式中 (在等价的意义上).

2. 设 H_1 和 H_2 都是环 R 上左模 M 的子模, 证明: 和 H_1+H_2 是直和当且仅当 $H_1\bigcap H_2=\{0\}$.

3. 设环 R 上左模 M 能分解成它的两个子模 H_1 与 H_2 的直和: $M=H_1\oplus H_2$, 证明: $M/H_1\cong H_2, M/H_2\cong H_1$ (模同构).

4. 设环 R 上的左模 M 是它的子模 $H_1,H_2,\cdots,H_s$ 的直和, 即 $M=H_1\oplus H_2\oplus\cdots\oplus H_s$, 证明:

$$M/(H_2\oplus\cdots\oplus H_s)\cong H_1.$$

§3 有限维半单代数的不同构的不可约左模的个数

我们已经知道有限维半单代数 A 的每一个不可约左模都同构于 A 的直和分解式中某一个不可约子模, 因此我们把注意力都集中到 A 到它的不可约子模的直和分解式中, 研究 A 的不同构的不可约左模有多少个? A 的不可约左模的维数要满足什么限制条件? A 的每一个不可约左模在 A 的直和分解式中出现了几次 (在同构的意义上)? 为此首先需要讨论左正则 A-模 A 到不可约子模的任意两种直和分解式有什么关系?

设 A 是有限维半单代数, 则有 A 到它的不可约子模的直和分解式:

$$A=L_1\oplus L_2\oplus\cdots\oplus L_n. \tag{1}$$

考虑 A 的子模的降链:

$$A\supsetneqq L_2\oplus\cdots\oplus L_n\supsetneqq L_3\oplus\cdots\oplus L_n\supsetneqq\cdots\supsetneqq L_n\supsetneqq\{0\}. \tag{2}$$

根据习题 2.2 第 4 题得

$$A/(L_2\oplus\cdots\oplus L_n)\cong L_1,\quad L_2\oplus\cdots\oplus L_n/L_3\oplus\cdots\oplus L_n\cong L_2,\cdots,L_n/\{0\}\cong L_n. \tag{3}$$

于是 (3) 式中每一个商模都是不可约的. 由此引出下述概念.

定义 1 环 R 上左模 M 的子模降链

$$M=M_1\supsetneqq M_2\supsetneqq\cdots\supsetneqq M_k\supseteq M_{k+1}=\{0\} \tag{4}$$

称为 M 的一个**合成列**, 如果所有的商模 M_i/M_{i+1} 是不可约的. 这些商模 M_i/M_{i+1} $(i=1,2,\cdots,k)$ 称为**合成因子组**. 合成因子的个数 k 称为合成列的**长度**. M 的两个合成列称为是**等价的**, 如果它们的长度相等并且这两个合成列的因子组能用某种方式配对, 使得对应的合成因子是模同构的.

定理 1 (Jordan-Hölder) 如果环 R 上的左模 M 有合成列, 那么 M 的任意两个合成列是等价的.

证明 见本节最后一部分. □

根据定理 1, 从上面的讨论立即得到如下定理.

定理 2 如果 A 是有限维半单代数, 那么左正则 A-模 A 到不可约子模的任意两种直和分解式中不可约子模的个数相同, 并且这两种直和分解式中的不可约子模能用某种方式配对, 使得对应的不可约子模是同构的. □

定理 2 表明: 在有限维半单代数 A 的左正则模 A 的直和分解式 (1) 中, 任取一个不可约子模 L_i, 分解式 (1) 中出现的与 L_i 同构的不可约子模的个数是由 A 唯一决定的, 与分解式无关, 称这个数目为 **L_i 在 A 中的重数**.

定理 2 还表明: 有限维半单代数 A 的左正则模 A 的直和分解式中, 不同构的不可约子模的个数是由 A 唯一决定的, 与分解式无关. 这个数目也就是所有不同构的不可约左 A-模的个数 (根据本章 §2 定理 1).

现在来研究有限维半单代数 A 的所有不同构的不可约左模的个数由什么决定?

为了利用环论的知识, 我们把左正则 A-模 A 的不可约子模用环 A 的左理想的语言来刻画. 我们知道, 左正则 A-模 A 的子模就是环 A 的左理想. 由于左正则 A-模 A 的不可约子模 L 不包含 A 的非平凡子模, 因此 L 作为环 A 的左理想不包含 A 的非平凡左理想, 即 L 只包含 A 的两个左理想: $\{0\}$ 和 L. 由此引出下述概念.

定义 2 环 A 的一个非零左理想 L 称为**极小左理想**, 如果 L 只包含 A 的两个左理想: $\{0\}$ 和 L.

对于环 A 的两个左理想 L_1 和 L_2, 如果把它们看成左正则 A-模 A 的子模是同构的, 那么称左理想 L_1 与 L_2 是**同构**的, 即存在 L_1 到 L_2 的双射 σ, 它保持加法, 并且与环 A 的作用可交换 (即 $\sigma(rx) = r[\sigma(x)], \forall r \in A, x \in L_1$).

左正则 A-模 A 到它的不可约子模的直和分解式可以看成是环 A 到它的极小左理想的直和分解式. 定理 2 及其后面的两段话都可以换成环 A 的极小左理想的语言来叙述. 现在我们要研究的是: 当 A 是域 K 上有限维半单代数时, 环 A 的所有不同构的极小左理想的个数由什么决定? 为了研究这个问题, 首先我们调查不同构的极小左理想具有什么性质? 为此先证一个引理.

引理 1 设 A 是域 K 上有限维半单代数, 则环 A 的每一个非零左理想由一个幂等元生成.

证明 设 L 是环 A 的一个非零左理想, 且 $L \neq A$. 于是 L 是左正则 A-模 A 的非零子模. 由于 A 是半单的, 因此左正则 A-模 A 是完全可约的. 从而存在 A 的一个子模 L', 使得 $A = L \oplus L'$. 由于 $L \neq A$, 因此 $L' \neq \{0\}$. 设 $1 = e + e'$, 其中 $e \in L, e' \in L'$. 根据本章 §2 命题 1 得, e 是 A 的幂等元, 且 $L = Ae$, 即 L 由 e 生成. 若 $L = A$, 则 L 由幂等元 1 生成. □

利用引理 1, 我们可以获得不同构的极小左理想的性质.

引理 2 设 A 是域 K 上有限维半单代数, L 和 L' 是 A 的两个极小左理想.

(1) 若 $L \cong L'$, 则 $LL' = L'$;

(2) 若 $L \ncong L'$, 则 $LL' = \{0\}$.

证明 根据环 A 的两个子集的乘积的定义得

$$LL' = \left\{ \sum_{i=1}^{m} l_i l_i' \,\middle|\, l_i \in L, l_i' \in L', i = 1, 2, \cdots, m; m \in \mathbb{N}^* \right\}.$$

由于 L 是环 A 的左理想, 因此 LL' 也是 A 的左理想. 由于 L' 是 A 的左理想, 因此 $LL' \subseteq L'$. 由于 L' 是 A 的极小左理想, 因此 $LL' = \{0\}$ 或 $LL' = L'$.

(1) 设 $L \cong L'$, 则有 L 到 L' 的同构映射 σ. 为了证 $LL' = L'$, 只要证 $L' \subseteq LL'$. 任取 $x' \in L'$, 则存在 $x \in L$, 使得 $x' = \sigma(x)$. 由引理 1 得 $L = Ae$, 其中 e 是 A 的幂等元. 于是存在 $a \in A$, 使得 $x = ae$. 从而

$$x' = \sigma(ae) = a\sigma(e) = a\sigma(ee) = ae\sigma(e) = x\sigma(e) \in LL'.$$

因此 $L' \subseteq LL'$. 于是 $LL' = L'$.

(2) 我们来证逆否命题. 设 $LL' \neq \{0\}$, 则由上面的讨论知道 $LL' = L'$.

任取 $x' \in L'$, 显然 Lx' 是 A 的左理想, 且 $Lx' \subseteq L'$. 由于 L' 是 A 的极小左理想, 因此 $Lx' = \{0\}$ 或 $Lx' = L'$. 假如 $\forall x' \in L'$ 有 $Lx' = \{0\}$, 则 $LL' = \{0\}$, 矛盾. 因此存在 $y' \in L'$, 使得 $Ly' = L'$. 令

$$\begin{aligned} \tau:\ & L \to L' \\ & x \mapsto xy'. \end{aligned}$$

易验证 τ 保持加法, 且与环 A 的作用可交换. 由于 $Ly' = L'$, 因此 τ 是满射, 从而 $\operatorname{Im}\tau = L'$. $\operatorname{Ker}\tau$ 是左 A-模 L 的子模, 因此 $\operatorname{Ker}\tau$ 是 A 的左理想, 且 $\operatorname{Ker}\tau \subseteq L$. 由于 L 是 A 的极小左理想, 因此 $\operatorname{Ker}\tau = \{0\}$, 或 $\operatorname{Ker}\tau = L$. 若 $\operatorname{Ker}\tau = L$, 则 $\operatorname{Im}\tau = \{0\}$, 矛盾. 因此 $\operatorname{Ker}\tau = \{0\}$. 从而 τ 是单射. 于是 τ 是左理想 L 到 L' 的一个同构映射. 所以 $L \cong L'$. □

注 引理 2 的 (1) 要用到 A 是有限维半单代数这个条件, 引理 2 的 (2) 不用 A 是有限维半单代数这个条件.

类似于极小左理想的概念, 下面给出极小双边理想的概念以及单环的概念.

定义 3 环 A 的非零双边理想 I 称为**极小双边理想**, 如果 I 只包含 A 的两个双边理想: $\{0\}$ 和 I.

定义 4 环 R 称为**单环**, 如果 R 只有平凡的双边理想: $\{0\}$ 和 R.

定义 5 域 K 上的代数 B 称为**单代数**, 如果环 B 是单环.

现在我们可以来探索: 当 A 是域 K 上的有限维半单代数时, 环 A 的所有不同构的极小左理想的个数由什么决定?

设 A 是域 K 上的有限维半单代数, 则有环 A 到它的极小左理想的一个直和分解式:

$$A = L_{11} \oplus \cdots \oplus L_{1m_1} \oplus \cdots \oplus L_{s1} \oplus \cdots \oplus L_{sm_s}, \tag{5}$$

其中 $L_{ij} \cong L_{kt}$ 当且仅当 $i = k$. 环 A 的所有不同构的极小左理想的个数也就是 (5) 式中不同构的极小左理想的个数 s. 为了搞清楚 s 由什么决定, 很自然地把 (5) 式写成

$$A = A_1 \oplus A_2 \oplus \cdots \oplus A_s, \tag{6}$$

其中

$$A_i = L_{i1} \oplus L_{i2} \oplus \cdots \oplus L_{im_i}, \quad i = 1, 2, \cdots, s. \tag{7}$$

显然 A_i 是 A 的左理想. 关于 A_i 的信息不止这个. 环 A 中左理想的加法满足交换律和结合律, 左理想的乘法满足结合律, 以及对于加法的左、右分配律 (参看 [24] 第 120 页). 当 $k \neq i$ 时, 根据引理 2 得, $L_{ij}L_{kt} = \{0\}$. 从而

$$A_iL_{kt} = L_{i1}L_{kt} + L_{i2}L_{kt} + \cdots + L_{im_i}L_{kt} = \{0\}.$$

由此得出, $A_iA_k = \{0\}$. 任取 $x_i \in A_i, a \in A$, 由 (6) 式得, $a = a_1 + a_2 + \cdots + a_s$, 其中 $a_j \in A_j (j = 1, 2, \cdots, s)$. 于是

$$x_ia = x_ia_1 + x_ia_2 + \cdots + x_ia_s = x_ia_i \in A_i.$$

因此 A_i 是 A 的右理想. 从而 A_i 是 A 的双边理想, $i = 1, 2, \cdots, s$. 由于 $L_{ij}(j = 1, 2, \cdots, m_i)$ 是 A 的极小左理想, 因此凭直觉猜测 A_i 是 A 的极小双边理想. 现在来论证这一猜测. 设 I 是 A 的非零双边理想, 且 $I \subseteq A_i$, 由于 I 是左理想, 因此 I 包含 A 的一个极小左理想 L. 设 L 同构于某个 L_{kt}. 根据引理 2 得, $L_{kt}L = L$. 假如 $k \neq i$, 由于 $L \subseteq I \subseteq A_i$, 因此 $L_{kt}L \subseteq A_kA_i = \{0\}$. 于是得出 $L = \{0\}$, 矛盾. 从而 $L \cong L_{it}(1 \leqslant t \leqslant m_i)$. 根据引理 2 得, $LL_{it} = L_{it}(1 \leqslant t \leqslant m_i)$. 由于 I 是右理想, 因此 $L_{it} = LL_{it} \subseteq I(1 \leqslant t \leqslant m_i)$. 由此得出

$$I \supseteq L_{i1} + L_{i2} + \cdots + L_{im_i} = A_i.$$

从而 $I = A_i$. 这证明了 A_i 是 A 的极小双边理想. 从而 A_i 是不可分解的双边理想, $i = 1, 2, \cdots, s$. 根据 (6) 式, 设

$$1 = e_1 + e_2 + \cdots + e_s. \tag{8}$$

根据 §2 命题 2 和推论 2 得, $e_1, e_2, \cdots, e_s$ 是 A 的一组两两正交的本原中心幂等元, 且 $A_i = Ae_i$ 是有单位元 e_i 的环, $i = 1, 2, \cdots, s$. 根据 §2 的命题 3 和推论 3 得, $e_1, e_2, \cdots, e_e$ 是 A 的全部两两不等的本原中心幂等元. 于是我们证明了下述定理.

定理 3 设 A 是域 K 上的有限维半单代数, 则环 A 有到它的极小双边理想的直和分解式:

$$A = A_1 \oplus A_2 \oplus \cdots \oplus A_s, \tag{9}$$

从而

$$1 = e_1 + e_2 + \cdots + e_s, \quad e_i \in A_i, \quad i = 1, 2, \cdots, s, \tag{10}$$

$e_1, e_2, \cdots, e_s$ 是 A 的全部两两不等的本原中心幂等元, 并且 $A_i = Ae_i, e_i$ 是 A_i 的单位元, $i = 1, 2, \cdots, s$; 于是所有不同构的不可约左 A-模的个数等于 A 的本原中心幂等元个数. □

推论 1 定理 3 中的 A_i 是单环, 它的单位元是 A 的本原中心幂等元 $e_i, i = 1, 2, \cdots, s$.

证明 任取 A_i 的一个双边理想 J. 任取 $a \in A$. 设

$$a = a_1 + a_2 + \cdots + a_s, \quad a_i \in A_i, \quad i = 1, 2, \cdots, s.$$

对于任意 $b \in J$, 由于 $A_iA_j = \{0\}$, 当 $i \neq j$, 因此

$$ab = a_1b + a_2b + \cdots + a_sb = a_ib \in J,$$

$$ba = ba_1 + ba_2 + \cdots + ba_s = ba_i \in J.$$

从而 J 是 A 的双边理想. 由于 A_i 是 A 的极小双边理想, 因此 $J = \{0\}$ 或者 $J = A_i$. 这证明了 A_i 是单环. 从定理 3 知道, A_i 的单位元是本原中心幂等元 e_i. □

下一步要研究有限维半单代数 A 的不可约子模的维数要满足什么条件?

在域 K 上有限维半单代数 A 到它的极小左理想的直和分解式 (5) 中, 设 L_{ij} 作为域 K 上的线性空间的维数为 $\widetilde{n}_i, i=1,2,\cdots,s$, 则从 (5) 式得到

$$\dim_K A=\sum_{i=1}^{s} m_i\widetilde{n}_i,$$

其中 m_i 是极小左理想 L_{i1} 在 A 中的重数, $i=1,2,\cdots,s$. 为了得到 $\widetilde{n}_i(i=1,2,\cdots,s)$ 应满足的条件, 只需要搞清楚 m_i 等于什么? 根据 (7) 式, m_i 是 A_i 到 A 的极小左理想的直和分解式中极小左理想的个数. 显然 L_{i1} 也是 A_i 的左理想. 进一步可说明 L_{i1} 是 A_i 的极小左理想, 这是因为设 J 是 A_i 的非零左理想, 且 $J\subseteq L_{i1}$, 则根据推论 1 的证明知道, J 也是 A 的左理想. 由于 L_{i1} 是 A 的极小左理想, 因此 $J=L_{i1}$. 从而 L_{i1} 是 A_i 的极小左理想. 于是 m_i 等于单环 A_i 到它的极小左理想的直和分解式中极小左理想的个数. 为了求出 A_i 的直和分解式中极小左理想的个数, 就需要研究单代数到它的极小左理想的直和分解. 为此首先要研究有限维单代数的结构, 然后从有限维单代数的同构类里挑出一个代表来研究它到极小左理想的直和分解. 这些在下一节将仔细讨论.

现在我们写出定理 1 (Jordan-Hölder) 的证明:

设环 R 上的左模 M 有合成列;

$$M=M_1\supsetneqq M_2\supsetneqq\cdots\supsetneqq M_k\supsetneqq M_{k+1}=\{0\}. \tag{11}$$

任取 M 的另一个合成列:

$$M=H_1\supsetneqq H_2\supsetneqq\cdots\supsetneqq H_r\supsetneqq H_{r+1}=\{0\}. \tag{12}$$

对 M 的第一个合成列的长度 k 作数学归纳法.

当 $k=1$ 时, $M=M_1\supsetneqq M_2=\{0\}$. 由于 M_1/M_2 不可约, 且 $M_1/M_2\cong M_1$, 因此 M_1 (即 M) 不可约. 而不可约左 R-模 M 只有一个合成列: $M\supsetneqq\{0\}$. 因此命题成立.

假设对于第一个合成列的长度为 $k-1$ 时命题成立, 现在来看 k 的情形. 先看一个特殊情形: 若 $M_2=H_2$, 则在 (11) 和 (12) 中去掉第一项后, 就是同一个左 R-模 $M_2=H_2$ 的合成列, 它们的长度分别为 $k-1$ 和 $r-1$. 根据归纳假设得, $k-1=r-1$. 从而 $k=r$; 而且它们的合成因子组能用某种方式配对, 使得对应的合成因子是模同构的. 从而 (11) 和 (12) 的合成因子组也有这样的性质. 因此 M 的合成列 (11) 和 (12) 等价. 下面讨论一般情形, 即 $M_2\neq H_2$ 的情形. 由于 M/M_2 和 M/H_2 都是不可约左 R-模, 因此 M_2 和 H_2 都是 M 的极大子模 (即, 若有 M 的子模 $N\supsetneqq M_2$, 则 $N=M$). 由于 $M_2\neq H_2$, 因此 $M_2H_2\supsetneqq M_2$, 且 $M_2H_2\supsetneqq H_2$. 又由于 M_2H_2 仍是 M 的子模, 因此从 M_2,H_2 是 M 的极大子模推出 $M_2H_2=M$. 令 $M_2\bigcap H_2=N_3$. 根据第一群同构定理 (参看 [24] 第 58 页定理 8) 得

$$M_2H_2/M_2\cong H_2/H_2\bigcap M_2,\quad M_2H_2/H_2\cong M_2/M_2\bigcap H_2,$$

即

$$M/M_2\cong H_2/N_3,\quad M/H_2\cong M_2/N_3. \tag{13}$$

易证这些是模同构. 由于 N_3 是 M_2 的子模, 从而 N_3 也是 M 的子模, 因此从 M 有

合成列可以推出 N_3 有合成列. 任取 N_3 的一个合成列:

$$N_3 \supsetneqq N_4 \supsetneqq \cdots \supsetneqq N_t \supsetneqq N_{t+1} = \{0\}. \tag{14}$$

利用它作出 M 的两个新的合成列:

$$M = M_1 \supsetneqq M_2 \supsetneqq N_3 \supsetneqq \cdots \supsetneqq N_t \supsetneqq N_{t+1} = \{0\}, \tag{15}$$

$$M = H_1 \supsetneqq H_2 \supsetneqq N_3 \supsetneqq \cdots \supsetneqq N_t \supsetneqq N_{t+1} = \{0\}. \tag{16}$$

比较 (15) 与 (11), M 的这两个合成列的第二项相同, 于是根据前面的特殊情形的结论得, $k = t$, 且 (15) 的合成因子组:

$$M/M_2, M_2/N_3, N_3/N_4, \cdots, N_k/N_{k+1} \tag{17}$$

与 (11) 的合成因子组:

$$M/M_2, M_2/M_3, M_3/M_4, \cdots, M_k/M_{k+1} \tag{18}$$

能用某种方式配对, 使得对应的合成因子是模同构的. 比较 (16) 与 (12), M 的这两个合成列的第二项相同, 于是根据前面的特殊情形的结论得, $r = t$. 从而 $k = r$, 且 (16) 的合成因子组:

$$M/H_2, H_2/N_3, N_3/N_4, \cdots, N_k/N_{k+1} \tag{19}$$

与 (12) 的合成因子组:

$$M/H_2, H_2/H_3, H_3/H_4, \cdots, H_k/H_{k+1} \tag{20}$$

能用某种方式配对, 使得对应的合成因子是模同构的. 由 (13) 可知, M 的合成列 (11) 的合成因子组 (18) 与 M 的合成到 (12) 的合成因子组 (20) 能用某种方式配对, 使得对应的合成因子模同构. 从而 M 的合成列 (11) 与 (12) 等价.

由数学归纳法原理, 定理 1 成立. □

习题 2.3

1. 设 R 是一个有单位元 $1(\neq 0)$ 的环, 如果 R 的每一个非零元都可逆, 那么称 R 是一个**除环** (或**体**). 证明: 若 D 是一个除环, 则 $M_n(D)$ 是单环.

2. 设 V 是除环 D 上的一个右模, 把 D 在 V 上的作用看成是 D 与 V 的 (右) 纯量乘法 (即 $V \times D$ 到 V 的一个映射), 则 V 称为**除环 D 上的右线性空间**, V 中的元素称为向量. 与域上的线性空间类似, 除环 D 上的右线性空间 V 中, 也有线性相关、线性无关、基和维数等概念. V 到自身的模同态称为 V 上的线性变换. V 上所有线性变换组成的集合记作 $\mathrm{Hom}_D(V,V)$. 在 $\mathrm{Hom}_D(V,V)$ 中有加法、乘法运算, 易验证 $\mathrm{Hom}_D(V,V)$ 成为一个环. 证明: 若 $\dim_D V = n$, 则有环同构:

$$\mathrm{Hom}_D(V,V) \cong M_n(D).$$

(**注** 在 $\mathrm{Hom}_D(V,V)$ 中还可以定义 (右) 纯量乘法运算: 任给 $\boldsymbol{A} \in \mathrm{Hom}_D(V,V)$, $d \in D$, 规定

$$(\boldsymbol{A}d)v := (\boldsymbol{A}v)d, \quad \forall v \in V.$$

容易验证 $\mathrm{Hom}_D(V,V)$ 成为除环 D 上的右线性空间, 且满足:

$$(\boldsymbol{A}\boldsymbol{B})d = (\boldsymbol{A}d)\boldsymbol{B} = \boldsymbol{A}(\boldsymbol{B}d), \quad \forall \boldsymbol{A}, \boldsymbol{B} \in \mathrm{Hom}_D(V,V), \quad d \in D.$$

于是 $\mathrm{Hom}_D(V,V)$ 成为除环 D 上的右代数 (除环 D 上的右代数的定义与域 K 上代数的定义类似). 容易证明: 环同构 $\mathrm{Hom}_D(V,V)\cong M_n(D)$ 也是除环 D 上的右代数同构.)

§4 有限维单代数的结构, 代数闭域上有限维半单代数的不可约左模的维数

本节我们首先来研究有限维单代数的结构. 设 B 是域 K 上的有限维单代数. 从习题 2.3 的第 1 题知道, 若 D 是除环, 则 $M_n(D)$ 是单环. 由于 B 是单环, 因此我们大胆猜测有没有可能 $B\cong M_n(D)$ (环同构)? 又从习题 2.3 的第 2 题知道, 若 V 是除环 D 上的 n 维右线性空间, 则 $\mathrm{Hom}_D(V,V)\cong M_n(D)$ (环同构). 因此为了论证 $B\cong M_n(D)$, 就只要去论证 $B\cong \mathrm{Hom}_D(V,V)$. 这就需要构造一个除环 D, 并且构造除环 D 上的一个右线性空间 V.

第一步, 从 B 出发如何构造一个除环 D 呢? 除环 D 的本质特征是每一个非零元都可逆. 由此想到取 B 的一个极小左理想 I, I 可看成是左正则 B-模 B 的不可约子模, 利用 I 的不可约性, 可证 I 到自身的模同态或者是零同态, 或者是模同构. 于是 I 到自身的所有模同态组成的集合很有可能成为除环. 下面来论证这一点.

设 V,W 是环 R 上的左模, V 到 W 的所有模同态 (也称为 R-同态) 组成的集合记作 $\mathrm{Hom}_R(V,W)$. 对于 $f,g\in \mathrm{Hom}_R(V,W)$, 规定 $(f+g)v:=f(v)+g(v),\forall v\in V$, 则易验证 $\mathrm{Hom}_R(V,W)$ 成为 Abel 加群, 并且 $\mathrm{Hom}_R(V,V)$ 对于加法和映射的乘法成为一个有单位元的环.

引理 1 (Schur) 设 V,W 是环 R 上的不可约左模, 则

(1) 当 $V\ncong W$ 时, $\mathrm{Hom}_R(V,W)=\{0\}$;

(2) $\mathrm{Hom}_R(V,V)$ 是除环.

证明 设 $f\in \mathrm{Hom}_R(V,W)$, 由于 V 不可约, 因此 $\mathrm{Ker}\,f=\{0\}$ 或 $\mathrm{Ker}\,f=V$. 由于 W 不可约, 因此 $\mathrm{Im}\,f=W$ 或 $\mathrm{Im}\,f=\{0\}$. 当 $\mathrm{Ker}\,f=\{0\}$ 时, $V/\{0\}\cong \mathrm{Im}\,f$, 从而 $\mathrm{Im}\,f\neq\{0\}$. 于是 $\mathrm{Im}\,f=W$. 因此 $V\cong W$, 从而 f 是 V 到 W 的一个同构. 当 $\mathrm{Ker}\,f=V$ 时必有 $\mathrm{Im}\,f=\{0\}$, 此时 f 是零同态.

(1) 当 $V\ncong W$ 时, 根据上一段的结论得, 对于任意 $f\in \mathrm{Hom}_R(V,W)$, 有 $\mathrm{Ker}\,f\neq\{0\}$. 从而 $\mathrm{Ker}\,f=V$. 于是 f 是零同态. 因此 $\mathrm{Hom}_R(V,W)=\{0\}$.

(2) 由上一段的结论得, 当 $f\neq 0$ 时, $\mathrm{Ker}\,f\neq V$. 从而 $\mathrm{Ker}\,f=\{0\}$. 于是 f 是 V 到自身的一个同构. 从而 $\mathrm{Hom}_R(V,V)$ 是除环. □

设 B 是域 K 上有限维单代数, 取 B 的一个极小左理想 I, 令 $D=\mathrm{Hom}_B(I,I)$, 则根据 Schur 引理得, D 是一个除环.

第二步, 要找除环 D 上的一个右线性空间. 试考虑前面提到的 I, I 是 Abel 加群. D 与 I 的纯量乘法可如下规定: 对于 $d\in D,x\in I$, 规定 xd 就是 x 在映射 d 下的像. 容易验证这样规定的纯量乘法满足右线性空间的 4 条规则, 例如, 对于

$d_1, d_2 \in D, x \in I$, 有

$$x(d_1d_2) = (xd_1)d_2, \quad x(d_1 + d_2) = xd_1 + xd_2.$$

因此 I 成为除环 D 上的右线性空间: I 是不是有限维的呢?

由于 B 是域 K 上的代数, 且 I 是左正则 B-模 B 的子模, 因此 I 是域 K 上线性空间 B 的子空间, 其纯量乘法为 $kx = (k1)x, \forall x \in I$, 其中 1 是代数 B 的单位元, $(k1)x$ 是代数 B 里的乘法. 由于 B 是有限维代数, 即 B 作为域 K 上线性空间是有限维的, 因此 I 作为域 K 上线性空间是有限维的.

我们猜测 I 作为除环 D 上的右线性空间也是有限维的. 为了论证这一点, 自然需要利用 "I 作为域 K 上线性空间是有限维的" 结论. 为此要弄清楚 I 作为 D 上右线性空间的纯量乘法与 I 作为域 K 上线性空间的纯量乘法之间的关系. 对于 $k \in K, x \in I$, 有 $kx \in I$. 是否存在 $d \in D$, 使得 $kx = xd$? 根据代数 B 里乘法与纯量乘法的关系式, 得

$$kx = (k1)x = k(1x) = k(x1) = x(k1). \tag{1}$$

由此受到启发, 令

$$\begin{aligned}(k1)_R:\ I &\to I\\ x &\mapsto x(k1).\end{aligned}$$

显然 $(k1)_R$ 是 I 到自身的一个映射, 且保持加法. 对于任意 $b \in B$, 根据环 B 的乘法结合律得

$$(bx)(k1)_R = (bx)(k1) = b[x(k1)] = b[x(k1)_R],$$

因此 $(k1)_R$ 是模同态, 从而 $(k1)_R \in \mathrm{Hom}_B(I, I) = D$. 由 (1) 式得

$$kx = x(k1)_R. \tag{2}$$

在域 K 上的线性空间 I 中取一个基 $\alpha_1, \alpha_2, \cdots, \alpha_m$. 对于任意 $x \in I$, 有

$$x = \sum_{i=1}^{m} k_i\alpha_i = \sum_{i=1}^{m} \alpha_i(k_i1)_R. \tag{3}$$

(3) 式说明 $\alpha_1, \alpha_2, \cdots, \alpha_m$ 是除环 D 上右线性空间 I 的一组生成元, 因此 I 作为除环 D 上的右线性空间是有限维的.

进一步要问: $\dim_K I$ 与 $\dim_D I$ 有什么联系? 这需要研究 D 与 K 之间有什么关系. D 是 Abel 加群, 那么能否规定 K 与 D 的纯量乘法? 任取 $d \in D, k \in K$, 规定

$$kd := d(k1)_R. \tag{4}$$

易验证 D 成为域 K 上的线性空间. 它是不是有限维的呢? D 中任一元素 d 是 I 到 I 的映射, 且保持加法. 任取 $k \in K$ 由于 d 是 I 到自身的模同态, 因此

$$(kx)d = [(k1)x]d = (k1)(xd) = k(xd), \quad \forall x \in I.$$

从而 d 保持域 K 与 I 的纯量乘法. 因此 d 是域 K 上线性空间 I 上的线性变换. 于是

$$D \subseteq \mathrm{Hom}_K(I, I).$$

$$\dim_K D \leqslant \dim_K[\mathrm{Hom}_K(I, I)] = (\dim_K I)^2.$$

这表明 D 作为域 K 上线性空间是有限维的. 由于 D 是域 K 上的有限维线性空间, I 是除环 D 上的有限维右线性空间, 且 I 是域 K 上有限维线性空间, 如图 2–1 所示, 因此与 [28] 第 234 页例 39 的证法一样可证得

$$\dim_K I = (\dim_K D)(\dim_D I). \tag{5}$$

图 2–1

第三步, 想证 $B \cong \mathrm{Hom}_D(I, I)$, 其中 $\mathrm{Hom}_D(I, I)$ 是除环 D 上右线性空间 I 上的所有线性变换组成的集合, I 上的线性变换是指 I 到自身的映射 $\boldsymbol{A}$, 它满足: 对于任意 $x_1, x_2, x \in I$, 任意 $d \in D$, 有

$$\boldsymbol{A}(x_1 + x_2) = \boldsymbol{A}x_1 + \boldsymbol{A}x_2, \quad \boldsymbol{A}(xd) = (\boldsymbol{A}x)d. \tag{6}$$

易验证 $\mathrm{Hom}_D(I, I)$ 对于线性变换的加法与映射的乘法成为一个环. 还可以定义域 K 与 $\mathrm{Hom}_D(I, I)$ 的纯量乘法:

$$(k\boldsymbol{A})x := k(\boldsymbol{A}x), \quad \forall \boldsymbol{A} \in \mathrm{Hom}_D(I, I), \quad k \in K, \quad x \in I.$$

易验证 $\mathrm{Hom}_D(I, I)$ 成为域 K 上的一个代数. 我们想证 B 与 $\mathrm{Hom}_D(I, I)$ 代数同构. 为此要把 B 中的元素 b 对应到除环 D 上右线性空间 I 上的线性变换, 令

$$\begin{aligned} b_L:\ I &\to I \\ x &\mapsto bx. \end{aligned}$$

由于 I 是 B 的左理想, 因此 $bx \in I$. 从而 b_L 是 I 到自身的一个映射. 显然, b_L 保持加法. 任给 $d \in D, x \in I$, 由于 d 是 B-同态, 因此

$$b_L(xd) = b(xd) = (bx)d = [b_L(x)]d.$$

从而 b_L 保持纯量乘法. 于是 $b_L \in \mathrm{Hom}_D(I, I)$. 令

$$\begin{aligned} \sigma:\ B &\to \mathrm{Hom}_D(I, I) \\ b &\mapsto b_L, \end{aligned}$$

则 σ 是一个映射, 显然 σ 保持加法、乘法、纯量乘法, 且 $\sigma(1) = 1_L = 1_I$, 因此 σ 是 B 到 $\mathrm{Hom}_D(I, I)$ 的一个代数同态. $\mathrm{Ker}\,\sigma$ 是 B 的一个双边理想. 由于 B 是单环, 因此 $\mathrm{Ker}\,\sigma = \{0\}$ 或 $\mathrm{Ker}\,\sigma = B$. 假如 $\mathrm{Ker}\,\sigma = B$, 则 $\sigma = 0$. 矛盾. 因此 $\mathrm{Ker}\,\sigma = \{0\}$. 从而 $B \cong \mathrm{Im}\,\sigma$ (代数同构).

$$\mathrm{Im}\,\sigma = \{b_L | b \in B\} =: B_L.$$

若能证 $B_L = \mathrm{Hom}_D(I, I)$, 则 $B \cong \mathrm{Hom}_D(I, I)$.

由于 $B_L = \mathrm{Im}\,\sigma \subseteq \mathrm{Hom}_D(I, I)$, 因此只要证 $B_L \supseteq \mathrm{Hom}_D(I, I)$. 由于 $1_L \in B_L$, 且 $1_L = 1_I$, 因此对于任意 $\boldsymbol{A} \in \mathrm{Hom}_D(I, I)$, 有 $\boldsymbol{A} = \boldsymbol{A}1_I = \boldsymbol{A}1_L$. 若能证 B_L 是 $\mathrm{Hom}_D(I, I)$ 的左理想, 则 $\boldsymbol{A} = \boldsymbol{A}1_L \in B_L$. 从而 $\mathrm{Hom}_D(I, I) \subseteq B_L$.

下面来证 B_L 是 $\mathrm{Hom}_D(I, I)$ 的左理想. 对于任意 $b_L \in B_L$, 任意 $T \in \mathrm{Hom}_D(I, I)$, 要证 $Tb_L \in B_L$. 为此需要找一个元素 $\widetilde{b} \in B$, 使得 $Tb_L = \widetilde{b}_L$. 这个 $\widetilde{b}$ 很难找到. 因此我们要另辟蹊径. 设法给出 B 的另一种表示方式. 注意到 IB 是 B 的左理想, 且显然 IB 是 B 的右理想, 于是 IB 是 B 的双边理想. 由于 B 是单环, 且 $IB \neq \{0\}$. 因此 $IB = B$. 从而只要去证 $(IB)_L$ 是 $\mathrm{Hom}_D(I, I)$ 的左理想. 由于 $IB = \left\{ \sum\limits_{i=1}^{m} y_i b_i \middle| y_i \in I, b_i \in B \right\}$, 因此只要去证: 对于任意 $T \in \mathrm{Hom}_D(I, I)$, 任意

$y \in I, b \in B$, 有 $T(yb)_L \in (IB)_L$. 由于 $Ty \in I$, 因此只要去证 $T(yb)_L = [(Ty)b]_L$. 由于 $\forall x \in I$, 有

$$[T(yb)_L]x = T[(yb)_L x] = T[(yb)x] = T[y(bx)],$$

$$[(Ty)b]_L x = [(Ty)b]x = (Ty)(bx),$$

因此如果能证明: $\forall x, y \in I$, 有

$$T(yx) = (Ty)x, \tag{7}$$

那么就有 $T[y(bx)] = (Ty)(bx)$, 从而有 $T(yb)_L = [(Ty)b]_L$. 于是就证明了 $(IB)_L$ 是 $\mathrm{Hom}_D(I, I)$ 的一个左理想, 进而证明了 $B_L = \mathrm{Hom}_D(I, I)$. 为了证明 (7) 式, 任给 $x \in I$, 令

$$x_R: I \to I$$

$$y \mapsto yx.$$

显然 x_R 是 I 到自身的一个映射, 且保持加法. $\forall b \in B, y \in I$, 有

$$(by)x_R = (by)x = b(yx) = b[(y)x_R],$$

因此 $x_R \in \mathrm{Hom}_B(I, I) = D$. 于是 $\forall x, y \in I$, 有

$$T(yx) = T[(y)x_R] = (Ty)x_R = (Ty)x.$$

这证明了 (7) 式成立. 从而 B 与 $\mathrm{Hom}_D(I, I)$ 是 K-代数同构.

设 $\dim_D I = n$. 在习题 2.3 的第 2 题已证: $\mathrm{Hom}_D(I, I)$ 与 $M_n(D)$ 是环同构. 由于 D 是域 K 上的线性空间, 其纯量乘法为 $kd = d(k1)_R, \forall d \in D, k \in K$. 因此域 K 与 $M_n(D)$ 有纯量乘法: $k(d_{ij}) = (kd_{ij})$. 从而 $M_n(D)$ 成为域 K 上的线性空间. 易验证 $M_n(D)$ 成为域 K 上的代数. 容易验证 $\mathrm{Hom}_D(I, I)$ 到 $M_n(D)$ 的环同构映射: $\boldsymbol{A} \mapsto A$ 也保持纯量乘法, 因此它也是代数同构. 从而域 K 上的代数 $\mathrm{Hom}_D(I, I)$ 与 $M_n(D)$ 代数同构. 于是域 K 上的代数 B 与 $M_n(D)$ 代数同构. 这样我们证明了下述著名的定理.

定理 1 (Wedderburn) 设 B 是域 K 上有限维单代数, I 是 B 的极小左理想, 令 $D = \mathrm{Hom}_B(I, I)$, 则

(1) D 是除环, I 是除环 D 上的有限维右线性空间, D 是域 K 上有限维线性空间, 它们的维数之间有如下关系:

$$\dim_K I = (\dim_K D)(\dim_D I); \tag{8}$$

(2) 有域 K 上的代数同构:

$$B \cong \mathrm{Hom}_D(I, I) \cong M_n(D), \tag{9}$$

其中 $n = \dim_D I$. □

注 在定理 1 的第 (1) 部分的证明中未用到 B 是单环这个条件; 第 (2) 部分的证明中用到 B 是单环这个条件.

定理 1 表明: 域 K 上有限维单代数 B 同构于除环 D 上的 n 阶矩阵组成的域 K 上的代数 $M_n(D)$, 其中 n 是 B 的极小左理想 I 作为除环 D 上右线性空间的维数, 而 $D = \mathrm{Hom}_B(I, I)$. 因此为了研究有限维单代数 B 到它的极小左理想的直和分解, 就只要去研究矩阵代数 $M_n(D)$ 到它的极小左理想的直和分解.

设 D 是除环, 现在来研究单环 $M_n(D)$ 到它的极小左理想的直和分解. 任取 $M_n(D)$ 中一个矩阵 $A=(a_{ij})$, 有

$$A=\begin{pmatrix} a_{11} & 0 & \cdots & 0 \\ a_{21} & 0 & \cdots & 0 \\ \vdots & \vdots & & \vdots \\ a_{n1} & 0 & \cdots & 0 \end{pmatrix}+\begin{pmatrix} 0 & a_{12} & 0 & \cdots & 0 \\ a & a_{22} & 0 & \cdots & 0 \\ \vdots & \vdots & \vdots & & \vdots \\ 0 & a_{n2} & 0 & \cdots & 0 \end{pmatrix}+\cdots+\begin{pmatrix} 0 & \cdots & 0 & a_{1n} \\ 0 & \cdots & 0 & a_{2n} \\ \vdots & & \vdots & \vdots \\ 0 & \cdots & 0 & a_{nn} \end{pmatrix}. \quad (10)$$

$M_n(D)$ 中除第 j 列外其余元素全为 0 的矩阵组成的子集记作 $M_n^{(j)}(D)$. 显然, $M_n^{(j)}(D)$ 对于减法封闭, 且对于任意 $X\in M_n^{(j)}(D), H\in M_n(D)$, 有 $HX\in M_n^{(j)}(D)$, 因此, $M_n^{(j)}(D)$ 是 $M_n(D)$ 的一个左理想, $j=1,2,\cdots,n$. (10) 式表明: $M_n(D)$ 中任一矩阵 A 能唯一地表示成 $M_n^{(1)}(D), M_n^{(2)}(D),\cdots,M_n^{(n)}(D)$ 中的矩阵之和, 因此

$$M_n(D)=M_n^{(1)}(D)\oplus M_n^{(2)}(D)\oplus\cdots\oplus M_n^{(n)}(D). \quad (11)$$

显然, $I=E_{11}+E_{22}+\cdots+E_{nn}$, 其中 E_{ii} 是 (i,i) 元为 1 其余元为 0 的 n 阶矩阵, $i=1,2,\cdots,n$. 显然, $E_{ii}\in M_n^{(i)}(D)$, 根据本章 §2 命题 1 得, $E_{11},E_{22},\cdots,E_{nn}$ 是一组两两正交的幂单元, 并且 $M_n^{(i)}(D)=M_n(D)E_{ii}, i=1,2,\cdots,n$. 于是

$$M_n(D)=M_n(D)E_{11}\oplus M_n(D)E_{22}\oplus\cdots\oplus M_n(D)E_{nn}. \quad (12)$$

$M_n(D)E_{ii}$ 是不是 $M_n(D)$ 的极小左理想? 设 J 是 $M_n(D)$ 的一个非零左理想, 且 $M_n(D)E_{ii}\supseteq J$. 若能证 $E_{ii}\in J$, 则 $M_n(D)E_{ii}\subseteq J$. 从而 $J=M_n(D)E_{ii}$, 于是 $M_n(D)E_{ii}$ 是 $M_n(D)$ 的一个极小左理想. 由于 $J\neq\{0\}$. 因此 J 中有一个矩阵 $C=(c_{ij})\neq 0$. 设 $c_{li}\neq 0$. 由于

$$(c_{li}^{-1}E_{il})C=c_{li}^{-1}E_{il}(c_{1i}E_{1i}+\cdots+c_{li}E_{li}+\cdots+c_{ni}E_{ni})=E_{ii},$$

因此 $E_{ii}\in J$. 这证明了 $M_n(D)E_{ii}$ 是 $M_n(D)$ 的极小左理想, $i=1,2,\cdots,n$.

$M_n(D)E_{11}, M_n(D)E_{22},\cdots,M_n(D)E_{nn}$ 是不是彼此同构? 当 $i\neq j$ 时, 由于 $E_{1i}\in M_n(D)E_{ii}, E_{ij}\in M_n(D)E_{jj}$, 并且

$$E_{1i}E_{ij}=E_{1j}\neq 0,$$

因此 $[M_n(D)E_{ii}][M_n(D)E_{jj}]\neq\{0\}$. 根据本章 §3 引理 2 及其后面的注得, $M_n(D)E_{ii}\cong M_n(D)E_{jj}$. 于是我们证明了下述定理.

定理 2 设 D 是除环, 则单环 $M_n(D)$ 有到它的彼此同构的极小左理想的直和分解:

$$M_n(D)=M_n(D)E_{11}\oplus M_n(D)E_{22}\oplus\cdots\oplus M_n(D)E_{nn}, \quad (13)$$

其中极小左理想的个数等于矩阵的阶数 n. □

把定理 1 和定理 2 结合起来便得到如下推论.

推论 1 设 B 是域 K 上的有限维单代数, I 是 B 的一个极小左理想, 令 $D=\mathrm{Hom}_B(I,I)$, 则 B 有到它的彼此同构的极小左理想的直和分解, 其中极小左理想的个数等于 $\dim_D I$.

把本章 §3 的定理 3 和本节的推论 1 结合起来便得到如下推论.

推论 2 设 A 是域 K 上的有限维半单代数, A 到它的极小左理想的一个直和

分解式为

$$A = L_{11} \oplus \cdots \oplus L_{1m_1} \oplus \cdots \oplus L_{s1} \oplus \cdots \oplus L_{sm_s}, \tag{14}$$

其中, $L_{ij} \cong L_{kt}$ 当且仅当 $i = k$. 令

$$A_i = L_{i1} \oplus L_{i2} \oplus \cdots \oplus L_{im_i}, \quad i = 1, 2, \cdots, s, \tag{15}$$

$$D_i = \mathrm{Hom}_{A_i}(L_{i1}, L_{i1}), \quad i = 1, 2, \cdots, s, \tag{16}$$

$$n_i = \dim_{D_i}(L_{i1}), \quad i = 1, 2, \cdots, s, \tag{17}$$

$$\widetilde{n}_i = \dim_K(L_{i1}), \quad i = 1, 2, \cdots, s, \tag{18}$$

则 L_{i1} 在 A 中的重数 $m_i = n_i (i = 1, 2, \cdots, s)$, 从而

$$\dim_K A = \sum_{i=1}^{s} n_i \widetilde{n}_i, \tag{19}$$

其中 s 是 A 的本原中心幂等元的个数. □

为了研究 $\widetilde{n}_i$ 满足的条件, 就需要研究 n_i 等于什么. 根据定理 1, 得 $\dim_K L_{i1} = (\dim_K D_i)(\dim_{D_i} L_{i1})$, 即 $\widetilde{n}_i = (\dim_K D_i) n_i, i = 1, 2, \cdots, s$. 为此需要研究 D_i 与 K 的关系. D_i 是由 (16) 式定义的, 其中 A_i 是域 K 上的代数, L_{i1} 是 A_i 的极小左理想 (参见本章 §3 的推论 1 下面的一段). 由此我们抽象出下面一个问题:

设 A 是域 K 上的代数, V 是有限维不可约左 A-模. 试问: $D = \mathrm{Hom}_A(V, V)$ 与 K 有什么关系? 我们在定理 1 的第 (1) 部分的证明中已证: $D \subseteq \mathrm{Hom}_K(V, V)$. 因此 D 中任一元素 d 是域 K 上有限维线性空间 V 上的线性变换. 如果域 K 是代数闭域, 那么线性变换 d 有特征值. 取 d 的一个特征值 λ_1. d 的属于 λ_1 的特征子空间 $V_{\lambda_1} \subseteq V$. 由于 V 是不可约左 A-模, 因此若能证 V_{λ_1} 也是左 A-模, 则 $V_{\lambda_1} = V$. 任取 $\alpha \in V_{\lambda_1}, a \in A$, 想证: $a\alpha \in V_{\lambda_1}$. 由于 d 是 A-同态且 V 是域 K 上的代数 A 的左模, 因此

$$\begin{aligned} d(a\alpha) &= a(d\alpha) = a(\lambda_1 \alpha) = a[(\lambda_1 1)\alpha] \\ &= [a(\lambda_1 1)]\alpha = [\lambda_1 (a1)]\alpha = [\lambda_1 (1a)]\alpha \\ &= [(\lambda_1 1)a]\alpha = (\lambda_1 1)(a\alpha) = \lambda_1 (a\alpha). \end{aligned} \tag{20}$$

从而 $a\alpha \in V_{\lambda_1}$. 因此 V_{λ_1} 是左 A-模. 于是 $V_{\lambda_1} = V$. 由此推出 d 是 V 上的数乘变换 $\lambda_1 1_V$. 因此

$$D \subseteq \{k1_V | k \in K\} =: K1_V. \tag{21}$$

反之, 任取 $k1_V \in K1_V$. 对于任意 $a \in A, v \in V$, 利用 (20) 式, 得

$$(k1_V)(av) = k(av) = a(kv) = a[(k1_V)v].$$

因此 $k1_V \in \mathrm{Hom}_A(V, V) = D$. 从而 $K1_V \subseteq D$. 于是 $D = K1_V$. 显然有环同构: $K1_V \cong K$. 因此 $D \cong K$. 从而我们证明了下述引理.

引理 2 (Schnr) 设 A 是代数闭域 K 上的代数, V 是有限维不可约左 A-模. 令 $D = \mathrm{Hom}_A(V, V)$, 则

$$D = K1_V \cong K. \tag{22}$$

于是 $D = \mathrm{Hom}_A(V, V)$ 是一个域. □

注 引理 1 说的是: 若 V 是环 R 上的不可约左模, 则 $\mathrm{Hom}_R(V,V)$ 是一个除环. 引理 2 说的是: 若 V 是代数闭域 K 上的代数 A 上的有限维不可约左模, 则 $\mathrm{Hom}_A(V,V)$ 是一个域, 且 $\mathrm{Hom}_A(V,V)\cong K$.

利用引理 2 以及定理 1 中的公式 (8), 从推论 2 立即得出如下定理.

定理 3 设 A 是代数闭域 K 上的有限维半单代数, 记号同推论 2, 则有环同构:

$$D_i\cong K,\quad i=1,2,\cdots,s, \tag{23}$$

从而不可约子模 L_{i1} 在 A 中的重数等于 $\dim_K(L_{i1})$, 并且

$$\dim_K A=\sum_{i=1}^{s}[\dim_K(L_{i1})]^2, \tag{24}$$

其中 s 是 A 的本原中心幂等元的个数. 于是所有不同构的不可约左 A-模的维数的平方和等于 A 的维数.

定理 3 给出了代数闭域 K 上有限维半单代数 A 上的不可约左模的维数应当满足的限制条件: A 上的所有不同构的不可约左模的维数的平方和等于 A 的维数. 这是多么深刻的一个结论!

从定理 3 看到: 只要有 "$D_i\cong K(i=1,2,\cdots,s)$" 这个条件就可得出 (24) 式. 因此在有关 A 上的不可约左模的维数及其在 A 中的重数的问题中, 虽然我们常常假设 K 是代数闭域, 但是把 "K 是代数闭域" 的条件换成 "域 K 满足 $D_i\cong K(i=1,2,\cdots,s)$", 结论仍然成立.

习题 2.4

1. 设 Φ 和 Ψ 是群 G 在域 K 上的两个不可约矩阵表示, 次数分别为 n 和 m. 设 A 是域 K 上的 $m\times n$ 矩阵, 使得 $\Psi(g)A=A\Phi(g),\forall g\in G$. 证明: $A=0$ 或者 $m=n$ 且 A 是可逆矩阵.

2. 设 (φ,V) 和 (ψ,W) 是群 G 在代数闭域 K 上的两个不可约表示. 设 σ 是域 K 上有限维线性空间 V 到 W 的线性映射, 并且满足: $\psi(g)\sigma=\sigma\varphi(g),\forall g\in G$. 证明:

(1) 若 φ 和 ψ 不等价, 则 $\sigma=0$;

(2) 若 $V=W$ 且 $\varphi=\psi$, 则 $\sigma=k1_V$, 其中 k 是 K 中某个元素.

3. 设 (φ,V) 和 (ψ,W) 是有限群 G 的两个不可约复表示, 并设 σ 是有限维复线性空间 V 到 W 的任一线性映射, 令 $\widetilde{\sigma}=|G|^{-1}\sum\limits_{g\in G}\psi(g)\sigma\varphi(g)^{-1}$. 证明:

(1) 若 φ 与 ψ 不等价, 则 $\widetilde{\sigma}=0$;

(2) 若 $V=W$ 且 $\varphi=\psi$, 则 $\widetilde{\sigma}=k1_V$, 其中

$$k=\frac{\mathrm{tr}(\sigma)}{\dim V},$$

这里 $\mathrm{tr}(\sigma)$ 是线性变换 σ 的迹.

4. 设 Φ 是群 G 在代数闭域 K 上的 n 次不可约矩阵表示, 设 A 是域 K 上 n 阶矩阵使得 $\Phi(g)A=A\Phi(g),\forall g\in G$. 证明: A 是数量矩阵.

§5 有限群的不等价的不可约表示的个数和次数

设 G 是有限群, 域 K 的特征不能整除 $|G|$, 则根据 Maschke 定理得, 群代数 $K[G]$ 是半单的, 并且 $K[G]$ 的维数等于 $|G|$.

从本章 §2 的定理 2 知道, 有限群 G 在特征不能整除 $|G|$ 的域 K 上的任意一个不可约表示 φ 都等价于 G 的正则表示 ρ 的直和分解式中某一个不可约子表示, 这个不可约子表示在 ρ 中的重数称为不可约表示 φ 在 ρ 中的**重数**. 从本章 §4 的定理 3 知道, 当 K 是代数闭域时, φ 在 ρ 中的重数等于 φ 的次数.

从本章 §3 的定理 3 知道, 有限群 G 在特征不能整除 $|G|$ 的域 K 上的所有不等价的不可约表示的个数等于群代数 $K[G]$ 的本原中心幂等元的个数. 那么, $K[G]$ 的本原中心幂等元的个数与群 G 本身的什么性质有关呢?

设 $e_1, e_2, \cdots, e_s$ 是群代数 $K[G]$ 的全部两两不等的本原中心幂等元. 则 $1 = e_1 + e_2 + \cdots + e_s$, 它们两两正交, 且 $e_i \in \mathrm{Z}(K[G]), i = 1, 2, \cdots, s$. 设

$$k_1e_1 + k_2e_2 + \cdots + k_se_s = 0.$$

两边乘 e_i 得, $k_ie_ie_i = 0$, 即 $k_ie_i = 0$. 从而 $k_i = 0, i = 1, 2, \cdots, s$. 因此 $e_1, e_2, \cdots, e_s$ 线性无关. 于是

$$s \leqslant \dim_K \mathrm{Z}(K[G]). \tag{1}$$

下面来求 $\mathrm{Z}(K[G])$ 的一个基.

由于群代数 $K[G]$ 的一个基是 G 的全部元素, 因此

$$a \in \mathrm{Z}(K[G]) \Longleftrightarrow gag^{-1} = a, \quad \forall g \in G. \tag{2}$$

设 $a = \sum\limits_{x \in G} k_x x$, 其中 $k_x \in K$. 则

$$gag^{-1} = \sum_{x \in G} k_x gxg^{-1} = \sum_{y \in G} k_{g^{-1}yg} y = \sum_{x \in G} k_{g^{-1}xg} x. \tag{3}$$

于是

$$a \in \mathrm{Z}(K[G]) \Longleftrightarrow k_{g^{-1}xg} = k_x, \quad \forall g, x \in G. \tag{4}$$

(4) 式意味着在 $\mathrm{Z}(K[G])$ 里的元素 a 的表达式 $\sum\limits_{x \in G} k_x x$ 中, 系数 k_x 作为 x 的函数在 G 的每一个共轭类上取常数值. 设 $C_1, C_2, \cdots, C_r$ 是 G 的全部共轭类. 令

$$c_i = \sum_{x \in C_i} x, \quad i = 1, 2, \cdots, r, \tag{5}$$

称 c_i 为 C_i 的**类和**. 由上述结果知道, $c_i \in \mathrm{Z}(K[G]), i = 1, 2, \cdots, r$. 在每一个共轭类 C_i 里取一个代表元素 x_i, 则

$$a = \sum_{x \in G} k_x x \in \mathrm{Z}(K[G]) \Longleftrightarrow a = \sum_{i=1}^{r} k_{x_i} c_i. \tag{6}$$

显然, $c_1, c_2, \cdots, c_r$ 线性无关. 因此 $c_1, c_2, \cdots, c_r$ 是 $\mathrm{Z}(K[G])$ 的一个基. 从而

$$\dim_K \mathrm{Z}(K[G]) = r. \tag{7}$$

于是 $s \leqslant r$. 我们证明了下述定理.

定理 1 有限群 G 在特征不能整除 $|G|$ 的域 K 上所有不等价的不可约表示的个数 s 不超过 G 的共轭类个数 r. □

那么, 什么时候才有 $s=r$ 呢? 由于 $1=e_1+e_2+\cdots+e_s$, 且 $e_1,e_2,\cdots,e_s$ 是 $K[G]$ 的两两正交的本原中心幂等元. 因此根据本章 §2 的命题 2 和推论 2 得

$$K[G]=K[G]e_1\oplus K[G]e_2\oplus\cdots\oplus K[G]e_s,$$

记 $A_i=K[G]e_i, i=1,2,\cdots,s$, 则

$$K[G]=A_1\oplus A_2\oplus\cdots\oplus A_s. \tag{8}$$

根据本章 §3 的定理 3 和推论 1 得, A_i 是单环, $i=1,2,\cdots,s$. 设 L_{i1} 是 $K[G]$ 的一个极小左理想, 且 $L_{i1}\subseteq A_i$, 则 L_{i1} 也是 A_i 的一个极小左理想. 令 $D_i=\mathrm{Hom}_{A_i}(L_{i1},L_{i1})$, 记 $n_i=\dim_{D_i}(L_{i1})$, 则根据 Wedderburen 定理得

$$A_i\cong M_{n_i}(D_i),\quad i=1,2,\cdots,s. \tag{9}$$

如果 K 是代数闭域, 那么 $D_i\cong K$. 于是

$$A_i\cong M_{n_i}(K),\quad i=1,2,\cdots,s. \tag{10}$$

其中 $n_i=\dim_K(L_{i1}), i=1,2,\cdots,s$. 显然

$$\mathrm{Z}(M_{n_i}(K))=KI_{n_i}\cong K,\quad i=1,2,\cdots,s. \tag{11}$$

由于 $A_iA_j=\{0\}(i\neq j)$, 因此从 (8) 式容易得出

$$\mathrm{Z}(K[G])=\mathrm{Z}(A_1)\oplus \mathrm{Z}(A_2)\oplus\cdots\oplus \mathrm{Z}(A_s). \tag{12}$$

从 (12),(10) 和 (11) 式得

$$\begin{aligned}\mathrm{Z}(K[G])&\cong \mathrm{Z}(M_{n_1}(K))\dotplus \mathrm{Z}(M_{n_2}(K))\dotplus\cdots\dotplus \mathrm{Z}(M_{n_s}(K))\\&\cong \underbrace{K\dotplus K\dotplus\cdots\dotplus K}_{s\text{ 个}}.\end{aligned} \tag{13}$$

因此 $\dim_K \mathrm{Z}(K[G])=s$. 从而 $e_1,e_2,\cdots,e_s$ 是 $\mathrm{Z}(K[G])$ 的一个基, 并且 $s=r$. 于是我们证明了下述定理.

定理 2 有限群 G 在特征不能整除 $|G|$ 的代数闭域 K 上的所有不等价的不可约表示的个数等于 G 的共轭类的个数, 并且 $K[G]$ 的全部两两不等的本原中心幂等元是 $\mathrm{Z}(K[G])$ 的一个基. □

从本章 §4 的定理 3 立即得到如下定理.

定理 3 设 $\varphi_1,\varphi_2,\cdots,\varphi_s$ 是有限群 G 在特征不能整除 $|G|$ 的代数闭域 K 上的所有不等价的不可约表示, 则

$$|G|=\sum_{i=1}^{s}(\deg\varphi_i)^2. \tag{14}$$

□

定理 3 给出了有限群 G 在特征不能整除 $|G|$ 的代数闭域 K 上的所有不等价的不可约表示的次数的一个重要限制条件: G 的所有不等价的不可约表示的次数的平方和等于 G 的阶.

例 1 求对称群 S_3 的所有不等价的不可约复表示.

解 先求 S_3 的所有不等价的不可约复表示的个数, 它等于 S_3 的共轭类的个数. 根据 [24] 第 80 页的第 15 题, S_n 中两个置换 σ_1 与 σ_2 共轭当且仅当 σ_1 与 σ_2 同型.

因此 S_3 的共轭类有 3 个:

$$\{(1)\}, \{(12), (13), (23)\}, \{(123), (132)\}.$$

于是 S_3 的不等价的不可约复表示有 3 个.

在第一章 §5 例 1 我们求出了 $S_n(n \geqslant 3)$ 的所有 1 次复表示, 共有两个: 一个是主表示 φ_0; 另一个是 1 次表示 φ_1, φ_1 把偶置换映成 1, 把奇置换映成 −1.

由于 $6 = 1^2 + 1^2 + 2^2$, 因此 S_3 的第 3 个不可约复表示 φ_2 是 2 次的. 根据习题 1.3 的第 2 题和第 8 题, 由 S_3 在 $\Omega = \{x_1, x_2, x_3\}$ 上的自然作用得到的 3 次置换表示 φ 可分解出一个 2 次不可约表示 φ_2. φ_2 的表示空间是 $V_2 = \left\{ \sum_{i=1}^{3} a_i x_i \middle| \sum_{i=1}^{3} a_i = 0 \right\}$. 在 V_2 中取一个基: $\alpha_1 = x_1 - x_2, \alpha_2 = x_1 - x_3$.

$$\varphi_2((12))\alpha_1 = x_2 - x_1 = -\alpha_1, \quad \varphi_2((12))\alpha_2 = x_2 - x_3 = -\alpha_1 + \alpha_2;$$

$$\varphi_2((123))\alpha_1 = x_2 - x_3 = -\alpha_1 + \alpha_2, \quad \varphi_2((123))\alpha_2 = x_2 - x_1 = -\alpha_1.$$

S_3 由 (12), (123) 生成, 因此对于 S_3 的其余元素 σ, 易求出 $\varphi_2(\sigma)\alpha_1, \varphi_2(\sigma)\alpha_2$.

例 2 求 10 阶二面体群 $D_5 = \langle \sigma, \tau | \sigma^5 = \tau^2 = I, \tau\sigma\tau = \sigma^{-1} \rangle$ 的所有不等价的不可约复表示.

解 第一步, 求 D_5 的不等价的不可约复表示的个数. 根据 [24] 第 79 页的第 13 题, D_5 的共轭类有 4 个:

$$\{I\}, \{\sigma, \sigma^4\}, \{\sigma^2, \sigma^3\}, \{\tau, \sigma\tau, \sigma^2\tau, \sigma^3\tau, \sigma^4\tau\}.$$

因此 D_5 的不等价的不可约表示有 4 个.

第二步, 求 D_5 的所有 1 次复表示. 根据第一章 §5 的命题 4, 先求商群 D_5/D_5' 的所有 1 次复表示, 然后把它们提升便得到 D_5 的所有 1 次复表示. 由于 $[D_5 : \langle\sigma\rangle] = 2$, 因此 $\langle\sigma\rangle \lhd D_5$, 且商群 $D_5/\langle\sigma\rangle$ 为 Abel 群. 于是 $\langle\sigma\rangle \supseteq D_5'$. 由于 $|\langle\sigma\rangle| = 5$, 因此 $D_5' = \langle\sigma\rangle$. 于是 $D_5/D_5' = D_5/\langle\sigma\rangle$, 这是 2 阶循环群, 它有两个 1 次复表示: 一个是主表示 $\overline{\varphi}_0$, 另一个是 $\overline{\varphi}_1 : \overline{\varphi}_1(\tau\langle\sigma\rangle) = -1, \overline{\varphi}(\langle\sigma\rangle) = 1$. 把 $\overline{\varphi}_0, \overline{\varphi}_1$ 分别提升便得到 D_5 的两个 1 次复表示: 主表示 φ_0, φ_1, 其中

$$\varphi_1(\sigma^i) = 1, \quad \varphi_1(\sigma^i\tau) = -1, \quad i = 0, 1, 2, 3, 4.$$

第三步, 求 D_5 的次数大于 1 的复表示. 由于

$$10 = |D_5| = 1^2 + 1^2 + 2^2 + 2^2,$$

因此 D_5 有两个 2 次不可约复表示. D_5 是正五边形的对称 (性) 群. 以正五边形的中心 O 为原点, 以正五边形的一条对称轴 (τ 是关于这条对称轴的反射) 为 y 轴建立平面直角坐标系 Oxy. x 轴, y 轴的单位向量分别记成 e_1, e_2. 由于

$$\sigma(e_1) = \left(\cos\frac{2\pi}{5}\right)e_1 + \left(\sin\frac{2\pi}{5}\right)e_2,$$

$$\sigma(e_2) = \left(-\sin\frac{2\pi}{5}\right)e_1 + \left(\cos\frac{2\pi}{5}\right)e_2;$$

$$\tau(e_1) = -e_1, \quad \tau(e_2) = e_2,$$

因此 σ, τ 在基 e_1, e_2 下的矩阵分别为

$$A = \begin{pmatrix} \cos\frac{2\pi}{5} & -\sin\frac{2\pi}{5} \\ \sin\frac{2\pi}{5} & \cos\frac{2\pi}{5} \end{pmatrix}, \quad B = \begin{pmatrix} -1 & 0 \\ 0 & 1 \end{pmatrix}.$$

取复数域上的一个 2 维线性空间 V, 取 V 的一个基 α_1, α_2. 设 $\varphi_2(\sigma), \varphi_2(\tau)$ 是 V 上的线性变换, 它们在基 α_1, α_2 下的矩阵分别为 A, B. 于是 $\varphi_2(\sigma), \varphi_2(\tau) \in \mathrm{GL}(V)$. 令 $\varphi_2(\sigma^i\tau^j) = [\varphi_2(\sigma)]^i[\varphi_2(\tau)]^j, 0 \leqslant i \leqslant 4, j = 0, 1$, 则 φ_2 是 D_5 的一个 2 次复表示. 显然 φ_2 是忠实的. 由于 D_5 是非 Abel 群, 因此根据习题 1.5 的第 6 题得, φ_2 是不可约的.

为了求 D_5 的另一个 2 次不可约复表示 φ_3, 利用 D_5 的自同构 γ:

$$\gamma : D_5 \to D_5$$
$$\sigma^i\tau^j \mapsto \sigma^{2i}\tau^j, \quad 0 \leqslant i \leqslant 4, \quad 0 \leqslant j \leqslant 1,$$

令 $\varphi_3 = \varphi_2\gamma$, 则 φ_3 是 D_5 的一个 2 次复表示. 根据第一章 §5 的命题 4 得, φ_3 也是 D_5 的不可约复表示. 下面我们来说明 φ_3 与 φ_2 不等价. φ_2, φ_3 在 V 的基 α_1, α_2 下提供的矩阵表示分别记作 Φ_2, Φ_3, 则

$$\Phi_3(\sigma) = \Phi_2(\sigma^2) = \begin{pmatrix} \cos\frac{4\pi}{5} & -\sin\frac{4\pi}{5} \\ \sin\frac{4\pi}{5} & \cos\frac{4\pi}{5} \end{pmatrix},$$

假如 Φ_3 与 Φ_2 等价, 则存在 2 阶可逆复矩阵 S, 使得

$$\Phi_3(\sigma^i\tau^j) = S\Phi_2(\sigma^i\tau^j)S^{-1}, \quad 0 \leqslant i \leqslant 4, \quad 0 \leqslant j \leqslant 1.$$

特别地, 有 $\Phi_3(\sigma) = S\Phi_2(\sigma)S^{-1}$. 从而 $\mathrm{tr}[\Phi_3(\sigma)] = \mathrm{tr}[\Phi_2(\sigma)]$, 即 $2\cos\frac{4\pi}{5} = 2\cos\frac{2\pi}{5}$. 矛盾. 因此 Φ_3 与 Φ_2 不等价. 从而 φ_3 与 φ_2 不等价.

由上述知, D_5 的所有不等价的不可约复表示是: $\varphi_0, \varphi_1, \varphi_2, \varphi_3$.

习题 2.5

1. 求 8 阶二面体群 $D_4 = \langle \sigma, \tau | \sigma^4 = \tau^2 = I, \tau\sigma\tau = \sigma^{-1} \rangle$ 的所有不等价的不可约复表示.

2. 求四元数群 $Q = \langle \mathrm{i}, \mathrm{j} | \mathrm{i}^4 = \mathrm{j}^4 = 1, \mathrm{j}\mathrm{i}\mathrm{j}^{-1} = \mathrm{i}^{-1} \rangle$ 的所有不等价的不可约复表示. (**注** 关于四元数群的概念可参看 [24] 第 89 页.)

3. 求交错群 A_4 的所有不等价的不可约复表示.

4. 设 G 是有限群, K 是特征不能整除 $|G|$ 的代数闭域. 证明: 如果 G 有一个 Abel 子群 H, 那么 G 的每个不可约 K-表示的次数不超过 $[G : H]$.

第三章

群的特征标

有限群 G 在特征不能整除 $|G|$ 的代数闭域 K 上的所有不等价的不可约表示的次数的平方和等于 $|G|$, 但是只有这一个条件无法完全确定有限非 Abel 群 G 的所有不等价的不可约表示的次数, 需要继续探索 G 的不可约表示的次数的其他限制条件. 有限非 Abel 群 G 的一个 K-表示是否不可约有没有较简单的判别方法? G 的两个不可约表示是否等价有没有简单的判别方法? 群 G 的 n 阶矩阵表示 $\varPhi$ 把 G 中每个元素 g 映成 n 阶矩阵 $\varPhi(g)$, n 阶矩阵含有 n^2 个元素, 因此构造群 G 的 n 阶矩阵表示是相当困难的. 能不能从 n 阶矩阵 $\varPhi(g)$ 里提取起少量的信息, 它们对于解决上述问题能够起关键作用, 并且在实际应用中使用它们就够了, 不必求出 n 阶矩阵 $\varPhi(g), \forall g \in G$. 这一章就来探讨这些问题. 本章讨论的表示都是有限维的.

§1 群的特征标的定义和基本性质

我们知道, 群 G 在域 K 上的两个矩阵表示 $\varPhi$ 和 $\varPsi$ 等价当且仅当它们有相同的次数, 并且存在域 K 上的一个可逆矩阵 S, 使得

$$\varPsi(g) = S\varPhi(g)S^{-1}, \quad \forall g \in G.$$

从而 $\varPsi(g)$ 与 $\varPhi(g)$ 相似, $\forall g \in G$. 由于我们在研究群 G 在域 K 上的线性表示或矩阵表示时实际上都是在研究表示的等价类, 因此我们从 $\varPhi(g)$ 里提取的信息应当是在相似关系下的不变量. 我们知道, n 阶矩阵的秩、迹、行列式、特征多项式、特征值、最小多项式等都是相似不变量. 在这些相似不变量中最容易求出的是矩阵的迹, 它是矩阵的主对角线上所有元素的和. 由于矩阵的迹是相似不变量, 而 n 维线性空间 V 上的一个线性变换在 V 的不同基下的矩阵是相似的, 因此我们可以把线性变换 $\boldsymbol{A}$ 在 V 的某一个基下的矩阵的迹称为线性变换 $\boldsymbol{A}$ 的迹, 记作 $\operatorname{tr}(\boldsymbol{A})$. 凭直

觉, 我们从群 G 在域 K 上的线性表示 (φ, V) 中提取的信息是线性变换 $\varphi(g)$ 的迹, $\forall g \in G$.

定义 1 设 (φ, V) 是群 G 在域 K 上的一个线性表示, 在 G 上定义一个函数 χ_φ 如下:

$$\chi_\varphi(g) := \operatorname{tr}(\varphi(g)), \quad \forall g \in G, \tag{1}$$

称 χ_φ 是 G 的表示 φ 提供的**特征标** (character).

在复数域上讨论群 G 的线性表示可以使许多问题变得简明, 而且在实际应用中用得最多的也是群 G 在复数域上的线性表示. 因此我们经常在复数域上讨论群 G 的表示. 如果有关结论对任意域都成立, 那么我们就在任一域 K 上进行讨论.

设 (φ, V) 是群 G 的一个 K-表示, χ_φ 是 φ 提供的特征标. 首先要问的是: φ 的次数如何用特征标 χ_φ 来刻画? 把 G 的单位元记作 1, 域 K 的单位元也记作 1, 这从上下文可以区分出来. 我们有

$$\chi_\varphi(1) = \operatorname{tr}(\varphi(1)) = \operatorname{tr}(1_V) = (\dim_K V)1 = (\deg \varphi)1. \tag{2}$$

于是我们证明了下述命题.

命题 1 设 φ 是群 G 的 K-表示, 则 $\chi_\varphi(1) = (\deg \varphi)1$. □

从命题 1 得出, 若域 K 的特征为 0, 则 $\chi_\varphi(1)$ 决定了表示 φ 的次数. 特别地, 群 G 的复表示 φ 的次数等于 $\chi_\varphi(1)$.

今后我们把 G 的表示 φ 的次数称为特征标 χ_φ 的次数.

由于矩阵的迹是相似不变量, 因此有下述命题.

命题 2 设 χ 是群 G 的 K-表示 φ 提供的特征标, 则对于任给 $a \in G$, 有

$$\chi(gag^{-1}) = \chi(a), \quad \forall g \in G, \tag{3}$$

即 χ 在 G 的同一个共轭类的元素上的函数值相等.

证明 $\chi(gag^{-1}) = \operatorname{tr}[\varphi(gag^{-1})] = \operatorname{tr}[\varphi(g)\varphi(a)\varphi(g)^{-1}]$
$= \operatorname{tr}[\varphi(a)] = \chi(a), \quad \forall g \in G.$ □

定义 2 群 G 上的 K-值函数 f 如果对于任给 $a \in G$, 有

$$f(gag^{-1}) = f(a), \quad \forall g \in G,$$

那么称 f 是 G 上的一个**类函数**.

群 G 的任一 K-表示提供的特征标都是 G 上的类函数.

群 G 的所有类函数组成的集合记作 $Cf_K(G)$, 易验证它是线性空间 K^G 的一个子空间, 也是环 K^G 的一个子环. 称 $Cf_K(G)$ 是 G 的**类函数环**.

命题 3 设 (φ, V) 和 (ψ, W) 都是群 G 的 K-表示, 如果 $\varphi \approx \psi$, 那么 $\chi_\varphi = \chi_\psi$.

证明 若 $\varphi \approx \psi$, 则它们分别提供的矩阵表示 Φ 与 Ψ 等价. 于是存在域 K 上的可逆矩阵 S, 使得

$$\Psi(g) = S\Phi(g)s^{-1}, \quad \forall g \in G.$$

从而

$$\chi_\psi(g) = \operatorname{tr}[\Psi(g)] = \operatorname{tr}[\Phi(g)] = \chi_\varphi(g), \quad \forall g \in G.$$

因此 $$\chi_\psi = \chi_\varphi.$$ □

从命题 3 得出, 若 $\chi_\varphi \neq \chi_\psi$, 则 $\varphi \not\approx \psi$. 这给出了判定群 G 的两个 K-表示不等价的一个方法. 进一步要问: 若 $\chi_\varphi = \chi_\psi$, 是否有 $\varphi \approx \psi$? 这个问题待 §2 来解决.

群 G 在域 K 上的主表示 φ_0 提供的特征标称为 G 的**主特征标**, 记作 χ_0. 由于 G 的主表示 φ_0 是 1 次平凡表示, 因此对于任意 $g \in G$, 有

$$\chi_0(g) = \operatorname{tr}(\varphi_0(g)) = 1. \tag{4}$$

群 G 的主表示也记作 1_G, 由于 $1_G(g) = 1, \forall g \in G$, 因此 G 的主表示 1_G 提供的特征标 χ_0 与 1_G 相等.

群 G 在域 K 上的不可约表示提供的特征标称为**不可约特征标**.

有限群 G 在域 K 上的正则表示 ρ 提供的特征标 χ_ρ 有什么性质? 由命题 1 立即得到

$$\chi_\rho(1) = (\deg \rho)1 = \dim(K[G])1 = |G|1. \tag{5}$$

当 $g \neq 1$ 时, 对于任意 $x \in G$ 有 $\rho(g)x = gx \neq x$. 因此线性变换 $\rho(g)$ 在 $K[G]$ 的一个基 (即 G 的全部元素) 下的矩阵, 其主对角元都是 0. 从而有

$$\chi_\rho(g) = 0, \quad 当\ g \neq 1. \tag{6}$$

命题 4 设 (φ, V) 是群 G 的 K-表示, 若 $\varphi = \varphi_U \oplus \varphi_W$, 则 $\chi_\varphi = \chi_{\varphi_U} + \chi_{\varphi_W}$.

证明 在 U, W 中分别取一个基, 合起来成为 V 的一个基. $\varphi, \varphi_U, \varphi_W$ 在相应基下提供的矩阵表示 Φ, Φ_U, Φ_W 有下述关系:

$$\Phi(g) = \begin{pmatrix} \Phi_U(g) & 0 \\ 0 & \Phi_W(g) \end{pmatrix}, \quad \forall g \in G.$$

因此对于任意 $g \in G$, 有

$$\begin{aligned} \chi_\varphi(g) &= \operatorname{tr}[\Phi(g)] = \operatorname{tr}[\Phi_U(g)] + \operatorname{tr}[\Phi_W(g)] \\ &= \chi_{\varphi_U}(g) + \chi_{\varphi_W}(g) = (\chi_{\varphi_U} + \chi_{\varphi_W})(g), \end{aligned}$$

从而

$$\chi_\varphi = \chi_{\varphi_U} + \chi_{\varphi_W}.$$ □

类似地, 可证明下述命题.

命题 5 设 (φ_1, V_1) 和 (φ_2, V_2) 是群 G 的两个 K-表示, 则

$$\chi_{\varphi_1 \dotplus \varphi_2} = \chi_{\varphi_1} + \chi_{\varphi_2}.$$ □

命题 4 和命题 5 都可以推广到有限多个表示的直和的情形.

从命题 5 看出, 群 G 的任意两个特征标的和仍是 G 的特征标. 进一步可推广为: 群 G 的有限多个特征标的和仍是 G 的特征标.

有限群 G 的所有元素的阶的最小公倍数称为 G 的**指数**. 设有限群 G 的指数为 m, G 的复表示 (φ, V) 提供的特征标记作 χ. 试问: 对于任意 $g \in G$, $\chi(g)$ 是什么样的复数? 由于 $\chi(g) = \operatorname{tr}(\varphi(g))$, 而 $\operatorname{tr}(\varphi(g))$ 等于 $\varphi(g)$ 的特征多项式 $f(\lambda)$ 的所有复根的和 (参看 [28] 第 73 页的例 16), 因此需要调查 $f(\lambda)$ 的复根是什么样子? 这需要调查线性变换 $\varphi(g)$ 有什么性质. 由于 G 的指数为 m, 因此 $g^m = 1$. 从而有 $\varphi(g)^m = 1_V$. 于是 $\lambda^m - 1$ 是 $\varphi(g)$ 的一个零化多项式. $\lambda^m - 1$ 的所有复根为 $1, \xi, \xi^2, \cdots, \xi^{m-1}$, 其中 $\xi = \mathrm{e}^{\mathrm{i}\frac{2\pi}{m}}$. 由于 $\varphi(g)$ 的最小多项式 $m(\lambda) | \lambda^m - 1$, 因此 $m(\lambda)$ 的复根都是 m 次单位根. 由于 $m(\lambda)$ 与 $f(\lambda)$ 有相同的复根 (重数可以不同), 因此

$f(\lambda)$ 的复根都是 m 次单位根. 从而 $\chi(g)$ 等于 m 次单位根的和. 于是我们证明了下述命题.

命题 6 设有限群 G 的指数为 m, G 的任一复表示 φ 提供的特征标记作 χ, 则 $\chi(g)$ 等于 m 次单位根的和, $\forall g \in G$. □

下面讨论 $\chi(g^{-1})$ 与 $\chi(g)$ 有什么关系. 设 $\deg\varphi = n, \varphi(g)$ 的 n 个特征值记作 $\lambda_1, \lambda_2, \cdots, \lambda_n$, 则 $\varphi(g)^{-1}$ 的 n 个特征值为 $\lambda_1^{-1}, \lambda_2^{-1}, \cdots, \lambda_n^{-1}$. 从命题 6 的证明过程知道, λ_i 是 m 次单位根. 因此 $|\lambda_i| = 1$. 从而 $\lambda_i^{-1} = \overline{\lambda}_i, i = 1, 2\cdots, n$. 因此

$$\chi(g^{-1}) = \operatorname{tr}(\varphi(g^{-1})) = \operatorname{tr}(\varphi(g)^{-1}) = \sum_{i=1}^{n} \lambda_i^{-1}$$

$$= \sum_{i=1}^{n} \overline{\lambda}_i = \overline{\chi(g)}.$$

于是我们证明了下述命题.

命题 7 设 χ 是有限群 G 的复表示 φ 提供的特征标, 则

$$\chi(g^{-1}) = \overline{\chi(g)}, \quad \forall g \in G. \tag{7}$$

下面讨论 $|\chi(g)|$ 有什么性质. 对于任意 $g \in G$, 有

$$|\chi(g)| = \left|\sum_{i=1}^{n} \lambda_i\right| \leqslant \sum_{i=1}^{n} |\lambda_i| = \sum_{i=1}^{n} 1 = n = \chi(1). \tag{8}$$

什么时候 (8) 式取等号呢? 容易想到, 若 $\varphi(g)$ 是数乘变换 $c1_V$, 则 c 是 $\varphi(g)$ 的特征值. 从而 c 是 m 次单位根. 于是

$$|\chi(g)| = |\operatorname{tr}(\varphi(g))| = |\operatorname{tr}(c1_V)| = |nc| = n = \chi(1).$$

反之, 设 $|\chi(g)| = \chi(1)$, 则由 (8) 式得

$$\left|\sum_{i=1}^{n} \lambda_i\right| = \sum_{i=1}^{n} |\lambda_i|. \tag{9}$$

我们知道, 复数集 $\mathbb{C}$ 与复平面上所有定位向量组成的集合 V 之间有一个一一对应, 且它是实线性空间 $\mathbb{C}$ 到 V 的线性映射, 从而它是 $\mathbb{C}$ 到 V 的一个同构映射. 我们又知道, 对于 $a, b \in V$, 且 $a \neq 0, |a+b| = |a| + |b|$ 的充分必要条件为存在一个非负实数 r, 使得 $b = ra$. 于是对于 m 次单位根 λ_1, λ_2, 从 $|\lambda_1 + \lambda_2| = |\lambda_1| + |\lambda_2|$ 可以推出 $\lambda_1 = \lambda_2$. 假设从 $\left|\sum_{i=1}^{n-1} \lambda_i\right| = \sum_{i=1}^{n-1} |\lambda_i|$ 可以推出 $\lambda_1 = \lambda_2 = \cdots = \lambda_{n-1}$. 我们来看 n 个 m 次单位根 $\lambda_1, \lambda_2, \cdots, \lambda_n$ 的情形. 设 (9) 式成立, 则

$$\sum_{i=1}^{n} |\lambda_i| = \left|\sum_{i=1}^{n} \lambda_i\right| = \left|\left(\sum_{i=1}^{n-1} \lambda_i\right) + \lambda_n\right| \leqslant \left|\sum_{i=1}^{n-1} \lambda_i\right| + |\lambda_n|.$$

于是有

$$\sum_{i=1}^{n-1} |\lambda_i| \leqslant \left|\sum_{i=1}^{n-1} \lambda_i\right| \leqslant \sum_{i=1}^{n-1} |\lambda_i|.$$

从而有 $\sum_{i=1}^{n-1} |\lambda_i| = \left|\sum_{i=1}^{n-1} \lambda_i\right|$. 由归纳假设得 $\lambda_1 = \lambda_2 = \cdots = \lambda_{n-1}$. 于是从 (9) 式得

$$|(n-1)\lambda_1 + \lambda_n| = |(n-1)\lambda_1| + |\lambda_n|. \tag{10}$$

从而存在一个非负实数 r, 使得 $(n-1)\lambda_1 = r\lambda_n$. 两边取模得, $r = n-1$. 因此 $\lambda_1 = \lambda_n$. 于是 $\lambda_1 = \lambda_2 = \cdots = \lambda_{n-1} = \lambda_n$. 从而 $\varphi(g)$ 的全部特征值是 λ_1 (n 重). 于是 $m(\lambda)$ 的全部复根是 λ_1 (重数不超过 n). 由于 $m(\lambda)|\lambda^m - 1$, 且 $\lambda^m - 1$ 没有重根. 因此 $m(\lambda)$ 没有重根. 从而 $m(\lambda) = \lambda - \lambda_1$. 由此得出, $\varphi(g) = \lambda_1 1_V$. 于是我们证明了下述命题.

命题 8 设有限群 G 的指数为 m, χ 是 G 的 n 次复表示 (φ, V) 提供的特征标, 则对于任意 $g \in G$, 有 $|\chi(g)| \leqslant \chi(1)$, 并且等号成立当且仅当 $\varphi(g) = c1_V$, 其中 c 是 m 次单位根. □

什么时候 $\chi(g) = \chi(1)$? 显然当 $\varphi(g) = 1_V$ 时, 有

$$\chi(g) = \operatorname{tr}(\varphi(g)) = \operatorname{tr}(1_V) = \deg \varphi = \chi(1).$$

反之, 若 $\chi(g) = \chi(1)$, 则 $|\chi(g)| = \chi(1)$. 根据命题 8 得 $\varphi(g) = c1_V$, 其中 c 是 m 次单位根. 由于

$$n = \chi(1) = \chi(g) = \operatorname{tr}(\varphi(g)) = \operatorname{tr}(c1_V) = nc,$$

因此 $c = 1$. 从而 $\varphi(g) = 1_V$. 于是我们证明了下述命题.

命题 9 设 χ 是有限群 G 的复表示 (φ, V) 提供的特征标, 则 $\chi(g) = \chi(1)$ 当且仅当 $\varphi(g) = 1_V$. □

设 χ 是群 G 的 K-表示 (φ, V) 提供的特征标, 把 φ"线性地" 扩充成群代数 $K[G]$ 的线性表示 φ^*. 在 $K[G]$ 上定义一个函数 χ^* 如下:

$$\chi^*(a) := \operatorname{tr}(\varphi^*(a)), \quad \forall a \in K[G]. \tag{11}$$

称 χ^* 是 $K[G]$ 的线性表示 (φ^*, V) 提供的**特征标** (或左 $K[G]$-模 V 提供的**特征标**).

对于任意 $a = \sum\limits_{g \in G} a_g g \in K[G]$, 有

$$\begin{aligned}\chi^*(a) &= \operatorname{tr}(\varphi^*(a)) = \operatorname{tr}\left(\sum_{g\in G} a_g \varphi(g)\right) = \sum_{g \in G} a_g \operatorname{tr}(\varphi(g)) \\ &= \sum_{g\in G} a_g \chi(g).\end{aligned} \tag{12}$$

因此 χ^* 可以看成是由 χ "线性地" 扩充得到的, 从 (12) 式立即得到

$$\chi^*(g) = \chi(g), \quad \forall g \in G. \tag{13}$$

因此 χ 可以看成是 χ^* 在 G 上的限制.

由 φ^* 是 $K[G]$ 到 $\operatorname{Hom}_K(V, V)$ 的代数同态, 以及线性变换的迹的性质容易推出:

$$\chi^*(a+b) = \chi^*(a) + \chi^*(b), \quad \forall a, b \in K[G];$$

$$\chi^*(ka) = k\chi^*(a), \quad \forall k \in K, \quad a \in K[G].$$

由于群 G 的 K-表示 (φ, V) 与 (ψ, W) 等价当且仅当左 $K[G]$-模 V 与 W 模同构, 因此根据本节命题 3 得如下命题.

命题 10 设 G 是群, 如果左 $K[G]$-模 V 与 W 模同构, 那么它们提供的特征标相等. □

类似于命题 4 及其推广, 容易证明有下述命题.

命题 11 设 G 是群, 如果左 $K[G]$-模 M 是它的子模 $M_1, M_2, \cdots, M_s$ 的直和, 那么 M 提供的特征标等于 $M_i(1 \leqslant i \leqslant s)$ 提供的特征标之和.

习题 3.1

1. 设 G 是有限群, 域 K 的特征不能整除 $|G|$. 设 $\varphi_1, \varphi_2, \cdots, \varphi_s$ 是 G 的所有不等价的不可约 K-表示, 证明:

$$\bigcap_{i=1}^{s} \operatorname{Ker} \varphi_i = \{1\}.$$

2. 设 χ 是有限群 G 的任一 K-表示 φ 提供的特征标, 定义

$$\operatorname{Ker} \chi := \{g \in G | \chi(g) = \chi(1)\}.$$

取 K 为复数域, 证明:

(1) $\operatorname{Ker} \chi = \operatorname{Ker} \varphi$;

(2) 设 $\chi_1, \chi_2, \cdots, \chi_s$ 是 G 的所有不等价的不可约复表示 φ_i 提供的特征标, 则 $\bigcap_{i=1}^{s} \operatorname{Ker} \chi_i = \{1\}$.

3. 设 χ 是有限群 G 的 n 次复表示 (φ, V) 提供的特征标, 定义

$$\mathrm{Z}(\chi) := \{g \in G \big| |\chi(g)| = \chi(1)\},$$

称 $\mathrm{Z}(\chi)$ 是 χ 的**中心**. 证明:

(1) $\mathrm{Z}(\chi)$ 是 G 的正规子群, 且 $\operatorname{Ker} \varphi \subseteq \mathrm{Z}(\chi)$;

(2) $g \in \mathrm{Z}(\chi) \Longrightarrow g \operatorname{Ker} \varphi \in \mathrm{Z}(G/\operatorname{Ker} \varphi)$;

(3) $\mathrm{Z}(\chi)/\operatorname{Ker} \varphi \subseteq \mathrm{Z}(G/\operatorname{Ker} \varphi)$, 且 $\mathrm{Z}(\chi)/\operatorname{Ker} \varphi$ 是循环群;

(4) $\chi(1) = 1 \Longrightarrow \mathrm{Z}(\chi) = G$.

4. 设 χ 是有限群 G 的任一不可约复表示 (φ, V) 提供的特征标, 证明:

(1) $g \in \mathrm{Z}(\chi) \Longleftrightarrow g \operatorname{Ker} \varphi \in \mathrm{Z}(G/\operatorname{Ker} \varphi)$;

(2) $\mathrm{Z}(G) \subseteq \mathrm{Z}(\chi)$;

(3) $\mathrm{Z}(\chi)/\operatorname{Ker} \varphi = \mathrm{Z}(G/\operatorname{Ker} \varphi)$, 且 $\mathrm{Z}(G/\operatorname{Ker} \varphi)$ 是循环群;

(4) $\chi(1) = 1 \Longleftrightarrow \mathrm{Z}(\chi) = G$;

(5) $\mathrm{Z}(G) = \bigcap_{i=1}^{s} \mathrm{Z}(\chi_i)$, 其中 $\chi_1, \chi_2, \cdots, \chi_s$ 是 G 的所有不等价的不可约复表示 $\varphi_1, \varphi_2, \cdots, \varphi_s$ 提供的特征标.

§2 不可约特征标的正交关系及其应用

设 G 是有限群, K 是特征不能整除 $|G|$ 的域. 我们来研究 G 的不可约 K-特征标之间的关系. 由于 G 的不可约 K-表示等价于 G 的正则表示 ρ 到它的不可约子表

示的直和分解式中某一个不可约子表示, 因此我们从 G 的正则表示 ρ 的直和分解式着手, 为此考虑左正则 $K[G]$-模 $K[G]$ 到它的不可约子模的直和分解式:

$$K[G] = L_{11} \oplus \cdots \oplus L_{1m_1} \oplus \cdots \oplus L_{s1} \oplus \cdots \oplus L_{sm_s}, \tag{1}$$

其中, $L_{ij} \cong L_{kt}$ 当且仅当 $i = k$. 令

$$A_i = L_{i1} \oplus L_{i2} \oplus \cdots \oplus L_{im_i}, \quad i = 1, 2, \cdots, s, \tag{2}$$

则

$$K[G] = A_1 \oplus A_2 \oplus \cdots \oplus A_s, \tag{3}$$

从而

$$1 = e_1 + e_2 + \cdots + e_s, \quad e_i \in A_i, \quad i = 1, 2, \cdots, s; \tag{4}$$

并且 $A_i = K[G]e_i, e_i$ 是 A_i 的单位元, $i = 1, 2, \cdots, s; e_1, e_2, \cdots, e_s$ 是 $K[G]$ 的全部本原中心幂等元. 令

$$D_i = \mathrm{Hom}_{A_i}(L_{i1}, L_{i1}), \quad n_i = \dim_{D_i} L_{i1}, \quad i = 1, 2, \cdots, s. \tag{5}$$

根据第二章 §4 的推论 1, $m_i = n_i, i = 1, 2, \cdots, s$.

G 的不等价的不可约 K-表示的个数等于 $K[G]$ 的本原中心幂等元的个数 s. 设 $\varphi_1, \varphi_2, \cdots, \varphi_s$ 是 G 的全部不等价的不可约 K-表示, 它们提供的特征标分别为 $\chi_1, \chi_2, \cdots, \chi_s$. 由于 φ_i 等价于 G 的正则表示 ρ 的直和分解式中某一个不可约子表示, 因此不妨设 φ_i 是 L_{i1} 提供的 G 的表示, φ_i^* 是 L_{i1} 提供的群代数 $K[G]$ 的表示, $i = 1, 2, \cdots, s$. φ_i^* 提供的特征标记作 χ_i^*, χ_i^* 可以看成是由 χ_i "线性地" 扩充得到的, $i = 1, 2, \cdots, s$. 左正则 $K[G]$-模 $K[G]$ 提供的特征标记作 χ^*, G 的正则表示 ρ 提供的特征标记作 χ. χ^* 可看成是由 χ "线性地" 扩充得到的. 由 (1) 式和本章 §1 的命题 10、命题 11 得

$$\chi^* = n_1\chi_1^* + n_2\chi_2^* + \cdots + n_s\chi_s^*. \tag{6}$$

为了研究 G 的不可约 K-特征标 χ_i 与 χ_j 的关系, 我们需要一座 "桥梁". 从左正则 $K[G]$-模 $K[G]$ 的直和分解式中看到: 本原中心幂等元 $e_i(i = 1, 2, \cdots, s)$ 起着重要作用. e_i 是 A_i 的单位元 $(i = 1, 2, \cdots, s)$; $K[G]$ 的本原中心幂等元的个数等于 G 的不等价的不可约 K-表示的个数. 因此我们首先来求出 e_i 的表达式. 设

$$e_i = \sum_{y \in G} k_y y, \tag{7}$$

其中 $k_y \in K$, 在 (7) 式中有 $|G|$ 个系数 $k_y(y \in G)$ 待定. 为此需要有 $|G|$ 个方程才能求出它们. 于是任给 $g \in G$, 用 g 左乘 (7) 式的两边, 得

$$ge_i = \sum_{y \in G} k_y(gy) = \sum_{x \in G} k_{g^{-1}x} x = \sum_{y \in G} k_{g^{-1}y} y. \tag{8}$$

从而

$$\chi^*(ge_i) = \sum_{y \in G} k_{g^{-1}y} \chi(y). \tag{9}$$

由于 χ 是 G 的正则表示 ρ 提供的特征标, 因此 (9) 式成为

$$\chi^*(ge_i) = k_{g^{-1}} \chi(1), \tag{10}$$

为了求出 $k_{g^{-1}}$, 需要先求出 $\chi^*(ge_i)$. 由 (6) 式得

$$\chi^*(ge_i)=\sum_{j=1}^{s}n_j\chi_j^*(ge_i). \tag{11}$$

于是归结为去求 $\chi_j^*(ge_i)$,

$$\chi_j^*(ge_i)=\mathrm{tr}\,(\varphi_j^*(ge_i)).$$

为此要研究线性变换 $\varphi_j^*(ge_i)$ 是什么变换. φ_j^* 的表示空间是 L_{j1}, 于是 $\varphi_j^*(ge_i)$ 是 L_{j1} 上的线性变换. 任给 $x\in L_{j1}$, 当 $j\neq i$ 时, 由于 $ge_i\in A_i, x\in A_j$, 而 $A_iA_j=\{0\}$, 因此

$$\varphi_j^*(ge_i)x=(ge_i)x=0.$$

从而 $\varphi_j^*(ge_i)$ 是 L_{j1} 上的零变换. 于是

$$\chi_j^*(ge_i)=0,\quad 当\ j\neq i. \tag{12}$$

当 $j=i$ 时, 由于 $x\in L_{i1}\subseteq A_i, e_i$ 是 A_i 的单位元, 因此

$$\varphi_i^*(ge_i)x=(ge_i)x=g(e_ix)=gx=\varphi_i(g)x.$$

由此得出, $\varphi_i^*(ge_i)=\varphi_i(g)$. 从而

$$\chi_i^*(ge_i)=\chi_i(g). \tag{13}$$

由 (12)、(13) 和 (11) 式得

$$\chi_j^*(ge_i)=\delta_{ij}\chi_i(g), \tag{14}$$

$$\chi^*(ge_i)=n_i\chi_i(g). \tag{15}$$

由 (15) 和 (10) 式得

$$k_{g^{-1}}=\frac{n_i\chi_i(g)}{\chi(1)},\quad \forall g\in G. \tag{16}$$

于是由 (7) 式得

$$e_i=\frac{n_i}{\chi(1)}\sum_{g\in G}\chi_i(g^{-1})g. \tag{17}$$

当 K 为复数域时, $\chi(1)=\deg\rho=\dim_K K[G]=|G|$, 且 $n_i=\deg\varphi_i=\chi_i(1)$, 于是 (17) 式成为

$$e_i=\frac{\chi_i(1)}{|G|}\sum_{g\in G}\overline{\chi_i(g)}g. \tag{18}$$

综上所述, 我们证明了下述引理.

引理 1 设 G 是有限群, 域 K 的特征不能整除 $|G|, e_1,e_2,\cdots,e_s$ 是 $K[G]$ 的全部本原中心幂等元, $\varphi_1,\varphi_2,\cdots,\varphi_s$ 是 G 的全部不等价的不可约 K-表示, φ_i 提供的特征标为 χ_i,φ_i 在 G 的正则表示 ρ 到不可约子表示的直和分解式中的重数为 $n_i, i=1,2,\cdots,s;\rho$ 提供的特征标为 χ. $\chi_i(i=1,2,\cdots,s),\chi$ "线性地" 扩充成群代数 $K[G]$ 的特征标分别为 $\chi_i^*(i=1,2,\cdots,s),\chi^*$, 则

$$\chi_j^*(ge_i)=\delta_{ij}\chi_i(g),\quad \forall g\in G, \tag{19}$$

$$e_i=\frac{n_i}{\chi(1)}\sum_{g\in G}\chi_i(g^{-1})g. \tag{20}$$

当 K 为复数域时,

$$e_i = \frac{x_i(1)}{|G|}\sum_{g\in G}\overline{\chi_i(g)}g. \tag{21}$$

□

由引理 1 得出下述重要定理.

定理 1 (第一正交关系) 设 G 是有限群, $\varphi_1,\varphi_2,\cdots,\varphi_s$ 是 G 的全部不等价的不可约复表示, φ_i 提供的特征称为 $\chi_i, i=1,2,\cdots,s$, 则

$$\frac{1}{|G|}\sum_{g\in G}\chi_i(g)\overline{\chi_j(g)} = \delta_{ij}. \tag{22}$$

证明 设 $e_1,e_2,\cdots,e_s$ 是群代数 $\mathbb{C}[G]$ 的全部本原中心幂等元. 由 (21) 式得

$$\chi_j^*(e_i) = \frac{\chi_i(1)}{|G|}\sum_{g\in G}\overline{\chi_i(g)}\chi_j(g). \tag{23}$$

由 (19) 式得

$$\chi_j^*(e_i) = \delta_{ij}\chi_i(1). \tag{24}$$

由 (23) 和 (24) 式得

$$\frac{1}{|G|}\sum_{g\in G}\overline{\chi_i(g)}\chi_j(g) = \delta_{ij}.$$ □

(22) 式的左端使我们联想起定义域为有限集 Ω 的所有复值函数组成的复线性空间 $\mathbb{C}^{\Omega}$ 上的一个内积 (参看 [28] 第 746 页例 94). 由此受到启发, 在定义域为有限群 G 的所有复值函数组成的复线性空间 $\mathbb{C}^G$ 上定义

$$(\xi,\eta) := \frac{1}{|G|}\sum_{g\in G}\xi(g)\overline{\eta(g)}, \quad \forall \xi,\eta\in\mathbb{C}^G. \tag{25}$$

易验证这是复线性空间 $\mathbb{C}^G$ 上的一个内积. 对于这个内积 $\mathbb{C}^G$ 成为一个酉空间. 有限群 G 的不可约复特征标的第一正交关系可以写成

$$(\chi_i,\chi_j) = \delta_{ij}. \tag{26}$$

这表明 $\chi_1,\chi_2,\cdots,\chi_s$ 是酉空间 $\mathbb{C}^G$ 的一个正交单位向量组. 由于在酉空间中, 由两两正交的非零向量组成的向量组是线性无关的, 因此 $\chi_1,\chi_2,\cdots,\chi_s$ 两两不等. 结合本章 §1 的命题 3 便得出: 有限群 G 的不可约复特征标或者相等, 或者正交.

有限群 G 的特征标是 G 上的类函数. 于是我们来考虑 G 上复值类函数组成的集合 $Cf_{\mathbb{C}}(G)$, 它是复线性空间 $\mathbb{C}^G$ 的一个子空间, 进而也是酉空间 $\mathbb{C}^G$ 的子空间, 称 $Cf_{\mathbb{C}}(G)$ 是 G 上的**复值类函数空间**. 那么, G 的所有不相等的不可约复特征标 $\chi_1,\chi_2,\cdots,\chi_s$ 在 $Cf_{\mathbb{C}}(G)$ 中起着什么样的作用? 由于 G 的不等价的不可约复表示的个数等于 G 的共轭类的个数, 因此 G 有 s 个共轭类: $C_1,C_2,\cdots,C_s$. 在每个共轭类 C_i 中取一个代表元素 $g_i, i=1,2,\cdots,s$, 则 G 上的一个复值类函数 f 完全被 s 元有序复数组 $(f(g_1),f(g_2),\cdots,f(g_s))$ 决定. 于是映射

$$\begin{aligned}\sigma: Cf_{\mathbb{C}}(G) &\to \mathbb{C}^s\\ f &\mapsto (f(g_1),f(g_2,\cdots,f(g_s)))\end{aligned}$$

是双射, 且 σ 保持加法和数量乘法, 因此 σ 是复线性空间 $Cf_{\mathbb{C}}(G)$ 到 $\mathbb{C}^s$ 的一个同构. 从而 $Cf_{\mathbb{C}}(G) \cong \mathbb{C}^s$. 于是

$$\dim Cf_{\mathbb{C}}(G) = \dim \mathbb{C}^s = s.$$

因此正交单位向量组 $\chi_1, \chi_2, \cdots, \chi_s$ 是酉空间 $Cf_{\mathbb{C}}(G)$ 的一个标准正交基. 这证明了下述定理.

定理 2 有限群 G 的所有不相等的不可约复特征标 $\chi_1, \chi_2, \cdots, \chi_s$ 是 G 上的复值类函数空间 $Cf_{\mathbb{C}}(G)$ 的一个标准正交基. □

定理 2 把有限群 G 上的复值类函数空间 $Cf_{\mathbb{C}}(G)$ 的结构完全搞清楚了. 这使有关 G 的复特征标的问题可以利用 $\chi_1, \chi_2, \cdots, \chi_s$ 是 $Cf_{\mathbb{C}}(G)$ 的一个标准正交基获得统一的解决方法.

设 φ 是有限群 G 的任一复表示, φ 提供的特征标 χ_φ 是 G 上的复值类函数. 于是

$$x_\varphi = (\chi_\varphi, \chi_1)\chi_1 + (\chi_\varphi, \chi_2)\chi_2 + \cdots + (\chi_\varphi, \chi_s)\chi_s. \tag{27}$$

设 $\varphi \approx a_1\varphi_1 \dot{+} a_2\varphi_2 \dot{+} \cdots \dot{+} a_s\varphi_s$, 则

$$\chi_\varphi = a_1\chi_1 + a_2\chi_2 + \cdots + a_s\chi_s. \tag{28}$$

由 (27) 和 (28) 式得

$$a_i = (\chi_\varphi, \chi_i), \quad i = 1, 2, \cdots, s. \tag{29}$$

于是我们证明了下述命题.

命题 1 设 $\varphi_1, \varphi_2, \cdots, \varphi_s$ 是有限群 G 的所有不等价的不可约复表示, 它们提供的特征标分别为 $\chi_1, \chi_2, \cdots, \chi_s$, 则对于 G 的任一复表示 φ, 不可约表示 φ_i 在 φ 中的重数 (即 φ 到不可约子表示的直和分解式中与 φ_i 等价的子表示的个数) 等于 (χ_φ, χ_i). □

由命题 1 和本章 §1 的命题 3 立即得到如下推论.

推论 1 设 φ 和 ψ 是有限群 G 的两个复表示, 则 φ 与 ψ 等价当且仅当 $\chi_\varphi = \chi_\psi$.

证明 必要性由本章 §1 的命题 3 得到.

充分性. 根据命题 1 得

$$\varphi \approx (\chi_\varphi, \chi_1)\varphi_1 \dot{+} (\chi_\varphi, \chi_2)\varphi_2 \dot{+} \cdots \dot{+} (\chi_\varphi, \chi_s)\varphi_s, \tag{30}$$

$$\psi \approx (\chi_\psi, \chi_1)\varphi_1 \dot{+} (\chi_\psi, \chi_2)\varphi_2 \dot{+} \cdots \dot{+} (\chi_\psi, \chi_s)\varphi_s. \tag{31}$$

由于 $\chi_\varphi = \chi_\psi$, 因此从 (30) 和 (31) 式得, $\varphi \approx \psi$. □

推论 1 表明: 有限群 G 的复特征标决定了复表示的等价类. 判定 G 的两个复表示 φ 和 ψ 是否等价, 只要去计算它们提供的特征标, 若 $\chi_\varphi \neq \chi_\psi$, 则 φ 与 ψ 不等价; 若 $\chi_\varphi = \chi_\psi$, 则 φ 与 ψ 等价.

对于域的要求还可以放宽一点. 可以证明: 设 K 是特征为 0 的域, 则有限群 G 的两个 K-表示等价当且仅当它们提供的特征标相等. 我们把证明放在本节后面的阅读材料里.

从第一正交关系知道, 有限群 G 的不可约复表示 φ_i 提供的特征标 χ_i 满足 $(\chi_i, \chi_i) = 1$. 反之, 若 G 的复表示 φ 提供的特征标 χ_φ 满足 $(\chi_\varphi, \chi_\varphi) = 1, \varphi$ 是否不

可约? 设 $\varphi_1, \varphi_2, \cdots, \varphi_s$ 是 G 的所有不等价的不可约复表示, 设

$$\varphi \approx a_1\varphi_1 \dot{+} a_2\varphi_2 \dot{+} \cdots \dot{+} a_s\varphi_s, \tag{32}$$

则

$$\chi_\varphi = a_1\chi_1 + a_2\chi_2 + \cdots + a_s\chi_s. \tag{33}$$

在酉空间 $Cf_{\mathbb{C}}(G)$ 中, 利用向量在标准正交基 $\chi_1, \chi_2, \cdots, \chi_s$ 下的坐标可以简便地计算内积:

$$(\chi_\varphi, \chi_\varphi) = a_1\overline{a}_1 + a_2\overline{a}_2 + \cdots + a_s\overline{a}_s = |a_1|^2 + |a_2|^2 + \cdots + |a_s|^2.$$

由于 $a_1, a_2, \cdots, a_s$ 都是非负整数, 因此从 $(\chi_\varphi, \chi_\varphi) = 1$ 可以推出: 存在唯一的 $j \in \{1, 2, \cdots, s\}$, 使得 $a_j = 1$, 而其余 $a_i = 0$. 于是 $\varphi \approx \varphi_j$. 所以 φ 不可约. 这样我们证明了下述定理.

定理 3 设 φ 是有限群 G 的复表示, 则 φ 不可约当且仅当 $(\chi_\varphi, \chi_\varphi) = 1$. □

定理 3 给出了判定有限群 G 的复表示是否不可约的一个简便方法.

设 g_i 是有限群 G 的共轭类 C_i 的代表元素, $i = 1, 2, \cdots, s$, 则第一正交关系可以写成

$$\frac{1}{|G|}\sum_{l=1}^{s}|C_l|\chi_i(g_l)\overline{\chi_j(g_l)} = \delta_{ij}. \tag{34}$$

我们把有限群 G 的所有不相等的不可约复特征标 $\chi_1, \chi_2, \cdots, \chi_s$ 在每个共轭类的代表元素上的函数值排成一个矩阵 W:

$$W = \begin{pmatrix} \chi_1(g_1) & \chi_1(g_2) & \cdots & \chi_1(g_s) \\ \chi_2(g_1) & \chi_2(g_2) & \cdots & \chi_2(g_s) \\ \vdots & \vdots & & \vdots \\ \chi_s(g_1) & \chi_s(g_2) & \cdots & \chi_s(g_s) \end{pmatrix},$$

称 W 是 G 的复**特征标表**. 通常约定 W 的第一行是 G 的主特征标 χ_1 在 $g_1, g_2, \cdots, g_s$ 上的函数值, 它们全是 1; W 的第一列是各个 χ_i 在 G 的单位元 g_1 上的函数值, 它们是这些不可约特征标的次数. 由于映射

$$\sigma : f \mapsto (f(g_1), f(g_2), \cdots, f(g_s))$$

是复线性空间 $Cf_{\mathbb{C}}(G)$ 到 $\mathbb{C}^s$ 的一个同构, 因此从 $\chi_1, \chi_2, \cdots, \chi_s$ 是 $Cf_{\mathbb{C}}(G)$ 的一个基得出: W 的行向量组是线性无关的. 从而 W 是 s 阶可逆复矩阵.

从第一正交关系的 (34) 式受到启发, 考虑 $W^* = \overline{W}'$, 并且令

$$D = \operatorname{diag}\{|C_1|, |C_2|, \cdots, |C_s|\},$$

则由 (34) 式得

$$(WDW^*)(i;j) = \sum_{l=1}^{s}\chi_i(g_l)|C_l|\overline{\chi_j(g_l)} = \delta_{ij}|G|. \tag{35}$$

从而

$$WDW^* = |G|I, \tag{36}$$

于是 $(WD)^{-1}=\frac{1}{|G|}W^*$. 由此得出

$$\frac{1}{|G|}W^*(WD)=I. \tag{37}$$

计算 (37) 式左右两边的矩阵的 (i,j) 元, 得

$$\frac{1}{|G|}\sum_{l=1}^{s}\overline{\chi_l(g_i)}\chi_l(g_j)|C_j|=\delta_{ij}. \tag{38}$$

于是我们证明了下述定理.

定理 4 (第二正交关系) 设 $\chi_1,\chi_2,\cdots,\chi_s$ 是有限群 G 的所有不相等的不可约复特征标, 其中 χ_1 是主特征标; g_i 是 G 的共轭类 C_i 的代表元素, $i=1,2,\cdots,s$, 其中 g_1 是 G 的单位元, 则

$$\frac{1}{|G|}\sum_{l=1}^{s}|C_j|\chi_l(g_j)\overline{\chi_l(g_i)}=\delta_{ij}. \tag{39}$$

□

当 $i\neq j$ 时, 从第二正交关系的 (39) 式得

$$\sum_{l=1}^{s}\chi_l(g_j)\overline{\chi_l(g_i)}=0. \tag{40}$$

(40) 式表明: G 的复特征标表 W 的任意不同的两列按照 $\mathbb{C}^s$ 的标准内积是正交的. 特别地, W 的第 j 列 $(2\leqslant j\leqslant s)$ 都与第 1 列正交.

当 $i\neq j$ 时, 从第一正交关系的 (34) 式得

$$\sum_{l=1}^{s}|C_l|\chi_i(g_l)\overline{\chi_j(g_l)}=0. \tag{41}$$

(41) 式表明: W 的任意不同的两行按照 $\mathbb{C}^s$ 的标准内积是不正交的, 而应该在每一项中乘相应共轭类的元素个数后, 其和才会等于 0.

有限群 G 的所有不可约复特征标组成的集合记作 $\mathrm{Irr}\,(G)$. 对于 G 的不可约复特征标 χ, 把 χ“线性地” 扩充成群代数 $\mathbb{C}[G]$ 的特征标, 仍记作 χ, 则第二正交关系可写成

$$\frac{1}{|G|}\sum_{\chi\in\,\mathrm{Irr}\,(G)}|C_j|\chi(g_j)\overline{\chi(g_i)}=\delta_{ij}. \tag{42}$$

作为第二正交关系的一个应用, 我们用有限群 G 的不可约复特征标来表示群代数 $\mathbb{C}[G]$ 中任一元素 $A=\sum\limits_{g\in G}a_g g$ 的所有系数 $a_g(g\in G)$.

为了求出 $A=\sum\limits_{g\in G}a_g g$ 的所有系数 $a_g(g\in G)$. 需要 $|G|$ 个方程. 为此任给 $g\in G$, 用 g^{-1} 右乘 $A=\sum\limits_{h\in G}a_h h$ 的两边, 得

$$Ag^{-1}=\sum_{h\in G}a_h(hg^{-1})=\sum_{y\in G}a_{yg}y. \tag{43}$$

于是对于任意 $\chi\in\mathrm{Irr}\,(G)$, 有

$$\chi(Ag^{-1})=\sum_{y\in G}a_{yg}\chi(y). \tag{44}$$

为了求出系数 a_g, 利用第二正交关系, 得

$$\begin{aligned}\sum_{\chi\in \operatorname{Irr}(G)} \chi(Ag^{-1})\chi(1) &= \sum_{\chi\in \operatorname{Irr}(G)} \left(\sum_{y\in G} a_{yg}\chi(y)\right)\chi(1)\\ &= \sum_{y\in G} a_{yg} \sum_{\chi\in \operatorname{Irr}(G)} \chi(y)\overline{\chi(1)} = a_g \sum_{\chi\in \operatorname{Irr}(G)} \chi(1)\overline{\chi(1)}\\ &= a_g|G|. \end{aligned} \tag{45}$$

从 (45) 式得出

$$a_g = \frac{1}{|G|}\sum_{\chi\in \operatorname{Irr}(G)} \chi(Ag^{-1})\chi(1).$$

于是我们证明了下述定理.

定理 5 (反演公式) 设 G 是有限群, G 的单位元记作 1. 设 $A = \sum\limits_{g\in G} a_g g \in \mathbb{C}[G]$, 则

$$a_g = \frac{1}{|G|}\sum_{\chi\in \operatorname{Irr}(G)} \chi(Ag^{-1})\chi(1), \quad \forall g\in G. \tag{46}$$

□

对于定理 5, 也可以利用有限群 G 的正则复表示 ρ 提供的特征标 χ_ρ 来求出 $a_g(g\in G)$: 从 (43) 式得

$$\chi_\rho^*(Ag^{-1}) = \sum_{y\in G} a_{yg}\chi_\rho(y) = a_g\chi_\rho(1) = a_g|G|.$$

由于 $\chi_\rho^* = \sum\limits_{\chi\in \operatorname{Irr}(G)} \chi(1)\chi$, 因此

$$a_g = \frac{1}{|G|}\chi_\rho^*(Ag^{-1}) = \frac{1}{|G|}\sum_{\chi\in \operatorname{Irr}} \chi(1)\chi(Ag^{-1}).$$

当 G 是有限 Abel 群时, G 的不可约复表示都是 1 次的. 从而可以把 G 的不可约复表示 φ_i 与它提供的特征标 χ_i 等同. 于是 $\operatorname{Irr}(G) = \widehat{G}$. 因此 $\widehat{G}$ 称为有限 Abel 群 G 的**复特征标群**. 对于 $\chi\in\widehat{G}$, 有

$$\chi(Ag^{-1}) = \chi(A)\chi(g^{-1}) = \chi(A)\overline{\chi(g)}, \quad \forall g\in G.$$

于是反演公式 (46) 可以写成

$$a_g = \frac{1}{|G|}\sum_{\chi\in\widehat{G}} \chi(A)\overline{x(g)}, \quad \forall g\in G.$$

因此有下述结论.

推论 2 (Abel 群的反演公式) 设 G 是有限 Abel 群, $A = \sum\limits_{g\in G} a_g g\in\mathbb{C}[G]$, 则

$$a_g = \frac{1}{|G|}\sum_{\chi\in\widehat{G}} \chi(A)\overline{\chi(g)}, \quad \forall g\in G. \tag{47}$$

从而如果 $A, B\in\mathbb{C}[G]$ 使得对一切 $\chi\in\widehat{G}$ 有 $\chi(A) = \chi(B)$, 那么 $A = B$. □

推论 2 给出了判定群代数 $\mathbb{C}[G]$ 中两个元素是否相等的简便方法. 把推论 2 中的 $A=\sum\limits_{g\in G}a_g g$ 与 (47) 式比较可以品味出反演公式中 “反演” 的含义.

对于有限 Abel 群 G, 每一个共轭类只含一个元素, 因此 $Cf_{\mathbb{C}}(G)=\mathbb{C}^G$. 于是由定理 2 立即得到如下推论.

推论 3 n 阶 Abel 群 G 的 n 个 1 次复特征标 $\chi_1,\chi_2,\cdots,\chi_n$ 是酉空间 $\mathbb{C}^G$ 的一个标准正交基. 从而 G 上的任一复值函数 f 可以表示成

$$f=\sum_{i=1}^{n}(f,\chi_i)\chi_i, \tag{48}$$

(48) 式称为函数 f 的 **Fourier 展开**, $(f,\chi_i)(i=1,2,\cdots,n)$ 称为 f 的 **Fourier 系数**.

由于 $\widehat{G}=\{\chi_g|g\in G\}$, 因此 (48) 式也可以写成

$$f=\sum_{g\in G}(f,\chi_g)\chi_g. \tag{49}$$

令

$$\widehat{f}(g)=\sqrt{|G|}(f,\chi_g),\quad \forall g\in G, \tag{50}$$

则

$$\widehat{f}(g)=\frac{1}{\sqrt{|G|}}\sum_{x\in G}f(x)\overline{\chi_g(x)},\quad \forall g\in G. \tag{51}$$

由 (51) 式可以给出 $\mathbb{C}^G$ 到自身的一个映射:

$$\begin{aligned}\tau:\mathbb{C}^G&\to\mathbb{C}^G\\ f&\mapsto\widehat{f},\end{aligned} \tag{52}$$

称 τ 是基于**有限 Abel 群 G 的 Fourier 变换** (或 **Hadamard 变换**).

从 (49) 式和 (50) 式得

$$f(x)=\frac{1}{\sqrt{|G|}}\sum_{g\in G}\widehat{f}(g)\chi_g(x),\quad \forall x\in G. \tag{53}$$

把 (51) 式和 (53) 式比较, 可品味出 $\widehat{f}$ 与 f 之间的内在联系.

显然, τ 保持加法和数量乘法, 因此 τ 是复线性空间 $\mathbb{C}^G$ 上的一个线性变换. 由于 $\mathbb{C}^G\cong\mathbb{C}^{|G|}$, 因此 $\dim\mathbb{C}^G=|G|$. 任取 $f_1,f_2\in\mathbb{C}^G$, 有

$$\begin{aligned}(\widehat{f_1},\widehat{f_2})&=\frac{1}{|G|}\sum_{g\in G}\widehat{f_1}(g)\overline{\widehat{f_2}(g)}\\
&=\frac{1}{|G|}\sum_{g\in G}\left[\frac{1}{\sqrt{|G|}}\sum_{x\in G}f_1(x)\overline{\chi_g(x)}\right]\left[\frac{1}{\sqrt{|G|}}\sum_{y\in G}\overline{f_2(y)}\chi_g(y)\right]\\
&=\frac{1}{|G|}\sum_{x\in G}\sum_{y\in G}f_1(x)\overline{f_2(y)}\left[\frac{1}{|G|}\sum_{g\in G}\chi_g(y)\overline{\chi_g(x)}\right]\\
&=\frac{1}{|G|}\sum_{x\in G}f_1(x)\overline{f_2(x)}\\
&=(f_1,f_2).\end{aligned} \tag{54}$$

因此 τ 保持内积. 从而 τ 是酉空间 $\mathbb{C}^G$ 上的一个酉变换. 于是 τ 是可逆的, 且 $\tau^{-1}(\widehat{f})=f$. 这样我们证明了下述命题.

命题 2 设 G 是有限 Abel 群, 则基于 G 的 Fourier 变换 $\tau: f\mapsto \widehat{f}$ 是酉空间 $\mathbb{C}^G$ 上的一个酉变换, 其中 $\widehat{f}$ 由 (51) 式定义, $\tau^{-1}(\widehat{f})=f$; 并且有下述等式成立:

$$\sum_{g\in G}\widehat{f_1}(g)\overline{\widehat{f_2}(g)}=\sum_{x\in G}f_1(x)\overline{f_2(x)}, \tag{55}$$

(55) 式称为 Parseval 等式. □

有限 Abel 群上的 Fourier 变换在组合设计、密码学和现代通信等领域中有许多应用.

例 1 求二面体群 $D_5=\langle\sigma,\tau|\sigma^5=\tau^2=I,\tau\sigma\tau=\sigma^{-1}\rangle$ 的复特征标表.

解 我们在第二章 §5 的例 2 已求出了 D_5 的所有不等价的不可约复表示. 于是可以立即写出 D_5 的复特征标表如下:

$$\begin{array}{c} \\ \chi_0 \\ \chi_1 \\ \chi_2 \\ \chi_3 \end{array}\begin{array}{c} \begin{array}{cccc} I & \sigma & \sigma^2 & \tau \end{array} \\ \begin{pmatrix} 1 & 1 & 1 & 1 \\ 1 & 1 & 1 & -1 \\ 2 & 2\cos\dfrac{2\pi}{5} & 2\cos\dfrac{4\pi}{5} & 0 \\ 2 & 2\cos\dfrac{4\pi}{5} & 2\cos\dfrac{8\pi}{5} & 0 \end{pmatrix}\end{array}.$$

下面把 $\cos\dfrac{2\pi}{5}$ 和 $\cos\dfrac{4\pi}{5}$ 的值计算出来. 令 $\xi=\mathrm{e}^{\mathrm{i}\frac{2\pi}{5}}$, 则

$$\begin{aligned}0&=1+\xi+\xi^2+\xi^3+\xi^4=1+(\xi+\overline{\xi})+(\xi^2+\overline{\xi^2})\\&=1+2\cos\frac{2\pi}{5}+2\cos\frac{4\pi}{5}.\end{aligned}$$

记 $x=\cos\dfrac{2\pi}{5}$, 则 $\cos\dfrac{4\pi}{5}=2\cos^2\dfrac{2\pi}{5}-1=2x^2-1$. 于是

$$1+2x+2(2x^2-1)=0,$$

解得

$$x=\frac{-1+\sqrt{5}}{4}.$$

于是

$$\cos\frac{2\pi}{5}=\frac{-1+\sqrt{5}}{4}, \cos\frac{4\pi}{5}=\frac{-1-\sqrt{5}}{4}, \cos\frac{8\pi}{5}=\cos\frac{2\pi}{5}=\frac{-1+\sqrt{5}}{4}.$$

注 在例 1 中, 我们可以先求出 D_5 的两个 1 次复表示和从几何定义 (D_5 是正五边形的对称 (性) 群) 求出一个 2 次不可约复表示, 写出 D_5 的复特征标表的前三行, 而第四行可以通过第 2, 3, 4 列均与第 1 列正交很快求出, 不必去求 D_5 的另一个 2 次不可约复表示.

我们知道, 利用群 G 在 n 元集合 Ω 上的一个作用, 可以构造 G 在任一域 K 上的一个 n 次置换表示.

群 G 在集合 Ω 上的作用称为**传递的**, 如果对于任意 $x, y \in \Omega$, 都有 G 中一个元素 g, 使得 $gx = y$.

根据 [24] 第 72 页的定义 2 得, 群 G 在 Ω 上的作用是传递的当且仅当 Ω 在 G 的作用下只有 1 条轨道.

群 G 在集合 Ω 上的作用称为**双传递的**, 如果对于任意两个有序对 (x_1, x_2), $(y_1, y_2) \in \Omega \times \Omega$, 都存在 G 中一个元素 g, 使得 $gx_1 = y_1, gx_2 = y_2$.

显然, 若群 G 在 Ω 上的作用是双传递的, 则 G 的这个作用也是传递的; 并且对于每一个 $x \in \Omega$, 稳定子群 $G_x = \{g \in G | gx = x\}$ 在 $\Omega \backslash \{x\}$ 上的作用是传递的. 从而 G_x 在 Ω 上的作用把 Ω 划分成两条轨道: $\{x\}$ 和 $\Omega \backslash \{x\}$.

根据 [24] 第 76 页, 有下述 Burnside 引理.

定理 6 (Burnside 引理) 设有限群 G 在有限集合 Ω 上有一个作用, 用 $F(g)$ 表示 g 的不动点集, 即

$$F(g) := \{x \in \Omega | gx = x\}, \tag{56}$$

则 G 在 Ω 上这个作用的轨道条数 r 为

$$r = \frac{1}{|G|} \sum_{g \in G} |F(g)|. \tag{57}$$

命题 3 设群 G 在集合 $\Omega = \{x_1, x_2, \cdots, x_n\}$ 上有一个作用, 由此作用得到的 G 在域 K 上的 n 次置换表示记作 φ, 则

$$\chi_\varphi(g) = |F(g)| \cdot 1, \quad \forall g \in G, \tag{58}$$

其中 1 是域 K 的单位元.

证明 由于 $\varphi(g)x_i = gx_i, i = 1, 2, \cdots, n$, 因此对 φ 提供的矩阵表示 Φ, 有

$$\Phi(g) \text{ 的 } (i,i) \text{ 元 } = \begin{cases} 1, & \text{当 } gx_i = x_i, \\ 0, & \text{当 } gx_i \neq x_i. \end{cases}$$

于是

$$\chi_\varphi(g) = \operatorname{tr}(\Phi(g)) = |F(g)| \cdot 1.$$

□

推论 4 设有限群 G 在有限集合 Ω 上有一个作用, 由此得到的在复数域上的置换表示记作 φ, 则 Ω 被划分成的轨道条数 r 等于 (χ_φ, χ_0), 其中 χ_0 是 G 的主特征标, 从而 r 等于 G 的主表示 φ_0 在 φ 中的重数.

证明 由 Burnside 引理和命题 3 得

$$\begin{aligned} r &= \frac{1}{|G|} \sum_{g \in G} |F(g)| = \frac{1}{|G|} \sum_{g \in G} \chi_\varphi(g) = \frac{1}{|G|} \sum_{g \in G} \chi_\varphi(g) \overline{\chi_0(g)} \\ &= (\chi_\varphi, \chi_0). \end{aligned}$$

□

命题 4 若有限群 G 双传递地作用在有限集合 Ω 上, 则

$$\sum_{g \in G} |F(g)|^2 = 2|G|.$$

证明 由于 $G_x (x \in \Omega)$ 在 $\Omega \backslash \{x\}$ 上的作用是传递的, 因此根据 Burnside 引理得

$$\sum_{g \in G_x} |F_1(g)| = |G_x| = \frac{|G|}{|\Omega|}, \tag{59}$$

其中

$$F_1(g)=\{y\in \Omega\backslash\{x\}|gy=y\},\quad g\in G_x. \tag{60}$$

显然, 对于 $g\in G_x$, 有 $|F(g)|=1+|F_1(g)|$. 于是

$$\sum_{g\in G_x}|F(g)|=\sum_{g\in G_x}(1+|F_1(g)|)=2|G_x|=2\frac{|G|}{|\Omega|}. \tag{61}$$

由此得出

$$\sum_{x\in\Omega}\sum_{g\in G_x}|F(g)|=\sum_{x\in\Omega}2\frac{|G|}{|\Omega|}=2|G|. \tag{62}$$

任给 $h\in G$, 若 $h\notin\bigcup\limits_{x\in\Omega}G_x$, 则 h 没有不动点, 从而 $|F(h)|=0$. 若 $h\in\bigcup\limits_{x\in n}G_x$, 由于 h 有 $|F(h)|$ 个不动点. 因此 h 属于 $|F(h)|$ 个稳定子群. 从而 (62) 式左边的项 $|F(h)|$ 出现了 $|F(h)|$ 次, 于是 (62) 式左边为

$$\sum_{x\in\Omega}\sum_{g\in G_x}|F(g)|=\sum_{\substack{h\in\cup G_x\\ x\in\Omega}}|F(h)|^2=\sum_{h\in G}|F(h)|^2.$$

由此即得 $\sum\limits_{h\in G}|F(h)|^2=2|G|$. □

定理 7 如果有限群 G 在复数域上有一个 n 次双传递置换表示 φ, 那么 φ 等价于 G 的主表示 φ_0 与 G 的一个 $n-1$ 次不可约表示 ψ 的直和, 并且

$$\chi_\psi(g)=|F(g)|-1,\quad \forall g\in G. \tag{63}$$

证明 设 φ 是由 G 在 n 元集合 $\Omega=\{x_1,x_2,\cdots,x_n\}$ 上的一个双传递作用得到的, 其表示空间为

$$V=\left\{\sum_{i=1}^n k_ix_i\middle|k_i\in K,i=1,2,\cdots,n\right\}.$$

令

$$V_1=\left\langle\sum_{i=1}^n x_i\right\rangle,V_2=\left\{\sum_{i=1}^n k_ix_i\middle|\sum_{i=1}^n k_i=0\right\}.$$

φ 在 V_1 上的子表示显然是 G 的主表示 φ_0. 把 φ 在 V_2 上的子表示记作 ψ, 则 $\varphi\approx\varphi_0\oplus\psi$. 从而 $\deg\psi=n-1$. 由于 G 在 Ω 上的作用是双传递的, 因此

$$(\chi_\varphi,\chi_\varphi)=\frac{1}{|G|}\sum_{g\in G}\chi_\varphi(g)\overline{\chi_\varphi(g)}=\frac{1}{|G|}\sum_{g\in G}|F(g)|^2=\frac{1}{|G|}2|G|=2.$$

又由于 $\chi_\varphi=\chi_0+\chi_\psi$, 且 G 在 Ω 上作用的轨道条数 $r=1$, 因此

$$\begin{aligned}(\chi_\psi,\chi_\psi)&=(\chi_\varphi-\chi_0,\chi_\varphi-\chi_0)=(\chi_\varphi,\chi_\varphi)-2(\chi_\varphi,\chi_0)+(\chi_0,\chi_0)\\&=2-2r+1=1.\end{aligned}$$

从而 ψ 不可约,

$$\chi_\psi(g)=\chi_\varphi(g)-\chi_0(g)=|F(g)|-1,\quad \forall g\in G.$$ □

推论 5 当 $n>3$ 时, 交错群 A_n 有一个 $n-1$ 次不可约复表示 ψ, 并且

$$\chi_\psi(g)=|F(g)|-1,\quad \forall g\in A_n. \tag{64}$$

证明 不难看出, 当 $n>3$ 时, A_n 是双传递置换群, 并且 A_n 自然地作用在 n 元集合 Ω 上. 由定理 7 得, A_n 有一个 $n-1$ 次不可约复表示 ψ, 且

$$\chi_\psi(g)=|F(g)|-1,\quad \forall g\in G.$$ □

阅读材料

定理 1 设 K 是特征为 0 的域, 则有限群 G 的两个 K-表示 φ 与 ψ 等价当且仅当 $\chi_\varphi=\chi_\psi$.

证明 必要性由本章 §1 的命题 3 立即得到. 下面证充分性. 设 $\varphi_1,\varphi_2,\cdots,\varphi_s$ 是 G 的所有不等价的不可约 K-表示, 它们提供的特征标分别为 $\chi_1,\chi_2,\cdots,\chi_s$. 设

$$\varphi\approx a_1\varphi_1\dot{+}a_2\varphi_2\dot{+}\cdots\dot{+}a_s\varphi_s, \tag{1}$$

$$\psi\approx b_1\varphi_1\dot{+}b_2\varphi_2\dot{+}\cdots\dot{+}b_s\varphi_s, \tag{2}$$

则

$$\chi_\varphi=a_1\chi_1+a_2\chi_2+\cdots+a_s\chi_s. \tag{3}$$

设 φ 的表示空间为 V. 左 $K[G]$-模 V 提供的群代数 $K[G]$ 的表示 φ^* 的特征标记作 χ_φ^*. χ_φ^* 可以看做是由 χ_φ"线性地" 扩充得到的. 于是从 (3) 式得

$$\chi_\varphi^*=a_1\chi_1^*+a_2\chi_2^*+\cdots+a_s\chi_s^*. \tag{4}$$

利用引理 1 中的 (19) 式得

$$\chi_\varphi^*(e_i)=a_i\chi_i(1),\quad i=1,2,\cdots,s. \tag{5}$$

由于域 K 的特征为 0, 因此 $\chi_i(1)=(\deg\varphi_i)1\neq 0, 1\leqslant i\leqslant s$. 于是从 (5) 式得

$$a_i=\chi_\varphi^*(e_i)\chi_i(1)^{-1},\quad i=1,2,\cdots,s. \tag{6}$$

从这个结论得出

$$b_i=\chi_\psi^*(e_i)\chi_i(1)^{-1},\quad i=1,2,\cdots,s. \tag{7}$$

于是如果 $\chi_\varphi=\chi_\psi$, 那么 $\chi_\varphi^*=\chi_\psi^*$. 从而

$$a_i=b_i,\quad i=1,2,\cdots,s. \tag{8}$$

由此得出

$$\varphi\approx\psi.$$

□

从定理 1 得出, 有限群 G 在特征为 0 的域 K 上的线性表示提供的特征标决定了表示的等价类.

习题 3.2

1. 求下列群的复特征标表:

(1) 二面体群 $D_4=\langle\sigma,\tau|\sigma^4=\tau^2=I,\tau\sigma\tau=\sigma^{-1}\rangle$;

(2) 四元数群 $Q=\langle \mathrm{i},\mathrm{j}|\mathrm{i}^4=\mathrm{j}^4=1,\mathrm{j}\mathrm{i}\mathrm{j}^{-1}=\mathrm{i}^{-1}\rangle$;

(3) 交错群 A_4;

(4) 二面体群 $D_6=\langle\sigma,\tau|\sigma^6=\tau^2=I,\tau\sigma\tau=\sigma^{-1}\rangle$.

2. 设 G 是有限群, $\chi_1,\chi_2,\cdots,\chi_s$ 是 G 的全部不相等的不可约复特征标; g_i 是 G 的共轭类 C_i 的代表元素, c_i 是 C_i 的所有元素的和 (称 c_i 为**类和**), $i=1,2,\cdots,s$; $e_1,e_2,\cdots,e_s$ 是群代数 $\mathbb{C}[G]$ 的全部本原中心幂等元. 证明:

$$c_i=|C_i|\sum_{j=1}^{s}\frac{\chi_j(g_i)}{\chi_j(1)}e_j,\quad i=1,2,\cdots,s.$$

3. 设 $G=\langle a\rangle$ 是 n 阶循环群. 证明: G 上的任一复值函数 f 有如下的展开式:

$$f(a^r)=\sum_{j=0}^{n-1}k_j\xi^{rj},\quad r=0,1,\cdots,n-1,$$

其中 $\xi=\mathrm{e}^{\mathrm{i}\frac{2\pi}{n}}$, 且系数 k_j 为

$$k_j=\frac{1}{n}\sum_{r=0}^{n-1}f(a^r)\xi^{-rj},\quad j=0,1,\cdots,n-1.$$

4. 设 G 是有限 Abel 群, f 是 G 上的复值函数, 证明: f 是一个常值函数当且仅当 $\widehat{f}(g)=0,\forall g\in G$ 且 $g\neq 1$, 其中 $\widehat{f}$ 是 f 在基于 G 的 Fourier 变换 τ 下的像.

5. 求 S_4 的一个 3 次不可约复特征标.

6. 求交错群 A_5 的一个 4 次不可约复特征标.

§3 不可约复表示的次数满足的条件

有限群 G 的不可约复表示的次数还满足什么限制条件? 观察下表中 D_4, 四元数群 Q,D_5,A_4 和 D_6 的不可约复表示的次数与群的阶:

群	群的阶	不可约复表示的次数
D_4	8	1,1,1,1,2
Q	8	1,1,1,1,2
D_5	10	1,1,2,2
A_4	12	1,1,1,3
D_6	12	1,1,1,1,2,2

你发现这些群的不可约复表示的次数与群的阶有什么关系? 容易看出: 这些群的不可约复表示的次数能整除群的阶. 那么, 是否对任一有限群 G 都有这样的规律? 我们来探索这一问题. 任取有限群 G 的一个不可约复表示 $\varphi_i,i\in\{1,2,\cdots,s\}$, 设 φ_i 提供的特征标为 χ_i, 则 φ_i 的次数等于 $\chi_i(1)$. 我们已经知道 $|G|=\sum\limits_{i=1}^{s}\chi_i(1)^2$, 但是从这个等式推不出 $\chi_i(1)$ 整除 $|G|,i=1,2,\cdots,s$. 把 $|G|$ 和不可约复特征标 χ_i 联系起来的等式还有第一正交关系:

$$\frac{1}{|G|}\sum_{l=1}^{s}|C_l|\chi_i(g_l)\overline{\chi_i(g_l)}=1.\tag{1}$$

由此得出

$$\frac{|G|}{\chi_i(1)}=\sum_{l=1}^{s}\frac{|C_l|\chi_i(g_l)}{\chi_i(1)}\overline{\chi_i(g_l)}.\tag{2}$$

$\chi_i(1)$ 整除 $|G|$ 当且仅当 $\dfrac{|G|}{\chi_i(1)}$ 是整数. 为此需要探索 (2) 式右端是否为整数. 设 G 的指数为 m, 则 $\chi_i(g_l)$ 是 m 次单位根的和. m 次单位根是 x^m-1 的复根, 而 x^m-1 是首项系数为 1 的整系数多项式. 由此引出下述概念.

定义 1 一个复数 α 如果是首项系数为 1 的整系数多项式的根, 那么称 α 是一个**代数整数**.

显然, 任一整数是代数整数. 今后我们把整数称为**有理整数**.

(2) 式右端的 $\overline{\chi_i(g_l)}$ 是 m 次单位根的和, 从而 $\overline{\chi_i(g_l)}$ 是代数整数的和. $\dfrac{|C_l|\chi_i(g_l)}{\chi_i(1)}$ 是不是代数整数呢? 如果是, 那么它与 $\overline{\chi_i(g_l)}$ 的乘积是不是代数整数? 若能证明所有代数整数组成的集合 Ω 是复数域 $\mathbb{C}$ 的一个子环, 则这些问题可解决. 又 (2) 式左端是有理数, 直觉猜测: 一个代数整数如果是有理数, 那么它必为有理整数. 这样就可证明 $\dfrac{|G|}{\chi_i(1)}$ 是整数. 下面来逐一探讨这些问题.

首先来探讨一个复数 α 是代数整数的特征性质.

设 α 是一个复数, 根据 [24] 第 144 页的定义 1, 复数域 $\mathbb{C}$ 中包含整数环 $\mathbb{Z}$ 和 α 的所有子环的交称为 $\mathbb{Z}$ 添加 α 得到的子环, 记作 $\mathbb{Z}[\alpha]$. 根据 [24] 的第 145 页, 得

$$\mathbb{Z}[\alpha]=\{a_n\alpha^n+a_{n-1}\alpha^{n-1}+\cdots+a_1\alpha+a_0|a_i\in\mathbb{Z},0\leqslant i\leqslant n,n\in\mathbb{N}\}.$$

显然, $\mathbb{Z}[\alpha]$ 是一个 $\mathbb{Z}$-模.

设 α 是一个代数整数, 则存在一个首项系数为 1 的整系数多项式 $f(x)$ 使得 $f(\alpha)=0$. 设

$$f(x)=x^m+a_{m-1}x^{m-1}+\cdots+a_1x+a_0,\quad a_i\in\mathbb{Z},\quad 0\leqslant i<m,$$

则

$$\alpha^m=-a_{m-1}\alpha^{m-1}-\cdots-a_1\alpha-a_0.$$

由此得出, $\mathbb{Z}[\alpha]$ 是由 $\alpha^{m-1},\cdots,\alpha,1$ 生成的 $\mathbb{Z}$-模.

反之, 设 $\mathbb{Z}[\alpha]$ 是有限生成的 $\mathbb{Z}$-模, 它的一组生成元为 $f_1(\alpha),f_2(\alpha),\cdots,f_t(\alpha)$. 选取一个正整数 $n>\deg f_i(x),i=1,2,\cdots,t$. 由于 $\alpha^n\in\mathbb{Z}[\alpha]$, 因此

$$\alpha^n=b_1f_1(\alpha)+b_2f_2(\alpha)+\cdots+b_tf_t(\alpha),\quad b_i\in\mathbb{Z},\quad i=1,2,\cdots,t.$$

令 $g(x)=x^n-b_1f_1(x)-b_2f_2(x)-\cdots-b_tf_t(x)$, 则 $g(\alpha)=0$. 从而 α 是一个代数整数. 于是我们证明了下述命题.

命题 1 复数 α 是一个代数整数当且仅当 $\mathbb{Z}[\alpha]$ 是一个有限生成的 $\mathbb{Z}$-模. □

命题 1 给出了复数 α 是代数整数的特征性质: $\mathbb{Z}[\alpha]$ 是有限生成的 $\mathbb{Z}$-模. 这使我们可以利用模论的知识来探讨所有代数整数组成的集合 Ω 的结构, 即探索 Ω 是不是复数域 $\mathbb{C}$ 的一个子环.

设 α,β 是任意两个代数整数, 则 $\mathbb{Z}[\alpha],\mathbb{Z}[\beta]$ 都是有限生成的 $\mathbb{Z}$-模. 设 $\mathbb{Z}[\alpha],\mathbb{Z}[\beta]$ 的一组生成元分别是

$$f_1(\alpha),f_2(\alpha),\cdots,f_t(\alpha);\quad h_1(\beta),h_2(\beta),\cdots,h_u(\beta).$$

我们来探索 $\alpha-\beta,\alpha\beta$ 是否仍为代数整数, 这只要去研究 $\mathbb{Z}[\alpha-\beta],\mathbb{Z}[\alpha\beta]$ 是否为有限生成的 $\mathbb{Z}$-模. 显然 $\mathbb{Z}[\alpha-\beta],\mathbb{Z}[\alpha\beta]$ 都是 $\mathbb{Z}[\alpha,\beta]$ 的子模, 其中 $\mathbb{Z}[\alpha,\beta]$ 是 $\mathbb{C}$ 中包含 $\mathbb{Z}$ 和 α,β 的所有子环的交, 称 $\mathbb{Z}[\alpha,\beta]$ 是 $\mathbb{Z}$ 添加 α,β 得到的子环. 根据 [24] 第 135 页的命题 1, $\mathbb{Z}$ 是主理想整环 (即每个理想都是由一个元素生成的理想的整环). 根据 "主理想整环上有限生成模的子模也是有限生成的" (证明见本节后面的阅读材料), 只需去研究 $\mathbb{Z}[\alpha,\beta]$ 是不是有限生成的 $\mathbb{Z}$-模. 根据 [24] 第 149 页, 有

$$\mathbb{Z}[\alpha,\beta]=\mathbb{Z}[\alpha][\beta].$$

由于 $\mathbb{Z}[\alpha]$ 中任一元素可表示成

$$\sum_{i=1}^{t} a_i f_i(\alpha), \quad a_i \in \mathbb{Z}, \quad i = 1, 2, \cdots, t,$$

因此 $\mathbb{Z}[\alpha][\beta]$ 中任一元素可以表示成

$$\begin{aligned}
&\left[\sum_{i=1}^{t} a_{im} f_i(\alpha)\right] \beta^m + \cdots + \left[\sum_{i=1}^{t} a_{i1} f_i(\alpha)\right] \beta + \left[\sum_{i=1}^{t} a_{i0} f_i(\alpha)\right] \\
&= \sum_{i=1}^{t} f_i(\alpha)(a_{im}\beta^m + \cdots + a_{i1}\beta + a_{i0}) \\
&= \sum_{i=1}^{t} f_i(\alpha) \left[\sum_{j=1}^{u} b_j h_j(\beta)\right] \\
&= \sum_{i=1}^{t} \sum_{j=1}^{u} b_j f_i(\alpha) h_j(\beta).
\end{aligned}$$

这表明 $\mathbb{Z}[\alpha][\beta]$ 可以由

$$f_1(\alpha)h_1(\beta), f_1(\alpha)h_2(\beta), \cdots, f_1(\alpha)h_u(\beta), \cdots, f_t(\alpha)h_1(\beta), \cdots, f_t(\alpha)h_u(\beta)$$

生成. 因此 $\mathbb{Z}[\alpha, \beta]$ 是有限生成的 $\mathbb{Z}$-模. 从而 $\mathbb{Z}[\alpha - \beta], \mathbb{Z}[\alpha\beta]$ 也都是有限生成的 $\mathbb{Z}$-模. 于是 $\alpha - \beta, \alpha\beta$ 都是代数整数. 这样我们证明了下述命题.

命题 2 所有代数整数组成的集合 Ω 是 $\mathbb{C}$ 的一个子环. □

如果复数 α 既是代数整数, 又是有理数, 设 $\alpha = \frac{q}{p}$, 其中 p 与 q 是互素的整数. 由于 α 是代数整数, 因此存在首项系数为 1 的整系数多项式 $f(x)$ 使得 $f(\alpha) = 0$. 于是 $\frac{q}{p}$ 是 $f(x)$ 的一个有理根. 从而 $p|1$. 由此推出 $p = \pm 1$. 因此 α 是有理整数. 这证明了下述命题.

命题 3 如果 α 既是代数整数, 又是有理数, 那么 α 是有理整数. □

下面来探索 (2) 式右端中的 $\frac{|C_l|\chi_i(g_l)}{\chi_i(1)}$ 是否为代数整数. 用 c_l 表示 G 的共轭类 C_l 中所有元素的和 (称 c_l 为**类和**), 则

$$\frac{|C_l|\chi_i(g_l)}{\chi_i(1)} = \frac{\chi_i(c_l)}{\chi_i(1)}. \tag{3}$$

(3) 式右端是 χ_i 在类和 c_l 上的值 $\chi_i(c_l)$ 除以 χ_i 的次数, 记

$$\omega_i(c_l) = \frac{\chi_i(c_l)}{\chi_i(1)}. \tag{4}$$

ω_i 可以看成是群代数 $\mathbb{C}[G]$ 到 $\mathbb{C}$ 的一个映射:

$$\omega_i(A) := \frac{\chi_i(A)}{\chi_i(1)}, \quad \forall A \in \mathbb{C}[G]. \tag{5}$$

显然, 有

$$\omega_i(A + B) = \omega_i(A) + \omega_i(B), \quad \forall A, B \in \mathbb{C}[G], \tag{6}$$

$$\omega_i(kA) = k\omega_i(A), \quad \forall k \in \mathbb{C}, \quad A \in \mathbb{C}[G]. \tag{7}$$

由于类和 $c_l \in \mathrm{Z}(\mathbb{C}[G])$, 因此我们来探索对于 $\mathbb{C}[G]$ 的中心 $\mathrm{Z}(\mathbb{C}[G])$ 中的元素 $A, \omega_i(A)$ 有什么性质? 由于 $\mathbb{Z}[G]$ 的全部本原中心幂等元 $e_1, e_2, \cdots, e_s$ 是 $\mathrm{Z}(\mathbb{C}[G])$

的一个基, 因此 $A=\sum_{j=1}^{s}k_je_j$, 其中 $k_j\in\mathbb{C}$. 根据本章 §2 的引理 1, 得

$$\omega_i(ge_j)=\frac{\chi_i(ge_j)}{\chi_i(1)}=\frac{\delta_{ij}\chi_i(g)}{\chi_i(1)}=\delta_{ij}\omega_i(g),\quad \forall g\in G. \tag{8}$$

于是

$$\omega_i(A)=\sum_{j=1}^{s}k_j\omega_i(e_j)=\sum_{j=1}^{s}k_j\delta_{ij}\omega_i(1)=k_i. \tag{9}$$

因此

$$A=\sum_{j=1}^{s}\omega_j(A)e_j,\quad \forall A\in \mathrm{Z}(\mathbb{C}[G]). \tag{10}$$

从而

$$\begin{aligned}\omega_i(Ag)=\omega_i(gA)&=\omega_i\left[\sum_{j=1}^{s}\omega_j(A)ge_j\right]\\&=\sum_{j=1}^{s}\omega_j(A)\omega_i(ge_j)=\sum_{j=1}^{s}\omega_j(A)\delta_{ij}\omega_i(g)\\&=\omega_i(A)\omega_i(g).\end{aligned} \tag{11}$$

由此得出, $\forall B\in\mathbb{C}[G], A\in \mathrm{Z}(\mathbb{C}[G])$, 有

$$\omega_i(AB)=\omega_i(A)\omega_i(B). \tag{12}$$

于是我们证明了下述命题.

命题 4 设 G 是有限群, 对于 $\chi_i\in\mathrm{Irr}(G)$, 令

$$\omega_i(A):=\frac{\chi_i(A)}{\chi_i(1)},\quad \forall A\in\mathbb{C}[G],$$

则

$$A=\sum_{j=1}^{s}\omega_j(A)e_j,\quad \forall A\in \mathrm{Z}(\mathbb{C}[G]), \tag{13}$$

其中 $e_1,e_2,\cdots,e_s$ 是 $\mathbb{C}[G]$ 的全部本原中心幂等元; 并且

$$\omega_i(AB)=\omega_i(A)\omega_i(B),\quad \forall A\in \mathrm{Z}(\mathbb{C}[G]),\quad B\in\mathbb{C}[G]. \tag{14}$$

□

由命题 4 立即得到

$$\omega_i(c_lc_k)=\omega_i(c_l)\omega_i(c_k),\quad 1\leqslant l,k\leqslant s. \tag{15}$$

由于 $c_1,c_2,\cdots,c_s$ 也是 $\mathrm{Z}(\mathbb{C}[G])$ 的一个基, 因此

$$c_lc_k=\sum_{j=1}^{s}m_{lkj}c_j,\quad 1\leqslant l,k\leqslant s. \tag{16}$$

由于 c_lc_k 是 G 中元素的整系数线性组合, 因此

$$m_{lkj}\in\mathbb{Z},\quad 1\leqslant l,k,j\leqslant 1. \tag{17}$$

从 (15) 和 (16) 式, 得

$$\omega_i(c_l)\omega_i(c_k)=\sum_{j=1}^{s}m_{lkj}\omega_i(c_j),\quad 1\leqslant l,k\leqslant s. \tag{18}$$

固定 l, 从 (18) 式得

$$\omega_i(c_l)\begin{pmatrix}\omega_i(c_1)\\ \omega_i(c_2)\\ \vdots\\ \omega_i(c_s)\end{pmatrix}=\begin{pmatrix}m_{l11} & m_{l12} & \cdots & m_{l1s}\\ m_{l21} & m_{l22} & \cdots & m_{l2s}\\ \vdots & \vdots & & \vdots\\ m_{ls1} & m_{ls2} & \cdots & m_{lss}\end{pmatrix}\begin{pmatrix}\omega_i(c_1)\\ \omega_i(c_2)\\ \vdots\\ \omega_i(c_s)\end{pmatrix}. \tag{19}$$

把 (19) 式右端的 s 阶整系数矩阵记作 M. 假如

$$\omega_i(c_1)=\omega_i(c_2)=\cdots=\omega_i(c_s)=0,$$

任取 $A\in \mathrm{Z}(\mathbb{C}[G])$, 设 $A=\sum\limits_{j=1}^{s}a_jc_j$, 则

$$\omega_i(A)=\sum_{j=1}^{s}a_j\omega_i(c_j)=0.$$

这与 $\omega_i(1)=1$ 矛盾. 因此 (19) 式表明 $\omega_i(c_l)$ 是复数域上的矩阵 M 的一个特征值. 从而 $\omega_i(c_l)$ 是 M 的特征多项式 $f(\lambda)$ 的一个复根. 由于 M 的元素都是有理整数, 因此 $f(\lambda)$ 是首项系数为 1 的整系数多项式. 从而 $\omega_i(c_l)$ 是代数整数. 这样我们证明了下述命题.

命题 5 设 G 是有限群, 对于 $\chi_i\in \mathrm{Irr}\,(G)$, 令

$$\omega_i(A)=\frac{\chi_i(A)}{\chi_i(1)},\quad \forall A\in \mathbb{C}[G],$$

则对于 G 的任一共轭类 C_l 的类和 $c_l, \omega_i(c_l)$ 是一个代数整数. □

综合命题 2, 命题 5 和命题 3, 从 (2) 式立即得到如下定理.

定理 1 有限群 G 的任一不可约复表示的次数都能整除 G 的阶. □

阅读材料

现在来证明主理想整环上有限生成模的子模也是有限生成的.

类比 “域 F 上有限维线性空间的子空间也是有限维的”, 我们先来考虑有基的模.

定义 1 设 R 为一个有单位元 $1(\neq 0)$ 的环, M 为一个左 R-模. 如果 M 有一个子集 S, 使得

(1) M 中每个元素 x 能表示成 S 中有限多个元素的 R-线性组合:

$$x=a_1\alpha_{i_1}+a_2\alpha_{i_2}+\cdots+a_m\alpha_{i_m},$$

其中 $\{\alpha_{i_1},\alpha_{i_2},\cdots,\alpha_{i_m}\}\subseteq S, m\in \mathbb{N}^*$;

(2) S 的任一有限子集 $S_1=\{\alpha_{j_1},\alpha_{j_2},\cdots,\alpha_{j_t}\}$ 是 R-**线性无关**的, 即从

$$a_1\alpha_{j_1}+a_2\alpha_{j_2}+\cdots+a_t\alpha_{j_t}=0$$

可以推出 $a_1=a_2=\cdots=a_t=0$. 那么称 S 是 M 的一个**基**.

定义 2 若左 R-模 M 有一个基, 则称 M 是**自由左 R-模**.

容易证明: 若 S 是左 R-模 M 的一个基, 则 M 中每个元素 x 表示成 S 中有限多个元素的 R-线性组合的表示法是唯一的.

设 R 是一个有单位元 $1(\neq 0)$ 的环, 在 $\underbrace{R\times R\times\cdots\times R}_{n\text{ 个}}$ 中规定加法和 R 到它的作用如下:

$$(x_1,x_2,\cdots,x_n)+(y_1,y_2,\cdots,y_n):=(x_1+y_1,x_2+y_2,\cdots,x_n+y_n),$$
$$r(x_1,x_2,\cdots,x_n):=(rx_1,rx_2,\cdots,rx_n),\quad \forall r\in R,$$

易验证 $\underbrace{R\times R\times\cdots\times R}_{n\text{ 个}}$ 成为一个左 R-模, 记作 R^n. 显然 R^n 中下述 n 个元素

$$\varepsilon_1=(1,0,\cdots,0),\quad \varepsilon_2=(0,1,0,\cdots,0),\cdots,\varepsilon_n=(0,\cdots,0,1)$$

是 R^n 的一个基. 从而 R^n 是一个自由左 R-模.

设 M 是一个以 $\alpha_1,\alpha_2,\cdots,\alpha_n$ 为基的自由左 R-模, 则 M 中每个元素 x 可以唯一地表示成

$$x=a_1\alpha_1+a_2\alpha_2+\cdots+a_n\alpha_n,\quad a_i\in R,\quad 1\leqslant i\leqslant n.$$

于是对于任一左 R-模 M' 的任意 n 个元素 $\beta_1,\beta_2,\cdots,\beta_n$ (它们中可以有相等的元素), 下述对应法则

$$\begin{aligned}\sigma: M&\to M'\\ x=\sum_{i=1}^n a_i\alpha_i&\mapsto\sum_{i=1}^n a_i\beta_i\end{aligned}$$

是 M 到 M' 的一个映射, 显然 σ 保持加法. 对于任意 $r\in R$, 有

$$\begin{aligned}\sigma\left[r\left(\sum_{i=1}^n a_i\alpha_i\right)\right]&=\sigma\left[\sum_{i=1}^n(ra_i)\alpha_i\right]=\sum_{i=1}^n(ra_i)\beta_i\\&=r\sum_{i=1}^n a_i\beta_i=r\left[\sigma\left(\sum_{i=1}^n a_i\alpha_i\right)\right],\end{aligned}$$

因此 σ 是 M 到 M' 的一个模同态. 于是我们证明了下述定理.

定理 1 设 M 是一个自由左 R-模, $\alpha_1,\alpha_2,\cdots,\alpha_n$ 是 M 的一个基. 设 M' 是任一左 R-模, 任取 M' 的 n 个元素 $\beta_1,\beta_2,\cdots,\beta_n$, 令

$$\begin{aligned}\sigma: M&\to M'\\ x=\sum_{i=1}^n a_i\alpha_i&\mapsto\sum_{i=1}^n a_i\beta_i,\end{aligned}\tag{1}$$

则 σ 是 M 到 M' 的一个模同态. □

定理 1 刻画了自由模的特征性质. 当自由模 M 的基有无限多个元素时, 按照基的定义, M 的每个元素可以唯一地表示成基中有限多个元素的 R-线性组合, 因此 (1) 式给出的对应法则 σ 仍是 M 到 M' 的一个模同态.

容易猜测: 有 n 个元素为基的自由模一定与 R^n 同构, 即有下述命题.

命题 1 设 M 是一个以 $\alpha_1,\alpha_2,\cdots,\alpha_n$ 为基的自由左 R-模, 则 $M\cong R^n$.

证明 由于 $\alpha_1,\alpha_2,\cdots,\alpha_n$ 是 M 的一个基, 因此根据定理 1 得, 映射

$$\sigma: M \to R^n$$
$$\sum_{i=1}^n a_i\alpha_i \mapsto \sum_{i=1}^n a_i\varepsilon_i$$

是 M 到 R^n 的一个模同态. 又由于 $\varepsilon_1,\varepsilon_2,\cdots,\varepsilon_n$ 是 R^n 的一个基, 因此映射

$$\tau: R^n \to M$$
$$\sum_{i=1}^n a_i\varepsilon_i \mapsto \sum_{i=1}^n a_i\alpha_i$$

是 R^n 到 M 的一个模同态. 由于 $\tau\sigma = 1_M, \sigma\tau = 1_{R^n}$, 因此 σ 是可逆映射. 从而 σ 是双射. 于是 σ 是 M 到 R^n 的一个模同构. 所以 $M \cong R^n$. □

类比"域 F 上有限维线性空间 V 的任意两个基含有的元素个数相等", 自然要问: 有有限基的自由左 R-模 M 的任意两个基含有的元素个数是否相等? 想利用有限维线性空间 V 的任意两个基含有的元素个数相等的结论, 这首先需要从环 R 出发构造一个域. 根据 [24] 第 139 页的定理 6: "设 R 是一个有单位元 $1(\neq 0)$ 的交换环, 则 R 的理想 I 为极大理想当且仅当商环 R/I 为一个域", 我们要在有单位元的交换环 R 中取一个极大理想 $I.R$ 是否有极大理想存在: 下面的定理作出了肯定的回答.

定理 2 设 R 为一个有单位元 $1(\neq 0)$ 的交换环, 则 R 至少有一个极大理想.

证明 设 S 为 R 的一切不含单位元 1 的理想组成的集合. 由于 $(0)\in S$, 因此 S 非空集. S 按照集合的包含关系成为一个偏序集. 设 $T=\{J_i|i\in I\}$ 为 S 的任意一条链 (I 为指标集). 令 $J=\bigcup\limits_{i\in I} J_i$. 我们来证 J 是 R 的一个理想. 任取 $a,b\in J$, 存在 $\alpha,\beta\in I$, 使得 $a\in J_\alpha, b\in J_\beta$. 由于 T 是一条链, 因此 J_α 与 J_β 有包含关系, 不妨设 $J_\alpha\subseteq J_\beta$. 于是 $a-b\in J_\beta$, 从而 $a-b\in J$. 任取 $r\in R$, 有 $ra\in J_\alpha$. 因此 $ra\in J$. 这证明了 J 是 R 的一个理想. 假如 $1\in J$, 则 1 属于某个 J_i. 这与 S 的定义矛盾. 因此 $1\notin J$, 从而 $J\in S$. 于是 J 是 T 的一个上界. 根据 Zorn 引理, S 有一个极大元素 P. 现在来证 P 是 R 的一个极大理想. 设 Q 是 R 的一个理想, 使得 $Q\supseteq P$, 但 $Q\neq P$. 由于 P 为 S 的一个极大元素, 因此 $Q\notin S$. 于是 $1\in Q$. 从而 $Q=R$. 所以 P 是 R 的一个极大理想. □

对于有单位元 $1(\neq 0)$ 的环 R, 取它的一个理想 I, 从有有限基的自由左 R-模 M 出发, 如何构造 R/I 上的一个左模? 设 $\alpha_1,\alpha_2,\cdots,\alpha_n$ 是 M 的一个基. 考虑集合

$$\{a_1\alpha_1+a_2\alpha_2+\cdots+a_n\alpha_n|a_i\in I, 1\leqslant i\leqslant n\}, \tag{2}$$

记作 N. 显然 N 是 M 的一个子模. 设 $\beta_1,\beta_2,\cdots,\beta_m$ 是 M 的另一个基, 令

$$N'=\{b_1\beta_1+b_2\beta_2+\cdots+b_m\beta_m|b_i\in I, 1\leqslant i\leqslant m\},$$

则 N' 也是 M 的一个子模. 我们来证 $N=N'$. 设

$$\beta_j=c_{j1}\alpha_1+c_{j2}\alpha_2+\cdots+c_{jn}\alpha_n,\quad c_{ji}\in R,\quad 1\leqslant j\leqslant m,\quad 1\leqslant i\leqslant n,$$

则 N' 中任一元素可表示成

$$\sum_{j=1}^{m} b_j\beta_j = \sum_{j=1}^{m} b_j \left(\sum_{i=1}^{n} c_{ji}\alpha_i\right) = \sum_{i=1}^{n}\left(\sum_{j=1}^{m} b_j c_{ji}\right)\alpha_i,$$

由于 I 是 R 的理想, 因此 $\sum\limits_{j=1}^{m} b_j c_{ji} \in I$, 从而 $\sum\limits_{j=1}^{m} b_j\beta_j \in N$, 即 $N' \subseteq N$. 同理 $N \subseteq N'$. 所以 $N = N'$.

对于任意 $x \in M, a \in I$, 设 $x = r_1\alpha_1 + r_2\alpha_2 + \cdots + r_n\alpha_n$, 则

$$ax = ar_1\alpha_1 + ar_2\alpha_2 + \cdots + ar_n\alpha_n \in N.$$

由此受到启发, 对于 R 的商环 R/I 和 M 的商模 M/N, 规定

$$(r+I)(x+N) := rx + N, \quad \forall r + I \in R/I, \quad x + N \in M/N. \tag{3}$$

若 $r + I = r_1 + I, x + N = x_1 + N$, 则 $r - r_1 = a, x - x_1 = y$, 其中 $a \in I, y \in N$. 于是

$$rx - r_1x_1 = (r_1 + a)(x_1 + y) - r_1x_1 = r_1y + ax_1 + ay \in N.$$

因此 $rx + N = r_1x_1 + N$. 这表明 (3) 式的定义是合理的. 易验证 M/N 成为一个左 R/I-模. 任取 M/N 中一个元素 $x + N$. 设 $x = \sum\limits_{i=1}^{n} r_i\alpha_i$, 则

$$x + N = \sum_{i=1}^{n}(r_i\alpha_i) + N = \sum_{i=1}^{n}(r_i + I)(\alpha_i + N). \tag{4}$$

这表明 $\alpha_1 + N, \alpha_2 + N, \cdots, \alpha_n + N$ 是 R/I 上的左模 M/N 的一组生成元. 设

$$\sum_{i=1}^{n}(r_i + I)(\alpha_i + N) = N,$$

由 (4) 式得 $\left(\sum\limits_{i=1}^{n} r_i\alpha_i\right) + N = N$. 从而 $\sum\limits_{i=1}^{n} r_i\alpha_i \in N$. 根据 N 的定义, 存在 $a_1, a_2, \cdots, a_n \in I$, 使得

$$\sum_{i=1}^{n} r_i\alpha_i = \sum_{i=1}^{n} a_i\alpha_i.$$

由于 $\alpha_1, \alpha_2, \cdots, \alpha_n$ 是 M 的一个基, 因此 $r_i = a_i, i = 1, 2, \cdots, n$. 于是 $r_i + I = I, i = 1, 2, \cdots, n$. 从而 $\alpha_1 + N, \alpha_2 + N, \cdots, \alpha_n + N$ 是 R/I-线性无关的. 于是它们是左 R/I-模 M/N 的一个基. 这样我们证明了下述命题.

命题 2 设 R 是一个有单位元 $1(\neq 0)$ 的环, I 是 R 的一个理想; M 是一个自由左 R-模, $\alpha_1, \alpha_2, \cdots, \alpha_n$ 是 M 的一个基. 令

$$N = \{a_1\alpha_1 + a_2\alpha_2 + \cdots + a_n\alpha_n | a_i \in I, i = 1, 2, \cdots, n\}, \tag{5}$$

则 N 是 M 的一个子模. 令

$$(r + I)(x + N) := rx + N, \tag{6}$$

则商模 M/N 成为一个左 R/I-模, 且 M/N 是自由左 R/I-模, $\alpha_1 + N, \alpha_2 + N, \cdots, \alpha_n + N$ 是左 R/I-模 M/N 的一个基. □

利用命题 2 可证明下述定理.

定理 3 设 R 为一个有单位元 $1(\neq 0)$ 的交换环, M 是有有限基的自由 R-模, 则 M 的任意两个基所含元素的个数相等.

证明 根据定理 2, R 有一个极大理想 I, 则 R/I 为一个域. 设 $\alpha_1, \alpha_2, \cdots, \alpha_n$ 是 M 的一个基, 并令

$$N=\{a_1\alpha_1+a_2\alpha_2+\cdots+a_n\alpha_n|a_i\in I, i=1,2,\cdots,n\},$$

则商模 M/N 成为一个自由 R/I-模, $\alpha_1+N, \alpha_2+N, \cdots, \alpha_n+N$ 是它的一个基, 也就是域 R/I 上的线性空间 M/N 的一个基. 设 $\beta_1, \beta_2, \cdots, \beta_m$ 是 M 的另一个基, 令

$$N'=\{b_1\beta_1+b_2\beta_2+\cdots+b_m\beta_m|b_i\in I, i=1,2,\cdots,m\},$$

则 $N'=N$. 于是 $\beta_1+N, \beta_2+N, \cdots, \beta_m+N$ 是域 R/I 上线性空间 M/N 的一个基. 因此 $n=m$. □

定义 3 设 R 为一个有单位元 $1(\neq 0)$ 的交换环, M 是一个有有限基的自由 R-模, 则 M 的一个基所含元素的个数称为自由 R-模 M 的**秩**.

零模看做自由模, 规定它的秩为 0.

类比"域 F 上 n 维线性空间 V 的子空间的维数不超过 n", 我们来证明下述定理.

定理 4 设 R 为一个主理想整环, M 是一个秩为 n 的自由 R-模, 则 M 的任一子模 N 也是自由 R-模, 且 N 的秩不超过 n.

证明 对自由 R-模 M 的秩 n 作数学归纳法.

$n=0$ 时, M 是零模, 命题显然为真.

假设对于秩小于 n 的自由 R-模, 命题为真. 现在来看秩为 n 的自由 R-模 M. 任取 M 的一个子模 N. 设 $\alpha_1, \alpha_2, \cdots, \alpha_n$ 是 M 的一个基. 考虑 N 中一切元素

$$a_1\alpha_1+a_2\alpha_2+\cdots+a_n\alpha_n$$

的第一个系数 a_1 组成的集合 I_1. 显然 I_1 是环 R 的一个理想. 由于 R 是主理想整环, 因此 $I_1=(b)$, 其中 $b\in R$. 若 $b=0$, 则 $I_1=\{0\}$. 于是 $N\subseteq R\alpha_2+R\alpha_3+\cdots+R\alpha_n$. 显然 $M_1=R\alpha_2+R\alpha_3+\cdots+R\alpha_n$ 是秩为 $n-1$ 的自由 R-模, 于是由归纳假设得, N 是自由 R-模, 且 N 的秩不超过 $n-1$. 此时命题为真. 下面设 $b\neq 0$. 于是 N 中有一个元素为

$$y_1=b\alpha_1+b_2\alpha_2+\cdots+b_n\alpha_n,$$

从而 $Ry_1\subseteq N$. 显然 Ry_1 是一个 R-模, 从而 Ry_1 是 N 的子模. 令 $N_1=N\bigcap M_1$. 若 $y\in Ry_1\bigcap N_1$, 则

$$y=r(b\alpha_1+b_2\alpha_2+\cdots+b_n\alpha_n)=r_2\alpha_2+r_3\alpha_3+\cdots+r_n\alpha_n.$$

由于 $\alpha_1, \alpha_2, \cdots, \alpha_n$ 是 M 的一个基, 因此 $rb=0$. 由于 R 是整环, 它没有非零的零因子, 因此 $r=0$. 从而 $y=0$, 于是 $Ry_1\bigcap N_1=\{0\}$. 任取 N 中一个元素

$$x=a_1\alpha_1+a_2\alpha_2+\cdots+a_n\alpha_n.$$

由于 $I_1=(b)$, 因此存在 $r_1\in R$, 使得 $a_1=r_1b$. 从而

$$x-r_1y_1=(a_2-r_1b_2)\alpha_2+\cdots+(a_n-r_1b_n)\alpha_n\in M_1\bigcap N,$$

于是 $x\in Ry_1+N_1$, 因此 $N=Ry_1+N_1$. 由于 $Ry_1\bigcap N_1=\{0\}$, 因此

$$N=Ry_1\oplus N_1.$$

由于 N_1 是秩为 $n-1$ 的自由 R-模 M_1 的子模, 因此根据归纳假设得, N_1 是秩不超过 $n-1$ 的自由 R-模. 取 N_1 的一个基 $y_2, y_3, \cdots, y_t$, 其中 $t\leqslant n$, 则 $N_1=$

$Ry_2 \oplus Ry_3 \oplus \cdots \oplus Ry_t$. 从而

$$N = Ry_1 \oplus Ry_2 \oplus \cdots \oplus Ry_t.$$

由此得出, $y_1, y_2, \cdots, y_t$ 是 N 的一个基. 因此 N 是自由 R-模, 它的秩 $t \leqslant n$.

根据数学归纳法原理, 对于一切自然数 n, 命题为真. □

推论 1 主理想整环上有限生成模的子模也是有限生成的.

证明 设 M 是主理想整环 R 上的一个有限生成模. $x_1, x_2, \cdots, x_s$ 是 M 的一组生成元. 任取 M 的一个子模 N. 令

$$\sigma: R^s \to M$$
$$\sum_{i=1}^{s} a_i\varepsilon_i \mapsto \sum_{i=1}^{s} a_i x_i.$$

由于 R^s 是一个秩为 s 的自由 R-模, 因此根据定理 1 得, σ 是 R^s 到 M 的一个模同态. 由于 $x_1, x_2, \cdots, x_s$ 是 M 的一组生成元, 因此 σ 是 R^s 到 M 的满射. 记 $H = \sigma^{-1}(N)$. 易验证 H 是 R^s 的一个子模. 根据定理 4 得, H 是自由 R-模, H 的秩 $t \leqslant s$. 取 H 的一个基 $h_1, h_2, \cdots, h_t$, 对于 N 中任一元素 y, 存在 $h \in H$, 使得 $\sigma(h) = y$. 设 $h = b_1h_1 + b_2h_2 + \cdots + b_th_t$, 其中 $b_i \in R, 1 \leqslant i \leqslant t$, 则

$$y = \sigma(b_1h_1) + \sigma(b_2h_2) + \cdots + \sigma(b_th_t) = b_1\sigma(h_1) + b_2\sigma(h_2) + \cdots + b_t\sigma(h_t).$$

因此 $\sigma(h_1), \sigma(h_2), \cdots, \sigma(h_t)$ 是 N 的一组生成元. 这证明了 N 是有限生成的. □

注 如果环 R 不是主理想整环, 那么 R 上的自由模的子模不一定是自由模. 例如, $R = \mathbb{Z}/6\mathbb{Z}, R$ 作为 R-模有基 $\overline{1}$, 因此 R 是秩为 1 的自由 R-模, 考虑 R 的一个子模:

$$2R = \{\overline{0}, \overline{2}, \overline{4}\}.$$

$2R$ 不是自由 R-模, 这是因为非零自由 R-模所含元素的个数不少于环 R 的元素个数.

习题 3.3

1. 设 α 是一个复数, 有理数域 $\mathbb{Q}$ 添加 α 得到的子环 (即 $\mathbb{C}$ 中包含 $\mathbb{Q}$ 和 α 的所有子环的交) 记作 $\mathbb{Q}[\alpha]$. 证明:

(1) 在有理数域 $\mathbb{Q}$ 上的一元多项式环 $\mathbb{Q}[x]$ 中, 以 α 为复根的所有多项式组成的集合

$$I = \{f(x) \in \mathbb{Q}[x] | f(\alpha) = 0\}$$

是 $\mathbb{Q}[x]$ 的一个理想; 若 $I \neq (0)$, 则 α 称为一个**代数数**, 此时在 $\mathbb{Q}[x]$ 中以 α 为复根的所有非零多项式中次数最低的且首项系数为 1 的多项式 $p(x)$ 称为 α 在 $\mathbb{Q}$ 上的**极小多项式**, 说明 $p(x)$ 是 I 的一个生成元;

(2) 代数数 α 在 $\mathbb{Q}$ 上的极小多项式 $p(x)$ 是 $\mathbb{Q}[x]$ 中的不可约多项式.

2. 证明: 如果 α 是代数整数, 那么 α 在 $\mathbb{Q}$ 上的极小多项式 $p(x)$ 是首项系数为 1 的整系数多项式.

§4 不可约表示在群论中的应用

有限群的不可约表示是研究群的结构的一条富有成效的途径. 本节对此作一些介绍.

命题 1 设有限群 G 有一个 p 次不可约复表示, 其中 p 是素数, 则 G 有 p 阶元.

证明 根据本章 §3 的定理 1 得, $p||G|$. 于是 $|G|=p^l m$, 其中 $l>0,(m,p)=1$. 根据 [24] 第 83 页的定理 1 (Sylow 第一定理), 对于 $1\leqslant k\leqslant l, G$ 中必有 p^k 阶子群. 设 H 是 G 的 p 阶子群, 则 H 是循环群. H 的一个生成元 a 就是 G 的 p 阶元. □

定义 1 如果一个群 G 只有平凡的正规子群 (即 $\{1\}$ 和 G), 那么称 G 是**单群**.

单群是群论的基本构件, 犹如素数是整数理论的基本构件一样.

由于 Abel 群的每一个子群都是正规子群, 因此 Abel 群 G 是单群当且仅当 G 是素数阶循环群 (证明可参看 [24] 第 60 页的第 18—23 行).

如何判断一个有限非 Abel 群 G 是不是单群? 我们可以利用 G 的不可约复表示来判断. 首先利用 G 的不可约复表示来给出 G 的正规子群的刻画.

命题 2 设 G 是有限群, $\varphi_1,\varphi_2,\cdots,\varphi_s$ 是 G 的所有不等价的不可约复表示. 若 N 是 G 的正规子群, 则 N 等于若干个 $\operatorname{Ker}\varphi_i$ 的交.

证明 把商群 G/N 的正则复表示 $\overline{\rho}$ 提升为 G 的表示 φ, 它们的表示空间 $\mathbb{C}[G/N]$ 记作 V. 由于 $\overline{\rho}$ 是忠实的, 因此

$$\begin{aligned}g\in\operatorname{Ker}\varphi &\Longleftrightarrow \varphi(g)=1_V\Longleftrightarrow\overline{\rho}(gN)=1_V\\&\Longleftrightarrow gN\in\operatorname{Ker}\overline{\rho}\Longleftrightarrow gN=N\\&\Longleftrightarrow g\in N.\end{aligned}$$

由此得出, $N=\operatorname{Ker}\varphi$. 设

$$\varphi\approx m_1\varphi_{i_1}\dot{+}m_2\varphi_{i_2}\dot{+}\cdots\dot{+}m_t\varphi_{i_t},$$

其中 $\varphi_{i_j}\in\{\varphi_1,\varphi_2,\cdots,\varphi_s\}, m_j>0, j=1,2,\cdots,t$. 设 $\deg\varphi_{i_j}=n_j(j=1,2,\cdots,t)$, $\deg\varphi=n$. 于是它们分别提供的矩阵表示 $\Phi,\Phi_{i_j}(j=1,2,\cdots,t)$ 满足:

$$\Phi(g)\sim\operatorname{diag}\left\{\underbrace{\Phi_{i_1}(g),\cdots,\Phi_{i_1}(g)}_{m_1\text{ 个}},\cdots,\underbrace{\varphi_{i_t}(g),\cdots,\varphi_{i_t}(g)}_{m_t\text{ 个}}\right\}.$$

由此得出

$$\begin{aligned}g\in\operatorname{Ker}\varphi &\Longleftrightarrow \Phi(g)=I_n\\&\Longleftrightarrow \Phi_{i_j}(g)=I_{n_j},\quad j=1,2,\cdots,t\\&\Longleftrightarrow g\in\operatorname{Ker}\varphi_{i_j},\quad j=1,2,\cdots,t\\&\Longleftrightarrow g\in\bigcap_{j=1}^{t}\operatorname{Ker}\varphi_{i_j}.\end{aligned}$$

因此

$$N = \operatorname{Ker}\varphi = \bigcap_{j=1}^{t} \operatorname{Ker}\varphi_{i_j}. \qquad \square$$

命题 3 设 G 是有限群, $\varphi_1, \varphi_2, \cdots, \varphi_s$ 是 G 的所有不等价的不可约复表示, 其中 φ_1 是 G 的主表示, 则 G 是单群当且仅当 $\operatorname{Ker}\varphi_i = \{1\}, i = 2, 3, \cdots, s$.

证明 充分性. 设 $\operatorname{Ker}\varphi_i = \{1\}, i = 2, 3, \cdots, s$. 由于 $\operatorname{Ker}\varphi_1 = G$, 因此任意若干个 $\operatorname{Ker}\varphi_i$ 的交等于 $\{1\}$ 或 G. 于是根据命题 2 得, G 的正规子群 N 等于 $\{1\}$ 或 G. 从而 G 是单群.

必要性. 设 G 是单群. 假如有某个 $j \in \{2, 3, \cdots, s\}$, 使得 $\operatorname{Ker}\varphi_j \neq \{1\}$. 由于 G 是单群, 因此 $\operatorname{Ker}\varphi_j = G$. 设 $\deg\varphi_j = n_j$, 则对任意 $g \in G, \varphi_j$ 提供的矩阵表示 Φ_j 满足: $\Phi_j(g) = I_{n_j}$. 由于 φ_j 不可约, 因此 $n_j = 1$. 于是 φ_j 是主表示, 矛盾. 因此 $\operatorname{Ker}\varphi_i = \{1\}, i = 2, 3, \cdots, s$. $\square$

利用命题 3 可以得出有限群 G 不是单群的一个充分条件, 为此需要下述引理.

引理 1 设 χ 是有限群 G 的任一不可约复特征标, C 是 G 的一个共轭类. 如果 $(|C|, \chi(1)) = 1$, 那么对于任意 $g \in C$, 有 $\chi(g) = 0$ 或 $|\chi(g)| = \chi(1)$.

引理 1 的证明放在本节末的 "阅读材料" 中.

定理 1 如果有限群 G 有一个共轭类 C 的元素个数是一个素数的方幂, 那么 G 不是单群.

证明 根据命题 3, 只要证 G 有一个不可约复表示 (非主表示) 的核不等于单位子群. 设 $\varphi_1, \varphi_2, \cdots, \varphi_s$ 是 G 的全部不等价的不可约复表示, 其中 φ_1 是主表示, φ_i 提供的特征标为 $\chi_i, i = 1, 2, \cdots, s$. 设 $|C| = p^r, p$ 是素数, $r > 0$. 考虑 G 的正则表示 ρ 的分解:

$$\rho \approx \chi_1(1)\varphi_1 \dotplus \chi_2(1)\varphi_2 \dotplus \cdots \dotplus \chi_s(1)\varphi_s. \tag{1}$$

由 (1) 式得

$$\begin{aligned} \chi_\rho(g) &= \chi_1(1)\chi_1(g) + \sum_{i=2}^{s} \chi_i(1)\chi_i(g) \\ &= 1 + \sum_{i=2}^{s} \chi_i(1)\chi_i(g), \quad \forall g \in G. \end{aligned} \tag{2}$$

取 $g \in C$. 显然 $g \neq 1$, 因此 $\chi_\rho(g) = 0$. 于是从 (2) 式得

$$1 = -\sum_{i=2}^{s} \chi_i(1)\chi_i(g). \tag{3}$$

从 (3) 式看出, $\chi_2(g), \cdots, \chi_s(g)$ 不全为 0. 设 $j_1, j_2, \cdots, j_t \in \{2, 3, \cdots, s\}$, 使得 $\chi_{j_l}(g) \neq 0, l = 1, 2, \cdots, t$, 而其余的 $\chi_i(g) = 0$. 假如对每个 j_l 都有 $p | \chi_{j_l}(1)$, 设

$$\chi_{j_l}(1) = m_l p, \quad l = 1, 2, \cdots, t,$$

则由 (3) 式得

$$\frac{1}{p} = -\sum_{l=1}^{t} m_l \chi_{j_l}(g). \tag{4}$$

(4) 式右边是代数整数, 左边是有理数, 由此推出 $\frac{1}{p}$ 是有理整数, 矛盾. 因此存在 j_k 使得 $p \nmid \chi_{j_k}(1)$. 于是 $(|C|, \chi_{j_k}(1)) = 1$. 根据引理 1 得, $|\chi_{j_k}(g)| = \chi_{j_k}(1)$. 从而 $\Phi_{j_k}(g)$ 是数量矩阵, 其中 Φ_{j_k} 是 φ_{j_k} 提供的矩阵表示. 假如 $\operatorname{Ker}\varphi_{j_k} = \{1\}$, 则 $G \cong \operatorname{Im}\varphi_{j_k}$. 从而 $G \cong \operatorname{Im}\Phi_{j_k}$. 由于 $\Phi_{j_k}(g) \in \mathrm{Z}(\operatorname{Im}\Phi_{j_k})$, 因此 $g \in \mathrm{Z}(G)$. 于是 g 所在的共轭类只含 g 一个元素, 这与 $|C| = p^r$ 矛盾. 因此 $\operatorname{Ker}\varphi_{j_k} \neq \{1\}$. 从而 G 不是单群. □

定义 2 设 G 是一个群, G 的换位子群 G' 的换位子群记作 $G^{(2)}$, 依次下去, 如果有一个正整数 k, 使得 $G^{(k)} = \{1\}$, 那么称 G 为**可解群**; 否则, 称 G 为**不可解群**.

根据 [24] 第 63 页的事实 6, 非 Abel 的可解群不是单群. 因此非 Abel 单群只能从不可解群中去寻找. 于是判别一个群是不是可解群对于寻找单群起着重要作用.

利用定理 1 可以证明群论中著名的 Burnside 定理.

定理 2 (Burnside) 每一个 $p^a q^b$ 阶群 (p, q 都是素数) 是可解群.

定理 2 的证明放在本节末的阅读材料中.

Burnside 关于 $p^a q^b$ 阶群可解的定理, 早在 20 世纪初就用群表示论证明了. 然而迟至 1960 年左右才有纯粹群论的证法. 应当特别指出的是, 群表示论在研究有限单群的分类问题中起了重要作用.

1962 年, W. Feit 和 J. Thompson 证明了: 每一个奇数阶群都是可解群. 其证明长达 255 页. 它表明: 不可解的有限群必为偶数阶群. 从而 Feit-Thompson 定理证明了 Burnside 猜想: 在有限群中, 所有非 Abel 单群都是偶数阶群.

阅读材料

我们来探索引理 1 如何证明.

定义 1 设 n 是一个正整数, $\varepsilon_1, \varepsilon_2, \cdots, \varepsilon_s$ 是全部两两不等的本原 n 次单位根. 令

$$f_n(x) = (x - \varepsilon_1)(x - \varepsilon_2)\cdots(x - \varepsilon_s), \tag{1}$$

则称 $f_n(x)$ 是 n **阶分圆多项式**.

命题 1 n 阶分圆多项式 $f_n(x)$ 的次数为 $\varphi(n)$, 它是首项系数为 1 的整系数多项式, 并且 $f_n(x)$ 在 Q 上不可约.

证明见 [25] 的第 136—138 页的例 13.

引理 1 设 χ 是有限群 G 的任一不可约复特征标, C 是 G 的一个共轭类. 如果 $(|C|, \chi(1)) = 1$, 那么对于任意 $g \in C$, 有 $\chi(g) = 0$ 或 $|\chi(g)| = \chi(1)$.

证明 由于 $(|C|, \chi(1)) = 1$, 因此存在 $u, v \in \mathbb{Z}$, 使得

$$u|C| + v\chi(1) = 1. \tag{2}$$

于是对于任意 $g \in C$, 有

$$g = u|C|g + v\chi(1)g, \tag{3}$$

$$\frac{\chi(g)}{\chi(1)} = u\frac{\chi(c)}{\chi(1)} + v\chi(g) = u\omega(c) + v\chi(g), \tag{4}$$

其中 c 是共轭类 C 的类和. 根据本章 §3 的命题 5 得, $\omega(c)$ 是一个代数整数. 于是 (4) 式右边是代数整数, 从而 (4) 式左边也是代数整数. 下面设 $|\chi(g)| \neq \chi(1)$, 要证 $\chi(g)=0$.

设 $\chi(1)=m$, 设 g 的阶为 n. 用 $\varepsilon_1,\varepsilon_2,\cdots,\varepsilon_{\varphi(n)}$ 表示所有本原 n 次单位根. 由于 $\chi(g)$ 是 n 次单位根的和, 因此可设 $\chi(g)=\varepsilon_1^{r_1}+\varepsilon_1^{r_2}+\cdots+\varepsilon_1^{r_m}$, 其中 $0\leqslant r_i<n, i=1,2,\cdots,m$. 令

$$a_1=\frac{\chi(g)}{\chi(1)}=\frac{\varepsilon_1^{r_1}+\varepsilon_1^{r_2}+\cdots+\varepsilon_1^{r_m}}{m}, \tag{5}$$

$$a_l=\frac{\varepsilon_l^{r_1}+\varepsilon_l^{r_2}+\cdots+\varepsilon_l^{r_m}}{m}, \quad 2\leqslant l\leqslant \varphi(n). \tag{6}$$

为了证 $\chi(g)=0$, 只要证 $a_1=0$. 但是只盯住 a_1, 不好证它等于 0. 因此考虑 $a_l(2\leqslant l\leqslant\varphi(n))$, 且令 $b=\prod\limits_{l=1}^{\varphi(n)}a_l$. 只要证 $b=0$, 就可得出有某个 $j\in\{1,2,\cdots,\varphi(n)\}$ 使得 $a_j=0$. 下面来研究 a_l 与 a_1 的关系 $(2\leqslant l\leqslant\varphi(n))$. 从命题 1 的证明中看到, 对于任意一个本原 n 次单位根 ε_l, 都有 ε_l 在 $\mathbb{Q}$ 上的极小多项式等于 n 阶分圆多项式 $f_n(x)$. 根据 [24] 第 146 页的第 4 段得 $Q[x]/(f_n(x))\cong\mathbb{Q}[\varepsilon_l]$, 其中 $\mathbb{Q}[\varepsilon_l]$ 是 $\mathbb{C}$ 中 $\mathbb{Q}$ 添加 ε_l 得到的子环. 由于 $f_n(x)$ 在 $\mathbb{Q}$ 上不可约, 因此 $(f_n(x))$ 是 $\mathbb{Q}[x]$ 的一个极大理想 (根据 [24] 第139 页的倒数第 3 段和第 2 段). 从而 $Q[x]/(f_n(x))$ 是一个域 (根据 [24] 第 139 页的定理 6). 于是 $\mathbb{Q}[\varepsilon_l]$ 是一个域, $l=1,2,\cdots,\varphi(n)$. 此时把 $\mathbb{Q}[\varepsilon_l]$ 记成 $\mathbb{Q}(\varepsilon_l), l=1,2,\cdots,\varphi(n)$. 根据 [30] 的第 188 页的命题 11 得, $\mathbb{Q}(\varepsilon_l)$ 的每一个元素. 可唯一地表示成形如 $\sum\limits_{i=0}^{\varphi(n)-1}k_i\varepsilon_l^i$. 对于 $l\in\{2,3,\cdots,\varphi(n)\}$, 令

$$\begin{aligned}\tau_l:\mathbb{Q}(\varepsilon_1)&\to\mathbb{Q}(\varepsilon_l)\\ \sum_{i=0}^{\varphi(n)-1}k_i\varepsilon_1^i&\mapsto\sum_{i=0}^{\varphi(n)-1}k_i\varepsilon_l^i.\end{aligned}$$

易验证 τ_l 是一个映射, 且是单射、满射, 并保持加法和乘法运算, 因此 τ_l 是域 $\mathbb{Q}(\varepsilon_1)$ 到 $\mathbb{Q}(\varepsilon_l)$ 的一个同构. 显然 $\tau_l(\varepsilon_1)=\varepsilon_l$. 于是从 (5) 式和 (6) 式得

$$\tau_l(a_1)=a_l, \quad l=2,3,\cdots,\varphi(n). \tag{7}$$

从而若 $a_j=0$, 则 $a_1=0$.

下面来证 $b=0$. 由所设

$$b=\prod_{l=1}^{\varphi(n)}a_l=\prod_{l=1}^{\varphi(n)}\frac{\varepsilon_l^{r_1}+\varepsilon_l^{r_2}+\cdots+\varepsilon_l^{r_m}}{m}, \tag{8}$$

可知 b 是代数整数. 若能证 b 是有理数, 则 b 是有理整数. 由于 $|\chi(g)|\neq\chi(1)$, 因此 $|\chi(g)|<\chi(1)$. 从而 $|a_1|<1$. 又由于 $|a_l|=\dfrac{1}{m}|\varepsilon_l^{r_1}+\varepsilon_l^{r_2}+\cdots+\varepsilon_l^{r_m}|\leqslant 1$, 因此

$$|b|=\prod_{l=1}^{\varphi(n)}|a_l|<1. \tag{9}$$

于是若能证 b 是有理整数, 则 $b=0$. 剩下的关键点是证 b 是有理数. 从 (8) 式受到

启发, 考虑 $\varphi(n)$ 元多项式:

$$f(x_1,x_2,\cdots,x_{\varphi(n)})=\prod_{l=1}^{\varphi(n)}\frac{x_l^{r_1}+x_l^{r_2}+\cdots+x_l^{r_m}}{m},\tag{10}$$

则

$$b=f(\varepsilon_1,\varepsilon_2,\cdots,\varepsilon_{\varphi(n)}).\tag{11}$$

显然 $f(x_1,x_2,\cdots,x_{\varphi(n)})$ 是有理数域上的对称多项式. 根据对称多项式基本定理, 存在 $\mathbb{Q}$ 上的一个 $\varphi(n)$ 元多项式 $\psi(x_1,x_2,\cdots,x_{\varphi(n)})$, 使得

$$f(x_1,x_2,\cdots,x_{\varphi(n)})=\psi(\sigma_1,\sigma_2,\cdots,\sigma_{\varphi(n)}),\tag{12}$$

其中 $\sigma_1,\sigma_2,\cdots,\sigma_{\varphi(n)}$ 是 $\varphi(n)$ 元初等对称多项式. 令

$$\widetilde{\sigma}_i=\sigma_i(\varepsilon_1,\varepsilon_2,\cdots,\varepsilon_{\varphi(n)}),\quad i=1,2,\cdots,\varphi(n),\tag{13}$$

则 $x_1,x_2,\cdots,x_{\varphi(n)}$ 分别用 $\varepsilon_1,\varepsilon_2,\cdots,\varepsilon_{\varphi(n)}$ 代入, 从 (12) 和 (13) 式得

$$f(\varepsilon_1,\varepsilon_2,\cdots,\varepsilon_{\varphi(n)})=\psi(\widetilde{\sigma}_1,\widetilde{\sigma}_2,\cdots,\widetilde{\sigma}_{\varphi(n)}).\tag{14}$$

由于 $\varepsilon_1,\varepsilon_2,\cdots,\varepsilon_{\varphi(n)}$ 是 n 阶分圆多项式 $f_n(x)$ 的全部复根, 因此根据 Vieta 公式得, $-\widetilde{\sigma}_1,\widetilde{\sigma}_2,\cdots,(-1)^{\varphi(n)}\widetilde{\sigma}_{\varphi(n)}$ 是 $f_n(x)$ 的 $n-1$ 次项系数, $n-2$ 次项系数, $\cdots$, 常数项. 从而 $\widetilde{\sigma}_i$ 是有理整数, $i=1,2,\cdots,\varphi(n)$. 于是 $\psi(\widetilde{\sigma}_1,\widetilde{\sigma}_2,\cdots,\widetilde{\sigma}_{\varphi(n)})$ 是有理数. 因此从 (11) 式和 (14) 式得, b 是有理数.

综上所述, 引理 1 证明完毕. □

现在来证 Burnside 定理, 首先对于可解群作一些探讨.

命题 2 群 G 是可解的当且仅当存在递降的子群列

$$G=G_0>G_1>\cdots>G_s=\{1\},\tag{15}$$

使得 $G_i\lhd G_{i-1}$ 且商群 G_{i-1}/G_i 是 Abel 群, $i=1,2,\cdots,s$.

证明见 [30] 的第 178—179 页的定理 6.

命题 3 可解群的每个子群和商群都是可解群.

证明见 [30] 的第 179 页的定理 7 和推论 1.

命题 4 如果群 G 具有正规子群 N, 使得 N 和 G/N 都是可解群, 那么 G 是可解群.

证明见 [30] 的第 179 页的定理 8.

命题 5 设 p,q 是不相等的素数, 则 pq 阶群 G 可解.

证明 不妨设 $p>q$. 根据 Sylow 第三定理, G 的 Sylow p-子群的个数 $r\equiv 1(\operatorname{mod}p)$ 且 $r|q$. 由此推出, $r=1$. 从而 G 的 Sylow p-子群 $P\lhd G$. 又由于 $|G/P|=q$, 从而 G/P 为素数 q 阶循环群. 又 P 是素数 p 阶循环群, 因此 P 和 G/P 都是可解群. 根据命题 4 得, G 是可解群. □

定理 1 (Burnside) 每一个 p^aq^b 阶群 (p,q 是素数) 是可解群.

证明 设群 G 的阶是 p^aq^b. 如果 a,b 中有一个为 0, 那么 G 是 p-群. 根据 [24] 第 75 页的推论 8 得, G 的中心 $\mathrm{Z}(G)\neq\{1\}$. 若 $\mathrm{Z}(G)=G$, 则 G 是 Abel 群, 从而 G 可解. 若 $\mathrm{Z}(G)\neq G$, 则 $1<|G/\mathrm{Z}(G)|<|G|$. 对 p-群的阶作数学归纳法得, $G/\mathrm{Z}(G)$ 可解. 又由于 $\mathrm{Z}(G)$ 可解, 因此 G 可解.

下面设 $a \neq 0$ 且 $b \neq 0$. 若 G 为 Abel 群, 则 G 可解. 下设 G 非 Abel 群. 对 G 的阶作数学归纳法. 当 $a=1$ 且 $b=1$ 时, 根据命题 5, 若 $p \neq q$, 则 pq 阶群可解. 若 $p=q$, 则根据 [24] 第 75 页的例 1, p^2 阶群都是 Abel 群, 从而可解. 假设 $|G|=p^c q^b$, 其中 $c<a$ 时, G 可解, 来看 $|G|=p^a q^b$ 的情形. 设法找出 G 的一个非平凡正规子群 N, 则由归纳假设得, N 和 G/N 都可解, 从而根据命题 4 得, G 可解. 显然, $\mathrm{Z}(G)$ 是候选者. 但需要证 $\mathrm{Z}(G) \neq 1$. 为此要在 $\mathrm{Z}(G)$ 中找一个非单位元. 考虑 G 的 Sylow q-子群 Q, 则 $\mathrm{Z}(Q) \neq \{1\}$. 于是在 $\mathrm{Z}(Q)$ 中存在一个非单位元 g. 从而 g 与 Q 中任一元素可交换, 因此 $Q \subseteq \mathrm{C}_G(g)$, 这里 $\mathrm{C}_G(g)$ 表示 g 在 G 中的中心化子, 即 $\mathrm{C}_G(g)=\{x \in G | xg=gx\}$, 它是 G 的一个子群. 若能证 $|\mathrm{C}_G(g)|=|G|$, 则 $\mathrm{C}_G(g)=G$. 从而 $g \in \mathrm{Z}(G)$. 下面来证 $|\mathrm{C}_G(g)|=|G|$. 考虑 g 所在的共轭类 C, 有

$$|C|=\frac{|G|}{|\mathrm{C}_G(g)|}=\frac{p^a q^b}{p^l q^b}=p^{a-l}, \quad \text{其中 } l \leqslant a.$$

若 $l=a$, 则 $|G|=|\mathrm{C}_G(g)|$. 从而 $G=\mathrm{C}_G(g)$. 若 $l<a$, 则根据本节定理 1 得, G 不是单群. 从而 G 有一个非平凡的正规子群 N. 因此 G 可解. 根据数学归纳法原理, 对一切正整数 a 和 b, 都有 $p^a q^b$ 阶群可解.

综上所述, 每一个 $p^a q^b$ 阶群可解. □

习题 3.4

1. 证明: 若 G 是一般线性群 $\mathrm{GL}(2, \mathbb{C})$ 的有限子群, 并且 G 是单群, 则 G 必为 Abel 群, 从而 G 是素数阶循环群.

2. 证明: 任一非 Abel 有限单群 G 没有 2 次不可约复表示, 从而若非 Abel 有限群 G 有 2 次不可约复表示, 则 G 不是单群.

第四章

群的表示的张量积, 群的直积的表示

本章首先介绍从 G 的已知表示构造新的表示的又一方法. 利用这种方法可获得群 G 的新的不可约表示.

本章还将介绍从群 G_1 和 G_2 的表示得到它们的直积 $G_1 \times G_2$ 的表示的方法.

这些问题的解决都需要模的张量积的概念.

§1 模的张量积

设 R 是有单位元 $1(\neq 0)$ 的环, M 是一个右 R-模, N 是一个左 R-模, 从 M 和 N 出发如何构造一个 "大" 的集合 T, 使得 T 是一个 Abel 加法群? 在 M 和 N 中分别任取一个元素 m, n, 则 $(m, n) \in M \times N$. 由 (m, n) 构造一个新的集合 T 的一个元素, 记作 $m \otimes n$. 由于 M 和 N 都是加法群, 且我们要构造的新的集合 T 也要求是加法群, 因此很自然要求满足下列运算法则:

$$(m_1 + m_2) \otimes n = m_1 \otimes n + m_2 \otimes n, \tag{1}$$

$$m \otimes (n_1 + n_2) = m \otimes n_1 + m \otimes n_2. \tag{2}$$

由于 M 是右 R-模, N 是左 R-模, 因此对于任意 $r \in R$, 要求满足下述法则

$$(mr) \otimes n = m \otimes rn. \tag{3}$$

把 (m, n) 对应到 $m \otimes n$ 是 $M \times N$ 到 T 的一个映射, 记作 t, 则 (1)、(2)、(3) 式可写成

$$t(m_1 + m_2, n) = t(m_1, n) + t(m_2, n), \tag{4}$$

$$t(m, n_1 + n_2) = t(m, n_1) + t(m, n_2), \tag{5}$$

$$t(mr, n) = t(m, rn). \tag{6}$$

由此引出下述概念.

定义 1 设 R 是有单位元 $1(\neq 0)$ 的环, M 是一个右 R-模, N 是一个左 R-模; P 是一个 Abel 加法群. 如果从 $M\times N$ 到 P 有一个映射 f 满足对任意 $m_1,m_2,m\in M,n,n_1,n_2\in N,r\in R$, 有

$$f(m_1+m_2,n)=f(m_1,n)+f(m_2,n), \tag{7}$$

$$f(m,n_1+n_2)=f(m,n_1)+f(m,n_2), \tag{8}$$

$$f(mr,n)=f(m,rn), \tag{9}$$

那么称 f 是 $M\times N$ 到 P 的一个**平衡映射**.

我们想从 $M\times N$ 出发构造一个 Abel 加法群 T, 且构造一个从 $M\times N$ 到 T 的平衡映射 t. 首先, 令

$$F=\left\{\sum_{(m,n)\in M\times N}k_{(m,n)}(m,n)\,\middle|\,k_{(m,n)}\in\mathbb{Z},\text{ 且只有有限多个 }k_{(m,n)}\neq 0\right\}.$$

规定 F 中两个元素相等当且仅当它们的对应系数相等; 并且规定 F 中两个元素相加为对应系数相加, 容易验证 F 成为一个 Abel 加法群. 然后, 设 H 是由 F 中下述形式的元素生成的子群:

$$(m_1+m_2,n)-(m_1,n)-(m_2,n), \tag{10}$$

$$(m,n_1+n_2)-(m,n_1)-(m,n_2), \tag{11}$$

$$(mr,n)-(m,rn), \tag{12}$$

其中 $m_1,m_2,m\in M,n,n_1,n_2\in N,r\in R$. 把商群 F/H 记作 T. 令

$$\begin{aligned} t: M\times N&\to T\\ (m,n)&\mapsto (m,n)+H, \end{aligned} \tag{13}$$

则

$$\begin{aligned} &t(m_1+m_2,n)-t(m_1,n)-t(m_2,n)\\ =&[(m_1+m_2,n)+H]-[(m_1,n)+H]-[(m_2,n)+H]\\ =&[(m_1+m_2,n)-(m_1,n)-(m_2,n)]+H\\ =&H. \end{aligned}$$

由于 H 是商群 F/H 的零元, 因此在 T 中有

$$t(m_1+m_2,n)=t(m_1,n)+t(m_2,n). \tag{14}$$

同理可证

$$t(m,n_1+n_2)=t(m,n_1)+t(m,n_2), \tag{15}$$

$$t(mr,n)=t(m,rn). \tag{16}$$

因此 (13) 式定义的 t 是从 $M\times N$ 到 T 的一个平衡映射.

T 中的元素具有什么样的形式? 由于 T 是商群 F/H, 因此 T 的元素是下述形式的有限和:

$$\sum_i k_i(m_i,n_i)+H=\sum_i[k_i(m_i,n_i)+H]. \tag{17}$$

我们来看 $k(m,n)+H$ 能写成什么样的简单形式? 对于正整数 k, 由于 t 是平衡映

射, 因此有

$$k(m,n)+H=k[(m,n)+H]=kt(m,n)=t(km,n). \tag{18}$$

现在来看 $(-k)(m,n)+H$. 由于在 F 中, 有

$$k(m,n)+(-k)(m,n)=[k+(-k)](m,n)=0(m,n)=0,$$

因此在 F 中, $-[k(m,n)]=(-k)(m,n)$. 从而由 (18) 式得

$$\begin{aligned}(-k)(m,n)+H&=-[k(m,n)]+H=-[k(m,n)+H]\\&=-t(km,n).\end{aligned} \tag{19}$$

由于 t 是平衡映射, 因此在 T 中有

$$\begin{aligned}&t(km,n)+t(-(km),n)=t(km-(km),n)=t(0,n)\\&=t(m_1+0,n)-t(m_1,n)=t(m_1,n)-t(m_1,n)=0.\end{aligned}$$

从而 $-t(km,n)=t(-(km),n)$. 代入 (19) 式得

$$(-k)(m,n)+H=t(-(km),n). \tag{20}$$

从 (18) 式和 (20) 式得, T 中每个元素是形如下述式子的有限和:

$$\sum_i t(m_i,n_i), \tag{21}$$

其中 $m_i\in M, n_i\in N$.

下面来探讨上面构造出的 Abel 加法群 T 和平衡映射 $t: M\times N\to T$ 具有什么好的性质.

任取一个 Abel 加法群 P, 设 $f: M\times N\to P$ 是一个平衡映射. 由于 F 中的元素表示成有限和的形式表示法唯一, 因此下述对应法则

$$\begin{aligned}\widetilde{f}: F&\to P\\ \sum_i k_i(m_i,n_i)&\mapsto\sum_i k_i f(m_i,n_i)\end{aligned} \tag{22}$$

是一个映射. 显然 $\widetilde{f}$ 保持加法, 因此 $\widetilde{f}$ 是从 F 到 P 的一个群同态. 那么, $\widetilde{f}$ 在 H 上的限制是什么样的映射? 由于 f 是从 $M\times N$ 到 P 的平衡映射, 因此

$$\begin{aligned}&\widetilde{f}[(m_1+m_2,n)-(m_1,n)-(m_2,n)]\\&=f(m_1+m_2,n)-f(m_1,n)-f(m_2,n)=0.\end{aligned}$$

同理有

$$\begin{aligned}&\widetilde{f}[(m,n_1+n_2)-(m,n_1)-(m,n_2)]=0,\\&\widetilde{f}[(mr,n)-(m,rn)]=0.\end{aligned}$$

由此得出, $\widetilde{f}(h)=0, \forall h\in H$. 于是 $\widetilde{f}$ 诱导了商群 F/H 到 P 的一个映射 f^*:

$$f^*\left[\sum_i k_i(m_i,n_i)+H\right]:=\widetilde{f}\left[\sum_i k_i(m_i,n_i)\right]. \tag{23}$$

由于 $\widetilde{f}$ 保持加法, 因此 f^* 也保持加法. 从而 f^* 是 F/H (即 T) 到 P 的一个群同态. 显然 f^* 使得对任意 $(m,n)\in M\times N$, 有

$$\begin{aligned}&f^*[(m,n)+H]=\widetilde{f}(m,n)=f(m,n),\\&f^*[(m,n)+H]=f^*t(m,n),\end{aligned}$$

从上述两个等式得

$$f = f^* t. \tag{24}$$

综上所述, 我们证明了下述定理.

定理 1 设 R 是一个有单位元 $1(\neq 0)$ 的环, M 是一个右 R-模, N 是一个左 R-模, 则存在一个 Abel 加法群 T 和一个平衡映射 $t: M \times N \to T$, 使得 T 的每个元素是下述形式的有限和: $\sum\limits_i t(m_i, n_i)$, 并且具有下述性质: 对于任一 Abel 加法群 P 和任一平衡映射 $f: M \times N \to P$, 存在 T 到 P 的一个群同态 f^*, 使得 $f = f^* t$, 即图 4–1 可交换:

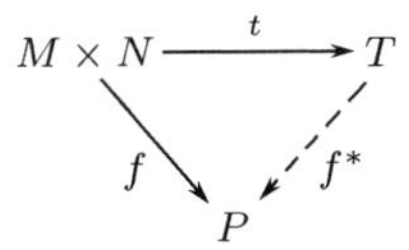

图 4–1

此时称 f 可以通过 T 分解. □

从定理 1 受到启发, 引出下述重要概念.

定义 2 设 R 是有单位元 $1(\neq 0)$ 的环, M 是一个右 R-模, N 是一个左 R-模. 如果有一个 Abel 加法群 T 和一个平衡映射 $t: M \times N \to T$, 使得 T 中每个元素是有限和 $\sum\limits_i t(m_i, n_i)$, 并且具有下述特征性质: 对于任一 Abel 加法群 P 和任一平衡映射 $f: M \times N \to P$, 存在 T 到 P 的一个群同态 f^*, 使得 $f = f^* t$, 即图 4–1 可交换, 那么称二元组 (T, t) 是 M 与 N 的一个**张量积**.

定理 1 证明了 M 与 N 的张量积是存在的. 自然要进一步问: M 与 N 的张量积是否在群同构的意义下是唯一的? 回答是肯定的, 即有下面的定理 2.

定理 2 条件同定义 2. M 与 N 的张量积在群同构的意义下是唯一的.

证明 定理 1 构造了 M 与 N 的一个张量积 (T, t). 设 (T', t') 是 M 与 N 的另一个张量积. 由于 (T, t) 是一个张量积, 且 T' 是 Abel 加法群, $t': M \times N \to T'$ 是一个平衡映射, 因此存在 T 到 T' 的一个群同态 σ, 使得

$$t' = \sigma t. \tag{25}$$

如图 4–2 所示.

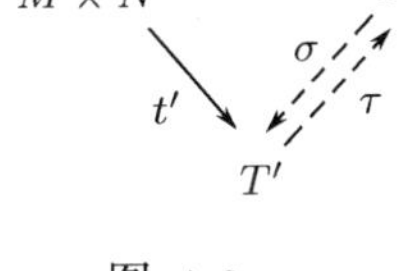

图 4–2

同理, 由于 (T', t') 是 M 与 N 的一个张量积, 因此存在 T' 到 T 的一个群同态 τ, 使得

$$t = \tau t'.$$

如图 4–2 所示. 于是对于任意 $(m,n)\in M\times N$, 有

$$t'(m,n)=\sigma t(m,n)=\sigma\tau t'(m,n). \tag{26}$$

由于 T' 中每个元素为有限和 $\sum_i t'(m_i,n_i)$, 因此从 (26) 式得

$$\sigma\tau=1_{T'} \tag{27}$$

同理可证, $\tau\sigma=1_T$. 结合 (27) 式得, σ 是可逆的. 从而 σ 是双射, 因此 σ 是 T 到 T' 的一个群同构. 于是 T 与 T' 是同构的. □

我们把右 R-模 M 与左 R-模 N 的张量积记作 $(M\otimes_R N,t)$, 平衡映射 t 有时可省略不写出.

对于张量积 $(M\otimes_R N,t)$, 今后把 $t(m,n)$ 简记成 $m\otimes n$. 从定理 1 的证明过程知道, $t(m,n)=(m,n)+H$, 因此把 $t(m,n)$ 用 $m\otimes n$ 来表示, 其表示法不唯一. 但是记号 $m\otimes n$ 有优点, 它使平衡映射 t 的三条性质可写成

$$(m_1+m_2)\otimes n=m_1\otimes n+m_2\otimes n, \tag{28}$$

$$m\otimes(n_1+n_2)=m\otimes n_1+m\otimes n_2, \tag{29}$$

$$(mr)\otimes n=m\otimes(rn), \tag{30}$$

这三条性质在形式上类似实数域中乘法对于加法的分配律, 以及乘法结合律, 当然它们的含义不一样. 运用记号 $m\otimes n$, 则 $M\otimes_R N$ 中每个元素可表示成有限和 $\sum_i m_i\otimes n_i$, 注意其表示法不唯一. 例如

$$0\otimes n=(m+0)\otimes n-m\otimes n=m\otimes n-m\otimes n=0;$$

同理有 $m\otimes 0=0, 0\otimes 0=0$. 因此 $M\otimes_R N$ 的零元素的表示法有 $0\otimes n, m\otimes 0, 0\otimes 0$, 等. 还有可能 $m\neq 0$ 且 $n\neq 0$, 但是 $m\otimes n=0$. 例如, 在 $\mathbb{Q}\otimes_{\mathbb{Z}}\mathbb{Z}_2$ 中,

$$\frac{2}{3}\otimes\bar{1}=\frac{1}{3}\otimes 2\bar{1}=\frac{1}{3}\otimes\bar{0}=0.$$

推论 1 设 R 是有单位元 $1(\neq 0)$ 的环, M 是一个右 R-模, N 是一个左 R-模, 设 P 是一个 Abel 加法群, 且 f 是从 $M\times N$ 到 P 的一个平衡映射, 则存在 $M\otimes_R N$ 到 P 的唯一的群同态 f^*, 使得 $f=f^*t$.

证明 设还有一个从 $M\otimes_R N$ 到 P 的群同态 g^*, 使得 $f=g^*t$, 则对于 $M\otimes_R N$ 的任一元素 $\sum_i m_i\otimes n_i$, 有

$$f^*\left(\sum_i m_i\otimes n_i\right)=\sum_i f^*(m_i\otimes n_i)=\sum_i f^*t(m_i,n_i)=\sum_i f(m_i,n_i),$$

$$g^*\left(\sum_i m_i\otimes n_i\right)=\sum_i g^*(m_i\otimes n_i)=\sum_i g^*t(m_i,n_i)=\sum_i f(m_i,n_i).$$

因此 $f^*=g^*$. □

现在来讨论模的张量积与模同态的关系.

定理 3 设 R 是有单位元 $1(\neq 0)$ 的环, M 和 M' 都是右 R-模, N 和 N' 都是左 R-模; 设 $f: M\to M', g: N\to N'$ 都是模同态, 则存在 $M\otimes_R N$ 到 $M'\otimes_R N'$ 的唯一的群同态, 记作 $f\otimes g$, 使得

$$(f\otimes g)(m\otimes n)=f(m)\otimes g(n). \tag{31}$$

证明 令

$$\psi: M \times N \to M' \otimes_R N'$$
$$(m,n) \mapsto f(m) \otimes g(n),$$

显然, ψ 是一个映射.

$$\psi(m_1+m_2,n) = f(m_1+m_2) \otimes g(n)$$
$$= [f(m_1)+f(m_2)] \otimes g(n) = f(m_1) \otimes g(n) + f(m_2) \otimes g(n)$$
$$= \psi(m_1,n) + \psi(m_2,n).$$

同理, 有

$$\psi(m,n_1+n_2) = \psi(m,n_1) + \psi(m,n_2).$$

由于 $f: M \to M'$ 和 $g: N \to N'$ 都是模同态, 因此有

$$\psi(mr,n) = f(mr) \otimes g(n) = f(m)r \otimes g(n) = f(m) \otimes rg(n)$$
$$= f(m) \otimes g(rn) = \psi(m,rn).$$

从而 ψ 是 $M \times N$ 到 $M' \otimes_R N'$ 的一个平衡映射. 根据推论 1 得, 存在 $M \otimes_R N$ 到 $M' \otimes_R N'$ 的唯一的群同态, 记作 $f \otimes g$, 使得

$$\psi = (f \otimes g)t,$$

如图 4–3 所示, 由此得出

$$(f \otimes g)(m \otimes n) = (f \otimes g)t(m,n) = \psi(m,n) = f(m) \otimes g(n).$$ □

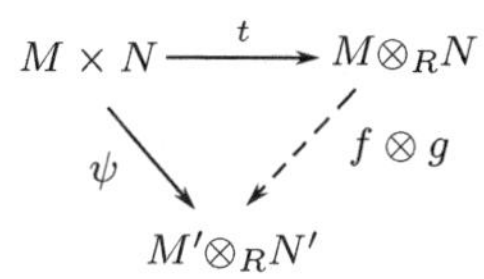

图 4–3

推论 2 设 R 是有单位元 $1(\neq 0)$ 的环, M, M', M'' 都是右 R-模; N, N', N'' 都是左 R-模; 设

$$f: M \to M', \quad f': M' \to M'', \quad g: N \to N', \quad g': N' \to N''$$

都是模同态, 则

$$(f' \otimes g')(f \otimes g) = (f'f) \otimes (g'g). \tag{32}$$

证明 显然, $f'f: M \to M'', g'g: N \to N''$ 都是模同态.

$$[(f' \otimes g')(f \otimes g)](m \otimes n) = (f' \otimes g')[f(m) \otimes g(n)]$$
$$= f'[f(m)] \otimes g'[g(n)] = (f'f)(m) \otimes (g'g)(n),$$
$$[(f'f) \otimes (g'g)](m \otimes n) = (f'f)(m) \otimes (g'g)(n).$$

由于 $M \otimes_R N$ 中元素为有限和 $\sum\limits_i m_i \otimes n_i$, 因此

$$(f' \otimes g')(f \otimes g) = (f'f) \otimes (g'g).$$ □

下面讨论模的张量积与模的直和的关系.

定理 4 设 R 是有单位元 $1(\neq 0)$ 的环, M 是右 R-模, M_1 和 M_2 都是 M 的子模, 且 $M = M_1 \oplus M_2$; N 是左 R-模, 则有下述群同构:

$$M \otimes_R N \cong M_1 \otimes_R N \dotplus M_2 \otimes_R N. \tag{33}$$

证明 由于 $M = M_1 \oplus M_2$, 因此 M 中每个元素 m 可以唯一地表示成 $m = m_1 + m_2$, 其中 $m_1 \in M_1, m_2 \in M_2$. 令

$$\pi_1(m) = m_1, \quad \pi_2(m) = m_2,$$

则易验证 π_1 和 π_2 都是 M 到自身的模同态, 称 π_i 是 M 在 M_i 上的投影, $\pi_i(M) = M_i$, 于是 π_i 可以看成是 M 到 M_i 的模同态, $i = 1, 2$. 根据定理 3 得, 存在 $M \otimes_R N$ 到 $M_1 \otimes_R N$ 的唯一的群同态 $\pi_1 \otimes 1_N$, 记作 θ_1; 存在 $M \otimes_R N$ 到 $M_2 \otimes_R N$ 的唯一的群同态 $\pi_2 \otimes 1_N$, 记作 θ_2.

设 i_1 是 M_1 到 M 的含入映射; $i_1(m_1) = m_1$; i_2 是 M_2 到 M 的含入映射: $i_2(m_2) = m_2$. 显然它们都是模同态. 根据定理 3 得, 存在 $M_1 \otimes_R N$ 到 $M \otimes_R N$ 的唯一的群同态 $i_1 \otimes 1_N$, 存在 $M_2 \otimes_R N$ 到 $M \otimes_R N$ 的唯一的群同态 $i_2 \otimes 1_N$. 记 $j_1 = i_1 \otimes 1_N, j_2 = i_2 \otimes 1_N$. 令

$$\begin{aligned} \sigma : M \otimes_R N &\to M_1 \otimes_R N \dotplus M_2 \otimes_R N \\ v &\mapsto (\theta_1(v), \theta_2(v)); \\ \tau : M_1 \otimes_R N \dotplus M_2 \otimes_R N &\to M \otimes_R N \\ (v_1, v_2) &\mapsto j_1(v_1) + j_2(v_2). \end{aligned}$$

易验证 σ 和 τ 都保持加法, 因此它们都是群同态.

$$\begin{aligned} \tau\sigma(m \otimes n) &= \tau(\theta_1(m \otimes n), \theta_2(m \otimes n)) = \tau(m_1 \otimes n, m_2 \otimes n) \\ &= j_1(m_1 \otimes n) + j_2(m_2 \otimes n) = m_1 \otimes n + m_2 \otimes n \\ &= (m_1 + m_2) \otimes n = m \otimes n. \end{aligned}$$

由于 $M \otimes_R N$ 中每个元素可写成 $\sum\limits_i m_i \otimes n_i$, 因此从上式得

$$\tau\sigma = I_1, \tag{34}$$

其中 I_1 是 $M \otimes_R N$ 上的恒等变换.

$M_1 \otimes_R N \dotplus M_2 \otimes_R N$ 的一组生成元为

$$\left\{(m_1 \otimes n, 0), (0, m_2 \otimes n) \middle| m_1 \in M_1, m_2 \in M_2, n \in N\right\}.$$

由于

$$\begin{aligned} \sigma\tau(m_1 \otimes n, 0) &= \sigma[j_1(m_1 \otimes n) + j_2(0)] = \sigma(m_1 \otimes n) \\ &= (\theta_1(m_1 \otimes n), \theta_2(m_1 \otimes n)) = (m_1 \otimes n, 0), \\ \sigma\tau(0, m_2 \otimes n) &= \sigma[j_1(0) + j_2(m_2 \otimes n)] = \sigma(m_2 \otimes n) \\ &= (\theta_1(m_2 \otimes n), \theta_2(m_2 \otimes n)) = (0, m_2 \otimes n), \end{aligned}$$

因此

$$\sigma\tau = I_2,$$

其中 I_2 是 $M_1 \otimes_R N \dot{+} M_2 \otimes_R N$ 上的恒等变换. 于是 σ 是可逆的, 从而 σ 是双射. 因此 σ 是群同构. 这证明了有群同构:

$$M \otimes_R N \cong M_1 \otimes_R N \dot{+} M_2 \otimes_R N. \qquad \square$$

定理 4 可推广到 M 或者 N 是有限多个子模的直和的情形.

现在我们来讨论什么条件下 $M \otimes_R N$ 也成为模.

定义 3 设 R 和 S 是有单位元的环, 如果 Abel 加群 M 既是左 S-模, 又是右 R-模, 且满足

$$(sm)r = s(mr), \quad \forall s \in S, \quad r \in R, \quad m \in M, \tag{35}$$

那么称 M 是 (S, R)-**双模**.

例如, 设 R 是有单位元 $1(\neq 0)$ 的交换环, M 是一个左 R-模. 令

$$mr := rm, \quad \forall m \in M, \quad r \in R,$$

易验证

$$\begin{aligned}
(m_1 + m_2)r &= m_1 r + m_2 r, \quad \forall m_1, m_2 \in M, r \in R; \\
m(r_1 + r_2) &= mr_1 + mr_2, \quad \forall m \in M, \quad r_1, r_2 \in R; \\
m(r_1 r_2) &= (r_1 r_2)m = (r_2 r_1)m = r_2(r_1 m) \\
&= r_2(mr_1) = (mr_1)r_2, \quad \forall m \in M, r_1, r_2 \in R; \\
m1 &= 1m = m, \quad \forall m \in M,
\end{aligned}$$

因此 M 成为一个右 R-模, 且满足对于任意 $r_1, r_2 \in R, m \in M$, 有

$$(r_1 m)r_2 = r_2(r_1 m) = (r_2 r_1)m = (r_1 r_2)m = r_1(r_2 m) = r_1(mr_2).$$

从而 M 成为一个 (R, R)-双模.

命题 1 若 M 是 (S, R)-双模, N 是左 R-模, 则 $M \otimes_R N$ 是左 S-模.

证明 需要给出 $S \times (M \otimes_R N)$ 到 $M \otimes_R N$ 的一个映射. 对于 $s \in S$, 令

$$\begin{aligned}
f_s : M \times N &\to M \otimes_R N \\
(m, n) &\mapsto sm \otimes n.
\end{aligned}$$

我们有

$$\begin{aligned}
f_s(m_1 + m_2, n) &= s(m_1 + m_2) \otimes n = (sm_1 + sm_2) \otimes n \\
&= (sm_1) \otimes n + (sm_2) \otimes n = f_s(m_1, n) + f_s(m_2, n). \\
f_s(m, n_1 + n_2) &= f_s(m, n_1) + f_s(m, n_2), \\
f_s(mr, n) &= s(mr) \otimes n = (sm)r \otimes n = sm \otimes rn \\
&= f_s(m, rn).
\end{aligned}$$

因此 f_s 是 $M \times N$ 到 $M \otimes_R N$ 的一个平衡映射. 根据定理 3, 存在 $M \otimes_R N$ 到 $M \otimes_R N$ 的唯一的群同态 ψ_s, 使得 $f_s = \psi_s t$, 如图 4–4 所示. 于是对于任意 $(m, n) \in M \times N$, 有

$$f_s(m, n) = \psi_s t(m, n) = \psi_s(m \otimes n).$$

从而得到

$$\psi_s(m \otimes n) = sm \otimes n.$$

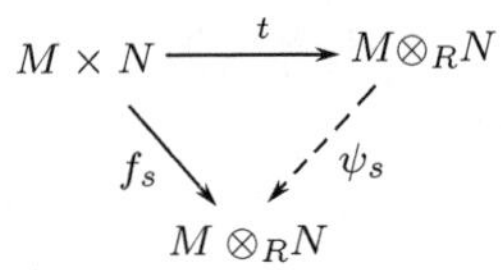

图 4–4

于是

$$\psi_s\left(\sum_i m_i \otimes n_i\right) = \sum_i \psi_s(m_i \otimes n_i) = \sum_i sm_i \otimes n_i. \tag{36}$$

现在令

$$s\left(\sum_i m_i \otimes n_i\right) := \psi_s\left(\sum_i m_i \otimes n_i\right), \tag{37}$$

则

$$s\left(\sum_i m_i \otimes n_i\right) = \sum_i sm_i \otimes n_i. \tag{38}$$

容易验证 $M \otimes_R N$ 成为左 S-模. □

注 由于 $M \otimes_R N$ 的元素表示成有限和 $\sum\limits_i m_i \otimes n_i$ 的表示法不唯一, 因此若直接规定 (38) 式, 则不能说明这给出了 $S \times (M \otimes_R N)$ 到 $M \otimes_R N$ 的一个映射.

类似地, 若 M 是右 R-模, N 是 (R,S)-双模, 则 $M \otimes_R N$ 是右 S-模, 其中 $\left(\sum\limits_i m_i \otimes n_i\right) s = \sum\limits_i m_i \otimes n_i s$.

命题 2 设 $M = M_1 \oplus M_2$, 且它们都是 (S,R)-双模, 设 N 是左 R-模, 则定理 4 得到的同构

$$M \otimes_R N \cong M_1 \otimes_R N \dot{+} M_2 \otimes_R N \tag{39}$$

是左 S-模同构.

证明 根据命题 1, $M \otimes_R N, M_1 \otimes_R N, M_2 \otimes_R N$ 都是左 S-模. 对于 $s \in S$, 规定 $s(v_1, v_2) := (sv_1, sv_2), \forall v_1 \in M_1 \otimes_R N, v_2 \in M_2 \otimes_R N$, 则容易验证 Abel 加群 $M_1 \otimes_R N \dot{+} M_2 \otimes_R N$ 成为一个左 S-模. 定理 4 的证明过程中, 已证 σ 是群同构. 剩下只需证 σ 与模的作用可交换次序. 任取 $M \otimes_R N$ 的一个元素 $\sum\limits_i m_i \otimes n_i$. 由于 $M = M_1 \oplus M_2$, 因此 m_i 可唯一分解成

$$m_i = m_{i1} + m_{i2}, \quad m_{i1} \in M_1, \quad m_{i2} \in M_2.$$

由于 M, M_1, M_2 都是左 S-模, 因此对于任意 $s \in S$, 有

$$sm_i = sm_{i1} + sm_{i2}, \quad sm_{i1} \in M_1, \quad sm_{i2} \in M_2.$$

$$\begin{aligned}
&\sigma\left[s\left(\sum_i m_i \otimes n_i\right)\right] = \sigma\left(\sum_i sm_i \otimes n_i\right) \\
&= \left(\theta_1\left(\sum_i sm_i \otimes n_i\right), \quad \theta_2\left(\sum_i sm_i \otimes n_i\right)\right)
\end{aligned}$$

$$= \left(\sum_i sm_{i1} \otimes n_i, \sum_i sm_{i2} \otimes n_i\right),$$

$$s\left[\sigma\left(\sum_i m_i \otimes n_i\right)\right] = s\left(\sum_i m_{i1} \otimes n_i, \sum_i m_{i2} \otimes n_i\right)$$

$$= \left(s\sum_i m_{i1} \otimes n_i, s\sum_i m_{i2} \otimes n_i\right) = \left(\sum_i sm_{i1} \otimes n_i, \sum_i sm_{i2} \otimes n_i\right).$$

因此

$$\sigma\left[s\left(\sum_i m_i \otimes n_i\right)\right] = s\left[\sigma\left(\sum_i m_i \otimes n_i\right)\right].$$

这证明了 σ 是左 S-模同构. □

如果命题 2 中的 N 是 (R, H)-双模, 那么 (39) 式给出的同构还是右 H-模同构.

下面一个结果是以后经常要用的.

定理 5 设 R 是有单位元 $1(\neq 0)$ 的环. N 是左 R-模, 则有左 R-模同构:

$$R \otimes_R N \cong N. \tag{40}$$

证明 由于 R 可看成是 (R, R)-双模, 因此 $R \otimes_R N$ 是左 R-模. 令

$$f: R \times N \to N$$

$$(r, n) \mapsto rn.$$

显然 f 是一个平衡映射. 于是存在 $R \otimes_R N$ 到 N 的唯一的群同态 φ, 使得 $f = \varphi t$, 如图 4–5 所示. 于是有

$$\varphi(r \otimes n) = \varphi t(r, n) = f(r, n) = rn.$$

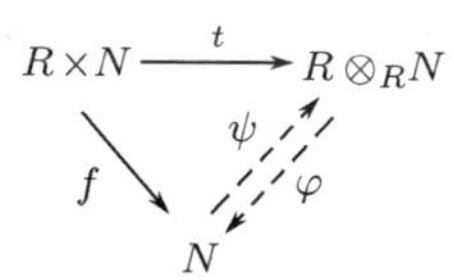

图 4–5

另一方面, 令

$$\psi: N \to R \otimes_R N$$

$$n \mapsto 1 \otimes n.$$

显然 ψ 是 N 到 $R \otimes_R N$ 的一个群同态. 因此 $\varphi\psi = 1_N$. 由于

$$\psi\varphi(r \otimes n) = \psi(rn) = 1 \otimes rn = 1r \otimes n = r \otimes n,$$

所以 $\psi\varphi$ 是 $R \otimes_R N$ 上的恒等变换. 从而 φ 可逆. 于是 φ 是 $R \otimes_R N$ 到 N 的一个群同构.

任给 $r \in R$, 我们有

$$\varphi\left[r\left(\sum_i r_i \otimes n_i\right)\right] = \varphi\left(\sum_i rr_i \otimes n_i\right) = \sum_i \varphi(rr_i \otimes n_i)$$

$$
\begin{aligned}
&= \sum_i (rr_i)n_i, \\
r\left[\varphi\left(\sum_i r_i \otimes n_i\right)\right] = r\left[\sum_i \varphi(r_i \otimes n_i)\right] &= r\left(\sum_i r_i n_i\right) \\
&= \sum_i r(r_i n_i) = \sum_i (rr_i)n_i,
\end{aligned}
$$

同此 φ 是左 R-模同构. □

注 若 N 是 (R,S)-双模, 则 $R \otimes_R N \cong N$ 还是右 S-模同构. 类似地, 若 M 是 (S,R)-双模, 则 $M \otimes_R R \cong M$ 既是右 R-模同构, 又是左 S-模同构.

现在来研究张量积满足的运算法则 (在同构的意义下).

定理 6 (张量积的结合律) *设 R,S 都是有单位元的环, L 是右 R-模, M 是 (R,S)-双模, N 是左 S-模, 则 $L \otimes_R M$ 是右 S-模, $M \otimes_S N$ 是左 R-模, 并且有群同构*

$$
(L \otimes_R M) \otimes_S N \cong L \otimes_R (M \otimes_S N). \tag{41}
$$

进一步, 若 L 是 (H,R)-双模, 则此同构是左 H-模同构; 若 N 是 (S,H)-双模, 则此同构是右 H-模同构, 其中 H 是有单位元的环.

分析 这里有三个模: L,M,N. 因此需要由它们构成笛卡儿积 $L \times M \times N$. 类似于 $M \times N$ 到 Abel 加群 P 的平衡映射的定义, 可以定义 $L \times M \times N$ 到 Abel 加群 P 的平衡映射 f, 它满足:

$$
f(l_1 + l_2, m, n) = f(l_1, m, n) + f(l_2, m, n), \tag{42}
$$

$$
f(l, m_1 + m_2, n) = f(l, m_1, n) + f(l, m_2, n), \tag{43}
$$

$$
f(l, m, n_1 + n_2) = f(l, m, n_1) + f(l, m, n_2), \tag{44}
$$

$$
f(lr, m, n) = f(l, rm, n), \tag{45}
$$

$$
f(l, ms, n) = f(l, m, sn). \tag{46}
$$

定理 6 的证明 由于 L 是右 R-模, M 是 (R,S)-双模, 因此 $L \otimes_R M$ 是右 S-模. 又由于 N 是左 S-模, 因此 $(L \otimes_R M) \otimes_S N$ 是一个 Abel 加群. 从 $L \times M$ 到 $L \otimes_R M$ 有平衡映射 t_1, 从 $(L \otimes_R M) \times N$ 到 $(L \otimes_R M) \otimes_S N$ 有平衡映射 t_2. 于是可以定义从 $L \times M \times N$ 到 $(L \otimes_R M) \otimes_S N$ 的一个映射 $t_2 t_1$ 如下:

$$
(t_2 t_1)(l, m, n) := t_2(t_1(l, m), n). \tag{47}
$$

不难验证 $t_2 t_1$ 是一个平衡映射, 例如

$$
\begin{aligned}
&(t_2 t_1)(l_1 + l_2, m, n) = t_2(t_1(l_1 + l_2, m), n) \\
&= t_2(t_1(l_1, m) + t_1(l_2, m), n) = t_2(t_1(l_1, m), n) + t_2(t_1(l_2, m), n) \\
&= (t_2 t_1)(l_1, m, n) + (t_2 t_1)(l_2, m, n); \\
&(t_2 t_1)(lr, m, n) = t_2(t_1(lr, m), n) = t_2(t_1(l, rm), n) \\
&= (t_2 t_1)(l, rm, n);
\end{aligned}
$$

等等. 类似地, 由已知条件得 $M \otimes_S N$ 是左 R-模. 从而 $L \otimes_R (M \otimes_S N)$ 是 Abel 加

群. 现在令

$$f: L \times M \times N \to L \otimes_R (M \otimes_S N)$$
$$(l, m, n) \mapsto l \otimes (m \otimes n).$$

容易验证 f 是平衡映射, 例如

$$\begin{aligned} f(l_1 + l_2, m, n) &= (l_1 + l_2) \otimes (m \otimes n) = l_1 \otimes (m \otimes n) + l_2 \otimes (m \otimes n) \\ &= f(l_1, m, n) + f(l_2, m, n), \\ f(lr, m, n) &= lr \otimes (m \otimes n) = l \otimes r(m \otimes n) = l \otimes (rm \otimes n) \\ &= f(l, rm, n), \end{aligned}$$

等等.

由于 $L \otimes_R M$ 的每个元素是有限和 $\sum_i t_1(l_i, m_i)$, 因此 $(L \otimes_R M) \otimes_S N$ 的每个元素是有限和

$$\begin{aligned} \sum_j t_2 \left[\sum_i t_1(l_{ij}, m_{ij}), n_j \right] &= \sum_j \sum_i t_2(t_1(l_{ij}, m_{ij}), n_j) \\ &= \sum_j \sum_i (t_2 t_1)(l_{ij}, m_{ij}, n_j). \end{aligned}$$

令

$$\varphi : (L \otimes_R M) \otimes_S N \to L \otimes_R (M \otimes_S N)$$
$$\sum_j \sum_i (t_2 t_1)(l_{ij}, m_{ij}, n_j) \mapsto \sum_j \sum_i f(l_{ij}, m_{ij}, n_j),$$

则 φ 是一个映射. 从 φ 的定义以及 $t_2 t_1$ 和 f 都是平衡映射可得出: φ 保持加法. 因此 φ 是群同态. 从 φ 的定义还可看出

$$\varphi[(t_2 t_1)(l, m, n)] = f(l, m, n) = l \otimes (n \otimes n).$$

由于

$$\begin{aligned} \varphi[(t_2 t_1)(l, m, n)] &= \varphi[t_2(t_1(l, m), n)] = \varphi[t_2(l \otimes m, n)] \\ &= \varphi[(l \otimes m) \otimes n], \end{aligned}$$

因此

$$\varphi[(l \otimes m) \otimes n] = l \otimes (m \otimes n). \tag{48}$$

如图 4–6 所示.

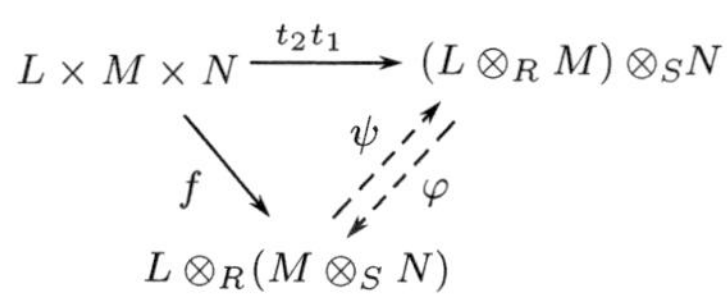

图 4–6

同理, 存在从 $L \otimes_R (M \otimes_S N)$ 到 $(L \otimes_R M) \otimes_S N$ 的一个群同态 ψ, 使得

$$\psi[l \otimes (m \otimes n)] = (l \otimes m) \otimes n. \tag{49}$$

由 (48) 和 (49) 式可得出, $\psi\varphi, \varphi\psi$ 分别是 $(L \otimes_R M) \otimes_S N, L \otimes_R (M \otimes_S N)$ 上的恒等变换. 因此 φ 是可逆映射, 从而 φ 是群同构.

若 L 是 (H, R)-双模, 则对于任给 $h \in H$, 有

$$\varphi[h((l \otimes m) \otimes n)] = \varphi[h(l \otimes m) \otimes n] = \varphi[(hl \otimes m) \otimes n] = hl \otimes (m \otimes n),$$

$$h[\varphi((l \otimes m) \otimes n)] = h[l \otimes (m \otimes n)] = hl \otimes (m \otimes n),$$

于是

$$\varphi[h((l \otimes m) \otimes n)] = h[\varphi((l \otimes m) \otimes n)]. \tag{50}$$

由此得出, φ 是左 H-模同构.

类似地, 若 N 是 (S, H)-双模, 则 φ 是右 H-模同构. □

在同构的意义下, 张量积是否满足交换律? 直觉猜测这时 R 必须是交换环, 才有可能使张量积满足交换律 (在同构的意义下). 设 M 是右 R-模, 令

$$rm := mr, \quad \forall m \in M, \quad r \in R,$$

则可以验证 M 成为左 R-模, 且 M 成为 (R, R)-双模. 设 N 是左 R-模, 则在定义 3 下面已证 N 可成为 (R, R)-双模. 于是 $M \otimes_R N, N \otimes_R M$ 都既是左 R-模, 又是右 R-模.

定理 7 (张量积的交换律) *设 R 是有单位元 $1(\neq 0)$ 的交换环, M 是右 R-模, N 是左 R-模, 则有左 (右) R-模同构:*

$$M \otimes_R N \cong N \otimes_R M. \tag{51}$$

证明 令

$$f: M \times N \to N \otimes_R M$$
$$(m, n) \mapsto n \otimes m.$$

由于

$$\begin{aligned} f(m_1 + m_2, n) &= n \otimes (m_1 + m_2) \\ &= n \otimes m_1 + n \otimes m_2 = f(m_1, n) + f(m_2, n), \\ f(m, n_1 + n_2) &= f(m, n_1) + f(m, n_2) \\ f(mr, n) &= n \otimes mr = n \otimes (rm) = nr \otimes m = rn \otimes m \\ &= f(m, rn). \end{aligned}$$

因此 f 是 $M \times N$ 到 $N \otimes_R M$ 的一个平衡映射, 从而存在从 $M \otimes_R N$ 到 $N \otimes_R M$ 的唯一的群同态 φ, 使得 $f = \varphi t$, 如图 4–7 所示. 于是对于任意 $(m, n) \in M \times N$, 有

$$n \otimes m = f(m, n) = \varphi t(m, n) = \varphi(m \otimes n).$$

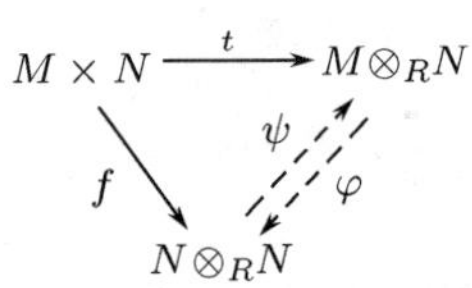

图 4–7

类似地, 存在从 $N\otimes_R M$ 到 $M\otimes_R N$ 的唯一的群同态 ψ, 使得

$$\psi(n\otimes m)=m\otimes n.$$

由此得出, $\psi\varphi,\varphi\psi$ 分别是 $M\otimes_R N, N\otimes_R N$ 上的恒等变换. 从而 φ 可逆. 因此 φ 是群同构.

任给 $r\in R$, 有

$$\varphi[r(m\otimes n)]=\varphi(rm\otimes n)=n\otimes rm=nr\otimes m=rn\otimes m,$$

$$r[\varphi(m\otimes n)]=r(n\otimes m)=rn\otimes m,$$

因此得出, φ 是左 R-模同构.

类似地可证, φ 是右 R-模同构. □

定理 4 和命题 2 可以看成是张量积关于直和的分配律 (在同构的意义下).

由于域 K 上的线性空间 V 可以看成 (K,K)-双模, 因此上述关于模的张量积的概念和性质可以应用到线性空间上.

设 V 和 W 是域 K 上的线性空间, 则 $V\otimes_K W$ 既是左 K-模, 又是右 K-模, 从而是域 K 上的线性空间, 其中纯量乘法为

$$k\left(\sum_i v_i\otimes w_i\right)=\sum_i kv_i\otimes w_i=\sum_i v_i\otimes kw_i.$$

定理 8 若 V 和 W 都是域 K 上有限维线性空间, 则 $V\otimes_K W$ 也是域 K 上有限维线性空间, 并且

$$\dim_K(V\otimes_K W)=(\dim_K V)(\dim_K W), \tag{52}$$

若 $v_1,v_2,\cdots,v_r$ 是 V 的一个基; $w_1,w_2,\cdots,w_s$ 是 W 的一个基, 则

$$\{v_i\otimes w_j|i=1,2,\cdots,r;j=1,2,\cdots,s\}$$

是 $V\otimes_K W$ 的一个基.

证明 由于 $V=\langle v_1\rangle\oplus\langle v_2\rangle\oplus\cdots\oplus\langle v_r\rangle$, 因此

$$V\otimes_K W\cong\langle v_1\rangle\otimes_K W\dotplus\langle v_2\rangle\otimes_K W\dotplus\cdots\dotplus\langle v_r\rangle\otimes_K W. \tag{53}$$

这是左 K-模同构, 又是右 K-模同构. 从而是线性空间的同构. 由于 $\langle v_i\rangle\cong K$, 因此

$$\langle v_i\rangle\otimes_K W\cong K\otimes_K W\cong W, \tag{54}$$

这是左 K-模同构, 又是右 K-模同构, 从而是线性空间的同构. 从 (53) 式和 (54) 式得

$$V\otimes_K W\cong\underbrace{W\dotplus W\dotplus\cdots\dotplus W}_{r\text{ 个}}, \tag{55}$$

因此

$$\dim(V\otimes_K W)=r(\dim W)=(\dim V)(\dim W). \tag{56}$$

由于

$$\begin{aligned}v\otimes w&=\left(\sum_{i=1}^r a_iv_i\right)\otimes\left(\sum_{i=1}^s b_jw_j\right)=\sum_{i=1}^r\sum_{j=1}^s(a_iv_i)\otimes(b_jw_j)\\&=\sum_{i=1}^r\sum_{j=1}^s a_ib_j(v_i\otimes w_j),\end{aligned}$$

并且 $\dim(V \otimes_K W) = rs$, 因此

$$\{v_i \otimes w_j | 1 \leqslant i \leqslant r, \quad 1 \leqslant j \leqslant s\}$$

是 $V \otimes_K W$ 的一个基. □

推论 3 设 V 和 W 都是域 K 上线性空间, 对于 $v \in V, w \in W$, 若 $v \neq 0$, 且 $w \neq 0$, 则在 $V \otimes_K W$ 中, $v \otimes w \neq 0$.

证明 分别取 V, W 的一个有限维子空间 V_1, W_1, 且$v \in V_1, w \in W_1$. 由于 $v \neq 0$, 因此 v 可以扩充成 V_1 的一个 K-基 $v, v_2, \cdots, v_r$. 同理, w 可以扩充成 W_1 的一个 K-基 $w, w_2, \cdots, w_s$. 根据定理 8, $v \otimes w$ 是 $V_1 \otimes_K W_1$ 的基向量之一. 因此在 $V_1 \otimes_K W_1$ 中 $v \otimes w \neq 0$. 由于 $V_1 \otimes_K W_1 \subseteq V \otimes_K W$, 因此在 $V \otimes_K W$ 中, $v \otimes w \neq 0$. □

设 V_i 和 V_i' 都是域 K 上的线性空间, $i = 1, 2$. 设 $\boldsymbol{A}_i : V_i \to V_i'$ 是线性映射, $i = 1, 2$. 由于线性映射 $\boldsymbol{A}_i$ 是 V_i 到 V_i' 的模同态. 因此根据定理 3 得, 存在 $V_1 \otimes_K V_2$ 到 $V_1' \otimes_K V_2'$ 的唯一的群同态 $\boldsymbol{A}_1 \otimes \boldsymbol{A}_2$, 使得

$$(\boldsymbol{A}_1 \otimes \boldsymbol{A}_2)(v_1 \otimes v_2) = \boldsymbol{A}_1(v_1) \otimes \boldsymbol{A}_2(v_2), \tag{57}$$

由于对于任意 $k \in K$, 有

$$\begin{aligned}(\boldsymbol{A}_1 \otimes \boldsymbol{A}_2)[k(v_1 \otimes v_2)] &= (\boldsymbol{A}_1 \otimes \boldsymbol{A}_2)(kv_1 \otimes v_2) = \boldsymbol{A}_1(kv_1) \otimes \boldsymbol{A}_2(v_2) \\ &= k\boldsymbol{A}_1(v_1) \otimes \boldsymbol{A}_2(v_2) = k[\boldsymbol{A}_1(v_1) \otimes \boldsymbol{A}_2(v_2)] \\ &= k(\boldsymbol{A}_1 \otimes \boldsymbol{A}_2)(v_1 \otimes v_2),\end{aligned}$$

因此 $\boldsymbol{A}_1 \otimes \boldsymbol{A}_2$ 是线性空间 $V_1 \otimes_K V_2$ 到 $V_1' \otimes_K V_2'$ 的一个线性映射. 称 $\boldsymbol{A}_1 \otimes \boldsymbol{A}_2$ 是线性映射 $\boldsymbol{A}_1$ 与 $\boldsymbol{A}_2$ 的**张量积**.

特别地, 设 V 和 W 都是域 K 上的线性空间, $\boldsymbol{A}, \boldsymbol{B}$ 分别是 V, W 上的线性变换, 则存在 $V \otimes_K W$ 上的唯一的线性变换 $\boldsymbol{A} \otimes \boldsymbol{B}$, 使得

$$(\boldsymbol{A} \otimes \boldsymbol{B})(v \otimes w) = \boldsymbol{A}(v) \otimes \boldsymbol{B}(w), \tag{58}$$

称 $\boldsymbol{A} \otimes \boldsymbol{B}$ 是线性变换 $\boldsymbol{A}$ 与 $\boldsymbol{B}$ 的张量积.

设 $\dim_K V = r, \dim_K W = s$. 在 V 中取一个基 $v_1, v_2, \cdots, v_r$; 在 W 中取一个基 $w_1, w_2, \cdots, w_s$, 则

$$v_1 \otimes w_1, \cdots, v_1 \otimes w_s, \cdots, v_r \otimes w_1, \cdots, v_r \otimes w_s \tag{59}$$

是 $V \otimes_K W$ 的一个基. 设

$$\boldsymbol{A}(v_1, v_2, \cdots, v_r) = (v_1, v_2, \cdots, v_r)A, \tag{60}$$

$$\boldsymbol{B}(w_1, w_2, \cdots, w_s) = (w_1, w_2, \cdots, w_s)B, \tag{61}$$

其中 $A = (a_{ij}), B = (b_{ij})$ 分别是域 K 上的 r 阶和 s 阶矩阵. 探讨 $\boldsymbol{A} \otimes \boldsymbol{B}$ 在 (59) 式给出的基下的矩阵 C 是什么样子?

$$\begin{aligned}(\boldsymbol{A} \otimes \boldsymbol{B})(v_i \otimes w_j) &= \boldsymbol{A}v_i \otimes \boldsymbol{B}w_j = \left(\sum_{l=1}^{r} a_{li}v_l\right) \otimes \left(\sum_{k=1}^{s} b_{kj}w_k\right) \\ &= \sum_{l=1}^{r}\sum_{k=1}^{s} a_{li}b_{kj}v_l \otimes w_k.\end{aligned} \tag{62}$$

把矩阵 C 分块, C 的行分成 r 组, 每组有 s 行; C 的列分成 r 组, 每组有 s 列. 从

(62) 式得, $(\boldsymbol{A}\otimes \boldsymbol{B})(v_i\otimes w_j)=\sum\limits_{l=1}^{r}\sum\limits_{k=1}^{s}a_{li}b_{kj}v_l\otimes w_k$, 从而 C 的 (p,q) 块为

$$\begin{pmatrix} a_{pq}b_{11} & a_{pq}b_{12} & \cdots & a_{pq}b_{1s} \\ a_{pq}b_{21} & a_{pq}b_{22} & \cdots & a_{pq}b_{2s} \\ \vdots & \vdots & & \vdots \\ a_{pq}b_{s1} & a_{p}b_{s2} & \cdots & a_{pq}b_{ss} \end{pmatrix} = a_{pq}B. \tag{63}$$

因此 $\boldsymbol{A}\otimes \boldsymbol{B}$ 在上述基下的矩阵 C 为下述分块矩阵

$$C=\begin{pmatrix} a_{11}B & a_{12}B & \cdots & a_{1r}B \\ a_{21}B & a_{22}B & \cdots & a_{2r}B \\ \vdots & \vdots & & \vdots \\ a_{r1}B & a_{r2}B & \cdots & a_{rr}B \end{pmatrix}. \tag{64}$$

(64) 式右端的矩阵记作 $A\otimes B$, 称它为 A 与 B 的 **Kronecher 积**.

对于域 K 上有限维线性空间 V 和 W, 它们的对偶空间 V^* 和 W^* 上的双线性函数 (即 $V^*\times W^*$ 到 K 的双线性映射) 组成的线性空间 $\mathscr{P}(V^*,W^*)$ 就是 V 与 W 的一个张量积, $V\times W$ 到 $\mathscr{P}(V^*,W^*)$ 的一个双线性映射 τ 为

$$\tau(v,w):=v\otimes w,$$

其中

$$(v\otimes w)(g,h)=g(v)h(w),\quad \forall g\in V^*, h\in W^*.$$

但是对于域 K 上的无限维线性空间 V 和 W, 仍然需要用本节构造右 R-模 M 与左 R-模 N 的张量积的方法 (即定理 1), 来构造 V 与 W 的张量积. 这些可参看 [28] 第 806—821 页.

习题 4.1

1. 证明: $\mathbb{Q}\otimes_{\mathbb{Z}}\mathbb{Z}_2=0$.

2. 设 S,R 都是有单位元的环, M 是 (S,R)-双模, 证明: $M\otimes_R R\cong M$ 是左 S-模同构, 也是右 R-模同构.

3. 设 V,W 都是域 K 上线性空间, $\boldsymbol{A}, \boldsymbol{A}_1, \boldsymbol{A}_2$ 是 V 上的线性变换, $\boldsymbol{B}, \boldsymbol{B}_1, \boldsymbol{B}_2$ 是 W 上的线性变换, $\boldsymbol{I}_V, \boldsymbol{I}_W, \boldsymbol{I}_{V\otimes W}$ 分别表示 $V,W,V\otimes_K W$ 上的恒等变换. 证明:

(1) $(\boldsymbol{A}_1+\boldsymbol{A}_2)\otimes \boldsymbol{B}=\boldsymbol{A}_1\otimes \boldsymbol{B}+\boldsymbol{A}_2\otimes \boldsymbol{B}$;

(2) $\boldsymbol{A}\otimes(\boldsymbol{B}_1+\boldsymbol{B}_2)=\boldsymbol{A}\otimes \boldsymbol{B}_1+\boldsymbol{A}\otimes \boldsymbol{B}_2$;

(3) $(\boldsymbol{A}_1\otimes \boldsymbol{B}_1)(\boldsymbol{A}_2\otimes \boldsymbol{B}_2)=\boldsymbol{A}_1\boldsymbol{A}_2\otimes \boldsymbol{B}_1\boldsymbol{B}_2$;

(4) $(k\boldsymbol{A})\otimes \boldsymbol{B}=\boldsymbol{A}\otimes(k\boldsymbol{B})=k(\boldsymbol{A}\otimes \boldsymbol{B}),\quad k\in K$;

(5) $\boldsymbol{I}_V\otimes \boldsymbol{I}_W=\boldsymbol{I}_{V\otimes W}$;

(6) 从 $\boldsymbol{A}, \boldsymbol{B}$ 可逆可以推出 $\boldsymbol{A}\otimes \boldsymbol{B}$ 可逆, 且

$$(\boldsymbol{A}\otimes \boldsymbol{B})^{-1}=\boldsymbol{A}^{-1}\otimes \boldsymbol{B}^{-1}.$$

4. 设 V 是域 K 上的线性空间, 域 F 包含域 K, 证明:

(1) $F\otimes_K V$ 是域 F 上的线性空间, 记作 V^F;

(2) 若 V 是 r 维的, 其一个 K-基为 $v_1, v_2, \cdots, v_r$, 则 V^F 也是 r 维, 且 $1\otimes v_1, 1\otimes v_2, \cdots, 1\otimes v_r$ 是 V^F 的一个 F-基.

§2 群的表示的张量积

现在我们给出从群 G 的两个已知表示构造新表示的又一种方法.

设 (φ, V) 和 (ψ, W) 是群 G 的两个 K-表示. 首先作域 K 上线性空间 V 与 W 的张量积 $V\otimes_K W$. 由于对于 G 的任意元素 $g, \varphi(g)$ 和 $\psi(g)$ 分别是 V 和 W 上的线性变换, 因此可得到 $V\otimes_K W$ 上的唯一的线性变换 $\varphi(g)\otimes\psi(g)$ 使得 $(\varphi(g)\otimes\psi(g))(v\otimes w) = [\varphi(g)](v)\otimes[\psi(g)](w)$. 又由于 $\varphi(g)$ 和 $\psi(g)$ 都可逆, 因此根据习题 4.1 的第 3 题得, $\varphi(g)\otimes\psi(g)$ 也可逆, 且 $[\varphi(g)\otimes\psi(g)]^{-1} = [\varphi(g)]^{-1}\otimes[\psi(g)]^{-1}$. 于是可得到 G 到 $\mathrm{GL}\,(V\otimes_K W)$ 的一个映射, 记作 $\varphi\otimes\psi$, 如下:

$$(\varphi\otimes\psi)(g) := \varphi(g)\otimes\psi(g). \tag{1}$$

对于任意 $x, y\in G$, 有

$$\begin{aligned}(\varphi\otimes\psi)(xy) &= \varphi(xy)\otimes\psi(xy) = \varphi(x)\varphi(y)\otimes\psi(x)\psi(y)\\ &= (\varphi(x)\otimes\psi(x))(\varphi(y)\otimes\psi(y)) = [(\varphi\otimes\psi)(x)][(\varphi\otimes\psi)(y)],\end{aligned}$$

因此 $\varphi\otimes\psi$ 是群 G 到 $\mathrm{GL}\,(V\otimes_K W)$ 的一个群同态. 从而 $(\varphi\otimes\psi, V\otimes_K W)$ 是群 G 的一个 K-表示. 称 $\varphi\otimes\psi$ 是 G 的表示 φ 与 ψ 的**张量积**, 也称它是**张量积表示**.

当 V 和 W 是有限维时, 我们把 $(\varphi, V), (\psi, W)$, 以及 $(\varphi\otimes\psi, V\otimes_K W)$ 分别在 $V, W, V\otimes_K W$ 的相应的基下提供的矩阵表示记作 Φ, Ψ, 以及 $\Phi\otimes\Psi$, 则根据本章 §1 的倒数第二段得

$$(\Phi\otimes\Psi)(g) = \Phi(g)\otimes\Psi(g). \tag{2}$$

设 $\Phi(g) = (a_{ij}(g))$, $\dim V = r$, 则根据本章 §1 的 (64) 式得

$$\begin{aligned}\chi_{\varphi\otimes\psi}(g) &= \mathrm{tr}\,[(\Phi\otimes\Psi)(g)] = \mathrm{tr}\,[\Phi(g)\otimes\Psi(g)]\\ &= \sum_{i=1}^{r}\mathrm{tr}\,[a_{ii}(g)\Psi(g)] = \left[\sum_{i=1}^{r}a_{ii}(g)\right]\mathrm{tr}\,[\Psi(g)]\\ &= \mathrm{tr}\,[\Phi(g)]\,\mathrm{tr}\,[\Psi(g)] = \chi_\varphi(g)\chi_\psi(g),\end{aligned}$$

即

$$\chi_{\varphi\otimes\psi}(g) = \chi_\varphi(g)\chi_\psi(g), \quad \forall g\in G. \tag{3}$$

这样我们证明了下述命题.

命题 1 群 G 的两个有限维 K-表示 (φ, V) 和 (ψ, W) 的张量积 $(\varphi\otimes\psi, V\otimes_K W)$ 提供的特征标 $\chi_{\varphi\otimes\psi}$ 等于 φ 的特征标 χ_φ 与 ψ 的特征标 χ_ψ 的乘积:

$$\chi_{\varphi\otimes\psi} = \chi_\varphi\chi_\psi. \tag{4}$$

推论 1 群 G 的两个特征标的乘积仍是 G 的特征标.

证明 由命题 1 立即得到. □

命题 2 设 (φ, V) 是群 G 的 1 次 K-表示, (ψ, W) 是 G 的 n 次不可约 K-表示, 则 $(\varphi\otimes\psi, V\otimes_K W)$ 是 G 的 n 次不可约 K-表示.

证明留给读者, 作为本节习题的第 1 题.

利用命题 2, 可以从群 G 的已知的 1 次非主表示 φ 和一个 n 次不可约表示 ψ, 通过张量积构造出一个与 ψ 不等价的 n 次不可约表示. 参看本节习题的第 3 题.

设 φ, ψ 是群 G 的两个次数大于 1 的不可约 K-表示, 它们的张量积 $\varphi \otimes \psi$ 有可能可约. 把 $\varphi \otimes \psi$ 分解成一些不可约表示的直和, 从中有可能得到与 φ, ψ 都不等价的不可约表示. 这样我们利用群 G 的已知的不可约表示的张量积及其直和分解就有可能得到 G 的一些未知的不可约表示.

例如, 交错群 A_5 有 5 个共轭类, 其代表元素分别为

$$(1), (12)(34), (123), (12345), (13524),$$

各个共轭类的元素个数依次为

$$1, 15, 20, 12, 12.$$

(参看 [24] 第 80 页的第 21 题, 从 S_5 的共轭类中, 把偶置换的共轭类保存下来, 并且研究 S_5 一个共轭类能否拆成 A_5 的两个共轭类).

A_5 同构于正二十面体 (或正十二面体) 的旋转对称群 G. 以正二十面体的中心为原点, 对于 G 中每一个旋转, 以转轴方向为 e_3, 建立直角坐标系 $[O; e_1, e_2, e_3]$, 则此旋转在这个基 e_1, e_2, e_3 下的矩阵为

$$B = \begin{pmatrix} \cos\theta & -\sin\theta & 0 \\ \sin\theta & \cos\theta & 0 \\ 0 & 0 & 1 \end{pmatrix},$$

其中 θ 为转角. 把 B 看成复矩阵, 取一个 3 维复线性空间 V, 设 V 上的线性变换 $\boldsymbol{B}$ 在 V 的一个基下的矩阵为 B. 用这种方法可得到 A_5 的一个 3 次复表示 φ. 由此得出

$$\begin{aligned}
\chi_\varphi((12)(34)) &= 1 + 2\cos\pi = -1, \\
\chi_\varphi((123)) &= 1 + 2\cos\frac{2\pi}{3} = 0, \\
\chi_\varphi((12345)) &= 1 + 2\cos\frac{2\pi}{5} = 1 + 2\frac{-1+\sqrt{5}}{4} = \frac{1+\sqrt{5}}{2}, \\
\chi_\varphi((13524)) &= 1 + 2\cos\frac{4\pi}{5} = 1 + 2\frac{-1-\sqrt{5}}{4} = \frac{1-\sqrt{5}}{2}.
\end{aligned}$$

由于

$$(\chi_\varphi, \chi_\varphi) = \frac{1}{60}\left[3^2 + 15\cdot(-1)^2 + 20\cdot 0^2 + 12\cdot\left(\frac{1+\sqrt{5}}{2}\right)^2 + 12\cdot\left(\frac{1-\sqrt{5}}{2}\right)^2\right] = 1,$$

因此 φ 是 A_5 的一个不可约复表示.

把 $\varphi \otimes \varphi$ 记作 ψ, 则 ψ 是 A_5 的一个 9 次复表示, 且

$$\begin{aligned}
\chi_\psi((12)(34)) &= [\chi_\varphi((12)(34))]^2 = 1, \\
\chi_\psi((123)) &= [\chi_\varphi((123))]^2 = 0, \\
\chi_\psi((12345)) &= [\chi_\varphi((12345))]^2 = \frac{1}{2}(3+\sqrt{5}), \\
\chi_\psi((13524)) &= [\chi_\varphi((13524))]^2 = \frac{1}{2}(3-\sqrt{5}).
\end{aligned}$$

用 χ_0 表示 A_5 的主特征标. 由于

$$(\chi_\psi,\chi_0)=\frac{1}{60}\left[9+15\cdot 1+20\cdot 0+12\cdot\frac{1}{2}(3+\sqrt{5})+12\cdot\frac{1}{2}(3-\sqrt{5})\right]=1,$$

$$(\chi_\psi,\chi_\varphi)=\frac{1}{60}\left[9\cdot 3+15\cdot 1\cdot(-1)+20\cdot 0\cdot 0+12\cdot\frac{1}{2}(3+\sqrt{5})\cdot\frac{1}{2}(1+\sqrt{5})\right.$$
$$\left.+12\cdot\frac{1}{2}(3-\sqrt{5})\cdot\frac{1}{2}(1-\sqrt{5})\right]=1,$$

因此 A_5 的主表示和 3 次不可约复表示 φ 在 ψ 的直和分解式中各出现 1 次. 于是 $\chi_\psi-\chi_0-\chi_\varphi$ 是 A_5 的一个 5 次复表示 ξ 的特征标.

$$\chi_\xi((12)(34))=1-1-(-1)=1,$$
$$\chi_\xi((123))=0-1-0=-1,$$
$$\chi_\xi((12345))=\frac{1}{2}(3+\sqrt{5})-1-\frac{1}{2}(1+\sqrt{5})=0,$$
$$\chi_\xi((13524))=\frac{1}{2}(3-\sqrt{5})-1-\frac{1}{2}(1-\sqrt{5})=0.$$

由于

$$(\chi_\xi,\chi_\xi)=\frac{1}{60}[5^2+15\cdot 1^2+20\cdot(-1)^2+12\cdot 0^2+12\cdot 0^2]=1,$$

因此 ξ 是 A_5 的一个 5 次不可约复特征标.

上述例子表明: 我们从 A_5 的一个 3 次不可约复表示 φ 与自身的张量积 $\varphi\otimes\varphi$ 的直和分解中得到了 A_5 的一个 5 次不可约复表示 ξ.

习题 4.2

1. 设 (φ,V) 是群 G 的 1 次 K-表示, (ψ,W) 是 G 的 n 次不可约 K-表示, 证明: $(\varphi\otimes\psi,V\otimes_K W)$ 是 G 的 n 次不可约 K-表示.

2. 设 G 是有限群, $C_1,C_2,\cdots,C_s$ 是 G 的全部共轭类, $g_j\in C_j(j=1,2,\cdots,s)$. 设 $\chi_1,\chi_2,\cdots,\chi_s$ 是 G 的全部不相等的不可约复特征标. 证明:

$$|C_j|=|G|\Big/\sum_{l=1}^{s}\chi_l(g_j)\overline{\chi_l(g_j)},\quad j=1,2,\cdots,s.$$

3. 已知有限群 G 的一个 1 次复特征标 χ_2 和一个 2 次不可约复特征标 χ_4. 它们在 G 的共轭类的代表元素 $\{g_1=1,g_2,\cdots,g_7\}$ 上的值如下:

	g_1	g_2	g_3	g_4	g_5	g_6	g_7
χ_2	1	1	1	ω^2	ω	ω^2	ω
χ_4	2	-2	0	-1	-1	1	1

其中 $\omega=\mathrm{e}^{\mathrm{i}\frac{2\pi}{3}}$.

(1) 求 G 的复特征标表, 以及 $|G|$;

(2) 求 G 的各个共轭类的元素个数;

(3) 求 G 的全部正规子群 (指出每一个正规子群由哪些共轭类组成以及该正规子群的阶);

(4) 求 G 的换位子群 G';

(5) 求 G 的中心 $Z(G)$, G 是否为 Abel 群?

§3 群的直积的表示

设 G_1, G_2 是群, 在 $G_1 \times G_2$ 上规定乘法运算如下:

$$(x_1, x_2)(y_1, y_2) := (x_1y_1, x_2y_2),$$

则 $G_1 \times G_2$ 成为一个群, 称它为 G_1 与 G_2 的**直积** (或**外直积**), 仍记作 $G_1 \times G_2$ (当 G_1 和 G_2 都是 Abel 加法群时, 外直积通常称为外直和, 记作 $G_1 \dotplus G_2$). 设 $(\varphi, V), (\psi, W)$ 分别是 G_1 和 G_2 的 K-表示. 令 $G = G_1 \times G_2$, 我们想得到 G 的一个 K-表示, 为此要构造一个左 $K[G]$-模. 容易想到作线性空间 V 和 W 的张量积 $V \otimes_K W$. 由于 (φ, V) 是 G_1 的 K-表示, 因此 V 是左 $K[G_1]$-模. 同理 W 是左 $K[G_2]$-模. 为了使 $V \otimes_K W$ 成为左 $K[G]$-模, 类似于本章 §1 命题 1 的证明中采用的方法, 我们可以得到群代数 $K[G]$ 在 $V \otimes_K W$ 上的作用:

$$(g_1, g_2)(v \otimes w) := g_1v \otimes g_2w, \quad \forall g_1 \in G_1, g_2 \in G_2, \quad v \in V, \quad w \in W. \tag{1}$$

并且线性地扩充到 $K[G]$ 和 $V \otimes_K W$ 上. 这样 $V \otimes_K W$ 成为左 $K[G]$-模, 称它是左 $K[G_1]$-模 V 与左 $K[G_2]$-模 W 的**外张量积**, 把它记作 $V \# W$. 由左 $K[G]$-模 $V \# W$ 提供的 G 的表示称为 G_1 的表示 φ 与 G_2 的表示 ψ 的**外张量积**, 记作 $\varphi \# \psi$. 于是有

$$\begin{aligned}[(\varphi\#\psi)(g_1, g_2)](v \otimes w) &= (g_1, g_2)(v \otimes w) = g_1v \otimes g_2w \\ &= \varphi(g_1)v \otimes \psi(g_2)w \\ &= [\varphi(g_1) \otimes \psi(g_2)](v \otimes w).\end{aligned} \tag{2}$$

由此得出

$$(\varphi\#\psi)(g_1, g_2) = \varphi(g_1) \otimes \psi(g_2). \tag{3}$$

从而当 V 和 W 都是有限维时, 相应的矩阵表示满足下述关系式:

$$(\Phi \# \Psi)(g_1, g_2) = \Phi(g_1) \otimes \Psi(g_2), \quad \forall g_1 \in G_1, \quad g_2 \in G_2. \tag{4}$$

于是相应的特征标满足:

$$\chi_{\varphi\#\psi}(g_1, g_2) = \chi_\varphi(g_1)\chi_\psi(g_2), \quad \forall g_1 \in G_1, \quad g_2 \in G_2. \tag{5}$$

现在讨论外张量积表示的等价问题.

定理 1 设 G 是群 G_1 与 G_2 的外直积. K 是任一域. 设 (φ, V) 和 (φ', V') 是 G_1 的两个有限维不可约 K-表示; (ψ, W) 和 (ψ', W') 是 G_2 的两个有限维不可约 K-表示, 则 $\varphi\#\psi \approx \varphi'\#\psi'$ 当且仅当 $\varphi \approx \varphi'$ 且 $\psi \approx \psi'$.

证明 充分性. 设 $\varphi \approx \varphi'$ 且 $\psi \approx \psi'$, 则存在线性空间 V 到 V' 的一个同构 σ 和 W 到 W' 的一个同构 τ, 使得

$$\varphi'(g_1)\sigma = \sigma\varphi(g_1), \quad \forall g_1 \in G;$$

$$\psi'(g_2)\tau = \tau\psi(g_2), \quad \forall g_2 \in G.$$

显然 $\sigma \otimes \tau$ 是线性空间 $V \otimes_K W$ 到 $V' \otimes_K W'$ 的线性映射, $\sigma^{-1} \otimes \tau^{-1}$ 是线性空间

$V' \otimes_K W'$ 到 $V \otimes_K W$ 的线性映射, 并且有

$$(\sigma^{-1} \otimes \tau^{-1})(\sigma \otimes \tau) = \sigma^{-1}\sigma \otimes \tau^{-1}\tau = 1_V \otimes 1_W = 1_{V \otimes_K W},$$

$$(\sigma \otimes \tau)(\sigma^{-1} \otimes \tau^{-1}) = \sigma\sigma^{-1} \otimes \tau\tau^{-1} = 1_{V'} \otimes 1_{W'} = 1_{V' \otimes_K W'}.$$

从而 $\sigma \otimes \tau$ 是可逆映射. 因此 $\sigma \otimes \tau$ 是线性空间 $V \otimes_K W$ 到 $V' \otimes_K W'$ 的一个同构. 我们有

$$\begin{aligned} &(\varphi' \# \psi')(g_1, g_2)(\sigma \otimes \tau)(v \otimes w) \\ =& \varphi'(g_1)(\sigma(v)) \otimes \psi'(g_2)(\tau(w)) = \sigma\varphi(g_1)v \otimes \tau\psi(g_2)w \\ =& (\sigma \otimes \tau)[(\varphi \# \psi)(g_1, g_2)](v \otimes w). \end{aligned}$$

由此得出

$$[(\varphi' \# \psi')(g_1, g_2)](\sigma \otimes \tau) = (\sigma \otimes \tau)[(\varphi \# \psi)(g_1, g_2)], \quad \forall g_1 \in G_1, g_2 \in G_2,$$

因此

$$\varphi' \# \psi' \approx \varphi \# \psi.$$

注 在证明充分性时, 不需要不可约的条件, 也不需要有限维的条件.

必要性. 设 $\varphi \# \psi \approx \varphi' \# \psi'$, 则有左 $K[G]$-模同构:

$$V \# W \cong V' \# W'.$$

为了证 $\varphi \approx \varphi'$, 只要证: 有左 $K[G_1]$-模同构 $V \cong V'$.

由于 $G_1 \times \{1\} \cong G_1$, 且 $G_1 \times \{1\} < G_1 \times G_2$, 因此可把 G_1 看成是 G 的子群. 从而可把 $V \# W$ 和 $V' \# W'$ 都看成是左 $K[G_1]$-模, 此时 $g_1(v \otimes w) = g_1 v \otimes w, g_1(v' \otimes w) = g_1 v' \otimes w'$. 于是有左 $K[G_1]$-模同构: $V \# W \cong V' \# W'$.

在 W 中取一个基 $w_1, w_2, \cdots, w_m$. 由于 V 是 $(K[G_1], K)$-双模, 因此有左 $K[G_1]$-模同构:

$$V \otimes_K W \cong V \otimes_K \langle w_1 \rangle \dot{+} \cdots \dot{+} V \otimes_K \langle w_m \rangle.$$

显然有线性空间的同构: $V \otimes_K \langle w_i \rangle \cong V \otimes_K K$, 其同构 τ_i 把 $v \otimes w_i$ 映成 $v \otimes 1$. 由于

$$\tau_i(g_1(v \otimes w_i)) = \tau_i(g_1 v \otimes w_i) = g_1 v \otimes 1 = g_1(v \otimes 1) = g_1 \tau_i(v \otimes w_i),$$

因此 τ_i 是左 $K[G_1]$-模同构. 从而有左 $K[G_1]$-模同构:

$$V \otimes_K W \cong V \otimes_K K \dot{+} \cdots \dot{+} V \otimes_K K \cong \underbrace{V \dot{+} \cdots \dot{+} V}_{m \text{ 个}}.$$

类似地, 在 W' 中取一个基 $w_1', w_2', \cdots, w_n'$, 可得到左 $K[G_1]$-模同构:

$$V' \otimes_K W' \cong \underbrace{V' \dot{+} \cdots \dot{+} V'}_{n \text{ 个}}.$$

左 $K[|G_1]$-模 $V \otimes_K W$ (即 $V \# W$) 有长度为 m 的合成列:

$$\underbrace{V \dot{+} V \dot{+} \cdots \dot{+} V}_{m \text{ 个}} \supseteq \underbrace{V \dot{+} \cdots \dot{+} V}_{(m-1) \text{ 个}} \supseteq \cdots \supseteq V \supseteq \{0\};$$

左 $K[G_1]$-模 $V' \otimes_K W'$ (即 $V' \# W'$) 有长度为 n 的合成列:

$$\underbrace{V' \dot{+} V' \dot{+} \cdots \dot{+} V'}_{n \text{ 个}} \supseteq \underbrace{V' \dot{+} \cdots \dot{+} V'}_{(n-1) \text{ 个}} \supseteq \cdots \supseteq V' \supseteq \{0\}.$$

由于左 $K[G_1]$-模 $V \# W$ 与 $V' \# W'$ 同构, 因此根据 Jordan-Hölder 定理得, $m = n$, 且有左 $K[G_1]$-模同构: $V \cong V'$. 于是 $\varphi \approx \varphi'$.

类似地, 左 V 中取一个基 $v_1, v_2, \cdots, v_r$, 有下述线性空间的同构:

$$V \otimes_K W \cong \langle v_1 \rangle \otimes_K W \dot{+} \langle v_2 \rangle \otimes_K W \dot{+} \cdots \dot{+} \langle v_r \rangle \otimes_K W.$$

由于 $\{1\} \times G_2 \cong G_2$, 因此 G_2 可看成是 $G = G_1 \times G_2$ 的子群. 从而可把 $V\#W, V'\#W'$ 都看成是左 $K[G_2]$-模. 此时

$$g_2(v \otimes w) = v \otimes g_2 w, \quad g_2(v' \otimes w') = v' \otimes g_2 w'.$$

不难证明上述线性空间的同构是左 $K[G_2]$-模同构. 还可证明有左 $K[G_2]$-模同构: $\langle v_i \rangle \otimes_K W \cong K \otimes_K W \cong W$. 于是有左 $K[G_2]$-模同构:

$$V \otimes_K W \cong \underbrace{W \dot{+} \cdots \dot{+} W}_{r\text{ 个}}.$$

类似地, 有左 $K[G_2]$-模同构: $V' \otimes_K W' \cong \underbrace{W' \dot{+} \cdots \dot{+} W'}_{s\text{ 个}}$, 其中 s 是 V' 的维数. 于是可证得 $W \cong W'$. 从而 $\psi \approx \psi$. □

定理 2 设 K 是任一域, $(\varphi, V), (\psi, W)$ 分别是群 G_1, G_2 的 K-表示, $G = G_1 \times G_2$. 如果 $\varphi\#\psi$ 是 G 的不可约 K-表示, 那么 φ 和 ψ 都不可约.

证明 假如 φ 可约, 则 V 有非平凡的 G_1 不变子空间 V_1. 设 $V = V_1 \oplus V_2$. 于是有左 K-模同构: $V \otimes_K W \cong V_1 \otimes_K W \dot{+} V_2 \otimes_K W$. 根据本章 §1 的定理 4 的证明过程知道, 其同构映射 σ 的逆映射 τ 为

$$\tau: V_1 \otimes_K W \dot{+} V_2 \otimes_K W \to V \otimes_K W$$

$$(\alpha_1, \alpha_2) \mapsto j_1(\alpha_1) + j_2(\alpha_2),$$

其中 $j_1 = i_1 \otimes 1_W, j_2 = i_2 \otimes 1_W, i_1$ 是 V_1 到 V 的含入映射, i_2 是 V_2 到 V 的含入映射. 记 $U = \tau(V_1 \otimes_K W \dot{+} \{0\})$. 由于

$$\dim V_1 \otimes_K W = (\dim_K V_1)(\dim_K W) < (\dim_K V)(\dim_K W) = \dim_K (V \otimes_K W),$$

且 $\dim V_1 \otimes_K W > 0$, 因此 U 是 $V \otimes_K W$ 的非平凡线性子空间. U 是由下述形式的有限和组成的集合:

$$\tau\left(\sum_i v_{1i} \otimes w_i, 0\right) = j_1\left(\sum_i v_{1i} \otimes w_i\right) + j_2(0) = \sum_i j_1(v_{1i} \otimes w_i) = \sum_i v_{1i} \otimes w_i,$$

其中 $v_{1i} \in V_1, w_i \in W$. 我们有

$$\begin{aligned}(\varphi\#\psi)(g_1, g_2)\left(\sum_i v_{1i} \otimes w_i\right) &= \sum_i (\varphi\#\psi)(g_1, g_2)(v_{1i} \otimes w_i) \\ &= \sum_i \varphi(g_1) v_{1i} \otimes \psi(g_2) w_i.\end{aligned}$$

由于 V_1 是 G_1 不变子空间, 因此 $\varphi(g_1) v_{1i} \in V_1$. 从而

$$\sum_i \varphi(g_1) v_{1i} \otimes \psi(g_2) w_i \in U, \quad \forall g_1 \in G_1, g_2 \in G_2.$$

于是 U 是 $V\#W$ 的非平凡 G 不变子空间. 这与 $\varphi\#\psi$ 不可约矛盾. 因此 φ 不可约. 同理, ψ 不可约. □

定理 3 设 φ, ψ 分别是有限群 G_1 和 G_2 的不可约复表示, 则 $\varphi\#\psi$ 是 $G = G_1 \times G_2$ 的不可约复表示.

证明 由于 φ,ψ 不可约, 因此 $(\chi_\varphi,\chi_\varphi)=1,(\chi_\psi,\chi_\psi)=1$.

$$\begin{aligned}(\chi_{\varphi\#\psi},\chi_{\varphi\#\psi})&=\frac{1}{|G|}\sum_{g\in G}\chi_{\varphi\#\psi}(g)\overline{\chi_{\varphi\#\psi}(g)}\\&=\frac{1}{|G_1||G_2|}\sum_{g_1\in G}\sum_{g_2\in G}\chi_\varphi(g_1)\chi_\psi(g_2)\overline{\chi_\varphi(g_1)\chi_\psi(g_2)}\\&=(\chi_\varphi,\chi_\varphi)(x_\psi,\chi_\psi)=1.\end{aligned}$$

于是 $\chi_{\varphi\#\psi}$ 不可约. □

定理 4 设 G_1 和 G_2 都是有限群, $\varphi_1,\varphi_2,\cdots,\varphi_s$ 是 G_1 的所有不等价的不可约复表示; $\psi_1,\psi_2,\cdots,\psi_r$ 是 G_2 的所有不等价的不可约复表示, 则

$$\{\varphi_i\#\psi_j|i=1,2,\cdots,s;j=1,2,\cdots,r\}$$

是 $G=G_1\times G_2$ 的所有不等价的不可约复表示.

证明 由定理 3 知, 每个 $\varphi_i\#\psi_j$ 都是 $G=G_1\times G_2$ 的不可约复表示. 由定理 1 知, $\varphi_i\#\psi_j\approx\varphi_k\#\psi_l$ 当且仅当 $i=k$ 且 $j=l$. 因此 $\{\varphi_i\#\psi_j|i=1,2,\cdots,s;j=1,2,\cdots,r\}$ 给出了 G 的 sr 个不等价的复表示.

G_1,G_2 分别有 s 个、r 个共轭类, 其代表元素设为 $\{a_1,a_2,\cdots,a_s\},\{b_1,b_2,\cdots,b_r\}$. 对于 G 中元素 (x_1,x_2) 与 (y_1,y_2),

(x_1,x_2) 与 (y_1,y_2) 在 G 中共轭

$\Longleftrightarrow$ 存在 $(g_1,g_2)\in G$, 使得

$$(g_1,g_2)(x_1,x_2)(g_1,g_2)^{-1}=(y_1,y_2),$$

即

$$(g_1x_1g_1^{-1},g_2x_2g_2^{-1})=(y_1,y_2)$$

$\Longleftrightarrow$ 存在 $g_1\in G_1,g_2\in G_2$, 使得

$$g_1x_1g_1^{-1}=y_1,\quad g_2x_2g_2^{-1}=y_2$$

$\Longleftrightarrow$ x_1 与 y_1 在 G_1 中共轭, 且 x_2 与 y_2 在 G_2 中共轭.

因此 G 的全部共轭类的代表元素为

$$\{(a_i,b_j)|i=1,2,\cdots,s;j=1,2,\cdots,r\}.$$

从而 G 有 sr 个共轭类. 于是 G 有 sr 个不等价的不可约复表示. 因此 $\{\varphi_i\#\psi_j|1\leqslant i\leqslant s,1\leqslant j\leqslant r\}$ 是 G 的全部不等价的不可约复表示. □

推论 1 条件同定理 4. 若 G_1,G_2 的复特征标表分别为 T_1 和 T_2, 则 $G=G_1\times G_2$ 的复特征标表 $T=T_1\otimes T_2$.

证明 由定理 4 知, $\{\chi_{\varphi_i\#\psi_j}|1\leqslant i\leqslant s,1\leqslant j\leqslant r\}$ 是 G 的全部不相等的不可约复特征标. 由于

$$\chi_{\varphi_i\#\psi_j}(g_1,g_2)=\chi_{\varphi_i}(g_1)\chi_{\psi_j}(g_2),\quad\forall g_1\in G_1,g_2\in G_2.$$

因此 G 的复特征标表 T 的第 i 个行组与第 j 个列组交叉位置的子矩阵为

$$\begin{array}{c} \\ \chi_{\varphi_i\#\psi_1} \\ \chi_{\varphi_i\#\psi_2} \\ \vdots \\ \chi_{\varphi_i\#\psi_r} \end{array} \begin{array}{c} \begin{array}{cccc} (a_j,b_1) & (a_j,b_2) & \cdots & (a_j,b_r) \end{array} \\ \begin{pmatrix} \chi_{\varphi_i}(a_j)\chi_{\psi_1}(b_1) & \chi_{\varphi_i}(a_j)\chi_{\psi_1}(b_2) & \cdots & \chi_{\varphi_i}(a_j)\chi_{\psi_1}(b_r) \\ \chi_{\varphi_i}(a_j)\chi_{\psi_2}(b_1) & \chi_{\varphi_i}(a_j)\chi_{\psi_2}(b_2) & \cdots & \chi_{\varphi_i}(a_j)\chi_{\psi_2}(b_r) \\ \vdots & \vdots & & \vdots \\ \chi_{\varphi_i}(a_j)\chi_{\psi_r}(b_1) & \chi_{\varphi_i}(a_j)\chi_{\psi_r}(b_2) & \cdots & \chi_{\varphi_i}(a_j)\chi_{\psi_r}(b_r) \end{pmatrix} \end{array} = \chi_{\varphi_i}(a_j)T_2,$$

从而

$$T = \begin{pmatrix} \chi_{\varphi_1}(a_1)T_2 & \chi_{\varphi_1}(a_2)T_2 & \cdots & \chi_{\varphi_1}(a_s)T_2 \\ \chi_{\varphi_2}(a_1)T_2 & \chi_{\varphi_2}(a_2)T_2 & \cdots & \chi_{\varphi_2}(a_s)T_2 \\ \vdots & \vdots & & \vdots \\ \chi_{\varphi_s}(a_1)T_2 & \chi_{\varphi_s}(a_2)T_2 & \cdots & \chi_{\varphi_s}(a_s)T_2 \end{pmatrix} = T_1 \otimes T_2. \qquad \square$$

习题 4.3

1. 求群 $G = \mathbb{Z}_2 \times \mathbb{Z}_2 \times \mathbb{Z}_2$ 的复特征标表.

2. 求 15 阶群 G 的复特征标表 (提示: 根据 [24] 第 85 页的 Sylow 第三定理, G 的 Sylow 3-子群的个数为 $1+3k$ 且 $1+3k|5$. 于是 $k=0$. 从而 G 的 Sylow 3-子群只有一个 P, 于是 $P \lhd G$. 同理可得, G 的 Sylow 5-子群的个数为 1. 于是 G 的 Sylow 5-子群 $Q \lhd G$. 显然 $P \bigcap Q = \{1\}$, 从而 $|PQ| = \dfrac{|P||Q|}{|P \bigcap Q|} = 15$. 于是 $G = PQ$. 由于 $P \lhd G, Q \lhd G$, 因此对于任意 $a \in P, b \in Q$, 有 $aba^{-1}b^{-1} \in P \bigcap Q$. 从而 $aba^{-1}b^{-1} = 1$. 这表示 P 的元素与 Q 的元素可交换. 根据 [24] 第 47 页的定理 4 得, $G \cong P \times Q$. 于是可从 P, Q 的复特征标表得出 G 的复特征标表. 解法二: 设 $P = \langle a \rangle, Q = \langle b \rangle$. 易求出 ab 的阶为 15, 因此 G 是 15 阶循环群. 从而可以直接写出 G 的复特征标表).

§4 不可约复表示的次数满足的又一条件

本节将利用外张量积证明有限群的不可约复表示的次数满足的又一个条件.

定理 1 (Schur) 有限群 G 的任一不可约复表示的次数能整除 $[G : \mathrm{Z}(G)]$, 其中 $\mathrm{Z}(G)$ 是 G 的中心.

证明 任取 G 的一个不可约复表示 $(\varphi, V), \varphi$ 提供的特征标记作 χ. 任取 $a \in \mathrm{Z}(G)$, 显然 $\varphi(a)$ 与一切 $\varphi(g)$ 可交换. 又由于 φ 不可约, 根据习题 2.4 的第 2 题得到

$$\varphi(a) = \lambda(a)1_V,$$

其中 $\lambda(a) \in \mathbb{C}$. 映射 $a \mapsto \lambda(a)$ 显然是 $\mathrm{Z}(G)$ 到 $\mathbb{C}^*$ 的群同态. 任取一个正整数 m, 考虑左 $\mathbb{C}[G]$-模 V 的 m 重外张量积: $V\#V\#\cdots\#V$, 记作 $V^{(m)}$. 由于 V 不可约, 根据本章 §3 的定理 3 得: $V^{(m)}$ 提供的 $G \times G \times \cdots \times G$ 的表示 $\varphi\#\phi\#\cdots\#\varphi$ 是不可

约的. 令

$$H_m = \{(a_1, a_2, \cdots, a_m) | a_1 a_2 \cdots a_m = 1, a_i \in \mathrm{Z}(G), 1 \leqslant i \leqslant m\},$$

显然 H_m 是 $\mathrm{Z}(G) \times \cdots \times \mathrm{Z}(G)$ 的子群, 并且 $|H_m| = |\mathrm{Z}(G)|^{m-1}$. 任取 $(a_1, a_2, \cdots, a_m) \in H_m$, $v_1 \otimes \cdots \otimes v_m \in V^{(m)}$, 有

$$\begin{aligned}(a_1, a_2, \cdots, a_m)(v_1 \otimes \cdots \otimes v_m) &= a_1 v_1 \otimes \cdots \otimes a_m v_m \\ &= \lambda(a_1) v_1 \otimes \cdots \otimes \lambda(a_m) v_m \\ &= \lambda(a_1) \cdots \lambda(a_m)[v_1 \otimes \cdots \otimes v_m] \\ &= \lambda(a_1 \cdots a_m)[v_1 \otimes \cdots \otimes v_m] \\ &= \lambda(1)[v_1 \otimes \cdots \otimes v_m] = v_1 \otimes \cdots \otimes v_m,\end{aligned}$$

因此 $(a_1, a_2, \cdots, a_m) \in \mathrm{Ker}\,(\varphi\#\varphi\#\cdots\#\varphi)$. 从而 $H_m \subseteq \mathrm{Ker}\,(\varphi\#\varphi\#\cdots\#\varphi)$. 于是可得商群 $G \times \cdots \times G/H_m$ 的不可约表示 ψ 使得 ψ 的提升等于 $\varphi\#\varphi\#\cdots\#\varphi$. ψ 与 $\varphi\#\varphi\#\cdots\#\varphi$ 有相同的表示空间, 其维数为 $\chi(1)^m$. 根据第三章 §3 的定理 1 得: $\chi(1)^m$ 整除 $\dfrac{|G|^m}{|H_m|} = [G : \mathrm{Z}(G)]^m \cdot |\mathrm{Z}(G)|$. 因此得到

$$\left\{\frac{[G : \mathrm{Z}(G)]}{\chi(1)}\right\}^m = \frac{k_m}{|\mathrm{Z}(G)|}, \quad k_m \text{ 是整数.}$$

记

$$\alpha = \frac{[G : \mathrm{Z}(G)]}{\chi(1)},$$

则由上述得: 对一切正整数 m 有 $\alpha^m \in \dfrac{1}{|\mathrm{Z}(G)|}\mathbb{Z}$. 从而得

$$\mathbb{Z}[\alpha] \subseteq \frac{1}{|\mathrm{Z}(G)|}\mathbb{Z}.$$

显然 $\dfrac{1}{|\mathrm{Z}(G)|}\mathbb{Z}$ 是 $\mathbb{Z}$-模, 并且 $\dfrac{1}{|\mathrm{Z}(G)|}$ 是它的生成元. 由于主理想整环上有限生成模的子模仍是有限生成的, 所以 $\mathbb{Z}[\alpha]$ 是有限生成的. 根据第三章 §3 的命题 1 得 α 是代数整数. 又由于 α 是有理数, 因此 α 是有理整数. 从而 $\chi(1) | [G : \mathrm{Z}(G)]$ (这个证明是由 J.Tate 给出的). □

习题 4.4

1. 设 (φ, V) 是有限群 G 的任一不可约复表示, φ 提供的特征标记作 χ. 证明:
(1) $\chi(1) | [G : \mathrm{Z}(\chi)]$;
(2) $\chi(1)^2 \leqslant [G : \mathrm{Z}(\chi)]$, 等号成立当且仅当对一切 $y \in G \backslash \mathrm{Z}(\chi)$ 有 $\chi(y) = 0$;
(3) 若 $G' \subseteq \mathrm{Z}(\chi)$, 则 $\chi(1)^2 = [G : \mathrm{Z}(\chi)]$.

第五章

诱导表示和诱导特征标

寻找群 G 的不可约表示的又一方法是利用 G 的子群的不可约表示来获得 G 的不可约表示. 本章来讨论这个问题.

§1 诱导表示

设 (ψ, W) 是群 G 的子群 H 的一个 K-表示, 如何由它构造 G 的一个 K-表示? 用模的语言来说, 从左 $K[H]$-模 W 出发, 如何构造一个左 $K[G]$-模?

定义 1 设 K 是任一域, H 是群 G 的子群, 设 (ψ, W) 是 H 的一个 K-表示, 则 $(K[G], K[H])$-双模 $K[G]$ 与左 $K[H]$-模 W 的张量积

$$K[G] \otimes_{K[H]} W$$

是左 $K[G]$-模, 称它是 W 的**诱导模**, 记作 W^G. 由 W^G 提供的 G 的 K-表示称为 ψ 的**诱导表示**, 记作 ψ^G.

设 W 是有限维的, 自然要问: W^G 是否有限维? W^G 的维数与 $\dim W$ 有什么关系?

定理 1 设 (ψ, W) 是群 G 的子群 H 的一个有限维 K-表示, $w_1, w_2, \cdots, w_r$ 是 W 的一个 K-基. 设群 G 关于子群 H 的左陪集分解式为

$$G = g_1H \bigcup g_2H \bigcup \cdots \bigcup g_tH, \tag{1}$$

其中 $g_1 = 1$,1 是 G 的单位元, 则 W^G 的一个 K-基为

$$\{g_i \otimes w_j | 1 \leqslant i \leqslant t, 1 \leqslant j \leqslant r\}, \tag{2}$$

并且

$$\dim_K(W^G) = (\dim_K W)[G : H]. \tag{3}$$

证明 由于 $W^G = K[G] \otimes_{K[H]} W$, 因此首先要了解 $K[G]$ 的元素是什么样子. 任给 $g \in G$, 由 (1) 式知, g 可唯一表示成 $g_i h$, 其中 $i \in \{1, 2, \cdots, t\}$, $h \in H$. 于是 $K[G]$ 的每个元素可唯一表示成

$$\sum_{g \in G} k_g g = \sum_{i=1}^{t} \sum_{h \in H} k_{g_i h} g_i h = \sum_{i=1}^{t} g_i \sum_{h \in H} k_{g_i h} h = \sum_{i=1}^{t} g_i b_i, \tag{4}$$

其中

$$b_i = \sum_{h \in H} k_{g_i h} h \in K[H]. \tag{5}$$

容易看出 $g_i K[H]$ 是右 $K[H]$-模, $i = 1, 2, \cdots, t$. 因此由 (4) 式和 (5) 式得

$$K[G] = g_1 K[H] \oplus g_2 K[H] \oplus \cdots \oplus g_t K[H]. \tag{6}$$

于是 $K[G]$ 的一个 $K[H]$-基是 $g_1, g_2, \cdots, g_t$. 由于 $g_i K[H]$ 是代数 $K[H]$ 上的右模, 因此 $g_i K[H]$ 是域 K 上的线性空间, 从而 $g_i K[H]$ 可看成 $(K, K[H])$-双模. 于是有下述左 K-模同构:

$$W^G = K[G] \otimes_{K[H]} W \cong (g_1 K[H]) \otimes_{K[H]} W \dot{+} \cdots \dot{+} (g_t K[H]) \otimes_{K[H]} W. \tag{7}$$

容易看出下述映射

$$g_i K[H] \to K[H]$$

$$g_i b \mapsto b$$

是右 $K[H]$-模同构, 且是左 K-模同构, 从而是 $(K, K[H])$-双模同构, 于是得到左 K-模同构:

$$g_i K[H] \otimes_{K[H]} W \cong K[H] \otimes_{K[H]} W. \tag{8}$$

又有左 $K[H]$-模同构:

$$K[H] \otimes_{K[H]} W \cong W, \tag{9}$$

它把 $b \otimes w$ 映成 bw. 容易看出这也是左 K-模同构. 从 (7)、(8)、(9) 式得到下述左 K-模同构 (即线性空间同构):

$$W^G \cong \underbrace{W \dot{+} \cdots \dot{+} W}_{t\text{ 个}}. \tag{10}$$

从而

$$\dim_K(W^G) = t \dim_K W = [G : H] \dim_K W. \tag{11}$$

由于 W 的一个基是 $w_1, w_2, \cdots, w_r$, 因此

$$\begin{aligned} g_i b \otimes w &= g_i \otimes bw = g_i \otimes \left(\sum_{j=1}^{r} k_j w_j \right) = \sum_{j=1}^{r} g_i \otimes k_j w_j \\ &= \sum_{j=1}^{r} g_i \otimes (k_j 1) w_j = \sum_{j=1}^{r} g_i (k_j 1) \otimes w_j \\ &= \sum_{j=1}^{r} k_j g_i \otimes w_j = \sum_{j=1}^{r} k_j (g_i \otimes w_j). \end{aligned} \tag{12}$$

从而由 (4) 式和 (12) 式得

$$\left(\sum_{g\in G}k_g g\right)\otimes w=\left(\sum_{i=1}^{t}g_ib_i\right)\otimes w=\sum_{i=1}^{t}g_ib_i\otimes w$$
$$=\sum_{i=1}^{t}\sum_{j=1}^{r}k_j(g_i\otimes w_j). \tag{13}$$

由此得出, W^G 中每个元素可表示成 $\{g_i\otimes w_j|1\leqslant i\leqslant t,1\leqslant j\leqslant r\}$ 的 K-线性组合, 又由于 $\dim_K W^G=\mathrm{tr}$, 因此 $\{g_i\otimes w_j|1\leqslant i\leqslant t,1\leqslant j\leqslant r\}$ 是 W^G 的一个 K-基. □

命题 1 设 (ψ,W) 是群 G 的子群 H 的有限维 K-表示, 记号同定理 1. 设 ψ 在 W 的一个基 $w_1,w_2,\cdots,w_r$ 下的矩阵表示为 Ψ, 则诱导表示 ψ^G 在 W^G 的相应基

$$g_1\otimes w_1,g_1\otimes w_2,\cdots,g_1\otimes w_r,\cdots,g_t\otimes w_1,\cdots,g_t\otimes w_r$$

下的矩阵表示 Ψ^G 为

$$\Psi^G(g)=\begin{pmatrix}\dot\Psi(g_1^{-1}gg_1) & \dot\Psi(g_1^{-1}gg_2) & \cdots & \dot\Psi(g_1^{-1}gg_t)\\ \dot\Psi(g_2^{-1}gg_1) & \dot\Psi(g_2^{-1}gg_2) & \cdots & \dot\Psi(g_2^{-1}gg_t)\\ \vdots & \vdots & & \vdots\\ \dot\Psi(g_t^{-1}gg_1) & \dot\Psi(g_t^{-1}gg_2) & \cdots & \dot\Psi(g_t^{-1}gg_t)\end{pmatrix}, \tag{14}$$

其中

$$\dot\Psi(y)=\begin{cases}\Psi(y), & 当\ y\in H,\\ 0, & 当\ y\notin H.\end{cases}$$

证明 任给 $j\in\{1,2,\cdots,t\}$, $g\in G$, 有

$$gg_j=g_lh,\ 对某个\ l\in\{1,2,\cdots,t\}\ 和某个\ h\in H.$$

设 $\Psi(h)=(a_{ij}(h))$, 于是有

$$\psi^G(g)(g_j\otimes w_i)=g(g_j\otimes w_i)=gg_j\otimes w_i=g_lh\otimes w_i$$
$$=g_l\otimes hw_i=g_l\otimes\psi(h)w_i$$
$$=g_l\otimes\sum_{m=1}^{r}a_{mi}(h)w_m=\sum_{m=1}^{r}a_{mi}(h)(g_l\otimes w_m). \tag{15}$$

规定

$$\dot a_{mi}(y)=\begin{cases}a_{mi}(y), & 当\ y\in H,\\ 0, & 当\ y\notin H.\end{cases}$$

由于 $h=g_l^{-1}gg_j$, 因此从 (15) 式得

$$\psi^G(g)(g_j\otimes w_i)=\sum_{m=1}^{r}a_{mi}(g_l^{-1}gg_j)(g_l\otimes w_m). \tag{16}$$

由于 $g_l^{-1}gg_j=h\in H$, 因此当 $s\neq l$ 时, $g_s^{-1}gg_j\notin H$. 从而 (16) 式可以写成

$$\psi^G(g)(g_j\otimes w_i)=\sum_{m=1}^{r}\sum_{s=1}^{t}\dot a_{mi}(g_s^{-1}gg_j)(g_s\otimes w_m). \tag{17}$$

从 (17) 式可得出 $\Psi^G(g)$ 的第 k 个行组与第 j 个列组交叉处的子矩阵为

$$\begin{array}{c} \\ g_k\otimes w_1 \\ g_k\otimes w_2 \\ \vdots \\ g_k\otimes w_r \end{array}\begin{array}{c} \begin{array}{cccc} g_j\otimes w_1 & g_j\otimes w_2 & \cdots & g_j\otimes w_r \end{array} \\ \begin{pmatrix} \dot{a}_{11}(g_k^{-1}gg_j) & \dot{a}_{12}(g_k^{-1}gg_j) & \cdots & \dot{a}_{1r}(g_k^{-1}gg_j) \\ \dot{a}_{21}(g_k^{-1}gg_j) & \dot{a}_{22}(g_k^{-1}gg_j) & \cdots & \dot{a}_{2r}(g_k^{-1}gg_j) \\ \vdots & \vdots & & \vdots \\ \dot{a}_{r1}(g_k^{-1}gg_j) & \dot{a}_{r2}(g_k^{-1}gg_j) & \cdots & \dot{a}_{rr}(g_k^{-1}gg_j) \end{pmatrix} \end{array} = \dot{\Psi}(g_k^{-1}gg_j). \tag{18}$$

由此得到 (14) 式. □

注 由于 $g_k^{-1}gg_1, g_k^{-1}gg_2, \cdots, g_k^{-1}gg_t$ 有且只有一个元素属于 H, 因此 $\psi^G(g)$ 的分块矩阵 (14) 的每一行有且只有一个子矩阵不为零矩阵. 同理 (14) 的每一列有且只有一个子矩阵不为零矩阵.

命题 2 设 K 是任一域, G 是有限群, $H<G$, 则 H 的正则表示 ρ_H 的诱导表示 $(\rho_H)^G$ 是 G 的正则表示 (在等价的意义上).

证明 ρ_H 的表示空间是 $K[H]$, 它是左 $K[H]$-模. 由于

$$K[H]^G = K[G]\otimes_{K[H]} K[H] \cong K[G], \tag{19}$$

这是左 $K[G]$-模同构, 因此 $K[H]^G$ 提供的 G 的表示 $(\rho_H)^G$ 与 $K[G]$ 提供的 G 的表示 ρ_G 等价. □

定理 2 设 K 是任一域, H 是群 G 的子群, 并设 (ψ_i, W_i) 是 H 的 K-表示, $i=1, 2,\cdots,m$, 则

$$(\psi_1\dot{+}\psi_2\dot{+}\cdots\dot{+}\psi_m)^G \approx \psi_1^G\dot{+}\psi_2^G\dot{+}\cdots\dot{+}\psi_m^G. \tag{20}$$

证明 记 $W=W_1\dot{+}W_2\dot{+}\cdots\dot{+}W_m$, 则 W 提供的 H 的表示为 $\psi=\psi_1\dot{+}\psi_2\dot{+}\cdots\dot{+}\psi_m$. 由于有下述左 $K[G]$-模同构:

$$\begin{aligned} W^G &= K[G]\otimes_{K[H]} W \\ &\cong K[G]\otimes_{K[H]} W_1\dot{+}\cdots\dot{+}K[G]\otimes_{K[H]} W_m \\ &= W_1^G\dot{+}\cdots\dot{+}W_m^G, \end{aligned}$$

因此
$$\psi^G \approx \psi_1^G\dot{+}\psi_2^G\dot{+}\cdots\dot{+}\psi_m^G.$$
□

定理 3 (诱导表示的传递性) 设 K 是任一域, H, L 都是群 G 的子群, 并且 $H<L$. 设 (ψ, W) 是 H 的 K-表示, 则

$$(\psi^L)^G \approx \psi^G. \tag{21}$$

证明 由于有下述左 $K[G]$-模同构:

$$\begin{aligned} (W^L)^G &= K[G]\otimes_{K[L]} W^L = K[G]\otimes_{K[L]} (K[L]\otimes_{K[H]} W) \\ &\cong (K[G]\otimes_{K[L]} K[L])\otimes_{K[H]} W \\ &\cong K[G]\otimes_{K[H]} W, \end{aligned}$$

因此
$$(\psi^L)^G \approx \psi^G.$$
□

下面讨论群 G 的子群 H 的 1 次 K-表示 (ψ, W) 的诱导表示 ψ^G, 它的矩阵表示 Ψ^G 有什么性质? 从命题 1 及其后面的注知道, $\Psi^G(g)$ 的每一行、每一列有且只有一个元素不为 0, 这种类型的矩阵称为**单项矩阵**. 因此, 子群 H 的 1 次表示 ψ 的

诱导表示 ψ^G 的矩阵表示 Ψ^G 使得对于任意 $g \in G$ 都有 $\Psi^G(g)$ 是单项矩阵.

定义 2 设 K 是任一域, 群 G 的一个 K-表示 φ 称为**单项表示**, 如果它是 G 的某个子群的 1 次 K-表示的诱导表示.

从诱导表示的传递性立即得到: 设 L 是群 G 的子群, 则 L 的单项表示的诱导表示是 G 的单项表示.

习题 5.1

1. 设 K 是任一域, H 是群 G 的正规子群, H 在 G 中的陪集代表系是 $\{g_1 = 1, g_2, \cdots, g_t\}$, 设 (ψ, W) 是 H 的一个 K-表示, 证明: 对于 $1 \leqslant i \leqslant t$, 有

(1) $g_i K[H] \otimes_{K[H]} W$ 是左 $K[H]$-模;

(2) $g_i K[H] \otimes_{K[H]} W$ 提供的 H 的表示 ψ_i 的次数等于 ψ 的次数.

2. 设 K 是任一域, H 是群 G 的子群, H 在 G 中的左陪集代表系是 $\{g_1 = 1, g_2, \cdots, g_t\}$. 设 W 是左 $K[H]$-模. 令

$$W_i = g_i K[H] \otimes_{K[H]} W,$$

从定理 1 的证明知道, W_i 是左 K-模, 即域 K 上的线性空间. 从 (7) 式可看出, W_i 可看成 W^G 的子空间 (在同构的意义上), $i = 1, 2, \cdots, t$. 令

$$\Omega = \{W_1, W_2, \cdots, W_t\}.$$

证明: 左 $K[G]$-模 W^G 诱导了 G 在 Ω 上的一个作用, 由此得到的 G 的置换表示等价于 H 的主表示的诱导表示.

3. 设 K 是任一域, H 是群 G 的子群, 并且 $[G:H] = t$. 把 H 在 G 中的所有左陪集组成的集合记作 G/H. 对于 $g \in G, aH \in G/H$, 规定 $g(aH) := (ga)H$. 显然, 这给出了 G 在集合 G/H 上的一个作用. 证明: 从这个作用得到的 G 的置换表示等价于 H 的主表示 1_H 的诱导表示 $(1_H)^G$.

§2 诱导特征标

设 K 是任一域, H 是群 G 的子群, 设 $\{g_1 = 1, g_2, \cdots, g_t\}$ 是 H 在 G 中的左陪集代表系. 设 (ψ, W) 是 H 的一个有限维 K-表示, ψ 提供的特征标记作 μ. 我们把诱导表示 ψ^G 提供的 G 的特征标称为**诱导特征标**, 记作 μ^G.

根据本章 §1 的命题 1 的 (14) 式得

$$\mu^G(g) = \sum_{i=1}^{t} \dot{\mu}(g_i^{-1} g g_i), \quad \forall g \in G, \tag{1}$$

其中

$$\dot{\mu}(y) = \begin{cases} \mu(y), & \text{当 } y \in H, \\ 0, & \text{当 } y \notin H. \end{cases} \tag{2}$$

从公式 (1) 立即得到如下命题.

命题 1 记号同上述.

(1) 若 $g \notin \bigcup\limits_{a\in G}(aHa^{-1})$, 则 $\mu^G(g)=0$;

(2) 若 $H \lhd G$, 则对于 $g\notin H$, 有 $\mu^G(g)=0$;

(3) 若 $H=\mathrm{Z}(G)$, 则对于任意 $g\in G$, 有

$$\mu^G(g)=[G:H]\dot{\mu}(g). \tag{3}$$

证明 (1)、(2) 显然成立.

(3) 根据第 (2) 部分, 当 $g\notin \mathrm{Z}(G)$ 时, $\mu^G(g)=0$.

下面设 $g\in \mathrm{Z}(G)$, 则对于任意 $i\in\{1,2,\cdots,t\}$, 有 $g_i^{-1}gg_i=g\in\mathrm{Z}(G)$. 从而

$$\mu^G(g)=\sum_{i=1}^{t}\mu(g_i^{-1}gg_i)=\sum_{i=1}^{t}\mu(g)=t\mu(g)=[G:H]\mu(g).$$

因此 (3) 式成立. □

公式 (1) 依赖于 H 在 G 中的陪集代表 $g_1,g_2,\cdots,g_t$. 现在我们来找 μ^G 的另一个公式, 使得它不依赖于陪集代表.

任给 $h\in H$, 若 $g\in H$, 则 $h^{-1}gh\in H$, 从而

$$\dot{\mu}(h^{-1}gh)=\mu(h^{-1}gh)=\mu(g)=\dot{\mu}(g). \tag{4}$$

若 $g\notin H$, 则 $h^{-1}gh\notin H$, 从而

$$\dot{\mu}(h^{-1}gh)=0=\dot{\mu}(g). \tag{5}$$

因此对于任意 $h\in H, g\in G$, 都有

$$\dot{\mu}(h^{-1}gh)=\dot{\mu}(g). \tag{6}$$

命题 2 记号同上述, 设 H 是 G 的有限子群, 当 $\mathrm{char}\,K\nmid |H|$ 时, 有

$$\mu^G(g)=\frac{1}{|H|}\sum_{a\in G}\dot{\mu}(a^{-1}ga),\quad \forall g\in G. \tag{7}$$

证明 任给 $y\in g_iH$, 设 $y=g_ih$, 其中 $h\in H$. 我们有

$$\dot{\mu}(y^{-1}gy)=\dot{\mu}(h^{-1}g_i^{-1}gg_ih)=\dot{\mu}(g_i^{-1}gg_i),\quad \forall g\in G. \tag{8}$$

从而得到

$$\begin{aligned}\sum_{a\in G}\dot{\mu}(a^{-1}ga)&=\sum_{i=1}^{t}\sum_{a\in g_iH}\dot{\mu}(a^{-1}ga)=\sum_{i=1}^{t}\sum_{a\in g_iH}\dot{\mu}(g_i^{-1}gg_i)\\&=\sum_{i=1}^{t}|H|\dot{\mu}(g_i^{-1}gg_i)=|H|\mu^G(g).\end{aligned}$$

由此得出 (7) 式. □

从诱导表示的性质可以得到诱导特征标的性质.

推论 1 设 K 是任一域, G 是有限群, $H<G$. 把 H 的正则表示提供的特征标记作 μ_ρ. 把 G 的正则表示提供的特征标记作 χ_ρ, 则

$$\chi_\rho=(\mu_\rho)^G. \quad □$$

推论 2 设 K 是任一域, H 是群 G 的子群. 设 μ_i 是 H 的 K-表示 ψ_i 提供的特征标, $i=1,2,\cdots,m$, 则

$$(\mu_1+\cdots+\mu_m)^G=\mu_1^G+\cdots+\mu_m^G. \quad □$$

推论 3 (诱导特征标的传递性) 设 K 是任一域, H, L 都是群 G 的子群, 且 $H < L$. 设 μ 是 H 的 K-表示 ψ 提供的特征标, 则

$$(\mu^L)^G = \mu^G. \qquad \square$$

利用诱导特征标的计算公式 (1), 我们可得到诱导特征标的又一条性质.

命题 3 设 K 是任一域, H 是群 G 的子群, H 在 G 中的左陪集代表系为 $\{g_1 = 1, g_2, \cdots, g_t\}$. 设 μ 是 H 的特征标, χ 是 G 的特征标, 则

$$\mu^G\chi = [\mu(\chi|H)]^G, \tag{9}$$

其中 $\chi|H$ 是 χ 在 H 上的限制.

证明 任给 $g \in G$, 从公式 (1) 得到

$$\begin{aligned}[\mu(\chi|H)]^G(g) &= \sum_{i=1}^{t}[\mu(\chi|H)]^{\cdot}(g_i^{-1}gg_i) = \sum_{i=1}^{t}\dot{\mu}(g_i^{-1}gg_i)\chi(g_i^{-1}gg_i) \\ &= \sum_{i=1}^{t}\dot{\mu}(g_i^{-1}gg_i)\chi(g) = \mu^G(g)\chi(g) = (\mu^G\chi)(g).\end{aligned}$$

因此

$$[\mu(\chi|H)]^G = \mu^G\chi. \qquad \square$$

习题 5.2

1. 设 Q 为四元数群, 即 $Q = \{\pm1, \pm\mathrm{i}, \pm\mathrm{j}, \pm\mathrm{k}\}$, 其中 $\mathrm{k} = \mathrm{ij}$. 设 $H = \langle\mathrm{i}\rangle$.

(1) 设 ψ_1 是 H 的 1 次复表示, 其中 $\psi_1(\mathrm{i}) = -1$. 证明: ψ_1^Q 是 Q 的两个 1 次复表示的直和;

(2) 设 ψ_2 是 H 的 1 次复表示, 其中 $\psi_2(\mathrm{i}) = \mathrm{i}$, 证明: ψ_2^Q 是 Q 的 2 次不可约复表示. 从而 Q 的唯一的 2 次不可次复表示是单项表示.

2. 设 $G = A_4$, $H = \{(1), (12)(34), (13)(24), (14)(23)\}$. 设 ψ 是 H 的任一非平凡的 1 次复表示. 证明: ψ^G 是 G 的 3 次不可约复表示, 从而 G 的唯一的 3 次不可约复表示是单项表示.

§3 Frobenius 互反律

定理 1 (Frobenius 互反律) 设 G 是有限群, $H < G$. 设 μ 是 H 的复特征标, χ 是 G 的复特征标, 则

$$(\mu^G, \chi)_G = (\mu, \chi|H)_H. \tag{1}$$

证明

$$\begin{aligned}(\mu^G, \chi)_G &= \frac{1}{|G|}\sum_{g\in G}\mu^G(g)\overline{\chi(g)} \\ &= \frac{1}{|G|}\sum_{g\in G}\left[\frac{1}{|H|}\sum_{a\in G}\dot{\mu}(a^{-1}ga)\right]\overline{\chi(g)}\end{aligned}$$

$$
\begin{aligned}
&= \frac{1}{|G|}\frac{1}{|H|}\sum_{a\in G}\sum_{g\in G}\dot{\mu}(a^{-1}ga)\overline{\chi(g)} \\
&= \frac{1}{|G|}\frac{1}{|H|}\sum_{a\in G}\sum_{y\in G}\dot{\mu}(y)\overline{\chi(aya^{-1})} \\
&= \frac{1}{|G|}\frac{1}{|H|}\sum_{a\in G}\sum_{y\in G}\dot{\mu}(y)\overline{\chi(y)} \\
&= \frac{1}{|H|}\sum_{y\in G}\dot{\mu}(y)\overline{\chi(y)} = \frac{1}{|H|}\sum_{y\in H}\mu(y)\overline{\chi(y)} \\
&= (\mu, \chi|H)_H.
\end{aligned}
$$
□

由定理 1 可以得到用诱导表示的形式表达的 Frobenius 互反律.

定理 2 (Frobenius 互反律) 设 G 是有限群, $H<G$. 设 ψ 是 H 的不可约复表示, φ 是 G 的不可约复表示, 则 φ 在 ψ^G 中的重数等于 ψ 在 $\varphi|H$ 中的重数. □

下面给出 Frobenius 互反律的一些应用.

命题 1 设 G 是有限 Abel 群, $H<G$, 则 H 的每一个不可约复特征标 μ 是 G 的某一个不可约复特征标 χ 在 H 上的限制.

证明 因为 G 是 Abel 群, 所以 G 和 H 的不可约复表示都是 1 次的. 取 μ^G 包含的一个不可约复特征标 χ, 即 $(\mu^G,\chi)>0$. 由 Frobenius 互反律得

$$(\mu,\chi|H)_H=(\mu^G,\chi)_G>0.$$

这说明 μ 在 $\chi|H$ 中出现. 又由于 χ 是 1 次的, 因此 $\chi|H$ 是 H 的不可约复特征标. 根据第一正交关系得, $\mu=\chi|H$. □

我们把有限群 G 的所有不可约复表示的次数中最大者记作 $m(G)$.

命题 2 对于有限群 G 的任一子群 H, 有

$$m(H)\leqslant m(G)\leqslant [G:H]m(H). \tag{2}$$

如果 H 是 G 的 Abel 子群, 那么 $m(G)\leqslant [G:H]$.

证明 设 μ 是 H 的不可约复特征标且 $\mu(1)=m(H)$. 取 μ^G 所包含的 G 的一个不可约复特征标 χ, 则

$$(\mu,\chi|H)_H=(\mu^G,\chi)_G>0.$$

从而 μ 在 $\chi|H$ 中出现. 因此

$$\mu(1)\leqslant(\chi|H)(1)=\chi(1)\leqslant m(G).$$

设 χ 是 G 的不可约复特征标, 且 $\chi(1)=m(G)$. 取 $\chi|H$ 所包含的 H 的一个不可约复特征标 μ, 则

$$(\mu^G,\chi)_G=(\mu,\chi|H)_H>0.$$

从而 χ 在 μ^G 中出现. 因此

$$m(G)=\chi(1)\leqslant\mu^G(1)=[G:H]\mu(1)\leqslant[G:H]m(H).$$

如果 H 是 Abel 子群, 那么 $m(H)=1$. 从而

$$m(G)\leqslant[G:H].$$
□

习题 5.3

1. 设 G 是有限 Abel 群, $H < G$. χ 是 G 的复特征标. 证明: 如果对于 $g \notin H$, 有 $\chi(g) = 0$, 那么 $[G : H] | \chi(1)$.

2. 设 $G = S_4$. 记 $N = \{(1), (12)(34), (13)(24), (14)(23)\}$. 显然 $N \lhd S_4$. 令 $H = \langle (12) \rangle N$.

(1) 证明: $H \cong D_4$, 其中 D_4 是 8 阶二面体群;

(2) 证明: H 的某个 1 次复特征标的诱导特征标是 S_4 的 3 次不可约复特征标;

(3) 证明: A_4 的非平凡的 1 次复特征标的诱导特征标是 S_4 的 2 次不可约复特征标;

(4) 求 S_4 的复特征标表.

3. 设 G 是有限群, $H < G, \mu$ 是 H 的一个复特征标, C 是 G 的一个共轭类. 证明:

(1) 若 $C \bigcap H = \varnothing$, 则对于 $g \in C$, 有 $\mu^G(g) = 0$;

(2) 若 $C \bigcap H \neq \varnothing$, 显然 $C \bigcap H$ 是 H 的若干个共轭类的并集, 设 $C \bigcap H$ 包含的 H 的共轭类的代表系是: $h_1, \cdots, h_r$, 则对于 $g \in C$, 有

$$\mu^G(g) = \frac{|G|}{|C|} \sum_{i=1}^{r} \frac{\mu(h_i)}{|\mathrm{C}_H(h_i)|},$$

其中 $\mathrm{C}_H(h_i)$ 是 h_i 在 H 里的中心化子, $|\mathrm{C}_H(h_i)|$ 等于 $|H|$ 除以 h_i 在 H 中的共轭类的元素个数.

4. 求交错群 A_5 的复特征标表.

§4 诱导特征标不可约的判定

设 H 是有限群 G 的子群, 如果 μ 是 H 的不可约复特征标, 那么什么时候 μ^G 不可约? 为了判断 μ^G 是否不可约, 自然要计算 $(\mu^G, \mu^G)_G$, 根据 Frobenius 互反律, 得

$$(\mu^G, \mu^G)_G = (\mu, \mu^G|H)_H. \tag{1}$$

为了利用 μ 是 H 的不可约复特征标的条件, 应当在 (1) 式右端出现 $(\mu, \mu)_H$ 这一项. 为此需要研究 $\mu^G|H$ 等于什么. 更一般地, 设 L 也是 G 的子群, 要研究 $\mu^G|L$ 等于什么. 从 (1) 式看出, 需要把 $(\mu^G, \mu^G)_G$ 表示成若干个内积之和, 其中一项为 $(\mu, \mu)_H$, 于是需要有若干个与 H 有关的子群, 最容易想到的是 H 的共轭子群. 任取 H 的一个共轭子群 gHg^{-1}. 设 μ 是 H 的复表示 (ψ, V) 提供的特征标, 令

$$\begin{aligned} \psi^g : gHg^{-1} &\to \mathrm{GL}(V) \\ y &\mapsto \psi(g^{-1}yg). \end{aligned}$$

易看出 ψ^g 是 gHg^{-1} 到 $\mathrm{GL}(V)$ 的一个映射, 且易验证 ψ^g 保持乘法, 因此 (ψ^g, V) 是子群 gHg^{-1} 的一个复表示. ψ^g 提供的特征标记作 μ^g. 于是

$$\mu^g(y) = \mu(g^{-1}yg), \quad \forall y \in gHg^{-1}. \tag{2}$$

对于 G 的任一子群 L, 自然想到去考虑 $L\bigcap gHg^{-1},\forall g\in G$. 我们有

$$\begin{aligned}x\in L\bigcap gHg^{-1}&\Longleftrightarrow x\in L \text{ 且 } x=ghg^{-1} \text{ 对某个 } h\in H\\&\Longleftrightarrow x\in L \text{ 且 } g=xgh^{-1},\quad h\in H\\&\Longleftrightarrow g=xgh^{-1}\in LgH.\end{aligned}$$

因此, 为了得到所有的交集 $L\bigcap gHg^{-1}(\forall g\in G)$, 我们需要考虑形如 LgH 这样的子集. 设 $L=\{l_1,l_2,\cdots,l_m\}$, 则

$$LgH=l_1gH\bigcup l_2gH\bigcup\cdots\bigcup l_mgH.$$

因此 LgH 是 H 的若干个左陪集的并集, 且

$$\begin{aligned}l_igH=l_jgH&\Longleftrightarrow (l_jg)^{-1}(l_ig)\in H\Longleftrightarrow g^{-1}l_j^{-1}l_ig\in H\\&\Longleftrightarrow l_j^{-1}l_i\in gHg^{-1}\\&\Longleftrightarrow l_j^{-1}l_i\in L\bigcap gHg^{-1}.\end{aligned}\tag{3}$$

类似地, LgH 是 L 的若干个右陪集的并集. 我们把子集 LgH 称为子群对 (L,H) 的一个**双陪集**. 由于子群 H 的所有左陪集组成的集合是 G 的一个划分, 子群 L 的所有右陪集组成的集合也是 G 的一个划分, 因此子群对 (L,H) 的所有双陪集组成的集合是 G 的一个划分. 于是 (L,H) 的任意两个双陪集或者相等, 或者不相交. 设

$$G=Lg_1H\bigcup Lg_2H\bigcup\cdots\bigcup Lg_tH,\tag{4}$$

其中 (4) 式右端的双陪集两两不等, 称 $\{g_1,g_2,\cdots,g_t\}$ 是子群对 (L,H) 的双陪集代表系. 令

$$L_i=L\bigcap g_iHg_i^{-1},\quad i=1,2\cdots,t.\tag{5}$$

对于子群 H 的任一复特征标 μ, 为了计算 $\mu^G|L$, 首先要计算 μ^G, 这需要知道 H 在 G 中的左陪集代表系. 任一双陪集 Lg_iH 是 H 的若干个左陪集的并. 从 (3) 式得, 取定 $y_0\in L$, 对于 $y\in L$, 有

$$yg_iH=y_0g_iH\Longleftrightarrow y_0^{-1}y\in L\bigcap g_iHg_i^{-1}\Longleftrightarrow y\in y_0L_i.\tag{6}$$

这说明: 如果 L_i 在 L 中的左陪集代表系为 $\{y_{i1},y_{i2},\cdots,y_{ir_i}\}$, 则 H 在 G 中的左陪集代表系里的元素出现在 Lg_iH 里的是 $\{y_{i1}g_i,y_{i2}g_i,\cdots,y_{ir_i}g_i\}$. 从而 H 在 G 中的左陪集代表系是

$$\{y_{ij_i}g_i|1\leqslant i\leqslant t,\quad 1\leqslant j_i\leqslant r_i\}.\tag{7}$$

任意 $y\in L$, 显然有

$$(y_{ij_i}g_i)^{-1}y(y_{ij_i}g_i)\in H\Longleftrightarrow y_{ij_i}^{-1}yy_{ij_i}\in L\bigcap g_iHg_i^{-1}.$$

从而根据本章 §2 的 (1) 式和本节的 (2) 式得

$$\begin{aligned}\mu^G(y)&=\sum_{i=1}^{t}\sum_{j_i=1}^{r_i}\dot{\mu}[(y_{ij_i}g_i)^{-1}y(y_{ij_i}g_i)]=\sum_{i=1}^{t}\sum_{j_i=1}^{r_i}\dot{\mu}^{g_i}(y_{ij_i}^{-1}yy_{ij_i})\\&=\sum_{i=1}^{t}\sum_{j_i=1}^{r_i}(\mu^{g_i}|L_i)^{\cdot}(y_{ij_i}^{-1}yy_{ij_i})=\sum_{i=1}^{t}(\mu^{g_i}|L_i)^L(y).\end{aligned}\tag{8}$$

因此

$$\mu^G|L=\sum_{i=1}^{t}(\mu^{g_i}|L_i)^L.\tag{9}$$

今后我们把 μ^{g_i} 简记成 $\mu^{(i)}, i=1,2,\cdots,t$. 于是我们证明了下述定理的第 (1) 部分.

定理 1 (Mackey 子群定理) 设 G 是有限群, L, H 都是 G 的子群, 设 $\{g_1, g_2,\cdots,g_t\}$ 是 (L,H) 在 G 里的双陪集代表系, 令 $L_i = L\bigcap g_iHg_i^{-1}, i=1,2,\cdots,t$. 设 μ 是 H 的一个复特征标, λ 是 L 的一个复特征标, 则

(1) $$\mu^G|L=\sum_{i=1}^{t}(\mu^{(i)}|L_i)^L; \tag{10}$$

(2) $$(\lambda^G,\mu^G)_G=\sum_{i=1}^{t}(\lambda|L_i,\mu^{(i)}|L_i)_{L_i}. \tag{11}$$

证明 第 (1) 部分在上面已证. 现在证第 (2) 部分. 利用公式 (10) 和 Frobenius 互反律, 得

$$\begin{aligned}(\lambda^G,\mu^G)_G=(\lambda,\mu^G|L)_L&=\left(\lambda,\sum_{i=1}^{t}(\mu^{(i)}|L_i)^L\right)_L\\&=\sum_{i=1}^{t}(\lambda,(\mu^{(i)}|L_i)^L)_L\\&=\sum_{i=1}^{t}(\lambda|L_i,\mu^{(i)}|L_i)_{L_i}.\end{aligned}$$

□

命题 1 设 G 是有限群, $H<G$. 设 μ 是 H 的一个复特征标, 则对于 $g\in G$, 有

$$(\mu^g,\mu^g)_{gHg^{-1}}=(\mu,\mu)_H. \tag{12}$$

证明 利用 (2) 式得

$$\begin{aligned}(\mu^g,\mu^g)_{gHg^{-1}}&=\frac{1}{|gHg^{-1}|}\sum_{y\in gHg^{-1}}\mu^g(y)\overline{\mu^g(y)}\\&=\frac{1}{|gHg^{-1}|}\sum_{y\in gHg^{-1}}\mu(g^{-1}yg)\overline{\mu(g^{-1}yg)}\\&=\frac{1}{|H|}\sum_{h\in H}\mu(h)\overline{\mu(h)}\\&=(\mu,\mu)_H.\end{aligned}$$

□

定理 2 设 G 是有限群, $H<G$. 设 $\{g_1=1,g_2,\cdots,g_t\}$ 是 (H,H) 在 G 里的双陪集代表系. 记 $H_i=H\bigcap g_iHg_i^{-1}, i=1,2,\cdots,t$. 设 μ 是 H 的一个复特征标, 则 μ^G 不可约当且仅当下列两个条件成立:

(i) μ 不可约;

(ii) 对于每一个 $i(2\leqslant i\leqslant t)$, H_i 的两个特征标 $\mu^{(i)}|H_i$ 和 $\mu|H_i$ 不相交 (指它们没有公共的不可约成分, 即 $(\mu^{(i)}|H_i,\mu|H_i)_{H_i}=0$).

证明 根据 Mackey 子群定理得

$$(\mu^G,\mu^G)_G = \sum_{i=1}^{t}(\mu|H_i,\mu^{(i)}|H_i)_{H_i}=(\mu,\mu)_H+\sum_{i=2}^{t}(\mu|H_i,\mu^{(i)}|H_i)_{H_i},$$

$$\begin{aligned}\mu^G \text{ 不可约} &\Longleftrightarrow (\mu^G, \mu^G)_G = 1 \\ &\Longleftrightarrow (\mu, \mu)_H + \sum_{i=2}^{t} (\mu|H_i, \mu^{(i)}|H_i)_{H_i} = 1 \\ &\Longleftrightarrow (\mu, \mu)_H = 1, \text{ 且 } (\mu|H_i, \mu^{(i)}|H_i)_{H_i} = 0, \quad i = 2, 3, \cdots, t \\ &\Longleftrightarrow \mu \text{ 不可约, 且 } \mu|H_i \text{ 与 } \mu^{(i)}|H_i \text{ 不相交}, i = 2, 3, \cdots, t. \qquad \square\end{aligned}$$

推论 1 设 G 是有限群, $H < G$, 对于 $x \in G$, 令 $H_x = H \bigcap xHx^{-1}$. 设 μ 是 H 的一个复特征标, 则 μ^G 不可约当且仅当下列两个条件成立:

(i) μ 不可约;

(ii) 对于每一个 $x \in G \backslash H, H_x$ 的两个特征标 $\mu^x|H_x$ 和 $\mu|H_x$ 不相交.

证明 由于 (H, H) 在 G 中的双陪集代表系除了 g_1 外, 其余元素均不属于 H, 而且每个 $x \in G \backslash H$ 都可以作为某个双陪集的代表元素, 因此由定理 2 立即得到此推论. □

推论 2 设 G 是有限群, $N \lhd G$. 设 N 在 G 中的陪集代表系是 $\{g_1 = 1, g_2, \cdots, g_t\}$. 设 μ 是 N 的一个复特征标, 则 μ^G 不可约当且仅当 μ 不可约, 并且 μ 与 $\mu^{(i)}$ 不相等, $i = 2, 3, \cdots, t$.

证明 由于 $N \lhd G$, 因此 $NgN = gN$, 且 $N_i = N \bigcap g_i \boldsymbol{N} g_i^{-1} = N, \mu^{(i)}$ 也是 $\boldsymbol{N}$ 的特征标 $i = 1, 2, \cdots, t$. 由命题 1 得, $\mu^{(i)}$ 不可约当且仅当 μ 不可约. 于是若 μ 不可约, 则 $\mu^{(i)}$ 与 μ 不相交当且仅当 $\mu^{(i)}$ 与 μ 不相等. 因此由定理 2 立即得到: μ^G 不可约当且仅当 μ 不可约, 且 μ 与 $\mu^{(i)}$ 不相等 $(2 \leqslant i \leqslant t)$. □

注 推论 2 中,"μ 与 $\mu^{(i)}$ 不相等, $i = 2, 3, \cdots, t$" 也可以换成 "对于任意 $x \in G \backslash N, \mu$ 与 μ^x 不相等".

习题 5.4

1. 设 H 和 L 都是有限群 G 的子群, 证明: (L, H) 在 G 里的双陪集的个数等于 $((1_L)^G, (1_H)^G)_G$.

2. 设 H 和 L 都是有限群 G 的子群, $\varphi_1, \varphi_2, \cdots, \varphi_s$ 是 G 的所有不等价的不可约复表示. 设 1_L 在 $\varphi_i|L$ 里的重数为 $a_i, 1_H$ 在 $\varphi_i|H$ 里的重数为 b_i. 把 H 在 G 中的左陪集组成的集合记作 G/H, 对于 $y \in L, gH \in G/H$, 规定 $y(gH) := (yg)H$, 这给出了 L 在 G/H 上的一个作用. 证明: 这个作用将 G/H 划分成的轨道的条数 r 等于 $\sum\limits_{i=1}^{s} a_i b_i$.

3. 设 G 是有限群, G 分别传递地作用在有限集合 Ω_1 和 Ω_2 上. 设 $x_i \in \Omega_i$, 把 x_i 的稳定子群 G_{x_i} 记作 H_i, 设 η_i 是 G 在 Ω_i 上作用引起的复数域上的置换特征标, $i = 1, 2$. 证明: H_1 在 Ω_2 上作用的轨道条数 r_1 等于 H_2 在 Ω_1 上作用的轨道条数 r_2, 并且 $r_1 = r_2 = (\eta_1, \eta_2)_G$.

4. 设有限群 G 传递地作用在有限集合 Ω 上, 它引起的在复数域上的置换表示记作 φ. 证明: 对于任意 $x \in \Omega, x$ 的稳定子群 G_x 在 Ω 上作用的轨道条数 $r(x) =$

$(\chi_\varphi, \chi_\varphi)_G$, 它与 x 无关, 称它是 G 的**秩**.

5. 设有限群 G 传递地作用在有限集合 Ω 上. 证明: 对于任意 $x \in \Omega, G_x$ 在 Ω 上作用的轨道条数 $r(x)$ 为

$$r(x) = \frac{1}{|G|}\sum_{g\in G}|F(g)|^2,$$

其中 $F(g)$ 是 g 的不动点集, 即 $F(g) := \{x \in \Omega | gx = x\}$.

6. 设 G 是域 $\mathrm{GF}\,(q)$ 上的 2 级一般线性群 $\mathrm{GL}\,(2, q)$. 考虑它的下述子群 H:

$$H = \left\{ \begin{pmatrix} a_1 & 0 \\ b & a_2 \end{pmatrix} \middle| a_i \in \mathrm{GF}\,(q)^*, i = 1, 2, b \in \mathrm{GF}\,(q) \right\}.$$

循环群 $\mathrm{GF}\,(q)^*$ 的所有不可约复表示记作 $\psi_1, \psi_2, \cdots, \psi_{q-1}$. ψ_j 提供的特征标记作 $\mu_j, j = 1, 2, \cdots, q-1$. 规定

$$\varphi_{ij} : \begin{pmatrix} a_1 & 0 \\ b & a_2 \end{pmatrix} \mapsto \psi_i(a_1) \otimes \psi_j(a_2),$$

其中 $i = 1, 2, \cdots, q-1; j = 1, 2, \cdots, q-1$. 证明:

(1) φ_{ij} 是 H 的一个复表示, 且次数等于 1;

(2) 把 φ_{ij} 提供的特征标记作 χ_{ij}, 则

$$\chi_{ij}\left[\begin{pmatrix} a_1 & 0 \\ b & a_2 \end{pmatrix}\right] = \mu_i(a_1)\mu_j(a_2);$$

(3) 当 $i \neq j$ 时, χ_{ij}^G 是 G 的 $q+1$ 次不可约特征标;

(4) χ_{ii}^G 可约, $i = 1, 2, \cdots, q-1$.

7. (Brauer) 设 G 是有限群, 把 G 的所有共轭类 $C_1, C_2, \cdots, C_s$ 组成的集合记作 Ω, g_i 是 C_i 的一个代表元素, $i = 1, 2, \cdots, s$. 设 $\chi_1, \chi_2, \cdots, \chi_s$ 是 G 的所有不相等的不可约复特征标, 它们组成的集合记作 $\mathrm{Irr}\,(G)$. 设有限群 A 在 Ω 上有一个作用, 并且 A 在 $\mathrm{Irr}\,(G)$ 上也有一个作用, 使得

$$(a\chi_i)(aC_j) = \chi_i(g_j), \quad \forall a \in A, \quad 1 \leqslant i, j \leqslant s.$$

证明:

(1) A 中每一个元素 a 在 Ω 中的不动点个数等于 a 在 $\mathrm{Irr}\,(G)$ 中的不动点个数;

(2) Ω 的 A-轨道条数等于 $\mathrm{Irr}\,(G)$ 的 A-轨道条数.

8. 设 G 是有限群, $N \lhd G$, 把 N 的所有共轭类 $C_1, C_2, \cdots, C_t$ 组成的集合记作 Ω. 任给 $g \in G$, 规定

$$gC_j := gC_jg^{-1}, \quad j = 1, 2, \cdots, t,$$

这给出了 G 在 Ω 上的一个作用. 对于 $\mu_i \in \mathrm{Irr}\,(N)$, 根据第一章 §5 的命题 4 得 $\mu_i^g \in \mathrm{Irr}\,(N)$, 其中 $\mathrm{Irr}\,(N)$ 是 N 的所有不可约复特征标组成的集合. 规定

$$g\mu_i := \mu_i^g, \quad i = 1, 2, \cdots, t,$$

这给出了 G 在 $\mathrm{Irr}\,(N)$ 上的一个作用, 证明:

(1) G 中每一个元素在 Ω 中的不动点个数等于 g 在 $\mathrm{Irr}\,(N)$ 中的不动点个数;

(2) Ω 的 G-轨道条数等于 $\mathrm{Irr}\,(N)$ 的 G-轨道条数.

9. 设 G 是有限群, $N \lhd G, \Omega$ 是 N 的所有共轭类组成的集合. G 在 Ω 上的作用和 G 在 $\mathrm{Irr}(N)$ 上的作用同第 8 题. 证明下列三个命题等价:

(i) $G\backslash N$ 中每一个元素 g 在 Ω 中只固定一个点;

(ii) $G\backslash N$ 中每一个元素 g 在 $\mathrm{Irr}(N)$ 中只固定一个点;

(iii) 对于任意 $y \in N\backslash\{e\}$, 有 $\mathrm{C}_G(y) \subseteq N$, 其中 e 是 G 的单位元.

10. 设 G 是有限群, $N \lhd G$. 如果对于任意 $y \in N\backslash\{e\}$, 有 $\mathrm{C}_G(y) \subseteq N$, 证明:

(1) 对于 N 的每一个不可约复特征标 $\mu \neq 1_N$, 有 μ^G 不可约, 并且 $N \not\subseteq \mathrm{Ker}(\mu^G)$;

(2) 若 χ 是 G 的不可约复特征标, 且 $\mathrm{Ker}\,\chi \not\supseteq N$, 则存在 N 的不可约复特征标 $\mu \neq 1_N$, 使得 $\chi = \mu^G$.

11. (Clifford) 设 G 是有限群, $N \lhd G$. 设 χ 是 G 的不可约复特征标, μ 是 $\chi|N$ 的一个不可约成分, μ 在 $\chi|N$ 中的重数记作 m. G 在 $\mathrm{Irr}(N)$ 上有一个作用: $g\mu_i = \mu_i^g, \mu$ 在这个作用下的稳定子群记作 G_μ. 证明:

(1) 如果 $G_\mu \neq G$, 那么存在 G_μ 的一个不可约特征标 ν, 使得 $\chi = \nu^G$;

(2) 如果 $G_\mu = G$, 那么 $\chi|N = m\mu$.

(**注**　第 11 题称为 Clifford 定理, 它表明: 若有限群 G 有非平凡的正规子群 N, 则 G 的任一不可约复特征标 χ 或者可以由 G 的真子群的一个不可约复特征标诱导出, 或者 χ 在 N 上的限制是 N 的某个不可约复特征标的倍数. 下面的第 12 题给出了一类特殊情形.)

12. (Blichfeldt 定理) 设有限群 G 有一个 Abel 正规子群 N, 且 $N \not\subseteq \mathrm{Z}(G)$. 若 χ 是 G 的忠实的不可约复特征标, 则 χ 能够由 G 的某个真子群的一个不可约复特征标诱导出.

13. (Ito) 设有限群 G 有一个正规子群 N, χ 是 G 的一个不可约复特征标, 如果 $\chi|N$ 包含 N 的 1 次特征标, 那么 χ 的次数能整除 $[G:N]$.

14. 如果有限群 G 有一个 Abel 正规子群 N, 那么 G 的每一个不可约复特征标的次数整除 $[G:N]$.

§5　群的分裂域, M-群

5.1　线性空间的基域的扩张, 群的分裂域

设 V 是域 K 上的线性空间, F 是 K 的扩域. 考虑

$$F \otimes_K V.$$

因为 F 可看成 (F,K)-双模, V 是 (K,K)-双模, 所以 $F \otimes_K V$ 是左 F-模, 从而它是域 F 上的线性空间, 记作 V^F.

设 V 是 r 维的, 它的一个 K-基是 $\alpha_1, \alpha_2, \cdots, \alpha_r$. 我们来求域 F 上线性空间 V^F 的维数和一个 F-基.

因为 $V \cong K \dotplus \cdots \dotplus K$, 所以

$$F \otimes_K V \cong F \otimes_K K \dotplus \cdots \dotplus F \otimes_K K \cong F \dotplus \cdots \dotplus F,$$

这些都是左 F-模同构, 从而是域 F 上线性空间的同构. 因此

$$\dim_F(F\otimes_K V)=r(\dim_F F)=r=\dim_K V.$$

因为对于 $f\in F, v\in V$, 有

$$f\otimes v=f\otimes\left(\sum_{i=1}^{r}k_i\alpha_i\right)=\sum_{i=1}^{r}(f\otimes k_i\alpha_i)$$
$$=\sum_{i=1}^{r}(fk_i\otimes\alpha_i)=\sum_{i=1}^{r}fk_i(1\otimes\alpha_i),$$

所以 $\{1\otimes\alpha_i|i=1,2,\cdots,r\}$ 是 V^F 的一个 F-基. 这样我们证明了下面的命题.

命题 1 设 V 是域 K 上的线性空间, F 是 K 的扩域, 则 $F\otimes_K V$ 是域 F 上的线性空间, 记作 V^F. 如果 V 是 r 维的, 它的一个 K-基为 $\alpha_1,\alpha_2,\cdots,\alpha_r$, 则 V^F 也是 r 维, 并且 $1\otimes\alpha_1, 1\otimes\alpha_2,\cdots,1\otimes\alpha_r$ 是 V^F 的一个 F-基. □

考虑 V^F 的子集 $V_1^F:=\left\{\sum_{i=1}^{r}k_i(1\otimes\alpha_i)\middle|k_i\in K, i=1,2,\cdots,r\right\}$, 易看出 V_1^F 是域 K 上的线性空间. 考虑映射

$$\psi: V\to V_1^F$$
$$\sum k_i\alpha_i\mapsto\sum k_i(1\otimes\alpha_i),$$

显然 ψ 是满射、单射, 并且保持加法和数量乘法, 因此 ψ 是域 K 上线性空间 V 到 V_1^F 上的同构. 从而可把 V 与 V_1^F 等同, 即把 V 看成 V^F 的子集 (注意不能把 V 看成 V^F 的子空间, 因为 V_1^F 不是 V^F 的子空间). 此时可以把 α_i 与 $1\otimes\alpha_i$ 等同, $i=1,2,\cdots,r$. 因此 V^F 的每一个元素可唯一表示成形式 $\sum_{i=1}^{r}f_i\alpha_i$, 其中 $f_i\in F, i=,2,\cdots,r$.

设 $\underline{A}$ 是域 K 上线性空间 V 的线性变换, 它在 V 的一个 K-基 $\alpha_1,\alpha_2,\cdots,\alpha_r$ 下的矩阵为 $A=(a_{ij})$. 对于 V^F 的任一元素 $\sum_i f_i\alpha_i$, 规定

$$\underline{A}^F\left(\sum_i f_i\alpha_i\right):=\sum_i f_i\,\underline{A}(\alpha_i),\tag{1}$$

易验证 $\underline{A}^F$ 是 V^F 的线性变换, 并且易看出 $\underline{A}^F$ 在 V^F 的一个 F-基 $\alpha_1,\alpha_2,\cdots,\alpha_r$ 下的矩阵是 A, 此时是把 A 看成域 F 上的矩阵. 从而映射 $\underline{A}\mapsto\underline{A}^F$ 给出了 $\mathrm{GL}\,(V)$ 到 $\mathrm{GL}\,(V^F)$ 的单同态.

现在设 (φ,V) 是群 G 的一个 K-表示, F 是 K 的扩域. 对于 $g\in G, \varphi(g)$ 是 V 的可逆线性变换, 根据上一段知, $\varphi(g)^F$ 是 V^F 的可逆线性变换. 令

$$\varphi^F: G\to\mathrm{GL}\,(V^F)$$
$$g\mapsto\varphi(g)^F,$$

由于 φ 是 G 到 $\mathrm{GL}\,(V)$ 的群同态, 并且 $\underline{A}\mapsto\underline{A}^F$ 是 $\mathrm{GL}\,(V)$ 到 $\mathrm{GL}\,(V^F)$ 的群同态, 因此 φ^F 是 G 到 $\mathrm{GL}\,(V^F)$ 的群同态, 从而 φ^F 是 G 的一个 F-表示, 其表示空间为 V^F. 这样我们从群 G 的一个 K-表示 φ 得到了 G 在 K 的扩域 F 上的一个表示 φ^F.

在 V 中取一个 K-基 $\alpha_1,\alpha_2,\cdots,\alpha_r$, 设 φ 在这个基下提供的矩阵表示为 Φ. 设 φ^F 在 V^F 的 F-基 $\alpha_1,\alpha_2,\cdots,\alpha_r$ 下提供的矩阵表示为 Φ^F. 根据前面所述知, $\Phi^F(g)$

与 $\Phi(g)$ 是同一个矩阵, 只是前者看成域 F 上矩阵, 而后者是域 K 上矩阵. 由此得到 φ^F 提供的特征标 χ_{φ^F} 与 φ 提供的特征标 χ_φ 有如下关系:

$$\chi_{\varphi^F}(g)=\chi_\varphi(g),\quad \forall g\in G, \tag{2}$$

只是 χ_{φ^F} 看成是 G 的 F 值函数, 而 χ_φ 是 G 的 K 值函数. 这样我们从群 G 的一个 K-特征标 χ_φ 可以立即写出 G 的一个 F-特征标 χ_{φ^F}. 问题是: 如果 χ_φ 不可约, 那么 χ_{φ^F} 是否不可约? 我们看下面的例子.

例 1 设 $G=\langle a\rangle$ 是 3 阶循环群, 利用习题 1.3 的第 1 题的方法, 可以求出 G 的一个 2 次不可约实表示 φ, 它提供的矩阵表示 Φ 为

$$\Phi(a)=\begin{pmatrix}-1&-1\\1&0\end{pmatrix},\quad \Phi(a^2)=\begin{pmatrix}0&1\\-1&-1\end{pmatrix}.$$

由此得出 $\chi_\varphi(a)=-1,\chi_\varphi(a^2)=-1,\chi_\varphi(1)=2$. 从 G 的实表示 φ 可得到 G 的复表示 $\varphi^{\mathbb{C}}$, 它提供的特征标 $\chi_{\varphi^{\mathbb{C}}}$ 在 G 的元素上的函数值可立即写出: $\chi_{\varphi^{\mathbb{C}}}(a)=-1,\chi_{\varphi^{\mathbb{C}}}(a^2)=-1,\chi_{\varphi^{\mathbb{C}}}(1)=2$. 由于

$$\begin{aligned}(\chi_{\varphi^{\mathbb{C}}},\chi_{\varphi^{\mathbb{C}}})&=\frac{1}{3}\sum_{K\in G}\chi_{\varphi^{\mathbb{C}}}(g)\chi_{\varphi^{\mathbb{C}}}(g^{-1})\\&=\frac{1}{3}[2^2+(-1)(-1)+(-1)(-1)]=2,\end{aligned}$$

因此 $\chi_{\varphi^{\mathbb{C}}}$ 可约.

例 1 说明: 当线性空间的基域扩张时可能失去表示的不可约性.

定义 1 群 G 的不可约 K-表示 (φ,V) 称为**绝对不可约**, 如果对于 K 的每一个扩域 F 都有 (φ^F,V^F) 是 G 的不可约 F-表示.

定义 2 域 K 称为群 G 的**分裂域**, 如果 G 的每一个不可约 K-表示都是绝对不可约的.

可以证明: 任一代数闭域是任一有限群的分裂域. 证明可看 [13] 第 162 页的推论 4.3.4.

还可以证明: 设 G 是有限群, 域 K 的特征不能整除 $|G|$. 设 $K[G]=A_1\oplus A_2\oplus\cdots\oplus A_s$, 其中 $A_i(i=1,2,\cdots,s)$ 是单环. 设 L_{i1} 是 $K[G]$ 的极小左理想并且 $L_{i1}\subseteq A_i$, 令 $D_i=\mathrm{Hom}_{A_i}(L_{i1},L_{i1}),i=1,2,\cdots,s$, 则 K 是 G 的分裂域当且仅当 $D_i\cong K,i=1,2,\cdots,s$. 证明可看 [13] 第 162—163 页的定理 4.3.2.

5.2 M-群

本章 §1 曾指出: 若群 G 的表示 φ 是 G 的某个子群的 1 次表示的诱导表示, 则称 φ 是单项表示, 它提供的矩阵表示 Φ 使得每个 $\Phi(g)$ 都是单项矩阵.

定义 3 设 K 是群 G 的所有子群的分裂域, 如果 G 的每一个不可约 K-表示都是单项表示, 则称 G 是**关于域 K 的 M-群**. 若 G 是关于复数域 $\mathbb{C}$ 的 M-群, 则简称 G 为 M-群.

定理 1 设有限群 G 是关于域 K 的 M-群, 则 G 的任一商群 $\overline{G}=G/N$ 也是关于域 K 的 M-群.

证明 设 G 的所有不等价的不可约 K-表示是 $\varphi_1,\varphi_2,\cdots,\varphi_s$, 其中 $\mathrm{Ker}\,\varphi_i\supseteq$

$N(i=1,2,\cdots,t)$. 设 $\varphi_i(1\leqslant i\leqslant t)$ 是商群 G/N 的表示 $\widetilde{\varphi}_i$ 的提升, 则 $\widetilde{\varphi}_1,\widetilde{\varphi}_2,\cdots,\widetilde{\varphi}_t$ 是 G/N 的全部不等价的不可约 K-表示 (根据第一章 §5 的命题 2).

先证 K 是 G/N 的分裂域 (即群的分裂域是商群继承的). 任取 K 的一个扩域 F, 因为 K 是 G 的分裂域, 所以 φ_i^F 仍不可约. 显然 $\operatorname{Ker}\varphi_i^F=\operatorname{Ker}\varphi_i$, 于是对于 $1\leqslant i\leqslant t$, 有 $\operatorname{Ker}\varphi_i^F\supseteq N$, 从而可设 φ_i^F 是由 G/N 的 F-表示 $\overline{\varphi_i^F}$ 提升得到的, 因此 $\overline{\varphi_i^F}$ 也不可约. 因为 $\Phi_i^F(g)$ 与 $\Phi_i(g)$ 在写法上一致, $\widetilde{\Phi}_i^F(gN)$ 与 $\widetilde{\Phi}_i(gN)$ 在写法上一致, 并且 $\widetilde{\Phi}_i(gN)=\Phi_i(g)$, 所以 $\widetilde{\Phi}_i^F(gN)=\Phi_i^F(g)=\overline{\varphi_i^F}(gN),\forall gN\in G/N$. 由此得 $\widetilde{\Phi}_i^F=\overline{\varphi_i^F}$, 从而 $\widetilde{\varphi}_i^F$ 不可约 $(1\leqslant i\leqslant t)$. 因此 K 是 G/N 的分裂域.

任取 G/N 的一个子群 H/N. 由于 K 是 H 的分裂域, 根据上一段所证的结果知: K 是 H/N 的分裂域.

对于每一个 $i(1\leqslant i\leqslant t)$, 因为 φ_i 是单项表示, 所以存在 G 的某个子群 H_i 的 1 次表示 ψ_i 使得 $\varphi_i=\psi_i^G$. 设 H_i 在 G 中的左陪集代表系是 $\{g_1=1,g_2,\cdots,g_l\}$. 任取 $g\in\operatorname{Ker}\varphi_i$, 则 $\Phi_i(g)=I$, 其中 I 是单位矩阵. 由于 $\Phi_i(g)=\Psi_i^G(g)$, 因此得到 $\dot{\Psi}_i(g_1^{-1}gg_1)=1$, 即 $\dot{\Psi}_i(g)=1$, 从而 $g\in H_i$. 所以 $H_i\supseteq\operatorname{Ker}\varphi_i\supseteq N$. 任取 $n\in N$, 同理, 由于 $\Phi_i(n)=I$ 可推出 $\Psi_i(n)=1$, 由此得 $n\in\operatorname{Ker}\psi_i$. 因此 $N\subseteq\operatorname{Ker}\psi_i$. 于是可设 ψ_i 是 H_i/N 的表示 $\widetilde{\psi}_i$ 的提升, $\widetilde{\psi}_i$ 也是 1 次的. 容易看出, H_i/N 在 G/N 中的左陪集代表系是 $\{g_1N,g_2N,\cdots,g_lN\}$. 于是对于任意 $gN\in G/N,(\widetilde{\Psi}_i)^{\overline{G}}(gN)$ 的 (k,j) 元为

$$\dot{\widetilde{\Psi}}_i[(g_kN)^{-1}(gN)(g_jN)]=\dot{\widetilde{\Psi}}_i(g_k^{-1}gg_jN),$$

当 $g_k^{-1}gg_j\in H_i$ 时,

$$\dot{\widetilde{\Psi}}_i(g_k^{-1}gg_jN)=\widetilde{\Psi}_i(g_k^{-1}gg_jN)=\Psi_i(g_k^{-1}gg_j);$$

当 $g_k^{-1}gg_j\overline{\in}H_i$ 时, 有

$$\dot{\widetilde{\Psi}}_i(g_k^{-1}gg_jN)=0.$$

另一方面, $\widetilde{\Phi}_i(gN)=\Phi_i(g)=\Psi_i^G(g)$, 因此 $\widetilde{\Phi}(gN)$ 的 (k,j) 元为 $\dot{\Psi}_i(g_k^{-1}gg_j)$. 所以 $\widetilde{\Phi_i}=(\widetilde{\Psi_i})^{\overline{G}}$, 即 $\widetilde{\varphi}_i$ 是单项表示. 因此 G/N 是关于域 K 的 M-群. □

定理 1 说明: 对于有限群来说, M-群这一性质是商群继承的.

下面我们来讨论哪些有限群是 M-群? 先介绍群论中的几个概念和性质, 下面均讨论有限群.

定义 4 群 G 称为**超可解的**, 如果存在 G 的一个子群序列

$$\{1\}=G_0\subseteq G_1\subseteq\cdots\subseteq G_n=G,\tag{3}$$

其中 $G_i\lhd G$, 并且 G_{i+1}/G_i 是循环群, $0\leqslant i\leqslant n$.

命题 2 超可解群的每一个子群和每一个商群都是超可解的.

***证明** 设 G 是超可解群, 则 G 有子群列 (3), 其中 $G_i\lhd G$, 并且 G_{i+1}/G_i 是循环环群, $0\leqslant i\leqslant n$.

任取 G 的一个子群 H, 令 $H_i=H\bigcap G_i(0\leqslant i\leqslant n)$. 显然有

$$\{1\}=H_0\subseteq H_1\subseteq\cdots\subseteq H_n=H.$$

因为 $G_i \lhd G$, 所以 $H_i \lhd H(0 \leqslant i \leqslant n)$. 对于每一个 $i(0 \leqslant i < n)$, 令

$$f: H_{i+1} \to G_{i+1}/G_i$$
$$h \mapsto hG_i,$$

显然 f 是群同态, 并且

$$h \in \operatorname{Ker} f \Longleftrightarrow h \in H_{i+1} \text{ 且 } hG_i = G_i \Longleftrightarrow h \in H_{i+1} \bigcap G_i = H_i,$$

因此 $\operatorname{Ker} f = H_i$, 从而 $H_{i+1}/H_i \cong \operatorname{Im} f$. 由于 $\operatorname{Im} f < G_{i+1}/G_i$, 并且 G_{i+1}/G_i 是循环群, 所以 H_{i+1}/H_i 是循环群. 从而 H 是超可解的.

任取 G 的一个商群 $\overline{G} = G/N$, 令 $\overline{G}_i = G_iN/N, 0 \leqslant i \leqslant n$. 于是有

$$\{\overline{1}\} = \overline{G}_0 \subseteq \overline{G}_1 \subseteq \cdots \subseteq \overline{G}_N = \overline{G},$$

因为 $G_i \lhd G$, 所以 $\overline{G}_i \lhd \overline{G}$. 对于每一个 $i(0 \leqslant i < n)$, 有

$$\begin{aligned}\overline{G}_{i+1}/\overline{G}_i &= (G_{i+1}N/N)/(G_iN/N) \cong (G_{i+1}N)/(G_iN)\\ &= (G_{i+1}(G_iN))/(G_iN) \cong G_{i+1}/(G_{i+1} \bigcap G_iN)\\ &\cong (G_{i+1}/G_i)/((G_{i+1} \bigcap G_iN)/G_i).\end{aligned}$$

因为 G_{i+1}/G_i 是循环群, 所以 $\overline{G}_{i+1}/\overline{G}_i$ 是循环群. 从而 $\overline{G}$ 是超可解群. □

设 G 是一群, $N \lhd G, H < G$. 如果

$$G = NH, \quad \text{且} \quad N \bigcap H = \{e\},$$

其中 e 是 G 的单位元, 那么称 G 是 N 与 H 的**半直积**, 记作 $G = N \rtimes H$.

定义 5 *群 G 称为***幂零的**, *如果存在 G 的一个子群列*

$$\{1\} = G_0 \subseteq G_1 \subseteq \cdots \subseteq G_n = G, \tag{4}$$

其中 $G_i \lhd G$, 并且 $G_{i+1}/G_i \subseteq \mathrm{Z}(G/G_i), 0 \leqslant i < n$.

命题 3 *幂零群一定是超可解群.*

***证明** 设 G 是幂零群. 因为 $G_1/G_0 \subseteq \mathrm{Z}(G/G_0)$, 所以 G_1 是 Abel 群, 从而 G_1 超可解. 于是 G_1 有子群列

$$\{1\} = G_1^{(0)} \subseteq G_1^{(1)} \subseteq \cdots \subseteq G_1^{(m)} = G_1, \tag{5}$$

其中 $G_1^{(i)} \lhd G_1$, 并且 $G_1^{(i+1)}/G_1^{(i)}$ 是循环群, $0 \leqslant i < m$. 因为 $G_1 \subseteq \mathrm{Z}(G)$, 所以 $G_1^{(i)} \lhd G, 0 \leqslant i \leqslant m$. 因为 $G_2/G_1 \subseteq \mathrm{Z}(G/G_1)$, 所以 G_2/G_1 是 Abel 群. 设 $G_2/G_1 = \langle g_1G_1 \rangle \times \langle g_2G_1 \rangle \times \cdots \times \langle g_rG_1 \rangle$, 其中 $g_i \in G_2 \backslash G_1, 1 \leqslant i \leqslant r$. 考虑

$$G_1 \subseteq \langle G_1, g_1 \rangle \subseteq \langle G_1, g_1, g_2 \rangle \subseteq \cdots \subseteq \langle G_1, g_1, \cdots, g_r \rangle = G_2. \tag{6}$$

任取 $x_1 \in G_1$, 则有 $g_1x_1 = (g_1x_1g_1^{-1})g_1 \in G_1 \cdot \langle g_1 \rangle$. 因此 $\langle G_1, g_1 \rangle = G_1 \cdot \langle g_1 \rangle$. 又 $G_1 \bigcap \langle g_1 \rangle = \{1\}$, 并且 $G_1 \lhd \langle G_1, g_1 \rangle$, 因此 $\langle G_1, g_1 \rangle$ 是 G_1 与 $\langle g_1 \rangle$ 的半直积, 从而 $\langle G_1, g_1 \rangle$ 中每一个元素可唯一地表示成形式 x_1g_1, 其中 $x_1 \in G_1$. 对任意 $g \in G$, 有

$$g^{-1}(x_1g_1)g = (g^{-1}x_1g)(g^{-1}g_1g).$$

因为 $G_2/G_1 \subseteq \mathrm{Z}(G/G_1)$, 所以 $(g_1G_1)(gG_1) = (gG_1)(g_1G_1)$, 从而对于某个 $y_1 \in G_1$, $g^{-1}g_1g = g_1y_1$. 于是 $g^{-1}(x_1g_1)g = (g^{-1}x_1g)g_1y_1 \in \langle G_1, g_1 \rangle$. 因此 $\langle G_1, g_1 \rangle \lhd G$. 又由于 $\langle G_1, g_1 \rangle/G_1 \cong \langle g_1 \rangle$, 所以 $\langle G_1, g_1 \rangle/G_1$ 是循环群. 类似可证 $\langle G_1, g_1, g_2 \rangle, \cdots, \langle G_1, g_1, \cdots, g_{r-1} \rangle$ 都是 G 的正规子群, 并且 $\langle G_1, g_1, g_2 \rangle/\langle G_1, g_1 \rangle, \cdots, \langle G_1, g_1, \cdots, g_r \rangle/\langle G_1, g_1, \cdots, g_{r-1} \rangle$ 都是循环群. 把 (5) 和 (6) 联结起来便得出 G_2 是超可解群.

类似地, 由于 $G_3/G_2 \subseteq \mathrm{Z}(G/G_2)$, 所以 G_3/G_2 是 Abel 群, 从而可得到从 G_2 到 G_3 的子群列, 再与 G_2 的子群列联结起来可得出 G_3 是超可解群. 依次进行下去, 便可得出 G 是超可解群. □

命题 4 *p-群一定是幂零群.*

***证明** 设群 G 的阶是 p^s, 其中 p 是素数, $s > 0$. 若 G 是 Abel 群, 则 G 显然是幂零的. 下设 G 非 Abel. 则 $\mathrm{Z}(G) \neq \{1\}$. 令 $G_0 = \{1\}, G_1 = \mathrm{Z}(G)$. 记 $\mathrm{Z}(G/G_1) = G_2/G_1$. 若 $\mathrm{Z}(G/G_1) \neq G/G_1$, 则继续考虑 $\mathrm{Z}(G/G_2) = G_3/G_2, \cdots$, 于是得到 G 的一个子群列

$$\{1\} = G_0 \subseteq G_1 \subseteq G_2 \subseteq G_3 \subseteq \cdots .$$

由于 G/G_1 仍为非 Abel 群, 所以 $\mathrm{Z}(G/G_1) \neq \{\bar{1}\}$, 从而 $G_2 \neq G_1$. 同理 $G_3 \neq G_2, \cdots$. 由于 G 是有限群, 所以上述子群列必在有限步后终止于 G, 即

$$\{1\} = G_0 \subseteq G_1 \subseteq G_2 \subseteq \cdots \subseteq G_n = G,$$

其中 $G_{i+1}/G_i = \mathrm{Z}(G/G_i), 0 \leqslant i < n$. 任意 $g_2 \in G_2$, $g \in G$, 因为 $G_2/G_1 = \mathrm{Z}(G/G_1)$, 所以 $(g_2G_1)(gG_1) = (gG_1)(g_2G_1)$, 从而得到: $g^{-1}g_2g = g_2y_1$, 其中 $y_1 \in G_1$. 于是 $G_2 \lhd G$. 同理 $G_3 \lhd G, \cdots, G_{n-1} \lhd G$. 因此 G 是幂零群. □

综上所述, 有限群有下列关系:

$$p\text{-群} \Longrightarrow \text{幂零群} \Longrightarrow \text{超可解群} \Longrightarrow \text{可解群}.$$

引理 1 *设 G 是非 Abel 群, 若 G 有 Abel 正规子群 A, 使得 G/A 是超可解群, 则 G 必有 Abel 正规子群 H 使得 $H \not\subseteq \mathrm{Z}(G)$.*

证明 可设 $A \subseteq \mathrm{Z}(G)$, 否则取 $H = A$ 即可. 因为 $G/\mathrm{Z}(G) \cong (G/A)/(\mathrm{Z}(G)/A)$, 并且由于 G/A 超可解, 所以 $G/\mathrm{Z}(G)$ 超可解并且 $G/\mathrm{Z}(G) \neq \{\bar{1}\}$. 于是存在 $G/\mathrm{Z}(G)$ 的一个子群列

$$\{\bar{1}\} = G_0/\mathrm{Z}(G) \subseteq G_1/\mathrm{Z}(G) \subseteq \cdots \subseteq G_m/\mathrm{Z}(G) = G/\mathrm{Z}(G),$$

其中 $G_i/\mathrm{Z}(G) \lhd G/\mathrm{Z}(G)$, 并且 $(G_{i+1}/\mathrm{Z}(G))/(G_i/\mathrm{Z}(G))$ 是循环群, $0 \leqslant i \leqslant m$. 于是有 $G_1 \lhd G$, 并且 $G_1/\mathrm{Z}(G)$ 是循环群. 因为 $G_1/\mathrm{Z}(G_1) \cong (G_1/\mathrm{Z}(G))/(\mathrm{Z}(G_1)/\mathrm{Z}(G))$, 所以 $G_1/\mathrm{Z}(G_1)$ 也是循环群, 从而 G_1 为 Abel 群. 因为 $G/\mathrm{Z}(G) \neq \{\bar{1}\}$, 所以 $G_1 \neq \mathrm{Z}(G)$. 取 $H = G_1$ 即可. □

定理 2 *设 K 是有限群 G 的所有子群的分裂域并且 $\mathrm{char}\, K = 0$, 如果 G 有 Abel 正规子群 A 使得 G/A 为超可解群, 则 G 是关于 K 的 M-群.*

证明 若 G 是 Abel 群, 则显然 G 是 M-群. 下面设 G 是非 Abel 群. 对 $|G|$ 用归纳法. 任取 G 的一个不可约 K-表示 φ.

情形 1 若 φ 不是忠实的, 令 $\overline{G} = G/\mathrm{Ker}\,\varphi$, 则 $|\overline{G}| < |G|$. 由于分裂域是商群继承的, 因此 K 是 $\overline{G}$ 的所有子群的分裂域. 因为 $A \cdot \mathrm{Ker}\,\varphi \lhd G$, 所以 $A \cdot \mathrm{Ker}\,\varphi/\mathrm{Ker}\,\varphi \lhd G/\mathrm{Ker}\,\varphi$. 因为 $A \cdot \mathrm{Ker}\,\varphi/\mathrm{Ker}\,\varphi \cong A/A \bigcap \mathrm{Ker}\,\varphi$, 所以 $A \cdot \mathrm{Ker}\,\varphi/\mathrm{Ker}\,\varphi$ 是 Abel 群. 因为

$$(G/\mathrm{Ker}\,\varphi)/(A \cdot \mathrm{Ker}\,\varphi/\mathrm{Ker}\,\varphi)$$
$$\cong G/A \cdot \mathrm{Ker}\,\varphi \cong (G/A)/(A \cdot \mathrm{Ker}\,\varphi/A),$$

所以从 G/A 超可解可推出 $(G/\mathrm{Ker}\,\varphi)/(A \cdot \mathrm{Ker}\,\varphi/\mathrm{Ker}\,\varphi)$ 也超可解. 于是 $\overline{G}$ 满足定

理 2 所列的条件, 从而由归纳假设知, $\overline{G}$ 的不可约表示 $\widetilde{\varphi}$ (它提升后即为 φ) 是 $\overline{G}$ 的某个子群 $\overline{G}_1 = G_1/\operatorname{Ker}\varphi$ 的 1 次表示 $\widetilde{\psi}$ 的诱导表示. $\widetilde{\psi}$ 的提升记作 ψ, 它是 G_1 的 1 次表示. 类似于定理 1 证明中末段的论述, 从 $\widetilde{\varphi} = \widetilde{\psi}^G$ 可以推出 $\varphi = \psi^G$.

情形 2 设 φ 是忠实的. 因为 G 有 Abel 正规子群 A 使得 G/A 超可解, 所以根据引理 1 得, G 有 Abel 正规子群 $H \not\subseteq \mathrm{Z}(G)$. 设 χ 是 φ 提供的特征标, 设 μ 是 $\chi|H$ 的不可约成分. 根据 Blichfeldt 定理知, χ 可以由 G 的真子群 G_μ 的某个不可约特征标 ν 诱导出, 即 $\chi = \nu^G$. 显然 $G_\mu \bigcap A$ 是 G_μ 的 Abel 正规子群, 且有 $G_\mu/(G_\mu \bigcap A) \cong (AG_\mu)/A$. 因为 $(AG_\mu)/A$ 是 G/A 的子群, 所以 AG_μ/A 超可解, 从而 $G_\mu/(G_\mu \bigcap A)$ 超可解. 于是 G_μ 满足定理 2 的条件. 又因为 $|G_\mu| < |G|$, 根据归纳假设得, G_μ 的不可约特征标 ν 可以由 G_μ 的某个子群 L 的 1 次特征标 λ 诱导出, 即 $\nu = \lambda^{G_\mu}$. 从而得到

$$\chi = \nu^G = (\lambda^{G_\mu})^G = \lambda^G.$$

综上所述得出, G 是关于 K 的 M-群. □

注 习题 5.4 的第 11 题 (Clifford 定理) 和第 12 题 (Blichfeldt 定理) 中, 复数域可以换成 "K 是有限群 G 的所有子群的分裂域且 $\operatorname{char}K = 0$", 结论仍然成立.

推论 1 *超可解群是关于 K 的 M-群, 其中 K 是这个群的所有子群的分裂域并且 $\operatorname{char} K = 0$.*

证明 在定理 2 中取 $A = \{1\}$ 即得结论. □

推论 2 *设 K 是有限群 G 的所有子群的分裂域, 并且 $\operatorname{char} K = 0$, 若 G 是 p-群或幂零群, 则 G 是关于 K 的 M-群.* □

推论 3 *设 K 是有限群 G 的所有子群的分裂域, 并且 $\operatorname{char} K = 0$. 若 G 是亚 Abel 群 (即 G 是非 Abel 群, 但 G 有一个 Abel 正规子群 A 使得 G/A 为 Abel 群), 则 G 是关于 K 的 M-群.* □

推论 4 *设 K 是有限群 G 的所有子群的分裂域, 并且 $\operatorname{char} K = 0$. 若 $|G| = p_1p_2\cdots p_s$, 其中 $p_1, p_2, \cdots, p_s$ 是互不相同的素数, 则 G 是关于 K 的 M-群.*

证明 此时 G 的每个 Sylow p_i-子群都是循环群, 从而 G 是亚 Abel 群. □

§6 诱导特征标的 Brauer 定理

从习题 5.4 的第 11 题的 Clifford 定理知道, 若有限群 G 有非平凡的正规子群 N, 则 G 的不可约复特征标 χ 或者能够由 G 的某个真子群的一个不可约复特征标诱导出, 或者 χ 在 N 上的限制 $\chi|N$ 是 N 的某个不可约复特征标的倍数.

从上一节知道, 对于 M-群 G, 它的每一个不可约复特征标可由它的子群的 1 次复特征标诱导出, 从而 G 的每一个复特征标可以表示成一些子群的 1 次复特征标的诱导特征标的非负整系数线性组合.

本节来进一步研究对于任一有限群 G, 它的任一复特征标能否表示成它的某些子群的 1 次复特征标的诱导特征标的整系数线性组合? 这些子群是什么样的子群? Brauer 给出了这一问题的圆满解答, 本节将介绍这些结果. 我们将采用 Goldschmidt

的证明. 首先介绍一些概念.

定义 1 设 H 是有限群 G 的子群, 如果 H 是某个 p-子群 P 与某个阶和 p 互素的循环子群 C 的直积, 其中 p 是素数, 那么称 H 是 G 的**初等子群**.

显然, 若 H 是 G 的 p-子群, 则 H 是 G 的初等子群; 若 H 是 G 的循环子群 $\langle a\rangle$, 由于 $\langle a\rangle=\langle a_1\rangle\times\langle a_2\rangle$, 其中 $\langle a_1\rangle$ 的阶为某个素数 p 的方幂, $\langle a_2\rangle$ 的阶与 p 互素, 因此 H 是 G 的初等子群. 由此看出, 任一有限群 G 总有初等子群 (譬如 G 的 Sylow p-子群就是初等子群).

定义 2 设 H 是有限群 G 的子群, 如果 H 是某个 p-子群 P 与某个阶和 p 互素的正规 (在 H 中正规) 循环子群 C 的半直积, 其中 p 是素数, 则称 H 是 G 的**准初等子群**.

显然, G 的任一初等子群是准初等的. 容易看出, 准初等子群的任一子群仍是准初等的. 初等子群的子群仍是初等子群.

G 的所有准初等子群组成的集合记作 $\mathscr{D}$. 容易看出, 若 $H,L\in\mathscr{D}$, 则 $L\bigcap gHg^{-1}\in\mathscr{D},\forall g\in G$.

设 G 是有限群, K 是特征不能整除 $|G|$ 的域. 如果 G 的 K 值函数 f 是 G 的不可约特征标的整系数线性组合, 则 f 称为 G 的**广义特征标**.

显然, G 的广义特征标是 G 的类函数. G 的所有广义特征标组成的集合记作 $\mathrm{char}\,(G)$. 易验证 $\mathrm{char}\,(G)$ 是 G 的类函数环 $Cf_K(G)$ 的一个子环, 它的单位元是 G 的主特征标 χ_0 (或记作 1_G). 称 $\mathrm{char}\,(G)$ 是 G 的**广义特征标环**.

设域 K 的特征不能整除有限群 G 的阶, 考虑 G 的广义特征标环 $\mathrm{char}\,(G)$ 的加法子群:

$$\mathscr{B}(G;\mathscr{D})=\langle(1_H)^G|H\in\mathscr{D}\rangle,$$

其元素是 G 的一些准初等子群的主特征标的诱导特征标的整系数线性组合.

命题 1 $\mathscr{B}(G;\mathscr{D})$ 是 $\mathrm{char}\,(G)$ 的子环.

证明 设 $H,L\in\mathscr{D}$, 设 $\{x_1,x_2,\cdots,x_t\}$ 是 (L,H) 在 G 中的双陪集代表系. 对于每一个 $i(\leqslant i\leqslant t)$, 任意 $y\in x_iHx_i^{-1}$, 有 $1_H^{(i)}(y)=1_H(x_i^{-1}yx_i)=1$. 因此 $1_H^{(i)}$ 是 $x_iHx_i^{-1}$ 的主特征标. 令 $L_i=L\bigcap x_iHx_i^{-1}$, 于是 $1_H^{(i)}|L_i=1_{L_i}$. 根据本章 §2 的命题 3 和 §4 的定理 1 (Mackey 子群定理) 得

$$\begin{aligned}(1_L)^G\cdot(1_H)^G&=[1_L\cdot(1_H)^G|L]^G=[(1_H)^G|L]^G\\&=\left[\sum_{i=1}^t(1_H^{(i)}|L_i)^L\right]^G=\sum_{i=1}^t[(1_{L_i})^L]^G\\&=\sum_{i=1}^t(1_{L_i})^G\in\mathscr{B}(G;\mathscr{D}),\end{aligned}$$

所以 $\mathscr{B}(G;\mathscr{D})$ 是 $\mathrm{char}\,(G)$ 的子环. □

环 $\mathscr{B}(G;\mathscr{D})$ 称为 G 关于 $\mathscr{D}$ 的**Burnside 环**.

引理 1 设 R 是有限集合 G 的一些整值函数 (即 G 到 $\mathbb{Z}$ 的映射) 组成的环. 如果对于每一个素数 p 和每一个 $g\in G$, 存在一个函数 $f_{g,p}\in R$ 使得 $f_{g,p}(g)\neq$

$0(\bmod p)$, 那么 $1_G \in R$, 其中 1_G 是在 G 的每个元素上取值为 1 的函数.

证明　任给 $g \in G$, 考虑集合 $I_g := \{f(g) | f \in R\}$. 显然 I_g 对减法封闭; 对于任意 $f(g) \in I_g$, 任意 $m \in \mathbb{Z}$, 且 $m > 0$, 有

$$mf(g) = (f + \cdots + f)(g) \in I_g,$$
$$(-m)f(g) = -[mf(g)] = [-(mf)](g) \in I_g,$$

所以 I_g 是整数环 $\mathbb{Z}$ 的理想. 从而存在某个正整数 n 使得 $I_g = (n)$. 假如 $n \neq 1$, 设 $n = p_1^{\alpha_1} p_2^{\alpha_2} \cdots p_s^{\alpha_s}$, 其中 $p_1, p_2, \cdots, p_s$ 是互不相同的素数, $\alpha_i > 0 (1 \leqslant i \leqslant s)$. 由已知条件, 对于 p_1, 存在函数 $f_{g,p_1} \in R$ 使得 $f_{g,p_1}(g) \not\equiv 0(\bmod p_1)$. 由于 $f_{g,p_1}(g) \in I_g$, 所以 $n | f_{g,p_1}(g)$. 从而有 $p_1 | f_{g,p_1}(g)$, 矛盾. 所以 $n = 1$, 即 $I_g = \mathbb{Z}$. 因此 R 中有一个函数 f_g 使得 $f_g(g) = 1$. 从而

$$\left[\prod_{g \in G} (1_G - f_g)\right](x) = 0, \quad \forall x \in G,$$

所以 $\prod\limits_{g \in G} (1_G - f_g) = 0$, 把左边展开, 移项即得 $1_G \in R$. □

命题 2　设 G 是有限群, $\mathscr{D}$ 的意义同上, 域 K 的特征为零, 则 $1_G \in \mathscr{B}(G; \mathscr{D})$.

证明　只要证 $\mathscr{B}(G; \mathscr{D})$ 满足引理 1 的条件. 任给素数 p, 任给 $g \in G$, 设 g 的阶为 $p^l m$, 其中 $(m, p) = 1, l \geqslant 0$. 令 $C = \langle g^{p^l} \rangle$, 则 $|C| = m$. 令 $N = \mathrm{N}_G(C)$, 其中 $\mathrm{N}_G(C)$ 是 C 在 G 中的正规化子, 即 $\mathrm{N}_G(C) = \{x \in G | x^{-1}Cx = C\}$. 于是 $C \lhd N$. 显然 $g \in N$. 设 P 是 N 的 Sylow p-子群且使得 $g^m \in P$. 设 $H = PC$, 显然 $C \lhd H, P \bigcap C = \{1\}$, 所以 H 是 P 与 C 的半直积, 从而 $H \in \mathscr{D}$.

现在来证 $(1_H)^G(g) \not\equiv 0(\bmod p)$. 设 $\{x_1 = 1, x_2, \cdots, x_t\}$ 是 H 在 G 中的左陪集代表系, 则

$$(1_H)^G(g) = \sum_{i=1}^{t} \dot{1}_H(x_i^{-1} g x_i) = |\{i | x_i^{-1} g x_i \in H\}|.$$

对任意 $x \in G$, 若 $x^{-1}gx \in H$, 则 $x^{-1}g^{p^l}x \in H$, 从而 $x^{-1}Cx \subseteq H$. 因为 $H = PC$, 而 $x^{-1}Cx$ 的阶与 p 互素, 所以 $x^{-1}Cx \subseteq C$. 从而 $x^{-1}Cx = C$, 这说明 $x \in \mathrm{N}_G(C) = N$. 又由 $x^{-1}gx \in H$, 可推出 $gx \in xH$, 从而 $g(xH) = (gx)H = xH$. 反之, 若 $g(xH) = xH$, 则 $gx \in xH$, 从而 $x^{-1}gx \in H$. 所以 $x^{-1}gx \in H$ 当且仅当 $x \in N$ 并且 $g(xH) = xH$. 因为 $H = PC < N$, 由 $G = x_1 H \bigcup \cdots \bigcup x_t H$ 可得到

$$N = N \bigcap G = [(x_1 H) \bigcap N] \bigcup \cdots \bigcup [(x_t H) \bigcap N].$$

若有 $y \in x_i H \bigcap N$, 则对于某个 $h \in H$ $y = x_i h$. 从而 $x_i = yh^{-1} \in N$, 于是 $x_i H \subseteq N$. 因此当 $x_i H \bigcap N \neq \varnothing$ 时 $x_i H \bigcap N = x_i H$. 这说明 $x_i H \bigcap N$ 或者是空集, 或者等于 $x_i H$. 于是可设

$$N = H \bigcup x_2 H \bigcup \cdots \bigcup x_r H, \quad r \leqslant t.$$

由上述得, $(1_H)^G(g)$ 等于 H 在 N 里的被 g 固定的左陪集的数目.

任意 $c \in C$, 对于每个 $i (1 \leqslant i \leqslant r)$, 有

$$c(x_i H) = (cx_i)H = x_i(x_i^{-1} c x_i)H = x_i H.$$

考虑 $\langle g\rangle$ 在商集 N/H 上的作用 (注意 $g\in N$). 于是得到 $\langle g\rangle$ 到集合 N/H 的全变换群 ($\cong S_r$) 的一个同态 φ. 因为 $g^{p^l}\in C$, 所以 $\varphi(g^{p^l})$ 是集合 N/H 的恒等映射. 从而 $\varphi(g)$ 的阶能整除 p^l. 设 $\varphi(g)$ 的阶为 p^s, 其中 $s\leqslant l$. 由于 $\varphi(g)$ 的阶是 $\varphi(g)$ 的轮换分解式中各个轮换的长度的最小公倍数. 所以 $\varphi(g)$ 的每一个非 1-轮换的长等于 p 的正整数次幂. 另一方面, 因为 H 包含 N 的 Sylow p-子群 P, 而 $r=[N:H]$, 所以 r 与 p 互素. 由于 $\varphi(g)$ 的轮换分解式中所有轮换 (包括 1-轮换) 的长度之和等于 r, 因此 p 不能整除 $\varphi(g)$ 的不动点数目, 即 p 不能整除被 g 固定的 H 在 N 中的左陪集的数目, 而这个数目等于 $(1_H)^G(g)$. 所以 $(1_H)^G(g)\not\equiv 0(\bmod p)$. 由引理 1 即得 $1_G\in\mathscr{B}(G:\mathscr{D})$. □

模仿本章 §2 的命题 2 中的公式 (7), 可以给出诱导类函数的定义.

定义 3 设 G 是有限群, $H<G$, 域 K 的特征不能整除 $|G|$. 设 η 是 H 上的类函数, 考虑 G 上的一个函数 η^G, 它由下式定义:

$$\eta^G(g):=\frac{1}{|H|}\sum_{a\in G}\dot{\eta}(a^{-1}ga),\quad \forall g\in G, \tag{1}$$

其中

$$\dot{\eta}(y)=\begin{cases}\eta(y), & 当\ y\in H,\\ 0, & 当\ y\notin H;\end{cases} \tag{2}$$

易看出 η^G 是 G 上的类函数, 称 η^G 是 η 的**诱导类函数**.

诱导类函数有下列性质.

命题 3 (传递性) 设 G 是有限群, 域 K 的特征不能整除 $|G|$, H,L 都是 G 的子群, 并且 $H<L$. 设 η 是 H 上的类函数, 则

$$(\eta^L)^G=\eta^G. \tag{3}$$

证明 任取 $g\in G$, 如果 $g\in L$, 则

$$\eta^L(g)=\frac{1}{|H|}\sum_{a\in L}\dot{\eta}(a^{-1}ga);$$

如果 $g\notin L$, 则对一切 $a\in L$, 有 $a^{-1}ga\notin L$. 由于 $H<L$, 因此 $a^{-1}ga\notin H$, 从而 $\dot{\eta}(a^{-1}ga)=0$. 类似于 (2) 式可定义函数 $(\dot{\eta^L})$, 对于 $g\notin L$, 有 $(\dot{\eta^L})(g)=0$. 从而对一切 $g\in G$, 有

$$(\dot{\eta^L})(g)=\frac{1}{|H|}\sum_{a\in L}\dot{\eta}(a^{-1}ga). \tag{4}$$

于是对一切 $g\in G$, 有

$$\begin{aligned}(\eta^L)^G(g)&=\frac{1}{|L|}\sum_{b\in G}(\dot{\eta^L})(b^{-1}gb)\\&=\frac{1}{|L|}\cdot\frac{1}{|H|}\sum_{b\in G}\sum_{a\in L}\dot{\eta}(a^{-1}b^{-1}gba)\\&=\frac{1}{|L|}\cdot\frac{1}{|H|}\sum_{a\in L}\sum_{b\in G}\dot{\eta}((ba)^{-1}g(ba))\end{aligned}$$

$$= \frac{1}{|L|} \cdot \frac{1}{|H|} \sum_{a \in L} \sum_{t \in G} \dot{\eta}(t^{-1}gt)$$
$$= \frac{1}{|L|} \sum_{a \in L} \eta^G(g) = \eta^G(g).$$

由此即得 (3) 式. □

命题 4 设 G 是有限群, $\operatorname{char} K \nmid |G|, H < G$, $\eta_1, \eta_2, \cdots, \eta_r$ 都是 H 的类函数. 设 $k_i \in K, 1 \leqslant i \leqslant r$, 则

$$\left(\sum_{i=1}^r k_i \eta_i\right)^G = \sum_{i=1}^r k_i \eta_i^G. \tag{5}$$

证明 对任意 $g \in G$, 有

$$\left(\sum_{i=1}^r k_i \eta_i\right)^G (g) = \frac{1}{|H|} \sum_{a \in G} \left(\sum_{i=1}^r k_i \eta_i\right)^{\cdot} (a^{-1}ga)$$
$$= \frac{1}{|H|} \sum_{a \in G} \sum_{i=1}^r k_i \dot{\eta}_i(a^{-1}ga)$$
$$= \sum_{i=1}^r k_i \frac{1}{|H|} \sum_{a \in G} \dot{\eta}_i(a^{-1}ga)$$
$$= \sum_{i=1}^r k_i \eta_i^G(g) = \left(\sum_{i=1}^r k_i \eta_i^G\right)(g),$$

从而 (5) 式成立. □

命题 5 设 G 是有限群, $\operatorname{char} K \nmid |G|, H < G$. 设 η 是 H 的类函数, ξ 是 G 的类函数, 则

$$\eta^G \cdot \xi = (\eta \cdot \xi|H)^G. \tag{6}$$

证明 对任意 $g \in G$, 有

$$(\eta \cdot \xi|H)^G(g) = \frac{1}{|H|} \sum_{a \in G} (\eta \cdot \xi|H)^{\cdot}(a^{-1}ga)$$
$$= \frac{1}{|H|} \sum_{a \in G} \dot{\eta}(a^{-1}ga)(\xi|H)^{\cdot}(a^{-1}ga)$$
$$= \frac{1}{|H|} \sum_{a \in G} \dot{\eta}(a^{-1}ga)\xi(a^{-1}ga)$$
$$= \frac{1}{|H|} \sum_{a \in G} \dot{\eta}(a^{-1}ga)\xi(g)$$
$$= \eta^G(g)\xi(g) = (\eta^G \xi)(g),$$

由此即得 (6) 式. □

定理 1 (Frobenius 互反律) 设 G 是有限群, $H < G, \operatorname{char} K \nmid |G|$. 设 η 是 H 的类函数, ξ 是 G 的类函数, 则当 K 是复数域时, 有

$$(\eta^G, \xi)_G = (\eta, \xi|H)_H. \tag{7}$$

证明

$$\begin{aligned}(\eta^G,\xi)_G &= \frac{1}{|G|}\sum_{g\in G}\eta^G(g)\overline{\xi(g)} = \frac{1}{|G|}\sum_{g\in G}\left[\frac{1}{|H|}\sum_{a\in G}\dot{\eta}(a^{-1}ga)\right]\overline{\xi(g)}\\ &= \frac{1}{|G|\cdot|H|}\sum_{a\in G}\sum_{g\in G}\dot{\eta}(a^{-1}ga)\overline{\xi(g)}\\ &= \frac{1}{|G|\cdot|H|}\sum_{a\in G}\sum_{y\in G}\dot{\eta}(y)\overline{\xi(aya^{-1})}\\ &= \frac{1}{|G|\cdot|H|}\sum_{a\in G}\sum_{y\in G}\dot{\eta}(y)\overline{\xi(y)} = \frac{1}{|H|}\sum_{y\in G}\dot{\eta}(y)\overline{\xi(y)}\\ &= \frac{1}{|H|}\sum_{y\in H}\eta(y)\overline{\xi(y)} = (\eta,\xi|H)_H.\end{aligned}$$

□

注 设 K 是一个域, G 是有限群. 我们在函数空间 K^G 中定义一个二元函数如下:

$$\langle\xi,\eta\rangle := \frac{1}{|G|}\sum_{g\in G}\xi(g)\eta(g^{-1}).$$

容易验证这个二元函数是 K^G 上的对称双线性函数. 第三章 §2 的定理 1 的第一正交关系可以推广成: 设 G 是有限群, 域 K 的特征不能整除 $|G|$ 并且 K 是 G 的分裂域, 又设 χ_i 与 χ_j 是 G 的不可约特征标, 则

$$\frac{1}{|G|}\sum_{g\in G}\chi_i(g)\chi_j(g^{-1}) = \delta_{ij}.$$

利用上述对称双线性函数, 可以把第一正交关系写成 $\langle\chi_i,\chi_j\rangle = \delta_{ij}$. 定理 1 (Frobenius 互反律) 的结论还有: $\langle\eta^G,\xi\rangle_G = \langle\eta,\xi|H\rangle_H$.

定理 2 (Brauer) 设域 K 的特征为 0, 并且 K 是有限群 G 的所有子群的分裂域. 设 ξ 是 G 的类函数, 则下列命题等价:

(i) ξ 是 G 的初等子群的 1 次特征标的诱导特征标的整系数线性组合;

(ii) ξ 是 G 的广义特征标;

(iii) 对于 G 的每一个初等子群 H, 都有 $\xi|H$ 是 H 的广义特征标.

证明 设 $\mathscr{E}$ 是 G 的所有初等子群组成的集合. 设

$$\mathscr{T} = \{G \text{ 的初等子群的 1 次特征标的诱导特征标的整系数线性组合}\}.$$

显然, $\mathscr{T}$ 是 $\mathrm{char}\,(G)$ 的加法子群. 设

$$\mathscr{R} = \{\xi\in Cf_k(G)\,|\,\xi|H\in\mathrm{char}\,(H), H\in\mathscr{E}\}.$$

易看出 $\mathscr{R}$ 是 $Cf_K(G)$ 的子环. 显然有

$$\mathscr{T}\subseteq\mathrm{char}\,(G)\subseteq\mathscr{R}.$$

因此为了证定理 2, 就只需证 $\mathscr{T}=\mathscr{R}$.

首先证 $\mathscr{T}$ 是环 $\mathscr{R}$ 的理想. 任取 $\xi\in\mathscr{T},\eta\in\mathscr{R}$, 设 $\xi=\sum\limits_{i=1}^{n}m_i\lambda_i^G$, 其中 λ_i 是 G

的初等子群 H_i 的 1 次特征标, $1 \leqslant i \leqslant n$, 则

$$\xi\eta = \sum_{i=1}^{n} m_i(\lambda_i^G \eta) = \sum_{i=1}^{n} m_i[\lambda_i(\eta|H_i)]^G.$$

因为 $\eta|H_i \in \mathrm{char}\,(H_i)$, 所以 $\lambda_i(\eta|H_i) \in \mathrm{char}\,(H_i)$. 于是存在整数 l_{ij} 使得 $\lambda_i(\eta|H_i) = \sum_{j=1}^{r_i} l_{ij}\mu_{ij}$, 其中 $\mu_{ij} \in \mathrm{Irr}\,(H_i)$. 因此

$$\xi\eta = \sum_{i=1}^{n} m_i \left(\sum_{j=1}^{r_i} l_{ij}\mu_{ij} \right)^G = \sum_{i=1}^{n}\sum_{j=1}^{r_i} m_i l_{ij}\mu_{ij}^G. \tag{8}$$

因为 H_i 是初等子群, 所以 $H_i = P_i \times C_i$, 其中 P_i 是 p-群, C_i 是其阶与 p 互素的循环群. 于是 $H_i/C_i \cong P_i$. 由于 p-群是超可解群, 根据本章 §5 的定理 2 得, H_i 是关于 K 的 M-群, 从而 H_i 的每一个不可约特征标 μ_{ij} 是 H_i 的某个子群的 1 次特征标的诱导特征标. 容易看出, 初等子群的子群仍是初等子群. 根据诱导特征标的传递性得, μ_{ij}^G 是 H_i 的初等子群的 1 次特征标的诱导特征标, 于是由 (8) 式得到 $\xi\eta \in \mathscr{T}$. 所以 $\mathscr{T}$ 是环 $\mathscr{R}$ 的理想.

其次证 $1_G \in \mathscr{T}$. 根据命题 2, $1_G \in \mathscr{B}(G;\mathscr{D})$. 由于 $\mathscr{B}(G;\mathscr{D})$ 里的元素是 G 的一些准初等子群的主特征标的诱导特征标的整系数线性组合, 于是如果我们能证明每一个准初等子群 L 的主特征标 1_L 是 L 的初等子群的 1 次特征标的诱导特征标的整系数线性组合, 由诱导的传递性, 就可得出 $(1_L)^G \in \mathscr{T}$, 从而得 $1_G \in \mathscr{T}$. 设 $L = PC$, 其中 P 是 p-群, C 是其阶与 p 互素的正规循环子群, 设 $N = \mathrm{N}_L(P)$. 因为 $P \subseteq \mathrm{N}_L(P) = N$, 所以 $N = P \times (N \bigcap C)$. 于是 N 是 L 的初等子群, 由初等子群的定义知, N 也是 G 的初等子群. 如果 $L = N$, 则 L 本身是初等子群, 从而 $(1_L)^G \in \mathscr{T}$. 若 $N \neq L$, 设 $1_L, \nu_2, \cdots, \nu_s$ 是 L 的全部不同的不可约特征标, 则

$$(1_N)^L = a_1 1_L + \sum_{i=2}^{s} a_i\nu_i,$$

其中 a_i 是非负整数 $(1 \leqslant i \leqslant s)$. 我们有

$$a_1 = \langle (1_N)^L, 1_L \rangle_L = \langle 1_N, (1_L)|N \rangle_N = \langle 1_N, 1_N \rangle_N = 1.$$

把 $a_i = 0$ 的项去掉, 不妨设

$$(1_N)^L = 1_L + \sum_{i=2}^{t} a_i\nu_i, \quad a_i > 0 \quad (2 \leqslant i \leqslant t). \tag{9}$$

假如对于某个 i $(2 \leqslant i \leqslant t), \nu_i(1) = 1$, 则 $\nu_i|N$ 是 N 的 1 次特征标. 因为

$$\langle \nu_i|N, 1_N \rangle_N = \langle \nu_i, (1_N)^L \rangle_L = a_i > 0,$$

所以 $\nu_i|N = 1_N$. 从而 $N \subseteq \mathrm{Ker}\,\nu_i =: M$. 因为 ν_i 是 1 次特征标, 并且 $\nu_i \neq 1_L$, 所以 M 是 L 的真正规子群. 因为 $P \subseteq N \subseteq M$, 所以 P 是 M 的 Sylow p-子群. 对任意 $g \in L, gPg^{-1}$ 也是 M 的 Sylow p-子群, 因此存在 $y \in M$ 使得 $y(gPg^{-1})y^{-1} = P$, 从而得 $yg \in \mathrm{N}_G(P) = N$, 于是 $g \in M$. 从而得到 $L = M$, 矛盾. 所以对于每个 $i(2 \leqslant i \leqslant t)$, 都有 $\nu_i(1) > 1$.

因为 L 有正规循环子群 C, 并且 $L/C \cong P$ 是 p-群, 所以 L 是关于 K 的 M-群. 由于 $\nu_i(2 \leqslant i \leqslant t)$ 非 1 次特征标, 因此每个 $\nu_i(2 \leqslant i \leqslant t)$ 是 L 的真子群 L_i 的 1 次

特征标 ω_i 的诱导特征标. 于是 (9) 式成为

$$1_L = (1_N)^L - \sum_{i=2}^{t} a_i \omega_i^L. \tag{10}$$

因为 L 是 G 的准初等子群, 所以 L_i 仍为准初等子群, 并且 $|L_i| < |L|$. 于是我们可以运用归纳法, 假设对于阶小于 $|L|$ 的准初等子群, 它的主特征标可以表示成它的初等子群的 1 次特征标的诱导特征标的整系数线性组合. 现在来看 1_L. 由归纳假设, L_i 的主特征标 $1_{L_i} = \sum\limits_j b_j \varepsilon_{ij}^{L_i}$, 其中 ε_{ij} 是 L_i 的初等子群 L_{ij} 的 1 次特征标, b_j 是整数. 于是

$$\begin{aligned}\omega_i &= \omega_i \cdot 1_{L_i} = \omega_i \left(\sum_j b_j \varepsilon_{ij}^{L_i} \right) = \sum_j b_j \omega_i \varepsilon_{ij}^{L_i} \\ &= \sum_j b_j [(\omega_i | L_{ij}) \varepsilon_{ij}]^{L_i}.\end{aligned}$$

因为 $(\omega_i|L_{ij})\varepsilon_{ij}$ 是 L_{ij} 的 1 次特征标, 所以 ω_i 可表示成 L_i 的初等子群的 1 次特征标的诱导特征标的整系数线性组合. 于是从 (10) 式看出: 1_L 是 L 的初等子群的 1 次特征标的诱导特征标的整系数线性组合. 由归纳法原理得, 对于 G 的任一准初等子群, 其主特征标均可表示成它的初等子群的 1 次特征标的诱导特征标的整系数线性组合. 从而 $1_G \in \mathscr{T}$. 所以 $\mathscr{T} = \mathscr{R}$. □

由定理 2 立即得到下述定理 3.

定理 3 (Brauer) 设 K 是有限群 G 的所有子群的分裂域且 $\operatorname{char} K = 0$, 则 G 的每一个特征标是 G 的初等子群的 1 次特征标的诱导特征标的整系数线性组合. □

定理 2 和 3 有许多重要应用. 本节来介绍它的一个应用.

定理 4 (Brauer) 设 G 是有限群, χ 是 G 的不可约复特征标, p 是素数, 则下列命题等价:

(i) $\chi(g) = 0$, 对于每一个其阶能被 p 整除的元素 g;

(ii) $\chi(g) = 0$, 对于每一个其阶能被 p 的方幂整除的元素 g;

(iii) $\dfrac{|G|}{\chi(1)} \not\equiv 0 (\bmod p)$.

证明 (i)⇒(ii) 显然.

(ii)⇒(iii). 设 $|G| = p^l m$, 其中 $p \nmid m$. 设 P 是 G 的 Sylow p-子群. 由 (ii) 知, 任意 $g \in P$, 且 $g \neq 1$, 有 $\chi(g) = 0$. 于是

$$(\chi|P, 1_P)_P = \frac{1}{|P|} \sum_{g \in P} \chi(g) = \frac{1}{|P|} \chi(1),$$

所以 $p^l | \chi(1)$, 从而 $\dfrac{|G|}{\chi(1)}$ 与 p 互素, 即 $\dfrac{|G|}{\chi(1)} \not\equiv 0 (\bmod p)$.

(iii)⇒(i). 首先证一个结论: "设 $H = P_1 \times Q \subseteq G$, 其中 P_1 是 p-群或单位子群, $p \nmid |Q|$, 设 $\dfrac{|G|}{\chi(1)}$ 与 p 互素, 则对所有 $\nu \in \operatorname{Irr}(Q)$, 有 $(\nu, \chi|Q)$ 能被 $|P_1|$ 整除."

设 $n=\dfrac{|G|}{\chi(1)}$. 任取 $y\in Q$, 根据第三章 §3 命题 5 知

$$\frac{|G|\chi(y)}{|\,\mathrm{C}_G(y)|\chi(1)}$$

是代数整数. 因为 $P_1\subseteq \mathrm{C}_G(y)$, 所以 $|\,\mathrm{C}_G(y)|=|P_1|r$. 于是

$$\frac{|G|\chi(y)}{|\,\mathrm{C}_G(y)|\chi(1)}=\frac{n\chi(y)}{|P_1|r}.$$

由此得出: $\dfrac{n\chi(y)}{|P_1|}$ 是代数整数. 根据 (iii) 的假设, $n=\dfrac{|G|}{\chi(1)}$ 与 p 互素, 从而 n 与 $|P_1|$ 互素. 于是存在整数 a,b 使得 $an+b|P_1|=1$, 从而得

$$\frac{\chi(y)}{|P_1|}=\frac{an\chi(y)}{|P_1|}+b\chi(y).$$

上式表明 $\dfrac{\chi(y)}{|P_1|}$ 是代数整数. 现在选择整数 d,e 使得 $d|P_1|+e|Q|=1$, 则

$$\begin{aligned}\frac{(\nu,\chi|Q)}{|P_1|}&=d(\nu,\chi|Q)+\frac{e|Q|}{|P_1|}(\nu,\chi|Q)\\&=d(\nu,\chi|Q)+e\frac{1}{|P_1|}\sum_{y\in Q}\nu(y^{-1})\chi(y)\\&=d(\nu,\chi|Q)+e\sum_{y\in Q}\nu(y^{-1})\frac{\chi(y)}{|P_1|}.\end{aligned}$$

上式右边是代数整数, 从而推出 $|P_1|\ |(\nu,\chi|Q)$.

其次, 我们定义 G 上的一个类函数如下:

$$\xi(g)=\begin{cases}\chi(g), & \text{当 } g \text{ 的阶不能被 } p \text{ 整除},\\ 0, & \text{当 } g \text{ 的阶能被 } p \text{ 整除}.\end{cases}$$

下面来证 $\xi=\chi$. 关键一步是证 $\xi\in\mathrm{char}\,(G)$. 根据定理 2, 这只要证: 对于 G 的每一个初等子群 H 有 $\xi|H\in\mathrm{char}\,(H)$. 设 $H=P_2\times C$, 其中 P_2 是 p_2-群, p_2 是素数; C 是其阶与 p_2 互素的循环群. 如果 $p_2=p$, 则 P_2 就是 p-群. 如果 $p_2\neq p$, 且若 $|C|$ 能被 p 整除, 则 $C=C_1\times C_2$, 其中 $p|\ |C_1|, p\nmid |C_2|$, 于是 $H=C_1\times(C_2\times P_2)$; 若 $p\nmid|C|$, 则 $H=1\times H$. 总之, 可设 $H=P_3\times Q$, 其中 P_3 是 p-群或单位子群, $p\nmid|Q|$. 根据刚才证得的结论知, 对于每一个 $\nu\in\mathrm{Irr}\,(Q)$ 有 $(\nu,\chi|Q)$ 能被 $|P_3|$ 整除. 又由群的直积的表示知, H 的每一个不可约特征标 ω 满足 $\omega(xy)=\mu(x)\nu(y)$, 其中 μ 是 P_3 的某个不可约特征标, $\nu\in\mathrm{Irr}\,(Q), x\in P_3, y\in Q$. 对任意 $x\in P_3$ 且 $x\neq 1$, 以及任意 $y\in Q$, 由于 $xy=yx$, 且 x 的阶与 y 的阶互素, 因此 xy 的阶 $|xy|=|x|\ |y|$. 从而 xy 的阶能被 p 整除. 因此有 $\xi(xy)=0$. 于是

$$\begin{aligned}(\omega,\xi|H)_H&=\frac{1}{|H|}\sum_{\substack{x\in P_3\\ y\in Q}}\overline{\omega(xy)}\xi(xy)=\frac{1}{|P_3||Q|}\sum_{y\in Q}\overline{\mu(1)\nu(y)}\xi(y)\\&=\frac{\mu(1)}{|P_3|}\frac{1}{|Q|}\sum_{y\in Q}\overline{\nu(y)}\chi(y)=\frac{\mu(1)}{|P_3|}(\nu,\chi|Q)_Q.\end{aligned}$$

由此得出 $(\omega,\xi|H)_H$ 是整数. 结合第三章 §2 的定理 2 得 $\xi|H\in\mathrm{char}\,(H)$, 于是

$\xi \in \mathrm{char}\,(G)$. 设 $S=\{g\in G|g$ 的阶不能被 p 整除 $\}$, 因为 $1\in S$, 所以

$$0<(\xi,\xi)_G=\frac{1}{|G|}\sum_{g\in G}\xi(g)\overline{\xi(g)}=\frac{1}{|G|}\sum_{g\in S}|\chi(g)|^2$$
$$\leqslant\frac{1}{|G|}\sum_{g\in G}|\chi(g)|^2=(\chi,\chi)_G=1.$$

由于 $(\xi,\xi)_G$ 是正整数, 所以上式必为等式, 从而得出 $\chi(g)=0,\forall g\in G\backslash S$. □

§7 有理特征标的 Artin 定理

群 G 的 $\mathbb{Q}$-表示称为**有理表示**, 它提供的特征标为**有理特征标**. 若 χ 是有限群 G 的有理特征标, 则对于每个 $g\in G$ $\chi(g)\in\mathbb{Z}$, 这是因为 $\chi(g)$ 是 $|G|$ 次单位根的和, 从而是代数整数. 设 $H<G$, 则 $(1_H)^G$ 是 G 的有理特征标. 反之, G 的每一个有理特征标能否由 G 的某些子群的主特征标诱导出? Artin 的有理特征标定理回答了这个问题. 为了证明 Artin 定理, 我们需要一个引理.

引理 1 设 χ 是 G 的有理特征标, 设 G 的两个循环子群 $\langle x\rangle$ 与 $\langle y\rangle$ 在 G 中共轭, 则 $\chi(x)=\chi(y)$.

证明 因为 χ 是 G 上的类函数, 所以不妨设 $\langle x\rangle=\langle y\rangle$. 设 x 的阶为 n,ε 是本原 n 次单位根. 因为 $\langle y\rangle=\langle x\rangle$, 所以 $y=x^m$, 其中 $(m,n)=1$. 于是 ε^m 也是本原 n 次单位根. 从而存在分圆域 $\mathbb{Q}(\varepsilon)$ 的 $\mathbb{Q}$-自同构 σ 使得 $\sigma(\varepsilon)=\varepsilon^m$. 根据第 3 章 §1 的命题 6 知, $\chi(x)=\sum\limits_{i=1}^{\chi(1)}\varepsilon_i$, 其中每个 ε_i 是 n 次单位根, 从而它是 ε 的方幂. 设 χ 是由 G 的 $\mathbb{Q}$-表示 φ 提供的, 则 $\varepsilon_1,\varepsilon_2,\cdots,\varepsilon_{\chi(1)}$ 是 $\varphi(x)$ 的特征值多项式的全部复根. 于是 $\varphi(x^m)=\varphi(x)^m$ 的特征多项式的全部复根是 $\varepsilon_1^m,\varepsilon_2^m,\cdots,\varepsilon_{\chi(1)}^m$. 从而我们有

$$\chi(y)=\chi(x^m)=\sum_i\varepsilon_i^m=\sum_i\sigma(\varepsilon_i)$$
$$=\sigma\left(\sum_i\varepsilon_i\right)=\sigma(\chi(x))=\chi(x).$$ □

定理 1 (Artin) 设 χ 是有限群 G 的有理特征标, 则

$$\chi=\sum\frac{a_H}{[\mathrm{N}_G(H):H]}(1_H)^G,\tag{1}$$

其中 H 跑遍 G 的循环子群, 并且 $a_H\in\mathbb{Z}$.

证明 在 G 上定义一个等价关系 "≡":

$$x\equiv y\Longleftrightarrow\langle x\rangle\text{与 }\langle y\rangle\text{在 }G\text{ 中共轭}.$$

从引理 1 得出: χ 在关于 "≡" 的等价类上取常数值. 设 $B_1,B_2,\cdots,B_m$ 是 G 的关于 "≡" 的不同的等价类 (今后简称为 (≡)-类), 并且设 f_i 是 B_i 的特征函数, 即

$$f_i(x)=\begin{cases}1, & \text{当 } x\in B_i,\\ 0, & \text{当 } x\notin B_i.\end{cases}$$

易看出 χ 是 $f_1,f_2,\cdots,f_m$ 的 $\mathbb{Z}$-线性组合. 在 B_i 里选一个代表元素 x_i, 并且设 $H_i=\langle x_i\rangle,n_i=|H_i|(i=1,2,\cdots,m)$. 根据 [24] 习题 1.5 的第 23 题得, H_i 在 G 中的

共轭子群的数目等于 $[G:\mathrm{N}_G(H_i)]$. 又由于 $\langle x_i\rangle=\langle x_i^k\rangle$ 当且仅当 $(k,n_i)=1$, 因此我们得到

$$|B_i|=[G:\mathrm{N}_G(H_i)]\varphi(n_i), \tag{2}$$

这里 $\varphi(n_i)$ 是欧拉函数.

下面我们在 n_i 上运用归纳法来证明

$$|\mathrm{N}_G(H_i)|f_i=\sum_{j=1}^{m}a_jn_j(1_{H_j})^G, \tag{3}$$

对于适当的 $a_j\in\mathbb{Z}$, 其中当 H_j 不与 H_i 的子群共轭时有 $a_j=0$.

如果 $n_i=1$, 则 $B_i=\{1\},H_i=\{1\},[G:H_i]=|G|$. 根据本章 §2 的公式 (1) 可得: $(1_{H_i})^G(1)=|G|,(1_{H_i})^G(g)=0$ 对于一切 $g\neq 1$. 因此 $(1_{H_i})^G=|G|f_i$. 由于 $H_i=\{1\}$ 的子群只有自己, 因此与 H_i 的子群共轭的 H_j 只有 H_i 一个. 于是 (3) 式右边为 $a_i(1_{H_i})^G$, 而左边为 $|G|f_i$, 取 $a_i=1$, 则 (3) 式成立.

假设 $n_i>1$. 因为 $(1_{H_i})^G$ 是 G 的有理特征标, 所以 $(1_{H_i})^G$ 在 $(\equiv)$-类上取常数值. 从而可设

$$(1_{H_i})^G=\sum_{j=1}^{m}b_jf_j, \tag{4}$$

其中 $b_j\in\mathbb{Z},j=1,2,\cdots,m$. 我们有

$$\begin{aligned}(f_j,f_k)_G&=\frac{1}{|G|}\sum_{g\in G}f_j(g)\overline{f_k(g)}\\&=\frac{1}{|G|}\sum_{l=1}^{m}|B_l|f_j(x_l)\overline{f_k(x_l)}=\frac{|B_j|}{|G|}\delta_{jk}.\end{aligned} \tag{5}$$

如果 $y=gxg^{-1}$, 则 $y\equiv x$. 由此看出 f_j 是 G 的类函数 $(j=1,2,\cdots,m)$. 根据 Frobenius 互反律得到: $((1_{H_i})^G,f_j)_G=(1_{H_i},f_j|H_i)_{H_i}$. 由于 (4) 式和 (5) 式我们有

$$((1_{H_i})^G,f_j)_G=\left(\sum_{k=1}^{m}b_kf_k,f_j\right)_G=b_j\frac{|B_j|}{|G|}. \tag{6}$$

$f_j|H_i(x_i^s)=1$ 当且仅当 $x_i^s\in B_j$, 即 $x_i^s\equiv x_j$. 由此看出: 当 H_j 不与 H_i 的子群共轭时, 有 $f_j|H_i=0$. 当 H_j 与 H_i 的一个子群 $\langle x_i^s\rangle$ 共轭时, 有 $\langle x_j\rangle=g\langle x_i^s\rangle g^{-1}=\langle gx_i^sg^{-1}\rangle$. 从而得到: $x_i^s=g^{-1}x_j^rg$ 对于某个 r. 于是

$$x_i^s\in B_j\iff x_j^r\in B_j\iff(r,n_j)=1.$$

所以此时 $f_j|H_i$ 在 H_i 的 $\varphi(n_j)$ 个元素上取值为 1, 在其余元素上取值为 0. 由此得出 $(1_{H_i},f_j|H_i)_{H_i}=\dfrac{\varphi(n_j)}{n_i}$. 再由 (6) 式和 (2) 式便得到

$$b_j=\frac{|G|}{|B_j|}(1_{H_i},f_j|H_i)_{H_i}=\frac{|G|}{|B_j|}\cdot\frac{\varphi(n_j)}{n_i}=\frac{|\mathrm{N}_G(H_j)|}{n_i}. \tag{7}$$

因此, 当 H_j 与 H_i 的一个子群共轭时, b_j 的值由 (7) 式给出; 而当 H_j 不与 H_i 的子群共轭时, $b_j=0$. 所以

$$n_i(1_{H_i})^G=\sum_{j=1}^{m}n_ib_jf_j=\sum_{l}|\mathrm{N}_G(H_l)|f_l, \tag{8}$$

其中 l 跑遍 H_l 的下标集而 H_l 与 H_i 的子群共轭. 由归纳假设, 当 H_l 与 H_i 的真子群共轭时, 有

$$|\mathrm{N}_G(H_l)|f_l=\sum_{k=1}^{m}a_kn_k(1_{H_k})^G, \tag{9}$$

其中当 H_k 不与 H_l 的子群共轭时, $a_k=0$. 从 (8) 式解出 $|\mathrm{N}_G(H_i)|f_i$, 并且用 (9) 式代入便得出 (3) 式.

当 (3) 式中的 $a_j\neq 0$ 时, H_j 与 H_i 的某个子群 $\langle x_i^s\rangle$ 共轭, 于是 H_j 与 $\langle x_i^s\rangle$ 处于 G 在其所有子群的集合上的共轭作用下的同一条轨道, 从而 H_j 的稳定子群与 $\langle x_i^s\rangle$ 的稳定子群共轭, 因此 $|\mathrm{N}_G(H_j)|=|\mathrm{N}_G(\langle x_i^s\rangle)|$. 又易看出 $\mathrm{N}_G(H_i)\subseteq\mathrm{N}_G(\langle x_i^s\rangle)$, 所以 $|\mathrm{N}_G(H_i)|\,\big|\,|\mathrm{N}_G(H_j)|$. 设 $|\mathrm{N}_G(H_j)|=|\mathrm{N}_G(H_i)|c_{ij}$, 从 (3) 式得

$$\begin{aligned}f_i&=\sum_{j=1}^{m}\frac{a_jn_j}{|\mathrm{N}_G(H_i)|}(1_{H_j})^G=\sum_j\frac{c_{ij}a_jn_j}{|\mathrm{N}_G(H_j)|}(1_{H_j})^G\\&=\sum_j\frac{c'_{ij}}{[\mathrm{N}_G(H_j):H_j]}(1_{H_j})^G,\end{aligned}$$

当 H_j 不与 H_i 的子群共轭时, $c'_{ij}=0$; 共轭时, $c'_{ij}=c_{ij}a_j$. 因为 χ 是 $f_1,f_2,\cdots,f_m$ 的 $\mathbb{Z}$-线性组合, 所以我们便得到 (1) 式. □

推论 1 设 χ 是有限群 G 的任一有理特征标, 则

$$\chi=\sum_H\frac{a_H}{|G|}(1_H)^G,$$

其中 H 跑遍 G 的循环子群, 并且 $a_H\in\mathbb{Z}$. □

Artin 定理的一个引人注目的推论如下.

推论 2 有限群 G 的不等价的不可约有理表示的数目等于 G 的非共轭循环子群的数目.

证明 沿用定理 1 的记号, 则 G 的非共轭循环子群的数目为 $\equiv$-类的数目 m. 设 $\chi_1,\chi_2,\cdots,\chi_t$ 是 G 的不同的不可约有理特征标. 因为 χ_i 在 $(\equiv)$-类上取常数值, 所以 χ_i 完全被它在 $x_1,x_2,\cdots,x_m$ 上的函数值所决定. 显然, G 的所有 $(\equiv)$-类函数组成的集合 U 是 $\mathbb{Q}^G$ 的子空间, 并且 $f\mapsto(f(x_1),f(x_2),\cdots,f(x_m))$ 是 U 到 $\mathbb{Q}^m$ 上的同构映射. B_j 的特征函数 $f_j\in U$, 易看出 $f_1,f_2,\cdots,f_m$ 是线性无关的. 因为 χ_i 是 $f_1,f_2,\cdots,f_m$ 的 $\mathbb{Z}$-线性组合, 所以向量组 $\chi_1,\chi_2,\cdots,\chi_t$ 的秩不超过 m. 由于 $\chi_1,\chi_2,\cdots,\chi_t$ 是线性无关的, 由此得出 $t\leqslant m$.

另一方面, 因为 $(1_{H_j})^G$ 是 G 的有理特征标, 所以 $(1_{H_j})^G$ 是 $\chi_1,\chi_2,\cdots,\chi_t$ 的非负整系数线性组合. 从 (3) 式得出: $|\mathrm{N}_G(H_i)|f_i$ 是 $\chi_1,\chi_2,\cdots,\chi_t$ 的 $\mathbb{Z}$-线性组合, 因此 $|\mathrm{N}_G(H_1)|f_1,|\mathrm{N}_G(H_2)|f_2,\cdots,|\mathrm{N}_G(H_m)|f_m$ 的秩不超过 t. 从上述 U 到 $\mathbb{Q}^m$ 的同构映射易看出: $|\mathrm{N}_G(H_1)|f_1,|\mathrm{N}_G(H_2)|f_2,\cdots,|\mathrm{N}_G(H_m)|f_m$ 线性无关, 因此 $m\leqslant t$. 于是 $m=t$. □

§8 Frobenius 群存在真正规子群的证明

本节将利用群的特征标理论证明著名的 Frobenius 群存在真正规子群的定理 (用置换群的术语和抽象群的术语), 这个定理至今还没有纯粹论的证明, 由此可见, 群表示论对于研究群论所起的重要作用.

定义 1 设 G 是 Ω 上的传递置换群, $|\Omega| = n$. 若 G 中每个非单位元至多有 1 个不动点, 并且存在非单位元有 1 个不动点, 则称 G 是 n 次 **Frobenius 群**. G 中的元素 g 若没有不动点, 则称 g 为**正则元**; 若 g 恰有 1 个动点, 则称 g 为**非正则元**.

定义 2 群 G 的子群 H 称为 G 的**特征子群**, 如果对于 G 的每一个自同构 σ 都有 $\sigma(H) \subseteq H$.

定理 1 (Frobenius) 设 G 是 n 次 Frobenius 群, 则 G 中所有正则元和单位元组成的子集 N 是 G 的特征子群, 并且它的阶为 n.

证明 由于 G 中存在非单位元恰有 1 个不动点, 设此不动点为 j, 则 j 的稳定子群 $G_j \neq \{1\}$. 由于 G 在 Ω 上传递, 所以对一切 $i \in \Omega$, 有 $G_i \neq \{1\}$. 由于 G 是 Frobenius 群. 因此 $G_i \bigcap G_l = \{1\}$, $i \neq l$. 设 $|G_1| = m$, 则 $|G_i| = m, \forall i \in \Omega$. 于是

$$\left|\bigcup_{i=1}^{n} G_i\right| = (m-1)n + 1.$$

因为 $|G| = |G_1| \cdot n = mn$, 所以 G 的正则元的数目为

$$|G| - \left|\bigcup_{i=1}^{n} G_i\right| = mn - [(m-1)n + 1] = n - 1,$$

G 的非正则元的数目为 $(m-1)n$.

记 $H = G_1$. 对任意 $i \in \Omega, i \neq 1, i$ 在 H 中的稳定子群 $H_i = \{1\}$, 从而 i 的 H-轨道长为 $|H| = m$. 由于 H 可看成是 $\Omega \backslash \{1\}$ 上的置换群, 从而 $\Omega \backslash \{1\}$ 是一些 H-轨道的并集. 由此得出 $m | (n-1)$. 因此 $(m, n) = 1$.

因为 G 是 Ω 上的置换群, 所以 G 在复数域上有一个 n 次置换表示 φ. 根据第三章 §2 的命题 3 得 $\chi_\varphi(g) = |F(g)|$, 其中 $|F(g)|$ 是 g 的不动点数目. 于是 $\chi_\varphi(1) = n$; 当 g 是正则元时, $\chi_\varphi(g) = 0$; 当 g 是非正则元时, $\chi_\varphi(g) = 1$. 设 χ_1 是 G 的主特征标. 由于 G 在 Ω 上传递, 于是根据第三章 §2 的推论 4 得 $(\chi_\varphi, \chi_1) = 1$. 从而 $\varphi \approx 1_G \oplus \psi$, 其中 ψ 是 G 的 $n-1$ 次复表示. 于是当 g 为正则元时, $\chi_\psi(g) = -1$; 当 g 为非正则元时, $\chi_\psi(g) = 0$. 考虑 G 上一个函数 ξ, 它由下式定义:

$$\xi(g) = \chi_\rho(g) - m\chi_\psi(g), \quad \forall g \in G, \tag{1}$$

其中 ρ 是 G 的正则表示. 由 (1) 式得

$$\xi(1) = \chi_\rho(1) - m\chi_\psi(1) = |G| - m(n-1) = m;$$

当 g 为正则元时, $\xi(g) = m$; 当 g 为非正则元时, $\xi(g) = 0$. 显然 $\xi \in \operatorname{char}(G)$. 如果能证明 ξ 是 G 的特征标, 则

$$\operatorname{Ker} \xi = \{g \in G | \xi(g) = \xi(1)\} = N,$$

从而 $N \lhd G$. 任取 G 的一个自同构 σ, 任意 $g \in N$, 由于 g 的阶整除 $|N| = n$, 因此 $\sigma(g)$ 的阶是 n 的因子. 由于 G 的任一非正则元必属于某个 G_j, 而 $|G_j| = m$, 因此非

正则元的阶是 m 的因子. 由于 $(n,m)=1$, 所以 $\sigma(g)$ 是正则元. 这表明 $\sigma(N)\subseteq N$, 从而 N 是 G 的特征子群. 下面来证 ξ 是 G 的特征标.

设 $\mathrm{Irr}\,(H)=\{\mu_1,\mu_2,\cdots,\mu_r\}$, 设 $\mu_i(1)=m_i, 1\leqslant i\leqslant r$. 用 μ_ρ 记 H 的正则表示 ρ_H 提供的特征标, 则

$$\mu_\rho=\sum_{i=1}^r m_i\mu_i,\quad m=\sum_{i=1}^r m_i^2.$$

因为 $(\mu_\rho)^G=\chi_\rho$, 所以 $\chi_\rho=\sum\limits_{i=1}^r m_i\mu_i^G$, 从而

$$\begin{aligned}\xi=\chi_\rho-m\chi_\psi&=\sum_{i=1}^r m_i\mu_i^G-\left(\sum_{i=1}^r m_i^2\right)\chi_\psi\\&=\sum_{i=1}^r m_i(\mu_i^G-m_i\chi_\psi).\end{aligned}$$

因此只需证: 对于每一个 $i(1\leqslant i\leqslant r), \mu_i^G-m_i\chi_\psi$ 是 G 的特征标. 记 $\pi_i=\mu_i^G-m_i\chi_\psi$.

因为 $H=G_1$, 并且 $[G:H]=n$, 从而可设 H 在 G 中的左陪集代表系是 $g_1=1,g_2,\cdots,g_n$, 其中 $g_j(1)=j, 2\leqslant j\leqslant n$. 任取 G 的正则元 x, 显然 $g_j^{-1}xg_j$ 仍为正则元, 从而

$$\mu_i^G(x)=\sum_{j=1}^n\dot{\mu}_i(g_j^{-1}xg_j)=0.$$

任取 G 的非正则元 y, 设 y 的不动点是 l, 则 $g_l^{-1}yg_l$ 的不动点是 1, 从而 $g_l^{-1}yg_l\in H$; 而当 $j\neq l$ 时, $g_j^{-1}yg_j$ 的不动点不是 1, 从而 $g_j^{-1}yg_j\notin H$. 因此

$$\mu_i^G(y)=\sum_{j=1}^n\dot{\mu}_i(g_j^{-1}yg_j)=\mu_i(g_l^{-1}yg_l).$$

把 $g_l^{-1}yg_l$ 简记作 $\widetilde{y}$, 即 $\widetilde{y}$ 是与 y 在 G 中共轭的元素, 并且 $\widetilde{y}\in H$. 又有 $\mu_i^G(1)=[G:H]\cdot m_i=nm_i$.

$$(\pi_i,\pi_i)_G=(\mu_i^G,\mu_i^G)_G-2m_i(\mu_i^G,\chi_\psi)_G+m_i^2(\chi_\psi,\chi_\psi)_G,$$

$$(\mu_i^G,\mu_i^G)_G=\frac{1}{|G|}\sum_{g\in G}\mu_i^G(g)\overline{\mu_i^G(g)}=\frac{1}{|G|}\left[n^2m_i^2+\sum_{y\in G\backslash N}|\mu_i(\widetilde{y})|^2\right].$$

因为若 $y\in G_l$, 则 $\widetilde{y}=g_l^{-1}yg_l\in H$. 若 $y_1,y_2\in G_l$, 且 $y_1\neq y_2$, 则 $g_l^{-1}y_1g_1\neq g_l^{-1}y_2g_l$. 从而当 y 跑遍 G_l 的每一个元素时, $\widetilde{y}$ 跑遍 H 的每一个元素. 由于 $G\backslash N=\bigcup\limits_{l=1}^n(G_l\backslash\{1\})$, 所以当 y 跑遍 $G\backslash N$ 时, $\widetilde{y}$ 便跑遍 $H\backslash\{1\}$ 的每个元素 n 次, 从而

$$\begin{aligned}(\mu_i^G,\mu_i^G)&=\frac{1}{|G|}\left[n^2m_i^2+n\sum_{\substack{\widetilde{y}\in H\\ \widetilde{y}\neq 1}}|\mu_i(\widetilde{y})|^2\right]\\&=\frac{nm_i^2}{m}+\frac{1}{m}\sum_{\widetilde{y}\in H\backslash\{1\}}|\mu_i(\widetilde{y})|^2\\&=\frac{nm_i^2}{m}+\frac{1}{|H|}\left[\sum_{\widetilde{y}\in H}|\mu_i(\widetilde{y})|^2-\mu_i(1)^2\right]\end{aligned}$$

$$= \frac{nm_i^2}{m} + (\mu_i, \mu_i)_H - \frac{m_i^2}{m} = \frac{(n-1)m_i^2}{m} + 1,$$

$$(\chi_\psi, \chi_\psi)_G = \frac{1}{|G|} \sum_{g \in G} |\chi_\psi(g)|^2$$

$$= \frac{1}{nm}[(n-1)^2 + (n-1)(-1)^2] = \frac{n-1}{m},$$

$$(\mu_i^G, \chi_\psi)_G = \frac{1}{|G|} \sum_{g \in G} \mu_i^G(g)\overline{\chi_\psi(g)}$$

$$= \frac{1}{nm}[nm_i(n-1) + 0] = \frac{(n-1)m_i}{m},$$

所以

$$(\pi_i, \pi_i)_G = \frac{(n-1)m_i^2}{m} + 1 - 2m_i\frac{(n-1)m_i}{m} + m_i^2\frac{n-1}{m} = 1,$$

设 $\pi_i = \sum\limits_{j=1}^{s} b_j\chi_j$, 其中 b_j 是整数 $(1 \leqslant j \leqslant s), \{\chi_1, \chi_2, \cdots, \chi_s\} = \mathrm{Irr}\,(G)$. 于是 $1 = (\pi_i, \pi_i)_G = \sum\limits_{j=1}^{s} b_j^2$. 由此推出有唯一的 k 使得 $b_k = \pm 1$, 而其余的 $b_j = 0$. 因此 $\pi_i = \chi_k$ 或 $\pi_i = -\chi_k$. 由于

$$\pi_i(1) = \mu_i^G(1) - m_i\chi_\psi(1) = nm_i - m_i(n-1) = m_i > 0,$$

所以 $\pi_i = \chi_k$. 从而得到 ξ 是 G 的特征标. □

定理 1 是用置换群的术语叙述的 Frobenius 群存在正规子群的定理, 我们从它可以得到用抽象群的术语叙述的等价的定理.

定理 2 (Frobenius) 设 G 是有限群, $H < G$, 并且对于 $g \in G\backslash H$, 有 $H \bigcap gHg^{-1} = \{1\}$, 则存在 G 的一个正规子群 N 使得 $H \bigcap N = \{1\}$, 并且 $HN = G$, 从而 G 是 H 与 N 的半直积.

证明 若 $H = \{1\}$, 则取 $N = G$ 即可. 若 $H = G$, 则取 $N = \{1\}$ 即可. 下面设 $H \neq \{1\}$ 并且 $H \neq G$. 设 $\{g_1 = 1, g_2, \cdots, g_n\}$ 是 H 在 G 中的左陪集代表系. 群 G 在商集 G/H 上的左平移作用是传递的. 由于

$$x(g_iH) = g_iH \Longleftrightarrow g_i^{-1}xg_i \in H \Longleftrightarrow x \in g_iHg_i^{-1},$$

因此这个作用的核等于 $\bigcap\limits_{i=1}^{n} g_iHg_i^{-1}$. 由已知条件得, 这个作用是忠实的. 因此 G 可以看成是集合 G/H 上的置换群.

令 $S = \bigcup\limits_{i=1}^{n} g_iHg_i^{-1}$. 设 x 是 G 的非单位元, 由于 g_iH 是 x 的不动点当且仅当 $x \in g_iHg_i^{-1}$, 因此 x 是正则元当且仅当 $x \in G\backslash S$.

假如 G 的非单位元 x 有两个不动点 g_iH 和 g_jH, 则 $x \in g_iHg_i^{-1} \bigcap g_jHg_j^{-1}$. 从而存在 $h_1, h_2 \in H\backslash\{1\}$ 使得 $g_ih_1g_i^{-1} = g_jh_2g_j^{-1}$. 由此得到 $h_1 = (g_i^{-1}g_j)h_2(g_i^{-1}g_j)^{-1}$. 由于 $g_iH \neq g_jH$, 所以 $g_i^{-1}g_j \notin H$. 于是得到 $H \bigcap (g_i^{-1}g_j)H(g_i^{-1}g_j)^{-1} \neq \{1\}$, 矛盾. 因此 G 的非单位元至多有一个不动点. 由于 $g_iHg_i^{-1} \neq \{1\}$, 所以存在非单位元

$x \in g_iHg_i^{-1}$, 它以 g_iH 为不动点. 因此 G 是 n 次 Frobenius 群. 根据定理 1 知, G 的所有正则元和单位元组成的集合 N 是 G 的特征子群, 且 $|N| = n$. 从上一段知, $N = \{1\} \bigcup (G \backslash S)$. 设 $|H| = m$, 则 $|G| = [G:H]|H| = nm$. 由于 H 是 "点" g_1H 在 G 中的稳定子群, 所以 $H \bigcap N = \{1\}$. 从而 $|HN| = mn = |G|$, 因此 $G = HN$. □

定义 3 设 H 是群 G 的子群, 并且 $\{1\} < H < G$. 如果对于每一个 $g \in G \backslash H$, 有 $H \bigcap gHg^{-1} = \{1\}$, 则称 H 是 G 中的 **Frobenius 补**. 群 G 如果包含一个 Frobenius 补, 则称 G 是 **Frobenius 群**.

定理 2 说明: Frobenius 群 G 一定存在一个正规子群 N, 使得 G 是 Frobenius 补 H 与 N 的半直积. 这个正规子群 N 称为 G 的 **Frobenius 核**. N 是被 H 唯一决定的 (假如 $M \lhd G$ 具有性质 $M \bigcap H = \{1\}$, 则得 $M \bigcap gHg^{-1} = \{1\}, \forall g \in G$. 由于 $N = \{1\} \bigcup \left(G - \bigcup\limits_{g \in G} gHg^{-1} \right)$, 因此 $M \subseteq N$).

第六章

无限群的线性表示

本书从第一章至第五章的内容, 凡是没有加上"有限群"条件的, 对于有限群和无限群都成立; 凡是表示空间没有加上"有限维"条件的, 对于有限维表示和无限维表示都成立. 在第二章中除了 §5 外其余各节的内容凡是没有加上代数 A 是"有限维"条件的, 则对于有限群和无限群都适用 (当 G 是无限群时, 群代数 $K[G]$ 是无限维的).

本章来系统地研究无限群的线性表示.

§1 群的无限维线性表示

我们在第一章 §3 的定理 1 中证明了: 群 G 的有限维完全可约表示一定可以分解成有限多个不可约子表示的直和. 自然要问: 群 G 的无限维完全可约表示能否分解成不可约子表示的直和? 凭直觉, 这里若是能分解, 很可能是无限多个不可约子表示的直和, 因此需要有无限多个子空间的直和的概念.

设 $\{V_i|i \in I\}$ 是域 K 上线性空间 V 的一族子空间, 其中 I 是指标集 (I 可以是不可数集), 考虑 V 的下述子集:

$$\{v_{i_1} + v_{i_2} + \cdots + v_{i_n} | v_{i_j} \in V_{i_j}, i_j \in I, j = 1, 2, \cdots, n; n \in \mathbb{N}^*\},$$

易看出这个子集是 V 的一个子空间, 称为 V 的一族子空间 $\{V_i|i \in I\}$ 的**和**, 记作 $\sum\limits_{i\in I} V_i$. 如果 $\sum\limits_{i\in I} V_i$ 中每个元素的表示法唯一, 那么称和 $\sum\limits_{i\in I} V_i$ 是**直和**, 记作 $\bigoplus\limits_{i\in I} V_i$.

我们还需要有一族线性空间的外直和的概念. 先看指标集 I 是可数集的情形.

设 V_i 是域 K 上的线性空间, $i = 1, 2, \cdots$. 考虑下述集合:

$\{(v_1, v_2 \cdots)|v_i \in V_i, i = 1, 2, \cdots,$ 且只有有限多个 $v_i \neq 0\}$,

在这个集合中规定加法运算和纯量乘法运算如下:

$$(\alpha_1, \alpha_2, \cdots) + (\beta_1, \beta_2, \cdots) := (\alpha_1 + \beta_1, \alpha_2 + \beta_2, \cdots),$$

$$k(\alpha_1, \alpha_2, \cdots) := (k\alpha_1, k\alpha_2, \cdots).$$

易验证这个集合成为域 K 上的一个线性空间, 称它为 $V_1, V_2, \cdots$ 的**外直和**, 记作

$$V_1 \dot{+} V_2 \dot{+} \cdots = \dot{\sum_{i=1}^{\infty}} V_i.$$

考虑 $\dot{+}_{i=1}^{\infty} V_i$ 的子集

$$\{(0, \cdots, 0, v_i, 0, \cdots) | v_i \in V_i\}.$$

显然它是 $\dot{+}_{i=1}^{\infty} V_i$ 的一个子空间, 记作 V_i'. 易验证下述映射

$$V_i' \to V_i,$$

$$(0, \cdots, 0, v_i, 0, \cdots) \mapsto v_i$$

是线性空间的同构映射, 因此 $V_i' \cong V_i$. 把 V_i' 的元素 $(0, \cdots, 0, v_i, 0, \cdots)$ 与 V_i 的元素 v_i 等同, 则 $\dot{+}_{i=1}^{\infty} V_i$ 中每个元素可以唯一表示成形如下述的有限和:

$$v_{i_1} + v_{i_2} + \cdots + v_{i_m}, \quad v_{i_j} \in V_{i_j}, \quad j = 1, 2, \cdots, m.$$

这表明 $\dot{+}_{i=1}^{\infty} V_i = \bigoplus_{i=1}^{\infty} V_i'$.

现在考虑指标集 I 的一般情形 (I 可以是不可数集).

设 $\{V_i | i \in I\}$ 是域 K 上的一族线性空间. 我们想构造它们的外直和, 受到上述 I 是可数集情形的启发, 关键是对每个 $i \in I$ 指定 V_i 中的一个向量 v_i, 于是想到应考虑 I 到 $\bigcup_{i \in I} V_i$ 的映射, 从而考虑由所有这种映射组成的集合:

$$\{f : I \to \bigcup_{i \in I} V_i | f(i) \in V_i, i \in I, \text{且只有有限多个 } f(i) \neq 0\}.$$

在这个集合中规定

$$(f + g)(i) := f(i) + g(i),$$

$$(kf)(i) := kf(i),$$

其中 $k \in K$. 易验证这个集合成为域 K 上的一个线性空间, 称它为域 K 上一族线性空间 $\{V_i | i \in I\}$ 的**外直和**, 记作 $\dot{+}_{i \in I} V_i$.

考虑 $\dot{+}_{i \in I} V_i$ 的子集

$$\left\{ f : I \to \bigcup_{i \in I} V_i \,\middle|\, f(i) \in V_i, f(j) = 0 \in V_j, j \in I \text{ 且 } j \neq i \right\}.$$

易验证这个子集是 $\dot{+}_{i \in I} V_i$ 的一个子空间, 记作 V_i'. 易验证下述映射

$$V_i' \to V_i$$

$$f \mapsto f(i)$$

是线性空间的同构映射, 因此 $V_i' \cong V_i$. 把 V_i' 的元素 f 与 V_i 的元素 $f(i)$ 等同, 且把

$f(i)$ 记作 v_i, 则 $\dot{+}_{i\in I} V_i$ 中每个元素可以唯一表示成形如下述的有限和:

$$v_{i_1}+v_{i_2}+\cdots+v_{i_m},\quad v_{i_j}\in V_{i_j},\quad j=1,2,\cdots,m.$$

这表明 $\dot{+}_{i\in I} V_i=\bigoplus_{i\in I} V_i'$.

类似地, 对于环 R 上一个左模 M 的一族子模 $\{M_i|i\in I\}$, 有它们的**和** $\sum_{i\in I} M_i$, 以及**直和** $\bigoplus_{i\in I} M_i$ 的概念. 对于环 R 上一族左模 $\{M_i|i\in I\}$, 有它们的**外直和** $\dot{+}_{i\in I} M_i$ 的概念.

现在我们来探索群 G 的无限维完全可约表示是否可以分解成不可约子表示的直和.

设 (φ,V) 是群 G 的完全可约 K-表示, 若 (φ,V) 可约, 则 V 有非平凡的 G 不变子空间 V_1. 由于 (φ,V) 完全可约. 因此 V_1 在 V 中有 G 不变补空间 V_2. 于是 $V=V_1\oplus V_2$. 记 φ_{V_1} 为 φ_1,φ_{V_2} 为 φ_2, 则 $\varphi=\varphi_1\oplus\varphi_2$. 根据第一章 §3 的命题 2, 群 G 的完全可约表示的任一子表示也是完全可约的, 因此 φ_1,φ_2 都是完全可约的. 若 φ_1 和 φ_2 都可约, 则 V_1,V_2 都可以分解成 G 不变子空间的直和. 如果 V 是有限维的, 那么这个过程在有限步必终止, 于是 φ 被分解成有限多个不可约子表示的直和. 现在 V 是无限维的, 那么, 上述过程进行下去, 能不能出现一个子表示是不可约的? 若能出现一个子表示是不可约的, 则直觉猜测 φ 能分解成不可约子表示的直和 (可能是无限多个不可约子表示的直和). 于是我们首先需要探索群 G 的完全可约表示是否一定有一个不可约子表示. 从逻辑上讲, 存在这样的可能性: 上述过程可以无限地进行下去, 一直没有出现不可约的子表示. 我们用什么办法来证明一定会出现不可约的子表示呢? 注意到不可约子表示的表示空间是 G 不变子空间, 且它没有非平凡的 G 不变子空间. 于是从集合的包含关系角度看, 不可约的 G 不变子空间在所有 G 不变子空间组成的集合中具有 "极小" 的性质. 数学中经常遇到像这类无限进行的过程, 要断言某种对象的存在性, 这种对象属于一定的集合, 并且具有特定的性质. 数学上处理这类问题的办法是: 在所考虑的集合中建立一个二元关系, 使它具有反身性、传递性和反对称性 (下面将解释什么是反对称性), 称这种二元关系为这个集合的一个偏序. 有了偏序后, 某种对象的特定性质就表现为一种极值性质. 从而断言某种对象的存在就转变成断言一个偏序集合的极大元素 (或极小元素) 的存在.

定义 1 集合 S 上的一个二元关系, 记作 $\leqslant$, 如果具有下列三条性质:

(i) 反身性, 即 $a\leqslant a,\forall a\in S$;

(ii) 反对称性, 即若 $a\leqslant b$ 且 $b\leqslant a$, 则 $a=b$;

(iii) 传递性, 即若 $a\leqslant b$ 且 $b\leqslant c$, 则 $a\leqslant c$,

那么称这个二元关系 $\leqslant$ 是 S 的一个**偏序**.

设集合 S 有一个偏序 $\leqslant$, 若 $a\leqslant b$ 且 $a\neq b$, 则记作 $a<b$.

一个具有偏序的集合称为**偏序集合**. 偏序集合 S 的元素 a 与 b 称为**可比较的**, 如果 $a\leqslant b$ 和 $b\leqslant a$ 有一个成立. 如果 S 的一个子集 T 的任意一对元素都是可比较的, 那么 T 称为 S 的一个**链**.

如果集合 S 上的一个偏序 $\leqslant$ 使得对于任意 $a,b\in S$, 都有 $a\leqslant b$ 或 $b\leqslant a$, 那么 $\leqslant$ 称为 S 的一个**全序**.

例 1 设 Ω 为一个集合, 由 Ω 的所有子集组成的集合称为 Ω 的幂集, 记作 $P(\Omega)$. 显然 $P(\Omega)$ 按照 Ω 的包含关系 $\subseteq$ 成为一个偏序集合. 这个偏序 $\subseteq$ 不是全序.

例 2 自然数集 $\mathbb{N}$ 按照小于或等于关系 $\leqslant$ 成为一个全序集合.

例 3 自然数集 $\mathbb{N}$ 的整除关系是一个偏序, 此时 $a|b$ 记成 $a\leqslant b$.

设 S 是一个偏序集合, A 是 S 的一个子集. 如果存在 $u\in S$ 使得对所有 $a\in A$, 都有 $u\leqslant a$, 那么称 u 是 A 的一个**下界**. 类似地, 如果存在 $m\in S$ 使得对所有 $a\in A$, 都有 $a\leqslant m$, 那么称 m 是 A 的一个**上界**, A 可以没有下界或有多个下界, 若 A 有下界, 也不要求下界属于 A, 对于 A 的上界也是这样. 在例 2 中, 令 $A=\{2k|k\in\mathbb{N}\}$, A 有下界 0, 且 $0\in A$; 但是 A 没有上界. 在例 3 中, 令 $B=\{2k+1|k\in\mathbb{N}\}$, B 有上界 0, 但是 $0\notin B$; B 有下界 1, 且 $1\in B$.

设 S 为一个偏序集合, 元素 $b\in S$ 称为 S 的一个**极大元素**, 如果不存在 $x\in S$ 使得 $b<x$ (或者说从 $b\leqslant x$ 可推出 $b=x$). 类似地, 如果不存在 $x\in S$ 使得 $x<c$ (或者说从 $x\leqslant c$ 可推出 $x=c$), 元素 $c\in S$ 称为 S 的一个**极小元素**.

例 4 令 $S=\mathbb{N}\backslash\{0,1\}$, S 按整除关系成为一个偏序集合. 每个素数是 S 的极小元素. S 没有极大元素.

设 S 为一个偏序集合, A 为 S 的一个子集. 如果 A 有一个下界 u 且 $u\in A$, 那么称 u 是 A 的一个**最小元素**. 类似地, 如果 A 有一个上界 m 且 $m\in A$, 那么称 m 是 A 的一个**最大元素**. A 可以没有最小 (大) 元素. 如果 A 有最小 (大) 元素, 那么它是唯一的.

例 1 中的空集 $\varnothing$ 是 $P(\Omega)$ 的最小元素, Ω 是 $P(\Omega)$ 的最大元素. 例 2 中的 0 是 $\mathbb{N}$ 的最小元素, $\mathbb{N}$ 没有最大元素. 例 3 中 1 是 $\mathbb{N}$ 的最小元素, 0 是 $\mathbb{N}$ 的最大元素.

集合 S 上的一个偏序叫做**良序的**, 如果 S 的每个非空子集都有最小元素. 具有良序的集合称为**良序集合**. 良序必然是全序的. 自然数集 $\mathbb{N}$ 按通常的小于或等于关系 $\leqslant$ 是一个良序集合. 空集看做良序集合.

1904 年 Zermelo 提出了下述著名的选择公理:

选择公理 设 $S=\{A_i|i\in I\}$ 为一族非空集合 A_i ($i\in I$, I 为指标集) 组成的非空集, 则存在 S 到 $\bigcup\limits_{i\in I}A_i$ 的一个映射 f, 使得对一切 $i\in I$ 都有 $f(A_i)\in A_i$.

f 称为 S 上的一个**选择函数**. 选择公理说的是存在某种规则使得可以从每个 $A_i, i\in I$, 同时地挑出该集合中的一个元素. 直观上看, 这是能做到的. 当 $A_i (i\in I)$ 都是同一个可数无限集 Ω 的子集时, 先将 Ω 的元素用自然数编号, 然后定义映射 f 把 A_i 映成的像是 A_i 中有最小编号的元素, 则 f 就是 $\{A_i|i\in I\}$ 上的一个选择函数. 当指标集 I 是有限集或可数无限集时, 可以根据自然数的递归定理归纳地构造出一个选择函数. 当指标集 I 是不可数无限集时, 选择公理是不能证明的.

与选择公理等价的一个命题是下述著名的 Zorn 引理:

Zorn 引理 若一个偏序集 S 的每个链都有上界, 则 S 有一个极大元素.

证明可以参见 [31] 的第 14 页.

与选择公理等价的另一个命题是下述著名的良序定理:

良序定理 每个集合都存在一个良序.

证明可以参见 [18] 的第 19—21 页.

良序定理的重要性在于自然数集的数学归纳法可以推广到良序集合上去, 从而得到超限归纳法原理.

设 S 是一个良序集合, 对于 $a \in S$, 子集

$$S(a) := \{x \in S | x < a\}$$

称为 S 的一个**前段**.

超限归纳证明法原理 设 S 是一个良序集合, A 为 S 的任一子集. 如果对于每个 $a \in S$ 均有

$$S(a) \subseteq A \Longrightarrow a \in A,$$

那么 $A = S$ (S 的最小元素 a_0 必然属于 A, 因为 $S(a_0) = \varnothing \subseteq A$).

证明 假如 $A \subsetneqq S$, 则 A 在 S 中的补集 $A^c \neq \varnothing$. 于是 A^c 有最小元素 c. 从而 $S(c) \subseteq A$. 由已知条件得, $c \in A$. 矛盾. 因此 $A = S$. □

根据超限归纳证明法原理, 为了证明一个良序集合 S 的所有元素都具有性质 E, 我们可以这样进行: 任取一个元素 $a \in S$, 如果我们能证明从 $S(a)$ 的元素都具有性质 E 可以推出 a 具有性质 E, 那么 S 的所有元素就都具有性质 E.

许多数学问题要求在一个良序集合 S 上定义一个函数 φ, φ 的陪域为某个集合 W, 即建立 S 到 W 的一个对应法则 φ, 使得 S 的每个元素 x 都有 W 中唯一确定的元素与之对应, 把这个元素记作 $\varphi(x)$. 为了构造这个映射 φ, 事先给了一个关系 (也可以是一组关系), 要求 $\forall x \in S, \varphi(x)$ 都适合这个关系. 这能办到吗? 如何构造? φ 是否唯一? 下面的定理回答了这些问题.

超限归纳构造法原理 设 S 是一个良序集合, 我们给了一个关系 (即所谓 "递归定义关系"), 来建立 S 到某个集合 W 的一个映射 φ. 假设一旦所有的像 $\varphi(b)(b < a)$ 给定之后, 这个关系就唯一地决定像 $\varphi(a)$, 它们一起适合所给的关系, 则有一个且只有一个从 S 到 W 的映射 φ 适合所给的关系.

证明 先证唯一性. 假设有 S 到 W 的两个不同的映射 φ 和 ψ 都适合定义关系, 令

$$S_1 = \{x \in S | \varphi(x) \neq \psi(x)\},$$

则 $S_1 \subseteq S$. 由于 S 是良序集合, 且 $S_1 \neq \varnothing$, 因此 S_1 有最小元素 a. 从而对于 S 中所有 $b < a$ 都有 $\varphi(b) = \psi(b)$. 由于 $\varphi(a)(\psi(a))$ 由所有的像 $\varphi(b)(\psi(b))(b < a)$ 决定, 因此 $\varphi(a) = \psi(a)$. 矛盾. 从而 $\varphi = \psi$.

现在来证存在性. 考虑 S 的每个元素 x 的前段 $S(x)$ 组成的集合 $\Omega = \{S(x) | x \in S\}$, 以集合的包含关系为偏序. 令

$$\begin{aligned} \sigma: \ & S \to \Omega \\ & x \mapsto S(x), \end{aligned}$$

则 σ 是 S 到 Ω 的一个映射, 且 σ 是满射. 若 $S(x_1) = S(x_2)$, 假如 $x_1 < x_2$, 则 $x_1 \in S(x_2)$. 而 $x_1 \notin S(x_1)$, 矛盾. 同理, 假如 $x_2 < x_1$, 也矛盾. 因此 $x_1 = x_2$, 即 σ 是

单射. 因此 σ 是 S 到 Ω 的一个双射. 容易验证: 从 $b<a$ 可推出 $S(b)\subsetneqq S(a)$. 于是从 S 是良序集合可推出 Ω 也是良序集合. 令 $\Omega'=\Omega\bigcup\{S\}$, 则 Ω' 对于集合的包含关系仍然是良序集合. 显然 Ω 中任一元素 $S(x)\subseteq S$, 因此 S 是 Ω' 的最大元素. 为了便利起见, 把 S 记成 $S(\infty)$, 即把 S 看成 "∞" 的前段.

我们来证明: "在 Ω' 的每个元素 $S(x)$ ($x\in S$ 或 $x=\infty$) 上都存在一个函数 φ_x 适合所给的关系". 根据超限归纳证明法原理, 我们可以这样进行: 任取 Ω' 的一个元素 $S(x)$ ($x\in S$ 或 $x=\infty$), 假设对于 $S(x)$ 在 Ω' 中的前段 (即 $\{S(b)|S(b)\subsetneqq S(x)\}$) 里的元素 $S(b)$ 都存在一个函数 φ_b 适合所给的关系, 来证 $S(x)$ 上能定义一个函数 φ_x 适合所给的关系. 分两种情形:

情形 1 $S(x)$ 有一个最大元素 a. 令 $\widetilde{S}(x)=S(x)\backslash\{a\}$, 则 $\widetilde{S}(x)\subsetneqq S(x)$. 根据归纳假设, 在 $\widetilde{S}(x)$ 上可以定义一个函数 φ_x 适合关系. 由于 a 是 $S(x)$ 的最大元素, 因此 $\widetilde{S}(x)$ 中任一元素 $b<a$. 根据已知条件得, $\widetilde{S}(x)$ 的所有元素的像 $\varphi_x(b)(b<a)$ 唯一地决定 $\varphi_x(a)$, 它们一起适合所给的关系. 于是 φ_x 是 $S(x)$ 上的函数, 它适合所给的关系.

情形 2 $S(x)$ 没有最大元素. 于是 $S(x)$ 的每个元素 c 都属于某个 $S(b)$, 其中 $S(b)\subsetneqq S(x)$ (否则, $S(x)$ 中有一个元素 a 不属于 $S(b),\forall S(b)\subsetneqq S(x)$, 即 $a\geqslant b,\forall b<x$, 于是 a 是 $S(x)$ 的最大元素, 矛盾). 由于 $S(b)\subsetneqq S(x)$, 根据归纳假设, 在 $S(b)$ 上可以定义一个函数 φ_b 适合所给的关系. 设还有 $c\in S(d)$, 其中 $S(d)\subsetneqq S(x)$, 且 $S(b)\neq S(d)$, 不妨设 $S(b)\subsetneqq S(d)$. 由于 $S(d)\subsetneqq S(x)$, 因此根据归纳假设, 在 $S(d)$ 上可以定义一个函数 φ_d 适合所给的关系. 于是 φ_b 与 φ_d 都在 $S(b)$ 上有定义且都适合所给的关系. 由于 $S(b)$ 是 S 的子集, 因此 $S(b)$ 也是良序集合. 根据前面所证的唯一性得, $\varphi_b=\varphi_d|S(b)$. 于是 $\varphi_b(c)=\varphi_d(c)$. 设 $S(b)$ 是 Ω' 的子集 $\{S(d)|S(d)\subsetneqq S(x),c\in S(d)\}$ 的最小元素. 令 $\varphi_x(c)=\varphi_b(c)$. 于是对于 $S(x)$ 的每个元素 c, 定义了唯一的 $\varphi_x(c)$. 从而在 $S(x)$ 上定义了一个函数 φ_x, 它适合所给的关系.

综上所述, 我们证明了: "在 Ω' 的每个元素上都存在一个函数适合所给的关系". 特别地, 在 Ω' 的最大元素 S 上存在一个函数 φ 适合所给的关系. □

超限归纳构造法是在良序集合 S 上建立一个函数 φ (其陪域为某个集合 W), 使 φ 适合所给的关系 (即所谓 "递归定义关系") 的一种非常有用的方法.

选择公理, Zorn 引理, 良序定理, 超限归纳证明法和超限归纳构造法都是数学上处理无限集合的问题时所使用的方法.

现在我们来论证群 G 的完全可约表示 (φ,V) 一定有一个不可约子表示. 前面已指出, 如果 (φ,V) 可约, 那么 V 中有非平凡的 G 不变子空间 V_1. 既然 $V_1\neq V$, 因此 V 中至少有一个非零向量 $\alpha\notin V_1$. 如果 (φ_1,V_1) 可约, 那么 V_1 中有非平凡的 G 不变子空间 V_{11}. 显然 $\alpha\notin V_{11}$, 如此下去, 要证明在 V 分解成 G 不变子空间的直和的进行过程中, V 有一个不可约的 G 不变子空间 U', 则对于 V 的子集的包含关系而言, U' 具有极小性质, 从而 U' 在 V 中的 G 不变补空间 U 具有极大性质. 于是我们把 V 中不含有 α 的所有 G 不变子空间组成一个集合 S, 以 V 的子集的包含关系作为偏序, 去证明 S 有一个极大元素.

定理 1 *群 G 在域 K 上的完全可约表示一定有一个不可约子表示.*

证明 设 (φ, V) 是群 G 的完全可约表示, 取 $\alpha \in V$, 且 $\alpha \neq 0$. 我们把 V 中不含有 α 的所有 G 不变子空间组成一个集合 S. 显然 S 对于 V 的子集的包含关系成为一个偏序集合. 任取 S 的一个链 $T = \{W_i | i \in I\}$, 其中 I 为指标集. 令 $W = \bigcup\limits_{i \in I} W_i$. 易验证 W 是 V 的一个子空间. 显然 W 是 G 不变子空间, 且 $\alpha \notin W$. 于是 $W \in S$. 从而 W 是 T 的一个上界. 根据 Zorn 引理, S 有一个极大元素 U. 由于 (φ, V) 完全可约, 因此 U 在 V 中有 G 不变补空间 U'. 从而 $V = U \oplus U'$, 根据第一章 §3 的命题 2, 子表示 $\varphi_{U'}$ 是完全可约的. 假如 $\varphi_{U'}$ 可约, 则 U' 有非平凡的 G 不变子空间 U_1'. 于是 U_1' 在 U' 中有 G 不变补空间 U_2'. 从而 $U' = U_1' \oplus U_2'$, 且 U_2' 也是非平凡的. 由于 $U_1' \bigcap U_2' = \{0\}$, 因此根据 [28] 第 250 页的命题 1 得

$$U \subseteq (U \oplus U_1') \bigcap (U \oplus U_2').$$

由于 $U \bigcap U' = \{0\}, U_1' \bigcap U_2' = \{0\}$, 因此直接计算可得

$$U \supseteq (U \oplus U_1') \bigcap (U \oplus U_2'),$$

从而

$$U = (U \oplus U_1') \bigcap (U \oplus U_2').$$

由于 $\alpha \notin U$, 因此 $\alpha \notin U \oplus U_1'$ 或 $\alpha \notin U \oplus U_2'$. 又由于 $U \oplus U_i'$ 是 G 不变子空间, 因此 $U \oplus U_1' \in S$ 或 $U \oplus U_2' \in S$. 由于 $U_i' \neq \{0\}, i = 1, 2$. 因此 $U \oplus U_i' \supsetneqq U, i = 1, 2$. 这与 U 是 S 的极大元素矛盾. 因此 $\varphi_{U'}$ 不可约. □

由定理 1, 群 G 的完全可约表示 (φ, V) 一定有不可约的子表示. 从而 V 有不可约的 G 不变子空间. 为了证明 φ 是一族不可约子表示的直和, 应当考虑由 V 的不可约 G 不变子空间的集合组成的族 S, 其中每一个集合里的 G 不变子空间的和是直和.

定理 2 *群 G 在域 K 上的完全可约表示是一族不可约子表示的直和.*

证明 设 (φ, V) 是群 G 的完全可约表示. 由于 φ 有不可约子表示, 因此可以考虑由 V 的不可约 G 不变子空间组成的集合形成的族 S, 其中每个集合里的 G 不变子空间的和是直和. 任取 S 的一个链 T, T 中所有集合的并集仍是 V 的不可约 G 不变子空间组成的集合, 记作 Ω. 并且 Ω 中所有不可约 G 不变子空间的和中每个元素是有限多个不可约 G 不变子空间里的元素的和, 这些有限多个不可约 G 不变子空间一定是 T 中某个集合里的, 于是 Ω 中所有不可约 G 不变子空间的和中每个元素的表示法唯一. 因此和是直和. 从而 $\Omega \in S$. 因此 Ω 是 T 的一个上界. 根据 Zorn 引理, S 有一个极大元素 $\{U_i | i \in I\}$, 其中 U_i 是不可约 G 不变子空间 $(i \in I)$, 且和 $\sum\limits_{i \in I} U_i$ 是直和. 令 $U = \bigoplus\limits_{i \in I} U_i$. 于是 U 是 G 不变子空间. 由于 (φ, V) 完全可约, 因此 U 在 V 中有 G 不变补空间 U'. 从而 $V = U \oplus U'$. 假如 $U' \neq \{0\}$, 由于子表示 $\varphi_{U'}$ 也是完全可约的, 因此 $\varphi_{U'}$ 有一个不可约子表示 $\varphi_{U_1'}$. 由于 $U_1' \bigcap U \subseteq U' \bigcap U = \{0\}$, 因此

$$U + U_1' = \left(\bigoplus_{i \in I} U_i \right) \bigoplus U_1'.$$

从而 $\{U_i | i \in I\} \bigcup \{U_1'\} \in S$. 这与 $\{U_i | i \in I\}$ 是 S 的极大元素矛盾. 因此 $U' = \{0\}$.

从而 $V=U=\bigoplus\limits_{i\in I}U_i$. 于是 $\varphi=\bigoplus\limits_{i\in I}\varphi_{U_i}$. □

§2 拓扑空间

从本章 §1 的定理 2 知道, 群 G 在域 K 上的完全可约表示一定能分解成一族不可约子表示的直和. 因此群 G 的完全可约表示的结构就搞清楚了. 下一步自然要去探索群在域 K 上的表示是否都是完全可约的.

在第一章 §3 的定理 2 (Maschke 定理) 证明了: 有限群 G 在特征不能整除 $|G|$ 的域 K 上的任一线性表示都是完全可约的. 证明的思路是: 设 (φ,V) 是群 G 的任一 K-表示. 若 (φ,V) 可约, 则 V 有非平凡的 G 不变子空间 U. 由于 U 在 V 中有补空间, 因此 $V=U\oplus U'$. 问题在于 U' 不一定是 G 不变的子空间. 考虑 V 在 U' 上的投影 $\boldsymbol{P}_{U'}$, 则 $V=\operatorname{Ker}\boldsymbol{P}_{U'}\oplus\operatorname{Im}\boldsymbol{P}_{U'}$, 其中 $\operatorname{Ker}\boldsymbol{P}_{U'}=U, \operatorname{Im}\boldsymbol{P}_{U'}=U'$. 我们要从 U' 出发构造 V 上的一个幂等变换 $\boldsymbol{B}$, 使得 $\operatorname{Im}\boldsymbol{B}$ 为 G 不变子空间, 且 $\operatorname{Ker}\boldsymbol{B}=U$. 若 $\boldsymbol{B}$ 与一切 $\varphi(g)$ 可交换, 则 $\operatorname{Im}\boldsymbol{B}$ 是一切 $\varphi(g)$ 的不变子空间. 于是令

$$\boldsymbol{B}=(|G|\cdot 1)^{-1}\sum_{h\in G}\varphi(h)\,\boldsymbol{P}_{U'}\varphi(h)^{-1}, \tag{1}$$

则 $\varphi(g)\,\boldsymbol{B}\varphi(g)^{-1}=\boldsymbol{B},\forall g\in G$. 从而 $\operatorname{Im}\boldsymbol{B}$ 是 G 不变子空间. 再去证 $\boldsymbol{B}^2=\boldsymbol{B}$, 且 $\operatorname{Ker}\boldsymbol{B}=U$, 则 $V=U\oplus\operatorname{Im}\boldsymbol{B}$. 由此看出: 关键是用 (1) 式构造 $\boldsymbol{B}$. 而对于无限群 G, (1) 式右端的和是无限和, 这不好处理. 从数学分析课程中受到启发, (1) 式的右端应当用群 G 上的积分来代替. 为了能在群 G 上的函数建立积分, 光有群的运算是不够的, 还需要给 G 配备其他的结构. 配备什么结构呢? 我们知道, $[a,b]$ 上的连续函数 $f(x)$, 它的定积分 $\displaystyle\int_a^b f(x)\,\mathrm{d}x$ 是通过分割、求和、取极限得到的. 于是我们来分析取极限是怎么回事? 函数的极限的定义是这样的: 设函数 $g(x)$ 在点 x_0 附近有定义 (在点 x_0 可以没有定义), c 是一个常数, 如果对于任给 $\varepsilon>0$, 存在 $\delta>0$, 使得只要 $0<|x-x_0|<\delta$, 就有 $|g(x)-c|<\varepsilon$, 那么称 c 是 $g(x)$ 在点 x_0 的**极限**, 记作 $\lim\limits_{x\to x_0}g(x)=c$. 这个定义的几何意义如图 6–1 所示. 在平面直角坐标系 Oxy 的 y 轴上取以 c 为中心、ε 为半径的一个开区间 $(c-\varepsilon,\quad c+\varepsilon)$; 在 x 轴上存在以 x_0 为中心、δ 为半径的开区间 $(x_0-\delta,x_0+\delta)$. 若 $g(x)$ 在 $(x_0-\delta,x_0+\delta)$ 内除了点 x_0 外的所有点 (即 $(x_0-\delta,x_0)\bigcup(x_0,x_0+\delta)$ 内的点) 上的函数值都落在开区间 $(c-\varepsilon,c+\varepsilon)$ 内, 则称 c 是 $g(x)$ 在点 x_0 的极限. 由此看出, 为了刻画一元函数的极限, 就需要有开区间的概念. 一般地, 为了刻画定义域为集合 X 的函数的极限的概念, 就需要在集合 X 中有开集的概念, 并且把集合 X 的开集组成的集合称为 X 上的一个拓扑. 即有下述定义.

定义 1 集合 X 上的一个**拓扑** T 是由 X 的一些子集构成的集合, 它的成员叫做**开集**, 它们满足下列要求:

(i) X 与空集 $\varnothing$ 是开集;

(ii) 任意多个开集的并集是开集;

(iii) 有限多个开集的交集是开集.

集合 X 配备了一个拓扑 T 以后就叫做**拓扑空间**, 记作 (X,T), 简记作 X.

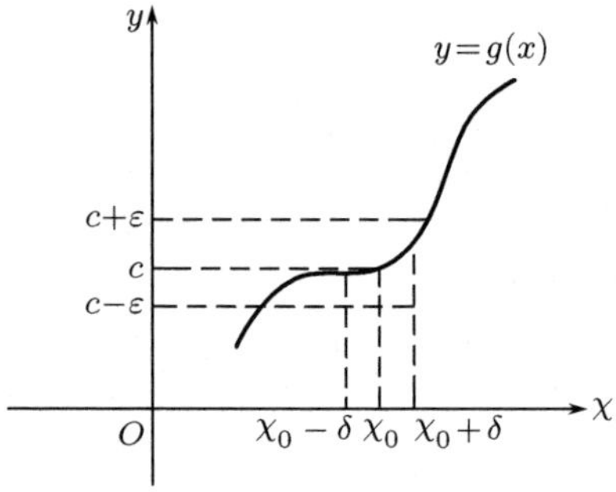

图 6–1

拓扑学的目的在于研究极限过程的运算.

例 1　实数轴 $\mathbb{R}$. $\mathbb{R}$ 的子集 U 称为**开集**, 如果对于每个 $x\in U$, 存在 $\delta>0$, 使得 $(x-\delta,x+\delta)\subseteq U$. 易验证 $\mathbb{R}$ 的所有开集组成的集合是 $\mathbb{R}$ 上的一个拓扑. 这个拓扑称为**距离拓扑** (因为开区间 $(x-\delta,x+\delta)$ 是由实数轴上与点 x 的距离小于 δ 的所有点组成的集合), $\mathbb{R}$ 配备这个拓扑成为一个拓扑空间.

在定义 1 中 (iii) 要求为 "有限多个开集的交集是开集", 这个要求的背景是: 在实数轴上任意多个开区间的交集不一定是开集, 例如, 下列开区间

$$(1.4,1.5)\supseteq(1.41,1.42)\supseteq(1.414,1.415)\supseteq\cdots$$

的交集是 $\{\sqrt{2}\}$, 显然 $\{\sqrt{2}\}$ 不是开区间.

例 2　n 维欧氏空间 $\mathbb{R}^n$. $\mathbb{R}^n$ 的子集 U 称为**开集**, 如果对于每一个 $\alpha\in U$, 存在 $\varepsilon>0$, 使得以 α 为中心、ε 为半径的开球 (即与点 α 的距离小于 ε 的所有点组成的集合) 整个包含于 U. 易验证这样定义的开集满足定义 1 中三条要求, 这样定义的拓扑称为**距离拓扑**, $\mathbb{R}^n$ 成为拓扑空间.

例 3　设 X 是一个非空集合, 如果 X 的开集只有 X 和 $\varnothing$ 两个, 那么由 X 和 $\varnothing$ 组成的拓扑称为 X 的**平凡的拓扑**. 此时 X 称为**平凡的拓扑空间**.

例 4　设 X 是一个非空集合, 如果定义 X 的每个子集都是开集, 那么 X 的这个拓扑称为**离散拓扑**, 此时 X 称为**离散拓扑空间**. X 的离散拓扑是在 X 上所可能有的拓扑中的最大者 (如果一个拓扑包含了另一个拓扑内所有的开集, 那么称它 "大于" 另外那个拓扑).

在例 1 中, $\mathbb{R}$ 的任一开集 U 是实数轴上一些开区间的并集. 由此受到启发, 引出了下述概念.

定义 2　拓扑空间 X 的一些开集组成的集合 $\mathscr{B}$, 如果使得 X 的每一个非空开集都可以写成 $\mathscr{B}$ 中成员的并集, 那么 $\mathscr{B}$ 称为 X 的一个**拓扑基**.

例如, 实数轴上所有开区间组成的集合 $\mathscr{B}$ 是拓扑空间 $\mathbb{R}$ 的一个拓扑基. 具有有理数端点的开区间组成的集合 $\mathscr{B}_1$ 也是 $\mathbb{R}$ 的一个拓扑基 (因为任一开区间是具有有

理数端点的开区间的并集). 显然, $\mathscr{B}_1 \leqslant \mathscr{B}$, 称 $\mathscr{B}_1$ 比 $\mathscr{B}$ 小.

由于所有基数组成的集合是良序集, 因此在拓扑空间 X 的所有拓扑基中存在具有最小基数的拓扑基. 这个最小基数称为拓扑空间 X 的**权**.

在实数轴 $\mathbb{R}$ 上, 对于 $x \in \mathbb{R}, \delta > 0, (x-\delta, x+\delta)$ 或 $[x-\delta, x+\delta]$ 都是 x 的一个邻域. 由此受到启发, 引出下述概念.

定义 3 设 X 是一个拓扑空间, A 是 X 的一个子集, $x \in X$. 如果存在一个开集 U_x, 使得 $x \in U_x \subseteq A$, 那么称 A 是 x 的**一个邻域**, 此时称 x 是 A 的一个**内点**.

如果对于拓扑空间 X 的子集 A 的每一个点 x, 都有 A 是 x 的邻域, 那么 A 是开集. 理由如下:

任给 $x \in A$, 由于 A 是 x 的邻域, 因此存在开集 U_x, 使得 $x \in U_x \subseteq A$. 从而 $\bigcup\limits_{x\in A} U_x \subseteq A$, 且 $A \subseteq \bigcup\limits_{x\in A} U_x$. 因此, $A = \bigcup\limits_{x\in A} U_x$. 从而 A 是开集.

拓扑空间 X 的一个子集 A 称为**闭集**, 如果 A 在 X 中的补集 $X \backslash A$ 是开集.

由于 X 在 X 中的补集是 $\varnothing$, 因此 X 是闭集. 由于 $\varnothing$ 在 X 中的补集是 X, 因此 $\varnothing$ 是闭集, 于是 X 和 $\varnothing$ 既是开集, 又是闭集.

设 A 是拓扑空间 X 的一个子集, A 的**闭包**是 X 的包含 A 的所有闭子集的交. A 的闭包记作 $\overline{A}$.

设 A 是拓扑空间 X 的一个子集, $x \in X$ 称为 A 的一个**聚点** (或**极限点**), 如果对于 x 的每个邻域 U 都有 $A \bigcap (U \backslash \{x\}) \neq \varnothing$. A 的一个点 y 如果它不是 A 的聚点, 那么 y 称为 A 的一个**孤立点**.

设 A 是拓扑空间 X 的一个子集, A 的闭包 $\overline{A}$ 恰好由 A 的点和 A 的聚点组成.

拓扑空间 X 的子集 A 是闭集当且仅当 $\overline{A} = A$.

拓扑空间 X 的一个子集 D 称为 X 的**稠密子集**, 如果 $\overline{D} = X$.

设 A 为拓扑空间的一个子集, 定义 A 的开集为 X 的开集与 A 的交集, 显然它满足定义 1 中的三条要求, 称这样定义的拓扑为**子空间拓扑**或**诱导拓扑**, 称 A 是 X 的一个**子空间**.

我们知道, 有界闭区间上的连续函数有定积分. 我们来回顾连续函数的定义.

设 $y = f(x)$ 是区间 I 上的一个函数, $x_0 \in I$. 如果 $\lim\limits_{x\to x_0} f(x) = f(x_0)$, 那么称 $f(x)$ 在点 x_0 **连续**. 如果 $f(x)$ 在区间 I 的每个点连续, 那么称 $f(x)$ 在区间 I **连续**.

结合函数的极限的定义便得到下述结论:

区间 I 上的函数 $y = f(x)$ 在点 $x_0 \in I$ 连续

$\Longleftrightarrow$ 任给 $\varepsilon > 0$, 存在 $\delta > 0$, 使得只要 $x \in I$ 且 $|x - x_0| < \delta$ 就有

$$|f(x) - f(x_0)| < \varepsilon$$

$\Longleftrightarrow$ 对于 $f(x_0)$ 的每一个邻域 V, 都存在 x_0 对于 I 的一个邻域 U (即 U 是 x_0 的一个邻域与 I 的交集), 使得 $f(U) \subseteq V$

$\Longleftrightarrow$ 对于 $f(x_0)$ 的每一个邻域 V, 都有 $f^{-1}(V)$ 是 x_0 对于 I 的一个邻域.

由此受到启发, 引出下述概念.

定义 4 设 X 与 Y 都是拓扑空间, $f: X \to Y$ 是一个映射, $x \in X$. 如果对于 $f(x)$ 的每一个邻域 N, 都有 $f^{-1}(N)$ 是 x 的一个邻域, 那么称 f 在点 x **连续**. 如果 f 在 X 的子集 A 的每个点连续, 那么称 f 在子集 A **连续**. 如果 f 在 X 的每个点连续, 那么称 f 是一个**连续映射**.

命题 1 设 X 与 Y 都是拓扑空间, $f: X \to Y$ 是一个映射, 则 f 是连续映射当且仅当对于 Y 的任一开集 V, 都有 $f^{-1}(V)$ 是 X 的开集.

证明 必要性. 设 f 是连续映射. 任取 Y 的一个开集 V, 设 $U = f^{-1}(V)$, 则对于每一个 $x \in U$, 有 $f(x) \in V$, 从而 V 是 $f(x)$ 的一个邻域. 于是根据定义 4 得, U 是 x 的一个邻域, 因此 U 是 X 的一个开集.

充分性. 任取 $x \in X$. 设 N 是 $f(x)$ 的任意一个邻域, 则存在 Y 的一个开集 V, 使得 $f(x) \in V \subseteq N$. 设 $U = f^{-1}(V)$. 我们有 $x \in U$. 由已知条件得, U 是 X 的一个开集. 显然 $U \subseteq f^{-1}(N)$. 于是 $f^{-1}(N)$ 是 x 的一个邻域. 因此 f 在点 x 连续. 从而 f 是连续映射. □

推论 1 设 X 与 Y 都是拓扑空间, $f: X \to Y$ 是一个映射, 则 f 是连续映射当且仅当对于 Y 的任一闭集 F, 都有 $f^{-1}(F)$ 是 X 的闭集.

证明 任取 Y 的一个子集 A. 对于任一映射 $f: X \to Y$, 有 $f^{-1}(Y \backslash A) = X \backslash f^{-1}(A)$. 因此, 条件 "对于 Y 的任一开集 G 都有 $f^{-1}(G)$ 是 X 的开集" 等价于条件 "对于 Y 的任一闭集 F 都有 $f^{-1}(F)$ 是 X 的闭集". 从而由命题 1 立即得到推论 1. □

推论 2 设 X 与 Y 都是拓扑空间, 则映射 $f: X \to Y$ 是连续映射当且仅当 Y 的一个拓扑基的每个成员在 f 下的原像是 X 的开集. □

命题 2 设 X, Y, Z 都是拓扑空间, $f: X \to Y, g: Y \to Z$. 如果 f 在点 $x \in X$ 连续, 且 g 在点 $f(x)$ 连续, 那么 gf 在点 x 连续.

证明 设 W 是 $(gf)(x)$ 的一个邻域, 由于 g 在点 $f(x)$ 连续, 因此 $V = g^{-1}(W)$ 是 $f(x)$ 在 Y 的一个邻域. 由于 f 在点 x 连续, 因此 $f^{-1}(V)$ 是点 x 的邻域. 而 $f^{-1}(V) = f^{-1}(g^{-1}(W)) = (gf)^{-1}(W)$, 于是 gf 在点 x 连续. □

由命题 2 立即得到: 设 X, Y, Z 都是拓扑空间, 若 $f: X \to Y, g: Y \to Z$ 都是连续映射, 则 $gf: X \to Z$ 也是连续映射.

设 X 与 Y 都是拓扑空间, A 是 X 的一个子空间, 若 $f: X \to Y$ 是连续映射, 则 f 在 A 上的限制 $f|A$ 也是连续映射.

拓扑空间 X 到拓扑空间 $\mathbb{R}$ (取距离拓扑) 的一个连续映射 f 称为 X 上的一个**实值连续函数**.

定义 5 设 X 与 Y 都是拓扑空间, $f: X \to Y$. 如果 f 是双射, 并且 f 与 f^{-1} 都是连续映射, 那么称 f 是 X 到 Y 上的一个**同胚**, 此时称 X 与 Y 是**同胚的**.

任一拓扑空间到它自身上的恒等映射是一个同胚. 如果 $f: X \to Y$ 是一个同胚, 那么 $f^{-1}: Y \to X$ 也是一个同胚. 再利用命题 2 可得出, 同胚是拓扑空间组成的任一集合上的一个等价关系.

例如, 区间 $(-1, 1)$ 与 $\mathbb{R}$ 是同胚的, 这是因为映射 $f: x \mapsto \tan \dfrac{\pi x}{2}$ 是连续的双

射, 且 f^{-1} 也是连续映射, 从而 f 是 $(-1,1)$ 到 $\mathbb{R}$ 上的一个同胚.

设 X 与 Y 都是拓扑空间, 映射 $f: X \to Y$ 如果把 X 的任一开 (闭) 集映成 Y 的开 (闭) 集, 那么称 f 为一个**开 (闭)** 映射.

定义 6 设 X 是拓扑空间. 对于 X 中任意不同的两点 a 和 b,

(1) 若存在一个开集包含两点之中的一点, 则称 X 为 T_0 **空间**;

(2) 若存在 a 的一个邻域, 它不含 b, 则称 X 为 T_1 **空间**;

(3) 若存在 a 的邻域 W_a 与 b 的邻域 W_b, 使得$W_a \bigcap W_b = \varnothing$, 则称 X 为 T_2 **空间**或 **Hausdorff 空间**.

例如, 拓扑空间 $\mathbb{R}^n$ (配备了距离拓扑) 是一个 Hausdorff 空间.

定义 7 若 X 是 T_0 空间, 且对 X 中一闭集 A 及一点 $b \notin A$, 存在两个开集 U 和 V, 使得 $b \in U, A \subseteq V, U \bigcap V = \varnothing$, 则称 X 为T_3 **空间**或**正则空间**.

可以证明: 正则空间必是 Hausdorff 空间. 证明如下:

设 a,b 是正则空间 X 中不同的两点. 由于 X 是 T_0 空间, 因此存在一个开集 U 包含其中一点, 不妨设 $a \in U$, 而 $b \notin U$, 则 $b \in X \backslash U$. 由于 X 是正则空间, 因此对于点 a 和闭集 $X \backslash U$ (它不含点 a), 存在两个不相交的开集 V 和 W, 使得 $a \in V, X \backslash U \subseteq W$. V 和 W 即为分别含有 a 和 b 的两个不相交开集. 因此 X 是 Hausdorff 空间.

在 Hausdorff 空间 X 中, 任一单点集 $\{a\}$ 是闭集. 这是因为 $\{a\}$ 没有聚点 (假如 b 是 $\{a\}$ 的聚点, 则 b 的每个邻域都含 a. 这与 X 是 Hausdorff 空间矛盾).

有界闭区间上的连续函数有定积分, 我们来分析有界闭区间的性质.

有界闭区间中每一个无限子集都有聚点.

理由是: 设 A 是有界闭区间 $[a,b]$ 的一个无限子集, 则在 A 中可以构造一个数列 (x_n) (它有无穷多项). 由于 $A \subseteq [a,b]$, 因此数列 (x_n) 有界. 根据 Bolzano-Weierstrass 定理, (x_n) 有收敛子列 (x_{n_k}). 设子列 (x_{n_k}) 的极限为 c, 则 $c \in [a,b]$, 且 c 的任一邻域含有子列 (x_{n_k}) 中的一个不等于 c 的数 x_{n_l}. 显然 $x_{n_l} \in A$. 于是 c 是 A 的一个聚点.

利用确界存在定理可以证明有界闭区间的另一条重要性质:

Heine-Borel 定理 设 $[a,b]$ 是有界闭区间, 设 $\mathscr{F} = \{U_\alpha | \alpha \in I\}$ 是 $\mathbb{R}$ 的一族开集使得 $[a,b] \subseteq \bigcup\limits_{\alpha \in I} U_\alpha$, 则有 $\mathscr{F}$ 中的有限多个开集 $U_{\alpha_1}, U_{\alpha_2}, \cdots, U_{\alpha_m}$, 使得 $[a,b] \subseteq \bigcup\limits_{j=1}^{m} U_{\alpha_j}$.

证明 由于 $[a,b] \subseteq \bigcup\limits_{\alpha \in I} U_\alpha$, 因此 $a \in \bigcup\limits_{\alpha \in I} U_\alpha$. 从而存在 $i \in I$ 使得 $a \in U_i$. 令

$$E = \left\{ x \in [a,b] \middle| [a,x] \subseteq \bigcup_{j=1}^{m} U_{\alpha_j}, \alpha_1, \alpha_2, \cdots, \alpha_m \in I, m \in \mathbb{N}^* \right\}.$$

于是 $a \in E$, 从而 E 非空集. 显然 E 有上界 b. 因此根据确界存在定理得, E 有上确界 c. 显然, $a \leqslant c \leqslant b$. 于是 $c \in \bigcup\limits_{\alpha \in I} U_\alpha$. 从而存在 $\beta \in I$, 使得 $c \in U_\beta$. 由于 U_β 是开

集, 因此存在 $\varepsilon>0$, 使得

$$(c-\varepsilon,c+\varepsilon)\subseteq U_\beta.$$

由于 c 是 E 的上确界, 因此存在 $x\in E$ 使得 $x>c-\varepsilon$. 于是有 $\alpha_1,\cdots,\alpha_n\in I$ 使得 $[a,x]\subseteq\bigcup\limits_{k=1}^{n}U_{\alpha_k}$. 从而

$$\left[a,c+\frac{\varepsilon}{2}\right]=[a,x]\bigcup\left[x,c+\frac{\varepsilon}{2}\right]\subseteq[a,x]\bigcup(c-\varepsilon,c+\varepsilon)\subseteq\left(\bigcup_{k=1}^{n}U_{\alpha_k}\right)\bigcup U_\beta. \qquad (2)$$

假如 $c<b$, 把上述 ε 取得足够小, 使得 $c+\dfrac{\varepsilon}{2}\leqslant b$, 则由 (2) 式得 $c+\dfrac{\varepsilon}{2}\in E$. 这与 c 是 E 的上界矛盾. 因此 $c=b$. 于是由 (2) 式得

$$[a,b]\subseteq\left[a,b+\frac{\varepsilon}{2}\right]\subseteq\left(\bigcup_{k=1}^{n}U_{\alpha_k}\right)\bigcup U_\beta.$$ □

从有界闭区间的上述这条性质受到启发, 在拓扑空间中引进下述概念.

定义 8 设 X 为拓扑空间, A 是 X 的一个子集. 设 $\mathscr{F}=\{U_\alpha|\alpha\in I\}$ 是 X 的一族开集. 如果 $A\subseteq\bigcup\limits_{\alpha\in I}U_\alpha$, 那么 $\mathscr{F}$ 称为 A 的一个**开覆盖**. 如果 A 的覆盖 $\mathscr{F}$ 的一个子族也是 A 的一个覆盖, 那么称它为 A 的一个**子覆盖**.

定义 9 拓扑空间 X 称为**紧致**的 (或**紧的**), 如果 X 的每个开覆盖有一个有限的子覆盖.

拓扑空间 X 的子集 C 称为**紧致子集** (或**紧子集**), 如果 C 的每个开覆盖有一个有限的子覆盖.

显然, 拓扑空间 X 的子集 C 是紧致的当且仅当子空间 C 是紧致的.

从 Heine-Borel 定理得出, 有界闭区间是拓扑空间 $\mathbb{R}$ 的紧致子集.

命题 3 如果 C 是拓扑空间 X 的一个紧致子集, 那么 C 的每个闭子集也是紧致的.

证明 设 $C_1\subseteq C$ 是闭集, 则 C_1 在 X 中的补集 $X\backslash C_1$ 是开集. 设 $\mathscr{U}$ 是 C_1 的一个开覆盖, 由于 $X\backslash C_1\supseteq C\backslash C_1$, 因此 $\mathscr{F}=\mathscr{U}\bigcup\{X\backslash C_1\}$ 是 C 的一个开覆盖, 由于 C 是紧致的, 因此 $\mathscr{F}$ 有一个有限子族 $\mathscr{F}_1$ 是 C 的覆盖. 由于 $X\backslash C_1$ 不包含 C_1, 因此 $\mathscr{U}$ 有一个有限子族是 C_1 的覆盖, 从而 C_1 紧致的. □

推论 3 $\mathbb{R}$ 的每一个有界闭子集是紧致的.

证明 设 A 是 $\mathbb{R}$ 的一个有界闭子集. 设 A 的一个上界为 b, A 的一个下界为 a, 则 $A\subseteq[a,b]$. 由于 $[a,b]$ 是 $\mathbb{R}$ 的紧致子集, 因此根据命题 3 得, $[a,b]$ 的闭子集 A 也是紧致的. □

命题 4 如果 X 是一个 Hausdorff 空间, 那么 X 的每一个紧致子集是闭集.

证明 设 C 是 X 的一个紧致子集. 为了证 C 是闭集, 只要证 C 在 X 中的补集 $X\backslash C$ 是开集. 由于 X 是 Hausdorff 空间, 因此对于每一个 $x\in X\backslash C$ 和每一个 $y\in C$, 存在 x 的邻域 U_{xy} 与 y 的邻域 V_{xy} 使得 $U_{xy}\bigcap V_{xy}=\varnothing$. 于是对于每一个 $x\in X\backslash C$, 集合 $\{V_{xy}|y\in C\}$ 是 C 的一个开覆盖. 由于 C 是紧致的, 因此存在

$y_1, y_2, \cdots, y_n \in C$, 使得 $C \subseteq \bigcup_{j=1}^{n} V_{xy_j}$. 设 $U_x = \bigcap_{j=1}^{n} U_{xy_j}$, 则 U_x 是开集, $U_x \bigcap C = \varnothing$, 且 $x \in U_x$. 从而 $U_x \subseteq X \backslash C$. 这表明 $X \backslash C$ 是它的每一个点 x 的邻域. 因此 $X \backslash C$ 是开集. 于是 C 是闭集. □

推论 4 $\mathbb{R}$ 的子集 C 是紧致的当且仅当 C 是有界闭集.

证明 推论 3 已证 $\mathbb{R}$ 的有界闭子集是紧致的. 现在来证必要性, 设 C 是紧致的, 由于 $\mathbb{R}$ 是 Hausdorff 空间, 因此根据命题 4 得, C 是闭集. 记 $U_n = (-n, n), n \in \mathbb{N}^*$, 则 $C \subseteq \bigcup_{n=1}^{\infty} U_n$. 由于 C 是紧致的, 因此对于某个 $mC \subseteq \bigcup_{n=1}^{m} U_n$. 这意味着 $C \subseteq U_m$. 因此 C 是有界的. □

命题 5 设 X 和 Y 都是拓扑空间, 且 X 是紧致的. 如果 $f: X \to Y$ 是连续映射, 那么 $f(X)$ 是紧致的.

证明 设 $\mathscr{U}$ 是 $f(X)$ 的一个开覆盖, 则

$$f^{-1}(\mathscr{U}) = \{f^{-1}(U') | U' \in \mathscr{U}\}$$

是 X 的一个开覆盖. 由于 X 是紧致的, 因此存在 $U_1', \cdots, U_n' \in \mathscr{U}$, 使得 $X = \bigcup_{j=1}^{n} f^{-1}(U_j')$. 由此得出

$$f(X) \subseteq \bigcup_{j=1}^{n} U_j'.$$

因此 $f(X)$ 是紧致的. □

推论 5 设 X 是紧致空间, 如果 $f: X \to \mathbb{R}$ 是连续函数, 那么 f 在 X 上取到最大值和最小值.

证明 根据命题 5 得, $f(X)$ 是 $\mathbb{R}$ 的紧致子集. 于是根据推论 4 得, $f(X)$ 是有界闭集. 于是 $f(X)$ 有上确界 b 和下确界 a. 假如 $b \notin f(X)$, 则 b 属于 $f(X)$ 在 $\mathbb{R}$ 中的补集 D. 由于 $f(X)$ 是闭集, 因此 D 是开集. 从而存在 b 的一个邻域 $(b-\delta, b+\delta) \subseteq D$. 由于 b 是 $f(X)$ 的上确界, 因此存在 $\xi \in X$ 使得 $f(\xi) > b - \delta$, 且 $f(\xi) \leqslant b$. 于是 $f(\xi) \in D$. 这与 $f(\xi) \in f(X)$ 矛盾. 因此 $b \in f(X)$, 从而 f 在 X 上取到最大值 b. 同理, f 在 X 上取到最小值 a. □

推论 6 设 X 是紧致拓扑空间, Y 是 Hausdorff 空间, 如果 $f: X \to Y$ 是一一对应的连续映射, 那么 f^{-1} 是连续映射, 从而 f 是一个同胚映射.

证明 对于 X 的任一闭子集 A, 根据命题 3 得, A 是紧致的. 由于 $f: X \to Y$ 是连续映射, 因此根据命题 5 得, $f(A)$ 是紧致的. 由于 Y 是 Hausdorff 空间, 因此根据命题 4 得, $f(A)$ 是闭集. 记 $g = f^{-1}$, 则 $g^{-1}(A)$ 是闭集. 从而 g 是连续映射. □

从推论 4 受到启发, 我们猜测有下述结论:

欧氏空间 $\mathbb{R}^d$ 的子集是紧致的当且仅当它是有界闭集.

为了证明这个猜测为真, 需要做一些准备工作.

定义 10 设 X 是拓扑空间, (x_n) 是 X 的一个序列. 我们称 (x_n) **收敛**到 x, 记作 $\lim\limits_{n\to\infty} x_n = x$, 如果 $x \in X$ 并且对于 x 的每个邻域 U, 存在 n_0, 使得只要 $n \geqslant n_0$,

就有 $x_n \in U$.

容易看出, 若 X 是 Hausdorff 空间, (x_n) 是 X 的一个序列, 如果 $\lim\limits_{n\to\infty} x_n = x$ 且 $\lim\limits_{n\to\infty} x_n = y$, 那么 $x = y$.

一个非空集合 X 如果定义了一个距离函数 ρ (称为 X 上的一个**度量**), 那么称 (X, ρ) 是一个**度量空间**.

类似于欧氏空间 $\mathbb{R}^d$, 度量空间 (X, ρ) 配备距离拓扑可成为一个拓扑空间.

度量空间 X 一定是 Hausdorff 空间.

一个度量空间 X 若有一个可数稠密子集, 则称 X 是 **可分的** (separable).

命题 6 设 A 是度量空间 (X, ρ) 的一个子集, $\alpha \in X$, 则 $\alpha \in \overline{A}$ 当且仅当在 A 中存在一个序列 (α_n), 它收敛到 α. 特别地, A 是闭子集当且仅当它包含 A 中所有收敛序列的极限.

证明 充分性. 设 A 中存在一个序列 (α_n), 它收敛到 α. 任取 α 的一个邻域 U, 则对于充分大的 n 有 $\alpha_n \in U$. 从而 $A \bigcap (U \backslash \{\alpha\}) \neq \varnothing$. 因此 α 是 A 的一个聚点. 于是 $\alpha \in \overline{A}$.

必要性. 设 $\alpha \in \overline{A}$, 则 $\alpha \in A$ 或 α 是 A 的一个聚点. 于是对于 α 的每个邻域 U, 都有 $A \bigcap (U \backslash \{\alpha\}) \neq \varnothing$. 从而对于每一个 n, 存在 $\alpha_n \in A$ 使得 $\rho(\alpha_n, \alpha) < \dfrac{1}{n}$. 于是序列 (α_n) 收敛到 α.

A 是闭子集当且仅当 $\overline{A} = A$. 从而命题 6 的后半部分成立. □

定义 11 度量空间 (X, ρ) 的一个序列 (α_n) 称为 **Cauchy 序列**, 如果对于任给 $\varepsilon > 0$, 存在 n_0, 使得只要 $n \geqslant n_0, m \geqslant n_0$ 就有 $\rho(\alpha_n, \alpha_m) < \varepsilon$.

定义 12 度量空间 X 称为是**完备**的, 如果 X 的每一个 Cauchy 序列都在 X 中收敛.

我们已经知道 $\mathbb{R}$ 是完备的. 现在我们来证明: 对于任一正整数 d, $\mathbb{R}^d$ 也是完备的. 任取 $\mathbb{R}^d$ 的一个 Cauchy 序列 (α_n), 其中 $\alpha_n = (x_{n1}, x_{n2}, \cdots, x_{nd})$. 由于

$$|\alpha_n - \alpha_m|^2 = (x_{n1} - x_{m1})^2 + \cdots + (x_{nd} - x_{md})^2 \geqslant |x_{nj} - x_{mj}|^2,$$

因此任给 $\varepsilon > 0$ 都存在 n_0, 使得只要 $n \geqslant n_0, m \geqslant n_0$, 就有 $|x_{nj} - x_{mj}| \leqslant |\alpha_n - \alpha_m| < \varepsilon$. 于是对于每个 $j (1 \leqslant j \leqslant d)$, 序列 (x_{nj}) 是 $\mathbb{R}$ 的一个 Cauchy 序列, 从而它收敛到 x_j. 令 $\beta = (x_1, x_2, \cdots, x_d)$, 则

$$|\alpha_n - \beta|^2 = (x_{n1} - x_1)^2 + \cdots + (x_{nd} - x_d)^2 \leqslant d \max_{1 \leqslant j \leqslant d} \{(x_{nj} - x_j)^2\}.$$

从而 $|\alpha_n - \beta| \leqslant \sqrt{d} \max\limits_{1 \leqslant j \leqslant d} \{|x_{nj} - x_j|\}$. 由此得出, $\lim\limits_{n\to\infty} \alpha_n = \beta$. 因此 $\mathbb{R}^d$ 是完备的.

命题 7 设 X 是完备的度量空间. X 的子空间 A 是完备的当且仅当 A 是 X 的闭子集.

证明 必要性. 设 A 是完备的. 任取 $\alpha \in \overline{A}$, 根据命题 6 得, 存在 A 中的一个序列 (α_n), 它收敛到 α. 于是 (α_n) 是 A 的一个 Cauchy 序列. 由于 A 是完备的, 因此 (α_n) 在 A 中收敛, 于是 $\alpha \in A$. 从而 $\overline{A} \subseteq A$. 因此 $\overline{A} = A$. 于是 A 是闭集.

充分性. 设 A 是闭子集. 任取 A 中的一个 Cauchy 序列 (α_n), 由于 X 是完备的, 因此 (α_n) 收敛到 $\alpha \in X$. 由于 A 是闭子集, 因此根据命题 6 得, $\alpha \in A$. 于是 A 是

完备的. □

定义 13 设 A 是度量空间 X 的一个子集. 我们定义 A 的**直径**为 $\operatorname{diam} A = \sup\{\rho(x,y)|x,y\in A\}$. 如果 $\operatorname{diam} A<+\infty$, 那么称 A 是**有界的**.

容易看出, A 是有界的当且仅当 $A\subseteq B(a,r)$, 其中 $B(a,r):=\{x\in X|\rho(x,a)<r\}$, 称 $B(a,r)$ 是以 a 为中心、r 为半径的**开球**.

定义 14 度量空间 X 的一个子集 A 称为**完全有界的**, 如果对于每个 $\varepsilon>0$, 存在 X 的一个有限子集 $\{x_1,\cdots,x_n\}$, 使得 $A\subseteq\bigcup\limits_{k=1}^{n}B(x_k,\varepsilon)$.

命题 8 $\mathbb{R}^n$ 的任一有界子集是完全有界的. 如果 A 是度量空间 X 的一个完全有界子集, 则

(1) A 是有界的;

(2) $\overline{A}$ 是完全有界的;

(3) A 的任一子集是完全有界的.

命题 8 的证明请读者思考.

命题 9 度量空间 X 如果是完全有界的, 那么它是可分的.

证明 由于 X 是完全有界的, 因此对于每个正整数 n, 存在 X 的一个有限子集 W_n 使得 $X\subseteq\bigcup\limits_{x\in W_n}B\left(x,\dfrac{1}{n}\right)$. 于是 $\bigcup\limits_{n=1}^{\infty}W_n$ 的闭包等于 X, 从而 $\bigcup\limits_{n=1}^{\infty}W_n$ 是 X 的一个可数稠密子集, 因此 X 是可分的. □

定理 1 度量空间 X 是紧致的当且仅当它是完备的且完全有界.

证明 必要性. 设度量空间 X 是紧致的. 任给 $\varepsilon>0$, 有 $X=\bigcup\limits_{x\in X}B(x,\varepsilon)$. 由于 X 是紧致的, 因此存在 $x_1,\cdots,x_n$, 使得 $X=\bigcup\limits_{k=1}^{n}B(x_k,\varepsilon)$. 于是 X 是完全有界的. 现在设 (x_n) 是 X 的一个 Cauchy 序列. 令 $A_m=\{x_k|k\geqslant m\}$, 则对于每个 m 有 $\overline{A}_{m+1}\subseteq\overline{A}_m$. 令 $C_m=X\backslash\overline{A}_m$, 则 $\bigcup C_m=X\backslash\bigcap\overline{A}_m$. 假如 $\bigcap\overline{A}_m=\varnothing$, 则 $\{C_m|m\in\mathbb{N}^*\}$ 是 X 的一个开覆盖. 由于 X 是紧致的, 因此存在 $s\in\mathbb{N}^*$ 使得 $\bigcup\limits_{m=1}^{s}C_m=X$. 它等价于 $\bigcap\limits_{m=1}^{s}\overline{A}_m=\varnothing$. 而 $\bigcap\limits_{m=1}^{s}\overline{A}_m=\overline{A}_s\neq\varnothing$, 矛盾. 因此 $\bigcap\limits_{m=1}^{\infty}\overline{A}_m\neq\varnothing$. 设 $x\in\bigcap\limits_{m=1}^{\infty}\overline{A}_m$. 任给 $\varepsilon>0$, 由于 (x_n) 是 Cauchy 序列, 因此存在 n_0 使得只要 $m,n\geqslant n_0$ 就有 $\rho(x_m,x_n)<\dfrac{\varepsilon}{2}$, 并且有 $B\left(x,\dfrac{\varepsilon}{2}\right)\bigcap A_{n_0}\neq\varnothing$ (因为 $x\in\overline{A}_{n_0}$). 于是存在 $m\geqslant n_0$ 使得 $\rho(x,x_m)<\dfrac{\varepsilon}{2}$, 从而对于 $n\geqslant n_0$, $\rho(x,x_n)<\varepsilon$. 因此 $\lim\limits_{n\to\infty}x_n=x$. 从而 X 是完备的.

充分性. 设度量空间 X 是完备的且完全有界, $\{U_\alpha|\alpha\in I\}$ 是 X 的一个开覆盖, 其中 I 是指标集. 由于 X 是完全有界的, 因此 X 能表示成有限多个直径小于或等于 1 的子集的并. 假如不存在 $\{U_\alpha|\alpha\in I\}$ 的任何有限子集覆盖 X, 则存在 X 的一个

子集 F_1 具有 diam $F_1 \leqslant 1$, 使得 $\{U_\alpha|\alpha \in I\}$ 的任何有限子集都不能覆盖 F_1. 我们递归地构造 X 的子集的序列 (F_n) 具有下述性质: (i) diam $F_n \leqslant \frac{1}{n}$; (ii) $F_{n+1} \subseteq F_n$ 对于每个 n; (iii) $\{U_\alpha|\alpha \in I\}$ 的任何有限子集都不能覆盖 F_n. 根据命题 8, X 的任一子集都是完全有界的, 因此 F_n 是完全有界的. 从而 F_n 存在, 并且 F_n 能表示成有限多个直径小于或等于 $\frac{1}{n+1}$ 的子集的并, 其中的一个能被选作为 F_{n+1}. 现在对于每个 n 选择 $x_n \in F_n$. 如果 $m \leqslant n$ 且 $m \leqslant p$, 则 $x_n, x_p \in F_m$. 于是 $\rho(x_p, x_n) \leqslant \frac{1}{m}$. 因此 (x_n) 是一个 Cauchy 序列. 由于 X 是完备的, 因此存在 $x \in X$ 使得 $\lim\limits_{n\to\infty} x_n = x$. 由于 $\{U_\alpha|\alpha \in I\}$ 覆盖 X, 因此存在 $\beta \in I$ 使得 $x \in U_\beta$. 由于 U_β 是开集, 因此存在 $\varepsilon > 0$ 使得 $B(x,\varepsilon) \subseteq U_\beta$. 由于 $\lim\limits_{n\to\infty} x_n = x$, 因此存在 m 使得只要 $n \geqslant m$ 就有 $x_n \in B\left(x, \frac{\varepsilon}{2}\right)$. 选择 $n \geqslant m$ 使得 $n > \frac{2}{\varepsilon}$, 我们有 $F_n \subseteq B(x,\varepsilon) \subseteq U_\beta$. 这与 F_n 的性质 (iii) 矛盾. 因此存在 $\{U_\alpha|\alpha \in I\}$ 的一个有限子集覆盖 X. 从而 X 是紧致的. □

推论 7 $\mathbb{R}^d$ 的子集是紧致的当且仅当它是有界闭集.

证明 必要性. 设 $\mathbb{R}^d$ 的子集 A 是紧致的. 根据定理 1 得, A 是完备的且完全有界. 由于 $\mathbb{R}^d$ 是完备的度量空间, 因此根据命题 7 得, A 是闭集. 根据命题 8 得, A 是有界的.

充分性. 设 $\mathbb{R}^d$ 的子集 A 是有界闭集. 根据命题 8 得, A 是完全有界的. 根据命题 7 得, A 是完备的. 从而根据定理 1 得, A 是紧致的. □

定义 15 拓扑空间 X 称为局部紧致的, 如果它的每一个点都有一个邻域是紧致的.

定义 16 设 $X_1, X_2, \cdots, X_n$ 为一组拓扑空间, 设 $\mathscr{B}_i$ 是 X_i 的一个拓扑基, 在 $X_1 \times X_2 \times \cdots \times X_n$ 中赋予拓扑: $X_1 \times X_2 \times \cdots \times X_n$ 的开集为下述集合中成员的并集:

$$\mathscr{B} = \{B_1 \times B_2 \times \cdots \times B_n | B_i \in \mathscr{B}_i, \quad i = 1, 2, \cdots, n\},$$

这样定义的拓扑称为**乘积拓扑**, $X_1 \times X_2 \times \cdots \times X_n$ 配备了乘积拓扑之后称为**乘积空间**, 或者称为 $X_1, X_2, \cdots, X_n$ 的**拓扑积**. 此时 $\mathscr{B}$ 是乘积空间的一个拓扑基.

定义 17 设 $\{A_i|i \in I\}$ 是一族集合, 它们的**笛卡儿积**是指集合

$$\left\{\text{映射 } f: I \to \bigcup_{i\in I} A_i \,\middle|\, f(i) \in A_i, \quad i \in I\right\},$$

记作 $\prod\limits_{i\in I} A_i$.

在 $\prod\limits_{i\in I} A_i$ 中, 每个元素 f 由它的像 $\{f(i)|i \in I\}$ 完全决定. 记 $a_i = f(i), i \in I$. 把映射 f 与集合 $\{a_i|i \in I\}$ 等同, 把集合 $\{a_i|i \in I\}$ 简记为 (a_i).

定义 18 设 $\{X_i|i \in I\}$ 是一族拓扑空间, 设 $\mathscr{B}_i$ 是 X_i 的一个拓扑基, 在笛卡儿积 $\prod\limits_{i\in I} X_i$ 中赋予拓扑: $\prod\limits_{i\in I} X_i$ 的开集为下述集合中成员的并集:

$$\mathscr{B}=\left\{\prod_{i\in I}B_i\middle|B_i\in\mathscr{B}_i,\ \text{且除了有限个 } i \text{ 外},\ B_i=X_i,i\in I\right\},$$

这样定义的拓扑称为**乘积拓扑**, $\prod\limits_{i\in I}X_i$ 配备了乘积拓扑之后称为**乘积空间**, 或者称为 $\{X_i|i\in I\}$ 的**拓扑积**.

容易证明下述结论:

Hausdorff 空间的拓扑积也是 Hausdorff 空间. 反之, 若一族拓扑空间 $\{X_i|i\in I\}$ 的拓扑积 $\prod\limits_{i\in I}X_i$ 是 Hausdorff 空间, 则对一切 $i\in I, X_i$ 是 Hausdorff 空间.

可以证明下述定理 (证明可看 [12] 第 87—89 页).

吉洪诺夫 (Тихонов) 定理: 紧致拓扑空间的拓扑积仍是紧致拓扑空间; 反之, 若一族拓扑空间 $\{X_i|i\in I\}$ 的拓扑积 $\prod\limits_{i\in I}X_i$ 是紧致的, 则对一切 $i\in I, X_i$ 是紧致的.

令
$$\begin{aligned}\pi_j:\prod_{i\in I}X_i&\to X_j\\ \{a_i|i\in I\}&\mapsto a_j,\end{aligned}$$
称 π_j 是**投影映射**.

设 $\{X_i|i\in I\}$ 是一族拓扑空间, 则投影映射
$$\pi_j:\prod_{i\in I}X_i\to X_j$$
是连续映射, 也是开映射.

设 $X_1,X_2,\cdots,X_n,Y$ 都是拓扑空间, 则映射 $f:Y\to X_1\times X_2\times\cdots\times X_n$ 连续当且仅当 n 个合成映射 $\pi_if:Y\to X_i,i=1,2,\cdots,n$, 都连续.

定义 19 设 X 是拓扑空间, 如果当它分解成两个非空子集的并集 $A\bigcup B$ 时, 有 $\overline{A}\bigcap B\neq\varnothing$ 或 $A\bigcap\overline{B}\neq\varnothing$, 那么称 X 是**连通**的.

拓扑空间 X 的子集 A 称为**连通子集**, 如果给以诱导拓扑时, 子空间 A 是连通空间.

对于拓扑空间 X, 下列条件是等价的:

(i) X 连通;

(ii) X 内同时为开集与闭集的子集只有 X 和 $\varnothing$;

(iii) X 不能表示为两个不相交非空开集的并集;

(iv) 不存在连续满映射从 X 到一个多于一点的离散拓扑空间上去.

连通空间的连续像是连通空间.

连通性是空间的拓扑性质. 即: 若 $h:X\to Y$ 为同胚映射, 则 X 连通当且仅当 Y 连通.

实数轴 $\mathbb{R}$ 是连通空间.

若 $X_1,X_2,\cdot,X_m$ 都是连通空间, 则它们的拓扑积也是连通的.

从上述结果立即得出, n 维欧氏空间 $\mathbb{R}^n$ 是连通的.

§3 拓扑群, 紧群

3.1 拓扑群

为了在群 G 上建立积分, 自然应当配备 G 有拓扑空间的结构, 而且应当要求群的结构与拓扑空间的结构相容. 由于拓扑学的基本任务是发现在连续映射和同胚下保持不变的性质, 因此连续映射是拓扑学的核心. 于是我们引出下述概念.

定义 1 *如果群 G 配备了一个拓扑, 使得 G 的乘法运算 $\mu: G\times G\to G$ 和求逆运算 $\nu: G\to G$ 都是连续映射, 那么称 G 是一个***拓扑群**.

下面给出几个拓扑群的例子.

例 1 实数轴 $\mathbb{R}$, 群的运算是实数的加法, 配备距离拓扑. 任给 $(x,y)\in\mathbb{R}\times\mathbb{R}, \mu(x,y)=x+y$. 由于这是二元多项式函数, 因此它是连续函数. 从而 $\mathbb{R}$ 的加法运算是 $\mathbb{R}\times\mathbb{R}$ 到 $\mathbb{R}$ 的连续映射. 任给 $x\in\mathbb{R}, \nu(x)=-x$, 显然这是连续函数, 因此求逆运算 ν 是 $\mathbb{R}$ 到 $\mathbb{R}$ 的连续映射. 从而 $(\mathbb{R},+)$ 是一个拓扑群.

例 2 1 维球面 S^1 (即平面上的单位圆), 它可以看成是由模为 1 的复数组成的集合, 群的运算是复数的乘法, 配备从平面的距离拓扑诱导来的拓扑. 类似于例 1 的论证可得, S^1 是一个拓扑群.

例 3 具有离散拓扑的任意抽象群 G. 由于 G 的每个子集都是开集, 因此 G 的每个元素组成的单元素集所成的族是 G 的一个拓扑基 $\mathscr{B}$. 从而对于乘法运算 $\mu: G\times G\to G, G$ 的拓扑基 $\mathscr{B}$ 的每个成员 $\{a\}$ 在 μ 下的原像

$$\mu^{-1}(\{a\})=\{(x,y)\in G\times G|xy=a\}$$

是 $G\times G$ 的一个开集. 于是根据本章 §2 的推论 2 得, μ 为连续映射. 由于 G 的拓扑基 $\mathscr{B}$ 的每个成员 $\{a\}$ 在求逆运算 ν 下的原像 $v^{-1}(\{a\})=\{a^{-1}\}$ 是 G 的一个开集, 因此 ν 是连续映射. 从而 G 成为拓扑群.

例 4 n 维欧氏空间 $\mathbb{R}^n$, 群的运算是 n 元有序数组的加法 (即 n 维向量的加法), 配备距离拓扑, 设 $\alpha=(a_1,a_2,\cdots,a_n)$, $\beta=(b_1,b_2,\cdots,b_n)$.

$$\mathbb{R}^n\times\mathbb{R}^n\xrightarrow{\mu}\mathbb{R}^n\xrightarrow{\pi_i}\mathbb{R}$$

$$(\alpha,\beta)\mapsto\alpha+\beta\mapsto a_i+b_i.$$

由于 $\pi_i\mu(\alpha,\beta)=a_i+b_i$ 是连续函数, $i=1,2,\cdots,n$, 因此 μ 是连续映射. 类似地可证求逆运算 ν 是连续映射. 因此 $(\mathbb{R}^n,+)$ 成为一个拓扑群.

例 5 实数域上的一般线性群 $\mathrm{GL}_n(\mathbb{R})$. 群的运算是矩阵的乘法, 把 n 阶实矩阵 $A=(a_{ij})$ 等同于 $\mathbb{R}^{n^2}$ 的点:

$$(a_{11},a_{12},\cdots,a_{1n},\cdots,a_{n1},a_{n2},\cdots,a_{nn}),$$

则 $M_n(\mathbb{R})$ 等同于 $\mathbb{R}^{n^2}$. $\mathrm{GL}_n(\mathbb{R})$ 配备的拓扑是 $\mathbb{R}^{n^2}$ 的距离拓扑的诱导拓扑. 设 $A=(a_{ij}), B=(b_{ij})\in M_n(\mathbb{R})$,

$$M_n(\mathbb{R})\times M_n(\mathbb{R})\xrightarrow{\mu}M_n(\mathbb{R})\xrightarrow{\pi_{ij}}\mathbb{R}$$

$$(A,B)\mapsto AB\mapsto\sum_{k=1}^n a_{ik}b_{kj}.$$

由于 $(\pi_{ij}\mu)(A,B)=\sum_{k=1}^{n}a_{ik}b_{kj}$ 是 A,B 中元素的多项式, 从而 $\pi_{ij}\mu$ 是连续映射, $1\leqslant i,j\leqslant n$, 因此 μ 是连续映射. 从而 $\mu|\mathrm{GL}_n(\mathbb{R})\times\mathrm{GL}_n(\boldsymbol{B})$ 是连续映射.

$$\begin{array}{ccccc}\mathrm{GL}_n(\mathbb{R}) & \xrightarrow{\nu} & \mathrm{GL}_n(\mathbb{R}) & \xrightarrow{\pi_{ij}} & \mathbb{R}\\ A & \longmapsto & A^{-1}=\dfrac{1}{|A|}A^* & \longmapsto & \dfrac{1}{|A|}A_{ji},\end{array}$$

其中 A_{ji} 是 A 的 (i,j) 元的代数余子式, 由于 $|A|$ 和 A_{ji} 的任一元素都是 A 的元素的多项式, 且 $|A|\neq 0$, 因此 $\pi_{ij}\nu$ 是连续函数, $1\leqslant i,j\leqslant n$. 从而 ν 是连续映射. 因此 $\mathrm{GL}_n(\mathbb{R})$ 成为一个拓扑群.

定义 2 设 G 为拓扑群, H 是群 G 的子群, 如果 H 是拓扑空间 G 的闭子集, 那么称 H 是**拓扑群 G 的子群**. 如果拓扑群 G 的子群 N 是群 G 的正规子群, 那么称 N 是**拓扑群 G 的正规子群**.

命题 1 设 H 是拓扑群 G 的某一子集, 且 H 是群 G 的子群, 在 H 上配备 G 的拓扑的诱导拓扑, 则 H 成为拓扑群. 特别地, 拓扑群 G 的子群 H 也是拓扑群.

证明 只要证群 H 的乘法运算和求逆运算在空间 H 的拓扑中是连续的. 设 $a,b\in H, ab^{-1}=c$. 在空间 H 中元素 c 的每一邻域 W' 都可以作为是在空间 G 中的元素 c 的某一邻域 W 与 H 的交集: $W'=H\bigcap W$. 因为 G 是拓扑群, 所以存在元素 a 与 b 的邻域 U 与 V, 使得 $UV^{-1}\subseteq W$, 其中 $V^{-1}:=\{x^{-1}|x\in V\}$. 交集 $U'=H\bigcap U$ 与 $V'=H\bigcap V$ 是元素 a 与 b 在空间 H 中的邻域. 我们有 $U'V'^{-1}\subseteq W$. 显然 $U'V'^{-1}\subseteq H$. 因此 $U'V'^{-1}\subseteq W'$. 从而 H 的乘法运算和求逆运算在空间 H 中是连续的. 于是 H 是拓扑群. □

例 6 对于群 $\mathrm{GL}_n(\mathbb{R})$ 的子群 $\mathrm{SL}_n(\mathbb{R})$, 由于行列式函数 det 是从拓扑空间 $\mathrm{GL}_n(\mathbb{R})$ 到拓扑空间 $\mathbb{R}$ 的一个连续映射, 而 $\{1\}$ 是 $\mathbb{R}$ 的闭集, 因此 $\{1\}$ 在 det 下的原像 $\mathrm{SL}_n(\mathbb{R})$ 是空间 $\mathrm{GL}_n(\mathbb{R})$ 的闭子集. 根据定义 2 得, $\mathrm{SL}_n(\mathbb{R})$ 是拓扑群 $\mathrm{GL}_n(\mathbb{R})$ 的子群, 根据命题 1 得, $\mathrm{SL}_n(\mathbb{R})$ 是拓扑群.

由于正交矩阵的行列式为 1 或 -1, 因此 $\mathrm{O}(n)$ 等于 $\det^{-1}(\{1\})\bigcup\det^{-1}(\{-1\})$, 其中, $\det^{-1}(\{1\})$ 表示 1 在行列式函数 det 下的原像集. 从而 $\mathrm{O}(n)$ 是拓扑空间 $\mathrm{GL}_n(\mathbb{R})$ 的闭子集. 根据定义 2 得, $\mathrm{O}(n)$ 是拓扑群 $\mathrm{GL}_n(\mathbb{R})$ 的子群. 根据命题 1 得, $\mathrm{O}(n)$ 是拓扑群.

类似地可证, 特殊正交群 $\mathrm{SO}(n)$ 是拓扑群.

例 7 设 V 是实数域上的 n 维线性空间, 把 V 上的线性变换 $\boldsymbol{A}$ 等同于它在 V 的一个基下的矩阵 A, 进而等同于 $\mathbb{R}^{n^2}$ 的一个点, 给 $\mathrm{GL}(V)$ 配备由 $\mathbb{R}^{n^2}$ 的距离拓扑诱导出来的拓扑, 则 $\mathrm{GL}(V)$ 成为一个拓扑群.

命题 2 设 G_1 和 G_2 都是拓扑群, 群 G_1 与 G_2 的直积 $G_1\times G_2$ 配备乘积拓扑, 则 $G_1\times G_2$ 成为一个拓扑群, 称它是**拓扑群 G_1 与 G_2 的直积**.

证明 只要证群 $G_1\times G_2$ 的乘法和求逆运算在拓扑空间 $G_1\times G_2$ 中连续. 设 $a=(a_1,a_2)$ 与 $b=(b_1,b_2)$ 是 $G_1\times G_2$ 中的两个元素, $ab^{-1}=(a_1b_1^{-1},a_2b_2^{-1})$, 记 $ab^{-1}=c=(c_1,c_2)$. 设 $W=(W_1,W_2)$ 是空间 $G_1\times G_2$ 中元素 c 的任一邻域, 其中

W_i 是空间 G_i 中元素 c_i 的邻域. 由于拓扑群 G_i 中运算的连续性, 因此在 G_i 中有元素 a_i 与 b_i 的邻域 U_i 与 V_i, 使得 $U_iV_i^{-1} \subseteq W_i$. 容易看出, 在空间 $G_1 \times G_2$ 中元素 a 与 b 的邻域 $U = (U_1, U_2)$ 与 $V = (V_1, V_2)$ 满足 $UV^{-1} \subseteq W$. 这证明了群 $G_1 \times G_2$ 中运算的连续性, 因此 $G_1 \times G_2$ 是拓扑群. □

例 8 $(\mathbb{C}, +)$ 配备 $\mathbb{R}^2$ 的距离拓扑, 成为一个拓扑群. $(\mathbb{C}^*, \cdot)$, 运算为复数的乘法, 配备 $\mathbb{R}^2$ 的距离拓扑成为一个拓扑群.

例 9 $\mathrm{GL}_n(\mathbb{C})$ 及其子群 $\mathrm{SL}_n(\mathbb{C}), \mathrm{U}(n), \mathrm{SU}(n)$ 都是拓扑群.

例 10 设 V 是复数域上的 n 维线性空间, 则 $\mathrm{GL}(V)$ 是拓扑群.

例 11 环面可看成是两个单位圆 (1 维球面) 的乘积空间, 取乘积拓扑与群的直积结构, 从而环面成为一个拓扑群.

例 12 3 维球面 S^3 可看成是四元数空间 H 内的单位球面 (H 作为拓扑空间是 $\mathbb{R}^4$, 且具有四元数的代数结构), 群运算是四元数的乘法. 可以证明乘法运算和求逆运算都是连续映射, 从而 S^3 是拓扑群.

3.2 拓扑群的同态、同构

由于拓扑群要求群的乘法运算是连续映射, 因此拓扑群 G 到拓扑群 $\widetilde{G}$ 的同态 f 自然要求比群同态多一个条件: f 是 G 到 $\widetilde{G}$ 的连续映射. 于是引出下面的定义.

定义 3 *设 G 和 $\widetilde{G}$ 都是拓扑群, 群同态 $f: G \to \widetilde{G}$ 如果是拓扑空间 G 到 $\widetilde{G}$ 的连续映射, 那么称 f 是拓扑群 G 到拓扑群 $\widetilde{G}$ 的***同态***. 拓扑群 G 到 $\widetilde{G}$ 的同态 f 如果还是开映射, 那么称 f 是***开同态***. 如果群同构 $f: G \to \widetilde{G}$ 是拓扑空间 G 到 $\widetilde{G}$ 的同胚映射, 那么称 f 是拓扑群 G 到 $\widetilde{G}$ 的同构映射, 此时称拓扑群 G 与拓扑群 $\widetilde{G}$ 同构.*

例如, 设 V 是实数域上的 n 维线性空间, 则拓扑群 $\mathrm{GL}(V)$ 与 $\mathrm{GL}_n(\mathbb{R})$ 同构.

设 G 是拓扑群, 对任意给定 $a \in G$, 由 a 确定的左平移 $L_a: x \mapsto ax$ 是 G 到自身的双射. 记 $y = ax$. 任取 y 的一个邻域 W_y, 由于乘法运算 μ 是连续映射, 因此 $\mu^{-1}(W_y)$ 是 $G \times G$ 的一个开集. 从而存在 a 的邻域 U_a 和 x 的邻域 V_x, 使得 $U_a \times V_x \subseteq \mu^{-1}(W_y)$. 于是 $\mu(U_a \times V_x) \subseteq W_y$, 因此 $U_aV_x \subseteq W_y$, 而 $a \in U_a$, 于是 $aV_x \subseteq W_y$, 即 $L_a(V_x) \subseteq W_y$. 从而 L_a 是连续映射. 由于 L_a 的逆映射是 $L_{a^{-1}}$, 因此 L_a 的逆映射也是连续映射. 从而 L_a 是拓扑群 G 到自身的同构映射. 类似地, 拓扑群 G 的右平移 $R_a: x \mapsto xa$ 是拓扑群 G 到自身的同构映射.

拓扑群 G 的左 (右) 平移都是拓扑空间 G 到自身的同胚映射, 这使得拓扑空间 G 是**齐性**的, 即对于 G 的任意两个元素 x 与 y, 存在同胚映射 $L_{yx^{-1}}$ (或 $R_{x^{-1}y}$) 把 x 映成 y. 由于拓扑空间 G 是齐性的, 因此在 G 的每一个点, 从局部来看呈现出相同的拓扑结构. 于是对于 G 的局部性质只需要对 G 的某一个元素 (常常取 G 的单位元素 e) 检验与证实就可以了.

定理 1 *设 G 和 $\widetilde{G}$ 都是拓扑群, f 是群 G 到群 $\widetilde{G}$ 的一个同态.*

(1) 如果对于 $\widetilde{G}$ 中单位元 $\widetilde{e}$ 的每一个开邻域 $\widetilde{U}$, 存在有 G 的单位元 e 的一个开邻域 U, 使得 $f(U) \subseteq \widetilde{U}$, 那么 f 是 G 到 $\widetilde{G}$ 的连续映射, 从而 f 是拓扑群 G 到拓扑群 $\widetilde{G}$ 的一个同态;

(2) 如果对于 G 的单位元 e 的每一个开邻域 V, 存在有 $\widetilde{G}$ 的单位元 $\widetilde{e}$ 的开邻域 $\widetilde{V}$, 使得 $f(V)\supseteq\widetilde{V}$, 那么 f 是 G 到 $\widetilde{G}$ 的开映射.

证明 (1) 设 $a\in G, f(a)=\widetilde{a}, \widetilde{W}$ 是元素 $\widetilde{a}$ 的任一开邻域. 于是 $\widetilde{W}\widetilde{a}^{-1}$ 是含单位元 $\widetilde{e}$ 的开集 (这是因为右平移 $R_{\widetilde{a}^{-1}}$ 是拓扑空间 $\widetilde{G}$ 到自身的一个同胚映射). 根据已知条件得, 存在有单位元 e 的开邻域 U', 使得 $f(U')\subseteq\widetilde{W}\widetilde{a}^{-1}$. 令 $U=U'a$, 则 U 是含有元素 a 的开集. 于是 U 包含元素 a 的一个开邻域 W. 我们有

$$f(W)\subseteq f(U)=f(U'a)=f(U')f(a)\subseteq\widetilde{W}\widetilde{a}^{-1}\widetilde{a}=\widetilde{W}.$$

因此 f 是 G 到 $\widetilde{G}$ 的连续映射.

(2) 设 $a\in G, f(a)=\widetilde{a}, W$ 是元素 a 的任一开邻域. 于是 Wa^{-1} 是含单位元 e 的开集. 根据已知条件得, 存在有单位元 $\widetilde{e}$ 的开邻域 $\widetilde{V}'$, 使得 $f(Wa^{-1})\supseteq\widetilde{V}'$. 令 $\widetilde{V}=\widetilde{V}'\widetilde{a}$, 则 $\widetilde{V}$ 是含有元素 $\widetilde{a}$ 的开集, 于是 $\widetilde{V}$ 包含 $\widetilde{a}$ 的一个开邻域 $\widetilde{W}$. 我们有

$$\widetilde{W}\subseteq\widetilde{V}=\widetilde{V}'\widetilde{a}\subseteq f(Wa^{-1})f(a)=f(W).$$

因此 f 是 G 到 $\widetilde{G}$ 的开映射. □

设 X 为拓扑空间, $\mathscr{P}$ 是 X 的一个划分, 即

$$\mathscr{P}=\left\{P_\alpha\subseteq X\,\middle|\,P_\alpha\neq\varnothing,\alpha\in I;\text{ 当 }P_\alpha\neq P_\beta\text{ 有 }P_\alpha\bigcap P_\beta=\varnothing,\text{ 且 }\bigcup_{\alpha\in I}P_\alpha=X\right\}.$$

设 π 是 X 到 $\mathscr{P}$ 的一个映射, 它把 X 的每一个点 x 映到 $\mathscr{P}$ 中某个成员 P_α, 其中 $x\in P_\alpha$. 赋予 $\mathscr{P}$ 的拓扑是使 π 为连续的最大的拓扑. 于是 $\mathscr{P}$ 的子集 W 为开集当且仅当 W 的原像 $\pi^{-1}(W)$ 是 X 的开集. 这个拓扑称为 $\mathscr{P}$ 上的**黏合拓扑**, $\mathscr{P}$ 成为一个拓扑空间, 称 $\mathscr{P}$ 为 X 的**黏合空间**. 我们可以把 $\mathscr{P}$ 看成是从空间 X 出发, 把属于 $\mathscr{P}$ 的每个成员 P_α 的所有点黏合为一点而形成的空间 (注: $\mathscr{P}$ 可以看成是 X 对于某个等价关系的商集, π 就是 X 到商集 $\mathscr{P}$ 的自然映射).

命题 3 设 X 和 Z 都是拓扑空间, $\mathscr{P}$ 是 X 的黏合空间, f 是 $\mathscr{P}$ 到 Z 的映射, 即 $X\xrightarrow{\pi}\mathscr{P}\xrightarrow{f}Z$.

(1) 若 f 是连续映射, 则 $f\pi$ 是 X 到 Z 的连续映射;

(2) 若 $f\pi$ 是连续映射, 且 f 是满射, 则 f 是连续映射.

证明 (1) 由于 π 是 X 到 $\mathscr{P}$ 的连续映射, 因此 $f\pi$ 连续.

(2) 任取 Z 中一个元素 z, 由于 f 是 $\mathscr{P}$ 到 Z 的满射, 因此存在 $P_\alpha\in\mathscr{P}$, 使得 $f(P_\alpha)=z$. 设 $x\in X$ 使得 $\pi(x)=P_\alpha$, 则 $(f\pi)x=z$. 任取 z 的一个邻域 U, 由于 $f\pi$ 是 X 到 Z 的连续映射, 因此存在 x 的邻域 V, 使得 $(f\pi)(V)\subseteq U$. 用 V^* 表示元素 P_α 的邻域, 它由所有满足下述条件的 P_β 组成: $\pi(y)=P_\beta, y\in V$. 因为 $f(\pi(V))\subseteq U$, 所以对于 V^* 中任一元素 P_β, 有 $f(P_\beta)=f(\pi(y))\in U$. 从而 $f(V^*)\subseteq U$. 因此 f 是连续映射. □

定理 2 设 G 为拓扑群, H 为拓扑群 G 的子群, 对于 H 在 G 中的右商集 G/H 配备黏合拓扑, 则 G/H 成为一个拓扑空间, 自然映射 $\pi: x\mapsto Hx$ 是拓扑空间 G 到拓扑空间 G/H 的连续开映射.

证明 根据黏合拓扑的定义, π 是拓扑空间 G 到拓扑空间 G/H 的连续映射. 下面来证 π 是开映射.

任取 G 中元素 a 的一个邻域 U, 形如 $Hx(x\in U)$ 的所有右陪集组成的集合 $\widetilde{U}$ 是 G/H 中元素 Ha 的邻域. 我们有 $\pi(U)=\widetilde{U}$. 于是 $\widetilde{U}\subseteq\pi(U)$. 因此 π 是开映射. □

定理 3 设 G 为拓扑群, N 为拓扑群 G 的正规子群, 在商群 G/N 中配备黏合拓扑, 则 G/N 为拓扑群.

证明 只需证商群 G/N 的乘法运算 $\mu: G/N\times G/N\to G/N$ 和求逆运算 $\nu: G/N\to G/N$ 都是连续映射.

任取 $aN,bN\in G/N$. 令 $cN=(aN)(bN)^{-1}=(ab^{-1})N$. 任取 cN 的一个邻域 $\widetilde{W}$, 则 $\widetilde{W}$ 是形如 xN 的所有陪集组成的集合, 其中 $x\in W$, 而 W 为 G 中元素 ab^{-1} 的某一邻域. 由于 G 中乘法运算和求逆运算是连续映射, 因此存在 a 的邻域 U 和 b 的邻域 V, 使得 $UV^{-1}\subseteq W$. 形如 $yN(y\in U)$ 的所有陪集组成的集合记作 $\widetilde{U}$, 它是 aN 的邻域; 形如 $zN(z\in V)$ 的所有陪集组成的集合记作 $\widetilde{V}$, 它是 bN 的邻域. 我们有 $(yN)(zN)^{-1}=yz^{-1}N\in\widetilde{W}$ (因为 $yz^{-1}\in UV^{-1}\subseteq W$). 因此 $\widetilde{U}\widetilde{V}^{-1}\subseteq\widetilde{W}$. 从而 G/N 对于乘法运算和求逆运算都是连续的. 于是 G/N 成为拓扑群. □

定理 4 设 G 与 $\widetilde{G}$ 都是拓扑群, f 是拓扑群 G 到拓扑群 $\widetilde{G}$ 的满的开同态, 同态 f 的核为 N, 则 N 为拓扑群 G 的正规子群, 且拓扑群 $\widetilde{G}$ 与拓扑群 G/N 同构.

证明 我们已经知道 N 是群 G 的正规子群. 由于 N 是拓扑群 $\widetilde{G}$ 的一个元素 $\widetilde{e}$ 在连续映射 f 下的原像, 因此 N 是拓扑空间 G 的闭集. 从而 N 是拓扑群 G 的正规子群.

由于 f 是群 G 到群 $\widetilde{G}$ 的满同态, 因此群 G/N 与群 $\widetilde{G}$ 同构, 其同构映射 σ 为

$$\sigma(xN)=f(x),\quad \forall x\in G.$$

因此 $\sigma\pi=f$. 由于 $G\xrightarrow{\pi}G/N\xrightarrow{\sigma}\widetilde{G}$, 且 $f=\sigma\pi$ 是 G 到 $\widetilde{G}$ 的连续映射, 因此 σ 是 G/N 到 $\widetilde{G}$ 的连续映射.

现在来证 σ^{-1} 是 $\widetilde{G}$ 到 G/N 的连续映射. 任取 $\widetilde{a}\in\widetilde{G}$, 由于 f 是 G 到 $\widetilde{G}$ 的满射, 因此存在 $a\in G$ 使得 $f(a)=\widetilde{a}$. 于是 $\sigma^{-1}(\widetilde{a})=aN$. 任取 aN 在 G/N 中的一个邻域 U^*, 由于 G 到 G/N 的自然映射 π 是连续的, 因此 U^* 由所有形如 xN 的陪集组成, 其中 $x\in U$, 而 U 为拓扑空间 G 中某一固定邻域. 由于 f 是 G 到 $\widetilde{G}$ 的开映射, 因此存在 $\widetilde{a}$ 的一个邻域 $\widetilde{V}$ 使得 $f(U)\supseteq\widetilde{V}$. 任取 $\widetilde{y}\in\widetilde{V}$, 则有 $y\in U$ 使得 $f(y)=\widetilde{y}$. 因此

$$\sigma^{-1}(\widetilde{y})=\sigma^{-1}(f(y))=yN\in U^*.$$

从而 $\sigma^{-1}(\widetilde{V})\subseteq U^*$. 于是 σ^{-1} 是 $\widetilde{G}$ 到 G/N 的连续映射. 因此拓扑群 G/N 与拓扑群 $\widetilde{G}$ 同构. □

例如, 拓扑群 $\mathbb{R}$ 到拓扑群 S^1 的映射 $f(x)=\mathrm{e}^{\mathrm{i}2\pi x}$ 是满的开同态, 同态 f 的核为 $\mathbb{Z}$, 因此拓扑群 $\mathbb{R}/\mathbb{Z}$ 与 S^1 同构.

3.3 紧群

定义 4 拓扑群 G 称为**紧群**, 如果拓扑空间 G 是紧致的.

例 13 配备离散拓扑的任意有限群是紧群. 理由如下: 由于有限群 G 配备的是离散拓扑, 因此 G 的每个子集都是开集. 由于 G 的元素只有有限多个, 因此 G 的任一开覆盖必定有一个有限子覆盖. 从而拓扑空间 G 是紧致的.

例 14 紧群 G 的任一子群是紧群. 理由如下: 根据定义 2, 拓扑群 G 的子群是闭子集. 根据本章 §2 的命题 3 得, 紧群 G 的任一闭子集是紧致的, 因此紧群 G 的任一子群是紧群.

例 15 正交群 $\mathrm{O}(n)$ 是紧群. 理由如下: 把 $M_n(\mathbb{R})$ 等同于 $\mathbb{R}^{n^2}$, 由于 $\mathbb{R}^{n^2}$ 的子集是紧致的当且仅当它是有界闭集, 因此只要证 $\mathrm{O}(n)$ 等同于 $\mathbb{R}^{n^2}$ 的一个有界闭集. 设 $A=(a_{ij})\in \mathrm{O}(n)$. 由于 $AA'=I$, 因此

$$\sum_{k=1}^{n} a_{ik}a_{jk}=\delta_{ij}, \quad 1\leqslant i,j\leqslant n. \tag{1}$$

定义映射 $f_{ij}: M_n(\mathbb{R})\to\mathbb{R}$ 为

$$f_{ij}(A)=\sum_{k=1}^{n} a_{ik}a_{jk}, \tag{2}$$

由于 f_{ij} 把 A 映成 A 的元素的多项式, 因此 f_{ij} 是 $M_n(\mathbb{R})$ 到 $\mathbb{R}$ 的连续映射. 由于 $A\in \mathrm{O}(n)$ 当且仅当 A 的元素满足 (1) 式, 因此 $\mathrm{O}(n)$ 是下列所有集合的交集:

$$f_{ij}^{-1}(0), \quad 1\leqslant i,j\leqslant n, \quad i\neq j,$$

$$f_{ii}^{-1}(1), \quad 1\leqslant i\leqslant n.$$

由于 $\{0\},\{1\}$ 是 $\mathbb{R}$ 的闭集, 且 f_{ij} 是连续映射, 因此上述每个集合都是 $M_n(\mathbb{R})$ 的闭集, 从而 $\mathrm{O}(n)$ 是 $M_n(\mathbb{R})$ 的闭集. 于是 $\mathrm{O}(n)$ 是 $\mathbb{R}^{n^2}$ 的闭集. 又正交矩阵 A 满足

$$\sum_{j=1}^{n} a_{ij}^2=1, \quad 1\leqslant i\leqslant n,$$

因此

$$|a_{ij}|\leqslant 1, \quad 1\leqslant i,j\leqslant n.$$

从而 $\mathrm{O}(n)$ 是 $\mathbb{R}^{n^2}$ 的有界集. 这证明了 $\mathrm{O}(n)$ 是紧致的. 因此 $\mathrm{O}(n)$ 是紧群.

例 16 特殊正交群 $\mathrm{SO}(n)$ 是紧群, 理由如下: 由于行列式函数

$$\det: \mathrm{O}(n)\to\mathbb{R}$$

是从 $\mathrm{O}(n)$ 到 $\mathbb{R}$ 的一个连续映射, 而 $\{1\}$ 是 $\mathbb{R}$ 的闭集, 且 $\mathrm{SO}(n)=\det^{-1}(\{1\})$, 因此 $\mathrm{SO}(n)$ 是 $\mathrm{O}(n)$ 的闭集. 于是 $\mathrm{SO}(n)$ 是拓扑群 $\mathrm{O}(n)$ 的子群. 根据例 14 得, $\mathrm{SO}(n)$ 是紧群.

例 17 酉群 $\mathrm{U}(n)$ 和特殊酉群 $\mathrm{SU}(n)$ 都是紧群. 用类似于例 15 的方法可证明: 酉群 $\mathrm{U}(n)$ 是紧群. 用类似于例 16 的方法可证明: 特殊酉群 $\mathrm{SU}(n)$ 是紧群.

例 18 1 维球面 S^1 是紧群, 理由如下: 在 [28] 第 777 页的例 14 证明了特殊正交群 $\mathrm{SO}(2)$ 与酉群 $\mathrm{U}(1)$ 同构. 由于

$$\mathrm{U}(1)=\{\mathrm{e}^{\mathrm{i}\theta}|0\leqslant\theta<2\pi\},$$

因此 $\mathrm{U}(1)$ 可等同于 1 维球面 S^1. 于是 $\mathrm{SO}(2)\cong S^1$, 其中的同构映射 f 为

$$\begin{pmatrix}\cos\theta & -\sin\theta\\ \sin\theta & \cos\theta\end{pmatrix}\mapsto \mathrm{e}^{\mathrm{i}\theta}, \quad 0\leqslant\theta<2\pi.$$

注意到 $\sin\theta$ 和 $\cos\theta$ 都是连续函数, 因此可以证明 f 是连续映射, f^{-1} 也是连续映射. 从而 f 是一个同胚映射. 于是拓扑群 $\mathrm{SO}(2)$ 与 S^1 同构. 因此 S^1 也是紧群.

例 19 3 维球面 S^3 是紧群. 理由如下: 在 [28] 第 778 页的例 15 证明了 SU(2) 的任一元素 A 形如

$$A=\begin{pmatrix}\cos\theta\cdot \mathrm{e}^{\mathrm{i}\theta_1} & -\sin\theta\cdot \mathrm{e}^{-\mathrm{i}\theta_2}\\ \sin\theta\cdot \mathrm{e}^{\mathrm{i}\theta_2} & \cos\theta\cdot \mathrm{e}^{-\mathrm{i}\theta_1}\end{pmatrix}, 0\leqslant\theta\leqslant\frac{\pi}{2}, 0\leqslant\theta_j<2\pi, j=1,2.$$

设 $\alpha=\cos\theta\cdot \mathrm{e}^{\mathrm{i}\theta_1}, \beta=-\sin\theta\cdot \mathrm{e}^{-\mathrm{i}\theta_2}$, 则

$$A=\begin{pmatrix}\alpha & \beta\\ -\overline{\beta} & \overline{\alpha}\end{pmatrix},\quad |\alpha|^2+|\beta|^2=1.$$

记 $a_1=\cos\theta\cos\theta_1, a_2=\cos\theta\sin\theta_1, a_3=-\sin\theta\cos\theta_2, a_4=\sin\theta\sin\theta_2$, 则

$$a_1^2+a_2^2+a_3^2+a_4^2=1.$$

从而 $(a_1,a_2,a_3,a_4)\in S^3$. 令 $\sigma: A\mapsto(a_1,a_2,a_3,a_4)$, 则 σ 是 SU(2) 到 S^3 的一个映射. 显然 σ 是单射. 任给 $(a_1,a_2,a_3,a_4)\in S^3$, 由于 $a_1^2+a_2^2+a_3^2+a_4^2=1$, 因此在 $\left[0,\frac{\pi}{2}\right]$ 存在唯一的 θ, 使得 $\cos^2\theta=a_1^2+a_2^2, \sin^2\theta=a_3^2+a_4^2$, 然后由 $a_1=\cos\theta\cos\theta_1, a_2=\cos\theta\sin\theta_1$ 可解出 θ_1. 类似地可解出 θ_2. 于是得到酉矩阵 A. 因此 σ 是满射. 从面 σ 是 SU(2) 到 S^3 的一个双射. 设

$$B=\begin{pmatrix}\gamma & \delta\\ -\overline{\delta} & \overline{\gamma}\end{pmatrix},$$

其中 $\gamma=b_1+\mathrm{i}b_2, \delta=b_3+\mathrm{i}b_4, |\gamma|^2+|\delta|^2=1$. 则

$$AB=\begin{pmatrix}\alpha\gamma-\beta\overline{\delta} & \alpha\delta+\beta\overline{\gamma}\\ -\overline{\beta}\gamma-\overline{\alpha}\overline{\delta} & \overline{\alpha}\overline{\gamma}-\overline{\beta}\delta\end{pmatrix},$$

其中 $\alpha\gamma-\beta\overline{\delta}=(a_1b_1-a_2b_2-a_3b_3-a_4b_4)+\mathrm{i}(a_1b_2+a_2b_1+a_3b_4-a_4b_3), \alpha\delta+\beta\overline{\gamma}=(a_1b_3-a_2b_4+a_3b_1+a_4b_2)+\mathrm{i}(a_1b_4+a_2b_3-a_3b_2+a_4b_1)$, 于是 AB 在 σ 下的像为

$$\begin{aligned}&(a_1b_1-a_2b_2-a_3b_3-a_4b_4, a_1b_2+a_2b_1+a_3b_4-a_4b_3,\\ &a_1b_3-a_2b_4+a_3b_1+a_4b_2, a_1b_4+a_2b_3-a_3b_2+a_4b_1).\end{aligned}$$

在 S^3 中, (a_1,a_2,a_3,a_4) 与 (b_1,b_2,b_3,b_4) 的乘积为

$$\begin{aligned}&(a_1+a_2\,\mathrm{i}+a_3\,\mathrm{j}+a_4\,\mathrm{k})(b_1+b_2\,\mathrm{i}+b_3\,\mathrm{j}+b_4\,\mathrm{k})\\ =&(a_1b_1-a_2b_2-a_3b_3-a_4b_4)+(a_1b_2+a_2b_1+a_3b_4-a_4b_3)\,\mathrm{i}\\ &+(a_1b_3-a_2b_4+a_3b_1+a_4b_2)\,\mathrm{j}+(a_1b_4+a_2b_3-a_3b_2+a_4b_1)\,\mathrm{k}.\end{aligned}$$

因此 σ 保持乘法运算, 从而 σ 是群 SU(2) 到 S^3 的一个同构映射.

$$\mathrm{SU}(2)\xrightarrow{\quad\sigma\quad} S^3\xrightarrow{\quad\pi_i\quad}\mathbb{R}$$

$$A=\begin{pmatrix}a_1+a_2\,\mathrm{i} & a_3+a_4\,\mathrm{i}\\ -a_3+a_4\,\mathrm{i} & a_1-a_2\,\mathrm{i}\end{pmatrix}\mapsto(a_1,a_2,a_3,a_4)\mapsto a_i,$$

由于 $\pi_i\sigma$ 是连续映射 $(i=1,2,3,4)$, 因此 σ 是连续映射.

$$S^3\xrightarrow{\quad\sigma^{-1}\quad}\mathrm{SU}(2)\xrightarrow{\quad\pi_{ij}\quad}\mathbb{C}$$

$$(a_1,a_2,a_3,a_4)\mapsto A=\begin{pmatrix}a_1+a_2\,\mathrm{i} & a_3+a_4\,\mathrm{i}\\ -a_3+a_4\,\mathrm{i} & a_1-a_2\,\mathrm{i}\end{pmatrix}\mapsto A(i,j),$$

易证 $\pi_{ij}\sigma^{-1}$ 是连续映射 $(1\leqslant i,j\leqslant 2)$, 因此 σ^{-1} 是连续映射. 从而 σ 是 SU(2) 到

S^3 的一个同胚. 因此拓扑群 SU(2) 与 S^3 同构. 于是 S^3 是紧群.

设 G 是拓扑群, H 和 K 是 G 的紧致子集, 则 HK 也是紧致的. 理由是: 由于 H 和 K 紧致, 因此拓扑积 $H \times K$ 也是紧致的. 由子群 G 的乘法运算是 $G \times G$ 到 G 的连续映射, 因此它在 $H \times K$ 上的限制也是连续的. 由于紧致空间的连续像是紧致的, 因此 HK 是紧致的.

设 G 是拓扑群, H 为拓扑群 G 的子群. 如果空间 G 是紧致的, 那么空间 G/H 也是紧致的. 理由是: 由于自然映射 $\pi : G \to G/H$ 是连续的, 因此 G/H 是紧致的. 由此得到下述例 20 的结论.

例 20 设 G 是紧群, N 是拓扑群 G 的正规子群, 则商群 G/N 是紧群.

设 G 为拓扑群, H 为它的紧致子群. 如果 G/H 的子集 A 是紧致的, 那么 $B = \pi^{-1}(A)$ 也是紧致的, 特别地, 如果 G/H 是紧致的, 那么 G 是紧群, 证明可参看 [12] 第 120—121 页.

紧群 G 到拓扑群 $\widetilde{G}$ 的满同态映射一定是开映射. 理由是: 利用 [12] 第 127 页的定理 12.

设 G 为紧群, H 是拓扑群 G 的子群, N 是拓扑群 G 的正规子群, 则 $H \bigcap N$ 是拓扑群 H 的正规子群, 并且拓扑群 HN/N 与拓扑群 $H/(H \bigcap N)$ 同构. 理由如下: 由于 H 是紧群 G 的子群, 因此 H 是紧群. 群 H 到 HN/N 有一个满同态 $\tau : h \mapsto hN$, 同态 τ 的核为 $H \bigcap N$, 易看出 τ 是连续映射, 因此 τ 是紧群 H 到拓扑群 HN/N 的满同态. 根据上一段的结论得, τ 是开映射. 于是拓扑群 H 到 HN/N 有一个满的开同态 τ. 从而根据本节的定理 4 得, $H \bigcap N$ 是拓扑群 H 的正规子群, 且拓扑群 $H/(H \bigcap N)$ 与拓扑群 HN/N 同构.

$\mathrm{GL}_n(\mathbb{R})$ 不是紧群, 理由是: $\mathrm{GL}_n(\mathbb{R})$ 是行列式映射 det 下 $\mathbb{R}^*$ 的原像. 由于 $\mathbb{R}^* = (-\infty, 0) \bigcup (0, +\infty)$, 因此 $\mathbb{R}^*$ 是 $\mathbb{R}$ 的开集. 由于 det 是连续映射, 因此 $\mathrm{GL}_n(\mathbb{R})$ 是 $M_n(\mathbb{R})$ 的开集. 而 $M_n(\mathbb{R})$ 可等同于 $\mathbb{R}^{n^2}$, 且 $\mathbb{R}^{n^2}$ 的子集是紧致的当且仅当它是有界闭集, 因此 $\mathrm{GL}_n(\mathbb{R})$ 不是紧致的.

习题 6.3

1. 设 G 是拓扑群, F 是 G 的闭集, 证明: 对于任意 $a \in G, Fa, aF, F^{-1}$ 都是闭集, 其中 $F^{-1} = \{b^{-1} | b \in F\}$.

2. 设 G 是拓扑群, U 是 G 的开集, 证明: 对于 G 的任意子集 P, 都有 UP, PU, U^{-1} 是开集.

3. 设 G 是拓扑群, A, B 是 G 的子集, 证明: $\overline{A}\,\overline{B} \subseteq \overline{AB}$.

4. 设 G 为拓扑群. 证明: 若 H 为群 G 的子群, 则 $\overline{H}$ 也是群 G 的子群; 若 N 是群 G 的正规子群, 则 $\overline{N}$ 也是群 G 的正规子群.

5. 群 G 配备离散拓扑所成的拓扑群称为离散群. 证明紧致离散群一定是有限群.

6. 设 H 为拓扑群 G 的离散子群 (即 H 为群 G 的子群, 并且当给予子空间

拓扑时 H 是离散空间), 找出 G 的单位元 e 在 G 内的一个邻域 N, 使得平移像 $hN = L_h(N), h \in H$, 互不相交.

7. 若 K 为拓扑群 G 的紧致子集, H 为 G 的离散子群, 证明 $H \bigcap K$ 为有限集.

8. 证明: 1 维球面 S^1 的任何非平凡的离散子群是有限循环群.

9. 证明: $\mathbb{R}$ (群运算为加法) 的任何非平凡的离散子群是无限循环群.

10. 证明: 拓扑群 $\mathrm{GL}_n(\mathbb{R})$ 不连通.

11. 证明: 拓扑群 $\mathrm{O}(n)$ 不连通.

12. 证明: 拓扑群 $\mathrm{O}(2)$ 的非平凡离散子群或为有限循环群, 或为二面体群.

13. 设 G 是拓扑群, H 是群 G 的子群. 证明: 如果 H 是空间 G 的开集, 那么 H 一定是闭集.

14. 设 G 是拓扑群, H 是群 G 的有有限指数的子群. 证明: 如果 H 是空间 G的闭集, 那么 H 一定是开集.

15. 设 G 是拓扑群, H 是群 G 的子群. 证明: 如果 H 包含的单位元 e 的一个邻域, 那么 H 是开集.

§4 拓扑群的线性表示

除非特别声明, 本节中域 K 指复数域 $\mathbb{C}$ 或实数域 $\mathbb{R}$.

定义 1 设 V 是域 K 上的有限维线性空间, 拓扑群 G 到拓扑群 $\mathrm{GL}(V)$ 的任一同态 φ 称为拓扑群 G 的一个**线性表示** (简称为 G 的一个 K-**表示**), V 称为**表示空间**或者 G-**空间**, V 的维数称为表示 φ 的**次数**.

拓扑群 G 的线性表示比抽象群 G 的线性表示增加了 "φ 是连续映射" 的要求, 因此拓扑群 G 的线性表示也称为群 G 的**连续表示**.

如果 (φ, V) 是拓扑群 G 的 K-表示, 则可得到群 G 在 V 上的一个线性作用, 并且易证这个作用是连续的, 即由 $(g, v) \mapsto \varphi(g)v$ 定义的映射 $G \times V \to V$ 是连续映射. 这时称 V 是一个**连续** G-**模**.

反之, 设 G 是拓扑群, 如果 K 上有限维线性空间 V 是连续 G-模 (即 G 在 V 上有一个连续的线性作用), 则 V 提供了拓扑群 G 的一个 K-表示.

定义 2 设 V 是域 K 上的无限维线性空间, 如果 V 上定义了一个拓扑成为拓扑空间, 并且 V 的加法运算和数量乘法运算都是连续映射, 那么称 V 是一个**拓扑线性空间**. 设 G 是一个拓扑群, 如果 (φ, V) 是群 G 的一个线性表示, 并且 $G \times V$ 到 V 的一个映射: $(g, v) \longmapsto \varphi(g)v$ 是连续映射, 那么称 (φ, V) 是拓扑群 G 的一个**无限维线性表示**.

定义 3 拓扑群 G 到拓扑群 $\mathrm{GL}_n(K)$ 的一个同态 Φ 称为拓扑群 G 的一个 n 次**矩阵表示**.

设 Φ 是群 G 的 n 次矩阵表示, 设 $\Phi(g) = (a_{ij}(g)), \forall g \in G$. 显然, a_{ij} 是 G 上的函数, $1 \leqslant i, j \leqslant n$, 称它们为 Φ 的**矩阵元素**或**坐标函数**.

如果 Φ 是拓扑群 G 的 n 次矩阵表示, 则矩阵元素 $a_{ij} (1 \leqslant i, j \leqslant n)$ 是连续函数.

其理由如下: 把 $M_n(K)$ 等同于 K^{n^2}, 对于 $A \in M_n(K)$, 投影映射 $\pi_{ij}: M_n(K) \to K$ 将 A 映为它的 (i,j) 元. 因为 π_{ij} 是连续的, 所以它在 $\mathrm{GL}_n(K)$ 上的限制也是连续的. 又因为 Φ 是 G 到 $\mathrm{GL}_n(K)$ 的连续映射, 所以 $\pi_{ij}\Phi$ 是 G 到 K 的连续映射. 而且 $(\pi_{ij}\Phi)(g) = a_{ij}(g), \forall g \in G$, 所以 $a_{ij} = \pi_{ij}\Phi$ 为 G 上的连续函数.

反之, 设 G 是拓扑群, Φ 是抽象群 G 的 n 次矩阵表示. 如果矩阵元素 $a_{ij}(1 \leqslant i,j \leqslant n)$ 是 G 上的连续函数, 那么 Φ 是拓扑群 G 的 n 次矩阵表示. 理由如下: Φ 连续, 当且仅当所有的合成映射

$$G \xrightarrow{\Phi} \mathrm{GL}_n(K) \xrightarrow{\pi_{ij}} K$$

连续. 由题设, $\pi_{ij}\Phi = a_{ij}$ 连续, 所以 Φ 连续.

从上面两段话看出: 拓扑群 G 的 n 次矩阵表示比抽象群 G 的 n 次矩阵表示恰好多了一条要求: “Φ 的矩阵元素是 G 上的连续函数”.

例子

1. 抽象群 G 的每一个 K-表示是离散拓扑群 G 的 K-表示.

2. 设 $G = \mathrm{GL}_n(K), V = M_n(K), \varphi$ 定义如下:

$$\varphi(A)X = (A^{-1})'XA^{-1}, \quad A \in \mathrm{GL}_n(K), X \in M_n(K).$$

易验证对于每个 $A \in \mathrm{GL}_n(K), \varphi(A)$ 是线性空间 V 上的线性变换, 并且是可逆的. 易验证 φ 是 G 到 $\mathrm{GL}(V)$ 的群同态. 因此 φ 是群 $\mathrm{GL}_n(K)$ 的 n^2 次线性表示, 下面进一步证明 φ 是拓扑群 $\mathrm{GL}_n(K)$ 的 n^2 次线性表示, 这只需再证 φ 是 $\mathrm{GL}_n(K)$ 到 $\mathrm{GL}(V)$ 的连续映射. 考虑相应的 n^2 次矩阵表示 Φ. 在 V 中取一个基: $E_{11}, \cdots, E_{1n}, E_{21}, \cdots, E_{2n}, \cdots, E_{n1}, \cdots, E_{nn}$. 对于 $A \in \mathrm{GL}_n(K)$, 设 A, A^{-1} 的 (i,j) 元分别为 $a_{ij}, \widetilde{a}_{ij}$, 则

$$\begin{aligned}\varphi(A)E_{ij} &= (A^{-1})'E_{ij}A^{-1}\\ &= \widetilde{a}_{i1}\widetilde{a}_{j1}E_{11} + \cdots + \widetilde{a}_{i1}\widetilde{a}_{jn}E_{1n}\\ &\quad + \cdots + \widetilde{a}_{in}\widetilde{a}_{j1}E_{n1} + \cdots + \widetilde{a}_{in}\widetilde{a}_{jn}E_{nn}.\end{aligned}$$

于是 Φ 的矩阵元素形如 $\widetilde{a}_{ik}\widetilde{a}_{jl}$. 又由于 $A^{-1} = \dfrac{1}{\det A}A^*$, 而 A^* 的元素是 A 的元素的多项式, $\det A$ 的元素也是 A 的元素的多项式, 且 $\det A \neq 0$, 因此 Φ 的矩阵元素是 G 上的连续函数, 从而 Φ 是拓扑群 $\mathrm{GL}_n(K)$ 的 n^2 次矩阵表示. □

第一章讲了忠实的表示、平凡的表示、主表示 (或单位表示)、表示的等价、G 不变子空间、子表示、表示的直和、不可约表示、可约表示、完全可约表示、表示的提升与分解、共轭表示、逆步表示等概念和有关结论, 这些 (只要没有加上 “有限群” 的条件) 对于拓扑群都适用 (拓扑群的无限维不可约表示与完全可约表示与第一章讲的群的不可约表示与完全可约表示略有不同, 可分别看本章 §9 的定义 14 和定义 26). 此外, 第一章 §5 中 “线性表示和群同态的合成” 对于拓扑群来说, 应将 “群同态” 改成 “拓扑群的同态”; 类似地,“通过群自同构的挠表示” 中 “群自同构” 修改成 “拓扑群的自同构”.

第一章 §4 的定理 1 对于拓扑群也成立, 即我们有: Abel 拓扑群的每一个有限维不可约复表示都是 1 次的.

第四章 §2 "表示的张量积" 对于拓扑群仍然适用, 即若 (ϕ, V) 和 (ψ, W) 是拓扑群 G 的两个线性表示, 按第四章 §2 讲的方法可得到抽象群 G 的张量积表示 $(\varphi\otimes\psi, V\otimes_K W)$. 从 $\varphi\otimes\psi$ 提供的矩阵表示可看出, 矩阵元素是 G 上的连续函数, 从而 $\varphi\otimes\psi$ 是拓扑群 G 的表示.

在第二章 §4 中我们已经看到 Schur 引理在研究有限群的有限维不可约表示中起了非常重要的作用. 同样地, 在研究拓扑群 (特别是紧群) 的有限维不可约表示中, Schur 引理也起着关键的作用. 我们在第二章 §4 讲 Schur 引理时使用的是模的语言, 在习题 2.4 的第 2 题我们用群表示的语言叙述了 Schur 引理, 现在写出来并且用群表示的语言再证明一遍.

Schur 引理 设 (φ, V) 和 (ψ, W) 是群 G 的两个不可约 K-表示, 其中 K 是代数闭域. 设 σ 是域 K 上有限维线性空间 V 到 W 的一个线性映射使得

$$\psi(g)\sigma=\sigma\varphi(g),\quad \forall g\in G, \tag{1}$$

(i) 如果 φ 和 ψ 不等价, 则 $\sigma=0$;

(ii) 如果 $V=W$ 并且 $\varphi=\psi$, 则 $\sigma=\lambda 1_V$, 其中 λ 是 K 中某个元素.

证明 因为对一切 $g\in G$ 有 $\psi(g)\sigma=\sigma\varphi(g)$, 所以 $\operatorname{Ker}\sigma$ 是 V 的 G 不变子空间, 而 $\operatorname{Im}\sigma$ 是 W 的 G 不变子空间. 由于 (φ, V) 和 (ψ, W) 都不可约, 所以只有两种可能的情形:

(1) $\operatorname{Ker}\sigma=0$, 并且 $\operatorname{Im}\sigma=W$;

(2) $\operatorname{Ker}\sigma=V$, 并且 $\operatorname{Im}\sigma=0$.

在情形 (1), σ 是 V 到 W 上的同构. 在情形 (2), $\sigma=0$.

(i) 若 $\sigma\neq 0$, 则 σ 是 V 到 W 上的同构, 又由 (1) 式知道, $\varphi\approx\psi$.

(ii) 若 $V=W$ 并且 $\varphi=\psi$, 则 σ 是 V 上的线性变换. 因为 K 是代数闭域, 所以 σ 有特征值 λ. 由 (1) 式得, σ 的属于 λ 的特征子空间 V_λ 是 G 不变子空间. 由于 (φ, V) 不可约, 因此 $V_\lambda=V$, 从而

$$\sigma=\lambda 1_V. \qquad \square$$

注意, Schur 引理的 (i) 对于任意域 K 都成立.

在本章 §6 我们将看到 Schur 引理对于研究紧群的有限维不可约表示的重要作用.

第三章讲的表示提供的特征标的概念对于拓扑群的 K-表示仍然适用. 对于拓扑群 G, 特征标是 G 上的连续函数. 第三章 §1 讲的特征标的基本性质对于拓扑群的 K-表示仍成立, 除非加了 "有限群" 的条件. 第四章 §2 讲的张量积表示的特征标的性质对于拓扑群也成立.

群表示论的基本问题是要描绘给定的一个群在一个给定的域上的所有有限维线性表示. 由于群 G 的有限维完全可约表示一定可分解成有限多个不可约子表示的直和, 因此, 如果群 G 的每一个有限维线性表示都是完全可约的话, 那么就把问题归结为研究群 G 的所有不可约表示. 在第一章 §3 我们证明了有限群 G 在特征不能整除 $|G|$ 的域上的每一个有限维线性表示是完全可约的 (即 Maschke 定理). 我们将把这个结论推广到紧群上. 注意到 Maschke 定理的证明的关键是 "在 G 上取平均". 现

在一般的紧群都是无限群, 自然的想法是将 "在 G 上取平均" 用 "在 G 上积分" 代替. 在下一节我们将在紧群上建立一种不变积分.

习题 6.4

1. 设 $G=\mathrm{GL}_n(K), V=M_n(K), \varphi$ 定义如下:

$$\varphi(A)X=AXA^{-1},\quad A\in\mathrm{GL}_n(K), X\in M_n(K).$$

证明: φ 是拓扑群 $\mathrm{GL}(n,K)$ 的 n^2 次线性表示.

2. 证明: 拓扑群 G 的 K-表示 (φ,V) 的子表示是连续的.

§5 紧群上的不变积分

我们知道, 有界闭区间上的每一个连续函数都有定积分. 有界闭区间的推广是拓扑空间的紧致子集. 由此我们猜测定义在紧群 G 上的每个连续实值函数都有积分. 从定积分的线性性和正定性受到启发, 紧群 G 上的连续函数的积分应当具有线性性和正定性, 除此之外, 还要求具有不变性和规范性. 要求紧群 G 上的积分具有不变性是为了使得紧群 G 的每一个有限维复 (实) 线性表示 (φ,V), 都有 V 上的一个 G 不变内积, 从而 (φ,V) 完全可约; 以及为了使得紧群 G 的有限维不可约复特征标具有正交关系. 由此引出下述定义.

定义 1 设 G 为紧群, 如果对于每一个定义在 G 上的连续实值函数 f 对应有一个实数, 记作 $\int_G f(x)\,\mathrm{d}x$, 使得映射 $f\mapsto\int_G f(x)\,\mathrm{d}x$ 具有下列性质:

(1) $\int_G (a_1f_1(x)+a_2f_2(x))\,\mathrm{d}x=a_1\int_G f_1(x)\,\mathrm{d}x+a_2\int_G f_2(x)\,\mathrm{d}x$ (线性性);

(2) 如果 f 到处非负而且不恒等于零, 那么有 $\int_G f(x)\,\mathrm{d}x>0$ (正定性);

(3) 对于每个 $g\in G$, 有 $\int_G f(gx)\,\mathrm{d}x=\int_G f(xg)\,\mathrm{d}x=\int_G f(x)\,\mathrm{d}x$ (左、右不变性);

(4) $\int_G 1\,\mathrm{d}x=1$ (规范性);

那么我们称在紧群 G 上建立了**不变积分**.

本节讨论的紧群作为拓扑空间都是 Hausdorff 空间, 不再每次声明.

例子

1. 有限群 G 上的不变积分由下面的公式定义

$$\int_G f(x)\,\mathrm{d}x=\frac{1}{|G|}\sum_{x\in G}f(x).$$

2. 1 维球面 S^1 上的不变积分由下面的公式定义

$$\int_{S^1} f(x)\,\mathrm{d}x=\frac{1}{2\pi}\int_0^{2\pi}f(\mathrm{e}^{\mathrm{i}\theta})\,\mathrm{d}\theta.$$

3. 因为紧群 $\mathrm{SU}(2)$ 同构于 S^3, 所在 $\mathrm{SU}(2)$ 上的不变积分可以定义成在 3 维球面上对于通常测度的积分乘以 $(2\pi^2)^{-1}$.

4. 设 G 是紧群, N 是 G 的正规子群. 根据本章 §3 的第三部分的例 8 得, 商群 G/N 也是紧群. G/N 上的不变积分能够通过 G 上的不变积分来定义

$$\int_{G/N} f(y)\,\mathrm{d}y = \int_G \widetilde{f}(x)\,\mathrm{d}x,$$

其中 f 是 G/N 上的连续实值函数, $\widetilde{f}$ 的定义为

$$\widetilde{f}(x) := f(xN), \quad \forall x \in G.$$

利用这个方法我们能够定义 SO(3) 上不变积分, 因为我们在 [28] 第 781 页的例 5 证明了: SO(3)≅SU(2)/$\{I, -I\}$.

本节的主要结果是如下定理.

定理 1 *在每一个紧群 G 上可以建立不变积分, 而且只有一种方法建立不变积分.*

我们将通过几个引理来完成这个定理的证明.

闭区间 $[a,b]$ 上的连续函数 $f(x)$ 的定积分是通过把 $[a,b]$ 分成若干等份, 在每个小区间上用矩形的面积近似代替曲边梯形的面积, 然后求和、取极限得到的. 由此受到启发, 并且考虑到定义 1 要求的积分具有规范性和不变性, 我们引出下述概念.

设 f 为定义在紧群 G 上的连续实值函数; $A = \{a_1, a_2, \cdots, a_m\}$ 是 G 中的元素组, 在这些元素中可以有相同的. 令

$$M(A, f; x) = \sum_{i=1}^{m} \frac{f(xa_i)}{m}. \tag{1}$$

由等式 (1) 所定义的变量 $x \in G$ 的函数 $M(A, f; x)$ (以下简记为 $M(A, f)$) 是连续的, 它是 G 上不变积分结构的基础. 由于 G 是紧致空间, 所以根据本章 §2 的推论 5 得 $M(A, f)$ 在 G 上取到最大值和最小值. 用 $K(M(A, f))$ 表示函数 $M(A, f)$ 的最小值, 而以 $L(M(A, f))$ 表示最大值. 令 $S(M(A, f)) = L(M(A, f)) - K(M(A, f))$, 称它是函数 $M(A, f)$ 的**振幅**. 连续函数 f 的最小值、最大值、振幅用相应的符号 $K(f)$, $L(f)$, $S(f)$ 表示. 容易验证下列关系式成立:

$$K(M(A, f)) \geqslant K(f), \tag{2}$$

$$L(M(A, f)) \leqslant L(f), \tag{3}$$

$$S(M(A, f)) \leqslant S(f). \tag{4}$$

容易验证, 若 $A = \{a_1, a_2, \cdots, a_m\}$ 与 $B = \{b_1, b_2, \cdots, b_n\}$ 为 G 中的两个元素组, 则

$$M(A, M(B, f)) = M(AB, f), \tag{5}$$

其中 $AB = \{a_i b_j | i = 1, 2, \cdots, m; j = 1, 2, \cdots, n\}$ 是 G 中的元素组.

引理 1 *设 G 为紧群, f 是定义在 G 上的非常数的连续实值函数, 则在 G 中存在有限的元素组 A, 使得*

$$S(M(A, f)) < S(f). \tag{6}$$

证明 设 k, l 分别为函数 f 的最小、最大值. 由题设知 $k < l$. 因为 f 连续, 所以存在 G 内的开集 U, 使得当 $x \in U$ 时有

$$k < f(x) < h < l.$$

形如 $Ua^{-1}(a\in G)$ 的所有开集的集合覆盖 G, 由于 G 紧致, 所以存在 G 中有限的元素组 $A=\{a_1,a_2,\cdots,a_m\}$, 使得开集组 $Ua_i^{-1}(i=1,2,\cdots,m)$ 覆盖 G. 对每一 $x\in G$, 存在 j 使得 $x\in Ua_j^{-1}$, 于是 $xa_j\in U$, 从而 $f(xa_j)<h$. 因此

$$M(A,f;x)<\frac{1}{m}[(m-1)l+h]<l.$$

由此得出 $L(M(A,f))<l$. 又有 $K(M(A,f))\geqslant k$, 于是 (6) 式成立. □

拓扑群 G 的元素组成拓扑空间, 因此可以讨论定义在 G 上的连续实值函数. 然而 G 为群这一事实使我们可能把连续性的定理写得稍为不同一点.

设 G 为拓扑群, M 为 G 的某一子集. 定义在空间 M 上的实值函数 f 在点 $a\in M$ 处连续的充分必要条件是: 对于任给的正数 ε, 存在 G 的单位元的邻域 V, 使得当 $x\in M, xa^{-1}\in V$ 时, 恒有 $|f(x)-f(a)|<\varepsilon$.

定义 2 设 M 为拓扑群 G 的某一子集, f 为定义在 M 上的实值函数. 如果对每一正数 ε, 存在有单位元的邻域 V, 使得当 $xy^{-1}\in V$ 并且 $x,y\in M$ 时, 恒有 $|f(x)-f(y)|<\varepsilon$, 那么称 f 为**一致连续的函数**.

定义 2′ 设 f 为定义在拓扑群 G 的子集 M 上的实值函数. 如果对于每一正数 ε, 存在有单位元的邻域 V', 使得当 $x^{-1}y\in V'$ 并且 $x,y\in M$ 时, 恒有 $|f(x)-f(y)|<\varepsilon$, 那么称 f 为**一致连续的函数**.

关于一致连续函数的上述两个定义一般说是不等价的, 然而在所有重要的情况下, 它们是等价的. 显然, 一致连续函数是连续函数.

命题 1 设 G 为拓扑群, M 为它的紧致子集, 那么定义在 M 上的连续函数 f 自动地是在上述两种意义下的一致连续函数.

证明 设 ε 为任意正数. 因为 f 连续, 所以对于 M 中每一点 a 存在有 G 的单位元的邻域 V_a, 使得当 $xa^{-1}\in V_a$ 并且 $x\in M$ 时, 有 $|f(x)-f(a)|<\varepsilon/2$. 因为 $ee=e$, 所以对于 e 的邻域 V_a, 存在 e 的邻域 W_a, 使得 $W_aW_a\subseteq V_a$. 显然, 形如 $W_aa(a\in M)$ 的所有开集组成集合 M 的覆盖. 由于 M 是紧致的, 我们可以从这个覆盖中选取出有限个开集覆盖 M. 因此存在 M 中有限个元素 $a_1,a_2,\cdots,a_n$ 使得开集组 $W_{a_i}a_i(i=1,2,\cdots,n)$ 覆盖 M. 以 V 表示所有开集 W_{a_i} 的交集, 则 V 是 e 的邻域. 设 $xy^{-1}\in V$ 且 $x,y\in M$. 因为开集组 $W_{a_i}a_i$ 覆盖 M, 所以存在数 k, 使得 $ya_k^{-1}\in W_{a_k}$. 于是 $|f(y)-f(a_k)|<\varepsilon/2$. 其次, 我们有 $xa_k^{-1}=xy^{-1}ya_k^{-1}\in VW_{a_k}\subseteq W_{a_k}W_{a_k}\subseteq V_{a_k}$, 所以 $|f(x)-f(a_k)|<\varepsilon/2$. 由此得出 $|f(x)-f(y)|<\varepsilon$. 这就证明了 f 是定义 2 意义下的一致连续函数. 类似地可证 f 是定义 2′ 意义下的一致连续函数. □

定义 3 设 M 为拓扑群 G 的某一子集. 设 $\varDelta$ 为定义在 M 上的实值函数的某一集合. 如果对于任一正数 ε 存在有 G 的单位元的邻域 V, 使得当 $xy^{-1}\in V$ 并且 $x,y\in M$ 时, 对于 $\varDelta$ 中每一函数 f 恒有 $|f(x)-f(y)|<\varepsilon$, 那么称 $\varDelta$ 为**一致连续的函数组**. 显然在一致连续的函数组中的每一函数都是一致连续的. 如果对函数组 $\varDelta$ 存在数 m, 使得当 $x\in M, f\in\varDelta$ 时, 恒有 $|f(x)|<m$, 则称 $\varDelta$ 为**一致有界**.

定义 4 设 $f_n(n=1,2,\cdots)$ 为定义在集合 M 上的实值函数序列, f 为定义在集合 M 上的实值函数. 如果对于每一正数 ε 存在自然数 m, 使得当 $n>m$ 时,

$|f(x)-f_n(x)|<\varepsilon$ 对于任何 $x\in M$ 都成立, 那么称函数序列 f_n **一致收敛**于函数 f.

定义在集合 M 上的实值函数序列 $f_n(n=1,2,\cdots)$ 为一致收敛的充要条件是: 对于每一正数 ε 存在有充分大的自然数 m, 使得当 $p>m,q>m$ 时, $|f_p(x)-f_q(x)|<\varepsilon$ 对每一个 $x\in M$ 都成立.

如果连续实值函数的序列一致收敛, 则它的极限函数也是连续函数.

命题 2 设 M 为拓扑群 G 的紧致子集. 定义在 M 上的一致收敛的连续实值函数序列 $f_1,f_2,\cdots$ 一定是一致连续的, 而且是一致有界的.

证明 设 f 为序列 $f_1,f_2,\cdots$ 的极限函数. 因为 M 是紧致的, 所以从 f 连续可得出 f 一致连续. 因此对于任给正数 ε, 存在有 G 的单位元的邻域 V, 使得当 $xy^{-1}\in V$ 并且 $x,y\in M$ 时, 有 $|f(x)-f(y)|<\varepsilon/3$. 另一方面, 由题设得, 存在充分大的数 p, 使得当 $n>p$ 时, 有

$$|f(x)-f_n(x)|<\varepsilon/3,\quad |f(y)-f_n(y)|<\varepsilon/3.$$

由此得出, 当 $x,y\in M,xy^{-1}\in V$ 以及 $n>p$ 时, 有 $|f_n(x)-f_n(y)|<\varepsilon$. 其次, 以 $V_i(i=1,2,\cdots,p)$ 表示满足下列条件的单位元的邻域: 当 $x,y\in M$ 并且 $xy^{-1}\in V_i$ 时, 有 $|f_i(x)-f_i(y)|<\varepsilon$(因为 f_i 连续, 所以它一致连续). 然后以 U 表示所有邻域 $V,V_1,\cdots,V_p$ 的交集, 于是当 $x\in M,y\in M,xy^{-1}\in U$ 时, 恒有不等式

$$|f_j(x)-f_j(y)|<\varepsilon,\quad j=1,2,\cdots.$$

因此序列 $f_1,f_2,\cdots$ 是一致连续的. 它的一致有界性是由于当 $n>p$ 时, 有 $|f_n(x)|<|f(x)|+\varepsilon/3$, 而函数 $f,f_1,f_2,\cdots,f_p$ 是有界的. □

命题 3 设 G 为拓扑群, M 为 G 的紧致子集. 设 Δ 为定义在集合 M 上的一致有界与一致连续的函数组, 则在 Δ 的每一函数序列中总可以取出一致收敛的子序列.

证明 设 ε 为任一正数, V_ε 为 G 中单位元的邻域, 它满足: 当 $x,y\in M,xy^{-1}\in V_\varepsilon,f\in\Delta$ 时, 有

$$|f(x)-f(y)|<\varepsilon. \tag{7}$$

其次, 设 Δ' 为 Δ 的某一无限子集, 又 $a\in M$. 于是存在 Δ' 的无限子集 Δ'_a, 使得当 $x\in M,x\in V_\varepsilon a,f\in\Delta'_a,g\in\Delta'_a$ 时, 有

$$|f(x)-g(x)|<3\varepsilon. \tag{8}$$

这一步的理由为: 由于 Δ' 的一致有界性, 此集合中每一函数在 a 点的函数值都一定在一有界区间上, 所以存在一个长为 ε 的区间 I, 使得 Δ' 中有无限子集 Δ'_a, 在 Δ'_a 中所有函数在 a 点的函数值都属于 I. 因此当 $f\in\Delta'_a,g\in\Delta'_a$ 时, 有

$$|f(a)-g(a)|<\varepsilon. \tag{9}$$

此外, 由于 (7), 当 $x\in M,x\in V_\varepsilon a,f\in\Delta'_a,g\in\Delta'_a$ 时, 有

$$|f(x)-f(a)|<\varepsilon,\quad |g(x)-g(a)|<\varepsilon. \tag{10}$$

从 (9) 和 (10) 得出 (8).

当 a 跑遍 M 时, 形如 $V_\varepsilon a$ 的所有开集所成的集合覆盖 M. 由于 M 紧致, 所以可以从中选出有限覆盖 $V_\varepsilon a_1,\cdots,V_\varepsilon a_r$. 由前面所证的结果, 当 $a=a_1$ 时, Δ' 中存在无限子集 Δ'_{a_1} 满足条件 (8). 同样, 在 Δ'_{a_1} 中可取出无限子集 Δ'_{a_1,a_2}, 它满足: 当

$x \in M, x \in V_\varepsilon a_2, f \in \Delta'_{a_1,a_2}, g \in \Delta'_{a_1,a_2}$ 时, 有

$$|f(x) - g(x)| < 3\varepsilon.$$

继续这样的过程, 我们可以得到集合 $\Delta'_{a_1,a_2,\cdots,a_r}$, 它满足: 当 $x \in M, f \in \Delta'_{a_1,a_2,\cdots,a_r}$, $g \in \Delta'_{a_1,a_2,\cdots,a_r}$ 时, 有

$$|f(x) - g(x)| < 3\varepsilon. \tag{11}$$

记 $\Delta'_\varepsilon = \Delta'_{a_1,a_2,\cdots,a_r}$.

现在设 $f_1, f_2, \cdots, f_n, \cdots$ 是 Δ 中某一函数序列. 以 Δ' 表示这个序列中所有函数所成的集合. 假如 Δ' 是有限的, 那么命题显然成立 (从 Δ' 中取一个函数组成一个子序列, 则这个子序列一致收敛到它自身). 下设 Δ' 是无限集, 并且给出收敛于零的正数序列 $\varepsilon_1, \varepsilon_2, \cdots, \varepsilon_n, \cdots$. 由上面所证的, 从 Δ 中可以取出无限子集 $\Delta'_{\varepsilon_1} = \Delta'_1$, 当 $\varepsilon = \varepsilon_1$ 时, 它满足条件 (11). 同样, 从 Δ'_1 中可以选出无限子集 Δ'_2, 它满足条件:

当 $x \in M, f \in \Delta'_2, g \in \Delta'_2$ 时, 有 $|f(x) - g(x)| < 3\varepsilon_2$.

继续这样的过程, 我们得出序列

$$\Delta'_1 \supsetneqq \Delta'_2 \supsetneqq \cdots \supsetneqq \Delta'_n \supsetneqq \cdots,$$

这些 Δ'_n 都是 Δ' 的无限子集, 而且满足条件:

当 $x \in M, f \in \Delta'_n, g \in \Delta'_n$ 时, 有

$$|f(x) - g(x)| < 3\varepsilon_n, \quad n = 1, 2, \cdots. \tag{12}$$

现在我们从 Δ'_1 中任意取出一函数 g_1; 从 Δ'_2 中任意取出一函数 g_2, 不过要求 g_2 在序列 $f_1, f_2, \cdots, f_n, \cdots$ 中的下标要超过 g_1 的下标; 从 Δ'_3 中任取一个函数 g_3, 其下标超过 g_2 的下标; 以此类推. 这样所得的序列 $g_1, g_2, g_3, \cdots$ 是原序列的子序列, 由于 (12), 它是满足一致收敛的条件的. □

设 M 为紧致拓扑空间. 如果定义在 M 上的连续实值函数序列 $f_1, f_2, \cdots$ 一致收敛于函数 f, 那么我们有

$$\lim_{n\to\infty} K(f_n) = K(f), \lim_{n\to\infty} L(f_n) = L(f), \lim_{n\to\infty} S(f_n) = S(f).$$

设 G 为紧群, 在所有定义在 G 上的连续实值函数组成的集合 $C(G)$ 中可以自然地引入距离. 设 f, g 是 G 上的连续实值函数, 则 $|f(x) - g(x)|$ 仍是 G 上的连续函数. 由于 G 是紧致的, 因此 $|f(x) - g(x)|$ 有最大值. 令

$$d(f, g) = \max_{x\in G} |f(x) - g(x)|,$$

易验证 $d(f, g)$ 满足距离函数的三个条件. 于是 $C(G)$ 成为度量空间.

现在我们回到紧群上建立不变积分的问题.

定义 5 设 f 是定义在紧群 G 上的连续实值函数. 如果实数 p 具有下列性质: 对每一正数 ε 存在 G 的有限元素组 A, 使得对任一 $x \in G$, 有

$$|M(A, f; x) - p| < \varepsilon, \tag{13}$$

那么称这种数 p 为函数 f 的**右平均数**.

引理 2 每一个定义在紧群 G 上的连续实值函数都至少有一个右平均数.

证明 设 f 为 G 上的一个连续实值函数. 设 A 为 G 中任一有限元素组, 用 Δ 表示形如 $M(A, f)$ 的所有函数的集合. 从关系式 (2) 和 (3) 得出, Δ 是一致有界的; 我们来证 Δ 是一致连续的.

因为 G 紧致, 由 f 连续可推出 f 一致连续. 因此对每一正数 ε 存在有单位元的邻域 V, 使得当 $xy^{-1} \in V$ 时, 有 $|f(x) - f(y)| < \varepsilon$. 而如果 $xy^{-1} \in V$, 那么 $(xa_i)(ya_i)^{-1} = xy^{-1} \in V$; 所以也有 $|f(xa_i) - f(ya_i)| < \varepsilon$. 由此得出

$$|M(A, f; x) - M(A, f; y)| < \varepsilon.$$

当 $xy^{-1} \in V$ 以及 A 为任意有限元素组时, 最后一个不等式总是成立. 因此, Δ 是一致连续的函数组.

用 s 表示 Δ 中所有函数的振幅的下确界. 在 Δ 中存在函数的序列

$$f_1, f_2, \cdots, f_n, \cdots, \tag{14}$$

使得 $\lim\limits_{n\to\infty} S(f_n) = s$. 因为 Δ 是一致有界与一致连续的, 根据命题 3, 从序列 (14) 中可以选出一致收敛的子序列

$$g_1, g_2, \cdots, g_n, \cdots, \tag{15}$$

并且以 g 表示该序列的极限. 因为 $\lim\limits_{n\to\infty} S(g_n) = S(g)$, 所以 $S(g) = s$. 我们来证 g 为常值函数, 或者证 $s = 0$.

如果 g 不是常值函数, 根据引理 1, 存在 G 的有限元素组 A, 使得

$$S(M(A, g)) = s' < s. \tag{16}$$

取 $\varepsilon = \dfrac{s - s'}{3}$. 因为序列 (15) 一致收敛于 g, 所以存在自然数 k, 使得 $|g(x) - g_k(x)| < \varepsilon$, 对一切 $x \in G$. 由此得出

$$|M(A, g; x) - M(A, g_k; x)| < \varepsilon. \tag{17}$$

从 (16) 和 (17) 得出 $S(M(A, g_k)) \leqslant s' + 2\varepsilon < s$. 由于 g_k 属于 Δ, 因此 g_k 可表示成 $M(B, f)$, 对于 G 中某一有限元素组 B. 于是 $M(A, g_k) = M(A, M(B, f))$. 由关系式 (5), 函数 $M(A, g_k)$ 是属于 Δ 的, 这与 Δ 中所有函数的振幅的下确界为 s 矛盾. 从而 g 是常值函数, 即 $g(x) \equiv p$.

因为序列 (15) 一致收敛于 g, 所以对每一正数 ε 存在自然数 n, 使得 $|g_n(x) - p| < \varepsilon$. 而 $g_n \in \Delta$, 因此对每一正数 ε 存在 G 中的有限元素组 A 满足不等式 (13). □

设 f 是定义在紧群 G 上的连续实值函数; $B = \{b_1, b_2, \cdots, b_n\}$ 是 G 的元素组. 令

$$M'(B, f; x) = \sum_{j=1}^{n} \frac{f(b_j x)}{n}, \tag{18}$$

则得到变量 $x \in G$ 的新的函数 $M'(B, f)$. 可以直接验证

$$M(A, M'(B, f)) = M'(B, M(A, f)). \tag{19}$$

如果实数 q 具有下列性质: 对于每一正数 ε, 存在 G 中的有限元素组 B, 使得 $|M'(B, f; x) - q| < \varepsilon$ 对任意 $x \in G$ 都成立, 则称 q 为函数 f 的**左平均数**. 每一个定义在紧群 G 上的连续实值函数至少有一个左平均数. 为了证明这一点, 在 G 中保持原有的拓扑, 而引入新的乘法运算: $a \times b = ba$, 得到新的拓扑群 G'. 不难看出, 对 G' 而言的右平均数是对 G 而言的左平均数; 因为右平均数的存在已证; 所以这就证明了左平均数的存在.

引理 3 对于定义在紧群 G 上的连续实值函数 f, 只存在一个右平均数, 并且也只存在一个左平均数, 而且这两个平均数相等. 这样所得的一个唯一的平均数称为函数 f 的平均数, 记作 $M(f)$.

证明 设 p 为函数 f 的某一右平均数, q 为 f 的某一左平均数. 于是满足关系式 (13) 和 $|M'(B,f;x)-q|<\varepsilon$. 在关系式 (13) 中以 b_jx 代替 x, 按 j 从 1 加到 n, 再除以 n, 即得

$$|M'(B,M(A,f);x)-p|<\varepsilon. \tag{20}$$

类似的方法可得

$$|M(A,M'(B,f);x)-q|<\varepsilon. \tag{21}$$

从 (20)、(21) 和 (19) 得 $|p-q|<2\varepsilon$. 此不等式对一切正数 ε 都成立, 所以 $p=q$. 因此每一右平均数等于每一左平均数. 这也就说明了 f 的左、右平均数都只有一个. □

引理 4 设 f 和 g 是定义在紧群 G 上的两个连续实值函数, 则

$$M(f+g)=M(f)+M(g). \tag{22}$$

证明 首先证明对于 G 中任意有限元素组 $B=\{b_1,b_2,\cdots,b_n\}$, 有

$$M(M(B,f))=M(f). \tag{23}$$

设 $M(f)=p$. 于是 p 是 f 的左平均数. 对于任一正数 ε, 存在 G 中有限元素组 C 使得 $|M'(C,f;x)-p|<\varepsilon$. 在此关系式中以 xb_j 代替 x, 然后按 j 从 1 加到 n, 再除以 n, 即得

$$|M(B,M'(C,f);x)-p|<\varepsilon.$$

根据 (19), 得

$$|M'(C,M(B,f);x)-p|<\varepsilon.$$

因此, p 是函数 $M(B,f)$ 的左平均数, 所以 (23) 式成立.

现在设 $M(g)=q$. 于是 q 是 g 的右平均数, 对任一正数 ε, 存在 G 中有限元素组 B, 使得 $|M(B,g;x)-q|<\varepsilon$. 从这个不等式得出 $|M(A',M(B,g);x)-q|<\varepsilon$, 其中 A' 为任意有限元素组. 由于 (5) 式, 得

$$|M(A'B,g;x)-q|<\varepsilon. \tag{24}$$

由于 (23) 式, p 是函数 $M(B,f)$ 的平均数, 即存在 G 中有限元素组 A, 使得

$$|M(A,M(B,f);x)-p|<\varepsilon,$$

而由于 (5), 得

$$|M(AB,f;x)-p|<\varepsilon. \tag{25}$$

关系式 (24) 和 (25) 当 $A'=A$ 时给出

$$|M(AB,f+g;x)-(p+q)|<2\varepsilon.$$

因此 $p+q$ 是函数 $f+g$ 的右平均数, 这就证明了关系式 (22). □

引理 5 设 f 为定义在紧群 G 上的连续实值函数, a 为 G 中任一元素. 令 $f'(x)=f(xa), f''(x)=f(ax)$, 那么

$$M(f')=M(f),\quad M(f'')=M(f).$$

证明 因为

$$M(A,f';x)=\frac{1}{m}\sum_{i=1}^{m}f'(xa_i)=\frac{1}{m}\sum_{i=1}^{m}f(xa_ia)$$
$$=M(Aa,f;x),\quad \forall x\in G.$$

所以 $M(A,f')=M(Aa,f)$. 由此关系式可以直接得出, 函数 f' 与 f 的右平均数是一致的, 因此 $M(f')=M(f)$. 同理, 利用左平均数可以证明 $M(f'')=M(f)$. □

引理 6 设 f 是定义在紧群 G 上的连续实值函数, 而且是非负的与不恒等于零的, 则 $M(f)>0$.

证明 因为 G 紧致, 且 f 连续, 所以 f 有界且能达到上下确界. 选取 h 使 $h>0$ 且 h 小于 f 的上确界. 于是存在开集 $U\subsetneqq G$, 使得当 $x\in U$ 时有 $f(x)>h>0$. 形如 $Ua^{-1}(a\in G)$ 的所有开集组成 G 的覆盖, 由于 G 紧致, 可以从中选出有限覆盖, 即存在有限的元素组 $A=\{a_1,a_2,\cdots,a_m\}$, 使得 $Ua_i^{-1}(i=1,2,\cdots,m)$ 覆盖 G. 对于每一 $x\in G$ 有 $f(x)\geqslant 0$; 而对任何 $x\in G$, 存在 k 使得 $x\in Ua_k^{-1}$, 即 $xa_k\in U$, 因此 $f(xa_k)>h$. 从而 $M(A,f;x)\geqslant h/m$, 即 $M(f)=M(M(A,f))\geqslant h/m$, 这里利用了 (23) 式和 (1) 式. □

定理 1 的证明 对于每一定义在紧群 G 上的连续实值函数 f, 我们令

$$\int_G f(x)\,\mathrm{d}x:=M(f)\tag{26}$$

作为积分 $\int_G f(x)\,\mathrm{d}x$ 的定义.

设 $k\in\mathbb{R}$, 则

$$M(A,kf;x)=\frac{1}{m}\sum_{i=1}^{m}kf(xa_i)=kM(A,f;x).$$

设 $M(f)=p$, 则对于每个正数 ε, 存在 G 中有限元素组 A, 使得 $|M(A,f;x)-p|<\varepsilon$, 对一切 $x\in G$ 成立. 从而有

$$|M(A,kf;x)-kp|=|k||M(A,f;x)-p|<|k|\varepsilon.$$

因此 kp 是函数 kf 的右平均数, 即 $M(kp)=kM(f)$. 再由引理 4, 即得积分定义 1 中的条件 (1) 成立.

由引理 6 得到正定性. 由引理 5 得到不变性. 显然 $M(1)=1$, 即条件 (4) 成立.

假如用某一方法定义了积分 $\int_G^* f(x)\,\mathrm{d}x$, 它满足定义 1 中的条件 (1)—(4). 我们来证 $\int_G^* f(x)\,\mathrm{d}x=M(f)$.

设 p 为函数 f 的右平均数, 于是对每一正数 ε, 存在 G 中有限元素组 A, 使得 $|M(A,f;x)-p|<\varepsilon$ 对一切 $x\in G$ 成立, 即

$$-\varepsilon<M(A,f;x)-p<\varepsilon.$$

利用不变积分 $\int_G^* f(x)\,\mathrm{d}x$ 的线性性和正定性以及规范性, 得

$$-\varepsilon<\int_G^* M(A,f;x)\,\mathrm{d}x-p<\varepsilon,$$

即 $\left|\int_G^* M(A,f;x)\,\mathrm{d}x - p\right| < \varepsilon$. 利用右不变性和线性性可得

$$\int_G^* M(A,f;x)\,\mathrm{d}x = \int_G^* \sum_{i=1}^m \frac{f(xa_i)}{m}\,\mathrm{d}x$$
$$= \sum_{i=1}^m \frac{1}{m}\int_G^* f(xa_i)\,\mathrm{d}x = \int_G^* f(x)\,\mathrm{d}x.$$

于是有 $\left|\int_G^* f(x)\,\mathrm{d}x - p\right| < \varepsilon$, 由于此不等式对任何正数 ε 都成立, 所以 $\int_G^* f(x)\,\mathrm{d}x = p = M(f)$. 这就证明了 G 上不变积分的唯一性. □

推论 1 紧群 G 上的不变积分还满足

$$\int_G f(x^{-1})\,\mathrm{d}x = \int_G f(x)\,\mathrm{d}x. \tag{27}$$

证明 对于 G 上任一连续实值函数 f, 令

$$\int_G^* f(x)\,\mathrm{d}x := \int_G f(x^{-1})\,\mathrm{d}x.$$

我们来证 $\int_G^* f(x)\,\mathrm{d}x$ 满足线性性、正定性、右不变性和规范性, 从而由定理 1 的证明过程知道, 必有 $\int_G^* f(x)\,\mathrm{d}x = \int_G f(x)\,\mathrm{d}x$, 于是 (27) 式得证.

由于函数 $f(x^{-1})$ 是函数 $f(u)$ 与函数 $u = x^{-1}$ 的复合函数, 并且当 x 跑遍 G 中元素时, x^{-1} 也跑遍 G 中元素, 因此容易验证 $\int_G^* f(x)\,\mathrm{d}x$ 具有线性性、正定性和规范性. 现在来验证它也具有右不变性. 对于 $a \in G$, 设 $f'(x) = f(xa)$. 我们有

$$\int_G^* f(xa)\,\mathrm{d}x = \int_G^* f'(x)\,\mathrm{d}x = \int_G f'(x^{-1})\,\mathrm{d}x = \int_G f(x^{-1}a)\,\mathrm{d}x$$
$$= \int_G f((a^{-1}x)^{-1})\,\mathrm{d}x = \int_G f(x^{-1})\,\mathrm{d}x = \int_G^* f(x)\,\mathrm{d}x,$$

其中倒数第二个等号利用了积分 $\int_G f(x)\,\mathrm{d}x$ 的左不变性. 由定理 1 中已证明的唯一性, 即得 $\int_G f(x^{-1})\,\mathrm{d}x = \int_G f(x)\,\mathrm{d}x$. □

推论 2 紧群 G 上的不变积分还满足

$$\left|\int_G f(x)\,\mathrm{d}x\right| \leqslant \int_G |f(x)|\,\mathrm{d}x. \tag{28}$$

证明 显然 $|f(x)|$ 也是 G 上的连续函数. 因为 $|f(x)| - f(x) \geqslant 0$, 所以 $\int_G [|f(x)| - f(x)]\,\mathrm{d}x \geqslant 0$, 从而 $\int_G |f(x)|\,\mathrm{d}x \geqslant \int_G f(x)\,\mathrm{d}x$. 因为 $|f(x)| + f(x) \geqslant 0$, 所以 $\int_G [|f(x)| + f(x)]\,\mathrm{d}x \geqslant 0$, 从而 $\int_G f(x)\,\mathrm{d}x \geqslant -\int_G |f(x)|\,\mathrm{d}x$. 因此 (28) 式成立. □

定义在 G 上的复值函数可以写成 $h = f + \mathrm{i}g$, 其中 f 与 g 都是定义在 G 上的实值函数. 如果 f 与 g 都连续, 则称 $h = f + \mathrm{i}g$ 为**连续复值函数**.

对于定义在紧群 G 上的连续复值函数 $h = f + \mathrm{i}g$, 我们用等式

$$\int_G h(x)\,\mathrm{d}x := \int_G f(x)\,\mathrm{d}x + \mathrm{i}\int_G g(x)\,\mathrm{d}x$$

作为 $h(x)$ 积分的定义. 容易验证, 连续复值函数的积分也满足线性性、不变性、规范性以及下述关系式

$$\left|\int_G h(x)\,\mathrm{d}x\right| \leqslant \int_G |h(x)|\,\mathrm{d}x. \tag{29}$$

我们来证 (29) 式. 记 $\int_G f(x)\,\mathrm{d}x = a, \int_G g(x)\,\mathrm{d}x = b$. 我们有

$$\begin{aligned}\left|\int_G h(x)\,\mathrm{d}x\right|^2 &= a^2+b^2 = a\int_G f(x)\,\mathrm{d}x + b\int_G g(x)\,\mathrm{d}x\\ &= \int_G [af(x)+bg(x)]\,\mathrm{d}x\\ &\leqslant \int_G \sqrt{a^2+b^2}\sqrt{f(x)^2+g(x)^2}\,\mathrm{d}x\\ &= \sqrt{a^2+b^2}\int_G |h(x)|\,\mathrm{d}x,\end{aligned}$$

由此即得 (29) 式. □

连续复值函数的积分还满足

$$\int_G h(x^{-1})\,\mathrm{d}x = \int_G h(x)\,\mathrm{d}x, \tag{30}$$

$$\overline{\int_G h(x)\,\mathrm{d}x} = \int_G \overline{h(x)}\,\mathrm{d}x. \tag{31}$$

我们不仅对一个变量的函数用到积分, 而且还对两个变量的函数用积分, 这里必须证明, 积分结果与积分次序无关.

引理 7 设 G 与 H 是两个紧群, f 为两个变量 $x \in G$ 与 $y \in H$ 的连续实值函数. 当 y 固定时, f 就是 x 的连续函数, 于是有积分 $\int_G f(x,y)\,\mathrm{d}x = g(y)$, 则 g 是定义在 H 上的一致连续函数.

证明 记 $P = G\times H$, 函数 f 可以看成一个变量 $z=(x,y)\in P$ 的连续函数. 因为群 P 是紧致的, 所以 f 必为一致连续函数, 因此对于任给正数 ε, 存在有 P 的单位元的邻域 W, 使得当 $z'z^{-1}\in W$ 时, 有 $|f(z')-f(z)|<\varepsilon$. 邻域 W 是所有 (x,y) 这样的元素对所组成的, 其中 $x\in U, y\in V$, 而 U 与 V 各为群 G 与 H 的单位元的邻域. 因此如果 $x'x^{-1}\in U, y'y^{-1}\in V$, 那么 $|f(x',y')-f(x,y)|<\varepsilon$. 特别地, 当 $y'y^{-1}\in V$ 时, 有 $|f(x,y')-f(x,y)|<\varepsilon$. 由此得出

$$\begin{aligned}|g(y')-g(y)| &= \left|\int_G [f(x,y')-f(x,y)]\,\mathrm{d}x\right|\\ &\leqslant \int_G |f(x,y')-f(x,y)|\,\mathrm{d}x\\ &< \int_G \varepsilon\,\mathrm{d}x = \varepsilon.\end{aligned}$$

因此, $g(y)$ 是一致连续的函数. □

定理 2 设 G 与 H 为两个紧群, P 为它们的直积, f 为两个变量 $x\in G$ 与

$y \in H$ 的连续实值函数, $f(x,y)=f(z), z=(x,y)\in P$, 则我们有

$$\int_H \left[\int_G f(x,y)\,\mathrm{d}x\right]\,\mathrm{d}y=\int_G \left[\int_H f(x,y)\,\mathrm{d}y\right]\,\mathrm{d}x=\int_P f(z)\,\mathrm{d}z,$$

把上述积分记作 $\displaystyle\iint\limits_{G\times H} f(x,y)\,\mathrm{d}x\,\mathrm{d}y$.

证明 我们来证 $\displaystyle\int_H \left[\int_G f(x,y)\,\mathrm{d}x\right]\,\mathrm{d}y=\int_P f(z)\,\mathrm{d}z$. 为此令

$$\int_P^* f(z)\,\mathrm{d}z := \int_H \left[\int_G f(x,y)\,\mathrm{d}x\right]\,\mathrm{d}y.$$

易验证积分 $\displaystyle\int_P^* f(z)\,\mathrm{d}z$ 具有线性性, 正定性, 规范性. 下面验证它具有右不变性: 设 $c\in P, c=(a,b), a\in G, b\in H$; 于是利用引理 7 得

$$\begin{aligned}\int_P^* f(zc)\,\mathrm{d}z&=\int_H \left[\int_G f(xa,yb)\,\mathrm{d}x\right]\,\mathrm{d}y=\int_H \left[\int_G f(x,yb)\,\mathrm{d}x\right]\,\mathrm{d}y\\&=\int_H \left[\int_G f(x,y)\,\mathrm{d}x\right]\,\mathrm{d}y=\int_P^* f(z)\,\mathrm{d}z.\end{aligned}$$

由于不变积分的唯一性, 便得到

$$\int_H \left[\int_G f(x,y)\,\mathrm{d}x\right]\,\mathrm{d}y=\int_P f(z)\,\mathrm{d}z.$$

同理可证 $\displaystyle\int_G \left[\int_H f(x,y)\,\mathrm{d}y\right]\,\mathrm{d}x=\int_P f(z)\,\mathrm{d}z$. □

如果群 G 与群 H 一致, 那么函数 $f(x,y)$ 是定义在 G 上的两个变量的连续函数. 这个情形是最重要的.

习题 6.5

1. 设 G 与 H 为两个紧群, P 为它们的直积, f 为两个变量 $x\in G$ 与 $y\in H$ 的连续复值函数. $f(x,y)=f(z), z=(x,y)\in P$. 设 $f(x,y)=f_1(x,y)+\mathrm{i}f_2(x,y)$, 其中 $f_1(x,y)$ 与 $f_2(x,y)$ 是两个变量的连续实值函数. 当 y 固定时, 可以有积分 $\displaystyle\int_G f(x,y)\,\mathrm{d}x=g(y)$. 证明:

(1) $g(y)$ 是 H 上的连续复值函数;

(2) $\displaystyle\int_H \left[\int_G f(x,y)\,\mathrm{d}x\right]\,\mathrm{d}y=\int_G \left[\int_H f(x,y)\,\mathrm{d}y\right]\,\mathrm{d}x=\int_P f(z)\,\mathrm{d}z,$

把这个积分记作 $\displaystyle\iint\limits_{G\times H} f(x,y)\,\mathrm{d}x\,\mathrm{d}y$.

§6 紧群的线性表示

6.1 紧群的表示的完全可约性

在这一小节我们要证明紧群上每一个有限维的复 (或实) 线性表示都是完全可

约的. 从而为了描绘一个给定的紧群 G 的复数域 (或实数域) 上的所有有限维线性表示, 就只要去研究 G 的所有不可约表示.

回忆完全可约表示的定义: 群 G 在域 K 上的线性表示 (φ, V) 称为是完全可约的, 如果对于 V 的每一个 G 不变子空间 U, 都存在 V 的 G 不变子空间 W 使得 $V = U \oplus W$. 虽然对于 V 的每一个子空间都存在补空间, 但是 G 不变子空间 U 的补空间不一定是 G 不变的. 如果 V 是一个欧氏空间, 即 V 上给定了一个内积, 那么 V 的任一子空间与它的正交补的直和恰好是 V. 对于 V 的 G 不变子空间 U, 我们希望它的正交补 $U^{\perp}$ 也是 G 不变的, 即对任意 $\alpha \in U^{\perp}$, 希望对一切 $g \in G$ 有 $\varphi(g)\alpha \in U^{\perp}$, 这也就是要求对一切 $\beta \in U$ 有 $(\varphi(g)\alpha, \beta) = 0$. 因为 U 是 G 不变的, 所以 $\varphi(g^{-1})\beta \in U$. 记 $\beta' = \varphi(g^{-1})\beta$, 则 $\varphi(g)\beta' = \beta$. 从而 $(\varphi(g)\alpha, \beta) = (\varphi(g)\alpha, \varphi(g)\beta')$. 由于 $(\alpha, \beta') = 0$, 如果能有 $(\varphi(g)\alpha, \varphi(g)\beta') = (\alpha, \beta')$, 那么 $\varphi(g)\alpha \in U^{\perp}$. 这表明: 如果 V 上存在这样一个内积, 能够使 $(\varphi(g)x, \varphi(g)y) = (x, y)$ 对一切 $g \in G$, 一切 $x, y \in V$ 都成立, 那么从 U 是 G 不变的可以得出 $U^{\perp}$ 一定是 G 不变的. 从而 (φ, V) 便是完全可约的. 上述性质意味着对于 V 上的这个内积, 对一切 $g \in G, \varphi(g)$ 都是正交变换. 称具有这样性质的内积为 G **不变内积**, 这样的表示 (φ, V) 称为 G 的**正交表示**. 综上所述, 要说明紧群 G 的有限维实线性表示 (φ, V) 是完全可约的, 关键是: 找到 V 上的一个 G 不变内积, 使得 (φ, V) 是正交表示.

定理 1 紧群 G 的每一个有限维实线性表示 (φ, V), 都存在 V 上的一个 G 不变内积, 对于这个内积, $\varphi(g)$ 成为正交变换, $\forall g \in G$; 从而 (φ, V) 成为 G 的正交表示, 于是 (φ, V) 是完全可约的.

证明 设 (φ, V) 是紧群 G 的一个有限维实线性表示. 设 f 是 V 上的一个内积. 给定 $\alpha, \beta \in V$, 我们来说明 $f(\varphi(g)\alpha, \varphi(g)\beta)$ 是变量 $g \in G$ 的连续函数. 为此在 V 中取一个标准正交基 $\varepsilon_1, \varepsilon_2, \cdots, \varepsilon_n$, 设 $\alpha = (\varepsilon_1, \varepsilon_2, \cdots, \varepsilon_n)X, \beta = (\varepsilon_1, \varepsilon_2, \cdots, \varepsilon_n)Y$. 设 φ 在这个基下提供的矩阵表示是 Φ, 则

$$\varphi(g)\alpha = (\varepsilon_1, \varepsilon_2, \cdots, \varepsilon_n)\Phi(g)X,$$
$$\varphi(g)\beta = (\varepsilon_1, \varepsilon_2, \cdots, \varepsilon_n)\Phi(g)Y.$$

于是

$$f(\varphi(g)\alpha, \varphi(g)\beta) = (\Phi(g)X)'(\Phi(g)Y) = X'\Phi(g)'\Phi(g)Y.$$

由于 φ 是拓扑群 G 的线性表示, 所以 φ 的矩阵元素是 G 上的连续函数. 从而 $f(\varphi(g)\alpha, \varphi(g)\beta)$ 是定义在 G 上的连续函数, 因此它在 G 上可以积分. 令

$$\widetilde{f}(\alpha, \beta) := \int_G f(\varphi(g)\alpha, \varphi(g)\beta)\,\mathrm{d}g,$$

这给出了 V 上的一个新的二元函数. 容易验证它具有双线性性、对称性. 现在来验证它具有正定性: 因为 f 是 V 上的内积, 所以 $f(\varphi(g)\alpha, \varphi(g)\alpha) \geqslant 0$, 并且等号成立当且仅当 $\varphi(g)\alpha = 0$, 即 $\alpha = 0$, 因此 $\widetilde{f}(\alpha, \alpha) = \displaystyle\int_G f(\varphi(g)\alpha, \varphi(g)\alpha)\,\mathrm{d}g \geqslant 0$, 并且等号成立当且仅当 $f(\varphi(g)\alpha, \varphi(g)\alpha)$ 恒等于零 $(\forall g \in G)$, 即 $\alpha = 0$. 所以 $\widetilde{f}$ 是 V 上的又一个

内积. 我们来证明它是 G 不变的: 对任意 $h\in G$, 我们有 (利用积分的右不变性):

$$\begin{aligned}\widetilde{f}(\varphi(h)\alpha,\varphi(h)\beta)&=\int_G f(\varphi(g)\varphi(h)\alpha,\varphi(g)\varphi(h)\beta)\,\mathrm{d}g\\&=\int_G f(\varphi(gh)\alpha,\varphi(gh)\beta)\,\mathrm{d}g\\&=\int_G f(\varphi(g)\alpha,\varphi(g)\beta)\,\mathrm{d}g=\widetilde{f}(\alpha,\beta),\end{aligned}$$

这表明 $\widetilde{f}$ 是 G 不变内积, 即对于 V 的内积 $\widetilde{f}$, 对一切 $h\in G,\varphi(h)$ 是正交变换, 从而 φ 是正交表示. 根据本小节第二段知道, (φ,V) 是完全可约的. □

同理可证如下定理.

定理 2 紧群 G 的每一个有限维复线性表示 (φ,V), 都存在 V 上的一个 G 不变内积,对于这个内积, $\varphi(g)$ 成为酉变换, $\forall g\in G$; 此时 (φ,V) 称为 G 的**酉表示**, 于是 (φ,V) 是完全可约的. □

6.2 正交关系

这一小节我们来讨论紧群的有限维不可约复表示的矩阵元素之间的正交关系, 特别地还将得到特征标的正交关系. 在本章 §4 我们已指出: 研究紧群的有限维不可约复表示的有力工具是 Schur 引理. 现在我们用矩阵的语言把 Schur 引理叙述一遍.

Schur 引理 设 $\varPhi$ 和 $\varPsi$ 分别是群 G 的 n 次和 m 次不可约复矩阵表示. 设 $C=(c_{ij})$ 是复数域上 $m\times n$ 矩阵, 使得

$$\varPsi(g)C=C\varPhi(g),\quad \forall g\in G. \tag{1}$$

(i) 如果 $\varPhi$ 与 $\varPsi$ 不等价, 则 $C=0$;

(ii) 如果 $\varPhi=\varPsi$, 则 $C=\lambda I$, 其中 λ 是某个复数.

注 Schur 引理中的 (i) 对于实数域的情形也成立.

设 n 阶复 (实) 矩阵 $A(g)=(a_{ij}(g))$ 的每个元素 $a_{ij}(g)$ 是紧群 G 上的连续函数, 我们用记号 $\int_G A(g)\,\mathrm{d}g$ 表示这样一个矩阵, 它的 (i,j) 元为 $\int_G a_{ij}(g)\,\mathrm{d}g$. 容易看出, 若 $C=(c_{ij})$ 是 n 阶复 (实) 矩阵, 则有

$$\int_G C\cdot A(g)\,\mathrm{d}g=C\int_G A(g)\,\mathrm{d}g,$$

$$\int_G A(g)C\,\mathrm{d}g=\left[\int_G A(g)\,\mathrm{d}g\right]C.$$

定理 3 设 $\varPhi$ 和 $\varPsi$ 是紧群 G 的 n 次和 m 次不可约复矩阵表示, 设 $\varPhi(g)=(a_{ij}(g))$, $\varPsi(g)=(b_{ij}(g)),\forall g\in G$.

(i) 若 $\varPhi$ 与 $\varPsi$ 不等价, 则

$$\int_G b_{ij}(g)a_{lk}(g^{-1})\,\mathrm{d}g=0,\quad 1\leqslant i,j\leqslant m,1\leqslant k,l\leqslant n. \tag{2}$$

(ii) 若 $\Phi = \Psi$, 则

$$\int_G a_{ij}(g)a_{ji}(g^{-1})\,\mathrm{d}g = \frac{1}{n}, \quad 1 \leqslant i, j \leqslant n; \tag{3}$$

$$\int_G a_{ij}(g)a_{lk}(g^{-1})\,\mathrm{d}g = 0, \quad i \neq k \text{ 或者 } j \neq l. \tag{4}$$

证明 任取一个 $m \times n$ 复矩阵 $C = (c_{ij})$, 令

$$\widetilde{C} := \int_G \Psi(g)C\Phi(g)^{-1}\,\mathrm{d}g. \tag{5}$$

则对于任意 $x \in G$, 我们有

$$\begin{aligned}\Psi(x)\widetilde{C}\Phi(x)^{-1} &= \int_G \Psi(xg)C\Phi(xg)^{-1}\,\mathrm{d}g\\ &= \int_G \Psi(g)C\Phi(g)^{-1}\,\mathrm{d}g = \widetilde{C}.\end{aligned}$$

(i) 若 Φ 与 Ψ 不等价, 由 Schur 引理 (i) 得, $\widetilde{C} = 0$. 特别地, 取 $C = E_{jl}$, 并且注意到 $\Phi(g)^{-1} = \Phi(g^{-1})$, 我们得到

$$\int_G b_{ij}(g)a_{lk}(g^{-1})\,\mathrm{d}g = 0, \quad 1 \leqslant i \leqslant m, 1 \leqslant k \leqslant n.$$

由于 j 可取 $1, 2, \cdots, m, l$ 可取 $1, 2, \cdots, n$, 因此 (2) 式成立.

(ii) 若 $\Phi = \Psi$, 由 Schur 引理的 (ii) 得, $\widetilde{C} = \lambda I$, 其中 λ 是某个复数. 为了决定 λ, 在 $\widetilde{C} = \lambda I$ 两边取迹得

$$\begin{aligned}\lambda n = \operatorname{tr}(\widetilde{C}) &= \sum_{i=1}^{n}\int_G [\Phi(g)C\Phi(g)^{-1}]_{ii}\,\mathrm{d}g\\ &= \int_G \left\{\sum_{i=1}^{n}[\Phi(g)C\Phi(g)^{-1}]_{ii}\right\}\mathrm{d}g\\ &= \int_G \operatorname{tr}(\Phi(g)C\Phi(g)^{-1})\,\mathrm{d}g\\ &= \int_G \operatorname{tr}(C)\,\mathrm{d}g = \operatorname{tr}(C),\end{aligned}$$

由此即得 $\lambda = \frac{1}{n}\operatorname{tr}(C)$. 取 $C = E_{jl}(1 \leqslant j, l \leqslant n)$, 类似于 (i) 中的计算并且注意 $\operatorname{tr}(E_{jl}) = \delta_{jl}$, 我们得到

$$\int_G a_{ij}(g)a_{lk}(g^{-1})\,\mathrm{d}g = \frac{1}{n}\delta_{jl}\delta_{ik}. \tag{6}$$

由此即得 (3) 和 (4) 式. □

注 定理 3 的 (i) 对于实数域的情形也成立.

推论 1 设 Φ 与 Ψ 分别是紧群 G 的 n 次和 m 次不可约酉矩阵表示, 设 $\Phi(g) = (a_{ij}(g)), \Psi(g) = (b_{ij}(g)), \forall g \in G$.

(i) 若 Φ 与 Ψ 不等价, 则

$$\int_G b_{ij}(g)\overline{a_{kl}(g)}\,\mathrm{d}g = 0, \quad 1 \leqslant i, j \leqslant m, 1 \leqslant k, l \leqslant n; \tag{7}$$

(ii) 若 $\Phi = \Psi$, 则

$$\int_G a_{ij}(g)\overline{a_{kl}(g)}\,\mathrm{d}g = \frac{1}{n}\delta_{jl}\delta_{ik}, \quad 1 \leqslant i, j, k, l \leqslant n. \tag{8}$$

证明 因为 $\Phi(g)$ 是酉矩阵, 所以 $\Phi(g)^{-1} = \overline{\Phi(g)'}$. 从而 $a_{ij}(g^{-1}) = \overline{a_{ji}(g)}, 1 \leqslant i, j \leqslant m$. 由定理 3 即得结论. □

定理 4 设 φ 与 ψ 是紧群 G 的两个有限维不可约复表示, χ_φ, χ_ψ 分别是它们提供的特征标.

(i) 若 φ 与 ψ 不等价, 则

$$\int_G \chi_\psi(g)\overline{\chi_\varphi(g)}\,\mathrm{d}g = 0; \tag{9}$$

(ii) 若 $\varphi = \psi$, 则

$$\int_G \chi_\varphi(g)\overline{\chi_\varphi(g)}\,\mathrm{d}g = 1. \tag{10}$$

证明 设 φ, ψ 提供的酉矩阵表示分别为 Φ, Ψ.

(i) 若 φ 与 ψ 不等价, 则由定理 3 得

$$\begin{aligned}\int_G \chi_\psi(g)\overline{\chi_\varphi(g)}\,\mathrm{d}g &= \int_G \chi_\psi(g)\chi_\varphi(g^{-1})\,\mathrm{d}g \\ &= \int_G \sum_{i=1}^m b_{ii}(g) \cdot \sum_{j=1}^n a_{jj}(g^{-1})\,\mathrm{d}g \\ &= \sum_{i=1}^m \sum_{j=1}^n \int_G b_{ii}(g)a_{jj}(g^{-1})\,\mathrm{d}g = 0.\end{aligned}$$

(ii) 若 $\varphi = \psi$, 则我们有

$$\begin{aligned}\int_G \chi_\varphi(g)\overline{\chi_\varphi(g)}\,\mathrm{d}g &= \sum_{i=1}^n \sum_{j=1}^n \int_G a_{ii}(g)a_{jj}(g^{-1})\,\mathrm{d}g \\ &= \sum_{i=1}^n \int_G a_{ii}(g)a_{ii}(g^{-1})\,\mathrm{d}g = 1.\end{aligned}$$ □

推论 2 设 φ 与 ψ 是紧群 G 的不等价的有限维不可约实表示, 则

$$\int_G \chi_\psi(g)\chi_\varphi(g)\,\mathrm{d}g = 0.$$

证明 与定理 4 的 (i) 的证法一样. □

我们用 $C(G, \mathbb{C})$ 表示紧群 G 上的所有连续复值函数组成的集合, 显然它是复线性空间. 对于 $f_1, f_2 \in C(G, \mathbb{C})$, 我们定义

$$(f_1, f_2) := \int_G f_1(x)\overline{f_2(x)}\,\mathrm{d}x, \tag{11}$$

易验证这是复线性空间 $C(G, \mathbb{C})$ 的一个内积. 由于紧群 G 上的复表示的矩阵元素是连续函数, 因此利用 (11) 式定义的内积的记号可以把定理 3 和定理 4 叙述如下.

定理 3′ 设 φ 与 ψ 分别是紧群 G 的 n 次和 m 次不可约复表示, 它们提供的酉矩阵表示分别记作 Φ 与 Ψ. 设 $\Phi(g) = (a_{ij}(g)), \Psi(g) = (b_{ij}(g))$.

(i) 若 φ 与 ψ 不等价, 则

$$\begin{aligned}&(b_{ij}, a_{kl}) = 0, \quad 1 \leqslant i, j \leqslant m, 1 \leqslant k, l \leqslant n; \\ &(\chi_\psi, \chi_\varphi) = 0.\end{aligned}$$

(ii) 若 $\varphi=\psi$, 则

$$(a_{ij},a_{kl})=\frac{1}{n}\delta_{jl}\delta_{ik},\quad 1\leqslant i,j,k,l\leqslant n;$$
$$(\chi_\varphi,\chi_\varphi)=1.$$
□

由定理 3′ 看出, 紧群 G 的所有互不等价的有限维不可约复表示提供的特征标组成的集合 $\mathrm{Irr}\,(G,\mathbb{C})$ 是复内积空间 $C(G,\mathbb{C})$ 的正交规范集. 紧群 G 的所有互不等价的有限维不可约复表示的酉矩阵元素组成的集合 $\varDelta$ 是 $C(G,\mathbb{C})$ 的正交集, 从而它们是线性无关的, 并且 G 的不可约复表示 φ 的酉矩阵元素 $a_{ij}(1\leqslant i,j\leqslant n)$ 满足

$$(a_{ij},a_{ij})=\frac{1}{n},$$

其中 n 是 φ 的次数.

类似地, 紧群 G 上所有连续实值函数组成的集合, 记作 $C(G,\mathbb{R})$, 是实线性空间. 定义

$$(f_1,f_2):=\int_G f_1(x)f_2(x)\,\mathrm{d}x,\quad \forall f_1,f_2\in C(G,\mathbb{R}),$$

易验证这是 $C(G,\mathbb{R})$ 的一个内积. 于是推论 2 可以叙述成: 设 φ 与 ψ 是紧致群 G 的不等价的有限维不可约实表示, 则 $(\chi_\psi,\chi_\varphi)=0$, 于是 $\mathrm{Irr}\,(C,\mathbb{R})$ 是实内积空间 $C(G,\mathbb{R})$ 的正交集.

利用特征标的正交关系, 我们可以得到一些重要结果.

命题 1 设 G 是紧群, φ 是 G 的任一有限维复表示, φ_i 是 G 的任一有限维不可约复表示, 则 φ_i 在 φ 中的重数等于 (χ_φ,χ_i), 其中 χ_i 是 φ_i 提供的特征标.

证明 设 $\varphi\approx m_1\varphi_1\dotplus m_2\varphi_2\dotplus\cdots\dotplus m_s\varphi_s$, 其中 $\varphi_1,\varphi_2,\cdots,\varphi_s$ 是 G 的一些彼此不等价的不可约复表示. 由此得到

$$\chi_\varphi=m_1\chi_1+m_2\chi_2+\cdots+m_s\chi_s,$$

在此式两边用 χ_i 作内积得

$$(\chi_\varphi,\chi_i)=m_i.$$
□

定理 5 紧群 G 的两个有限维复表示等价的充分必要条件是它们提供的特征标相同.

证明 必要性是显然的.

充分性. 设 φ 和 ψ 是 G 的两个有限维复表示. 如果 $\chi_\varphi=\chi_\psi$, 则对于 G 的每一个有限维不可约复表示 φ_i 有 $(\chi_\varphi,\chi_i)=(\chi_\psi,\chi_i)$. 从而 $\varphi\approx\psi$. □

定理 6 紧群 G 的有限维复表示 φ 不可约的充分必要条件是 $(\chi_\varphi,\chi_\varphi)=1$.

证明 必要性. 由定理 4 得到.

充分性. 设 $\chi_\varphi=m_1\chi_1+\cdots+m_s\chi_s, \{\chi_1,\chi_2,\cdots,\chi_s\}\subseteq\mathrm{Irr}\,(G,\mathbb{C})$. 由题设并且利用命题 1 得, $1=(\chi_\varphi,\chi_\varphi)=\sum\limits_{i=1}^{s}m_i^2$. 于是存在唯一的 l 使得 $m_l=1$, 而其余的 $m_i=0$. 因此 $\varphi\approx\varphi_l$. □

定理 7 紧群 G 的两个有限维实表示等价的充分必要条件是它们提供的特征标相同.

证明 只需证充分性. 设 φ, ψ 是 G 的有限维实表示, 并且满足 $\chi_\varphi = \chi_\psi$. 设 $\chi_\varphi = \sum_{i=1}^{s} m_i \chi_i, \chi_\psi = \sum_{i=1}^{s} m_i' \chi_i$, 其中 $\{\chi_1, \chi_2, \cdots, \chi_s\} \subseteq \mathrm{Irr}\,(G, \mathbb{R})$. 于是有 $(\chi_\varphi, \chi_j) = m_j(\chi_j, \chi_j), (\chi_\psi, \chi_j) = m_j'(\chi_j, \chi_j)$. 从而得 $m_j = m_j'$. 所以 $\varphi \approx \psi$. □

在第四章 §2 我们已指出群 G 的两个特征标的乘积仍是特征标. 有限群 G 的所有有限维不可约复 (实) 特征标的整系数线性组合形成的集合, 记作 $\mathrm{char}\,(G, \mathbb{C})(\mathrm{char}\,(G, \mathbb{R}))$, 是环 $C(G, \mathbb{C})(C(G, \mathbb{R}))$ 的子环, 它的单位元是 G 的主特征标, 称这个子环是 G 的广义特征标环. $\mathrm{char}\,(G, \mathbb{C})(\mathrm{char}\,(G, \mathbb{R}))$ 的元素 μ 是 G 的特征标当且仅当 μ 是 $\mathrm{Irr}\,(G, \mathbb{C})(\mathrm{Irr}\,(G, \mathbb{R}))$ 中元素的非负整系数线性组合. 这些结论对于紧群也成立, 其中线性组合均理解成有限多个不可约特征标的线性组合.

6.3 不可约表示组的完备性, Peter-Weyl 定理

在上一小节我们曾指出, 紧群 G 的所有彼此不等价的有限维不可约复表示的酉矩阵元素组成的集合 Δ 是 G 上所有连续复值函数组成的复内积空间 $C(G, \mathbb{C})$ (其内积由上一节的 (11) 式定义) 的正交集, 并且任意一个这样的矩阵元素跟自己的内积等于 $\dfrac{1}{n}$, 其中 n 是对应的不可约表示的次数.

这一节我们要进一步指出, Δ 是 $C(G, \mathbb{C})$ 的完备正交集. 下面先给出 “完备性” 的定义.

定义 1 设 G 是紧群, 复内积空间 $C(G, \mathbb{C})$ 的一个可数或有限的正交集 $f_1, f_2, \cdots$ 称为是**完备**的, 如果它们生成的线性子空间依照由内积所定义的拓扑 (因为有了内积, 就可定义距离, 从而 $C(G, \mathbb{C})$ 成为度量空间) 在 $C(G, \mathbb{C})$ 中是稠密的, 即 $C(G, \mathbb{C})$ 中的每个元素 f 可以表示成 Fourier 级数:

$$f = \sum_k a_k f_k, \quad \text{其中 } a_k = \frac{(f, f_k)}{(f_k, f_k)}, \tag{12}$$

此时称 $f_1, f_2, \cdots$ 是 $C(G, \mathbb{C})$ 的一个**正交基**.

例 1 最简单的无限紧群的例子是 1 维球面 $S^1 = \{z \in \mathbb{C} \mid |z| = 1\}$. 因为它是 Abel 群, 所以它的不可约复表示都是 1 次的. 显然, $\varphi_n : z \mapsto z^n$ 是 S^1 的 1 次复表示, 其中 $n \in \mathbb{Z}$. 因此 S^1 有无限多个不可约复表示. 函数 $\varphi_n (n = 0, \pm 1, \pm 2, \cdots)$ 生成的线性子空间与由所有可以表示成 z 和 $\overline{z}$ 的多项式的函数组成的集合 W 一致 (注意利用 $\overline{z} = z^{-1}$). 由于 S^1 是 $\mathbb{R}^2$ 的一个紧致子集, 从而 S^1 是 $\mathbb{R}^2$ 的有界闭子集, 因此根据本节阅读材料的推论 2 得, W 在复内积空间 $C(S^1, \mathbb{C})$ 中稠密. 这证明了 $\varphi_n (n = 0, \pm 1, \pm 2, \cdots)$ 是 $C(S^1, \mathbb{C})$ 的完备集. 又根据上一小节知, 它们是正交集. 于是利用 (12) 式可知, $\varphi_n (n = 0, \pm 1, \pm 2, \cdots)$ 是 S^1 的全部不可约复表示. 在本章 §7 的命题 4 也证明了 $\varphi_n (n = 0, \pm 1, \pm 2, \cdots)$ 是 S^1 的全部不可约复表示.

一般地, 我们有下面的结果.

定理 8 设 G 是紧群, 则 G 的所有彼此不等价的有限维不可约复表示的酉矩阵元素组成的集合 Δ 是复内积空间 $C(G, \mathbb{C})$ 的完备正交集. 而且任意一个这样的矩阵元素跟自己的内积等于 $\dfrac{1}{n}$, 其中 n 是对应的不可约表示的次数.

正交性已经在定理 3′ 中证明, 剩下要证的是完备性. 定理 8 的完备性部分称为 **Peter-Weyl 定理**, 我们在本章 §9 的定理 26 给出了 Peter-Weyl 定理的证明. (其证明也可参看 [12] 的第 246—250 页. 另外, [3] 的第 82—83页, 对于紧致线性群证明了定理 8 的完备性部分.)

类似地, 我们有如下定理.

定理 9 设 G 是紧群, 则 G 的所有彼此不等价的有限维不可约复表示特征标组成的集合 $\mathrm{Irr}\,(G,\mathbb{C})$ 是 G 的连续类函数空间 (作为复内积空间 $C(G,\mathbb{C})$ 的子空间) 的完备正交规范集.

定理 9 的正交规范性部分已在定理 3′ 中证明, 完备性部分的证明可参看 [12] 的第 251—253 页.

作为 Peter-Weyl 定理的推论, 有下面的重要结果.

推论 3 对于紧群 G 的每一个非单位元 a, 存在 G 的一个有限维不可约复矩阵表示 $\varPhi$, 使得 $\varPhi(a)$ 不是单位矩阵.

证明 用反证法. 假如这个推论不成立, 则存在 G 的一个非单位元 a, 使得对于 G 的每一个有限维不可约复矩阵表示 $\varPhi$ 都有 $\varPhi(a)$ 等于单位矩阵, 于是 $\varPhi(a)=\varPhi(e)$, 其中 e 是 G 的单位元. 因此对于 $\varDelta$ 中的所有函数 $\varPhi_{ij}$ 都有 $\varPhi_{ij}(a)=\varPhi_{ij}(e)$. 因为 $a\neq e$, 根据本章 §8 的 Urysohn 引理, 存在 G 上的连续函数 f, 使得 $f(a)\neq f(e)$. 但是根据 Peter-Weyl 定理, $\varDelta$ 在 $C(G,\mathbb{C})$ 中是完备的, 从而得出 $f(a)=f(e)$, 矛盾. □

从定理 8 还可以得到下面的重要结果.

定理 10 设 G 为无限的紧群, 则 G 的所有彼此不等价的有限维不可约复表示组成的集合的基数等于拓扑空间 G 的权.

证明 根据 [12] 的第 232 页的例 53, 紧群 G 上的正交函数集的基数不超过拓扑空间 G 的权. 根据 [12] 的第 253 页的例 57, 紧致 Hausdorff 空间 R 上的完备函数集的基数不小于该空间 R 的权. 根据定理 8, 紧群 G 的所有彼此不等价的有限维不可约复表示的酉矩阵元素组成的集合 $\varDelta$ 是复内积空间 $C(G,\mathbb{C})$ 的完备正交集, 因此, $\varDelta$ 的基数等于拓扑空间 G 的权. 从例 57 的证明过程中知道, 由于 G 是无限的, 因此集合 $\varDelta$ 也是无限的. 从而 G 的所有彼此不等价的有限维不可约复表示组成的集合也是无限的 (否则, $\varDelta$ 将是有限集), 于是该集合的基数等于集合 $\varDelta$ 的基数, 也就是等于拓扑空间 G 的权. □

6.4 SU(2) 和 SO(3) 的不可约复表示

这一节我们来构造 SU(2) 和 SO(3) 的全部不等价的有限维不可约复表示.

设 V_n 是两个不定元 x 和 y 的 n 次齐次多项式组成的复线性空间. 考虑拓扑群 $\mathrm{SL}(2,\mathbb{C})$ 到拓扑群 $\mathrm{GL}\,(V_n)$ 的一个映射 $\varPhi_n$:

$$\begin{aligned}\varPhi_n : \mathrm{SL}(2,\mathbb{C}) &\to \mathrm{GL}\,(V_n),\\ A &\mapsto \varPhi_n(A),\end{aligned}$$

其中

$$(\Phi_n(A)f)(x,y) = f((x,y)A)$$
$$= f(a_{11}x + a_{21}y, a_{12}x + a_{22}y), \tag{13}$$

这里 $f \in V_n, A = (a_{ij})$. 容易验证 $\Phi_n(A)$ 是 V_n 的线性变换并且是可逆的 (因为 $\Phi_n(A)\Phi_n(A^{-1}) = \Phi_n(A^{-1})\Phi_n(A) = 1_{V_n}$), 所以 Φ_n 是 $\mathrm{SL}(2,\mathbb{C})$ 到 $\mathrm{GL}(V_n)$ 的一个映射. 易证 $\Phi_n(AB) = \Phi_n(A)\Phi_n(B)$, 所以 Φ_n 是 $\mathrm{SL}(2,\mathbb{C})$ 到 $\mathrm{GL}(V_n)$的群同态. 为了证明 Φ_n 是拓扑群 $\mathrm{SL}(2,\mathbb{C})$ 到拓扑群 $\mathrm{GL}(V_n)$ 的同态, 剩下还要证明 Φ_n 是连续映射. 为此我们先看 V_n 的维数和一个基: 因为 V_n 中任一元素 f 可以写成

$$f(x,y) = \sum_{k=0}^{n} b_k x^k y^{n-k}, \tag{14}$$

并且 $x^0y^n, x^1y^{n-1}, \cdots, x^ny^0$ 是线性无关的, 所以

$$x^0y^n, x^1y^{n-1}, \cdots, x^ky^{n-k}, \cdots, x^ny^0 \tag{15}$$

是 V_n 的一个基, 从而 V_n 是 $n+1$ 维的. 考虑 $\Phi_n(A)$ 在基 (15) 下的矩阵, 由于

$$\Phi_n(A)(x^ky^{n-k}) = (a_{11}x + a_{21}y)^k(a_{12}x + a_{22}y)^{n-k}, \tag{16}$$

因此 Φ_n 的矩阵元素是 $a_{11}, a_{12}, a_{21}, a_{22}$ 的多项式, 从而是 $\mathrm{SL}(2,\mathbb{C})$ 上的连续函数. 这就证明了 Φ_n 是拓扑群 $\mathrm{SL}(2,\mathbb{C})$ 的表示. 考虑 Φ_n 在子群 $\mathrm{SU}(2)$ 上的限制, 则得到 $\mathrm{SU}(2)$ 的表示, 仍用同一个符号 Φ_n.

定理 11 *$\mathrm{SU}(2)$ 的上述表示 $\Phi_n(n = 0,1,2,\cdots)$ 是不可约的.*

证明 在本章 §3 的第三部分的例 7 中我们已指出 $\mathrm{SU}(2)$ 的任一元素有如下形式

$$\begin{pmatrix} \alpha & \beta \\ -\overline{\beta} & \overline{\alpha} \end{pmatrix}, \quad |\alpha|^2 + |\beta|^2 = 1. \tag{17}$$

考虑 $\mathrm{SU}(2)$ 中由对角矩阵

$$A(\alpha) = \begin{pmatrix} \alpha & 0 \\ 0 & \overline{\alpha} \end{pmatrix}, \quad |\alpha| = 1, \alpha \in \mathbb{C} \tag{18}$$

组成的子群 L. 我们首先来决定 V_n 在子群 L 下的不变子空间. 直接计算得

$$\Phi_n(A(\alpha))x^ky^{n-k} = (\alpha x)^k(\overline{\alpha}y)^{n-k} = \alpha^{2k-n}x^ky^{n-k}. \tag{19}$$

从 (19) 式看出, V_n 的基 (15) 的每个向量 x^ky^{n-k} 是线性变换 $\Phi_n(A(\alpha))$ 的特征向量, $\forall A(\alpha) \in L$. 所以每个 $\langle x^ky^{n-k}\rangle$ 是 V_n 在 L 下的 1 维不变子空间, $k = 0,1,\cdots,n$. 于是 V_n 是这 $n+1$ 个 1 维 L-不变子空间的直和. 容易验证 L 在这些 1 维不变子空间上的子表示是两两不等价的. 我们断言, V_n 的任意一个 L-不变子空间 U 一定是上述某些 1 维 L-不变子空间的和. 理由如下: 由于 U 是完全可约的, 从而 U 是一些极小不变子空间的和. 因此只要考虑 U 本身是极小不变子空间的情形. 设 P_k 是 U 在 $\langle x^ky^{n-k}\rangle$ 上的投影, 易验证 P_k 是不可约 $\mathbb{C}[L]$-模 U 到不可约 $\mathbb{C}[L]$-模 $\langle x^ky^{n-k}\rangle$ 的模同态. 根据第二章 §4 的引理 1, 如果 U 与 $\langle x^ky^{n-k}\rangle$ 不是模同构, 则 $P_k = 0$. 注意到 $\langle x^ky^{n-k}\rangle(k = 0,1,\cdots,n)$ 是两两不模同构的, 并且它们的直和是整个空间 V_n, 因此 U 恰好与某一个, 譬如说 $\langle xy^{n-1}\rangle$ 模同构, 而其余 $P_k = 0(k = 0,2,\cdots,n)$. 因此

$U=\langle xy^{n-1}\rangle$. 这证明了: V_n 的任意一个 L-不变子空间 U 一定是某些 $\langle x^ky^{n-k}\rangle$ 的和.

现在设 W 是 V_n 的任意一个非零的 SU(2)-不变子空间. 它当然也是 L-不变子空间. 根据上一段知, W 包含某一个子空间 $\langle x^ry^{n-r}\rangle$. 任取 SU(2) 中一个非对角矩阵 $A=\begin{pmatrix}\alpha & \beta\\ -\overline{\beta} & \overline{\alpha}\end{pmatrix}$, 其中 $\alpha\neq 0$ 并且 $\beta\neq 0$, 我们有

$$f:=\varPhi_n(A)x^ry^{n-r}=(\alpha x-\overline{\beta}y)^r(\beta x+\overline{\alpha}y)^{n-r},$$

f 中的一项 $\alpha^r\beta^{n-r}x^n$ 的系数 $\alpha^r\beta^{n-r}\neq 0$. 因为 W 是 SU(2)-不变子空间, 所以 $f\in W$. 由于 W 是一些形如 $\langle x^ky^{n-k}\rangle$ 的子空间的和, 既然 $f\in W$ 并且 f 有一项 $\alpha^r\beta^{n-r}x^n$, 因此 W 包含子空间 $\langle x^n\rangle$. 类似地, 我们考虑

$$g:=\varPhi_n(A)x^n=(\alpha x-\overline{\beta}y)^n=\sum_{k=0}^{n}C_n^k\alpha^k(-\overline{\beta})^{n-k}x^ky^{n-k},\tag{20}$$

因为 $g\in W$ 并且所有系数 $C_n^k\alpha^k(-\overline{\beta})^{n-k}\neq 0$, 所以 W 包含子空间 $\langle x^ky^{n-k}\rangle(k=0,1,\cdots,n)$, 即 $W=V_n$. 这证明了 $\varPhi_n$ 不可约. □

利用 SU(2) 的上述一系列不可约复表示 $\varPhi_n(n=0,1,\cdots)$, 可以得到 SO(3) 的一系列不可约复表示. 为此需要利用我们在 [28] 第 781 页例 5 证明的一个结论: SU(2) 到 SO(3) 有一个满同态, 且同态的核是 $\{\pm I\}$, 其中 I 是 2 阶单位矩阵, 于是有下述群同构:

$$\mathrm{SO}(3)\cong \mathrm{SU}(2)/\{\pm I\}.\tag{21}$$

从 [28] 的第 781 页例 5 的证明过程知道,SU(2) 到 SO(3) 的同态 $\varPhi$ 为

$$b_\varphi=\begin{pmatrix}\mathrm{e}^{\mathrm{i}\frac{\varphi}{2}} & 0\\ 0 & \mathrm{e}^{-\mathrm{i}\frac{\varphi}{2}}\end{pmatrix}\mapsto B_\varphi=\begin{pmatrix}\cos\varphi & -\sin\varphi & 0\\ \sin\varphi & \cos\varphi & 0\\ 0 & 0 & 1\end{pmatrix},$$

$$c_\theta=\begin{pmatrix}\cos\dfrac{\theta}{2} & \mathrm{i}\sin\dfrac{\theta}{2}\\ \mathrm{i}\sin\dfrac{\theta}{2} & \cos\dfrac{\theta}{2}\end{pmatrix}\mapsto C_\theta=\begin{pmatrix}1 & 0 & 0\\ 0 & \cos\theta & -\sin\theta\\ 0 & \sin\theta & \cos\theta\end{pmatrix},$$

$$b_\varphi c_\theta b_\psi\mapsto B_\varphi C_\theta B_\psi.$$

根据 [28] 的第 778 页的例 3 知道, SU(2) 的任一元素可唯一地写成 $b_\varphi c_\theta b_\psi$ 这种形式, 其中 $0\leqslant\theta\leqslant\pi, 0\leqslant\varphi<2\pi, 0\leqslant\psi<2\pi$. 容易看出: 映射 $\varphi\mapsto b_\varphi,\theta\mapsto c_\theta$ 都是连续开映射, 从而映射 $b_\varphi\mapsto\varphi, c_\theta\mapsto\theta$ 是开映射, 且是连续映射. 类似地, $\varphi\mapsto B_\varphi,\theta\mapsto C_\theta$ 是连续开映射. 因此上述后两类映射的合成 $b_\varphi\mapsto B_\varphi, c_\theta\mapsto C_\theta$ 是连续开映射. 于是 SU(2) 到 SO(3) 的同态 $\varPhi$ 是满的开同态. 因此根据本章 §3 的定理 4 得, 拓扑群 SO(3) 与拓扑群 SU(2)/$\{\pm I\}$ 同构. 于是从 SU(2)/$\{\pm I\}$ 的不可约复表示可得到 SO(3) 的不可约复表示. 为了求 SU(2)/$\{\pm I\}$ 的不可约复表示, 我们想从 SU(2) 的上述不可约复表示 $\varPhi_n(n=0,1,2,\cdots)$ 通过对正规子群 $N=\{\pm I\}$ 的分解得到. 为此要求 $\operatorname{Ker}\varPhi_n\supseteq\{\pm I\}$. 由于

$$(\varPhi_n(-I)f)(x,y)=f((x,y)(-I))=f(-x,-y)=(-1)^nf(x,y),$$

因此

$$-I \in \operatorname{Ker} \varPhi_n \Longleftrightarrow n \text{ 为偶数}.$$

于是只有 $\varPhi_{2m}(m=0,1,2,\cdots)$ 才能对正规子群 $N\{\pm I\}$ 分解得到 $\mathrm{SU}(2)/\{\pm I\}$ 的不可约复表示. 记 $N=\{\pm I\}$. 令

$$\overline{\varPhi}_{2m}(AN)=\varPhi_{2m}(A), \quad \forall A \in \mathrm{SU}(2),$$

则 $\overline{\varPhi}_{2m}(m=0,1,2,\cdots)$ 是 $\mathrm{SU}(2)/\{\pm I\}$ 的不可约复表示.

根据 [28] 的第 778 页例 4, SO(3) 的任一元素可唯一表示成 $B_\varphi C_\theta B_\psi$ 这种形式, 其中 B_φ, C_θ 在前面已写出. 于是 SO(3) 到 $\mathrm{SU}(2)/\{\pm I\}$ 的一个同构映射为: $B_\varphi C_\theta B_\psi \mapsto (b_\varphi c_\theta b_\psi)N$. 由这个同构映射与 $\overline{\varPhi}_{2m}$ 的合成便得到 SO(3) 的不可约复表示 $\varPsi_{2m}$:

$$\varPsi_{2m}(B_\varphi C_\theta B_\psi)=\varPhi_{2m}(b_\varphi c_\theta b_\psi), \tag{22}$$

$m=0,1,2,\cdots$

下面我们来证明如下定理.

定理 12 SU(2) 的上述不可约复表示 $\varPhi_n(n=0,1,2,\cdots)$ 是 SU(2) 的全部不等价的有限维不可约复表示. 从而 SO(3) 的上述不可约复表示 $\varPsi_{2m}(m=0,1,2,\cdots)$ 是 SO(3) 的全部不等价的有限维不可约复表示.

证明 如果我们能证明 SU(2) 的不可约复表示 $\varPhi_n(n=0,1,2,\cdots)$ 提供的特征标 $\chi_n(n=0,1,2,\cdots)$ 组成 SU(2) 的连续类函数空间的完备正交集, 那么 SU(2) 的每一个不可约复表示一定等价于 $\varPhi_n(n=0,1,2,\cdots)$ 中的某一个 (对于它的特征标应用 (12) 式), 从而定理 12 将得证. 正交性由本节定理 3′ 得到, 剩下只要证完备性.

首先, 我们来证 SU(2) 的任一类函数 f 被它在由对角矩阵 $A(\alpha)$ 组成的子群 L 上的限制唯一决定, 并且

$$f(A(\alpha))=f(A(\alpha^{-1})).$$

任取 $B \in \mathrm{SU}(2)$. 因为任一 2 阶酉矩阵一定酉相似于对角矩阵, 其主对角元为 $\mathrm{e}^{\mathrm{i}\theta_k}(k=1,2)$, 所以存在酉矩阵 T_1 使得

$$T_1^{-1}BT_1=\operatorname{diag}\{\mathrm{e}^{\mathrm{i}\theta_1}, \mathrm{e}^{\mathrm{i}\theta_2}\}.$$

因为 $\det B=1$, 所以 $\det(T_1^{-1}BT_1)=1$, 即 $\mathrm{e}^{\mathrm{i}\theta_1}\cdot\mathrm{e}^{\mathrm{i}\theta_2}=1$, 由此得 $\mathrm{e}^{\mathrm{i}\theta_2}=\mathrm{e}^{-\mathrm{i}\theta_1}$. 记 $\alpha=\mathrm{e}^{\mathrm{i}\theta_1}$, 则 $T_1^{-1}BT_1=\operatorname{diag}\{\alpha,\alpha^{-1}\}=A(\alpha)$. 令 $T=(\det T_1)^{-\frac{1}{2}}T_1$, 则 $\det T=1$, 并且有 $\overline{T}'T=I$. 因此 $T \in \mathrm{SU}(2)$. 显然有

$$T^{-1}BT=T_1^{-1}BT_1=A(\alpha).$$

因此 B 与 $A(\alpha)$ 在 SU(2) 的同一个共轭类中. 由于 f 是类函数, 因此 $f(B)=f(A(\alpha))$. 这证明了 SU(2) 的任一类函数 f 被它在 L 上的限制唯一决定. 因为

$$\begin{pmatrix} 0 & 1 \\ 1 & 0 \end{pmatrix}^{-1}\begin{pmatrix} \alpha & 0 \\ 0 & \alpha^{-1} \end{pmatrix}\begin{pmatrix} 0 & 1 \\ 1 & 0 \end{pmatrix}=\begin{pmatrix} \alpha^{-1} & 0 \\ 0 & \alpha \end{pmatrix},$$

所以 $\operatorname{diag}\{\alpha,\alpha^{-1}\}$ 与 $\operatorname{diag}\{\alpha^{-1},\alpha\}$ 在 SU(2) 的同一个共轭类中. 因此 $f(A(\alpha))=f(A(\alpha^{-1}))$.

其次, 我们来计算 SU(2) 的不可约复表示 Φ_n 的特征标 χ_n 在 L 上的限制. 设 $A(\alpha) = \mathrm{diag}\,\{\alpha, \overline{\alpha}\}, \alpha \in \mathbb{C}, |\alpha| = 1$. 根据 (19) 式, 得

$$\chi_n(A(\alpha)) = \sum_{k=0}^{n} \alpha^{2k-n} = \alpha^{-n} \sum_{k=0}^{n} \alpha^{2k} = \frac{\alpha^{n+1} - \alpha^{-(n+1)}}{\alpha - \alpha^{-1}}. \tag{23}$$

令

$$\xi_n(\alpha) = \chi_n(A(\alpha)), \quad \alpha \in \mathbb{C}, |\alpha| = 1. \tag{24}$$

显然有 $\xi_n(\overline{\alpha}) = \chi_n(A(\overline{\alpha})) = \chi_n(A(\alpha)) = \xi_n(\alpha)$.

用 W 表示定义在 1 维球面 S^1 上的所有满足下列两个条件的函数 ξ 组成的集合: ξ 可表示成 α 与 $\overline{\alpha}$ 的多项式, 并且 $\xi(\overline{\alpha}) = \xi(\alpha)$. 显然 W 是复数域上的线性空间. 因为

$$\begin{aligned} &\xi_0(\alpha) = 1, && \xi_1(\alpha) = \alpha + \overline{\alpha}, \\ &\xi_2(\alpha) = \alpha^2 + \overline{\alpha}^2 + 1, && \xi_3(\alpha) = (\alpha^2 + \overline{\alpha}^2)(\alpha + \overline{\alpha}), \\ &\cdots\cdots\cdots\cdots \end{aligned} \tag{25}$$

所以 $\langle \xi_0, \xi_1, \xi_2, \cdots \rangle \subseteq W$. 由于 W 中元素 ξ 是 α 和 $\overline{\alpha}$ 的多项式并且满足 $\xi(\overline{\alpha}) = \xi(\alpha)$, 因此 ξ 是 α 和 $\overline{\alpha}$ 的对称多项式. 根据对称多项式基本定理, 存在一个 2 元多项式 $g(y_1, y_2)$ 使得 $\xi(\alpha, \overline{\alpha}) = g(\alpha + \overline{\alpha}, \alpha\overline{\alpha})$. 注意到 $\alpha + \overline{\alpha} = \xi_1(\alpha), \alpha\overline{\alpha} = \xi_0(\alpha)$, 因此从 (25) 式易得出 $\xi \in \langle \xi_0, \xi_1, \xi_2, \cdots \rangle$(注意从 (25) 式可得出: $\xi_1^2 = \xi_2 + \xi_0, \xi_1^3 = \xi_3 + 2\xi_1, \cdots$). 这证明了: $W = \langle \xi_0, \xi_1, \xi_2, \cdots \rangle$, 即 W 与 $\xi_0, \xi_1, \xi_2, \cdots$ 生成的线性子空间一致. 根据本节阅读材料的推论 2 得, S^1 上所有满足 $h(\overline{\alpha}) = h(\alpha)$ 的连续函数组成的空间 $C_0(S^1, \mathbb{C})$ 中任一元素可由 W 中的元素一致逼近, 因此 W 在空间 $C_0(S^1, \mathbb{C})$ 中稠密. 从而 $\xi_0, \xi_1, \xi_2, \cdots$ 是 $C_0(S^1, \mathbb{C})$ 的完备集.

SU(2) 上的任一连续类函数 f 在子群 L 上的限制 $f(A(\alpha))$ 是 S^1 上的连续函数并且满足 $f(A(\overline{\alpha})) = f(A(\alpha))$, 因此 $f(A(\alpha)) \in C_0(S^1, \mathbb{C})$. 又由于 $\xi_n(\alpha) = \chi_n(A(\alpha))$, 所以从上一段知, $f(A(\alpha))$ 可以由 $\langle \chi_0(A(\alpha)), \chi_1(A(\alpha)), \chi_2(A(\alpha)), \cdots \rangle$ 中的元素一致逼近. 又由于 SU(2) 上的任一类函数被它在子群 L 上的限制唯一决定, 因此 f 可以由 $\langle \chi_0, \chi_1, \cdots \rangle$ 中的元素一致逼近. 这证明了 $\chi_0, \chi_1, \chi_2, \cdots$ 是 SU(2) 的连续类函数空间中的完备正交集.

根据第一章 §5 的命题 2 得, $\overline{\Phi}_{2m}(m = 0, 1, 2, \cdots)$ 是 $\mathrm{SU}(2)/\{\pm I\}$ 的全部不等价的不可约复表示. 于是 $\Psi_{2m}(m = 0, 1, 2, \cdots)$ 是 SO(3) 的全部不等价的不可约复表示. □

阅读材料

多项式函数具有许多好的性质, 例如, 容易求导数, 容易积分, 只在有限多个点上函数值为 0, 等等. 因此我们希望对于任一有界闭区间 $[a, b]$ 上的连续实值函数 $f(t)$ 能够用多项式函数一致逼近, 即任给 $\varepsilon > 0$, 存在多项式函数 p, 使得

$$|f(t) - p(t)| < \varepsilon, \quad \forall t \in [a, b]. \tag{1}$$

等价地, 存在多项式函数序列 $p_1, p_2, \cdots$, 它们在 $[a,b]$ 上一致收敛到 f. 为了证明这能做到, 先证几个定理和引理.

由 $\mathbb{R}$ 上一元多项式 $p(x) = x$ 诱导的多项式函数称为恒等函数, 记作 $1_{\mathbb{R}}$, 即 $1_{\mathbb{R}}(t) = t, \forall t \in \mathbb{R}$.

定理 1 设 (f_n) 是有界闭区间 I 上的连续实值函数序列, 并且设 (f_n) 是单调序列 (即或者 $f_n(t) \leqslant f_{n+1}(t), \forall n \in \mathbb{N}, t \in I$; 或者 $f_n(t) \geqslant f_{n+1}(t), \forall n \in \mathbb{N}, t \in I$). 如果 (f_n) 点式收敛到一个连续函数 f, 那么 (f_n) 在 I 上一致收敛到 f.

证明 若 (f_n) 是单调上升的函数序列, 令 $g_n = f - f_n$; 若 (f_n) 是单调下降的, 令 $g_n = f_n - f$. 则 (g_n) 是单调下降的连续函数序列, 且 $\lim\limits_{n\to\infty} g_n(t) = 0, \forall t \in I$. 我们来证明 (g_n) 在 I 上一致收敛到 0, 这等价于 $\{f_n\}$ 在 I 上一致收敛到 f. 设 $M_n = \sup\{g_n(t) | t \in I\}$. 容易看出, $M_{n+1} \leqslant M_n, \forall n \in \mathbb{N}$. (g_n) 一致收敛到 0 等价于 $\lim\limits_{n\to\infty} M_n = 0$. 由于闭区间上的连续实值函数能达到最大值, 因此存在 $t_n \in I$ 使得 $g_n(t_n) = M_n$. 根据 Bolzano-Weierstrass 定理, 对于有界数列 (t_n) 必存在一个子列 (t_{n_k}) 收敛到某个 $t^* \in I$. 由于 $\lim\limits_{n\to\infty} g_n(t^*) = 0$, 因此存在 $m \in \mathbb{N}^*$ 使得对一切 $n \geqslant m$ 都有 $g_n(t^*) < \varepsilon$. 因为 $g_m(t)$ 是连续函数, 所以存在 t^* 的一个邻域 U, 使得 $g_m(t) < \varepsilon, \forall t \in U$. 选择 k 使得 $t_{n_k} \in U$, 且 $n_k > m$, 则 $g_{n_k}(t_{n_k}) \leqslant g_m(t_{n_k}) < \varepsilon$, 即 $M_{n_k} < \varepsilon$. 由此得出, $M_n < \varepsilon, \forall n \geqslant n_k$. 于是 $\lim\limits_{n\to\infty} M_n = 0$. 从而 (g_n) 在 I 上一致收敛到 0. □

定理 2 设 f 是有界闭区间 I 上的连续实值函数, 则 f 在 I 上是一致连续的.

证明 假如 f 在 I 上不是一致连续的, 则存在 $\varepsilon > 0$, 使得对于每个 $\delta > 0$ 都有 $s, t \in I$ 且 $|s - t| < \delta$, 但是 $|f(s) - f(t)| \geqslant \varepsilon$. 特别地, 对每个 $n \in \mathbb{N}^*$ 存在 $s_n, t_n \in I$ 使得 $|s_n - t_n| < \dfrac{1}{n}$ 且 $|f(s_n) - f(t_n)| \geqslant \varepsilon$. 根据 Bolzano-Weierstrass 定理, 对于有界数列 (s_n) 有收敛的子列 (s_{n_k}). 由于 I 是闭区间, 因此 $\lim\limits_{k\to\infty} s_{n_k} = s \in I$. 由于 $|t_{n_k} - s_{n_k}| < \dfrac{1}{n_k} < \dfrac{1}{k}$, 因此 $\lim\limits_{k\to\infty} t_{n_k} = s$. 由于 f 在 s 处连续, 因此对于上述 ε, 存在 $\delta_1 > 0$, 使得对于 $t \in I$ 且 $|t - s| < \delta_1$, 都有 $|f(t) - f(s)| < \varepsilon$. 由于 $\lim\limits_{k\to\infty} s_{n_k} = s$, 因此存在 k_0 使得对于每个 $k \geqslant k_0$, 都有 $|s_{n_k} - s| < \delta_1$. 由此得出, $|f(s_{n_k}) - f(s)| < \varepsilon, \forall k \geqslant k_0$. 从而 $\lim\limits_{k\to\infty} f(s_{n_k}) = f(s)$. 同理 $\lim\limits_{k\to\infty} f(t_{n_k}) = f(s)$. 这与 $|f(s_{n_k}) - f(t_{n_k})| \geqslant \varepsilon$ 矛盾. 因此 f 在 I 上一致连续. □

定理 3 设 f 是有界闭区间 I 上的连续实值函数, 则对于任给 $\varepsilon > 0$, 存在分段线性连续函数 g, 使得

$$|f(t) - g(t)| < \varepsilon, \quad \forall t \in I.$$

证明 由于 f 是有界闭区间 I 上的连续实值函数, 因此根据定理 2 得, f 在 I 上一致连续. 从而对于任给 $\varepsilon > 0$, 存在 $\delta > 0$, 使得只要 $s, t \in I$ 且 $|s - t| < \delta$, 就有

$$|f(s) - f(t)| < \varepsilon.$$

假设 $I=[a,b]$, 选择正整数 $n>\dfrac{b-a}{\delta}$, 令

$$x_k=a+\frac{k}{n}(b-a),\quad k=0,1,2,\cdots,n.$$

于是 $a=x_0<x_1<x_2<\cdots<x_n=b$, 且

$$x_k-x_{k-1}=\frac{b-a}{n}<\delta,\quad 1\leqslant k\leqslant n.$$

定义 g 是分段线性函数使得 $g(x_k)=f(x_k),0\leqslant k\leqslant n$, 即令

$$\begin{aligned}g(t)&=f(x_{k-1})+\frac{f(x_k)-f(x_{k-1})}{x_k-x_{k-1}}(t-x_{k-1})\\&=f(x_{k-1})\frac{x_k-t}{x_k-x_{k-1}}+f(x_k)\frac{t-x_{k-1}}{x_k-x_{k-1}},\end{aligned}$$

对于 $x_{k-1}\leqslant t\leqslant x_k,1\leqslant k\leqslant n$. 现在对于任给 $t\in I$, 存在某个 k 使得 $t\in[x_{k-1},x_k]$. 若 $f(x_k)\geqslant f(x_{k-1})$, 则 $f(x_{k-1})\leqslant g(t)\leqslant f(x_k)$; 若 $f(x_k)\leqslant f(x_{k-1})$, 则 $f(x_k)\leqslant g(t)\leqslant f(x_{k-1})$. 根据连续函数中间值定理, 存在 $s\in[x_{k-1},x_k]$, 使得 $f(s)=g(t)$. 由于 $s-t\leqslant x_k-x_{k-1}<\delta$, 因此 $|f(s)-f(t)|<\varepsilon$. 从而

$$|g(t)-f(t)|<\varepsilon,\quad \forall t\in I.$$ □

引理 1 存在多项式函数序列 (q_n), 它在 $[-1,1]$ 上一致收敛到 $|1_{\mathbb{R}}|$.

证明 设 $q_0=1$, 归纳地定义

$$q_{n+1}=\frac{1}{2}(1_{\mathbb{R}}^2+2q_n-q_n^2),\quad n\geqslant 0.\tag{2}$$

显然, 每个 q_n 是多项式函数. 如果 $|t|\leqslant q_n(t)\leqslant 1,\forall t\in[-1,1]$, 那么 $\forall t\in[-1,1]$, 有

$$\begin{aligned}q_n(t)-q_{n+1}(t)&=\frac{1}{2}[q_n^2(t)-1_{\mathbb{R}}^2(t)]=\frac{1}{2}[q_n^2(t)-t^2]\geqslant 0,\\q_{n+1}(t)-|t|&=\frac{1}{2}[t^2-2|t|+2q_n(t)-q_n^2(t)]\\&=\frac{1}{2}[(1-|t|)^2-(1-q_n(t))^2]\geqslant 0,\end{aligned}$$

从而有

$$|t|\leqslant q_{n+1}(t)\leqslant q_n(t)\leqslant 1,\quad \forall t\in[-1,1].\tag{3}$$

由于 $q_0=1$, 因此 $|t|\leqslant q_0(t)\leqslant 1$. 从而当 $n=0$ 时,(3) 式成立. 用数学归纳法可证得, 对一切 $n\in\mathbb{N}$, 有

$$|t|\leqslant q_{n+1}(t)\leqslant q_n(t),\quad \forall t\in[-1,1].\tag{4}$$

任意给定 $t\in[-1,1]$, (4) 式表明 $(q_n(t))$ 是单调下降有下界的数列, 因此 $(q_n(t))$ 收敛. 设 $\lim\limits_{n\to\infty}q_n(t)=q(t)$. 在 (2) 式两边令 $n\to\infty$, 取极限得

$$q(t)=\frac{1}{2}[t^2+2q(t)-q^2(t)],\quad t\in[-1,1].$$

由此得出 $q^2(t)=t^2,t\in[-1,1]$. 由于 $q(t)\geqslant 0$, 因此 $q(t)=|t|,t\in[-1,1]$. 从而 $q=|1_{\mathbb{R}}|$. 由于 (q_n) 是在 $[-1,1]$ 上的连续实值函数序列, 且 (q_n) 是单调下降的序列, 因此根据定理 1 得, (q_n) 在 $[-1,1]$ 上一致收敛到 $|1_{\mathbb{R}}|$. □

引理 2 任给 $c\in\mathbb{R}$, 存在多项式函数序列 (p_n), 它在任一有界闭区间 $[a,b]$ 上一致收敛到函数 f, 其中 $f(t)=|t-c|$.

证明 根据引理 1, 对于每个 $n \in \mathbb{N}^*$, 有多项式函数 q_n 使得 $\big|q_n(t) - |t|\big| < \frac{1}{n^2}, \forall t \in [-1,1]$. 令

$$p_n(t) = nq_n\left(\frac{t-c}{n}\right),$$

则

$$\big|p_n(t) - |t-c|\big| = \left|nq_n\left(\frac{t-c}{n}\right) - |t-c|\right| = n\left|q_n\left(\frac{t-c}{n}\right) - \left|\frac{t-c}{n}\right|\right|.$$

$\forall t \in [a,b]$, 有 $|t| \leqslant \max\{|a|,|b|\}$. 记 $r = \max\{|a|,|b|\}$. 则当 $n > r+|c| \geqslant |t|+|c| \geqslant |t-c|$ 时, $\left|\frac{t-c}{n}\right| < 1$, 从而有

$$\big|p_n(t) - |t-c|\big| < \frac{1}{n}, \quad \forall t \in [a,b].$$

由此得出, 多项式函数序列 (p_n) 在 $[a,b]$ 上一致收敛到函数 f, 其中 $f(t) = |t-c|$. □

有界闭区间 $[a,b]$ 上所有连续实值函数组成的集合记作 $C([a,b])$.

定理 4 (Weierstrass 多项式逼近定理) 多项式函数在拓扑空间 $C([a,b])$ 中是稠密的, 即对于有界闭区间 $[a,b]$ 上的任一连续实值函数 f, 任给 $\varepsilon > 0$, 存在一个多项式函数 p, 使得 $|p(t) - f(t)| < \varepsilon, \forall t \in [a,b]$; 等价地, 存在多项式函数序列 (p_n), 在 $[a,b]$ 上一致收敛到 f.

证明 设 V 是 $\mathbb{R}$ 上的具有下述性质的所有实值函数 f 组成的集合: 任给 $\varepsilon > 0$, 存在一个多项式函数 p, 使得 $|f(t) - p(t)| < \varepsilon, \forall t \in [a,b]$. 易验证 V 对于函数的加法和实数与函数的数量乘法成为一个实线性空间.

对于任意 $u \in \mathbb{R}$, 令 $u^+ = \frac{1}{2}(u + |u|)$. 任给 $c \in \mathbb{R}$, 根据引理 2, 函数 $h(t) = |t-c| \in V$. 显然函数 $k(t) = t - c \in V$. 于是函数 $l(t) = (t-c)^+ \in V$.

设 g 是 $[a,b]$ 上的分段线性连续函数, 则存在 $[a,b]$ 的一个划分 $\{[c_0,c_1), [c_1,c_2), \cdots, [c_{n-1},c_n]\}$, 其中, $c_0 = a, c_n = b$, 以及 $k_j \in \mathbb{R}, j = 1,2,\cdots,n$, 使得

$$g(t) = f(c_{j-1}) + k_j(t - c_{j-1}), \quad \forall t \in [c_{j-1}, c_j], \quad j = 1,2,\cdots,n.$$

从而用数学归纳法可证得

$$g(t) = f(a) + k_1(t-a) + \sum_{j=2}^{n}(k_j - k_{j-1})(t - c_{j-1})^+, \quad \forall t \in [a,b].$$

于是 $g \in V$.

设 f 是 $[a,b]$ 上任一连续实值函数. 任给 $\varepsilon > 0$, 根据定理 3 得, 存在一个分段线性连续函数 g, 使得

$$|f(t) - g(t)| < \frac{\varepsilon}{2}, \quad \forall t \in [a,b].$$

由于 $g \in V$, 因此存在一个多项式函数 p, 使得

$$|p(t) - g(t)| < \frac{\varepsilon}{2}, \quad \forall t \in [a,b].$$

从而

$$|f(t) - p(t)| < \varepsilon, \quad \forall t \in [a,b].$$

□

为了把 Weierstrass 多项式逼近定理推广到紧致拓扑空间 X 上的所有连续实值函数组成的集合 $C(X)$ 中, 我们来研究拓扑空间 $C(X)$ 的子集为稠密子集的一些充分条件, 首先引进一些概念.

定义 1 设 $a,b\in\mathbb{R}$, 我们令 $a\vee b=\max\{a,b\}, a\wedge b=\min\{a,b\}$. 设 f,g 是 X 上的实值函数, 我们通过下式定义 $f\vee g$ 和 $f\wedge g$:

$$(f\vee g)(t):=f(t)\vee g(t),\quad t\in X;$$

$$(f\wedge g)(t):=f(t)\wedge g(t),\quad t\in X.$$

定理 5 (Stone) 设 X 是紧致拓扑空间, 设 $\mathscr{L}$ 是 $C(X)$ 的具有下列性质的子集:

1° $\mathscr{L}$ 是一个实线性空间;

2° 若 $f,g\in\mathscr{L}$, 则 $f\vee g\in\mathscr{L}$ 且 $f\wedge g\in\mathscr{L}$;

3° 对于任意 $x,y\in X$ 且 $x\neq y$, 存在 $f\in\mathscr{L}$ 使得 $f(x)\neq f(y)$;

4° 每个常值函数属于 $\mathscr{L}$.

则 $\mathscr{L}$ 在 $C(X)$ 中是稠密的.

证明 我们首先指出条件 1°, 3°, 4° 蕴含下述事实: 若 $x,y\in X$ 且 $x\neq y$, 且若 $a,b\in\mathbb{R}$, 则存在 $f\in\mathscr{L}$ 使得 $f(x)=a$ 且 $f(y)=b$. 理由如下: 根据条件 3°, 存在 $g\in\mathscr{L}$ 使得 $g(x)=\alpha$ 且 $g(y)=\beta$. 其中 $\alpha\neq\beta$. 根据条件 1°, 4° 得, 对于任意 $s,t\in\mathbb{R}$, 我们有 $sg+t\in\mathscr{L}$. 容易看出, 可以选择 s 和 t, 使得 $f=sg+t$ 满足 $f(x)=a$ 且 $f(y)=b$.

设 $f\in C(X)$, 任给 $\varepsilon>0$, 我们要找到 $g\in\mathscr{L}$ 使得 $|f(z)-g(z)|<\varepsilon,\forall z\in X$. 运用上一段证明的事实, 对于每对 $x,y\in X$, 且 $x\neq y$, 存在 $g_{xy}\in\mathscr{L}$ 使得 $g_{xy}(x)=f(x)$ 且 $g_{xy}(y)=f(y)$. 由于 f 和 g_{xy} 是 X 上的连续函数, 因此存在 y 的一个开邻域 U_{xy}, 使得 $g_{xy}(z)<f(z)+\varepsilon,\forall z\in U_{xy}$. 由于 X 是紧致的, 因此存在 $y_1,y_2,\cdots,y_n$ 使得 $X=\bigcup\limits_{j=1}^{n}U_{xy_j}$. 我们令 $g_x=g_{xy_1}\wedge g_{xy_2}\cdots\wedge g_{xy_n}$, 则运用上面的事实和条件 2° 得 $g_x\in\mathscr{L},g_x(x)=f(x)$, 且 $g_x(z)<f(z)+\varepsilon,\forall z\in X$. 因为 f 和 g_x 是连续函数, 所以存在 x 的一个开邻域 V_x 使得 $g_x(z)>f(z)-\varepsilon,\forall z\in V_x$. 由于 X 是紧致的, 因此存在 $x_1,x_2,\cdots,x_m$ 使得 $X=\bigcup\limits_{j=1}^{m}V_{x_j}$. 定义 $g=g_{x_1}\vee g_{x_2}\vee\cdots\vee g_{x_m}$, 则 $g\in\mathscr{L},g(z)<f(z)+\varepsilon,\forall z\in X$; 且 $g(z)>f(z)-\varepsilon,\forall z\in X$. 于是

$$|f(z)-g(z)|<\varepsilon,\quad \forall z\in X.$$

因此 $\mathscr{L}$ 在 $C(X)$ 中是稠密的. □

从定理 5 可以推导出另一个逼近定理, 称为 Stone-Weierstrass 定理, 它包含 Weierstrass 多项式逼近定理作为一个特殊情形.

定理 6 (Stone-Weierstrass 定理) 设 X 是紧致拓扑空间, 设 A 是 $C(X)$ 仍具有下列性质的子集:

1° A 是一个实线性空间;

2° 若 $f, g \in A$, 则 $fg \in A$;

3° 对于任意 $x, y \in X$, 且 $x \neq y$, 存在 $f \in A$ 使得 $f(x) \neq f(y)$;

4° 每个常值函数属于 A.

则 A 在 $C(X)$ 中是稠密的.

证明 显然 A 在 $C(X)$ 中的闭包 $\overline{A}$ 也满足定理 6 中的 4 个条件, 因此我们可以假设 A 是一致闭集. 我们注意到条件 1°、3°、4° 与定理 5 中的相应条件相同, 因此只要证明:"若 $f, g \in A$, 则 $f \vee g \in A$ 且 $f \wedge g \in A$", 就可得出 A 在 $C(X)$ 中稠密. (当然, 由于 $a \vee b = -(-a) \wedge (-b)$, 因此只要证 "$f \vee g \in A$" 与 "$f \wedge g \in A$" 中的一个). 由于

$$a \vee b = \frac{a+b}{2} + \frac{|a-b|}{2}, \quad a \wedge b = \frac{a+b}{2} - \frac{|a-b|}{2},$$

且 $|a| = a \vee (-a)$, 因此定理 5 中的条件 1° 和 2° 等价于 1° 和条件: "若 $f \in \mathscr{L}$, 则 $|f| \in \mathscr{L}$". 定理 6 的条件 1° 和 2° 蕴含: "若 $g \in A$ 且 p 是实系数多项式, 则 $p(g) \in A$".

任取 $f \in A$. 由于 f 是紧致空间 X 上的连续实值函数, 因此 f 在 X 上取到最大值和最小值. 从而存在正实数 M , 使得 $|f(x)| \leqslant M, \forall x \in X$. 根据引理 2, 我们能找到多项式函数序列 (P_n), 它们在有界闭区间 $[-M, M]$ 上一致收敛到 $|1_{\mathbb{R}}|$, 即任给 $\varepsilon > 0$, 存在 $m \in \mathbb{N}^*$, 使得只要 $n > m$ 就有

$$|P_n(t) - |t|| < \varepsilon, \quad \forall t \in [-M, M].$$

从而有

$$|P_n(f(x)) - |f(x)|| < \varepsilon, \quad \forall x \in X.$$

由此得出, $P_n(f)$ 在 X 上一致收敛到 $|f|$. 由于 $P_n(f) \in A$, 且 A 是一致闭集, 因此 $|f| \in A$. 于是 A 满足定理 5 中的所有条件, 从而 A 在 $C(X)$ 中是稠密的. 又由于 A 是闭集, 因此 $A = \overline{A} = C(X)$. □

推论 1 设 K 是 $\mathbb{R}^n$ 的有界闭子集, 所有实系数 n 元多项式函数组成的集合记作 $P(K)$, 则 $P(K)$ 在 $C(K)$ 中是稠密的.

证明 显然 $P(K)$ 是一个实线性空间, 且 $P(K)$ 对乘法封闭. 显然每个常值函数属于 $P(K)$. 对于任意 $(a_1, a_2, \cdots, a_n), (b_1, b_2, \cdots, b_n) \in K$ 且它们不相等, 存在 $p \in P(K)$ 使得 $p(a_1, a_2, \cdots, a_n) \neq p(b_1, b_2, \cdots, b_n)$. 例如, 取 $p(x_1, x_2, \cdots, x_n) = (x_1 - a_1)^2 + (x_2 - a_2)^2 + \cdots + (x_n - a_n)^2$, 则 $p(a_1, a_2, \cdots, a_n) = 0, p(b_1, b_2, \cdots, b_n) > 0$. 于是 $P(K)$ 满足定理 6 的 4 个条件. 又由于 $\mathbb{R}^n$ 的有界闭子集是紧致的, 因此根据定理 6 得, $P(K)$ 在 $C(K)$ 中是稠密的. □

设 f 是 X 上的连续复值函数, 则 f 可以写成 $f = f_1 + \mathrm{i} f_2$, 其中 f_1, f_2 是 X 上的实值函数, 容易看出 f_1, f_2 是 X 上的连续函数. 设 g 也是 X 上的连续复值函数, $g = g_1 + \mathrm{i} g_2$, 其中 g_1, g_2 是 X 上的连续实值函数, 我们有

$$|f(x) - g(x)|^2 = |f_1(x) - g_1(x)|^2 + |f_2(x) - g_2(x)|^2.$$

于是推论 1 可以推广如下.

推论 2 设 K 是 $\mathbb{R}^n$ 的有界闭子集, K 上的所有连续复值函数组成的集合记作 $C(K,\mathbb{C})$, 所有复系数 n 元多项式函数组成的集合记作 $P(K,\mathbb{C})$, 则 $P(K,\mathbb{C})$ 在 $C(K,\mathbb{C})$ 中是稠密的.

证明 任取 $f\in C(K,\mathbb{C})$. 设 $f=f_1+\mathrm{i}f_2$, f_1,f_2 是 K 上的连续实值函数. 根据推论 1 得, 任给 $\varepsilon>0$, 存在 $p_1,p_2\in P(K)$, 使得 $|f_1(x)-p_1(x)|<\dfrac{1}{\sqrt{2}}\varepsilon$, $|f_2(x)-p_2(x)|<\dfrac{1}{\sqrt{2}}\varepsilon$, $\forall x\in K$. 记 $p=p_1+\mathrm{i}p_2$, 则 $p\in P(K,\mathbb{C})$. 从上式得

$$|f(x)-p(x)|^2=|f_1(x)-p_1(x)|^2+|f_2(x)-p_2(x)|^2<\varepsilon^2,\quad \forall x\in K.$$

由此推出, $P(K,\mathbb{C})$ 在 $C(K,\mathbb{C})$ 中是稠密的. □

习题 6.6

1. 对于拓扑群 $(\mathbb{R},+)$, 任意给定一个复数 a, 令

$$\varphi_a(t)=\mathrm{e}^{\mathrm{i}at},\quad t\in\mathbb{R}.$$

(1) 说明 φ_a 是拓扑群 $(\mathbb{R},+)$ 的一个 1 次复表示;

(2) 证明: φ_a 是酉表示当且仅当 $a\in\mathbb{R}$;

(3) 说明拓扑群 $(\mathbb{R},+)$ 的每个 1 次酉表示都具有 φ_a 的形式, 其中 $a\in\mathbb{R}$.

2. 给了拓扑群 $(\mathbb{R},+)$ 到拓扑群 $\mathrm{SO}(2)$ 的一个映射

$$f:t\mapsto\begin{pmatrix}\cos t & -\sin t\\ \sin t & \cos t\end{pmatrix}.$$

(1) 证明: f 是拓扑群 $(\mathbb{R},+)$ 到拓扑群 $\mathrm{SO}(2)$ 上的同态, 并且 $\mathrm{Ker}\,f=\{2\pi m|m\in\mathbb{Z}\}$, $\mathrm{SO}(2)\cong\mathbb{R}/2\pi\mathbb{Z}$.

(2) 证明: 紧群 $\mathrm{SO}(2)$ 的每一个有限维不可约酉表示是 1 次的.

(3) 设 Φ 是紧群 $\mathrm{SO}(2)$ 的一个不可约酉表示, 令

$$\widetilde{\Phi}(t+2\pi m)=\Phi\left(\begin{pmatrix}\cos t & -\sin t\\ \sin t & \cos t\end{pmatrix}\right),\ \text{其中 } 0\leqslant t<2\pi, m\in\mathbb{Z}.$$

证明: $\widetilde{\Phi}$ 是拓扑群 $(\mathbb{R},+)$ 的一个不可约酉表示, 并且 $\widetilde{\Phi}(2\pi)=\widetilde{\Phi}(0)=1$.

反之, 设 $\widetilde{\Phi}$ 是拓扑群 $(\mathbb{R},+)$ 的不可约酉表示并且满足 $\widetilde{\Phi}(2\pi m)=1,\forall m\in\mathbb{Z}$. 令

$$\Phi\left(\begin{pmatrix}\cos t & -\sin t\\ \sin t & \cos t\end{pmatrix}\right)=\widetilde{\Phi}(t),\quad 0\leqslant t<2\pi.$$

说明 Φ 是 $\mathrm{SO}(2)$ 的一个不可约酉表示.

上述说明紧群 $\mathrm{SO}(2)$ 的不可约酉表示组成的集合与拓扑群 $(\mathbb{R},t)$ 的满足 “$\widetilde{\Phi}(2\pi m)=1$ 对一切 $m\in\mathbb{Z}$” 的不可约酉表示 $\widetilde{\Phi}$ 组成的集合之间有一一对应.

(4) 证明: $\mathrm{SO}(2)$ 的每一个不可约酉表示具有形式

$$\Phi_n\left(\begin{pmatrix}\cos t & -\sin t\\ \sin t & \cos t\end{pmatrix}\right)=\mathrm{e}^{\mathrm{i}nt},\quad 0\leqslant t\leqslant 2\pi, n\in\mathbb{Z}.$$

(5) 证明:

$$\frac{1}{2\pi}\int_0^{2\pi}\mathrm{e}^{\mathrm{i}kt}\cdot\overline{\mathrm{e}^{\mathrm{i}lt}}\,\mathrm{d}t=\delta_{kl}.$$

3. 如果 Φ 是群 G 的酉表示, 它提供的特征标记作 χ, 则对于任意 $g \in G$ 有 $\Phi(g^{-1}) = \Phi(g)^*$, 其中 $\Phi(g)^*$ 是 $\Phi(g)$ 的伴随变换; 并且当 Φ 是有限维表示时, $\chi(g^{-1}) = \overline{\chi(g)}$.

4. 设 f 和 f_0 是有限维复线性空间 V 的两个内积, 则存在 V 上的唯一的一个线性变换 σ 使得

$$f(\alpha,\beta) = f_0(\sigma\alpha,\beta)$$

对一切 $\alpha,\beta \in V$ 成立.

5. 设 (φ,V) 是群 G 的有限维不可约酉表示, 则 V 的 G 不变内积在相差一个常数因子的意义上是唯一的.

6. 设 $G^* = (\mathbb{R},+), N$ 为所有整数组成的子群, 令 $G = G^*/N, \overline{\varphi_n}(t+N) = \mathrm{e}^{\mathrm{i}2\pi nt}, n \in \mathbb{Z}$. 证明: $\{\overline{\varphi_n} | n \in \mathbb{Z}\}$ 是 G 的全部不可约酉表示.

§7 局部紧交换群的酉特征标群

7.1 局部紧群

拓扑空间 X 称为**局部紧致的**, 如果它的每一个点都有一个邻域是紧致的.

拓扑群 G 如果作为拓扑空间是局部紧致的, 那么称 G 是**局部紧群**.

例 1 离散群 (即配备离散拓扑的任意群) 是局部紧群. 理由如下: 设 G 是离散群. 任取 $g \in G$, 则 $\{g\}$ 是 g 的一个邻域 (因为 $\{g\}$ 是开集, 且 $g \in \{g\} \subseteq \{g\}$). 显然, $\{g\}$ 的任一开覆盖必有一个有限子覆盖. 因此 $\{g\}$ 是紧致的. 从而 G 是局部紧致的.

例 2 拓扑群 $(\mathbb{R},+)$ 是局部紧群. 理由如下: 任取 $x \in \mathbb{R}$, 给定 $\delta > 0$, 则 $[x-\delta, x+\delta]$ 是 x 的一个邻域 (因为 $x \in (x-\delta, x+\delta) \subseteq [x-\delta, x+\delta]$). 由于 $[x-\delta, x+\delta]$ 是 $\mathbb{R}$ 的有界闭集, 因此 $[x-\delta, x+\delta]$ 是紧致的. 于是 $\mathbb{R}$ 是局部紧致的, 从而 $(\mathbb{R},+)$ 是局部紧群.

例 3 拓扑群 $(\mathbb{R}^n,+)$ 是局部紧群, 理由如下: 任取 $\alpha \in \mathbb{R}^n$, 给定 $\delta > 0$, 以 α 为中心、δ 为半径的闭球 $A = \{\beta \in \mathbb{R}^n \| \beta - \alpha| \leqslant \delta\}$ 是 α 的一个邻域 (因为 $\alpha \in \{\gamma \in \mathbb{R}^n \| \gamma - \alpha| < \delta\} \subseteq A$). 由于 A 是 $\mathbb{R}^n$ 的有界闭集, 因此 A 是紧致的, 从而 $\mathbb{R}^n$ 是局部紧致的. 于是 $(\mathbb{R}^n,+)$ 是局部紧群.

例 4 局部紧群 G 的任一子群 H 是局部紧群, 其中拓扑空间 G 是 Hausdorff 空间. 理由如下: 任取 $h \in H$, 由于 G 是局部紧群, 因此存在 h 的一个邻域 U 是紧致的. 根据本章 §2 的命题 4 得, U 是 G 的闭集. 又由于 H 是 G 的闭集, 因此 $H \bigcap U$ 是 G 的闭集. U 作为拓扑空间 G 的子空间, 它的开集是 G 的开集与 U 的交集, 容易看出, $H \bigcap U$ 在 U 中的补集等于 H 在 G 中的补集与 U 的交集. 由于 H 是 G 的闭子集, 因此 H 在 G 中的补集是 G 的开子集. 从而 $H \bigcap U$ 是 U 的闭子集. 由于 U 是 G 的紧致子集, 因此根据本章 §2 的命题 3 得, $H \bigcap U$ 是紧致的. 由于 U 是 h 在 G 中的一个邻域, 因此存在 G 的一个开子集 V_h, 使得 $h \in V_h \subseteq U$.$H \bigcap V_h$ 是 H 的开集, 且 $h \in H \bigcap V_h \subseteq H \bigcap U$, 因此 $H \bigcap U$ 是 h 在 H 中的一个邻域. 于是 H 是局部紧致的, 从而拓扑群 H 是局部紧群.

例 5 设 G 是局部紧群, H 是拓扑群 G 的正规子群, 则 G/H 是局部紧群, 其中拓扑空间 G 是 Hausdorff 空间. 理由如下: 只要证 G/H 的单位元 eH 有一个邻域是紧致的就可以了. 由于 G 是局部紧的, 因此 G 的单位元 e 有一个邻域 U 是紧致的. 下面来证 $\pi(U)$ 是 G/H 的单位元 eH 的一个紧致邻域. 先证 $\pi(U)$ 是紧致的. 任取 $\pi(U)$ 的一个开覆盖:

$$\bigcup_{\alpha\in I} W_\alpha \supseteq \pi(U).$$

由于 $\pi^{-1}(\pi(U)) = UH$, 因此 $\pi^{-1}\left(\bigcup_{\alpha\in I} W_\alpha\right) \supseteq UH$, 即 $\bigcup_{\alpha\in I}\pi^{-1}(W_\alpha) \supseteq UH \supseteq U$. 于是 $\bigcup_{i=1}^{m}\pi^{-1}(W_i) \supseteq U$. 从而 $\pi\left(\bigcup_{i=1}^{m}\pi^{-1}(W_i)\right) \supseteq \pi(U)$, 因此 $\bigcup_{i=1}^{m} W_i \supseteq \pi(U)$. 这证明了 $\pi(U)$ 是紧致的. 再证 $\pi(U)$ 是 eH 的一个邻域. 由于 U 是 e 的一个邻域, 因此存在 G 的一个开子集 V_e, 使得 $e\in V_e\subseteq U$. 从而 $eH\in\pi(V_e)\subseteq\pi(U)$. 由于 $\pi: G\to G/H$ 是开映射, 因此 $\pi(V_e)$ 是 G/H 的开子集. 从而 $\pi(U)$ 是 eH 的一个邻域. 综上所述. G/H 是局部紧的.

例 6 $\mathrm{GL}_n(\mathbb{R})$ 是局部紧群. 理由如下: 由于拓扑群作为拓扑空间是齐性的, 因此我们只要证: $\mathrm{GL}_n(\mathbb{R})$ 的单位元 I 存在一个邻域是紧致的就可以了. 令

$$U = \left\{ \left.\begin{pmatrix} 1+\delta_1 & 0 & \cdots & 0 \\ 0 & 1+\delta_2 & \cdots & 0 \\ \vdots & \vdots & & \vdots \\ 0 & 0 & \cdots & 1+\delta_n \end{pmatrix} \right| \delta_i \in \left[-\frac{1}{2}, \frac{1}{2}\right], 1\leqslant i\leqslant n \right\}.$$

容易验证 U 是 I 的一个邻域, 任取 U 中一个矩阵 A, 把 A 等同于 $\mathbb{R}^{n^2}$ 中一个向量, 则 A 的长度的平方等于

$$(1+\delta_1)^2 + (1+\delta_2)^2 + \cdots + (1+\delta_n)^2 \leqslant n\left(\frac{3}{2}\right)^2.$$

因此 U 可看成是 $\mathbb{R}^{n^2}$ 的有界子集. 由于 $\delta_i \in \left[-\frac{1}{2}, \frac{1}{2}\right]$, 因此 $\frac{1}{2}\leqslant 1+\delta_i \leqslant \frac{3}{2}$. 从而 U 为 $\left[\frac{1}{2}, \frac{3}{2}\right]\times\{0\}\times\cdots\times\{0\}\times\left[\frac{1}{2}, \frac{3}{2}\right]\times\{0\}\times\cdots\times\{0\}\times\left[\frac{1}{2}, \frac{3}{2}\right]$. 由于 $\left[\frac{1}{2}, \frac{3}{2}\right], \{0\}$ 都是 $\mathbb{R}$ 的闭集, 因此 U 是 $\mathbb{R}^{n^2}$ 的闭集. 从而 U 是 $\mathbb{R}^{n^2}$ 的有界闭集. 于是 U 是紧致的, 因此 $\mathrm{GL}_n(\mathbb{R})$ 是局部紧群.

例 7 $\mathrm{SL}_n(\mathbb{R})$ 是局部紧群. 理由如下: 由于 $\mathrm{SL}_n(\mathbb{R})$ 是局部紧群 $\mathrm{GL}_n(\mathbb{R})$ 的子群, 因此根据例 4 得, $\mathrm{SL}_n(\mathbb{R})$ 是局部紧群.

类似地可证: $(\mathbb{C}, +)$, $\mathrm{GL}_n(\mathbb{C})$, $\mathrm{SL}_n(\mathbb{C})$ 都是局部紧群.

例 8 有限多个局部紧群的直积仍是局部紧群. 理由如下: 设 $G_1, G_2, \cdots, G_m$ 都是局部紧群, 则 G_i 的单位元 e_i 有一个邻域 U_i 是紧致的. $G_1\times G_2\times\cdots\times G_m$ 配备乘积拓扑成为一个拓扑空间. 容易看出 $U_1\times U_2\times\cdots\times U_m$ 是它的单位元 $(e_i, e_2, \cdots, e_m)$ 的一个邻域. 根据本章 §2 的吉洪诺夫定理, $U_1\times U_2\times\cdots\times U_m$ 是紧致的. 从而拓扑

空间 $G_1 \times G_2 \times \cdots \times G_m$ 是局部紧致的. 于是拓扑群 $G_1 \times G_2 \times \cdots \times G_m$ 是局部紧群.

7.2 交换群的酉特征标群的概念

这一节我们来研究局部紧交换群的复线性表示. 我们讨论的拓扑群作为拓扑空间都是 Hausdorff 空间, 不再每次说明.

我们在第一章 §4 已证明:Abel 群的有限维不可约复表示都是 1 次的. 1 次复表示提供的特征标是这个复表示自身, 把 Abel 群 G 的所有 1 次复表示提供的特征标组成的集合记作 $\hat{G}$. 我们已证明了: 对于有限 Abel 群, $\hat{G}$ 对于函数的乘法成为一个群, 且 $\hat{G} \cong G$, 称 $\hat{G}$ 是 G 的**复特征标群**. 那么, 对于无限 Abel 群 $G, \hat{G}$ 对于函数的乘法是否成为一个群? 设 φ_1, φ_2 是 G 的两个 1 次复表示, 它们提供的特征标分别记作 χ_1, χ_2. 任给 $g, h \in G$, 我们有

$$
\begin{aligned}
(\chi_1\chi_2)(gh) &= \chi_1(gh)\chi_2(gh) = \chi_1(g)\chi_1(h)\chi_2(g)\chi_2(h) \\
&= (\chi_1\chi_2)(g)(\chi_2\chi_2)(h).
\end{aligned}
$$

因此 $\chi_1\chi_2$ 是群 G 到 $\mathbb{C}^*$ 的一个同态, 于是 $\chi_1\chi_2$ 是群 G 的一个 1 次复表示. 从而 $\chi_1\chi_2 \in \hat{G}$. 因此函数的乘法是 $\hat{G}$ 的一种运算. 容易验证 $\hat{G}$ 对于函数的乘法成为一个交换群, 称 $\hat{G}$ 是 G 的**复特征标群**, 我们自然要问: $\hat{G}$ 与 G 是否同构? 这个问题比起有限 Abel 群的情形要复杂得多. 为了讨论下去, 我们考虑无限 Abel 群 G 的所有 1 次酉表示提供的特征标组成的集合, 记作 G^*. 设 $\chi \in G^*$, 则对任意 $g \in G$, 有 $\chi(g)$ 是 1 级酉矩阵的元素, 因此 $\chi(g)$ 是模为 1 的复数. 显然 G^* 对于函数的乘法成为一个交换群. 称 G^* 是 G 的**酉特征标群**, 它的元素称为 G 的**酉特征标**. G 的酉特征标 χ 就是群 G 到群 S^1 的一个同态. 我们把群的酉特征标的概念进一步推广到拓扑群上, 引出下述概念.

定义 1 拓扑交换群 G 到拓扑群 S^1 的一个同态 χ 称为 G 的一个**酉特征标**, G 的所有酉特征标组成的集合 G^* 对于函数的乘法成为一个交换群, 称 G^* 是 G 的**酉特征标群**.

7.3 给群 G 配备拓扑成为拓扑群的方法

我们想给拓扑交换群 G 的酉特征标群 G^* 配备一个拓扑, 使 G^* 成为拓扑群. 为此首先对于任意一个群 G, 讨论如何给 G 配备一个拓扑, 才能使 G 的乘法运算和求逆运算都是连续映射, 从而使 G 成为拓扑群. 从拓扑空间 X 的定义知道, 给集合 X 配备一个拓扑 T 就需要指出 X 的哪些子集是开集, 并且证明它们满足拓扑空间定义中关于拓扑的三个条件. 如果给出了 X 的一个拓扑基 $\mathscr{B}$, 那么 X 的每个非空开集都可以写成 $\mathscr{B}$ 中成员的并集. 因此给集合 X 配备一个拓扑就只需要给出 X 的一个拓扑基 $\mathscr{B}$. 现在来探索如何给出 X 的一个拓扑基 $\mathscr{B}$. 先分析拓扑基的必要条件. 设 X 是拓扑空间, $\mathscr{B}$ 是 X 的一个拓扑基, 则对于 X 的任一开集 W, 存在 $\mathscr{B}$ 的一个子集 $\mathscr{B}_1$, 使得 W 为 $\mathscr{B}_1$ 中所有成员的并集. 对于任意 $a \in W$, 则 a 属于 $\mathscr{B}_1$ 中某个成员 U. 从而 $a \in U \subseteq W$. 这证明了: 若 $\mathscr{B}$ 是拓扑空间 X 的一个拓扑基, 则对

于 X 的任一开集 W 及属于 W 的任一点 a, 存在 $\mathscr{B}$ 中的开集 U 使得 $a \in U \subseteq W$. 现在来证这个条件也是 $\mathscr{B}$ 成为拓扑基的充分条件. 设 $\mathscr{B}$ 是满足上述条件的开集的集合, 任取 X 的一个开集 A. 由已知条件, 对于 A 中每个元素 x 存在开集 $U_x \in \mathscr{B}$, 使得 $x \in U_x \subseteq A$. 于是 $\bigcup\limits_{x \in A} U_x \subseteq A$. 显然 $A \subseteq \bigcup\limits_{x \in A} U_x$. 因此 $A = \bigcup\limits_{x \in A} U_x$. 这证明了 $\mathscr{B}$ 是 X 的一个拓扑基. 从 $\mathscr{B}$ 是 X 的拓扑基的充分必要条件看到: 为了给出 X 的一个拓扑基 $\mathscr{B}$, 只要给出 X 中每个点 x 的一些开邻域组成的集合, 使得对于每一个含 x 的开集 A, 在这个集合中有一个成员 $U_x \subseteq A$. 由此引出下述概念.

定义 2 设 X 是一个拓扑空间, 任给 $x \in X$, x 的一些开邻域组成的集合称为 x 的**完全邻域组**, 如果对于每一个含 x 的开集 A, 在 x 的这个邻域组中存在一个邻域 U_x, 使得 $U_x \subseteq A$.

从定义 2 及其上面一段的分析知道, 只要给出了拓扑空间 X 的每一个点的完全邻域组, 就决定了 X 的所有开集. 这是因为对于 X 的任一开集 A, 有 $A = \bigcup\limits_{x \in A} U_x$, 其中 U_x 是 x 的完全邻域组中的成员, 且 $U_x \subseteq A$. 这表明我们也可以通过给出 X 的每个点的完全邻域组来给出 X 的拓扑, 即对于集合 X, 指出每个点的完全邻域组是什么, 并且规定 X 的任一开集 A 是它所含的每一个点的完全邻域组中的某个成员的并集.

现在我们进一步探讨在群 G 中如何配备一个拓扑使 G 成为拓扑群. 首先设 G 是拓扑群, 我们直觉猜测只要给出了 G 的单位元 e 的某一完全邻域组 $\mathscr{B}_e$, 就有可能得到 G 的一个拓扑基.

设 M 是在 G 中稠密的子集, 令

$$\mathscr{B} = \{Ux | U \in \mathscr{B}_e, x \in M\},$$

则 $\mathscr{B}$ 是拓扑空间 G 的一个拓扑基, 证明如下.

任给 $Ux \in \mathscr{B}$, 由于 $U \in \mathscr{B}_e$, 因此 U 是开集, 根据习题 6.3 的第 2 题得, Ux 是开集, 于是 $\mathscr{B}$ 中的每个成员都是开集. 设 W 是拓扑空间 G 的任一开集, 对于任意 $a \in W$, 有 Wa^{-1} 是含单位元 e 的开集. 由于 $ee^{-1} = e$, 且 G 的乘法运算和求逆运算都是连续映射, 因此存在含 e 的开集 V_e, 使得 $V_eV_e^{-1} \subseteq Wa^{-1}$. 根据定义 2, 在 $\mathscr{B}_e$ 中存在 e 的一个邻域 U_e, 使得 $U_e \subseteq V_e$. 于是 $U_eU_e^{-1} \subseteq Wa^{-1}$. 因为 M 是 G 中的稠密子集, 所以 $\overline{M} = G$, 即包含 M 的所有闭子集的交等于 G. 由于求逆和乘法运算是连续映射, 因此包含 aM^{-1} 的所有闭子集的交也等于 G. 从而 $\overline{aM^{-1}} = G$, 即 aM^{-1} 在 G 中稠密, 于是 $e \in \overline{aM^{-1}}$. 若 $e \in aM^{-1}$, 则 aM^{-1} 与 U_e 都含有 e. 若 $e \notin aM^{-1}$, 则 e 是 aM^{-1} 的一个聚点. 根据聚点的定义, 对于 e 的邻域 U_e, 存在 d 同时属于 U_e 和 aM^{-1}. 于是不管哪一种情况, 都存在同时属于 U_e 和 aM^{-1} 的元素 d. 由 $d \in aM^{-1}$ 得 $d^{-1}a \in M$, 因此可得 $U_ed^{-1}a \in \mathscr{B}$. 由于 $d \in U_e$ 且 $U_eU_e^{-1} \subseteq Wa^{-1}$, 因此 $U_ed^{-1} \subseteq Wa^{-1}$. 从而 $U_ed^{-1}a \subseteq W$. 由于 $ed \in U_e$, 因此 $e \in U_ed^{-1}$. 从而 $a \in U_ed^{-1}a$. 这样我们证明了: 对于任一开集 W 及属于 W 的任一点 a, 存在 $\mathscr{B}$ 中的开集 $U_ed^{-1}a$, 使得 $a \in U_ed^{-1}a \subseteq W$. 因此 $\mathscr{B}$ 是 G 的一个拓扑基.

我们还可以证明: 拓扑群 G 的单位元 e 的完全邻域组 $\mathscr{B}_e$ 满足下述五个条件:

1° $\mathscr{B}_e$ 中所有集合的交集只含 e;

2° $\mathscr{B}_e$ 中任意两个集合的交集包含 $\mathscr{B}_e$ 中某一第三个集合;

3° 对于 $\mathscr{B}_e$ 中每一个集合 U, 存在 $\mathscr{B}_e$ 中的一个集合 V, 使得 $VV^{-1} \subseteq U$;

4° 对于 $\mathscr{B}_e$ 中每一个集合 U 和每一个元素 $a \in U$, 存在有 $\mathscr{B}_e$ 中的集合 V, 使得 $Va \subseteq U$;

5° 设 U 是 $\mathscr{B}_e$ 中某一集合, a 是群 G 的任一元素, 则存在 $\mathscr{B}_e$ 中的集合 V, 使得 $a^{-1}Va \subseteq U$.

证明如下.

1° 由于 G 是 Hausdorff 空间, 因此任一单点集是闭集. 设 $b(\neq e)$ 是 $\mathscr{B}_e$ 中某个集合的元素, 则 $G\backslash\{b\}$ 是开集. 由于 $G\backslash\{b\}$ 含 e, 因此根据定义 2, 在 $\mathscr{B}_e$ 中存在一个邻域 U_e, 使得 $U_e \subseteq G\backslash\{b\}$. 从而 $b \notin U_e$. 因此 $\mathscr{B}_e$ 中所有集合的交集只含 e.

2° 设 U_1, U_2 是 $\mathscr{B}_e$ 中任意两个集合, 则 $U_1 \bigcap U_2$ 是含 e 的开集. 根据定义 2, 在 $\mathscr{B}_e$ 中存在一个集合 V, 使得 $V \subseteq U_1 \bigcap U_2$.

3° 由于 $ee^{-1} = e$, 且 G 的乘法运算和求逆运算都是连续映射, 因此对于 $\mathscr{B}_e$ 中每一个开集 U(它含 e), 存在含 e 的开集 V_1, 使得 $V_1V_1^{-1} \subseteq U$. 根据定义 2, $\mathscr{B}_e$ 中存在一个集合 V, 使得 $V \subseteq V_1$, 从而 $VV^{-1} \subseteq U$.

4° 由于 $a \in U$, 因此 $e \in Ua^{-1}$. 于是 Ua^{-1} 是含 e 的开集, 根据定义 2, $\mathscr{B}_e$ 中存在一个集合 V, 使得 $V \subseteq Ua^{-1}$. 从而 $Va \subseteq U$.

5° 由于 $e \in U$, 因此 $e \in aUa^{-1}$. 于是 aUa^{-1} 是含 e 的开集, 根据定义 2, $\mathscr{B}_e$ 中存在一个集合 $V \subseteq aUa^{-1}$. 从而 $a^{-1}Va \subseteq U$.

根据上述对拓扑群 G 的单位元的完全邻域组的分析, 我们发现了对于群 G 配备一个拓扑使 G 成为拓扑群的方法, 即我们可以证明下述定理.

定理 1 设 G 为一个群. $\mathscr{B}_e$ 是含单位元 e 的一些子集组成的集合, 且 $\mathscr{B}_e$ 满足上述五个条件, 则在集合 G 中可以而且是唯一地引进这样的拓扑, 使得 G 成为拓扑群, 而且使 $\mathscr{B}_e$ 为单位元 e 的完全邻域组.

证明 令

$$\mathscr{B} = \{Ug | U \in \mathscr{B}_e, g \in G\}.$$

规定 $\mathscr{B}$ 中的成员都是开集, 且 $\mathscr{B}$ 中任意多个成员的并集是开集. 规定空集是开集. 显然有 $G = \bigcup\limits_{g \in G, U \in \mathscr{B}_e} Ug$, 因此 G 是开集. 对于 $\mathscr{B}$ 中任意两个成员 Ua, Vb, 其中 $U, V \in \mathscr{B}_e, a, b \in G$, 我们来证明 $Ua \bigcap Vb$ 是 $\mathscr{B}$ 中一些成员的并集, 从而 $Ua \bigcap Vb$ 是开集. 由此可推出有限多个开集的交集是开集. 从而在集合 G 中引进了一个拓扑, 且 $\mathscr{B}$ 是 G 的一个拓扑基. 对于任意 $c \in Ua \bigcap Vb$, 设 $c = ua = vb$, 其中 $u \in U, v \in V$, 由条件 4°, 存在 $U_1, V_1 \in \mathscr{B}_e$, 使得 $U_1u \subseteq U, V_1v \subseteq V$. 于是 $U_1c = U_1ua \subseteq Ua, V_1c \subseteq Vb$. 由条件 2°, 存在 $W \in \mathscr{B}_e$ 使得 $W \subseteq U_1 \bigcap V_1$. 从而

$$Wc \subseteq Ua \bigcap Vb.$$

当 c 跑遍 $Ua \bigcap Vb$ 的所有元素时, 由上式得出, $Ua \bigcap Vb$ 是 $\mathscr{B}$ 中一些成员的并集.

下面来证 G 在上述拓扑下成为一个拓扑群, 即要证明 $\varphi : (a, b) \mapsto a^{-1}b$ 是连续映射. 根据本章 §2 的推论 2, 只需证对于 G 的拓扑基 $\mathscr{B}$ 的每个成员 Ug, 有 $\varphi^{-1}(Ug)$

是 $G\times G$ 的开集. 设 $a^{-1}b=ug, u\in U$. 由条件 4°, 存在 $V\in\mathscr{B}_e$ 使得 $Vu\subseteq U$. 由条件 5°, 存在 $W\in\mathscr{B}_e$, 使得 $a^{-1}Wa\subseteq V$. 由条件 3°, 存在 $Z\in\mathscr{B}_e$, 使得 $Z^{-1}Z\subseteq W$. 从而 $a^{-1}Z^{-1}Za\subseteq V$. 于是 $a^{-1}Z^{-1}Zaug\subseteq Ug$, 即 $(Za)^{-1}(Zb)\subseteq Ug$. Ug 中任一元素 ug 在 φ 下的原像是满足 $a^{-1}b=ug$ 的元素对 (a,b) 组成的集合, 上述推导表明这样的元素对 (a,b) 满足 $(Za)^{-1}(Zb)\subseteq Ug$. 因此 $\varphi^{-1}(Ug)$ 是形如 $(Za)\times(Zb)$ 的并集, 其中 $a^{-1}b=ug, u\in U, Z$ 是 $\mathscr{B}_e$ 中某个成员 (它满足上述推导过程中的要求), 由于 $Za, Zb\in\mathscr{B}$, 因此 $(Za)\times(Zb)$ 是 $G\times G$ 的一个拓扑基的成员, 从而 $\varphi^{-1}(Ug)$ 是 $G\times G$ 的开集.

现在来证 $\mathscr{B}_e$ 是 e 的完全邻域组, 任给一个含 e 的开集 A, 则 A 是 $\mathscr{B}$ 中一些成员的并集. 假如这些成员都是不含 e 的 Ug, 那么这些成员的并集也不含 e. 从而 A 不含 e, 矛盾. 因此这些成员中必有含 e 的 Ug. 于是 $Ug\subseteq A$. 由 $e\in Ug$ 得 $g^{-1}\in U$. 由条件 4°, 存在 $V\in\mathscr{B}_e$, 使得 $Vg^{-1}\subseteq U$, 于是 $V\subseteq Ug\subseteq A$. 又由于 $e\in V$, 因此根据定义 2 得, $\mathscr{B}_e$ 是 e 的完全邻域组.

现在我们来证: 若群 G 已经有某一拓扑 T, 而且这个拓扑可以把 $\mathscr{B}_e$ 取作单位元 e 的完全邻域组, 那么这个拓扑 T 与由 $\mathscr{B}$ 引进的拓扑是一致的. 为此只要证 $\mathscr{B}$ 可以取作拓扑 T 的一个拓扑基. 由已知条件, $\mathscr{B}_e$ 是在拓扑 T 中单位元 e 的完全邻域组, 因此 $\mathscr{B}_e$ 中所有成员在拓扑 T 中都是开集. 于是 $\mathscr{B}$ 中所有成员都是开集. 现在设 W 是在拓扑 T 中含点 a 的任一开集, 于是 Wa^{-1} 含 e. 由 Wa^{-1} 也是开集, 且 $\mathscr{B}_e$ 是 $\dot{e}$ 的完全邻域组, 因此在 $\mathscr{B}_e$ 中存在 U 使得 $U\subseteq Wa^{-1}$. 从而 $Ua\subseteq W$. 根据前面给出的拓扑空间 X 中拓扑基的充分条件得, $\mathscr{B}$ 是在拓扑 T 之下的一个拓扑基. □

例 9 设 G 为整数加群. 设 p 为一个素数, 用 U_k 表示被 p^k 整除的所有整数组成的集合, 其中 $k=1,2,\cdots$. 令 $\mathscr{B}_0=\{U_k|k=1,2,\cdots\}$. 显然, $\bigcap\limits_{k\geqslant 1}U_k=\{0\}$. 任取 U_k, U_l, 不妨设 $l>k$. 于是 $m\in U_k\bigcap U_l\Longleftrightarrow p^k|m$ 且 $p^l|m\Longleftrightarrow p^l|m\Longleftrightarrow m\in U_l$. 从而 $U_k\bigcap U_l=U_l$, 其中 $l>k$. 任给 $U_k\in\mathscr{B}_0$. 对于 U_k 中任一整数 a, U_k^{-1} 中任一整数 $-b$, 其中 $b\in U_k$, 显然有 $a+(-b)\in U_k$, 因此 $U_kU_k^{-1}\subseteq U_k$. 任给 $U_k\in\mathscr{B}_0$, 对于任意 $a\in U_k$, 显然有 $U_ka\subseteq U_k$ (因为对于任意 $c\in U_k$, 有 $c+a\in U_k$). 对于任一整数 n, 显然有 $(-n)U_kn\subseteq U_k$. 因此 $\mathscr{B}_0$ 满足定理 1 中的五个条件. 从而整数加群成为拓扑群.

例 10 设 $G=\mathrm{GL}_n(\mathbb{C})$. 令

$$U_k=\left\{A\in\mathrm{GL}_n(\mathbb{C})\,\middle|\,|(A-I)(i;j)|<\frac{1}{k}, 1\leqslant i,j\leqslant n\right\}.$$

令 $\mathscr{B}_I=\{U_k|k=1,2,\cdots\}$. 容易看出 $U_k\supsetneqq U_{k+1}, k=1,2,\cdots$. 注意

$$A\in U_k\Longleftrightarrow|(A-I)(i;j)|<\frac{1}{k}\Longleftrightarrow|A(i;j)|<\delta_{ij}+\frac{1}{k}.$$

可以证明 $\mathscr{B}_I$ 满足定理 1 中的五个条件, 从而在群 $\mathrm{GL}_n(\mathbb{C})$ 中引进了一个拓扑, 使 $\mathrm{GL}_n(\mathbb{C})$ 成为拓扑群.

7.4 局部紧交换群的酉特征标群

现在我们对于局部紧交换群 G 的酉特征标群 G^*, 用上述定理 1 中的方法配备

一个拓扑. G^* 的单位元是 G 的主特征标 $\chi_0, \chi_0(g) = 1, \forall g \in G$. 我们想在 G^* 中寻找单位元 χ_0 的完全邻域组. 由于 G^* 的元素 χ 是拓扑群 G 到 S^1 的同态, 因此我们考虑 G^* 中含 χ_0 的如下子集: 对于 G 的任意紧致子集 K 和 $\varepsilon > 0$, 设

$$U(K,\varepsilon) = \left\{\chi \in G^* \big| |\chi(y) - 1| < \varepsilon, \forall y \in K\right\}.$$

令

$$\mathscr{B}_0 = \{U(K,\varepsilon) | K \text{ 是 } G \text{ 的紧致子集}, \varepsilon > 0\}.$$

我们来证 $\mathscr{B}_0$ 满足定理 1 中的五个条件.

关于 1°. 设 $\chi_1 \in U(K_1, \varepsilon_1)$ 且 $\chi_1 \neq \chi_0$, 其中 K_1 是 G 的紧致子集. 由于 χ_1 是 G 上的连续函数, 因此 $\chi_1|K_1$ 是 K_1 上的连续函数. 由于紧致子集上的连续函数其模必达到最大值和最小值, 因此 $\max\{|\chi(y) - 1| | y \in K_1\} = a$. 由于 $\chi_1 \neq \chi_0$, 因此 $a > 0$. 取 $\varepsilon_2 < a$ 且 $\varepsilon_2 > 0$, 则 $\chi_1 \notin U(K_1, \varepsilon_2)$. 于是 $\mathscr{B}_0$ 中所有成员的交集只含 χ_0.

关于 2°. 任取 $\mathscr{B}_0$ 中两个成员 $U(K_1,\varepsilon_1), U(K_2,\varepsilon_2)$, 不妨设 $\varepsilon_1 \leqslant \varepsilon_2$. 易看出 $K_1 \bigcup K_2$ 仍是 G 的紧致子集, 对于 $\chi \in U(K_1 \bigcup K_2, \varepsilon_1)$, 有 $|\chi(y) - 1| < \varepsilon_1, \forall y \in K_1 \bigcup K_2$. 从而 $\chi \in U(K_1,\varepsilon_1) \bigcap U(K_2,\varepsilon_2)$. 因此

$$U(K_1 \bigcup K_2, \varepsilon_1) \subseteq U(K_1,\varepsilon_1) \bigcap U(K_2,\varepsilon_2).$$

关于 3°. 对于 $U(K,\varepsilon) \in \mathscr{B}_0$. 考虑 $U\left(K, \dfrac{1}{2}\varepsilon\right)$. 对任意 $g \in G$, 有

$$1 = \chi_0(g) = (\chi\chi^{-1})(g) = \chi(g)\chi^{-1}(g).$$

由于 $\chi(g)$ 是模为 1 的复数, 因此 $\chi^{-1}(g) = [\chi(g)]^{-1} = \overline{\chi(g)}$. 从而对于 $\chi_1, \chi_2 \in U\left(K, \dfrac{1}{2}\varepsilon\right)$, 有

$$\begin{aligned}|(\chi_1\chi_2^{-1})(y) - 1| &= |\chi_1(y)\overline{\chi_2(y)} - 1| = |\chi_1(y)\overline{\chi_2(y)} - \chi_2(y)\overline{\chi_2(y)}| \\ &= |\chi_1(y) - \chi_2(y)|\ |\overline{\chi_2(y)}| = |\chi_1(y) - 1 + 1 - \chi_2(y)| \\ &< \frac{1}{2}\varepsilon + \frac{1}{2}\varepsilon = \varepsilon,\end{aligned}$$

$\forall y \in K$. 从而 $\chi_1\chi_2^{-1} \in U(K,\varepsilon)$. 因此

$$U\left(K, \frac{1}{2}\varepsilon\right) \cdot \left[U\left(K, \frac{1}{2}\varepsilon\right)\right]^{-1} \subseteq U(K,\varepsilon).$$

关于 4°. 任给 $U(K,\varepsilon) \in \mathscr{B}_0$. 任取 $\chi \in U(K,\varepsilon)$. 由于 χ 是连续映射, 且 K 是 G 的紧致子集, 因此

$$\max\{|\chi(y) - 1| y \in K\} = a < \varepsilon.$$

考虑 $V = U(K, \varepsilon - a)$. 对于 $\chi_1 \in V$, 有

$$\begin{aligned}|(\chi_1\chi)(y) - 1| &= |\chi_1(y)\chi(y) - \chi(y) + \chi(y) - 1| \\ &\leqslant |\chi_1(y) - 1||\chi(y)| + |\chi(y) - 1| = |\chi_1(y) - 1| + |\chi(y) - 1| \\ &< (\varepsilon - a) + a = \varepsilon,\end{aligned}$$

$\forall y \in K$. 从而 $\chi_1\chi \in U(K,\varepsilon)$. 因此 $V\chi \subseteq U(K,\varepsilon)$.

关于 5°. 由于 G 是交换的, 因此 5° 显然成立.

综上所述, $\mathscr{B}_0$ 满足定理 1 中的五个条件, 从而 G^* 成为一个拓扑群, 且 $\mathscr{B}_0$ 是 G^* 的单位元 χ_0 的完全邻域组.

定理 2 设 G 是局部紧交换群, 则 G 的酉特征标群 G^* 是局部紧交换群.

证明 上面已在 G^* 中建立了一个拓扑, 使 G^* 成为拓扑交换群, 且 $\mathscr{B}_0$ 是 G^* 的单位元 χ_0 的完全邻域组. 下面来证 G^* 是局部紧致的. 由于拓扑群作为拓扑空间是齐性的, 因此只要证 G^* 的单位元 χ_0 有一个邻域是紧致的就可以了.

$\mathscr{B}_0$ 中的成员 $U(K,\varepsilon)$ 是由满足 "$|\chi(y)-1|<\varepsilon, \forall y\in K$" 的特征标 χ 组成的集合, 由于 $\chi(y)\in S^1$, 因此 $|\chi(y)-1|<\varepsilon$, 这表明 $\chi(y)$ 属于 S^1 中单位元 1 的一个邻域. 令

$$W_n=\left\{\mathrm{e}^{\mathrm{i}2\pi a}\,\middle|\,|a|<\frac{1}{3n}\right\},$$

则 W_n 是 S^1 中单位元 1 的一个邻域. 对于 G 的任意紧致子集 K, 令

$$U(K,W_n)=\{\chi\in G^*|\chi(K)\subseteq W_n\},$$

则 $U(K,W_n)\in\mathscr{B}_0$.

由于 G 是局部紧致的, 因此存在 G 的单位元 e 的一个闭邻域 K_e 是紧致的. 在 S^1 中取单位元 1 的一个闭邻域 W 且 $W\subseteq W_1$. 令

$$U(K_e,W)=\{\chi\in G^*|\chi(K_e)\subseteq W\},$$

则 $U(K_e,W)$ 是 χ_0 的一个邻域. 我们来证 $U(K_e,W)$ 是 G^* 的紧致子集.

第一步. 在群 G 中引入一个离散拓扑, 得到的离散群记作 $\widetilde{G}$, $\widetilde{G}$ 的酉特征标群记作 $\widetilde{G}^*$. 我们来证 $\widetilde{G}^*$ 是紧群.

$\widetilde{G}^*$ 的元素 $\widetilde{\chi}$ 是 $\widetilde{G}$ 到 S^1 的保持运算的映射, 从本章 §2 的定义 17 受到启发, 我们把 $\widetilde{G}$ 当做指标集, 对于每个 $x\in\widetilde{G}$, 标记 S^1 为 S^1_x(S^1_x 实际上就是 S^1), 然后作这一族集合 $\{S^1_x|x\in\widetilde{G}\}$ 的笛卡儿积 $\prod\limits_{x\in G}S^1_x$, 它的元素就是映射 $f:\widetilde{G}\to\bigcup\limits_{x\in\widetilde{G}}S^1_x$, 使得 $f(x)\in S^1_x$. 于是 $\widetilde{\chi}\in\prod\limits_{x\in\widetilde{G}}S^1_x$. 从而 $\widetilde{G}^*$ 是 $\prod\limits_{x\in\widetilde{G}}S^1_x$ 的一个子集:

$$\widetilde{G}^*=\left\{f\in\prod_{x\in\widetilde{G}}S^1_x\,\middle|\,f(xy)=f(x)f(y),\quad\forall x,y\in\widetilde{G}\right\}.$$

在 $\prod\limits_{x\in\widetilde{G}}S^1_x$ 中赋予乘积拓扑成为拓扑空间. 由于 S^1 是紧致的, 因此根据吉洪诺夫定理得, $\prod\limits_{x\in\widetilde{G}}S^1_x$ 仍是紧致的. $\prod\limits_{x\in\widetilde{G}}S^1_x$ 对于函数的乘法成为一个群, 于是 $\prod\limits_{x\in\widetilde{G}}S^1_x$ 是紧群. $\widetilde{G}^*$ 是拓扑群 $\prod\limits_{x\in\widetilde{G}}S^1_x$ 的子群. 因此 $\widetilde{G}^*$ 是拓扑空间 $\prod\limits_{x\in\widetilde{G}}S^1_x$ 的闭子集. 于是根据本章 §2 的命题 3 得, $\widetilde{G}^*$ 是紧群.

第二步. 令 $\widetilde{U}(K_e,W)=\{\widetilde{\chi}\in\widetilde{G}^*|\widetilde{\chi}(K_e)\subseteq W\}$, 我们来证 $\widetilde{U}(K_e,W)=U(K_e,W)$.

$\widetilde{\chi}$ 是 $\widetilde{G}$ 的酉特征标. 因此 $\widetilde{\chi}$ 是抽象群 G 的一个酉特征标. 要证明 $\widetilde{U}(K_e,W)=U(K_e,W)$, 就只要证对于满足 $\widetilde{\chi}(K_e)\subseteq W$ 的 $\widetilde{\chi}$ 是拓扑群 G 到 S^1 的连续映射, 从而 $\widetilde{\chi}$ 也是拓扑群 G 的酉特征标. 对任意正整数 n, 取 G 的单位元的邻域 V, 使得 $V^n\subseteq K_e$. 由于 $W\subseteq W_1$, 因此对于任意 $x\in V$, 有 $\widetilde{\chi}(x)\in W_1, \widetilde{\chi}(xx)\in W_1$, 即 $[\widetilde{\chi}(x)]^2\in W_1,\cdots,[\widetilde{\chi}(x)]^n\in W_1$. 于是 $[\widetilde{\chi}(x)]^n=\mathrm{e}^{\mathrm{i}2\pi a}$, 其中 $|a|<\dfrac{1}{3}$. 由此得出

$\widetilde{\chi}(x)\in W_n$. 这样我们对于拓扑群 S^1 的单位元的邻域 W_n, 找到了拓扑群 G 的单位元的邻域 V, 使得 $\widetilde{\chi}(V)\subseteq W_n$, 因此 $\widetilde{\chi}$ 是拓扑群 G 到 S^1 的一个连续映射. 从而 $\widetilde{\chi}\in G^*$, 于是 $\widetilde{U}(K_e,W)\subseteq U(K_e,W)$. 任取 $\chi\in U(K_e,W)$, 由于 $\widetilde{G}$ 的拓扑是离散拓扑, 因此 χ 必定是拓扑群 $\widetilde{G}$ 到 S^1 的连续映射, 从而 $\chi\in\widetilde{G}^*$. 因此 $U(K_e,W)\subseteq\widetilde{U}(K_e,W)$. 从而 $U(K_e,W)=\widetilde{U}(K_e,W)$.

第三步. 证明 $\widetilde{U}(K_e,W)$ 是 $\widetilde{G}^*$ 的紧致子集. 由于 $\widetilde{G}^*$ 是紧群, 因此只要证 $\widetilde{U}(K_e,W)$ 是 $\widetilde{G}^*$ 的闭集. 固定 $x\in\widetilde{G}$, 令

$$\pi_x:\prod_{z\in\widetilde{G}}S_z^1\to S_x^1$$
$$f\mapsto f(x),$$

则 π_x 是投影映射, 从而 π_x 是连续映射, 于是 $\pi_x|\widetilde{G}^*$ 是 $\widetilde{G}^*$ 到 S_x^1 的连续映射. 由于 W 是 S_x^1 的闭集, 因此 W 在 $\pi_x|\widetilde{G}^*$ 下的原像 $(\pi_x|\widetilde{G}^*)^{-1}(W)=\{\widetilde{\chi}\in\widetilde{G}^*|\widetilde{\chi}(x)\in W\}$ 是 $\widetilde{G}^*$ 的闭集. 从而 $\widetilde{U}(K_e,W)=\bigcap\limits_{x\in K_e}(\pi_x|\widetilde{G}^*)^{-1}(W)$ 是 $\widetilde{G}^*$ 的闭集. 因此 $\widetilde{U}(K_e,W)$ 是 $\widetilde{G}^*$ 的紧致子集.

第四步. 证明从 G^* 与 $\widetilde{G}^*$ 所诱导出的集合 $\widetilde{U}(K_e,W)$ 的拓扑是一致的. 在从空间 G^* 所诱导出的 $\widetilde{U}(K_e,W)$ 拓扑中, 元素 $\chi\in\widetilde{U}(K_e,W)$ 的邻域形如 $U(K,W_n)\chi\bigcap\widetilde{U}(K_e,W)$, 其中 K 是空间 G 的紧致子集, n 为正整数. 在从空间 $\widetilde{G}^*$ 所诱导出的拓扑中, 此元素 χ 的邻域形如 $\widetilde{U}(A,W_m)\chi\bigcap\widetilde{U}(K_e,W)$, 其中 A 为空间 $\widetilde{G}$ 的紧致子集, m 为正整数, 且 $\widetilde{U}(A,W_m)=\{\widetilde{\chi}\in\widetilde{G}^*|\widetilde{\chi}(A)\subseteq W_m\}$. 由于 $\widetilde{G}$ 是离散群, 因此 $\widetilde{G}$ 的紧致子集 A 必为有限集. 对于空间 G 而言, 有限子集 A 必为 G 的紧致子集, 因此第二种形式的每一个邻域都含有第一种形式的某邻域. 现在来证: 每一个第一种形式的邻域都含有第二种形式的某邻域. 这样就证明了两个拓扑的等价性. 任意给定一个第一种形式的邻域 $U(K,W_n)\chi\bigcap\widetilde{U}(K_e,W)$, 即 K,n 固定. 在这个邻域中任取一个元素 $\psi\chi$, 则 $\psi\chi\in\widetilde{U}(K_e,W)$. 从而对任意 $x\in K_e$, 有 $(\psi\chi)(x)\in W\subseteq W_1$. 于是 $(\psi\chi)(x)=\mathrm{e}^{\mathrm{i}2\pi a}$, 其中 $|a|<\dfrac{1}{3}$. 又由于 $\chi\in\widetilde{U}(K_e,W)$, 因此 $\chi(x)=\mathrm{e}^{\mathrm{i}2\pi b}$, 其中 $|b|<\dfrac{1}{3}$. 从而 $\psi(x)=\mathrm{e}^{\mathrm{i}2\pi(a-b)},|a-b|\leqslant|a|+|b|<\dfrac{2}{3}$. 于是 $\psi\in\widetilde{U}(K_e,W_{\frac{1}{2}})$, 现在我们选取 G 的单位元的邻域 V', 使 $V'^{2n}\subseteq K_e$. 对于任意 $x\in V'$, 由于 $\psi\in\widetilde{U}(K_e,W_{\frac{1}{2}})$, 因此有 $\psi(x)\in W_{\frac{1}{2}},[\psi(x)]^2\in W_{\frac{1}{2}},\cdots,[\psi(x)]^{2n}\in W_{\frac{1}{2}}$. 由此得出 $\psi(x)\in W_n$. 从而 $\psi(V')\subseteq W_n$. 对于任意 $c\in K$, 有 $V'c$ 是开集. 由于 $e\in V'$, 因此 $\{V'c|c\in K\}$ 覆盖 K. 由于 K 是紧致子集, 因此可以从中选出有限个这种形式的开集来覆盖 K. 于是存在 K 的有限子集 A, 使得 $V'A\supseteq K$. 如果 $\psi\in\widetilde{U}(A,W_n)$, 即 $\psi(A)\subseteq W_n$, 那么 $\psi(K)\subseteq\psi(V'A)$. 任取 $x\in V',y\in A$, 有 $\psi(x)\in W_n,\psi(y)\in W_n$. 从而 $\psi(xy)=\psi(x)\psi(y)\in W_{\frac{n}{2}}$, 于是 $\psi(K)\subseteq W_{\frac{n}{2}}$, 即 $\psi\in\widetilde{U}\left(K,W_{\frac{n}{2}}\right)$. 因此 $\widetilde{U}(A,W_n)\subseteq\widetilde{U}(K,W_{\frac{n}{2}})$. 由于 $\chi\in\widetilde{U}(K_e,W)=U(K_e,W)$, 因此 χ 是拓扑群 G 到 S^1 的连续映射. 又 $\psi\chi\in\widetilde{U}(K_e,W)$, 因此同理 $\psi\chi$ 是拓扑群 G 到 S^1 的连续映射. 由此可证出 ψ 是拓扑群 G 到 S^1 的连续映射 (类似于第二步证明 $\widetilde{\chi}$

是拓扑群 G 到 S^1 的连续映射的方法). 由于 $\psi \in \widetilde{G}^*$, 因此 ψ 是抽象群 G 的酉特征标. 现在又证明了 ψ 是拓扑群 G 到 S^1 的连续映射, 因此 $\psi \in G^*$. 由于 $\psi \in \widetilde{U}(K, W_{\frac{n}{2}})$, 因此 $\psi(K) \subseteq W_{\frac{n}{2}}$. 从而 $\psi \in U(K, W_{\frac{n}{2}})$. 于是 $\widetilde{U}(K, W_{\frac{n}{2}}) \subseteq U(K, W_{\frac{n}{2}})$. 因此 $\widetilde{U}(A, W_n) \subseteq U(K, W_{\frac{n}{2}})$. 从而 $\widetilde{U}(A, W_n)\chi \bigcap \widetilde{U}(K_e, W) \subseteq U(K, W_{\frac{n}{2}})\chi \bigcap \widetilde{U}(K_e, W)$. 这证明了任意给定一个第一种形式的邻域, 都含有第二种形式的某个邻域. 综上所述, 对于集合 $\widetilde{U}(K_e, W)$, 从拓扑群 G^* 诱导的拓扑与从拓扑群 $\widetilde{G}^*$ 诱导的拓扑是一致的. 从第三步知道, $\widetilde{U}(K_e, W)$ 是 $\widetilde{G}^*$ 的紧致子集. 现在便得出, $\widetilde{U}(K_e, W)$ 也是 $\widetilde{G}^*$ 的紧致子集. 从第二步知 $\widetilde{U}(K_e, W) = U(K_e, W)$, 因此 $U(K_e, W)$ 是 G^* 的紧致子集从而 G^* 是局部紧群. □

推论 1 (1) *若 G 为离散交换群, 则 G^* 为紧交换群;*

(2) *若 G 为紧交换群, 则 G^* 为离散交换群.*

证明 (1) 在定理 2 的证明的第一步已证.

(2) 若 G 为紧交换群, 则 G^* 的单位元 χ_0 的完全邻域组 $\mathscr{B}_0$ 中有一个邻域 $U(G, W_1)$. 设 $\chi \in U(G, W_1)$, 则 $\chi(G) \subseteq W_1$, 即对任意 $x \in G$, 有 $\chi(x) \in W_1$. 我们有 $\chi(x^n) = [\chi(x)]^n$. 对于 S^1 中元素 $z = \mathrm{e}^{\mathrm{i}2\pi t}$, 若 $z \in W_1$, $z^2 \in W_1 \cdots z^n \in W_1$, 则容易计算得, $z \in W_n$. 于是从 $\chi(x) \in W_1, \chi(x^2) \in W_1, \cdots, \chi(x^n) \in W_1$, 可得出 $\chi(x) \in W_n, \forall n \in \mathbb{N}^*$. 因此 $\chi(x) = 1, \forall x \in G$. 从而 $\chi = \chi_0$. 于是 $U(G, W_1) = \{\chi_0\}$. 因此 $\{\chi_0\}$ 是 G^* 的一个开集. 由此可得出 G^* 的一个拓扑基为

$$\mathscr{B} = \{\{\chi_0\}\chi | \chi \in G^*\} = \{\{\chi\} | \chi \in G^*\}.$$

从而 G^* 的每个集合都是开集. 因此 G^* 是离散群. □

根据习题 6.3 的第 5 题, 紧致离散群一定是有限群, 因此当 G 是无限离散交换群时, 由于 G^* 是紧交换群, 因此拓扑群 G 与拓扑群 G^* 不同构 (因为 G 不是紧群). 同理, 当 G 是无限紧交换群时, 由于 G^* 是离散群, 拓扑群 G 与拓扑群 G^* 不同构 (因为 G 不可能是离散群).

7.5 局部紧交换群的双酉特征标群

设 G 是局部紧交换群, 根据定理 2 得, G^* 也是局部紧交换群. 于是 G^* 的酉特征标群 $(G^*)^*$(简记作 G^{**}) 也是局部紧交换群, 有时也称 G^{**} 是 G 的**双酉特征标群**.

从推论 1 得, 若 G 是离散交换群, 则 G^* 为紧交换群, 从而 G^{**} 是离散交换群; 若 G 是紧交换群, 则 G^* 为离散交换群. 从而 G^{**} 是紧交换群, 这促使我们猜测: 局部紧交换群 G 与 G^{**} 是否同构呢? 首先要问: 如何建立 G 到 G^{**} 的一个映射呢? 即任给 $x \in G$, 如何得到 G^* 的一个酉特征标 ω_x 呢? ω_x 应当是 G^* 到 S^1 的一个同态. 自然想到令

$$\omega_x : G^* \to S^1$$

$$\chi \mapsto \chi(x).$$

我们来证明: $\omega_x \in G^{**}$. 首先证 ω_x 保持运算: 对于 $\chi_i, \chi_2 \in G^*$, 则 $\chi_1\chi_2 \in G^*$, 我们有

$$\omega_x(\chi_1\chi_2) = (\chi_1\chi_2)(x) = \chi_1(x)\chi_2(x) = \omega_x(\chi_1)\omega_x(\chi_2),$$

于是 ω_x 是群 G^* 到 S^1 的一个同态. 其次证 ω_x 是 G^* 到 S^1 的连续映射. 对于拓扑群 S^1 的单位元 1 的任一邻域 W_n, 考虑 G^* 的单位元 χ_0 的一个邻域 $U(\{x\},W_n)=\{\chi\in G^*|\chi(x)\in W_n\}$, 于是对于任给 $\chi\in U(\{x\},W_n)$, 有 $\omega_x(\chi)=\chi(x)\in W_n$. 从而 $\omega_x[U(\{x\},W_n)]\subseteq W_n$. 因此 ω_x 是 G^* 到 S^1 的一个连续映射. 从而 ω_x 是拓扑群 G^* 的一个酉特征标, 即 $\omega_x\in G^{**}$.

命题 1 设 G 是局部紧交换群, 令

$$\omega: G\to G^{**}$$

$$x\mapsto \omega_x,$$

则 ω 是拓扑群 G 到 G^{**} 的一个同态, 称 ω 是局部紧交换群 G 到 G^{**} 的**自然同态**.

证明 先证 ω 是群 G 到 G^{**} 的一个同态. 对于 $x,y\in G$, 任给 $\chi\in G^*$, 我们有

$$\begin{aligned}\omega_{xy}(\chi)&=\chi(xy)=\chi(x)\chi(y)=\omega_x(\chi)\omega_y(\chi)\\&=(\omega_x\omega_y)(\chi),\end{aligned}$$

因此 $\omega_{xy}=\omega_x\omega_y$, 即 $\omega(xy)=\omega_{xy}=\omega_x\omega_y=\omega(x)\omega(y)$. 从而 ω 是群 G 到 G^{**} 的一个同态.

再证 ω 是拓扑群 G 到 G^{**} 的连续映射. 取拓扑群 G^{**} 的单位元 ω_e 的任一邻域 $V=U(\Phi,W_n)=\{\omega_x\in G^{**}|\omega_x(\Phi)\subseteq W_n\}$, 其中 Φ 是 G^* 的紧致子集. 任取局部紧群 G 的单位元 e 的一个开邻域 U_0, 使 $\overline{U}_0$ 是 G 的紧致子集. $U(\overline{U}_0,W_{2n})$ 是 G^* 的单位元 χ_0 的一个邻域. 形如 $U(\overline{U}_0,W_{2n})\chi(\chi\in\Phi)$ 的开集, 组成 Φ 的一个覆盖. 由于 Φ 是紧致的, 因此可以在这覆盖中取出有限开集覆盖 $U(\overline{U}_0,W_{2n})\chi_1, U(\overline{U}_0,W_{2n})\chi_2,\cdots,$ $U(\overline{U}_0,W_{2n})\chi_r$. 设 U_i 是群 G 的单位元的邻域, 它满足 $\chi_i(U_i)\subseteq W_{2n}, i=1,2,\cdots,r$. 令 $U=U_0\bigcap U_1\bigcap U_2\bigcap\cdots\bigcap U_r$. 若 $\chi\in\Phi$, 则存在下标 $i(1\leqslant i\leqslant r)$, 使得 $\chi=\xi\chi_i$, 其中 $\xi\in U(\overline{U}_e,W_{2n})$. 任给 $x\in U$, 有 $\chi(x)=\xi(x)\chi_i(x)$. 由于 $\chi_i(x)\in W_{2n},\xi(x)\in W_{2n}$, 因此 $\chi(x)\in W_n$. 从而 $\chi(U)\subseteq W_n$. 因此当 $x\in U$ 时, $\omega_x(\chi)=\chi(x)\in W_n$, 从而 $\omega_x(\Phi)\subseteq W_n$, 于是 $\omega_x\in V$. 这证明了 $\omega(U)\subseteq V$. 从而 ω 是 G 到 G^{**} 的一个连续映射. 因此 ω 是拓扑群 G 到 G^{**} 的一个同态. □

7.6 局部紧交换群的商群与子群的酉特征标群

进一步我们要研究 ω 是不是拓扑群 G 到 G^{**} 的一个同构? 首先要研究局部紧交换群 G 的商群和子群的酉特征标群是什么样子.

定义 3 设 G 为局部紧交换群, H 是 G 的一个子集. 令

$$H^{\perp}:=\{\chi\in G^*|\chi(h)=1,\ \forall h\in H\},$$

称 $H^{\perp}$ 是 H 在 G^* 中的**零化子**.

容易验证, $H^{\perp}$ 是拓扑群 G^* 的一个子群. 根据本章 §3 的定义 2, 拓扑群的子群是闭子集, 因此 $H^{\perp}$ 是拓扑空间 G^* 的闭子集.

若 H 是拓扑群 G 的一个子群, 则 $H^{\perp}$ 由 G 的具有下述性质的酉特征标 χ 组成: $\chi|H$ 是 H 的主特征标, 也就是 G 的复表示 χ 的核 $\mathrm{Ker}\,\chi\supseteq H$. 于是根据第一章 §5, G 的这个复表示 χ 对正规子群 H 的分解得到的 $\overline{\chi}$ 是商群 G/H 的一个复表示, 从而 $\overline{\chi}$ 也就是商群 G/H 的一个酉特征标; 并且映射 $\sigma:\chi\mapsto\overline{\chi}$ 是群 $H^{\perp}$ 到 $(G/H)^*$

的一个双射. 对任意 $\chi_1,\chi_2\in H^{\perp}$, 有 $\chi_1\chi_2\in H^{\perp}$. 于是对任意 $gH\in G/H$, 有

$$\overline{\chi_1\chi_2}(gH)=(\chi_1\chi_2)(g)=\chi_1(g)\chi_2(g)=\overline{\chi}_1(gH)\overline{\chi}_2(gH)=(\overline{\chi}_1\overline{\chi}_2)(gH).$$

从而 $\overline{\chi_1\chi_2}=\overline{\chi}_1\overline{\chi}_2$, 即 σ 是群 $H^{\perp}$ 到 $(G/H)^*$ 的一个同态. 于是 σ 是群 $H^{\perp}$ 到 $(G/H)^*$ 的一个同构. 下面来证: 若 $\chi\in H^{\perp}$, 则 $\overline{\chi}$ 是拓扑群 G/H 的酉特征标, 即要证 $\overline{\chi}$ 是拓扑群 G/H 到 S^1 的连续映射. 用 π 表示群 G 到商群 G/H 的自然同态, 即 $\pi(g)=gH,\forall g\in G$. 于是若 $\chi\in H^{\perp}$, 则 $\chi=\overline{\chi}\pi$. 根据本章 §3 的定理 2, π 是拓扑群 G 到 G/H 的开同态. 设已给群 S^1 的单位元 1 的一个邻域 W_n (见本节定理 2 的证明). 由于 χ 是 G 到 S^1 的连续映射, 因此存在 G 的单位元 e 的开邻域 U 满足 $\chi(U)\subseteq W_n$. 由于 π 是 G 到 G/H 的开同态, 因此 $\pi(U)$ 是 G/H 的单位元 eH 的开邻域, 且 $\overline{\chi}(\pi(U))=\chi(U)\subseteq W_n$. 这证明了 $\overline{\chi}$ 是 G/H 到 S^1 的连续映射, 即 $\overline{\chi}$ 是拓扑群 G/H 的一个酉特征标.

现在我们想证 σ 是拓扑群 $H^{\perp}$ 到拓扑群 $(G/H)^*$ 的连续映射, 这只要证 σ^{-1} 是拓扑群 $(G/H)^*$ 到 $H^{\perp}$ 的开映射. 任取 $(G/H)^*$ 的单位元 $\overline{\chi}_0$ 的一个邻域 $U(\widetilde{K},W_n)$, 其中 $\widetilde{K}$ 是 G/H 的单位元 eH 的一个紧致邻域 (由于 G 是局部紧交换群, 因此根据本节例 5 得 G/H 也是局部紧交换群. 从而 eH 有紧致邻域). 我们来构造 G 的紧致子集 K, 使得 $\pi(K)\supseteq\widetilde{K}$. 由于 G 是局部紧群, 因此可以取到 G 的单位元 e 的具有紧致闭包的开邻域 U. 于是对于任意 $g\in G, g\overline{U}$ 是 G 的紧致子集. 由于 $\widetilde{K}$ 是 G/H 的紧致子集, 因此存在有限多个开集. $\pi(g_iU)(i=1,2,\cdots,m)$ 覆盖 $\widetilde{K}$, 即 $\widetilde{K}\subseteq\bigcup\limits_{i=1}^{m}\pi(g_iU)$. 令 $K=\bigcup\limits_{i=1}^{m}g_i\overline{U}$, 则 K 是 G 的紧致子集, 且 $\pi(K)\supseteq\widetilde{K}$. 现在设 $\chi\in H^{\perp}\bigcap U(K,W_n)$, 则 $\overline{\chi}(\widetilde{K})\subseteq\overline{\chi}(\pi(K))=\chi(K)\subseteq W_n$. 因此 $\overline{\chi}\in U(\widetilde{K},W_n)$, 即 $\sigma(\chi)\in U(\widetilde{K},W_n)$. 从而 $\chi\in\sigma^{-1}(U(\widetilde{K},W_n))$. 因此 $H^{\perp}\bigcap U(K,W_n)\subseteq\sigma^{-1}(U(\widetilde{K},W_n))$. 由于 $U(K,W_n)$ 属于 G^* 的单位元 χ_0 的完全邻域组 $\mathscr{B}_0$ (见本节定理 2 的证明), 因此 $H^{\perp}\bigcap U(K,W_n)$ 属于 $H^{\perp}$ 的单位元 χ_0 的完全邻域组. 于是 $\sigma^{-1}(U(\widetilde{K},W_n))$ 是 $H^{\perp}$ 的单位元 χ_0 的一个邻域. 从而 σ^{-1} 是 $(G/H)^*$ 到 $H^{\perp}$ 的开映射, 综上所述我们证明了下述定理 3.

定理 3 *设 G 是局部紧交换群, H 是拓扑群 G 的子群, 则有拓扑群的同构:*

$$(G/H)^*\cong H^{\perp}.\qquad\square$$

定理 3 使我们可以求出局部紧交换群 G 的商群 G/H 的酉特征标群 $(G/H)^*$. 下面来探索 G 的开子群 H (即 H 是群 G 的子群, 且 H 是拓扑空间 G 的开集) 的酉特征标群 H^* 是什么样子. 由于

$$H^{\perp}=\{\chi\in G^*\big|\,\chi|H\text{ 是 }H\text{ 的主特征标}\},$$

因此直觉猜测 $G^*/H^{\perp}$ 与 H^* 有可能同构. 现在来详细分析. 任取 $\chi\in G^*$, 则 $\chi H^{\perp}\in G^*/H^{\perp}$. 考虑 $\chi|H$, 则 $\chi|H$ 是子群 H 的一个酉特征标. 令

$$\tau:G^*/H^{\perp}\to H^*$$

$$\chi H^{\perp}\mapsto\chi|H.$$

先证 τ 是映射. 设 $\chi_1H^{\perp}=\chi_2H^{\perp}$, 则 $\chi_1\chi_2^{-1}\in H^{\perp}$. 从而对任意 $h\in H$, 有

$$1=(\chi_1\chi_2^{-1})(h)=\chi_1(h)\chi_2^{-1}(h)=\chi_1(h)[\chi_2(h)]^{-1}.$$

于是 $\chi_1(h) = \chi_2(h)$. 因此 $\chi_1|H = \chi_2|H$. 这证明了 τ 是映射. 若 $\tau(\chi_1 H^\perp) = \tau(\chi_2 H^\perp)$, 则 $\chi_1|H = \chi_2|H$. 把上述推导反推回去, 便得到 $\chi_1 H^\perp = \chi_2 H^\perp$. 从而 τ 是单射. 由于

$$\begin{aligned}\tau((\chi_1 H^\perp)(\chi_2 H^\perp)) &= \tau((\chi_1\chi_2)H^\perp) = (\chi_1\chi_2)|H = (\chi_1|H)(\chi_2|H)\\ &= \tau(\chi_1 H^\perp)\tau(\chi_2 H^\perp),\end{aligned}$$

因此 τ 是群 $G^*/H^\perp$ 到 H^* 的一个同态. 自然要问 τ 是不是满射? 即, 子群 H 的任一酉特征标 μ 能不能扩充成群 G 的某一酉特征标? 在第五章 §2, 对于 H 在 G 中的指数 $[G:H]$ 有限的情形, 证明了从 H 的特征标 μ 可以得到 G 的特征标 μ^G. 剩下要讨论的是 $[G:H]$ 为无限的情形.

把 H 在 G 中的所有陪集组成一个集合, 根据选择公理, 可以同时地从每个陪集中挑出一个元素, 它们组成 H 在 G 中的陪集代表系 $W = \{a_i | i \in I\}$, 其中 I 是指标集. 根据良序定理, W 中存在一个良序, 用 "$\leqslant$" 表示相应的偏序. G 的单位元 e 是 W 的最小元素, 记成 a_1. 引进一个记号 a_∞, 规定 $a_i < a_\infty, \forall i \in I$. $a_i (i \in I \bigcup \{\infty\})$ 的前段 $W(a_i) = \{a_l | a_l < a_i\}$. 令

$$H_i = \langle H, W(a_i)\rangle, \quad i \in I.$$

显然, 若 $a_i < a_j$, 则 $H_i \subsetneqq H_j$. 令 $\Omega = \{H_i | i \in I \bigcup \{\infty\}\}$, Ω 中偏序是集合的包含关系. 令

$$\sigma : W \to \Omega$$

$$a_i \mapsto H_i.$$

显然 σ 是映射、满射. 下面证 σ 是单射. 设 $H_i = H_j$, 假如 $a_i < a_j$, 则 $H_i \subsetneqq H_j$, 矛盾. 假如 $a_j < a_i$, 也矛盾. 因此 $a_i = a_j$, 从而 σ 是单射, 因此 σ 是双射. 于是从 W 是良序集合得出 Ω 是良序集合. 显然, $H_1 = H, H_\infty = G$. 我们来证明: 在 Ω 的每个元素 $H_i (i \in I \bigcup \{\infty\})$. 上都存在一个从 H_i 到 S^1 的群同态 μ_i, 且 $\mu_i|H = \mu$. 根据超限归纳构造法原理 (见本章 §1), 我们如下进行: 对于 H_1, 令 $\mu_1 = \mu$. 假设对于所有的 $H_l \subsetneqq H_i$, 从 H_l 到 S^1 的群同态 μ_l 已经作出, 且 $\mu_l|H = \mu$. 我们来决定 H_i 到 S^1 的群同态 μ_i. 分两种情形讨论.

情形 1 $W(a_i)$ 中没有最大元素. 于是 $W(a_i)$ 中的每个元素都属于某个 $W(a_l)$, 其中 $W(a_l) \subsetneqq W(a_i)$ (否则, $W(a_i)$ 中存在某个元素 a_k 不属于所有 $W(a_l) \subsetneqq W(a_i)$, 于是 $a_k \geqslant a_l, \forall a_l < a_i$. 从而 a_k 是 $W(a_i)$ 的最大元素. 矛盾). 因此 $H_i \subseteq \bigcup\limits_{a_l < a_i} H_l$. 任取 $y \in H_i$, 考虑 Ω 的子集: $\{H_l | y \in H_l\}$. 由于 Ω 是良序集合, 因此这个子集有最小元素, 设为 H_m. 令 $\mu_i(y) = \mu_m(y)$, 则 H_i 到 S^1 的群同态 μ_i 被决定, 且 $\mu_i|H = \mu$.

情形 2 $W(a_i)$ 中有最大元素 a_k. 由于 $a_k < a_i$, 因此 $H_k \subsetneqq H_i$. 根据超限归纳假设, 存在 H_k 到 S^1 的群同态 μ_k, 且 $\mu_k|H = \mu$. 我们来决定 H_i 到 S^1 的群同态 μ_i, 此时 H_i 是 H_k 的直接后继 (即不存在 H_l 满足 $H_k \subsetneqq H_l \subsetneqq H_i$), 于是 H_i 的每个元素可以写成 $y = x a_k^r$, 其中 $x \in H_k, r \in \mathbb{Z}$.

情形 2.1. 只有当 $r = 0$ 时 $a_k^r \in H_k$. 此时易验证 H_i 中每个元素可以唯一地写成 $y = x a_k^r, x \in H_k, r \in \mathbb{Z}$. 设 $\mathrm{e}^{\mathrm{i}\theta}$ 是 S^1 的某个元素, 令 $\mu_i(y) = \mu_k(x)\mathrm{e}^{\mathrm{i}r\theta}$, 则 μ_i 是

H_i 到 S^1 的一个映射. 易验证 μ_i 保持运算, 从而 μ_i 是群同态. 显然 $\mu_i|H=\mu$.

情形 2.2. 存在 $r\neq 0$, 使得 $a_k^r\in H_k$. 设 r 是使得 $a_k^r\in H_k$ 的最小正整数, 易验证 H_i 中每个元素可以唯一地写成 $y=xa_k^t$, 其中 $0\leqslant t\leqslant r$. 由于 $a_k^r\in H_k$, 因此 $\mu_k(a_k^r)=\mathrm{e}^{\mathrm{i}\theta}$, 对某个 $\theta(0\leqslant\theta<2\pi)$. 令 $\mu_i(y)=\mu_k(x)\mathrm{e}^{\mathrm{i}\frac{\theta}{r}t}$, 则 μ_i 是 H_i 到 S^1 的一个映射. 易验证 μ_i 保持运算, 因此 μ_i 是 H_i 到 S^1 的群同态. 显然 $\mu_i|H=\mu$.

根据超限归纳构造法原理, 有一个且只有一个从 H_i 到 S^1 的群同态 μ_i, 且 $\mu_i|H=\mu$. 特别地, 当 $i=\infty$ 时, 便把 μ 扩充成了 G 到 S^1 的群同态 μ_∞, 记作 μ^G. 从而 τ 是满射. 因此 τ 是 $G^*/H^\perp$ 到 H^* 的一个双射. 又已证 τ 是群同态, 因此 τ 是群 $G^*/H^\perp$ 到 H^* 的一个同构.

设 H 是 G 的开子群, 则上述从 H 的酉特征标 μ 扩充成的群 G 的酉特征标 μ^G 必定是 G 到 S^1 的连续映射. 理由如下: 任取 S^1 的一个开集 V, 由于 $\mu^G|H=\mu$, 而 μ 是 H 到 S^1 的连续映射, 因此 $\mu^{-1}(V)$ 是 H 的开集. $\mu^{-1}(V)=(\mu^G)^{-1}(V)\bigcap H$. 由于 H 是 G 的开集, 因此, $(\mu^G)^{-1}(V)$ 是 G 的开集. 从而 μ^G 是 G 到 S^1 的连续映射, 即 μ^G 是拓扑群 G 到 S^1 的同态. 于是 μ^G 是拓扑群 G 的一个酉特征标.

设 f 是群 G^* 到群 H^* 的映射: $f(\chi)=\chi|H$. 上面已证 f 是满射. 显然 f 是群同态. 若能证 f 是 G^* 到 H^* 的连续映射且是开映射, 则根据本章 §3 的定理 4 得, 拓扑群 $G^*/H^\perp$ 与拓扑群 H^* 同构.

现在来证 f 是 G^* 到 H^* 的一个连续映射, 任取 H 的一个紧致子集 C 和 $\varepsilon>0$, 令

$$V(C,\varepsilon)=\{\mu\in H^*\big||\mu(x)-1|<\varepsilon,\ \forall x\in C\},$$

则 $V(C,\varepsilon)$ 是 H^* 中含单位元 χ_0 的一个邻域. 由于 $f(\chi)=\chi|H,\forall\chi\in G^*$, 因此

$$\begin{aligned}f^{-1}[V(C,\varepsilon)]&=\{\chi\in G^*\big||\chi(x)-1|<\varepsilon,\ \forall x\in C\}\\&=U(C,\varepsilon).\end{aligned}$$

由于 C 也是 G 的紧致子集, 因此 $U(C,\varepsilon)$ 是 G^* 中含单位元 χ_0 的一个邻域. 从而 f 是 G^* 到 H^* 的一个连续映射.

下面要证 f 是 G^* 到 H^* 的开映射, 下面的定理 4 告诉我们, 对于相当广的一类拓扑群, 满同态映射自动地是开映射.

定理 4 *设 G 为局部紧群, 它的空间可以表示成可数个紧致子集的并, $\widetilde{G}$ 是局部紧群, 如果 f 是拓扑群 G 到拓扑群 $\widetilde{G}$ 的满同态, 那么 f 是开映射.*

证明 根据本章 §3 的定理 1, 只要证: 对于 G 的单位元 e 的任一开邻域 U, 存在 $\widetilde{G}$ 的单位元 $\widetilde{e}$ 的一个开邻域 $\widetilde{U}$, 使得 $f(U)\supseteq\widetilde{U}$.

由于 G 是局部紧群, 因此我们可以选取 G 的单位元 e 的开邻域 V, 使得 $\overline{V}$ 是紧致的, 且 $\overline{V}\,\overline{V}^{-1}\subseteq U$. 记 $F=\overline{V}$. 设 $\sum$ 是空间 G 的紧致子集组成的可数集, 它们的并集就是空间 G. 对于任意 $E\in\sum$, 开集组 $Vx(x\in E)$ 覆盖集合 E. 由于 E 是紧致子集, 因此存在形如 $Vx(x\in E)$ 的开集所组成的集合 E 的有限覆盖. 由于 $\sum$ 只含有可数个紧致子集, 因此在群 G 中存在元素序列 $a_1,a_2,\cdots$, 使得 $F_i=Fa_i,i=1,2,\cdots$, 覆盖空间 G. 记 $\widetilde{F}_i=f(F_i)$. 由于 f 是 G 到 $\widetilde{G}$ 的满射, 因此 $\widetilde{F}_1,\widetilde{F}_2,\cdots$ 覆盖空间 $\widetilde{G}$.

我们来证: 集合 $f(F)$ 包含空间 $\widetilde{G}$ 的开集. 假若不然, 则任何一个集合 $\widetilde{F}_i$ 都不包含空间 $\widetilde{G}$ 的开集. 我们来指出, 这是不可能的. 设 $\widetilde{W}_0$ 是空间 $\widetilde{G}$ 中闭包为紧致的任一邻域 (由于 $\widetilde{G}$ 是局部紧的). 由于集合 $\widetilde{F}_1$ 不包含 $\widetilde{G}$ 的开集, 因此存在邻域 $\widetilde{W}_1$, 它的闭包是紧致, 且它的闭包整个包含于集合 $\widetilde{W}_0\backslash\widetilde{F}_1$ 中. 由于集合 $\widetilde{F}_2$ 不包含 $\widetilde{G}$ 的开集, 因此存在邻域 $\widetilde{W}_2$, 它的闭包是紧致的, 且它的闭包包含于集合 $\widetilde{W}_1\backslash\widetilde{F}_2$ 中, 继续进行这个过程, 我们得到一个无限邻域序列 $\widetilde{W}_0,\widetilde{W}_1,\widetilde{W}_2,\cdots$, 它们都具有紧致闭包, 且满足条件 $\overline{(\widetilde{W}_i)}\subseteq\widetilde{W}_{i-1}\backslash\widetilde{F}_i, i=1,2,3,\cdots$. 由于所有闭集 $\overline{(\widetilde{W}_i)}$ 是紧致的非空集, 且 $\overline{(\widetilde{W}_0)}\supseteq\overline{(\widetilde{W}_1)}\supseteq\cdots$, 因此其中任一有限多个闭集的交集不是空集. 从而所有这些闭集的交集不是空集 (理由如下: 用 Ω 表示形如 $\overline{(\widetilde{W}_o)}\backslash\overline{(\widetilde{W}_i)}$ 的所有开集组成的集合. 假如上述所有闭集的交集是空集, 那么 Ω 就是 $\overline{(\widetilde{W}_o)}$ 的开集覆盖. 由于 $\overline{(\widetilde{W}_o)}$ 是紧致的, 因此从 Ω 中可以选出有限覆盖 $\overline{(\widetilde{W}_o)}\backslash\overline{(\widetilde{W}_{j_1})},\overline{(\widetilde{W}_o)}\backslash\overline{(\widetilde{W}_{j_2})},\cdots,\overline{(\widetilde{W}_o)}\backslash\overline{(\widetilde{W}_{j_s})}$. 于是 $\overline{(\widetilde{W}_{j_1})},\overline{(\widetilde{W}_{j_2})},\cdots,\overline{(\widetilde{W}_{j_s})}$ 的交集是空集. 矛盾.), 而且这个交集不属于集合 $\widetilde{F}_i(i=1,2,\cdots)$ 的并集. 但是 $\widetilde{F}_1,\widetilde{F}_2,\cdots$, 覆盖空间 $\widetilde{G}$, 从而 $\widetilde{F}_i(i=1,2,\cdots)$ 的并集等于 $\widetilde{G}$, 因此这是不可能的. 这就证明了: 集合 $f(F)$ 包含空间 $\widetilde{G}$ 的某一开集 $\widetilde{V}$.

设 $\widetilde{a}\in\widetilde{V}$, 由于 $f(F)\supseteq\widetilde{V}$, 因此存在 $a\in F$, 使得 $f(a)=\widetilde{a}$. 由于 $FF^{-1}\subseteq U$, 因此 $Fa^{-1}\subseteq U$. 从而

$$f(U)\supseteq f(Fa^{-1})=f(F)\widetilde{a}^{-1}\supseteq\widetilde{V}\widetilde{a}^{-1}.$$

显然 $\widetilde{V}\widetilde{a}^{-1}$ 是群 $\widetilde{G}$ 中含有单位元 $\widetilde{e}$ 的开集, 从而 $\widetilde{V}\widetilde{a}^{-1}$ 是 $\widetilde{G}$ 的单位元 $\widetilde{e}$ 的一个开邻域. 这就证明了 f 是开映射. □

现在来证 f 是 G^* 到 H^* 的开映射. 由于 H 是拓扑群 G 的开子群, 因此根据本章习题 6.3 的第 13 题得, H 是 G 的闭子集. 于是 H 是拓扑群 G 的子群. 从而 H 是局部紧的. 于是存在 H 的单位元 e 的开邻域 V 具有紧致闭包 $\overline{V}$, 对于 G 的紧致子集 $\overline{V}$, 令

$$U(\overline{V},W_1)=\{\chi\in G^*|\chi(\overline{V})\subseteq W_1\},$$

其中 $W_1=\left\{\mathrm{e}^{\mathrm{i}2\pi a}\middle||a|<\dfrac{1}{3}\right\}$, 则 $U(\overline{V},W_1)$ 是 G^* 的单位元 χ_0 的一个开邻域. 把 $U(\overline{V},W_1)$ 记作 U. 令

$$U_1(\overline{V},W_1)=\{\mu\in H^*|\mu(\overline{V})\subseteq W_1\},$$

则 $U_1(\overline{V},W_1)$ 是 H^* 的单位元 $\chi_0|H$ 的开邻域, 简记作 U_1. 由于 G^*,H^* 都是局部紧群, 因此 U 和 U_1 都有紧致闭包. 显然 $U^{-1}=U,U_1^{-1}=U_1$ (此时称 U 和 U_1 都是对称的开邻域). 由于 $f(\chi)=\chi|H$, 因此 $f(U)=U_1$. 令

$$G_1^*=U\bigcup U^2\bigcup U^3\bigcup\cdots,$$

$$H_1^*=U_1\bigcup U_1^2\bigcup U_1^3\bigcup\cdots.$$

由于 $f(U)=U_1$, 因此 $f(G_1^*)=H_1^*$. 由于 $U^{-1}=U$, 因此容易验证 G_1^* 是群 G^* 的子群, 由于 U 是 G^* 的开集, 因此 G_1^* 是 G^* 的开子群. 从而 G_1^* 也是 G^* 的闭子群. 于是 G_1^* 是局部紧群. 由于 $\overline{U}^n(n=1,2,\cdots)$ 是紧致的, 因此空间 G_1^* 可以表示成可数个紧致子集 $\overline{U}^n(n=1,2,\cdots)$ 的并集. 同理 H_1^* 是 H^* 的开子群, 从而 H_1^* 是局部紧群. 由于 f 是拓扑群 G^* 到拓扑群 H^* 的满同态, 且 $f(G_1^*)=H_1^*$, 因此 $f|G_1^*$ 是拓扑

群 G_1^* 到拓扑群 H_1^* 的满同态, 根据定理 4 得, $f|G_1^*$ 是 G_1^* 到 H_1^* 的开映射.

任取 G^* 的单位元 χ_0 的开邻域 A, 由于 G_1^* 是 G 的开子群, 因此 $A\bigcap G_1^*$ 是 G_1^* 的单位元 χ_0 的开邻域. 由于 $f|G_1^*$ 是 G_1^* 到 H_1^* 的开映射, 因此存在 H_1^* 的单位元 $\chi_0|H$ 的开邻域 B, 使得 $f(A\bigcap G_1^*)\supseteq B$. 于是 $f(A)\supseteq f(A\bigcap G_1^*)\supseteq B$. 显然 B 是 H^* 的单位元 $\chi_0|H$ 的开邻域. 根据本章 §3 的定理 1 得, f 是 G^* 到 H^* 的开映射.

综上所述, 我们证明了下述定理.

定理 5 设 G 是局部紧交换群, H 是 G 的开子群, 则有拓扑群的同构:

$$G^*/H^{\perp}\cong H^*.$$

□

从定理 2、定理 3、定理 5 和命题 1 得到如下推论.

推论 2 设 G 是局部紧交换群, H 是 G 的开子群, 则

$$(H^{\perp})^{\perp}\cong (H^*)^*,$$

且 $\omega|H$ 是拓扑群 H 到拓扑群 $(H^{\perp})^{\perp}$ 的一个同态.

证明 由于 G 是局部紧交换群, 因此 G^* 也是局部紧交换群, $H^{\perp}$ 是拓扑群 G^* 的子群. 对 G^* 和 $H^{\perp}$ 用定理 3 得

$$(G^*/H^{\perp})^*\cong (H^{\perp})^{\perp}.$$

由于 H 是 G 的开子群, 因此根据定理 5 得

$$G^*/H^{\perp}\cong H^*.$$

从以上两式得 $(H^{\perp})^{\perp}\cong (H^*)^*$.

从定理 5 的证明过程知道, 对于任意 $\mu\in H^*$, 可以把 μ 扩充成 G 的酉特征标 μ^G, 且 $\mu^G|H=\mu$. 因此 $H^*=\{\chi|H\,|\,\chi\in G^*\}$. 任取 $h\in H$, 根据命题 1 得 $\omega_h\in G^{**}$, 其中 $\omega_h(\chi)=\chi(h),\forall\chi\in G^*$. 由于 $\chi|H\in H^*$. 因此 $\omega_h(\chi|H)=(\chi|H)(h)$. 从而 $\omega_h\in (H^*)^*$. 于是 $\omega|H: h\mapsto\omega_h$ 是拓扑群 H 到拓扑群 $(H^*)^*$ 的同态. 又 $(H^*)^*$ 到 $(H^{\perp})^{\perp}$ 有一个同构映射. 因此 $\omega|H$ 可看成是拓扑群 H 到拓扑群 $(H^{\perp})^{\perp}$ 的同态. □

7.7 初等群的酉特征标群和双酉特征标群

从命题 1 知道, 若 G 是局部紧交换群, 则 ω 是拓扑群 G 到拓扑群 G^{**} 的一个同态. 我们想进一步研究 ω 是不是拓扑群 G 到 G^{**} 的同构. 为此我们先对一些具体的群证明 ω 是同构. 然后对任何局部紧交换群证明 ω 是同构.

本章 §3 例 6 已指出,1 维球面 S^1 是紧群. 我们来研究 S^1 的酉特征标群 $(S^1)^*$. 为此先研究 S^1 的子群有哪些.

命题 2 拓扑群 S^1 的每一个子群 H 或者与 S^1 重合, 或者是有限群. 在后一情形, H 是循环群, 它的一个生成元是 $\mathrm{e}^{\mathrm{i}\frac{2\pi}{r}}$, 其中 r 是 H 的阶.

证明 **情形 1** H 是无限群. 由于 $S^1=\{\mathrm{e}^{\mathrm{i}2\pi x}|0\leqslant x\leqslant 1\}$. 因此 $A:=\{x\in[0,1]\,|\,\mathrm{e}^{\mathrm{i}2\pi x}\in H\}$ 是 $[0,1]$ 的无限子集. 我们在本章 §2 已经证明 "有界闭区间中每一个无限子集都有聚点", 因此 A 有聚点 c. 从而 H 有聚点 $\mathrm{e}^{\mathrm{i}2\pi c}$, 即在 A 中有一个序列 (a_n), 使得 $\lim\limits_{n\to\infty}a_n=c$. 从而在 H 中有一个序列 $(\mathrm{e}^{\mathrm{i}2\pi a_n})$, 使得 $\lim\limits_{n\to\infty}\mathrm{e}^{\mathrm{i}2\pi a_n}=\mathrm{e}^{\mathrm{i}2\pi c}$.

任取 $\mathrm{e}^{\mathrm{i}2\pi b}\in S^1$, 如果 $\mathrm{e}^{\mathrm{i}2\pi b}\notin H$, 想证 $\mathrm{e}^{\mathrm{i}2\pi b}$ 是 H 的一个聚点. 任取 $\mathrm{e}^{\mathrm{i}2\pi b}$ 的一个邻域 U. 令 $B=\{y\in[0,1]\,|\,\mathrm{e}^{\mathrm{i}2\pi y}\in U\}$. 取正数 ε 使得 $(b-\varepsilon,b+\varepsilon)\subseteq B$. 由于

$\lim\limits_{n\to\infty} a_n = c$, 因此存在 N 使得只要 $n > N$ 和 $m > N$, 就有 $|a_n - a_m| < \varepsilon$. 取定大于 N 的正整数 n 和 m, 不妨设 $a_n > a_m$. 记 $d = a_n - a_m$ 则 $0 < d < \varepsilon$. 我们断言存在正整数 r, 使得 $rd \in (b-\varepsilon, b+\varepsilon)$ (假如 $\forall r \in \mathbb{Z}^+$ 有 $rd \notin (b-\varepsilon, b+\varepsilon)$, 则 $d \geqslant 2\varepsilon$, 矛盾.). 从而 $rd \in B$. 于是 $\mathrm{e}^{\mathrm{i}2\pi rd} \in U$. 由于 $a_n, a_m \in A$, 因此 $\mathrm{e}^{\mathrm{i}2\pi a_n}$, $\mathrm{e}^{\mathrm{i}2\pi a_m} \in H$. 从而

$$\mathrm{e}^{\mathrm{i}2\pi rd} = \mathrm{e}^{\mathrm{i}2\pi r(a_n - a_m)} = \left(\mathrm{e}^{\mathrm{i}2\pi a_n}\,\mathrm{e}^{-\mathrm{i}2\pi a_m}\right)^r \in H.$$

于是 $H \bigcap (U \backslash \{\mathrm{e}^{\mathrm{i}2\pi b}\}) \neq \varnothing$. 这证明了 $\mathrm{e}^{\mathrm{i}2\pi b}$ 是 H 的聚点, 于是 $S^1 \subseteq \overline{H}$. 从而 $S^1 = \overline{H}$. 又根据本章 §3 的定义 2, 拓扑群 S^1 的子群是空间 S^1 的闭集, 因此 $\overline{H} = H$, 于是 $S^1 = H$.

情形 2 H 是有限群. H 也是复数域 $\mathbb{C}$ 的乘法群 $\mathbb{C}^*$ 的有限子群. 容易证明: 任一域 F 的乘法群 F^* 的有限子群一定是循环群 (证明方法类似于 [24] 第 37 页的定理 12 的证法), 因此 H 是循环群. 设 H 的阶为 r, 则 H 的一个生成元为 $\mathrm{e}^{\mathrm{i}\frac{2\pi}{r}}$. □

其次研究 S^1 的自同构有哪些. 显然, 恒等映射和求逆映射 $\tau: \mathrm{e}^{\mathrm{i}2\pi x} \mapsto \mathrm{e}^{-\mathrm{i}2\pi x}$ 都是 S^1 的自同构. 进一步我们可以证明下述命题 3.

命题 3 拓扑群 S^1 的自同构只有两个: 恒等映射和求逆映射 $\tau: \mathrm{e}^{\mathrm{i}2\pi x} \mapsto \mathrm{e}^{-\mathrm{i}2\pi x}$, $\forall x \in [0,1]$.

证明 设 σ 是拓扑群 S^1 的任一自同构, 且 σ 不是恒等映射. S^1 的 2 阶元生成一个 2 阶子群, 根据命题 2 得, 这个 2 阶元为 $\mathrm{e}^{\mathrm{i}\pi} = -1$, 因此 S^1 有唯一的 2 阶元 -1. 由于 σ 把 2 阶元映成 2 阶元, 因此 $\sigma(-1) = -1$. S^1 的 4 阶元生成一个 4 阶子群, 根据命题 2 得, $\mathrm{e}^{\mathrm{i}\frac{2\pi}{4}} = \mathrm{i}$ 是它的一个生成元. 从而 $\mathrm{i}^3 = -\mathrm{i}$ 也是 4 阶元. 因此 S^1 的 4 阶元恰有两个: i 和 $-\mathrm{i}$. 由于 σ 把 4 阶元映成 4 阶元, 因此只有两种可能的情形: $\sigma(\mathrm{i}) = \mathrm{i}$ 或 $\sigma(\mathrm{i}) = -\mathrm{i}$.

情形 1 $\sigma(\mathrm{i}) = \mathrm{i}$. 此时 $\sigma(-\mathrm{i}) = -\mathrm{i}$. S^1 的 8 阶元生成一个 8 阶子群, 根据命题 2 得, $\mathrm{e}^{\mathrm{i}\frac{2\pi}{8}} = \mathrm{e}^{\mathrm{i}\frac{\pi}{4}}$ 是它的一个生成元. 从而 S^1 的 8 阶元恰有 $\varphi(8) = 4$ 个, 它们是 $\mathrm{e}^{\mathrm{i}\frac{\pi}{4}}, \mathrm{e}^{\mathrm{i}\frac{3\pi}{4}}, \mathrm{e}^{\mathrm{i}\frac{5\pi}{4}}, \mathrm{e}^{\mathrm{i}\frac{7\pi}{4}}$. 由于拓扑群的自同构是同胚映射, 因此 σ 必须保持 S^1 上元素的循环次序. 由于 S^1 上的点 1, $\mathrm{e}^{\mathrm{i}\frac{\pi}{4}}, \mathrm{i}, -1$ 按逆时针方向循环, 因此它们在 σ 下的像 $1, \sigma(\mathrm{e}^{\mathrm{i}\frac{\pi}{4}}), i, -1$ 按逆时针方向循环或者按顺时针方向循环. 由于 $1, \mathrm{i}, -1$ 是按逆时针方向循环, 因此只能是前者, 于是 $\sigma(\mathrm{e}^{\mathrm{i}\frac{\pi}{4}}) = \mathrm{e}^{\mathrm{i}\frac{\pi}{4}}$. 继续同样的讨论, 可以证明: $\sigma(\mathrm{e}^{\mathrm{i}\frac{\pi}{2^n}}) = \mathrm{e}^{\mathrm{i}\frac{\pi}{2^n}}, \forall n \in \mathbb{N}^*$. 由于 σ 保持乘法, 因此对任意正整数 $m < 2^n$, 有

$$\sigma(\mathrm{e}^{\mathrm{i}\frac{m\pi}{2^n}}) = \sigma\left[\left(\mathrm{e}^{\mathrm{i}\frac{\pi}{2^n}}\right)^m\right] = \left[\sigma(\mathrm{e}^{\mathrm{i}\frac{\pi}{2^n}})\right]^m = \mathrm{e}^{\mathrm{i}\frac{m\pi}{2^n}}.$$

由于拓扑群的自同构是连续映射, 因此利用上式可得, $\sigma(\mathrm{e}^{\mathrm{i}2\pi x}) = \mathrm{e}^{\mathrm{i}2\pi x}, \forall x \in [0,1]$. 于是 σ 是恒等映射.

情形 2 $\sigma(\mathrm{i}) = -\mathrm{i}$, 此时 $\sigma(-\mathrm{i}) = \mathrm{i}$. S^1 上的点 1, $\mathrm{e}^{\mathrm{i}\frac{\pi}{4}}, \mathrm{i}, -1, -\mathrm{i}$ 在 σ 下的像 1, $\sigma(\mathrm{e}^{\mathrm{i}\frac{\pi}{4}}), -\mathrm{i}, -1, \mathrm{i}$ 应当按逆时针方向循环或者按顺时针方向循环. 由于 $1, -\mathrm{i}, -1, \mathrm{i}$ 是按顺时针方向循环, 因此只能是后者. 于是 $\sigma(\mathrm{e}^{\mathrm{i}\frac{\pi}{4}}) = \mathrm{e}^{\mathrm{i}\frac{7\pi}{4}} = \mathrm{e}^{-\mathrm{i}\frac{\pi}{i}}$. 类似于情形 1 的讨论, 可证得 $\sigma(\mathrm{e}^{\mathrm{i}2\pi x}) = \mathrm{e}^{-\mathrm{i}2\pi x}, \forall x \in [0,1]$. 因此 $\sigma = \tau$. □

现在我们可以来决定 S^1 的酉特征标群 $(S^1)^*$.

任取拓扑群 S^1 的一个酉特征标 χ, 它是拓扑群 S^1 到自身的一个同态. 由于 $\mathrm{Ker}\,\chi$ 是 S^1 的一个子群, 因此根据命题 2 得, $\mathrm{Ker}\,\chi = S^1$ 或者 $\mathrm{Ker}\,\chi$ 是有限循环群.

如果 $\operatorname{Ker}\chi = S^1$, 那么 $\chi(\mathrm{e}^{\mathrm{i}2\pi x}) = 1, \forall x \in [0,1]$, 从而 χ 等于 S^1 的主特征标 χ_0. 如果 $\operatorname{Ker}\chi$ 是有限循环群, 那么 $S^1/\operatorname{Ker}\chi$ 是无限群. 由于 $S^1/\operatorname{Ker}\chi \cong \operatorname{Im}\chi$, 且 $\operatorname{Im}\chi$ 是 S^1 的子群, 因此根据命题 2 得 $\operatorname{Im}\chi = S^1$. 于是 $S^1/\operatorname{Ker}\chi \cong S^1$, 其中同构映射 ψ 为 $\psi(g\operatorname{Ker}\chi) = \chi(g), \forall g \in S^1$. 设 $\operatorname{Ker}\chi$ 的阶为 r, 则 $\operatorname{Ker}\chi = \langle \mathrm{e}^{\mathrm{i}\frac{2\pi}{r}} \rangle$, 把这个 χ 记作 χ_r, 对应的 ψ 记作 ψ_r. 根据命题 3, 拓扑群 S^1 的自同构只有两个: 恒等映射和求逆映射 τ. 由于 $S^1/\operatorname{Ker}\chi$ 到 S^1 的同构映射与 S^1 的自同构的合成仍是 $S^1/\operatorname{Ker}\chi$ 到 S^1 的同构映射, 因此对于 $S^1/\operatorname{Ker}\chi_r$ 到 S^1 的同构映射 ψ_r, 还可以得到一个 $S^1/\operatorname{Ker}\chi_r$ 到 S^1 的同构映射: $\tau\psi_r$. 对任意 $g \in S^1$ 有

$$\tau\psi_r(g\operatorname{Ker}\chi_r) = \tau[\chi_r(g)] = [\chi_r(g)]^{-1} = \chi_r^{-1}(g).$$

由于

$$\begin{aligned} g \in \operatorname{Ker}\chi_r^{-1} &\iff \chi_r^{-1}(g) = 1 \iff [\chi_r(g)]^{-1} = 1 \iff \chi_r(g) = 1 \\ &\iff g \in \operatorname{Ker}\chi_r, \end{aligned}$$

因此 $\operatorname{Ker}\chi_r^{-1} = \operatorname{Ker}\chi_r$.

综上所述, 拓扑群 S^1 的酉特征标群 $(S^1)^*$ 为

$$(S^1)^* = \{\chi_0, \chi_r, \chi_r^{-1} | r \in \mathbb{N}^*\}.$$

需要进一步研究的是: 任给 $g \in S^1, \chi_r(g) = ?$

任意取定一个整数 m, 令

$$\mu_m(g) = g^m, \quad \forall g \in S^1.$$

由于 $\mu_m(gh) = (gh)^m = g^m h^m = \mu_n(g)\mu_m(h)$, 且 $|g^m| = |g|^m = 1$, 因此 μ_m 是 S^1 到自身的一个群同态. 显然 μ_m 是连续映射. 因此 μ_m 是拓扑群 S^1 到自身的一个同态. 从而 μ_m 是拓扑群 S^1 的一个酉特征标. 于是 $\mu_m \in (S^1)^*$. 由此得出

$$\chi_0 = \mu_0, \quad \chi_r = \mu_r, \quad \chi_r^{-1} = \mu_{-r}, \quad r \in \mathbb{N}^*.$$

因此

$$(S^1)^* = \{\mu_m | m \in \mathbb{N}\}.$$

令

$$\begin{aligned} \sigma : (S^1)^* &\to (\mathbb{Z}, +) \\ \mu_m &\mapsto m, \end{aligned}$$

显然, σ 是双射, 由于对任意 $g \in S^1$, 有

$$(\mu_n\mu_m)(g) = \mu_n(g)\mu_m(g) = g^n g^m = g^{n+m} = \mu_{n+m}(g),$$

因此 $\mu_n\mu_m = \mu_{n+m}$. 从而 $\sigma(\mu_n\mu_m) = \sigma(\mu_{n+m}) = n + m = \sigma(\mu_n) + \sigma(\mu_m)$. 于是 σ 是群 $(S^1)^*$ 到整数加群 $(\mathbb{Z}, +)$ 的一个同构. $(\mathbb{Z}, +)$ 配备离散拓扑, 成为拓扑群. 易看出, σ 是拓扑群 $(S^1)^*$ 到拓扑群 $(\mathbb{Z}, +)$ 的同胚映射, 因此拓扑群 $(S^1)^*$ 与拓扑群 $(\mathbb{Z}, +)$ 同构. 于是我们证明了下述命题 4.

命题 4 拓扑群 S^1 的酉特征标群 $(S^1)^*$ 为

$$(S^1)^* = \{\mu_m | m \in \mathbb{Z}\},$$

其中 $\mu_m(g) = g^m, \forall g \in S^1$; 并且拓扑群 S^1 的酉特征标群 $(S^1)^*$ 与整数加群 $(\mathbb{Z}, +)$ 同构. □

现在来讨论无限循环群 (配备离散拓扑) 的酉特征标群. 由于无限循环群都同构于整数加群 $(\mathbb{Z}, +)$, 因此我们先来决定拓扑群 $(\mathbb{Z}, +)$ 的酉特征标群 $\mathbb{Z}^*$. 任意给定

$\xi \in S^1$, 令

$$\nu_\xi : \mathbb{Z} \to S^1$$
$$m \mapsto \xi^m.$$

显然, ν_ξ 是 $(\mathbb{Z},+)$ 到 S^1 的一个群同态, 且 ν_ξ 是连续映射, 因此 ν_ξ 是 $(\mathbb{Z},+)$ 的一个酉特征标. 于是

$$\mathbb{Z}^* \supseteq \{\nu_\xi | \xi \in S^1\}.$$

反之, 任给 $\mu \in \mathbb{Z}^*$, 则 μ 是 $(\mathbb{Z},+)$ 到 S^1 的一个群同态. 记 $\mu(1) = \zeta$, 则 $\zeta \in S^1$. 由于对任意 $m \in \mathbb{Z}$, 有

$$\mu(m) = \mu(m1) = \mu(1)^m = \zeta^m,$$

因此 $\mu = \nu_\zeta$. 从而

$$\mathbb{Z}^* = \{\nu_\xi | \xi \in S^1\}.$$

令

$$\sigma : \mathbb{Z}^* \to S^1$$
$$\nu_\xi \mapsto \xi,$$

显然, σ 是双射. 由于对于 $\xi, \zeta \in S^1, \forall m \in \mathbb{Z}$, 有

$$(\nu_\xi \nu_\zeta)(m) = \nu_\xi(m)\nu_\zeta(m) = \xi^m \zeta^m = (\xi\zeta)^m = \nu_{\xi\zeta}(m),$$

因此 $\nu_\xi \nu_\zeta = \nu_{\xi\zeta}$. 从而 $\sigma(\nu_\xi \nu_\zeta) = \sigma(\nu_{\xi\zeta}) = \xi\zeta = \sigma(\nu_\xi)\sigma(\nu_\zeta)$. 因此 σ 是 $\mathbb{Z}^*$ 到 S^1 的一个群同构, 易看出, σ 是拓扑空间 $\mathbb{Z}^*$ 到 S^1 的一个同胚映射. 因此 σ 是拓扑群 $\mathbb{Z}^*$ 到 S^1 的一个同构. 于是拓扑群 $\mathbb{Z}^*$ 与 S^1 同构. 由此可得出下述命题 5.

命题 5 任一无限循环群 (配备离散拓扑成为拓扑群) 的酉特征标群同构于 S^1.

证明 设 G 是无限循环群, a 是 G 的一个生成元, 则 $a^m \mapsto m$ 是 G 到 $(\mathbb{Z},+)$ 的一个群同构, 且是连续映射. 令 $\widetilde{\nu}_\xi(a^m) = \nu_\xi(m) = \xi^m$, 则 $\widetilde{\nu}_\xi$ 是 G 的一个酉特征标, 且 $G^* = \{\widetilde{\nu}_\xi | \xi \in S^1\}$. 由于 $G \cong \mathbb{Z}$, 因此 $G^* \cong \mathbb{Z}^*$, 又由于 $\mathbb{Z}^* \cong S^1$, 因此 $G^* \cong S^1$.□

推论 3 任一无限循环群 G (配备离散拓扑) 的双酉特征标群 G^{**} 同构于 G 自身; 紧交换群 S^1 的双酉特征标群 $(S^1)^{**}$ 同构于 S^1 自身.

证明 根据命题 5, $G^* \cong S^1$. 根据命题 4, $(S^1)^* \cong \mathbb{Z}$. 又 $\mathbb{Z} \cong G$, 因此 $(S^1)^* \cong G$. 从而

$$G^{**} = (G^*)^* \cong (S^1)^* \cong G,$$
$$(S^1)^{**} = [(S^1)^*]^* \cong G^* \cong S^1. \qquad \square$$

现在来决定有限循环群 (配备离散拓扑形成拓扑群) H 的酉特征标群 H^*. 设 $H = \langle b \rangle$ 的阶为 n, 则 $b^n = e$. 从而对于 H 的任一 1 次复表示提供的特征标 χ, 有 $1 = \chi(e) = \chi(b^n) = [\chi(b)]^n$. 于是 $\chi(b) \in S^1$. 这表明 H 的任一 1 次复特征标 χ 是 H 的酉特征标. 反之是显然的, 因此 $H^* = \widehat{H}$. 由于 $\widehat{H} \cong H$, 因此 $H^* \cong H$. 显然这个群同构也是拓扑群的同构. 于是我们证明了下述命题 6.

命题 6 有限循环群 H(配备离散拓扑) 的酉特征标群 H^* 同构于 H 自身, 从而 $H^{**} \cong H$.

现在来研究实数加法群 $(\mathbb{R},+)$ 配备距离拓扑所成的拓扑群的酉特征标群 $\mathbb{R}^*$.

类似于第一章 §2 的例 2, 任意给定一个实数 a, 令

$$\mu_a : \mathbb{R} \to S^1$$
$$x \mapsto \mathrm{e}^{\mathrm{i}2\pi ax},$$

则 μ_a 是 $(\mathbb{R},+)$ 的一个特征标. 显然 μ_a 是连续映射, 因此 μ_a 是拓扑群 $(\mathbb{R},+)$ 的一个酉特征标. 显然, μ_0 是主特征标. 我们有

$$\{\mu_a|a \in \mathbb{R}\} \subseteq \mathbb{R}^*.$$

现在任取 $\chi \in \mathbb{R}^*$, 则 χ 是拓扑群 $(\mathbb{R},+)$ 到 S^1 的一个同态. 于是

$$\mathbb{R}/\operatorname{Ker}\chi \cong \operatorname{Im}\chi.$$

由于 $\operatorname{Im}\chi$ 是拓扑群 S^1 的一个子群, 因此根据本节命题 2 得, $\operatorname{Im}\chi = S^1$ 或者 $\operatorname{Im}\chi$ 是有限循环群. 若 $\operatorname{Ker}\chi = \mathbb{R}$, 则 $\chi = \mu_0$. 下面设 $\operatorname{Ker}\chi \subsetneqq \mathbb{R}$. 由于 χ 是 $(\mathbb{R},+)$ 到 S^1 的一个映射, 且 S^1 的元素形如 $\mathrm{e}^{\mathrm{i}2\pi\theta}$, 其中 $\theta \in \mathbb{R}$, 因此可设

$$\chi(x) = \mathrm{e}^{\mathrm{i}2\pi\theta(x)}, \quad \forall x \in \mathbb{R}.$$

由于 $\chi(x_1+x_2) = \chi(x_1)\chi(x_2)$, 因此对任意 $x_1, x_2 \in \mathbb{R}$, 有

$$\theta(x_1+x_2) = \theta(x_1)+\theta(x_2)+k, \quad k \in \mathbb{Z}.$$

由于 $\chi(0) = 1$, 因此 $\theta(0) = l$, 对某个 $l \in \mathbb{Z}$. 不妨设 $\theta(0) = 0$. 于是从上面的式子得, $\theta(x_1) = \theta(x_1) + k$. 从而 $k = 0$. 因此 $\theta(x_1+x_2) = \theta(x_1)+\theta(x_2), \forall x_1, x_2 \in \mathbb{R}$. 正比例函数具有保持加法的性质. 于是设 $\theta(x) = \dfrac{x}{b}$, 其中 b 是一个正实数, 它是常数. 因此 $\chi(x) = \mathrm{e}^{\mathrm{i}2\pi\frac{x}{b}}$, 于是 $\chi = \mu_{\frac{1}{b}}$. 我们有

$$\begin{aligned}
x \in \operatorname{Ker}\chi &\Longleftrightarrow \mathrm{e}^{\mathrm{i}2\pi\frac{x}{b}} = 1 \\
&\Longleftrightarrow 2\pi\frac{x}{b} = 2k\pi, \quad k \in \mathbb{Z} \\
&\Longleftrightarrow x = kb, \quad k \in \mathbb{Z} \\
&\Longleftrightarrow x \in \langle b \rangle,
\end{aligned}$$

因此 $\operatorname{Ker}\chi = \langle b \rangle$. 假如 $\operatorname{Im}\chi$ 是 r 阶循环群, 则

$$\mathbb{R}/\langle b \rangle = \langle c + \langle b \rangle \rangle = \{\langle b \rangle, c+\langle b \rangle, 2c+\langle b \rangle, \cdots, (r-1)c+\langle b \rangle\}.$$

于是

$$\mathbb{R} = \langle b \rangle \bigcup (c+\langle b \rangle) \bigcup (2c+\langle b \rangle) \bigcup \cdots \bigcup ((r-1)c+\langle b \rangle).$$

上式右边是可数集, 而 $\mathbb{R}$ 是不可数集, 矛盾. 因此 $\operatorname{Im}\chi = S^1$. 于是 $\mathbb{R}/\langle b \rangle \cong S^1$, 这里同构映射 ψ 为

$$\psi(x+\langle b \rangle) = \chi(x).$$

根据本节命题 3, 拓扑群 S^1 的自同构有两个: 恒等映射和求逆映射 τ, 因此 $\tau\psi$ 也是 $\mathbb{R}/\langle b \rangle$ 到 S^1 的一个同构映射.

$$\tau\psi(x+\langle b \rangle) = \tau(\chi(x)) = [\chi(x)]^{-1} = \chi^{-1}(x).$$

易知 $\operatorname{Ker}\chi^{-1} = \operatorname{Ker}\chi = \langle b \rangle$, 且

$$\chi^{-1}(x) = \mathrm{e}^{-\mathrm{i}2\pi\frac{x}{b}} = \mu_{-\frac{1}{b}}(x), \quad \forall x \in \mathbb{R}.$$

因此 $\chi^{-1} = \mu_{-\frac{1}{b}}$. 于是

$$\mathbb{R}^* = \{\mu_a|a \in \mathbb{R}\}.$$

令

$$\sigma: \mathbb{R}^* \to \mathbb{R}$$
$$\mu_a \mapsto a,$$

显然 σ 是双射. 由于

$$(\mu_a\mu_c)(x) = \mu_a(x)\mu_c(x) = \mathrm{e}^{\mathrm{i}2\pi ax}\mathrm{e}^{\mathrm{i}2\pi cx} = \mathrm{e}^{\mathrm{i}2\pi(a+c)x}$$
$$= \mu_{a+c}(x), \quad \forall x \in \mathbb{R},$$

因此 $\mu_a\mu_c = \mu_{a+c}$. 从而

$$\sigma(\mu_a\mu_c) = \sigma(\mu_{a+c}) = a + c = \sigma(\mu_a) + \sigma(\mu_c).$$

因此 σ 是乘法群 $\mathbb{R}^*$ 到加法群 $\mathbb{R}$ 的一个同构. 显然 σ 是同胚映射. 因此 σ 是拓扑群 $\mathbb{R}^*$ 到拓扑群 $(\mathbb{R}, +)$ 的一个同构. 于是我们证明了下述命题 7.

命题 7 实数加法群 $(\mathbb{R}, +)$ (配备距离拓扑) 的酉特征标群 $\mathbb{R}^* = \{\mu_a | a \in \mathbb{R}\}$, 其中 $\mu_a(x) = \mathrm{e}^{\mathrm{i}2\pi ax}, \forall x \in \mathbb{R}$; 且 $\mathbb{R}^* \cong \mathbb{R}, \mathbb{R}^{**} \cong \mathbb{R}$. □

现在我们来讨论有限个局部紧交换群的直积的酉特征标群.

命题 8 设 $G_1, G_2, \cdots, G_n$ 是 n 个局部紧交换群, 它们的直积记作 G, 即 $G = G_1 \times G_1 \times \cdots \times G_n$ (这是群 $G_1, G_2 \cdots, G_n$ 的直积配备乘积拓扑所成的拓扑群, 根据本节例 8, G 也是局部紧交换群). 设 G_i^* 是拓扑群 G_i 的酉特征标群, $i = 1, 2, \cdots, n$, 则局部紧交换群 G 的酉特征标群 G^* 为

$$G^* = G_1^* \times G_2^* \times \cdots \times G_n^*.$$

证明 记 $\widetilde{G} = G_1^* \times G_2^* \cdots \times G_n^*$.$\widetilde{G}$ 中任取一个元素 $\mu = (\mu_1, \mu_2, \cdots, \mu_n)$, 其中 $\mu_i \in G_i^*, i = 1, 2, \cdots, n$. 于是对任意 $x_i \in G_i$, 有 $\mu_i(x_i) \in S^1, i = 1, 2, \cdots, n$. 对于 G 的任一元素 $x = (x_1, x_2, \cdots, x_n)$, 令

$$\mu(x) = \mu_1(x_1)\mu_2(x_2)\cdots\mu_n(x_n),$$

则 $\mu(x) \in S^1$. 于是 μ 是群 G 到 S^1 的一个映射. 容易直接验证 μ 保持运算, 因此 μ 是群 G 到 S^1 的一个同态. 从而 μ 是群 G 的一个酉特征标. 在 $\widetilde{G}$ 中另取一个元素 $\nu = (\nu_1, \nu_2, \cdots, \nu_n)$. 令

$$\nu(x) = \nu_1(x_1)\nu_2(x_2)\cdots\nu_n(x_n),$$

则 ν 也是群 G 的一个酉特征标. 如果 μ 和 ν 是 G 的相等的酉特征标, 那么 $\mu[(e_1, \cdots, e_{i-1}, x_i, e_{i+1}, \cdots, e_n)] = \nu[(e_1, \cdots, e_{i-1}, x_i, e_{i+1}, \cdots, e_n)]$, 其中 e_j 是 G_j 的单位元, $j = 1, 2, \cdots, n$. 从而 $\mu_i(x_i) = \nu_i(x_i), \forall x_i \in G_i$. 于是 $\mu_i = \nu_i, i = 1, 2, \cdots, n$. 因此 $\mu = (\mu_1, \mu_2, \cdots, \mu_n) = (\nu_1, \nu_2, \cdots, \nu_n) = \nu$. 这证明了 $\widetilde{G}$ 中不同的元素给出了群 G 的不同的酉特征标. 现在来证 $\widetilde{G}$ 的元素给出了 G 的所有酉特征标. 任取群 G 的一个酉特征标 χ, 则 χ 是 $G = G_1 \times G_2 \times \cdots \times G_n$ 到 S^1 的一个同态. 令

$$f_i: G_i \mapsto G$$
$$x_i \mapsto (e_1, \cdots, e_{i-1}, x_i, e_{i+1}, \cdots, e_n),$$

显然 f_i 是群 G_i 到 G 的一个单同态. 对于 G 中任一元素 $x = (x_1, x_2, \cdots, x_n)$, 有 $x = f_1(x_1)f_2(x_2)\cdots f_n(x_n)$. 于是

$$\chi(x) = \chi(f_1(x_1))\chi(f_2(x_2))\cdots\chi(f_n(x_n))$$
$$= (\chi f_1)(x_1)(\chi f_2)(x_2)\cdots(\chi f_n)(x_n).$$

由于 χf_i 是 G_i 到 S^1 的同态, 因此 $\chi f_i \in G_i^*$. 于是

$$\mu = (\chi f_1, \chi f_2, \cdots, \chi f_n) \in \widetilde{G}.$$

由于 $\mu(x) = (\chi f_1)(x_1)(\chi f_2)(x_2)\cdots(\chi f_n)(x_n) = \chi(x), \forall x \in G$, 因此 $\chi = \mu$. 于是 $\widetilde{G}$ 的元素给出了群 G 的所有酉特征标.

群 $\widetilde{G}$ 作为 $G_1^*, G_1^*, \cdots, G_n^*$ 的直积具有乘法运算, 群 $\widetilde{G}$ 的元素是群 G 的酉特征标, 而酉特征标也有乘法运算, 只有证明了这两种运算是一致的, 才能把 $\widetilde{G}$ 作为群 G 的酉特征标群. 设 $\mu = (\mu_1, \mu_2, \cdots, \mu_n), \nu = (\nu_1, \nu_2, \cdots, \nu_n)$ 是 $\widetilde{G}$ 中两个元素, 对于 G 的任一元素 $x = (x_1, x_2, \cdots, x_n)$, 有

$$\begin{aligned}\mu(x)\nu(x) &= \mu_1(x_1)\mu_2(x_2)\cdots\mu_n(x_n)\nu_1(x_1)\nu_2(x_2)\cdots\nu_n(x_n)\\ &= (\mu_1\nu_1)(x_1)(\mu_2\nu_2)(x_2)\cdots(\mu_n\nu_n)(x_n).\end{aligned}$$

$\widetilde{G}$ 作为直积, 它的乘法运算为 $\mu\nu = (\mu_1\nu_1, \mu_2\nu_2, \cdots, \mu_n\nu_n)$; μ, ν 作为 G 的酉特征标, 它们的乘法运算为 $(\mu\nu)(x) = \mu(x)\nu(x)$. 由于

$$(\mu\nu)(x) = (\mu_1\nu_1)(x_1)(\mu_2\nu_2)(x_2)\cdots(\mu_n\nu_n)(x_n) = \mu(x)\nu(x).$$

因此群 $\widetilde{G}$ 作为直积的乘法与 G 的酉特征标的乘法一致. 于是 $\widetilde{G}$ 就是群 G 的酉特征标群.

剩下一个问题是: $\widetilde{G}$ 作为拓扑群 $G_1^*, G_2^*, \cdots, G_n^*$ 的直积具有乘积拓扑, 而把 $\widetilde{G}$ 作为局部紧交换群 G 的酉特征群时, 给 $\widetilde{G}$ 配备的拓扑是按照本节定理 1 中的方法配备的, 只有证明了这两种拓扑是一致的, 才能把 $\widetilde{G}$ 作为局部紧交换群 G 的酉特标群. 设 K_i 是局部紧交换群 G_i 的任一紧致子集, $W_k = \left\{ \mathrm{e}^{\mathrm{i}2\pi a} \,\middle|\, |a| < \dfrac{1}{3k} \right\}$, 令

$$U_i(K_i, W_k) = \{\mu_i \in G_i^* | \mu_i(K_i) \subseteq W_k\},$$

则 $U_i(K_i, W_k)$ 是 G_i^* 的主特征标 μ_{i0} 的一个邻域, $i = 1, 2, \cdots, n$. 于是 $U_1(K_1, W_k) \times U_2(K_2, W_k) \times \cdots \times U_k(K_n, W_k)$ 是 $\widetilde{G}$ 作为直积 $G_1^* \times G_2^* \times \cdots \times G_n^*$ 的单位元 $(\mu_{10}, \mu_{20}, \cdots, \mu_{n0})$ 的一个邻域, 记作 $U(K_1, K_2, \cdots, K_n; W_k)$. 这种形式的所有邻域组成的集合 $\widetilde{\mathscr{B}}_0$ 是群 $\widetilde{G}$ (作为 $G_1^*, \cdots, G_n^*$ 的直积的单位元的完全邻域组. 而把 $\widetilde{G}$ 作为局部紧交换群 G 的酉特征标群时, 群 $\widetilde{G}$ 的单位元的完全邻域组 $\mathscr{B}_0$ 是由所有形式 $U(K, W_k)$ 的邻域组成的, 其中 K 为 G 的任意紧致子集. 我们来证: 在 $\widetilde{\mathscr{B}}_0$ 的每一个邻域中含有 $\mathscr{B}_0$ 的一个邻域; 反之, 在 $\mathscr{B}_0$ 的每一个邻域中含 $\widetilde{\mathscr{B}}_0$ 的一个邻域. 如果证明了这两点, 那么在群 $\widetilde{G}$ 中所考虑的两种拓扑是一致的. 首先, 任取 $\widetilde{\mathscr{B}}_0$ 的一个邻域 $U(K_1, \cdots, K_n; W_k)$, 由于 f_i 是 G_i 到 G 的单同态, 因此 $f_i(K_i)$ 是 G 的一个紧致子集, 从而 $f_1(K_1) \bigcup f_2(K_2) \bigcup \cdots \bigcup f_n(K_n)$ 是 G 的一个紧致子集, 把它记作 K. 设 $\mu = (\mu_1, \cdots, \mu_n) \in U(K; W_k)$, 则 $\mu(K) \subseteq W_k$. 由于

$$\mu_i(K_i) = (\mu f_i)(K_i) = \mu[f_i(K_i)] \subseteq \mu(K) \subseteq W_k,$$

因此 $\mu_i \in U(K_i, W_k), i = 1, 2, \cdots, n$. 从而

$$\mu = (\mu_1, \mu_2, \cdots, \mu_n) \in U(K_1, \cdots, K_n; W_k).$$

于是 $U(K; W_k) \subseteq U(K_1, \cdots, K_n; W_k)$. 其次, 任取 $\mathscr{B}_0$ 的一个邻域 $U(K, W_k)$, 用 π_i 表示 G 到 G_i 的投影. 令 $K_i = \pi_i(K)$. 在本章 §2 已指出, 投影映射 π_i 是连续映射. 于是根据本章 §2 的命题 5 得, K_i 是 G_i 的一个紧致子集. 设 $\mu = (\mu_1, \mu_2, \cdots, \mu_n) \in$

$U(K_1,\cdots,K_n;W_{nk})$, 则当 $x\in K$ 时, 有

$$\mu(x)=\mu_1(x_1)\mu_2(x_2)\cdots\mu_n(x_n)=\mu_1\pi_1(x)\mu_2\pi_2(x)\cdots\mu_n\pi_n(x)$$
$$\in\mu_1(K_1)\mu_2(K_2)\cdots\mu_n(K_n)\subseteq W_{nk}W_{nk}\cdots W_{nk}\subseteq W_k,$$

因此 $\mu(K)\subseteq W_k$. 从而 $\mu\in U(K,W_k)$. 于是

$$U(K_1,\cdots,K_n;W_{nk})\subseteq U(K,W_k).$$

这证明了群 $\widetilde{G}$ 是局部紧交换群 G 的酉特征标群 G^*, 即

$$G^*=G_1^*\times G_2^*\times\cdots\times G_n^*. \qquad \square$$

设 $G_1,G_2,\cdots,G_n$ 是 n 个局部紧交换群, 则根据本节定理 2 得, G_i 的酉特征标群 G_i 也是局部紧交换群. 根据命题 8 得, 局部紧交换群 $G=G_1\times G_2\times\cdots\times G_n$ 的酉特征标群 G^* 为 $G^*=G_1^*\times G_2^*\times\cdots\times G_n^*$. 再对 $G_1^*,G_2^*,\cdots,G_n^*$ 用命题 8 得, 局部紧交换群 G^* 的酉特征标群 G^{**} 为

$$G^{**}=G_1^{**}\times G_2^{**}\times\cdots\times G_n^{**}.$$

令

$$\omega_i:G_i\to G_i^{**}$$
$$x_i\mapsto(\omega_i)_{x_i},$$

其中 $(\omega_i)_{x_i}(\mu_i)=\mu_i(x_i),\forall\mu_i\in G_i^*$. 根据本节命题 1 得, w_i 是局部紧交换群 G_i 到 G_i^{**} 的自然同态. 令

$$\omega:G\to G^{**}$$
$$x\mapsto\omega_x,$$

其中 $\omega_x(\mu)=\mu(x),\forall\mu\in G^*$. 仍根据本节命题 1 得, ω 是局部紧交换群 G 到 G^{**} 的自然同态. 由于 $\omega_i(x_i)=(\omega_i)_{x_i}\in(G_i^*)^*=G_i^{**},i=1,2,\cdots,n$, 因此

$$(\omega_1(x_1),\omega_2(x_2),\cdots,\omega_n(x_n))\in G^{**}.$$

又有 $\omega(x)=\omega_x\in G^{**}$. 任取 $\mu=(\mu_1,\mu_2,\cdots,\mu_n)\in G^*$, 有

$$[\omega(x)](\mu)=\omega_x(\mu)=\mu(x)=\mu_1(x_1)\mu_2(x_2)\cdots\mu_n(x_n).$$

从命题 8 的证明中得 (对 $(G_i^*)^*\times\cdots\times(G_n^*)^*$ 来用)

$$((\omega_1)_{x_1},\cdots,(\omega_n)_{x_n})(\mu)=(\omega_1)_{x_1}\mu_1\cdots(\omega_n)_{x_n}(\mu_n)=\mu_1(x_1)\cdots\mu_n(x_n),$$

即 $(\omega_1(x_1),\omega_2(x_2),\cdots,\omega_n(x_n))(\mu)=\mu_1(x_1)\mu_2(x_2)\cdots\mu_n(x_n)$, 因此

$$\omega(x)=(\omega_1(x_1),\omega_2(x_2),\cdots,\omega_n(x_n)).$$

于是我们证明了下述命题 9.

命题 9 设 $G_1,G_2,\cdots,G_n$ 是 n 个局部紧交换群, 令 $G=G_1\times G_2\times\cdots\times G_n$. 设 ω 是局部紧交换群 G 到 G^{**} 的自然同态, ω_i 是局部紧交换群 G_i 到 G_i^{**} 的自然同态, $i=1,2,\cdots,n$, 则对任意 $x=(x_1,x_2,\cdots,x_n)\in G$, 有

$$\omega(x)=(\omega_1(x_1),\omega_2(x_2),\cdots,\omega_n(x_n)),$$

且

$$G^{**}=G_1^{**}\times G_2^{**}\times\cdots\times G_n^{**}. \qquad \square$$

从命题 9 得出, 如果对于 $i=1,2,\cdots,n$ 都有 ω_i 是局部紧交换群 G_i 到 G_i^{**} 的同构, 那么 ω 是局部紧交换群 G 到 G^{**} 的同构.

设 G 是群, 任给正整数 n, 令

$$G^n:=\underbrace{G\times G\times\cdots\times G}_{n\text{ 个}}.$$

用 C 表示无限循环群 (配备离散拓扑), $\mathbb{R}$ 表示实数加法群 (配备距离拓扑), A 表示有限交换群 (配备离散拓扑).

定义 4 与拓扑群 $(S^1)^n \times C^m \times \mathbb{R}^l \times A(n,m,l \in \mathbb{N})$ 同构的拓扑群称为**初等群**.

显然, 初等群都是局部紧交换群.

命题 10 初等群 $(S^1)^n \times C^m \times \mathbb{R}^l \times A$ 的酉特征标群同构于 $(S^1)^m \times C^n \times \mathbb{R}^l \times A$; 初等群 G 的双酉特征标群 G^{**} 同构于 G 自身, 即初等群 G 到 G^{**} 的自然同态 ω 是同构.

证明 由命题 4 可得 $(S^1)^* \cong \mathbb{Z} \cong C$; 由命题 5 得 $C^* \cong S^1$; 由命题 7 得 $\mathbb{R}^* \cong \mathbb{R}$. 由于有限交换群 A 可以表示成有限多个有限循环群的直积, 因此根据命题 6 和命题 8 得 $A^* \cong A$. 从而根据命题 8 得

$$\begin{aligned}[(S^1)^n \times C^m \times \mathbb{R}^l \times A]^* &= [(S^1)^n]^* \times (C^m)^* \times (\mathbb{R}^l)^* \times A^* \\ &\cong C^n \times (S^1)^m \times \mathbb{R}^l \times A \\ &\cong (S^1)^m \times C^n \times \mathbb{R}^l \times A.\end{aligned}$$

设初等群 G 同构于 $(S^1)^n \times C^m \times \mathbb{R}^l \times A$, 则

$$G^* \cong (S^1)^m \times C^n \times \mathbb{R}^l \times A,$$

$$G^{**} = (G^*)^* \cong (S^1)^n \times C^m \times \mathbb{R}^l \times A \cong G.$$

根据命题 9 得, G 到 G^{**} 的自然同态 ω 是同构. □

根据本节推论 1, 离散交换群 G 的酉特征群 G^* 是紧交换群. 现在我们来探讨在某种意义下, G^* 是否可以用初等群来逼近.

设 G 为离散交换群, W 为 G^* 的单位元 χ_0 的一个开邻域. 直觉猜测: G 中存在有限生成的子群 H 使得 H 在 G^* 中的零化子 $H^\perp \subseteq W$. 理由如下: 令

$$\Omega = \{H^\perp | H \text{ 是 } G \text{ 的有限生成的子群}\}.$$

设 $H_1^\perp, H_2^\perp \in \Omega$, 则对于任意 $\chi \in H_1^\perp \bigcap H_2^\perp$, 根据定义 3 得

$$\chi(h_1) = 1, \quad \chi(h_2) = 1, \quad \forall h_1 \in H_1, \quad h_2 \in H_2.$$

从而 $\chi(h_1h_2)=\chi(h_1)\chi(h_2) = 1, \forall h_1h_2 \in H_1H_2$. 于是 $\chi \in (H_1H_2)^\perp$. 因此 $H_1^\perp \bigcap H_2^\perp \subseteq (H_1H_2)^\perp$. 反之, 显然有 $(H_1H_2)^\perp \subseteq H_1^\perp \bigcap H_2^\perp$, 因此 $H_1^\perp \bigcap H_2^\perp = (H_1H_2)^\perp$. 由于 H_1H_2 也是 G 的有限生成的子群, 因此 $H_1^\perp \bigcap H_2^\perp \in \Omega$. 又由于 G 的每一个元素 a 属于 $\langle a \rangle$, 因此 Ω 中所有子群的交集只含 G^* 的单位元 χ_0. 现在来证 Ω 中存在有限多个子群使得它们的交集包含于 W. 为此考虑集合

$$\Omega' = \{(G^* \backslash W) \bigcap H^\perp | H^\perp \in \Omega\},$$

由于 Ω 中所有子群的交集为 $\{\chi_0\}$, 因此 Ω' 中所有集合的交集等于 $(G^* \backslash W) \bigcap \{\chi_0\}$, 这是空集, 即

$$\bigcap_{H^\perp \in \Omega} [(G^* \backslash W) \bigcap H^\perp] = \varnothing.$$

由于拓扑群的子群是闭子集, 因此 $H^\perp$ 是 G^* 的闭子集. 又 W 是 G 的开集, 因此 $G^* \backslash W$ 是 G^* 的闭集. 从而 $(G^* \backslash W) \bigcap H^\perp$ 是 G^* 的闭集, 令

$$\sum = \{G^* \backslash [(G^* \backslash W) \bigcap H^\perp] | H^\perp \in \Omega\},$$

则 $\sum$ 是由 G^* 的开集组成的集合. 由于 Ω' 中所有集合的交集是空集, 因此 G^* 中每

一个元素一定属于 $\sum$ 中某一个开集. 于是 $\sum$ 为 G^* 的开集覆盖. 由于 G^* 是紧交换群, 因此从 $\sum$ 中可以选出有限多个开集覆盖 G^*, 设它们是

$$G^*\backslash[(G^*\backslash W)\bigcap H_1^{\perp}],\cdots,G^*\backslash[(G^*\backslash W)\bigcap H_m^{\perp}].$$

于是 Ω' 中下述有限多个集合的交集为空集, 即

$$\bigcap_{i=1}^{m}[(G^*\backslash W)\bigcap H_i^{\perp}]=\varnothing.$$

上式两边求补集得

$$G^*=\bigcup_{i=1}^{m}[W\bigcup(G^*\backslash H_i^{\perp})]=W\bigcup\left[\bigcup_{i=1}^{m}(G^*\backslash H_i^{\perp})\right]=W\bigcup\left[G^*\backslash\bigcap_{i=1}^{m}H_i^{\perp}\right].$$

由此得出, $\bigcap\limits_{i=1}^{m}H_i^{\perp}\subseteq W$. 由于 $H_i^{\perp}\in\Omega$, 因此 $\bigcap\limits_{i=1}^{m}H_i^{\perp}\in\Omega$. 又由于 $\bigcap\limits_{i=1}^{m}H_i^{\perp}=(H_1H_2\cdots H_m)^{\perp}$, 且 $H_1H_2\cdots H_m$ 是 G 的有限生成的子群, 因此我们证明了 G 中存在有限生成的子群 H, 使得 $H^{\perp}\subseteq W$. 根据本节定理 5 得 $G^*/H^{\perp}\cong H^*$. 由于 H 是有限生成的交换群, 因此根据 [24] 第 100 页的定理 4 得 $H\cong\mathbb{Z}^t\times A\cong C^t\times A$. 从而 $H^*\cong(S^1)^t\times A$. 于是 $G^*/H^{\perp}\cong(S^1)^t\times A$. 这样我们证明了下述命题 11.

命题 11 设 G 是离散交换群, W 为 G^* 的单位元 χ_0 的一个开邻域, 则 G 中存在有限生成的子群 H, 使得 $H^{\perp}\subseteq W$, 且 $G^*/H^{\perp}$ 是具有形式 $(S^1)^t\times A$ 的初等群, 其中 A 是有限交换群. □

7.8 紧交换群和离散交换群的双酉特征标群

定理 6 设 G 为紧交换群或离散交换群, G^* 为 G 的酉特征标群, G^{**} 为 G^* 的酉特征标群 (也称 G^{**} 是 G 的双酉特征标群), 则拓扑群 G 到 G^{**} 的自然同态 w 是同构, 从而可把 G^{**} 与 G 等同, 即把 G 看成是 G^* 的酉特征标群, 群 G 的元素 x 由关系式 $x(\chi)=\chi(x),\chi\in G^*$ 来确定为 G^* 的酉特征标.

证明 先设 G 为离散交换群. 任取 G 的一个有限生成的子群 H. 根据本节推论 2, $(H^{\perp})^{\perp}\cong(H^*)^*$, 即 $(H^{\perp})^{\perp}$ 与 H 的双酉特征标群 H^{**} 同构, 于是可把它们等同. 把 G 到 G^{**} 的自然同态 ω 限制到 H 上, 它是 H 到 H^{**} 的自然同态. 由于 H 是有限生成的交换群, 因此 H 可分解成有限多个循环群的直积 (参看 [24] 第 100 页的定理 4), 从而 H 是初等群. 根据本节命题 10 得, $\omega|H$ 是拓扑群 H 到 H^{**} 的一个同构. 因此为了证明 ω 是拓扑群 G 到 G^{**} 的同构, 只要证明: 对于任意一对元素 $a\in G,\widetilde{b}\in G^{**}$, 能找到 G 的有限生成的子群 H, 使得 $a\in H,\widetilde{b}\in H^{**}$. 下面来找这样的子群 H. 设 U_0 为 G^* 的单位元 χ_0 的一个开邻域, 满足 $\widetilde{b}(U_0)\subseteq W_1$, 其中 $W_1=\left\{\mathrm{e}^{\mathrm{i}2\pi a}\middle||a|<\frac{1}{3}\right\}$. 根据命题 11 得, G 中存在有限生成的子群 H_1 使得 $H_1^{\perp}\subseteq U_0$. 把 H 取作由 H_1 和 a 生成的子群 (即 H 是包含 H_1 和 a 的最小子群), 则 $H^{\perp}\subseteq H_1^{\perp}\subseteq U_0$. 由于 $\widetilde{b}(H^{\perp})\subseteq\widetilde{b}(U_0)\subseteq W_1$. 因此对于任意 $\chi\in H^{\perp}$, 有 $\widetilde{b}(\chi)\in W_1$. 我们有 $\widetilde{b}(\chi^n)=[\widetilde{b}(\chi)]^n$, 其中 n 是任意正整数. 由于 $\chi\in H^{\perp}$, 因此 $\chi^n\in H^{\perp}$. 从而 $\widetilde{b}[\chi^n]\in W_1$, 即 $[\widetilde{b}(\chi)]^n\in W_1$. 对于 S^1

中元素 $e^{i2\pi a}$, 若 $z \in W_1, z^2 \in W_1, \cdots, z^n \in W_1$, 则容易计算得 $z \in W_n$. 于是从 $[\widetilde{b}(\chi)]^n \in W_1$ 得 $\widetilde{b}(\chi) \in W_n$, 其中 $W_n = \left\{ e^{i2\pi a} \Big| |a| < \dfrac{1}{3n} \right\}, \forall n \in \mathbb{N}^*$. 由此得出 $\widetilde{b}(\chi) = 1, \forall \chi \in H^\perp$. 因此 $\widetilde{b}(H^\perp) = \{1\}$. 从而 $\widetilde{b} \in (H^\perp)^\perp$, 即 $\widetilde{b} \in H^{**}$, 这样我们求出了满足条件 $a \in H, \widetilde{b} \in H^{**}$ 的子群 H, 它是有限生成的子群. 这样我们证明了 ω 是拓扑群 G 到 G^{**} 的同构.

现在设 G 为紧交换群. 根据本章 §6 的推论 3 可得, 对于 G 的每一个非单位元 a, 存在 G 的一个酉特征标 χ 使得 $\chi(a) \neq 1$. 于是 $[w(a)](\chi) = w_a(\chi) = \chi(a) \neq 1$. 因此 $w(a)$ 不是 G^* 的主特征标. 从而 $a \notin \operatorname{Ker} w$. $\forall a \neq e$, 其中 e 是 G 的单位元. 于是 $\operatorname{Ker} w = \{e\}$, 这证明了 w 是单射, 下面来证 w 是满射, 即要证 $w(G) = G^{**}$. 由于 G 是紧交换群, 因此 G^* 是离散交换群. 根据上一段证得的结论, G^* 可看成是 $(G^*)^* = G^{**}$ 的酉特征标群, G^* 的元素 χ 作为 G^{**} 的酉特征标时, 满足关系式

$$\chi[\omega(x)] = \omega(x)(\chi) = \chi(x), \quad \forall x \in G,$$

即 χ 作为 G^{**} 的酉特征标时在 $\omega(x)$ 处的函数值, 与 χ 作为 G 的酉特征标时在 x 处的函数值相等, 于是 G^{**} 的子群 $\omega(G)$ 在 G^{**} 的酉特征标群 $(G^{**})^*$ 中的零化子 $\omega(G)^\perp$ 为

$$\begin{aligned}\omega(G)^\perp &= \{\chi \in (G^{**})^* | \chi[\omega(x)] = 1, \forall \omega(x) \in \omega(G)\} \\ &= \{\chi \in G^* | \chi(x) = 1, \forall x \in G\} \\ &= \{\chi_0\},\end{aligned}$$

其中 χ_0 是 G 的主特征标, 对 G^{**} 和它的子群 $\omega(G)$ 用定理 3 得 $(G^{**}/\omega(G))^* \cong \omega(G)^\perp$. 由于 G 是紧交换群, 因此 G^* 是离散交换群, 从而 G^{**} 是紧交换群. 于是根据本章 §3 第三部分的例 8 得, $G^{**}/\omega(G)$ 也是紧交换群, 假如 $\omega(G) \neq G^{**}$, 则 $G^{**}/\omega(G)$ 中含有非单位元 $\widetilde{b}\omega(G)$ (其中 $\widetilde{b} \in G^{**}$). 根据本章 §6 的推论 3 可得, 存在 $G^{**}/\omega(G)$ 的一个酉特征标 ξ 使得 $\xi(\widetilde{b}\omega(G)) \neq 1$. 因此 ξ 不是 $G^{**}/\omega(G)$ 的主特征标. 从而 $(G^{**}/\omega(G))^*$ 至少有两个元素, 于是 $\omega(G)^\perp$ 至少有两个元素, 矛盾. 因此 $\omega(G) = G^{**}$. 这证明了 ω 是满射.于是 ω 是紧致拓扑空间 G 到 Hausdorff 空间 G^{**} 的一一对应的连续映射, 根据本章 §2 的推论 6 得, ω 是一个同胚映射. 从而 ω 是拓扑群 G 到 G^{**} 的同构. □

定理 6 表明紧交换群 G 可以看成是离散交换群 G^* 的酉特征标群 G^{**}; 离散交换群 G 可以看成是紧交换群 G^* 的酉特征标群. 这揭示了紧交换群与离散交换群之间的对偶关系, 称定理 6 是**紧交换群与离散交换群的基本对偶定理**.

推论 4 设 G 是离散交换群, 则对于 G 的每一个非单位元 a, 存在 G 的一个酉特征标 χ, 使得 $\chi(a) \neq 1$.

证明 由于 ω 是离散交换群 G 到 G^{**} 的同构, 因此 $\operatorname{Ker} \omega = \{e\}$. 从而对于 G 中每个非单位元 a, 都有 $\omega(a)$ 不是 G^* 的主特征标, 于是存在 $\chi \in G^*$, 使得 $[\omega(a)](\chi) \neq 1$, 即 $\chi(a) \neq 1$. □

定理 7 设 G 为紧交换群或离散交换群, H 是拓扑群 G 的子群, 则 $(H^\perp)^\perp = H$.

证明 $H^\perp$ 是 G 的酉特征标群 G^* 的子群. 由于 G 可看成是 G^* 的酉特征标群

G^{**}, 因此

$$\begin{aligned}(H^{\perp})^{\perp} &= \{x \in G | x(\chi) = 1, \forall \chi \in H^{\perp}\} \\ &= \{x \in G | \chi(x) = 1, \forall \chi \in H^{\perp}\}.\end{aligned}$$

又有 $H^{\perp} = \{\chi \in G^* | \chi(h) = 1, \forall h \in H\}$, 因此 $H \subseteq (H^{\perp})^{\perp}$. 假如 $H \neq (H^{\perp})^{\perp}$, 则存在 $b \in (H^{\perp})^{\perp}$, 但是 $b \notin H$, 根据定理 3, $(G/H)^* \cong H^{\perp}$. 由于 G 是紧交换群或离散交换群, 因此 G/H 也是紧交换群或离散交换群. 由于 $b \notin H$, 因此 bH 是 G/H 的非单位元, 根据本章 §6 的推论 3 或本节的推论 4 得, 存在 G/H 的一个酉特征标 $\overline{\xi}_0$ 使得 $\overline{\xi}_0(bH) \neq 1$. 根据定理 3 的探索和证明过程, $(G/H)^*$ 到 $H^{\perp}$ 的同构映射 σ 为 $\sigma(\overline{\xi}) = \xi$, 其中 ξ 是 G 的酉特征标, 且 $\xi(h) = 1, \forall h \in H; \overline{\xi}(gH) = \xi(g), \forall gH \in G/H$. 因此从 $\overline{\xi}_0(bH) \neq 1$ 得 $\xi_0(b) \neq 1$. 由于 b 看成是 G^* 的酉特征标满足 $b(\chi) = \chi(b)$, 因此 $b(\xi_0) = \xi_0(b) \neq 1$. 由于 ξ_0 是 G 的酉特征标且 $\xi_0(h) = 1, \forall h \in H$, 因此 $\xi_0 \in H^{\perp}$. 又由于 $b \in (H^{\perp})^{\perp}$, 因此 $\forall \chi \in H^{\perp}$ 有 $b(\chi) = 1$, 从而 $b(\xi_0) = 1$, 矛盾. 因此 $H = (H^{\perp})^{\perp}$.□

本节定理 5 指出, 设 G 是局部紧交换群, H 是 G 的开子群, 则 H 的酉特征标群 H^* 与 $G^*/H^{\perp}$ 同构. 现在我们设 G 是紧交换群或离散交换群, 则对于拓扑群 G 的任一子群 H 都有 H^* 与 $G^*/H^{\perp}$ 同构, 即有下述定理 8.

定理 8 *设 G 为紧交换群或离散交换群, G^* 为 G 的酉特征标群, H 是拓扑群 G 的任一子群. 对于 $\chi H^{\perp} \in G^*/H^{\perp}$, 令*

$$(\chi H^{\perp})(h) := \chi(h), \quad \forall h \in H,$$

则 $\chi H^{\perp}$ 可看成是 H 的一个酉特征标, 在这样的意义下 $G^*/H^{\perp}$ 是 H 的酉特征标群 H^*.

证明 在定理 5 的探索过程的一开始我们就指出

$$\begin{aligned}\tau : G^*/H^{\perp} &\to H^* \\ \chi H^{\perp} &\mapsto \chi|H\end{aligned}$$

是映射, 因此规定 $(\chi H^{\perp})(h) = \chi(h)$ 是合理的 (即不依赖于陪集 $\chi H^{\perp}$ 的代表 χ 的选取), 从而 $G^*/H^{\perp}$ 的任一元素 $\chi H^{\perp}$ 可看成是 H 的一个酉特征标. 又已证 τ 是单射, 因此 $G^*/H^{\perp}$ 的不同的元素是 H 的不同的酉特征标. 剩下需要证明 H 的任一酉特征标都可以由 $G^*/H^{\perp}$ 的某个元素 $\chi H^{\perp}$ 按照上式的规定得到, 这样 $G^*/H^{\perp}$ 就可看成是 H 的酉特征标群了. 由于 $H^{\perp}$ 是 G^* 的子群, 因此对 G^* 用定理 3 得 $(G^*/H^{\perp})^* \cong (H^{\perp})^{\perp}$. 又根据定理 7 得 $(H^{\perp})^{\perp} = H$. 因此 $(G^*/H^{\perp})^* \cong H$. 于是 H 可看成是 $G^*/H^{\perp}$ 的酉特征标群. 又根据定理 6, G 可看成是 G^* 的酉特征标群. 因此 H 的任一元素 h 既可看成是 $G^*/H^{\perp}$ 的一个酉特征标, 又可看成是 G^* 的一个酉特征标. 从定理 3 的探索证明过程可得, h 作为 $G^*/H^{\perp}$ 的一个酉特征标, 有 $h(\chi H^{\perp}) = h(\chi), \forall \chi H^{\perp} \in G^*/H^{\perp}$, 又 h 作为 G^* 的一个酉特征标, 有 $h(\chi) = \chi(h)$, 因此

$$h(\chi H^{\perp}) = \chi(h), \quad \forall \chi H^{\perp} \in G^*/H^{\perp}, \quad h \in H.$$

由于 G 是紧交换群或离散交换群, 因此 G^* 是离散交换群或紧交换群, 从而 $G^*/H^{\perp}$ 也是离散交换群或紧交换群, 对 $G^*/H^{\perp}$ 用定理 6 得, $G^*/H^{\perp}$ 可看成是 $(G^*/H^{\perp})^*$

的酉特征标群, 从而 $G^*/H^\perp$ 可看成是 H 的酉特征标群, 因此 H 的任一酉特征标可看成是 $G^*/H^\perp$ 的一个元素 $\chi H^\perp$. $G^*/H^\perp$ 的元素 $\chi H^\perp$ 作为 H 的酉特征标由关系式 $(\chi H^\perp)(h) = h(\chi H^\perp)$ 来确定. 结合上面已证明的等式 $h(\chi H^\perp) = \chi(h)$, 便得到

$$(\chi H^\perp)(h) = \chi(h), \quad \forall h \in H.$$

这证明了 H 的任一酉特征标可以由 $G^*/H^\perp$ 的某个元素 $\chi H^\perp$ 按照 $(\chi H^\perp)(h) = \chi(h)$ 来得到, 这就证明了在 $(\chi H^\perp)(h) = \chi(h)$ 的意义下, $G^*/H^\perp$ 是 H 的酉特征标群. □

现在我们来讨论对于紧交换群或离散交换到 G, 它的任一子群 H 的酉特征标 μ 能否扩充成 G 的酉特征标.

定理 9 设 G 为紧交换群或离散交换群, H 为拓扑群 G 的任一子群, a 是 G 的某一不在 H 中的元素, μ 为 H 的一个酉特征标, 则存在 G 的一个酉特征标 χ, 它在 H 上的限制等于 μ, 且 $\chi(a) \neq 1$.

证明 根据定理 8, $G^*/H^\perp$ 是 H 的酉特征标群. 于是存在 $\chi H^\perp \in G^*/H^\perp, \chi H^\perp$ 作为 H 的酉特征标与 μ 重合, 即 $(\chi H^\perp)(h) = \mu(h), \forall h \in H$. 在陪集 $\chi H^\perp$ 中取一个元素 χ_1, 则 $\chi_1 H^\perp = \chi H^\perp$. 从而

$$\chi_1(h) = (\chi_1 H^\perp)(h) = (\chi H^\perp)(h) = \mu(h), \quad \forall h \in H.$$

因此 $\chi_1|H = \mu$. 如果 $\chi_1(a) \neq 1$, 那么 χ_1 就符合要求. 如果 $\chi_1(a) = 1$, 在商群 G/H 中陪集 $aH \neq H$. 由于 G/H 是紧交换群或离散交换群, 因此根据本章 §6 的推论 3 和本节的推论 4 得, 存在 G/H 的一个酉特征标 $\overline{\xi}$ 使得 $\overline{\xi}(aH) \neq 1$. 把商群 G/H 的酉特征标 $\overline{\xi}$ 提升为 G 的酉特征标 ξ, 则 $\xi(a) = \overline{\xi}(aH) \neq 1$, 且 $\mathrm{Ker}\,\xi \supseteq H$. 于是 $\xi(h) = 1, \forall h \in H$. 令 $\chi_2 = \chi_1 \xi$, 则 $\chi_2 \in G^*$ 且

$$\chi_2(a) = (\chi_1 \xi)(a) = \chi_1(a)\xi(a) = \xi(a) \neq 1;$$
$$\chi_2(h) = (\chi_1 \xi)(h) = \chi_1(h)\xi(h) = \chi_1(h) = \mu(h), \forall h \in H.$$

因此 $\chi_2|H = \mu$. 从而 χ_2 符合要求. □

7.9 局部紧交换群的双酉特征标群

现在来研究局部紧交换群 G 与它的双酉特征标群 G^{**} 是否同构.

首先研究局部紧交换群的结构.

定义 5 设 G 是拓扑群, 如果 G 中存在单位元的邻域 V, V 具有紧致闭包 $\overline{V}$, 并且 V 生成整个群 G, 那么称拓扑群 G **具有紧致生成者**.

命题 12 设拓扑群 G 具有紧致生成者 V, 令 $W = V \bigcup V^{-1}$, 则

$$G = W \bigcup W^2 \bigcup \cdots \bigcup W^n \bigcup \cdots,$$

且每一个集合 $\overline{W}^n$ 都是紧致的, 从而 G 是可数个紧致子集的并集.

证明 由于 G 具有紧致生成者 V, 因此 V 是 G 的单位元 e 的邻域. 由于 V 生成群 G, 因此 G 中每个元素 a 可表示成 $a = b_1^{m_1} b_2^{m_2} \cdots b_t^{m_t}$, 其中 $m_j \in \mathbb{N}^*, b_j \in W, j = 1, 2, \cdots, t; t \in \mathbb{N}^*$. 令 $n = \max\{m_1, m_2, \cdots, m_t\}$, 则 $b_j^{m_j} = b_j^{m_j} \mathrm{e}^{n-m_j} \in W^n, j = 1, 2, \cdots, t$. 于是

$$a = (b_1^{m_1} \mathrm{e}^{n-m_1})(b_2^{m_2} \mathrm{e}^{n-m_2}) \cdots (b_t^{m_t} \mathrm{e}^{n-m_t}) \in W^{nt}.$$

由此得出 $G = W \bigcup W^2 \bigcup \cdots \bigcup W^n \bigcup \cdots$.

由于 V 具有紧致闭包 $\overline{V}$, 且求逆运算是连续映射, 因此根据本章 §2 的命题 5 得, V^{-1} 具有紧致闭包, 从而 $W = V\bigcup V^{-1}$ 具有紧致闭包 $\overline{W}$. 由于

$$\overline{W}^n = \underbrace{\overline{W} \times \overline{W} \times \cdots \times \overline{W}}_{n \text{ 个}},$$

因此根据本章 §2 的吉洪诺夫定理得, $\overline{W}^n$ 是紧致的, 从而 G 是可数个紧致子集的并集. □

局部紧交换群可以用具有紧致生成者的子群 "从内部" 来逼近, 即下述命题 13.

命题 13 设 G 是局部紧交换群, F 是 G 的任一紧致子集, 则 G 中存在具有紧致生成者的开子群 H, 使得 $F \subseteq H$.

证明 设 V 是局部紧群 G 的单位元 e 的一个开邻域, 它具有紧致闭包 $\overline{V}$. 令 $U = V\bigcup(VF), W = U\bigcup U^{-1}$. 由于 V 是单位元 e 的开邻域, 且 $e \in V \subseteq U$, 因此 U 是 e 的一个邻域. 从而 W 也是 e 的一个邻域. 根据本章 §2 的命题 4 得, G 的紧致子集 F 是闭集. 于是从 V 具有紧致闭包 $\overline{V}$ 可得出, U 具有紧致闭包 $\overline{U}$. 从而 W 有紧致闭包 $\overline{W}$. 令 $H = W\bigcup W^2\bigcup\cdots\bigcup W^n\bigcup\cdots$, 则对于任意 $h_1, h_2 \in H$, 有 $h_1h_2^{-1} \in H$. 从而 H 是 G 的一个子群. 显然 H 是由 U 生成的子群. 因此 H 具有紧致生成者 U. 由于 V 是 G 的开集, 因此根据习题 6.3 的第 2 题得, VF 是 G 的开集, 从而 $U = V\bigcup(VF)$ 是 G 的开集. 由于 $U = (U^{-1})^{-1}$, 且求逆运算是连续映射, 因此根据本章 §2 的命题 1, 从 U 是开集可推出 U 在求逆运算下的原像集 U^{-1} 是开集. 于是 $W = U\bigcup U^{-1}$ 是开集. 从拓扑积的定义 (见本章 §2 的定义 6) 立即得出, $W^n = \underbrace{W \times W \times \cdots \times W}_{n \text{ 个}}$ 是开集. 从而 $H = W\bigcup W^2\bigcup\cdots\bigcup W^n\bigcup\cdots$ 是 G 的开集, 即 H 是 G 的开子群. 显然 $F \subseteq H$. □

命题 14 设 G 是局部紧交换群, H 是 G 的具有紧致生成者的开子群, 则 G/H 是离散交换群.

证明 为了证 G/H 具有离散拓扑, 只要证 G/H 的每个子集都是开集. 为此只要证 G/H 的每个元素 aH 组成的子集 $\{aH\}$ 是开集. 这只要证 G/H 的单位元 H 组成的子集 $\{H\}$ 是开集. 根据本章 §3 的定理 3, 商群 G/H 配备黏合拓扑成为拓扑群. 根据黏合拓扑的定义得, G/H 的子集 $\{H\}$ 为开集当且仅当 $\{H\}$ 在 π 下的原像集 $\{h|h \in H\} = H$ 是 G 的开集. 由已知条件知道, H 是 G 的开集. 因此 $\{H\}$ 是 G/H 的开集. 从而 G/H 配备的黏合拓扑是离散拓扑. 于是 G/H 是离散交换群. □

从命题 14 受到启发, 我们需要研究具有紧致生成者的交换群的结构, 然后才有希望解决局部紧交换群的双酉特征标群的结构问题.

定理 10 具有紧致生成者的交换群总可以分解成紧子群与初等子群的直积.

定理 10 的证明比较长, 建议读者看 [12] 的第 298—300 页.

现在来研究局部紧交换群的双酉特征标群的结构.

定理 11 设 G 为局部紧交换群, G^* 为 G 的酉特征标群, G^{**} 为 G^* 的酉特征标群, ω 为拓扑群 G 到 G^{**} 的自然同态, 则 ω 是拓扑群 G 到 G^{**} 的同构, 从而可把 G^{**} 与 G 等同, 即把 G 看成是 G^* 的酉特征标群; 群 G 的元素 x 由关系式

$x(\chi)=\chi(x), \chi \in G^*$ 来确定为 G^* 的酉特征标.

证明 由于 G 为局部紧交换群, 因此根据命题 13 得, G 存在具有紧致生成者的开子群 H. 设 H 是 G 的任意一个具有紧致生成者的开子群, 则根据命题 14 得, G/H 是离散群. 根据定理 3, $(G/H)^* \cong H^\perp$. 于是根据推论 1 得, $H^\perp$ 是紧交换群. 根据推论 2 得 $(H^\perp)^\perp \cong (H^*)^*$, 即 $(H^\perp)^\perp$ 可看成是 H 的双酉特征标群, 且 $\omega|H$ 是 H 到 $(H^\perp)^\perp$ 的自然同态. 由于 H 是具有紧致生成者的交换群, 因此根据定理 10 得, H 可分解成一个紧子群与一个初等子群的直积. 根据定理 6、命题 10 和命题 9 得, $\omega|H$ 是 H 到 $(H^\perp)^\perp$ 的同构. 令 $W_n=\left\{\mathrm{e}^{\mathrm{i}2\pi a}\,\middle|\,|a|<\dfrac{1}{3n}\right\}, n\in\mathbb{N}^*$. 由于 $H^\perp$ 是 G^* 的紧致子集, 因此可取 $(G^*)^*$ 的单位元的一个开邻域 $U_0=U(H^\perp, W_1)$, 它满足 $\widetilde{b}(H^\perp)\subseteq W_1, \forall \widetilde{b}\in U_0$. 于是对任意 $\chi\in H^\perp$, 有 $\widetilde{b}(\chi)\in W_1$ 我们有 $\widetilde{b}(\chi^n)=[\widetilde{b}(\chi)]^n$. 由于 $H^\perp$ 是子群, 因此 $\chi^n\in H^\perp$. 从而 $[\widetilde{b}(\chi)]^n=\widetilde{b}(\chi^n)\in W_1$. 由此得出, $\widetilde{b}(\chi)\in W_n, \forall n\in\mathbb{N}^*$. 因此 $\widetilde{b}(\chi)=1, \forall\chi\in H^\perp$. 于是 $\widetilde{b}\in(H^\perp)^\perp$. 从而 $U_0\subseteq(H^\perp)^\perp$. 反之显然有 $(H^\perp)^\perp\subseteq U_0$. 因此 $(H^\perp)^\perp=U_0$. 于是 $(H^\perp)^\perp$ 是 G^{**} 的一个开子群. 从而 ω 把 G 的开子群 H 映成 G^{**} 的开子群 $(H^\perp)^\perp$. 根据本章 §3 的定理 1 可得, ω 是拓扑群 G 到拓扑群 G^{**} 的开同态.

我们要证 w 是拓扑群 G 到拓扑群 G^{**} 的同构. 如果能证明: 对于任意一对元素 $a\in G, \widetilde{c}\in G^{**}$, 在 G 中能找到具有紧致生成者的开子群 H, 使得 $a\in H, \widetilde{c}\in H^{**}$, 那么 ω 是 G 到 G^{**} 的双射. 又由于 ω 是拓扑群 G 到拓扑群 G^{**} 的开同态, 因此 ω 把 G 的任一开集映成 G^{**} 的开集. 从而对 $\omega^{-1}: G^{**}\to G$ 用本章 §2 的命题 1 得, ω^{-1} 是 G^{**} 到 G 的连续映射. 因此 ω 是拓扑空间 G 到 G^{**} 的同胚映射. 从而 ω 是拓扑群 G 到 G^{**} 的同构.

设 U_0 是 G^* 的单位元 χ_0 的一个开邻域, 它满足 $\widetilde{c}(U_0)\subseteq W_1$. 设 V_1 是 G 的单位元 e 的一个邻域, 它具有紧致闭包 $\overline{V}_1$, 用 H_1 表示 G 中由 V_1 生成的子群. 于是 H_1 是 G 的具有紧致生成者的子群. 从命题 13 的证明过程知道, H_1 是 G 的开子群. 于是根据命题 14 得, G/H_1 是离散交换群, 根据定理 3 得 $(G/H_1)^*\cong H_1^\perp$, 即 $H_1^\perp$ 是离散交换群 G/H_1 的酉特征标群. 对离散交换群 G/H_1 用命题 11 得, G/H_1 中存在有限生成的子群 H_2/H_1, 使得 H_2/H_1 在 $(G/H_1)^*$ 中的零化子 $(H_2/H_1)^\perp$ 包含于 $(G/H_1)^*$ 的单位元的一个开邻域. 由于 $H_1^\perp$ 可看成是 $(G/H_1)^*$, 因此 $(G/H_1)^*$ 的单位元的一个开邻域可取成 $H_1^\perp$ 的单位元的一个开邻域, 即 G^* 的单位元的一个开邻域 U_0. 从而 $(H_2/H_1)^\perp\subseteq U_0$, 且 $(H_2/H_1)^\perp$ 可看成是 H_2/H_1 在 $H_1^\perp$ 中的零化子. 设 H_2/H_1 的生成元为 $x_1H_1, x_2H_1, \cdots, x_mH_1$. 根据定理 3 的探索证明过程, $(G/H_1)^*$ 到 $H_1^\perp$ 的同构映射 σ 为 $\sigma(\overline{\xi})=\xi$, 其中 $\overline{\xi}(gH_1)=\xi(g), \forall gH_1\in G/H_1$. 任取 $\overline{\xi}\in(H_2/H_1)^\perp$, 则 $\overline{\xi}(x_iH_1)=1$, 从而 $\xi(x_i)=1, i=1,2,\cdots,m$. 由于 $(H_2/H_1)^\perp$ 可看成是 H_2/H_1 在 $H_1^\perp$ 中的零化子, 因此 $\xi\in H_1^\perp$, 从而 $\xi(h)=1, \forall h\in H_1$. 由于 H_2/H_1 的生成元为 $x_1H_1, x_2H_1, \cdots, x_mH_1$, 因此

$$H_2=\{x_1^{r_1}\cdots x_m^{r_m}h|h\in H_1, r_i\in\mathbb{Z}, i=1,2,\cdots,m\}.$$

于是 $\forall\overline{\xi}\in(H_2/H_1)^\perp$, 有 $\xi(x_1^{r_1}\cdots x_m^{r_m}h)=\xi(x_1)^{r_1}\cdots\xi(x_m)^{r_m}\xi(h)=1$, 因此 $\xi\in H_2^\perp$.

于是 $(H_2/H_1)^\perp$ 可看成是 $H_2^\perp$ 的子集. 显然, $\forall \xi \in H_2^\perp$, 有 $\overline{\xi}(x_iH_1) = \xi(x_i) = 1$, 因此 $(H_2/H_1)^\perp = H_2^\perp$. 于是 $H_2^\perp \subseteq U_0$. 令 $V = V_1 \bigcup \{x_1, x_2, \cdots, x_m, a\}$, 由于 V_1 具有紧致闭包 $\overline{V}_1$, 因此 V 具有紧致闭包 $\overline{V}$. 用 H 表示 G 中由 V 生成的子群, 则 H 是 G 的具有紧致生成者的开子群. 显然 $H_2 \subseteq H$. 于是 $H^\perp \subseteq H_2^\perp \subseteq U_0$. 从而对于所给的 $\widetilde{c} \in G^{**}$, 有 $\widetilde{c}(H^\perp) \subseteq \widetilde{c}(U_0) \subseteq W_1$. 因此 $\forall \chi \in H^\perp$, 有 $\widetilde{c}(\chi) \in W_1$. 由此可推出 $\widetilde{c}(\chi) \in W_n, \forall n \in \mathbb{N}^*$. 从而 $\widetilde{c}(\chi) = 1$. 于是 $\widetilde{c} \in (H^\perp)^\perp$. 前面已指出, $(H^\perp)^\perp$ 可看成是 H 的双酉特征标群 H^{**}, 因此 $\widetilde{c} \in H^{**}$. 又从 H 的构作方法知道, $a \in H$. 这样我们证明了 w 是拓扑群 G 到 G^{**} 的同构. □

推论 5 设 G 是局部紧交换群, 则对于 G 的每一个非单位元 a, 存在 G 的一个酉特征标 χ, 使得 $\chi(a) \neq 1$.

证明 由于 ω 是局部紧交换群 G 到 G^{**} 的同构, 因此 $\mathrm{Ker}\,\omega = \{e\}$. 从而对于 G 中每个非单位元 a, 都有 $\omega(a)$ 不是 G^* 的主特征标. 于是存在 $\chi \in G^*$, 使得 $[\omega(a)](\chi) \neq 1$, 即 $\chi(a) \neq 1$. □

定理 12 设 G 为局部紧交换群, H 是拓扑群 G 的子群, 则

$$(H^\perp)^\perp = H.$$

证明 类似于定理 7 的证明. □

定理 5 曾给出了局部紧交换群的开子群 H 的酉特征标群 H^* 的结构: $H^* \cong G^*/H^\perp$, 下面的定理 13 则给出了局部紧交换群的任一子群的酉特征标群的结构.

定理 13 设 G 是局部紧交换群, H 是拓扑群 G 的任一子群, 对于 $\chi H^\perp \in G^*/H^\perp$, 令

$$(\chi H^\perp)(h) := \chi(h), \quad \forall h \in H,$$

则 $\chi H^\perp$ 可看成是 H 的一个酉特征标, 在这样的意义下, $G^*/H^\perp$ 是 H 的酉特征标群.

证明 类似于定理 8 的证明. □

局部紧交换群的任一子群的酉特征标也可扩充为整个群的酉特征标, 即我们有下面的定理 14.

定理 14 设 G 是局部紧交换群, H 是拓扑群 G 的任一子群, $a \in G$ 且 $a \notin H, \mu$ 为 H 的一个酉特征标, 则存在 G 的一个酉特征标 χ, 使得 $\chi|H = \mu$, 且 $\chi(a) \neq 1$.

证明 类似于定理 9 的证明. □

§8 局部紧的 Hausdorff 拓扑群上的 Haar 测度

为了研究局部紧拓扑群的复线性表示, 本节来建立局部紧拓扑群上的不变积分.

8.1 测度, 可测函数, 积分

在黎曼积分的定义中需要考虑小区间 $[x_{j-1}, x_j]$ 的长度 $x_j - x_{j-1}$. 由此受到启发, 为了对于拓扑群 G 上的实值函数定义它在 G 的某个子集 A 上的积分, 就需要对于拓扑空间 G 的子集定义类似于长度的概念, 称之为 “测度”. 注意到: 若

$[a,b]\bigcap[c,d]=\varnothing$, 则 $[a,b]\bigcup[c,d]$ 的长度等于 $[a,b]$ 的长度与 $[c,d]$ 的长度之和. 因此对于拓扑空间 G 的子集定义的 "测度" 应当有类似于区间的长度这样的 "可加" 性质, 为此首先需要在所考虑的拓扑空间 G 的一些子集组成的集合中, 对于集合的交、并、补三种运算封闭. 设 X 是一个集合, $\mathscr{A}$ 是 X 的一些子集组成的集合, 显然要求 $\mathscr{A}$ 不是空集, 因此自然地要求 $\varnothing\in\mathscr{A}$. 设 $A\in\mathscr{A}, A$ 在 X 中的补集 $X\backslash A$ 也记作 A^c. 设 $A,B\in\mathscr{A}$, 由于 $A\bigcap B=(A^c\bigcup B^c)^c$, 因此只要 $\mathscr{A}$ 对于集合的并和补两种运算封闭就必然对于集合的交运算封闭. 从而 $\mathscr{A}$ 就有集合的并、交、补三种运算. 类比域 F 上的代数 $\mathscr{A}$ 是具有加法、乘法和纯量乘法三种运算, 于是引出下述概念.

定义 1 设 X 是一个集合, $\mathscr{A}$ 是 X 的一些子集组成的非空集合, 如果 $\mathscr{A}$ 对于补运算和并运算封闭, 即

(1) 若 $A\in\mathscr{A}$, 则 $A^c\in\mathscr{A}$;

(2) 若 $A\in\mathscr{A}$ 且 $B\in\mathscr{A}$, 则 $A\bigcup B\in\mathscr{A}$,

那么称 $\mathscr{A}$ 是一个代数.

设 $\mathscr{A}$ 是 X 的一些子集组成的一个代数, 由于 $\mathscr{A}$ 非空集, 因此存在 $A\in\mathscr{A}$, 于是 $A^c\in\mathscr{A}$, 由于 $\mathscr{A}$ 对于交运算也封闭, 因此 $A\bigcap A^c\in\mathscr{A}$. 于是 $\varnothing\in\mathscr{A}$. 进而有 $X=\varnothing^c\in\mathscr{A}$, 因此任一代数 $\mathscr{A}$ 至少含有 X 的两个子集: $\varnothing$ 和 X.

由于集合的并运算满足结合律, 因此对于代数 $\mathscr{A}$, 若 $A_1,A_2,\cdots,A_n\in\mathscr{A}$, 则 $\bigcup\limits_{i=1}^{n}A_i\in\mathscr{A}$.

从实数轴上的区间的长度具有 "可加" 的性质 (见定义 1 上面一段话), 引出下述概念.

定义 2 设 $\mathscr{A}$ 是集合 X 的一些子集组成的代数, 定义域为 $\mathscr{A}$ 的实值 (也可取 $\pm\infty$) 函数 μ 如果满足: 对于 $A,B\in\mathscr{A}$, 且 $A\bigcap B=\varnothing$, 有 $\mu(A\bigcup B)=\mu(A)+\mu(B)$, 那么称 μ 是 $\mathscr{A}$ 上的**有限可加** (或**简单可加**) **函数**.

设 μ 是代数 $\mathscr{A}$ 上的有限可加函数, 则容易用数学归纳法证明: 对于 $\mathscr{A}$ 中两两不相交的元素 $A_1,A_2,\cdots,A_n$, 有

$$\mu\left(\bigcup_{i=1}^{n}A_i\right)=\sum_{i=1}^{n}\mu(A_i). \tag{1}$$

从定义 2 中看到, 定义域为代数 $\mathscr{A}$ 的有限可加函数 μ 的陪域为 $\mathbb{R}\bigcup\{\pm\infty\}$, 记作 $\overline{\mathbb{R}}$, 或 $[-\infty,+\infty]$, 称 $\overline{\mathbb{R}}$ 为扩充了的实数集. 规定: $\forall t\in\mathbb{R}$, 有 $-\infty<t<+\infty$. 实数集 $\mathbb{R}$ 有加法和乘法运算, 为了使 $\overline{\mathbb{R}}$ 也有加法和乘法运算, 并且仍具有实数集 $\mathbb{R}$ 的有关加法和乘法的运算法则, 我们规定: $\forall t\in\mathbb{R}$,

(1) $\pm\infty+t=t+\pm\infty=\pm\infty$;

(2) $+\infty+(+\infty)=+\infty, (-\infty)+(-\infty)=-\infty$;

(3) $+\infty+(-\infty)$ 是不确定的;

(4) 若 $t>0$, 则 $t(\pm\infty)=(\pm\infty)t=\pm\infty$;

若 $t<0$, 则 $t(\pm\infty)=(\pm\infty)t=\mp\infty$;

(5) $0(\pm\infty)=(\pm\infty)0=0$.

上述 (1)—(4) 都是很自然的规定. 对于 (5) 为什么这么规定呢? 这是因为我们要求 $\mathbb{R}$ 仍具有乘法对加法的分配律, 于是有

$$0(\pm\infty) = (0+0)(\pm\infty) = 0(\pm\infty) + 0(\pm\infty), \tag{2}$$

(2) 式两边加上 $0(\pm\infty)$ 的相反数 $-[0(\pm\infty)]$, 得

$$-[0(\pm\infty)] + 0(\pm\infty) = -[0(\pm\infty)] + 0(\pm\infty) + 0(\pm\infty),$$

由此得出

$$0 = 0(\pm\infty).$$

同理可证

$$0 = (\pm\infty)0.$$

为了能够处理极限过程, 我们把定义 1 的条件加强, 引出下述重要概念.

定义 3 设 $\mathscr{A}$ 是集合 X 的一些子集组成的非空集合, 如果 $\mathscr{A}$ 满足下列两个条件:

(1) 若 $A \in \mathscr{A}$, 则 $A^c \in \mathscr{A}$;

(2) 若 $A_k \in \mathscr{A}, k = 1, 2, \cdots$, 则 $\bigcup\limits_{k=1}^{\infty} A_k \in \mathscr{A}$,

那么称 $\mathscr{A}$ 是一个 **σ-代数**.

定义 3 表明 σ-代数 $\mathscr{A}$ 对于 "可数并" 运算封闭, 且对于补运算封闭, 容易直接验证:

$$\bigcap_{k=1}^{\infty} A_k = \left(\bigcup_{k=1}^{\infty} A_k^c\right)^c, \tag{3}$$

因此 σ-代数 $\mathscr{A}$ 对于 "可数交" 运算也封闭. 由于 σ-代数 $\mathscr{A}$ 也是代数, 因此 $\varnothing \in \mathscr{A}$, 且 $X \in \mathscr{A}$.

如果 $\mathscr{A}$ 是集合 X 上的一个 σ-代数, 那么 X 或 $(X, \mathscr{A})$ 称为一个**可测空间**; $\mathscr{A}$ 的元素称为 X 的**可测集**.

不难看出, 集合 X 的子集的代数 (或 σ-代数) 组成的非空集合, 其交集仍然是一个代数 (或 σ-代数). 特别地, 给定集合 X 的子集组成的一个集合 $\mathscr{S}$, 包含 $\mathscr{S}$ 的所有代数 (或 σ-代数) 的交称为**由 $\mathscr{S}$ 生成的代数 (或 σ-代数)**.

定义 4 设 X 是一个拓扑空间, 则由 X 的给定的一些闭子集生成的 σ-代数称为 **Borel 代数**, 或者 X 的 **Borel 集类**, 它的每一个元素叫做一个 **Borel 集**.

于是拓扑空间 X 的每一个闭集是一个 Borel 集, 每一个开集 (它是某个闭集的补集) 也是 Borel 集. 开集的每一个可数交集是 Borel 集, 每一个能够表示成这种可数交集的可数并集是一个 Borel 集, 等等.

$\mathbb{R}$ 的由形式为 $(-\infty, a]$ 的区间生成的 σ-代数 $\mathscr{B}$ 是 Borel 代数. 由于 $(a, b] = (-\infty, b] \bigcap (-\infty, a]^c$, 因此任意区间 $(a, b] \in \mathscr{B}$. 由于任何开区间是形如 $(a, b_n]$ 的区间的并集, 因此任何开区间属于 $\mathscr{B}$. 根据本章 §2 的例 1 得, 任何开集是开区间的并集, 因此任何开集属于 $\mathscr{B}$. 于是每一个 Borel 集 (它可能是其他的 Borel 代数的元素) 属于 $\mathscr{B}$.

实数轴上区间 $[a,b]$ 的长度是非负实数, $(-\infty,+\infty)$ 的长度是 $+\infty$. 由此受到启发, 引出下列概念.

定义 5　设 $\mathscr{A}$ 是集合 X 的一些子集组成的集合, 定义域为 $\mathscr{A}$、陪域为扩充了的非负实数集 $\mathbb{R}_+\bigcup\{+\infty\}$ (记作 $\overline{\mathbb{R}_+}$) 的函数 μ 如果满足: 对于 $\mathscr{A}$ 中两两不相交的集合的序列 (A_k), 且它们的并集也属于 $\mathscr{A}$, 有

$$\mu\left(\bigcup_{k=1}^{\infty} A_k\right)=\sum_{k=1}^{\infty}\mu(A_k), \tag{4}$$

那么称 μ 是 $\mathscr{A}$ 上的**可数可加函数**.

定义 6　设 X 是一个集合, $\mathscr{A}$ 是 X 的一些子集组成的 σ-代数, 则 $\mathscr{A}$ 上的一个可数可加函数 μ 称为 X 上的一个**测度**.

设 $(X,\mathscr{A})$ 是一个可测空间. 若在 $\mathscr{A}$ 上定义了一个测度 μ, 则称 $(X,\mathscr{A},\mu)$ 是一个**测度空间**.

定义 7　设 X 是一个拓扑空间, 定义域为 X 的 Borel 代数的一个测度称为一个 **Borel 测度**.

注　有的文献中, Borel 测度是指在 Borel 集上定义的测度, 它具有在紧致集上有有限测度的可加性质.

如何判断一个代数 $\mathscr{A}$ 上的有限可加函数 μ 是否具有可数可加性呢?

命题 1　设 μ 是定义在代数 $\mathscr{A}$ 上的有限可加函数, 则 μ 是可数可加的当且仅当它有 "下连续性": 如果对每一个正整数 n 有 $A_n\in\mathscr{A}$ 且 $A_n\subseteq A_{n+1}$, 并且如果 $\bigcup\limits_{n=1}^{\infty}A_n\in\mathscr{A}$, 那么 $\mu\left(\bigcup\limits_{n=1}^{\infty}A_n\right)=\lim\limits_{n\to\infty}\mu(A_n)$.

证明　必要性. 设 μ 是可数可加的. 令

$$B_1=A_1,\quad B_n=A_n\backslash A_{n-1},\quad 当\ n>1,$$

则 $A_n=\bigcup\limits_{k=1}^{n}B_k$, 并且集合 $B_1,B_2,B_3,\cdots$ 是两两不相交的, 于是

$$\begin{aligned}\mu\left(\bigcup_{n=1}^{\infty}A_n\right)&=\mu\left(\bigcup_{k=1}^{\infty}B_k\right)=\sum_{k=1}^{\infty}\mu(B_k)\\&=\lim_{n\to\infty}\sum_{k=1}^{n}\mu(B_k)=\lim_{n\to\infty}\mu\left(\bigcup_{k=1}^{n}B_k\right)=\lim_{n\to\infty}\mu(A_n).\end{aligned}$$

充分性. 设 μ 是有限可加的, 并且具有 "下连续性". 设 (A_n) 是 $\mathscr{A}$ 中两两不相交的集合的序列, 令 $B_n=\bigcup\limits_{k=1}^{n}A_k$, 则对每一个正整数 n, 有 $B_n\subseteq B_{n+1}$. 记 $B=\bigcup\limits_{n=1}^{\infty}B_n$, 则 $B=\bigcup\limits_{k=1}^{\infty}A_k$. 由于 μ 具有 "下连续性", 且 μ 是有限可加的, 因此

$$\mu(B)=\mu\left(\bigcup_{n=1}^{\infty}B_n\right)=\lim_{n\to\infty}\mu(B_n)=\lim_{n\to\infty}\mu\left(\bigcup_{k=1}^{n}A_k\right)$$

$$= \lim_{n\to\infty}\sum_{k=1}^{n}\mu(A_k) = \sum_{k=1}^{\infty}\mu(A_k).$$

于是

$$\mu\left(\bigcup_{k=1}^{\infty}A_k\right) = \sum_{k=1}^{\infty}\mu(A_k),$$

即 μ 具有可数可加性. □

要在集合 X 上建立一个测度是困难的工作, 这是因为 σ-代数的结构一般来说是很复杂的. 例如, 想定义平面上开集的面积就不容易. 从平面上图形的面积具有的一些性质受到启发, 我们首先引进下述概念.

定义 8 设 X 是一个集合, 定义域为 X 的所有子集组成的集合 $\mathscr{P}(X)$ 的 $\overline{\mathbb{R}}_+$ 值函数 μ^* 如果满足:

(1) $\mu^*(\varnothing) = 0$;

(2) 若 $A \subseteq B$, 则 $\mu^*(A) \leqslant \mu^*(B)$(单调性);

(3) 对于 X 的子集的任一序列 (A_n), 我们有

$$\mu^*\left(\bigcup_{n=1}^{\infty}A_n\right) \leqslant \sum_{n=1}^{\infty}\mu^*(A_n),$$

那么称 μ^* 是 X 上的一个**外测度**.

定义 8 中的性质 (3) 称为**可数次可加性**.

对于平面上的不规则图形, 可以作出覆盖这个图形的许多小正方形, 然后用这些小正方形的面积之和来逼近不规则图形的面积. 由此受到启发, 下述引理 1 描述了构造外测度的一般方法.

引理 1 设 X 是一个集合. $\mathscr{C}$ 是 X 的一些子集组成的集合, $\mathscr{C}$ 中有可数个子集的并集等于 X. 设 λ 是定义域为 $\mathscr{C}$ 的非负实值函数. 如果 μ^* 是定义域为 $\mathscr{P}(X)$ 的函数, 它满足 $\mu^*(\varnothing) = 0$, 且对于 $A \subseteq X, A \neq \varnothing$, 有

$$\mu^*(A) = \inf\left\{\sum_{n=1}^{\infty}\lambda(C_n)\,\middle|\, C_n \in \mathscr{C}, \bigcup_{n=1}^{\infty}C_n \supseteq A\right\}, \tag{5}$$

那么 μ^* 是 X 上的一个外测度.

证明 由于 $\mathscr{C}$ 中有可数个子集的并集等于 X, 因此 $\mathscr{C}$ 中有子集 $C_1, C_2, \cdots$, 使得 $\bigcup\limits_{n=1}^{\infty}C_n \supseteq A$. 从而 (5) 式右边的集合不是空集. 由于 λ 是 $\mathscr{C}$ 上的非负实值函数, 因此 (5) 式右边的集合有下界 0. 根据确界存在定理得, (5) 式右边的集合必有下确界, 从而 $\mu^*(A)$ 存在且唯一, 其中 $A \subseteq X$, 且 $A \neq \varnothing$. 因此 μ^* 是定义域为 $\mathscr{P}(X)$ 的 $\overline{\mathbb{R}}_+$ 值函数, 若 $A \subseteq B$, 且 $A \neq \varnothing, B \neq \varnothing$, 则

$$\left\{\sum_{n=1}^{\infty}\lambda(C_n)\,\middle|\, C_n \in \mathscr{C}, \bigcup_{n=1}^{\infty}C_n \supseteq A\right\} \supseteq \left\{\sum_{n=1}^{\infty}\lambda(D_n)\,\middle|\, D_n \in \mathscr{C}, \bigcup_{n=1}^{\infty}D_n \supseteq B\right\},$$

从而 $\mu^*(A) \leqslant \mu^*(B)$. 由于 $\mu^*(\varnothing) = 0$, 因此 $\mu^*(\varnothing) \leqslant \mu^*(A)$, 这证明了 μ^* 具有单调性. 下面来证 μ^* 具有可数次可加性. 设 (A_n) 是 X 的子集的任一序列, 任给 $\varepsilon > 0$,

对于每个 n, 根据 (5) 式, 我们可以选择 $C_{n,k} \in \mathscr{C}(k=1,2,\cdots)$, 使得 $A_n \subseteq \bigcup_{k=1}^{\infty} C_{n,k}$, 且

$$\sum_{k=1}^{\infty} \lambda(C_{n,k}) \leqslant \mu^*(A_n) + \frac{\varepsilon}{2^n}.$$

由于可数族 $\{C_{n,k} | n,k=1,2,\cdots\}$ 覆盖 $\bigcup_{n=1}^{\infty} A_n$, 因此对 $\bigcup_{n=1}^{\infty} A_n$ 用 (5) 式得

$$\begin{aligned}\mu^*\left(\bigcup_{n=1}^{\infty} A_n\right) &\leqslant \sum_{n,k} \lambda(C_{n,k}) = \sum_{n=1}^{\infty}\sum_{k=1}^{\infty} \lambda(C_{n,k}) \\ &\leqslant \sum_{n=1}^{\infty}(\mu^*(A_n) + \varepsilon 2^{-n}) = \sum_{n=1}^{\infty} \mu^*(A_n) + \varepsilon.\end{aligned}$$

从而 μ^* 具有可数次可加性. 综上所述得, μ^* 是 X 上的一个外测度. □

例 1 构造 $\mathbb{R}^n$ 上的一个外测度, 取 $\mathscr{C}$ 是由 $\mathbb{R}^n$ 的下述形式的子集组成的集合:

$$D = \{(x_1, x_2, \cdots, x_n) \in \mathbb{R}^n | a_i < x_i < b_i, i=1,2,\cdots,n\},$$

令

$$\lambda(D) = \prod_{i=1}^{n}(b_i - a_i).$$

利用引理 1 的方法可构造出 $\mathbb{R}^n$ 上的一个外测度 m^*, 称它为 $\mathbb{R}^n$ 上的 **Lebesgue 外测度**.

现在来探讨如何利用外测度来构造测度.

平面上一个不规则图形 E 如果可以计算出面积的话, 那么对于平面上任一图形 A 都有 A 的面积等于 $A\bigcap E$ 的面积与 $A\bigcap E^c$ 的面积之和. 由此受到启发, 引出下述概念.

定义 9 设 X 是一个集合, μ^* 是 X 上的一个外测度. X 的一个子集 E 如果满足下述条件: 对于每个 $A \subseteq X$, 都有

$$\mu^*(A) = \mu^*(A\bigcap E) + \mu^*(A\bigcap E^c), \tag{6}$$

那么称 E 是 μ^*-**可测集**.

命题 2 设 μ^* 是集合 X 上的一个外测度. 对于 X 的子集 E, 若 $\mu^*(E)=0$, 则 E 是 μ^*-可测集.

证明 设 $\mu^*(E)=0$. 任取 $A \subseteq X$. 由于 $A\bigcap E \subseteq E$, 因此由 μ^* 的单调性得 $\mu^*(A\bigcap E) \leqslant \mu^*(E) = 0$. 从而 $\mu^*(A\bigcap E)=0$. 由 μ^* 的次可加性和单调性得

$$\begin{aligned}\mu^*(A) &= \mu^*[(A\bigcap E)\bigcup(A\bigcap E^c)] \leqslant \mu^*(A\bigcap E) + \mu^*(A\bigcap E^c) \\ &= \mu^*(A\bigcap E^c) \leqslant \mu^*(A).\end{aligned}$$

因此

$$\mu^*(A) = \mu^*(A\bigcap E) + \mu^*(A\bigcap E^c).$$

从而 E 是 μ^*-可测集. □

有了 μ^*-可测集的概念, 就可以利用 X 上的一个外测度 μ^* 构造出 X 上的一个测度, 即下述定理 1.

定理 1 设 μ^* 是 X 上的一个外测度, X 的所有 μ^*-可测集组成的集合记作 $\mathscr{U}$, 则 $\mathscr{U}$ 是一个 σ-代数, 并且 μ^* 到 $\mathscr{U}$ 的限制是 X 上的一个测度.

证明 首先证明 $\mathscr{U}$ 是一个代数. 由于 $\mu^*(\varnothing)=0$, 因此根据命题 2 得 $\varnothing\in\mathscr{U}$. 从而 $\mathscr{U}$ 非空集. 若 $E\in\mathscr{U}$, 则对于任意 $A\subseteq X$ 都有

$$\mu^*(A)=\mu^*(A\bigcap E)+\mu^*(A\bigcap E^c).$$

由于 $(E^c)^c=E$, 因此从上式得 $E^c\in\mathscr{U}$. 现在设 $E\in\mathscr{U}$, 且 $F\in\mathscr{U}$, 则对于任意 $A\subseteq X$, 我们有

$$\mu^*(A)=\mu^*(A\bigcap E)+\mu^*(A\bigcap E^c). \tag{7}$$

由于 $F\in\mathscr{U}$, 因此对集合 $A\bigcap E^c$ 用定义 9 中 μ^*-可测集应满足的条件得

$$\mu^*(A\bigcap E^c)=\mu^*(A\bigcap E^c\bigcap F)+\mu^*(A\bigcap E^c\bigcap F^c). \tag{8}$$

用 (8) 式代入 (7) 式得

$$\mu^*(A)=\mu^*(A\bigcap E)+\mu^*(A\bigcap E^c\bigcap F)+\mu^*(A\bigcap E^c\bigcap F^c). \tag{9}$$

由于 μ^* 具有次可加性, 因此

$$\mu^*(A\bigcap E)+\mu^*(A\bigcap E^c\bigcap F)\geqslant\mu^*[(A\bigcap E)\bigcup(A\bigcap E^c\bigcap F)]. \tag{10}$$

运用集合的交、并运算的分配律得

$$\begin{aligned}(A\bigcap E)\bigcup(A\bigcap E^c\bigcap F)&=[(A\bigcap E)\bigcup(A\bigcap F)]\bigcap[(A\bigcap E)\bigcup E^c]\\&=[A\bigcap(E\bigcup F)]\bigcap[(A\bigcup E^c)\bigcap(E\bigcup E^c)]\\&=[A\bigcap(E\bigcup F)]\bigcap(A\bigcup E^c)\\&=A\bigcap(E\bigcup F).\end{aligned} \tag{11}$$

把 (11) 式代入 (10) 式, 然后代入 (9) 式, 得

$$\begin{aligned}\mu^*(A)&\geqslant\mu^*[(A\bigcap E)\bigcup(A\bigcap E^c\bigcup F)]+\mu^*(A\bigcap E^c\bigcap F^c)\\&=\mu^*[A\bigcap(E\bigcup F)]+\mu^*[A\bigcap(E\bigcup F)^c].\end{aligned} \tag{12}$$

根据 μ^* 的次可加性, 又有

$$\mu^*(A)\leqslant\mu^*[A\bigcap(E\bigcup F)]+\mu^*[A\bigcap(E\bigcup F)^c], \tag{13}$$

从 (12)、(13) 式得 $\mu^*(A)=\mu^*[A\bigcap(E\bigcup F)]+\mu^*[A\bigcap(E\bigcup F)^c]$. 因此 $E\bigcup F$ 是 μ^*-可测集. 从而 $E\bigcup F\in\mathscr{U}$. 这证明了 $\mathscr{U}$ 是一个代数.

下面来证 $\mathscr{U}$ 在可数并运算下封闭, 以及 μ^* 限制到 $\mathscr{U}$ 上具有可数可加性. 由于 $\mathscr{U}$ 是代数, 因此 $\mathscr{U}$ 在有限并运算下是封闭的. 那么, μ^* 限制到 $\mathscr{U}$ 上是否具有有限可加性呢? 设 $E_1,\cdots,E_n\in\mathscr{U}$, 且 $E_i\bigcap E_j=\varnothing$, 当 $i\neq j$. 如果能证明: $\forall A\subseteq X$ 有

$$\mu^*\left(A\bigcap\bigcup_{j=1}^n E_j\right)=\sum_{j=1}^n\mu^*(A\bigcap E_j), \tag{14}$$

那么取 $A=X$ 就得到 μ^* 具有有限可加性. 我们用数学归纳法证明 (14) 式成立. 当 $n=1$ 时, (14) 式显然成立. 假设对于正整数 n, (14) 式成立. 现在来看 $n+1$ 的情形. 设 $E_1,\cdots,E_n,E_{n+1}\in\mathscr{U}$, 且它们两两不相交. 令 $F=\bigcup\limits_{j=1}^n E_j$, 则 $F\in\mathscr{U}$. 于是

对于 $A'=A\bigcap\left(\bigcup\limits_{k=1}^{n+1}E_k\right)$, 由 (6) 式得

$$\mu^*\left[A\bigcap\left(\bigcup_{k=1}^{n+1}E_k\right)\right]=\mu^*(A'\bigcap F)+\mu^*(A'\bigcap F^c). \tag{15}$$

由于 $A'\bigcap F=A\bigcap\left(\bigcup\limits_{k=1}^{n+1}E_k\right)\bigcap\left(\bigcup\limits_{j=1}^{n}E_j\right)=A\bigcap\bigcup\limits_{j=1}^{n}E_j$,

$$\begin{aligned}A'\bigcap F^c&=\left[A\bigcap\left(\bigcup_{k=1}^{n+1}E_k\right)\right]\bigcap F^c=A\bigcap(F\bigcup E_{n+1})\bigcap F^c=A\bigcap(E_{n+1}\bigcap F^c)\\&=A\bigcap E_{n+1},\end{aligned}$$

因此从 (15) 式以及运用归纳假设得

$$\begin{aligned}\mu^*\left[A\bigcap\left(\bigcup_{k=1}^{n+1}E_k\right)\right]&=\mu^*\left(A\bigcap\bigcup_{j=1}^{n}E_j\right)+\mu^*(A\bigcap E_{n+1})\\&=\sum_{j=1}^{n}\mu^*(A\bigcap E_j)+\mu^*(A\bigcap E_{n+1})=\sum_{k=1}^{n+1}\mu^*(A\bigcap E_k).\end{aligned}$$

根据数学归纳法原理, (14) 式对一切正整数 n 成立. 取 $A=X$, 从 (14) 式得 μ^* 限制到 $\mathscr{U}$ 上具有有限可加性.

现在来证 $\mathscr{U}$ 在可数不交并运算下封闭. 设 (E_n) 是两两不相交的 μ^*-可测集序列. 令 $F_n=\bigcup\limits_{k=1}^{n}E_k, F=\bigcup\limits_{n=1}^{\infty}E_n$, 则对于任意 $A\subseteq X$, 由于 $A\bigcap F_n^c\supseteq A\bigcap F^c$, 因此利用 μ^* 的单调性以及 (14) 式, 对每个正整数 n, 我们有

$$\begin{aligned}\mu^*(A)&=\mu^*(A\bigcap F_n)+\mu^*(A\bigcap F_n^c)\\&\geqslant\mu^*(A\bigcap F_n)+\mu^*(A\bigcap F^c)\\&=\sum_{k=1}^{n}\mu^*(A\bigcap E_k)+\mu^*(A\bigcap F^c).\end{aligned} \tag{16}$$

在 (16) 式两边令 $n\to\infty$ 取极限得

$$\mu^*(A)\geqslant\sum_{k=1}^{\infty}\mu^*(A\bigcap E_k)+\mu^*(A\bigcap F^c). \tag{17}$$

由于 $A\bigcap F=A\bigcap\left(\bigcup\limits_{k=1}^{\infty}E_k\right)=\bigcup\limits_{k=1}^{\infty}(A\bigcap E_k)$, 因此利用 μ^* 的可数次可加性, 从 (17) 式得

$$\mu^*(A)\geqslant\mu^*(A\bigcap F)+\mu^*(A\bigcap F^c). \tag{18}$$

又由于 $\mu^*(A)\leqslant\mu^*(A\bigcap F)+\mu^*(A\bigcap F^c)$, 因此 (18) 式取等号, 从而 $F\in\mathscr{U}$, 这证明了代数 $\mathscr{U}$ 在可数不交并运算下封闭, 由此可证: $\mathscr{U}$ 在可数并运算下封闭. 设 (D_n)

是 μ^*-可测集序列, 令 $E_1 = D_1$,

$$E_2 = D_2 - D_1 = \{a \in X | a \in D_2 \text{ 但 } a \notin D_1\} = D_2 \bigcap D_1^c, \quad \cdots,$$
$$E_n = D_n - \bigcup_{j=1}^{n-1} D_j = D_n \bigcap \left(\bigcup_{j=1}^{n-1} D_j \right)^c. \tag{19}$$

易直接验证 $\bigcup\limits_{k=1}^{\infty} E_k = \bigcup\limits_{k=1}^{\infty} D_k$, 且 $E_i \bigcap E_j = \varnothing$ 当 $i \neq j$, 由于 $\mathscr{U}$ 是代数, 因此 $\bigcup\limits_{j=1}^{n-1} D_j \in \mathscr{U}$, 从而 $\left(\bigcup\limits_{j=1}^{n-1} D_j \right)^c \in \mathscr{U}$, 进而有 $E_n = D_n \bigcap \left(\bigcup\limits_{j=1}^{n-1} D_j \right)^c \in \mathscr{U}, n = 2, 3, \cdots$. 由于 $\mathscr{U}$ 对可数不交并运算封闭, 因此 $\bigcup\limits_{k=1}^{\infty} E_n \in \mathscr{U}$. 从而 $\bigcup\limits_{k=1}^{\infty} D_k \in \mathscr{U}$. 这证明了 $\mathscr{U}$ 在可数并运算下封闭, 因此 $\mathscr{U}$ 是 σ-代数.

由于 (18) 式取等号, 因此 (17) 式也取等号, 即

$$\mu^*(A) = \sum_{k=1}^{\infty} \mu^*(A \bigcap E_k) + \mu^*(A \bigcap F^c). \tag{20}$$

由于 (20) 式对任意 $A \subseteq X$ 都成立. 因此特别地当 $A = F$ 时也成立, 于是有

$$\mu^* \left(\bigcup_{k=1}^{\infty} E_k \right) = \mu^*(F) = \sum_{k=1}^{\infty} \mu^*(E_k). \tag{21}$$

这证明了 μ^* 限制到 $\mathscr{U}$ 上具有可数可加性, 于是根据定义 6 得, μ^* 限制到 $\mathscr{U}$ 上是 X 上的一个测度. □

定理 1 给出了利用 X 上的一个外测度 μ^* 构造 X 上的一个测度的方法: 考虑由 X 的所有 μ^*-可测集组成的集合 $\mathscr{U}$, 则 $\mathscr{U}$ 是一个 σ-代数, 且 μ^* 到 $\mathscr{U}$ 的限制就是 X 上的一个测度. 换句话说, X 的每一个 μ^*-可测集 E 都有测度 $\mu^*(E)$.

定义 10 设 m^* 是 $\mathbb{R}^n$ 上的 Lebesgue 外测度. $\mathbb{R}^n$ 的 m^*-可测集称为 **Lebesgue 可测集**, $\mathbb{R}^n$ 的所有 Lebesgue 可测集组成的 σ-代数记作 $\mathscr{U}, m^*$ 到 $\mathscr{U}$ 的限制称为 **Lebesgue 测度**, 记作 m.

引理 1 给出了构造集合 X 上的外测度的一般方法, 现在我们把引理 1 的条件加强一些, 从而结论更精细一些, 即下述定理 2.

定理 2 设 X 是一个集合, $\mathscr{C}$ 是 X 的一些子集组成的代数, 且 $\mathscr{C}$ 中有可数个子集的并集等于 X (此时称 $\mathscr{C}$ 是 X 的一个 "覆盖类"), λ 是 $\mathscr{C}$ 上的可数可加函数, μ^* 是用引理 1 构造的 X 上的外测度, 则每一个 $E \in \mathscr{C}$ 是 μ^*-可测集, 并且 $\mu^*(E) = \lambda(E)$.

证明 设 $E \in \mathscr{C}$, 且 $A \subseteq X$. 任给 $\varepsilon > 0$, 根据引理 1 的 (5) 式, 存在 $F_n \in \mathscr{C} (n = 1, 2, \cdots)$ 使得 $\bigcup\limits_{n=1}^{\infty} F_n \supseteq A$, 且

$$\mu^*(A) \leqslant \sum_{n=1}^{\infty} \lambda(F_n) \leqslant \mu^*(A) + \varepsilon. \tag{22}$$

令 $F_1' = F_1, F_n' = F_n - \bigcup\limits_{k=1}^{n-1} F_k, n = 2, 3, \cdots$, 则 (F_n') 是两两不相交的子集的序列, 且 $\bigcup\limits_{n=1}^{\infty} F_n' = \bigcup\limits_{n=1}^{\infty} F_n$. 由于 $\mathscr{C}$ 是代数, 因此 $F_n' \in \mathscr{C}, n = 1, 2, \cdots$. 由于 $F_n' \subseteq F_n (n = 1, 2, \cdots)$ 且 λ 是 $\mathscr{C}$ 上的可数可加函数, 因此

$$\begin{aligned}\mu^*(A) + \varepsilon &\geqslant \sum_{n=1}^{\infty} \lambda(F_n) \geqslant \sum_{n=1}^{\infty} \lambda(F_n') \\ &= \sum_{n=1}^{\infty} [\lambda(F_n' \bigcap E) + \lambda(F_n' \bigcap E^c)].\end{aligned} \tag{23}$$

由于 $\bigcup\limits_{n=1}^{\infty} F_n' = \bigcup\limits_{n=1}^{\infty} F_n \supseteq A$, 因此

$$A \bigcap E \subseteq \left(\bigcup_{n=1}^{\infty} F_n' \right) \bigcap E = \bigcup_{n=1}^{\infty} (F_n' \bigcap E). \tag{24}$$

由于 $F_n' \bigcap E \in \mathscr{C}, n = 1, 2, \cdots$, 因此对 $A \bigcap E$ 用 (5) 式得

$$\mu^*(A \bigcap E) \leqslant \sum_{k=1}^{\infty} \lambda(F_n' \bigcap E). \tag{25}$$

由于 $F_n' \bigcap E^c \in \mathscr{C}, n = 1, 2, \cdots$, 且 $A \bigcap E^c \subseteq \bigcup\limits_{n=1}^{\infty} (F_n' \bigcap E^c)$, 因此对 $A \bigcap E^c$ 用 (5) 式得

$$\mu^*(A \bigcap E^c) \leqslant \sum_{n=1}^{\infty} \lambda(F_n' \bigcap E^c). \tag{26}$$

从 (23)、(25)、(26) 式得

$$\mu^*(A) + \varepsilon \geqslant \mu^*(A \bigcap E) + \mu^*(A \bigcap E^c). \tag{27}$$

由于 $\varepsilon > 0$ 是任意的, 因此从 (27) 式得

$$\mu^*(A) \geqslant \mu^*(A \bigcap E) + \mu^*(A \bigcap E^c). \tag{28}$$

由于 μ^* 是外测度, 因此 (28) 式的反向不等式显然成立. 从而

$$\mu^*(A) = \mu^*(A \bigcap E) + \mu^*(A \bigcap E^c). \tag{29}$$

于是 E 是 μ^*-可测集.

由于 $E \in \mathscr{C}$, 且 $E \supseteq E$, 因此对 E 用 (5) 式得

$$\mu^*(E) \leqslant \lambda(E). \tag{30}$$

在上述讨论过程中取 $A = E$, 则 (F_n') 是 $\mathscr{C}$ 中两两不相交的子集的序列, 且 $\bigcup\limits_{n=1}^{\infty} F_n' \supseteq E$. 由 (23) 式得

$$\mu^*(E) + \varepsilon \geqslant \sum_{n=1}^{\infty} [\lambda(F_n' \bigcap E) + \lambda(F_n' \bigcap E^c)] \geqslant \sum_{n=1}^{\infty} \lambda(F_n' \bigcap E). \tag{31}$$

由于 $\varepsilon > 0$ 是任意的, 因此由 (31) 式得

$$\mu^*(E) \geqslant \sum_{n=1}^{\infty} \lambda(F_n' \bigcap E). \tag{32}$$

由于 $\bigcup_{n=1}^{\infty} F'_n \supseteq E$, 且 $F'_n \bigcap E, n=1,2,\cdots$, 是 $\mathscr{C}$ 中两两不相交的子集, 因此从 λ 具有的可数可加性得

$$\sum_{n=1}^{\infty} \lambda(F'_n \bigcap E) = \lambda\left[\bigcup_{n=1}^{\infty}(F'_n \bigcap E)\right] = \lambda\left[\left(\bigcup_{n=1}^{\infty} F'_n\right) \bigcap E\right] = \lambda(E). \tag{33}$$

于是从 (32)、(33) 式得, $\mu^*(E) \geqslant \lambda(E)$. 从而

$$\mu^*(E) = \lambda(E).$$ □

定理 2 给出了从 X 上的一个代数 $\mathscr{C}$ 上的可数可加函数 λ 出发, 构造出包含 $\mathscr{C}$ 的一个 σ-代数 (X 上的所有 μ^*-可测集组成的 σ-代数) 上的可数可加函数 (μ^* 限制到这个 σ-代数上就是可数可加函数) 的方法.

现在开始讨论关于积分的论题. 类比在讨论黎曼积分时, 要研究哪些函数是黎曼可积的, 我们来调查哪些函数能够有将要定义的积分. 设 $(X, \mathscr{A}, \mu)$ 是一个测度空间, 在关于积分的讨论中不再每次声明这些符号的意义.

定义 11 设 $f: X \to \overline{\mathbb{R}}$. 如果 f 满足下列条件:

(1) $f^{-1}(+\infty) \in \mathscr{A}, f^{-1}(-\infty) \in \mathscr{A}$;

(2) 对于 $\mathbb{R}$ 的每一个开集 U 都有 $f^{-1}(U) \in \mathscr{A}$,

那么称 f 是 $\mathscr{A}$-**可测函数**, 或者简称为**可测函数**.

一般地, 设 X 是一个可测空间, Y 是一个拓扑空间, f 是 X 到 Y 的一个映射. 如果对于 Y 中的每一个开集 V 都有 $f^{-1}(V)$ 是 X 中的可测集, 那么称 f 是**可测映射**.

命题 3 设 $f: X \to \overline{\mathbb{R}}$, 则 $\overline{\mathbb{R}}$ 的子集在 f 下的原像集具有下列性质:

(1) 若 $A \subseteq B$, 则 $f^{-1}(A) \subseteq f^{-1}(B)$;

(2) $f^{-1}(B^c) = [f^{-1}(B)]^c$;

(3) $f^{-1}(A - B) = f^{-1}(A) - f^{-1}(B)$;

(4) $f^{-1}\left(\bigcap_{n=1}^{\infty} A_n\right) = \bigcap_{n=1}^{\infty} f^{-1}(A_n)$;

(5) $f^{-1}\left(\bigcup_{n=1}^{\infty} A_n\right) = \bigcup_{n=1}^{\infty} f^{-1}(A_n)$;

证明 直接验证即可. □

注 设 X, Y 是任意两个集合, $f: X \to Y$, 则 Y 的子集在 f 下的原像集也具有命题 3 中所列的性质, 证明方法一样.

引理 2 对于 $f: x \to \overline{\mathbb{R}}$, 下列命题等价:

(1) f 是 $\mathscr{A}$-可测函数;

(2) $\{x | f(x) > t\} \in \mathscr{A}, \quad \forall t \in \mathbb{R}$;

(3) $\{x | f(x) \leqslant t\} \in \mathscr{A}, \quad \forall t \in \mathbb{R}$;

(4) $\{x | f(x) < t\} \in \mathscr{A}, \quad \forall t \in \mathbb{R}$;

(5) $\{x | f(x) \geqslant t\} \in \mathscr{A}, \quad \forall t \in \mathbb{R}$;

(6) $f^{-1}(B) \in \mathscr{A}$, 其中 B 是 $\mathbb{R}$ 里的 Borel 集, 或者 $B = \{+\infty\}$, 或 $B = \{-\infty\}$.

证明 (1)⇒(2). 由于

$$\{x|f(x)>t\}=f^{-1}(+\infty)\bigcup f^{-1}((t,+\infty)),$$

因此

$$\{x|f(x)>t\}\in\mathscr{A},\quad \forall t\in\mathbb{R}.$$

(2)⇔(3). 这是因为 $\{x|f(x)\leqslant t\}=\{x|f(x)>t\}^c$.

(3)⇒(4). 可直接证明

$$\{x|f(x)<t\}=\bigcup_{n=1}^{\infty}\left\{x\,\middle|\,f(x)\leqslant t-\frac{1}{n}\right\}.$$

由于 $\mathscr{A}$ 对可数并运算封闭, 因此从 (3) 可推出 (4).

(4)⇔(5). 这是因为 $\{x|f(x)\geqslant t\}=\{x|f(x)<t\}^c$.

(5)⇒(6). 由于

$$f^{-1}(+\infty)=\bigcap_{n=1}^{\infty}\{x|f(x)\geqslant n\},$$

$$f^{-1}(-\infty)=\left[\bigcup_{n=1}^{\infty}\{x|f(x)\geqslant -n\}\right]^c,$$

因此 $f^{-1}(+\infty)\in\mathscr{A},f^{-1}(-\infty)\in\mathscr{A}$. 令

$$\mathscr{C}=\{G\subseteq\mathbb{R}|f^{-1}(G)\in\mathscr{A}\},$$

设 $G\in\mathscr{C}$, 则 $f^{-1}(G)\in\mathscr{A}$. 根据命题 3 得 $f^{-1}(G^c)=[f^{-1}(G)]^c\in\mathscr{A}$. 因此 $G^c\in\mathscr{C}$. 设 $G_1,G_2,\cdots$ 是 $\mathscr{C}$ 中可数个子集, 则 $f^{-1}(G_1),f^{-1}(G_2),\cdots$ 都属于 $\mathscr{A}$. 由于 $f^{-1}\left(\bigcup\limits_{n=1}^{\infty}G_n\right)=\bigcup\limits_{n=1}^{\infty}f^{-1}(G_n)\in\mathscr{A}$, 因此 $\bigcup\limits_{n=1}^{\infty}G_n\in\mathscr{C}$. 这证明了 $\mathscr{C}$ 是一个 σ-代数. 从 (5) 得, 每个区间 $[t,+\infty)\in\mathscr{C}$. 于是由形如 $[t,+\infty)$ 的区间生成的 σ-代数 $\mathscr{B}\subseteq\mathscr{C}$. 根据定义 4 下面第二段的议论得, 每一个 Borel 集属于 $\mathscr{B}$, 从而属于 $\mathscr{C}$. 因此命题 (6) 成立.

(6)⇒(1). 由于 $\mathbb{R}$ 的每一个开集都是 Borel 集, 因此从命题 (6) 成立立即得出命题 (1) 成立. □

由引理 2 可得到: 若 f 是常值函数, 即 $f(x)=a,\forall x\in X$, 则 f 是 $\mathscr{A}$-可测函数. 这是因为:

$$\{x|f(x)>t\}=\varnothing,\quad 当\ t\geqslant a;$$

$$\{x|f(x)>t\}=X,\quad 当\ t<a,$$

而 $\varnothing,X\in\mathscr{A}$, 从而 f 是 $\mathscr{A}$-可测函数.

引理 3 如果 f 是可测函数, 那么 $|f|,f^2$ 也是可测函数. 如果 f 和 g 是可测函数, 那么 $f+g,fg$ 也是可测函数. 如果 $f_1,f_2,\cdots$ 都是可测函数, 那么 $\sup f_n,\inf f_n$, $\lim\limits_{n\to\infty}\sup f_n$, $\lim\limits_{n\to\infty}\inf f_n$ 也都是可测函数, 其中

$$(\sup f_n)(x):=\sup\{f_1(x),f_2(x),\cdots\};$$

$$\lim_{n\to\infty}\sup f_n:=\inf_n\sup_{m\geqslant n}f_m=\lim_{n\to\infty}\sup_{m\geqslant n}f_m;$$

$$\lim_{n\to\infty}\inf f_n := \sup_n \inf_{m\geqslant n} f_m = \lim_{n\to\infty}\inf_{m\geqslant n} f_m.$$

常常用符号 $\overline{\lim}$ 简记 lim sup, 用 $\underline{\lim}$ 简记 lim inf, 分别称为**上极限**和**下极限**.

不难看出:

$$\lim_{n\to\infty}\inf(-f_n) = -\lim_{n\to\infty}\sup f_n.$$

证明 可直接验证下列事实, 然后利用引理 2 即得引理 3.

(1) $\{x\big||f(x)|<t\}=\{x\big|f(x)\in(-t,t)\}$;

(2) $\{x\big|f^2(x)<t\}=\{x\big|f(x)\in(-\sqrt{t},\sqrt{t})\}$, 其中 $t\geqslant 0$;

(3) $\{x\big|(f+g)(x)<t\}=\bigcup\limits_{q\in\mathbb{Q}}\{x\big|f(x)<t-q, g(x)<q\}$;

(4) $fg=\dfrac{1}{4}[(f+g)^2-(f-g)^2]$;

(5) $\{x\big|\sup_n f_n(x)>t\}=\bigcup\limits_{n=1}^{\infty}\{x\big|f_n(x)>t\}$;

(6) $\left\{x\big|\inf_n f_n(x)<t\right\}=\bigcup\limits_{n=1}^{\infty}\{x\big|f_n(x)<t\}$;

(7) $\lim\limits_{n\to\infty}\sup f_n=\inf_n\sup_{m\geqslant n} f_m$, $\lim\limits_{n\to\infty}\inf f_n=\sup_n\inf_{m\geqslant n}f_m$. □

从引理 3 得到: 每一个点式收敛的实 (复) 值可测函数序列的极限是可测的.

设 $f: x\to\overline{\mathbb{R}}$, 令

$$f^+(x)=\begin{cases} f(x), & \text{当 } f(x)\geqslant 0,\\ 0, & \text{当 } f(x)<0;\end{cases} \tag{34}$$

$$f^-(x)=\begin{cases} 0, & \text{当 } f(x)>0,\\ -f(x), & \text{当 } f(x)\leqslant 0.\end{cases} \tag{35}$$

由于

$$f^+=\frac{1}{2}(f+|f|),\quad f^-=-\frac{1}{2}(f-|f|),$$

因此如果 f 是可测函数, 那么 f^+, f^- 也都是可测函数.

定义 12 对于 X 的每个子集 A, 令

$$1_A(x)=\begin{cases} 1, & \text{当 } x\in A,\\ 0, & \text{当 } x\notin A,\end{cases} \tag{36}$$

则称 1_A 是 A 的**特征函数**或**指标函数**.

由于

$$\{x|1_A(x)>t\}=\varnothing,\quad \text{当 } t\geqslant 1;$$

$$\{x|1_A(x)>t\}=A,\quad \text{当 } 0\leqslant t<1;$$

$$\{x|1_A(x)>t\}=X,\quad \text{当 } t<0,$$

因此根据引理 2 得, 1_A 是 $\mathscr{A}$-可测函数当且仅当 $A\in\mathscr{A}$.

定义 13 X 上的一个实值函数 f 如果只有有限多个不同的值, 那么称 f 是**单函数**.

容易看出, f 是单函数当且仅当 f 能表示成有限多个特征函数的线性组合; 若 $c_1,\cdots,c_n$ 是 f 的不同的值, 且 $A_j=\{x|f(x)=c_j\}$, 则 $f=\sum\limits_{j=1}^{n}c_j 1_{A_j}$ 是一个这样的表达式, 称它为 f 的**标准表示** (canonical representation). 显然, f 是可测函数当且仅当在 f 的标准表示里每个 $A_j\in\mathscr{A}$. 由于 $c_1,c_2,\cdots,c_n$ 两两不同, 因此 $A_1,A_2,\cdots,A_n$ 两两不相交.

引理 4 设 f 是非负可测函数, 则存在非负可测单函数序列 (f_n), 使得

$$0\leqslant f_n(x)\leqslant f_{n+1}(x)\leqslant f(x),\quad \forall n\in\mathbb{N}^*,\quad \forall x\in X,$$

并且使得

$$\lim_{n\to\infty}f_n(x)=f(x),\quad \forall x\in X.$$

证明 任给正整数 n, 把 $[0,n]$ 等分成 $n2^n$ 个区间:

$$\left[0,\frac{1}{2^n}\right),\left[\frac{1}{2^n},\frac{2}{2^n}\right),\left[\frac{2}{2^n},\frac{3}{2^n}\right),\cdots,\left[\frac{n2^n-1}{2^n},\frac{n2^n}{2^n}\right).$$

令

$$A_{n,k}=\left\{x\left|\frac{k-1}{2^n}\leqslant f(x)<\frac{k}{2^n}\right.\right\},\quad k=1,2,\cdots,n2^n; \tag{37}$$

$$B_n=\{x|f(x)\geqslant n\}, \tag{38}$$

则 $A_{n,1},A_{n,2},\cdots,A_{n,n2^n},B_n$ 两两不相交. 令

$$f_n=\sum_{k=1}^{n2^n}\frac{k-1}{2^n}1_{A_{n,k}}+n1_{B_n}, \tag{39}$$

则

$$f_n(x)=\begin{cases}\dfrac{k-1}{2^n}, & \text{当 } x\in A_{n,k},\\ n, & \text{当 } x\in B_n,\end{cases} \tag{40}$$

其中 $k=1,2,\cdots,n2^n$.

由于 f_n 只取有限多个不同的值, 因此 f_n 是单函数. 由于 f 是 $\mathscr{A}$-可测函数, 因此 $A_{n,k}\in\mathscr{A},B_n\in\mathscr{A}$. 由于 f_n 是 $1_{A_{n,1}},\cdots,1_{A_{n,n2^n}},1_{B_n}$ 的线性组合, 因此 f_n 是 $\mathscr{A}$-可测函数. 显然 $f_n(x)\geqslant 0,\forall x\in X$. 于是 (f_n) 是非负可测单函数序列.

现在对于任意给定的正整数 n, 我们来比较 $f_n(x)$ 与 $f_{n+1}(x)$.

情形 1 当 $f(x)\geqslant n+1$ 时, $x\in B_{n+1},x\in B_n$. 于是

$$f_{n+1}(x)=n+1>n=f_n(x).$$

情形 2 当 $n\leqslant f(x)<n+1$ 时, $x\notin B_{n+1}$, 由于

$$\begin{aligned}[n,n+1)=&\left[\frac{(n2^{n+1}+1)-1}{2^{n+1}},\frac{n2^{n+1}+1}{2^{n+1}}\right)\bigcup\left[\frac{(n2^{n+1}+2)-1}{2^{n+1}},\frac{n2^{n+1}+2}{2^{n+1}}\right)\\&\bigcup\cdots\bigcup\left[\frac{(n+1)2^{n+1}-1}{2^{n+1}},\frac{(n+1)2^{n+1}}{2^{n+1}}\right),\end{aligned}$$

因此

$$\{x|n\leqslant f(x)<n+1\}=\bigcup_{k=n2^{n+1}+1}^{(n+1)2^{n+1}}A_{n+1,k}.$$

从而当 $n \leqslant f(x) < n+1$ 时, 对某个 $k \in \{n2^{n+1}+1, \cdots, (n+1)2^{n+1}\} x \in A_{n+1,k}$. 于是

$$f_{n+1}(x) = \frac{k-1}{2^{n+1}} \geqslant \frac{(n2^{n+1}+1)-1}{2^{n+1}} = n.$$

又由于 $f(x) \geqslant n$, 因此 $x \in B_n$, 从而 $f_n(x) = n$. 于是有

$$f_{n+1}(x) \geqslant f_n(x).$$

情形 3 当 $0 \leqslant f(x) < n$ 时, 由于

$$[0, n) = \left[0, \frac{1}{2^n}\right) \bigcup \left[\frac{1}{2^n}, \frac{2}{2^n}\right) \bigcup \cdots \bigcup \left[\frac{n2^n - 1}{2^n}, \frac{n2^n}{2^n}\right),$$

因此

$$\{x | 0 \leqslant f(x) < n\} = \bigcup_{k=1}^{n2^n} A_{n,k}.$$

由于

$$\begin{aligned} A_{n,k} &= \left\{x \middle| \frac{k-1}{2^n} \leqslant f(x) < \frac{k}{2^n}\right\} \\ &= \left\{x \middle| \frac{2k-2}{2^{n+1}} \leqslant f(x) < \frac{2k-1}{2^{n+1}}\right\} \bigcup \left\{x \middle| \frac{2k-1}{2^{n+1}} \leqslant f(x) < \frac{2k}{2^{n+1}}\right\} \\ &= A_{n+1,2k-1} \bigcup A_{n+1,2k}, \end{aligned}$$

因此当 $x \in A_{n,k}$ 时, 有

$$f_{n+1}(x) \geqslant \frac{(2k-1)-1}{2^{n+1}} = \frac{k-1}{2^n} = f_n(x).$$

当 $0 \leqslant f(x) < n$ 时, 由于 x 属于某个 $A_{n,k}$, 因此有

$$f_{n+1}(x) \geqslant f_n(x).$$

综上所述得

$$f_n(x) \leqslant f_{n+1}(x), \quad \forall x \in X, \quad \forall n \in \mathbb{N}^*.$$

现在我们来证明 $\lim\limits_{n\to\infty} f_n(x) = f(x)$.

若 $f(x) = +\infty$, 则 $\forall n \in \mathbb{N}^*$, 有 $f(x) > n$. 从而 $x \in B_n$. 于是 $f_n(x) = n$. 因此

$$\lim_{n\to\infty} f_n(x) = f(x).$$

设 $f(x) < +\infty$, 则当 $f(x) \leqslant n$ 时, 根据情形 3 的分析, x 属于某个 $A_{n,k}$. 从而 $f_n(x) = \dfrac{k-1}{2^n}, \dfrac{k-1}{2^n} \leqslant f(x) < \dfrac{k}{2^n}$. 于是

$$0 \leqslant f(x) - f_n(x) < \frac{1}{2^n}. \tag{41}$$

由此得出, $f_n(x) \leqslant f(x)$, 且 $\lim\limits_{n\to\infty} f_n(x) = f(x)$. □

推论 1 *如果 f 是可测函数, 那么存在可测单函数的序列, 此序列逐点收敛到 f; 当 f 有界时, 存在可测单函数序列一致收敛到 f.*

证明 由于 f^+, f^- 都是非负可测函数, 因此根据引理 4 得, 分别存在非负可测单函数序列 $(g_n), (h_n)$, 使得 $\lim\limits_{n\to\infty} g_n(x) = f^+(x), \lim\limits_{n\to\infty} h_n(x) = f^-(x)$. 我们有 $f^+ - f^- = f$. 令 $f_n = g_n - h_n$, 则 (f_n) 是可测单函数序列, 且

$$\lim_{n\to\infty} f_n(x) = \lim_{n\to\infty} [g_n(x) - h_n(x)] = f^+(x) - f^-(x) = f(x).$$

若 f 是有界的, 则当正整数 $n \geqslant \sup f$ 时,

$$\{x|f^+(x) \geqslant n\} = \varnothing, \quad \{x|f^-(x) \geqslant n\} = \varnothing.$$

根据引理 4 证明的最后一段的 (41) 式得

$$0 \leqslant f^+(x) - g_n(x) < \frac{1}{2^n}, \quad 0 \leqslant f^-(x) - h_n(x) < \frac{1}{2^n}.$$

从而

$$\begin{aligned} f(x) - f_n(x) &= [f^+(x) - f^-(x)] - [g_n(x) - h_n(x)] \\ &= [f^+(x) - g_n(x)] - [f^-(x) - h_n(x)] \\ &< \frac{1}{2^n} - 0 = \frac{1}{2^n}, \\ f(x) - f_n(x) &\geqslant 0 - \frac{1}{2^n} = -\frac{1}{2^n}. \end{aligned}$$

因此对一切 $n \geqslant \sup f$ 有 $|f(x) - f_n(x)| \leqslant \dfrac{1}{2^n}$. 从而序列 (f_n) 一致收敛到 f. □

定义 14 设对于每个 $x \in X, P(x)$ 是一个命题. 如果集合 $F = \{x|P(x)$ 是假的$\} \in \mathscr{A}$ 且 $\mu(F) = 0$, 那么称 $P(x)$ **几乎处处成立** (缩写成 a.e.), 或者称 $P(x)$ **对于几乎所有的 x 成立** (缩写成 a.a.x). 如果有多于一个的测度被关注, 那么我们记为 a.e. (μ) 或 μ–a.a.x.

命题 4 设 Y 和 Z 是拓扑空间, 设 $g: Y \to Z$ 是连续映射.

(1) 若 X 是拓扑空间, $f: X \to Y$ 是连续映射, 设 $h = g \circ f$, 则 $h: X \to Z$ 是连续映射;

(2) 若 X 是可测空间, $f: X \to Y$ 是可测映射, 设 $h = g \circ f$, 则 $h: X \to Z$ 是可测映射.

证明 设 V 是 Z 中的开集, 由于 $g: Y \to Z$ 是连续映射, 因此 $g^{-1}(V)$ 是 Y 中的开集.

若 $f: X \to Y$ 是连续映射, 则 $f^{-1}(g^{-1}(V))$ 是 X 中的开集, 从而 $h = g \circ f$ 是连续映射.

若 $f: X \to Y$ 是可测映射, 则 $f^{-1}(g^{-1}(V))$ 是 X 中的可测集, 从而 $h = g \circ f$ 是可测映射. □

命题 5 设 g, h 是可测空间 X 上的实值可测函数, 设 $\varPhi$ 是 $\mathbb{R}^2$ 到拓扑空间 Y 的一个连续映射. 定义

$$f(x) = \varPhi(g(x), h(x)), \quad \forall x \in X,$$

则 $f: X \to Y$ 是可测映射.

证明 令 $q(x) = (g(x), h(x))$, 则 q 是 X 到 $\mathbb{R}^2$ 的一个映射: 由于 $f = \varPhi \circ q$, 因此根据命题 4 得, 只需证 ε 是可测映射.

设 D 是 $\mathbb{R}^2$(看成平面) 上的任一开的长方形, 它的边平行于坐标轴, 则 D 是两条线段 I_1 和 I_2 的笛卡儿积, 并且

$$q^{-1}(D) = g^{-1}(I_1) \bigcap h^{-1}(I_2).$$

由于 g, h 是 X 上的实值可测函数, 因此 $g^{-1}(I_1), h^{-1}(I_1)$ 都是 X 中的可测集, 从而

$q^{-1}(D)$ 是可测集. 平面上的每个开集 V 是这样的长方形 D_i 的可数并集, 由于

$$q^{-1}(V)=q^{-1}\left(\bigcup_{i=1}^{\infty}D_i\right)=\bigcup_{i=1}^{\infty}q^{-1}(D_i),$$

因此 $q^{-1}(V)$ 是可测集. 从而 q 是可测映射. □

命题 6 设 X 是一个可测空间.

(1) 设 $f=f_1+\mathrm{i}f_2$, 其中 f_1,f_2 都是实值可测函数, 则 f 是 X 上的复值可测函数;

(2) 如果 $f=f_1+\mathrm{i}f_2$ 是 X 上的复值可测函数, 那么 $f_1,f_2,|f|$ 都是 X 上的实值可测函数;

(3) 如果 f,g 都是 X 上的复值可测函数, 那么 $f+g,fg$ 是 X 上的复值可测函数;

(4) 如果 f 是 X 上的一个复值可测函数, 那么存在 X 上的一个复值可测函数 q, 使得 $|q|=1$ 且 $f=q|f|$.

证明 (1) 令

$$\varPhi((a,b))=a+b\,\mathrm{i},\quad \forall(a,b)\in\mathbb{R}^2,$$

则 $\varPhi$ 是 $\mathbb{R}^2$ 到拓空间 $\mathbb{C}$ 的一个连续映射. 由于

$$f(x)=f_1(x)+\mathrm{i}f_2(x)=\varPhi(f_1(x),f_2(x)),$$

且 f_1,f_2 是 X 上的实值可测函数, 因此根据命题 5 得, f 是 X 上的复值可测函数.

(2) 设 $f=f_1+\mathrm{i}f_2$, 则 $f_1=\mathrm{Re}\,f,f_2=\mathrm{Im}\,f$, 已知 f 是 X 到 $\mathbb{C}$ 的可测映射. 令 $g(z)=\mathrm{Re}\,z,\forall z\in\mathbb{C}$, 则 g 是 $\mathbb{C}$ 到 $\mathbb{R}$ 的一个连续映射. 于是根据命题 4 得, $g\circ f$ 是 X 到 $\mathbb{R}$ 的可测映射, 即 f_1 是 X 上的实值可测函数. 类似地, 分别取 $g(z)=\mathrm{Im}\,(z),g(z)=|z|$, 同理可证 $f_2,|f|$ 是 X 上的实值可测函数.

(3) 设 $f=f_1+\mathrm{i}f_2,g=g_1\neq\mathrm{i}g_2$ 是 X 上的复值可测函数, 则 f_1,f_2,g_1,g_2 都是 X 上的实值可测函数. 从而根据引理 3 得

$$f_1+g_1,\quad f_2+g_2,\quad f_1g_1-f_2g_2,\quad f_1g_2+f_2g_1$$

都是 X 上的实值可测函数. 于是

$$f+g=(f_1+g_1)+\mathrm{i}(f_2+g_2),\quad fg=(f_1g_1-f_2g_2)+\mathrm{i}(f_1g_2+f_2g_1)$$

都是 X 上的复值可测函数.

(4) 设 $E=\{x\in X|f(x)=0\}$, 令

$$\varphi(z)=\frac{z}{|z|},\quad \forall z\in\mathbb{C}\backslash\{0\};$$

$$q(x)=\varphi(f(x)+1_E(x)),\quad \forall x\in X.$$

若 $x\in E$, 则 $q(x)=1$; 若 $x\notin E$, 则 $q(x)=\dfrac{f(x)}{|f(x)|}$. 容易看出, φ 是 $\mathbb{C}\backslash\{0\}$ 到自身的连续映射. 由于 $\{0\}$ 是 $\mathbb{C}$ 的闭集, 因此 $\{0\}^c=\mathbb{C}\backslash\{0\}$ 是 $\mathbb{C}$ 的开集, 由于 f 是 X 到 $\mathbb{C}$ 的可测映射, 因此 $f^{-1}(\{0\}^c)$ 是 X 中的可测集, 从而 $[f^{-1}(\{0\}^c)]^c$ 是 X 中的可测集. 根据命题 3 及其下面的注, $f^{-1}(\{0\}^c)=[f^{-1}(\{0\})]^c=E^c$. 因此 $E=[f^{-1}(\{0\}^c)]^c$. 从而 E 是 X 中的可测集. 于是 1_E 是可测函数. 从而 $f+1_E$ 是可测函数. 根据命题 4 得, $\varphi\circ(f+1_E)$ 是可测函数, 即 q 是可测函数. 显然 $|q|=1$, 且 $f=q|f|$. □

现在我们来定义某些函数的积分. 从一元函数 $f(x)$ 的图像与 x 轴及平行于 y 轴的一些直线所围成的图形的面积的计算 (从函数值出发) 受到启发, 引出下述概念.

定义 15 设 f 是非负可测单函数, 如果它的标准表示为 $f=\sum\limits_{k=1}^{n}c_k 1_{A_k}$, 那么我们定义

$$\int f\,\mathrm{d}\mu=\sum_{k=1}^{n}c_k\mu(A_k). \tag{42}$$

对于 $A\in\mathscr{A}$, 我们定义

$$\int_A f\,\mathrm{d}\mu=\int 1_A f\,\mathrm{d}\mu. \tag{43}$$

(42) 式给出了非负可测单函数 f 在 X 上的积分. 而 (43) 式给出了 f 在 X 的可测集 A 上的积分.

由于 f 是非负函数, 因此 $c_k\geqslant 0, k=1,2,\cdots,n$. 从而 $\int f\,\mathrm{d}\mu\geqslant 0$. 显然 $\int f\,\mathrm{d}\mu\leqslant+\infty$.

$$\begin{aligned}\int f\,\mathrm{d}\mu=0 &\Longleftrightarrow \text{对每个 } c_k\neq 0,\ \text{有 } \mu(A_k)=0\\ &\Longleftrightarrow f=0\quad \text{(a.e.)},\\ \int f\,\mathrm{d}\mu<+\infty &\Longleftrightarrow \text{对每个 } c_k\neq 0,\ \text{有 } \mu(A_k)<+\infty.\end{aligned}$$

引理 5 设 f 和 g 都是非负可测单函数, 下列命题成立:

(1) 若 $f\leqslant g$ (即 $f(x)\leqslant g(x),\ \forall x\in X$), 则 $\int f\,\mathrm{d}\mu\leqslant\int g\,\mathrm{d}\mu$;

(2) $\int(f+g)\,\mathrm{d}\mu=\int f\,\mathrm{d}\mu+\int g\,\mathrm{d}\mu$;

(3) $\int(tf)\,\mathrm{d}\mu=t\int f\,\mathrm{d}\mu,\ \forall t\geqslant 0$;

(4) 令

$$\begin{aligned}\tau:\mathscr{A}&\to\overline{\mathbb{R}}_+\\ E&\mapsto\int_E f\,\mathrm{d}\mu,\end{aligned} \tag{44}$$

则 τ 是 $\mathscr{A}$ 上的一个测度.

证明 设 f 与 g 的标准表示分别为

$$f=\sum_{j=1}^{m}a_j 1_{A_j},\quad g=\sum_{k=1}^{n}b_k 1_{B_k}.$$

由于 $a_1,\cdots,a_m$ 两两不同, 因此 $A_1,A_2,\cdots,A_m$ 两两不相交. 同理由于 $b_1,\cdots,b_n$ 两两不同, 因此 $B_1,B_2,\cdots,B_n$ 两两不相交. 由于 f 只取 $a_1,a_2,\cdots,a_m$ 这 m 个值, 因此 $\bigcup\limits_{j=1}^{m}A_j=X$. 同理 $\bigcup\limits_{k=1}^{n}B_k=X$. 于是

$$\int f\,\mathrm{d}\mu=\sum_{j=1}^{m}a_j\mu(A_j)=\sum_{j=1}^{m}a_j\mu\left[A_j\bigcap\left(\bigcup_{k=1}^{n}B_k\right)\right]$$

$$= \sum_{j=1}^{m} a_j \mu \left[\bigcup_{k=1}^{n} (A_j \bigcap B_k) \right] = \sum_{j=1}^{m} a_j \sum_{k=1}^{n} \mu(A_j \bigcap B_k)$$

$$= \sum_{j=1}^{m} \sum_{k=1}^{n} a_j \mu(A_j \bigcap B_k). \tag{45}$$

类似地, 有

$$\int g \, \mathrm{d}\mu = \sum_{k=1}^{n} \sum_{j=1}^{m} b_k \mu(A_j \bigcap B_k). \tag{46}$$

(1) 设 $f \leqslant g$, 则当 $A_j \bigcap B_k \neq \varnothing$ 时, 有 $a_j \leqslant b_k$. 于是

$$\int f \, \mathrm{d}\mu \leqslant \int g \, \mathrm{d}\mu.$$

(2) 设 $f+g$ 取的不同的值为 $\{c_1, c_2, \cdots, c_r\}$, 则

$$\int (f+g) \, \mathrm{d}\mu = \sum_{i=1}^{r} c_i \mu(\{x | f(x) + g(x) = c_i\})$$

$$= \sum_{i=1}^{r} c_i \cdot \mu \left[\bigcup_{a_j + b_k = c_i} (A_j \bigcap B_k) \right]$$

$$= \sum_{i=1}^{r} c_i \sum_{a_j + b_k = c_i} \mu(A_j \bigcap B_k)$$

$$= \sum_{j=1}^{m} \sum_{k=1}^{n} (a_j + b_k) \mu(A_j \bigcap B_k)$$

$$= \sum_{j=1}^{m} \sum_{k=1}^{n} a_j \mu(A_j \bigcap B_k) + \sum_{j=1}^{m} \sum_{k=1}^{n} b_k \mu(A_j \bigcap B_k)$$

$$= \int f \, \mathrm{d}\mu + \int g \, \mathrm{d}\mu.$$

(3) 任给 $t \geqslant 0$, 则 tf 也是非负可测单函数, 且 tf 的标准表示为 $tf = \sum\limits_{j=1}^{m} ta_j 1_{A_j}$. 于是

$$\int (tf) \, \mathrm{d}\mu = \sum_{j=1}^{m} ta_j \mu(A_j) = t \sum_{j=1}^{m} a_j \mu(A_j) = t \int f \, \mathrm{d}\mu.$$

(4) 由于 $f = \sum\limits_{j=1}^{m} a_j 1_{A_j}$, 因此, 当 $x \in A_j$ 时 $f(x) = a_j, j = 1, 2, \cdots, m$. 从而对于 $E \in \mathscr{A}$, 有

$$(1_E f)(x) = 1_E(x) f(x) = \begin{cases} a_j, & \text{当 } x \in E \bigcap A_j, j = 1, 2, \cdots, m, \\ 0, & \text{其他}. \end{cases}$$

因此

$$1_E f = \sum_{j=1}^{m} a_j 1_{E \bigcap A_j}. \tag{47}$$

从而

$$\int_E f\,\mathrm{d}\mu = \int 1_E f\,\mathrm{d}\mu = \sum_{j=1}^{m} a_j \mu(E \bigcap A_j). \tag{48}$$

因此 τ 是 $\mathscr{A}$ 到 $\overline{\mathbb{R}}_+$ 的一个映射. 为了证 τ 是 $\mathscr{A}$ 上的一个测度, 只要证 τ 具有可数可加性. 设 (E_k) 是 $\mathscr{A}$ 中两两不相交的子集的序列, 令 $E = \bigcup\limits_{k=1}^{\infty} E_k$, 则

$$\begin{aligned}
\tau(E) &= \int_E f\,\mathrm{d}\mu = \sum_{j=1}^{m} a_j \mu \left[\left(\bigcup_{k=1}^{\infty} E_k\right) \bigcap A_j\right] \\
&= \sum_{j=1}^{m} a_j \mu \left[\bigcup_{k=1}^{\infty} (E_k \bigcap A_j)\right] = \sum_{j=1}^{m} a_j \sum_{k=1}^{\infty} \mu(E_k \bigcap A_j) \\
&= \sum_{j=1}^{m} \lim_{n\to\infty} \sum_{k=1}^{n} a_j \mu(E_k \bigcap A_j) = \lim_{n\to\infty} \sum_{j=1}^{m} \sum_{k=1}^{n} a_j \mu(E_k \bigcap A_j) \\
&= \lim_{n\to\infty} \sum_{k=1}^{n} \sum_{j=1}^{m} a_j \mu(E_k \bigcap A_j) = \sum_{k=1}^{\infty} \sum_{j=1}^{m} a_j \mu(E_k \bigcap A_j) \\
&= \sum_{k=1}^{\infty} \int_{E_k} f\,\mathrm{d}\mu = \sum_{k=1}^{\infty} \tau(E_k).
\end{aligned}$$

因此 τ 具有可数可加性. 从而 τ 是 $\mathscr{A}$ 上的一个测度. □

利用非负可测单函数的积分可以来定义任一非负可测函数的积分.

定义 16 设 f 是一个非负可测函数, 则我们定义

$$\int f\,\mathrm{d}\mu = \sup\left\{\int g\,\mathrm{d}\mu \,\middle|\, 0 \leqslant g \leqslant f, g \text{ 是可测单函数}\right\}. \tag{49}$$

对于 $A \in \mathscr{A}$, 我们定义

$$\int_A f\,\mathrm{d}\mu = \int 1_A f\,\mathrm{d}\mu. \tag{50}$$

(49) 式和 (50) 式的左端分别称为 f 在可测空间 X 上和可测集 A 上对于测度 μ 的 **Lebesgue 积分**.

显然, $0 \leqslant \int f\,\mathrm{d}\mu \leqslant +\infty$. 容易证明:

设 f_1 和 f_2 都是非负可测函数, $A \in \mathscr{A}$, 若 $f_1 \leqslant f_2$, 则

$$\int f_1\,\mathrm{d}\mu \leqslant \int f_2\,\mathrm{d}\mu, \quad \int_A f_1\,\mathrm{d}\mu \leqslant \int_A f_2\,\mathrm{d}\mu. \tag{51}$$

当 f 是非负可测单函数时, 定义 16 中 (49) 式给出的 $\int f\,\mathrm{d}\mu$ 与定义 15 中 (42) 式给出的 $\int f\,\mathrm{d}\mu$ 一致.

命题 7 如果 $f \geqslant 0$ 是一个可测函数, 那么

$$\int f\,\mathrm{d}\mu = 0, \quad \Longleftrightarrow \quad f = 0 \quad (\text{a.e.}). \tag{52}$$

证明 充分性. 设 $f=0$ (a.e.), 则当 $0\leqslant g\leqslant f$ 时, 有 $g=0$ (a.e.). 从而 $\int g\,\mathrm{d}\mu=0$. 于是 $\int f\,\mathrm{d}\mu=0$.

必要性. 设 $\int f\,\mathrm{d}\mu=0$. 令 $E=\{x|f(x)>0\}$, 对于每个正整数 n, 令 $E_n=\left\{x\,\middle|\,f(x)\geqslant\frac{1}{n}\right\}$, 则 $E=\bigcup\limits_{n=1}^{\infty}E_n$. 令 $g_n=\frac{1}{n}1_{E_n}$, 则 g_n 是可测单函数, 且 $0\leqslant g_n\leqslant f$. 于是

$$\frac{1}{n}\mu(E_n)=\int g_n\,\mathrm{d}\mu\leqslant\int f\,\mathrm{d}\mu=0.$$

从而对每个 $n\in\mathbb{N}^*$, 有 $\mu(E_n)=0$. 因此 $\mu(E)=\sum\limits_{n=1}^{\infty}\mu(E_n)=0$. 于是 $f=0$ (a.e.). □

为了把引理 5 中的命题 (4) 推广到任意非负可测函数上, 我们先来证明一个定理.

定理 3 设 $\mathscr{A}$ 是集合 X 上的一个 σ-代数, $\mathscr{M}$ 是定义在 $\mathscr{A}$ 上的测度组成的集合. 假设 $\mathscr{M}$ 具有下述性质: 对任意 $\mu_1,\mu_2\in\mathscr{M}$, 存在 $\mu_3\in\mathscr{M}$, 使得 $\mu_1\leqslant\mu_3$ 且 $\mu_2\leqslant\mu_3$. 对于 $E\in\mathscr{A}$, 定义

$$\nu(E)=\sup\{\mu(E)|\mu\in\mathscr{M}\},\tag{53}$$

则 ν 是 $\mathscr{A}$ 上的一个测度.

证明 显然 ν 是 $\mathscr{A}$ 到 $\overline{\mathbb{R}}_+$ 的一个映射. 为了证明 ν 是 $\mathscr{A}$ 上的一个测度, 必须证明 ν 具有可数可加性. 设 (A_n) 是 $\mathscr{A}$ 的两两不相交的子集的序列, 则对每个 $\mu\in\mathscr{M}$, 我们有

$$\mu\left(\bigcup_{n=1}^{\infty}A_n\right)=\sum_{n=1}^{\infty}\mu(A_n)\leqslant\sum_{n=1}^{\infty}\nu(A_n).\tag{54}$$

因此从 (54) 式和 (53) 式得

$$\nu\left(\bigcup_{n=1}^{\infty}A_n\right)\leqslant\sum_{n=1}^{\infty}\nu(A_n).\tag{55}$$

固定正整数 n, 对于每个 $k(1\leqslant k\leqslant n)$, 选取 c_k 使得 $c_k<\nu(A_k)$. 从 (53) 式得, 对于每个 k, 存在某个 $\mu_k\in\mathscr{M}$ 使得 $\mu_k(A_k)>c_k$. 根据对于 $\mathscr{M}$ 的假设并且用归纳法可推广到: 对于 $\mu_1,\mu_2,\cdots,\mu_n\in\mathscr{M}$, 存在 $\mu\in\mathscr{M}$ 使得 $\mu_k\leqslant\mu, k=1,2,\cdots,n$. 于是

$$\sum_{k=1}^{n}c_k<\sum_{k=1}^{n}\mu_k(A_k)\leqslant\sum_{k=1}^{n}\mu(A_k)=\mu\left(\bigcup_{k=1}^{n}A_k\right)\leqslant\nu\left(\bigcup_{k=1}^{n}A_k\right).\tag{56}$$

由于 c_k 是满足小于 $\nu(A_k)$ 的任意数, 因此从 (56) 式得

$$\sum_{k=1}^{n}\nu(A_k)\leqslant\nu\left(\bigcup_{k=1}^{n}A_k\right).\tag{57}$$

从 (53) 式容易得出: 若 $E\subseteq F$, 则 $\nu(E)\leqslant\nu(F)$. 因此从 (57) 式得

$$\sum_{k=1}^{n}\nu(A_k)\leqslant\nu\left(\bigcup_{k=1}^{n}A_k\right)\leqslant\nu\left(\bigcup_{k=1}^{\infty}A_k\right).\tag{58}$$

由于对每个正整数 n 都有 (58) 式, 因此

$$\sum_{k=1}^{\infty}\nu(A_k)\leqslant\nu\left(\bigcup_{k=1}^{\infty}A_k\right). \tag{59}$$

从 (55) 式和 (59) 式得 $\nu\left(\bigcup_{k=1}^{\infty}A_k\right)=\sum_{k=1}^{\infty}\nu(A_k)$. 因此 ν 具有可数可加性, 从而 ν 是 $\mathscr{A}$ 上的一个测度. □

现在利用定理 3 可以证明引理 5 中命题 (4) 的推广, 即下述定理 4.

定理 4 设 f 是任一非负可测函数, 令

$$\begin{aligned}\nu:\mathscr{A}&\to\overline{\mathbb{R}}_+\\ A&\mapsto\int_A f\,\mathrm{d}\mu,\end{aligned} \tag{60}$$

则 ν 是 $\mathscr{A}$ 上的一个测度.

证明 令 $\mathscr{S}$ 是所有满足 $0\leqslant g\leqslant f$ 的可测单函数的集合. 根据引理 5 中命题 (4), 对于每个 $g\in\mathscr{S}$, 有 $\mathscr{A}$ 上的一个测度 $\tau_g:A\mapsto\int_A g\,\mathrm{d}\mu$.

若 $0\leqslant g\leqslant 1_Af$, 则当 $x\in A$ 时, 有 $g(x)\leqslant f(x)$; 当 $x\notin A$ 时, 有 $0\leqslant g(x)\leqslant 0$, 从而 $g(x)=0$. 于是对于满足 $0\leqslant g\leqslant 1_Af$ 的可测单函数 g, 有

$$\int g\,\mathrm{d}\mu=\int_A g\,\mathrm{d}\mu;$$

并且有 $0\leqslant g\leqslant f$. 于是有

$$\begin{aligned}\int_A f\,\mathrm{d}\mu&=\int 1_Af\,\mathrm{d}\mu\\ &=\sup\left\{\int g\,\mathrm{d}\mu\middle|0\leqslant g\leqslant 1_Af,g\text{ 是可测单函数}\right\}\\ &=\sup\left\{\int_A g\,\mathrm{d}\mu\middle|0\leqslant g\leqslant 1_Af,g\text{ 是可测单函数}\right\}\\ &=\sup\left\{\int_A g\,\mathrm{d}\mu\middle|0\leqslant g\leqslant f,g\text{是可测单函数}\right\},\end{aligned}$$

因此

$$\nu(A)=\int_A f\,\mathrm{d}\mu=\sup\{\tau_g(A)|g\in\mathscr{S}\}. \tag{61}$$

令

$$\mathscr{M}=\{\tau_g|g\in\mathscr{S}\}, \tag{62}$$

则

$$\nu(A)=\sup\{\tau_g(A)|\tau_g\in\mathscr{M}\}. \tag{63}$$

若 $g,h\in\mathscr{S}$, 且 $g\leqslant h$, 则对于每个 $A\in\mathscr{A}$, 有

$$\tau_g(A)=\int_A g\,\mathrm{d}\mu\leqslant\int_A h\,\mathrm{d}\mu=\tau_h(A),$$

从而 $\tau_g\leqslant\tau_h$. 容易验证: 若 $g,h\in\mathscr{T}$, 则 $\max\{g,h\}\in\mathscr{T}$. 于是 $\mathscr{M}$ 满足定理 3 中所指出的性质. 从而根据定理 3 得, ν 是 $\mathscr{A}$ 上的一个测度. □

定理 4 表明: 非负可测函数 f 在可测集上的积分也是一个测度.

从一元函数的黎曼积分的几何意义受到启发, 下面给出可测函数 (不一定是非负可测函数) 的积分的定义.

定义 17 设 f 是可测函数, 我们定义

$$\int f\,\mathrm{d}\mu = \int f^+\,\mathrm{d}\mu - \int f^-\,\mathrm{d}\mu, \tag{64}$$

如果右边至少有一个积分是有限的. 如果右边两个积分都是有限的, 使得 $\int f\,\mathrm{d}\mu$ 是一个实数, 那么称 f 是**可积的** (integrable) 或者**可和的** (summable), 记作 $f \in L(\mu)$.

为了研究哪些可测函数是可积的, 我们先来证明单调收敛定理, 它是 Beppo Levi 首先提出的.

定理 5 (单调收敛定理) 如果 (f_n) 是单调上升的非负可测函数序列 (即 $0 \leqslant f_n \leqslant f_{n+1}$), 那么

$$\int \lim_{n\to\infty} f_n\,\mathrm{d}\mu = \lim_{n\to\infty} \int f_n\,\mathrm{d}\mu. \tag{65}$$

证明 根据引理 3, $f = \sup f_n$ 是可测函数. 因此 $\int f\,\mathrm{d}\mu$ 被定义. 由于 $f_n \leqslant f_{n+1}$, 因此 $\int f_n\,\mathrm{d}\mu \leqslant \int f_{n+1}\,\mathrm{d}\mu$. 从而 $\lim\limits_{n\to\infty} \int f_n\,\mathrm{d}\mu$ 存在 (在 $\overline{\mathbb{R}}_+$ 中). 由于对每个 n 有 $f_n \leqslant f$, 因此 $\lim\limits_{n\to\infty} \int f_n\,\mathrm{d}\mu \leqslant \int f\,\mathrm{d}\mu$. 下面来证反向不等式.

设 g 是可测单函数, 且 $0 \leqslant g \leqslant f$. 固定 $\varepsilon, 0 < \varepsilon < 1$. 令

$$A_n = \{x | f_n(x) \geqslant (1-\varepsilon)g(x)\}, \tag{66}$$

由于序列 (f_n) 单调上升, 因此 $A_n \subseteq A_{n+1}, \forall n \in \mathbb{N}^*$. 由于 $\lim\limits_{n\to\infty} f_n = \sup f_n = f \geqslant g$, 因此对于任意给定的 $x \in X$, 一定存在正整数 m, 使得 $f_m(x) \geqslant (1-\varepsilon)g(x)$, 从而 $x \in A_m$. 因此 $X = \bigcup\limits_{n=1}^{\infty} A_n$. 从而有

$$\int f_n\,\mathrm{d}\mu \geqslant \int_{A_n} f_n\,\mathrm{d}\mu \geqslant \int_{A_n} (1-\varepsilon) g\,\mathrm{d}\mu = (1-\varepsilon)\int_{A_n} g\,\mathrm{d}\mu. \tag{67}$$

根据引理 5, $\tau : E \mapsto \int_E g\,\mathrm{d}\mu$ 是 $\mathscr{A}$ 上的一个测度. 于是根据命题 1 得, $\tau\left(\bigcup\limits_{n=1}^{\infty} A_n\right) = \lim\limits_{n\to\infty} \tau(A_n)$, 即

$$\int g\,\mathrm{d}\mu = \lim_{n\to\infty} \int_{A_n} g\,\mathrm{d}\mu. \tag{68}$$

在 (67) 式两边令 $n \to \infty$ 取极限, 且利用 (68) 式得

$$\lim_{n\to\infty} \int f_n\,\mathrm{d}\mu \geqslant (1-\varepsilon) \int g\,\mathrm{d}\mu. \tag{69}$$

由于 (69) 式对每一个 $\varepsilon > 0$ 都成立, 因此

$$\lim_{n\to\infty} \int f_n\,\mathrm{d}\mu \geqslant \int g\,\mathrm{d}\mu. \tag{70}$$

由于 g 是任意的满足 $g \leqslant f$ 的非负可测单函数, 且

$$\int f\,\mathrm{d}\mu = \sup\left\{\int g\,\mathrm{d}\mu \middle| 0 \leqslant g \leqslant f, g \text{ 是可测单函数}\right\},$$

因此从 (70) 式得

$$\lim_{n\to\infty}\int f_n\,\mathrm{d}\mu \geqslant \int f\,\mathrm{d}\mu. \tag{71}$$

这样我们证明了反向不等式. 从而

$$\lim_{n\to\infty}\int f_n\,\mathrm{d}\mu = \int f\,\mathrm{d}\mu = \int \lim_{n\to\infty} f_n\,\mathrm{d}\mu.$$ □

推论 2 设 f 和 g 都是非负可测函数, 则

$$\int (f+g)\,\mathrm{d}\mu = \int f\,\mathrm{d}\mu + \int g\,\mathrm{d}\mu. \tag{72}$$

证明 根据引理 4, 存在非负可测单函数序列 (f_n), 使得 $0 \leqslant f_n \leqslant f_{n+1}$, 且 $\lim\limits_{n\to\infty} f_n = f$; 存在非负可测单函数序列 (g_n), 使得 $0 \leqslant g_n \leqslant g_{n+1}$ 且 $\lim\limits_{n\to\infty} g_n = g$. 于是 $f_n + g_n$ 是非负可测单函数, 且 $\lim\limits_{n\to\infty}(f_n+g_n) = f+g$. 根据引理 5 得

$$\int (f_n+g_n)\,\mathrm{d}\mu = \int f_n\,\mathrm{d}\mu + \int g_n\,\mathrm{d}\mu.$$

令 $n\to\infty$ 取极限, 根据定理 5 得

$$\int (f+g)\,\mathrm{d}\mu = \int f\,\mathrm{d}\mu + \int g\,\mathrm{d}\mu.$$ □

推论 3 设 $(X, \mathscr{A}, \mu)$ 是一个测度空间, f 是 X 上的一个非负可测函数, 令

$$\nu(A) = \int_A f\,\mathrm{d}\mu, \quad \forall A \in \mathscr{A}, \tag{73}$$

则 ν 是 $\mathscr{A}$ 上的一个测度, 并且对于 X 上的每个非负可测函数 g, 有

$$\int g\,\mathrm{d}\nu = \int gf\,\mathrm{d}\mu. \tag{74}$$

证明 定理 4 已经证明 ν 是 $\mathscr{A}$ 上的一个测度. 现在来证明 (74) 式成立.

任取 $A \in \mathscr{A}$, 从 (43) 式、(73) 式和 (42) 式得, 对于 $g = 1_A$ 有

$$\int 1_A f\,\mathrm{d}\mu = \int_A f\,\mathrm{d}\mu = \nu(A) = \int 1_A\,\mathrm{d}\nu.$$

设 g 是非负可测单函数, 它的标准表示为 $g = \sum\limits_{k=1}^n b_k 1_{A_k}$, 则

$$\begin{aligned}\int\left(\sum_{k=1}^n b_k 1_{A_k}\right) f\,\mathrm{d}\mu &= \sum_{k=1}^n b_k\left(\int 1_{A_k} f\,\mathrm{d}\mu\right) = \sum_{k=1}^n b_k\left(\int 1_{A_k}\,\mathrm{d}\nu\right)\\ &= \int\left(\sum_{k=1}^n b_k 1_{A_k}\right)\mathrm{d}\nu.\end{aligned}$$

现在设 g 是任一非负可测函数. 根据引理 4, 存在非负可测单函数序列 (g_n), 使得

$$\begin{aligned}&0 \leqslant g_n(x) \leqslant g_{n+1}(x) \leqslant g(x), \quad \forall n \in \mathbb{N}^*, \forall x \in X,\\ &\lim_{n\to\infty} g_n(x) = g(x), \quad \forall x \in X.\end{aligned}$$

运用单调收敛定理得

$$\begin{aligned}\int g\,\mathrm{d}\nu &= \int \lim_{n\to\infty} g_n\,\mathrm{d}\nu = \lim_{n\to\infty}\int g_n\,\mathrm{d}\nu = \lim_{n\to\infty}\int g_n f\,\mathrm{d}\mu \\ &= \int \lim_{n\to\infty}(g_n f)\,\mathrm{d}\mu = \int gf\,\mathrm{d}\mu.\end{aligned}$$

□

推论 3 的第二个结论有时写成下述形式

$$\mathrm{d}\nu = f\,\mathrm{d}\mu. \tag{75}$$

我们没有给符号 $\mathrm{d}\nu$ 和 $\mathrm{d}\mu$ 任何独立的意思, (75) 式的意思就是 (74) 式对于每个非负可测函数 g 成立.

注 对于 X 上的可测函数 g, 有 $g=g^+-g^-$, 其中 g^+,g^- 是非负可测函数, 若 $\int g^+\,\mathrm{d}\nu$ 与 $\int g^-\,\mathrm{d}\nu$ 至少有一个是有限的, 则由定义 17 和推论 2 以及推论 3 得, (74) 式对于 X 上的这种可测函数 g 也成立.

下面的定理 6 给出了点式极限与积分的关系.

定理 6 (Fatou 引理) 如果 (f_n) 是非负可测函数序列, 那么

$$\int \lim_{n\to\infty}\inf f_n\,\mathrm{d}\mu \leqslant \lim_{n\to\infty}\inf\int f_n\,\mathrm{d}\mu. \tag{76}$$

证明 对于任给正整数 n, 设 $g_n=\inf_{m\geqslant n} f_m$, 根据引理 3 得, g_n 是非负可测函数, 显然 $g_n\leqslant g_{n+1}$, 并且 $\lim\limits_{n\to\infty} g_n = \lim\limits_{n\to\infty}\inf_{m\geqslant n} f_m = \lim\limits_{n\to\infty}\inf f_n$. 于是根据单调收敛定理得

$$\int \lim_{n\to\infty}\inf f_n\,\mathrm{d}\mu = \int \lim_{n\to\infty} g_n\,\mathrm{d}\mu = \lim_{n\to\infty}\int g_n\,\mathrm{d}\mu. \tag{77}$$

但是对于任意 $m\geqslant n$, 我们有 $g_n\leqslant f_m$. 于是 $\int g_n\,\mathrm{d}\mu \leqslant \int f_m\,\mathrm{d}\mu$. 从而 $\int g_n\,\mathrm{d}\mu$ 是集合 $\left\{\int f_m\,\mathrm{d}\mu \middle| m\geqslant n\right\}$ 的一个下界, 因此

$$\int g_n\,\mathrm{d}\mu \leqslant \inf_{m\geqslant n}\int f_m\,\mathrm{d}\mu. \tag{78}$$

从而

$$\lim_{n\to\infty}\int g_n\,\mathrm{d}\mu \leqslant \lim_{n\to\infty}\inf_{m\geqslant n}\int f_m\,\mathrm{d}\mu = \lim_{n\to\infty}\inf\int f_n\,\mathrm{d}\mu. \tag{79}$$

由 (77) 式和 (79) 式即得 (76) 式. □

现在我们来讨论可测函数可积的判别方法.

命题 8 设 f 是一个可测函数, 则 f 是可积的当且仅当 $\int |f|\,\mathrm{d}\mu<+\infty$. 如果 f 是可积的, g 是可测函数, 且 $|g|\leqslant|f|$, 那么 g 是可积的.

证明 由于 $|f|=f^++f^-$, 因此根据推论 2 得

$$\begin{aligned} f\in L(\mu) &\Longleftrightarrow \int f^+\,\mathrm{d}\mu<+\infty \text{ 且 } \int f^-\,\mathrm{d}\mu<+\infty. \\ &\Longleftrightarrow \int |f|\,\mathrm{d}\mu = \int f^+\,\mathrm{d}\mu + \int f^-\,\mathrm{d}\mu < +\infty.\end{aligned}$$

若 $f\in L(\mu)$, 且 g 是可测函数, 满足 $|g|\leqslant|f|$, 则 $\int |g|\,\mathrm{d}\mu \leqslant \int |f|\,\mathrm{d}\mu<+\infty$. 因此 $g\in L(\mu)$. □

命题 9 所有可积函数组成的集合 $L(\mu)$ 是实数域上的一个线性空间, 并且积分是 $L(\mu)$ 上的一个线性函数, 即对任意 $f,g\in L(\mu), a\in\mathbb{R}$, 有

$$\int(f+g)\,\mathrm{d}\mu=\int f\,\mathrm{d}\mu+\int g\,\mathrm{d}\mu,$$

$$\int(af)\,\mathrm{d}\mu=a\int f\,\mathrm{d}\mu.$$

证明 任给 $f,g\in L(\mu)$, 由于 $|f+g|\leqslant|f|+|g|$, 因此

$$\int|f+g|\,\mathrm{d}\mu\leqslant\int(|f|+|g|)\,\mathrm{d}\mu=\int|f|\,\mathrm{d}\mu+\int|g|\,\mathrm{d}\mu<+\infty.$$

从而 $f+g\in L(\mu)$. 任给 $a\in\mathbb{R}$, 由于 $|af|=|a||f|$, 因此

$$\int|af|\,\mathrm{d}\mu=\int|a||f|\,\mathrm{d}\mu=|a|\int|f|\,\mathrm{d}\mu<+\infty,$$

从而 $af\in L(\mu)$. 显然 $L(\mu)$ 满足线性空间的 8 条法则, 因此 $L(\mu)$ 成为实数域上的一个线性空间.

若 $a\geqslant0$, 则 $af=af^+-af^-$. 从而

$$\begin{aligned}\int(af)\,\mathrm{d}\mu&=\int(af^+-af^-)\,\mathrm{d}\mu=\int af^+\,\mathrm{d}\mu-\int af^-\,\mathrm{d}\mu\\&=a\int f^+\,\mathrm{d}\mu-a\int f^-\,\mathrm{d}\mu=a\left(\int f^+\,\mathrm{d}\mu-\int f^-\,\mathrm{d}\mu\right)=a\int f\,\mathrm{d}\mu.\end{aligned}$$

若 $a<0$, 则 $af=(af)^+-(af)^-=(-a)f^--(-a)f^+$. 从而

$$\begin{aligned}\int(af)\,\mathrm{d}\mu&=\int(-a)f^-\,\mathrm{d}\mu-\int(-a)f^+\,\mathrm{d}\mu=(-a)\int f^-\,\mathrm{d}\mu-(-a)\int f^+\,\mathrm{d}\mu\\&=a\int(f^+-f^-)\,\mathrm{d}\mu=a\int f\,\mathrm{d}\mu.\end{aligned}$$

由于 $f+g=(f+g)^+-(f+g)^-=f^+-f^-+g^+-g^-$, 因此

$$(f+g)^++f^-+g^-=(f+g)^-+f^++g^+.$$

于是根据推论 2 得

$$\int(f+g)^+\,\mathrm{d}\mu+\int f^-\,\mathrm{d}\mu+\int g^-\,\mathrm{d}\mu=\int(f+g)^-\,\mathrm{d}\mu+\int f^+\,\mathrm{d}\mu+\int g^+\,\mathrm{d}\mu.$$

从而

$$\begin{aligned}\int(f+g)\,\mathrm{d}\mu&=\int\left[(f+g)^+-(f+g)^-\right]\,\mathrm{d}\mu=\int(f+g)^+\,\mathrm{d}\mu-\int(f+g)^-\,\mathrm{d}\mu\\&=\int f^+\,\mathrm{d}\mu-\int f^-\,\mathrm{d}\mu+\int g^+\,\mathrm{d}\mu-\int g^-\,\mathrm{d}\mu=\int f\,\mathrm{d}\mu+\int g\,\mathrm{d}\mu.\end{aligned}$$ □

现在我们来讨论复值可测函数的积分.

设 $(X,\mathscr{A})$ 是一个可测空间, μ 是 $\mathscr{A}$ 上的任意一个测度. 设 f 是 X 上的一个复值可测函数, 则根据命题 6 得, $|f|$ 是 X 上的一个实值可测函数, 从而 $\int|f|\,\mathrm{d}\mu$ 有定义. 我们有 $L^1(\mu)$ 表示满足

$$\int_X|f|\,\mathrm{d}\mu<+\infty$$

的所有复值可测函数 f 组成的集合. $L^1(\mu)$ 的成员称为 **Lebesgue 可积函数** (对于 μ) 或者**可和函数**.

定义 18 设 $f = f_1 + \mathrm{i} f_2$, 其中 f_1, f_2 是 X 上的实值可测函数, 如果 $f \in L^1(\mu)$, 那么对每个 $A \in \mathscr{A}$, 我们定义

$$\int_A f \,\mathrm{d}\mu = \int_A f_1 \,\mathrm{d}\mu + \mathrm{i} \int_A f_2 \,\mathrm{d}\mu. \tag{80}$$

由于 $|f_1| \leqslant |f|, |f_2| \leqslant |f|$, 因此根据命题 8 得, f_1, f_2 都是可积的. 从而 (80) 式左边的积分是一个复数.

命题 10 $L^1(\mu)$ 是复数域上的一个线性空间, 并且积分是 $L^1(\mu)$ 上的一个线性函数, 即对任意 $f, g \in L^1(\mu), c \in \mathbb{C}$, 有

$$\int_X (f+g) \,\mathrm{d}\mu = \int_X f \,\mathrm{d}\mu + \int_X g \,\mathrm{d}\mu, \tag{81}$$

$$\int_X (cf) \,\mathrm{d}\mu = c \int_X f \,\mathrm{d}\mu. \tag{82}$$

证明 设 $f, g \in L^1(\mu), c \in \mathbb{C}$. 根据命题 6 得, $f+g, cf$ 都是 X 上的复值可测函数. 由于 $|f+g| \leqslant |f| + |g|, |cf| = |c|\,|f|$, 因此

$$\int_X |f+g| \,\mathrm{d}\mu \leqslant \int_X (|f| + |g|) \,\mathrm{d}\mu = \int_X |f| \,\mathrm{d}\mu + \int_X |g| \,\mathrm{d}\mu < +\infty,$$

$$\int_X |cf| \,\mathrm{d}\mu = \int_X |c|\,|f| \,\mathrm{d}\mu = |c| \int_X |f| \,\mathrm{d}\mu < +\infty,$$

从而 $f+g, cf \in L^1(\mu)$. 因此 $L^1(\mu)$ 是一个复线性空间.

设 $f = f_1 + \mathrm{i} f_2, g = g_1 + \mathrm{i} g_2$, 由于 $f, g \in L^1(\mu)$, 因此 f_1, f_2, g_1, g_2 都是实值可积函数, 从而根据定义 18 和命题 9 得

$$\begin{aligned}\int_X (f+g) \,\mathrm{d}\mu &= \int_X [(f_1+g_1) + \mathrm{i}(f_2+g_2)] \,\mathrm{d}\mu \\ &= \int_X (f_1+g_2) \,\mathrm{d}\mu + \mathrm{i} \int_X (f_2+g_2) \,\mathrm{d}\mu \\ &= \int_X f \,\mathrm{d}\mu + \int_X g \,\mathrm{d}\mu.\end{aligned}$$

设 $c = a + \mathrm{i}b$, 其中 $a, b \in \mathbb{R}$, 则 $cf = (af_1 - bf_2) + \mathrm{i}(af_2 + bf_1)$. 根据命题 9 得

$$\begin{aligned}\int_X cf \,\mathrm{d}\mu &= \int_X (af_1 - bf_2) \,\mathrm{d}\mu + \mathrm{i} \int_X (af_2 + bf_1) \,\mathrm{d}\mu \\ &= (a + \mathrm{i}b) \int_X f_1 \,\mathrm{d}\mu + \mathrm{i}(a + \mathrm{i}b) \int_X f_2 \,\mathrm{d}\mu \\ &= c \int_X f \,\mathrm{d}\mu.\end{aligned}$$

□

命题 11 如果 $f \in L^1(\mu)$, 那么

$$\left| \int_X f \,\mathrm{d}\mu \right| \leqslant \int_X |f| \,\mathrm{d}\mu. \tag{83}$$

证明 令 $z = \int_X f \,\mathrm{d}\mu$. 由于 z 是复数, 因此存在一个模为 1 的复数 α, 使得 $\alpha z = |z|$. 设 $g = \mathrm{Re}\,(\alpha f)$, 则 $g \leqslant |\alpha f| = |f|$. 因此

$$\begin{aligned}\left| \int_X f \,\mathrm{d}\mu \right| &= |z| = \alpha z = \alpha \int_X f \,\mathrm{d}\mu = \int_X \alpha f \,\mathrm{d}\mu \\ &= \int_X g \,\mathrm{d}\mu \leqslant \int_X |f| \,\mathrm{d}\mu.\end{aligned}$$

上述最后一个等号成立是因为 $\int_X \alpha f \,\mathrm{d}\mu$ 是实数, 从而 $\int_X \mathrm{Im}\,(\alpha f)\,\mathrm{d}\mu = 0$. □

由定义 18 和推论 3 的注意立即得到如下推论:

推论 4 设 $(X, \mathscr{A}, \mu)$ 是一个测度空间, 设 f 是 X 上的一个非负可测函数, 则推论 3 中的 (74) 式对于 X 上的满足 $g \in L^1(\nu)$ 的复值可测函数 g 也成立.

下面的在积分号下取极限的定理称为 Lebesgue 控制收敛定理.

定理 7 (Lebesgue 控制收敛定理) 设 (f_n) 是 X 上的复值可测函数序列, 使得 $\lim\limits_{n\to\infty} f_n = f$, 并且对一切 $n \in \mathbb{N}^*$ 有 $|f_n| \leqslant g$, 其中 g 是可积函数, 则 f 是 Lebesgue 可积的, 并且

$$\int f \,\mathrm{d}\mu = \lim_{n\to\infty} \int f_n \,\mathrm{d}\mu. \tag{84}$$

证明 任给 $\varepsilon > 0$, 由于 $\lim\limits_{n\to\infty} f_n = f$, 因此存在 $m \in \mathbb{N}^*$, 使得只要 $n \geqslant m$ 就有 $|f_n - f| < \varepsilon$. 从而

$$|f| < |f_n| + \varepsilon \leqslant g + \varepsilon. \tag{85}$$

由于 $\varepsilon > 0$ 是任意的, 因此从 (85) 式得, $|f| \leqslant g$. 由于 $g \in L(\mu)$, 因此根据命题 8 得 $|f| \in L(\mu)$, 从而 $f \in L^1(\mu)$.

由于 $|f_n - f| \leqslant |f_n| + |f| \leqslant 2g$, 因此 $2g - |f_n - f| \geqslant 0$. 由于 $\lim\limits_{n\to\infty} f_n = f$, 因此 $\lim\limits_{n\to\infty} |f_n - f| = 0$. 从而 $\lim\limits_{n\to\infty} \inf |f_n - f| = 0$. 于是对 $2g - |f_n - f|$ 用 Faton 引理得

$$\begin{aligned}
\int 2g \,\mathrm{d}\mu &\leqslant \lim_{n\to\infty} \inf \int (2g - |f_n - f|) \,\mathrm{d}\mu \\
&= \int 2g \,\mathrm{d}\mu + \lim_{n\to\infty} \inf \left(- \int |f_n - f| \,\mathrm{d}\mu \right) \\
&= \int 2g \,\mathrm{d}\mu - \lim_{n\to\infty} \sup \int |f_n - f| \,\mathrm{d}\mu.
\end{aligned} \tag{86}$$

由于 $\int 2g \,\mathrm{d}\mu < +\infty$, 因此从 (86) 式得

$$\lim_{n\to\infty} \sup \int |f_n - f| \,\mathrm{d}\mu \leqslant 0. \tag{87}$$

如果非负实数序列不收敛到 0, 那么它的上极限必定是正数. 因此从 (87) 式得

$$\lim_{n\to\infty} \int |f_n - f| \,\mathrm{d}\mu = 0. \tag{88}$$

根据命题 11 得 $\left| \int (f_n - f) \,\mathrm{d}\mu \right| \leqslant \int |f_n - f| \,\mathrm{d}\mu$, 于是从 (88) 式得

$$\lim_{n\to\infty} \left| \int (f_n - f) \,\mathrm{d}\mu \right| \leqslant \lim_{n\to\infty} \int |f_n - f| \,\mathrm{d}\mu = 0. \tag{89}$$

从而 $\lim\limits_{n\to\infty} \int (f_n - f) \,\mathrm{d}\mu = 0$, 由此得出

$$\lim_{n\to\infty} \int f_n \,\mathrm{d}\mu = \int f \,\mathrm{d}\mu.$$

□

8.2 局部紧的 Hausdorff 拓扑群上的 Haar 测度

从现在开始我们来对于局部紧的 Hausdorff 拓扑群 G 建立不变积分.

设 X 是拓扑空间, 设 f 是 X 上的复值函数, 把 X 的子集

$$\{x \in X | f(x) \neq 0\}$$

的闭包称为函数 f 的**支撑集**, 记作 $\operatorname{supp}(f)$. 令

$$C_c(X) := \{f : X \to \mathbb{C} | f \text{ 连续}, \operatorname{supp}(f) \text{ 是 } X \text{ 的紧子集}\}.$$

显然, 若 $f \in C_c(X)$, 则对任意 $a \in \mathbb{C}$, 有 $af \in C_c(X)$. 设 $f, g \in C_c(X)$, 则 f, g 是 X 上的连续复值函数, 从而 $f+g$ 也是 X 上的连续复值函数, 并且易证有

$$\operatorname{supp}(f+g) \subseteq \operatorname{supp}(f) \bigcup \operatorname{supp}(g).$$

理由如下: 任取 $x \in \operatorname{supp}(f)^c \bigcap \operatorname{supp}(g)^c$, 则 $f(x) = 0$, 且 $g(x) = 0$, 从而 $(f+g)(x) = 0$, 于是 $x \in \operatorname{supp}(f+g)^c$. 这表明

$$\operatorname{supp}(f)^c \bigcap \operatorname{supp}(g)^c \subseteq \operatorname{supp}(f+g)^c.$$

从而有 $\operatorname{supp}(f+g) \subseteq \operatorname{supp}(f) \bigcup \operatorname{supp}(g)$. 由于 $\operatorname{supp}(f)$ 与 $\operatorname{supp}(g)$ 都是紧集, 且有限多个紧集的并集仍是紧集, 因此 $\operatorname{supp}(f) \bigcup \operatorname{supp}(g)$ 是紧集. 又由于 $\operatorname{supp}(f+g)$ 是闭集, 因此根据本章 §2 的命题 3 得, $\operatorname{supp}(f+g)$ 是紧集. 于是 $f+g \in C_c(X)$. 显然, 零函数属于 $C_c(X)$. 因此 $C_c(X)$ 是复数域上的一个线性空间.

下面想证明若 X 是局部紧的 Hausdorff 空间, 则 $C_c(X)$ 不是零空间. 为此首先对局部紧的 Hausdorff 拓扑空间的紧子集的性质作一些探讨, 然后来证明 $C_c(X) \neq \{0\}$.

命题 12 设 X 是 Hausdorff 空间, K 是 X 的紧子集, $y \in K^c$, 则存在两个不相交的开集 U 和 W, 使得 $y \in U$, 且 $K \subseteq W$.

证明 任取 $x \in K$, 由于 X 是 Hausdorff 空间, 且 $y \in K^c$, 因此存在不相交的开集 U_x 和 V_x, 使得 $y \in U_x$ 且 $x \in V_x$. 由于 K 是紧集, 因此存在 $x_1, \cdots, x_n \in K$, 使得

$$K \subseteq V_{x_1} \bigcup \cdots \bigcup V_{x_n}.$$

令

$$U = U_{x_1} \bigcap \cdots \bigcap U_{x_n}, \quad W = V_{x_1} \bigcup \cdots \bigcup V_{x_n},$$

则 $K \subseteq W, y \in U$, 且 $U \bigcap W = (U \bigcap V_{x_1}) \bigcup \cdots (U \bigcap V_{x_n}) = \varnothing$. □

命题 13 设 X 是 Hausdorff 空间, $\{K_i | i \in I\}$ 是 X 的一族紧子集, 且 $\bigcap_{i \in I} K_i = \varnothing$, 则 $\{K_i | i \in I\}$ 有某个有限子集其交集也为空集.

证明 令 $V_i = K_i^c, i \in I$. 固定 $\{K_i | i \in I\}$ 的一个成员 K_1, 由于 $\bigcap_{i \in I} K_i = \varnothing$, 因此 $\forall x \in K_1$, 有 $x \notin \bigcap_{i \in I} K_i$, 从而

$$x \in \left(\bigcap_{i \in I} K_i \right)^c = \bigcup_{i \in I} K_i^c = \bigcup_{i \in I} V_i,$$

因此 $\{V_i | i \in I\}$ 是 K_1 的一个开覆盖. 由于 K_1 是紧集, 因此 $K_1 \subseteq V_{i_1} \bigcup \cdots \bigcup V_{i_n}$. 于是 $\forall x \in K_1$, 都有 $x \in V_{i_1} \bigcup \cdots \bigcup V_{i_n}$, 从而

$$x \notin (V_{i_1} \bigcup \cdots \bigcup V_{i_n})^c = V_{i_1}^c \bigcap \cdots \bigcap V_{i_n}^c = K_{i_1} \bigcap \cdots \bigcap K_{i_n}.$$

由此得出

$$K_1 \bigcap K_{i_1} \bigcap \cdots \bigcap K_{i_n} = \varnothing.$$ □

利用命题 12 和命题 13 可以得出下述重要结论.

定理 8 设 X 是局部紧的 Hausdorff 空间, U 是 X 的开集, K 是 X 的紧集且 $K \subseteq U$, 则存在开集 V, 其闭包 $\overline{V}$ 为紧集, 使得

$$K \subseteq V \subseteq \overline{V} \subseteq U.$$

证明 任取 $x \in K$, 由于 X 是局部紧的, 因此 x 有一个开邻域 V_x, 其闭包 $\overline{V}_x$ 是紧集. 由于 K 是紧集, 因此存在有限多个这种开邻域 (其闭包是紧集), 它们的并集覆盖 K, 即

$$K \subseteq V_{x_1} \bigcup \cdots \bigcup V_{x_n}.$$

记 $E = V_{x_1} \bigcup \cdots \bigcup V_{x_n}$. 若 $U = X$, 取 $V = E$, 则 V 是开集, 且

$$K \subseteq V \subseteq \overline{V} \subseteq X.$$

由于 $\overline{V} = \overline{E} \subseteq \overline{V}_{x_1} \bigcup \cdots \bigcup \overline{V}_{x_n}$, 因此 $\overline{V}$ 是紧集.

下面设 $U \subsetneqq X$. 记 $C = U^c$, 任取 $x \in C$, 由于 $K \subseteq U$, 因此 $K^c \supseteq U^c$, 从而 $x \in K^c$. 根据命题 12, 存在开集 W_x, 使得 $K \subseteq W_x$ 且 $x \notin \overline{W}_x$. 显然, $C \bigcap \overline{E} \bigcap \overline{W}_x$ 是闭集, 由于 $\overline{E}$ 是紧集, 因此 $C \bigcap \overline{E} \bigcap \overline{W}_x$ 是紧集. 从而 $\{C \bigcap \overline{E} \bigcap \overline{W}_x | x \in C\}$ 是 X 的一族紧子集. 假如 $\bigcap\limits_{x \in C} (C \bigcap \overline{E} \bigcap \overline{W}_x) \neq \varnothing$, 则存在 $y \in \bigcap\limits_{x \in C} (C \bigcap \overline{E} \bigcap \overline{W}_x)$, 从而 $y \in C$ 且 $y \in \overline{W}_y$, 矛盾. 因此 $\bigcap\limits_{x \in C} (C \bigcap \overline{E} \bigcap \overline{W}_x) = \varnothing$. 根据命题 13 有

$$C \bigcap \overline{E} \bigcap \overline{W}_{y_1} \bigcap \cdots \bigcap \overline{W}_{y_m} = \varnothing.$$

令

$$V = E \bigcap W_{y_1} \bigcap \cdots \bigcap W_{y_m},$$

则 V 是开集, 由于 $\overline{V} \subseteq \overline{E} \bigcap \overline{W}_{y_1} \bigcap \cdots \bigcap \overline{W}_{y_m}$, 因此 $\overline{V}$ 是紧集. 任给 $x \in \overline{V}$, 则 $x \in \overline{E} \bigcap \overline{W}_{y_1} \bigcap \cdots \bigcap \overline{W}_{y_m}$, 从而 $x \notin C$, 于是 $x \in C^c = U$. 因此 $\overline{V} \subseteq U$. 显然 $K \subseteq V$. □

现在对局部紧空间的性质作一些探讨.

命题 14 (1) 局部紧的 Hausdorff 空间的闭子空间是局部紧的;

(2) 设 X 是局部紧空间, Y 是拓扑空间. 如果 f 是 X 到 Y 的连续映射, 且是开映射、满射, 那么 Y 是局部紧的;

(3) 设 $X = \prod\limits_{i \in I} X_i$ 是拓扑空间的乘积, $X_i \neq \varnothing, \forall i \in I$, 则 X 是局部紧的当且仅当对每个 $i \in I$ 都有 X_i 是局部紧的, 且除有限个 i 外, X_i 是紧的.

证明 (1) 本章 §7 的例 4 已经证明了这个命题.

(2) 对任一 $y \in Y$, 由于 f 是满射, 因此存在 $x \in X$, 使得 $f(x) = y$. 由于 X 是局部紧的, 因此有 x 在 X 中的紧邻域 U. 由于 f 是 X 到 Y 的连续映射, 因此根据本章 §2 的命题 5 得, $f(U)$ 是 Y 中的紧子集. 又由于 f 是开映射, 且 $y \in f(U)$, 因此 $f(U)$ 是 y 的紧邻域. 从而 Y 是局部紧的.

(3) 充分性. 设 X_i 是局部紧的 $(\forall i \in I)$, 且除了有限个 X_i 外都是紧的, 则对任意 $x = (x_i) \in X$, 对每个 i, 存在 $U_i \subseteq X_i$, 它是 x_i 的紧邻域, 且对几乎所有 i, 有 $U_i = X_i$. 根据本章 §2 的吉洪诺夫定理得, $\prod\limits_{i \in I} U_i$ 是 x 的紧邻域.

必要性. 设 $X=\prod_{i\in I}X_i$ 是局部紧的, 由于投影映射 $\pi_i: X\to X_i$ 是连续的开映射, 且是满射, 因此根据本命题的 (2) 知道, 每个 X_i 都是局部紧的. 设 $x\in X$ 有紧邻域 U, 则根据本章 §2 的定义 18 得, 除有限个 i 外, 都有 $\pi_i(U)=X_i$, 因此除有限个 i 外, X_i 都是紧的. □

命题 15 设 X 是局部紧的 Hausdorff 空间, 则 X 的任一开子集都是局部紧的.

证明 设 Y 是 X 的开子集. 对于任一 $x\in Y$, 由于 X 是 Hausdorff 空间, 因此单点集 $\{x\}$ 是闭集. 从而根据命题 14 得, $\{x\}$ 是局部紧的. $\{x\}$ 中 x 的紧邻域只能是 $\{x\}$, 因此 $\{x\}$ 是紧集. 由于 Y 是 $\{x\}$ 的开邻域, 因此根据定理 8 得, 存在开集 V, 其闭包为紧集, 且 $\{x\}\subseteq V\subseteq\overline{V}\subseteq Y$, 即存在 x 的紧邻域 $\overline{V}\subseteq Y$. 从而 Y 是局部紧的. □

现在我们来证明一个引理, 它表明: 若 X 是局部紧的 Hausdorff 空间, 则 $C_c(X)$ 不是零空间.

引理 6 (Urysohn (Урысон) 引理) 设 X 是非空局部紧的 Hausdorff 空间, $C\subseteq U\subseteq X$, C 为紧集, U 为开集, 则必存在一个连续函数 $f: X\to\mathbb{R}$, 使得

(1) $f(x)=1, \forall x\in C$;

(2) $f(x)=0, \forall x\notin U$;

(3) $0\leqslant f(x)\leqslant 1, \forall x\in X$;

(4) $\mathrm{supp}\,(f)$ 是紧的, 且 $\mathrm{supp}\,(f)\subseteq U$.

证明 由于 U 是开集, C 是 X 的紧子集, $C\subseteq U$, 因此根据定理 8 得, 存在开集 V_1, $\overline{V}_1$ 是紧集, 使得 $C\subseteq V_1\subseteq\overline{V}_1\subseteq U$. 记 $C=C(1), \overline{V}_1=C\left(\dfrac{1}{2}\right)$. 对 U 和 $\overline{V}_1$ 用定理 8 得, 存在开集 V_0, $\overline{V}_0$ 是紧集, 使得 $\overline{V}_1\subseteq V_0\subseteq\overline{V}_0\subseteq U$. 记 $\overline{V}_0=C(0)$, 即在 $C(0)$ 和 $C(1)$ 之间存在 C 的紧邻域 $C\left(\dfrac{1}{2}\right)$. 同理往下进行, 对 V_0 和 $\overline{V}_1$ 用定理 8 得, 在 $C(0)$ 和 $C\left(\dfrac{1}{2}\right)$ 之间存在 C 的紧邻域, 记为 $C\left(\dfrac{1}{4}\right)$; 对 V_1 和 C 用定理 8 得, 在 $C\left(\dfrac{1}{2}\right)$ 和 $C(1)$ 之间存在 C 的紧邻域, 记为 $C\left(\dfrac{3}{4}\right)$; 等等. 继续此过程, 我们得到一系列 $C(\theta), \theta=\dfrac{i}{2^n}, 0\leqslant i\leqslant 2^n$. 根据本章 §2 的命题 4, 这些 $C(\theta)$ 都是闭集. 对于 $0\leqslant\alpha\leqslant 1$, 定义

$$C(\alpha)=\bigcap_{\theta\leqslant\alpha}C(\theta),$$

其中 θ 形如 $\dfrac{i}{2^n}$, 则 $C(\alpha)$ 仍是闭集. 由于 $C(\alpha)\subseteq C(0)$, 且 $C(0)$ 是紧集, 因此 $C(\alpha)$ 是紧集. 把 $C(\alpha)$ 的定义域扩充到 $\mathbb{R}$ 上, 令

$$C(\alpha)=\begin{cases}X, & \text{当 } \alpha<0,\\ \varnothing, & \text{当 } \alpha>1.\end{cases}$$

显然, 若 $0\leqslant\alpha<\beta<1$, 则 $C(\alpha)\supseteq C(\beta)$. 从而 $X\supseteq C(0)\supseteq C(\beta)\supseteq C(1)\supseteq\varnothing$. 现在

定义一个函数 $f: X \to \mathbb{R}$:

$$f(x) = \sup\{\alpha | x \in C(\alpha)\}. \tag{90}$$

若 $x \notin C(0)$, 则 $x \notin C(\beta), \forall \beta \geqslant 0$, 从而 $f(x) = 0$. 若 $x \in C = C(1)$, 则 $x \in C(\beta), \forall \beta \leqslant 1$, 从而 $f(x) = 1$. 对一切 $x \in X$, 都有 $0 \leqslant f(x) \leqslant 1$. 于是 $\operatorname{supp}(f) \subseteq C(0)$. 由于 $\operatorname{supp}(f)$ 是闭集, $C(0)$ 是紧集, 因此 $\operatorname{supp}(f)$ 是紧集.

下面来证明 f 连续. 由于 $\mathbb{R}$ 的所有开区间组成的集合是拓扑空间 $\mathbb{R}$ 的一个拓扑基, 因此根据本章 §2 的推论 2, 只要证: 对于任意两个实数 $\gamma < \beta$, 集合

$$V = \{x \in X | \gamma < f(x) < \beta\}$$

为开集. V 可写成

$$V = \{x | f(x) > \gamma\} \bigcap (X \backslash \{x | f(x) \geqslant \beta\}). \tag{91}$$

现在分别证明 (91) 式右边的两个集合都是开集. 由于

$$f(x) \geqslant \beta \Longleftrightarrow \sup\{\alpha | x \in C(\alpha)\} \geqslant \beta \Longleftrightarrow x \in \bigcap_{\alpha < \beta} C(\alpha),$$

且 $C(\alpha)$ 是闭集, 因此 $\bigcap\limits_{\alpha < \beta} C(\alpha)$ 是闭集, 即 $\{x | f(x) \geqslant \beta\}$ 是闭集, 于是它的补集是开集.

$$\begin{aligned} f(x) > \gamma &\Longleftrightarrow \sup\{\alpha | x \in C(\alpha)\} > \gamma \\ &\Longleftrightarrow \text{存在 } \alpha > \gamma \text{ 使得 } x \in C(\alpha) \\ &\Longleftrightarrow \text{存在 } \alpha' > \gamma \text{ 使得 } x \in C(\alpha') \text{ 内部}. \end{aligned}$$

由此得出, $\{x | f(x) > \gamma\}$ 是开集. 因此 f 为连续函数. □

从引理 6 看出, 对于非空的局部紧的 Hausdorff 空间 X 的任一紧子集 C, 只要 C 的内集 (即 C 的所有内点组成的集合) 非空, 则有非零函数 f, 使得 $\operatorname{supp}(f) \subseteq K$, 其中 $K \supseteq C$. 我们记

$$C_c(X, K) = \{f \in C_c(x) | \operatorname{supp}(f) \subseteq K\}. \tag{92}$$

容易验证, $C_c(X, K)$ 是 $C_c(X)$ 的子空间. 若 K 是紧子集, 则根据本章 §2 的推论 5, 我们可以在 $C_c(X, K)$ 上定义范数: 设 $f \in C_c(X, K)$, 定义

$$\|f\|_K := \sup_{x \in K} |f(x)|, \tag{93}$$

对于此范数, $C_c(X, K)$ 成为拓扑空间. (关于范数的定义可看本章 §9 的定义 3.)

我们约定: "$z \in \mathbb{C}, z \geqslant 0$" 的意思是 "$z \in \mathbb{R}, z \geqslant 0$". 令

$$C_c^+(X) = \{f \in C_c(X) | f \geqslant 0 \text{ 且 } f \neq 0\}, \tag{94}$$

$$C_c^+(X, K) = \{f \in C_c^+(X) | \operatorname{supp}(f) \subseteq K\}. \tag{95}$$

设 $(X, \mathscr{A}, \mu)$ 是一个测度空间. 根据命题 9, 所有可积函数组成的集合 $L(\mu)$ 是实数域上的一个线性空间, 并且积分是 $L(\mu)$ 上的一个线性函数. 从非负可测函数的积分的定义 (见 (49) 式) 看出 $\int f \,\mathrm{d}\mu \geqslant 0$. 从这些受到启发, 引出下述概念.

定义 19 *设 X 是局部紧的 Hausdorff 空间, 复数域上线性空间 $C_c(X)$ 上的一个线性函数 ν 如果满足: 对于 $f \geqslant 0$, 有 $\nu(f) \geqslant 0$, 那么 ν 称为 X 上的一个*__正测度__,

$\nu(f)$ 称为 f 在 X 上相对于 ν 的**积分**, 记作 $\int_X f(x)\,\mathrm{d}\nu(x)$, 或 $\int_X f(x)\,\mathrm{d}x$, 或 $\int_X f\,\mathrm{d}\nu$. 当积分空间不易引起混淆时, 可以将它省略不写.

定义 19 是抓住了积分具有的线性性和非负性. 需要问的是: 定义 19 为什么把线性空间 $C_c(X)$ 上的一个正线性函数 ν (它满足: 对于 $f \geqslant 0$ 有 $\nu(f) \geqslant 0$) 称为 X 上的一个正测度呢? 它跟我们在本章 §8 第一部分中讲的测度有什么关系呢? 下面的定理 9 回答了这个问题.

定理 9 (Riesz 表示定理) 设 X 是局部紧的 Hausdorff 空间, ν 是 X 上的一个正测度, 则存在 X 的子集组成的一个 σ-代数 $\mathscr{A}$, 它包含 X 的所有 Borel 集, 并且存在 $\mathscr{A}$ 上的唯一一个测度 μ, 使得对于 $f \in C_c(X)$, 有

$$\nu(f) = \int f\,\mathrm{d}\mu; \tag{96}$$

并且如果 K 是 X 的紧子集, 那么

$$\mu(K) = \int_K \mathrm{d}\mu < +\infty. \tag{97}$$

定理 9 的证明可看 [14] 的第 42—49 页.

从定理 9 和命题 11 可得出, 若 ν 是局部紧的 Hausdorff 空间 X 上的一个正测度, 则对于 $f \in C_c(G)$, 有

$$|\nu(f)| \leqslant \nu(|f|). \tag{98}$$

设 X是局部紧的 Hausdorff 空间, ν 是 X 上的一个正测度, 根据 Riesz 表示定理, 存在 σ-代数 $\mathscr{A}$, 它包含 X 的所有 Borel 集, 则 X 上的任一复值连续函数 f 都是 $\mathscr{A}$-复值可测函数. 理由如下: 对于复平面上的任一开集 U, 由于 f 连续, 因此 $f^{-1}(U)$ 是 X 的开集, 从而 $f^{-1}(U)$ 是 X 的 Borel 集, 于是 $f^{-1}(U) \in \mathscr{A}$, 因此 $f^{-1}(U)$ 是 X 的可测集, 从而 f 是可测函数.

在局部紧的 Hausdorff 拓扑群 G 上的积分还应当具有左不变性 (或右不变性), 即对每个 $s \in G$, 有

$$\int_G f(sx)\,\mathrm{d}x = \int_G f(x)\,\mathrm{d}x \quad (\text{左不变性}), \tag{99}$$

$$\int_G f(xs)\,\mathrm{d}x = \int_G f(x)\,\mathrm{d}x \quad (\text{右不变性}). \tag{100}$$

由此引出下述概念.

定义 20 设 G 是一个局部紧的 Hausdorff 拓扑群, G 上的一个正测度 ν 如果满足: 对任意$f \in C_c(G), s \in G$, 有

$$\int_G f(sx)\,\mathrm{d}x = \int_G f(x)\,\mathrm{d}x, \quad (\text{左不变性}),$$

那么称 ν 是一个**(左) Haar 测度**, 或**(左) 不变测度**, 或 **Haar 积分**, 或**不变积分**.

类似地, 对于局部紧的 Hausdorff 拓扑群 G, 可定义 (右) Haar 测度或 (右) 不变测度, 也称为 Haar 积分, 或不变积分.

设 G 是局部紧的 Hausdorff 拓扑群, G 的单位元记作 e, 定义 $G \times C_c(G)$ 到 $C_c(G)$

的一个对应法则:

$$G \times C_c(G) \to C_c(G)$$
$$(s, f) \mapsto sf,$$

其中

$$(sf)(x) := f(s^{-1}x). \tag{101}$$

容易验证: $sf \in C_c(G)$, 且

$$ef = f, \quad \forall f \in C_c(G), \tag{102}$$

$$(st)f = s(tf), \quad \forall s, t \in G, \quad \forall f \in C_c(G), \tag{103}$$

因此 (101) 式定义了群 G 在集合 $C_c(G)$ 上的一个作用, 称它为 G 在 $C_c(G)$ 上的**左平移**.

设 G 是一个局部紧的 Hausdorff 拓扑群, 则 G 上的一个 (左) Haar 测度 ν 是一个正测度, 且在左平移下不变, 即

$$\nu(sf) = \nu(f), \quad \forall s \in G, \quad \forall f \in C_c(G). \tag{104}$$

本小节的最重要结论是如下定理.

定理 10 (Haar) *在一个局部紧的 Hausdorff 拓扑群 G 上存在一左 Haar 测度 $\nu, \nu \neq 0$, 并且除了相差一个正实数因子外, ν 是唯一的.*

为了证明定理 10, 我们需要作一系列的准备工作.

命题 16 *设 X 是局部紧的 Hausdorff 拓扑空间, 设 ν 是定义在 $C_c^+(X)$ 上的正值函数, 保持加法和数乘 (用正数去乘), 则 ν 可以唯一地扩充成 X 上的一个正测度.*

证明 任取 $f \in C_c(X)$, 且 f 是实值函数, $f \neq 0$, 有 $f = f^+ - f^-$. 显然 f^+, f^- 都是实值连续函数, 且 $\mathrm{supp}\,(f^+) \subseteq \mathrm{supp}\,(f), \mathrm{supp}\,(f^-) \subseteq \mathrm{supp}\,(f)$. 由于 $\mathrm{supp}\,(f^+), \mathrm{supp}\,(f^-)$ 都是闭集, 且 $\mathrm{supp}\,(f)$ 是紧集, 因此 $\mathrm{supp}\,(f^+), \mathrm{supp}\,(f^-)$ 都是紧集, 从而 $f^+, f^- \in C_c^+(X)$. 令

$$\nu(f) = \nu(f^+) - \nu(f^-), \quad \nu(0) = 0, \tag{105}$$

则 ν 扩充到了 X 上的实值连续函数上. 由于 ν 在 $C_c^+(X)$ 上保持加法和数乘 (用正数去乘), 因此类似于命题 9 的证法可证得: ν 在 $C_c(X)$ 中实值函数组成的子集上保持加法和数乘.

现在考虑任意 $f \in C_c(X)$, 设 $f = f_1 + \mathrm{i} f_2$. 类似于命题 6 的证法, 运用命题 4 可得, f_1, f_2 都是实值连续函数. 显然 $\mathrm{supp}\,(f_i) \subseteq \mathrm{supp}\,(f), i = 1, 2$. 于是 $\nu(f_i)$ 由 (105) 式定义, $i = 1, 2$. 令

$$\nu(f) = \nu(f_1) + \mathrm{i}\nu(f_2), \tag{106}$$

类似于命题 10 的证法可得, ν 是 $C_c(X)$ 上的一个线性函数. 从而 ν 通过 (105) 式和 (106) 式已扩充成 $C_c(X)$ 上的一个线性函数. 由于 ν 是 $C_c^+(X)$ 上的正值函数, 因此 ν 满足: 对于 $f \geqslant 0$, 有 $\nu(f) \geqslant 0$. 于是 ν 成为 X 上的一个正测度. 唯一性是显然的 (从 (105) 式看出). □

命题 17 *设 G 为任意拓扑群, $f \in C_c(G)$, 则 f 在 G 中一致连续.*

证明 设 $f = f_1 + \mathrm{i}f_2$, 则 f_i 是 G 上的实值连续函数, 且 $\mathrm{supp}\,(f_i)$ 是 G 的紧子集, 因此根据本章 §5 的命题 1 得, f_i 在 $\mathrm{supp}\,(f_i)$ 上是一致连续的. 从而 f_i 在 G 上是一致连续的 (因为 f_i 在 $G\backslash\,\mathrm{supp}\,(f_i)$ 上的函数值为 0). 于是 f 在 G 中一致连续. □

命题 18 设 G 是局部紧的 Hausdorff 拓扑群, 则对于 $f, F \in C_c^+(G)$, 存在正实数 $a_1, \cdots, a_n$ 以及 $x_1, \cdots, x_n \in G$, 使得

$$\sum_{i=1}^{n} a_i(x_iF) \geqslant f. \tag{107}$$

证明 由于 $F \in C_c^+(G)$, 因此 $F \geqslant 0$ 且 $F \neq 0$, 从而存在 $t \in G$, 使得 $F(t) > 0$. 令 $b = \dfrac{1}{2}F(t)$. 由于 F 是 G 上的连续函数, 因此存在 G 的单位元 e 的开邻域 V, 使得当 $x \in tV$ 时, 有 $F(x) > b$.

设 $\mathrm{supp}\,(f) = K$. 由于 $\{kV|k \in K\}$ 是 K 的覆盖, 而 K 是紧子集, 因此存在 $k_1, k_2, \cdots, k_n \in K$, 使得 $K \subseteq \bigcup\limits_{i=1}^{n} k_iV$. 当 $x \notin K$ 时, $f(x) = 0$, 从而 (107) 式显然成立. 下面设 $x \in K$, 则存在 $j \in \{1, 2, \cdots, n\}$ 使得 $x \in k_jV$. 因此 $k_j^{-1}x \in V$, 从而 $tk_j^{-1}x \in tV$, 于是

$$F(tk_j^{-1}x) > b.$$

令 $x_j = k_jt^{-1}$, 则有 $(x_jF)(x) = F(x_j^{-1}x) = F(tk_j^{-1}x) > b$. 又由于 f 是 G 上的实值连续函数, 且 K 是 G 的紧子集. 因此根据本章 §2 的命题 5 得, $f(K) = \{f(x)|x \in K\}$ 是 $\mathbb{R}$ 的紧子集. 再根据本章 §2 的推论 4 得, $f(K)$ 是有界闭集. 设 M 为其上界, 则

$$\sum_{i=1}^{n} \frac{M}{b}(x_iF)(x) \geqslant \frac{M}{b}(x_jF)(x) \geqslant M \geqslant f(x).$$

从而

$$\sum_{i=1}^{n} \frac{M}{b}(x_iF) \geqslant f.$$ □

推论 5 设 G 是局部紧的 Hausdorff 拓扑群, $F \in C_c^+(G)$, 则对一切左 Haar 测度 ν, 有 $\nu(F) > 0$ (即左 Haar 测度具有**正定性**).

证明 任给 G 上的一个左 Harrr 测度 ν. 取 $f \in C_c^+(G)$, 使得 $\nu(f) \neq 0$, 则可设 $\nu(f) > 0$. 根据命题 18, 存在正实数 $a_1, \cdots, a_n$ 以及 $x_1, \cdots, x_n \in G$, 使得

$$\sum_{i=1}^{n} a_i(x_iF) \geqslant f.$$

于是, $\nu(f) \leqslant v\left(\sum\limits_{i=1}^{n} a_i(x_iF)\right) = \sum\limits_{i=1}^{n} a_i\nu(x_iF) = \sum\limits_{i=1}^{n} a_i\nu(F)$. 从而有

$$\nu(F) \geqslant \frac{\nu(f)}{\sum\limits_{i=1}^{n} a_i} > 0.$$ □

定义 21 设 $f, F \in C_c^+(G)$, 定义

$$(f:F) = \inf\left\{\sum_{i=1}^n a_i \middle| a_i \geqslant 0, \text{存在 } x_i \in G, 1 \leqslant i \leqslant n, \text{使得 } \sum_{i=1}^n a_i(x_iF) \geqslant f\right\}.$$

从命题 18 知道, $(f:F)$ 存在, 且可证明它是正数 (见下面的命题 19). 从推论 5 的证明过程知道, 对任意左 Haar 测度 ν, 有

$$\nu(f) \leqslant (f:F)\nu(F). \tag{108}$$

命题 19 设 $f, f_i, F, g \in C_c^+(G)$, 则

(1) $(f:F) > 0$;

(2) 对任一 $x \in G, (xf:F) = (f:F)$;

(3) $(f_1 + f_2 : F) \leqslant (f_1 : F) + (f_2 : F)$;

(4) 若 $a > 0$, 则 $(af:F) = a(f;F)$;

(5) $(f:F) \leqslant (f:g)(g:F)$.

证明 (1) $f \leqslant \sum\limits_{i=1}^n a_i(x_iF) \Longrightarrow \sup(f) \leqslant \left(\sum\limits_{i=1}^n a_i\right)\sup(F)$

$$\Longrightarrow \sum_{i=1}^n a_i \geqslant \frac{\sup(f)}{\sup(F)} > 0 \Longrightarrow (f:F) > 0.$$

(2)
$$\begin{aligned} f \leqslant \sum_{i=1}^n a_i(x_iF) &\Longleftrightarrow f(y) \leqslant \sum_{i=1}^n a_i(x_iF)(y), \quad \forall y \in G \\ &\Longleftrightarrow f(x^{-1}y) \leqslant \sum_{i=1}^n a_i(x_iF)(x^{-1}y), \quad \forall y \in G \\ &\Longleftrightarrow (xf)(y) \leqslant \sum_{i=1}^n a_i(xx_iF)(y), \quad \forall y \in G \\ &\Longleftrightarrow xf \leqslant \sum_{i=1}^n a_i(xx_iF), \end{aligned}$$

因此

$$(f:F) = (xf:F).$$

(3) 若 $f_1 \leqslant \sum\limits_{i=1}^n a_i(x_iF), f_2 \leqslant \sum\limits_{j=1}^m b_j(y_jF)$, 则

$$f_1 + f_2 \leqslant \sum_{i=1}^n a_i(x_iF) + \sum_{j=1}^m b_j(y_jF).$$

于是

$$(f_1 + f_2 : F) \leqslant \sum_{i=1}^n a_i + \sum_{j=1}^m b_j.$$

由于 $(f_1 + f_2 : F)$ 是满足 $\sum\limits_{l=1}^r c_l(z_iF) \geqslant f_1 + f_2$ 的 $\sum\limits_{l=1}^r c_l$ 组成的集合的下确界, 现在 $\sum\limits_{i=1}^n a_i + \sum\limits_{j=1}^m b_j$ 属于这个集合; 又 $(f_1 : F)$ 是满足 $\sum\limits_{i=1}^n a_i(x_iF) \geqslant f_1$ 的 $\sum\limits_{i=1}^n a_i$ 组成的集

合的下确界, $(f_2 : F)$ 类似, 因此有

$$(f_1 + f_2 : F) \leqslant (f_1 : F) + (f_2 : F).$$

(4) 若 $a > 0$, 则

$$f \leqslant \sum_{i=1}^{n} a_i(x_i F) \Longleftrightarrow af \leqslant \sum_{i=1}^{n}(aa_i)(x_i F),$$

因此

$$(af : F) = a(f : F).$$

(5) 设 $f \leqslant \sum_{i=1}^{n} a_i(x_i g), g \leqslant \sum_{j=1}^{m} b_j(y_j F)$, 则 $\forall x \in G$, 有

$$f(x) \leqslant \left[\sum_{i=1}^{n} a_i(x_i g)\right](x) = \sum_{i=1}^{n} a_i g(x_i^{-1}x) \leqslant \sum_{i=1}^{n} a_i \left[\sum_{j=1}^{m} b_j(y_j F)\right](x_i^{-1}x)$$
$$= \sum_{i=1}^{n}\sum_{j=1}^{m} a_i b_j F(y_j^{-1}x_i^{-1}x) = \left[\sum_{i=1}^{n}\sum_{j=1}^{m} a_i b_j (x_i y_j F)\right](x).$$

从而

$$f \leqslant \sum_{i=1}^{n}\sum_{j=1}^{m} a_i b_j (x_i y_j F).$$

因此

$$(f : F) \leqslant \sum_{i=1}^{n}\sum_{j=1}^{m} a_i b_j = \left(\sum_{i=1}^{n} a_i\right)\left(\sum_{j=1}^{m} b_j\right).$$

由此得出

$$(f : F) \leqslant (f : g)(g : F).$$ □

定义 22 取定 $C_c^+(G)$ 中两个元素 f^* 和 F, 对于任意一个 $f \in C_c^+(G)$, 定义

$$\nu_F(f) = (f : F)/(f^* : F), \tag{109}$$

则称 ν_F 是 G 上的一个**近似测度**.

根据命题 19, $(f^* : F) > 0$, 因此 (109) 式有意义.

命题 20 设 ν_F 是 G 上的一个近似测度, $f, f_1, f_2 \in C_c^+(G)$, 则

(1) $\nu_F(f) > 0$;

(2) $\nu_F(f) = \nu_F(sf), \forall s \in G$;

(3) $\nu_F(f_1 + f_2) \leqslant \nu_F(f_1) + \mu_F(f_2)$;

(4) 若 $a > 0$, 则 $\nu_F(af) = a\nu_F(f)$;

(5) 若 $f_1 \leqslant f_2$, 则 $\nu_F(f_1) \leqslant \nu_F(f_2)$;

(6) $\dfrac{1}{(f^* : f)} \leqslant \nu_F(f) \leqslant (f : f^*)$.

证明 (1) 由命题 19 的 (1) 立即得到 $\nu_F(f) > 0$.

(2) 由命题 19 的 (2) 得, $\forall s \in G$, 有

$$\nu_F(sf) = \frac{(sf : F)}{f^* : F} = \frac{(f : F)}{f^* : F} = \nu_F(f).$$

(3) 由命题 19 的 (3) 立即得到.

(4) 由命题 19 的 (4) 立即得到.

(5) 由命题 19 的 (5) 得

$$(f_1 : F) \leqslant (f_1 : f_2)(f_2 : F). \tag{110}$$

若 $f_1 \leqslant f_2$, 则 $(f_1 : f_2)$ 的定义式中右边的集合含有 1, 从而 $(f_1 : f_2) \leqslant 1$. 于是由 (110) 式得, $(f_1 : F) \leqslant (f_1 : f_2)(f_2 : F) \leqslant (f_2 : F)$. 从而有 $\nu_F(f_1) \leqslant \nu_F(f_2)$.

(6) 由命题 19 的 (5) 得 $(f : F) \leqslant (f : f^*)(f^* : F)$. 从而有

$$\nu_F(f) \leqslant (f : f^*).$$

又由 $(f^* : F) \leqslant (f^* : f)(f : F)$ 得

$$\nu_F(f) \geqslant \frac{1}{(f^* : f)}.$$

因此

$$\frac{1}{(f^* : f)} \leqslant \nu_F(f) \leqslant (f : f^*).$$ □

下面的命题 21 与命题 20 的 (3) 结合起来表明: 当 F 的支撑集趋于单位元时, ν_F 是接近于保持加法的.

命题 21 设 G 是局部紧的 Hausdorff 拓扑群, 设 $f_1, f_2 \in C_c^+(G)$, 则对任给 $\varepsilon > 0$, 存在单位元 e 的一个邻域 V, 使得当 $\mathrm{supp}\,(F) \subseteq V$ 时, 有

$$\nu_F(f_1 + f_2) \geqslant \nu_F(f_1) + \nu_F(f_2) - \varepsilon. \tag{111}$$

证明 令 $C = \mathrm{supp}\,(f_1) \bigcup \mathrm{supp}\,(f_2)$, 则 C 为紧子集. 从而根据引理 6 得, 存在一个连续函数 $q \in C_c^+(G)$, 且对于 $x \in C$ 有 $q(x) = 1$, 对于一切 $x \in G$, 有 $0 \leqslant q(x) \leqslant 1$. 取 $a > 0$, 记

$$p(x) = f_1(x) + f_2(x) + aq(x), \tag{112}$$

定义

$$h_i(x) = \begin{cases} f_i(x)/p(x), & 当\ p(x) \neq 0, \\ 0, & 当\ p(x) = 0, \end{cases} \tag{113}$$

其中 $i = 1, 2$. 当 $p(x) = 0$ 时, 由 (112) 式得 $f_1(x) = f_2(x) = 0$. 因此 $h_1(x), h_2(x)$ 是连续函数, 且 $\mathrm{supp}\,(h_i(x)) \subseteq \mathrm{supp}\,(p(x)), i = 1, 2$. 由于 $C_c(G)$ 是复数域上的线性空间, 因此 $p(x) \in C_c(G)$, 从而 $\mathrm{supp}\,(p(x))$ 是紧子集. 由于 $\mathrm{supp}\,(h_i(x))$ 是闭集, 因此 $\mathrm{supp}\,(h_i(x))$ 是紧子集. 由此得出 $h_i(x) \in C_c(G)$. 又由于 $h_i(x) \geqslant 0, \forall x \in G$, 且 $h_i(x)$ 不是零函数, 因此 $h_i(x) \in C_c^+(G), i = 1, 2$. 又当 $p(x) \neq 0$ 时, 有

$$h_1(x) + h_2(x) = \frac{f_1(x) + f_2(x)}{p(x)} \leqslant \frac{f_1(x) + f_2(x) + aq(x)}{p(x)} = 1,$$

因此 $0 \leqslant h_1 + h_2 \leqslant 1$. 由命题 17 得, $h_i(x)$ 在 G 中一致连续. 于是存在单位元的邻域 V, 使得只要 $xy^{-1} \in V$ 或 $x^{-1}y \in V$, 就有

$$|h_i(x) - h_i(y)| < \frac{a}{2}, \quad i = 1, 2. \tag{114}$$

对于任意支撑集在 V 中的连续函数 $F \in C_c^+(G)$, 根据命题 18, 存在正实数 $b_1, b_2, \cdots$,

b_n 以及 $x_1, \cdots, x_n \in G$, 使得

$$\sum_{j=1}^{n} b_j(x_j F) \geqslant p. \tag{115}$$

当 $t \notin x_j V$ 时, $x_j^{-1}t \notin V$. 从而 $(x_j F)(t) = F(x_j^{-1}t) = 0$. 当 $t \in x_j V$ 时, 有 $x_j^{-1}t \in V$. 从而根据 (114) 式得

$$|h_i(x_j) - h_i(t)| < \frac{a}{2}, \quad i = 1, 2, j = 1, 2, \cdots, n. \tag{116}$$

于是当 $t \in x_j V$ 时, 有

$$h_i(t) < h_i(x_j) + \frac{a}{2}, \quad i = 1, 2. \tag{117}$$

于是从 (113) 式, (115) 式和 (117) 式得

$$f_i = h_i p \leqslant \sum_{j=1}^{n} b_j h_i(x_j F) \leqslant \sum_{j=1}^{n} b_j \left[h_i(x_j) + \frac{a}{2}\right](x_i F), \quad i = 1, 2. \tag{118}$$

由此得出

$$(f_i : F) \leqslant \sum_{j=1}^{n} b_j \left[h_i(x_j) + \frac{a}{2}\right], \quad i = 1, 2. \tag{119}$$

因此

$$(f_1 : F) + (f_2 : F) \leqslant \sum_{j=1}^{n} b_j[h_1(x_j) + h_2(x_j) + a] \leqslant (1 + a)\sum_{j=1}^{n} b_j. \tag{120}$$

结合 (115) 式和 $(p : F)$ 的定义式, 以及命题 19 的 (4) 得

$$(f_1 : F) + (f_2 : F) \leqslant (1 + a)(p : F). \tag{121}$$

从 (121) 式、(109) 式、(112) 式, 以及命题 20 的 (3)、(4)、(6) 得

$$\begin{aligned}
\nu_F(f_1) + \nu_F(f_2) &\leqslant (1 + a)\nu_F(p) = (1 + a)\nu_F(f_1 + f_2 + aq) \\
&\leqslant (1 + a)[\nu_F(f_1 + f_2) + a\nu_F(q)] \\
&= \nu_F(f_1 + f_2) + a[\nu_F(f_1 + f_2) + (1 + a)\nu_F(q)] \\
&\leqslant \nu_F(f_1 + f_2) + a[(f_1 + f_2 : f^*) + (1 + a)(q : f^*)].
\end{aligned} \tag{122}$$

对于给定的 f_1, f_2, 取定 q, 对于任给 $\varepsilon > 0$, 取 a 小于 1, 且充分小:

$$a < \varepsilon/[(f_1 + f_2 : f^*) + 2(q : f^*)], \tag{123}$$

则从 (122) 式得

$$\nu_F(f_1) + \nu_F(f_\nu) \leqslant \nu_F(f_1 + f_2) + \varepsilon.$$ □

现在我们来证明定理 10 的存在性部分.

命题 22 设 G 是局部紧的 Hausdorff 拓扑群, 则 G 上存在左 Haar 测度.

证明 记 $D = C_c^+(G)$. 给定 $f^* \in D$. 对于 $f \in D$, 记 $J(f)$ 为 $\mathbb{R}$ 中的闭区间 $[1/(f^* : f), (f : f^*)]$. 根据本章 §2 的推论 4, $J(f)$ 是紧致的. 作乘积空间

$$J = \prod_{f \in D} J(f). \tag{124}$$

根据本章 §2 的吉洪诺夫定理, J 是紧致空间. 对于任意 $F \in D$, 根据命题 20 的 (6) 得, $\nu_F(f)$ 恰好取值在 $J(f)$ 中. 因此 $a_F = \{\nu_F(f) | f \in D\}$ 是 J 中元素. 对 G 的单位

元的每个邻域 V, 作 J 中的子集

$$A_V = \{\{\nu_F(f)|f \in D\}|\,\mathrm{supp}\,F \subseteq V\}. \tag{125}$$

显然 $A_V \neq \varnothing$. 根据本章 §7 第三部分中讲的拓扑群 G 的单位元的完全邻域组 $\mathscr{B}_e$ 满足的 5 个条件中的第二个条件, 对于单位元的任意两个邻域 V_1, V_2, 必存在单位元的邻域 $V \subseteq V_1 \bigcap V_2$, 从而

$$A_V \subseteq A_{V_1} \bigcap A_{V_2}. \tag{126}$$

由此可推出, J 中存在一个元素属于所有 A_V 的闭包, 理由如下: 要证 $\bigcap\limits_V \overline{A}_V \neq \varnothing$, 只要证 $\left(\bigcap\limits_V \overline{A}_V\right)^c \neq J$, 为此只要证 $\bigcup\limits_V \overline{A}_V^c \neq J$. 假如 $\bigcup\limits_V \overline{A}_V^c = J$, 由于 J 是紧空间, 因此存在 $\overline{A}_{V_1}^c, \cdots, \overline{A}_{V_n}^c$, 它们是 J 的有限覆盖. 由 (126) 式知, 必存在一个 $A_{V_j} \subseteq \bigcap\limits_{k=1}^n A_{V_k}$. 从而 $\overline{A}_{V_j}^c \supseteq \bigcup\limits_{k=1}^n \overline{A}_{V_k}^c = J$. 于是 $A_{V_j} \subseteq \varnothing$, 即 $A_{V_j} = \varnothing$. 这与每个 $A_V \neq \varnothing$ 矛盾. 因此 J 中存在一个元素属于所有 A_V 的闭包, 把这个元素记作 $\{\nu(f)|f \in D\}$. 由于 $\{\nu(f)|f \in D\}$ 属于每个 $\overline{A}_V$, 因此 $\{\nu(f)|f \in D\}$ 是每个 A_V 的点或 A_V 的聚点. 由此得出: 对任给有限个函数 $f_1, \cdots, f_m \in D$, 任给 $\varepsilon > 0$, 且任意给定单位元的邻域 V, 必存在 $F \in D$, $\mathrm{supp}\,(F) \subseteq V$, 使得

$$|\nu(f_i) - \nu_F(f_i)| < \varepsilon, \quad i - 1, 2, \cdots, m. \tag{127}$$

对 $f, f_1, f_2 \in D, b > 0, s \in G$, 根据命题 20 的 (2)、(4)、(3) 以及命题 21, 得

$$|\nu(sf) - \nu(f)| \leqslant |\nu(sf) - \nu_F(sf)| + |\nu_F(f) - \nu(f)|, \tag{128}$$

$$|\nu(bf) - b\nu(f)| \leqslant |\nu(bf) - \nu_F(bf)| + |b\nu_F(f) - b\nu(f)|, \tag{129}$$

$$\begin{aligned}
&|\nu(f_1 + f_2) - [\nu(f_1) + \nu(f_2)]| \\
\leqslant\ & |\nu(f_1 + f_2) - \nu_F(f_1 + f_2)| \\
&+|\nu_F(f_1 + f_2) - [\nu_F(f_1) + \nu_F(f_2)]| + |\nu_F(f_1) - \nu(f_1)| + |\nu_F(f_2) - \nu(f_2)| \\
\leqslant\ & |\nu(f_1 + f_2) - \nu_F(f_1 + f_2)| + \varepsilon_1 + |\nu_F(f_1) - \nu(f_1)| + |\nu_F(f_2) - \nu(f_2)|.
\end{aligned} \tag{130}$$

ε_1 可取任意小的正数, 只要 $\mathrm{supp}\,(F)$ 充分小. 因此借助于支撑集充分小的函数 $F \in D$, 利用 (127) 式, 从 (128) 式、(129) 式、(130) 式可证得

$$\nu(sf) = \nu(f), \tag{131}$$

$$\nu(bf) = b\nu(f), \tag{132}$$

$$\nu(f_1 + f_2) = \nu(f_1) + \nu(f_2). \tag{133}$$

(133) 式表明 ν 保持加法, (132) 式表明 ν 保持数乘 (用正实数去乘). 从 J 的构造和 $\{\nu(f)|f \in D\}$ 的取法可知

$$\nu(f) \geqslant 1/(f^* : f) > 0. \tag{134}$$

因此 ν 是 $C_c^+(G)$ 上的正值函数. 根据命题 16 得, ν 可以扩充成 G 上的一个正测度. (131) 式表明: 对于 $C_c^+(G)$ 中函数, ν 具有在左平移下不变的性质. 从命题 16 的证

明过程的 (105) 式和 (106) 式看出, ν 扩充后, 对于 $C_c(G)$ 中的函数也具有在左平移下不变的性质. 因此 ν 为 G 上的一个左 Haar 测度. □

为了证明左 Haar 测度的唯一性, 我们还需要做一些准备工作.

设 X 是局部紧的 Hausdorff 空间, X 上的正测度 ν 的支集 $\operatorname{supp}(\nu)$ 是指满足下列条件的最小闭集 S:

$$f \in C_c(G) \text{ 且 } \operatorname{supp}(f) \subseteq X \backslash S \Longrightarrow \nu(f) = 0.$$

命题 23 设 G 是局部紧的 Hausdorff 拓扑群, H 是拓扑群 G 的子群, α 是 H 上的一个正测度, f 是 G 上的复值连续函数, 设 $\operatorname{supp}(f)$ 或 $\operatorname{supp}(\alpha)$ 是紧集, 则

$$s \mapsto \int_H f(st)\,\mathrm{d}\alpha(t) \tag{135}$$

以及

$$s \mapsto \int_H f(ts)\,\mathrm{d}\alpha(t) \tag{136}$$

都是 G 上的连续函数.

证明 根据拓扑群 G 的子群的定义知, G 的子群 H 是闭集. 由于 G 是局部紧的 Hausdorff 空间, 因此根据命题 14 的 (1) 得, H 是局部紧的. 任给 $s \in G$. 记 $\widetilde{f}_s(t) = f(st)$, 则 $\widetilde{f}_s$ 是 H 上的连续函数. 对 (135) 式定义的 G 上的函数证明它是连续函数. 只要证: 对于 $s_0 \in G, s_0$ 的紧邻域 V_0 及任给 $\varepsilon > 0$, 存在 s_0 的一个紧邻域 $V \subseteq V_0$, 使得对所有 $s \in V$, 都有

$$\left| \int_H [f(st) - f(s_0t)]\,\mathrm{d}\alpha(t) \right| < \varepsilon. \tag{137}$$

若 $K = \operatorname{supp}(f)$ 是紧集, 则 $f \in C_c(G)$. 取 $L = V_0^{-1}K \bigcap H$, 则对于 H 的元素 y, 若 $y \notin L$, 则 $y \notin V_0^{-1}K$, 从而 $s_0y \notin K$, 且对所有 $s \in V$, 有 $sy \notin K$. 于是 $f(s_0y) = 0$, 且 $f(sy) = 0, \forall s \in V$. 因此

$$\int_H [f(st) - f(s_0t)]\,\mathrm{d}\alpha(t) = \int_L [f(st) - f(s_0t)]\,\mathrm{d}\alpha(t). \tag{138}$$

根据命题 17, f 在 G 中一致连续. 因此存在单位元 e 的邻域 W, 使得对所有 $t \in H, (st)(s_0t)^{-1} = ss_0^{-1} \in W$, 有

$$|f(st) - f(s_0t)| \leqslant \varepsilon/\alpha(L), \tag{139}$$

其中 $\alpha(L)$ 表示 $\int_L \mathrm{d}\alpha(t)$. 由于 H 是局部紧的 Hausdorff 空间, α 是 H 上的正测度, 因此根据 Riesz 表示定理, 存在 H 的子集组成的一个 σ 代数 $\mathscr{A}$, 以及 $\mathscr{A}$ 上的一个测度 m, 使得对于 $g \in C_c(H)$, 有 $\alpha(g) = \int g\,\mathrm{d}m$, 且由于易证 L 是紧集, 因此 $m(L) = \int_L \mathrm{d}m < +\infty$. 由于 $(\alpha|L)(1) = \int_L \mathrm{d}\alpha(t)$, 且 $(\alpha|L)(1) = \int_L \mathrm{d}m$, 因此 $\int_L \mathrm{d}\alpha(t) = \int_L dm < +\infty$. 于是 $\alpha(L)$ 是正实数. 从而 (139) 式是有意义的. 根据 Riesz 表示定理和 (51) 式, 从 (139) 式得

$$\int_L |f(st) - f(s_0t)|\,\mathrm{d}\alpha(t) \leqslant \int_L \varepsilon/\alpha(L)\,\mathrm{d}\alpha(t) = \varepsilon. \tag{140}$$

取 $V=V_0\bigcap W$, 则 $\forall s\in V$, 根据 (138) 式、(98) 式和 (140) 式得

$$\begin{aligned}\left|\int_H [f(st)-f(s_0t)]\,\mathrm{d}\alpha(t)\right| &= \left|\int_L [f(st)-f(s_0t)]\,\mathrm{d}\alpha(t)\right| \\ &\leqslant \int_L |f(st)-f(s_0t)|\,\mathrm{d}\alpha(t)\leqslant\varepsilon.\end{aligned}\tag{141}$$

因此 (137) 式成立. 从而若 $\mathrm{supp}\,(f)$ 是紧集, 则 (135) 式定义的 G 上的函数是连续函数.

另一方面, 如果 $C=\mathrm{supp}\,(\alpha)$ 是紧集, 那么根据 $\mathrm{supp}\,(\alpha)$ 的定义可得

$$\int_H [f(st)-f(s_0t)]\,\mathrm{d}\alpha(t)=\int_C [f(st)-f(s_0t)]\,\mathrm{d}\alpha(t).\tag{142}$$

如果 $t\in C, s\in V_0$, 那么 st 在紧集 V_0C 中. 根据本章 §5 的命题 1 (可推广到复值连续函数上) 得, 函数 f 在 V_0C 上是一致连续的. 因此可取单位元的邻域 W_1, 使得对于 $t\in C, ss_0^{-1}\in W_1$, 便有

$$|f(st)-f(s_0t)|\leqslant\varepsilon/\alpha(C),\tag{143}$$

其中 $\alpha(C)=\displaystyle\int_C \mathrm{d}\alpha(t)$. 取 $V=V_0\bigcap W_1$, 则 $\forall s\in V$, 都有 (137) 式成立. 因此若 $\mathrm{supp}\,(\alpha)$ 是紧集, 则也有 (135) 式定义的 G 上的函数是连续函数.

类似地可证, (136) 式定义的 G 上的函数是连续函数. □

设 G 是局部紧的 Hausdorff 拓扑群. 设 $f,g\in C_c(G)$. 对于任意给定的 $x\in G$, 令

$$\widetilde{f}_x(y):=f(y)g(y^{-1}x),\quad \forall y\in G.\tag{144}$$

显然 $\widetilde{f}_x(y)$ 是 G 上的连续函数. 如果 $f(y)=0$, 那么 $\widetilde{f}_x(y)=0$. 因此

$$\mathrm{supp}\,(\widetilde{f}_x)\subseteq\mathrm{supp}\,(f).\tag{145}$$

从而 $\mathrm{supp}\,(\widetilde{f}_x)$ 是紧集, 因此 $\widetilde{f}_x\in C_c(G)$. 于是可引入下述概念.

定义 23 设 G 是局部紧的 Hausdorff 拓扑群, ν 是 G 上的左 Haar 测度, $f,g\in C_c(G)$. 令

$$(f*g)(x)=\int_G f(y)g(y^{-1}x)\,\mathrm{d}\nu(y),\quad \forall x\in G,\tag{146}$$

则称 $f*g$ 是 f 与 g 的**卷积**.

利用 (144) 式定义的函数 $\widetilde{f}_{x'}$, 则 (146) 式可表示成

$$(f*g)(x)=\int_G \widetilde{f}_x(y)\,\mathrm{d}\nu(y),\quad \forall x\in G.\tag{147}$$

由于 $\widetilde{f}_x\in C_c(G)$, 因此 (147) 式右端是有意义的. 从而用 (146) 式定义的 f 与 g 的卷积 $f*g$ 是存在的.

对于 $x\in G$, 若 $g(y^{-1}x)=0, \forall y\in G$, 则 (146) 式右端的积分等于 0, 从而 $(f*g)(x)=0$. 因此若 $(f*g)(x)\neq 0$, 则存在 $y\in G$, 使得 $g(y^{-1}x)\neq 0$, 从而对这个 y 有

$$\mathrm{supp}\,(f*g)\subseteq\mathrm{supp}\,(g(y^{-1}x)).\tag{148}$$

根据 (101) 式得, $g(y^{-1}x)=(yg)(x)$. 因此

$$\mathrm{supp}\,(g(y^{-1}x))=\mathrm{supp}\,(yg).\tag{149}$$

由于

$$y\,\mathrm{supp}\,(g) = \overline{\{yt \in G | g(t) \neq 0\}} = \overline{\{z \in G | g(y^{-1}z) \neq 0\}},$$

因此

$$\mathrm{supp}\,(g(y^{-1}x)) = \mathrm{supp}\,(yg) \subseteq y\,\mathrm{supp}\,(g). \tag{150}$$

由于 $g \in C_c(G)$, 因此 $\mathrm{supp}\,(g)$ 是紧集, 从而 $y\,\mathrm{supp}\,(g)$ 也是紧集. 由于 $\mathrm{supp}\,(f*g)$ 是闭集, 且 $\mathrm{supp}\,(f*g) \subseteq y\,\mathrm{supp}\,(g)$, 因此 $\mathrm{supp}\,(f*g)$ 是紧集. 又 $\mathrm{supp}\,(f(y)g(y^{-1}x)) = \mathrm{supp}\,(\widetilde{f}_\alpha)$ 是紧集, 因此根据命题 23 得, $f*g$ 是 G 上的连续函数. 从而 $f*g \in C_c(G)$. 即卷积是 $C_c(G) \times C_c(G)$ 到 $C_c(G)$ 的一个映射.

命题 24 设 X 是局部紧的 Hausdorff 空间, ν 是 X 上的正测度, f 是 X 上的实值连续函数, $\alpha \in X$, 则对任给 $\varepsilon > 0$, 存在 α 的一个邻域 V, 使得对于 $g \in C_c^+(X, V)$ 及 $\int_X g\,\mathrm{d}\nu = 1$, 有

$$\left| \int_X fg\,\mathrm{d}\nu - f(\alpha) \right| \leqslant \varepsilon. \tag{151}$$

证明 由于 f 连续, 因此对于任给 $\varepsilon > 0$, 存在 α 的一个邻域 V, 使得

$$|f(y) - f(\alpha)| \leqslant \varepsilon, \quad \forall y \in V. \tag{152}$$

于是根据测度 ν 的线性性以及 $\int g\,\mathrm{d}\nu = 1$ 得

$$\int_X fg\,\mathrm{d}\nu - f(\alpha) = \int_X fg\,\mathrm{d}\nu - \int_X f(\alpha)g\,\mathrm{d}\nu = \int_X [f - f(\alpha)]g\,\mathrm{d}\nu. \tag{153}$$

由于 $\mathrm{supp}\,(g) \subseteq V$, 因此当 $y \notin V$ 时, 有 $g(y) = 0$. 从而由 (153) 式和 (98) 式得

$$\left| \int_X fg\,\mathrm{d}\nu - f(\alpha) \right| \leqslant \int_X |f(y) - f(\alpha)| g\,\mathrm{d}\nu \leqslant \int_X \varepsilon g\,\mathrm{d}\nu = \varepsilon.$$ □

对于 $g \in C_c(G)$, 定义一个函数 $\widetilde{g}$ 如下:

$$\widetilde{g}(x) := g(x^{-1}), \quad \forall x \in G. \tag{154}$$

显然 $\widetilde{g} \in C_c(G)$.

命题 25 设 G 为局部紧的 Hausdorff 拓扑群, ν 是 G 上的左 Haar 测度, $f \in C_c(G)$, 则对任给 $\varepsilon > 0$, 存在单位元 e 的开邻域 V, 使得若 $g \in C_c^+(G, V)$, 且 $\int_G g\,\mathrm{d}\nu = 1$, 则

$$|(f * \widetilde{g})(x) - f(x)| \leqslant \varepsilon, \quad \forall x \in G. \tag{155}$$

证明

$$\begin{aligned}(f * \widetilde{g})(x) &= \int_G f(y)\widetilde{g}(y^{-1}x)\,\mathrm{d}\nu(y) = \int_G f(y)g(x^{-1}y)\,\mathrm{d}\nu(y) \\ &= \int_G f(xy)g(y)\,\mathrm{d}\nu(y).\end{aligned} \tag{156}$$

上述推导的最后一步利用了 ν 的左不变性.

由于 $f * \widetilde{g} \in C_c(G), f \in C_c(G)$, 因此根据命题 17 得, $f * \widetilde{g}$ 和 f 在 G 中一致连续. 于是对任给 $\varepsilon > 0$, 存在单位元的开邻域 U, 使得只要 $x = x'U$, 就有

$$|(f * \widetilde{g})(x) - (f * \widetilde{g})(x')| \leqslant \varepsilon/3, \tag{157}$$

$$|f(x) - f(x')| \leqslant \varepsilon/3. \tag{158}$$

设 $\operatorname{supp}(f)=C$, 则由 C 的紧性知道, 存在 $x_1,\cdots,x_n\in C$, 使得 $\bigcup_{i=1}^{n}(x_iU)\supseteq C$. 对每个 x_i, 利用命题 24, 存在单位元的开邻域 V_i, 使得若 $g\in C_c^+(G,V_i)$ 且 $\int_G g\,\mathrm{d}\nu=1$, 则

$$\left|\int_G f(x_iy)g(y)\,\mathrm{d}\nu(y)-f(x_i)\right|\leqslant\varepsilon/3. \tag{159}$$

取 $V=U\bigcap V_1\bigcap\cdots\bigcap V_n$. 对任意 $x\in C$, 必有 j, 使得 $x\in x_jU$. 设 $g\in C_c^+(G,V)$, 且 $\int g\,\mathrm{d}\nu=1$, 则从 (157) 式、(156) 式、(159) 式和 (158) 式得, $\forall x\in C$, 有

$$\begin{aligned}|(f*\widetilde{g})(x)-f(x)|&\leqslant|(f*\widetilde{g})(x)-(f*\widetilde{g})(x_i)|\\&\quad+|(f*\widetilde{g})(x_i)-f(x_i)|+|f(x_i)-f(x)|\\&\leqslant\varepsilon.\end{aligned} \tag{160}$$

当 $x\notin C$ 时, (160) 式左端为 0, 因此 (160) 式仍成立. □

命题 26 设 ν 为局部紧的 Hausdorff 空间 X 上的正测度, K 为 X 中的紧集, 则相对于范数 $\|\cdot\|_K,\nu$ 对于 $C_c(X,K)$ 中的实值函数的作用是连续的, 即对于 $g\in C_c(X,K)$ 且 g 是实值函数, 有

$$\lim_{\|g\|_K\to0}\nu(g)=0. \tag{161}$$

证明 从定理 8 得, 对于紧子集 K, 存在开集 V, 其闭包 $\overline{V}$ 为紧集, 使得 $K\subseteq V\subseteq\overline{V}$. 再根据引理 6 得, 存在一个实值连续函数 f, 满足:

$$\begin{aligned}&f(x)=1,\quad \text{当 } x\in K;\\&f(x)=0,\quad \text{当 } x\notin V;\\&0\leqslant f(x)\leqslant1,\quad \forall x\in X;\\&\operatorname{supp}(f)\ \text{是紧集},\quad \text{且 } \operatorname{supp}(f)\subseteq V.\end{aligned}$$

对于任意实值函数 $g\in C_c(X,K)$, 由于 $\|g\|_K=\sup\limits_{x\in K}|g(x)|$, 且 $\operatorname{supp}(g)\subseteq K$, 因此当 $x\in K$ 时, 有

$$g(x)\leqslant|g(x)|\leqslant\|g\|_K=\|g\|_Kf(x); \tag{162}$$

$$g(x)\geqslant-|g(x)|\geqslant-\|g\|_K=-\|g\|_Kf(x). \tag{163}$$

当 $x\notin K$ 时, 有 $x\notin\operatorname{supp}(g)$, 从而有 $g(x)=0$. 因此

$$-\|g\|_Kf\leqslant g\leqslant\|g\|_Kf. \tag{164}$$

由于 $g=g^+-g^-$, 因此从 (164) 式得

$$g^+\leqslant g^-+\|g\|_Kf, \tag{165}$$

$$g^-\leqslant g^++\|g\|_Kf. \tag{166}$$

根据 Riesz 表示定理和 (51) 式, 以及 ν 的线性性, 从 (165) 式、(166) 式分别得

$$\nu(g^+)\leqslant\nu(g^-)+\|g\|_K\nu(f), \tag{167}$$

$$\nu(g^-)\leqslant\nu(g^+)+\|g\|_K\nu(f). \tag{168}$$

由于 $\nu(g)=\nu(g^+)-\nu(g^-)$, 因此从 (167) 式、(168) 式得

$$-\|g\|_K\nu(f)\leqslant\nu(g)\leqslant\|g\|_K\nu(f), \tag{169}$$

即

$$|\nu(g)|\leqslant\|g\|_K\nu(f), \tag{170}$$

由此得出

$$\lim_{\|g\|_k\to0}\nu(g)=0.$$

□

定义 24 测度空间 $(X,\mathscr{A},\mu)$ 称为是 σ-有限的, 如果存在可数个两两不相交的集合 K_n, 使得 $X=\bigcup\limits_{n=1}^{\infty}K_n$, 并且 $\mu(K_n)<+\infty, n=1,2,\cdots$.

设 $(X,\mathscr{A},\mu),(Y,\mathscr{B},\nu)$ 都是 σ-有限的测度空间, $\mathscr{A}\times\mathscr{B}$ 被定义为在 $X\in Y$ 上的包含每一个可测长方形 (即 $A\times B$, 其中 $A\in\mathscr{A}$, 且 $B\in\mathscr{B}$) 的最小 σ-代数. 可以证明: 设 f 是 $X\times Y$ 上的 $\mathscr{A}\times\mathscr{B}$-可测函数, 则对每个 $x\in X$, $f_x(y):=f(x,y)$ 是 Y 上的 $\mathscr{B}$-可测函数; 对每个 $y\in Y$, $f^y(x):=f(x,y)$ 是 X 上的 $\mathscr{A}$-可测函数. 对于复平面的任一开集 V, 令

$$Q=\{(x,y)|f(x,y)\in V\},$$

$$Q_x=\{y|f_x(y)\in V\},\qquad Q^y=\{x|f^y(x)\in V\},$$

则 $Q\in\mathscr{A}\times\mathscr{B}$, $Q_x\in\mathscr{B}$, $Q^y\in\mathscr{A}$. 可以证明:

$$\int_X\nu(Q_x)\,\mathrm{d}\mu(x)=\int_Y\mu(Q^y)\,\mathrm{d}\nu(y). \tag{171}$$

于是我们定义

$$(\mu\times\nu)(Q):=\int_X\nu(Q_x)\,\mathrm{d}\mu(x)=\int_Y\mu(Q^y)\,\mathrm{d}\nu(y),$$

称 $\mu\times\nu$ 是测度 μ 和 ν 的**乘积**. 可以证明 $\mu\times\nu$ 是 $\mathscr{A}\times\mathscr{B}$ 上的可数可加函数, 因此 $\mu\times\nu$ 是 $X\times Y$ 上的一个测度. 上述结论的证明可参看 [14] 第 145—151 页. 关于乘积测度, 有下面重要的定理.

定理 11 (Fubini 定理) 设 $(X,\mathscr{A},\mu),(Y,\mathscr{B},\nu)$ 都是 σ-有限测度空间, 设 f 是 $X\times Y$ 上的 $\mathscr{A}\times\mathscr{B}$-可测函数.

(1) 若 f 是非负可测函数, 则 $\int_Y f(x,y)\,\mathrm{d}\nu(y)$ 是 $\mathscr{A}$-可测函数, $\int_X f(x,y)\,\mathrm{d}\mu(x)$ 是 $\mathscr{B}$-可测函数, 并且

$$\begin{aligned}\int_X\left[\int_Y f(x,y)\,\mathrm{d}\nu(y)\right]\mathrm{d}\mu(x)&=\int_{X\times Y}f(x,y)\,\mathrm{d}(\mu\times\nu)\\&=\int_Y\left[\int_X f(x,y)\,\mathrm{d}\mu(x)\right]\mathrm{d}\nu(y).\end{aligned} \tag{172}$$

(2) 设 f 是复值函数, 如果 $\int_{X\times Y}|f(x,y)|d(\mu\times\nu)<+\infty$, 那么对几乎所有的 y, 有

$$\int_X|f(x,y)|\,\mathrm{d}\mu(x)<+\infty, \tag{173}$$

$$\int_Y\left|\int_X f(x,y)\,\mathrm{d}\mu(x)\right|\mathrm{d}\nu(y)<+\infty; \tag{174}$$

对几乎所有的 x, 有

$$\int_Y |f(x,y)|\,\mathrm{d}\nu(y) < +\infty, \tag{175}$$

$$\int_X \left|\int_Y f(x,y)\,\mathrm{d}\nu(y)\right| \mathrm{d}\mu(x) < +\infty; \tag{176}$$

并且有

$$\int_Y \left[\int_X f(x,y)\,\mathrm{d}\mu(x)\right] \mathrm{d}\nu(y) = \int_X \left[\int_Y f(x,y)\,\mathrm{d}\nu(y)\right] \mathrm{d}\mu(x)$$

$$= \int_{X\times Y} f(x,y) d(\mu\times\nu). \tag{177}$$

(3) 设 f 是复值函数. 如果对几乎所有的 x, 有 (175) 式和 (176) 式成立, 那么有

$$\int_{X\times Y} |f(x,y)| d(\mu\times\nu) < +\infty. \tag{178}$$

Fubini 定理的证明可参看 [14] 第 150—151 页.

现在来证 Haar 测度的唯一性.

命题 27 设 G 是局部紧的 Hausdorff 拓扑群, μ,ν 是 G 上的两个左 Haar 测度, 则必有 $a>0$, 使得

$$\mu = a\nu.$$

证明 不妨设存在 $f_0 \in C_c^+(G)$, 使得

$$\mu(f_0) = \nu(f_0) = 1. \tag{179}$$

(否则, 用 $\mu/\mu(f_0)$ 代替 μ, 用 $\nu/\nu(f_0)$ 代替 ν 即可). 我们来证明 $\mu=\nu$.

对任意 $f,g\in C_c(G)$, 考虑 $h = f*\widetilde{g}\in C_c(G)$. 利用 Riesz 表示定理和 Fubini 定理, 以及 μ 的左不变性和线性性, 得

$$\begin{aligned}\int_G h(x)\,\mathrm{d}\mu(x) &= \int_G \left[\int_G f(y)\widetilde{g}(y^{-1}x)\,\mathrm{d}\nu(y)\right] \mathrm{d}\mu(x)\\ &= \int_G \left[\int_G f(y)\widetilde{g}(y^{-1}x)\,\mathrm{d}\mu(x)\right] \mathrm{d}\nu(y)\\ &= \int_G f(y)\left[\int_G \widetilde{g}(y^{-1}x)\,\mathrm{d}\mu(x)\right] \mathrm{d}\nu(y)\\ &= \int_G f(y)\left[\int_G \widetilde{g}(x)\,\mathrm{d}\mu(x)\right] \mathrm{d}\nu(y)\\ &= \int_G \widetilde{g}(x)\,\mathrm{d}\mu(x)\int_G f(y)\,\mathrm{d}\nu(y).\end{aligned} \tag{180}$$

根据命题 25, 对任给 $\varepsilon_1>0$, 存在单位元的开邻域 V, 使得只要 $g\in C_c^+(G,V)$ 且 $\int_G g\,\mathrm{d}\nu = 1$, 则

$$\|h-f\| = \sup\{|h(x)-f(x)|\big|x\in G\} \leqslant \varepsilon_1. \tag{181}$$

由于 $h,f\in C_c(G)$, 因此 $h-f\in C_c(G)$. 我们已经知道

$$\mathrm{supp}\,(h-f) \subseteq \mathrm{supp}\,(h)\bigcup \mathrm{supp}\,(f). \tag{182}$$

记 $K=\mathrm{supp}\,(h)\bigcup\mathrm{supp}\,(f)$, 则 K 是紧集, 于是 $h-f\in C_c(G,K)$. 对于 $|h-f|$ 用命题 26 得 $\lim\limits_{\|h-f\|\to 0}\mu|h-f| = 0$. 因此利用 (98) 式得, 对任给 $\varepsilon_2>0$, 只要取 ε_1 充分

小, 就有

$$\left|\int_G h\,\mathrm{d}\mu - \int_G f\,\mathrm{d}\mu\right| = |\mu(h-f)| \leqslant \mu(|h-f|) < \varepsilon_2. \tag{183}$$

由所设, $\int_G f_0\,\mathrm{d}\mu = \int_G f_0\,\mathrm{d}\nu = 1$. 令 $f = f_0$, 从 (180) 式得

$$\int_G h\,\mathrm{d}\mu = \int_G \widetilde{g}\,\mathrm{d}\mu. \tag{184}$$

同理, 只要对适当的单位元的开邻域 $V_1, g \in C_c^+(G, V_1)$ 且 $\int_G g\,\mathrm{d}\mu = 1$, 对 $|h - f_0|$ 用命题 25 和命题 26 得

$$\left|\int_G h\,\mathrm{d}\mu - \int_G f_0\,\mathrm{d}\mu\right| < \varepsilon_3. \tag{185}$$

从 (184) 式和 (185) 式得

$$\left|\int_G \widetilde{g}\,\mathrm{d}\mu - 1\right| < \varepsilon_3. \tag{186}$$

对任意 $f \in C_c(G)$, 设 $\left|\int_G f\,\mathrm{d}\nu\right| \leqslant M$, 则在上述条件下有

$$\begin{aligned}\left|\int_G f\,\mathrm{d}\mu - \int_G f\,\mathrm{d}\nu\right| &\leqslant \left|\int_G f\,\mathrm{d}\mu - \int_G h\,\mathrm{d}\mu\right| + \left|\int_G h\,\mathrm{d}\mu - \int_G f\,\mathrm{d}\nu\right| \\ &< \varepsilon_2 + \left|\int_G \widetilde{g}\,\mathrm{d}\mu \int_G f\,\mathrm{d}\nu - \int_G f\,\mathrm{d}\nu\right| \\ &= \varepsilon_2 + \left|\int_G f\,\mathrm{d}\nu\right| \left|\int_G \widetilde{g}\,\mathrm{d}\mu - 1\right| \\ &\leqslant \varepsilon_2 + M\varepsilon_3. \end{aligned} \tag{187}$$

因此 $|\mu(f) - \nu(f)|$ 可任意小, 从而

$$\mu(f) = \nu(f), \quad \forall f \in C_c(G),$$

即

$$\mu = \nu. \qquad \square$$

至此我们完成了定理 10 的全部证明.

上述证明对右 Haar 测度也是完全适用的.

§9 局部紧的 Hausdorff 拓扑群的酉表示 (或正交表示)

定义 1 群 G 在酉空间 (或实内积空间) V 上的复 (实) 线性表示 (φ, V) 如果对一切 $g \in G$ 都有 $\varphi(g)$ 是 V 上的酉变换 (或正交变换), 那么称 (φ, V) 是 G 在 V 上的**酉表示** (或**正交表示**).

这一节我们来研究局部紧的 Hausdorff 拓扑群上的酉表示 (或正交表示).

9.1 Hilbert 空间的正交分解和连续线性函数

首先我们指出如何使一个酉空间 (或实内积空间) V 成为拓扑空间. 酉空间 (或实内积空间) V 中给定了一个内积, 因此每个向量 α 有长度 $|\alpha| = (\alpha, \alpha)$. α 的长度

也可记成 $\|\alpha\|$. 对于 $\alpha, \beta \in V$, 定义它们的距离为 $d(\alpha, \beta) := \|\alpha - \beta\|$. 这样定义的 d 满足距离函数的三条性质 (正定性、对称性和三角形不等式), 因此它是 V 上的一个度量. 于是 V 成为一个度量空间. 配备这个距离拓扑, 酉空间 (或实内积空间) V 便成为一个拓扑空间. 由于需要在酉空间 (或实内积空间) V 中进行极限运算, 因此要求 V 中的每一个 Cauchy 序列都收敛 (这一性质称为完备性). 酉空间 (或实内积空间) V 作为度量空间如果是完备的, 那么称 V 是一个 **Hilbert 空间**. 根据本章 §2 的命题 7, 完备的度量空间 X 的子空间 A 是完备的当且仅当 A 是 X 的闭子集. 因此我们在讨论 Hilbert 空间 V 的子空间时, 通常取 V 的闭子空间, 使这个子空间也具有完备性.

定义 2 复 (实) 线性空间 V 的一个子集 E 称为是**凸的** (convex), 如果 E 有下述几何性质: 每当 $\alpha \in E, \beta \in E$, 且 $0 < t < 1$, 则点

$$\gamma_t = (1-t)\alpha + t\beta \tag{1}$$

也属于 E.

显然, V 的每一个子空间是凸的.

如果 E 是 V 的凸集, 那么 E 的平移

$$E + \alpha = \{\beta + \alpha | \beta \in E\} \tag{2}$$

也是凸集.

命题 1 设 V 是一个 Hilbert 空间, 则对于任意固定的 $\beta \in V, V$ 上的函数

$$\beta_R : \alpha \mapsto (\alpha, \beta), \quad \beta_L : \alpha \mapsto (\beta, \alpha), \quad f : \alpha \mapsto \|\alpha\|$$

都是连续函数.

证明 对于任意 $\alpha_1, \alpha_2 \in V$, 有

$$\begin{aligned} |\beta_R(\alpha_1) - \beta_R(\alpha_2)| &= |(\alpha_1, \beta) - (\alpha_2, \beta)| = |(\alpha_1 - \alpha_2, \beta)| \\ &\leqslant \|\alpha_1 - \alpha_2\| \, \|\beta\|. \end{aligned} \tag{3}$$

由此得出, β_R 是 V 上的连续函数, 而且是一致连续函数. 同理, β_L 是 V 上的一致连续函数.

三角形不等式蕴含

$$\|\alpha_1\| = \|\alpha_1 - \alpha_2 + \alpha_2\| \leqslant \|\alpha_1 - \alpha_2\| + \|\alpha_2\|, \tag{4}$$

从而

$$f(\alpha_1) - f(\alpha_2) = \|\alpha_1\| - \|\alpha_2\| \leqslant \|\alpha_1 - \alpha_2\|. \tag{5}$$

对换 α_1 与 α_2, 由上式得

$$f(\alpha_2) - f(\alpha_1) \leqslant \|\alpha_1 - \alpha_2\|. \tag{6}$$

从 (5) 式和 (6) 式得

$$|f(\alpha_1) - f(\alpha_2)| \leqslant \|\alpha_1 - \alpha_2\|$$

因此 $f : \alpha \mapsto \|\alpha\|$ 也是一致连续的. □

设 V 是 Hilbert 空间, 对于 $\alpha \in V$, 令

$$\alpha^{\perp} := \{\beta \in V | (\alpha, \beta) = 0\}. \tag{7}$$

显然, $\alpha^{\perp}$ 是 V 的一个子空间. 从 (7) 式看出, $\alpha^{\perp}=\alpha_L^{-1}(\{0\})$. 由于 α_L 是连续函数, 且 $\{0\}$是 $\mathbb{C}$ 的闭集, 因此 $\alpha^{\perp}$ 是 V 的闭集, 从而 $\alpha^{\perp}$ 是 V 的一个闭子空间. 任取 V 的一个子集 S, 由于

$$S^{\perp}=\{\beta\in V|(\alpha,\beta)=0,\forall\alpha\in S\}=\bigcap_{\alpha\in S}\alpha^{\perp}, \tag{8}$$

因此 $S^{\perp}$ 是 V 的闭集, 从而 $S^{\perp}$ 是 V 的一个闭子空间.

定理 1 设 V 是一个 Hilbert 空间, 则 V 的每一个非空的闭的凸集 E 包含唯一的一个长度最短的向量, 即存在唯一的向量 $\alpha_0\in E$, 使得

$$\|\alpha_0\|\leqslant\|\alpha\|,\quad\forall\alpha\in E.$$

证明 容易计算得: 对于任意 $\alpha,\beta\in V$, 有

$$\|\alpha+\beta\|^2+\|\alpha-\beta\|^2=2\|\alpha\|^2+2\|\beta\|^2. \tag{9}$$

设 $\delta=\inf\{\|\alpha\||\alpha\in E\}$. 任给 $\alpha,\beta\in E$, 对 $\frac{1}{2}\alpha$ 和 $\frac{1}{2}\beta$ 用 (9) 式得

$$\left\|\frac{1}{2}\alpha+\frac{1}{2}\beta\right\|^2+\left\|\frac{1}{2}\alpha-\frac{1}{2}\beta\right\|^2=2\left\|\frac{1}{2}\alpha\right\|^2+2\left\|\frac{1}{2}\beta\right\|^2,$$

从而

$$\frac{1}{4}\|\alpha-\beta\|^2=\frac{1}{2}\|\alpha\|^2+\frac{1}{2}\|\beta\|^2-\left\|\frac{\alpha+\beta}{2}\right\|^2. \tag{10}$$

由于 E 是凸集, 因此 $\frac{1}{2}(\alpha+\beta)\in E$. 从而

$$\|\alpha-\beta\|^2\leqslant 2\|\alpha\|^2+2\|\beta\|^2-4\delta^2,\quad\alpha,\beta\in E. \tag{11}$$

如果有 $\|\alpha\|=\|\beta\|=\delta$, 那么从 (11) 式得, $\alpha=\beta$. 这证明了唯一性.

由 δ 的定义知道, 存在 E 中的一个序列 (β_n), 使得

$$\lim_{n\to\infty}\|\beta_n\|=\delta.$$

用 β_n 和 β_m 代替 (11) 式中的 α 和 β, 则当 $n\to\infty$ 和 $m\to\infty$ 时, (11) 式右端趋于 0. 这表明 (β_n) 是一个 Cauchy 序列. 因为 V 是完备的, 所以存在 $\alpha_0\in V$, 使得 $\lim\limits_{n\to\infty}\beta_n=\alpha_0$, 即

$$\lim_{n\to\infty}\|\beta_n-\alpha_0\|=0. \tag{12}$$

由于 $\beta_n\in E$ 且 E 是闭集, 因此 $\alpha_0\in E$. 由于 $f:\alpha\mapsto\|\alpha\|$ 是连续函数, 因此

$$\|\alpha_0\|=\lim_{n\to\infty}\|\beta_n\|=\delta.$$ □

定理 2 设 W 是 Hilbert 空间 V 的一个闭子空间, 则 V 中任一向量 α 在 W 上都有最佳逼近元 α_0, 即 $\alpha_0\in W$, 使得

$$d(\alpha,\alpha_0)\leqslant d(\alpha,\gamma),\quad\forall\gamma\in W,$$

从而

$$V=W\oplus W^{\perp}.$$

证明 任取 $\alpha\in V$. 由于 W 是闭子空间, 因此 W 是凸集, 从而 $\alpha+W$ 是闭集且是凸集. 根据定理 1 得, $\alpha+W$ 中存在唯一的长度最短的向量, 记作 $\widetilde{\alpha}$, 则 $\alpha-\widetilde{\alpha}\in W$. 记 $\alpha_0=\alpha-\widetilde{\alpha}$, 则 $\widetilde{\alpha}=\alpha-\alpha_0$. 任取 $\gamma\in W$, 则 $\alpha-\gamma\in\alpha+W$. 于是

$$\|\alpha-\alpha_0\|=\|\widetilde{\alpha}\|\leqslant\|\alpha-\gamma\|,\quad\forall\gamma\in W.$$

因此 α_0 是 α 在 W 上的最佳逼近元.

根据 [25] 的下册第 471—472 页的例 6 和例 9, 以及第 521—522 页的例 22 及其点评得

$$V = W \oplus W^{\perp}. \qquad \square$$

在定理 2 中, 把 V 中每个向量 α 对应到 α_0 的映射 $\boldsymbol{P}$ 称为 V 在 W 上的**正交投影**. 根据 [25] 的下册第 522 页的例 24, V 在 W 上的正交投影 $\boldsymbol{P}$ 是 V 上的幂等线性变换, $\operatorname{Ker}\boldsymbol{P} = W^{\perp}$, $\operatorname{Im}\boldsymbol{P} = W$.

根据 [25] 的下册第 435 页的例 4 及其点评, 对于有限维酉空间 (或实内积空间) V, 当 β 跑遍 V 中所有向量时, β_R 就跑遍 V 上的所有线性函数, β_L 也跑遍 V 上的所有线性函数. 从而对于有限维 Hilbert 空间 V, 结合命题 1 得, 当 β 跑遍 V 中所有向量时, β_R 就跑遍 V 上的所有连续线性函数, β_L 也跑遍 V 上的所有连续线性函数. 对于无限维 Hilbert 空间 V, 当 β 跑遍 V 中所有向量时, β_R 也跑遍 V 上的所有连续线性函数; β_L 也这样, 即我们有下面的重要定理.

定理 3 设 f 是 Hilbert 空间 V 上的任一连续线性函数, 则存在唯一的 $\beta \in V$, 使得 $f = \beta_R$, 即

$$f(\alpha) = (\alpha, \beta), \quad \forall \alpha \in V. \tag{13}$$

证明 若 $f = 0$, 则取 $\beta = 0$, 就有 $\beta_R = f$. 下面设 $f \neq 0$. 记 $W = \operatorname{Ker} f = f^{-1}(0)$. 由于 f 是 V 上的连续函数, 因此从 $\{0\}$ 是 $\mathbb{C}$ 的闭集得出 W 是 V 的闭集. 从而 W 是 V 的闭子空间. 于是根据定理 2 得, $V = W \oplus W^{\perp}$. 由于 $f \neq 0$, 因此存在 $\alpha_1 \in V$, 使得 $f(\alpha_1) \neq 0$, 从而 $W \subsetneqq V$, 于是 $W^{\perp} \neq \{0\}$. 因此存在 $\gamma \in W^{\perp}$, 且 $\|\gamma\| = 1$. 任给 $\alpha \in V$, 令

$$\delta = f(\alpha)\gamma - f(\gamma)\alpha. \tag{14}$$

由于 $f(\delta) = f(\alpha)f(\gamma) - f(\gamma)f(\alpha) = 0$, 因此 $\delta \in W$. 于是 $(\delta, \gamma) = 0$. 从而有

$$\begin{aligned} f(\alpha) &= f(\alpha)(\gamma, \gamma) = (f(\alpha)\gamma, \gamma) \\ &= (\delta + f(\gamma)\alpha, \gamma) = f(\gamma)(\alpha, \gamma) = (\alpha, f(\gamma)\gamma). \end{aligned} \tag{15}$$

记 $\beta = f(\gamma)\gamma$, 则 $f(\alpha) = (\alpha, \beta) = \beta_R(\alpha)$. 由于 α 是 V 中任意向量, 因此 $f = \beta_R$.

若还有 $\beta' \in V$, 使得 $f = \beta'_R$, 则 $(\alpha, \beta) = (\alpha, \beta'), \forall \alpha \in V$. 于是 $(\alpha, \beta - \beta') = 0$, $\forall \alpha \in V$. 从而 $\beta = \beta'$. $\square$

同理可证: 设 f 是 Hilbert 空间 V 上的任一连续线性函数, 则存在唯一的 $\alpha \in V$, 使得 $f = \alpha_L$.

9.2 赋范线性空间和 Banach 空间的有界线性映射

对于复 (实) 线性空间 V, 除了在 V 上定义一个内积来引进度量外, 更一般的方法是从向量的长度所具有的性质抽象出下述概念.

定义 3 一个复 (实) 线性空间 V 称为**赋范线性空间**, 如果对于每个 $\alpha \in V$ 指定了一个非负实数 $\|\alpha\|$, 称为 α 的**范数**, 使得

(i) $\|\alpha + \beta\| \leqslant \|\alpha\| + \|\beta\|, \forall \alpha, \beta \in V$;

(ii) $\|a\alpha\| = |a|\|\alpha\|, \alpha \in V, a \in \mathbb{C}$ (或 $\mathbb{R}$);

(iii) $\|\alpha\| = 0$ 蕴含 $\alpha = 0$.

根据定义 3 的 (i), 下述三角形不等式成立:

$$\|\alpha - \beta\| \leqslant \|\alpha - \gamma\| + \|\gamma - \beta\|, \quad \alpha, \beta, \gamma \in V. \tag{16}$$

在定义 2 的 (ii) 中, 分别取 $a = 0, a = -1$, 得

$$\|0\| = 0, \quad \| - \alpha\| = \|\alpha\|. \tag{17}$$

结合 (iii) 得

$$\|\alpha\| = 0 \text{ 当且仅当 } \alpha = 0; \tag{18}$$

从 (17) 式还可得到

$$\|\alpha - \beta\| = \| - (\alpha - \beta)\| = \|\beta - \alpha\|. \tag{19}$$

令

$$d(\alpha, \beta) := \|\alpha - \beta\|, \tag{20}$$

则从 (16)、(18)、(19) 式得, 由 (20) 式定义的 d 是距离函数, 因此赋范线性空间可成为一个度量空间.

定义 4 一个赋范线性空间 V 如果对于由它的范数定义的度量是完备的, 那么称 V 是一个**Banach 空间**.

例如, 每一个 Hilbert 空间是 Banach 空间.

最简单的 Banach 空间是复数域 $\mathbb{C}$ (或实数域 $\mathbb{R}$) 自身, z 的范数 $\|z\| := |z|$.

如何给线性映射 $\boldsymbol{A}$ 定义范数? 由于 $\boldsymbol{A}$ 被一切 $\boldsymbol{A}\alpha(\alpha \in V)$ 所决定, 而 $\boldsymbol{A}\alpha$ 有范数, 因此自然的想法是通过 $\|\boldsymbol{A}\alpha\|(a \in V)$ 来定义 $\boldsymbol{A}$ 的范数. 由此引出下述定义.

定义 5 设 V 和 V' 都是赋范线性空间, $\boldsymbol{A}$ 是从 V 到 V' 的一个线性映射, 则 $\boldsymbol{A}$ 的**范数**由下式定义:

$$\|\boldsymbol{A}\| = \sup\left\{\frac{\|\boldsymbol{A}\alpha\|}{\|\alpha\|}\middle|\alpha \in V, \alpha \neq 0\right\}. \tag{21}$$

如果 $\|\boldsymbol{A}\| < +\infty$, 那么 $\boldsymbol{A}$ 称为**有界线性映射**.

由于对任意 $\alpha \in V, a \in \mathbb{C}$ (或 $\mathbb{R}$), 有

$$\|\boldsymbol{A}(a\alpha)\| = \|a(\boldsymbol{A}\alpha)\| = |a|\ \|\boldsymbol{A}\alpha\|,$$

因此当 $\alpha \neq 0$ 时, 有

$$\frac{\|\boldsymbol{A}\alpha\|}{\|\alpha\|} = \frac{\left\|\boldsymbol{A}\left(\|\alpha\|\dfrac{\alpha}{\|\alpha\|}\right)\right\|}{\|\alpha\|} = \boldsymbol{A}\left(\frac{\alpha}{\|\alpha\|}\right),$$

从而在 (21) 式中可以把 α 限制到单位向量, 即

$$\|\boldsymbol{A}\| = \sup\left\{\|\boldsymbol{A}\alpha\|\middle|\alpha \in V, \|\alpha\| = 1\right\}. \tag{22}$$

从 (21) 式得, $\|\boldsymbol{A}\|$ 是使得下述不等式成立的最小的数:

$$\|\boldsymbol{A}\alpha\| \leqslant \|\boldsymbol{A}\|\ \|\alpha\|, \quad \forall \alpha \in V. \tag{23}$$

从 (23) 式得, 当 $\|\alpha\| \leqslant 1$ 时, $\|\boldsymbol{A}\alpha\| \leqslant \|\boldsymbol{A}\|$. 因此结合 (22) 式得

$$\|\boldsymbol{A}\| = \sup\{\|\boldsymbol{A}\alpha\|\big|\alpha \in V, \|\alpha\| \leqslant 1\}. \tag{24}$$

由 (21) 式定义的线性映射 $\boldsymbol{A}$ 的范数 $\|\boldsymbol{A}\|$ 的确满足定义 3 中列举的范数的三条要求:

(i) 由于

$$\|(\boldsymbol{A}+\boldsymbol{B})\alpha\| = \|\boldsymbol{A}\alpha + \boldsymbol{B}\alpha\| \leqslant \|\boldsymbol{A}\alpha\| + \|\boldsymbol{B}\alpha\|, \quad \forall \alpha \in V,$$

因此

$$\begin{aligned}&\sup\{\|(\boldsymbol{A}+\boldsymbol{B})\alpha\| \,|\, \alpha \in V, \|\alpha\| = 1\}\\ \leqslant& \sup\{\|\boldsymbol{A}\alpha\| \,|\, \alpha \in V, \|\alpha\| = 1\} + \sup\{\|\boldsymbol{B}\alpha\| \,|\, \alpha \in V, \|\alpha\| = 1\},\end{aligned}$$

从而

$$\|\boldsymbol{A}+\boldsymbol{B}\| \leqslant \|\boldsymbol{A}\| + \|\boldsymbol{B}\|, \quad \forall \boldsymbol{A}, \boldsymbol{B} \in \mathrm{Hom}(V, V');$$

(ii) 由于对任意 $k \in \mathbb{C}$ (或 $\mathbb{R}$), 有

$$\sup\{\|(k\boldsymbol{A})\alpha\| \alpha \in V, \|\alpha\| = 1\} = |k| \sup\{\|\boldsymbol{A}\alpha\| \,|\, \alpha \in V, \|\alpha\| = 1\},$$

因此

$$\|k\boldsymbol{A}\| = |k|\ \|\boldsymbol{A}\|;$$

(iii) 若 $\|\boldsymbol{A}\| = 0$, 则由 (21) 式得, $\forall \alpha \in V$, 有 $\|\boldsymbol{A}\alpha\| = 0$, 从而 $\boldsymbol{A}\alpha = 0$, 因此 $\boldsymbol{A} = \boldsymbol{0}$.

综上所述,(21) 式的确定义了复 (实) 线性空间 $\mathrm{Hom}(V, V')$ 的一个范数, 从而 $\mathrm{Hom}(V, V')$ 成为赋范线性空间, 因此 $\mathrm{Hom}(V, V')$ 对于由范数定义的度量成为度量空间.

设 $\boldsymbol{A}$ 是赋范线性空间 V 到 V' 的一个线性映射, 则对于 $\alpha \in V$, 根据 (23) 式有

$$\|\alpha\| \leqslant 1 \Rightarrow \|\boldsymbol{A}\alpha\| \leqslant \|\boldsymbol{A}\|,$$

且 $\|\boldsymbol{A}\|$ 是使得对一切满足 $\|\alpha\| \leqslant 1$ 的 α 都有 $\|\boldsymbol{A}\alpha\| \leqslant \|\boldsymbol{A}\|$ 成立的最小的数. 因此线性映射 $\boldsymbol{A}$ 把 V 的**闭单位球** $\{\alpha \in V \,|\, \|\alpha\| \leqslant 1\}$ 映到 V' 里的以 0 为中心, $\|\boldsymbol{A}\|$ 为半径的闭球中.

在定义 5 中, 若 V' 取成复数域, 则把有界线性映射称为**有界线性函数** (或**有界线性泛函**).

设 V 是 Hilbert 空间, 则对于任意 $\alpha \in V$, 有

$$\|\alpha_L\| = \|\alpha\|, \quad \|\alpha_R\| = \|\alpha\|. \tag{25}$$

理由如下: 对任意 $\beta \in V$ 且 $\|\beta\| = 1$, 有

$$|\alpha_L(\beta)| = |(\alpha, \beta)| \leqslant \|\alpha\|\ \|\beta\| = \|\alpha\|,$$

因此

$$\|\alpha_L\| = \sup\{|\alpha_L(\beta)| \,|\, \beta \in V, \|\beta\| = 1\} \leqslant \|\alpha\|.$$

又由于 $\alpha_L(\|\alpha\|^{-1}\alpha) = (\alpha, \|\alpha\|^{-1}\alpha) = \|\alpha\|^{-1}(\alpha, \alpha) = \|\alpha\|$, 因此 $\|\alpha_L\| \geqslant \|\alpha\|$, 从而 $\|\alpha_L\| = \|\alpha\|$. 同理, $\|\alpha_R\| = \|\alpha\|$.

定理 4 设 $\boldsymbol{A}$ 是赋范线性空间 V 到赋范线性空间 V' 的一个线性映射, 则下述三个条件中的每一个都蕴含其他两个:

(i) $\boldsymbol{A}$ 是有界的;

(ii) $\boldsymbol{A}$ 是连续的;

(iii) $\boldsymbol{A}$ 在 V 的一个点上连续.

证明 (i)⇒(ii). 由于

$$\|\boldsymbol{A}\alpha_1-\boldsymbol{A}\alpha_2\|=\|\boldsymbol{A}(\alpha_1-\alpha_2)\|\leqslant\|\boldsymbol{A}\|\,\|\alpha_1-\alpha_2\|, \tag{26}$$

因此若 $\boldsymbol{A}$ 是有界的, 则 $\|\boldsymbol{A}\|<+\infty$. 从而由 (26) 式得, $\boldsymbol{A}$ 是连续的.

(ii)⇒(iii). 这是显然的.

(iii)⇒(i). 设 $\boldsymbol{A}$ 在 V 的一个点 α_0 连续, 则对于任给 $\varepsilon>0$, 存在 $\delta>0$, 使得只要 $\|\alpha-\alpha_0\|<\delta$, 就有

$$\|\boldsymbol{A}\alpha-\boldsymbol{A}\alpha_0\|<\varepsilon.$$

换句话说, 只要 $\|\beta\|<\delta$, 就有

$$\|\boldsymbol{A}(\alpha_0+\beta)-\boldsymbol{A}\alpha_0\|<\varepsilon. \tag{27}$$

由于 $\boldsymbol{A}(\alpha_0+\beta)=\boldsymbol{A}\alpha_0+\boldsymbol{A}\beta$, 因此从 (27) 式得 $\|\boldsymbol{A}\beta\|<\varepsilon$. 由此得出 (利用 (24) 式), $\|\boldsymbol{A}\|\leqslant\dfrac{\varepsilon}{\delta}$. 因此 $\boldsymbol{A}$ 是有界的. □

设 V 和 V' 都是赋范线性空间, 若 $\boldsymbol{A},\boldsymbol{B}$ 都是 V 到 V' 的有界线性映射, 由于 $\|\boldsymbol{A}+\boldsymbol{B}\|\leqslant\|\boldsymbol{A}\|+\|\boldsymbol{B}\|, \|k\boldsymbol{A}\|=|k|\,\|\boldsymbol{A}\|$, 因此 $\boldsymbol{A}+\boldsymbol{B}$ 和 $k\boldsymbol{A}(k\in\mathbb{C})$ 也都是有界线性映射. 从而 V 到 V' 的所有有界线性映射组成的集合是 $\mathrm{Hom}(V,V')$ 的一个子空间, 记作 $\mathscr{B}(V,V')$, 显然它也是赋范线性空间.

下面我们来研究 Banach 空间 V 到赋范线性空间 V' 的有界线性映射的性质. 由于 Banach 空间是完备的赋范线性空间, 因此首先研究关于完备度量空间的下述定理, 它在数学的许多分支中有应用.

定理 5 (Baire 定理) 设 X 是完备度量空间, 则 X 的一族可数个稠密的开子集的交仍是在 X 中稠密的; 特别地 (除了 $X=\varnothing$ 这一例外), 这个交集不是空集.

证明 设 $V_1,V_2,V_3,\cdots$ 是 X 的稠密的开子集. 设 W 是 X 的任一开集且 $W\neq\varnothing$, 我们必须说明 $\bigcap\limits_{n=1}^{\infty}V_n$ 有一个点属于 W.

设 ρ 是 X 的度量 (即距离函数), 用 $B(x,r)$ 表示以 x 为中心、r 为半径的开球, 即

$$B(x,r):=\{y\in X|\rho(x,y)<r\},$$

用 $\overline{B}(x,r)$ 表示 $B(x,r)$ 的闭包 (注意, 存在这样的情形: $\overline{B}(x,r)$ 不包含满足 $\rho(x,y)\leqslant r$ 的所有 y).

由于 V_1 是稠密的, 因此 $W\bigcap V_1$ 是非空开集, 从而我们能找到 x_1 和 r_1, 使得

$$\overline{B}(x_1,r_1)\subseteq W\bigcap V_1, \quad 且 \quad 0<r_1<1. \tag{28}$$

如果 $n\geqslant 2$ 且 x_{n-1} 和 r_{n-1} 被选择, 那么 V_n 的稠密性表明: $V_n\bigcap B(x_{n-1},r_{n-1})$ 是非空开集, 因此能找到 x_n 和 r_n, 使得

$$\overline{B}(x_n,r_n)\subseteq V_n\bigcap B(x_{n-1},r_{n-1}), \quad 且 \quad 0<r_n<\frac{1}{n}. \tag{29}$$

用归纳法, 这个过程产生 X 的一个序列 (x_n). 如果 $i>n$ 且 $j>n$, 那么上述构造表明 x_i 和 x_j 都属于 $B(x_n,r_n)$, 于是 $\rho(x_i,x_j)<2r_n<\dfrac{2}{n}$. 因此 (x_n) 是一个 Cauchy

序列. 由于 X 是完备的, 因此存在一个点 $x \in X$, 使得

$$x = \lim_{n\to\infty} x_n.$$

由于当 $i > n$ 时, $x_i \in \overline{B}(x_n, r_n)$, 因此 x 属于每个 $\overline{B}(x_n, r_n)$. 再从 (29) 式得出, x 属于每个 V_n. 又从 (28) 式得, $x \in W$. 因此 $\bigcap\limits_{n=1}^{\infty} V_n$ 有一个点 $x \in W$. 从而 $\bigcap\limits_{n=1}^{\infty} V_n$ 在 X 中稠密. □

在拓扑空间 X 中, 可数个开集的交称为 G_δ (型) 集, 可数个稠密开集的交称为稠密 G_δ (型) 集.

推论 1 在完备度量空间 X 中, 任一可数个稠密 G_δ 集的交仍是一个稠密 G_δ 集.

证明 由于每一个 G_δ 集是可数个开集的交, 因此可数个 G_δ 集的交仍然是可数个开集的交 (因为可数多个可数集的并集仍是可数的). 又由于稠密 G_δ 集中的每个开集是稠密的. 从而可数个稠密 G_δ 集的交是一族可数个稠密开集的交. 根据定理 5 (Barre 定理) 得, 这个交集仍然是稠密的, 因此它是一个稠密 G_δ 集. □

利用 Baire 定理可以证明 Banach 空间中关于有界线性映射的下列两个重要的定理. 为此先介绍两个概念.

定义 6 设 f 是拓扑空间 X 上的一个实值 (或扩充了的实值) 函数, 如果对每个实数 a,

$$\{x|f(x) > a\}$$

是开集, 那么称 f 是**下半连续的**. 如果对每个实数 a,

$$\{x|f(x) < a\}$$

是开集, 那么称 f 是**上半连续**的.

从定义 6 可以得出:

(1) 实值函数 f 是连续函数当且仅当 f 既是下半连续的又是上半连续的.

(2) 开集的特征函数是下半连续的; 闭集的特征函数是上半连续的.

(3) 任意一族下半连续函数的上确界是下半连续的; 任意一族上半连续函数的下确界是上半连续的.

定理 6 (Banach-Steinhaus 定理) 设 X 是一个 Banach 空间, Y 是一个赋范线性空间, 并且 $\{\boldsymbol{A}_i|i \in I\}$ 是 X 到 Y 的一族有界线性映射, 则或者存在一个 $M < +\infty$, 使得

$$\|\boldsymbol{A}_i\| \leqslant M, \quad \forall i \in I; \tag{30}$$

或者对属于 X 的某个稠密 G_δ 集的所有 x, 有

$$\sup_{i\in I} \|\boldsymbol{A}_i x\| = +\infty. \tag{31}$$

证明 令

$$\varphi(x) = \sup_{i\in I} \|\boldsymbol{A}_i x\|, \quad x \in X, \tag{32}$$

$$V_n = \{x|\varphi(x) > n\}, \quad n = 1, 2, 3, \cdots. \tag{33}$$

由于有界线性映射必定是连续的, 因此每个 $\boldsymbol{A}_i$ 是连续的. 由于范数满足三角形不等式, 因此把每个向量对应到它的范数这个映射是连续函数 (证明类似于命题 1 的证明). 从而映射 $\boldsymbol{A}_i x \mapsto \|\boldsymbol{A}_i x\|$ 是 Y 上的连续函数. 于是每个函数 $x \mapsto \|\boldsymbol{A}_i x\|$ 是 X 上的连续函数, $i \in I$. 从而 φ 是下半连续函数, 因此 V_n 是开集, $n = 1, 2, 3, \cdots$.

如果这些开集中的某一个, 例如 V_N, 在 X 中不是稠密的, 那么存在 $x_0 \in X$ 和 $r > 0$, 使得 $\widetilde{B}(x_0, r) \bigcap V_N = \varnothing$, 其中 $\widetilde{B}(x_0, r) = \{y \big| \|y - x_0\| \leqslant r\}$, 即 $\forall y \in \widetilde{B}(x_0, r)$, 都有 $y \notin V_N$; 也就是对一切满足 $\|y - x_0\| \leqslant r$ 的 y, 都有 $y \notin V_N$. 记 $x = y - x_0$, 则对于一切满足 $\|x\| \leqslant r$ 的 x, 都有 $x_0 + x \notin V_N$, 即 $\varphi(x_0 + x) \leqslant N$, 从而 $\forall i \in I$ 和对一切满足 $\|x\| \leqslant r$ 的 x, 都有

$$\|\boldsymbol{A}_i(x_0 + x)\| \leqslant N. \tag{34}$$

由于 $x = (x_0 + x) - x_0$, 且 $\varphi(x_0) \leqslant N$, 因此 $\forall i \in I$ 和对一切满足 $\|x\| \leqslant r$ 的 x, 都有

$$\|\boldsymbol{A}_i x\| \leqslant \|\boldsymbol{A}_i(x_0 + x)\| + \|\boldsymbol{A}_i x_0\| \leqslant 2N. \tag{35}$$

从而 $\forall i \in I$ 和对一切满足 $\|y\| \leqslant 1$ 的 y, 都有 $\|\boldsymbol{A}_i(ry)\| \leqslant 2N$, 即

$$\|\boldsymbol{A}_i y\| \leqslant \frac{2N}{r}. \tag{36}$$

因此 $\forall i \in I$ 有

$$\|\boldsymbol{A}_i\| = \sup\{\|\boldsymbol{A}_i y\| \big| y \in X, \|y\| = 1\} \leqslant \frac{2N}{r}. \tag{37}$$

取 $M = \dfrac{2N}{r}$, 则 (30) 式成立.

另一种可能性是每个 V_i 都在 X 中稠密, 在这种情形, 根据 Baire 定理得, $\bigcap\limits_{n=1}^{\infty} V_n$ 在 X 中稠密. 由于对每个 $x \in \bigcap\limits_{n=1}^{\infty} V_n$ 有 $\varphi(x) = +\infty$, 因此对于一族开集 $V_1, V_2, V_3 \cdots$ 的交所成的 G_δ 集里的所有 x 都有

$$\sup_{i \in I} \|\boldsymbol{A}_i x\| = +\infty. \qquad \square$$

Banach-Steinhaus 定理有时也称为**一致有界原理**.

定理 7 (开映射定理) 设 U 和 V 分别是 Banach 空间 X 和 Y 的开的单位球, 则对于 X 到 Y 的每一个有界线性满射 $\boldsymbol{A}$ 都对应一个 $\delta > 0$, 使得

$$\boldsymbol{A}(U) \supseteq \delta V, \tag{38}$$

其中 $\delta V = \{\delta y | y \in V\} = \{y \in Y | \|y\| < \delta\}$.

证明 任给 $y \in Y$, 由于 $\boldsymbol{A}$ 是满射, 因此存在 $x \in X$ 使得 $\boldsymbol{A}x = y$. 如果 $\|x\| < k$, 那么 $y \in \boldsymbol{A}(kU)$. 因此 Y 是集合 $\boldsymbol{A}(kU), k = 1, 2, 3, \cdots$, 的并集. 由于 Y 是完备的, 因此根据 Baire 定理, 在某个 $\boldsymbol{A}(kU)$ 的闭包里存在一个非空的开集 W. 这意味着 W 的每个点是一个序列 $(\boldsymbol{A}x_i)$ 的极限, 其中 $x_i \in kU$. 从现在起, k 和 W 被固定.

由于 W 是非空开集, 因此可选择 $y_0 \in W$, 并且选择 $\eta > 0$ 使得 $B(y_0, \eta) \subseteq W$, 换句话说, 当 $\|y\| < \eta$ 时有 $y_0 + y \in W$. 对于任意一个这样的 y, 存在 kU 里的两个序列 $(x_i'), (x_i'')$, 使得

$$\boldsymbol{A}x_i' \to y_0, \quad \boldsymbol{A}x_i'' \to y_0 + y \quad (i \to \infty). \tag{39}$$

令 $x_i = x_i'' - x_i'$, 则 $\|x_i\| \leqslant \|x_i'\| + \|x_i''\| < 2k$, 并且

$$\boldsymbol{A}x_i \to y \quad (i \to \infty). \tag{40}$$

由于 (40) 式对每个满足 $\|y\| < \eta$ 的 y 都成立, 因此当 $\delta = \dfrac{\eta}{2k}$ 时, 下述命题成立:

对于每个 $y \in \delta V$ 和每个 $\varepsilon > 0$, 存在 $x \in X$, 使得

$$\|x\| \leqslant \delta^{-1}\|y\| \quad 且 \quad \|y - \boldsymbol{A}x\| < \varepsilon. \tag{41}$$

理由如下: 令 $z = 2ky$, 对 z 用上面的结论得, 当 $\|z\| < \eta$ 时, 存在 kU 里的序列 $(\widetilde{x}_i)$ 使得

$$\|\widetilde{x}_i\| < 2k \quad 且 \quad \boldsymbol{A}\widetilde{x}_i \to z \quad (i \to \infty). \tag{42}$$

由于 $y = \dfrac{z}{2k}$, 因此 $\|y\| = \dfrac{1}{2k}\|z\| < \dfrac{\eta}{2k} = \delta$. 反之当 $\|y\| < \delta$ 时有 $\|z\| < \eta$. 令 $x_i = \dfrac{1}{2k}\widetilde{x}_i$, 则 $\|x_i\| \leqslant \dfrac{1}{2k}2k = 1$. 由于 $\boldsymbol{A}x_i = \boldsymbol{A}\left(\dfrac{1}{2k}\widetilde{x}_i\right) = \dfrac{1}{2k}\boldsymbol{A}\widetilde{x}_i$, 且 $\dfrac{1}{2k}z = y$, 因此从 (42) 式得

$$\boldsymbol{A}x_i \to y \quad (i \to \infty). \tag{43}$$

于是 (41) 式的断言被证明.

现在固定 $y \in \delta V$, 并且固定 $\varepsilon > 0$ (不妨设 $\varepsilon < 1$). 根据 (41) 式, 存在 $x_1 \in X$ 使得 $\|x_1\| \leqslant \delta^{-1}\|y\| < 1$ 且

$$\|y - \boldsymbol{A}x_1\| < \frac{1}{2}\delta\varepsilon. \tag{44}$$

于是 $y - \boldsymbol{A}x_1 \in \delta V$. 对 $y - \boldsymbol{A}x_1$ 用 (41) 式得, 存在 $x_2 \in X$, 使得 $\|x_2\| \leqslant \delta^{-1}\|y - \boldsymbol{A}x_1\| < \dfrac{1}{2}\varepsilon$ 且 $\|y - \boldsymbol{A}x_1 - \boldsymbol{A}x_2\| < \dfrac{1}{4}\delta\varepsilon$. 依次下去, 假设 $x_1, x_2, \cdots, x_n$ 被选择使得 $\|x_j\| < 2^{-(j-1)}\varepsilon, j = 1, 2, \cdots, n$, 且

$$\|y - \boldsymbol{A}x_1 - \boldsymbol{A}x_2 - \cdots - \boldsymbol{A}x_n\| < 2^{-n}\delta\varepsilon. \tag{45}$$

于是 $y - \boldsymbol{A}x_1 - \cdots - \boldsymbol{A}x_n \in \delta V$, 对它用 (41) 式得, 存在 $x_{n+1} \in X$ 使得

$$\|x_{n+1}\| \leqslant \delta^{-1}\|y - \boldsymbol{A}x_1 - \cdots - \boldsymbol{A}x_n\| < 2^{-n}\varepsilon, \tag{46}$$

于是 (46) 式对一切正整数 n 成立. 令

$$s_n = x_1 + x_2 + \cdots + x_n, \tag{47}$$

则 (46) 式表明 (s_n) 是 X 中的一个 Cauchy 序列. 因为 X 是完备的, 所以存在 $x \in X$ 使得 $\lim\limits_{n\to\infty} s_n = x$. 由于 $\|x_1\| < 1$, 因此连同 (46) 式得

$$\|s_{n+1}\| \leqslant \sum_{j=1}^{n+1}\|x_j\| < 1 + \frac{1}{2}\varepsilon + \frac{1}{4}\varepsilon + \cdots + \frac{1}{2^n}\varepsilon. \tag{48}$$

从 (48) 式得

$$\|x\| < 1 + \frac{\frac{1}{2}\varepsilon}{1 - \frac{1}{2}} = 1 + \varepsilon. \tag{49}$$

由于 $\boldsymbol{A}$ 是有界线性映射, 因此 $\boldsymbol{A}$ 是连续的, 从而由 $\lim\limits_{n\to\infty} s_n = x$ 得 $\lim\limits_{n\to\infty} \boldsymbol{A}s_n = \boldsymbol{A}x$. 又从 (45) 式得 $\lim\limits_{n\to\infty} \boldsymbol{A}s_n = y$. 因此 $\boldsymbol{A}x = y$. 从 (49) 式得 $x \in (1+\varepsilon)U$, 从而 $y \in \boldsymbol{A}((1+\varepsilon)U)$.

现在我们已经证明了: 对每个 $\varepsilon > 0$, 有

$$\delta V \subseteq \boldsymbol{A}((1+\varepsilon)U), \tag{50}$$

于是对每个 $\varepsilon > 0$, 有

$$\boldsymbol{A}U \supseteq (1+\varepsilon)^{-1}\delta V. \tag{51}$$

当取遍所有的 $\varepsilon > 0$ 时, (51) 式右边的集合的并集是 δV. 因此 $\boldsymbol{A}U \supseteq \delta V$. □

定理 7 也可叙述为: 设 X 和 Y 都是 Banach 空间, 则从 X 到 Y 的每一个有界线性满射 $\boldsymbol{A}$ 都对应一个 $\delta > 0$, 对于满足 $\|y\| < \delta$ 的 $y \in Y$, 存在 $x \in X$ 且 $\|x\| < 1$, 使得 $\boldsymbol{A}x = y$.

定理 8 设 X 和 Y 都是 Banach 空间, $\boldsymbol{A}$ 是 X 到 Y 的有界线性映射且 $\boldsymbol{A}$ 是双射, 则存在 $\delta > 0$ 使得

$$\|\boldsymbol{A}x\| \geqslant \delta\|x\|, \quad \forall x \in X. \tag{52}$$

换句话说, $\boldsymbol{A}^{-1}$ 是 Y 到 X 的有界线性映射.

证明 根据定理 7 的另一种叙述, 且利用 $\boldsymbol{A}$ 是单射的事实便得出: 对于 $\boldsymbol{A}$, 存在一个 $\delta > 0$, 使得 $\|\boldsymbol{A}x\| < \delta$ 蕴含 $\|x\| < 1$. 从而 $\|x\| \geqslant 1$ 蕴含 $\|\boldsymbol{A}x\| \geqslant \delta$. 因此 (52) 式被证明.

对于 $y \in Y$, 有 $\boldsymbol{A}^{-1}y \in X$. 记 $\boldsymbol{A}^{-1}y = x$, 则 $y = \boldsymbol{A}x$. 从 (52) 式得, 当 $\|\boldsymbol{A}x\| = 1 \Longrightarrow \|x\| \leqslant \dfrac{1}{\delta}$. 于是

$$\begin{aligned}\|\boldsymbol{A}^{-1}| &= \sup\{\|\boldsymbol{A}^{-1}y\| \big| y \in Y, \|y\| = 1\}\\ &= \sup\{\|x\| \big| x \in X, \|\boldsymbol{A}x\| = 1\}\\ &\leqslant \frac{1}{\delta}.\end{aligned} \tag{53}$$

因此 $\boldsymbol{A}^{-1}$ 是有界线性映射. □

定理 9 设 X 是赋范线性空间, Y 是 Banach 空间, 则由 X 到 Y 的所有有界线性映射组成的集合 $\mathscr{B}(X,Y)$ 也是 Banach 空间.

证明 在定理 4 的下面一段, 我们已指出 $\mathscr{B}(X,Y)$ 是赋范线性空间. 现在来证它是完备的.

设 $(\boldsymbol{A}_n)$ 是 $\mathscr{B}(X,Y)$ 中的 Cauchy 序列, 则对每一个 $x \in X$, 当 $n \to \infty$ 且 $m \to \infty$ 时, 有

$$\|\boldsymbol{A}_n x - \boldsymbol{A}_m x\| = \|(\boldsymbol{A}_n - \boldsymbol{A}_m)x\| \leqslant \|\boldsymbol{A}_n - \boldsymbol{A}_m\| \, \|x\| \to 0. \tag{54}$$

于是 $(\boldsymbol{A}_n x)$ 是 Y 中的 Cauchy 序列. 由于 Y 是完备的, 因此 $\lim\limits_{n\to\infty} \boldsymbol{A}_n x$ 存在, 记为 $\boldsymbol{A}x$, 即 $\lim\limits_{n\to 0} \boldsymbol{A}_n x = \boldsymbol{A}x$. 我们首先来证 $\boldsymbol{A}$ 是 X 到 Y 的一个线性映射. 由于 $\boldsymbol{A}_n$ 是 X 到 Y 的线性映射, 因此 $\forall x, x' \in X, k \in \mathbb{C}$ (或 $\mathbb{R}$), 有 $\boldsymbol{A}_n(x + x') = \boldsymbol{A}_n x + \boldsymbol{A}_n x'$, $\boldsymbol{A}_n(kx) = k\boldsymbol{A}_n x$. 从而

$$\lim_{n\to\infty} \boldsymbol{A}_n(x + x') = \lim_{n\to\infty} (\boldsymbol{A}_n x + \boldsymbol{A}_n x') = \lim_{n\to\infty} \boldsymbol{A}_n x + \lim_{n\to\infty} \boldsymbol{A}_n x',$$

$$\lim_{n\to\infty} \boldsymbol{A}_n(kx) = \lim_{n\to\infty} k\boldsymbol{A}_n x = k \lim_{n\to\infty} \boldsymbol{A}_n x.$$

由此得出, $\forall x, x' \in X, k \in \mathbb{C}$ (或 $\mathbb{R}$), 有

$$\boldsymbol{A}(x + x') = \boldsymbol{A}x + \boldsymbol{A}x', \quad \boldsymbol{A}(kx) = k\boldsymbol{A}x.$$

这表明 $\boldsymbol{A}$ 是 X 到 Y 的线性映射,

现在来证 $\boldsymbol{A}$ 是有界的. 对于满足 $\|x\|=1$ 的 x, 由于 $(\boldsymbol{A}_n x)$ 是 Y 中的 Cauchy 序列, 因此对于 $\varepsilon=1$, 存在 N_1, 使得只要 $n>N_1$ 且 $m>N_1$, 就有

$$\|\boldsymbol{A}_n x-\boldsymbol{A}_m x\|<1. \tag{55}$$

令 $m\to\infty$, 从 (55) 式得

$$\|\boldsymbol{A}_{N_1} x-\boldsymbol{A} x\|\leqslant 1. \tag{56}$$

从 (56) 式得, 当 $\|x\|=1$ 时, 有

$$\|\boldsymbol{A} x\|\leqslant\|\boldsymbol{A}_{N_1} x\|+1\leqslant\|\boldsymbol{A}_{N_1}\|\,\|x\|+1=\|\boldsymbol{A}_{N_1}\|+1. \tag{57}$$

从 (57) 式得

$$\|\boldsymbol{A}\|=\sup\{\|\boldsymbol{A} x\|\,|\,x\in X,\|x\|=1\}\leqslant\|\boldsymbol{A}_{N_1}\|+1. \tag{58}$$

因此 $\boldsymbol{A}$ 是有界的, 从而 $\boldsymbol{A}\in\mathscr{B}(X,Y)$.

最后来证 $\boldsymbol{A}$ 是序列 $(\boldsymbol{A}_n)$ 当 $n\to\infty$ 时的极限. 对每一个 $x\in X$, 任给 $\varepsilon>0$. 由于 $(\boldsymbol{A}_n x)$ 是 Y 中的 Cauchy 序列, 因此存在 N_ε, 使得只要 $n\geqslant N_\varepsilon$ 且 $m\geqslant N_\varepsilon$, 就有

$$\|\boldsymbol{A}_n x-\boldsymbol{A}_m x\|\leqslant\varepsilon\|x\|. \tag{59}$$

令 $m\to\infty$, 从 (59) 式得

$$\|(\boldsymbol{A}_n-\boldsymbol{A})x\|=\|\boldsymbol{A}_n x-\boldsymbol{A} x\|\leqslant\varepsilon\|x\|. \tag{60}$$

于是 $\|(\boldsymbol{A}_n-\boldsymbol{A})x\|/\|x\|\leqslant\varepsilon$, 从而对一切 $n\geqslant N_\varepsilon$, 有

$$\|\boldsymbol{A}_n-\boldsymbol{A}\|=\sup\left\{\frac{\|(\boldsymbol{A}_n-\boldsymbol{A})x\|}{\|x\|}\,\middle|\,x\in X,x\neq 0\right\}\leqslant\varepsilon, \tag{61}$$

所以 $\lim\limits_{n\to\infty}\boldsymbol{A}_n=\boldsymbol{A}$. 这证明了 $\mathscr{B}(X,Y)$ 是完备的. 从而 $\mathscr{B}(X,Y)$ 是 Banach 空间.□

复数域 $\mathbb{C}$ 和实数域 $\mathbb{R}$ 都是 Banach 空间, 记 $\boldsymbol{F}=\mathbb{C}$ 或 $\mathbb{R}$, 由定理 9 立即得到如下推论.

推论 2 设 X 是 $\boldsymbol{F}$ 上的赋范线性空间, 则 $\mathscr{B}(X,\boldsymbol{F})$ 是 Banach 空间. □

定义 7 设 (x_n) 是赋范线性空间 X 中的一个序列, 如果存在 $x\in X$, 使得对每一个 $f\in\mathscr{B}(X,\boldsymbol{F})$, 都有

$$\lim_{n\to\infty}f(x_n)=f(x), \tag{62}$$

那么我们称 (x_n) **弱收敛**于 x, 记作 $x_0\to x$ (弱), 此时称 x 是 (x_n) 的**弱极限**.

定义 8 设 (x_n) 是赋范线性空间 X 中的一个序列, 如果存在 $x\in X$, 使得 $\lim\limits_{n\to\infty}\|x_n-x\|=0$, 那么我们称 (x_n) **收敛**于 x, 或 (x_n) **依范数收敛**于 x, 记作 $\lim\limits_{n\to\infty}x_n=x$.

如果 (x_n) 依范数收敛于 x, 由于对每一个 $f\in\mathscr{B}(X,\boldsymbol{F})$, 有

$$|f(x_n)-f(x)|\leqslant\|f\|\,\|x_n-x\|, \tag{63}$$

因此 $\lim\limits_{n\to\infty}f(x_n)=f(x)$, 从而 (x_n) 弱收敛于 x. 由于这个原因, 依范数收敛常常称为**强收敛**.

定义 9 一个赋范线性空间 X 如果它又是复数域 (或实数域) 上的代数, 并且它的范数对所有的 $x, y \in X$ 满足

$$\|xy\| \leqslant \|x\|\,\|y\| \quad (\text{范数的次乘法性质}), \tag{64}$$

那么称 X 是一个**赋范代数**.

定义 10 一个 Banach 代数是一个完备的赋范代数.

设 X 是一个赋范线性空间, 则 $\mathscr{B}(X,X)$ 也是一个赋范线性空间, 且对于 $\mathscr{B}(X,X)$ 中的元素 $\boldsymbol{A}_1, \boldsymbol{A}_2$, 有 $\boldsymbol{A}_1\boldsymbol{A}_2$ 仍是 X 上的线性变换. 由于对一切 $x \in X$, 有

$$\|(\boldsymbol{A}_1\boldsymbol{A}_2)x\| = \|\boldsymbol{A}_1(\boldsymbol{A}_2x)\| \leqslant \|\boldsymbol{A}_1\|\,\|\boldsymbol{A}_2x\| \leqslant \|\boldsymbol{A}_1\|\,\|\boldsymbol{A}_2\|\,\|x\|,$$

因此

$$\|\boldsymbol{A}_1\boldsymbol{A}_2\| \leqslant \|\boldsymbol{A}_1\|\,\|\boldsymbol{A}_2\|. \tag{65}$$

从而 $\boldsymbol{A}_1\boldsymbol{A}_2$ 也是有界的, 因此 $\boldsymbol{A}_1\boldsymbol{A}_2 \in \mathscr{B}(X,X)$. 于是 $\mathscr{B}(X,X)$ 是 $\mathbb{C}$ (或 $\mathbb{R}$) 上的一个代数, 且满足范数的次乘法性质, 因此 $\mathscr{B}(X,X)$ 是一个赋范代数. 显然恒等映射 $\boldsymbol{I} \in \mathscr{B}(X,X)$.

若 X 是 Banach 空间, 则根据定理 9 得, $\mathscr{B}(X,X)$ 也是完备的, 从而 $\mathscr{B}(X,X)$ 是 Banach 代数. 今后把 $\mathscr{B}(X,X)$ 记成 $\mathscr{B}(X)$.

设 X 是一个赋范线性空间, 对于 $\boldsymbol{A} \in \mathscr{B}(X)$, 若 λ_0 是 $\boldsymbol{A}$ 的一个特征值, x 是 $\boldsymbol{A}$ 的属于特征值 λ_0 的一个特征向量, 则 $(\boldsymbol{A} - \lambda_0\boldsymbol{I})x = 0$. 从而 $\operatorname{Ker}(\boldsymbol{A} - \lambda_0\boldsymbol{I}) \neq 0$, 于是 $\boldsymbol{A} - \lambda_0\boldsymbol{I}$ 不是单射, 因此 $\boldsymbol{A} - \lambda\boldsymbol{I}$ 不可逆. 由此受到启发, 引出下述概念.

定义 11 设 X 是 $\boldsymbol{F}$ 上的一个有单位元 e 的赋范代数, 对于 $x \in X$, 令

$$\sigma(x) := \{\lambda \in \boldsymbol{F} | x - \lambda e \text{ 不可逆}\}, \tag{66}$$

则 $\sigma(x)$ 称为 x 的**谱**.

设 X 是一个赋范线性空间, 则 $\mathscr{B}(X)$ 是有单位元 $\boldsymbol{I}$ 的赋范代数. 对于 $\boldsymbol{A} \in \mathscr{B}(X)$, 有 $\boldsymbol{A}$ 的谱 $\sigma(\boldsymbol{A})$. $\boldsymbol{A}$ 的所有特征值组成的集合记作 $\operatorname{Eig}(\boldsymbol{A})$ 或 $\sigma_P(\boldsymbol{A})$, 称为 $\boldsymbol{A}$ 的**点谱**. 从定义 11 和它上面的一段话立即得到:

$$\operatorname{Eig}(\boldsymbol{A}) \subseteq \sigma(\boldsymbol{A}). \tag{67}$$

9.3 局部紧的 Hausdorff 拓扑群的酉表示 (或正交表示)

设 V 是 Hilbert 空间, V 上的酉变换 (或正交变换) 保持向量的长度不变, 因此它们都是有界线性变换, 从而根据定理 4 得, V 上的酉变换 (或正交变换) 都是连续变换. 设 G 是拓扑群, 群 G 的酉表示 (或正交表示) (φ, V) 使得对于一切 $g \in G$ 有 $\varphi(g)$ 是酉变换 (或正交变换), 由于 $\varphi(g)$ 是连续变换 $(\forall g \in G)$, 因此 φ 是拓扑群 G 的酉表示 (或正交表示).

现在我们来讨论局部紧的 Hausdorff 拓扑群 G 的酉表示 (或正交表示) 的性质.

定义 12 设 V 是 Hilbert 空间, (φ, V) 是局部紧的 Hausdorff 拓扑群 G 的一个酉表示 (或正交表示), 如果存在 $\alpha \in V$, 使得由 $\{\varphi(g)\alpha | g \in G\}$ 所生成的子空间是 V 的稠密子集, 那么 α 称为 φ 的**循环向量**, φ 称为**循环表示**.

定义 13 设 V 是 Hilbert 空间, (φ, V) 是局部紧的 Hausdorff 拓扑群 G 的一个酉表示 (或正交表示), 如果存在 V 的一族两两正交的闭不变子空间 $\{V_i | i \in I\}$, 使得

$V=\sum_{i\in I}V_i$ ($\sum_{i\in I}V_i$ 的精确含义将在本节命题 25 后面叙述), φ 在 V_i 上的限制 $\varphi|V_i$, 记作 φ_i, 那么称拓扑群 G 的酉表示 (或正交表示) (φ,V) 是 G 的一族酉 (或正交) 子表示 $(\varphi_i,V_i)(i\in I)$ 的**直和**, 记作

$$\varphi=\bigoplus_{i\in I}\varphi_i,\quad V=\bigoplus_{i\in I}V_i. \tag{68}$$

设局部紧的 Hausdorff 拓扑群 G 的一个酉表示 (或正交表示) (φ,V) 是它的一族酉 (或正交) 子表示 $(\varphi_i,V_i)(i\in I)$ 的直和, 则对于任意 $\beta\in V$, 有

$$\beta=\sum_{i\in I}\beta_i,\quad \beta_i\in V_i, \tag{69}$$

$$\|\beta\|^2=\sum_{i\in I}\|\beta_i\|^2, \tag{70}$$

注 (69) 式的精确含义, 以及 (70) 式是如何得到的, 将在本节命题 25 后面叙述.

定理 10 设 G 是局部紧的 Hausdorff 拓扑群, 则 G 的酉表示 (或正交表示) 是循环子表示的直和.

证明 设 (φ,V) 是 G 的一个酉表示 (或正交表示). 令

$$S=\{W|W=\{V_i|i\in I\},\quad V_i(i\in I)\text{ 是互相正交的闭不变子空间,}$$
$$\text{且 }\varphi|V_i\text{ 是循环表示}, i\in I\}. \tag{71}$$

S 以集合的包含关系为序. 任取 S 的一个链 T. 令

$$\widetilde{W}=\bigcup_{W\in T}W, \tag{72}$$

显然 $\widetilde{W}$ 仍然是由 V 的一族互相正交的闭不变子空间组成的集合, 且 φ 在其中每一个闭不变子空间上的限制是循环表示, 因此 $\widetilde{W}\in S$. 从而 $\widetilde{W}$ 是 T 的一个上界. 根据 Zorn 引理, S 有一个极大元 $W_0=\{V_i|i\in I\}$. 令

$$U=\bigoplus_{i\in I}V_i, \tag{73}$$

假如 $U\neq V$, 则存在一个非零向量 $\beta\in U^{\perp}$. 把由 $\{\varphi(g)\beta|g\in G\}$ 生成的闭子空间记作 V_0, 于是 $\varphi|V_0$ 是循环表示, 从而 $W_0\bigcup\{V_0\}\in S$, 这与 W_0 是 S 的极大元矛盾. 因此 $U=V$, 即 $\bigoplus_{i\in I}V_i=V$. 这证明了 G 的酉表示 (φ,V) 是 G 的一族循环子表示 $(\varphi|V_i,V_i)(i\in I)$ 的直和. □

定义 14 设 (φ,V) 是拓扑群 G 的线性表示, 如果 V 的闭不变子空间只有 0 和 V, 那么称 (φ,V) 是**不可约的**.

从定义 14 看出, 拓扑解 G 的不可约表示比抽象群的不可约表示多了一个 "闭" 的条件.

在第二章 §4 中我们已经看到 Schur 引理在研究有限群的不可约表示中起了非常重要的作用. 在本章 §6 中我们又看到 Schur 引理在研究紧群的有限维不可约复表示中起了重要作用. Schur 引理要求表示空间是有限维的 (参看本章 §4 的 Schur 引理). 现在我们想研究拓扑群的无限维酉表示, 自然会向: Schur 引理能否推广到表示

空间是无限维的情形呢? 从本章 §4 的 Schur 引理的证明中看到: 需要用到代数闭域 K 上有限维线性空间 V 上的线性变换有特征值这个结论. 现在要推广到无限维的情形, 首先就要研究无限维线性空间上的线性变换的特征值问题. 对于拓扑群 G 在 Hilbert 空间 V 上的酉表示 (或正交表示) $(\varphi, V), \varphi(g)$ 是酉变换 (或正交变换), 从而 $\varphi(g) \in \mathscr{B}(V)$. 于是我们要研究 V 上有界线性变换的特征值问题.

有限维线性空间上线性变换的许多性质可以推广到无限维 Banach 空间的一大类线性变换 —— 紧的线性变换上.

定义 15 设 X 和 Y 都是 Banach 空间, 且 $\boldsymbol{A}: X \to Y$ 是一个线性映射, 如果 X 中的闭单位球 B_1 在 $\boldsymbol{A}$ 下的像 $\boldsymbol{A}(B_1)$ 的闭包 $\overline{\boldsymbol{A}(B_1)}$ 在 Y 中是紧致的, 那么称 $\boldsymbol{A}$ 是**紧线性映射** (或**紧线性算子**).

命题 2 Banach 空间 X 到 Y 的紧线性映射一定是有界的.

证明 设 $\boldsymbol{A}$ 是 X 到 Y 的紧线性映射, 则 $\overline{\boldsymbol{A}(B_1)}$ 在 Y 中是紧致的. 根据本章 §2 的定理 1 得, $\overline{\boldsymbol{A}(B_1)}$ 是有界的. 令

$$M = \sup\{\|\boldsymbol{A}x\| \big| \|x\| \in B_1\} = \sup\{\|\boldsymbol{A}x\| \big| x \in X, \|x\| \leqslant 1\},$$

则 $M < +\infty$. 从而

$$\|\boldsymbol{A}\| = \sup\{\|\boldsymbol{A}x\| \big| x \in X, \|x\| \leqslant 1\} = M < +\infty.$$

因此, $\boldsymbol{A}$ 是有界的. □

9.4 赋范线性空间 X 的双重连续对偶空间 X^{**}

为了研究紧线性变换的性质. 我们需要关于赋范线性空间 X 的双重连续对偶空间 X^{**} 的知识.

在 [25] 下册的第 400 页指出: 对于域 F 上有限维线性空间 V, 有 $V \cong V^{**}$, 其中 $V^{**} = (V^*)^*$, V^* 是 V 上所有线性函数组成的集合. V 到 V^{**} 的同构映射把 α 映成 α^{**}, 这里 $\alpha^{**}(f) = f(\alpha)$, $\forall f \in V^*$. 因此 $V^{**} = \{\alpha^{**} | \alpha \in V\}$. 现在考虑无限维线性空间的情形.

设 X 是一个赋范线性空间, X 上所有有界线性函数组成的集合 $\mathscr{B}(X, \boldsymbol{F})$ 记作 X^*, 这里 $\boldsymbol{F}$ 等于 $\mathbb{C}$ 或 $\mathbb{R}$. 根据推论 2, X^* 是一个 Banach 空间. 我们把 X^* 称为 X 的**连续对偶空间**. 而 X 上所有线性函数组成的集合记作 $\hat{X}$, 把 $\hat{X}$ 称为 X 的代数对偶空间. 当 X 是有限维时, 必定有 $\hat{X} = X^*$, 理由如下:

作取 $f \in \hat{X}$. 在 X 中取一个基 $\alpha_1, \alpha_2, \cdots, \alpha_n$, 它在 $\hat{X}$ 中的对偶基为 $f_1, f_2, \cdots, f_n$. 对于 X 中任一向量 $\alpha = \sum\limits_{i=1}^{n} a_i \alpha_i$, 有 $f_i(\alpha) = a_i, i = 1, 2, \cdots, n$. 因此 f_i 在零向量 0 处连续. 从而根据定理 4 得, f_i 是有界的, $i = 1, 2, \cdots, n$. 由于 $f = k_1 f_1 + \cdots + k_n f_n$, 因此 $\|f\| \leqslant |k_1| \|f_1\| + \cdots + |k_n| \|f_n\| < +\infty$. 从而 $f \in X^*$. 于是 $\hat{X} \subseteq X^*$, 显然 $X^* \subseteq \hat{X}$, 因此 $\hat{X} = X^*$.

把 X^* 的连续对偶空间记作 $(X^*)^*$, 简记作 $X^{**}, X^{*\alpha}$ 称为 X 的**双重连续对偶空间**, 它也是 Banach 空间, 任给 $x \in X$, 可以按照下式定义 X^{**} 的一个元素 x^{**}:

$$x^{**}(f) = f(x), \quad \forall f \in X^*. \tag{74}$$

容易验证, 由 (74) 式定义的 x^{**} 是 X^* 上的线性函数. 由于

$$\|x^{**}\| = \sup\{\|x^{**}(f)\| \big| f \in X^*, \|f\| = 1\} = \sup\{|f(x)| \big| f \in X^*, \|f\| = 1\},$$

且当 $\|f\| = 1$ 时, $|f(x)| \leqslant \|f\|\ \|x\| = \|x\|$; 因此 $\|x^{**}\| \leqslant \|x\|$. 从而 x^{**} 是有界的, 于是 $x^{**} \in (X^*)^* = X^{**}$. 因此有

$$\{x^{**} | x \in X\} \subseteq X^{**}. \tag{75}$$

我们需要进一步研究 $\|x\|$ 与 $\|x^{**}\|$ 之间的关系, 为此要介绍一些概念和结论.

定义 16 设 V 是一个复 (实) 线性空间, V 上的一个非负实值函数 p 如果有下述性质:

(i) $p(\alpha + \beta) \leqslant p(\alpha) + p(\beta), \forall \alpha, \beta \in V$;

(ii) $p(a\alpha) = |a| p(a), \forall \alpha \in V, a \in \mathbb{C}$ (或 $\mathbb{R}$),

那么称 p 是 V 上的一个**半范数** (seminorm).

定义 17 设 V 是一个复 (实) 线性空间, V 上的一个实值函数 q 如果满足:

(i) $q(\alpha + \beta) \leqslant q(\alpha) + q(\beta), \forall \alpha, \beta \in V$;

(ii) $q(k\alpha) = kq(\alpha), \forall \alpha \in V, k \geqslant 0$,

那么称 q 是 V 上的一个**次线性函数** (sublinear functinnel).

显然, 每一个半范数是次线性函数, 反之不然.

定理 11 (Hahn-Banach 定理) 设 V 是一个实线性空间, q 是 V 上的一个次线性函数. 如果 W 是 V 的一个线性子空间, 且 f 是 W 上的线性函数使得

$$f(\gamma) \leqslant q(\gamma), \quad \forall \gamma \in W, \tag{76}$$

那么存在 V 上的一个线性函数 F 使得 $F|W = f$, 并且

$$F(\alpha) \leqslant q(\alpha), \quad \forall \alpha \in V. \tag{77}$$

证明可看 [15] 的第 80—81 页.

定理 11 的意义不在于扩充的存在性, 而在于一个扩充能保持被 q 控制.

引理 1 设 V 是一个复线性空间.

(1) 如果 $f : V \to \mathbb{R}$ 是一个 $\mathbb{R}$-线性函数, 那么

$$\tilde{f}(\alpha) = f(\alpha) - \mathrm{i} f(\mathrm{i}\alpha) \tag{78}$$

是一个 $\mathbb{C}$-线性函数, 并且 $f = \mathrm{Re}\,\tilde{f}$;

(2) 如果 g 是 V 上的 $\mathbb{C}$-线性函数, $f = \mathrm{Re}\,g$, 且 $\tilde{f}$ 由 (78) 式定义, 那么 $\tilde{f} = g$;

(3) 如果 p 是 V 上的半范数, 并且 f 与 $\tilde{f}$ 同 (1) 中所说的, 那么

$$|f(\alpha)| \leqslant p(\alpha), \forall \alpha \in V \Longleftrightarrow |\tilde{f}(\alpha)| \leqslant p(\alpha), \forall \alpha \in V;$$

(4) 如果 V 是赋范线性空间, 且 f 与 $\tilde{f}$ 同 (1) 中所说的, 那么 $\|f\| = \|\tilde{f}\|$.

证明 (1) 任给 $\alpha, \beta \in V, k = a + \mathrm{i}b$,

$$\begin{aligned}\tilde{f}(\alpha + \beta) &= f(\alpha + \beta) - \mathrm{i} f(\mathrm{i}(\alpha + \beta)) = f(\alpha) + f(\beta) - \mathrm{i}[f(\mathrm{i}\alpha) + f(\mathrm{i}\beta)] \\ &= f(\alpha) - \mathrm{i} f(\mathrm{i}\alpha) + f(\beta) - \mathrm{i} f(\mathrm{i}\beta) = \tilde{f}(\alpha) + \tilde{f}(\beta);\end{aligned}$$

$$\tilde{f}(k\alpha) = \tilde{f}((a + \mathrm{i}b)\alpha) = f((a + \mathrm{i}b)\alpha) - \mathrm{i} f(\mathrm{i}(a + \mathrm{i}b)\alpha) = k\tilde{f}(\alpha).$$

因此 $\tilde{f}$ 是 $\mathbb{C}$-线性函数. 显然 $f = \mathrm{Re}\,\tilde{f}$.

(2) 证明留给读者.

(3) 充分性. 设 $|\tilde{f}(\alpha)| \leqslant p(\alpha), \forall \alpha \in V$, 则

$$f(\alpha) = \operatorname{Re} \tilde{f}(\alpha) \leqslant |\tilde{f}(\alpha)| \leqslant p(\alpha), \quad \forall \alpha \in V,$$

$$-f(\alpha) = -\operatorname{Re} \tilde{f}(\alpha) = \operatorname{Re} \tilde{f}(-\alpha) \leqslant |\tilde{f}(-\alpha)| \leqslant p(-\alpha) = p(\alpha), \forall \alpha \in V.$$

因此 $|f(\alpha)| \leqslant p(\alpha), \forall \alpha \in V$.

必要性. 设 $|f(\alpha)| \leqslant p(\alpha), \forall \alpha \in V$. 设 $\tilde{f}(\alpha) = |\tilde{f}(\alpha)| \mathrm{e}^{\mathrm{i}\theta}$, 对某个实数 θ, 则 $\forall \alpha \in V$, 有

$$|\tilde{f}(\alpha)| = \tilde{f}(\alpha) \mathrm{e}^{-\mathrm{i}\theta} = \tilde{f}(\mathrm{e}^{-\mathrm{i}\theta}\alpha) = \operatorname{Re} \tilde{f}(\mathrm{e}^{-\mathrm{i}\theta}\alpha) - \mathrm{i} \operatorname{Re} \tilde{f}(\mathrm{i}\mathrm{e}^{-\mathrm{i}\theta}\alpha).$$

由于左边是实数, 因此右边也必为实数, 从而右边的虚部为 0, 因此 $\forall \alpha \in V$, 有

$$|\tilde{f}(\alpha)| = \operatorname{Re} \tilde{f}(\mathrm{e}^{-\mathrm{i}\theta}\alpha) = f(\mathrm{e}^{-\mathrm{i}\theta}\alpha) \leqslant p(\mathrm{e}^{-\mathrm{i}\theta}\alpha) = p(\alpha).$$

(4) 由于 V 上的范数当然是半范数, 因此根据 (3) 得

$$|f(\alpha)| \leqslant \|\alpha\|, \quad \forall \alpha \in V \Longleftrightarrow |\tilde{f}(\alpha)| \leqslant \|\alpha\|, \quad \forall \alpha \in V.$$

因此得出 $\|f\| = \|\tilde{f}\|$. □

推论 3 设 V 是一个复 (实) 线性空间, W 是 V 的线性子空间, p 是 V 上的一个半范数, 如果 f 是 W 上的一个线性函数使得 $|f(\gamma)| \leqslant p(\gamma), \forall \gamma \in W$, 那么存在 V 上的一个线性函数 F 使得 $F|W = f$ 且 $|F(\alpha)| \leqslant p(\alpha), \forall \alpha \in V$.

证明 **情形 1** 设 V 是实线性空间. 由于半范数 p 是次线性函数, 且 $f(\gamma) \leqslant |f(\gamma)| \leqslant p(\gamma), \forall \gamma \in W$, 因此根据 Hahn-Banach 定理, 存在 V 上的线性函数 F 使得 $F|W = f$, 并且 $F(\alpha) \leqslant p(\alpha), \forall \alpha \in V$. 于是

$$-F(\alpha) = F(-\alpha) \leqslant p(-\alpha) = p(\alpha), \quad \forall \alpha \in V.$$

因此 $|F(\alpha)| \leqslant p(\alpha), \quad \forall \alpha \in V$.

情形 2 设 V 是复线性空间, 令 $f_1 = \operatorname{Re} f$. 根据引理 1 的 (3), 从 $|f(\gamma)| \leqslant p(\gamma), \forall \gamma \in W$, 可得出 $|f_1(\gamma)| \leqslant p(\gamma), \forall \gamma \in W$. 对 f_1 用情形 1 的结论得, 存在 V 上的 $\mathbb{R}$-线性函数 F_1 使得 $F_1|W = f_1$ 并且 $|F_1(\alpha)| \leqslant p(\alpha), \forall \alpha \in V$. 令

$$F(\alpha) = F_1(\alpha) - \mathrm{i}F_1(\mathrm{i}\alpha), \forall \alpha \in V.$$

根据引理 1 的 (3) 得 $|F(\alpha)| \leqslant p(\alpha), \forall \alpha \in V$, 由于 $f(\alpha) = f_1(\alpha) - \mathrm{i}f_1(\mathrm{i}\alpha)$, 且 $F_1|W = f_1$, 因此 $F|W = f$. □

推论 4 设 X 是一个赋范线性空间, W 是 X 的一个线性子空间, f 是 W 上的有界线性函数, 则存在 $F \in X^*$ 使得 $F|W = f$, 并且 $\|F\| = \|f\|$.

证明 令 $p(x) = \|f\| \, \|x\|, \forall x \in X$, 则

$$p(x_1 + x_2) = \|f\| \, \|x_1 + x_2\| \leqslant \|f\| \, \|x_1\| + \|f\| \, \|x_2\| = p(x_1) + p(x_2),$$

$$p(kx) = \|f\| \, \|kx\| = |k| \, \|f\| \, \|x\| = |k| p(x),$$

因此 p 是 X 上的一个半范数. 由于 $|f(\gamma)| \leqslant \|f\| \, \|\gamma\| = p(\gamma), \quad \forall \gamma \in W$. 根据推论 3 得, 存在 X 上的线性函数 F 使得 $F|W = f$, 且 $|F(x)| \leqslant p(x) = \|f\| \, \|x\|, \forall x \in X$. 从而 $\|F\| \leqslant \|f\|$. 由于 $F|W = f$, 因此

$$\|f\| = \sup\left\{ \frac{|f(\gamma)|}{\|\gamma\|} \,\middle|\, \gamma \in W, \gamma \neq 0 \right\} = \sup\left\{ \frac{|F(\gamma)|}{\|\gamma\|} \,\middle|\, \gamma \in W, \gamma \neq 0 \right\}$$

$$\leqslant \sup\left\{ \frac{|F(x)|}{\|x\|} \,\middle|\, x \in X, x \neq 0 \right\} = \|F\|.$$

综上所述得 $\|F\| = \|f\|$. 从而 F 是有界的. 因此 $F \in X^*$. □

推论 5 设 X 是赋范线性空间, $\{x_1, x_2, \cdots, x_n\}$ 是 X 的一个线性无关的向量组, 则对于任意复 (实) 数 $a_1, a_2, \cdots, a_n$, 存在 $f \in X^*$, 使得 $f(x_j) = a_j, j = 1, 2, \cdots, n$.

证明 设 W 是由向量组 $\{x_1, x_2, \cdots, x_n\}$ 生成的线性子空间; 定义 W 上的一个函数 g:

$$g\left(\sum_{j=1}^{n} b_j x_j\right) = \sum_{j=1}^{n} b_j a_j,$$

则 g 是 W 上的线性函数. 由于 W 是有限维的, 因此 g 是有界的. 根据推论 4 得, 存在 $f \in X^*$ 使得 $f|W = g$. 于是

$$f(x_j) = g(x_j) = a_j, \quad j = 1, 2, \cdots, n.$$

□

推论 6 设 X 是赋范线性空间, 任给 $x \in X$, 则

$$\|x\| = \sup\{|f(x)| \big| f \in X^* \text{ 且 } \|f\| \leqslant 1\},$$

并且这个上确界被达到.

证明 设 $\alpha = \sup\{|f(x)| \big| f \in X^* \text{ 且 } \|f\| \leqslant 1\}$, 并设 $f \in X^*$ 且 $\|f\| \leqslant 1$, 则 $|f(x)| \leqslant \|f\| \, \|x\| \leqslant \|x\|$. 因此 $\alpha \leqslant \|x\|$. x 生成的 1 维线性子空间记作 W. 定义 W 上的一个函数 g:

$$g(bx) = b\|x\|, \quad \forall b \in \mathbb{C} \text{ (或 } \mathbb{R}).$$

显然 g 是 W 上的线性函数, 由于 W 是有限维的, 因此 g 是有界的. 从而 $g \in W^*$, 并且

$$\|g\| = \sup\left\{ \frac{|g(bx)|}{\|bx\|} \middle| b \in \mathbb{C}(\text{或 } \mathbb{R}), b \neq 0 \right\} = 1.$$

根据推论 4, 存在 $f \in X^*$ 使得 $\|f\| = \|g\| = 1$, 并且 $f|W = g$, 从而 $f(x) = g(x) = \|x\|$. 因此 $\|x\|$ 属于集合 $\{|f(x)| \big| f \in X^*, \|f\| = 1\}$. 又由于 $\alpha \leqslant \|x\|$, 即 $\|x\|$ 是这个集合的一个上界, 因此 $\|x\|$ 就是这个集合的上确界. □

命题 3 设 X 是一个赋范线性空间. 令

$$\tau: X \to X^{**}$$

$$x \mapsto x^{**},$$

则 τ 是 X 到 $\tau(X)$ 的线性同构, 并且 τ 保持范数, 即

$$\|x^{**}\| = \|x\|. \tag{79}$$

证明 我们已经知道 τ 是 X 到 X^{**} 的一个映射. 现在来证 τ 是单射. 设 $x_1, x_2 \in X$, 如果 $x_1^{**} = x_2^{**}$, 那么 $\forall f \in X^*$, 有 $x_1^{**}(f) = x_2^{**}(f)$, 从而 $f(x_1) = f(x_2)$, 于是 $f(x_1 - x_2) = 0, \forall f \in X^*$. 假如 $x_1 - x_2 \neq 0$, 则 $\{x_1 - x_2\}$ 是 X 的一个线性无关的向量组, 根据推论 5 得, 存在 $f_0 \in X^*$ 使得 $f_0(x_1 - x_2) = 1$, 矛盾. 因此 $x_1 - x_2 = 0$. 从而 $x_1 = x_2$. 这证明了 τ 是单射. 由于 $\forall f \in X^*$, 有

$$\begin{aligned}\tau(x_1 + x_2)(f) &= (x_1 + x_2)^{**}(f) = f(x_1 + x_2) = f(x_1) + f(x_2) \\ &= x_1^{**}(f) + x_2^{**}(f) = (x_1^{**} + x_2^{**})(f) = (\tau(x_1) + \tau(x_2))(f),\end{aligned}$$

因此 $\tau(x_1+x_2)=\tau(x_1)+\tau(x_2)$. 同理可证 $\tau(kx)=k\tau(x)$. 因此 τ 是 X 到 $\tau(X)$ 的线性同构. 下面来证 τ 保持范数.

根据 (24) 式和推论 6 得

$$\begin{aligned}\|x^{**}\| &= \sup\{|x^{**}(f)|\big| f\in X^*, \|f\|\leqslant 1\}\\ &= \sup\{|f(x)|\big| f\in X^*, \|f\|\leqslant 1\}=\|x\|.\end{aligned}$$ □

定义 18 一个赋范线性空间 X 如果满足 $\tau(X)=X^{**}$, 即

$$X^{**}=\{x^{**}|x\in X\},$$

那么称 X 是**自反的** (reflexive).

例 1 Hilbert 空间 V 是自反的.

证明 根据定理 3, V^* 中元素可唯一地表示成 α_L 或 β_R 的形式. 任给 $f,g\in V^*$, 设 $f=\alpha_L=\tilde{\alpha}_R, g=\beta_R=\tilde{\beta}_L$, 规定

$$(\alpha_L,\beta_R):=(\alpha,\beta),\quad (\beta_R,\alpha_L):=(\beta,\alpha), \tag{80}$$

则 $(f,g)=(\alpha,\beta),(f,g)=(\tilde{\alpha}_R,\tilde{\beta}_L)=(\tilde{\alpha},\tilde{\beta})$. 由于 $f(\gamma)=\alpha_L(\gamma)=\tilde{\alpha}_R(\gamma)$, 因此 $\overline{(\alpha,\gamma)}=\overline{(\gamma,\tilde{\alpha})}$, 从而 $(\alpha,\beta)=(\beta,\tilde{\alpha})=\overline{(\tilde{\alpha},\beta)},=\overline{\beta_R(\tilde{\alpha})}=\tilde{\beta}_L(\tilde{\alpha})=\overline{(\tilde{\beta},\tilde{\alpha})}=(\tilde{\alpha},\tilde{\beta})$. 因此用 (80) 式定义 (f,g) 是合理的. 显然有

$$(g,f)=(\beta_R,\alpha_L)=(\beta,\alpha)=\overline{(\alpha,\beta)}=\overline{(\alpha_L,\beta_R)}=\overline{(f,g)}.$$

根据 [25] 下册第 435 页的例 4 的第 (1) 小题得, $\alpha\mapsto\alpha_L$ 是 V 到 V^* 的一个线性映射, 因此

$$\begin{aligned}(\alpha_L+\gamma_L,\beta_R) &= ((\alpha+\gamma)_L,\beta_K)=(\alpha+\gamma,\beta)\\ &= (\alpha,\beta)+(\gamma,\beta)=(\alpha_L,\beta_R)+(\gamma_L,\beta_R);\end{aligned}$$

$$(k\alpha_L,\beta_k)=((k\alpha)_L,\beta_R)=(k\alpha,\beta)=k(\alpha,\beta)=k(\alpha_L,\beta_R).$$

$(f,f)=(\alpha_L,\tilde{\alpha}_R)=(\alpha,\tilde{\alpha})$. 由于 $(\alpha,\beta)=(\beta,\tilde{\alpha})=\overline{(\tilde{\alpha},\beta)}$, 因此 $(\alpha,\tilde{\alpha})=\overline{(\tilde{\alpha},\tilde{\alpha})}$. 从而 $(f,f)\geqslant 0$, 等号成立当且仅当 $\tilde{\alpha}=0$, 于是 $f=\tilde{\alpha}_R=0$. 因此 (80) 式定义了 V^* 上的一个内积. 从而 V^* 成为一个酉空间 (或实内积空间). 设 (f_n) 是 V^* 中的一个 Cauchy 序列, 则对任给 $\varepsilon>0$, 存在一个 N 使得只要 $n\geqslant N, m\geqslant N$ 就有 $\|f_n-f_m\|<\varepsilon$. 设 $f_n=(\alpha_n)_L$, 则根据 (25) 式得

$$\|f_n-f_m\|=\|(\alpha_n)_L-(\alpha_m)_L\|=\|(\alpha_n-\alpha_m)_L\|=\|\alpha_n-\alpha_m\|.$$

从而 (α_n) 是 V 中的 Cauchy 序列. 由于 V 是完备的, 因此存在 $\alpha\in V$ 使得当 $n\to\infty$ 时, $\alpha_n\to\alpha$, 即当 $n\to\infty$ 时, $\|\alpha_n-\alpha\|\to 0$. 记 $f=\alpha_L$, 则当 $n\to\infty$ 时 $\|f_n-f\|=\|\alpha_n-\alpha\|\to 0$. 因此 (f_n) 收敛到 f. 从而 V^* 是完备的, 于是 V^* 是一个 Hibert 空间. 对 V^* 用定理 3 得, V^{**} 中任一元素可唯一地表示成 f_L, 其中 $f\in V^*$. 设 $f=\alpha_L$. 则 $f_L(\beta_R)=(f,\beta_R)=(\alpha_L,\beta_R)=(\alpha,\beta)=\beta_R(\alpha),\forall\beta_R\in V^*$, 又有 $\alpha^{**}(\beta_R)=\beta_R(\alpha),\forall\beta_R\in V^*$, 因此 $f_L=\alpha^{**}$. 从而 $V^{**}=\{\alpha^{**}|\alpha\in V\}$. 这证明了 V 是自反的. □

9.5 拓扑空间的网

为了研究 Banach 空间 X 到 Y 的紧线性映射的性质, 我们需要一些关于拓扑空间的进一步知识. 首先, 作为集合 X 中一个序列 (x_n) 的推广, 引进 X 的一个网

的概念, 并且利用拓扑空间的网来研究拓扑空间的一些进一步性质.

定义 19 一个**有向集** (directed set) 是一个偏序集 $(I, \geqslant)$, 它满足下述条件: 如果 $i_1, i_2 \in I$, 那么存在 $i_3 \in I$, 使得 $i_3 \geqslant i_1$ 且 $i_3 \geqslant i_2$.

设 X 是一个拓扑空间, 对于固定的 $x_0 \in X$, 设 $\mathscr{U} = \{U | U$ 是开集, 且 $x_0 \in U\}$. 对于 $U, V \in \mathscr{U}$, 如果 $U \subseteq V$, 定义 $U \geqslant V$, 那么 $\mathscr{U}$ 是由反包含关系定义的序所成的有向集.

定义 20 设 X 是一个集合, $(I, \geqslant)$ 是一个有向集, 则从 I 到 X 的一个映射 x 称为 X 的一个**网** (net), 通常用 x_i 表示 $x(i)$, 且使用术语 "设 $\{x_i\}$ 是 X 的一个网".

由于自然数集 $\mathbb{N}$ 是有向集, 因此集合 X 中的每一个序列是 X 的一个网.

设 X 是一个拓扑空间, $x_0 \in X$, 用 $\mathscr{U}$ 表示含有 x_0 的所有开集组成的集合, 用反包含关系定义 $\mathscr{U}$ 的序. 对于每个 $U \in \mathscr{U}$, 设 $x_U \in U$, 则 $\{x_U | U \in \mathscr{U}\}$ 是 X 的一个网.

定义 21 设 $\{x_i\}$ 是一个拓扑空间 X 的一个网, 如果对于 X 的每一个含有 x_0 的开子集 U, 都存在一个 $i_0 = i_0(U)$, 使得 $\forall i \geqslant i_0$ 有 $x_i \in U$, 那么称 $\{x_i\}$ **收敛**到 x_0, 记作 $x_i \to x_0$ 或 $\lim x_i = x_0$. 如果对于每个 i_0 和 x_0 的每一个开邻域 U, 都存在一个 $i \geqslant i_0$ 使得 $x_i \in U$, 那么称这个网 $\{x_i\}$ 在 x_0 **会聚** (clusters), 记作 $x_i \underset{\text{cl}}{\to} x_0$, 此时称 x_0 是网 $\{x_i\}$ 的**一个聚点**.

这些概念推广了序列中的对应概念.

显然, 如果 $x_i \to x_0$, 那么 $x_i \underset{\text{cl}}{\to} x_0$.

在定义 21 上面一段的例子中, X 的网 $\{x_U | U \in \mathscr{U}\}$ 收敛到 x_0.

命题 4 设 X 是一个拓扑空间, $A \subseteq X$, 则 $x \in \bar{A}$ 当且仅当存在 A 的一个网 $\{a_i\}$ 使得 $a_i \to x$.

证明 设 $\mathscr{U} = \{U | U$ 是开集, 且 $x \in U\}$.

必要性. 设 $x \in \bar{A}$, 则对于每个 $U \in \mathscr{U}$, 存在一个点 $a_U \in A \bigcap U$. 于是 $\{a_U\}$ 是 A 关于有向集 $\mathscr{U}$ 的一个网. 对于 A 的每一个含有 x 的开子集 $A \bigcap W$, 存在一个 $U_0 = W$, 使得对每个 $U \geqslant U_0$, 有 $a_U \in A \bigcap W$. 因此 $\lim a_U = x$.

充分性. 设 $\{a_i\}$ 是 A 的一个网使得 $a_i \to x$, 则对于每个 $U \in \mathscr{U}$, 从而对于 A 的每一个含有 x 的开子集 $A \bigcap U$, 存在一个 $U_0 \in \mathscr{U}$ 使得对每个 $W \geqslant U_0$ 有 $a_i \in A \bigcap U$. 于是 $x \in \bar{A}$. □

命题 5 设 X 是一个拓扑空间, $A \subseteq X$. 如果 $\{a_i\}$ 是 A 的一个网且 $a_i \underset{\text{cl}}{\to} x$, 那么 $x \in \bar{A}$.

证明 由于 $\{a_i\}$ 是 A 的一个网且 $a_i \underset{\text{cl}}{\to} x$, 因此对于每一个含有 x 的开集 U_0 和 x 的每一个开邻域 U, 都存在一个 $W \geqslant U_0$ 使得 $a_i \in U \bigcap A$, 因此 x 是 A 的一个聚点. 从而 $x \in \bar{A}$. □

推论 7 设 $\{x_i\}$ 是一个拓扑空间 X 的一个网, 如果 $x_i \underset{\text{cl}}{\to} x_0$, 那么存在 $\{x_i\}$ 的一个子集 $\{x_{i_k}\}$ 使得 $x_{i_k} \to x_0$.

证明 把 X 的网 $\{x_i\}$ 看成是 X 的一个子集 A. 于是 $\{x_i\}$ 可看成是 A 的一个

网: 由于 $x_i \underset{\text{cl}}{\longrightarrow} x_0$, 因此根据命题 5 得 $x_0 \in \bar{A}$. 再根据命题 4 得, 存在 A 的一个网 $\{x_{i_k}\}$ 使得 $x_{i_k} \to x_0$. □

容易看出, 若 X 是 Hausdorff 拓扑空间, 则 X 的每一个收敛的网有唯一的极限点.

命题 6 设 X 和 Y 都是拓扑空间, 且 $f: X \to Y$, 则 f 在 x_0 连续当且仅当只要 $x_i \to x_0$ 就有 $f(x_i) \to f(x_0)$.

证明 必要性. 设 f 在 x_0 连续, $\{x_i\}$ 是 X 的一个网使得 $x_i \to x_0$, 则对于 Y 中含有 $f(x_0)$ 的每一个开集 V, 都有 X 中一个含有 x_0 的开集 U 使得 $f(U) \subseteq V$. 由于 $x_i \to x_0$, 因此对于 U 存在一个 i_0, 使是 $\forall i \geqslant i_0$ 有 $x_i \in U$, 从而 $f(x_i) \in V, \forall_i \geqslant i_0$. 这表明 $f(x_i) \to f(x_0)$.

充分性. 设 $\mathscr{U} = \{U | U$ 是 X 的开集且 $x_0 \in U\}$. 假如 f 在 x_0 不连续, 则存在 Y 的一个含有 $f(x_0)$ 的开集 V, 使得 $f^{-1}(V)$ 不是含有 x_0 的开集, 于是对每个 $U \in \mathscr{U}$ 都有 $f(U) \backslash V \neq \varnothing$. 从而对每个 $U \in \mathscr{U}$ 都存在一个点 $x_U \in U$ 且 $f(x_U) \notin V$. 显然 $\{x_U\}$ 是 X 的一个网且 $x_U \to x_0$. 于是由已知条件得, $f(x_U) \to f(x_0)$. 显然 $\{f(x_U)\}$ 不可能收敛到 $f(x_0)$. 这个矛盾表明 f 在 x_0 连续. □

命题 7 设 X 和 Y 都是拓扑空间, 如果 $f: X \to Y$ 在 x_0 连续, 且 $\{x_i\}$ 是 x 的一个网使得 $x_i \underset{\text{cl}}{\longrightarrow} x_0$, 那么 $f(x_i) \underset{\text{cl}}{\longrightarrow} f(x_0)$.

证明 由于 f 在 x_0 连续, 因此对于 Y 中含有 $f(x_0)$ 的每一个开集 V, 都有 X 中一个含有 x_0 的开集 U 使得 $f(U) \subseteq V$. 由于 $x_i \underset{\text{cl}}{\longrightarrow} x_0$, 因此对于每一个 i_0 和上述含有 x_0 的开集 U, 都存在一个 $i \geqslant i_0$ 使得 $x_i \in U$, 从而 $f(x_i) \in V$. 因此根据定义 21 得 $f(x) \underset{\text{cl}}{\longrightarrow} f(x_0)$. □

命题 8 设 X 是一个 Hausdorff 拓扑空间, $K \subseteq X$, 则 K 是紧致的当且仅当 K 中的每一个网在 K 里有一个聚点.

证明 必要性. 设 K 是紧致的. 任取 K 的一个网 $\{x_i | i \in I\}$. 对于每个 i, 设 A_i 为 $\{x_j | j \geqslant i\}$ 的闭包, 于是每个 A_i 是 K 的闭子集. 由于 I 是有向集, 因此若 $i_1, \cdots, i_n \in I$, 则存在一个 $i \geqslant i_1, \cdots, i_n$. 于是 $A_i \subseteq \bigcap\limits_{k=1}^{n} A_{i_k}$. 从而 $\{A_i | i \in I\}$ 具有有限交的性质 (即 $\{A_i | i \in I\}$ 中任意有限多个子集的交集不是空集). 由于 K 是紧致的, 且 X 是 Hausdorff 拓扑空间, 因此根据本章 §2 的命题 4 得, K 是闭集, 从而 $\bar{K} = K$. 于是 $A_i \subseteq K, i \in I$. 假如 $\bigcap\limits_{i \in I} A_i = \varnothing$, 则 $\bigcap\limits_{i \in I} A_i$ 在 K 中的补集 $\bigcup\limits_{i \in I} A_i^c = K$. 于是存在 $A_{i_1}, \cdots, A_{i_m}$ 使得 $\bigcup\limits_{l=1}^{m} A_{i_l}^c = K$, 从而 $\bigcap\limits_{l=1}^{m} A_{i_l} = \varnothing$, 这与 $\{A_i | i \in I\}$ 具有有限交性质矛盾. 因此 $\bigcap\limits_{i \in I} A_i \neq \varnothing$. 从而 K 中存在 $x_0 \in \bigcap\limits_{i \in I} A_i$. 任取一个 $i_0 \in I$, 任取一个含有 x_0 的开集 U, 由于 $x_0 \in A_{i_0}$, 且 A_{i_0} 是 $\{x_j | j \geqslant i_0\}$ 的闭包, 因此对于含有 x_0 的开集 U 有 $\{x_j | j \geqslant i_0\} \bigcap \bigcup \neq \varnothing$. 于是存在一个 $i \geqslant i_0$ 使得 $x_i \in U$. 因此 $x_i \underset{\text{cl}}{\longrightarrow} x_0$.

充分性. 设 K 的每一个网在 K 里有一个聚点. 设 $\{K_\alpha | \alpha \in J\}$ 是 K 的一族

相对闭子集 (即对于拓扑空间 K 来说的闭集), 它具有有限交的性质. 把指标集 J 的所有有限子集组成的集合记作 $\mathscr{F}$, $\mathscr{F}$ 的序为包含关系. 于是若 $F \in \mathscr{F}$, 则 K 中有一个点 $x_F \in \bigcap\limits_{\alpha \in F} K_\alpha$. 从而 $\{x_F | F \in \mathscr{F}\}$ 是 K 的一个网. 由已知条件得, $\{x_F | F \in \mathscr{F}\}$ 在 K 中有一个聚点 x_0. 任取 $\alpha \in J$, 则 $\{\alpha\} \in \mathscr{F}$, 于是若 U 是含有 x_0 的任一开集, 则存在一个 $F \in \mathscr{F}$ 使得 $F \supseteq \{\alpha\}$ 并且 $x_F \in U$. 由于 $\alpha \in F$, 因此 $x_F \in K_\alpha$. 从而 $x_F \in U \bigcap K_\alpha$. 这表明: 对每一个 $\alpha \in J$ 和每一个含有 x_0 的开集 U, 都有 $U \bigcap K_\alpha \neq \varnothing$. 于是 $x_0 \in \bar{K}_\alpha$. 由于 K_α 是拓扑空间 K 的闭子集, 因此在 K 中, $\bar{K}_\alpha = K_\alpha$, 从而 $x_0 \in K_\alpha, \forall \alpha \in J$. 于是 $x_0 \in \bigcap\limits_{\alpha \in J} K_\alpha$. 因此 K 必定是紧致的.

命题 9 设 X 是一个紧致的 Hausdorff 拓扑空间, $\{x_i\}$ 是 X 的一个网, 如果 x_0 是 $\{x_i\}$ 的仅有的一个聚点, 那么网 $\{x_0\}$ 收敛到 x_0.

证明 任取 x_0 的一个开邻域 U, 设 $J = \{j \in I | x_j \notin U\}$. 假如 $\{x_i\}$ 不收敛到 x_0, 则对于每个 $i \in I$, 存在 $j \in J$ 使得 $j \geqslant i$ 且 $x_j \notin U$. 因此 J 也是有向集. 从而 $\{x_j | j \in J\}$ 是 $X \backslash U$ 的一个网. 由于 $X \backslash U$ 是 X 的闭子集, 且 X 是紧致的, 因此根据本章 §2 的命题 3 得, $X \backslash U$ 是紧致的. 于是根据命题 8 得, $\{x_j | j \in J\}$ 在 $X \backslash U$ 中有一个聚点 y_0. 由于前面已指出: 对于每个 $i \in I$ 存在一个 $j \geqslant i$ 使得 $x_j \notin U$, 因此对于 y_0 在 $X \backslash U$ 中的每一个开邻域 W, 存在 $j \geqslant i$ 使得 $x_j \in W$. 这表明 y_0 也是 X 的网 $\{x_i | i \in I\}$ 的一个聚点. 这与已知条件 "x_0 是 $\{x_i\}$ 的仅有一个聚点" 矛盾. 因此 $x_i \to x_0$. □

命题 10 设 X 和 Y 都是 Hausdorff 拓扑空间, 并且 X 是紧致的. 如果 $f: X \to Y$ 是双射且是连续映射, 那么 f 是一个同胚.

证明 只要证 f^{-1} 也是连续映射即可. 任取 X 的一个闭子集 A, 由于 X 是紧致的, 因此根据本章 §2 的命题 3 得, A 是紧致的. 又由于 $f: X \to Y$ 是连续映射, 因此根据本章 §2 的命题 5 得, $f(A)$ 是 Y 中的紧致子集. 由于 Y 是 Hausdorff 空间, 因此根据本章 §2 的命题 4 得, $f(A)$ 是闭集. 于是根据本章 §2 的推论 1 得, f^{-1} 是连续映射. 从而 f 是一个同胚. □

9.6 Hilbert 空间的紧线性映射的性质

首先研究 Banach 空间的紧线性映射的性质.

定义 22 设 X 和 Y 都是 Banach 空间, $\boldsymbol{A} \in \mathscr{B}(X, Y)$. 如果对于 X 中任一弱收敛到 x 的序列 (x_n) 都有 $\| \boldsymbol{A}x_n - \boldsymbol{A}x \| \to 0$, 那么称 $\boldsymbol{A}$ 是**完全连续的** (completely continuous).

命题 11 设 X 和 Y 都是 Banach 空间, $\boldsymbol{A} \in \mathscr{B}(X, Y)$.

(1) 如果 $\boldsymbol{A}$ 是紧线性映射, 那么 $\boldsymbol{A}$ 是完全连续的;

(2) 如果 X 是自反的, 且 $\boldsymbol{A}$ 是完全连续的, 那么 $\boldsymbol{A}$ 是紧的.

证明 (1) 设 $\boldsymbol{A}$ 是紧线性映射. 首先设 (x_n) 是 X 中弱收敛到 0 的序列, 则 $\forall f \in X^*$ 都有 $f(x_n) \to f(0) = 0$. 从而 $\sup\limits_n \{|f(x_n)|\} < +\infty$. 于是 $\sup\limits_n \{|x_n^{**}(f)|\} < +\infty, \forall f \in X^*$. 于是对于 X^* 到 $\mathbb{C}$ 的一族有界线性映射 $\{x_n^{**} | n = 1, 2, \cdots\}$ 用一致有

界原理 (即定理 6) 得, 存在一个 $M_1 < +\infty$, 使得

$$\|x_n^{**}\| \leqslant M_1, \quad n = 1, 2, \cdots. \tag{81}$$

根据命题 3 得 $\|x_n\| = \|x_n^{**}\| \leqslant M_1, n = 1, 2, \cdots$, 从而序列 $(\|x_n\|)$ 有上确界. 设 $\sup\limits_n\{\|x_n\|\} = M$. 不失一般性, 可以假设 $M \leqslant 1$. 于是 x_n 属于 X 中的闭单位球 B_1. 因此 $\boldsymbol{A}x_n \in \overline{\boldsymbol{A}(B_1)}, n = 1, 2, \cdots$. 由于 $\boldsymbol{A}$ 是紧线性映射, 因此 $\overline{\boldsymbol{A}(B_1)}$ 是 Y 中的紧集. 根据本章 §2 的定理 1 得, $\overline{\boldsymbol{A}(B_1)}$ 是有界的. 从而序列 $(\boldsymbol{A}x_n)$ 是有界的. 于是有一个收敛的子序列 $(\boldsymbol{A}x_{n_k})$. 由于 Y 是完备的, 因此存在 $y \in Y$ 使得 $\boldsymbol{A}x_{n_k} \to y$, 即 $\|\boldsymbol{A}x_{n_k} - y\| \to 0$. 由于 (x_{n_k}) 弱收敛到 0, 因此 $\forall f \in X^*$ 有 $f(x_{n_k}) \to f(0) = 0$. 显然 $f\boldsymbol{A}$ 是 X 上的线性函数. 由于 $\forall x \in X$, 有

$$|(f\boldsymbol{A})x| = |f(\boldsymbol{A}x)| \leqslant \|f\|\,\|\boldsymbol{A}x\| \leqslant \|f\|\,\|\boldsymbol{A}\|\,\|x\|,$$

因此

$$\|f\boldsymbol{A}\| = \sup\{|(f\boldsymbol{A})x| \,\big|\, x \in X, \|x\| = 1\} \leqslant \|f\|\,\|\boldsymbol{A}\|. \tag{82}$$

从而 $f\boldsymbol{A} \in X^*$. 于是 $(f\boldsymbol{A})(x_{n_k}) \to (f\boldsymbol{A})(0)$, 因此 $\forall f \in X^*$, 有 $f(\boldsymbol{A}x_{n_k}) \to f(\boldsymbol{A}(0)) = 0$, 即 $\boldsymbol{A}x_{n_k} \to 0$ (弱). 又由于 $(\boldsymbol{A}x_{n_k})$ 依范数收敛到 y, 因此 $(\boldsymbol{A}x_{n_k})$ 弱收敛到 y, 由此得出, $y = 0$, 即 $\|\boldsymbol{A}x_{n_k} - 0\| \to 0$. 于是根据定义 21 得, 0 是序列 $(\boldsymbol{A}x_n)$ 的一个聚点. 又由于 0 是序列 $(\boldsymbol{A}x_n)$ 的唯一的聚点, 且序列 $(\boldsymbol{A}x_n)$ 被包含在紧集 $\overline{\boldsymbol{A}(B_1)}$ 里, 因此根据命题 9 得, $(\boldsymbol{A}x_n)$ 收敛到 0, 即 $\|\boldsymbol{A}x_n - \boldsymbol{A}(0)\| \to 0$.

其次对于 X 中弱收敛到 x 的序列 (x_n), 令 $\tilde{x}_n = x_n - x$, 则 $(\tilde{x}_n)$ 弱收敛到 0. 根据上面证得的结果, $\|\boldsymbol{A}\tilde{x}_n\| \to 0$. 从而 $\|\boldsymbol{A}x_n - \boldsymbol{A}x\| \to 0$. 因此 $\boldsymbol{A}$ 是完全连续的.

(2) 设 X 是自反的, 且 $\boldsymbol{A}$ 是完全连续的. 在 X 的闭单位球 B_1 中取一个序列 (x_n). 设 X_1 是由序列 (x_n) 生成的闭线性子空间, 根据本章 §2 的命题 7 得, X_1 仍是 Banach 空间, 且 X_1 有可数稠密子集 $\{x_n\}$, 因此 X_1 是可分的. 由于 X 是自反的, 因此 X 的闭子空间 X_1 也是自反的 (证明可看 [32]). 于是 X_1^* 是可分的 (参看 [15] 第 135 页的第二段). 令 $\boldsymbol{A}_1 = \boldsymbol{A}|X_1$, 则 $\boldsymbol{A}_1$ 是 X_1 到 Y 的线性映射. 由于 $\boldsymbol{A}$ 是完全连续的, 因此 $\boldsymbol{A}_1$ 也是完全连续的. 可以证明, X_1 的闭单位球 B_{11} 对于 X_1 的弱拓扑是紧致度量空间. 任取 B_{11} 的一个序列 $(\tilde{x}_n)$, 由于 B_{11} 是紧致的, 因此根据命题 8 得, 存在一个 $\tilde{x} \in B_{11}$ 使得 $\tilde{x}_n \underset{\text{cl}}{\to} \tilde{x}$. 从而根据推论 7 得, 存在 $(\tilde{x}_n)$ 的一个子序列 $(\tilde{x}_{n_k})$ 使得 $\tilde{x}_{n_k} \to \tilde{x}$ (对于弱拓扑). 由于 $\boldsymbol{A}_1$ 是完全连续的, 因此 $\|\boldsymbol{A}_1\tilde{x}_{n_k} - \boldsymbol{A}_1\tilde{x}\| \to 0$. 从而 $\boldsymbol{A}_1\tilde{x}$ 是序列 $(\boldsymbol{A}_1\tilde{x}_n)$ 的一个聚点. 由于 $(\boldsymbol{A}_1\tilde{x}_n)$ 是 $\overline{\boldsymbol{A}_1(B_{11})}$ 的任一序列, 因此根据命题 8 得, $\overline{\boldsymbol{A}_1(B_{11})}$ 是紧致的. 从而 $\boldsymbol{A}_1$ 是紧线性映射. 由于 $\boldsymbol{A}x_n = \boldsymbol{A}_1x_n, \forall x_n \in B_1$, 因此对 $(\boldsymbol{A}_1x_n)$ 用命题 8 得, 序列 $(\boldsymbol{A}x_n) = (\boldsymbol{A}_1x_n)$ 在 $\overline{\boldsymbol{A}(B_1)}$ 中有一个聚点. 由于序列 $(\boldsymbol{A}x_n)$ 是 $\overline{\boldsymbol{A}(B_1)}$ 中任一序列, 因此对 $(\boldsymbol{A}x_n)$ 用命题 8 得, $\overline{\boldsymbol{A}(B_1)}$ 是紧致的. 从而 $\boldsymbol{A}$ 是紧线性映射. □

注 关于弱拓扑的概念可参看 [15] 第 124 页的定义 1.1. 命题 11 的第 (2) 部分的证明中, “可以证明” 的结论可参看 [15] 的第 130 页的定理 3.1 (Alaoglu 定理) 和第 134 页的定理 5.1.

我们的目的是要研究拓扑群的无限维酉表示 (或正交表示), 因此现在我们来研

究 Hilbert 空间 X 到 Y 的紧线性映射的性质.

Hilbert 空间 X 到 Y 的所有紧线性映射组成的集合记作 $\mathscr{B}_0(X,Y)$. 根据本节命题 2, $\mathscr{B}_0(X,Y)\subseteq\mathscr{B}(X,Y)$.

Hilbert 空间 X 上所有紧线性变换组成的集合记作 $\mathscr{B}_0(X)$, $\mathscr{B}_0(X)\subseteq\mathscr{B}(X)$.

命题 12 设 X,Y,Z 都是 Hilbert 空间, 则

(1) $\mathscr{B}_0(X,Y)$ 是 $\mathscr{B}(X,Y)$ 的闭线性子空间;

(2) 若 $\boldsymbol{K}\in\mathscr{B}_0(X,Y)$ 且 $\boldsymbol{A}\in\mathscr{B}(Y,Z)$, 则 $\boldsymbol{A}\boldsymbol{K}\in\mathscr{B}_0(X,Z)$;

(3) 若 $\boldsymbol{K}\in\mathscr{B}_0(X,Y)$ 且 $\boldsymbol{A}\in\mathscr{B}(Z,X)$, 则 $\boldsymbol{K}\boldsymbol{A}\in\mathscr{B}_0(Z,Y)$.

证明 (1) 设 $\boldsymbol{A}_1,\boldsymbol{A}_2\in\mathscr{B}_0(X,Y)$, 则对于 X 中的闭单位球 B_1, 有 $\overline{\boldsymbol{A}_1(B_1)}$ 和 $\overline{\boldsymbol{A}_2(B_1)}$ 在 Y 中是紧致的. 任取 $\overline{(\boldsymbol{A}_1+\boldsymbol{A}_2)(B_1)}$ 的一个网 $\{(\boldsymbol{A}_1+\boldsymbol{A}_2)(x_i)|i\in I\}$. 由于 $\overline{\boldsymbol{A}_1(B_1)}$ 是紧致的, 因此根据命题 8 得, $\overline{\boldsymbol{A}_1(B_1)}$ 的一个网 $\{\boldsymbol{A}_1(x_i)|i\in I\}$ 在 $\overline{\boldsymbol{A}_1(B_1)}$ 里有一个聚点, 即 $\boldsymbol{A}_1(x_i)\underset{\text{cl}}{\longrightarrow}\boldsymbol{A}_1(x_{01})$. 同理 $\overline{\boldsymbol{A}_2(B_1)}$ 的一个网 $\{\boldsymbol{A}_2(x_i)|i\in I\}$ 在 $\overline{\boldsymbol{A}_2(B_1)}$ 里有一个聚点, 即 $\boldsymbol{A}_2(x_i)\underset{\text{cl}}{\longrightarrow}\boldsymbol{A}_2(x_{02})$. 于是

$$(\boldsymbol{A}_1+\boldsymbol{A}_2)(x_i)=\boldsymbol{A}_1(x_i)+\boldsymbol{A}_2(x_i)\underset{\text{cl}}{\longrightarrow}\boldsymbol{A}_1(x_{01})+\boldsymbol{A}_2(x_{02}).$$

根据命题 8 得 $\overline{(\boldsymbol{A}_1+\boldsymbol{A}_2)(B_1)}$ 是紧致的. 从而 $\boldsymbol{A}_1+\boldsymbol{A}_2\in\mathscr{B}_0(X,Y)$. 类似地可证, 对于任一 $c\in\mathbb{C}$, 有 $c\boldsymbol{A}\in\mathscr{B}_0(X,Y)$. 因此 $\mathscr{B}_0(X,Y)$ 是 $\mathscr{B}(X,Y)$ 的线性子空间.

为了证 $\mathscr{B}_0(X,Y)$ 是闭集, 只要证 $\overline{\mathscr{B}_0(X,Y)}=\mathscr{B}_0(X,Y)$. 为此只要证: $\mathscr{B}_0(X,Y)$ 的每一个聚点属于 $\mathscr{B}_0(X,Y)$. 设 $\{\boldsymbol{A}_n|n\in\mathbb{N}^*\}\subseteq\mathscr{B}_0(X,Y)$, 且 $\boldsymbol{A}\in\mathscr{B}(X,Y)$ 使得 $\|\boldsymbol{A}_n-\boldsymbol{A}\|\to 0$, 要证 $\boldsymbol{A}\in\mathscr{B}_0(X,Y)$, 这只要证 $\overline{\boldsymbol{A}(B_1)}$ 在 Y 中是紧致的. 由于 Y 是 Hilbort 空间, 因此 Y 是完备的, 从而根据本章 §2 的命题 7 得, $\overline{\boldsymbol{A}(B_1)}$ 是完备的. 根据本章 §2 的定理 1, 只要证 $\overline{\boldsymbol{A}(B_1)}$ 是完全有界的, 便可得 $\overline{\boldsymbol{A}(B_1)}$ 是紧致的. 任给 $\varepsilon>0$, 由于 $\|\boldsymbol{A}_n-\boldsymbol{A}\|\to 0$, 因此存在 n 使得 $\|\boldsymbol{A}_n-\boldsymbol{A}\|<\varepsilon/3$. 由于 $\boldsymbol{A}_n$ 是紧线性映射, 因此 $\overline{\boldsymbol{A}_n(B_1)}$ 在 Y 中是紧致的, 从而存在 $x_1,x_2,\cdots,x_n\in B_1$ 使得

$$\boldsymbol{A}_n(B_1)\subseteq\bigcup_{j=1}^{m}B(\boldsymbol{A}_n x_j,\varepsilon/3).$$

于是对于任给 $x\in B_1$, 存在一个 x_j 使得 $\boldsymbol{A}_n x\in B(\boldsymbol{A}_n x_j,\varepsilon/3)$, 即 $\|\boldsymbol{A}_n x_j-\boldsymbol{A}_n x\|<\varepsilon/3$. 从而

$$\begin{aligned}\|\boldsymbol{A}x_j-\boldsymbol{A}x\|&\leqslant\|\boldsymbol{A}x_j-\boldsymbol{A}_n x_j\|+\|\boldsymbol{A}_n x_j-\boldsymbol{A}_n x\|+\|\boldsymbol{A}_n x-\boldsymbol{A}x\|\\&<2\|\boldsymbol{A}-\boldsymbol{A}_n\|+\varepsilon/3<\varepsilon.\end{aligned}$$

因此 $\boldsymbol{A}x\in B(\boldsymbol{A}x_j,\varepsilon)$, 从而 $\boldsymbol{A}(B_1)\subseteq\bigcup\limits_{j=1}^{m}B(\boldsymbol{A}x_j,\varepsilon)$. 根据本章 §2 的定义 14 得, $\boldsymbol{A}(B_1)$ 是完全有界的. 于是 $\overline{\boldsymbol{A}(B_1)}$ 是完全有界的. 这证明了 $\mathscr{B}_0(X,Y)$ 是闭集.

(2) 设 $\boldsymbol{K}\in\mathscr{B}_0(X,Y)$, $\boldsymbol{A}\in\mathscr{B}(Y,Z)$, 要证 $\boldsymbol{A}\boldsymbol{K}\in\mathscr{B}_0(X,Z)$, 只要证 $\overline{\boldsymbol{A}\boldsymbol{K}(B_1)}$ 在 Z 中是紧致的. 由于 $\boldsymbol{K}$ 是 X 到 Y 的紧线性映射, 因此 $\overline{\boldsymbol{K}(B_1)}$ 在 Y 中是紧致的. 由于 $\boldsymbol{A}$ 是 Y 到 Z 的连续线性映射. 因此根据本章 §2 的命题 5 得, $\boldsymbol{A}(\overline{\boldsymbol{K}(B_1)})$ 在 Z 中是紧致的, 从而根据本章 §2 的命题 4 得, $\boldsymbol{A}(\overline{\boldsymbol{K}(B_1)})$ 是 Z 的闭集, 于是 $\overline{\boldsymbol{A}(\overline{\boldsymbol{K}(B_1)})}=\boldsymbol{A}(\overline{\boldsymbol{K}(B_1)})$. 因此 $\overline{\boldsymbol{A}\boldsymbol{K}(B_1)}$ 在 Z 中是紧致的.

(3) 设 $\boldsymbol{K} \in \mathscr{B}_0(X,Y)$, $\boldsymbol{A} \in \mathscr{B}(Z,X)$, 要证 $\boldsymbol{K}\boldsymbol{A} \in \mathscr{B}_0(Z,Y)$, 只要证 $\overline{\boldsymbol{K}\boldsymbol{A}(B_1)}$ 在 Y 中是紧致的, 其中 B_1 是 Z 中的闭单位球. 由于 $\boldsymbol{A}$ 是 Z 到 X 的有界线性映射, 因此从 $\|\boldsymbol{A}\alpha\| \leqslant \|\boldsymbol{A}\|\|\alpha\|, \forall \alpha \in Z$ 得, $\boldsymbol{A}(B_1)$ 包含于 X 中以零向量为中心, $\|\boldsymbol{A}\|$ 为半径的闭球. 由于 $\boldsymbol{K}$ 是 X 到 Y 的紧线性映射, 因此 $\overline{\boldsymbol{K}(\boldsymbol{A}(B_1))}$ 在 Y 中是紧致的, 从而 $\boldsymbol{K}\boldsymbol{A} \in \mathscr{B}_0(Z,Y)$. □

从命题 12 立即得到下述推论.

推论 8 设 X 是 $\boldsymbol{F}$ 上的 Hilbert 空间, 则 $\mathscr{B}_0(X)$ 是 $\boldsymbol{F}$ 上的代数 $\mathscr{B}(X)$ 的一个闭的双边理想. □

定义 23 设 X 和 Y 是 Hilbert 空间, $\boldsymbol{A}$ 是 X 到 Y 的线性变换, 如果 $\boldsymbol{A}(X)$ 是有限维的, 那么称 $\boldsymbol{A}$ **有有限秩**.

Hilbert 空间 X 到 Y 的所有连续的且有有限秩的线性映射组成的集合记作 $\mathscr{B}_{00}(X,Y)$. 设 $\boldsymbol{A} \in \mathscr{B}_{00}(X,Y)$, 则 $\boldsymbol{A}(X)$ 是有限维的. 设 $\boldsymbol{A}\alpha_1, \cdots, \boldsymbol{A}\alpha_n$ 是 $\overline{\boldsymbol{A}(X)}$ 的一个标准正交基. $\overline{\boldsymbol{A}(X)}$ 与 $\boldsymbol{F}^n$ 保距同构, 其中同构映射 σ 为

$$\sigma\left(\sum_{j=1}^{n} b_j \boldsymbol{A}\alpha_j\right) = \sum_{j=1}^{n} b_j \varepsilon_j.$$

于是 $\sigma(\overline{\boldsymbol{A}(B_1)})$ 是 $\boldsymbol{F}^n$ 中的有界闭集. 当 $\boldsymbol{F} = \mathbb{R}$ 时, 根据本章 §2 的推论 7 得, $\sigma(\overline{\boldsymbol{A}(B_1)})$ 是紧致的. 当 $\boldsymbol{F} = \mathbb{C}$ 时, 类似于推论 7 的证明方法可得出, $\mathbb{C}^n$ 的有界闭集是紧致的, 从而 $\sigma(\overline{\boldsymbol{A}(B_1)})$ 是紧致的. 于是 $\overline{\boldsymbol{A}(B_1)}$ 在 $\overline{\boldsymbol{A}(X)}$ 中是紧致的. 因此 $\boldsymbol{A}$ 是紧线性变换. 这证明了 $\mathscr{B}_{00}(X,Y) \subseteq \mathscr{B}_0(X,Y)$. 容易看出, $\mathscr{B}_{00}(X,Y)$ 是 $\mathscr{B}_0(X,Y)$ 的线性子空间.

9.7 Hilbert 空间上有界线性变换的伴随变换

我们知道, 对于复 (实) 内积空间 V 上的一个线性变换 $\boldsymbol{A}$, 如果存在 V 上的一个线性变换, 记作 $\boldsymbol{A}^*$, 满足 $(\boldsymbol{A}\alpha, \beta) = (\alpha, \boldsymbol{A}^*\beta), \forall \alpha, \beta \in V$, 那么称 $\boldsymbol{A}^*$ 是 $\boldsymbol{A}$ 的一个**伴随变换**. 若 V 是有限维的, 则 V 上的任一线性变换 $\boldsymbol{A}$ 都有唯一的一个伴随变换 $\boldsymbol{A}^*$. 若 V 是无限维的, V 上的线性变换 $\boldsymbol{A}$ 如果有伴随变换, 那么 $\boldsymbol{A}$ 的伴随变换是唯一的 (上述结论的证明可以看 [25] 下册的第 505—506 页). 现在要问: 无限维 Hilbert 空间上的任一线性变换是否存在伴随变换, 回答是: 有界线性变换一定存在伴随变换.

定理 12 设 X 是 Hilbert 空间, $\boldsymbol{A} \in \mathscr{B}(X)$, 则存在唯一的 $\boldsymbol{A}^* \in \mathscr{B}(X)$ 使得

$$(\boldsymbol{A}\alpha, \beta) = (\alpha, \boldsymbol{A}^*\beta), \quad \forall \alpha, \beta \in X, \tag{83}$$

从而 $\boldsymbol{A}^*$ 是 $\boldsymbol{A}$ 的伴随变换.

证明 任意给定 $\beta \in X$, 根据命题 1, β_R 是 X 上的一个连续线性函数. 由于 $\boldsymbol{A}$ 是 X 上的连续线性变换, 因此 $\beta_R\boldsymbol{A}$ 是 X 上的连续线性函数. 再根据定理 3 得, 存在唯一的向量 $\beta' \in X$, 使得 $\beta_R\boldsymbol{A} = \beta'_R$, 从而 $\forall \alpha \in X$ 有 $\beta_R\boldsymbol{A}(\alpha) = \beta'_R(\alpha)$, 即

$$(\boldsymbol{A}\alpha, \beta) = (\alpha, \beta'), \quad \forall \alpha \in X. \tag{84}$$

于是我们得到 V 到自身的一个映射 $\boldsymbol{A}^* : \beta \mapsto \beta'$. 从而

$$(\boldsymbol{A}\alpha, \beta) = (\alpha, \boldsymbol{A}^*\beta), \quad \forall \alpha, \beta \in X.$$

可直接验证 $\boldsymbol{A}^*$ 是 X 上的一个线性变换 (可参看 [25] 下册的第 506 页的第 8—13 行). 现在来证 $\boldsymbol{A}^*$ 是有界的. 根据定理 3 的证明知道, $\beta' = (\beta_R \boldsymbol{A})(\gamma)\gamma$, 其中 $\|\gamma\| = 1$. 于是

$$\begin{aligned}\|\beta'\| &= \|(\beta_R \boldsymbol{A})(\gamma)\gamma\| = |(\beta_R \boldsymbol{A})(\gamma)|\ \|\gamma\| = |(\beta_R \boldsymbol{A})(\gamma)| \\ &\leqslant \|\beta_R\|\ \|\boldsymbol{A}\gamma\| \leqslant \|\beta_R\|\ \|\boldsymbol{A}\|\ \|\gamma\| = \|\beta_R\|\ \|\boldsymbol{A}\|.\end{aligned}$$

从而 $\|\boldsymbol{A}^*\beta\| = \|\beta'\| \leqslant \|\beta_R\|\ \|\boldsymbol{A}\|$. 由于 $\|\beta_R\| = \|\beta\|$, 因此 $\|\boldsymbol{A}^*\beta\| \leqslant \|\beta\|\ \|\boldsymbol{A}\|$. 从而 $\|\boldsymbol{A}^*\| \leqslant \|\boldsymbol{A}\|$. 由于 $\boldsymbol{A}$ 是有界的, 因此 $\boldsymbol{A}^*$ 也是有界的.

关于唯一性的证明见 [25] 下册的第 506 页的第 14—18 行. □

从 [25] 下册的第 506 页的定理 9 立即得到如下命题.

命题 13 设 X 是 Hilbert 空间, $\boldsymbol{A}, \boldsymbol{B} \in \mathscr{B}(X), k \in \mathbb{C}$ (或 $\mathbb{R}$), 则

$$(\boldsymbol{A}+\boldsymbol{B})^* = \boldsymbol{A}^* + \boldsymbol{B}^*, \quad (k\boldsymbol{A})^* = \bar{k}\boldsymbol{A}^*,$$
$$(\boldsymbol{A}\boldsymbol{B})^* = \boldsymbol{B}^*\boldsymbol{A}^*, \quad (\boldsymbol{A}^*)^* = \boldsymbol{A}.$$ □

命题 14 设 X 是 Hilbert 空间, $\boldsymbol{A} \in \mathscr{B}(X)$, 如果 $\boldsymbol{A}$ 是可逆的, 那么 $\boldsymbol{A}^{-1} \in \mathscr{B}(X)$, 且 $\boldsymbol{A}^*$ 也是可逆的,

$$(\boldsymbol{A}^*)^{-1} = (\boldsymbol{A}^{-1})^*.$$

证明 由于 $\boldsymbol{A}$ 是可逆的, 因此 $\boldsymbol{A}$ 是双射, 又 $\boldsymbol{A}$ 有界, 于是根据定理 8 得 $\boldsymbol{A}^{-1} \in \mathscr{B}(X)$. 从而 $\boldsymbol{A}^{-1}$ 也有伴随变换. 根据 [25] 下册的第 506 页的定理 9 得, $\boldsymbol{A}^*$ 也可逆, 并且 $(\boldsymbol{A}^*)^{-1} = (\boldsymbol{A}^{-1})^*$. □

命题 15 设 X 是 Hilbert 空间, $\boldsymbol{A} \in \mathscr{B}(X)$, 则

$$\|\boldsymbol{A}\| = \|\boldsymbol{A}^*\| = \|\boldsymbol{A}^*\boldsymbol{A}\|^{1/2}. \tag{85}$$

证明 从定理 12 的证明过程知道, $\|\boldsymbol{A}^*\| \leqslant \|\boldsymbol{A}\|$. 从而 $\|(\boldsymbol{A}^*)^*\| \leqslant \|\boldsymbol{A}^*\|$, 于是由命题 13 得 $\|\boldsymbol{A}\| \leqslant \|\boldsymbol{A}^*\|$. 因此 $\|\boldsymbol{A}\| = \|\boldsymbol{A}^*\|$. 设 $\alpha \in X$ 且 $\|\alpha\| \leqslant 1$, 则

$$\begin{aligned}\|\boldsymbol{A}\alpha\|^2 &= (\boldsymbol{A}\alpha, \boldsymbol{A}\alpha) = (\alpha, \boldsymbol{A}^*(\boldsymbol{A}\alpha)) \leqslant \|\alpha\|\ \|\boldsymbol{A}^*(\boldsymbol{A}\alpha)\| \\ &\leqslant \|\boldsymbol{A}^*\boldsymbol{A}\|\ \|\alpha\| \leqslant \|\boldsymbol{A}^*\boldsymbol{A}\|,\end{aligned}$$

因此 $\|\boldsymbol{A}\|^2 \leqslant \|\boldsymbol{A}^*\boldsymbol{A}\|$. 由于 $\|\boldsymbol{A}^*\boldsymbol{A}\| \leqslant \|\boldsymbol{A}^*\|\ \|\boldsymbol{A}\|$, 因此 $\|\boldsymbol{A}^*\boldsymbol{A}\| \leqslant \|\boldsymbol{A}\|^2$. 由此得出 $\|\boldsymbol{A}^*\boldsymbol{A}\|^{1/2} = \|\boldsymbol{A}\|$. □

设 X 是 Hilbert 空间, $\boldsymbol{A} \in \mathscr{B}(X)$, 如果 $\boldsymbol{A}^* = \boldsymbol{A}$, 那么称 $\boldsymbol{A}$ 是 **Hermite 变换** (或**对称变换**), 或**自伴随变换**; 如果 $\boldsymbol{A}^* = -\boldsymbol{A}$, 那么称 $\boldsymbol{A}$ 是**斜 Hermite 变换** (或**斜对称变换**). 如果 $\boldsymbol{A}\boldsymbol{A}^* = \boldsymbol{A}^*\boldsymbol{A}$, 那么称 $\boldsymbol{A}$ 是**正规变换** (这些定义可参看 [25] 下册的第 480 页、490 页、504 页、507 页和 518 页).

命题 16 设 X 是复数域上的 Hilbert 空间, $\boldsymbol{A} \in \mathscr{B}(X)$, 则 $\boldsymbol{A}$ 是 Hermite 变换当且仅当 $(\boldsymbol{A}\alpha, \alpha) \in \mathbb{R}, \forall \alpha \in X$.

证明 见 [25] 下册的第 520 页的例 19. □

命题 17 设 X 是 Hilbert 空间, 如果 $\boldsymbol{A} = \boldsymbol{A}^*$, 那么

$$\|\boldsymbol{A}\| = \sup\{|(\boldsymbol{A}\alpha, \alpha)|\,\big|\,\|\alpha\| = 1\}. \tag{86}$$

证明 令 $M = \sup\{|(\boldsymbol{A}\alpha, \alpha)|\,\big|\,\|\alpha\| = 1\}$. 若 $\|\alpha\| = 1$, 则 $|(\boldsymbol{A}\alpha, \alpha)| \leqslant \|\boldsymbol{A}\alpha\|\ \|\alpha\| \leqslant$

$\|\boldsymbol{A}\|\,\|\alpha\| = \|\boldsymbol{A}\|$. 因此 $M \leqslant \|\boldsymbol{A}\|$. 另一方面, 如果 $\|\alpha\| = \|\beta\| = 1$, 那么

$$\begin{aligned}(\boldsymbol{A}(\alpha\pm\beta),\alpha\pm\beta) &= (\boldsymbol{A}\alpha,\alpha)\pm(\boldsymbol{A}\alpha,\beta)\pm(\boldsymbol{A}\beta,\alpha)+(\boldsymbol{A}\beta,\beta)\\ &= (\boldsymbol{A}\alpha,\alpha)\pm(\boldsymbol{A}\alpha,\beta)\pm(\beta,\boldsymbol{A}^*\alpha)+(\boldsymbol{A}\beta,\beta).\end{aligned}$$

由于 $\boldsymbol{A} = \boldsymbol{A}^*$, 因此由上式得

$$(\boldsymbol{A}(\alpha\pm\beta),\alpha\pm\beta) = (\boldsymbol{A}\alpha,\beta)\pm 2\,\mathrm{Re}\,(\boldsymbol{A}\alpha,\beta)+(\boldsymbol{A}\beta,\beta).$$

上述两个等式的一个减去另一个得

$$(\boldsymbol{A}(\alpha+\beta),\alpha+\beta)-(\boldsymbol{A}(\alpha-\beta),\alpha-\beta) = 4\,\mathrm{Re}\,(\boldsymbol{A}\alpha,\beta).$$

任取 $\gamma\in X$, 且 $\gamma\neq 0$, 则

$$\left|\left(\boldsymbol{A}\left(\frac{\gamma}{\|\gamma\|}\right),\frac{\gamma}{\|\gamma\|}\right)\right| \leqslant M.$$

从而 $|(\boldsymbol{A}\gamma,\gamma)| \leqslant M\|\gamma\|^2, \forall\gamma\in X$. 由于 $\|\alpha\| = \|\beta\| = 1$, 因此

$$\begin{aligned}4\,\mathrm{Re}\,(\boldsymbol{A}\alpha,\beta) &\leqslant M(\|\alpha+\beta\|^2+\|\alpha-\beta\|^2)\\ &= 2M(\|\alpha\|^2+\|\beta\|^2)\\ &= 4M.\end{aligned}\tag{87}$$

设 $(\boldsymbol{A}\alpha,\beta) = |(\boldsymbol{A}\alpha,\beta)|\,\mathrm{e}^{\mathrm{i}\theta}$, 在 (87) 式中, 用 $\mathrm{e}^{-\mathrm{i}\theta}\alpha$ 代替 α 得, $\mathrm{Re}\,(\boldsymbol{A}(\mathrm{e}^{-\mathrm{i}\theta}\alpha),\beta) \leqslant M$. 从而 $|(\boldsymbol{A}\alpha,\beta)| \leqslant M$, 当 $\|\alpha\| = \|\beta\| = 1$. 于是对于任给 $\alpha\in X$ 且 $\|\alpha\| = 1$, 有

$$\sup\{|(\boldsymbol{A}\alpha,\beta)|\,\big|\,\beta\in X, \|\beta\| = 1\} \leqslant M.\tag{88}$$

由于 $|(\boldsymbol{A}\alpha,\beta)| \leqslant \|\boldsymbol{A}\alpha\|\,\|\beta\| = \|\boldsymbol{A}\alpha\|$, 等号成立当且仅当 $\boldsymbol{A}\alpha$ 与 β 线性相关, 因此 $\|\boldsymbol{A}\alpha\|$ 在 (88) 式左端的集合中出现, 从而 $\|\boldsymbol{A}\alpha\| \leqslant M$, 当 $\|\alpha\| = 1$. 于是

$$\|\boldsymbol{A}\| = \sup\{\|\boldsymbol{A}\alpha\|\,\big|\,\alpha\in X, \|\alpha\| = 1\} \leqslant M.$$

又已证 $M \leqslant \|\boldsymbol{A}\|$, 因此 $\|\boldsymbol{A}\| = M$. □

推论 9 设 X 是 Hilbcrt 空间, 如果 $\boldsymbol{A} = \boldsymbol{A}^*$, 且对一切 $\alpha\in X$ 有 $(\boldsymbol{A}\alpha,\alpha) = 0$, 那么 $\boldsymbol{A} = \boldsymbol{0}$.

证明 根据命题 17 得, $\|\boldsymbol{A}\| = 0$, 从而根据范数的定义得 $\boldsymbol{A} = \boldsymbol{0}$. □

推论 10 设 X 是复数域上的 Hilbert 空间, 如果 $\boldsymbol{A}^* = -\boldsymbol{A}$, 且对一切 $\alpha\in X$ 有 $(\boldsymbol{A}\alpha,\alpha) = 0$, 那么 $\boldsymbol{A} = \boldsymbol{0}$.

证明 由于 $\boldsymbol{A}^* = -\boldsymbol{A}$, 因此 $(\mathrm{i}\boldsymbol{A})^* = \bar{\mathrm{i}}\boldsymbol{A}^* = -\mathrm{i}(-\boldsymbol{A}) = \mathrm{i}\boldsymbol{A}$. 又由于对一切 $\alpha\in X$ 有

$$((\mathrm{i}\boldsymbol{A})\alpha,\alpha) = \mathrm{i}(\boldsymbol{A}\alpha,\alpha) = 0,$$

因此根据推论 9 得 $\mathrm{i}\boldsymbol{A} = \boldsymbol{0}$, 从而 $\boldsymbol{A} = \boldsymbol{0}$. □

推论 11 设 X 是复数域上的 Hilbert 空间, $\boldsymbol{A}\in\mathscr{B}(X)$. 如果对一切 $\alpha\in X$ 有 $(\boldsymbol{A}\alpha,\alpha) = 0$, 那么 $\boldsymbol{A} = \boldsymbol{0}$.

证明 根据 [25] 下册第 521 页的例 20, $\boldsymbol{A}$ 可以唯一地表示成

$$\boldsymbol{A} = \boldsymbol{A}_1 + \mathrm{i}\boldsymbol{A}_2,\tag{89}$$

其中 $\boldsymbol{A}_1, \boldsymbol{A}_2$ 都是 Hermite 变换. 对任意 $\alpha\in X$ 有

$$0 = (\boldsymbol{A}\alpha,\alpha) = ((\boldsymbol{A}_1+\mathrm{i}\boldsymbol{A}_2)\alpha,\alpha) = (\boldsymbol{A}_1\alpha,\alpha)+\mathrm{i}(\boldsymbol{A}_2\alpha,\alpha),$$

根据命题 16 得 $(\boldsymbol{A}_1\alpha,\alpha), (\boldsymbol{A}_2\alpha,\alpha)$ 都是实数, 因此由上式得 $(\boldsymbol{A}_1\alpha,\alpha) = 0, (\boldsymbol{A}_2\alpha,\alpha) = 0$. 根据推论 9 得 $\boldsymbol{A}_1 = \boldsymbol{0}$, $\boldsymbol{A}_2 = \boldsymbol{0}$. 因此 $\boldsymbol{A} = \boldsymbol{0}$. □

在 [25] 下册第 521 页的例 20 中还指出:

$$\boldsymbol{A}_1=\frac{1}{2}(\boldsymbol{A}+\boldsymbol{A}^*),\quad \boldsymbol{A}_2=\frac{1}{2\,\mathrm{i}}(\boldsymbol{A}-\boldsymbol{A}^*),\tag{90}$$

我们把 $\boldsymbol{A}_1, \boldsymbol{A}_2$ 分别称为 $\boldsymbol{A}$ 的**实部**和**虚部**.

命题 18 设 X 是 Hilbert 空间, $\boldsymbol{A}\in\mathscr{B}(X)$, 则

$$\operatorname{Ker}\boldsymbol{A}=(\operatorname{Im}\boldsymbol{A}^*)^{\perp},\operatorname{Ker}\boldsymbol{A}^*=(\operatorname{Im}\boldsymbol{A})^{\perp}.\tag{91}$$

证明 任取 $\alpha\in\operatorname{Ker}\boldsymbol{A}$, 则 $\boldsymbol{A}\alpha=0$, 从而 $\forall\beta\in X$ 有

$$(\alpha,\boldsymbol{A}^*\beta)=(\boldsymbol{A}\alpha,\beta)=0.$$

于是 $\alpha\in(\operatorname{Im}\boldsymbol{A}^*)^{\perp}$, 从而 $\operatorname{Ker}\boldsymbol{A}\subseteq(\operatorname{Im}\boldsymbol{A}^*)^{\perp}$.

另一方面, 任取 $\alpha\in(\operatorname{Im}\boldsymbol{A}^*)^{\perp}$, 则 $\forall\beta\in X$ 有

$$(\boldsymbol{A}\alpha,\beta)=(\alpha,\boldsymbol{A}^*\beta)=0,$$

从而 $\boldsymbol{A}\alpha=0$, 于是 $\alpha\in\operatorname{Ker}\boldsymbol{A}$, 因此 $(\operatorname{Im}\boldsymbol{A}^*)^{\perp}\subseteq\operatorname{Ker}\boldsymbol{A}$. 从而 $\operatorname{Ker}\boldsymbol{A}=(\operatorname{Im}\boldsymbol{A}^*)^{\perp}$.

由于 $(\boldsymbol{A}^*)^*=\boldsymbol{A}$, 因此 $\operatorname{Ker}\boldsymbol{A}^*=(\operatorname{Im}\boldsymbol{A})^{\perp}$. □

命题 19 设 X 是 Hilbert 空间, $\boldsymbol{A}\in\mathscr{B}(X)$, 则 $\operatorname{Ker}\boldsymbol{A},(\operatorname{Ker}\boldsymbol{A})^{\perp}$ 都是 X 的闭子空间.

证明 由于度量空间一定是 Hausdorff 空间, 因此单点集 $\{0\}$ 是 X 的一个闭集. 由于 $\boldsymbol{A}$ 是 X 到 X 的连续映射, 因此 $\boldsymbol{A}^{-1}(0)$ 是 X 的闭集, 即 $\operatorname{Ker}\boldsymbol{A}$ 是 X 的闭集, 从而 $\operatorname{Ker}\boldsymbol{A}$ 是 X 的闭子空间.

根据本节定理 1 上面的一段, $(\operatorname{Ker}\boldsymbol{A})^{\perp}$ 是 X 的闭子空间. □

注 设 $\boldsymbol{A}\in\mathscr{B}(X)$, 由于 $\operatorname{Im}\boldsymbol{A}^*$ 不一定是闭集, 因此 $(\operatorname{Ker}\boldsymbol{A})^{\perp}\neq\operatorname{Im}\boldsymbol{A}^*$. 由于 $\operatorname{Ker}\boldsymbol{A}$ 是 X 的闭子空间. 因此根据定理 2 得

$$X=\operatorname{Ker}\boldsymbol{A}\oplus(\operatorname{Ker}\boldsymbol{A})^{\perp}.$$

仍根据定理 2 得

$$X=(\overline{\operatorname{Im}\boldsymbol{A}^*})^{\perp}\oplus\overline{\operatorname{Im}\boldsymbol{A}^*}.$$

由命题 18 知

$$\operatorname{Ker}\boldsymbol{A}=(\operatorname{Im}\boldsymbol{A}^*)^{\perp}.$$

因此 $(\operatorname{Ker}\boldsymbol{A})^{\perp}=[(\operatorname{Im}\boldsymbol{A}^*)^{\perp}]^{\perp}$. 于是 $\operatorname{Im}\boldsymbol{A}^*\subseteq[(\operatorname{Im}\boldsymbol{A}^*)^{\perp}]^{\perp}=(\operatorname{Ker}\boldsymbol{A})^{\perp}$. 由于 $(\operatorname{Ker}\boldsymbol{A})^{\perp}$ 是闭子空间, 因此 $\overline{\operatorname{Im}\boldsymbol{A}^*}\subseteq(\operatorname{Ker}\boldsymbol{A})^{\perp}$. 任取 $\beta\in(\operatorname{Ker}\boldsymbol{A})^{\perp}$. 利用上述 X 的两个直和分解式可得 $\beta\in\overline{\operatorname{Im}\boldsymbol{A}^*}$. 因此 $(\operatorname{Ker}\boldsymbol{A})^{\perp}=\overline{\operatorname{Im}\boldsymbol{A}^*}$. 从而 $(\operatorname{Ker}\boldsymbol{A}^*)^{\perp}=\overline{\operatorname{Im}\boldsymbol{A}}$.

9.8 Hilbert 空间上紧线性变换的谱和点谱

定理 13 设 X 是 Hilber 空间, $\boldsymbol{A}\in\mathscr{B}(X)$, 则下列命题等价:

(1) $\boldsymbol{A}$ 是紧线性变换;

(2) $\boldsymbol{A}^*$ 是紧线性变换;

(3) 在 $\mathscr{B}_{00}(X)$ 中存在一个序列 $(\boldsymbol{A}_n)$ 使得 $\|\boldsymbol{A}_n-\boldsymbol{A}\|\to 0$.

证明 (3) $\Rightarrow$ (1). 由于 $\mathscr{B}_{00}(X)\subseteq\mathscr{B}_0(X)$, 因此 (A_n) 是 $\mathscr{B}_0(X)$ 中的一个序列, 根据命题 12, $\mathscr{B}_0(X)$ 是 $\mathscr{B}(X)$ 中的闭集, 于是从 $\|\boldsymbol{A}_n-\boldsymbol{A}\|\to 0$ 得 $\boldsymbol{A}\in\mathscr{B}_0(X)$.

(1) ⇒ (3). 由于 $\boldsymbol{A}$ 是 X 上的紧线性变换, 因此 $\overline{\boldsymbol{A}(B_1)}$ 在 X 中是紧致的, 其中 B_1 是 X 中的闭单位球. 从而根据本章 §2 的定理 1 得, $\overline{\boldsymbol{A}(B_1)}$ 是完全有界的. 于是根据本章 §2 的命题 9 得, $\overline{\boldsymbol{A}(B_1)}$ 是可分的. 令

$$B_n = \{\alpha \in X \big| \|\alpha\| \leqslant n\}, \tag{92}$$

由于 $\boldsymbol{A}$ 是紧线性变换, 因此 $\overline{\boldsymbol{A}(B_n)}$ 在 X 中是紧致的, 同上面的道理, $\overline{\boldsymbol{A}(B_n)}$ 是可分的. 由于 $\overline{\boldsymbol{A}(X)} = \bigcup\limits_{n=1}^{\infty} \overline{\boldsymbol{A}(B_n)}$, 因此 $\overline{\boldsymbol{A}(X)}$ 是可分的, 从而 $\overline{\boldsymbol{A}(X)}$ 是 X 的可分子空间, 根据本章 §2 的命题 7 得, $\overline{\boldsymbol{A}(X)}$ 是完备的, 因此 $\overline{\boldsymbol{A}(X)}$ 成为 Hilbert 空间. 设 W 是 $\overline{\boldsymbol{A}(X)}$ 的一个标准正交基. 任取 $\gamma_1, \gamma_2 \in W$, 则

$$\|\gamma_1 - \gamma_2\|^2 = \|\gamma_1\|^2 + \|\gamma_2\|^2 = 2.$$

因此 $\left\{B\left(\gamma, \dfrac{1}{\sqrt{2}}\right) \middle| \gamma \in W\right\}$ 是 $\overline{\boldsymbol{A}(X)}$ 中两两不交的开球组成的集合. 由于 $\overline{\boldsymbol{A}(X)}$ 是可分的, 因此 $\overline{\boldsymbol{A}(X)}$ 有一个可数的稠密子集, 从而 W 是可数集. 设 $W = \{\gamma_1, \gamma_2, \cdots\}$. 把 X 中所有包含 $\{\gamma_1, \gamma_2, \cdots, \gamma_n\}$ 的闭线性子空间的交记作 W_n, 则 $\dim W_n = n$. 设 $\boldsymbol{P}_n$ 是 X 在 W_n 上的正交投影, 令 $\boldsymbol{A}_n = \boldsymbol{P}_n \boldsymbol{A}$, 则 $\boldsymbol{A}_n(X) = \boldsymbol{P}_n \boldsymbol{A}(X)$. 于是

$$\dim \boldsymbol{A}_n(X) = \dim \boldsymbol{P}_n \boldsymbol{A}(X) \leqslant \dim \boldsymbol{P}_n(X) = \dim W_n = n.$$

从而 $\boldsymbol{A}_n \in \mathscr{B}_{00}(X), n = 1, 2, \cdots$. 想证 $\|\boldsymbol{A}_n - \boldsymbol{A}\| \to 0$. 首先来证: $\|\boldsymbol{A}_n\alpha - \boldsymbol{A}\alpha\| \to 0, \forall \alpha \in X$.

记 $\beta = \boldsymbol{A}\alpha \in \overline{\boldsymbol{A}(X)}$, 则 $\beta = \sum\limits_{m=1}^{\infty} (\beta, \gamma_m)\gamma_m$, 从而 $\boldsymbol{P}_n\beta = \sum\limits_{m=1}^{n} (\beta, \gamma_m)\gamma_m$. 于是当 $n \to \infty$ 时, $\|\boldsymbol{P}_n\beta - \beta\| \to 0$, 即当 $n \to \infty$ 时, $\|\boldsymbol{A}_n\alpha - \boldsymbol{A}\alpha\| \to 0, \forall \alpha \in X$.

由于 $\boldsymbol{A}$ 是紧线性变换, 因此 $\overline{\boldsymbol{A}(B_1)}$ 是完全有界的. 从而任给 $\varepsilon > 0$, 存在 $\alpha_1, \cdots, \alpha_m \in B_1$, 使得

$$\boldsymbol{A}(B_1) \subseteq \bigcup_{j=1}^{m} B\left(\boldsymbol{A}\alpha_j, \frac{\varepsilon}{3}\right). \tag{93}$$

对任意 $\alpha \in B_1$, 选取 α_j 使得 $\|\boldsymbol{A}\alpha - \boldsymbol{A}\alpha_j\| < \dfrac{\varepsilon}{3}$. 于是对任意正整数 n, 有

$$\begin{aligned} \|\boldsymbol{A}\alpha - \boldsymbol{A}_n\alpha\| &\leqslant \|\boldsymbol{A}\alpha - \boldsymbol{A}\alpha_j\| + \|\boldsymbol{A}\alpha_j - \boldsymbol{A}_n\alpha_j\| + \|\boldsymbol{A}_n\alpha_j - \boldsymbol{A}_n\alpha\| \\ &< \frac{\varepsilon}{3} + \|\boldsymbol{A}\alpha_j - \boldsymbol{A}_n\alpha_j\| + \|\boldsymbol{P}_n(\boldsymbol{A}\alpha_j - \boldsymbol{A}\alpha)\| \\ &\leqslant \frac{\varepsilon}{3} + \|\boldsymbol{A}\alpha_j - \boldsymbol{A}_n\alpha_j\| + \|\boldsymbol{A}\alpha_j - \boldsymbol{A}\alpha\| \\ &< \frac{2}{3}\varepsilon + \|\boldsymbol{A}\alpha_j - \boldsymbol{A}_n\alpha_j\|. \end{aligned} \tag{94}$$

由于当 $n \to \infty$ 时, $\|\boldsymbol{A}\alpha - \boldsymbol{A}_n\alpha\| \to 0, \forall \alpha \in X$, 因此存在正整数 N_0, 使得对于 $j = 1, 2, \cdots, m$, 只要 $n \geqslant N_0$ 就有

$$\|\boldsymbol{A}\alpha_j - \boldsymbol{A}_n\alpha_j\| < \frac{\varepsilon}{3}. \tag{95}$$

于是从 (94) 式和 (95) 式得, $\forall \alpha \in B_1$, 当 $n \geqslant N_0$ 时, 有

$$\|\boldsymbol{A}\alpha - \boldsymbol{A}_n\alpha\| < \varepsilon. \tag{96}$$

从而当 $n \geqslant N_0$ 时, 有

$$\|\boldsymbol{A} - \boldsymbol{A}_n\| = \sup\{\|(\boldsymbol{A} - \boldsymbol{A}_n)\alpha\| \alpha \in X, \|\alpha\| = 1\} < \varepsilon. \tag{97}$$

因此当 $n\to\infty$ 时, $\|\boldsymbol{A}-\boldsymbol{A}_n\|\to 0$.

(3) ⇒ (2). 设 $(\boldsymbol{A}_n)$ 是 $\mathscr{B}_{00}(X)$ 中的一个序列, 使得 $\|\boldsymbol{A}_n-\boldsymbol{A}\|\to 0$. 根据命题 13 和命题 15 得

$$\|\boldsymbol{A}_n-\boldsymbol{A}\|=\|(\boldsymbol{A}_n-\boldsymbol{A})^*\|=\|\boldsymbol{A}_n^*-\boldsymbol{A}^*\|. \tag{98}$$

因此 $\|\boldsymbol{A}_n^*-\boldsymbol{A}^*\|\to 0$. 由于 $\boldsymbol{A}_n$ 有有限秩, 因此 $\boldsymbol{A}_n^*$ 也有有限秩. 从而 $\boldsymbol{A}_n^*\in\mathscr{B}_{00}(X)$, 对 $(\boldsymbol{A}_n^*)$ 用 (3) ⇒ (1) 得, $\boldsymbol{A}^*$ 是紧线性变换.

(2) ⇒ (1). 设 $\boldsymbol{A}^*$ 是紧线性变换. 对 $\boldsymbol{A}^*$ 用 (1) ⇒ (3) 得, 在 $\mathscr{B}_{00}(X)$ 中存在一个序列 $(\boldsymbol{A}_n^*)$ 使得 $\|\boldsymbol{A}_n^*-\boldsymbol{A}^*\|\to 0$. 对 $\boldsymbol{A}^*$ 用 (3) ⇒ (2) 得, $(\boldsymbol{A}^*)^*$ 是紧线性变换, 即 $\boldsymbol{A}$ 是紧线性变换. □

从定理 13 的 (1) ⇒ (3) 的证明过程中得到下述结论.

推论 12 设 X 是 Hilbert 空间, 若 $\boldsymbol{A}\in\mathscr{B}_0(X)$, 则 $\overline{\boldsymbol{A}(X)}$ 是可分的, 并且如果 $\{\gamma_1,\gamma_2,\cdots\}$ 是 $\overline{\boldsymbol{A}(X)}$ 的一个标准正交基, 由 $\{\gamma_1,\gamma_2,\cdots,\gamma_n\}$ 生成的闭线性子空间记作 W_n, X 在 W_n 上的正交投影记作 $\boldsymbol{P}_n$, 那么

$$\|\boldsymbol{P}_n\boldsymbol{A}-\boldsymbol{A}\|\to 0.$$ □

现在来研究 Hilbert 空间上的紧线性变换的特征值. Hilbert 空间 X 上线性变换 $\boldsymbol{A}$ 的所有特征值组成的集合记作 $\sigma_p(\boldsymbol{A})$.

命题 20 设 X 是 Hilbert 空间, $\boldsymbol{A}\in\mathscr{B}_0(X),\lambda\in\sigma_P(\boldsymbol{A})$ 且 $\lambda\neq 0$, 则 $\boldsymbol{A}$ 的属于 λ 的特征子空间 $\operatorname{Ker}(\boldsymbol{A}-\lambda\boldsymbol{I})$ 是有限维的.

证明 假设 $\operatorname{Ker}(\boldsymbol{A}-\lambda\boldsymbol{I})$ 是无限维的, 则在 $\operatorname{Ker}(\boldsymbol{A}-\lambda\boldsymbol{I})$ 中有一个无限的正交规范序列 (γ_n). 由于 $\boldsymbol{A}$ 是紧线性变换, 因此 $\overline{\boldsymbol{A}(B_1)}$ 在 X 中是紧致的. 由于 $(\boldsymbol{A}\gamma_n)$ 是 $\overline{\boldsymbol{A}(B_1)}$ 中的一个序列, 因此根据命题 8 得, $(\boldsymbol{A}\gamma_n)$ 在 $\overline{\boldsymbol{A}(B_1)}$ 中有一个聚点. 于是根据推论 7 得, 序列 (γ_n) 有一个子序列 (γ_{n_k}) 使得 $(\boldsymbol{A}\gamma_{n_k})$ 在 $\overline{\boldsymbol{A}(B_1)}$ 中收敛. 从而 $(\boldsymbol{A}\gamma_{n_k})$ 是一个 Cauchy 序列. 但是对于 $n_k\neq n_j$, 由于 $\lambda\neq 0$, 因此

$$\begin{aligned}\|\boldsymbol{A}\gamma_{n_k}-\boldsymbol{A}\gamma_{n_j}\|^2&=\|\lambda\gamma_{n_k}-\lambda\gamma_{n_j}\|^2=|\lambda|^2(\|\gamma_{n_k}\|^2+\|\gamma_{n_j}\|^2)\\&=2|\lambda|^2>0.\end{aligned}$$

这个矛盾说明 $\operatorname{Ker}(\boldsymbol{A}-\lambda\boldsymbol{I})$ 一定是有限维的. □

引理 2 设 $\boldsymbol{A}$ 是 Hilbert 空间 X 上的紧线性变换, $\lambda\neq 0$, 如果 $\inf\{\|(\boldsymbol{A}-\lambda\boldsymbol{I})\alpha\|\,|\,\|\alpha\|=1\}=0$, 那么 $\lambda\in\sigma_p(\boldsymbol{A})$.

证明 由于 $\inf\{\|\boldsymbol{A}-\lambda\boldsymbol{I})\alpha\|\,|\,\|\alpha\|=1\}=0$, 因此存在一个由单位向量组成的序列 (α_n) 使得 $\|(\boldsymbol{A}-\lambda\boldsymbol{I})\alpha_n\|\to 0$. 由于 $\boldsymbol{A}$ 是紧线性变换, 因此用与命题 20 的证明中同样的论述可得, 序列 (α_n) 有一个子序列 (α_{n_k}) 使得 $(\boldsymbol{A}\alpha_{n_k})$ 收敛. 设 $(\boldsymbol{A}\alpha_{n_k})$ 收敛于 $\beta\in X$, 结合 $\|(\boldsymbol{A}-\lambda\boldsymbol{I})\alpha_n\|\to 0$ 得

$$\alpha_{n_k}=\lambda^{-1}[(\lambda\boldsymbol{I}-\boldsymbol{A})\alpha_{n_k}+\boldsymbol{A}\alpha_{n_k}]\to\lambda^{-1}\beta, \tag{99}$$

于是 $\|\lambda^{-1}\beta\|=\lim\limits_{k\to\infty}\|\alpha_{n_k}\|=1$, 从而 $1=\|\lambda^{-1}\beta\|=|\lambda|^{-1}\|\beta\|$, 因此 $\beta\neq 0$. 由于 $\boldsymbol{A}$ 是连续变换, 因此从 (99) 式得, $\boldsymbol{A}\alpha_{n_k}\to\lambda^{-1}\boldsymbol{A}\beta$. 又由于 $\boldsymbol{A}\alpha_{n_k}\to\beta$, 因此 $\lambda^{-1}\boldsymbol{A}\beta=\beta$, 即 $\boldsymbol{A}\beta=\lambda\beta$. 由于 $\beta\neq 0$, 因此 $\lambda\in\sigma_p(\boldsymbol{A})$. □

推论 13 设 $\boldsymbol{A}$ 是 Hilbert 空间 X 上的紧线性变换, $\lambda\neq 0,\lambda\notin\sigma_p(\boldsymbol{A})$, 且

$\bar{\lambda} \notin \sigma_p(\boldsymbol{A}^*)$, 则 $\operatorname{Im}(\boldsymbol{A}-\lambda\boldsymbol{I})=X$, 从而 $\boldsymbol{A}-\lambda\boldsymbol{I}$ 可逆, 且 $(\boldsymbol{A}-\lambda\boldsymbol{I})^{-1}$ 是有界线性变换.

证明 由于 $\lambda \notin \sigma_p(\boldsymbol{A})$, 因此由引理 2 得, 存在一个常数 $c>0$ 使得 $\|(\boldsymbol{A}-\lambda\boldsymbol{I})\alpha\| \geqslant c\|\alpha\|, \forall \alpha \in X$. 设 $\beta \in \overline{\operatorname{Im}(\boldsymbol{A}-\lambda\boldsymbol{I})}$, 则根据命题 4 得, X 中存在一个序列 (α_n), 使得 $(\boldsymbol{A}-\lambda\boldsymbol{I})\alpha_n \to \beta$. 于是由于

$$\begin{aligned}\|\alpha_n-\alpha_m\| &\leqslant c^{-1}\|(\boldsymbol{A}-\lambda\boldsymbol{I})(\alpha_n-\alpha_m)\| \\ &= c^{-1}\|(\boldsymbol{A}-\lambda\boldsymbol{I})\alpha_n-(\boldsymbol{A}-\lambda\boldsymbol{I})\alpha_m\|,\end{aligned}$$

因此 (α_n) 是一个 Cauchy 序列, 从而对某个 $\gamma \in X$, $\alpha_n \to \gamma$. 由于 $\boldsymbol{A}-\lambda\boldsymbol{I}$ 是连续变换, 因此

$$(\boldsymbol{A}-\lambda\boldsymbol{I})\alpha_n \to (\boldsymbol{A}-\lambda\boldsymbol{I})\gamma.$$

又由于 $(\boldsymbol{A}-\lambda\boldsymbol{I})\alpha_n \to \beta$, 因此 $(\boldsymbol{A}-\lambda\boldsymbol{I})\gamma=\beta$. 从而 $\beta \in \operatorname{Im}(\boldsymbol{A}-\lambda\boldsymbol{I})$. 于是 $\overline{\operatorname{Im}(\boldsymbol{A}-\lambda\boldsymbol{I})}=\operatorname{Im}(\boldsymbol{A}-\lambda\boldsymbol{I})$. 这证明了 $\operatorname{Im}(\boldsymbol{A}-\lambda\boldsymbol{I})$ 是闭集. 由于 $\bar{\lambda} \notin \sigma_p(\boldsymbol{A}^*)$, 因此 $\operatorname{Ker}(\boldsymbol{A}^*-\bar{\lambda}\boldsymbol{I})=0$. 从而 $[\operatorname{Ker}(\boldsymbol{A}^*-\bar{\lambda}\boldsymbol{I})]^{\perp}=X$. 由于 $\boldsymbol{A}^*-\bar{\lambda}\boldsymbol{I}=(\boldsymbol{A}-\lambda\boldsymbol{I})^*$, 因此

$$\operatorname{Im}(\boldsymbol{A}-\lambda\boldsymbol{I})=\overline{\operatorname{Im}(\boldsymbol{A}-\lambda\boldsymbol{I})}=[\operatorname{Ker}(\boldsymbol{A}-\lambda\boldsymbol{I})^*]^{\perp}=X.$$

由于 $\lambda \notin \sigma_p(\boldsymbol{A})$, 因此 $\operatorname{Ker}(\boldsymbol{A}-\lambda\boldsymbol{I})=0$, 从而 $\boldsymbol{A}-\lambda\boldsymbol{I}$ 是单射. 又由于 $\operatorname{Im}(\boldsymbol{A}-\lambda\boldsymbol{I})=X$, 因此 $\boldsymbol{A}-\lambda\boldsymbol{I}$ 是满射, 从而 $\boldsymbol{A}-\lambda\boldsymbol{I}$ 是双射, 于是 $\boldsymbol{A}-\lambda\boldsymbol{I}$ 可逆. 任给 $\beta \in X$, 存在唯一的 $\gamma \in X$ 使得 $(\boldsymbol{A}-\lambda\boldsymbol{I})\gamma=\beta$. 于是 $\gamma=(\boldsymbol{A}-\lambda\boldsymbol{I})^{-1}\beta$. 根据第一段开始的不等式得

$$c\|(\boldsymbol{A}-\lambda\boldsymbol{I})^{-1}\beta\| \leqslant \|(\boldsymbol{A}-\lambda\boldsymbol{I})(\boldsymbol{A}-\lambda\boldsymbol{I})^{-1}\beta\|=\|\beta\|.$$

于是 $\|(\boldsymbol{A}-\lambda\boldsymbol{I})^{-1}\beta\| \leqslant c^{-1}\|\beta\|$. 从而

$$\|(\boldsymbol{A}-\lambda\boldsymbol{I})^{-1}\|=\sup\left\{\frac{\|(\boldsymbol{A}-\lambda\boldsymbol{I})^{-1}\beta\|}{\|\beta\|}\,\middle|\, \beta \in X, \beta \neq 0\right\} \leqslant c^{-1}.$$

因此 $(\boldsymbol{A}-\lambda\boldsymbol{I})^{-1}$ 是有界线性变换. □

由于 $\lambda \notin \sigma_p(\boldsymbol{A})$ 当且仅当 $\operatorname{Ker}(\boldsymbol{A}-\lambda\boldsymbol{I})=0$, 因此从推论 13 的证明的第一段立即得到如下推论.

推论 14 设 $\boldsymbol{A}$ 是 Hilberb 空间 X 上的紧线性变换, $\lambda \neq 0$. 若 $\operatorname{Ker}(\boldsymbol{A}-\lambda\boldsymbol{I})=0$, 则 $\operatorname{Im}(\boldsymbol{A}-\lambda\boldsymbol{I})$ 是闭集. □

设 $\boldsymbol{A}$ 是 Hilbert 空间 X 上的一个有界线性变换, 根据定义 11, $\boldsymbol{A}$ 的谱 $\sigma(\boldsymbol{A})$ 是

$$\sigma(\boldsymbol{A})=\{\lambda \in \boldsymbol{F} \mid \boldsymbol{A}-\lambda\boldsymbol{I} \text{ 不可逆}\}. \tag{100}$$

显然, $\sigma_p(\boldsymbol{A}) \subseteq \sigma(\boldsymbol{A})$. 现在我们来研究无限维 Hilbert 空间 X 上的紧线性变换 $\boldsymbol{A}$ 的谱 $\sigma(\boldsymbol{A})$ 是什么样子.

从推论 13 立即得到如下推论.

推论 15 设 $\boldsymbol{A}$ 是 Hilbert 空间 X 上的紧线性变换, $\lambda \neq 0$, 若 $\lambda \in \sigma(\boldsymbol{A})$, 则 $\lambda \in \sigma_p(\boldsymbol{A})$ 或 $\bar{\lambda} \in \sigma_p(\boldsymbol{A}^*)$. □

命题 21 设 $\boldsymbol{A}$ 是无限维 Hilbert 空间 X 上的紧线性变换, 则 $\boldsymbol{A}$ 不可逆.

证明 假如 $\boldsymbol{A}$ 可逆, 由于 $\boldsymbol{A}$ 是有界的, 因此根据定理 8 得, $\boldsymbol{A}^{-1}$ 也是有界的. 任给 $\alpha \in X$, 记 $\boldsymbol{A}\alpha = \beta$, 由于

$$\|\boldsymbol{A}^{-1}\beta\| \leqslant \|\boldsymbol{A}^{-1}\|\,\|\beta\|,$$

因此 $\|\alpha\| \leqslant \|\boldsymbol{A}^{-1}\|\,\|\boldsymbol{A}\alpha\|$. 由于 $\boldsymbol{A}^{-1}$ 有界, 因此

$$\|\boldsymbol{A}\alpha\| \geqslant \|\boldsymbol{A}^{-1}\|^{-1}\|\alpha\|, \quad \forall \alpha \in X. \tag{101}$$

由于 X 是无限维的, 因此可以取 X 的一个正交规范集 $\{\alpha_n | n = 1, 2, \cdots\}$, 于是

$$\begin{aligned}\|\boldsymbol{A}\alpha_n - \boldsymbol{A}\alpha_m\| &= \|\boldsymbol{A}(\alpha_n - \alpha_m)\| \geqslant \|\boldsymbol{A}^{-1}\|^{-1}\|\alpha_n - \alpha_m\| \\ &= \|\boldsymbol{A}^{-1}\|^{-1}\sqrt{\|\alpha_n\|^2 + \|\alpha_m\|^2} = \sqrt{2}\|\boldsymbol{A}^{-1}\|^{-1}.\end{aligned}$$

从而 $(\boldsymbol{A}\alpha_n)$ 不收敛. 由于 $\boldsymbol{A}\alpha_n \in \overline{\boldsymbol{A}(B_1)}$, 因此根据命题 8 得, $\overline{\boldsymbol{A}(B_1)}$ 不是紧致的, 这与 $\boldsymbol{A}$ 是紧线性变换矛盾. 所以 $\boldsymbol{A}$ 不可逆. □

命题 22 设 $\boldsymbol{A}$ 是 Hilbert 空间 X 上的有界线性变换, 则 $\lambda \in \sigma(\boldsymbol{A})$ 当且仅当 $\bar{\lambda} \in \sigma(\boldsymbol{A}^*)$.

证明 由于 $\boldsymbol{A}$ 是有界线性变换, 因此 $\boldsymbol{A}$ 是连续的, 从而 $\boldsymbol{A} - \lambda\boldsymbol{I}$ 也是连续的, 于是 $\boldsymbol{A} - \lambda\boldsymbol{I}$ 是有界的. 若 $\boldsymbol{A} - \lambda\boldsymbol{I}$ 可逆, 则根据命题 14 得, $(\boldsymbol{A} - \lambda\boldsymbol{I})^*$ 也是可逆的, 即 $\boldsymbol{A}^* - \bar{\lambda}\boldsymbol{I}$ 是可逆的. 因此

$$\boldsymbol{A} - \lambda\boldsymbol{I}\ \text{可逆} \implies \boldsymbol{A}^* - \bar{\lambda}\boldsymbol{I}\ \text{可逆}.$$

由于 $\boldsymbol{A}^*$ 也是有界的, 因此对 $\boldsymbol{A}^*$ 用上述结论, 便可得出

$$\boldsymbol{A}^* - \bar{\lambda}\boldsymbol{I}\ \text{可逆} \implies (\boldsymbol{A}^*)^* - \overline{(\bar{\lambda})}\boldsymbol{I}\ \text{可逆},$$

综合起来便得出

$$\boldsymbol{A} - \lambda\boldsymbol{I}\ \text{可逆} \iff \boldsymbol{A}^* - \bar{\lambda}\boldsymbol{I}\ \text{可逆},$$

于是

$$\lambda \notin \sigma(\boldsymbol{A}) \iff \boldsymbol{A} - \lambda\boldsymbol{I}\ \text{可逆} \iff \boldsymbol{A}^* - \bar{\lambda}\boldsymbol{I}\ \text{可逆} \iff \bar{\lambda} \notin \sigma(\boldsymbol{A}^*).\ \text{从而}$$

从而

$$\lambda \in \sigma(\boldsymbol{A}) \iff \bar{\lambda} \in \sigma(\boldsymbol{A}^*).$$ □

引理 3 设 X 是 Hilbert 空间, U 和 W 是 X 的闭子空间, 设 $U \subsetneqq W$, 则对任给 $\varepsilon > 0$, 存在 $\beta \in W$ 使得 $\|\beta\| = 1$, 且 $\operatorname{dist}(\beta, U) \geqslant 1 - \varepsilon$, 其中

$$\operatorname{dist}(\beta, U) := \inf\{\|\beta - \alpha\| \,|\, \alpha \in U\}. \tag{102}$$

证明 对于每个 $\beta \in W$, 记 $\delta(\beta) = \operatorname{dist}(\beta, U)$. 若 $\beta_1 \in W \backslash U$, 则对于 $\varepsilon > 0$, 存在 $\alpha_0 \in U$ 使得

$$\delta(\beta_1) \leqslant \|\beta_1 - \alpha_0\| \leqslant (1+\varepsilon)\delta(\beta_1).$$

设 $\beta_2 = \beta_1 - \alpha_0$, 则

$$\begin{aligned}(1+\varepsilon)\delta(\beta_2) &= (1+\varepsilon)\inf\{\|\beta_2 - \alpha\| \,|\, \alpha \in U\} \\ &= (1+\varepsilon)\inf\{\|\beta_1 - \alpha_0 - \alpha\| \,|\, \alpha \in U\} \\ &= (1+\varepsilon)\delta(\beta_1).\end{aligned}$$

于是 $(1+\varepsilon)\delta(\beta_2) \geqslant \|\beta_1 - \alpha_0\| = \|\beta_2\|$. 设 $\beta = \|\beta_2\|^{-1}\beta_2$, 则 $\|\beta\| = 1, \beta \in W$, 且若 $\alpha \in U$, 则

$$\begin{aligned}\|\beta - \alpha\| &= \|\|\beta_2\|^{-1}\beta_2 - \alpha\| = \|\beta_2\|^{-1}\|\beta_2 - \|\beta_2\|\alpha\| \\ &> [(1+\varepsilon)\delta(\beta_2)]^{-1}\|\beta_2 - \|\beta_2\|\alpha\|\end{aligned}$$

$$\geqslant [(1+\varepsilon)\delta(\beta_2)]^{-1}\delta(\beta_2)$$
$$= (1+\varepsilon)^{-1} > 1-\varepsilon,$$

从而 $\text{dist}\,(\beta, U) \geqslant 1-\varepsilon$. □

引理 4 设 $\boldsymbol{A}$ 是 Hilbert 空间 X 上的紧线性变换, (λ_n) 是 $\sigma_p(\boldsymbol{A})$ 里的不同元素的一个序列, 则 $\lim\limits_{n\to\infty}\lambda_n = 0$.

证明 对于每个正整数 n, 设 α_n 是 $\boldsymbol{A}$ 的属于特征值 λ_n 的一个特征向量. $\alpha_1, \alpha_2, \cdots, \alpha_n$ 生成的闭线性子空间记作 W_n. 由于 $\lambda_1, \lambda_2, \cdots, \lambda_n$ 两两不等, 因此 $\alpha_1, \alpha_2, \cdots, \alpha_n$ 线性无关, 从而 $\dim W_n = n$. 于是 $W_n \subsetneqq W_{n+1}$. 根据引理 3, 存在一个向量 $\beta_n \in W_n$ 使得 $\|\beta_n\| = 1$ 且 $\text{dist}\,(\beta_n, W_{n-1}) > \dfrac{1}{2}$. 设 $\beta_n = b_1\alpha_1 + b_2\alpha_2 + \cdots + b_n\alpha_n$, 则

$$(\boldsymbol{A} - \lambda_n \boldsymbol{I})\beta_n = b_1(\lambda_1 - \lambda_n)\alpha_1 + \cdots + b_{n-1}(\lambda_{n-1} - \lambda_n)\alpha_{n-1} \in W_{n-1}.$$

于是若 $n > m$, 则

$$\begin{aligned}\boldsymbol{A}(\lambda_n^{-1}\beta_n) - \boldsymbol{A}(\lambda_m^{-1}\beta_m) &= \lambda_m^{-1}(\boldsymbol{A} - \lambda_n \boldsymbol{I})\beta_n - \lambda_m^{-1}(\boldsymbol{A} - \lambda_m \boldsymbol{I})\beta_m + \beta_n - \beta_m \\ &= \beta_n - [\beta_m + \lambda_m^{-1}(\boldsymbol{A} - \lambda_m \boldsymbol{I})\beta_m - \lambda_n^{-1}(\boldsymbol{A} - \lambda_n \boldsymbol{I})\beta_n]. \end{aligned} \tag{103}$$

(103) 式右端括号里的表达式是 W_{n-1} 中的向量, 因此

$$\|\boldsymbol{A}(\lambda_m^{-1}\beta_n) - \boldsymbol{A}(\lambda_m^{-1}\beta_m)\| \geqslant \text{dist}\,(\beta_n, W_{n-1}) > \frac{1}{2}. \tag{104}$$

从而序列 $(\boldsymbol{A}(\lambda_n^{-1}\beta_n))$ 不可能有收敛的子序列. 但是 $\boldsymbol{A}$ 是紧线性变换, 因此如果 S 是 X 的任一有界子集, 那么 $\overline{\boldsymbol{A}(S)}$ 是紧致的. 从而根据命题 8 得, $\overline{\boldsymbol{A}(S)}$ 中每一个序列在 $\overline{\boldsymbol{A}(S)}$ 中有一个聚点. 再根据推论 7 得, $\overline{\boldsymbol{A}(S)}$ 中每一个序列有一个收敛的子序列; 这表明序列 $(\lambda_n^{-1}\beta_n)$ 不是有界的: 由于 $\|\beta_n\| = 1, \forall n \in \mathbb{N}^*$, 因此

$$\|\lambda_n^{-1}\beta_n\| = |\lambda_n^{-1}| \to \infty,$$

从而 $\lim \lambda_n = 0$. □

命题 23 设 $\boldsymbol{A}$ 是 Hilbert 空间 X 上的紧线性变换, 如果 $\lambda \in \sigma(\boldsymbol{A})$ 且 $\lambda \neq 0$, 那么 λ 是 $\sigma(\boldsymbol{A})$ 的一个孤立点 (即 λ 不是 $\sigma(\boldsymbol{A})$ 的聚点).

证明 假如 λ 是 $\sigma(\boldsymbol{A})$ 的一个聚点, 则根据推论 7 得, $\sigma(\boldsymbol{A})$ 中有一个序列 (λ_n) 使得 $\lambda_n \to \lambda$. 由于 $\lambda \neq 0$, 因此可设每个 $\lambda_n \neq 0$. 从而根据推论 15 得 $\lambda_n \in \sigma_p(\boldsymbol{A})$ 或 $\overline{\lambda_n} \in \sigma_p(\boldsymbol{A}^*)$. 于是或者有一个子序列 (λ_{n_k}) 被包含在 $\sigma_p(\boldsymbol{A})$ 里, 或者有序列 $(\overline{\lambda_n})$ 的一个子序列 $(\bar{\lambda}_{n_k})$ 被包含在 $\sigma_p(\boldsymbol{A}^*)$ 里. 若 $(\lambda_{n_k}) \subseteq \sigma_p(\boldsymbol{A})$, 则根据引理 4 得 $\lambda_{n_k} \to 0$. 这与 $\lambda_n \to \lambda$ 矛盾. 若 $(\bar{\lambda}_{n_k}) \subseteq \sigma_p(\boldsymbol{A}^*)$, 由于 $\boldsymbol{A}^*$ 也是紧线性变换, 且由 $\lambda_n \to \lambda$ 可得 $\bar{\lambda}_n \to \bar{\lambda}$, 因此对 $\boldsymbol{A}^*$ 用引理 4 得 $\bar{\lambda}_{n_k} \to 0$, 矛盾. 这表明 λ 必定是 $\sigma(\boldsymbol{A})$ 的一个孤立点. □

命题 24 设 $\boldsymbol{A}$ 是 Hilbort 空间 X 上的紧线性变换, $\lambda \neq 0$, 如果 $\text{Ker}\,(\boldsymbol{A} - \lambda \boldsymbol{I}) = 0$, 那么 $\text{Im}\,(\boldsymbol{A} - \lambda \boldsymbol{I}) = X$.

证明 假如 $\text{Im}\,(\boldsymbol{A} - \lambda \boldsymbol{I}) \neq X$, 则记 $X_1 = \text{Im}\,(\boldsymbol{A} - \lambda \boldsymbol{I})$, 记 $X_0 = X$, 于是 $X_0 \supsetneqq X_1$. 令

$$X_k = (\boldsymbol{A} - \lambda \boldsymbol{I})X_{k-1}, \quad k = 1, 2, \cdots.$$

由于 $\operatorname{Ker}(\boldsymbol{A}-\lambda\boldsymbol{I})=0$, 因此根据推论 14 得, $X_k(k=0,1,2,\cdots)$ 都是闭集, 且 $\boldsymbol{A}-\lambda\boldsymbol{I}$ 是单射. 从而

$$(\boldsymbol{A}-\lambda\boldsymbol{I})X_0 \supsetneqq (\boldsymbol{A}-\lambda\boldsymbol{I})X_1,$$

即 $X_1 \supsetneqq X_2$. 依次类推, 有

$$X_0 \supsetneqq X_1 \supsetneqq X_2 \supsetneqq \cdots . \tag{105}$$

任意给定 $m\in\boldsymbol{N}$, 由于 $X_m \supsetneqq X_{m+1}$, 因此根据引理 3, 存在 $\beta_m\in X_m$ 使得 $\|\beta_m\|=1$ 且 $\operatorname{dist}(\beta_m, X_m)>\dfrac{1}{2}$, 若 $n>m$, 则类似于 (103) 式的推导可得

$$\boldsymbol{A}(\lambda^{-1}\beta_m)-\boldsymbol{A}(\lambda^{-1}\beta_n)=\beta_m-[\beta_n+\lambda^{-1}(\boldsymbol{A}-\lambda\boldsymbol{I})\beta_n-\lambda^{-1}(\boldsymbol{A}-\lambda\boldsymbol{I})\beta_m].$$

由于 $n\geqslant m+1$, 因此 $X_n\subseteq X_{m+1}$, 从而 $\beta_n+\lambda^{-1}(\boldsymbol{A}-\lambda\boldsymbol{I})\beta_n-\lambda^{-1}(\boldsymbol{A}-\lambda\boldsymbol{I})\beta_m\in X_{m+1}$. 于是

$$\|\boldsymbol{A}(\lambda^{-1}\beta_m)-\boldsymbol{A}(\lambda^{-1}\beta_n)\|\geqslant \operatorname{dist}(\beta_m, X_{m+1})>\frac{1}{2}.$$

从而序列 $(\boldsymbol{A}(\lambda^{-1}\beta_n))$ 不可能有收敛的子序列. 由于 $\boldsymbol{A}$ 是紧线性变换, 因此与引理 4 的证明的最后一段同样的议论得出序列 $(\lambda^{-1}\beta_n)$ 不是有界的. 但是 $\|\lambda^{-1}\beta_n\|=|\lambda^{-1}|, \forall n\in\boldsymbol{N}$, 这个矛盾表明应当有 $\operatorname{Im}(\boldsymbol{A}-\lambda\boldsymbol{I})=X$, 其中 $\lambda\neq 0$. □

命题 24 表明, 对于 Hilbert 空间 X 上的紧线性变换 $\boldsymbol{A}, \lambda\neq 0$, 只要 $\lambda\notin\sigma_p(\boldsymbol{A})$, 就有 $\operatorname{Im}(\boldsymbol{A}-\lambda\boldsymbol{I})=X$. 因此推论 13 可以改写成如下推论.

推论 16 设 $\boldsymbol{A}$ 是 Hilbert 空间 X 上的紧线性变换, $\lambda\neq 0$, 若 $\lambda\notin\sigma_p(\boldsymbol{A})$, 则 $\operatorname{Im}(\boldsymbol{A}-\lambda\boldsymbol{I})=X$, 从而 $\boldsymbol{A}-\lambda\boldsymbol{I}$ 可逆, 且 $(\boldsymbol{A}-\lambda\boldsymbol{I})^{-1}$ 是有界线性变换.

利用推论 16, 可以把推论 15 的结论加强成如下推论.

推论 17 设 $\boldsymbol{A}$ 是 Hilbert 空间 X 上的紧线性变换, $\lambda\neq 0$, 若 $\lambda\in\sigma(\boldsymbol{A})$, 则 $\lambda\in\sigma_p(\boldsymbol{A})$. □

把推论 17 与命题 22 结合起来可得到如下推论.

推论 18 设 $\boldsymbol{A}$ 是 Hilbert 空间 X 上的紧线性变换, $\lambda\neq 0$, 则 $\lambda\in\sigma_p(A)$ 当且仅当 $\bar{\lambda}\in\sigma_p(\boldsymbol{A}^*)$.

证明 设 $\lambda\in\sigma_p(\boldsymbol{A})$, 则 $\lambda\in\sigma(\boldsymbol{A})$. 根据命题 22 得 $\bar{\lambda}\in\sigma(\boldsymbol{A}^*)$. 由于 $\boldsymbol{A}^*$ 也是紧线性变换, 因此根据推论 17 得 $\bar{\lambda}\in\sigma_p(\boldsymbol{A}^*)$.

设 $\bar{\lambda}\in\sigma_p(\boldsymbol{A}^*)$, 对 $\boldsymbol{A}^*$ 用刚刚证得的结论得, $\overline{(\bar{\lambda})}\in\sigma_p((A^*)^*)$, 即 $\lambda\in\sigma_p(\boldsymbol{A})$. □

现在我们可以对无限维 Hilbert 空间上的紧线性变换的谱是什么样子的问题给予完整的解决.

定理 14 (F.Riesz) 设 $\boldsymbol{A}$ 是无限维 Hilbert 空间 X 上的紧线性变换, 则只有下列三种可能的情形:

(1) $\sigma(\boldsymbol{A})=\{0\}$;

(2) $\sigma(\boldsymbol{A})=\{0,\lambda_1,\cdots,\lambda_n\}$, 其中 $\lambda_k\neq 0, 1\leqslant k\leqslant n$, 每个 λ_k 是 $\boldsymbol{A}$ 的特征值, 且 $\dim\operatorname{Ker}(\boldsymbol{A}-\lambda_k\boldsymbol{I})<\infty$;

(3) $\sigma(\boldsymbol{A})=\{0,\lambda_1,\lambda_2,\cdots\}$, 其中对每个 $k\geqslant 1, \lambda_k$ 是 $\boldsymbol{A}$ 的特征值, $\dim\operatorname{Ker}(\boldsymbol{A}-\lambda_k\boldsymbol{I})<\infty$, 且 $\lim\lambda_k=0$.

证明 由于 $\boldsymbol{A}$ 是无限维 Hilbert 空间 X 上的紧线性变换, 因此根据命题 21 得, $\boldsymbol{A}$ 不可逆, 从而 0 是 $\boldsymbol{A}$ 的一个特征值, 于是 $0 \in \sigma(\boldsymbol{A})$. 根据推论 17, 若 $\lambda \neq 0$ 且 $\lambda \in \sigma(\boldsymbol{A})$, 则 $\lambda \in \sigma_p(\boldsymbol{A})$, 即 λ 是 $\boldsymbol{A}$ 的特征值. 因此 $\sigma(\boldsymbol{A})$ 中的非零数 λ 都是 $\boldsymbol{A}$ 的特征值, 并且根据命题 20, $\dim \mathrm{Ker}\,(\boldsymbol{A} - \lambda \boldsymbol{I}) < \infty$.

如果 $\sigma(\boldsymbol{A})$ 是有限集, 那么 $\sigma(\boldsymbol{A})$ 为情形 (1) 或情形 (2). 如果 $\sigma(\boldsymbol{A})$ 为无限集, 那么根据命题 23, $\sigma(\boldsymbol{A})$ 中的非零数都是孤立点, 即 $\sigma(\boldsymbol{A})\backslash\{0\}$ 只有孤立点, 由此可推出 $\sigma(\boldsymbol{A})\backslash\{0\}$ 是可数集. 于是 $\sigma(\boldsymbol{A}) = \{0, \lambda_1, \lambda_2, \cdots\}$. 由于 (λ_k) 是 $\sigma_p(\boldsymbol{A})$ 里不同元素的一个序列, 因此根据引理 4 得 $\lim \lambda_k = 0$. □

定理 15 设 $\boldsymbol{A}$ 是 Hilbert 空间 X 上的紧线性变换, 若 $\lambda \in \mathbb{C}$ 且 $\lambda \neq 0$, 则 $\mathrm{Im}\,(\boldsymbol{A} - \lambda \boldsymbol{I})$ 是闭集, 并且

$$\dim \mathrm{Ker}\,(\boldsymbol{A} - \lambda \boldsymbol{I}) = \dim \mathrm{Ker}\,(\boldsymbol{A}^* - \bar{\lambda} \boldsymbol{I}) < \infty. \tag{106}$$

证明 若 $\lambda \notin \sigma(\boldsymbol{A})$, 则 $\boldsymbol{A} - \lambda \boldsymbol{I}$ 可逆, 从而 $\mathrm{Ker}\,(\boldsymbol{A} - \lambda \boldsymbol{I}) = 0$. 于是根据推论 14 得, $\mathrm{Im}\,(\boldsymbol{A} - \lambda \boldsymbol{I})$ 是闭集. 根据命题 22 得 $\bar{\lambda} \notin \sigma(\boldsymbol{A}^*)$, 同理有 $\mathrm{Ker}\,(\boldsymbol{A}^* - \bar{\lambda} \boldsymbol{I}) = 0$. 因此 $\mathrm{Ker}\,(\boldsymbol{A} - \lambda \boldsymbol{I}) = \mathrm{Ker}\,(\boldsymbol{A}^* - \bar{\lambda} \boldsymbol{I}) = 0$.

下面设 $\lambda \in \sigma(\boldsymbol{A})$. 根据推论 17, $\lambda \in \sigma_p(\boldsymbol{A})$. 根据命题 20, $\mathrm{Ker}\,(\boldsymbol{A} - \lambda \boldsymbol{I})$ 是有限维的. 由于 $\bar{\lambda} \in \sigma(\boldsymbol{A}^*)$, 且 $\boldsymbol{A}^*$ 也是紧线性变换, 因此同理有 $\mathrm{Ker}\,(\boldsymbol{A}^* - \bar{\lambda} \boldsymbol{I})$ 是有限维的. 关于 $\mathrm{Im}\,(\boldsymbol{A} - \lambda \boldsymbol{I})$ 是闭集, 以及 $\dim \mathrm{Ker}\,(\boldsymbol{A} - \lambda \boldsymbol{I}) = \dim \mathrm{Ker}\,(\boldsymbol{A}^* - \bar{\lambda} \boldsymbol{I})$ 的证明可看 [15] 第 217 页的第 3—16 行. □

9.9 Hilbert 空间上紧自伴随变换的谱定理

在 [25] 下册的第 526 页的例 36 中, 我们给出了 n 维酉空间 V 上的正规变换 $\boldsymbol{A}$ 的刻画. 现在我们将对无限维 Hilbert 空间 X 上的紧自伴随变换 $\boldsymbol{A}$ 给出类似的刻画.

引理 5 设 $\boldsymbol{A}$ 是 Hilbert 空间 X 上的紧自伴随变换, 则 $\|\boldsymbol{A}\|$ 和 $-\|\boldsymbol{A}\|$ 中的一个值是 $\boldsymbol{A}$ 的特征值.

证明 若 $\boldsymbol{A} = \boldsymbol{0}$, 则结论显然成立. 下面设 $\boldsymbol{A} \neq \boldsymbol{0}$. 由于 $\boldsymbol{A} = \boldsymbol{A}^*$, 因此根据命题 17 得, $\|\boldsymbol{A}\| = \sup\{|(\boldsymbol{A}\alpha, \alpha)| \mid \|\alpha\| = 1\}$. 从而存在由单位向量组成的序列 (α_n) 使得 $|(\boldsymbol{A}\alpha_n, \alpha_n)| \to \|\boldsymbol{A}\|$, 如果必要的话, 可以取 (α_n) 的一个收敛的子序列, 从而不妨设 $(\boldsymbol{A}\alpha_n, \alpha_n) \to \lambda$, 其中 $|\lambda| = \|\boldsymbol{A}\|$. 我们来证明 $\lambda \in \sigma_p(\boldsymbol{A})$. 由于 $|\lambda| = \|\boldsymbol{A}\|$, 因此

$$\begin{aligned} 0 &\leqslant \|(\boldsymbol{A} - \lambda \boldsymbol{I})\alpha_n\|^2 = \|\boldsymbol{A}\alpha_n\|^2 - 2\lambda(\boldsymbol{A}\alpha_n, \alpha_n) + \lambda^2\|\alpha_n\|^2 \\ &\leqslant \|\boldsymbol{A}\|^2\|\alpha_n\|^2 - 2\lambda(\boldsymbol{A}\alpha_n, \alpha_n) + \lambda^2 = 2\lambda^2 - 2\lambda(\boldsymbol{A}\alpha_n, \alpha_n) \to 0. \end{aligned}$$

于是 $\|(\boldsymbol{A} - \lambda \boldsymbol{I})\alpha_n\| \to 0$. 从而根据引理 2 得 $\lambda \in \sigma_p(\boldsymbol{A})$. □

定理 16 (紧自伴随变换的谱定理) 设 $\boldsymbol{A}$ 是 Hilbert 空间 X 上的紧自伴随变换, 则 $\boldsymbol{A}$ 仅有可数个不同的特征值, 它们都是实数. 设 $\{\lambda_1, \lambda_2, \cdots\}$ 是 $\boldsymbol{A}$ 的所有不同的非零特征值, 且 $\boldsymbol{P}_n$ 是 X 在 $\mathrm{Ker}\,(\boldsymbol{A} - \lambda_n \boldsymbol{I})$ 上的正交投影, 则 $\boldsymbol{P}_n\boldsymbol{P}_m = \boldsymbol{P}_m\boldsymbol{P}_n = \boldsymbol{0}$, 当 $n \neq m$; 并且

$$\boldsymbol{A} = \sum_{n=1}^{\infty} \lambda_n \boldsymbol{P}_n, \tag{107}$$

其中级数在由 $\mathscr{B}(X)$ 的范数定义的度量下收敛到 $\boldsymbol{A}$ (当然 (107) 式的右端可以只是有限和).

证明 根据引理 5, 紧自伴随变换 $\boldsymbol{A}$ 一定有特征值; 当 $\boldsymbol{A} \neq \boldsymbol{0}$ 时, $\boldsymbol{A}$ 一定有非零特征值. 由于 $\boldsymbol{A}$ 是 X 上的紧线性变换, 因此根据定理 14 得, $\boldsymbol{A}$ 仅有可数个不同的特征值. 根据 [25] 下册第 505 页的命题 9 得, 自伴随变换 $\boldsymbol{A}$ 的特征值都是实数.

设 $\{\lambda_1, \lambda_2, \cdots\}$ 是 $\boldsymbol{A}$ 的所有不同的非零特征值, 记 $V_n = \operatorname{Ker}(\boldsymbol{A} - \lambda_n \boldsymbol{I})$, $n = 1, 2, \cdots$. 根据 [25] 下册第 513 页的例 8 得, 当 $n \neq m$ 时, V_n 与 V_m 互相正交 (即 $V_n \subseteq V_m^{\perp}, V_m \subseteq V_n^{\perp}$). 用 $\boldsymbol{P}_n$ 表示 X 在 V_n 上的正交投影, $n = 1, 2, \cdots$. 根据 [25] 下册第 523 页的例 28 得, 当 $n \neq m$ 时, $\boldsymbol{P}_n \boldsymbol{P}_m = \boldsymbol{P}_m \boldsymbol{P}_n = \boldsymbol{0}$. 下面来证: $\boldsymbol{A} = \sum\limits_{n=1}^{\infty} \lambda_n \boldsymbol{P}_n$. 为此我们要按下述方法选取 $\boldsymbol{A}$ 的特征值 $\lambda_1, \lambda_2, \cdots$.

根据引理 5, $\boldsymbol{A}$ 有一个特征值 λ_1 具有 $|\lambda_1| = \|\boldsymbol{A}\|$. 记 $X_2 = V_1^{\perp}$, 根据命题 19 得, $V_1 = \operatorname{Ker}(\boldsymbol{A} - \lambda_1 \boldsymbol{I})$ 是 X 的闭子空间. 从而

$$X = V_1 \oplus V_1^{\perp} = V_1 \oplus X_2.$$

由于 $\boldsymbol{A}$ 与 $\boldsymbol{A} - \lambda_1 \boldsymbol{I}$ 可交换, 因此 $\operatorname{Ker}(\boldsymbol{A} - \lambda_1 \boldsymbol{I})$ 是 $\boldsymbol{A}$ 的不变子空间, 即 V_1 是 $\boldsymbol{A}$ 的不变子空间. 由于 $\boldsymbol{A} = \boldsymbol{A}^*$, 因此根据 [25] 下册的第 508 页的定理 11 得, $V_1^{\perp}$ 也是 $\boldsymbol{A}$ 的不变子空间. 从而 $\boldsymbol{A}(X_2) \subseteq X_2$. 记 $\boldsymbol{A}_2 = \boldsymbol{A}|X_2$. 显然 $\boldsymbol{A}_2$ 是 X_2 上的自伴随变换. 由于 $X_2 = V_1^{\perp} = (\operatorname{Ker}(\boldsymbol{A} - \lambda_1 \boldsymbol{I}))^{\perp}$, 因此根据命题 19 得, X_2 也是 X 的闭子空间, 从而 X_2 也是一个 Hilbert 空间. 用 B_2 表示 X_2 中的闭单位球, 任取 $\overline{\boldsymbol{A}_2(B_2)}$ 中的一个网 $\{\beta_i | i \in I\}$. 由于 $B_2 \subseteq B_1$, 其中 B_1 是 X 中的闭单位球, 因此 $\overline{\boldsymbol{A}_2(B_2)} \subseteq \overline{\boldsymbol{A}(B_1)}$. 从而 $\{\beta_i | i \in I\}$ 是 $\overline{\boldsymbol{A}(B_1)}$ 的一个网, 由于 $\boldsymbol{A}$ 是紧线性变换, 因此 $\overline{\boldsymbol{A}(B_1)}$ 在 X 中是紧致的. 从而根据命题 8 得, $\{\beta_i | i \in I\}$ 有一个聚点, 仍根据命题 8 得, $\overline{\boldsymbol{A}_2(B_2)}$ 在 X_2 中是紧致的, 从而 $\boldsymbol{A}_2$ 是 X_2 上的紧线性变换, 于是 $\boldsymbol{A}_2$ 是 X_2 上的紧自伴随变换.

根据引理 5, $\boldsymbol{A}_2$ 存在一个特征值 λ_2 具有 $|\lambda_2| = \|\boldsymbol{A}_2\|$. 记 $\tilde{V}_2 = \operatorname{Ker}(\boldsymbol{A}_2 - \lambda_2 \boldsymbol{I})$. 显然 $0 \neq \tilde{V}_2 \subseteq V_2$. 由于 $V_2 \subseteq V_1^{\perp}$, 因此 $\tilde{V}_2 \subseteq V_1^{\perp}$, 从而 $\lambda_1 \neq \lambda_2$ (假如 $\lambda_1 = \lambda_2$, 则 $\tilde{V}_2 \subseteq V_2 = V_1$, 又由于 $\tilde{V}_2$ 中任一个向量 $\beta_2 \in V_1^{\perp}$, 因此 $(\beta_2, \beta_2) = 0$, 从而 $\beta_2 = 0$. 于是 $\tilde{V}_2 = 0$. 矛盾). 由于 $\|\boldsymbol{A}_2\| \leqslant \|\boldsymbol{A}\|$, 因此 $|\lambda_2| \leqslant |\lambda_1|$. 任取 $\alpha_2 \in V_2$, 则 $\alpha_2 \in V_1^{\perp} = X_2$. 由于 $\boldsymbol{A}_2 \alpha_2 = \boldsymbol{A} \alpha_2 = \lambda_2 \alpha_2$, 因此 $\alpha_2 \in \tilde{V}_2$, 于是 $V_2 \subseteq \tilde{V}_2$, 从而 $\tilde{V}_2 = V_2$. 由于 V_1 与 V_2 互相正交, 因此 $V_1 \bigcap V_2 = 0$. 从而 $V_1 + V_2$ 是直和. 记 $X_3 = (V_1 \oplus V_2)^{\perp}$. 于是

$$\begin{aligned} X &= V_1 \oplus V_2 \oplus (V_1 \oplus V_2)^{\perp} \\ &= V_1 \oplus V_2 \oplus X_3. \end{aligned}$$

假设有 $\boldsymbol{A}$ 的不同特征值组成的序列 (λ_k) 使得

(i) $|\lambda_1| \geqslant |\lambda_2| \geqslant \cdots \geqslant |\lambda_m|$;

(ii) $|\lambda_k| = \|\boldsymbol{A}|(V_1 \oplus \cdots \oplus V_{k-1})^{\perp}, k = 2, \cdots, n\|$.

记 $X_{n+1} = (V_1 \oplus \cdots \oplus V_n)^{\perp}$, 由于 $V_1 \oplus \cdots \oplus V_n$ 是 $\boldsymbol{A}$ 的不变子空间, 且 $\boldsymbol{A} = \boldsymbol{A}^*$, 因此 $(V_1 \oplus \cdots \oplus V_n)^{\perp}$ 也是 $\boldsymbol{A}$ 的不变子空间. 从而 $\boldsymbol{A}(X_{n+1}) \subseteq X_{n+1}$. 记 $\boldsymbol{A}_{n+1} = \boldsymbol{A}|X_{n+1}$. 显然 $\boldsymbol{A}_{n+1}$ 是自伴随变换. 同理可证 $\boldsymbol{A}_{n+1}$ 是紧线性变换. 于是根据引理 5 得, $\boldsymbol{A}_{n+1}$

有一个特征值 λ_{n+1} 具有 $|\lambda_{n+1}| = \| \boldsymbol{A}_{n+1}\|$. 记 $\tilde{V}_{n+1} = \operatorname{Ker}(\boldsymbol{A}_{n+1} - \lambda_{n+1}\boldsymbol{I})$, 显然 $0 \neq \tilde{V}_{n+1} \subseteq V_{n+1}$. 由于

$$V_{n+1} \subseteq V_k^{\perp}, \quad k = 1, 2, \cdots, n,$$

因此 $V_{n+1} \subseteq (V_1 \oplus V_2 \oplus \cdots \oplus V_n)^{\perp} = X_{n+1}$. 从而 $V_{n+1} \subseteq \tilde{V}_{n+1}$, 于是 $\tilde{V}_{n+1} = V_{n+1}$. 由于 $V_{n+1} \subseteq V_k^{\perp}(k = 1, 2, \cdots, n)$, 因此 $\lambda_{n+1} \neq \lambda_k(k = 1, 2, \cdots, n)$. 这是因为假如 $\lambda_{n+1} = \lambda_k$, 则 $V_{n+1} = V_k$. 于是 V_{n+1} 中任一向量 $\beta_{n+1} \in V_k^{\perp}$, 又 $\beta_{n+1} \in V_k$, 因此 $\beta_{n+1} = 0$. 从而 $V_{n+1} = 0$, 矛盾. 由于 $\| \boldsymbol{A}_{n+1}\| \leqslant \| \boldsymbol{A}_n\|$, 因此 $|\lambda_{n+1}| \leqslant |\lambda_n|$. 这样我们得到了 $\boldsymbol{A}$ 的不同特征值组成的序列 (λ_k) 使得

(i) $|\lambda_1| \geqslant |\lambda_2| \geqslant \cdots \geqslant |\lambda_n| \geqslant |\lambda_{n+1}|$;

(ii) $|\lambda_k| = \| \boldsymbol{A}|(V_1 \oplus \cdots \oplus V_{k-1})^{\perp}\|, k = 2, 3, \cdots, n+1$.

由数学归纳法原理得, 存在 $\boldsymbol{A}$ 的不同特征值组成的序列 (λ_k) 使得

(i) $|\lambda_1| \geqslant |\lambda_2\| \geqslant \cdots$;

(ii) $|\lambda_k| = \| \boldsymbol{A}|(V_1 \oplus \cdots \oplus V_{k-1})^{\perp}\|, k = 2, 3, \cdots$.

由于 (λ_n) 是 $\sigma_p(\boldsymbol{A})$ 里的不同元素的一个序列, 且 $\boldsymbol{A}$ 是紧线性变换, 因此根据引理 4 得 $\lim\limits_{n\to\infty} \lambda_n = 0$, 从而 $\lim\limits_{n\to\infty} |\lambda_n| = 0$.

设 $\alpha_k \in V_k$, 其中 $1 \leqslant k \leqslant n$, 则 $\boldsymbol{P}_k\alpha_k = \alpha_k$. 于是

$$\begin{aligned}\left(\boldsymbol{A} - \sum_{j=1}^{n} \lambda_j \boldsymbol{P}_j\right)\alpha_k &= \boldsymbol{A}\alpha_k - \sum_{j=1}^{n} \lambda_j \boldsymbol{P}_j\alpha_k = \lambda_k\alpha_k - \sum_{j=1}^{n} \lambda_j \boldsymbol{P}_j \boldsymbol{P}_k\alpha_k \\ &= \lambda_k\alpha_k - \lambda_k\alpha_k = 0.\end{aligned}$$

因此 $\alpha_k \in \operatorname{Ker}\left(\boldsymbol{A} - \sum\limits_{j=1}^{n} \lambda_j \boldsymbol{P}_j\right)$, 从而 $V_k \subseteq \operatorname{Ker}\left(\boldsymbol{A} - \sum\limits_{j=1}^{n} \lambda_j \boldsymbol{P}_j\right)$, 其中 $1 \leqslant k \leqslant n$. 于是 $V_1 \oplus \cdots \oplus V_n \subseteq \operatorname{Ker}\left(\boldsymbol{A} - \sum\limits_{j=1}^{n} \lambda_j \boldsymbol{P}_j\right)$.

设 $\beta \in (V_1 \oplus \cdots \oplus V_n)^{\perp}$, 则 $\beta \in V_j^{\perp}, 1 \leqslant j \leqslant n$. 由于 $\boldsymbol{P}_j$ 是 X 在 V_j 上的正交投影, 因此 $\operatorname{Im} \boldsymbol{P}_j = V_j$, $\operatorname{Ker} \boldsymbol{P}_j = V_j^{\perp}$ (根据 [25] 下册第 472 页的例 7 和第 522 页的例 24). 从而 $\boldsymbol{P}_j\beta = 0, 1 \leqslant j \leqslant n$. 于是

$$\left(\boldsymbol{A} - \sum_{j=1}^{n} \lambda_j \boldsymbol{P}_j\right)\beta = \boldsymbol{A}\beta. \tag{108}$$

由于 $(V_1 \oplus \cdots \oplus V_n)^{\perp}$ 是 $\boldsymbol{A}$ 的不变子空间, 因此 $\boldsymbol{A}|(V_1 \oplus \cdots \oplus V_n)^{\perp}$ 是 $(V_1 \oplus \cdots \oplus V_n)^{\perp}$ 上的线性变换, 即 $\boldsymbol{A}_{n+1}$ 是 $(V_1 \oplus \cdots \oplus V_n)^{\perp}$ 上的线性变换. 任取 $\alpha \in X$, 由于

$$X = (V_1 \oplus \cdots \oplus V_n) \oplus (V_1 \oplus \cdots \oplus V_n)^{\perp},$$

因此 $\alpha = \gamma + \beta$, 其中 $\gamma \in V_1 \oplus \cdots \oplus V_n, \beta \in (V_1 \oplus \cdots \oplus V_n)^{\perp}$. 由于 $V_1 \oplus \cdots \oplus V_n \subseteq \operatorname{Ker}\left(\boldsymbol{A} - \sum\limits_{j=1}^{n} \lambda_j \boldsymbol{P}_j\right)$, 因此

$$\left(\boldsymbol{A}-\sum_{j=1}^{n}\lambda_j\boldsymbol{P}_j\right)\alpha=\left(\boldsymbol{A}-\sum_{j=1}^{n}\lambda_j\boldsymbol{P}_j\right)\beta=\boldsymbol{A}\beta. \tag{109}$$

从而

$$\begin{aligned}\left\|\boldsymbol{A}-\sum_{j=1}^{n}\lambda_j\boldsymbol{P}_j\right\|&=\sup\left\{\left\|\left(\boldsymbol{A}-\sum_{j=1}^{n}\lambda_j\boldsymbol{P}_j\right)\alpha\right\|\middle|\alpha\in X,\|\alpha\|=1\right\}\\&=\sup\{\|\boldsymbol{A}\beta\|\,|\beta\in(V_1\oplus\cdots\oplus V_n)^{\perp},\|\beta\|\leqslant 1\}\\&=\|\boldsymbol{A}|(V_1\oplus\cdots\oplus V_n)^{\perp}\|\\&=\|\boldsymbol{A}_{n+1}\|=|\lambda_{n+1}|\to 0.\end{aligned}$$

因此

$$\sum_{j=1}^{\infty}\lambda_j\boldsymbol{P}_j=\boldsymbol{A}.$$

□

推论 19　设 $\boldsymbol{A}$ 是 Hilbert 空间 X 上的紧自伴随变换, $\{\lambda_1,\lambda_2,\cdots\}$ 是 $\boldsymbol{A}$ 的所有不同非零特征值, 且 $|\lambda_1|\geqslant|\lambda_2|\geqslant\cdots$, 其中 $|\lambda_1|=\|\boldsymbol{A}\|$, $\boldsymbol{P}_n$ 是 X 在 $V_n=\operatorname{Ker}(\boldsymbol{A}-\lambda_n\boldsymbol{I})$ 上的正交投影, 则

(1) $\operatorname{Ker}\boldsymbol{A}=(\operatorname{Im}\boldsymbol{A})^{\perp}=[V\{\operatorname{Im}\boldsymbol{P}_n|n\geqslant 1\}]^{\perp}$, 其中 $V\{\operatorname{Im}\boldsymbol{P}_n|n\geqslant 1\}$ 表示 X 的所有包含 $\bigcup\limits_{n=1}^{\infty}\operatorname{Im}\boldsymbol{P}_n$ 的闭子空间的交;

(2) 每个 $\boldsymbol{P}_n$ 有有限秩;

(3) $\|\boldsymbol{A}\|=\sup\{|\lambda_n|\,|n\geqslant 1\}$, 且 $\lim\limits_{n\to\infty}\lambda_n=0$.

证明　(1) 由于 $\boldsymbol{A}=\boldsymbol{A}^*$, 因此根据命题 18 得

$$\operatorname{Ker}\boldsymbol{A}=(\operatorname{Im}\boldsymbol{A}^*)^{\perp}=(\operatorname{Im}\boldsymbol{A})^{\perp}.$$

由于 $\operatorname{Im}\boldsymbol{P}_m=V_m$, 且当 $n\neq m$ 时, V_n 与 V_m 互相正交, 因此从定理 16 得, 对于任意 $\alpha\in X$, 有

$$\|\boldsymbol{A}\alpha\|^2=\sum_{n=1}^{\infty}\|\lambda_n\boldsymbol{P}_n\alpha\|^2=\sum_{n=1}^{\infty}|\lambda_n|^2\|\boldsymbol{P}_n\alpha\|^2.$$

从而

$$\boldsymbol{A}\alpha=0\Longleftrightarrow\boldsymbol{P}_n\alpha=0,\quad n\geqslant 1.$$

于是 $\alpha\in\operatorname{Ker}\boldsymbol{A}\Longleftrightarrow\alpha\in\operatorname{Ker}\boldsymbol{P}_n=V_n^{\perp}=(\operatorname{Im}\boldsymbol{P}_n)^{\perp},n\geqslant 1$. 因此

$$\operatorname{Ker}\boldsymbol{A}=[V\{\operatorname{Im}\boldsymbol{P}_n|n\geqslant 1\}]^{\perp}.$$

(2) $\operatorname{Im}\boldsymbol{P}_n=V_n=\operatorname{Ker}(\boldsymbol{A}-\lambda_n\boldsymbol{I})$. 根据命题 20, $\operatorname{Ker}(\boldsymbol{A}-\lambda_n\boldsymbol{I})$ 是有限维的, 从而 $\boldsymbol{P}_n$ 有有限秩, $n=1,2,\cdots$.

(3) 由于 $\|\lambda_1\|\geqslant\|\lambda_2\|\geqslant\cdots$, 且 $\|\lambda_1\|=\|\boldsymbol{A}\|$, 因此

$$\sup\{|\lambda_n|\,|n\geqslant 1\}=|\lambda_1|=\|\boldsymbol{A}\|.$$

根据引理 4 得 $\lim\limits_{n\to\infty}\lambda_n=0$.　□

设 X 是一个 Hilbert 空间, X 的一个极大正交规范集称为 X 的一个**标准正交基**.

设 I 是一个指标集, 它是无限集 (可能是不可数集). 设 $\mathscr{F}$ 是 I 的所有有限子

集组成的集合, 对于集合的包含关系, $\mathscr{F}$ 成为一个有向集. 对于每个 $F \in \mathscr{F}$, 定义

$$\alpha_F = \Sigma\{\alpha_i \in X | i \in F\}, \tag{110}$$

由于 F 是有限集, 因此 α_F 是 X 的一个合理定义的元素.

定义 24 具有上述记号, 如果网 $\{\alpha_F | F \in \mathscr{F}\}$ 收敛, 那么称和 $\Sigma\{\alpha_i | i \in I\}$ **收敛**, 这个网的极限称为这个和 $\Sigma\{\alpha_i | i \in I\}$ 的**值**.

若 $X = \boldsymbol{F}$, 其中 $\boldsymbol{F} = \mathbb{C}$ 或 $\mathbb{R}$, 则定义 24 给出了不可数个向量的和的定义, 即 $\Sigma\{a_i | i \in I\}$ 的定义.

当 I 是可数集时, 设 (α_n) 是 X 中的一个序列, 则 $\Sigma\{\alpha_n | n \in \mathbb{N}\}$ 收敛不等价于 $\sum\limits_{n=1}^{\infty} \alpha_n$ 的收敛: 前者收敛的定义见定义 24, 后者收敛的定义是部分和的序列 $\left(\sum\limits_{k=1}^{n} \alpha_k\right)$ 收敛. 可以证明: 如果 $\Sigma\{\alpha_n | n \in \boldsymbol{N}\}$ 收敛, 那么 $\sum\limits_{n=1}^{\infty} \alpha_n$ 收敛.

引理 6 设 W 是 Hilbert 空间 X 的一个正交规范集, 任给 $\alpha \in X$, 则

$$\Sigma\{(\alpha, \eta)\eta | \eta \in W\}$$

在 X 中收敛.

证明 对于每个 $n \geqslant 1$, 令 $W_n = \left\{\eta \in W \,\middle|\, |(\alpha, \eta)| \geqslant \dfrac{1}{n}\right\}$. 根据 Besel 不等式, 即如果 $\{\eta_n | n \in \mathbb{N}\}$ 是 X 的一个正交规范集, $\alpha \in X$, 那么

$$\sum_{n=1}^{\infty} |(\alpha, \eta_n)|^2 \leqslant \|\alpha\|^2. \tag{111}$$

对 W_n 用 Besel 不等式得, W_n 必定是有限集. 又有

$$\bigcup_{n=1}^{\infty} W_n = \{\eta \in W | (\alpha, \eta) \neq 0\},$$

因此 W 中至多有可数个向量使得 $(\alpha, \eta) \neq 0$. 于是 W 中有 $\eta_1, \eta_2, \cdots$ 使得

$$\{\eta \in W | (\alpha, \eta) \neq 0\} = \{\eta_1, \eta_2, \cdots\}.$$

根据 Besel 不等式得, $\sum\limits_{n=1}^{\infty} |(\alpha, \eta_n)|^2 \leqslant \|\alpha\|^2 < \infty$. 于是任给 $\varepsilon > 0$, 存在正整数 N 使得 $\sum\limits_{n=N}^{\infty} |(\alpha, \eta_n)|^2 < \varepsilon^2$. 记 $F_0 = \{\eta_1, \cdots, \eta_{N-1}\}$, 用 $\mathscr{F}$ 表示 W 的所有有限子集组成的集合, 对于 $F \in \mathscr{F}$, 定义

$$\alpha_F = \Sigma\{(\alpha, \eta)\eta | \eta \in F\}. \tag{112}$$

若 $F, K \in \mathscr{F}$ 且它们都包含 F_0, 则利用勾股定理的推广得

$$\begin{aligned} \|\alpha_F - \alpha_K\|^2 &= \Sigma\{|(\alpha, \eta)|^2 | \eta \in (F \backslash K) \textstyle\bigcup (K \backslash F)\} \\ &\leqslant \sum_{n=N}^{\infty} |(\alpha, \eta_n)|^2 < \varepsilon^2. \end{aligned} \tag{113}$$

于是 $\{\alpha_F | F \in \mathscr{F}\}$ 是 X 中的一个 Cauchy 网. 由于 X 是完备的, 因此这个网在 X 中收敛. 从而和 $\Sigma\{(\alpha, \eta)\eta | \eta \in W\}$ 在 X 中收敛. 这个网的极限是 $\sum\limits_{n=1}^{\infty} (\alpha, \eta_n)\eta_n$, 它就

是 $\Sigma\{(\alpha,\eta)\eta|\eta\in W\}$ 的值. □

命题 25 设 $\{\eta_i|i\in I\}$ 是 Hilbert 空间 X 的一个正交规范集, 则下列命题等价:

(1) $\{\eta_i|i\in I\}$ 是 X 的一个标准正交基;

(2) 若 $\alpha\in X$ 且 $\alpha\perp\eta_i, i\in I$, 则 $\alpha=0$;

(3) 由 $\{\eta_i|i\in I\}$ 生成的闭子空间等于 X;

(4) X 中任一向量 $\alpha=\Sigma\{(\alpha,\eta_i)\eta_i|i\in I\}$;

(5) X 中任意两个向量 α,β 的内积 (α,β) 为

$$(\alpha,\beta)=\Sigma\{(\alpha,\eta_i)(\eta_i,\beta)|i\in I\};\tag{114}$$

(6) 对于 $\alpha\in X$ 有

$$\|\alpha\|^2=\Sigma\{|(\alpha,\eta_i)|^2|i\in I\}.\tag{115}$$

证明 (1) $\Rightarrow$ (2). 设 $\alpha\perp\eta_i, i\in I$, 且 $\alpha\neq0$, 则 $\{\eta_i|i\in I\}\bigcup\left\{\dfrac{\alpha}{\|\alpha\|}\right\}$ 是 X 的一个正交规范集, 且它包含 $\{\eta_i|i\in I\}$. 这与 $\{\eta_i|i\in I\}$ 是极大正交规范集矛盾, 因此 $\alpha=0$.

(2) $\Leftrightarrow$ (3). 设 W 是 X 的一个线性子空间, 若 W 在 X 中稠密, 则 $\overline{W}=X$. 由于 $\overline{W}$ 是 X 的闭子空间, 因此 $X=\overline{W}\oplus\overline{W}^{\perp}$. 于是 $\overline{W}^{\perp}=0$. 从而 $W^{\perp}=0$. 反之, 如果 $W^{\perp}=0$, 那么 $\overline{W}^{\perp}=0$, 从而 $X=\overline{W}$, 于是 W 在 X 中稠密. 现在设 U 是由 $\{\eta_i|i\in I\}$ 生成的闭子空间, 则 $\overline{U}=U$. 根据第 (2) 个命题得 $U^{\perp}=0$. 从而 $\bar{U}=X$, 即 $U=X$. 反之, 若 $U=X$, 则 $U^{\perp}=0$, 从而第 (2) 个命题成立.

(2) $\Rightarrow$ (4). 设 $\alpha\in X$. 根据引理 6 得, $\Sigma\{(\alpha,\eta_i)\eta_i|i\in I\}$ 在 X 中收敛. 记 $\beta=\alpha-\Sigma\{(\alpha,\eta_i)\eta_i|i\in I\}$. 利用定义 24 得

$$\begin{aligned}(\beta,\eta_j)&=(\alpha,\eta_j)-(\Sigma\{(\alpha,\eta_i)\eta_i|i\in I\},\eta_j)\\&=(\alpha,\eta_j)-\Sigma\{(\alpha,\eta_i)(\eta_i,\eta_j)|i\in I\}\\&=(\alpha,\eta_j)-(\alpha,\eta_j)=0,\quad\forall j\in I.\end{aligned}$$

于是 $\beta=0$. 因此 $\alpha=\Sigma\{(\alpha,\eta_i)\eta_i|i\in I\}$.

(4) $\Rightarrow$ (5). 根据第 (4) 个命题得

$$\alpha=\Sigma\{(\alpha,\eta_i)\eta_i|i\in I\},\quad\beta=\Sigma\{(\beta,\eta_j)\eta_j|j\in I\}.$$

于是利用定义 24 得

$$\begin{aligned}(\alpha,\beta)&=(\Sigma\{(\alpha,\eta_i)\eta_i|i\in I\},\Sigma\{(\beta,\eta_j)\eta_j|j\in I\})\\&=\Sigma\{(\alpha,\eta_i)\overline{(\beta,\eta)}|i\in I\}\\&=\Sigma\{(\alpha,\eta_i)(\eta_i,\beta)|i\in I\}.\end{aligned}$$

(5) $\Rightarrow$ (6). 由第 (5) 个命题即得

$$\|\alpha\|^2=(\alpha,\alpha)=\Sigma\{(\alpha,\eta_i)(\eta_i,\alpha)|i\in I\}\leqslant\Sigma\{|(\alpha,\eta_i)|^2|i\in I\}.$$

(6) $\Rightarrow$ (1). 假如 $\{\eta_i|i\in I\}$ 不是 X 的一个标准正交基, 则存在一个单位向量 η_0 使得 $\eta_0\perp\eta_i, i\in I$. 于是 $\Sigma\{|(\eta_0,\eta_i)|^2|i\in I\}=0$, 又根据第 (6) 个命题得 $\|\eta_0\|^2=\Sigma\{|(\eta_0,\eta_1)|^2|i\in I\}$, 从而 $\|\eta_0\|^2=0$. 矛盾. 因此 $\{\eta_i|i\in I\}$ 是 X 的一个标准正交基. □

设 $\{V_i|i\in I\}$ 是一族 Hilbert 空间. 根据本章 §2 的定义 17 和它下面的一段话得, $\{V_i|i\in I\}$ 的笛卡儿积是指集合

$$\left\{f: I\to\bigcup_{i\in I}V_i\,\middle|\, f(i)\in V_i, i\in I\right\},\tag{116}$$

在这个集合中的每个元素 f 由它的像 $\{f(i)|i\in I\}$ 完全决定, 记 $\alpha_i=f(i), i\in I$. 把映射 f 与集合 $\{\alpha_i|i\in I\}$ 等同, 于是 $\{V_i|i\in I\}$ 的笛卡儿积的每一个元素为 $\{\alpha_i|i\in I\}$. 令

$$\Sigma\{V_i|i\in I\}:=\{\{\alpha_i|i\in I\}|\alpha_i\in V_i, i\in I,\ \text{且}\ \Sigma\{\|\alpha_i\|^2|i\in I\}<\infty\},\tag{117}$$

在这个集合中规定加法运算和数量乘法运算如下:

$$\{\alpha_i|i\in I\}+\{\beta_i|i\in I\}:=\{\alpha_i+\beta_i|i\in I\},\tag{118}$$

$$k\{\alpha_i|i\in I\}:=\{k\alpha_i|i\in I\}.\tag{119}$$

由于

$$\begin{aligned}\|\alpha_i+\beta_i\|^2&=\|\alpha_i\|^2+(\alpha_i,\beta_i)+(\beta_i,\alpha_i)+\|\beta_i\|^2\\&=\|\alpha_i\|^2+2\,\mathrm{Re}\,(\alpha_i,\beta_i)+\|\beta_i\|^2\\&=\|\alpha_i\|^2+2|(\alpha_i,\beta_i)|+\|\beta_i\|^2\\&\leqslant\|\alpha_i\|^2+2\|\alpha_i\|\ \|\beta_i\|+\|\beta_i\|^2\\&=(\|\alpha_i\|+\|\beta_i\|)^2,\end{aligned}\tag{120}$$

因此 $\Sigma\{\|\alpha_i+\beta_i\|^2|i\in I\}<\infty$. 从而 (118) 式的确定义了 $\Sigma\{V_i|i\in I\}$ 的加法运算. 类似地可证 (119) 式的确定义了 $\Sigma\{V_i|i\in I\}$ 的数量乘法运算. 容易看出, $\Sigma\{V_i|i\in I\}$ 成为一个线性空间. 又在这个线性空间中定义内积如下: 设 $\alpha=\{\alpha_i|i\in I\},\beta=\{\beta_j|j\in I\}$, 规定

$$(\alpha,\beta):=\Sigma\{(\alpha_i,\beta_i)|i\in I\}.\tag{121}$$

由于 $|(\alpha_i,\beta_i)|\leqslant\|\alpha_i\|\|\beta_i\|$, 因此

$$\begin{aligned}\Sigma\{|(\alpha_i,\beta_i)||i\in I\}&\leqslant\Sigma\{\|\alpha_i\|\ \|\beta_i\||i\in I\}\\&\leqslant(\Sigma\{\|\alpha_i\|^2|i\in I\})^{\frac12}(\Sigma\{\|\beta_i\|^2 i\in I\})^{\frac12}<\infty.\end{aligned}\tag{122}$$

从而 (121) 式的二元函数的定义是合理的. 容易验证 (121) 式定义的二元函数是 $\Sigma\{V_i|i\in I\}$ 上的一个内积. 从而 $\Sigma\{V_i|i\in I\}$ 成为一个复 (实) 内积空间. 对于这个内积的范数为

$$\|\alpha\|=(\Sigma\{\|\alpha_i\|^2|i\in I\})^{\frac12}.\tag{123}$$

容易验证 $\Sigma\{V_i|i\in I\}$ 是完备的, 从而 $\Sigma\{V_i|i\in I\}$ 是一个 Hilbert 空间, 称它为 $\{V_i|i\in I\}$ 的**直和**, 记作 $\oplus\{V_i|i\in I\}$.

当指标集是可数集时, $\{V_i|i\in\mathbb{N}\}$ 的直和记作 $\bigoplus\limits_{n=1}^{\infty}V_i$, 它的每一个元素是一个序列 (α_n), 其中 $\alpha_n\in V_n$, 并且满足

$$\sum_{n=1}^{\infty}\|\alpha_n\|^2<\infty.\tag{124}$$

设 $\alpha=(\alpha_n),\beta=(\beta_m)$, 则

$$(\alpha,\beta)=\sum_{n=1}^{\infty}(\alpha_n,\beta_n), \tag{125}$$

$$\|\alpha\|=\left(\sum_{n=1}^{\infty}\|\alpha_n\|^2\right)^{\frac{1}{2}}. \tag{126}$$

设 X 是一个 Hilbert 空间, $\{V_i|i\in I\}$ 是 X 的一族两两正交的闭子空间. 令

$$\Sigma\{V_i|i\in I\}:=\{\Sigma\{\alpha_i|\alpha_i\in V_i,i\in I\}\big|\Sigma\{\|\alpha_i\|^2|i\in I\}<\infty\}, \tag{127}$$

条件 $\Sigma\{\|\alpha_i\|^2|i\in I\}<\infty$ 保证了 $\Sigma\{\alpha_i|\alpha_i\in V_i,i\in I\}$ 在 X 中收敛, 理由如下:

设 $\mathscr{F}$ 是指标集 I 的所有有限子集组成的集合, 对于每个 $F\in\mathscr{F}$, 令

$$\alpha_F=\Sigma\{\alpha_i|i\in F\},$$

则 $\{\alpha_F|F\in\mathscr{F}\}$ 是 X 中的一个网. 由于 F 是有限集, 且 $\{V_i|i\in I\}$ 是一族两两正交的子空间, 因此根据勾股定理的推广得

$$\|\alpha_F\|^2=\Sigma\{\|\alpha_i\|^2|i\in F\}. \tag{128}$$

$\{\|\alpha_F\|^2|F\in\mathscr{F}\}$ 是 $\mathbb{R}$ 中的一个网. 由于 $\Sigma\{\|\alpha_i\|^2|i\in I\}<\infty$, 因此网 $\{\|\alpha_F\|^2|F\in\mathscr{F}\}$ 收敛到 $\Sigma\{\|\alpha_i\|^2|i\in I\}$. 从而这个网是 $\mathbb{R}$ 中的一个 Cauchy 网. 于是对于任给 $\varepsilon>0$, 存在 $F_0\in\mathscr{F}$, 使得对于 $F,K\in\mathscr{F}$ 且 $F\supseteq F_0,K\supseteq F_0$, 有

$$\Sigma\{\|\alpha_j\|^2|j\in(F\backslash K)\bigcup(K\backslash F)\}<\varepsilon^2.$$

从而有

$$\|\alpha_F-\alpha_K\|^2=\Sigma\{\|\alpha_j\|^2|j\in(F\backslash K)\bigcup(K\backslash F)\}<\varepsilon^2. \tag{129}$$

于是 $\|\alpha_F-\alpha_K\|<\varepsilon$. 这表明 $\{\alpha_F|F\in\mathscr{F}\}$ 是 X 中的 Cauchy 网. 由于 X 是完备的, 因此网 $\{\alpha_F|F\in\mathscr{F}\}$ 在 X 中收敛. 根据定义 24 得, 和 $\Sigma\{\alpha_i|\alpha_i\in V_i,i\in I\}$ 在 X 中收敛. 这个网 $\{\alpha_F|F\in\mathscr{F}\}$ 的极限 (它是 X 中的一个向量) 是 $\Sigma\{\alpha_i|\alpha_i\in V_i,i\in I\}$ 的值. 从而 $\Sigma\{\alpha_i|\alpha_i\in V_i,i\in I\}$ 是 X 中的一个向量. 于是 $\Sigma\{V_i|i\in I\}\subseteq X$. 根据 (120) 式可得 $\Sigma\{V_i|i\in I\}$ 对于 X 中的加法封闭, 类似地可知对于数量乘法封闭, 因此 $\Sigma\{V_i|i\in I\}$ 是 X 的一个线性子空间. 设 $\alpha=\Sigma\{\alpha_i|\alpha_i\in V_i,i\in I\},\beta=\Sigma\{\beta_i|\beta_i\in V_i,i\in I\}$, 规定

$$(\alpha,\beta):=\Sigma\{(\alpha_i,\beta_i)|i\in I\}. \tag{130}$$

根据 (122) 式得, (130) 式右端小于 ∞. 容易验证 (130) 式定义的二元函数是 $\Sigma\{V_i|i\in I\}$ 上的内积. 对于这个内积的范数为

$$\|\alpha\|=(\Sigma\{\|\alpha_i\|^2|i\in I\})^{\frac{1}{2}}. \tag{131}$$

从上面的讨论可以看出, $\Sigma\{V_i|i\in I\}$ 中的任一 Cauchy 网在 $\Sigma\{V_i|i\in I\}$ 中收敛, 因此 $\Sigma\{V_i|i\in I\}$ 是完备的. 根据本章 §2 的命题 7 得, $\Sigma\{V_i|i\in I\}$ 是 X 中的一个闭集, 从而 $\Sigma\{V_i|i\in I\}$ 是 X 的一个闭子空间. 我们把 $\Sigma\{V_i|i\in I\}$ 称为 X 的一族两两正交的闭子空间 $\{V_i|i\in I\}$ 的**直和**, 记作 $\oplus\{V_i|i\in I\}$.

当 I 是可数集时, $\oplus\{V_i|i\in I\}$ 简记成 $\bigoplus\limits_{n=1}^{\infty}V_n$, 它的每个元素为 $\Sigma\{\alpha_n|\alpha_n\in V_n,n\in\mathbb{N}\}$, 简记成 $\sum\limits_{n=1}^{\infty}\alpha_n$, 其中 $\alpha_n\in V_n$, 它满足 $\Sigma\{\|\alpha_n\|^2|n\in\mathbb{N}\}<\infty$, 从而

$$\Sigma\{\|\alpha_n\|^2|n\in\mathbb{N}\}$$

收敛, 于是 $\sum_{n=1}^{\infty}\|\alpha_n\|^2$ 收敛, 即 $\Sigma\|\alpha_n\|^2<\infty$.

推论 20 设 $\boldsymbol{A}$ 是 Hilbert 空间 X 上的紧自伴随变换, 则存在一个实数序列 (μ_n) 以及 $(\mathrm{Ker}\,\boldsymbol{A})^{\perp}$ 的一个标准正交基 $\{\eta_n\}$, 使得对于每个 $\alpha\in X$, 有

$$\boldsymbol{A}\alpha=\sum_{n=1}^{\infty}\mu_n(\alpha,\eta_n)\eta_n. \tag{132}$$

(注: 序列 (μ_n) 中可能有重复出现的数.)

证明 根据定理 16, 可设 $\{\lambda_1,\lambda_2,\cdots\}$ 是 $\boldsymbol{A}$ 的所有不同的非零特征值, 由于 $\mathrm{Ker}\,\boldsymbol{A}$ 是 $\boldsymbol{A}$ 的不变子空间, 因此 $(\mathrm{Ker}\,\boldsymbol{A})^{\perp}$ 是 $\boldsymbol{A}^*$ 的不变子空间. 由于 $\boldsymbol{A}=\boldsymbol{A}^*$, 因此 $(\mathrm{Ker}\,\boldsymbol{A})^{\perp}$ 是 $\boldsymbol{A}$ 的不变子空间. 由于 $(\mathrm{Ker}\,\boldsymbol{A})^{\perp}=\overline{\mathrm{Im}\,\boldsymbol{A}^*}=\overline{\mathrm{Im}\,\boldsymbol{A}}$, 因此 $\overline{\mathrm{Im}\,\boldsymbol{A}}$ 是 $\boldsymbol{A}$ 的不变子空间. 于是 $\boldsymbol{A}|\overline{\mathrm{Im}\,\boldsymbol{A}}$ 是 $\overline{\mathrm{Im}\,\boldsymbol{A}}$ 上的线性变换, 显然它仍是自伴随的. 与定理 16 的证明的第三段类似可证: $\boldsymbol{A}\overline{\mathrm{Im}\,\boldsymbol{A}}$ 是紧线性变换. 根据推论 19 得 $\overline{\mathrm{Im}\,\boldsymbol{A}}=V\{\mathrm{Im}\,\boldsymbol{P}_n|n\geqslant 1\}=V\{V_n|n\geqslant 1\}.V_n=\mathrm{Ker}(\boldsymbol{A}-\lambda_n\boldsymbol{I})$ 是有限维的. 在 V_n 中取一个标准正交基 $\eta_{n1},\cdots,\eta_{nr_n}$. 由于当 $n\neq m$ 时, V_n 与 V_m 互相正交, 因此 $\{\eta_{nj}|1\leqslant j\leqslant r_n,n\geqslant 1\}$ 是 $\overline{\mathrm{Im}\,\boldsymbol{A}}$ 的一个正交规范集. 由于它们生成的闭子空间等于 $\overline{\mathrm{Im}\,A}$, 因此根据命题 25 得, 它们是 $\overline{\mathrm{Im}\,\boldsymbol{A}}$ 的一个标准正交基. 任给 $\alpha\in X$, 由于

$$X=\mathrm{Ker}\,\boldsymbol{A}\oplus(\mathrm{Ker}\,\boldsymbol{A})^{\perp}=\mathrm{Ker}\,\boldsymbol{A}\oplus\overline{\mathrm{Im}\,\boldsymbol{A}}, \tag{133}$$

因此 $\alpha=\gamma+\beta$, 其中 $\gamma\in\mathrm{Ker}\,\boldsymbol{A},\beta\in\overline{\mathrm{Im}\,\boldsymbol{A}}$. 于是 $\boldsymbol{A}\alpha=\boldsymbol{A}\beta$. 由于 $\overline{\mathrm{Im}\,\boldsymbol{A}}=(\mathrm{Ker}\,\boldsymbol{A})^{\perp}$, 因此 $(\eta_{nj},\gamma)=0$, 从而

$$(\alpha,\eta_{nj})=(\gamma+\beta,\eta_{nj})=(\beta,\eta_{nj}).$$

由于 $\boldsymbol{A}\beta\in\overline{\mathrm{Im}\,\boldsymbol{A}}$, 因此根据命题 25 得

$$\begin{aligned}\boldsymbol{A}\beta&=\sum_{n=1}^{\infty}\sum_{j=1}^{r_n}(\boldsymbol{A}\beta,\eta_{nj})\eta_{nj}=\sum_{n=1}^{\infty}\sum_{j=1}^{\gamma_n}(\beta,\boldsymbol{A}\eta_{nj})\eta_{nj}\\&=\sum_{n=1}^{\infty}\sum_{j=1}^{r_n}\lambda_n(\beta,\eta_{nj})\eta_{nj}.\end{aligned}$$

从而

$$\boldsymbol{A}\alpha=\boldsymbol{A}\beta=\sum_{n=1}^{\infty}\sum_{j=1}^{r_n}\lambda_n(\beta,\eta_{nj})\eta_{nj}=\sum_{n=1}^{\infty}\sum_{j=1}^{r_n}\lambda_n(\alpha,\eta_{nj})\eta_{nj}, \tag{134}$$

其中 $\gamma_n=\dim\mathrm{Ker}(\boldsymbol{A}-\lambda_n\boldsymbol{I}),n=1,2,\cdots$. □

推论 21 设 $\boldsymbol{A}$ 是 Hilbert 空间 X 上的紧自伴随变换, 如果 $\mathrm{Ker}\,\boldsymbol{A}=0$, 那么 $\overline{\mathrm{Im}\,\boldsymbol{A}}=X$.

证明 从推论 20 的证明中看到 $(\mathrm{Ker}\,\boldsymbol{A})^{\perp}=\overline{\mathrm{Im}\,\boldsymbol{A}}$, 于是若 $\mathrm{Ker}\,\boldsymbol{A}=0$, 则 $X=\overline{\mathrm{Im}\,\boldsymbol{A}}$. □

推论 22 设 $\boldsymbol{A}$ 是 Hilbert 空间 X 上的紧自伴随变换, $\{\lambda_1,\lambda_2,\cdots\}$ 是 $\boldsymbol{A}$ 的所有不同的非零特征值, 记

$$V_n=\mathrm{Ker}(\boldsymbol{A}-\lambda_n\boldsymbol{I}),n=1,2,\cdots;\quad V_0=\mathrm{Ker}\,\boldsymbol{A},$$

则

$$X=\bigoplus_{n=0}^{\infty}V_n. \tag{135}$$

证明 在推论 20 中已经证明: $(\mathrm{Ker}\,\boldsymbol{A})^{\perp}=\overline{\mathrm{Im}\,\boldsymbol{A}}$, 并且从 (134) 式得, 对于任意 $\alpha\in V$, 有

$$\boldsymbol{A}\alpha=\sum_{n=1}^{\infty}\sum_{j=1}^{r_n}\lambda_n(\alpha,\eta_{nj})\eta_{nj}=\sum_{n=1}^{\infty}\alpha_n, \tag{136}$$

其中 $\alpha_n=\sum\limits_{j=1}^{r_n}\lambda_n(\alpha,\eta_{nj})\eta_{nj}\in V_n, n=1,2,\cdots$. 因此 $\mathrm{Im}\,\boldsymbol{A}\subseteq\bigoplus\limits_{n=1}^{\infty}V_n$. 由于 $\bigoplus\limits_{n=1}^{\infty}V_n$ 是闭集, 因此 $\overline{\mathrm{Im}\,\boldsymbol{A}}\subseteq\bigoplus\limits_{n=1}^{\infty}V_n$. 任取 $\alpha_n\in V_n$, 则 $\boldsymbol{A}\alpha_n=\lambda_n\alpha_n$, 从而 $\alpha_n=\lambda_n^{-1}\boldsymbol{A}\alpha_n\in\mathrm{Im}\,\boldsymbol{A}$. 于是 $V_n\subseteq\mathrm{Im}\,\boldsymbol{A}, n=1,2,\cdots$. 因此 $\{V_n|n\geqslant 1\}$ 是 $\overline{\mathrm{Im}\,\boldsymbol{A}}$ 的一族两两正交的闭子空间. 从而 $\bigoplus\limits_{n=1}^{\infty}V_n$ 是 $\overline{\mathrm{Im}\,\boldsymbol{A}}$ 的一个闭子空间, 即 $\bigoplus\limits_{n=1}^{\infty}V_n\subseteq\overline{\mathrm{Im}\,\boldsymbol{A}}$. 因此 $\overline{\mathrm{Im}\,\boldsymbol{A}}=\bigoplus\limits_{n=1}^{\infty}V_n$. 于是

$$\begin{aligned}X&=\mathrm{Ker}\,\boldsymbol{A}\oplus(\mathrm{Ker}\,\boldsymbol{A})^{\perp}=\mathrm{Ker}\,\boldsymbol{A}\oplus\overline{\mathrm{Im}\,\boldsymbol{A}}\\&=V_0\oplus\left(\bigoplus_{n=1}^{\infty}V_n\right)=\bigoplus_{n=1}^{\infty}V_n.\end{aligned}$$

□

推论 22 表明: 若 $\boldsymbol{A}$ 是 Hilbert 空间 X 上的紧自伴随变换, 则整个空间 X 可以分解成 $\boldsymbol{A}$ 的所有特征子空间的直和.

设 $\boldsymbol{A}$ 是复数域上的 Hilbert 空间 X 上的紧正规变换, 则也有类似于定理 16 的同样的结论 (除了每个 λ_i 是实数外). 证明可参看 [15] 的第 55—56 页.

9.10 Schur 引理, 拓扑群的酉表示, 紧群的酉表示

现在我们来把 Schur 引理推广到表示空间可以是无限维的情形.

定理 17 (Schur 引理) 设 V 是 Hilbert 空间, (φ,V) 是拓扑群 G 的一个酉表示.

(1) 若 (φ,V) 不可约, 则 V 上与一切 $\varphi(g)$ 可交换的紧线性变换必定是数乘变换;

(2) 若 V 上与一切 $\varphi(g)$ 可交换的有界线性变换都是数乘变换, 则 (φ,V) 不可约.

证明 (1) 设 (φ,V) 不可约. 假设存在 V 上的一个紧线性变换 $\boldsymbol{T}$ 满足 $\boldsymbol{T}\varphi(g)=\varphi(g)\boldsymbol{T},\forall g\in G$, 且 $\boldsymbol{T}$ 不是数乘变换. 由于 $\varphi(g)$ 是酉变换, 因此 $\varphi(g)^*=\varphi(g)^{-1}$, 从而 $\varphi(g)^*=\varphi(g^{-1})$. 于是对任意 $g\in G$, 有

$$\boldsymbol{T}^*\varphi(g^{-1})=\boldsymbol{T}^*\varphi(g)^*=(\varphi(g)\boldsymbol{T})^*=(\boldsymbol{T}\varphi(g))^*=\varphi(g)^*\boldsymbol{T}^*=\varphi(g^{-1})\boldsymbol{T}^*.$$

从而 $\boldsymbol{T}^*$ 也与一切 $\varphi(g)$ 可交换. 令

$$\boldsymbol{A}=\frac{1}{2}(\boldsymbol{T}+\boldsymbol{T}^*),\quad \boldsymbol{B}=\frac{1}{2\mathrm{i}}(\boldsymbol{T}-\boldsymbol{T}^*).$$

根据 [25]下册第 507 页, $\boldsymbol{A}$, $\boldsymbol{B}$ 都是自伴随变换, 且 $\boldsymbol{T}=\boldsymbol{A}+\mathrm{i}\boldsymbol{B}$. 由于 $\boldsymbol{T}$ 是 V 上的紧线性变换, 因此根据定理 13 得, $\boldsymbol{T}^*$ 也是 V 上的紧线性变换. 根据命题 12, $\mathscr{B}_0(V)$ 是 $\mathscr{B}(V)$ 的闭线性子空间. 因此 $\boldsymbol{A}$, $\boldsymbol{B}$ 也都是 V 上的紧线性变换. 由于 $\boldsymbol{T}$ 不是数

乘变换, 因此 $\boldsymbol{A}$ 与 $\boldsymbol{B}$ 至少有一个不是数乘变换. 不妨设 $\boldsymbol{A}$ 不是数乘变换. 又由于 $\boldsymbol{A}$ 是紧自伴随变换, 因此根据定理 16 得 $\boldsymbol{A}=\sum\limits_{n=1}^{\infty}\lambda_n\boldsymbol{P}_n$, 其中 $\{\lambda_1,\lambda_2,\cdots\}$ 是 $\boldsymbol{A}$ 的所有不同的非零特征值. 由于 $\boldsymbol{A}$ 不是数乘变换, 因此至少有一个 $\boldsymbol{P}_n$ 不是数乘变换, 设 $\boldsymbol{P}_m$ 不是数乘变换, 由于 $V_m=\operatorname{Ker}(\boldsymbol{A}-\lambda_m\boldsymbol{I})$, 因此 $V_m\neq 0$. 由于 $\boldsymbol{T}$ 与 $\boldsymbol{T}^*$ 都与一切 $\varphi(g)$ 可交换, 因此 $\boldsymbol{A}$ 与一切 $\varphi(g)$ 可交换. 从而 $\boldsymbol{A}-\lambda_m\boldsymbol{I}$ 与一切 $\varphi(g)$ 可交换, 于是 $\operatorname{Ker}(\boldsymbol{A}-\lambda_m\boldsymbol{I})$ 是一切 $\varphi(g)$ 的不变子空间, 因此 V_m 是 V 的 G 不变子空间, 且 V_m 是闭子空间. 于是 $V=V_m\oplus V_m^{\perp}$. 由于 $V_m=\operatorname{Im}\boldsymbol{P}_m$, 因此 $V_m^{\perp}=\operatorname{Ker}\boldsymbol{P}_m$ (根据 [25] 下册第 522 页的例 24). 假如 $V_m=V$, 则 $V_m^{\perp}=0$, 于是对于任意 $\alpha\in V$, 有唯一分解式 $\alpha=\alpha+0$, 其中 $\alpha\in V_m, 0\in V_m^{\perp}$. 从而 $\boldsymbol{P}_m\alpha=\alpha$. 因此 $\boldsymbol{P}_m=\boldsymbol{I}$. 这与 $\boldsymbol{P}_m$ 不是数乘变换矛盾. 于是 $V_m\neq V$. 从而 V 有一个非平凡的闭的 G 不变子空间 V_m. 这与 (φ,V) 不可约矛盾. 因此 V 上与一切 $\varphi(g)$ 可交换的紧线性变换都是数乘变换.

(2) 假如 (φ,V) 可约, 则 V 有一个非平凡的闭的 G 不变子空间 W. 于是 $V=W\oplus W^{\perp}$. 设 $\boldsymbol{P}$ 是 V 在 W 上的正交投影, 则 $W=\operatorname{Im}\boldsymbol{P}, W^{\perp}=\operatorname{Ker}\boldsymbol{P}$. 假如 $\boldsymbol{P}$ 是数乘变换, 设 $\boldsymbol{P}=k\boldsymbol{I}$, 任取 $\alpha\in V$ 且 $\alpha\neq 0$, 则有 $\boldsymbol{P}\alpha=k\alpha$. 设 $\alpha=\alpha_1+\alpha_2$, 其中 $\alpha_1\in W,\alpha_2\in W^{\perp}$, 则 $\boldsymbol{P}\alpha=\alpha_1$, 于是 $\alpha_1=k\alpha$. 从而 $(1-k)\alpha_1=k\alpha_2$. 由此推出 $(1-k)\alpha_1=k\alpha_2=0$. 若 $k\neq 0$, 则 $\alpha_2=0$, 从而 $\alpha_1=\alpha\neq 0$, 于是 $k=1$, 即 $\boldsymbol{P}=\boldsymbol{I}$; 若 $k=0$, 则 $\boldsymbol{P}=\boldsymbol{0}$. 当 $\boldsymbol{P}=\boldsymbol{I}$ 时, $W=\operatorname{Im}\boldsymbol{P}=V$; 当 $\boldsymbol{P}=\boldsymbol{0}$ 时, $W=\operatorname{Im}\boldsymbol{P}=0$. 这与 W 是 V 的非平凡子空间矛盾. 因此 $\boldsymbol{P}$ 不是数乘变换. 由于

$$\|\boldsymbol{P}\|=\sup\{\|\boldsymbol{P}\alpha\|\big|\alpha\in V,\|\alpha\|=1\},$$

且 $\|\boldsymbol{P}\alpha\|=\|\alpha_1\|\leqslant\|\alpha\|$, 因此 $\boldsymbol{P}$ 是有界线性变换. 任取 $\alpha\in V$, 设 $\alpha=\alpha_1+\alpha_2$, 其中 $\alpha_1\in W,\alpha_2\in W^{\perp}$. 由于 W 是 G 不变子空间, 因此对任意 $g\in G$ 有 $\varphi(g)\alpha_1\in W$. 由于 $\varphi(g)$ 是酉变换, 因此 $\varphi(g)^*=\varphi(g)^{-1}=\varphi(g^{-1})$. 根据 [25] 下册第 508 页的定理 11, 从 W 是一切 $\varphi(g)$ 的不变子空间可得出 $W^{\perp}$ 是一切 $\varphi(g^{-1})$ 的不变子空间. 于是 $\varphi(g)\alpha_2\in W^{\perp}$. 由于 $\varphi(g)\alpha=\varphi(g)\alpha_1+\varphi(g)\alpha_2$, 因此

$$\boldsymbol{P}(\varphi(g)\alpha)=\varphi(g)\alpha_1=\varphi(g)(\boldsymbol{P}\alpha),\quad \forall\alpha\in V,\forall g\in G.$$

于是 $\boldsymbol{P}\varphi(g)=\varphi(g)\boldsymbol{P},\forall g\in G$. 因此 $\boldsymbol{P}$ 是与一切 $\varphi(g)$ 可交换的有界线性变换, 但是 $\boldsymbol{P}$ 不是数乘变换, 这与已知条件矛盾. 这证明了 (φ,V) 不可约. □

定理 17 的第 (1) 个命题可得到更强的结果: 若 (φ,V) 不可约, 则 V 上与一切 $\varphi(g)$ 可交换的有界线性变换必定是数乘变换. 证明需要用到一般的有界自伴随变换的谱定理, 这里就不作详细介绍了, 有兴趣的读者可以看 [17] 第 120 页的命题 1.3 的必要性的证明.

定义 25 拓扑群 G 的线性表示 (φ,V) 称为**完全可约**的, 如果 V 的每一个闭的 G 不变子空间 W 都有闭的 G 不变补空间.

定理 18 拓扑群 G 的酉表示是完全可约的.

证明 设 (φ,V) 是拓扑群 G 的酉表示, 其中 V 是 Hilbert 空间, 任取 V 的一个非平凡闭的 G 不变子空间 W, 则 $V=W\oplus W^{\perp}$. 由于 W 是一切 $\varphi(g)$ 的

不变子空间, 因此 $W^{\perp}$ 是一切 $\varphi(g)^*$ 的不变子空间. 由于 $\varphi(g)$ 是酉变换, 因此 $\varphi(g)^* = \varphi(g)^{-1} = \varphi(g^{-1})$, 从而 $W^{\perp}$ 是一切 $\varphi(g^{-1})$ 的不变子空间, 即 $W^{\perp}$ 是 G 不变子空间. 又 $W^{\perp}$ 是 V 的闭子空间, 因此 (φ, V) 是完全可约的. □

定理 19 紧群的酉表示是有限维不可约子表示的直和.

证明 设 G 是紧群. 根据定理 10, G 的酉表示是循环子表示的直和. 因此只需证紧群 G 的循环表示 (φ, V) 是有限维不可约子表示的直和, 其中 V 是 Hilbert 空间. 设 α_0 是 φ 的循环向量, 且 $\|\alpha_0\| = 1$. 于是由 $\{\varphi(g)\alpha_0 | g \in G\}$ 生成的子空间是 V 的稠密子集.

任意给定 $\alpha, \beta \in V$, 令

$$f(g) := (\varphi(g)\alpha, \alpha_0)(\alpha_0, \varphi(g)\beta),$$

则

$$\begin{aligned} f(g) &= (\alpha, \varphi(g^{-1})\alpha_0)(\varphi(g^{-1})\alpha_0, \beta) \\ &= \alpha_L(\varphi(g^{-1})\alpha_0)\beta_R(\varphi(g^{-1})\alpha_0) = \alpha_L\beta_R(\varphi(g^{-1})\alpha_0). \end{aligned}$$

由于 α_L, β_R 是 V 上的连续函数, φ 是拓扑群 G 到 $\mathscr{B}(V)$ 的连续映射, 且 $\{\varphi(g)\alpha_0 | g \in G\}$ 生成的子空间是 V 的稠密子集, 因此 f 是 G 上的连续函数, 从而可以令

$$\begin{aligned} \langle \alpha, \beta \rangle :&= \int_G f(g)\,\mathrm{d}g \\ &= \int_G (\varphi(g)\alpha, \alpha_0)(\alpha_0, \varphi(g)\beta)\,\mathrm{d}g. \end{aligned} \tag{137}$$

易验证 $\langle \alpha, \beta \rangle$ 是 V 上的一个内积.

类似于 [25] 下册第 444 页的例 18 的证明方法, 并且利用本节的命题 21 和定理 3 可得, 存在 V 上唯一的一个线性变换 $\boldsymbol{A}$ 使得

$$\langle \alpha, \beta \rangle = (\boldsymbol{A}\alpha, \beta), \quad \forall \alpha, \beta \in V. \tag{138}$$

对于 $\alpha \in V$ 且 $\|\alpha\| = 1$, 由于 $\varphi(g)$ 是酉变换, 因此 $\|\varphi(g)\alpha\| = \|\alpha\| = 1$. 利用紧群的不变积分的正定性和规范性, 得

$$\begin{aligned} \|\boldsymbol{A}\alpha\|^2 &= (\boldsymbol{A}\alpha, \boldsymbol{A}\alpha) = \langle \alpha, \boldsymbol{A}\alpha \rangle \leqslant \langle \alpha, \alpha \rangle^{\frac{1}{2}} \langle \boldsymbol{A}\alpha, \boldsymbol{A}\alpha \rangle^{\frac{1}{2}} \\ &= \left[\int_G |(\varphi(g)\alpha, \alpha_0)|^2\,\mathrm{d}g\right]^{\frac{1}{2}} \left[\int_G |(\varphi(g)(\boldsymbol{A}\alpha), \alpha_0)|^2\,\mathrm{d}g\right]^{\frac{1}{2}} \\ &\leqslant \left[\int_G (\|\varphi(g)\alpha\|\|\alpha_0\|)^2\,\mathrm{d}g\right]^{\frac{1}{2}} \left[\int_G (\|\varphi(g)(\boldsymbol{A}\alpha)\|\|\alpha_0\|)^2\,\mathrm{d}g\right]^{\frac{1}{2}} \\ &= \left(\int_G \|\alpha_0\|^2\,\mathrm{d}g\right)^{\frac{1}{2}} \left(\int_G \|\boldsymbol{A}\alpha\|^2\|\alpha_0\|^2\,\mathrm{d}g\right)^{\frac{1}{2}} \\ &= \|\alpha_0\|\|\boldsymbol{A}\alpha\|\|\alpha_0\| = \|\boldsymbol{A}\alpha\|. \end{aligned} \tag{139}$$

从而

$$\|\boldsymbol{A}\alpha\| \leqslant 1, \quad \text{当 } \alpha \in V \text{ 且 } \|\alpha\| = 1.$$

于是

$$\|\boldsymbol{A}\| = \sup\{\|\boldsymbol{A}\alpha\| \big| \alpha \in V, \|\alpha\| = 1\} \leqslant 1.$$

因此 $\|\boldsymbol{A}\|$ 是有界线性变换. 从而 $\boldsymbol{A}$ 有伴随变换 $\boldsymbol{A}^*$. 由于 $\forall \alpha, \beta \in V$, 有

$$(\boldsymbol{A}^*\alpha, \beta) = (\alpha, \boldsymbol{A}\beta) = \overline{(\boldsymbol{A}\beta, \alpha)} = \overline{\langle \beta, \alpha \rangle} = \langle \alpha, \beta \rangle = (\boldsymbol{A}\alpha, \beta),$$

因此 $\boldsymbol{A}^*\alpha = \boldsymbol{A}\alpha, \forall \alpha \in V$. 从而 $\boldsymbol{A}^* = \boldsymbol{A}$, 即 $\boldsymbol{A}$ 是自伴随变换.

$$(\boldsymbol{A}\alpha, \alpha) = \langle \alpha, \alpha \rangle = \int_G |(\varphi(g)\alpha, \alpha_0)|^2 \,\mathrm{d}g \geqslant 0.$$

根据紧群的不变积分的正定性得

$$\begin{aligned} & (\boldsymbol{A}\alpha, \alpha) = 0 \\ \Longleftrightarrow & |(\varphi(g)\alpha, \alpha_0)| = 0, \forall g \in G \\ \Longleftrightarrow & |(\alpha, \varphi(g^{-1})\alpha_0)| = 0, \forall g \in G \\ \Longleftrightarrow & (\alpha, \varphi(g^{-1})\alpha_0) = 0, \forall g \in G. \end{aligned}$$

由于 $\{\varphi(g)\alpha_0 | g \in G\}$ 生成的子空间 W 是 V 的稠密子集, 因此 $\overline{W} = V$. 在 W 中取一个标准正交基 $\{\eta_i | i \in I\}$, 根据命题 25 得

$$(\alpha, \varphi(g^{-1})\alpha_0) = 0, \forall g \in G \Longleftrightarrow (\alpha, \eta_i) = 0, i \in I \Longleftrightarrow \alpha = 0.$$

因此 $(\boldsymbol{A}\alpha, \alpha) = 0 \Longleftrightarrow \alpha = 0$. 如果 $\boldsymbol{A}$ 有非零特征值 λ_1, 那么有 V 中非零向量 γ 使得 $\boldsymbol{A}\gamma = \lambda_1\gamma$: 从而 $\lambda_1(\gamma, \gamma) = (\boldsymbol{A}\gamma, \gamma) > 0$, 于是 $\lambda_1 > 0$.

$$\alpha \in \operatorname{Ker} \boldsymbol{A} \Longleftrightarrow \boldsymbol{A}\alpha = 0 \Longrightarrow (\boldsymbol{A}\alpha, \alpha) = 0 \Longrightarrow \alpha = 0.$$

因此 $\operatorname{Ker} \boldsymbol{A} = 0$. 记 $V_1 = \operatorname{Ker}(\boldsymbol{A} - \lambda_1 \boldsymbol{I})$. 任给 $h \in G$, 对于 $\forall \alpha, \beta \in V$, 有

$$\begin{aligned} (\boldsymbol{A}\varphi(h)\alpha, \beta) = \langle \varphi(h)\alpha, \beta \rangle &= \int_G (\varphi(g)\varphi(h)\alpha, \alpha_0)(\alpha_0, \varphi(g)\beta) \,\mathrm{d}g \\ &= \int_G (\varphi(s)\alpha, \alpha_0)(\alpha_0, \varphi(sh^{-1})\beta) \,\mathrm{d}s \\ &= \langle \alpha, \varphi(h^{-1})\beta \rangle = (\boldsymbol{A}\alpha, \varphi(h)^{-1}\beta) \\ &= (\varphi(h)(\boldsymbol{A}\alpha), \beta). \end{aligned} \tag{140}$$

从而 $\boldsymbol{A}\varphi(h)\alpha = \varphi(h)\boldsymbol{A}\alpha, \forall \alpha \in V$. 因此 $\boldsymbol{A}\varphi(h) = \varphi(h)\boldsymbol{A}$. 于是 $\operatorname{Ker}(\boldsymbol{A} - \lambda_1 \boldsymbol{I})$ 是 $\varphi(h)$ 不变子空间, $\forall h \in G$. 因此 V_1 是 V 的 G 不变子空间, 即 $\boldsymbol{A}$ 的每个非零特征值的特征子空间是 G 不变子空间, 根据命题 19 得, V_1 是闭子空间.

如果能证明 $\boldsymbol{A}$ 是紧线性变换, 那么根据命题 20 得, $\boldsymbol{A}$ 的每个非零特征值的特征子空间是有限维的, 并且对于紧自伴随变换 $\boldsymbol{A}$ 可以运用推论 22 把空间 V 分解. 下面来证明 $\boldsymbol{A}$ 是紧线性变换. 首先来证 $\boldsymbol{A}$ 是完全连续的.

设 (x_n) 是 V 中弱收敛到 x 的序列, 只要证 $\|\boldsymbol{A}x_n - \boldsymbol{A}x\| \to 0$, 那么 $\boldsymbol{A}$ 就是完全连续的 (见定义 22). 根据定义 7, $\forall f \in V^*$ 都有 $f(x_n) \to f(x)$. 从而 $\sup\limits_n\{|f(x_n)|\} < +\infty$. 由于 $x_n^{**}(f) = f(x_n)$, 因此

$$\sup_n\{|x_n^{**}(f)|\} < +\infty, \quad \forall f \in V^*.$$

于是对于 V^* 到 $\mathbb{C}$ 的一族有界线性映射 $\{x_n^{**} | n = 1, 2, \cdots\}$ 用一致有界原理 (即定理 6) 得, 存在正实数 M 使得

$$\|x_n^{**}\| \leqslant M, \quad n = 1, 2, \cdots$$

根据命题 3 得, $\|x_n\| = \|x_n^{**}\| \leqslant M, n = 1, 2, \cdots$. 于是对于 $\forall h, s \in G$, 有

$$\begin{aligned} & |(\varphi(h)x_n, \alpha_0)(\alpha_0, \varphi(s)x_n)(\varphi(sh^{-1})\alpha_0, \alpha_0)|. \\ \leqslant & \|\varphi(h)x_n\| \, \|\alpha_0\| \, \|\alpha_0\| \, \|\varphi(s)x_n\| \, \|\varphi(sh^{-1})\alpha_0\| \, \|\alpha_0\| \\ = & \|x_n\| \, \|x_n\| = \|x_n\|^2 \leqslant M^2. \end{aligned} \tag{141}$$

由于 $\varphi(h)$ 与 $\boldsymbol{A}$ 可交换, 因此根据 (140) 式得

$$\begin{aligned}(\varphi(h)\boldsymbol{A}x_n,\alpha_0) &= (\boldsymbol{A}\varphi(h)x_n,\alpha_0)\\ &= \int_G(\varphi(s)x_n,\alpha_0)(\alpha_0,\varphi(sh^{-1})\alpha_0)\,\mathrm{d}s.\end{aligned}$$

从而

$$\begin{aligned}\|\boldsymbol{A}x_n\|^2 &= (\boldsymbol{A}x_n,\,\boldsymbol{A}x_n) = \langle x_n,\,\boldsymbol{A}x_n\rangle\\ &= \int_G(\varphi(h)x_n,\alpha_0)(\alpha_0,\varphi(h)(\boldsymbol{A}x_n))\,\mathrm{d}h\\ &= \int_G(\varphi(h)x_n,\alpha_0)\left[\int_G(\alpha_0,\varphi(s)x_n)(\varphi(sh^{-1})\alpha_0,\alpha_1)\,\mathrm{d}s\right]\,\mathrm{d}h\\ &= \int_G\int_G(\varphi(h)x_n,\alpha_0)(\alpha_0,\varphi(s)x_n)(\varphi(sh^{-1})\alpha_0,\alpha_0)\,\mathrm{d}s\,\mathrm{d}h. \end{aligned}\tag{142}$$

设 $f\in V^*$, 则对于 V 上任一线性变换 $\boldsymbol{B}$ 有 $f\boldsymbol{B}\in V^*$. 由于 (x_n) 弱收敛到 x, 因此

$$(\varphi(h)x_n,\alpha_0) = (\alpha_0)_R(\varphi(h)x_n) = ((\alpha_0)_R\varphi(h))x_n \to (\varphi(h)x,\alpha_0),$$

$$(\alpha_0,\varphi(s)x_n) = (\alpha_0)_L(\varphi(s)x_n) = [(\alpha_0)_L\varphi(s)]x_n \to (\alpha_0,\varphi(s)x).$$

从而

$$\begin{aligned}&(\varphi(h)x_n,\alpha_0)(\alpha_0,\varphi(s)x_n)(\varphi(sh^{-1})\alpha_0,\alpha_0)\\ \to\ &(\varphi(h)x,\alpha_0)(\alpha_0,\varphi(s)x)(\varphi(sh^{-1})\alpha_0,\alpha_0).\end{aligned}\tag{143}$$

由于 $\int_G M^2\,\mathrm{d}g = M^2\int_G 1\,\mathrm{d}g = M^2$, 因此 M^2 是可积函数. 于是根据 (141) 式, 应用本章 §8 的定理 7 (Lebesgue 控制收敛定理) 得

$$\begin{aligned}\lim_{n\to\infty}\|\boldsymbol{A}x_n\|^2 &= \int_G\int_G(\varphi(h)x,\alpha_0)(\alpha_0,\varphi(s)x)(\varphi(sh^{-1})\alpha_0,\alpha_0)\,\mathrm{d}s\,\mathrm{d}h\\ &= \|\boldsymbol{A}x\|^2.\end{aligned}\tag{144}$$

由于 (x_n) 弱收敛到 x, 因此

$$(\boldsymbol{A}x_n,\,\boldsymbol{A}x) = (\boldsymbol{A}x)_R(\boldsymbol{A}x_n) = [(\boldsymbol{A}x)_R\,\boldsymbol{A}]x_n \to (\boldsymbol{A}x,\,\boldsymbol{A}x).\tag{145}$$

从而由 (144) 式, (145) 式得

$$\begin{aligned}\|\boldsymbol{A}x_n - \boldsymbol{A}x\|^2 &= \|\boldsymbol{A}x_n\|^2 - (\boldsymbol{A}x_n,\,\boldsymbol{A}x) - (\boldsymbol{A}x,\,\boldsymbol{A}x_n) + \|\boldsymbol{A}x\|^2\\ &\to \|\boldsymbol{A}x\|^2 - (\boldsymbol{A}x,\,\boldsymbol{A}x) - (\boldsymbol{A}x,\,\boldsymbol{A}x) + \|\boldsymbol{A}x\|^2 = 0.\end{aligned}$$

因此 $\boldsymbol{A}$ 是完全连续的. 又根据例 1, Hilbert 空间是自反的, 于是根据命题 11 得, $\boldsymbol{A}$ 是紧线性变换.

设 $\{\lambda_1,\lambda_2,\cdots\}$ 是紧自伴随变换 $\boldsymbol{A}$ 的所有不同的非零特值, 记 $V_n = \mathrm{Ker}(\boldsymbol{A}-\lambda_n\boldsymbol{I}), n=1,2,\cdots$, 前面已证 $\mathrm{Ker}\,\boldsymbol{A}=0$, 于是根据推论 22 得

$$V = \bigoplus_{n=1}^{\infty} V_n.\tag{146}$$

对于每个 $n\geqslant 1$, 由于 V_n 是 V 的 G 不变子空间, 因此 (φ,V) 有子表示 $\varphi|V_n$, 由于 $\boldsymbol{A}$ 是紧线性变换, 因此根据命题 20 得, $V_n = \mathrm{Ker}(\boldsymbol{A}-\lambda_n\boldsymbol{I})$ 是有限维的. $\varphi|V_n$ 是紧群 G 的有限维酉表示. 根据本章 §6 的定理 2, $\varphi|V_n$ 是完全可约的. 根据第一章 §3 的定理 1, 群 G 的有限维完全可约表示一定可以分解成有限多个不可约子表示的直

和. 因此 $\varphi|V_n$ 可以分解成有限多个不可约子表示的直和, 其中每个子表示都是有限维的. 这证明了紧群 G 的酉表示 (φ, V) 是有限维不可约子表示的直和. □

从定理 19 立即得到下述结论.

推论 23 紧群的不可约酉表示是有限维的. □

在本章 §6 的定理 8 中, 我们指出: 紧群 G 的所有彼此不等价的有限维不可约酉表示的矩阵元素组成的集合 Δ 是复内积空间 $C(G, \mathbb{C})$ 的完备正交集, 正交性已经在 §6 的定理 3 中证明, 剩下要证的是完备性, 定理 8 的完备性部分称为 Peter-Weyl 定理. 我们要来证明 Peter-Weyl 定理.

设 (φ, V) 是紧群 G 的有限维酉表示, 在 V 中取一个标准正交基 $\eta_1, \eta_2, \cdots, \eta_n$, 设 $\varphi(g)$ 在此基下的矩阵为 $\Phi(g)$, 则 $\Phi(g)$ 是酉矩阵. $\Phi(g)$ 的 (i, j) 元等于 $\varphi(g)\eta_j$ 在标准正交基 $\eta_1, \eta_2, \cdots, \eta_n$ 下的坐标的第 i 个分量, 即 $(\varphi(g)\eta_j, \eta_i)$. 对于 V 中任意两个线性无关的向量 α_1, α_2, 可以经过 Schmidt 正交化和单位化得到两个正交的单位向量 γ_1, γ_2, 且 $\{\alpha_1, \alpha_2\}$ 与 $\{\gamma_1, \gamma_2\}$ 等价. 于是在考虑由紧群 G 的所有彼此不等价的有限维不可约酉表示的矩阵元素组成的集合 Δ 生成的线性子空间的问题时, 可以把 $(\varphi(g)\alpha, \beta)$ 也看做 φ 的矩阵元素, 其中 α, β 是 V 中任意给定的两个向量. 令 $f(g) = (\varphi(g)\alpha, \beta)$, 则 f 是 G 上的连续复值函数.

我们想使 Peter-Weyl 定理以更强的形式出现. 为此需要对紧群 G 上的不变积分做一些深入的讨论. 紧群 G 作为拓扑空间是紧致的, 从而是局部紧的. 在本章 §5 的定理 1 证明了: 在每个紧群 G (G 作为拓扑空间是 Hausdorff 空间) 上可以建立不变积分, 而且只有一种方法建立不变积分 (注意 §5 的定义 1 中要求紧群 G 上的不变积分具有规范性, 因此 G 上的不变积分是唯一的). 根据本章 §8 的定义 19 和定义 20, 紧群 G 上的不变积分就是 G 上的一个正测度而且具有左 (右) 不变性, 即 Haar 测度, 记作 ν. 根据本章 §8 的定理 9 (Riesz 表示定理), 存在由 G 的子集组成的 σ-代数 $\mathscr{A}$, 它包含 X 的所有 Borel 集, 并且存在 $\mathscr{A}$ 上的唯一一个测度 μ, 使得对于 G 上的复值连续函数 f (由于 G 是紧致的, 因此 f 的支撑集 supp (f) 必定是 G 的紧子集, 从而 $f \in C_c(G)$), 有

$$\int_G f(x)\,\mathrm{d}x = \int f\,\mathrm{d}\mu. \tag{147}$$

根据本章 §8 的定义 18, 对于定义域为 G 的复值可测函数 h, 如果 $h \in L^1(\mu)$, 那么可以定义积分 $\displaystyle\int h\,\mathrm{d}\mu$, 它是一个复数. 从 (147) 式受到启发, 我们把 $\displaystyle\int h\,\mathrm{d}\mu$ 也记成 $\displaystyle\int_G h(x)\,\mathrm{d}x$, 但是要注意当 h 不是 G 上的连续函数时, 不具有左 (右) 不变性. 根据本章 §8 的命题 6, 若 G 上的函数 f 是复值可测函数, 则 $|f|$ 是实值可测函数, 从而根据 §8 的引理 3 得, $|f|^2$ 也是实值可测函数. 于是有积分 $\displaystyle\int |f|^2\,\mathrm{d}\mu$, 把它记成 $\displaystyle\int_G |f(x)|^2\,\mathrm{d}x$. 若实值 $\displaystyle\int_G |f(x)|^2\,\mathrm{d}x < +\infty$, 则称 f 是模平方可积的: 把 G 上的所有模平方可积的复值可测函数组成的集合记作 $L^2(G)$. 为了证明 $L^2(G)$ 对于函数的加

法和数量乘法成为一个线性空间. 我们需要一些准备知识.

9.11 凸函数和 L^2-空间

定义 26 设 $-\infty \leqslant a < b \leqslant +\infty$, 定义在区间 (a,b) 上的实值函数 φ 称为是**凸的** (convex), 如果不等式

$$\varphi((1-\lambda)x_1+\lambda x_2) \leqslant (1-\lambda)\varphi(x_1)+\lambda\varphi(x_2) \tag{148}$$

对一切 $a<x_1<b, a<x_2<b$ 以及 $0\leqslant\lambda\leqslant 1$ 成立.

用 A_1, A_2 分别表示区间 (a,b) 内的两个不同的点, 它们在 x 轴上的坐标分别为 x_1, x_2, 则在 x 轴上的坐标为 x 的点 C 在线段 A_1A_2 上当且仅当 $\overrightarrow{A_1C}=\lambda\overrightarrow{A_1A_2}, 0\leqslant\lambda\leqslant 1$. 由此得出, $x-x_1=\lambda(x_2-x_1)$, 从而 $x=(1-\lambda)x_1+\lambda x_2, 0\leqslant\lambda\leqslant 1$. 设 B_i 的坐标为 $(x_i,\varphi(x_i)), i=1,2$, 则点 $D(x,y)$ 在线段 B_1B_2 上当且仅当 $\overrightarrow{B_1D}=\mu\overrightarrow{B_1B_2}, 0\leqslant\mu\leqslant 1$. 从而点 D 的坐标满足

$$x-x_1=\mu(x_2-x_1), \qquad y-\varphi(x_1)=\mu(\varphi(x_2)-\varphi(x_1)).$$

于是 $\mu=\lambda$, 因此 $y=(1-\lambda)\varphi(x_1)+\lambda\varphi(x_2)$. 这样我们得出了 (148) 式的几何意义为: 平面上的点 $(x,\varphi(x))$ 位于联结两点 $B_1(x_1,\varphi(x_1))$ 和 $B_2(x_2,\varphi(x_2))$ 的直线的下方或在直线 B_1B_2 上.

设 $a<s<t<u<b$, 则 $t-s=\lambda(u-s)$, 对某个 $t(0\leqslant t\leqslant 1)$. 从而 $\lambda=\dfrac{t-s}{u-s}, 1-\lambda=\dfrac{u-t}{u-s}; t=(1-\lambda)s+\lambda u$. 于是

$$\begin{aligned}
&\varphi((1-\lambda)s+\lambda u)\leqslant(1-\lambda)\varphi(s)+\lambda\varphi(u)\\
\Longleftrightarrow\ &\varphi(t)\leqslant(1-\lambda)\varphi(s)+\lambda\varphi(u)\\
\Longleftrightarrow\ &\varphi(t)-\varphi(s)\leqslant\lambda[\varphi(u)-\varphi(s)]=\lambda[\varphi(u)-\varphi(t)+\varphi(t)-\varphi(s)]\\
\Longleftrightarrow\ &(1-\lambda)[\varphi(t)-\varphi(s)]\leqslant\lambda[\varphi(u)-\varphi(t)]\\
\Longleftrightarrow\ &\frac{\varphi(t)-\varphi(s)}{t-s}\leqslant\frac{\varphi(u)-\varphi(t)}{u-t}.
\end{aligned} \tag{149}$$

运用微分中由定理并且结合 (149) 式得, 区间 (a,b) 上的实值可微函数 $\varphi(x)$ 是凸的当且仅当从 $a<\xi_1<\xi_2<b$ 可推出 $\varphi'(\xi_1)\leqslant\varphi'(\xi_2)$, 即当且仅当 φ' 是单调上升函数.

运用上述结论立即得出: 指数函数在 $(-\infty,+\infty)$ 上是凸的.

命题 26 如果 (a,b) 上的实值函数 φ 是凸的, 那么 φ 在 (a,b) 上是连续的.

证明 设 $a<s<x_1<x_2<t<b$. 坐标为 $(s,\varphi(s))$ 的点记作 S; 坐标为 $(x_i,\varphi(x_i))$ 的点记作 $A_i, i=1,2$; 坐标为 $(t,\varphi(t))$ 的点记作 T. 由于 φ 是凸的, 因此 A_1 在直线 SA_2 上或它的下方, 从而 A_2 在直线 SA_1 上或它的上方, 也有 A_2 在直线 A_1T 上或它的下方. 因此当 $x_2\to x_1$ 时, 点 A_2 趋于 A_1, 即 $\varphi(x_2)\to\varphi(x_1)$, 从而 φ 在 x_1 处右连续. 类似地可证 φ 在 x_1 处左连续. 因此 φ 在 x_1 处连续. □

定理 20 (Jensen 不等式) 设 μ 是集合 X 的子集组成的一个 σ-代数 $\mathscr{A}$ 上的一个测度且满足 $\mu(X)=1$. 设 f 是 X 上的实值可测函数且 f 是可积的, 如果

$\forall x \in X$ 都有 $a < f(x) < b$, 且 φ 是 (a,b) 上的凸函数, 其中 $a, b \in \mathbb{R}$, 那么

$$\varphi\left(\int f\,\mathrm{d}\mu\right) \leqslant \int (\varphi \circ f)\,\mathrm{d}\mu, \tag{150}$$

其中 $\varphi \circ f$ 是函数 f 与 φ 的复合, 即 $(\varphi \circ f)(x) = \varphi(f(x))$.

证明 令 $t = \displaystyle\int f\,\mathrm{d}\mu$. 由于 $a < f(x) < b$, 且 $a, b \in \mathbb{R}$, 以及 $\mu(X) = 1$, 因此根据本章 §8 的定义 17、(51) 式和定义 15 得 $a < t < b$. 设 $a < s < t$, 如果 β 是 $\dfrac{\varphi(t) - \varphi(s)}{t - s}$ 的上确界, 那么对于任意 $u \in (t, b)$, β 不大于 (149) 式右端的商, 由此得出: $\forall s \in (a, b)$ 都有

$$\varphi(s) \geqslant \varphi(t) + \beta(s - t), \tag{151}$$

由于对每个 $x \in X$ 都有 $f(x) \in (a, b)$, 因此从 (151) 式得

$$\varphi(f(x)) - \varphi(t) - \beta(f(x) - t) \geqslant 0. \tag{152}$$

由于 φ 在 (a,b) 上是凸的, 因此 φ 在 (a,b) 上是连续的. 从而对于 $\mathbb{R}$ 的每一个开集 U 都有 $\varphi^{-1}(U)$ 是 (a,b) 的一个开集. 由于 f 是可测函数, 因此根据本章 §8 的定义 11 得, $f^{-1}(\varphi^{-1}(U)) \in \mathscr{A}$, 从而 $\varphi \circ f$ 是 X 上的可测函数. 由于 f 是 X 上的可积函数, φ 是 (a,b) 上的连续函数, 因此 $\displaystyle\int (\varphi \circ f)^+\,\mathrm{d}\mu$ 和 $\displaystyle\int (\varphi \circ f)^-\,\mathrm{d}\mu$ 都是有限的, 从而 $\varphi \circ f$ 是在 X 上可积的. 于是运用本章 §8 的命题 5 和 (51) 式, 以及已知 $\mu(X) = 1$, 从 (152) 式得

$$\int (\varphi \circ f)\,\mathrm{d}\mu \geqslant \varphi(t) + \beta\left(\int f\,\mathrm{d}\mu - t\right) = \varphi(t). \qquad \square$$

下面举一些例子, 说明从 Jensen 不等式可得到一些重要的不等式.

取 $\varphi(x) = \mathrm{e}^x$, 则 Jensen 不等成为

$$\mathrm{e}^{\int f\,\mathrm{d}\mu} \leqslant \int \mathrm{e}^f\,\mathrm{d}\mu. \tag{153}$$

设 $X = \{x_1, x_2, \cdots, x_n\}$, 如果取 $\mu(\{x_i\}) = \dfrac{1}{n}$, 记 $f(x_i) = a_i$, 则 (153) 式成为

$$\mathrm{e}^{\frac{1}{n}(a_1 + \cdots + a_n)} \leqslant \frac{1}{n}(\mathrm{e}^{a_1} + \cdots + \mathrm{e}^{a_n}), \tag{154}$$

其中 $a_i \in \mathbb{R}, i = 1, 2, \cdots, n$. 令 $b_i = \mathrm{e}^{a_i}$, 则 (154) 式成为

$$(b_1 b_2 \cdots b_n)^{\frac{1}{n}} \leqslant \frac{1}{n}(b_1 + \cdots + b_n). \tag{155}$$

(155) 式是熟悉的 n 个正实数的算术平均数与几何平均数之间的不等式.

令 $g = \mathrm{e}^f$, 则 $f = \ln g$. 于是 (153) 式成为

$$\mathrm{e}^{\int \ln g\,\mathrm{d}\mu} \leqslant \int g\,\mathrm{d}\mu. \tag{156}$$

(156) 式的左边和右边常常被分别称为正定函数 g 的几何均值与算术均值.

如果取 $\mu(\{x_i\}) = \alpha_i$, 其中 $\displaystyle\sum_{i=1}^n \alpha_i = 1$, 那么 (154) 式成为

$$b_1^{\alpha_1} b_2^{\alpha_2} \cdots b_n^{\alpha_n} \leqslant \alpha_1 b_1 + \alpha_2 b_2 + \cdots \alpha_n b_n. \tag{157}$$

定理 21 设 X 是一个集合, $\mathscr{A}$ 是 X 的子集组成的一个 σ-代数, μ 是定义域为 $\mathscr{A}$ 的一个测度. 设 f 和 g 是 X 上的非负可测函数, 则

$$\int fg\,\mathrm{d}\mu \leqslant \left(\int f^2\,\mathrm{d}\mu\right)^{\frac{1}{2}}\left(\int g^2\,\mathrm{d}\mu\right)^{\frac{1}{2}}, \tag{158}$$

$$\left[\int (f+g)^2\,\mathrm{d}\mu\right]^{\frac{1}{2}} \leqslant \left(\int f^2\,\mathrm{d}\mu\right)^{\frac{1}{2}}+\left(\int g^2\,\mathrm{d}\mu\right)^{\frac{1}{2}}. \tag{159}$$

证明 根据本章 §8 的引理 3, 由于 f,g 是可测函数因此 $f^2,g^2,fg,f+g$ 都是可测函数. 记 $a=\left(\int f^2\,\mathrm{d}\mu\right)^{\frac{1}{2}}, b=\left(\int g^2\,\mathrm{d}\mu\right)^{\frac{1}{2}}$. 如果 $a=0$, 那么根据本章 §8 的命题 3 得 $f=0$ (a.e.); 因此 $fg=0$ (a.e.), 从而 (158) 式成立. 如果 $a>0$ 且 $b=+\infty$, 那么 (158) 式显然成立. 于是我们只需要考虑 $0<a<+\infty$, 且 $0<b<+\infty$ 的情形. 令

$$F=\frac{f}{a},\quad G=\frac{g}{b}. \tag{160}$$

根据本章 §8 的引理 3, 由于 f,g 是可测函数, 因此

$$\int F^2\,\mathrm{d}\mu=1,\quad \int G^2\,\mathrm{d}\mu=1. \tag{161}$$

如果 $x\in X$ 使得 $0<F(x)<+\infty$ 且 $0<G(x)<+\infty$, 那么存在实数 s 和 t 使得 $F(x)=\mathrm{e}^{\frac{s}{2}}, G(x)=\mathrm{e}^{\frac{t}{2}}$. 由于指数函数是凸的, 因此从 (148) 式得

$$\mathrm{e}^{\frac{s}{2}+\frac{t}{2}}\leqslant \frac{1}{2}\mathrm{e}^s+\frac{1}{2}\mathrm{e}^t. \tag{162}$$

由此得出: $\forall x\in X$, 有

$$F(x)G(x)\leqslant \frac{1}{2}F(x)^2+\frac{1}{2}G(x)^2. \tag{163}$$

根据本章 §8 的 (51) 式, 从 (163) 式和 (161) 式得

$$\int FG\,\mathrm{d}\mu \leqslant \frac{1}{2}\int F^2\,\mathrm{d}\mu+\frac{1}{2}\int G^2\,\mathrm{d}\mu=1. \tag{164}$$

把 (160) 式代入 (164) 式得

$$\int fg\,\mathrm{d}\mu \leqslant \left(\int f^2\,\mathrm{d}\mu\right)^{\frac{1}{2}}\left(\int g^2\,\mathrm{d}\mu\right)^{\frac{1}{2}}.$$

下面来证明 (159) 式. 由于

$$(f+g)^2=f(f+g)+g(f+g). \tag{165}$$

根据已经证明的 (158) 式得

$$\int f(f+g)\,\mathrm{d}\mu \leqslant \left(\int f^2\,\mathrm{d}\mu\right)^{\frac{1}{2}}\left(\int (f+g)^2\,\mathrm{d}\mu\right)^{\frac{1}{2}}, \tag{166}$$

$$\int g(f+g)\,\mathrm{d}\mu \leqslant \left(\int g^2\,\mathrm{d}\mu\right)^{\frac{1}{2}}\left(\int (f+g)^2\,\mathrm{d}\mu\right)^{\frac{1}{2}}. \tag{167}$$

把 (166) 式与 (167) 式相加得

$$\int (f+g)^2\,\mathrm{d}\mu \leqslant \left[\int (f+g)^2\,\mathrm{d}\mu\right]^{\frac{1}{2}}\left[\left(\int f^2\,\mathrm{d}\mu\right)^{\frac{1}{2}}+\left(\int g^2\,\mathrm{d}\mu\right)^{\frac{1}{2}}\right]. \tag{168}$$

若 $\int (f+g)^2\,\mathrm{d}\mu=0$, 则 (159) 式显然成立. 下面设 $\int (f+g)^2\,\mathrm{d}\mu>0$. 由于

$$(f+g)^2=f^2+g^2+2fg\leqslant f^2+g^2+(f^2+g^2)=2(f^2+g^2),$$

因此

$$\int (f+g)^2\,\mathrm{d}\mu \leqslant 2\int f^2\,\mathrm{d}\mu + 2\int g^2\,\mathrm{d}\mu. \tag{169}$$

若 $\int f^2\,\mathrm{d}\mu = +\infty$ (或 $\int g^2\,\mathrm{d}\mu = +\infty$), 则 (159) 式显然成立. 下面设 $\int f^2\,\mathrm{d}\mu < +\infty$ 且 $\int g^2\,\mathrm{d}\mu < +\infty$. 这时由 (169) 式得 $\int (f+g)^2\,\mathrm{d}\mu < +\infty$. 从 (168) 式两边除以 $\left[\int (f+g)^2\,\mathrm{d}\mu\right]^{\frac{1}{2}}$ 得

$$\left[\int (f+g)^2\,\mathrm{d}\mu\right]^{\frac{1}{2}} \leqslant \left(\int f^2\,\mathrm{d}\mu\right)^{\frac{1}{2}} + \left(\int g^2\,\mathrm{d}\mu\right)^{\frac{1}{2}}. \qquad \square$$

定义 27 设 X 是一个集合, $\mathscr{A}$ 是 X 的子集组成的一个 σ-代数, μ 是定义域为 $\mathscr{A}$ 的一个测度. 设 f 是 X 上的一个复值可测函数, 如果 $\int |f|^2\,\mathrm{d}\mu < +\infty$, 那么称 f 是**模平方可积函数**. X 上的所有模平方可积函数组成的集合记作 $L^2(\mu)$.

设 $f, g \in L^2(\mu)$, 则 $\int |f|^2\,\mathrm{d}\mu < +\infty$, $\int |g|^2\,\mathrm{d}\mu < +\infty$. 由于

$$\begin{aligned}|f+g|^2 &= (f+g)\overline{(f+g)} = |f|^2+|g|^2+f\overline{g}+g\overline{f} = |f|^2+|g|^2+2\,\mathrm{Re}\,(f\overline{g})\\ &\leqslant |f|^2+|g|^2+2|f\overline{g}| = |f|^2+|g|^2+2|f||g|\\ &= (|f|+|g|)^2,\end{aligned} \tag{170}$$

因此结合运用定理 21 的 (159) 式得

$$\left(\int |f+g|^2\,\mathrm{d}\mu\right)^{\frac{1}{2}} \leqslant \left[\int (|f|+|g|)^2\,\mathrm{d}\mu\right]^{\frac{1}{2}} \leqslant \left(\int |f|^2\,\mathrm{d}\mu\right)^{\frac{1}{2}} + \left(\int |g|^2\,\mathrm{d}\mu\right)^{\frac{1}{2}}. \tag{171}$$

从 (171) 式得 $\int |f+g|^2\,\mathrm{d}\mu < +\infty$. 因此 $f+g \in L^2(G)$. 对任意复数 c, 有 $\int |cf|^2\,\mathrm{d}\mu = |c|^2\int |f|^2\,\mathrm{d}\mu < +\infty$, 因此 $cf \in L^2(\mu)$. 从而 $L^2(\mu)$ 是复数域上的一个线性空间, 对于 $f, g \in L^2(\mu)$, 根据本章 §8 的命题 6 得, $f\overline{g}$ 是复值可测函数. 规定

$$(f, g) = \int f\overline{g}\,\mathrm{d}\mu. \tag{172}$$

由于根据定理 21 的 (158) 式得

$$\int |f\overline{g}|\,\mathrm{d}\mu = \int |f||g|\,\mathrm{d}\mu \leqslant \left(\int |f|^2\,\mathrm{d}\mu\right)^{\frac{1}{2}} \left(\int |g|^2\,\mathrm{d}\mu\right)^{\frac{1}{2}} < +\infty, \tag{173}$$

因此 $f\overline{g} \in L^1(\mu)$ 从而根据本章 §8 的定义 18 得, $\int f\overline{g}\,\mathrm{d}\mu$ 是一个复数. 因此 (172) 式的确定义了 $L^2(\mu)$ 上的一个二元函数, 利用本章 §8 的命题 10, 容易验证 (172) 式定义的二元函数是 $L^2(\mu)$ 上的一个半内积 (半内积比内积少一个条件: "若 $(f, f) = 0$, 则 $f = 0$". 现在 $(f, f) = \int |f|^2\,\mathrm{d}\mu$, 因此从 $(f, f) = 0$ 只能推出 $f = 0$ (a.e.)). 伴随这个半内积的范数为

$$\|f\| = \left(\int |f|^2\,\mathrm{d}\mu\right)^{\frac{1}{2}}. \tag{174}$$

(171) 式表明:

$$\|f+g\| \leqslant \|f\|+\|g\|. \tag{175}$$

在 (175) 式中 f 用 $f-g$ 代替, g 用 $g-h$ 代替, 则得

$$\|f-h\| \leqslant \|f-g\|+\|g-h\|. \tag{176}$$

令

$$d(f,g)=\|f-g\|, \tag{177}$$

则

$$0 \leqslant d(f,g)<+\infty, \quad d(f,g)=d(g,f), \tag{178}$$

$$d(f,h) \leqslant d(f,g)+d(g,h), \tag{179}$$

$$d(f,f)=0, \tag{180}$$

$$d(f,g)=0 \Longrightarrow \left(\int |f-g|^2 \,\mathrm{d}\mu\right)^{\frac{1}{2}}=0$$

$$\Longrightarrow f=g \ \ (\text{a.e.}). \tag{181}$$

我们记 $f \sim g$ 当且仅当 $d(f,g)=0$. 显然 $\sim$ 是 $L^2(\mu)$ 上的一个等价关系, 于是 $\sim$ 给出了 $L^2(\mu)$ 的一个划分. 如果 F 和 G 是两个等价类, 选择 $f \in F, g \in G$, 规定

$$d(F,G)=d(f,g). \tag{182}$$

由于若 $f \sim f_1, g \sim g_1$, 则 $d(f,f_1)=0, d(g,g_1)=0$. 从而

$$d(f,g) \leqslant d(f,f_1)+d(f_1,g) \leqslant d(f,f_1)+d(f_1,g_1)+d(g_1,g).$$

由此得出, $d(f,g) \leqslant d(f_1,g_1)$. 同理 $d(f_1,g_1) \leqslant d(f,g)$. 因此 $d(f,g)=d(f_1,g_1)$. 这表明 (182) 式定义的 $d(F,G)$ 是合理的. 有了这个定义, 则 $L^2(\mu)$ 的所有等价类组成的集合是一个度量空间. 若 $f \sim f_1$ 且 $g \sim g_1$, 则

$$d(f+g, f_1+g_1)=\|(f+g)-(f_1+g_1)\| \leqslant \|f-f_1\|+|g-g_1\|=0.$$

$$d(cf, cf_1)=\|cf-cf_1\|=|c|\|f-f_1\|=0.$$

因此若 F,G 是 $L^2(\mu)$ 的两个等价类, 则 $F+G, cF$ 也是 $L^2(\mu)$ 的等价类. 从而 $L^2(\mu)$ 的所有等价类组成的集合是复数域上的一个线性空间.

当 $L^2(\mu)$ 看成是度量空间时, 它的元素不是 X 上的函数, 而是函数的等价类. 为了语言的简化, 习惯上仍把度量空间 $L^2(G)$ 看成函数的空间.

定理 22 $L^2(\mu)$ 是完备的度量空间.

证明 设 (f_n) 是 $L^2(\mu)$ 中的一个 Cauchy 序列, 则对任给 $\varepsilon>0$, 存在一个正整数 N 使得只要 $n>N, m>N$ 就有 $\|f_n-f_m\|<\varepsilon$. 于是存在一个子序列 (f_{n_i}), 其中 $n_1<n_2<\cdots$, 使得

$$\|f_{n_{i+1}}-f_{n_i}\|<2^{-i}, \quad i=1,2,3,\cdots. \tag{183}$$

令

$$g_k=\sum_{i=1}^{k}|f_{n_{i+1}}-f_{n_i}|, \quad g=\sum_{i=1}^{\infty}|f_{n_{i+1}}-f_{n_i}|, \tag{184}$$

由于 (183) 式成立, 因此根据 (175) 式得

$$\|g_k\| \leqslant \sum_{i=1}^{k}\|f_{n_{i+1}}-f_{n_i}\|<\sum_{i=1}^{n}2^{-i}<1, \tag{185}$$

其中 $k=1,2,3,\cdots$. 从 (184) 式看出, $g=\lim\limits_{k\to\infty}\inf g_k=\varliminf\limits_{k\to\infty} g_k$. 根据下极限的运算法则得, $\left(\varliminf\limits_{k\to\infty} g_k\right)^2\leqslant\varliminf\limits_{k\to\infty} g_k^2$. 于是对 (g_k^2) 用本章 §8 的定理 6 (Fatou 引理) 并且利用 (185) 式得

$$\begin{aligned}\|g\|^2&=\int|g|^2\,\mathrm{d}\mu=\int|\varliminf_{k\to\infty} g_k|^2\,\mathrm{d}\mu=\int\left(\varliminf_{k\to\infty} g_k\right)^2\mathrm{d}\mu\\&\leqslant\int\varliminf_{k\to\infty} g_k^2du\leqslant\varliminf_{k\to\infty}\int g_k^2\,\mathrm{d}\mu=\varliminf_{k\to\infty}\|g_k\|^2\leqslant 1.\end{aligned}$$

因此 $\|g\|\leqslant 1$. 特别地, $g(x)<+\infty\ \ $ (a.e.), 于是级数

$$f_{n_1}(x)+\sum_{i=1}^{\infty}\left[f_{n_{i+1}}(x)-f_{n_i}(x)\right]\tag{186}$$

对几乎每个 $x\in X$ 绝对收敛. 对于使 (186) 式收敛的那些 x. 用 $f(x)$ 表示 (186) 式的和; 对于剩下的测度为 0 的集合中的 x, 令 $f(x)=0$. 由于

$$f_{n_1}+\sum_{i=1}^{k-1}\left(f_{i_{n+1}}-f_{n_i}\right)=f_{n_k},\tag{187}$$

因此

$$f(x)=\lim_{k\to\infty}f_{n_k}\quad\text{(a.e.)}.\tag{188}$$

于是我们已经找到了一个函数 f, 它是序列 (f_{n_i}) 几乎处处点式收敛的极限. 现在我们必须证明 $f\in L^2(\mu)$ 且 (f_{n_i}) 依范数收敛到 f. 任给 $\varepsilon>0$, 存在一个正整数 N 使得只要 $n>N$ 且 $m>N$, 就有 $\|f_n-f_m\|<\varepsilon$. 对每一个 $m>N$, 从 (188) 式得出

$$\begin{aligned}|f-f_m|^2&=\left|\varliminf_{i\to\infty} f_{n_i}-f_m\right|^2=\left|\varliminf_{i\to\infty}(f_{n_i}-f_m)\right|^2\\&=\left(\varliminf_{i\to\infty}|f_{n_i}-f_m|\right)^2\leqslant\varliminf_{i\to\infty}|f_{n_i}-f_m|^2.\end{aligned}\tag{189}$$

于是根据 Fatou 引理且

$$\begin{aligned}\int|f-f_m|^2\,\mathrm{d}\mu&\leqslant\int\varliminf_{i\to\infty}|f_{n_i}-f_m|^2\,\mathrm{d}\mu\leqslant\varliminf_{i\to\infty}\int|f_{n_i}-f_m|^2\,\mathrm{d}\mu\\&=\varliminf_{i\to\infty}\|f_{n_i}-f_m\|^2<\varepsilon^2,\end{aligned}\tag{190}$$

从 (190) 式得出 $f-f_m\in L^2(\mu)$, 从而 $f=(f-f_m)+f_m\in L^2(\mu)$, 并且

$$\|f-f_m\|\to 0,\quad 当\ m\to\infty.\tag{191}$$

这证明了: $L^2(\mu)$ 中的每一个 Cauchy 序列 (f_n) 都收敛到 $L^2(\mu)$ 中的元素, 因此 $L^2(\mu)$ 是完备的. □

定理 22 的证明包含了一个有意义的结果, 即如下定理.

定理 23 如果 (f_n) 是 $L^2(\mu)$ 中的一个 Cauchy 序列, 它收敛到 f, 那么 (f_n) 有一个子序列 (f_{n_i}), 它几乎处处点式收敛到 $f(x)$.

$L^2(\mu)$ 上定义的二元函数 (f,g) 虽然只是半内积, 但是我们还是把 $L^2(\mu)$ 看成是一个 Hilbert 空间.

定理 24 设 S 是 x 上的具有下述性质的所有复值可测单函数组成的集合:

$$\mu(\{x|s(x)\neq 0\})<+\infty, \tag{192}$$

则 S 在 $L^2(\mu)$ 中稠密.

证明 根据本章 §8 的定义 13 和它下面的一段话, X 上的复值可测单函数 s 有标准表示: $s=\sum\limits_{j=1}^{n}c_j 1_{A_j}$, 其中 $c_1,c_2,\cdots,c_n$ 是两两不等的复数, $A_j\in\mathscr{A}, j=1,2,\cdots,n$ 且 $A_1,A_2,\cdots,A_n$ 两两不相交. 于是

$$|s|^2=s\bar{s}=\left(\sum_{j=1}^{n}c_j 1_{A_j}\right)\overline{\left(\sum_{k=1}^{n}c_k 1_{A_k}\right)}=\sum_{j=1}^{n}c_j\bar{c_j}1_{A_j}=\sum_{j=1}^{n}|c_j|^2 1_{A_j}.$$

于是根据本章 §8 的定义 15 以及 (192) 式得

$$\int|s|^2\,\mathrm{d}\mu=\sum_{j=1}^{n}|c_j|^2\mu(A_j)<+\infty. \tag{193}$$

因此 $s\in L^2(\mu)$, 从而 $S\subseteq L^2(\mu)$.

设 f 是非负可测函数, 且 $f\in L^2(\mu)$, 根据本章 §8 的引理 4, 存在非负可测单函数序列 (f_n), 使得

$$0\leqslant f_n(x)\leqslant f_{n+1}(x)\leqslant f(x),\quad \forall n\in\mathbb{N}^*,\forall x\in X, \tag{194}$$

并且使得 $\lim\limits_{n\to\infty}f_n(x)=f(x),\forall x\in X$. 由于 $0\leqslant f_n\leqslant f$, 因此 $f_n\in L^2(\mu)$, 从而 f_n 满足 (192) 式, 于是 $f_n\in S$. 由于 $|f-f_n|^2\leqslant f^2$, 因此根据本章 §8 的定理 7(Lebesgue 控制收敛定理) 得

$$\lim_{n\to\infty}\|f-f_n\|^2=\lim_{n\to\infty}\int|f-f_n|^2\,\mathrm{d}\mu=\int\lim_{n\to\infty}|f-f_n|^2\,\mathrm{d}\mu=0,$$

因此 f 属于 S 的闭包.

现在考虑一般情形, 即 f 是复值可测函数且 $f\in L^2(\mu)$. 设 $f=g+\mathrm{i}h$, 其中 g,h 是实值可测函数. 由于 $|f|^2=g^2+h^2$, 因此 $g^2\leqslant|f|^2, h^2\leqslant|f|^2$. 从而 $g,h\in L^2(\mu)$. 由于 $g^+\leqslant|g|, g^-\leqslant|g|$, 因此 $g^+,g^-\in L^2(\mu)$. 同理 $h^+,h^-\in L^2(\mu)$. 根据刚才证得的结论, $g^+,g^-,h^+,h^-\in\bar{S}$. 由于 $g=g^+-g^-, h=h^+-h^-$, 因此从刚才的证明过程可看出: $g,h\in\bar{S}$. 从而 $f\in\bar{S}$. 这证明了 S 在 $L^2(\mu)$ 中稠密. □

定义 28 设 $g: X\to[0,+\infty]$ 是可测的, W 是满足下述条件的所有实数 a 组成的集合:

$$\mu(g^{-1}((a,+\infty]))=0. \tag{195}$$

若 $W=\varnothing$, 则令 $\beta=+\infty$; 若 $W\neq\varnothing$, 则令 $\beta=\inf W$. 由于

$$g^{-1}((\beta,+\infty])=\bigcup_{n=1}^{\infty}g^{-1}\left(\left(\beta+\frac{1}{n},+\infty\right]\right), \tag{196}$$

并且由于测度为 0 的集合的可数并集有测度 0, 因此 $\beta\in W$. 我们称 β 是 g 的**本质上确界** (essential supremam).

如果 f 是 X 上的一个复值可测函数, 那么我们定义 $\|f\|_\infty$ 是 $|f|$ 的本质上确界. 令

$$L^\infty(\mu):=\{f|\|f\|_\infty<+\infty\}. \tag{197}$$

9.12 局部紧的 Hausdorff 拓扑群 G 上的 $L^2(G)$

定理 25 设 X 是局部紧的 Hausdorff 空间, $\mathscr{A}$ 是 X 的子集组成的一个 σ-代数, μ 是 $\mathscr{A}$ 上的一个测度, 它具有 Riesz 表示定理中所叙述的性质, 则 $C_c(X)$ 在 $L^2(\mu)$ 中稠密.

证明 任给 $f \in C_c(X)$, 显然有 $|f|^2 \in C_c(X)$. 设 ν 是 X 上的一个正测度, 则根据 Riesz 表示定理得, $\nu(|f|^2) = \int |f|^2 \,\mathrm{d}\mu$. 由于 ν 是 $C_c(X)$ 上的一个正线性函数, 因此 $0 \leqslant \nu(|f|^2) < +\infty$, 从而 $\int |f|^2 \,\mathrm{d}\mu < +\infty$, 于是 $f \in L^2(\mu)$. 这证明了: $C_c(X) \subseteq L^2(\mu)$. 定义集合 S 如同定理 24 中那样. 根据 Lusin 定理 (参看 [14] 第 56—57 页). 对于 $s \in S$ 和 $\varepsilon > 0$, 存在 $g \in C_c(X)$ 使得 $\mu(\{x|g(x) \neq s(x)\}) < \varepsilon$ 并且 $|g| \leqslant \|s\|_\infty$. 于是 $|g - s| < |g| + |s| \leqslant 2\|s\|_\infty$. 从而

$$\int |g - s|^2 \,\mathrm{d}\mu \leqslant 4(\|s\|_\infty)^2 \varepsilon. \tag{198}$$

由于 $g \in L^2(\mu), s \in L^2(\mu)$, 因此 $g - s \in L^2(\mu)$. 于是从 (198) 式得

$$\|g - s\| \leqslant 2\|s\|_\infty \varepsilon^{\frac{1}{2}}. \tag{199}$$

任给 $f \in L^2(\mu)$, 根据定理 24, 在 S 中存在一个序列 (s_n) 使得 $\lim\limits_{n\to\infty} \|f - s_n\| = 0$, 且 $|s_n| \leqslant |f|$. 根据上一段, 对于 $s_n \in S$ 和 $\varepsilon > 0$, 存在 $g_n \in C_c(X)$ 使得 $\|g_n - s_n\| \leqslant 2\|s_n\|_\infty \varepsilon^{\frac{1}{2}}$. 由于 $|s_n| \leqslant |f|$, 因此 $\|s_n\|_\infty \leqslant \|f\|_\infty$, 从而 $\forall n \in \mathbb{N}^*$, 有 $\|g_n - s_n\| \leqslant 2\|f\|_\infty \varepsilon^{\frac{1}{2}}$. 由于

$$\|f - g_n\| \leqslant \|f - s_n\| + \|s_n - g_n\|,$$

因此 $\lim\limits_{n\to\infty} \|f - g_n\| = 0$. 这表明 f 属于 $C_c(X)$ 的闭包. 因此 $C_c(X)$ 在 $L^2(\mu)$ 中稠密. □

设 G 是局部紧的 Hausdorff 拓扑群, ν 是 G 上的一个左 Haar 测度, 对于 $f \in C_c(G)$, 把 $\nu(f)$ 记作 $\int_G f(x)\,\mathrm{d}x$. 根据 Riesz 表示定理, 存在 G 的子集组成的 σ-代数 $\mathscr{A}$, 它包含 G 的所有 Borel 集, 并且存在 $\mathscr{A}$ 上的唯一一个测度 $\hat{\nu}$, 使得 $\nu(f) = \int_G f\,\mathrm{d}\hat{\nu}$, 即 $\int_G f(x)\,\mathrm{d}x = \int_G f d\hat{\nu}$. 对于 $h \in L^1(\hat{\nu})$ 有 $\int_G h d\hat{\nu}$, 它是一个复数, 我们把 $\int h d\hat{\nu}$ 也记成 $\int_G h(x)\,\mathrm{d}x$, 但是要注意: 当 h 不是 G 上的连续函数时, $\int_G h(x)\,\mathrm{d}x$ 不具有左不变性. 我们把 $L^2(\hat{\nu})$ 记成 $L^2(G)$.

设 $a_1, \cdots, a_n$ 和 $b_1, \cdots, b_n$ 是两组实数, 则

$$\left(\sum_{i=1}^{n} a_i b_i\right)^2 \leqslant \left(\sum_{i=1}^{n} a_i^2 b_i\right)\left(\sum_{j=1}^{n} b_j\right). \tag{200}$$

利用这个不等式可以证明下述结论:

设 $(X, \mathscr{A}, \mu)$ 是一个测度空间, 且 $\mu(X) < +\infty$, 则对于 X 上的非负可测函数 g, 有

$$\left(\int_X g\,\mathrm{d}\mu\right)^2 \leqslant \left(\int_X g^2\,\mathrm{d}\mu\right)\mu(X). \tag{201}$$

证明留给读者 (提示: 先对非负可测单函数证明 (201) 式成立).

命题 27 设 G 是局部紧的 Hausdorff 拓扑群, ν 是 G 上的一个左 Haar 测度, $\mathscr{A}$ 是 Riesz 表示定理中的 σ-代数, μ 是 $\mathscr{A}$ 上任一有界测度, 即 $\mu(G) < +\infty$. 对于 $f \in C_c(G)$, 令

$$(T_\mu f)(x) := \int_G f(y^{-1}x)\,\mathrm{d}\mu(y), \tag{202}$$

则 $T_\mu f \in L^2(G)$, 且 T_μ 是 $C_c(G)$ 到 $L^2(G)$ 的连续线性映射, 有

$$\|T_\mu f\| \leqslant \|f\|\mu(G). \tag{203}$$

证明 对于 $f \in C_c(G)$, 以及每个 $x \in G$, 令 $f_x(y) = f(y^{-1}x)$, 容易看出 f_x 是 G 上的复值连续函数, 因此 f_x 是 $\mathscr{A}$-复值可测函数, 从而 $|f_x|$ 是非负可测函数. 易看出 $f_x \in C_c(G)$. 从而 $f_x \in L^2(G)$. 运用 (201) 式得

$$\left[\int_G |f_x(y)|\,\mathrm{d}\mu(y)\right]^2 \leqslant \left[\int_G |f_x(y)|^2\,\mathrm{d}\mu(y)\right]\mu(G) < +\infty.$$

因此 $f_x \in L^1(G)$. 从而对每个 $x \in G$. (202) 式右端的积分是一个复数. 于是 $T_\mu f$ 是 G 上的一个复值函数.

令 $F(x,y) = f(y^{-1}x)$. 容易看出 $|F(x,y)|$ 是 $G \times G$ 上的非负可测函数. 于是根据本章 §8 的命题 11 和定理 11 (Fubini 定理), (201) 式以及 G 的左 Haar 测度 ν 的左不变性得

$$\begin{aligned}
\int_G |T_\mu f|^2\,\mathrm{d}x &= \int_G \left|\int_G f(y^{-1}x)\,\mathrm{d}\mu(y)\right|^2\,\mathrm{d}x \\
&\leqslant \int_G \left[\int_G |f(y^{-1}x)|\,\mathrm{d}\mu(y)\right]^2\,\mathrm{d}x \\
&\leqslant \int_G \left[\int_G |f(y^{-1}x)|^2\,\mathrm{d}\mu(y)\right]\mu(G)\,\mathrm{d}x \\
&= \mu(G)\int_G \left[\int_G |f(y^{-1}x)|^2\,\mathrm{d}x\right]\mathrm{d}\mu(y) \\
&= \mu(G)\int_G \left[\int_G |f(x)|^2\,\mathrm{d}x\right]\mathrm{d}\mu(y) \\
&= \mu(G)\left[\int_G |f(x)|^2\,\mathrm{d}x\right]\int_G \mathrm{d}\mu(y) \\
&= \mu(G)^2\int_G |f(x)|^2\,\mathrm{d}x \\
&= \mu(G)^2\|f\|^2.
\end{aligned} \tag{204}$$

由于 ν 是 $C_c(G)$ 上的线性函数, 因此

$$\|f\|^2 = \int_G |f(x)|^2\,\mathrm{d}x = \nu(|f|^2) < +\infty,$$

又已知 $\mu(G) < +\infty$, 因此从 (204) 式得 $\displaystyle\int_G |T_\mu f|^2\,\mathrm{d}x < +\infty$. 又 $\displaystyle\int_G |T_\mu f|^2\,\mathrm{d}x = \int_G |T_\mu f|^2\,\mathrm{d}\tilde{\nu}$, 因此 $T_\mu f \in L^2(\tilde{\nu})$, 即 $T_\mu f \in L^2(G)$. 从而 T_μ 是 $C_c(G)$ 到 $L^2(G)$ 的一个

映射. 容易看出 T_μ 是线性映射. 从 (204) 式得, $\forall f \in C_c(G)$, 有

$$\|T_\mu f\| \leqslant \mu(G)\|f\|. \tag{205}$$

从而 $\|T_\mu\| \leqslant \mu(G)\|f\|$. 因此 T_μ 是有界线性映射. 由于 $L^2(G)$ 是一个赋范线性空间, $C_c(G)$ 是 $L^2(G)$ 的一个子空间, 因此根据本节定理 4 得, T_μ 是连续线性映射. □

根据定理 25, $C_c(G)$ 在 $L^2(G)$ 中稠密, 因此可以把 T_μ 的定义域扩展到 $L^2(G)$ 上, 从而得到如下命题.

命题 28 在命题 27 中定义的 T_μ 是 $L^2(G)$ 上的一个连续线性变换, 并且

$$\|T_\mu f\| \leqslant \|f\|\mu(G).$$

命题 29 设 G 是局部紧的 Hausdorff 拓扑群, ν 是 G 上的一个左 Haar 测度, $\tilde{\nu}$ 是 Riesz 表示定理中由 G 的子集组成的 σ-代数 $\mathscr{A}$ 上的测度, 则 $G\times G$ 也是局部紧的 Hausdorff 拓扑群, 且 $\nu\times\nu$ 是 $G\times G$ 上的一个左 Haar 测度, 对一切 $F(x,y)\in L^2(G\times G)$, 有

$$(\nu\times\nu)(F(x,y)) = (\nu\times\nu)(F(y^{-1}x,y)). \tag{206}$$

证明 根据本章 §8 的命题 14 得, $G\times G$ 是局部紧的拓扑空间, 根据本章 §2 的定义 18 下面的一个结论得, $G\times G$ 是 Hausdorff 空间. 从而 $G\times G$ 是局部紧的 Hausdorff 拓扑群.

设 $F(x,y)\in C_c(G\times G)$, 则对每个 $x\in G$, 有 $F_x(y)=F(x,y)\in C_c(G)$; 对每个 $y\in G$, 有 $F^y(x)=F(x,y)\in C_c(G)$. 根据本章 §8 的定义 24 下面的一段话, 由于 $\tilde{\nu}$ 是 G 上的 σ-代数 $\mathscr{A}$ 上的测度, 因此 $\tilde{\nu}\times\tilde{\nu}$ 是 $\mathscr{A}\times\mathscr{A}$ 上的一个测度. 令

$$(\nu\times\nu)(F(x,y)) = \int_{G\times G} F(x,y)\,\mathrm{d}(\tilde{\nu}\times\tilde{\nu}). \tag{207}$$

由于 $|F(x,y)|\in C_c(G\times G)$, 因此根据 Fubini 定理得, $\int_G |F_x(y)|\,\mathrm{d}\tilde{\nu}(y)$ 是 $\mathscr{A}$-可测函数, $\int_G |F^y(x)|\,\mathrm{d}\tilde{\nu}(x)$ 是 $\mathscr{A}$-可测函数, 且

$$\begin{aligned}\int_{G\times G}|F(x,y)|\,\mathrm{d}(\tilde{\nu}\times\tilde{\nu}) &= \int_G\left[\int_G |F_x(y)|\,\mathrm{d}\tilde{\nu}(y)\right]\mathrm{d}\tilde{\nu}(x)\\ &= \int_G\left[\int_G |F^y(x)|\,\mathrm{d}\tilde{\nu}(x)\right]\mathrm{d}\tilde{\nu}(y).\end{aligned} \tag{208}$$

根据 Riesz 表示定理得

$$\int_G |F_x(y)|\,\mathrm{d}\tilde{\nu}(y) = \nu(F_x) < +\infty,$$

$$\int_G |F^y(x)|\,\mathrm{d}\tilde{\nu}(x) = \nu(F^y) < +\infty.$$

因此从 (208) 式得 $\int_{G\times G}|F(x,y)|\,\mathrm{d}(\tilde{\nu}\times\tilde{\nu}) < +\infty$. 从而 $F(x,y)\in L^1(G\times G)$. 于是 $\int_{G\times G} F(x,y)\,\mathrm{d}(\tilde{\nu}\times\tilde{\nu})$ 是一个复数. 因此 $\nu\times\nu$ 是 $C_c(G\times G)$ 上的一个线性函数, 且对于 $F\geqslant 0$, 有 $(\nu\times\nu)(F)\geqslant 0$. 从而 $\nu\times\nu$ 是 $G\times G$ 上的一个正测度. 对于 $s\in G$, 类似于本章 §8 的命题 5 的证法, 运用 §8 的命题 4 可得 $F(sx,sy)$ 是 $G\times G$ 上的复值连续函数,

且 $F(sx,sy)\in C_c(G\times G)$. 由刚才证得的结论可得 $\int_{G\times G}|F(sx,sy)|\,\mathrm{d}(\bar{\nu}\times\bar{\nu})<+\infty$. 于是由 Fubini 定理和 Riesz 表示定理以及 ν 的左不变性得

$$\begin{aligned}&\int_{G\times G}F(sx,sy)\,\mathrm{d}(\tilde{\nu}\times\bar{\nu})\\=&\int_G\left[\int_G F^{sy}(sx)\,\mathrm{d}\tilde{\nu}(x)\right]\mathrm{d}\tilde{\nu}(y)\\=&\int_G\nu(F^{sy}(sx))\,\mathrm{d}\bar{\nu}(y)=\int_G\nu(F^{sy}(x))\,\mathrm{d}\tilde{\nu}(y)\\=&\int_G\left[\int_G F(x,sy)\,\mathrm{d}\tilde{\nu}(x)\right]\mathrm{d}\bar{\nu}(y)=\int_G\left[\int_G F(x,sy)\,\mathrm{d}\bar{\nu}(y)\right]\mathrm{d}\hat{\nu}(x)\\=&\int_G\nu(F_x(sy))\,\mathrm{d}\bar{\nu}(x)=\int_G\nu(F_x(y))\,\mathrm{d}\bar{\nu}(x)\\=&\int_G\left[\int_G F(x,y)\,\mathrm{d}\bar{\nu}(y)\right]\mathrm{d}\bar{\nu}(x)=\int_{G\times G}F(x,y)\,\mathrm{d}(\tilde{\nu}\times\tilde{\nu}).\end{aligned}\tag{209}$$

从 (209) 式和 (207) 式得

$$(\nu\times\nu)(F(sx,sy))=(\nu\times\nu)(F(x,y)).\tag{210}$$

因此 $\nu\times\nu$ 是 $G\times G$ 的左不变测度, 即左 Haar 测度. 于是

$$(\nu\times\nu)(F(x,y))=(\nu\times\nu)(F(y^{-1}x,y)).\tag{211}$$

根据定理 25, $C_c(G\times G)$ 在 $L^2(\tilde{\nu}\times\tilde{\nu})$ (记成 $L^2(G\times G)$) 中稠密, 因此对于 $F(x,y)\in L^2(G\times G)$ 也有 (211) 式成立. □

设 G 是局部紧的 Hausdorff 拓扑群, ν 是 G 上的一个左 Haar 测度, $\tilde{\nu}$ 是 Riesz 表示定理中由 G 的子集组成的 σ-代数 $\mathscr{A}$ 上的测度. 把 $L^1(\tilde{\nu})$ 记为 $L^1(G)$. 设 $f,g\in L^1(G)$. 则由 Fubini 定理得

$$\begin{aligned}\int_{G\times G}|g(x)f(\nu)|\,\mathrm{d}(\tilde{\nu}\times\tilde{\nu})&=\int_G\left[\int_G|g(x)||f(y)|\,\mathrm{d}\bar{\nu}(x)\right]\mathrm{d}\bar{\nu}(y)\\&=\int_G\left\{|f(y)|\left[\int_G|g(x)|\,\mathrm{d}\tilde{\nu}(x)\right]\right\}\mathrm{d}\bar{\nu}(y)\\&=\left[\int_G|g(x)|\,\mathrm{d}\bar{\nu}(x)\right]\left[\int_G|f(y)|\,\mathrm{d}\bar{\nu}(y)\right]<+\infty.\end{aligned}\tag{212}$$

因此 $g(x)f(y)\in L^1(\tilde{\nu}\times\tilde{\nu})$, 把 $L^1(\bar{\nu}\times\bar{\nu})$ 记成 $L^1(G\times G)$. 根据本章 §3 的定义 3 及其下面的一段话得, $(x,y)\mapsto(y^{-1}x,y)$ 是 $G\times G$ 到自身的一个同胚映射. 于是从 (212) 式得

$$\int_{G\times G}|g(y^{-1}x)f(y)|\,\mathrm{d}(\tilde{\nu}\times\tilde{\nu})<+\infty.\tag{213}$$

从而根据 Fubini 定理得, 对几乎所有的 $x\in G$, 有

$$\int_G|g(y^{-1}x)f(y)|\,\mathrm{d}\bar{\nu}(y)<+\infty,\tag{214}$$

因此 $g(y^{-1}x)f(y)\in L^1(G)$, 于是 $\int_G g(y^{-1}x)f(y)\,\mathrm{d}\tilde{\nu}(y)$ 是一个复数: 对于 G 上的非

负可测函数 $|f|$, 令

$$\mu(A) = \int_A |f|\,\mathrm{d}\tilde{\nu}, \quad \forall A \in \mathscr{A}, \tag{215}$$

则根据本章 §8 的推论 3 得, μ 是 $\mathscr{A}$ 上的一个测度, 并且对于 G 上的每个非负可测函数 h, 有

$$\int_G h\,\mathrm{d}\mu = \int_G h|f|\,\mathrm{d}\tilde{\nu}. \tag{216}$$

特别地, 对于 1_G, 有

$$\mu(G) = \int_G 1_G\,\mathrm{d}\mu = \int_G 1_G|f|\,\mathrm{d}\tilde{\nu} = \int_G |f|\,\mathrm{d}\tilde{\nu} < +\infty. \tag{217}$$

进一步设 $g = L^2(G)$, 根据命题 27, T_μ 是 $L^2(G)$ 上的一个连续线性变换, 于是 $T_\mu g \in L^2(G)$. 根据 T_μ 的定义 (202) 式,

$$(T_\mu g)(x) = \int_G g(y^{-1}x)\,\mathrm{d}\mu(y). \tag{218}$$

根据 (216) 式和 (214) 式得, 对几乎所有的 $x \in G$, 有

$$\int_G |g(y^{-1}x)|\,\mathrm{d}\mu(y) = \int_G |g(y^{-1}x)|\,|f(y)|\,\mathrm{d}\tilde{\nu}(y) < +\infty. \tag{219}$$

令 $g_x(y) = g(y^{-1}x)$, 则从 (219) 式得, 对几乎所有的 $x \in G$ 有 $g_x \in L^1(\mu)$. 从而 $\int_G g_x(y)\,\mathrm{d}\mu(y)$ 是一个复数, 即 $\int_G g(y^{-1}x)\,\mathrm{d}\mu(y)$ 是一个复数. 根据本章 §8 的推论 4 得, 对几乎所有的 $x \in G$, 有

$$\begin{aligned}\int_G g(y^{-1}x)\,\mathrm{d}\mu(y) &= \int_G g_x(y)\,\mathrm{d}\mu(y) = \int_G g_x(y)|f(y)|\,\mathrm{d}\tilde{\nu}(y) \\ &= \int_G g(y^{-1}x)|f(y)|\,\mathrm{d}\tilde{\nu}(y).\end{aligned} \tag{220}$$

把 $\int_G g(y^{-1}x)|f(y)|\,\mathrm{d}\tilde{\nu}(y)$ 记成 $\int_G g(y^{-1}x)|f(y)|\,\mathrm{d}y$, 则从 (200) 式得, 对几乎所有的 $x \in G$, $\int_G g(y^{-1}x)|f(y)|\,\mathrm{d}y$ 是一个复数. 令

$$(f * g)(x) := \int_G g(y^{-1}x)|f(y)|\,\mathrm{d}y, \tag{221}$$

则 $f*g$ 是 G 上的一个复值函数, 它几乎处处有定义, 称 $f*g$ 是 f 与 g 的**卷积**, 其中 $f \in L^1(G), g \in L^2(G)$. 从 (218) 式 (220) 式和 (221) 式得, 对几乎所有的 $x \in G$, 有

$$(T_\mu g)(x) = (f * g)(x), \tag{222}$$

由于 $T_\mu g \in L^2(G)$, 因此 $f * g \in L^2(G)$. 于是我们证明了下述命题.

命题 30 设 G 是局部紧的 Hausdorff 拓扑群, ν 是 G 上的一个左 Haar 测度, 对于 $f \in L^1(G), g \in L^2(G)$, 令

$$(f * g)(x) := \int_G g(y^{-1}x)|f(y)|\,\mathrm{d}y, \tag{223}$$

则 $f * g$ 几乎处处有定义, 称 $f * g$ 是 f 与 g 的**卷积**, 并且 $f * g \in L^2(G)$. □

9.13 Peter-weyl 定理的证明

现在我们来证明 Peter-Weyl 定理.

定理 26 (Peter-Weyl 定理) 设 G 是紧群, ν 是 G 上的左 (右) Haar 测度且 ν 具有规范性, 则在 $L^2(G)$ 中, G 的所有有限维不可约酉表示的矩阵元素生成的子空间在 $L^2(G)$ 中稠密.

证明 设 (φ, V) 是紧群 G 的一个有限维不可约酉表示, 任意给定 $\varphi, \beta \in V$, 令 $f(x) = (\varphi(x)\alpha, \beta)$, 则 $f(x)$ 是 φ 的矩阵元素, 它是 G 上的复值连续函数. 任给 $s \in G$,

$$f(sx) = (\varphi(sx)\alpha, \beta) = (\varphi(s)\varphi(x)\alpha, \beta) = (\varphi(x)\alpha, \varphi(s^{-1})\beta),$$

$$f(xs) = (\varphi(xs)\alpha, \beta) = (\varphi(x)\varphi(s)\alpha, \beta),$$

$$\overline{f(x^{-1})} = \overline{\varphi(x^{-1}\alpha, \beta)} = \overline{(\alpha, \varphi(x)\beta)} = (\varphi(x)\beta, \alpha).$$

于是 $f(sx), f(xs), \overline{f(x^{-1})}$ 都是 φ 的矩阵元素. 因此由紧群 G 的有限维不可约酉表示的矩阵元素生成的 $L^2(G)$ 的子空间的闭包 U 在 G 的左平移、右平移以及映射 $f(x) \mapsto \overline{f(x^{-1})}$ 之下不变. 由于 $L^2(G)$ 是 Hilbert 空间, 且 U 是闭子空间, 因此根据本节的定理 2 得

$$L^2(G) = U \oplus U^{\perp}. \tag{224}$$

根据本节定理 1 上面的一段话得, $U^{\perp}$ 也是 $L^2(G)$ 的闭子空间.

假如 $U \neq L^2(G)$, 则 $U^{\perp} \neq 0$. 于是存在 G 上的一个非零复值函数 $k \in U^{\perp}$, 从而 $k \in L^2(G)$. 设 W 是 G 的单位元 e 的一个开邻域. 令

$$F_W(x) = \frac{1}{\nu(W)} \int_G k(y^{-1}x) 1_W(y) \, \mathrm{d}y. \tag{225}$$

由于 $1_W \in L^1(G), k \in L^2(G)$, 因此根据命题 29 得 $F_W = \dfrac{1}{\nu(W)}(1_W * k)$, 且 $F_W \in L^2(G)$. 根据定理 25, $C_c(G)$ 在 $L^2(G)$ 中稠密, 于是 $F_W \in \overline{C_c(G)}$. 根据本节命题 4 得, $C_c(G)$ 中存在一个网 $\{f_i^W\}$ 使得 $f_i^W \to F_W$, 即对于 $L^2(G)$ 的每一个含有 F_W 的开子集 Ω_W, 都存在一个 $i_0 = i_0(\Omega_W)$, 使得 $\forall i \geqslant i_0$ 有 $f_i^W \in \Omega_W$. 又由于当 W 缩至 $\{e\}$ 时, F_W 在 $L^2(G)$ 中收敛到

$$\frac{1}{\nu(\{e\})} k(x) \nu(\{e\}) = k(x).$$

由于 $k \neq 0$, 因此存在 e 的一个开邻域 W 使得 $F_W \neq 0$. 对于这个 W, 根据上面所讲的内容, $f_i^W \to F_W$. 由于 $k \in U^{\perp}$ 且 $U^{\perp}$ 是闭子空间, 因此有非零的 $f_j^W \in U^{\perp}$, 从而 $U^{\perp}$ 中有非零连续函数. 由于 U 在 G 的左 (右) 平移下不变, 因此 $U^{\perp}$ 也在 G 的左 (右) 平移下不变. 从而可假设 $U^{\perp}$ 中有非零连续函数 F_1, 使得 $F_1(e)$ 是不等于 0 的实数. 设

$$F_2(x) = \int_G F_1(yxy^{-1}) \, \mathrm{d}y, \tag{226}$$

$$F(x) = F_2(x) + \overline{F_2(x^{-1})}, \tag{227}$$

根据本章习题 6.5 的第 1 题得, $F_2(x)$ 是 G 上的复值连续函数, 从而 $F(x)$ 是 G 上的复值连续函数. 由于 $F_1 \in U^{\perp}$, 因此对于任意 $f \in U$, 有 $0 = (F_1, f) = \displaystyle\int_G F_i(x)\overline{f(x)} \, \mathrm{d}x$. 从而运用 Fubini 定理得

$$(F_2, f) = \int_G F_2(x)\overline{f(x)} \, \mathrm{d}x = \int_G \left[\int_G F_1(yxy^{-1}) \, \mathrm{d}y\right] \overline{f(x)} \, \mathrm{d}x$$

$$= \int_G \left[\int_G F_1(yxy^{-1})\overline{f(x)}\,\mathrm{d}y\right] \mathrm{d}x = \int_G \left[\int_G F_1(yxy^{-1})\overline{f(x)}\,\mathrm{d}x\right] \mathrm{d}y$$

$$= \int_G \left[\int_G F_1(x)\overline{f(x)}\,\mathrm{d}x\right] \mathrm{d}y = \int_G 0\,\mathrm{d}y = 0. \tag{228}$$

因此 $F_2 \in U^{\perp}$. 由于 $U^{\perp}$ 在映射 $g(x) \mapsto \overline{g(x^{-1})}$ 下不变, 因此 $\overline{F_2(x^{-1})} \in U^{\perp}$. 从而 $F(x) \in U^{\perp}$, 并且

$$F(e) = F_2(e) + \overline{F_2(e)} = \int_G F_1(yey^{-1})\,\mathrm{d}y + \overline{\int_G F_1(yey^{-1})\,\mathrm{d}y}$$

$$= F_1(e) + \overline{F_1(e)} = 2F_1(e). \tag{229}$$

$\forall s \in G$, 有

$$F_2(sxs^{-1}) = \int_G F_1(ysxs^{-1}y^{-1})\,\mathrm{d}y = \int_G F_1((ys)x(ys)^{-1})\,\mathrm{d}y = F_2(x). \tag{230}$$

设 $k(x,y) = F(x^{-1}y)$, 则

$$k(x,y) = F(x^{-1}y) = F_2(x^{-1}y) + \overline{F_2(y^{-1}x)} = \overline{F(y^{-1}x)} = \overline{k(y,x)}, \tag{231}$$

对于 $f \in L^2(G)$, 定义

$$(\boldsymbol{T}f)(x) := \int_G k(x,y)f(y)\,\mathrm{d}y, \tag{232}$$

令 $k_x(y) = k(x,y) = F(x^{-1}y)$, 由于 F 是 G 上的复值连续函数, 因此 k_x 是 G 上的复值连续函数, 从而 k_x 是 G 上的复值可测函数, 又 f 是 G 上的复值可测函数, 因此根据本章 §8 的命题 6 得, $k_x f$ 是 G 上的复值可测函数, 从而对每个 $x \in G$, (232) 式右端的积分有意义. 类似地可知, $k(x,y)f(y)$ 是 $G \times G$ 上的复值可测函数, 从而 $|k(x,y)f(y)|^2$ 是 $G \times G$ 上的非负可测函数. 运用 Fubini 定理得

$$\begin{aligned}\int_{G\times G} |k(x,y)f(y)|^2\,\mathrm{d}x\,\mathrm{d}y &= \int_{G\times G} F(x^{-1}y)F(y^{-1}x)|f(y)|^2\,\mathrm{d}x\,\mathrm{d}y \\ &= \int_G \left[\int_G F(x^{-1}y)F(y^{-1}x)|f(y)|^2\,\mathrm{d}x\right] \mathrm{d}y \\ &= \int_G |f(y)|^2 \left[\int_G F(x^{-1})F(x)\,\mathrm{d}x\right] \mathrm{d}y \\ &= \left[\int_G |F(x)|^2\,\mathrm{d}x\right] \int_G |f(y)|^2\,\mathrm{d}y < +\infty.\end{aligned} \tag{233}$$

因此 $k(x,y)f(y) \in L^2(G \times G)$, 并且仍用 Fubini 定理得

$$\int_G \left[\int_G |k(x,y)f(y)|^2\,\mathrm{d}y\right] \mathrm{d}x = \int_{G\times G} |k(x,y)f(y)|^2\,\mathrm{d}x\,\mathrm{d}y < +\infty. \tag{234}$$

从而对每个 $x \in G$, 有

$$\int_G |k(x,y)f(y)|^2\,\mathrm{d}y < +\infty. \tag{235}$$

运用 (201) 式得

$$\left[\int_G |k(x,y)f(y)|\,\mathrm{d}y\right]^2 \leqslant \left[\int_G |k(x,y)f(y)|^2\,\mathrm{d}y\right] \nu(G) < +\infty. \tag{236}$$

因此 $\int_G |k(x,y)f(y)|\,\mathrm{d}y < +\infty$. 从而 $k(x,y)f(y) \in L^1(G)$. 于是对每个 $x \in G$, 都有

$\int_G k(x,y)f(y)\,\mathrm{d}y$ 是一个复数. 因此 $\boldsymbol{T}f$ 是 G 上的一个复值函数. 根据本章 §8 的命题 11 和 (236) 式、(234) 式得

$$\begin{aligned}\int_G |If|^2\,\mathrm{d}x &= \int_G \left|\int_G k(x,y)f(y)\,\mathrm{d}y\right|^2 \mathrm{d}x\\ &\leqslant \int_G \left[\int_G |k(x,y)f(y)|\,\mathrm{d}y\right]^2 \mathrm{d}x\\ &\leqslant \int_G \left[\int_G |k(x,y)f(y)|^2\,\mathrm{d}y\right] \mathrm{d}x < +\infty.\end{aligned} \tag{237}$$

因此 $\boldsymbol{T}f \in L^2(G)$. 从而 $\boldsymbol{T}$ 是 $L^2(G)$ 上的一个变换, 显然, $\boldsymbol{T}$ 是线性变换. 由于对任意 $f_1, f_2 \in L^2(G)$, 有

$$\begin{aligned}(f_1, \boldsymbol{T}f_2) &= \int_G f_1\overline{(\boldsymbol{T}f_2)}\,\mathrm{d}x = \int_G f_1(x)\left[\int_G \overline{k(x,y)f_2(y)}\,\mathrm{d}y\right]\mathrm{d}x\\ &= \int_G f_1(x)\left[\int_G k(y,x)\overline{f_2(y)}\,\mathrm{d}y\right]\mathrm{d}x\\ &= \int_G \left[\int_G f_1(x)k(y,x)\,\mathrm{d}x\right]\overline{f_2(y)}\,\mathrm{d}y\\ &= \int_G (\boldsymbol{T}f_1)(y)\overline{f_2(y)}\,\mathrm{d}y = (\boldsymbol{T}f_1, f_2),\end{aligned} \tag{238}$$

因此 $\boldsymbol{T}$ 是自伴随变换.

下面我们来证明 $\boldsymbol{T}$ 是紧线性变换, 为此首先证 $\boldsymbol{T}$ 是完全连续的.

设 (f_n) 是 $L^2(G)$ 中弱收敛于 f 的一个序列, 则对于任意 $l \in [L^2(G)]^*$ 有 $l(f_n) \to l(f)$. 从而

$$\sup_n\{|l(f_n)|\} < +\infty, \quad \forall l \in [L^2(G)]^*.$$

由于 $f_n^{**}(l) = l(f_n)$, 因此 $\sup\limits_n\{|f_n^{**}(l)|\} < +\infty, \forall l \in [L^2(G)]^*$. 于是对于 $[L^2(G)]^*$ 到 $\mathbb{C}$ 的一族有界线性映射 $\{f_n^{**}|n = 1, 2, \cdots\}$ 用一致有界原理 (即定理 6) 得, 存在正实数 M 使得

$$\|f_n^{**}\| \leqslant M, \quad n = 1, 2, \cdots. \tag{239}$$

根据命题 3 得 $\|f_n\| = \|f_n^{**}\| \leqslant M, n = 1, 2, \cdots$. 于是

$$|f_n(y)| \leqslant M, \quad n = 1, 2, \cdots, \forall y \in G. \tag{240}$$

由于紧群 G 上的不变积分是线性函数, 因此

$$\int_G k(x,y)[g_1(y) + g_2(y)]\,\mathrm{d}y = \int_G k(x,y)g_1(y)\,\mathrm{d}y + \int_G k(x,y)g_2(y)\,\mathrm{d}y,$$

$$\int_G k(x,y)ag(y)\,\mathrm{d}y = a\int_G k(x,y)g(y)\,\mathrm{d}y.$$

从而由 (f_n) 弱收敛到 f 得出

$$\int_G k(x,y)f_n(y)\,\mathrm{d}y \to \int_G k(x,y)f(y)\,\mathrm{d}y, \text{ 当 } n \to \infty. \tag{241}$$

记 $b = \int_G |F(y)|\,\mathrm{d}y$, 则对于任意正整数 n 有

$$\begin{aligned}\left|\int_G k(x,y)f_n(y)\,\mathrm{d}y\right| &\leqslant \int_G |k(x,y)|\,|f_n(y)|\,\mathrm{d}y\\&\leqslant \int_G |F(x^{-1}y)|M\,\mathrm{d}y\\&= M\int_G |F(y)|\,\mathrm{d}y = Mb.\end{aligned}\tag{242}$$

由于 $\int_G Mb\,\mathrm{d}x = Mb$, 因此 Mb 是可积函数. 运用本章 §8 的定理 7(Lebesgue 控制收敛定理) 得

$$\begin{aligned}\lim_{n\to\infty}\|\boldsymbol{T}f_n\| &= \lim_{n\to\infty}\left[\int_G\left|\int_G k(x,y)f_n(y)\,\mathrm{d}y\right|^2\mathrm{d}x\right]^{\frac{1}{2}}\\&= \left[\int_G\lim_{n\to\infty}\left|\int_G k(x,y)f_n(y)\,\mathrm{d}y\right|^2\mathrm{d}x\right]^{\frac{1}{2}}\\&= \left[\int_G\left|\int_G k(x,y)f(y)\,\mathrm{d}y\right|^2\mathrm{d}x\right]^{\frac{1}{2}}\\&= \|\boldsymbol{T}f\|.\end{aligned}\tag{243}$$

因此 $\boldsymbol{T}$ 是完全连续的, 又根据例 1, Hilbert 空间是自反的. 于是根据命题 11 得, $\boldsymbol{T}$ 是紧线性变换, 从而 $\boldsymbol{T}$ 是紧自伴随变换.

由于 $F\neq 0$, 因此 $\boldsymbol{T}\neq\boldsymbol{0}$. 从而根据引理 5 得, $\boldsymbol{T}$ 有非零特征值 λ, 且 λ 是实数. 根据命题 20, $\boldsymbol{T}$ 的属于 λ 的特征子空间 $V_\lambda = \mathrm{Ker}\,(\boldsymbol{T}-\lambda\boldsymbol{T})$ 是有限维的, 对于 G 的正则表示 ρ, 任给 $s\in G, \rho(s)$ 诱导了 $L^2(G)$ 上的一个线性变换, 记作 $\tilde{\rho}(s):\ [\tilde{\rho}(s)f](x) = f(sx)$. 任取 $f\in V_\lambda$, 记 $g_s = \tilde{\rho}(s)f$, 则 $g_s(x) = [\tilde{\rho}(s)f](x) = f(sx)$. 于是有

$$\begin{aligned}[\boldsymbol{T}(\tilde{\rho}(s)f)](x) &= (\boldsymbol{T}g_s)(x) = \int_G k(x,y)g_s(y)\,\mathrm{d}y\\&= \int_G F(x^{-1}y)f(sy)\,\mathrm{d}y = \int_G F(x^{-1}s^{-1}t)f(t)\,\mathrm{d}t\\&= \int_G F((sx)^{-1}y)f(y)\,\mathrm{d}y = (\boldsymbol{T}f)(sx)\\&= (\lambda f)(sx) = \lambda f(sx) = \lambda(\tilde{\rho}(s)f)(x).\end{aligned}\tag{244}$$

由此得出 $\boldsymbol{T}(\tilde{\rho}(s)f) = \lambda(\tilde{\rho}(s)f)$. 从而 $\tilde{\rho}(s)f\in V_\lambda$, 因此 V_λ 是 G 的正则表示 ρ 诱导的表示 $\tilde{\rho}$ 的不变子空间. 于是 $\tilde{\rho}$ 可以限制到 V_λ 上. 由于 V_λ 是有限维的, 因此 $\tilde{\rho}|V_\lambda$ 是 G 的有限维复表示. 由于对任意 $f_1, f_2\in L^2(G)$, 有

$$\begin{aligned}(\tilde{\rho}(s)f_1, \tilde{\rho}(s)f_2) &= \int_G [\tilde{\rho}(s)f_1](x)\overline{[\tilde{\rho}(s)f_2](x)}\,\mathrm{d}x\\&= \int_G f_1(sx)\overline{f_2(s(x))}\,\mathrm{d}x = \int_G f_1(x)\overline{f_2(x)}\,\mathrm{d}x\\&= (f_1, f_2),\end{aligned}\tag{245}$$

因此 $\tilde{\rho}(s)$ 是 $L^2(G)$ 上的酉变换, 从而 $\tilde{\rho}$ 是 G 的一个酉表示. 于是 $\tilde{\rho}|V_\lambda$ 是 G 的一个

酉表示. 由于 G 的酉表示是完全可约的, 因此 $\tilde{\rho}|V_\lambda$ 有不可约的子表示, 其表示空间记作 W_λ, 显然 $W_\lambda \neq 0$. W_λ 是 $L^2(G)$ 的闭子空间, 因此根据本章 §2 的命题 7 得, W_λ 是完备的. 从而 W_λ 也是一个 Hilbert 空间, 在 W_λ 中取一个标准正交基 $\eta_1, \cdots, \eta_n$, 设 $(\tilde{\rho}|W_\lambda)(s)$ 在 W_λ 的这个基下的矩阵的 (i, j) 元记作 $h_{ij}(s)$, 则

$$\begin{aligned} h_{ij}(s) &= (\tilde{\rho}(s)\eta_j, \eta_i) = \int_G (\tilde{\rho}(s)\eta_j)(x)\overline{\eta_i(x)}\,\mathrm{d}x \\ &= \int_G \eta_j(sx)\overline{\eta_i(x)}\,\mathrm{d}x. \end{aligned} \tag{246}$$

根据 U 的定义, $h_{ij}(s) \in U$. 另一方面, 由于 $F \in U^\perp$, 因此

$$\begin{aligned} 0 &= (F, h_{ij}) = \int_G F(s)\overline{h_{ij}(s)}\,\mathrm{d}s \\ &= \int_G F(s)\overline{\int_G \eta_j(sx)\overline{\eta_i(x)}\,\mathrm{d}x}\,\mathrm{d}s = \int_G\int_G F(s)\overline{\eta_j(sx)}\eta_i(x)\,\mathrm{d}x\,\mathrm{d}s \\ &= \int_G \left[\int_G F(s)\overline{\eta_j(sx)}\,\mathrm{d}s\right]\eta_i(x)\,\mathrm{d}x = \int_G \left[\int_G F(tx^{-1})\overline{\eta_j(t)}\,\mathrm{d}t\right]\eta_i(x)\,\mathrm{d}x \\ &= \int_G \left[\int_G F(xt^{-1})\eta_i(x)\,\mathrm{d}x\right]\overline{\eta_j(t)}\,\mathrm{d}t = \int_G \left[\int_G F(t^{-1}x)\eta_i(x)\,\mathrm{d}x\right]\overline{\eta_j(t)}\,\mathrm{d}t \\ &= \int_G (\boldsymbol{T}\eta_i)(t)\overline{\eta_j(t)}\,\mathrm{d}t = \int_G (\lambda\eta_i)(t)\overline{\eta_j(t)}\,\mathrm{d}t \\ &= \lambda(\eta_i, \eta_j), \end{aligned} \tag{247}$$

从 (247) 式得 $0 = \lambda(\eta_1, \eta_1) = \lambda$, 这与 $\lambda \neq 0$ 矛盾. 因此 $U = L^2(G)$. □

习题解答或提示

习题 1.1

1. (1) 直接验证 f 保持运算.

(2) $x \in \operatorname{Ker} f \Longleftrightarrow \mathrm{e}^{2\pi \mathrm{i} x} = 1 \Longleftrightarrow x \in \mathbb{Z}$, 因此 $\operatorname{Ker} f = \mathbb{Z}$. $\operatorname{Im} f$ 是复平面上的单位圆, 记作 C.

(3) 根据群同态基本定理得 $\mathbb{R}/\mathbb{Z} \cong C$.

2. (1) 直接验证 ψ 保持乘法运算.

(2) $z \in \operatorname{Ker} \psi \Longleftrightarrow \dfrac{z}{|z|} = 1 \Longleftrightarrow z \in \mathbb{R}^+$, 因此 $\operatorname{Ker} \psi = \mathbb{R}^+$. 由于 $\left|\dfrac{z}{|z|}\right| = 1$, 因此 $\operatorname{Im} \psi$ 是复平面上的单位圆 C.

(3) 根据群同态基本定理得 $\mathbb{C}^*/\mathbb{R}^+ \cong C$.

3. 显然, 行列式函数 det 是 $\mathrm{GL}_n(F)$ 到 F^* 的一个同态映射, 且 det 是满射. 因此 $\operatorname{Im}(\det) = F^*$. 由 $\mathrm{SL}_n(F)$ 的定义立即得到 $\operatorname{Ker}(\det) = \mathrm{SL}_n(F)$. 因此 $\mathrm{SL}_n(F) \lhd \mathrm{GL}_n(F)$. 由群同态基本定理得 $\mathrm{GL}_n(F)/\mathrm{SL}_n(F) \cong F^*$.

习题 1.2

1. 用 V 表示平面上以定点 O 为起点的所有定位向量组成的实线性空间. 令

$$\varphi : (\mathbb{R}, +) \to \mathrm{GL}(V)$$

$$t \mapsto \sigma_t,$$

其中 σ_t 是平面上绕点 O 转角为 t 的旋转. 由于

$$\varphi(t+u) = \sigma_{t+u} = \sigma_t \sigma_u,$$

因此 φ 是 $(\mathbb{R}, +)$ 的一个 2 次实表示.

2. 取 $V = \mathbb{R}_n[x]$. 任给 $a \in \mathbb{R}$, 令 $\boldsymbol{T}_a(f(x)) = f(x+a)$, 则 $\boldsymbol{T}_a \in \mathrm{GL}(V)$. 令 $\varphi(a) = \boldsymbol{T}_a$, 则 φ 是 $(\mathbb{R}, +)$ 的一个 n 次实表示. 在 $\mathbb{R}_n[x]$ 中取一个基 $1, x, x^2, \cdots,$

x^{n-1}. 由于

$$\begin{aligned}
&\varphi(a)1=\boldsymbol{T}_a(1)=1,\quad \varphi(a)x=\boldsymbol{T}_a(x)=x+a,\\
&\varphi(a)x^2=\boldsymbol{T}_a(x^2)=(x+a)^2=x^2+2ax+a^2,\\
&\cdots\cdots\cdots\cdots\\
&\varphi(a)x^{n-1}=\boldsymbol{T}_a(x^{n-1})=(x+a)^{n-1}\\
&\qquad\qquad=x^{n-1}+\mathrm{C}_{n-1}^{1}x^{n-2}a+\cdots+\mathrm{C}_{n-1}^{n-2}xa^{n-2}+a^{n-1},
\end{aligned}$$

因此

$$\Phi(a)=\begin{pmatrix}
1 & a & a^2 & \cdots & a^{n-1}\\
0 & 1 & 2a & \cdots & \mathrm{C}_{n-1}^{n-2}a^{n-2}\\
0 & 0 & 1 & \cdots & \mathrm{C}_{n-1}^{n-3}a^{n-3}\\
0 & 0 & 0 & \cdots & \mathrm{C}_{n-1}^{n-4}a^{n-4}\\
\vdots & \vdots & \vdots & & \vdots\\
0 & 0 & 0 & \cdots & \mathrm{C}_{n-1}^{1}a\\
0 & 0 & 0 & \cdots & 1
\end{pmatrix}.$$

3. 取 $V=\mathbb{R}[x]$, 任给 $a\in\mathbb{R}$, 令 $\boldsymbol{T}_a(f(x))=f(x+a)$, 则 $\boldsymbol{T}_a\in\mathrm{GL}(V)$. 令 $\varphi(a)=\boldsymbol{T}_a$, 则 φ 是 $(\mathbb{R},+)$ 的一个无限维实表示.

4. 例 1 中, $x\in\mathrm{Ker}(f_a)\Longleftrightarrow f_a(x)=1\Longleftrightarrow \mathrm{e}^{ax}=1$. 当 $a\neq 0$ 时, $x\in\mathrm{Ker}(f_a)\Longleftrightarrow \mathrm{e}^{ax}=1\Longleftrightarrow ax=0\Longleftrightarrow x=0$. 因此 f_a 是忠实的. 当 $a=0$ 时, $\mathrm{Ker}(f_0)=\mathbb{R}$, 因此 f_0 是平凡的, 从而不是忠实的.

例 2 中, $x\in\mathrm{Ker}(f_a)\Longleftrightarrow \mathrm{e}^{\mathrm{i}ax}=1$. 当 $a=0$ 时, $\mathrm{Ker}(f_0)=\mathbb{R}$, 从而 f_0 是平凡的, 不是忠实的. 当 $a\neq 0$ 时, 设 $a=a_1+\mathrm{i}a_2$, 其中 $a_1,a_2\in\mathbb{R}$, 且 a_1,a_2 不全为 0. $\mathrm{e}^{\mathrm{i}ax}=\mathrm{e}^{\mathrm{i}(a_1+\mathrm{i}a_2)x}=\mathrm{e}^{-a_2x}[\cos(a_1x)+\mathrm{i}\sin(a_1x)]$ 于是 $\mathrm{e}^{\mathrm{i}ax}=1\Longleftrightarrow \mathrm{e}^{-a_2x}=1$ 且 $a_1x=2k\pi, k\in\mathbb{Z}$. 若 $a_2\neq 0$, 则 $\mathrm{e}^{\mathrm{i}ax}=1\Longleftrightarrow x=0$. 从而 f_a 是忠实的. 若 $a_2=0$. 则 $\mathrm{e}^{\mathrm{i}ax}=1\Longleftrightarrow x=\dfrac{2k\pi}{a_1}, k\in\mathbb{Z}$. 从而 f_a 不是忠实的.

例 3 中, $t\in\mathrm{Ker}\,\Phi\Longleftrightarrow \Phi(t)=I\Longleftrightarrow t=2k\pi, k\in\mathbb{Z}$. 因此 Φ 不是忠实的.

例 4 中, $a\in\mathrm{Ker}\,\varphi\Longleftrightarrow \boldsymbol{T}_a=\boldsymbol{I}$

$$\begin{aligned}
&\Longleftrightarrow f(x+a)=f(x),\quad \forall f(x)\in\mathbb{R}_n[x]\\
&\Longrightarrow x+a=x\\
&\Longrightarrow a=0.
\end{aligned}$$

因此 φ 是忠实的.

从例 3 可知, 第 1 题的 $(\mathbb{R},+)$ 的 2 次实表示不是忠实的.

从例 4 可知, 第 2 题的 $(\mathbb{R},+)$ 的 n 次实矩阵表示和第 3 题的 $(\mathbb{R},+)$ 的无限维实表示都是忠实的.

5. 显然 φ_λ 是 $(\mathbb{Z},+)$ 到 $\mathbb{C}^*$ 的一个映射. 由于

$$\varphi_\lambda(n+m)=\lambda^{n+m}=\lambda^n\lambda^m=\varphi_\lambda(n)\varphi_\lambda(m),$$

因此 φ_λ 是 $(\mathbb{Z},+)$ 的一个 1 次复表示.

$$n\in \operatorname{Ker}\varphi_\lambda \Longleftrightarrow \lambda^n=1,$$

于是

$$\begin{aligned}\varphi_\lambda \text{ 是忠实的} &\Longleftrightarrow \forall n\in\mathbb{Z}^* \text{ 都有 } \lambda^n\neq 1\\ &\Longleftrightarrow \lambda \text{ 不是 } m \text{ 次单位根}, \forall m\in\mathbb{N}^*.\end{aligned}$$

6. L_a 是 $\mathbb{R}[x]$ 到自身的一个映射. 由于 x 用 ax 代入是保持加法和乘法运算的, 因此 L_a 是 $\mathbb{R}[x]$ 上的线性变换. 当 $a=0$ 时, $L_0(x)=0, L_0(x^2)=0$, 因此 L_0 不是单射. 从而 L_0 不可逆. 于是 φ 不是 $(\mathbb{R},+)$ 的实表示.

同理, S_a 是 $\mathbb{R}[x]$ 上的线性变换. 由于

$$\begin{aligned}(S_{-a}S_a)(f(x)) &= S_{-a}(f(\mathrm{e}^a x)) = f(\mathrm{e}^{-a}(\mathrm{e}^a x))\\ &= f(x), \quad \forall f(x)\in\mathbb{R}[x],\end{aligned}$$

因此 S_a 可逆. 由于

$$\begin{aligned}\psi(a+b)(f(x)) &= S_{a+b}(f(x)) = f(\mathrm{e}^{a+b}x) = f(\mathrm{e}^a\mathrm{e}^b x)\\ &= S_a(f(\mathrm{e}^b x)) = S_a(S_b(f(x))) = (S_aS_b)(f(x))\\ &= (\psi(a)\psi(b))(f(x)), \quad \forall f(x)\in\mathbb{R}[x],\end{aligned}$$

因此 $\psi(a+b)=\psi(a)\psi(b)$. 从而 ψ 是 $(\mathbb{R},+)$ 的一个无限维实表示.

7. 例 3 构造的 $(\mathbb{R},+)$ 的 2 次实矩阵表示 Φ 为

$$\Phi(t)=\begin{pmatrix}\cos t & -\sin t\\ \sin t & \cos t\end{pmatrix}, \quad \forall t\in\mathbb{R}.$$

第 2 题构造的 $(\mathbb{R},+)$ 的 2 次实矩阵表示 Ψ 为

$$\Psi(t)=\begin{pmatrix}1 & t\\ 0 & 1\end{pmatrix}, \quad \forall t\in\mathbb{R}.$$

由于 $\operatorname{tr}(\Phi(t))=2\cos t, \operatorname{tr}(\Psi(t))=2$, 因此当 $t\neq 2k\pi(k\in\mathbb{Z})$ 时, $\Phi(t)$ 与 $\Psi(t)$ 不相似. 从而不存在 2 阶实可逆矩阵 S 使得 $\Psi(t)=S\Phi(t)S^{-1}, \forall t\in\mathbb{R}$. 因此 Φ 与 Ψ 不等价.

8. $K[G]$ 的一个基是 e,a,a^2,a^3. 由于

$$\rho(a)e=ae=a, \quad \rho(a)a=a^2, \quad \rho(a)a^2=a^3, \quad \rho(a)a^3=e.$$

因此 $\rho(a)$ 在基 e,a,a^2,a^3 下的矩阵为

$$P(a)=\begin{pmatrix}0&0&0&1\\1&0&0&0\\0&1&0&0\\0&0&1&0\end{pmatrix}.$$

$$P(a^2)=P(a)^2, \quad P(a^3)=P(a)^3, \quad P(e)=I.$$

9. $S_3=\langle(12),(123)\rangle$. 由于

$$\begin{aligned}&\rho((12))(1)=(12), \quad \rho((12))(12)=(12)^2=(1),\\ &\rho((12))(13)=(12)(13)=(132), \quad \rho((12))(23)=(12)(23)=(123),\\ &\rho((12))(123)=(12)(123)=(23), \quad \rho((12))(132)=(13),\end{aligned}$$

因此 $\rho((12))$ 在 $K[S_3]$ 的一个基 $(1),(12),(13),(23),(123),(132)$ 下的矩阵为

$$P((12))=\begin{pmatrix}0&1&0&0&0&0\\1&0&0&0&0&0\\0&0&0&0&0&1\\0&0&0&0&1&0\\0&0&0&1&0&0\\0&0&1&0&0&0\end{pmatrix}.$$

由于 $\rho((123))(1)=(123),\rho((123))(12)=(13),\rho((123))(13)=(23),\rho((123))(23)=(12),\rho((123))(123)=(132),\rho((123))(132)=(1)$, 因此

$$P((123))=\begin{pmatrix}0&0&0&0&0&1\\0&0&0&1&0&0\\0&1&0&0&0&0\\0&0&1&0&0&0\\1&0&0&0&0&0\\0&0&0&0&1&0\end{pmatrix}.$$

由于 $(13)=(123)(12),(23)=(12)(123),(132)=(123)^{-1}$, 因此 $P((13))=P((123))P((12)),P((23))=P((12))P((123)),P((132))=P((123))^{-1}$.

10. $D_4=\langle\sigma,\tau|\sigma^4=\tau^2=I,\tau\sigma\tau=\sigma^{-1}\rangle$, 其中 σ 是绕正方形的中心 O 转角为 $\dfrac{\pi}{2}$ 的旋转, τ 是关于正方形的一条对称轴的反射. 以 O 为原点, 这条对称轴为 x 轴建立平面直角坐标系 Oxy. x 轴, y 轴的单位向量分别为 e_1,e_2. 正方形所在的平面 V 是 2 维实线性空间, 它的一个基为 e_1,e_2.

D_4 的每个元素 (它是点变换) 对应到它诱导的向量变换是 D_4 的一个 2 次实表示 φ. σ 诱导的向量变换仍记作 σ. 其余类似.

$$\sigma(e_1)=e_2,\quad \sigma(e_2)=-e_1,$$
$$\tau(e_1)=e_1,\quad \tau(e_2)=-e_2,$$

因此

$$\Phi(\sigma)=\begin{pmatrix}0&-1\\1&0\end{pmatrix},\quad \Phi(\tau)=\begin{pmatrix}1&0\\0&-1\end{pmatrix}.$$

由于 Φ 是同态, 因此 $\Phi(\sigma^i)=\Phi(\sigma)^i$, $\Phi(\sigma^i\tau)=\Phi(\sigma)^i\Phi(t),i=1,2,3$. $\Phi(I)=I$.

11. $\Phi(\sigma)=E_{\sigma(1),1}+E_{\sigma(2),2}+\cdots+E_{\sigma(n),n}$, 于是

$$\operatorname{tr}\Phi(\sigma)=|\{i|\sigma(i)=i\}|,$$

等式的右边就是 σ 的不动点的个数.

习题 1.3

1. (1) 显然 V_1 和 V_2 都是 V 的子空间. 任给 $g\in G$. 有

$$\varphi(g)\left(\sum_{i=1}^{n}x_i\right)=\sum_{i=1}^{n}g\circ x_i,\quad \varphi(g)\left(\sum_{i=1}^{n}a_ix_i\right)=\sum_{i=1}^{n}a_i(g\circ x_i),$$

由于 $g\circ x_i=g\circ x_j\Longleftrightarrow g^{-1}\circ(g\circ x_i)=g^{-1}\circ(g\circ x_j)\Longleftrightarrow x_i=x_j$, 因此 V_1 是 $\varphi(g)$ 的不变子空间, 且 $\varphi(g)|V_1=1_{V_1}$; V_2 是 $\varphi(g)$ 的不变子空间. 从而 V_1,V_2 都是 G 不变子空间.

(2) 设域 K 的特征不能整除 n, 则 $n1\neq 0$, 其中 1 是 K 的单位元. 记 $\overline{a}=(n1)^{-1}\sum\limits_{i=1}^{n}a_i$, 则

$$\sum_{i=1}^{n}a_ix_i=\sum_{i=1}^{n}(a_i-\overline{a})x_i+\sum_{i=1}^{n}\overline{a}x_i.$$

由于 $\sum\limits_{i=1}^{n}(a_i-\overline{a})=\sum\limits_{i=1}^{n}a_i-\sum\limits_{i=1}^{n}\overline{a}=(n1)\overline{a}-n\overline{a}=0$, 因此 $\sum\limits_{i=1}^{n}(a_i-\overline{a})x_i\in V_2$. 显然 $\sum\limits_{i=1}^{n}\overline{a}x_i\in V_1$. 从而 $V=V_1+V_2$.

任给 $\sum\limits_{i=1}^{n}a_ix_i\in V_1\bigcap V_2$, 则 $a_1=a_2=\cdots=a_n$, 且 $\sum\limits_{i=1}^{n}a_i=0$. 从而 $na_1=0$, 即 $(n1)a_1=0$. 由于 $n1\neq 0$, 因此 $a_1=0$. 于是 $\sum\limits_{i=1}^{n}a_ix_i=0$. 所以 $V_1\bigcap V_2=\{0\}$. 从而 $V=V_1\oplus V_2$. 因此

$$\varphi=\varphi_{V_1}\oplus\varphi_{V_2}.$$

2. S_3 在集合 $\varOmega=\{x_1,x_2,x_3\}$ 上有一个自然作用: $\sigma\circ x_i=x_{\sigma(i)}$. 令 $V=\left\{\sum\limits_{i=1}^{3}a_ix_i\,\middle|\,a_i\in\mathbb{C},i=1,2,3\right\}$, $V_1=\langle x_1+x_2+x_3\rangle$, $V_2=\left\{\sum\limits_{i=1}^{3}a_ix_i\,\middle|\,\sum\limits_{i=1}^{3}a_i=0,a_i\in\mathbb{C}\right\}$, 则 V_1,V_2 都是 S_3 的不变子空间. 由于 $\dim V_1=1$, 因此, $\dim V_2=2$. 从而 φ_{V_2} 是 S_3 的一个 2 次复表示, 简记作 φ_2. V_2 中取一个基 x_1-x_2,x_1-x_3. 由于

$$\begin{aligned}
&\varphi_2((12))(x_1-x_2)=x_2-x_1=-(x_1-x_2),\\
&\varphi_2((12))(x_1-x_3)=x_2-x_3=-(x_1-x_2)+(x_1-x_3);\\
&\varphi_2((123))(x_1-x_2)=x_2-x_3=-(x_1-x_2)+(x_1-x_3),\\
&\varphi_2((123))(x_1-x_3)=x_2-x_1=-(x_1-x_2);
\end{aligned}$$

因此

$$\varPhi_2((12))=\begin{pmatrix}-1&-1\\0&1\end{pmatrix},\quad \varPhi_2((123))=\begin{pmatrix}-1&-1\\1&0\end{pmatrix}.$$

由于 $(12)(123)=(23),(123)(12)=(13),(132)=(123)^{-1}$, 因此 $\varPhi_2((23))=\varPhi_2((12))$

$\Phi((123)), \Phi_2((13)) = \Phi_2((123))\Phi_2((12)), \Phi_2((132)) = \Phi_2((123))^{-1}$. 请读者自己计算出矩阵.

3. (1) 显然 φ 保持运算, 且 $\dim(M_n(K)) = n^2$, 因此 φ 是 $\mathrm{GL}_n(K)$ 的 n^2 次 K-表示.

(2) 由于 $\mathrm{tr}\,(\varphi(A)X) = \mathrm{tr}\,(AXA^{-1}) = \mathrm{tr}\,(X)$, 因此 $M_n^0(K)$ 是 φ 的不变子空间. 由于 $\varphi(A)(kI) = A(kI)A^{-1} = kI$, 因此 $\langle I\rangle$ 是 φ 的不变子空间.

(3) 若域 K 的特征不能整除 n, 则 $n1 \neq 0$, 其中 1 是域 K 的单位元. 任取 $X = (x_{ij}) \in M_n(K)$, 记 $b = (n1)^{-1}\sum\limits_{i=1}^{n} x_{ii}$. 令 $X_1 = bI, X_2$ 的 (i,j) 元为 $x_{ij} - b\delta_{ij}$, 则 $X_1 + X_2$ 的 (i,j) 元为 $b\delta_{ij} + (x_{ij} - b\delta_{ij}) = x_{ij}$, 因此 $X_1 + X_2 = X$. 由于

$$\mathrm{tr}\,(X_2) = \sum_{i=1}^{n}(x_{ii} - b) = \sum_{i=1}^{n} x_{ii} - \sum_{i=1}^{n} b = (n1)b - nb = 0,$$

因此 $X_2 \in M_n^0(K)$. 从而 $M_n(K) = \langle I\rangle + M_n^0(K)$.

任取 $Y \in \langle I\rangle \bigcap M_n^0(K)$, 则 $Y = cI$ 且 $nc = 0$. 由于 $n1 \neq 0$, 因此 $c = 0$. 从而 $\langle I\rangle \bigcap M_n^0(K) = \{0\}$. 于是 $M_n(K) = \langle I\rangle \oplus M_n^0(K)$. 因此

$$\varphi = \varphi_{\langle I\rangle} \oplus \varphi_{M_n^0(K)}.$$

4. (1) 任取 $X \in M_n^+(\mathbb{R})$, 则对任意 $A \in \mathrm{O}(n)$, 有

$$(\varphi(A)X)' = (AXA^{-1})' = (AXA')' = AX'A' = AXA^{-1} = \varphi(A)X,$$

$$\mathrm{tr}\,(\varphi(A)X) = \mathrm{tr}\,(AXA^{-1}) = \mathrm{tr}\,(X),$$

因此 $\varphi(A)X \in M_n^+(\mathbb{R})$, 从而 $M_n^+(\mathbb{R})$ 是 φ 的不变子空间. 同理可证, $M_n^-(\mathbb{R})$ 是 φ 的不变子空间.

(2) 根据第 3 题, $M_n(\mathbb{R}) = \langle I\rangle \oplus M_n^0(\mathbb{R})$. 任取 $X \in M_n^0(\mathbb{R})$, 有

$$X = \frac{X + X'}{2} + \frac{X - X'}{2}, \quad \frac{X + X'}{2} \in M_n^+(\mathbb{R}), \quad \frac{X - X'}{2} \in M_n^-(\mathbb{R}).$$

因此 $M_n^0(\mathbb{R}) = M_n^+(\mathbb{R}) + M_n^-(\mathbb{R})$. 显然 $M_n^+(\mathbb{R}) \bigcap M_n^-(\mathbb{R}) = \{0\}$. 从而 $M_n^0(\mathbb{R}) = M_n^+(\mathbb{R}) \oplus M_n^-(\mathbb{R})$. 于是

$$M_n(\mathbb{R}) = \langle I\rangle \oplus M_n^+(\mathbb{R}) \oplus M_n^-(\mathbb{R}).$$

因此

$$\varphi = \varphi_0 \oplus \varphi_1 \oplus \varphi_2.$$

(3) $\dim M_n^-(\mathbb{R}) = (n-1) + (n-2) + \cdots + 2 + 1 = \dfrac{n(n-1)}{2}$, 因此 $(\varphi_2, M_n^-(\mathbb{R}))$ 是 $\mathrm{O}(n)$ 的一个 $\dfrac{1}{2}n(n-1)$ 次实表示.

5. $A \in \mathrm{Ker}\,\varphi \Longleftrightarrow \varphi(A) = I \Longleftrightarrow A\alpha = \alpha, \forall \alpha \in K^n \Longleftrightarrow A = I$. 因此 φ 是忠实的. 设 U 是 K^n 的 $\mathrm{GL}_n(K)$ 不变子空间, 且 $U \neq \{0\}$. 设 $\alpha_1 \in U$ 且 $\alpha_1 \neq 0$. 任取 $\beta_1 \in V$, 且 $\beta_1 \neq 0$. 分别把 α_1, β_1 扩充成 K^n 的基: $\alpha_1, \alpha_2, \cdots, \alpha_n$; $\beta_1, \beta_2, \cdots, \beta_n$. 设 P 是基 $\alpha_1, \alpha_2, \cdots, \alpha_n$ 到基 $\beta_1, \beta_2, \cdots, \beta_n$ 的过渡矩阵, 则 P 是可逆矩阵, 且 $\beta_1 = P\alpha_1$. 由于 U 是 $\mathrm{GL}_n(K)$ 不变子空间, 因此 $\beta_1 \in U$. 从而 $V \subseteq U$. 于是 $U = V$. 因此 φ 是不可约的, 由于 K^n 是 n 维的, 因此 $\deg\varphi = n$.

6. (1) 易看出, $\psi(A)$ 是 $M_n(K)$ 上的可逆线性变换, 且 ψ 保持运算. 因此 ψ 是 $\mathrm{GL}_n(K)$ 的 K-表示. 由于 $\dim M_n(K) = n^2$, 因此 $\deg\psi = n^2$.

(2) 显然 $M_n^{(j)}(K)$ 是 $M_n(K)$ 的一个子空间. 任取 $M_n^{(j)}(K)$ 中的一个矩阵 $X = x_{1j}E_{1j} + x_{2j}E_{2j} + \cdots + x_{nj}E_{nj}$, 其中 E_{ij} 表示 (i,j) 元为 1 其余元全为 0 的 n 阶矩阵. 对于任意 $A = (a_{ij}) \in \mathrm{GL}_n(K)$, 有

$$\begin{aligned}\psi(A)X &= A\left(\sum_{i=1}^n x_{ij}E_{ij}\right) = \sum_{i=1}^n x_{ij}AE_{ij}\\ &= \sum_{i=1}^n x_{ij}\left(\sum_{l=1}^n a_{li}E_{lj}\right) = \sum_{l=1}^n\left(\sum_{i=1}^n x_{ij}a_{li}\right)E_{lj} \in M_n^{(j)}(K).\end{aligned}$$

因此 $M_n^{(j)}(K)$ 是 $\mathrm{GL}_n(K)$ 不变子空间.

设 U 是 $M_n^{(j)}(K)$ 的 $\mathrm{GL}_n(K)$ 不变子空间, 且 $U \neq \{0\}$. 设 $X \in U$ 且 $X \neq 0$. 任取 $Y \in M_n^{(j)}(K)$ 且 $Y \neq 0$. 分别把 X, Y 扩充成 $M_n^{(j)}(K)$ 的一个基, 设过渡矩阵为 P, 则 $PX = Y$. 由于 U 是 $\mathrm{GL}_n(K)$ 不变子空间, 因此 $Y \in U$. 从而 $U = M_n^{(j)}(K)$. 于是 ψ_j 是不可约的. 显然有

$$M_n(K) = M_n^{(1)}(K) \oplus \cdots \oplus M_n^{(n)}(K),$$

因此

$$\psi = \psi_1 \oplus \psi_2 \oplus \cdots \oplus \psi_n.$$

(3) $M_n^{(j)}(K)$ 的一个基为 $E_{1j}, E_{2j}, \cdots, E_{nj}$. K^n 的一个基为 $\varepsilon_1, \varepsilon_2, \cdots, \varepsilon_n$, 其中 ε_i 是第 i 个分量为 1 其余分量为 0 的 n 维列向量. 令

$$\sigma\left(\sum_{i=1}^n x_{ij}E_{ij}\right) := \sum_{i=1}^n x_{ij}\varepsilon_i,$$

则 σ 是 n 维线性空间 $M_n^{(j)}(K)$ 到 K^n 的一个同构映射, 对于任意 $\sum\limits_{i=1}^n x_{ij}E_{ij} \in M_n^{(j)}(K)$, 任意 $A \in \mathrm{GL}_n(K)$, 有

$$\begin{aligned}\varphi(A)\sigma\left(\sum_{i=1}^n x_{ij}E_{ij}\right) &= \varphi(A)\left(\sum_{i=1}^n x_{ij}\varepsilon_i\right) = A\left(\sum_{i=1}^n x_{ij}\varepsilon_i\right) = \sum_{i=1}^n x_{ij}A\varepsilon_i\\ &= \sum_{i=1}^n x_{ij}\left(\sum_{l=1}^n a_{li}\varepsilon_l\right) = \sum_{l=1}^n\left(\sum_{i=1}^n x_{ij}a_{li}\right)\varepsilon_l,\\ \sigma\psi_j(A)\left(\sum_{i=1}^n x_{ij}E_{ij}\right) &= \sigma\left(\sum_{l=1}^n\left(\sum_{i=1}^n x_{ij}a_{li}\right)E_{lj}\right) = \sum_{l=1}^n\left(\sum_{i=1}^n x_{ij}a_{li}\right)\varepsilon_l,\end{aligned}$$

因此 $\varphi(A)\sigma = \sigma\psi_j(A), \forall A \in \mathrm{GL}_n(K)$. 从而 ψ_j 与 φ 等价.

7. $\mathrm{GL}_2(\mathbb{C})$ 在子空间 $M_2^0(\mathbb{C})$ 上的子表示记作 φ_1. 由于 $M_2(\mathbb{C}) = \langle I\rangle \oplus M_2^0(\mathbb{C})$, 因此 $\dim M_2^0(\mathbb{C}) = 3$. 假如 φ_1 可约, 则 $M_2^0(\mathbb{C})$ 有 1 维 $\mathrm{GL}_2(\mathbb{C})$ 不变子空间 $U = \langle B\rangle$. 取 $A = \begin{pmatrix}1 & 0\\ 0 & 2\end{pmatrix}$, 则

$$\varphi_1(A)B = ABA^{-1} = \begin{pmatrix}1 & 0\\ 0 & 2\end{pmatrix}\begin{pmatrix}b_{11} & b_{12}\\ b_{21} & -b_{11}\end{pmatrix}\begin{pmatrix}1 & 0\\ 0 & \frac{1}{2}\end{pmatrix} = \begin{pmatrix}b_{11} & \frac{1}{2}b_{12}\\ 2b_{21} & -b_{11}\end{pmatrix}.$$

由于 U 是 $\varphi(A)$ 不变子空间, 因此 $\varphi(A)B = cB$. 从而 B 只有下列 3 种可能:

$$\begin{pmatrix} b & 0 \\ 0 & -b \end{pmatrix}, \begin{pmatrix} 0 & d \\ 0 & 0 \end{pmatrix}, \begin{pmatrix} 0 & 0 \\ t & 0 \end{pmatrix},$$

其中 b, d, t 是非零复数. 上述 3 个矩阵分别记作 B_1, B_2, B_3. 分别取

$$A_1 = \begin{pmatrix} 1 & 2 \\ 1 & 1 \end{pmatrix}, \quad A_2 = \begin{pmatrix} 0 & 1 \\ 1 & 0 \end{pmatrix},$$

则

$$\varphi(A_1)B_1 = \begin{pmatrix} 1 & 2 \\ 1 & 1 \end{pmatrix}\begin{pmatrix} b & 0 \\ 0 & -b \end{pmatrix}\begin{pmatrix} -1 & 2 \\ 1 & -1 \end{pmatrix} = \begin{pmatrix} -3b & 4b \\ -2b & 3b \end{pmatrix} \notin \langle B_1 \rangle,$$

$$\varphi(A_2)B_2 = \begin{pmatrix} 0 & 1 \\ 1 & 0 \end{pmatrix}\begin{pmatrix} 0 & d \\ 0 & 0 \end{pmatrix}\begin{pmatrix} 0 & 1 \\ 1 & 0 \end{pmatrix} = \begin{pmatrix} 0 & 0 \\ d & 0 \end{pmatrix} \notin \langle B_2 \rangle,$$

$$\varphi(A_2)B_3 = \begin{pmatrix} 0 & 1 \\ 1 & 0 \end{pmatrix}\begin{pmatrix} 0 & 0 \\ t & 0 \end{pmatrix}\begin{pmatrix} 0 & 1 \\ 1 & 0 \end{pmatrix} = \begin{pmatrix} 0 & t \\ 0 & 0 \end{pmatrix} \notin \langle B_3 \rangle,$$

这与 $U = \langle B \rangle$ 是 $\mathrm{GL}_2(\mathbb{C})$ 不变子空间矛盾. 因此 φ_1 不可约.

8. S_n 在域 K 上的 n 次置换表示 φ 是由 S_n 在集合 $\Omega = \{x_1, x_2, \cdots, x_n\}$ 上的自然作用引起的, 表示空间 $V = \left\{ \sum\limits_{i=1}^{n} a_i x_i \,\middle|\, a_i \in K, i = 1, 2, \cdots, n \right\}$. 令 $V_1 = \left\langle \sum\limits_{i=1}^{n} x_i \right\rangle, V_2 = \left\{ \sum\limits_{i=1}^{n} a_i x_i \,\middle|\, \sum\limits_{i=1}^{n} a_i = 0, a_i \in K \right\}$. 根据第 1 题, 由于域的特征不能整除 n, 因此 $V = V_1 \oplus V_2$, 且 V_1, V_2 都是 S_n 不变子空间. φ 在 V_1, V_2 上的子表示分别记作 φ_1, φ_2, 则 $\varphi = \varphi_1 \oplus \varphi_2$. 由于 $\varphi_1(\sigma)\left(\sum\limits_{i=1}^{n} x_i\right) = \sum\limits_{i=1}^{n} x_{\sigma(i)} = \sum\limits_{i=1}^{n} x_i$, 因此 $\varphi_1(\sigma)$ 是 V_1 上的恒等变换, $\forall \sigma \in S_n$. 从而 $\operatorname{Ker}\varphi_1 = S_n$. 又 φ_1 是 1 次表示, 因此 φ_1 是 S_n 的主表示. $\deg\varphi_2 = \dim V_2 = n-1$. 设 U 是 V_2 的 S_n 不变子空间, 且 $U \neq \{0\}$. 在 U 中取一非零向量 $\alpha = \sum\limits_{i=1}^{n} a_i x_i$. 因为 $\alpha \notin V_1$, 所以 α 的坐标向量中至少有两个分量不相等. 不妨设 $a_1 \neq a_2$. 于是

$$\begin{aligned} \varphi_2((12))\alpha - \alpha &= (a_1x_2 + a_2x_1) - (a_1x_1 + a_2x_2) \\ &= (a_2 - a_1)(x_1 - x_2). \end{aligned}$$

由于 U 是 S_n 不变子空间, 因此 $x_1 - x_2 \in U$. 从而

$$\varphi_2(\sigma)(x_1 - x_2) = x_{\sigma(1)} - x_{\sigma(2)} \in U.$$

当 σ 取 S_n 的各个元素时, 便得到形如 $x_i - x_j$ 的向量都属于 U. 而 $x_1 - x_2, x_1 - x_3, \cdots, x_1 - x_n$ 是 V_2 中 $n-1$ 个线性无关的向量, 因此它们是 V_2 的一个基. 因此 $U = V_2$. 从而 φ_2 不可约.

习题 1.4

1. (1) $G=\langle a\rangle\times\langle b\rangle, a^2=b^2=e, ab=ba.$

	e	a	b	ab
φ_e	1	1	1	1
φ_a	1	-1	1	-1
φ_b	1	1	-1	-1
φ_{ab}	1	-1	-1	1

(2) $G=\langle a\rangle\times\langle b\rangle, a^2=b^4=e, ab=ba.$

	e	a	b	b^2	b^3	ab	ab^2	ab^3
φ_e	1	1	1	1	1	1	1	1
φ_a	1	-1	1	1	1	-1	-1	-1
φ_b	1	1	i	-1	$-\mathrm{i}$	i	-1	$-\mathrm{i}$
φ_{b^2}	1	1	-1	1	-1	-1	1	-1
φ_{b^3}	1	1	$-\mathrm{i}$	-1	i	$-\mathrm{i}$	-1	i
φ_{ab}	1	-1	i	-1	$-\mathrm{i}$	$-\mathrm{i}$	1	i
φ_{ab^2}	1	-1	-1	1	-1	1	-1	1
φ_{ab^3}	1	-1	$-\mathrm{i}$	-1	i	i	1	$-\mathrm{i}$

(3) $G=\langle a\rangle\times\langle b\rangle\times\langle c\rangle, a^2=b^2=c^2=e$, Abel 群.

$$\varphi_{a^{r_1}b^{r_2}c^{r_3}}(a^{t_1}b^{t_2}c^{t_3})=(-1)^{r_1t_1+r_2t_2+r_3t_3},\quad 0\leqslant t_j\leqslant 1,\quad j=1,2,3,$$

其中 $0\leqslant r_j\leqslant 1, j=1,2,3$. 请读者自己写出一个表.

(4) $G=\langle a\rangle\times\langle b\rangle, a^3=b^3=e, ab=ba.$

$$\varphi_{a^{r_1}b^{r_2}}(a^{t_1}b^{t_2})=\omega^{r_1t_1+r_2t_2},\quad 0\leqslant t_j\leqslant 2,\quad j=1,2,3,$$

其中 $0\leqslant r_j\leqslant 2, j=1,2, \omega=\dfrac{-1+\sqrt{3}\mathrm{i}}{2}$. 请读者自己写出一个表.

(5) $$\begin{aligned}\mathbb{Z}_p^n&=\{(c_1,c_2,\cdots,c_n)|c_j\in\mathbb{Z}_p, j=1,2,\cdots,n\}\\&=\langle(1,0,\cdots,0)\rangle\oplus\langle(0,1,0,\cdots,0)\rangle\oplus\cdots\oplus\langle(0,\cdots,0,1)\rangle,\end{aligned}$$

右边的每个循环子群的阶为 p. 记 $\xi_p=\mathrm{e}^{\mathrm{i}\frac{2\pi}{p}}$.

$$\varphi_{(b_1,b_2,\cdots,b_n)}((c_1,c_2,\cdots,c_n))=\xi_p^{b_1c_1+b_2c_2+\cdots+b_nc_n},$$

其中 $(b_1,b_2,\cdots,b_n),(c_1,c_2,\cdots,c_n)\in\mathbb{Z}_p^n$.

2. $G=\langle a_1\rangle\times\langle a_2\rangle\times\cdots\times\langle a_n\rangle, |\langle a_j\rangle|=p, j=1,2,\cdots,n.$

$$\varphi(a_1^{t_1}a_2^{t_2}\cdots a_n^{t_n})=\xi_p^{r_1t_1+r_2t_2+\cdots+r_nt_n}\in\langle\xi_p\rangle.$$

于是 $\operatorname{Im}\varphi\subseteq\langle\xi_p\rangle$. 由于 $\langle\xi_p\rangle$ 是 p 阶循环群, 因此当 φ 是非平凡的表示时, $\operatorname{Im}\varphi=\langle\xi_p\rangle$. 由于 $G/\operatorname{Ker}\varphi\cong\operatorname{Im}\varphi$, 因此 $|\operatorname{Ker}\varphi|=\dfrac{p^n}{p}=p^{n-1}$.

3. 设 $|G|=n$. 任给 $g\in G$, 有 $g^n=e$. 设 φ 是 G 的 1 次复表示, 则 $\varphi(g)^n=1$. 从而 $\varphi(g)$ 是 n 次单位根. 于是 $\operatorname{Im}\varphi\subseteq\langle\xi_n\rangle$. 因此 $\operatorname{Im}\varphi$ 是循环群. 若 φ 是忠实的,

则 $\mathrm{Ker}\,\varphi = \{e\}$, 因此 $G \cong \mathrm{Im}\,\varphi$. 从而 G 是循环群.

习题 1.5

1. $A_4' = \{(1), (12)(34), (13)(24), (14)(23)\}$. $|A_4/A_4'| = 3$. $A_4/A_4' = \{A_4', (123)A_4', (132)A_4'\}$. 记 $\omega = \mathrm{e}^{\mathrm{i}\frac{2\pi}{3}} = \dfrac{-1+\sqrt{3}\mathrm{i}}{2}$. A_4/A_4' 恰有 3 个 1 次复表示: $\overline{\varphi}_0, \overline{\varphi}_1, \overline{\varphi}_2$, 其中 $\overline{\varphi}_0$ 是主表示. $\overline{\varphi}_1((123)A_4') = \omega, \overline{\varphi_2}((123)A_4') = \omega^2$. 把它们提升便得到 A_4 的所有 1 次复表示: $\varphi_0, \varphi_1, \varphi_2$, 其中 φ_0 是主表示.

$$\varphi_1((123)) = \varphi_1((134)) = \varphi_1((243)) = \varphi_1((142)) = \omega,$$
$$\varphi_1((132)) = \varphi_1((234)) = \varphi_1((124)) = \varphi_1((143)) = \omega^2,$$
$$\varphi_1((1)) = \varphi_1((12)(34)) = \varphi_1((13)(24)) = \varphi_1((14)(23)) = 1.$$

同理可写出 $\varphi_2(\sigma), \forall \sigma \in A_4$.

2. (1) S_3 可以看成是 S_4 的一个子群. $S_3 \bigcap N = \{(1)\}$. 根据 [24] 第 40 页的第 14 题, 有

$$|S_3N| = \frac{|S_3|\ |N|}{|S_3 \bigcap N|} = 24 = |S_4|.$$

因此 $S_3N = S_4$. 根据第一同构定理 (参看 [24] 第 58 页定理 8), $S_3N/N \cong S_3/S_3 \bigcap N$, 即 $S_4/N \cong S_3$.

(2) $S_4/N = \{N, (12)N, (13)N, (23)N, (123)N, (132)N\}$. 用 σ 表示 S_4/N 到 S_3 的同构映射:

$$\sigma((12)N) = (12), \quad \sigma((123)N) = (123), \quad \cdots.$$

根据习题 1.3 的第 2 题和第 8 题, S_3 有一个 2 次不可约复表示 ψ_2, 它的表示空间 $V_2 = \left\{ \sum\limits_{i=1}^{3} a_i x_i \middle| \sum\limits_{i=1}^{3} a_i = 0, a_i \in \mathbb{C} \right\}$, 其中, $\{x_1, x_2, x_3\}$ 是一个 3 元集. V_2 中取一个基 $x_1 - x_2, x_1 - x_3$. ψ_2 在此基下提供的矩阵表示为

$$\Psi_2((12)) = \begin{pmatrix} -1 & -1 \\ 0 & 1 \end{pmatrix}, \quad \Psi((123)) = \begin{pmatrix} -1 & -1 \\ 1 & 0 \end{pmatrix}.$$

$\psi_2\sigma$ 是 S_4/N 的一个 2 次不可约复表示, 记作 $\overline{\varphi}_2$. 把 $\overline{\varphi}_2$ 提升便得到 S_4 的一个 2 次不可约复表示 φ_2.

对于 $(12)N$ 中任一元素 τ_1, 有

$$\varphi_2(\tau_1) = \overline{\varphi_2}((12)N) = (\psi_2\sigma)((12)N) = \psi_2((12)).$$

对于 $(123)N$ 中任一元素 τ_2, 有

$$\varphi_2(\tau_2) = \overline{\varphi_2}((123)N) = (\psi_2\sigma)((123)N) = \psi_2((123)).$$

于是 φ_2 在 V_2 的一个基 $x_1 - x_2, x_1 - x_3$ 下提供的矩阵表示 Φ_2 为

$$\Phi_2(\tau_1) = \begin{pmatrix} -1 & -1 \\ 0 & 1 \end{pmatrix}, \quad \Phi_2(\tau_2) = \begin{pmatrix} -1 & -1 \\ 1 & 0 \end{pmatrix}.$$

由于 $S_3=\langle(12),(123)\rangle$, 因此 $S_4/N=\langle(12)N,(123)N\rangle$. 从而对于其他陪集中的元素 τ, 可求出 $\Phi_2(\tau)$.

3. 易验证 φ_m 是 K^* 的一个 K-表示. 行列式函数 det 是 $\mathrm{GL}_n(K)$ 到 K^* 的一个同态. 因此 $\varphi_m(\det)$ 是 $\mathrm{GL}_n(K)$ 的一个 1 次 K-表示, 即 $[\varphi_m(\det)]A=[\det(A)]^m$, $\forall A\in \mathrm{GL}_n(K)$.

4. 设 $|G|=n$, 则任给 $g\in G$, 有 $g^n=e$. 从而 $\varphi(g)$ 是 n 次单位根. 因此 $\varphi(g)\in\langle\xi_n\rangle$. 于是 $\mathrm{Im}\,\varphi\subseteq\langle\xi_n\rangle$. 从而 $\mathrm{Im}\,\varphi$ 是循环群. 由于 $G/\mathrm{Ker}\,\varphi\cong\mathrm{Im}\,\varphi$, 因此 $G/\mathrm{Ker}\,\varphi$ 是循环群.

5. 如果 G 有忠实的 1 次复表示, 那么根据第 4 题的结论得, G 是循环群.

6. 设 (φ,V) 是有限非 Abel 群 G 在特征不能整除 $|G|$ 的域 K 上的忠实的 2 次表示. 假如 φ 可约, 则 V 有 1 维 G 不变子空间 U. 根据 Maschke 定理, φ 完全可约. 从而 V 中有 U 的 G 不变补空间 W, 即 $V=U\oplus W$. U 中取一个基 α, W 中取一个基 β, 则 φ 在 V 的一个基 α,β 下提供的矩阵表示 Φ 为

$$\Phi(g)=\begin{pmatrix}\lambda_g & 0\\ 0 & \mu_g\end{pmatrix},\quad \forall g\in G.$$

于是对任意 $g,h\in G$, 有 $\Phi(g)\Phi(h)=\Phi(h)\Phi(g)$, 从而有 $\varphi(g)\varphi(h)=\varphi(h)\varphi(g)$. 因此 $\varphi(gh)=\varphi(hg)$. 由于 φ 是忠实的, 因此 $gh=hg,\forall g,h\in G$. 于是 G 为 Abel 群, 矛盾. 所以 φ 不可约.

7. $(\varphi\dot{+}\psi)^*$ 的表示空间是 $(V\dot{+}W)^*$, $\varphi^*\dot{+}\psi^*$ 的表示空间是 $V^*\dot{+}W^*$. 根据 [28] 第 557 页的例 19, $(V\dot{+}W)^*$ 到 $V^*\dot{+}W^*$ 有一个同构映射 $\sigma: f\mapsto(f_1,f_2)$, 其中

$$f_1(\alpha)=f(\alpha,0),\quad \forall\alpha\in V;\quad f_2(\beta)=f(0,\beta),\quad\forall\beta\in W;$$
$$f(\alpha,\beta)=f_1(\alpha)+f_2(\beta).$$

于是对任意 $(\alpha,\beta)\in V\dot{+}W, f\in(V\dot{+}W)^*, g\in G$, 有

$$\begin{aligned}&\{\sigma[(\varphi\dot{+}\psi)^*(g)f]\}(\alpha,\beta)=\{\sigma[f(\varphi\dot{+}\psi)(g^{-1})]\}(\alpha,\beta)\\
=&([f(\varphi\dot{+}\psi)(g^{-1})]_1,[f(\varphi\dot{+}\psi)(g^{-1})]_2)(\alpha,\beta)\\
=&[f(\varphi\dot{+}\psi)(g^{-1})]_1\alpha+[f(\varphi\dot{+}\psi)(g^{-1})]_2\beta\\
=&[f(\varphi\dot{+}\psi)(g^{-1})](\alpha,0)+[f(\varphi\dot{+}\psi)(g^{-1})](0,\beta)\\
=&f(\varphi(g^{-1})\alpha,\psi(g^{-1})0)+f(\varphi(g^{-1})0,\psi(g^{-1})\beta)\\
=&f_1(\varphi(g^{-1})\alpha)+f_2(\psi(g^{-1})\beta)=(\varphi^*(g)f_1)\alpha+(\psi^*(g)f_2)\beta;\\
&[(\varphi^*\dot{+}\psi^*)(g)(\sigma f)](\alpha,\beta)=[(\varphi^*\dot{+}\psi^*)(g)(f_1,f_2)](\alpha,\beta)\\
=&(\varphi^*(g)f_1,\psi^*(g)f_2)(\alpha,\beta)=(\varphi^*(g)f_1)\alpha+(\psi^*(g)f_2)\beta.\end{aligned}$$

因此
$$\sigma[(\varphi\dot{+}\psi)^*(g)f]=(\varphi^*\dot{+}\psi^*)(g)\sigma f,\quad\forall f\in(V\dot{+}W)^*.$$
从而
$$\sigma(\varphi\dot{+}\psi)^*(g)=(\varphi^*\dot{+}\psi^*)(g)\sigma,\quad\forall g\in G.$$
于是
$$(\varphi\dot{+}\psi)^*\approx\varphi^*\dot{+}\psi^*.$$

习题 2.1

1. 易验证 Z(A) 是环 A 的子环, 且 A 的单位元属于 Z(A); 易验证 Z(A) 是线性空间 A 的子空间, 因此, Z(A) 是 A 的子代数.

2. (1) 任给 $\sum\limits_{h\in G} b_h h \in K[G]$, 有

$$\left(\sum_{g\in G} g\right)\left(\sum_{h\in G} b_h h\right) = \sum_{g\in G}\sum_{h\in G} b_h(gh) = \sum_{h\in G} b_h\left(\sum_{g\in G} gh\right).$$

由于当 h 给定时, $\sum\limits_{g\in G} gh$ 与 $\sum\limits_{g\in G} hg$ 都是 G 中所有元素的形式和, 因此

$$\sum_{g\in G} gh = \sum_{g\in G} hg.$$

从而

$$\sum_{h\in G} b_h\left(\sum_{g\in G} gh\right) = \left(\sum_{h\in G} b_h h\right)\left(\sum_{g\in G} g\right).$$

于是

$$\left(\sum_{g\in G} g\right)\left(\sum_{h\in G} b_h h\right) = \left(\sum_{h\in G} b_h h\right)\left(\sum_{g\in G} g\right).$$

因此

$$\sum_{g\in G} g \in \mathrm{Z}(K[G]).$$

(2) 与第 (1) 小题的证法类似.

习题 2.2

1. 在习题 1.2的第 8题中已求出 4阶循环群的正则表示 ρ 提供的矩阵表示 P 为

$$P(a) = \begin{pmatrix} 0 & 0 & 0 & 1 \\ 1 & 0 & 0 & 0 \\ 0 & 1 & 0 & 0 \\ 0 & 0 & 1 & 0 \end{pmatrix}.$$

求出复矩阵 $P(a)$ 的特征多项式为 $\lambda^4 - 1$, 从而 $P(a)$ 的全部特征值为 $1, \mathrm{i}, -1, -\mathrm{i}$. 于是

$$P(a) \sim \mathrm{diag}\,\{1, \mathrm{i}, -1, -\mathrm{i}\}.$$

因此

$$\rho = \varphi_0 \oplus \varphi_1 \oplus \varphi_2 \oplus \varphi_3,$$

其中 $\varphi_0(a) = 1, \varphi_1(a) = \mathrm{i}, \varphi_2(a) = -1, \varphi_3(a) = -\mathrm{i}$. 4 阶循环群 $G = \langle a\rangle$ 的不可约复表示都是 1 次的, 且恰有 4 个 1 次复表示, 它们正好是 $\varphi_0, \varphi_1, \varphi_2, \varphi_3$.

2. 必要性. 设 $H_1 + H_2$ 是直和. 任取 $x \in H_1 \bigcap H_2$, 则 $0 = x + (-x)$. 由于 0 的表示法唯一, 因此 $x = 0$. 从而 $H_1 \bigcap H_2 = \{0\}$.

充分性. 设 $H_1\bigcap H_2=\{0\}$. 任取 H_1+H_2 中一个元素 x, 设 $x=x_1+x_2=y_1+y_2$, 其中 $x_1,y_1\in H,x_2,y_2\in H_2$, 则 $x_1-y_1=y_2-x_2\in H_1\bigcap H_2$. 于是 $x_1-y_1=y_2-x_2=0$. 从而 $x_1=y_1,x_2=y_2$. 因此 H_1+H_2 是直和.

3. 设 $x=x_1+x_2$, 其中 $x_1\in H_1,x_2\in H_2$. 令 $\boldsymbol{P}_1(x)=x_1$, 称 $\boldsymbol{P}_1$ 是 M 在 H_1 上的**投影**. 显然 $\boldsymbol{P}_1$ 保持加法, 且与环 R 的作用可交换, 因此 $\boldsymbol{P}_1$ 是 M 到 H_1 的模同态, 显然 $\boldsymbol{P}_1$ 是满射, 因此 $\mathrm{Im}\,\boldsymbol{P}_1=H_1$.

$$x\in \mathrm{Ker}\,\boldsymbol{P}_1\Longleftrightarrow \boldsymbol{P}_1(x)=0\Longleftrightarrow x_1=0\Longleftrightarrow x=x_2\in H_2.$$

因此 $\mathrm{Ker}\,\boldsymbol{P}_1=H_2$. 根据模同态基本定理得, $M/H_2\cong H_1$. 同理 $M/H_1\cong H_2$.

4. 显然 $M=H_1\oplus H_2\oplus\cdots\oplus H_s=H_1\oplus(H_2\oplus\cdots\oplus H_s)$. 由第 3 题立即得到 $M/(H_2\oplus\cdots\oplus H_s)\cong H_1$.

习题 2.3

1. 设 D 是一个除环. 任取 $M_n(D)$ 的一个双边理想 J, 设 $J\neq\{0\}$, 去证 $J=M_n(D)$. 为此只要证 $E_{ij}\in J,1\leqslant i,j\leqslant n$. 任取 $A\in J$ 且 $A\neq 0$. 设 $A=(a_{ij})$, 其中 $a_{kt}\neq 0$. 任意给定 i,j. 由于 $E_{ik}AE_{tj}=a_{kt}E_{ij}$ (参看 [33] 第 166 页公式 (3)), 且 J 是双边理想, 因此 $a_{kt}E_{ij}\in J$. 从而 $E_{ij}\in J,1\leqslant i,j\leqslant n$. 于是 $M_n(D)$ 中任一矩阵 $\sum\limits_{i=1}^{n}\sum\limits_{j=1}^{n}b_{ij}E_{ij}\in J$. 因此 $J=M_n(D)$.

2. V 中取一个基 $\alpha_1,\alpha_2,\cdots,\alpha_n$. 任取 $\boldsymbol{A}\in\mathrm{Hom}_D(V,V)$, 设

$$\begin{aligned}
&\boldsymbol{A}(\alpha_1)=\alpha_1a_{11}+\alpha_2a_{21}+\cdots+\alpha_na_{n1},\\
&\boldsymbol{A}(\alpha_2)=\alpha_1a_{12}+\alpha_2a_{22}+\cdots+\alpha_na_{n2},\\
&\cdots\cdots\cdots\cdots\\
&\boldsymbol{A}(\alpha_n)=\alpha_1a_{1n}+\alpha_2a_{2n}+\cdots+\alpha_na_{nn},
\end{aligned}$$

则

$$\boldsymbol{A}(\alpha_1,\alpha_2,\cdots,\alpha_n)=(\alpha_1,\alpha_2,\cdots,\alpha_n)\begin{pmatrix}a_{11}&a_{12}&\cdots&a_{1n}\\a_{21}&a_{22}&\cdots&a_{2n}\\\vdots&\vdots&&\vdots\\a_{n1}&a_{n2}&\cdots&a_{nn}\end{pmatrix}.$$

把上式右端的 n 阶矩阵记作 A. 令

$$\begin{aligned}\sigma:\mathrm{Hom}_D(V,V)&\to M_n(D)\\ \boldsymbol{A}&\mapsto A.\end{aligned}$$

显然 σ 是映射、满射、单射. 从而 σ 是双射. 容易验证 σ 保持加法. 下面来证 σ 保持乘法. 设

$$\begin{aligned}
\boldsymbol{A}(\alpha_1,\alpha_2,\cdots,\alpha_n)&=(\alpha_1,\alpha_2,\cdots,\alpha_n)A,\\
\boldsymbol{B}(\alpha_1,\alpha_2,\cdots,\alpha_n)&=(\alpha_1,\alpha_2,\cdots,\alpha_n)B,
\end{aligned}$$

则

$$
\begin{aligned}
(\boldsymbol{AB})(\alpha_1,\alpha_2,\cdots,\alpha_n) &= \boldsymbol{A}((\alpha_1,\alpha_2,\cdots,\alpha_n)B)\\
&= \boldsymbol{A}\left(\sum_{i=1}^n \alpha_i b_{i1},\sum_{i=1}^n \alpha_i b_{i2},\cdots,\sum_{i=1}^n \alpha_i b_{in}\right)\\
&= \left(\sum_{i=1}^n \boldsymbol{A}(\alpha_i) b_{i1},\sum_{i=1}^n \boldsymbol{A}(\alpha_i) b_{i2},\cdots,\sum_{i=1}^n \boldsymbol{A}(\alpha_i) b_{in}\right)\\
&= (\boldsymbol{A}\alpha_1,\boldsymbol{A}\alpha_2,\cdots,\boldsymbol{A}\alpha_n)B = [(\alpha_1,\alpha_2,\cdots,\alpha_n)A]B\\
&= (\alpha_1,\alpha_2,\cdots,\alpha_n)(AB).
\end{aligned}
$$

从而 $\sigma(\boldsymbol{AB}) = AB = \sigma(\boldsymbol{A})\sigma(\boldsymbol{B})$. 因此 σ 是 $\mathrm{Hom}_D(V,V)$ 到 $M_n(D)$ 的一个环同构.

对于任意 $d\in D$, 有

$$
\begin{aligned}
(\boldsymbol{A}d)(\alpha_1,\alpha_2,\cdots,\alpha_n) &= ((\boldsymbol{A}d)\alpha_1,(\boldsymbol{A}d)\alpha_2,\cdots,(\boldsymbol{A}d)\alpha_n)\\
&= ((\boldsymbol{A}\alpha_1)d,(\boldsymbol{A}\alpha_2)d,\cdots,(\boldsymbol{A}\alpha_n)d)\\
&= (\boldsymbol{A}\alpha_1,\boldsymbol{A}\alpha_2,\cdots,\boldsymbol{A}\alpha_n)d = [(\alpha_1,\alpha_2,\cdots,\alpha_n)A]d\\
&= (\alpha_1,\alpha_2,\cdots,\alpha_n)(Ad).
\end{aligned}
$$

因此 $\sigma(\boldsymbol{A}d) = Ad = \sigma(\boldsymbol{A})d$. 从而 σ 也是 $\mathrm{Hom}_D(V,V)$ 到 $M_n(D)$ 的一个右代数同构.

习题 2.4

1. 设 Φ 和 Ψ 分别是群 G 的两个 K-表示 (φ,V) 和 (ψ,W) 对于 V,W 中分别取的一个基提供的矩阵表示. 设 $\boldsymbol{A}$ 是 V 到 W 的一个线性映射, 它关于 V 的上述基和 W 的上述基的矩阵是 A, 则 $\psi(g)\boldsymbol{A} = \boldsymbol{A}\varphi(g),\forall g\in G$. 由于 φ,ψ 都是群 G 在域 K 上的线性表示, 因此 V,W 都是左 $K[G]$-模, 其中

$$gv := \varphi(g)v,\quad \forall v\in V;\quad gw := \psi(g)w,\quad \forall w\in W.$$

由于 $\forall g\in G, v\in V$, 有

$$\boldsymbol{A}(gv) = \boldsymbol{A}(\varphi(g)v) = [\boldsymbol{A}\varphi(g)]v = [\psi(g)\boldsymbol{A}]v = g(\boldsymbol{A}v),$$

因此 $\boldsymbol{A}$ 是 V 到 W 的模同态, 即 $\boldsymbol{A}\in \mathrm{Hom}_{K[G]}(V,W)$. 由于 V 和 W 都是不可约左 $K[G]$-模. 因此根据引理 1 得, 当 $V\not\cong W$ 时, $\boldsymbol{A}=\boldsymbol{0}$. 从而当 $\boldsymbol{A}\neq\boldsymbol{0}$ 时, $V\cong W$. 于是 $n=m$, $\mathrm{Ker}\,\boldsymbol{A}=\{0\}$, $\mathrm{Im}\,\boldsymbol{A}=W$. 从而 $\boldsymbol{A}$ 是双射, 即 $\boldsymbol{A}$ 可逆. 因此 $A=0$ 或者 $n=m$ 且 A 是可逆矩阵.

2. V 和 W 都是不可约左 $K[G]$-模. 由已知条件得, σ 是 V 到 W 的模同态.

(1) 若 φ 和 ψ 不等价, 则 $V\not\cong W$, 根据引理 1 得, $\sigma=0$.

(2) 若 $V=W$ 且 $\varphi=\psi$, 则 $\sigma\in\mathrm{Hom}_{K[G]}(V,V)$. 由引理 2 得, 对某个 $k\in K$, $\sigma=k1_V$.

3. 任给 $h \in G$, 有

$$\begin{aligned}\psi(h)\widetilde{\sigma}\varphi(h)^{-1} &= |G|^{-1}\sum_{g\in G}\psi(h)\psi(g)\sigma\varphi(g)^{-1}\varphi(h)^{-1}\\ &= |G|^{-1}\sum_{g\in G}\psi(hg)\sigma\varphi(hg)^{-1} = \widetilde{\sigma},\end{aligned}$$

因此

$$\psi(h)\widetilde{\sigma} = \widetilde{\sigma}\varphi(h), \quad \forall h \in G.$$

(1) 若 φ 与 ψ 不等价, 则根据第 2 题的第 (1) 小题得 $\widetilde{\sigma} = 0$.

(2) 若 $V = W$ 且 $\varphi = \psi$, 则根据第 2 题的第 (2) 小题得 $\widetilde{\sigma} = k1_V$. 于是 $\mathrm{tr}\,(\widetilde{\sigma}) = k\,\mathrm{dim}V$. 由于

$$\mathrm{tr}\,(\widetilde{\sigma}) = |G|^{-1}\sum_{g\in G}\mathrm{tr}\,[\varphi(g)\sigma\varphi(g)^{-1}] = |G|^{-1}\sum_{g\in G}\mathrm{tr}\,(\sigma) = \mathrm{tr}\,(\sigma).$$

因此 $k = \dfrac{\mathrm{tr}\,(\sigma)}{\mathrm{dim}V}$.

4. 设 Φ 是群 G 的线性表示 (φ, V) 在 V 的一个基下提供的矩阵表示. $\boldsymbol{A}$ 是 V 上的线性变换, 它在 V 的上述基下的矩阵为 A, 则 $\varphi(g)\,\boldsymbol{A} = \boldsymbol{A}\varphi(g), \forall g \in G$. 根据第 2 题第 (2) 小题的结论得 $\boldsymbol{A} = k1_V$, 其中 k 是 K 中某个元素. 从而 A 是数量矩阵.

习题 2.5

1. 根据 [24] 第 80 页的第 14 题, D_4 的共轭类有 5 个:

$$\{I\},\ \{\sigma^2\},\ \{\sigma, \sigma^3\}, \{\tau, \sigma^2\tau\},\ \{\sigma\tau, \sigma^3\tau\}.$$

于是 D_4 有 5 个不等价的不可约复表示.

根据 [24] 第 66 页的第 9 题, $D_4' = \langle\sigma^2\rangle$. 于是 D_4/D_4' 是 4 阶 Abel 群:

$$\begin{aligned}D_4/D_4' &= \{\langle\sigma^2\rangle, \langle\sigma^2\rangle\sigma, \langle\sigma^2\rangle\tau, \langle\sigma^2\rangle\sigma\tau\}\\ &= \langle\langle\sigma^2\rangle\sigma\rangle \times \langle\langle\sigma^2\rangle\tau\rangle.\end{aligned}$$

D_4/D_4' 共有 4 个 1 次复表示: $\overline{\varphi}_0, \overline{\varphi}_1, \overline{\varphi}_2, \overline{\varphi}_3$, 其中 $\overline{\varphi}_0$ 是主表示, $\overline{\varphi}_1 = \overline{\varphi}_{\langle\sigma^2\rangle\sigma}, \overline{\varphi}_2 = \overline{\varphi}_{\langle\sigma^2\rangle\tau}, \overline{\varphi}_3 = \overline{\varphi}_{\langle\sigma^2\rangle\sigma\tau}$. 于是

$$\begin{aligned}&\overline{\varphi}_1(\langle\sigma^2\rangle\sigma) = (-1)^{1\times1+0\times0} = -1, \quad \overline{\varphi}_1(\langle\sigma^2\rangle\tau) = (-1)^{1\times0+0\times1} = 1;\\ &\overline{\varphi}_2(\langle\sigma^2\rangle\sigma) = (-1)^{0\times1+1\times0} = 1, \quad \overline{\varphi}_2(\langle\sigma^2\rangle\tau) = (-1)^{0\times0+1\times1} = -1;\\ &\overline{\varphi}_3(\langle\sigma^2\rangle\sigma) = (-1)^{1\times1+1\times0} = -1, \quad \overline{\varphi}_3(\langle\sigma^2\rangle\tau) = (-1)^{1\times0+1\times1} = -1.\end{aligned}$$

把 D_4/D_4' 的这 4 个 1 次复表示提升, 便得到 D_4 的 4 个 1 次复表示: $\varphi_0, \varphi_1, \varphi_2, \varphi_3$, 其中 φ_0 是主表示,

$$\begin{aligned}&\varphi_1(\sigma) = -1, \quad \varphi_1(\tau) = 1; \quad \varphi_2(\sigma) = 1, \quad \varphi_2(\tau) = -1;\\ &\varphi_3(\sigma) = -1, \quad \varphi_3(\tau) = -1.\end{aligned}$$

$\varphi_l(\sigma^i\tau^j) = [\varphi_l(\sigma)]^i[\varphi_l(\tau)]^j, \quad l = 1, 2, 3; 0 \leqslant i \leqslant 3, j = 1, 2$. 由于 $|D_4| = 8 = 1^2 + 1^2 + 1^2 + 1^2 + 2^2$, 因此 D_4 有一个 2 次不可约复表示. D_4 是正方形的对称 (性) 群. 以正方形的中心 O 为原点, 以正方形的一条对称轴 (τ 是关于这条对称轴的反射) 为 x

轴, 建立平面直角坐标系 Oxy, x 轴, y 轴的单位向量分别记作 e_1, e_2, 则

$$\sigma(e_1)=e_2,\quad \sigma(e_2)=-e_1;$$
$$\tau(e_1)=e_1,\quad \tau(e_2)=-e_2.$$

于是 σ,τ 在基 e_1, e_0 下的矩阵分别为

$$A=\begin{pmatrix}0 & -1\\ 1 & 0\end{pmatrix},\quad B=\begin{pmatrix}1 & 0\\ 0 & -1\end{pmatrix}.$$

取复数域上的一个 2 维线性空间 V, 取 V 的一个基 α_1,α_2. 设 $\varphi_4(\sigma),\varphi_4(\tau)$ 是 V 上的线性变换, 它们在 V 的一个基 α_1,α_2 下的矩阵分别是 A, B, 则 φ_4 是 D_4 的一个 2 次复表示. 显然 φ_4 是忠实的. 由于 D_4 是非 Abel 群, 因此根据习题 1.5 的第 6 题得, φ_4 不可约.

2. 易求出 $\mathrm{Z}(Q)=\{\pm 1\}$. 于是

$$\mathrm{C}_Q(\mathrm{i})=\{\pm 1,\pm\mathrm{i}\},\quad \mathrm{C}_Q(\mathrm{j})=\{\pm 1,\pm\mathrm{j}\}.$$

因此 i 的共轭类的元素个数为 2, j 的共轭类的元素个数为 2. 于是 Q 共有 5 个共轭类:

$$\{1\},\ \{-1\},\ \{\mathrm{i},-\mathrm{i}\},\ \{\mathrm{j},-\mathrm{j}\},\ \{\mathrm{ij},-\mathrm{ij}\}.$$

因此四元素群 Q 共有 5 个不等价的不可约复表示.

由于 $Q/\mathrm{Z}(Q)$ 是 4 阶群, 而 4 阶群都是 Abel 群, 因此 $\mathrm{Z}(Q)\supseteq Q'$. 由于

$$-1=\mathrm{i}^2=\mathrm{i}(\mathrm{j}\mathrm{i}\mathrm{j}^{-1})^{-1}=\mathrm{i}\mathrm{j}\mathrm{i}^{-1}\mathrm{j}^{-1}\in Q',$$

因此 $\mathrm{Z}(Q)\subseteq Q'$. 于是 $Q'=\mathrm{Z}(Q)=\langle -1\rangle$. 从而 $Q/Q'=\{\langle -1\rangle,\langle -1\rangle\mathrm{i},\langle -1\rangle\mathrm{j},\langle -1\rangle\mathrm{ij}\}$ 有 4 个 1 次复表示: $\overline{\varphi}_0,\overline{\varphi}_1,\overline{\varphi}_2,\overline{\varphi}_3$, 其中 $\overline{\varphi}_0$ 是主表示, $\overline{\varphi}_1=\overline{\varphi}_{\langle -1\rangle\mathrm{i}},\overline{\varphi}_2=\overline{\varphi}_{\langle -1\rangle\mathrm{j}},\overline{\varphi}_3=\overline{\varphi}_{\langle -1\rangle\mathrm{ij}}$. 于是

$$\overline{\varphi}_1(\langle -1\rangle\mathrm{i})(-1)^{1\times1+0\times0}=-1,\quad \overline{\varphi}_1(\langle -1\rangle\mathrm{j})(-1)^{1\times0+0\times1}=1,$$
$$\overline{\varphi}_2(\langle -1\rangle\mathrm{i})(-1)^{0\times1+1\times0}=1,\quad \overline{\varphi}_2(\langle -1\rangle\mathrm{j})(-1)^{0\times0+1\times1}=-1,$$
$$\overline{\varphi}_3(\langle -1\rangle\mathrm{i})(-1)^{1\times1+1\times0}=-1,\quad \overline{\varphi}_3(\langle -1\rangle\mathrm{j})(-1)^{1\times0+1\times1}=-1.$$

把 $\overline{\varphi}_0,\overline{\varphi}_1,\overline{\varphi}_2,\overline{\varphi}_3$ 提升, 便得到 Q 的 4 个 1 次复表示: $\varphi_0,\varphi_1,\varphi_2,\varphi_3$, 其中 φ_0 是主表示,

$$\varphi_1(\mathrm{i})=\overline{\varphi}_1(\langle -1\rangle\mathrm{i})=-1,\quad \varphi_1(\mathrm{j})=1,$$
$$\varphi_2(\mathrm{i})=1,\quad \varphi_2(\mathrm{j})=-1;\quad \varphi_3(\mathrm{i})=-1,\quad \varphi_3(\mathrm{j})=-1.$$

$\varphi_l(\mathrm{i}^r\mathrm{j}^s)=[\varphi_l(\mathrm{i})]^r[\varphi_l(\mathrm{j})]^s, l=1,2,3; 0\leqslant r,s\leqslant 3$. 由于

$$|Q|=8=1^2+1^2+1^2+1^2+2^2,$$

因此 Q 有一个 2 次不可约复表示

从 [28] 第 711 页的三个 Pauli 矩阵受到启发, 令

$$\begin{aligned}\Phi_4: Q &\to \mathrm{GL}_2(\mathbb{C})\\ \mathrm{i} &\mapsto \begin{pmatrix}\mathrm{i} & 0\\ 0 & -\mathrm{i}\end{pmatrix},\\ \mathrm{j} &\mapsto \begin{pmatrix}0 & \mathrm{i}\\ \mathrm{i} & 0\end{pmatrix},\end{aligned}$$

且 $\Phi_4(\mathrm{i}^r\mathrm{j}^s)=[\Phi_4(\mathrm{i})]^r[\Phi_4(\mathrm{j})]^s, 0\leqslant r,s\leqslant 3$, 则 Φ_4 是 Q 的 2 次复矩阵表示. 设 Φ_4 是由 Q 的 2 次复表示 φ_4 提供的. 显然 φ_4 是忠实的. 由于 Q 是非 Abel 群, 因此 φ_4

不可约.

3. 根据 [24] 第 80 页的第 17 题, A_4 有 4 个共轭类, 它们的代表分别是: (1), (12)(34),(123),(132). 于是 A_4 共有 4 个不等价的不可约复表示.

$A_4'=\{(1),(12)(34),(13)(24),(14)(23)\}$. 于是 A_4 有 3 个 1 次复表示, 它们可由 A_4/A_4' 的 3 个 1 次复表示 $\overline{\varphi}_0,\overline{\varphi}_1,\overline{\varphi}_2$ 提升得到. 习题 1.5 的第 1 题已给求出了 A_4 的 3 个 1 次复表示 $\varphi_0,\varphi_1,\varphi_2$, 其中 φ_0 是主表示. 记 $\omega=\mathrm{e}^{\mathrm{i}\frac{2\pi}{3}}$.

$$\begin{aligned}
&\varphi_1((123))=\varphi_1((134))=\varphi_1((243))=\varphi_1((142))=\omega,\\
&\varphi_1((132))=\varphi_1((234))=\varphi_1((124))=\varphi_1((143))=\omega^2,\\
&\varphi_1((1))=\varphi_1((12)(34))=\varphi_1((13)(24))=\varphi_1((14)(23))=1.
\end{aligned}$$

同理可写出 $\varphi_2(\sigma),\forall\sigma\in A_4$.

$$|A_4|=12=1^2+1^2+1^2+3^2.$$

因此 A_4 有一个 3 次不可约复表示. 我们知道 S_4 有一个 3 次不可约复表示, 它是由 S_4 在集合 $\Omega=\{x_1,x_2,x_3,x_4\}$ 上的自然作用引起的 4 次置换表示分解得到的, 记作 ψ, 它的表示空间 $V_2=\left\{\sum\limits_{i=1}^4 a_ix_i\,\middle|\,\sum\limits_{i=1}^4 a_i=0,a_i\in\mathbb{C}\right\}$, V_2 中取一个基 $\alpha_1=x_1-x_2,\alpha_2=x_1-x_3,\alpha_3=x_1-x_4$, 则

$$\begin{aligned}
&\psi((12))\alpha_1=x_2-x_1=-\alpha_1,\quad \psi((12))\alpha_2=x_2-x_3=-\alpha_1+\alpha_2,\\
&\psi((12))\alpha_3=x_2-x_4=-\alpha_1+\alpha_3;\quad \psi((13))\alpha_1=x_3-x_2=\alpha_1-\alpha_2,\\
&\psi((13))\alpha_2=x_3-x_1=-\alpha_2,\quad \psi((13))\alpha_3=x_3-x_4=-\alpha_2+\alpha_3;\\
&\psi((14))\alpha_1=x_4-x_2=\alpha_1-\alpha_3,\quad \psi((14))\alpha_2=x_4-x_3=\alpha_2-\alpha_3,\\
&\psi((14))\alpha_3=x_4-x_1=-\alpha_3.
\end{aligned}$$

把 ψ 限制到 A_4 上便得到 A_4 的一个 3 次复表示, 记作 φ_3. 根据 [24] 第 39 页的第 6 题, 得

$$A_4=\langle(123),(124)\rangle.$$

由于 $(123)=(13)(12),(124)=(14)(12)$, 因此

$$\begin{aligned}
\varphi_3((123))\alpha_1&=\psi((13)(12))\alpha_1=\psi((13))\psi((12))\alpha_1\\
&=\psi((13))(-\alpha_1)=-\alpha_1+\alpha_2,\\
\varphi_3((123))\alpha_2&=\psi((13))\psi((12))\alpha_2=\psi((13))(-\alpha_1+\alpha_2)=-\alpha_1,\\
\varphi_3((123))\alpha_3&=\psi((13))(-\alpha_1+\alpha_3)=-\alpha_1+\alpha_3;\\
\varphi_3((124))\alpha_1&=\psi((14))\psi((12))\alpha_1=-\alpha_1+\alpha_3,\\
\varphi_3((124))\alpha_2&=\psi((14))(-\alpha_1+\alpha_2)=-\alpha_1+\alpha_2,\\
\varphi_3((124))\alpha_3&=\psi((14))(-\alpha_1+\alpha_3)=-\alpha_1.
\end{aligned}$$

φ_3 是否不可约? 为此计算 φ_3 在 V_2 的一个基 $\alpha_1,\alpha_2,\alpha_3$ 下提供的矩阵表示 Φ_3 为

$$\Phi_3((123))=\begin{pmatrix}-1&-1&-1\\1&0&0\\0&0&1\end{pmatrix},\quad \Phi_3((124))=\begin{pmatrix}-1&-1&-1\\0&1&0\\1&0&0\end{pmatrix}.$$

$\Phi_3((123))$ 的特征值为 $1,\omega,\omega^2$, $\Phi_3((123))$ 属于特征值 1 的特征子空间为 $\langle(1,1,-3)'\rangle$, 属于特征值 ω 的特征子空间为 $\langle(\omega,1,0)'\rangle$, 属于特征值 ω^2 的特征子空间为 $\langle(\omega^2,1,0)'\rangle$.

$\Phi_3((124))$ 的特征值也为 $1, \omega, \omega^2$; 属于 1 的特征子空间为 $\langle(1,-3,1)'\rangle$, 属于 ω 的特征子空间为 $\langle(\omega,0,1)'\rangle$, 属于 ω^2 的特征子空间为 $\langle(\omega^2,0,1)'\rangle$. 假如 φ_3 可约, 则 V_2 有 1 维 A_4 不变子空间. 从而 $\varphi_3((123))$ 与 $\varphi_3((124))$ 应当有公共的 1 维不变子空间. 由于 $\varphi_3((123))$ 与 $\varphi_3((124))$ 都有 3 个不同的特征值, 因此它们应当有公共的特征子空间. 但是从上述计算看到: $\varphi_3((123))$ 与 $\varphi_3((124))$ 没有公共的特征子空间. 因此 φ_3 不可约.

4. 任取 G 的一个不可约 K-表示 (φ, V). 由于 G 是有限群, 且域 K 的特征不能整除 $|G|$, 因此 G 的每一个不可约 K-表示都是有限维的. 从而 V 是有限维的. 考虑 φ 在子群 H 上的限制 $\varphi|H$. $\varphi|H$ 可分解成有限多个不可约子表示的直和. 设 W 是 V 的 H 不变子空间, 且 $\varphi|H$ 在 W 上的子表示 $(\varphi|H)_W$ 是不可约的. 由于 H 是 Abel 群, 且 K 是代数闭域, 因此 H 的每一个不可约 K-表示都是 1 次的. 从而 $\dim_K W = 1$. 设 $W = \langle w\rangle$, 令 V' 是由 V 的子集 $\{\varphi(g)w | g \in G, w \in W\}$ 生成的子空间. 显然 V' 是 G 不变子空间. 由于 (φ, V) 不可约, 因此 $V' = V$. 记 $r = [G:H]$. 设 H 在 G 中的左陪集代表系为 $\{g_1, g_2, \cdots, g_r\}$. 对于 g_iH 中的任一元素 g_ih(其中 $h \in H$), 有

$$\varphi(g_ih)\omega = \varphi(g_i)\varphi(h)\omega = \varphi(g_i)(k\omega) = k\varphi(g_i)\omega.$$

因此 V' (从而 V) 可以由 $\varphi(g_1)\omega, \varphi(g_2)\omega, \cdots, \varphi(g_r)\omega$ 生成. 从而 $\dim_K V \leqslant r$, 即 $\dim_K V \leqslant [G:H]$.

习题 3.1

1. 由于 $\operatorname{char} K \nmid |G|$, 因此 $\varphi_1, \varphi_2, \cdots, \varphi_s$ 都出现在 G 的正则表 ρ 到它的不可约子表示的直和分解式中 (在等价的意义上). 设 φ_i 在 ρ 的直和分解式中出现 m_i 次, 则

$$\rho \approx m_1\varphi_1 \dotplus m_2\varphi_2 \dotplus \cdots \dotplus m_s\varphi_s.$$

在 ρ 的表示空间 $K[G]$ 中取一个基, 即 G 的全部元素, 则 ρ 在此基下提供的矩阵表示 P 为

$$SP(g)S^{-1} = \operatorname{diag}\{\underbrace{\Phi_1(g), \cdots, \Phi_1(g)}_{m_1 \text{个}}, \cdots, \underbrace{\Phi_s(g), \cdots, \Phi_s(g)}_{m_s \text{个}}\},$$

其中 S 是域 K 上的可逆矩阵. 于是

$$\begin{aligned} g \in \bigcap_{i=1}^{s} \operatorname{Ker}\varphi_i &\iff \varphi_i(g) = 1_{V_i}, \quad i = 1, 2, \cdots, s \\ &\iff \Phi_i(g) = I_{n_i}, \quad i = 1, 2, \cdots, s \\ &\iff P(g) = I \iff \rho(g) = 1_{K[G]} \\ &\iff gx = x, \quad \forall x \in G \iff g = 1. \end{aligned}$$

因此 $\bigcap_{i=1}^{s} \operatorname{Ker}\varphi_i = \{1\}$.

2. 当 K 为复数域时, 由命题 9, $\chi(g) = \chi(1)$ 当且仅当 $\varphi(g) = 1_V$.

(1) $\operatorname{Ker}\chi=\{g\in G|\chi(g)=\chi(1)\}=\{g\in G|\varphi(g)=1_V\}=\operatorname{Ker}\varphi$.

(2) 由第 1 题和本题的第 (1) 小题得

$$\bigcap_{i=1}^{s}\operatorname{Ker}\chi_i=\bigcap_{i=1}^{s}\operatorname{Ker}\varphi_i=\{1\}.$$

3. (1) 任取 $g\in \mathrm{Z}(\chi)$, 则 $\varphi(g)=c1_V$. 显然, $\mathrm{Z}(\chi)<G$. 对于任意 $x\in G$, 有

$$\varphi(xgx^{-1})=\varphi(x)\varphi(g)\varphi(x)^{-1}=\varphi(x)c1_V\varphi(x)^{-1}=c1_V,$$

其中 c 是 m 次单位根 m 是 G 的指数. 从而 $|\chi(xgx^{-1})|=\chi(1)$. 因此 $xgx^{-1}\in \mathrm{Z}(\chi)$. 于是 $\mathrm{Z}(\chi)\lhd G$.

任给 $g\in\operatorname{Ker}\varphi$, 则 $\varphi(g)=1_V$. 从而 $\chi(g)=\chi(1)$. 于是 $g\in \mathrm{Z}(\chi)$. 因此 $\operatorname{Ker}\varphi\subseteq \mathrm{Z}(\chi)$.

(2) 设 $g\in \mathrm{Z}(\chi)$, 则根据第 (1) 小题的证明过程知道 $\varphi(g)=c1_V$, 并且对于任意 $x\in G$, 有 $\varphi(xgx^{-1})=c1_V$. 从而 $\varphi(xgx^{-1})=\varphi(g)$. 于是 $\varphi(xgx^{-1}g^{-1})=1_V$. 因此 $xgx^{-1}g^{-1}\in\operatorname{Ker}\varphi$. 由此得出 $g\operatorname{Ker}\varphi\in \mathrm{Z}(G/\operatorname{Ker}\varphi)$.

(3) 任取 $g\operatorname{Ker}\varphi\in \mathrm{Z}(\chi)/\operatorname{Ker}\varphi$, 则 $g\in \mathrm{Z}(\chi)$. 根据第 (2) 小题得 $g\operatorname{Ker}\varphi\in \mathrm{Z}(G/\operatorname{Ker}\varphi)$. 因此 $\mathrm{Z}(\chi)/\operatorname{Ker}\varphi\subseteq \mathrm{Z}(G/\operatorname{Ker}\varphi)$. 考虑 $\mathrm{Z}(\chi)/\operatorname{Ker}\varphi$ 到 $\mathrm{GL}(V)$ 的一个对应法则 $\psi: g\operatorname{Ker}\varphi\mapsto\varphi(g)$. 易证 ψ 是映射, 且保持运算, 因此 ψ 是 $\mathrm{Z}(\chi)/\operatorname{Ker}\varphi$ 的一个复表示. 由于 $g\in \mathrm{Z}(\chi)$, 因此 $\varphi(g)=c_g1_V$. 令 $\widetilde{\psi}(g\operatorname{Ker}\varphi)=c_g$, 则 $\widetilde{\psi}$ 是 $\mathrm{Z}(\chi)/\operatorname{Ker}\varphi$ 到 $\mathbb{C}^*$ 的一个映射. 易证 $\widetilde{\psi}$ 是群同态. 从而 $\widetilde{\psi}$ 是 $\mathrm{Z}(\chi)/\operatorname{Ker}\varphi$ 的 1 次复表示. 对于 $g,h\in \mathrm{Z}(\chi)$, 若 $c_g=c_h$, 则 $\varphi(g)=\varphi(h)$. 从而 $g^{-1}h\in\operatorname{Ker}\varphi$. 于是 $g\operatorname{Ker}\varphi=h\operatorname{Ker}\varphi$. 因此 $\widetilde{\psi}$ 是单射. 从而 $\widetilde{\psi}$ 是忠实的. 由于 $\mathrm{Z}(\chi)/\operatorname{Ker}\varphi$ 是有限 Abel 群, 因此根据习题 1.4 的第 3 题得, $\mathrm{Z}(\chi)/\operatorname{Ker}\varphi$ 是循环群.

(4) 设 $\chi(1)=1$. 则 (φ,V) 是 G 的 1 次复表示. 对于任意 $g\in G$, 根据本节命题 6 得, $\chi(g)$ 是 m 次单位根, 其中 m 是群 G 的指数. 于是 $|\chi(g)|=1=\chi(1)$. 因此 $g\in \mathrm{Z}(\chi)$. 从而 $\mathrm{Z}(\chi)=G$.

4. (1) 令 $\overline{\varphi}(g\operatorname{Ker}\varphi)=\varphi(g),\forall g\operatorname{Ker}\varphi\in G/\operatorname{Ker}\varphi$, 则 $\overline{\varphi}$ 是 $G/\operatorname{Ker}\varphi$ 的一个不可约复表示, 任取 $g\operatorname{Ker}\varphi\in \mathrm{Z}(G/\operatorname{Ker}\varphi)$, 则对于任意 $x\operatorname{Ker}\varphi\in G/\operatorname{Ker}\varphi$, 有 $(g\operatorname{Ker}\varphi)(x\operatorname{Ker}\varphi)=(x\operatorname{Ker}\varphi)(g\operatorname{Ker}\varphi)$. 从而 $\overline{\varphi}(g\operatorname{Ker}\varphi)\overline{\varphi}(x\operatorname{Ker}\varphi)=\overline{\varphi}(x\operatorname{Ker}\varphi)$ $\overline{\varphi}(g\operatorname{Ker}\varphi)$. 于是

$$\varphi(g)\varphi(x)=\varphi(x)\varphi(g),\quad \forall x\in G.$$

由于 $\varphi(g)$ 是 V 到自身的一个线性映射, 且 φ 不可约, 因此根据习题 2.4 的第 2 题得 $\varphi(g)=c1_V$, 对某个 $c\in\mathbb{C}$. 从而 $|\chi(g)|=\chi(1)$, 因此 $g\in \mathrm{Z}(\chi)$.

(2) 任取 $g\in \mathrm{Z}(G)$, 则对于任意 $x\in G$, 有 $gx=xg$. 于是 $\varphi(g)\varphi(x)=\varphi(x)\varphi(g)$, $\forall x\in G$. 由于 φ 不可约, 因此根据习题 2.4 的第 2 题得 $\varphi(g)=c1_V$, 对某个 $c\in\mathbb{C}$. 从而 $g\in \mathrm{Z}(\chi)$. 因此 $\mathrm{Z}(G)\subseteq \mathrm{Z}(\chi)$.

(3) 任取 $g\operatorname{Ker}\varphi\in \mathrm{Z}(G/\operatorname{Ker}\varphi)$, 由第 (1) 小题得 $g\in \mathrm{Z}(\chi)$. 从而 $g\operatorname{Ker}\varphi\in \mathrm{Z}(\chi)/\operatorname{Ker}\varphi$. 结合第 3 题的第 (3) 小题得 $\mathrm{Z}(\chi)/\operatorname{Ker}\varphi=\mathrm{Z}(G/\operatorname{Ker}\varphi)$, 且 $\mathrm{Z}(G/\operatorname{Ker}\varphi)$ 是循环群.

(4) 必要性. 由第 3 题的第 (4) 小题立即得到. 充分性. 设 $\mathrm{Z}(\chi)=G$. 由第 (3) 小题得, $G/\operatorname{Ker}\varphi=\mathrm{Z}(G/\operatorname{Ker}\varphi)$. 于是 $G/\operatorname{Ker}\varphi$ 是 Abel 群. 由于 $\overline{\varphi}$ 是 $G/\operatorname{Ker}\varphi$ 的一个不可约复表示, 因此 $\overline{\varphi}$ 是 1 次的. 从而 φ 是 1 次的. 于是 $\chi(1)=1$.

(5) 由第 (2) 小题得 $\mathrm{Z}(G)\subseteq\bigcap\limits_{i=1}^{s}\mathrm{Z}(\chi_i)$. 反之, 任取 $g\in\bigcap\limits_{i=1}^{s}\mathrm{Z}(\chi_i)$, 则 $\varphi_i(g)=c_i1_V, i=1,2,\cdots,s$. 从而对于任意 $x\in G$, 有 $\varphi_i(g)\varphi_i(x)=\varphi_i(x)\varphi_i(g)$. 于是 $\varphi_i(gxg^{-1}x^{-1})=1_{V_i}$, 从而 $gxg^{-1}x^{-1}\in\operatorname{Ker}\varphi_i, i=1,2,\cdots,s$. 因此 $gxg^{-1}x^{-1}\in\bigcap\limits_{i=1}^{s}\operatorname{Ker}\varphi_i$. 根据第 2 题得 $gxg^{-1}x^{-1}=1$. 于是 $g\in\mathrm{Z}(G)$. 从而 $\bigcap\limits_{i=1}^{s}\mathrm{Z}(\chi_i)\subseteq\mathrm{Z}(G)$. 因此 $\mathrm{Z}(G)=\bigcap\limits_{i=1}^{s}\mathrm{Z}(\chi_i)$.

习题 3.2

1. (1) 第二章习题 2.5 第 1 题已求出 D_4 的所有不等价的不可约复表示, 于是可以立即写出 D_4 的复特征标表如下:

$$\begin{array}{c} \\ \chi_0\\ \chi_1\\ \chi_2\\ \chi_3\\ \chi_4\end{array}\begin{array}{c}\begin{array}{ccccc} I & \sigma & \sigma^2 & \tau & \sigma\tau\end{array}\\ \begin{pmatrix}1&1&1&1&1\\1&-1&1&1&-1\\1&1&1&-1&-1\\1&-1&1&-1&1\\2&0&-2&0&0\end{pmatrix}\end{array}.$$

(2) 第二章习题 2.5 的第 2 题已求出四元数群 Q 的所有不等价的不可约复表示, 于是可写出 Q 的复特征标表:

$$\begin{array}{c} \\ \chi_0\\ \chi_1\\ \chi_2\\ \chi_3\\ \chi_4\end{array}\begin{array}{c}\begin{array}{ccccc} 1 & \mathrm{i} & -1 & \mathrm{j} & \mathrm{ij}\end{array}\\ \begin{pmatrix}1&1&1&1&1\\1&-1&1&1&-1\\1&1&1&-1&-1\\1&-1&1&-1&1\\2&0&-2&0&0\end{pmatrix}\end{array}.$$

(3) 第二章习题 2.5 的第 3 题已求出 A_4 的所有不等价的不可约复表示, 于是可以写出 A_4 的复特征标表:

$$\begin{array}{c} \\ \chi_0\\ \chi_1\\ \chi_2\\ \chi_3\end{array}\begin{array}{c}\begin{array}{cccc} (1) & (12)(34) & (123) & (132)\end{array}\\ \begin{pmatrix}1&1&1&1\\1&1&\omega&\omega^2\\1&1&\omega^2&\omega\\3&-1&0&0\end{pmatrix}\end{array}.$$

注 A_4 的复特征标表的第 4 行与第 2, 3, 4 列交叉位置的元素也可以利用第二正交关系求出.

(4) 根据 [24] 第 80 页的第 14 题, D_6 的共轭类有 6 个:

$$\{I\},\quad \{\sigma^3\},\quad \{\sigma,\sigma^5\},\quad \{\sigma^2,\sigma^4\},\quad \{\tau,\sigma^2\tau,\sigma^4_\tau\},\quad \{\sigma\tau,\sigma^3\tau,\sigma^5\tau\}.$$

于是 D_6 有 6 个不等价的不可约复表示.

根据 [24] 第 66 页的第 10 题, $D_6'=\langle\sigma^2\rangle$. 于是 D_6/D_6' 是 4 阶 Abel 群:

$$D_6/D_6'=\{\langle\sigma^2\rangle,\langle\sigma^2\rangle\sigma,\langle\sigma^2\rangle\tau,\langle\sigma^2\rangle\sigma\tau\}.$$

D_6/D_6' 的 4 个 1 次复表示提升后便得到 D_6 的 4 个 1 次复数示: φ_0 (主表示), $\varphi_1,\varphi_2,\varphi_3$, 其中

$$\begin{aligned}&\varphi_1(\sigma)=-1,\quad \varphi_1(\tau)=1;\quad \varphi_2(\sigma)=1,\quad \varphi_2(\tau)=-1;\\&\varphi_3(\sigma)=-1,\quad \varphi_3(\tau)=-1.\end{aligned}$$

由于 $12=1^2+1^2+1^2+1^2+2^2+2^2$, 因此 D_6 是两个不等价的 2 次不可约复表示. 由于 D_6 是正六边形的对称 (性) 群, 因此可求出 D_6 的一个 2 次不可约复表示 φ_4, 它提供的矩阵表示 Φ_4 为

$$\Phi_4(\sigma)=\begin{pmatrix}\cos\dfrac{\pi}{3} & -\sin\dfrac{\pi}{3}\\ \sin\dfrac{\pi}{3} & \cos\dfrac{\pi}{3}\end{pmatrix}=\begin{pmatrix}\dfrac{1}{2} & -\dfrac{\sqrt{3}}{2}\\ \dfrac{\sqrt{3}}{2} & \dfrac{1}{2}\end{pmatrix},\quad \Phi_4(\tau)=\begin{pmatrix}1&0\\0&-1\end{pmatrix}.$$

根据以上信息可写出 D_6 的复特征标表的前五行, 而第 6 行可以利用第二正文关系求出:

$$\begin{array}{c} \\ \chi_0\\ \chi_1\\ \chi_2\\ \chi_3\\ \chi_4\\ \chi_5\end{array}\begin{array}{c}\begin{array}{cccccc} I & \sigma & \sigma^2 & \sigma^3 & \tau & \sigma\tau\end{array}\\ \begin{pmatrix}1&1&1&1&1&1\\1&-1&1&-1&1&-1\\1&1&1&1&-1&-1\\1&-1&1&-1&-1&1\\2&1&-1&-2&0&0\\2&-1&-1&2&0&0\end{pmatrix}\end{array}.$$

2. $c_i\in \mathrm{Z}(\mathbb{C}[G]), e_i, e_2,\cdots,e_s$ 是 $\mathrm{Z}(\mathbb{C}[G])$ 的一个基, 因此可设 $c_i=\sum\limits_{j=1}^{s}k_je_j$. 于是对于 $l\in\{1,2,\cdots,s\}$, 有

$$\chi_l^*(c_i)=\sum_{j=1}^{s}k_j\chi_l^*(e_j)=k_l\chi_l(1).$$

由此可解出 k_l:

$$k_l=\frac{\chi_l^*(c_i)}{\chi_l(1)}=\frac{|C_i|\chi_l(g_i)}{\chi_l(1)},\quad l=1,2,\cdots,s.$$

因此

$$c_i=|C_i|\sum_{j=1}^{s}\frac{\chi_j(g_i)}{\chi_j(1)}e_j.$$

3. 设 $\xi = \mathrm{e}^{\mathrm{i}\frac{2\pi}{n}}$, 则 $G = \langle a \rangle$ 的对应于 a^j 的 1 次复特征标 χ_j 为

$$\chi_j(a) = \xi^j. \quad j = 0, 1, 2, \cdots, n-1.$$

对于 $f \in \mathbb{C}^G$, 由于 $\chi_0, \chi_1, \cdots, \chi_{n-1}$ 是 $\mathbb{C}^G$ 的一个标准正交基, 因此

$$f = \sum_{j=0}^{n-1} (f, \chi_j)\chi_j,$$

从而

$$f(a^r) = \sum_{j=0}^{n-1} (f, \chi_j)\chi_j(a^r) = \sum_{j=0}^{n-1} (f, \chi_j)\xi^{rj},$$

其中

$$(f, \chi_j) = \frac{1}{n}\sum_{r=0}^{n-1} f(a^r)\overline{\chi_j(a^r)} = \frac{1}{n}\sum_{r=0}^{n-1} f(a^r)\xi^{-rj}.$$

4. 必要性. 设 $f(g) = c, \forall g \in G$, 则当 $g \neq 1$ 时, 有

$$\hat{f}(g) = \frac{1}{\sqrt{|G|}}\sum_{x \in G} f(x)\overline{\chi_g(x)} = \frac{c}{\sqrt{|G|}}\sum_{x \in G} \chi_1(x)\overline{\chi_g(x)} = 0.$$

充分性. 设 $\hat{f}(g) = 0, \forall g \in G$ 且 $g \neq 1$, 则任给 $x \in G$, 有

$$f(x) = \frac{1}{\sqrt{|G|}}\sum_{g \in G} \hat{f}(g)\chi_g(x) = \frac{1}{\sqrt{|G|}}\hat{f}(1)\chi_1(x) = \frac{1}{\sqrt{|G|}}\hat{f}(1).$$

因此 f 是常值函数.

5. 根据 [24] 第 80 页的第 16 题 S_4 有 5 个共轭类, 其代表元素为

$$(1), (12), (12)(34), (123), (1234).$$

由于 S_4 是双传递置换群, 因此根据本节定理 7 得, S_4 有一个 3 次不可约复表示 ψ, 且

$$\chi_\psi((12)) = 2 - 1 = 1,$$
$$\chi_\psi((12)(34)) = 0 - 1 = -1,$$
$$\chi_\psi((123)) = 1 - 1 = 0,$$
$$\chi_\psi((1234)) = 0 - 1 = -1.$$

6. A_5 有 5 个共轭类, 其代表元素为

$$(1), (12)(34), (123), (12345), (13524).$$

根据本节推论 5 得, A_5 有一个 4 次不可约复表示 ψ, 且

$$\chi_\psi((12)(34)) = 1 - 1 = 0,$$
$$\chi_\psi((123)) = 2 - 1 = 1,$$
$$\chi_\psi((12345)) = \chi_4((13524)) = 0 - 1 = -1.$$

习题 3.3

1. (1) 显然 I 对于减法封闭; 任取 $f(x) \in I, g(x) \in \mathbb{Q}[x]$, 有 $f(\alpha)g(\alpha) = 0$, 因此 $f(x)g(x) \in I$. 从而 I 是 $\mathbb{Q}[x]$ 的一个理想. 由于 $\mathbb{Q}$ 是域, 因此根据 [24] 第 136 页的

命题 2 题, I 是主理想; 若 $I \neq (0)$, 则 I 可以由首项系数为 1 的多项式生成. 由于 α 在 $\mathbb{Q}$ 上的极小多项式 $p(x)$ 是 I 中次数最低的非零多项式, 因此 $p(x)$ 是 I 的一个生成元.

(2) 假如 $p(x)$ 在 $\mathbb{Q}$ 上可约, 则 $p(x) = p_1(x)p_2(x)$, 其中 $p_i(x) \in \mathbb{Q}[x]$, 且 $\deg p_i(x) < \deg p(x), i = 1,2$. 于是 $p_1(\alpha)p_2(\alpha) = 0$. 从而 $p_1(\alpha) = 0$ 或 $p_2(\alpha) = 0$. 这与 $p(x)$ 是 α 在 $\mathbb{Q}$ 上的极小多项式矛盾. 因此 $p(x)$ 在 $\mathbb{Q}$ 上不可约.

2. 设 α 是代数整数, 则存在首项系数为 1 的整系数多项式 $f(x)$, 使得 $f(\alpha) = 0$. 于是 $f(x) \in I$, 从而 $p(x)|f(x)$. 由于 $f(x)$ 是本原多项式, 因此根据 [28] 第 94 页的命题 4 和 $\mathbb{Q}[x]$ 中的唯一因式分解定理得, $f(x)$ 的分解式中某一个在 $\mathbb{Q}$ 上不可约的本原多项式 $q_j(x)$ 与 $p(x)$ 相伴. 由于 $q_j(x)$ 与 $p(x)$ 的首项系数都为 1, 因此 $q_j(x) = p(x)$. 从而 $p(x)$ 是整系数多项式.

习题 3.4

1. 用反证法. 假如 G 是非 Abel 群. 任给 $A \in G$, 令 $\boldsymbol{A}(\alpha) := A\alpha, \forall \alpha \in \mathbb{C}^2$, 则 $\boldsymbol{A} \in \mathrm{GL}(\mathbb{C}^2)$. 令 $\varphi: A \to \boldsymbol{A}$, 则 φ 是 G 到 $\mathrm{GL}(\mathbb{C}^2)$ 的一个映射, 且 φ 保持乘法. 从而 φ 是 G 的一个 2 次复表示. 显然 φ 是单射, 因此 φ 是忠实的. 由于 G 是非 Abel 解, 因此它的忠实的 2 次复表示 φ 不可约. 于是 $\deg\varphi|[G]$.由于 $\deg\varphi = 2$, 因此 G 有 2 阶元 A, 即 $A^2 = I$, 且 $A \neq I$. 从而 A 的最小多项式 $m(\lambda)|\lambda^2 - 1$, 且 $m(\lambda) \neq \lambda - 1$.

情形 1 $m(\lambda) = \lambda + 1$. 此时 $A = -I$. 由于 $\{\pm I\} \lhd G$, 且 G 是单群, 因此 $G = \{\pm I\}$. 这与 G 是非 Abel 群矛盾.

情形 2 $m(\lambda) = \lambda^2 - 1$. 此时 ± 1 是 $m(\lambda)$ 的全部复根. 从而 A 的特征多项式 $f(\lambda)$ 的全部复根是 ± 1. 因此

$$A \sim \begin{pmatrix} 1 & 0 \\ 0 & -1 \end{pmatrix}.$$

行列式函数 det 是 G 到 $\mathbb{C}^*$ 的一个同态, 从而 det 是 G 的一个 1 次复表示但不是主表示. 由于 $\det(A) = -1$, 因此 $\mathrm{Ker}(\det) \neq \{I\}$. 根据命题 3, 这与 G 是单群矛盾.

综上所述得, G 是 Abel 群.

2. 若有限单群 G 有2 次不可约复表示 φ, 则 g 提供的矩阵表示 Φ 是 G 到 $\mathrm{GL}(2,\mathbb{C})$ 的一个同态, 从而 $\mathrm{Ker}\,\Phi \lhd G$. 由于 G 是单群, 因此 $\mathrm{Ker}\,\Phi = \{1\}$ 或 $\mathrm{Ker}\,\Phi = G$. 假如为后者, 则 $\Phi(g) = \begin{pmatrix} 1 & 0 \\ 0 & 1 \end{pmatrix}, \forall g \in G$. 于是 Φ 可约, 矛盾. 因此 $\mathrm{Ker}\,\Phi = \{1\}$. 从而 $G \cong \mathrm{Im}\,\Phi$. 而 $\mathrm{Im}\,\Phi < \mathrm{GL}(2,\mathbb{C})$. 于是 G 同构于 $\mathrm{GL}(2,\mathbb{C})$ 的有限子群. 根据第 1 题的结论得, G 为 Abel 群.

习题 4.1

1. $r \otimes \bar{0} = 0$; $\dfrac{q}{p} \otimes \bar{1} = \dfrac{2q}{2p} \otimes \bar{1} = \dfrac{q}{2p} \otimes 2\bar{1} = \dfrac{q}{2p} \otimes \bar{0} = 0.$

2. 类似于定理 5 的证法.

3. 参看 [28] 第 813 页的定理 5.

4. (1) 由于域 F 可看成是 (F,K)-双模, V 是 (K,K)-双模, 因此 $F\otimes_K V$ 是左 F-模, 从而 $F\otimes_K V$ 是域 F 上的线性空间:

(2) 由于 $V\cong\underbrace{K\dot{+}\cdots\dot{+}K}_{r\text{ 个}}$, 因此

$$\begin{aligned}F\otimes_K V&\cong\underbrace{F\otimes_K K\dot{+}\cdots\dot{+}F\otimes_K K}_{r\text{ 个}}\\&\cong\underbrace{F\dot{+}\cdots\dot{+}F}_{r\text{ 个}}.\end{aligned}$$

这是左 F-模同构. 从而 $\dim_F(F\otimes_K V)=r(\dim_F F)=r$. 易计算出对于任意 $f\in F, v\in V, f\otimes v$ 可由 $1\otimes v_1,\cdots,1\otimes v_r F$-线性表出, 因此 $1\otimes v_1,\cdots,1\otimes v_r$ 是 V^F 的一个 F-基.

习题 4.2

1. 由于 $\dim_K(V\otimes_K W)=(\dim_K V)(\dim_K W)=n$, 因此 $\varphi\otimes\psi$ 是 G 的 n 次 K-表示. 设 $\varphi,\psi,\psi\otimes\psi$ 分别在 $V,W,V\otimes_K W$ 的相应基下提供的矩阵表示记作 $\Phi,\Psi,\Phi\otimes\Psi$, 则 $\Phi(g)=(a(g))$. 从而

$$(\Phi\otimes\Psi)(g)=\Phi(g)\otimes\Psi(g)=a(g)\Psi(g),\quad\forall g\in G.$$

假如 $\varphi\otimes\psi$ 可约, 则存在 n 阶可逆矩阵 S, 使得对一切 $g\in G, S(\Phi\otimes\Psi)(g)S^{-1}$ 为分块上三角矩阵. 由此得出对一切 $g\in G, S\Psi(g)S^{-1}$ 为分块上三角矩阵. 从而 ψ 可约. 矛盾. 因此 $\varphi\otimes\psi$ 不可约.

2. 根据第二正交关系得

$$\frac{1}{|G|}\sum_{l=1}^{S}|C_j|\chi_l(g_j)\overline{\chi_l(g_j)}=1,\quad j=1,2,\cdots,s.$$

由此得出

$$|C_j|=|G|/\sum_{l=1}^{s}\chi_l(g_j)\overline{\chi_l(g_j)},\quad j=1,2,\cdots,s.$$

3. (1) G 有 7 个共轭类, 因此 G 有 7 个不相等的不可约复特征标 $\chi_1,\chi_2,\chi_3,\chi_4,\chi_5,\chi_6,\chi_7$, 其中 χ_1 是 G 的主特征标. 令

$$\chi_3=\chi_2\chi_2,\quad\chi_5=\chi_2\chi_4,\quad\chi_6=\chi_2\chi_5,$$

则可写出 G 的复特征标表的前 6 行. 为了求出第 7 行元素, 我们需要首先求出 $\chi_7(g_1)$, 然后利用第 j 列 $(2\leqslant j\leqslant 7)$ 与第 1 列正交, 便可求出第 7 行的其他元素.

设 $\chi_7(g_1)=y$, 则

$$|G|=1^2+1^2+1^2+2^2+2^2+2^2+y^2=15+y^2.$$

由于 G 的不可约复表示的次数是 $|G|$ 的因数, 因此 $y||G|$. 从而 $y|15$. 于是 $y=1$ 或

3 或 5 或 15. g_2 所在的共轭类 C_2 的元素个数为

$$\begin{aligned}|C_2| &= |G|/[1^2+1^2+1^2+(-2)^2+(-2)^2+(-2)^2+|\chi_7(g_2)|^2] \\ &= |G|/[15+|\chi_7(g_2)|^2].\end{aligned}$$

由于 G 的复特征标表的第 2 列与第 1 列正交, 因此

$$0 = 1\cdot 1+1\cdot 1+1\cdot 1+2\cdot(-2)+2\cdot(-2)+2\cdot(-2)+y\cdot\chi_7(g_2).$$

由此得出 $\chi_7(g_2)=\dfrac{9}{y}$.

若 $y=1$, 则 $\chi_1(g_2)=9, |G|=16$. 此时

$$|C_2| = 16/(15+9^2)\notin \mathbb{N}^*,$$

矛盾. 若 $y=3$, 则 $\chi_7(g_2)=3, |G|=24$. 此时

$$|C_2| = 24/(15+3^2)=1.$$

若 $y=5$, 则 $\chi_7(g_2)=\dfrac{9}{5}, |G|=40$, 此时

$$|C_2| = 40\Big/\left[15+\left(\frac{9}{5}\right)^2\right]\notin \mathbb{N}^*,$$

矛盾. 若 $y=15$, 则 $\chi_7(g_2)=\dfrac{9}{15}, |G|=240$. 此时

$$|C_2| = 240\Big/\left[15+\left(\frac{9}{15}\right)^2\right]\notin \mathbb{N}^*,$$

矛盾. 因此 $y=3, |G|=24, \chi_7(y_2)=3, |C_2|=1$.

由于第 j 列 $(3\leqslant j\leqslant 7)$ 与第 1 列正交, 因此可求出 G 的复特征标表的第 7 行的其他元素:

$$\begin{array}{c} \\ \chi_1\\ \chi_2\\ \chi_3\\ \chi_4\\ \chi_5\\ \chi_6\\ \chi_7\end{array}
\begin{array}{c} \begin{array}{ccccccc} g_1 & g_2 & g_3 & g_4 & g_5 & g_6 & g_7\end{array} \\
\begin{pmatrix}
1 & 1 & 1 & 1 & 1 & 1 & 1\\
1 & 1 & 1 & \omega^2 & \omega & \omega^2 & \omega\\
1 & 1 & 1 & \omega & \omega^2 & \omega & \omega^2\\
2 & -2 & 0 & -1 & -1 & 1 & 1\\
2 & -2 & 0 & 1+\omega & 1+\omega^2 & \omega^2 & \omega\\
2 & -2 & 0 & 1+\omega^2 & 1+\omega & \omega & \omega^2\\
3 & 3 & -1 & 0 & 0 & 0 & 0
\end{pmatrix}\end{array}.$$

(2) g_i 所在的共轭类记作 $C_j, j=1,2,3,4,5,6,7$.

$|C_1|=1,\quad |C_2|=1,$

$|C_3|=|G|/(1^2+1^2+1^2+(-1)^2)=24/4=6,$

$$\begin{aligned}|C_4| &= 24/[1^2+\omega^2\omega+\omega\omega^2+(-1)^2+(1+\omega)(1+\omega^2)+(1+\omega^2)(1+\omega)] \\ &= 24/6=4,\end{aligned}$$

$$
\begin{aligned}
|C_5| &= 24/[1^2+\omega\omega^2+\omega^2\omega+(-1)^2+(1+\omega^2)(1+\omega)+(1+\omega)(1+\omega^2)] \\
&= 24/6 = 4, \\
|C_6| &= 24/(1^2+\omega^2\omega+\omega\omega^2+1^2+\omega^2\omega+\omega\omega^2) = 4, \\
|C_7| &= 24/(1^2+\omega\omega^2+\omega^2\omega+1^2+\omega\omega^2+\omega^2\omega) = 4.
\end{aligned}
$$

(3) 设 χ_i 是由 G 的不可约复表示 φ_i 提供的特征标, $i=1,2,\cdots,7$, 则根据习题 3.1 的第 2 题, $\operatorname{Ker}\varphi_i = \operatorname{Ker}\chi_i$, 于是从 G 的复特征标表看出

$$
\begin{aligned}
&\operatorname{Ker}\varphi_1 = G, \quad \operatorname{Ker}\varphi_2 = C_1\bigcup C_2\bigcup C_3 = \operatorname{Ker}\varphi_3, \\
&\operatorname{Ker}\varphi_4 = \operatorname{Ker}\varphi_5 = \operatorname{Ker}\varphi_6 = \mathbb{C}_1 = \{1\}, \\
&\operatorname{Ker}\varphi_7 = C_1\bigcup C_2 = \{1, g_2\}.
\end{aligned}
$$

由于 G 的任一正规子群都是若干个 $\operatorname{Ker}\varphi_i$ 的交, 因此 G 的全部正规子群如下:

$$
\{1\}, \quad G, \quad N_1 = \{1, g_2\}, \quad N_2 = C_1 \bigcup C_2 \bigcup C_3,
$$

其中 $|N_1| = 2, |N_2| = 8$.

(4) 由于 G 恰有 3 个 1 次复表示, 因此 G/G' 恰有 3 个 1 次复表示. 又由于 G/G' 是 Abel 群, 因此 G/G' 与它的复特征标群同构. 于是 $|G/G'| = 3$. 从而 $|G'| = 8$. 由于 $G' \lhd G$, 因此 $G' = N_2 = C_1 \bigcup C_2 \bigcup C_3$.

(5) 根据习题 3.1 的第 4 题, $\mathrm{Z}(G) = \bigcap\limits_{i=1}^{7} \mathrm{Z}(\chi_i)$.

$$
\begin{aligned}
&\mathrm{Z}(\chi_1) = G, \quad \mathrm{Z}(\chi_2) = G, \quad \mathrm{Z}(\chi_3) = G, \\
&\mathrm{Z}(\chi_4) = \mathrm{Z}(\chi_5) = \mathrm{Z}(\chi_6) = C_1\bigcup C_2 = \{1, g_2\}, \quad \mathrm{Z}(\chi_7) = \{1, g_2\}.
\end{aligned}
$$

从而 $\mathrm{Z}(G) = \{1, g_2\}$. 因此 G 是非 Abel 群.

习题 4.3

1. $\mathbb{Z}_2$ 的复特征标表为

$$
H_2 = \begin{pmatrix} 1 & 1 \\ 1 & -1 \end{pmatrix},
$$

于是 $\mathbb{Z}_2 \times \mathbb{Z}_2$ 的复特征标表为

$$
H_4 = \begin{pmatrix} H_2 & H_2 \\ H_2 & -H_2 \end{pmatrix}.
$$

从而 $\mathbb{Z}_2 \times \mathbb{Z}_2 \times \mathbb{Z}_2$ 的复特征标表为

$$
H_8 = \begin{pmatrix} H_4 & H_4 \\ H_4 & -H_4 \end{pmatrix} = \begin{pmatrix} H_2 & H_2 & H_2 & H_2 \\ H_2 & -H_2 & H_2 & -H_2 \\ H_2 & H_2 & -H_2 & -H_2 \\ H_2 & -H_2 & -H_2 & H_2 \end{pmatrix}.
$$

2. **解法一** G 的 Sylow 3-子群 $P \lhd G$, G 的 Sylow 5-子群 $Q \lhd G$. $G \cong P \times Q$. P

的复特征标表为

$$T_1=\begin{pmatrix}1&1&1\\1&\omega&\omega^2\\1&\omega^2&\omega\end{pmatrix},\quad \omega=\mathrm{e}^{\mathrm{i}\frac{2\pi}{3}}.$$

Q 的复特征标表为

$$T_2=\begin{pmatrix}1&1&1&1&1\\1&\xi&\xi^2&\xi^3&\xi^4\\1&\xi^2&\xi^4&\xi&\xi^3\\1&\xi^3&\xi&\xi^4&\xi^2\\1&\xi^4&\xi^3&\xi^2&\xi\end{pmatrix},$$

其中 $\xi=\mathrm{e}^{\mathrm{i}\frac{2\pi}{5}}$. 于是 G 的复特征标表 $T=T_1\otimes T_2$. 请读者详细写出 $T_1\otimes T_2$.

解法二 设 $P=\langle a\rangle, Q=\langle b\rangle$. 由于 $ab=ba$, 且 a 的阶 3 与 b 的阶 5 互素, 因此 ab 的阶为 15. 从而 G 是 15 阶循环群. 于是可直接写出 G 的复特征标表.

习题 4.4

1. (1) 根据习题 3.1 的第 3 题和第 4 题知: $\mathrm{Z}(\chi)\lhd G$, 并且 $\mathrm{Ker}\,\varphi\subseteq \mathrm{Z}(\chi)$, 还有 $\mathrm{Z}(\chi)/\mathrm{Ker}\,\varphi=\mathrm{Z}(G/\mathrm{Ker}\,\varphi)$. 根据本节定理 1 知, $G/\mathrm{Ker}\,\varphi$ 的任一不可约复表示的次数能整除 $[G/\mathrm{Ker}\,\varphi:\mathrm{Z}(G/\mathrm{Ker}\,\varphi)]=[G/\mathrm{Ker}\,\varphi:\mathrm{Z}(\chi)/\mathrm{Ker}\,\varphi]=[G:\mathrm{Z}(\chi)]$. 由 G 的表示 φ 可得到 $G/\mathrm{Ker}\,\varphi$ 的表示 $\widetilde{\varphi}$ 使得 φ 是 $\widetilde{\varphi}$ 的提升, 它们有相同的次数. 因此 $\chi(1)|[G:\mathrm{Z}(\chi)]$.

(2) 由于 χ 不可约, 因此 $(\chi,\chi)=1$. 从而

$$\begin{aligned}[G:\mathrm{Z}(\chi)]|\mathrm{Z}(\chi)|=|G|&=\sum_{g\in Z(\chi)}\chi(g)\overline{\chi(g)}+\sum_{g\notin Z(\chi)}\chi(g)\overline{\chi(g)}\\&=\chi(1)^2|\mathrm{Z}(\chi)|+\sum_{g\notin Z(\chi)}|\chi(g)|^2\geqslant\chi(1)^2|\mathrm{Z}(\chi)|,\end{aligned}$$

由此得出, $\chi(1)^2\leqslant[G:\mathrm{Z}(\chi)]$, 等示成立当且仅当 $\forall g\notin\mathrm{Z}(\chi)$ 有 $\chi(g)=0$.

(3) 只要证对一切 $y\notin\mathrm{Z}(\chi)$ 有 $\chi(y)=0$. 利用习题 3.1 的第 4 题的结果: $g\in\mathrm{Z}(\chi)$ 当且仅当 $g\mathrm{Ker}\,\varphi\in\mathrm{Z}(G/\mathrm{Ker}\,\varphi)$. 于是从 $g\notin\mathrm{Z}(\chi)$ 推出: 存在 $h\in G$ 使得 $(g\mathrm{Ker}\,\varphi)(h\mathrm{Ker}\,\varphi)\neq(h\mathrm{Ker}\,\varphi)(g\mathrm{Ker}\,\varphi)$, 即 $g^{-1}h^{-1}gh\overline{\in}\mathrm{Ker}\,\varphi$. 记 $a=g^{-1}h^{-1}gh$, 则 $a\in G'\subseteq\mathrm{Z}(\chi)$. 从而 $|\chi(a)|=\chi(1)$. 所以 $\varphi(a)=\lambda.1_V$, 其中 λ 是单位根. 由于 $a\notin\mathrm{Ker}\,\varphi$, 因此 $\lambda\neq1$. 由于 $\lambda1_V=\varphi(a)=\varphi(g)^{-1}\varphi(h)^{-1}\varphi(g)\varphi(h)$, 因此 $\lambda\varphi(g)=\varphi(h)^{-1}\varphi(g)\varphi(h)$. 两边取迹得 $\lambda\chi(g)=\chi(g)$. 由此得出 $\chi(g)=0$.

习题 5.1

1. (1) 任给 $h\in H$, 对于任意 $h'\in H$, 由于 $H\lhd G$, 因此有 $h(g_ih')=g_i(g_i^{-1}hg_i)h'\in g_iK[H]$. 从而 $g_iK[H]$ 成为左 $K[H]$-模. 于是 $g_iK[H]\otimes_{K[H]}W$ 是左 $K[H]$-模.

(2) 在定理 1 中已证有 K-模同构: $g_iK[H]\otimes_{K[H]}W\cong W$. 因此

$$\dim_K[g_iK[H]\otimes_{K[H]}W]=\dim_K W.$$

从而左 $K[H]$-模 $g_iK[H]\otimes_{K[H]}W$ 提供的 H 的表示 ψ_i 的次数等于 ψ 的次数.

2. 任给 $g\in G$, 任给 $i\in\{1,2,\cdots,t\}$, 有 $gg_i=g_lh$, 对某个 $l\in\{1,2,\cdots,t\}$ 和某个 $h\in H$. 于是规定

$$gW_i:=W_l. \tag{1}$$

任给 $x\in G,(xg)g_i=x(gg_i)=x(g_lh)=(xg_l)h=g_jh'h$, 其中 $xg_l=g_jh'$, 对某个 $j\in\{1,2,\cdots,t\}$ 和某个 $h'\in H$. 于是

$$(xg)W_i=W_j.$$

又有 $x(gW_i)=x(W_l)=W_j$, 因此 $(xg)W_i=x(gW_j)$. 显然 $1W_i=W_i$. 因此 (1) 式规定了群 G 在集合 Ω 上的一个作用. 由这个作用得到的 G 的 t 次置换表示 φ 提供的矩阵表示 Φ 使得对每个 $g\in G$, 都有 $\Phi(g)$ 是 t 阶置换矩阵, 根据 (1) 式得, $\Phi(g)$ 的 (l,i) 元为 1.

根据本节的命题 21 得, H 的主表示 1_H 的诱导表示 $(1_H)^G$ 提供的矩阵表示 A 使得 $A(g)$ 的 (l,i) 元为 $1_H(g_l^{-1}gg_i)$. 由于 $g_l^{-1}gg_i=h\in H$, 因此, $1_H(g_l^{-1}gg_i)=1$. 由此得出, $\Phi(g)=A(g)$. 因此 φ 与 $(1_H)^G$ 等价.

3. 证法与第 2 题的证法类似.

习题 5.2

1. 四元数群 Q 有 5 个共轭类:

$$\{1\},\quad\{-1\},\quad\{\mathrm{i},-\mathrm{i}\},\quad\{\mathrm{j},-\mathrm{j}\},\quad\{\mathrm{k},-\mathrm{k}\}.$$

$H=\langle\mathrm{i}\rangle$ 在 Q 中的左陪集分解式为

$$Q=H\bigcup \mathrm{j}H.$$

(1) $\psi_1(\mathrm{i})=-1$, 因此 $\mu_1(\mathrm{i})=-1,\mu_1(\mathrm{i}^2)=(-1)^2=1,\mu_1(\mathrm{i}^3)=(-1)^3=-1$.

$$\mu_1^G(1)=2,\quad \mu_1^G(-1)=\mu_1(-1)+\mu_1(\mathrm{j}^{-1}(-1)\mathrm{j})=1+1=2,$$
$$\mu_1^G(\mathrm{i})=\mu_1(\mathrm{i})+\dot{\mu}_1(\mathrm{j}^{-1}\mathrm{i}\mathrm{j})=-1+\mu_1(-\mathrm{i})=-2,$$
$$\mu_1^G(\mathrm{j})=\dot{\mu}_1(\mathrm{j})+\dot{\mu}_1(\mathrm{j}^{-1}\mathrm{j}\mathrm{j})=0,$$
$$\mu_1^G(\mathrm{k})=\dot{\mu}_1(\mathrm{k})+\dot{\mu}_1(\mathrm{j}^{-1}\mathrm{k}\mathrm{j})=\dot{\mu}_1(-\mathrm{k})=0.$$

从四元数群 Q 的复特征标表 (见习题 3.2 的第 1 题的第 (2) 小题) 得 $\mu_1^G=\chi_1+\chi_3$. 从而

$$\psi_i^G=\varphi_1\dot{+}\varphi_3.$$

(2) $\mu_2(\mathrm{i})=\mathrm{i},\mu_2(-1)=\mu_2(\mathrm{i}^2)=\mathrm{i}^2=-1,\mu_2(-\mathrm{i})=\mu_2(\mathrm{i}^3)=\mathrm{i}^3=-\mathrm{i}$.

$$\mu_2^G(1)=2,\mu_2^G(-1)=\mu_2(-1)+\mu_2(-1)=-2,$$
$$\mu_2^G(\mathrm{i})=\mu_2(\mathrm{i})+\dot{\mu}_2(\mathrm{j}^{-1}\mathrm{i}\mathrm{j})=\mathrm{i}+\mu_2(-\mathrm{i})=\mathrm{i}-\mathrm{i}=0,$$
$$\mu_2^G(\mathrm{j})=\dot{\mu}_2(\mathrm{j})+\dot{\mu}_2(\mathrm{j}^{-1}\mathrm{j}\mathrm{j})=0,$$
$$\mu_2^G(\mathrm{k})=\dot{\mu}_2(\mathrm{k})+\dot{\mu}_2(\mathrm{j}^{-1}\mathrm{k}\mathrm{j})=\dot{\mu}_2(-\mathrm{k})=0.$$

由此看出 $\mu_2^G=\chi$. 因此 $\psi_2^G\approx\varphi_4$. 从而 ψ_2^G 是 Q 的 2 次不可约复表示.

2. $G=A_4$ 有 4 个共轭类, 其代表元素为

$$(1),\quad (12)(34),\quad (123),\quad (132).$$

H 在 G 中的左陪集分解式为

$$G=H\bigcup(123)H\bigcup(132)H.$$

取 H 的一个非平凡的 1 次复表示 ψ, 它提供的特征标 μ 为

$$\mu((1))=1,\quad \mu((12)(34))=-1,\quad \mu((13)(24))=1,\quad \mu((14)(28))=-1,$$

于是 $\mu^G((1))=3$, 且

$$\begin{aligned}\mu^G((12)(34))&=\mu((12)(34))+\dot{\mu}[(123)^{-1}(12)(34)(123)]+\dot{\mu}[(132)^{-1}(12)(34)(132)]\\&=-1+\dot{\mu}[(13)(24)]+\dot{\mu}[(14)(23)]=-1+1-1=-1,\\ \mu^G((123))&=\dot{\mu}((123))+\dot{\mu}[(123)^{-1}(123)(123)]+\dot{\mu}[(132)^{-1}(123)(132)]=0,\\ \mu^G((132))&=\dot{\mu}((132))+\dot{\mu}[(123)^{-1}(132)(123)]+\dot{\mu}[(132)^{-1}(132)(132)]=0.\end{aligned}$$

因此 $\mu^G=\chi_3$ (见习题 3.2 第 1 题的第 (3) 小题). 从而 ψ^G 是 G 的 3 次不可约复表示.

习题 5.3

1. 设 $\mu_1,\mu_2,\cdots,\mu_s$ 是 H 的全部不同的不可约复特征标. 根据本节命题 1, 对于每一个 μ_i, 存在 G 的不可约复特征标 χ_i, 使得 $\mu_i=\chi_i|H$. 设

$$\chi|H=\sum_{j=1}^{s}m_j\mu_j,$$

则

$$\chi(1)=\sum_{j=1}^{s}m_j\mu_j(1)=\sum_{j=1}^{s}m_j.$$

由于对于任意 $i\in\{1,2,\cdots,s\}$, 有

$$\begin{aligned}(\chi,\chi_i)_G&=\frac{1}{|G|}\sum_{g\in G}\chi(g)\overline{\chi_i(g)}=\frac{1}{|G|}\sum_{h\in H}\chi(h)\overline{\chi_i(h)}\\&=\frac{|H|}{|G|}(\chi|H,\chi_i|H)_H=\frac{1}{[G:H]}(\chi|H,\mu_i)_H\\&=\frac{1}{[G:H]}\left(\sum_{j=1}^{s}m_j\mu_j,\mu_i\right)_H=\frac{m_i}{[G:H]}.\end{aligned}$$

因此 $[G:H]|m_i, i=1,2,\cdots,s$. 从而 $[G:H]|\chi(1)$. □

2. (1) 由于 (12)(13)(24)=(1324), 因此 H 有 4 阶元, 设 $a=(1324), b=(13)(24)$, 则

$$bab^{-1}=(13)(24)(1324)(13)(24)=(3142)=a^{-1}.$$

于是 $H=\langle a,b|a^4=b^2=(1),bab^{-1}=a^{-1}\rangle$. 因此 $H\cong D_4$.

(2) 由于 $H\cong D_4$, 因此 H 也有 5 个共轭类:

$$\{(1)\},\quad \{a^2\},\quad \{a,a^3\},\quad \{b,a^2b\},\quad \{ab,a^3b\},$$

其中 $a^2 = (12)(34), a^3 = (1423), ab = (12), a^2b = (14)(23), a^3b = (34)$. 根据习题 3.2 的第 1 题的 D_4 的复特征标表, 取 H 的一个 1 次复特征标 μ_1, 其中

$$\mu_1((1)) = 1, \quad \mu_1(a) = 1, \quad \mu_1(a^2) = 1, \quad \mu_1(b) = -1, \quad \mu_(ab) = -1.$$

H 在 S_4 中的左陪集分解式为

$$S_4 = H \bigcup (13)H \bigcup (14)H.$$

S_4 的共轭类有 5 个, 其代表元素分别为

$$(1), \quad (12), \quad (12)(34), \quad (123), \quad (1234).$$

各个共轭类的元素个数依次为 1, 6, 3, 8, 6 (参看 [24] 第 80 页的第 16 题).

$$\begin{aligned}
\mu_1^G((12)) &= \dot{\mu}_1((12)) + \dot{\mu}_1((13)(12)(13)) + \dot{\mu}_1((14)(12)(14)) \\
&= \mu_1((12)) + \dot{\mu}_1((23)) + \dot{\mu}_1((24)) = -1 + 0 + 0 = -1, \\
\mu_1^G((12)(34)) &= \mu_1((12)(34)) + \dot{\mu}_1((13)(12)(34)(13)) + \dot{\mu}_1((14)(12)(34)(14)) \\
&= 1 + \dot{\mu}_1((14)(23)) + \dot{\mu}_1((13)(24)) = 1 + (-1) + (-1) = -1. \\
\mu_1^G((123)) &= \dot{\mu}_1((123)) + \dot{\mu}_1((13)(123)(13)) + \dot{\mu}_1((14)(123)(14)) = 0, \\
\mu_1^G((1234)) &= \dot{\mu}_1((1234)) + \dot{\mu}_1((13)(1234)(13)) + \dot{\mu}_1((14)(1234)(14)) \\
&= 0 + \dot{\mu}_1((3214)) + \dot{\mu}_1((4231)) = 0 + 0 + 1 = 1.
\end{aligned}$$

于是

$$(\mu_1^G, \mu_1^G) = \frac{1}{24}[3^2 + 6(-1)^2 + 3(-1)^2 + 6 \cdot 1^2] = 1.$$

因此 μ_1^G 是 S_4 的一个 3 次不可约复特征标.

(3) 根据习题 3.2 的第 1 题的第 (3) 小题的 A_4 的复特征标表, 取 A_4 的一个 1 次复特征标 μ_2, 其中

$$\mu_2((1)) = 1, \quad \mu_2((12)(34)) = 1, \quad \mu_2((123)) = \omega, \quad \mu_2((132)) = \omega^2.$$

A_4 在 S_4 中的左陪集分解式为

$$S_4 = A_4 \bigcup (12)A_4.$$

由于 $A_4 \lhd S_4$, 因此对于 $\sigma \notin A_4$, 有 $\mu_2^G(\sigma) = 0$. 从而有

$$\begin{aligned}
&\mu_2^G((12)) = 0, \\
&\mu_2^G((12)(34)) = \mu_2((12)(34)) + \dot{\mu}_2((12)(12)(34)(12)) = 1 + 1 = 2, \\
&\mu_2^G((123)) = \mu_2((123)) + \dot{\mu}_2((12)(123)(12)) = \omega + \omega^2 = -1, \\
&\mu_2^G((1234)) = 0.
\end{aligned}$$

于是

$$(\mu_2^G, \mu_2^G) = \frac{1}{24}[2^2 + 3 \cdot 2^2 + 8 \cdot (-1)^2] = 1.$$

因此 μ_2^G 是 S_4 的一个 2 次不可约复特征标.

(4) S_4 有 5 个不可约复表示.

$S_4' = A_4$. 因此 S_4 恰有两个 1 次复表示: 主表示 φ_0, 1 次复表示 φ_1, φ_1 把偶置换映成 1, φ_1 把奇置换映成 -1.

上面已求出了 S_4 的一个 3 次不可约复表示和一个 2 次不可约复表示. 由于

$$|S_4| = 24 = 1^2 + 1^2 + 2^2 + 3^2 + 3^2,$$

因此 S_4 还有一个 3 次不可约复表示. 可以利用 S_4 是双传递置换群, 立即写出 S_4 的这个 3 次不可约复特征标. 也可以利用第二正交关系把 S_4 的这个 3 次不可约复特征标求出:

$$\begin{array}{c} \\ \chi_0 \\ \chi_1 \\ \chi_2 \\ \chi_3 \\ \chi_4 \end{array} \begin{array}{c} \begin{array}{ccccc} (1) & (12) & (12)(34) & (123) & (1234) \end{array} \\ \begin{pmatrix} 1 & 1 & 1 & 1 & 1 \\ 1 & -1 & 1 & 1 & -1 \\ 2 & 0 & 2 & -1 & 0 \\ 3 & -1 & -1 & 0 & 1 \\ 3 & 1 & -1 & 0 & -1 \end{pmatrix} \end{array}.$$

注 在求 S_4 的复特征标表时, 可以不求 H 的 1 次复特征标 μ_1 诱导的 S_4 的 3 次不可约复特征标 μ_1^G, 而是利用 S_4 是双传递置换群, 直接写出 S_4 的一个 3 次不可约复特征标, 再用第二正交关系求出另一个 3 次不可约复特征标.

3. (1) 设 $C\bigcap H=\varnothing$, 对于 $g\in C$, 任意 $a\in G$, 有 $a^{-1}ga\in C$. 从而 $a^{-1}ga\notin H$. 因此

$$\mu^G(g)=\frac{1}{|H|}\sum_{a\in G}\dot{\mu}(a^{-1}ga)=0.$$

(2) 设 $C\bigcap H=\varnothing$. 取 $g\in C$. 令

$$\mathrm{C}_G(g)=\{a\in G|aga^{-1}=g\}.$$

根据 [24] 第 74 页的推论 6 下面的一段话得 $|C|=[G:\mathrm{C}_G(g)]$. 对于 $x,y\in G$, 有

$$x^{-1}gx=y^{-1}gy\Longleftrightarrow yx^{-1}gxy^{-1}=g\Longleftrightarrow yx^{-1}\in \mathrm{C}_a(g).$$

于是 G 中对于固定的 x, 使得 $x^{-1}gx=y^{-1}gy$ 的 y 有 $|\mathrm{C}_G(g)|$ 个. 把 H 中包含 h_i 的共轭类记作 $B_i, i=1,2,\cdots,r$. 我们有

$$\begin{aligned}\mu^G(g)&=\frac{1}{|H|}\sum_{a\in G}\dot{\mu}(a^{-1}ga)=\frac{1}{|H|}\sum_{x^{-1}gx\in C}|\mathrm{C}_G(g)|\dot{\mu}(x^{-1}gx)\\&=\frac{1}{|H|}\sum_{z\in C}|\mathrm{C}_G(g)|\dot{\mu}(z)=\frac{|\mathrm{C}_G(g)|}{|H|}\sum_{z\in C\bigcap H}\mu(z)\\&=\frac{|\mathrm{C}_G(g)|}{|H|}\sum_{i=1}^{r}\sum_{z\in B_i}\mu(z)=\frac{|\mathrm{C}_G(g)|}{H}\sum_{i=1}^{r}\sum_{z\in B_i}\mu(h_i)\\&=\frac{|\mathrm{C}_G(g)|}{|H|}\sum_{i=1}^{r}\mu(h_i)|B_i|=|\mathrm{C}_G(g)|\sum_{i=1}^{r}\frac{\mu(h_i)}{|\mathrm{C}_H(h_i)|}.\end{aligned}$$

4. 交错群 A_5 有 5 个共轭类 C_1,C_2,C_3,C_4,C_5, 其代表元素为

$$(1),\quad (12)(34),\quad (123),\quad (12345),\quad (13524),$$

各个共轭类的元素个数依次为

$$1,\quad 15,\quad 20,\quad 12,\quad 12.$$

根据 [24] 第 66 页的第 13 题, $A_5'=A_5$. 因此 A_5 只有一个 1 次复表示, 即主表示.

由于 A_5 是双传递置换群, 因此 A_5 有一个 4 次不可约复表示 ψ, 其特征标 χ_4 在上述 5 个共轭类的元素上取值为

$$(4,\quad 0,\quad 1,\quad -1,\quad -1).$$

把 A_4 看成 A_5 的子群, 记 $G=A_5$. 取 A_4 的一个非平凡 1 次复特征标 ν, 其中

$$\nu((12)(34))=1,\quad \nu((123))=\omega,\quad \nu((132))=\omega^2.$$

由于 $[A_5:A_4]=\dfrac{60}{12}=5$, 因此 $\nu^G(1)=5$. 由于

$$C_2\bigcap A_4=\{(12)(34),(13)(24),(14)(23)\},$$

因此

$$\nu^G((12)(34))=\frac{60}{15}\frac{\nu((12)(34))}{4}=1.$$

由于 $C_3\bigcap A_4$ 是 A_4 的两个共轭类的并集, 因此

$$\nu^G((123))=\frac{60}{20}\left[\frac{\nu((123))}{3}+\frac{\nu((132))}{3}\right]=\omega+\omega^2=-1.$$

由于 $C_4\bigcap A_4=\varnothing, C_5\bigcap A_4=\varnothing$, 因此

$$\nu^G((12345))=\nu^G((13524))=0.$$

于是

$$(\nu^G,\nu^G)=\frac{1}{60}[5^2+15\cdot 1^2+20\cdot(-1)^2]=1.$$

因此 ν^G 是 G 的不可约复特征标.

取 A_5 的子群 $H=\langle(12345)\rangle$. 取 H 的一个非平凡的 1 次复特征标 μ, 其中

$$\mu((12345))=\varepsilon,\quad \mu((13524))=\varepsilon^2,\quad \mu((14253))=\varepsilon^3,$$
$$\mu((15432))=\varepsilon^4,\quad \varepsilon=\mathrm{e}^{\mathrm{i}\frac{2\pi}{5}}.$$

由于 $[A_5:H]=12$, 因此 $\mu^G(1)=12$.

由于 $C_2\bigcap H=\varnothing, C_3\bigcap H=\varnothing$, 因此

$$\mu^G((12)(34))=0,\quad \mu^G((123))=0.$$

容易求出

$$C_4\bigcap H=\{(12345),(15432)\},$$
$$C_5\bigcap H=\{(13524),(14253)\}.$$

于是

$$\mu^G((12345))=\frac{60}{12}\left[\frac{\mu((12345))}{5}+\frac{\mu((15432))}{5}\right]=\varepsilon+\varepsilon^4,$$
$$\mu^G((13524))=\frac{60}{12}\left[\frac{\mu((13524))}{5}+\frac{\mu((14253))}{5}\right]=\varepsilon^2+\varepsilon^3.$$

由于

$$(\mu^G,\chi_0)_G=(\mu,\chi_0|H)_H=\frac{1}{5}(1+\varepsilon+\varepsilon^2+\varepsilon^3+\varepsilon^4)=0,$$
$$(\mu^G,\chi_\psi)_G=(\mu,\chi_\psi|H)_H=\frac{1}{5}[1\cdot 4+\varepsilon(-1)+\varepsilon^2(-1)+\varepsilon^3(-1)+\varepsilon^4(-1)]=1,$$
$$(\mu^G,\nu^G)_G=(\mu,\nu^G|H)_H=\frac{1}{5}(1\cdot 5+\varepsilon\cdot 0+\varepsilon^2\cdot 0+\varepsilon^3\cdot 0+\varepsilon^4\cdot 0)=1,$$

因此 $\mu^G-\chi_\psi-\nu^G$ 是 G 的一个复特征标, 记作 χ_1.

$$\chi_1(1)=\mu^G(1)-\chi_\psi(1)-\nu^G(1)=12-4-5=3,$$

$$\chi_1((12)(34))=0-0-1=-1,\quad \chi_1((123))=0-1-(-1)=0,$$

$$\chi_1((12345))=(\varepsilon+\varepsilon^4)-(-1)-0=1+\varepsilon+\varepsilon^4,$$

$$\chi_1((13524))=(\varepsilon^2+\varepsilon^3)-(-1)-0=1+\varepsilon^2+\varepsilon^3.$$

于是

$$\begin{aligned}(\chi_1,\chi_1)&=\frac{1}{60}[3^2+15\cdot(-1)^2+12(1+\varepsilon+\varepsilon^4)(1+\varepsilon^4+\varepsilon)+12(1+\varepsilon^2+\varepsilon^3)(1+\varepsilon^3+\varepsilon^2)]\\&=\frac{1}{60}[24+12(2+\varepsilon+\varepsilon^4)+12(2+\varepsilon^2+\varepsilon^3)]=1.\end{aligned}$$

因此 χ_1 是 G 的 3 次不可约复特征标. 由于

$$60=1^2+3^2+4^2+5^2+3^2,$$

因此 G 还有一个 3 次不可约复特征标, 记作 χ_2, 这可以利用第二正交关系求出. 把 χ_4 记作 χ_3,ν^G 记作 χ_4, 则 A_5 的复特征标表如下:

$$\begin{array}{c} \\ \chi_0\\ \chi_1\\ \chi_2\\ \chi_3\\ \chi_4\end{array}\begin{array}{c}\begin{array}{ccccc}(1) & (12)(34) & (123) & (12345) & (13524)\end{array}\\ \left(\begin{array}{ccccc}1 & 1 & 1 & 1 & 1\\ 3 & -1 & 0 & 1+\varepsilon+\varepsilon^4 & 1+\varepsilon^2+\varepsilon^3\\ 3 & -1 & 0 & 1+\varepsilon^2+\varepsilon^3 & 1+\varepsilon+\varepsilon^4\\ 4 & 0 & 1 & -1 & -1\\ 5 & 1 & -1 & 0 & 0\end{array}\right),\end{array}$$

其中

$$1+\varepsilon+\varepsilon^4=1+\varepsilon+\overline{\varepsilon}=1+2\cos\frac{2\pi}{5}=1+2\cdot\frac{-1+\sqrt{5}}{4}=\frac{1+\sqrt{5}}{2},$$

$$1+\varepsilon^2+\varepsilon^3=1+\varepsilon^2+\overline{\varepsilon^2}=1+2\cos\frac{4\pi}{5}=1+2\cdot\frac{-1-\sqrt{5}}{4}=\frac{1-\sqrt{5}}{2}.$$

注 此题也可以不用 A_5 的子群 H 的非平凡 1 次复特征标 μ 的诱导特征标 μ^G 的分解求出 A_5 的一个 3 次不可约复特征标, 而利用第四章 §2 的最后一部分讲的利用 A_5 同构于正二十面体 (或正十二面体) 的旋转对称群 G, 求出 A_5 的一个 3 次不可约复特征标.

习题 5.4

1. 设 $\{g_1,g_2,\cdots,g_t\}$ 是 (L,H) 在 G 里的双陪集代表系, 令 $L_i=L\bigcap g_iHg_i^{-1},i=1,2,\cdots,t$. $\forall y\in g_iHg_i^{-1}$, 有 $1_H^{(i)}(y)=1_H(g_i^{-1}yg_i)=1$, 因此 $1_H^{(i)}=1_{g_iHg_i^{-1}}$, 从而 $1_H^{(i)}|L_i=1_{L_i}$. 考虑复数域, 根据 Mackey 子群定理得

$$\begin{aligned}((1_L)^G,(1_H)^G)_G&=\sum_{i=1}^{t}(1_L|L_i,1_H^{(i)}|L_i)_{L_i}\\&=\sum_{t=1}^{t}(1_{L_i},1_{L_i})_{L_i}=\sum_{i=1}^{t}1=t.\end{aligned}$$

2. 由 L 在 G/H 上的给定的作用得到的 L 在复数域上的置换表示记作 ψ, 从习题 5.1 的第 3 题得 $\psi \approx (1_H)^G|L$. 又根据第三章 §2 的推论 4 得, r 等于 1_L 在 ψ 中的重数, 即 $(1_L, \chi_\psi)_L$. 因此根据 Frobenius 互反律得

$$r = (1_L, \chi_\psi)_L = (1_L, (1_H)^G|L)_L = ((1_L)^G, (1_H)^G)_G.$$

我们有 $(1_L)^G = \sum_{i=1}^{s}((1_L)^G, \chi_i)_G\chi_i = \sum_{i=1}^{s}(1_L, \chi_i|L)_L\chi_i = \sum_{i=1}^{s} a_i\chi_i$. 同理, $(1_H)^G = \sum_{i=1}^{s} b_i\chi_i$. 因此

$$r = \left(\sum_{i=1}^{s} a_i\chi_i, \sum_{j=1}^{s} b_j\chi_j\right) = \sum_{i=1}^{s}\sum_{j=1}^{s} a_ib_j(\chi_i, \chi_j) = \sum_{i=1}^{s} a_ib_i.$$

3. 由于 G 在 Ω_i 上的作用传递, 根据 [24] 的习题 1.5 的第 29 题得, G 在 Ω_i 上的作用等价于 G 在左商集 G/G_{x_i} 上的左平移作用, 于是 G 在 G/G_{x_i} 上的左平移作用引起的置换特征标也是 $\eta_i, i = 1, 2$. 根据习题 5.1 的第 3 题得, $\eta_i = (1_{H_i})^G, i = 1, 2$. 根据第三章 §2 的推论 4 得

$$r_1 = (1_{H_1}, \eta_2|H_1)_{H_1} = (1_{H_1}, (1_{H_2})^G|H_1)_{H_1} = ((1_{H_1})^G, (1_{H_2})^G)_G = (\eta_1, \eta_2)_G.$$

同理可得 $r_2 = (\eta_1, \eta_2)_G$.

4. 由于 G 在 Ω 上的作用传递, 因此 G 在 Ω 上的作用等价于 G 在 G/G_x 上的左平移作用. 于是 G 在 G/G_x 上的左平移作用引起的复置换表示也是 φ. 从而 $\varphi \approx (1_{G_x})^G$. 因此 G_x 在 Ω 上作用的轨道条数 $r(x)$ 为

$$\begin{aligned} r(x) &= (1_{G_x}, \chi_\varphi|G_x)_{G_x} = ((1_{G_x})^G, \chi_\varphi)_G \\ &= (\chi_\varphi, \chi_\varphi)_G. \end{aligned}$$

5. 有限群 G 传递地作用在有限集合 Ω 上引起的复置换表示记作 φ. 根据第 4 题的结论和第三章 §2 的命题 3 得, G_x 在 Ω 上作用的轨道条数 $r(x)$ 为

$$\begin{aligned} r(x) &= (\chi_\varphi, \chi_\varphi)_G = \frac{1}{|G|}\sum_{g\in G}\chi_\varphi(g)\overline{\chi_\varphi(g)} \\ &= \frac{1}{|G|}\sum_{g\in G}F(g)\overline{F(g)} = \frac{1}{|G|}\sum_{g\in G}|F(g)|^2. \end{aligned}$$

6. (1) φ_{ij} 是群 H 到 $\mathrm{GF}(q)^* \times \mathrm{GF}(q)^*$ 的一个同态: $\begin{pmatrix} a_1 & 0 \\ b & a_2 \end{pmatrix} \mapsto (a_1, a_2)$ 与 $\mathrm{GF}(q)^* \times \mathrm{GF}(q)^*$ 的复表示 $\psi_j\#\psi_j$ 的合成, 因此 φ_{ij} 是群 H 的一个复表示. 由于 $\psi_i(i = 1, 2, \cdots, q-1)$ 是 1 次的. 因此 $\psi_i\#\psi_j$ 是 1 次的, 从而 φ_{ij} 是 1 次的.

(2) 由于 φ_{ij} 是 1 次的, 且 $\chi_{\psi_i\#\psi_j}(a_1, a_2) = \mu_i(a_1)\mu_j(a_2)$, 因此

$$\chi_{ij}\left[\begin{pmatrix} a_1 & 0 \\ b & a_2 \end{pmatrix}\right] = \mu_i(a_1)\mu_j(a_2).$$

(3) 任给 $g = (c_{ij}) \in G\backslash H$, 对于 $y = (y_{ij}) \in H_g$, 有 $\chi_{ij}^g(y) = \chi_{ij}(g^{-1}yg)$. 由于当 $i \neq j$ 时 $\mu_i \neq \mu_j$, 因此存在 $\rho^m \in \mathrm{GF}(q)^*$ 使得 $\mu_i(\rho^m) \neq \mu_j(\rho^m)$, 其中 ρ 是 $\mathrm{GF}(q)^*$

的生成元, 取

$$y=\begin{pmatrix}\rho^m & 0\\ \dfrac{c_{22}}{c_{12}}(\rho^m-1) & 1\end{pmatrix},$$

则

$$g^{-1}yg=\begin{pmatrix}1 & 0\\ \dfrac{c_{11}}{c_{12}}(\rho^m-1) & \rho^m\end{pmatrix}.$$

从而 $y\in H\bigcap gHg^{-1}=Hg$. 于是

$$\chi_{ij}^g(y)=\chi_{ij}(g^{-1}yg)=\mu_i(1)\mu_j(\rho^m)=\mu_j(\rho^m),$$

$$\chi_{ij}(y)=\mu_i(\rho^m)\mu_j(1)=\mu_i(\rho^m)\neq\mu_j(\rho^m).$$

因此 $\chi_{ij}^g\neq\chi_{ij}$. 根据本节推论 1 得 χ_{ij}^G 不可约.

$$\deg\varphi_{ij}^G=(\deg\varphi_{ij})\cdot[G:H]=\frac{(q^2-1)(q^2-q)}{(q-1)^2q}=q+1.$$

(4) 取 $g=\begin{pmatrix}1&1\\0&1\end{pmatrix}\in G\backslash H$. 对于 $y=\begin{pmatrix}y_{11}&0\\y_{21}&y_{22}\end{pmatrix}\in H$,

$$y\in gHg^{-1}\Longleftrightarrow g^{-1}yg\in H$$

$$\Longleftrightarrow y_{21}=y_{11}-y_{22}.$$

于是 $\forall y\in Hg$, 有 $g^{-1}yg=\begin{pmatrix}y_{22}&0\\y_{11}-y_{22}&y_{11}\end{pmatrix}$,

$$\chi_{ii}^g(y)=\chi_{ii}(g^{-1}yg)=\mu_i(y_{22})\mu_i(y_{11})=\chi_{ii}(y).$$

因此 $\chi_{ii}^g=\chi_{ii}$. 根据本节推论 1 得 χ_{ii}^G 可约.

7. (1) 把 G 的复特征标表记作 T, 则 T 是可逆矩阵. a 在 Ω 上的作用引起 T 的列的置换, 相应的置换矩阵记作 Q; a 在 $\mathrm{Irr}\,(G)$ 上的作用引起 T 的行的置换, 相应的置换矩阵记作 P. 由于 $(a\chi_i)(aC_j)=\chi_i(g_j)$, $1\leqslant i,j\leqslant s$, 因此 $PTQ=T$. 从而 $T^{-1}PT=Q^{-1}$. 由于 Q 是置换矩阵, 因此 $Q^{-1}=Q'$. 于是 $\mathrm{tr}\,(P)=\mathrm{tr}\,(T^{-1}PT)=\mathrm{tr}\,(Q')=\mathrm{tr}\,(Q)$. 而 $\mathrm{tr}\,(P)$ 等于 a 在 $\mathrm{Irr}\,(G)$ 中的不动点个数, $\mathrm{tr}\,(Q)$ 等于 a 在 Ω 中的不动点个数.

(2) Ω 的 A-轨道条数 r_1 等于 $\dfrac{1}{|A|}\sum\limits_{a\in A}|F_1(a)|$, 其中 $F_1(a)$ 是 a 在 Ω 中的不动点集. $\mathrm{Irr}\,(G)$ 的 A-轨道条数 r_2 等于 $\dfrac{1}{|A|}\sum\limits_{a\in A}|F_2(a)|$, 其中 $F_2(a)$ 是 a 在 $\mathrm{Irr}\,(G)$ 中的不动点集. 根据第 (1) 小题得, $|F_1(a)|=|F_2(a)|,\forall a\in A$. 因此 $r_1=r_2$.

8. 设 h_j 是 C_j 的一个代表元素, $j=1,2,\cdots,t$, 则

$$(g\mu_i)(gC_j)=\mu_i^g(gh_jg^{-1})=\mu_i[g^{-1}(gh_jg^{-1})g]=\mu_i(h_j).$$

于是从第 7 题立即得到本大题两个小题的结论.

9. 从第 8 题的结论立即得到命题 (i) 与 (ii) 等价.

(i)⇒(iii). 任取 $y\in N\backslash\{e\}$. 设 $y\in C_l$. 任取 $g\in G\backslash N$. 由 (i) 知道, g 在 Ω 中只固定一个点, 显然 g 的这个不动点是 $\{e\}$. 于是 $gC_l=gC_lg^{-1}\neq C_l$. 从而 $gyg^{-1}\neq y$.

由此得出, $g \notin \mathrm{C}_G(y)$. 因此 $\mathrm{C}_G(y) \subseteq N$.

(iii)⇒(i). 任取 $g \in G \backslash N$. 假如 g 在 Ω 中还有第二个不动点 C_m, 则 $gC_mg^{-1} = C_m$. 取 $x \in C_m$, 有 $gxg^{-1} \in C_m$. 由于 C_m 是 N 的一个共轭类, 因此存在 $a \in N$, 使得 $x = a(gxg^{-1})a^{-1}$. 于是 $ag \in \mathrm{C}_G(x)$. 由 (iii) 知道 $\mathrm{C}_G(x) \subseteq N$. 由此推出 $g \in N$. 矛盾. 因此 g 在 Ω 中只有一个不动点.

10. (1) 由于 $\forall y \in N \backslash \{e\}$, 有 $\mathrm{C}_G(y) \subseteq N$, 因此根据第 9 题的结论得, $G \backslash N$ 中每一个元素 g 在 $\mathrm{Irr}\,(N)$ 中只固定一个点. 从而对任意 $\mu \in \mathrm{Irr}\,(N)$, 且 $\mu \neq 1_N$, 有 $\mu^g \neq \mu$. 根据本节推论 2 及其注得, μ^G 不可约.

假如 $N \subseteq \mathrm{Ker}\,(\mu^G)$, 则 $\forall a \in N$, 有 $\mu^G(a) = \mu^G(1)$. 把 $\mu^G(1)$ 记作 m. 于是 $\mu^G|N = m1_N$, 且 $m = \mu(1)[G:N]$. 设 $g_1 = e, g_2, \cdots, g_r$ 是 N 在 G 中的陪集代表系. 根据 Mackey 子群定理得 $\mu^G|N = \sum\limits_{i=1}^{r}(\mu^{(i)}|N)^N = \sum\limits_{i=1}^{r}\mu^{(i)}$. 于是 $\sum\limits_{i=1}^{r}\mu^{(i)} = r\mu(1)1_N$. 由于 $\mu \neq \mu^{(i)}, i = 2, 3, \cdots, r$, 且 $\mu \neq 1_N$, 于是从 $\left(\sum\limits_{i=1}^{r}\mu^{(i)}, \mu\right)_N = (r\mu(1)1_N, \mu)_N$ 得 $1 = 0$, 矛盾. 因此 $N \nsubseteq \mathrm{Ker}\,(\mu^G)$.

(2) 由于 $\mathrm{Ker}\,\chi \nsupseteq N$, 因此存在 $y_0 \in N$ 使得 $\chi(y_0) \neq \chi(1)$. 从而 $\chi|N \neq \chi(1)1_N$. 因此 $\chi|N$ 包含 N 的一个不可约复特征标 $\mu \neq 1_N$. 于是 $(\chi, \mu^G)_G = (\chi|N, \mu)_N > 0$. 根据第 (1) 小题, μ^G 不可约, 因此 $\chi = \mu^G$.

11. 设 $\{g_1, g_2, \cdots, g_t\}$ 是 G_μ 在 G 中的左陪集代表系. 显然, $N \subseteq G_\mu$. 设 $\{y_1, y_2, \cdots, y_l\}$ 是 N 在 G_μ 中的陪集代表系, 则 N 在 G 中的陪集代表系是 $\{g_1y_1, g_1y_2, \cdots, g_1y_l, \cdots, g_ty_1, \cdots, g_ty_l\}$. 运用 Mackey 子群定理得

$$\begin{aligned}\mu^G|N &= \sum_{i=1}^{t}\sum_{j=1}^{l}\mu^{g_iy_j} = \sum_{i=1}^{t}\sum_{j=1}^{l}(\mu^{y_j})^{g_i} \\ &= \sum_{i=1}^{t}\sum_{j=1}^{l}\mu^{g_i} = l\sum_{i=1}^{t}\mu^{g_i}. \qquad (1)\end{aligned}$$

因为 $(\mu^G, \chi)_G = (\mu, \chi|N)_N > 0$, 所以 χ 是 μ^G 的不可约成分. 于是 $\chi|N$ 是 $\mu^G|N$ 的成分, 从 (1) 式知, $\chi|N$ 的不可约成分只可能有 $\mu^{g_1}, \mu^{g_2}, \cdots, \mu^{g_t}$. 我们有

$$\begin{aligned}(\chi|N, \mu^{g_i})_N &= \frac{1}{|N|}\sum_{h\in N}\chi|N(h)\mu^{g_i}(h^{-1}) = \frac{1}{|N|}\sum_{h\in N}\chi(h)\mu(g_i^{-1}h^{-1}g_i) \\ &= \frac{1}{|N|}\sum_{x\in N}\chi(g_ixg_i^{-1})\mu(x^{-1}) = \frac{1}{|N|}\sum_{x\in N}\chi(x)\mu(x^{-1}) \\ &= (\chi|N, \mu)_N = m. \qquad (2)\end{aligned}$$

因此

$$\chi|N = m\sum_{i=1}^{t}\mu^{g_i}. \qquad (3)$$

如果 $G_\mu = G$, 则 $t = 1$, 由 (3) 式即得 $\chi|N = m\mu$. 这就证明了第 (2) 小题.

下面设 $G_\mu \neq G$. 再设 $\mathrm{Irr}(G_\mu)=\{\nu_1,\nu_2,\cdots,\nu_s\}$,

$$\chi|G_\mu = l_1\nu_1 + l_2\nu_2 + \cdots + l_s\nu_s, \quad l_i \geqslant 0. \tag{4}$$

于是得到 $\chi|N = l_1\nu_1|N + l_2\nu_2|N + \cdots + l_s\nu s|N$. 不妨设当 $1 \leqslant i \leqslant r$ 时, $\langle \nu_i|N,\mu\rangle_N > 0$, 而对于 $r+1 \leqslant j \leqslant s$, 有 $\langle \nu_j|N,\mu\rangle_N = 0$. 令

$$\nu = l_1\nu_1 + l_2\nu_2 + \cdots + l_r\nu_r. \tag{5}$$

因为 $N \lhd G_\mu$, 所以对于 G_μ 和 $\nu_i(1 \leqslant i \leqslant r)$ 应用上述证得的结论便得到

$$\nu_i|N = m_i\mu. \tag{6}$$

于是

$$\nu|N = \sum_{i=1}^{r} l_i\nu_i|N = \sum_{i=1}^{r} l_i m_i \mu = m'\mu, \tag{7}$$

其中 $m' = \sum\limits_{i=1}^{r} l_i m_i$. 因为

$$m = (\chi|N,\mu)_N = \sum_{i=1}^{s} l_i(\nu_i|N,\mu)_N = \sum_{i=1}^{r} l_i m_i = m',$$

所以 $\nu|N = m\mu$. 现在来证 ν 不可约并且 $\nu^G = \chi$. 我们有

$$\begin{aligned}(\nu^G,\chi)_G &= (\nu,\chi|G_\mu)_{G_\mu} = \left(\nu, \sum_{i=1}^{s} l_i\nu_i\right)_{G_\mu} = \left(\nu, \nu + \sum_{j=r+1}^{s} l_j\nu_j\right)_{G_\mu} \\ &= (\nu,\nu)_{G_\mu} + \left(\sum_{i=1}^{r} l_i\nu_i, \sum_{j=r+1}^{s} l_j\nu_j\right)_{G_\mu} = (\nu,\nu)_{G_\mu},\end{aligned}$$

于是可设 $\nu^G = (\nu,\nu)_{G_\mu}\chi + \eta$, 其中 $\eta = 0$ 或者 η 是 G 的特征标. 从而得

$$\nu^G(1) = (\nu,\nu)_{G_\mu}\chi(1) + \eta(1) \geqslant (\nu,\nu)_{G_\mu}\chi(1). \tag{8}$$

从 (3) 式得

$$\chi(1) = m\mu(1)[G:G_\mu]. \tag{9}$$

因为 $\nu|N = m\mu$, 所以 $\nu(1) = m\mu(1)$. 于是 $\chi(1) = \nu(1)[G:G_\mu]$. 因为 $\nu^G(1) = [G:G_\mu]\nu(1)$, 所以从 (8) 式得

$$[G:G_\mu]\nu(1) \geqslant \langle \nu,\nu\rangle_{G_\mu}\nu(1)[G:G_\mu], \tag{10}$$

由此得出 $\langle \nu,\nu\rangle_{G_\mu} = 1$. 所以 ν 不可约, 并且 (10) 式和 (8) 式的等号成立, 于是 $\eta(1) = 0$, 即得 $\eta = 0$, 从而 $\nu^G = \chi$. 这就证明了第 (1) 小题.

12. 设 μ 是 $\chi|N$ 的一个不可约成分, 从第 11 题知道, 只需证 $G_\mu \neq G$. 假如 $G_\mu = G$, 则 $\chi|N = m\mu$. 因为 N 是 Abel 群, 所以 μ 的次数为 1. 设 χ 是 G 的表示 (φ, V) 提供的. 仍用 μ 作为提供特征标 μ 的 N 的表示记号, 则 $\varphi|N \approx \mu \oplus \cdots \oplus \mu$. 于是对每一个 $h \in N$, 有 $\varphi(h) = \mu(h)\cdot 1_V$, 从而 $\varphi(h) \in \mathrm{Z}(\mathrm{GL}(V))$. 由于 φ 是忠实的, 因此 $h \in \mathrm{Z}(G)$, 于是 $N \subseteq \mathrm{Z}(G)$. 矛盾.

13. 设 $\chi|N$ 包含 N 的 1 次特征标 μ.

情形 1 $G_\mu = G$. 此时有 $\chi|N = m\mu$. 设 χ 是 G 的表示 (φ, V) 提供的, 则对于每一个 $h \in N$, 有 $\varphi(h) = \mu(h)\cdot 1_V$. 从而 $|\chi(h)| = \chi(1)$. 这表明 $N \subseteq Z(\chi)$. 根据习

题 4.4 的第 1 题知 $\chi(1)|[G:Z(\chi)]$. 因为 $[G:N]=[G:Z(\chi)][Z(\chi):N]$, 所以

$$\chi(1)|[G:N].$$

情形 2 $G_\mu \neq G$. 此时存在 G_μ 的一个不可约复特征标 ν 使得 $\chi=\nu^G$, 并且从第 11 题的证明过程中知道 $\nu|N=m\mu$. 于是与情形 1 的证明方法类似可证得 $\nu(1)|[G_\mu:N]$. 因为 $\chi(1)=\nu^G(1)=[G:G_\mu]\nu(1)$, 所以

$$[G:N]=[G:G_\mu][G_\mu:N]=[G:G_\mu]\nu(1)l=\chi(1)l.$$

14. 从第 13 题立即得到.

习题 6.3

1. $\dot{a}F=L_a(F)$. 由于 L_a 是拓扑空间 G 到自身的同胚, 因此 L_a^{-1} 是连续映射. 从而由 $L_a^{-1}(aF)=F$ 是闭集得出 aF 是闭集. 类似地, 右平移 R_a 也是 G 到自身的同胚, 因此 $Fa=R_a(F)$ 是闭集. 求逆运算 ν 是 G 到自身的连续映射, 由于 $\nu^2=1_G$, 因此 $\nu^{-1}=\nu$. 从而 ν^{-1} 也是 G 到自身的连续映射, 因此由 F 是闭集可得出 F^{-1} 是闭集.

2. $PU=\bigcup\limits_{b\in P} bU$. 由于左平移 L_b 是 G 到自身的同胚, 因此从 U 是开集得出 bU 是开集. 于是 PU 是开集. 同理可证 UP 是开集. 由于 ν^{-1} 是 G 到自身的连续映射, 因此从 U 是开集得出 U^{-1} 也是开集.

3. 任取 $x\in\overline{A}, y\in\overline{B}$, 设 W 是 xy 的任一邻域. 由于 G 的乘法运算是连续映射, 因此存在 x 的邻域 V_1 与 y 的邻域 V_2, 使得 $V_1V_2\subseteq W$. 由于 $x\in\overline{A}$, 因此 $V_1\bigcap A\neq\varnothing$. 于是有 $a\in V_1\bigcap A$. 同理有 $b\in V_2\bigcap B$. 于是 $ab\in W\bigcap AB$. 从而 $xy\in\overline{AB}$.

4. 任取 $a,b\in\overline{H}$. 设 W 是 ab^{-1} 的任一邻域. 由于 G 的乘法和求逆都是连续映射, 因此存在 a 的邻域 V_1 与 b 的邻域 V_2, 使得 $V_1V_2^{-1}\subseteq W$. 由于 $a\in\overline{H}$, 因此 $V_1\bigcap H\neq\varnothing$. 同理 $V_2\bigcap H\neq\varnothing$. 于是有 $c\in V_1\bigcap H, d\in V_2\bigcap H$. 从而 $cd^{-1}\in W\bigcap H$. 因此 $ab^{-1}\in\overline{H}$. 从而 $\overline{H}$ 是 G 的子群.

设 $N\lhd G$, 由第 1 个结论得, $\overline{N}$ 是 G 的子群. 任意取定 $g\in G$, 任取 $x\in\overline{N}$, 设 W 是 gxg^{-1} 的任一邻域. 由于 G 的乘法和求逆都是连续映射, 因此存在 g 的邻域 V_1, V_2, x 的邻域 U, 使得 $V_1UV_2^{-1}\subseteq W$. 由于 $x\in\overline{N}$, 因此 $U\bigcap N\neq\varnothing$. 从而有 $a\in U\bigcap N$. 于是 $gag^{-1}\in V_1UV_2^{-1}$. 又 $gag^{-1}\in N$. 因此 $gag^{-1}\in W\bigcap N$. 从而 $gxg^{-1}\in\overline{N}$. 于是 $\overline{N}\lhd N$.

5. 设 $G=\{g_i|i\in I\}$. 取 G 的一个开覆盖 $\mathscr{F}$:

$$\mathscr{F}=\{\{g_i\}|i\in I\}.$$

由于 G 是紧致的, 因此 $\mathscr{F}$ 有一个有限子族 $\mathscr{F}_1$ 覆盖 G, 其中 $\mathscr{F}_1=\{\{g_{j_1}\},\{g_{j_2}\},\cdots,\{g_{j_m}\}\}$. 于是 G 是有限群.

6. 由于 H 是离散空间, 因此 $\{e\}$ 是 H 的一个开集. 根据子空间拓扑的定义, $\{e\}$ 是 G 的一个开集 N 与 H 的交集, 即 $N\bigcap H=\{e\}$. 于是 $e\in N$. 根据邻域的定义得, N 是 e 在 G 内的一个邻域. 由于左平移是 G 到自身的一个同胚, 因此对于 $h\in H$, 有 hN 是 h 在 G 内的一个邻域. 由于 $N\bigcap H=\{e\}$, 因此 N 只含有 H 里的一个元

素 e. 从而 hN 只含有 H 的一个元素 h. NN^{-1} 仍是 G 的开集, 且 $e \in NN^{-1}$. 选取 G 的满足 $N \bigcap H = \{e\}$ 的开集 N, 使得 NN^{-1} 只含有 H 的一个元素 e. 假如对于 $h_1, h_2 \in H$, 且 $h_1 \neq h_2$, 有 h_1N 与 h_2N 的交集不是空集, 则存在 $a \in h_1N$ 且 $a \in h_2N$, 于是有 $n_1, n_2 \in N$, 使得 $h_1n_1 = a = h_2n_2$. 从而 $n_1n_2^{-1} = h_1^{-1}h_2 \in H$. 又 $n_1n_2^{-1} \in NN^{-1}$. 由于 NN^{-1} 只含有 H 的一个元素 e, 因此 $n_1n_2^{-1} = e$. 由此推出 $h_1 = h_2$, 矛盾. 这证明了当 $h_1 \neq h_2$ 时, $h_1N \bigcap h_2N = \varnothing$.

7. 由于 H 是 G 的离散子群, 因此对于 $b_i \in K \bigcap H$, 有 $\{b_i\}$ 是 H 的开集. 由于 H 的拓扑是 G 的子空间拓扑, 因此存在 G 的开集 V_i 使得

$$V_i \bigcap H = \{b_i\}.$$

把 $K \bigcap H$ 的元素记成 b_i, 其中 $i \in I$, 即

$$K \bigcap H = \{b_i | i \in I\}.$$

取 K 的一个开覆盖 $\mathscr{F}$, 使得 $\mathscr{F}$ 在 $K \bigcap H$ 上的限制为 $\{V_i | i \in I\}$, 由于 K 是 G 的紧致子集, 因此对于 $\mathscr{F}$ 有一个有限子覆盖 $\mathscr{F}_1$, $\mathscr{F}_1$ 在 $K \bigcap H$ 上的限制为 $\{V_{j_1}, V_{j_2}, \cdots, V_{j_m}\}$, 从而 $K \bigcap H$ 是有限集.

8. 在紧群的例子中已证 S^1 是紧群. 任取 S^1 的一个非平凡离散子群 H, 根据第 7 题得, $S^1 \bigcap H$ 是有限集. 从而 H 是有限群. 由于 H 也是复数域 $\mathbb{C}$ 的乘法群 $\mathbb{C}^*$ 的一个子群, 可以证明任一域 F 的乘法群 F^* 的有限子群一定是循环群 (证明方法类似于 [24] 第 37 页的定理 12 的证明), 因此 H 是循环群.

9. 任取拓扑群 $\mathbb{R}$ 的一个非平凡离散子群 H. 由于 H 是离散空间, 因此任给 $h \in H$, 有 $\{h\}$ 是 H 的开集. 从而存在开区间 (a, b), 使得 $(a, b) \bigcap H = \{h\}$. 于是设 $H = \{h_i | i \in I\}$, 其中 I 是指标集, 则有开区间族 $\{(a_i, b_i) | i \in I\}$, 使得 $(a_i, b_i) \bigcap H = \{h_i\}, i \in I$. 设 h_1 是 H 中绝对值最小的非零数. 令 $K = \{kh_1 | k \in \mathbb{Z}\}$, 则 K 是 H 的循环子群, 假如 $K \neq H$, 则在 $H \backslash K$ 中任取一个元素 x. 我们断言对任意 $kh_1 \in K$, 有 $|x - kh_1| \geqslant |h_1|$. 假如有 $l \in \mathbb{Z}$ 使得 $|x - lh_1| < |h_1|$. 由于 $x - lh_1 \in H$, 且 $x - lh_1 \neq 0$, 因此这与 h_1 是 H 中绝对值最小的非零数矛盾, 从而断言成立. 若 $h_1 > 0$, 显然存在 $m \in \mathbb{Z}$, 使得 $mh_1 < x < (m+1)h_1$, 于是 $|x - mh_1| < h_1$; 若 $h_1 < 0$, 存在 $m \in \mathbb{Z}$, 使得 $mh_1 < x < (m-1)h_1$, 于是 $|x - mh_1| < |h|$. 这些都与上述断言矛盾. 因此 $K = H$.

10. 令 $M_1 = \{A \in \mathrm{GL}_n(\mathbb{R}) | \det(A) > 0\}, M_2 = \{B \in \mathrm{GL}_n(\mathbb{R}) | \det(B) < 0\}$. M_1 在映射 det 下的像集是 $(0, +\infty)$, M_2 在 det 下的像集是 $(-\infty, 0)$. $(0, +\infty)$ 和 $(-\infty, 0)$ 都是 $\mathbb{R}$ 的开集, 由于 det 是连续映射, 因此 M_1 和 M_2 也都是开集. $\mathrm{GL}_n(\mathbb{R})$ 是 $\mathbb{R}^*$ 在 det 下的原像, 且 $\mathrm{GL}_n(\mathbb{R}) = M_1 \bigcup M_2, M_1 \bigcap M_2 = \varnothing$. 因此 $\mathrm{GL}_n(\mathbb{R})$ 不连通.

11. 令 $M_1 = \{A \in \mathrm{O}(n) | \det(A) = -1\}$, 则 $\mathrm{O}(n) = \mathrm{SO}(n) \bigcup M_1$, 且 $\mathrm{SO}(n) \bigcap M_1 = \varnothing$. 已证 $\mathrm{SO}(n)$ 是 $\mathrm{O}(n)$ 的闭集. 同理可证 M_1 是 $\mathrm{O}(n)$ 的闭集. 因此 $\mathrm{O}(n)$ 可表示成两个不相交的非空闭集的并, 从而它不连通.

12. 任取 $\mathrm{O}(2)$ 的一个非平凡离散子群 H. 由于 $\mathrm{O}(2)$ 是紧群, 且 $H = \mathrm{O}(2) \bigcap H$, 根据第 7 题得, H 为有限群.

情形 1 $H \subseteq \mathrm{SO}(2)$. 拓扑群 $\mathrm{SO}(2) \cong S^1$, 用第 8 题的结论得, H 为有限循环

群.

情形 2 $H \not\subseteq \mathrm{SO}(2)$. 取 $B \in H$ 且 $\det(B) = -1$, 则 $B = \begin{pmatrix} \cos\theta & \sin\theta \\ \sin\theta & -\cos\theta \end{pmatrix}$. 从而 $B^2 = I$. 对于 $A \in H$ 且 $\det(A) = 1$, 有 $A = \begin{pmatrix} \cos\theta & -\sin\theta \\ \sin\theta & \cos\theta \end{pmatrix}$. 直接计算得 $BAB^{-1} = A^{-1}$. 由于 $A, A^2, \cdots$ 都属于 H, 且 H 是有限群, 因此必有 $i < j$, 使得 $A^i = A^j$. 从而 $A^{j-i} = I$. 设 n 是使 $A^n = I$ 成立的最小正整数, 则 n 是 A 的阶. 由于 H 是有限群, 因此可以取 A 为 H 里的旋转中阶最大的元素, 且设 A 的阶为 n. 令 $K = \langle A, B | A^n = B^2 = I, BAB^{-1} = A^{-1} \rangle$, 则 $K \subseteq H$. 由于 H 里的所有旋转组成的子集 H_1 对乘法封闭, 对求逆封闭, 因此 H_1 是 H 的子群, 且 H_1 是 $\mathrm{SO}(2)$ 的子群, 根据第 8 题得, H_1 是循环群. 由于 $A \in H_1$, 且 A 是阶最大的旋转, 因此 $H_1 = \langle A \rangle$. 从而 H 里的所有旋转为 $I, A, A^2, \cdots, A^{n-1}$. 这些恰好是 K 里的所有旋转, 任取 H 里的一个反射 C (即 $\det(C) = -1$), 则 CB 是 H 里的旋转. 从而 $CB = A^i$, 对于某个 $i (0 \leqslant i < n)$. 于是 $C = A^i B^{-1} \in K$, 由此得出, $H = K$, 即 H 是二面体群.

13. 设 H 是群 G 的子群, 且 H 是开子集. $G \backslash H = \bigcup\limits_{b \notin H} bH$, 由第 2 题得, bH 都是开集. 从而 $G \backslash H$ 是开集. 因此 H 是闭集.

14. 设 H 是群 G 的子群, $[G : H] = r$, 且 H 是 G 的闭集, 则 $G \backslash H = b_2 H \bigcup \cdots \bigcup b_r H$, 其中 $b_i \notin H, i = 2, \cdots, r$. 根据第 1 题, $b_i H$ 都是闭集, $2 \leqslant i \leqslant r$. 因此 $G \backslash H$ 是闭集. 从而 H 是开集.

15. 设 G 的子群 H 包含 G 的单位元 e 的一个邻域, 则 H 必包含一个含有单位元 e 的开集 U. 显然有 $H = UH$. 根据第 2 题得, UH 是开集, 即 H 是开集.

习题 6.4

1. 类似于本节例 2 的证法.

2. 设拓扑群 G 的 K-表示 (φ, V) 的子表示 φ_U 的矩阵表示为 Φ_U, 则 $\Phi_U(g)$ 是 $\Phi(g)$ 的子矩阵, $\forall g \in G$. 因此从 "Φ 的矩阵元素是 G 上的连续函数" 立即得出: Φ_U 的矩阵元素是 G 上的连续函数. 从而子表示 φ_U 是连续的.

习题 6.5

1. (1) 类似于本节引理 7 的证明.

(2) 利用本节定理 2 的结论.

习题 6.6

1. (1) 在第一章 §2 的例 2 已证 φ_a 是群 $(\mathbb{R},+)$ 的一个 1 次复表示. 由于 φ_a 的矩阵元素 $\mathrm{e}^{\mathrm{i}at}$ 是 $\mathbb{R}$ 上的连续复值函数, 因此 φ_a 是拓扑群 $(\mathbb{R},+)$ 的一个 1 次复表示.

(2) 设 $a=a_1+\mathrm{i}a_2$, 则 $\mathrm{e}^{\mathrm{i}at}=\mathrm{e}^{\mathrm{i}a_1t}\mathrm{e}^{-a_2t}$. 从而 φ_a 是酉表示当且仅当下式成立:

$$|\mathrm{e}^{\mathrm{i}ax}|=1,\forall t\in\mathbb{R}\Longleftrightarrow \mathrm{e}^{-a_2t}=1,\forall t\in\mathbb{R}$$
$$\Longleftrightarrow a_2=0\Longleftrightarrow a\in\mathbb{R}.$$

因此 φ_a 是酉表示当且仅当 $a\in\mathbb{R}$.

(3) 设 ψ 是拓扑群 $(\mathbb{R},+)$ 的任一 1 次酉表示, 则 $\forall t\in\mathbb{R}$, 有 $\psi(t)\in\mathbb{C}$ 且 $|\psi(t)|=1$. 由于模为 1 的复数可写成 $\mathrm{e}^{\mathrm{i}\theta}$ 这种形式, 其中 $\theta\in\mathbb{R}$. 因此 $\psi(t)=\mathrm{e}^{\mathrm{i}\theta t}$. 于是 $\psi=\varphi_\theta$.

2. (1) 在第一章 §2 的例 3 已证 f 是群 $(\mathbb{R},+)$ 到群 $\mathrm{SO}(2)$ 的一个同态. 显然 f 是满射, 由于 f 的矩阵元素 $\cos t,\sin t$ 都是 $\mathbb{R}$ 上的连续函数, 因此 f 是拓扑群 $(\mathbb{R},+)$ 到拓扑群 $\mathrm{SO}(2)$ 的一个满同态. 易验证 $\operatorname{Ker}f=\{2\pi m|m\in\mathbb{Z}\}$. 从而 $\mathbb{R}/2\pi\mathbb{Z}\cong\mathrm{SO}(2)$.

(2) 由于商群 $\mathbb{R}/2\pi\mathbb{Z}$ 的不可约复表示组成的集合与 $(\mathbb{R},+)$ 的其核包含 $2\pi\mathbb{Z}$ 的不可约复表示组成的集合有一个一一对应, 而 $(\mathbb{R},+)$ 的有限维不可约复表示都是 1 次的, 因此 $\mathbb{R}/2\pi\mathbb{Z}$ 的有限维不可约复表示都是 1 次的. 于是 $\mathrm{SO}(2)$ 的每个有限维不可约复表示都是 1 次的. 因此, $\mathrm{SO}(2)$ 的每个有限维不可约酉表示都是 1 次的.

(3) 设 Φ 是紧群 $\mathrm{SO}(2)$ 的一个不可约酉表示, 由于 $\mathrm{SO}(2)\cong\mathbb{R}/2\pi\mathbb{Z}$, 因此 Φ 的提升 $\widetilde{\Phi}$ 给出了 $(\mathbb{R},+)$ 的不可约复表示, 显然 $\widetilde{\Phi}$ 也是酉表示, 且 $\widetilde{\Phi}(2\pi)=\widetilde{\Phi}(0)=1$.

反之, 设 $\widetilde{\Phi}$ 是拓扑群 $(\mathbb{R},+)$ 的不可约酉表示且满足 $\widetilde{\Phi}(2\pi m)=1,\forall m\in\mathbb{Z}$, 则 $\operatorname{Ker}\widetilde{\Phi}\supseteq 2\pi\mathbb{Z}$. 于是 $\widetilde{\Phi}$ 通过对 $2\pi\mathbb{Z}$ 的分解可得出 $\mathbb{R}/2\pi\mathbb{Z}$ 的一个不可约酉表示, 进而得到 $\mathrm{SO}(2)$ 的一个不可约酉表示 Φ:

$$\Phi\left(\begin{pmatrix}\cos t & -\sin t\\ \sin t & \cos t\end{pmatrix}\right)=\widetilde{\Phi}(t),\quad 0\leqslant t<2\pi.$$

(4) 由本题第 (3) 小题和第 1 题的第 (3) 小题得: $\mathrm{SO}(2)$ 的每一个不可约酉表示 Φ 为

$$\Phi\left(\begin{pmatrix}\cos t & -\sin t\\ \sin t & \cos t\end{pmatrix}\right)=\widetilde{\Phi}(t)=\mathrm{e}^{\mathrm{i}\theta t},\quad 0\leqslant t<2\pi,$$

其中 θ 应满足 $\widetilde{\Phi}(2\pi m)=1,\forall m\in\mathbb{Z}$. 设 $n\leqslant\theta<n+1$, n 是某个整数, 则 $\theta=n+r$, 其中 $0\leqslant r<1$. 于是 θ 应满足 $1=\mathrm{e}^{\mathrm{i}\theta(2\pi m)}=\mathrm{e}^{\mathrm{i}2\pi mn}\mathrm{e}^{\mathrm{i}2\pi mr}=\mathrm{e}^{\mathrm{i}2\pi mr},\forall m\in\mathbb{Z}$. 由此推出 $r=0$, 即 $\theta=n$. 于是 $\mathrm{SO}(2)$ 的每个不可约酉表示具有形式

$$\Phi_n\left(\begin{pmatrix}\cos t & -\sin t\\ \sin t & \cos t\end{pmatrix}\right)=\mathrm{e}^{\mathrm{i}nt},\quad 0\leqslant t<2\pi,$$

其中 $n\in\mathbb{Z}$.

(5) 拓扑群 SO(2) $\cong S^1$, 根据本章 §5 的例 2 知道 S^1 上的不变积分由下式定义:

$$\int_{S^1} f(x)\,\mathrm{d}x = \frac{1}{2\pi}\int_0^{2\pi} f(\mathrm{e}^{\mathrm{i}\theta})\,\mathrm{d}\theta.$$

设 Φ_k, Φ_l 都是 SO(2) 的不可约酉表示, 则根据第 (4) 小题和紧群的不可约酉表示提供的特征标的正交关系得

$$\frac{1}{2\pi}\int_0^{2\pi} \mathrm{e}^{\mathrm{i}kt}\overline{\mathrm{e}^{\mathrm{i}lt}}\,\mathrm{d}t = \delta_{kl}.$$

3. 由于 $\Phi(e) = \Phi(gg^{-1}) = \Phi(g)\Phi(g^{-1})$, 且 $\Phi(e)$ 是恒等变换, 因此 $\Phi(g^{-1}) = \Phi(g)^{-1}$. 由于 $\Phi(g)$ 是酉变换, 因此根据 [28] 第 693 页得, $\Phi(g)$ 的伴随变换 $\Phi(g)^* = \Phi(g)^{-1}$.

当 Φ 是 G 的 n 次酉表示时, 设 $\Phi(g)$ 的全部特征值为 $\lambda_1, \lambda_2, \cdots, \lambda_n$. 由于 $\Phi(g)$ 是酉变换, 因此 λ_i 的模为 1 (参看 [28] 第 705 页例 10). 于是 $\lambda_i^{-1} = \overline{\lambda}_i, i = 1, 2, \cdots, n$. 从而

$$\begin{aligned}\chi(g^{-1}) &= \mathrm{tr}\,(\Phi(g^{-1})) = \mathrm{tr}\,(\Phi(g)^{-1}) = \sum_{i=1}^n \lambda_i^{-1} = \sum_{i=1}^n \overline{\lambda}_i \\ &= \overline{\sum_{i=1}^n \lambda_i} = \overline{\mathrm{tr}\,(\Phi(g))} = \overline{\chi(g)}.\end{aligned}$$

4. 设 $\eta_1, \eta_2, \cdots, \eta_n$ 是 V 关于内积 f_0 的一个标准正交基. 令 $A = (f(\eta_i, \eta_j))$. 设 σ 是 V 上的一个线性变换, 它在基 $\eta_1, \eta_2, \cdots, \eta_n$ 下的矩阵为 A', 则

$$f_0(\sigma\eta_i, \eta_j) = f_0\left(\sum_{k=1}^n f(\eta_i, \eta_k)\eta_k, \eta_j\right) = f(\eta_i, \eta_j),$$

从而对任意 $\alpha, \beta \in V$, 有

$$f_0(\sigma\alpha, \beta) = f(\alpha, \beta).$$

假如还有 V 上的一个线性变换 τ 使得

$$f_0(\tau\alpha, \beta) = f(\alpha, \beta),$$

对一切 $\alpha, \beta \in V$ 成立, 则

$$f_0(\sigma\alpha, \beta) = f_0(\tau\alpha, \beta).$$

即

$$f_0((\sigma - \tau)\alpha, \beta) = 0,$$

对一切 $\alpha, \beta \in V$ 都成立. 由此推出 $\sigma = \tau$.

注 此题可以利用 [28] 第 603 页例 27 的结论立即得出.

5. 设 f_0 和 f 是 V 的两个 G 不变内积, 则对一切 $g \in G$, 对于内积 f_0 和 f 而言, $\varphi(g)$ 都是酉变换. 根据第 4 题, 存在 V 上的唯一的一个线性变换 σ, 使得 $f(\alpha, \beta) = f_0(\sigma\alpha, \beta)$, 对一切 $\alpha, \beta \in V$ 成立. 任给 $g \in G$, 对任意 $\alpha, \beta \in V$, 有

$$\begin{aligned}f_0(\varphi(g)^{-1}\sigma\varphi(g)\alpha, \beta) &= f_0(\sigma\varphi(g)\alpha, \varphi(g)\beta) = f(\varphi(g)\alpha, \varphi(g)\beta) \\ &= f(\alpha, \beta).\end{aligned}$$

于是 $\varphi(g)^{-1}\sigma\varphi(g) = \sigma$, 从而 $\sigma\varphi(g) = \varphi(g)\sigma, \forall g \in G$. 由于 (φ, V) 不可约, 因此根据 Schur 引理得, $\sigma = c1_V$ 对于某个非零复数 c. 从而 $f = cf_0$.

6. 根据第 1 题的第 (3) 小题, 拓扑群 $G^* = (\mathbb{R},+)$ 的每个不可约酉表示形如 $\varphi_a(t) = \mathrm{e}^{\mathrm{i}at}, t \in \mathbb{R}, a \in \mathbb{R}$. 若 $\operatorname{Ker}\varphi_a \supseteq N$, 则 φ_a 对 N 分解可得到商群 G^*/N 的不可约复表示 $\overline{\varphi_a}$. 设 $2\pi n \leqslant a < 2\pi(n+1)$, 对于某个整数 n, 则 $a = 2\pi n + r, 0 \leqslant r < 2\pi$,

$$\mathrm{e}^{\mathrm{i}at} = \mathrm{e}^{\mathrm{i}(2\pi n+r)t} = \mathrm{e}^{\mathrm{i}2\pi nt}\mathrm{e}^{\mathrm{i}rt},$$

$$\begin{aligned}\operatorname{Ker}\varphi_a \supseteq N &\Longleftrightarrow \varphi_a(m) = 1, \forall m \in \mathbb{Z}\\ &\Longleftrightarrow 1 = \mathrm{e}^{\mathrm{i}am} = \mathrm{e}^{\mathrm{i}2\pi nm}\mathrm{e}^{\mathrm{i}rm} = \mathrm{e}^{\mathrm{i}rm}, \forall m \in \mathbb{Z}\\ &\Longleftrightarrow r = 0 \Longleftrightarrow a = 2\pi n.\end{aligned}$$

记 $\varphi_n(t) = \mathrm{e}^{\mathrm{i}2\pi nt}, n \in Z$. 这些是 G^* 的其核包含 N 的全部不可约酉表示, 它们对 N 分解便得到 $G = G^*/N$ 的全部不可约酉表示: $\overline{\varphi_n}(t+N) = \varphi_n(t) = \mathrm{e}^{\mathrm{i}2\pi nt}$, $n \in \mathbb{Z}$.

参考文献

[1] Curtis C. W. and Reiner I., *Representation Theory of Finite Groups and Associative Algebras*, John Wiley & Sons, New York, 1962.

[2] Jean-Pierre Serre, *Linear Representations of Finite Groups*, Springer-Verlag, New York, 1997. 中译本《有限群的线性表示》, 郝鈵新译, 北京: 科学出版社, 1984.

[3] Vinberg E. B., *Linear Representations of Groups*, Birkhäuser Verlag, Basel, 1989.

[4] Isaacs I. M., *Character Theory of Finite Groups*, Academic Press, New York, 1976.

[5] Curtis C. W. and Reiner I., *Methods of Representation Theory with Applications to Finite Groups and Orders*, Volume 1, John Wiley & Sons, New York, 1981.

[6] Feit W., *The Representation Theory of Finite Groups*, North-Holland Mathematical Library, New York, 1982.

[7] Gorenstein D., *Finite Groups*, Harper and Row, New York, 1968.

[8] Hall M., *The Theory of Groups*, Macmillan, New York, 1959. 中译本《群论》, 裘光明译, 北京: 科学出版社,1981.

[9] Huppert B., *Endliche Gruppen, I*, Springer-Verlag, Berlin,1967.

[10] Wielandt H., *Finite Permutation Groups*, Academic Press, New York, 1964.

[11] Zhelobenko D. P., *Compact Lie Groups and Their Representations*, Amer. Math. Soc., Providence, RI, 1973.

[12] Pontryagin L.S. (庞特里亚金). 连续群. 上册. 曹锡华译. 北京: 科学出版社, 1978.

[13] 丘维声. 有限群和紧群的表示论. 北京: 北京大学出版社, 1997.

[14] Rudin W., *Real and Complex Analysis* (2nd ed), Mc Graw-Hill, New York, 1974.

[15] Conway John B., *A course in Fanctional Analysis* (2nd ed), Springer, New York, 1990.

[16] Browder A., *Mathematical Analysis: An Introduction*, Springer-Verlag, New York, 1996.

[17] 黎景辉, 冯绪宁. 拓扑群引论. 北京: 科学出版社, 1991.

[18] Van dre Waerden B.L.. 代数学 I. 丁石孙, 曾肯成, 郝钢新译. 北京: 科学出版社, 1963.

[19] Armstrong M.A.. 基础拓扑学. 孙以丰译. 北京: 北京大学出版社, 1983.

[20] Kostrikin A. L. (柯斯特利金). 代数学引论. 下册. 蓝以中, 丘维声, 张顺燕译. 北京: 高等教育出版社, 1988.

[21] 曹锡华, 时俭益. 有限群表示论. 北京: 高等教育出版社, 1992.

[22] 聂灵沼, 丁石孙. 代数学引论. 北京: 高等教育出版社, 1988.

[23] 丘维声. 与极小非超可解群有关的群的不可约表示. 北京大学学报 (自然科学版), 26(5): 592 – 601, 1990.

[24] 丘维声. 抽象代数基础. 北京: 高等教育出版社, 2003.

[25] 丘维声. 高等代数 (上册、下册) —— 大学高等代数课程创新教材. 北京: 清华大学出版社, 2010.

[26] 丘维声. 高等代数. 2 版. 上册. 北京: 高等教育出版社, 2002.

[27] 丘维声. 高等代数. 2 版. 下册. 北京: 高等教育出版社, 2003.

[28] 丘维声. 高等代数学习指导书. 下册. 北京: 清华大学出版社, 2009.

[29] 丘维声. 解析几何. 2版. 北京: 北京大学出版社, 1996.

[30] 丘维声. 数学的思维方式与创新. 北京: 北京大学出版社, 2011.

[31] Hewitt E. and Stromberg K., *Real and Abstract Analysis*, Springer-Verlag, 1969.

[32] Yang K. W., *A not on reflexive Banach spaces*, Proc. Amer. Math. Soc., 18: 859 – 860, 1967.

[33] 丘维声. 高等代数学习指导书. 上册. 北京: 清华大学出版社, 2005.

符号说明

符号	说明
$\cap$	交
$\cup$	并
$\dot{\cup}$	不相交集合的并集
$\times$	集合的笛卡儿积, 或群的直积
$\rtimes$	群的半直积, 开口对正规子群
$\in$	属于
$\overline{\in}$(或 $\notin$)	不属于
$\subseteq$	包含于
$\supseteq$	包含
$\subsetneqq$	真含于
$\supsetneqq$	真包含
$\varnothing$	空集合
$:=$	定义为
$\longmapsto$	在一个映射下元素的对应关系
$\hookrightarrow$	含入映射 (即内射)
$\forall$	对任意
$\approx$	群表示的等价
$\cong$	同构
$\equiv$	同余
$\overline{A}$	集合 A 的闭包
A^c	集合 A 在全集中的补集
$A\backslash B$	集合 B 在集合 A 中的补集
δ_{ij}	Kronecker 符号
$\oplus$	子表示的直和, 向量空间 (或环、模) 的内直和
$\dot{+}$	表示的直和, 向量空间 (或模) 的外直和
$\otimes$	张量积, 下标指明基环; 或矩阵 Kronecker 积

1_V	集合 V 上的恒等变换
1_G	群 G 的主表示 (即单位表示)
$\langle a\rangle$	由元素 a 生成的循环群
$\langle \alpha\rangle$	由向量 α 生成的子空间
$\langle g_1, g_2, \cdots, g_s\rangle$	由元素 $g_1, g_2, \cdots, g_s$ 生成的子群
$\langle \alpha_1, \alpha_2, \cdots, \alpha_s\rangle$	由向量 $\alpha_1, \alpha_2, \cdots, \alpha_s$ 生成的子空间
$(\alpha_1, \alpha_2, \cdots, \alpha_n)$	向量空间的一个基
$(a_1, a_2, \cdots, a_n)$	由环 R 中元素 $a_1, a_2, \cdots, a_n$ 生成的理想
(α, β)	实 (或复) 线性空间的内积
(ξ, η)	复向量空间 $\mathbb{C}^G$ 的一个内积: $(\xi,\eta) := \dfrac{1}{\lvert G\rvert}\sum\limits_{g\in G}\xi(g)\overline{\eta(g)}$
$\langle \xi, \eta\rangle$	K^G 上的一个对称双线性函数: $\langle\xi,\eta\rangle := \dfrac{1}{\lvert G\rvert}\sum\limits_{g\in G}\xi(g)\eta(g^{-1})$
$\langle A, B\rangle$	由群 G 的子群 A, B 生成的子群
$a\mid b$	a 整除 b
$a\nmid b$	a 不能整除 b
$\varphi(g)\mid U$	线性变换 $\varphi(g)$ 在 U 上的限制
$\varphi\mid H$	群 G 的表示 φ 在子群 H 上的限制
$\chi\mid H$	群 G 的特征标 χ 在子群 H 上的限制
$\mathbb{Z}$	有理整数环
$\mathbb{Q}$	有理数域
$\mathbb{R}$	实数域
$\mathbb{C}$	复数域
A_n	n 元交错群
A^F	$A^F := F\otimes_K A$, 其中 A 是域 K 上的代数, F 是 K 的扩域, A^F 是域 F 上的代数
$\mathrm{Aut}(G)$	群 G 的全自同构群
$C_G(a)$	群 G 的元素 a 在 G 里的中心化子
$Cf_K(G)$	群 G 的 K 值类函数空间
$\mathrm{char}K$	域 K 的特征
char(G)	群 G 的广义特征标环
$C(G, \mathbb{R})$	紧致群 G 上所有连续实值函数组成的实线性空间
$C(G, \mathbb{C})$	紧致群 G 上所有连续复值函数组成的复线性空间
deg	次数
det	行列式
dim	维数, 下标指明基域
D_n	阶数为 $2n$ 的二面体群
$\mathbb{R}^n$	n 维欧氏空间

$F(g)$	作用在集合 Ω 上的群 G 其元素 g 的不动点集
F/K	域 K 的扩域 F
$\|G\|$	有限群 G 的阶
$G > H$ (或 $H < G$)	H 为 G 的子群
$G \rhd H$ (或 $H \lhd G$)	H 为 G 的正规子群
$[G:H]$	子群 H 在群 G 中的指数
G/H	群 G 对正规子群 H 的商群
$\mathrm{Gal}(F/K)$	域 F 在子域 K 上的伽罗瓦群
$\mathrm{GL}(V)$	向量空间 V 上所有可逆线性变换组成的乘法群
$\mathrm{GL_n}(K)$ (或 $\mathrm{GL}(n,K)$)	域 K 上 n 级一般线性群, 它由域 K 上所有 n 阶可逆矩阵组成
G_x	x 的稳定子群
$G(x)$	x 的 G-轨道
G'(或 $G^{(1)}$)	群 G 的换位子群 (即导群)
$G^{(i)}$	群 G 的第 i 阶换位子群
$\widehat{G}$	Abel 群 G 的所有不可约 K-表示组成的群, 其中 K 包含本原 m 次单位根, m 是群 G 的指数
$\mathrm{GF}(q)$	q 元伽罗瓦域
$\mathrm{Hom}_K(V,V)$	域 K 上向量空间 V 的所有线性变换组成的代数
$\mathrm{Hom}_R(M,N)$	左 R-模 M 到 N 的所有 R-同态组成的 Abel 加群
I	单位矩阵, 或环的理想, 或指标集
Im	像
$\mathrm{Irr}_K(G)$ (或 $\mathrm{Irr}(G)$)	群 G 的所有不可约 K-特征标的集合
K^n	域 K 上 n 元有序组所成的向量空间
K^G	群 G 的所有 K 值函数组成的向量空间
Ker	核
$K[G]$	群 G 在域 K 上的群代数
$K[\zeta]$	域 K 添加本原 n 次单位根 ζ 得到的扩域
$KCf(G)$	群 G 的所有 K-共轭类函数的集合
$M_n(K)$	域 K 上所有 n 阶矩阵组成的代数
M/N	左 R-模 M 对子模 N 的商模
M^F	$M^F := F \otimes_k M$, 其中 M 是左 A-模, A 是域 K 上的代数, F 是 K 的扩域, M^F 是左 A^F-模
$\mathrm{N}_G(H)$	子群 H 在群 G 里的正规化子
$\mathrm{O}(n)$	n 级正交群, 它由全体 n 阶实正交矩阵组成
$\mathbb{Q}(\zeta)$	分圆域, 其中 ζ 是本原 n 次单位根
R/I	环 R 对理想 I 的商环
S_n	n 元对称群

S^n	n 维球面
$\mathrm{SL}(n, \mathbb{C})$	n 级复特殊线性群
$\mathrm{SO}(n)$	n 级特殊正交群
$SU(n)$	n 级特殊酉群
tr	迹
$\mathrm{U}(n)$	n 级酉群
$U^{\perp}$	子空间 U 的正交补
V/U	向量空间 V 对子空间 U 的商空间
V^*	有限维向量空间 V 的对偶空间, 赋范线性空间 V 的连续对偶空间
V_4	四元群
V^F	$V^F := F \otimes_K V$, 其中 F 是 K 的扩域, V 是域 K 上的向量空间, V^F 是域 F 上的向量空间
$V\#W$	左 $K[G_1]$-模 V 与左 $K[G_2]$-模 W 的外张量积
W^G	$W^G := K[G] \otimes_{K[H]} W$, 左 $K[H]$-模 W 的诱导模, 其中 H 是群 G 的子群
$\mathrm{Z}(A)$	代数 A 的中心
$\mathrm{Z}(G)$	群 G 的中心
$\mathrm{Z}(D)$	除环 D 的中心
$\mathrm{Z}(\chi)$	群 G 的特征标 χ 的中心: $\mathrm{Z}(\chi) := \{g \in G \big\| \chi(g)\| = \chi(1)\}$
$\mathbb{Z}[\alpha]$	复数域 $\mathbb{C}$ 中包含 $\mathbb{Z}$ 和复数 α 的一切子环的交
$\varphi(n)$	整数 n 的欧拉函数值
φ^*	群 G 的表示 φ 的逆步表示, 或群代数 $K[G]$ 的由 φ 扩充成的表示
$\varPhi$	群 G 的表示 φ 提供的矩阵表示
φ_U	表示 φ 的子表示, 具有表示空间 U
φ^σ	群 G 的表示 φ 通过 G 的自同构 σ 的挠表示, 或 φ 通过域的自同构 σ 得到的共轭表示
ψ^g	群 G 的正规子群 N 的表示 ψ 通过外自同构 $\tau(g)$ 得到的共轭表示
$I(\psi)$	表示 ψ 的惯性群: $I(\psi) = \{g \in G \| \psi^g \approx \psi\}$
φ^F	群 G 的 K-表示 φ 通过基域 K 的扩张得到的 F-表示
$\varphi\#\psi$	群 G_1 的表示 φ 与群 G_2 的表示 ψ 的外张量积
ψ^G	群 G 的子群 H 的表示 ψ 的诱导表示
$\varPhi_m(x)$	m 次分圆多项式
χ_φ	表示 φ 提供的特征标
χ_0	群 G 的主特征标, 有时也用 χ_1 表示 G 的主特征标
χ_ρ	有限群 G 的正则表示 ρ 提供的特征标
χ^*	χ 的逆步特征标, 或群代数 $K[G]$ 的表示 φ^* 提供的特征标
χ^σ	群 G 的表示 φ 的挠表示 φ^σ 提供的特征标, 或 φ 经过域自同构得到的共轭表示 φ^σ 提供的特征标

χ^g	群 G 的正规子群 N 的表示 ψ 的共轭表示 ψ^g 提供的特征标
μ^G	群 G 的子群 H 的特征标 μ 的诱导特征标
η^G	群 G 的子群 H 的类函数 η 的诱导类函数

名词索引 (汉英对照)

F

G

H

J

K

L

M

N

P

Q

S

T

W

X

Y

现代数学基础图书清单

序号	书号	书名	作者
1	9787040217179	代数和编码（第三版）	万哲先 编著
2	9787040221749	应用偏微分方程讲义	姜礼尚、孔德兴、陈志浩
3	9787040235975	实分析（第二版）	程民德、邓东皋、龙瑞麟 编著
4	9787040226171	高等概率论及其应用	胡迪鹤 著
5	9787040243079	线性代数与矩阵论（第二版）	许以超 编著
6	9787040244656	矩阵论	詹兴致
7	9787040244618	可靠性统计	茆诗松、汤银才、王玲玲 编著
8	9787040247503	泛函分析第二教程（第二版）	夏道行 等编著
9	9787040253177	无限维空间上的测度和积分 —— 抽象调和分析（第二版）	夏道行 著
10	9787040257724	奇异摄动问题中的渐近理论	倪明康、林武忠
11	9787040272611	整体微分几何初步（第三版）	沈一兵 编著
12	9787040263602	数论 I —— Fermat 的梦想和类域论	[日]加藤和也、黒川信重、斎藤毅 著
13	9787040263619	数论 II —— 岩泽理论和自守形式	[日]黒川信重、栗原将人、斎藤毅 著
14	9787040380408	微分方程与数学物理问题（中文校订版）	[瑞典]纳伊尔・伊布拉基莫夫 著
15	9787040274868	有限群表示论（第二版）	曹锡华、时俭益
16	9787040274318	实变函数论与泛函分析（上册，第二版修订本）	夏道行 等编著
17	9787040272482	实变函数论与泛函分析（下册，第二版修订本）	夏道行 等编著
18	9787040287073	现代极限理论及其在随机结构中的应用	苏淳、冯群强、刘杰 著
19	9787040304480	偏微分方程	孔德兴
20	9787040310696	几何与拓扑的概念导引	古志鸣 编著
21	9787040316117	控制论中的矩阵计算	徐树方 著
22	9787040316988	多项式代数	王东明 等编著
23	9787040319668	矩阵计算六讲	徐树方、钱江 著
24	9787040319583	变分学讲义	张恭庆 编著
25	9787040322811	现代极小曲面讲义	[巴西]F. Xavier、潮小李 编著
26	9787040327113	群表示论	丘维声 编著
27	9787040346756	可靠性数学引论（修订版）	曹晋华、程侃 著
28	9787040343113	复变函数专题选讲	余家荣、路见可 主编
29	9787040357387	次正常算子解析理论	夏道行
30	9787040348347	数论 —— 从同余的观点出发	蔡天新

续表

序号	书号	书名	作者
31	9787040362688	多复变函数论	萧荫堂、陈志华、钟家庆
32	9787040361681	工程数学的新方法	蒋耀林
33	9787040345254	现代芬斯勒几何初步	沈一兵、沈忠民
34	9787040364729	数论基础	潘承洞 著
35	9787040369502	Toeplitz 系统预处理方法	金小庆 著
36	9787040370379	索伯列夫空间	王明新
37	9787040372526	伽罗瓦理论 —— 天才的激情	章璞 著
38	9787040372663	李代数（第二版）	万哲先 编著
39	9787040386516	实分析中的反例	汪林
40	9787040388909	泛函分析中的反例	汪林
41	9787040373783	拓扑线性空间与算子谱理论	刘培德
42	9787040318456	旋量代数与李群、李代数	戴建生 著
43	9787040332605	格论导引	方捷
44	9787040395037	李群讲义	项武义、侯自新、孟道骥
45	9787040395020	古典几何学	项武义、王申怀、潘养廉
46	9787040404586	黎曼几何初步	伍鸿熙、沈纯理、虞言林
47	9787040410570	高等线性代数学	黎景辉、白正简、周国晖
48	9787040413052	实分析与泛函分析（续论）（上册）	匡继昌
49	9787040412857	实分析与泛函分析（续论）（下册）	匡继昌
50	9787040412239	微分动力系统	文兰
51	9787040413502	阶的估计基础	潘承洞、于秀源
52	9787040415131	非线性泛函分析（第三版）	郭大钧
53	9787040414080	代数学（上）（第二版）	莫宗坚、蓝以中、赵春来
54	9787040414202	代数学（下）（修订版）	莫宗坚、蓝以中、赵春来
55	9787040418736	代数编码与密码	许以超、马松雅 编著
56	9787040439137	数学分析中的问题和反例	汪林
57	9787040440485	椭圆型偏微分方程	刘宪高
58	9787040464832	代数数论	黎景辉
59	9787040456134	调和分析	林钦诚
60	9787040468625	紧黎曼曲面引论	伍鸿熙、吕以辇、陈志华
61	9787040476743	拟线性椭圆型方程的现代变分方法	沈尧天、王友军、李周欣

续表

序号	书号	书名	作者
62	9787040479263	非线性泛函分析	袁荣
63	9787040496369	现代调和分析及其应用讲义	苗长兴
64	9787040497595	拓扑空间与线性拓扑空间中的反例	汪林
65	9787040505498	Hilbert 空间上的广义逆算子与 Fredholm 算子	海国君、阿拉坦仓
66	9787040507249	基础代数学讲义	章璞、吴泉水
67.1	9787040507256	代数学方法（第一卷）基础架构	李文威
68	9787040522631	科学计算中的偏微分方程数值解法	张文生
69	9787040534597	非线性分析方法	张恭庆
70	9787040544893	旋量代数与李群、李代数（修订版）	戴建生
71	9787040548846	黎曼几何选讲	伍鸿熙、陈维桓
72	9787040550726	从三角形内角和谈起	虞言林